AF825901

E-Book inside.

Mit folgendem persönlichen Code
können Sie die E-Book-Ausgabe
dieses Buches downloaden.

a23y6-p56r6-
01800-le1vw

Registrieren Sie sich unter
www.hanser-fachbuch.de/ebookinside
und nutzen Sie das E-Book
auf Ihrem Rechner*, Tablet-PC
und E-Book-Reader.

Hopmann / Menges / Michaeli / Mohren

Spritzgießwerkzeuge

Christian Hopmann
Georg Menges
Walter Michaeli
Paul Mohren

Spritzgießwerkzeuge

Auslegung, Bau, Anwendung

7., neu bearbeitete Auflage

HANSER

Die Herausgeber:

Univ.-Prof. Christian Hopmann
Prof. Georg Menges
Prof. Walter Michaeli
Paul Mohren

Institut für Kunststoffverarbeitung in Industrie und Handwerk an der RWTH Aachen

MIX
Papier aus verantwortungsvollen Quellen
FSC® C016439

Bibliografische Information der Deutschen Nationalbibliothek:

Die Deutsche Nationalbibliothek verzeichnet diese Publikation in der Deutschen Nationalbibliografie; detaillierte bibliografische Daten sind im Internet über <http://dnb.ddb.de> abrufbar.

www.hanser-fachbuch.de
Herstellung: Jörg Strohbach
Coverconcept: Marc Müller-Bremer, www.rebranding.de, München
Coverrealisierung: Stephan Rönigk
Satz: Manuela Treindl, Fürth
Druck und Bindung: Druckerei Hubert & Co GmbH und Co KG BuchPartner, Göttingen
Printed in Germany

ISBN: 978-3-446-45192-6
E-Book-ISBN: 978-3-446-45390-6

Vorwort

Zur 7. Auflage

Spritzgießwerkzeuge sind fast immer Unikate. Sie werden mit höchster Präzision hergestellt und müssen im Dauereinsatz unter hohen mechanischen und thermischen Belastungen Formteile größter Gleichmäßigkeit oft millionenfach herstellen. Dabei wird unbedingte Zuverlässigkeit erwartet, denn nur dann kann der Spritzgießer, der vielfach auch Zulieferer für andere Fertigungen ist (z. B. für die Automobilindustrie), erfolgreich und wirtschaftlich arbeiten sowie die produzierten Formteile termingerecht ausliefern.

Die Zuverlässigkeit, die man von den Werkzeugen im täglichen Einsatz erwartet, verlangt ein wohlüberlegtes Planen und Gestalten von Formteil und Werkzeug. Dabei sind im Hinblick auf eine wirtschaftliche Produktion formteil- und konstruktionsabhängige Festlegungen zu treffen sowie Werkstoff- und Kostenfragen zu klären.

Eine sorgfältige gemeinsame Planung und Zusammenarbeit aller am gesamten Prozess Beteiligten, angefangen vom Designer, dem Konstrukteur, dem Werkzeugmacher und dem Spritzgießer wäre dabei wünschenswert. Leider findet eine solche gemeinsame Planung jedoch so gut wie nie statt, vielmehr wird fast immer in vollständiger Arbeitsteilung nebeneinander gearbeitet. Erschwerend kommt noch hinzu, dass Werkzeuge sehr häufig nach rein kaufmännischen Gesichtspunkten beschafft werden.

Für organisatorische Fehler dieser Art bietet dieses Buch keine Lösungen an. Es soll vielmehr allen Beteiligten der Entscheidungskette die Regeln näher bringen, nach denen Formteile und Werkzeuge ausgelegt werden sollten, damit die in der Anschaffung sehr teuren Werkzeuge mit ihren eminenten Auswirkungen auf die Zuverlässigkeit und Wirtschaftlichkeit der späteren Produktion zum gewünschten Erfolg führen.

So wurde in dieser Neuauflage insbesondere auf die grundlegenden Zusammenhänge zwischen Materialeigenschaften, Prozess und Bauteilqualität Wert gelegt. Es wurden Kapitel ergänzt, die den Spritzgießprozess und die Eigenschaften der Kunststoffe beschreiben. Dadurch wird es dem Leser möglich, Auswirkungen von Material und Prozess auf die Auslegung von Spritzgießwerkzeugen und die daraus resultierende Bauteilqualität besser zu verstehen und frühzeitig in den Entwicklungsprozess einfließen zu lassen.

Die Ausführungen zu den Fertigungsverfahren für Spritzgießwerkzeuge wurden überarbeitet und zeigen die hervorragenden Möglichkeiten, welche heute das so genannte Rapid Tooling bieten. Zu diesem Gebiet, das in den letzten Jahren durch die Entwicklung variothermer Prozessführung und konturnaher Temperierung stark an Bedeutung gewonnen hat, werden interessante Konstruktionsbeispiele speziell für die Auslegung von konturnahen Kühlsystemen gezeigt, die geeignet sind, die Qualität der Formteile zu verbessern und die Zykluszeit zu reduzieren.

Ausführlich werden zudem die Spritzgießsonderverfahren und spezielle Werkzeugkonstruktionen behandelt, die heute zusätzlich zum Ausformen und Abkühlen der Schmelze weitere Fertigungsschritte im Rahmen einer weitgehenden vollautomatischen Fertigung übernehmen. Die Ausführungen wurden grundlegend überarbeitet und um hochaktuelle Sonderverfahren ergänzt.

Weitere Schwerpunkte der Neuauflage sind die Prozessoptimierung, die Produktions- und Qualitätsüberwachung sowie die Überwachung der Werkzeuge im laufenden Betrieb. Vorgestellt werden die dazu erforderliche Messtechnik und Möglichkeiten zur Dokumentation der gewonnenen Prozessdaten, sodass im Gewährleistungsfall jederzeit ein Leistungsnachweis für das Werkzeug möglich ist.

In die Neuauflage sind zahlreiche Erkenntnisse aus diesbezüglichen Forschungsvorhaben eingeflossen, die großzügig von den öffentlichen Forschungsförderern und den Mietgliedern der Fördervereinigung des Instituts für Kunststoffverarbeitung an der RWTH Aachen finanziert wurden. Ohne diese materielle und ideelle Unterstützung ist ein solches Werk in der erforderlichen Praxisnähe nicht zu gestalten.

Wertvolle Anregungen haben wir durch das Studium der Literatur und vor allem immer wieder in Diskussionen auf Tagungen und Seminaren, bei Besuchen in der Industrie sowie bei Besichtigungen privater oder öffentlicher Forschungseinrichtungen erhalten, die sich in den Ausführungen zu den Problemen im Werkzeugbau und in den vorgeschlagenen Lösungsansätzen wiederfinden. Durch die Aufnahme in das Literaturverzeichnis bzw. durch Quellenangaben wollen wir nicht nur gesetzliche Auflagen erfüllen, sondern auch unsere Anerkennung für die erbrachte wissenschaftliche Leistung und unseren Dank für das zur Verfügung gestellte Bildmaterial zum Ausdruck bringen.

An der Überarbeitung der Neuauflage, die auf den vorhergehenden Ausgaben aufbaut und in allen Kapiteln soweit überarbeitet wurde, dass sie nach Meinung der Herausgeber dem heutigen Wissensstand entspricht, haben derzeitige und frühere wissenschaftliche Mitarbeiter und Studierende des Instituts für Kunststoffverarbeitung an der RWTH Aachen sowie befreundete Kollegen aus anderen Hochschuleinrichtungen und der Industrie mitgearbeitet, denen hiermit ebenso wie allen an den früheren Ausgaben Beteiligten herzlich gedankt sei.

Stellvertretend sei hier Herrn Dr.-Ing. M. Theunissen für die tatkräftige Mitarbeit aller genannt. Schließlich gilt unser Dank noch dem Carl Hanser Verlag, hier insbesondere Frau U. Wittmann, für die anschauliche und attraktive Gestaltung dieses Buches.

C. Hopmann
W. Michaeli

Februar 2018

Hinweis:
Die farbigen Abbildungen können Sie dem E-Book inside entnehmen.

Die Autoren

INSTITUT FÜR
KUNSTSTOFFVERARBEITUNG
IN INDUSTRIE UND HANDWERK AN DER RWTH AACHEN

Univ.-Prof. Christian Hopmann

Seit 2011 ist Prof. Christian Hopmann Inhaber des Lehrstuhls für Kunststoffverarbeitung der RWTH Aachen University und Leiter des Instituts für Kunststoffverarbeitung (IKV) in Industrie und Handwerk an der RWTH Aachen. Er studierte Maschinenbau mit der Vertiefungsrichtung Kunststofftechnik an der RWTH Aachen und ist nach seiner Promotion im Bereich Spritzgießen in verschiedenen Positionen am IKV tätig. Nach mehreren Jahren in der kunststoffverarbeitenden Industrie übernahm er 2011 den Lehrstuhl und die Leitung des IKV. Er ist Gründungsprofessor des Aachener Zentrums für integrativen Leichtbau (AZL) und visiting professor der Beijing University of Chemical Technology. 2014 wurde er mit dem Innovationspreis des Landers NRW ausgezeichnet.

Prof. Georg Menges

Prof. Georg Menges wurde 1965 auf den neu gegründeten Lehrstuhl für Kunststoffverarbeitung an der Fakultät für Maschinenwesen der RWTH Aachen berufen. Er war bis 1987 in Personalunion Leiter des Instituts für Kunststoffverarbeitung (IKV) an der RWTH Aachen. In dieser Zeit baute er das Institut zu einer international anerkannten Einrichtung in Forschung und Lehre aus. Für seine großen Verdienste um die Kunststoffverarbeitung wurden ihm und dem Institut hohe nationale und internationale Auszeichnungen zuteil. Professor Georg Menges, der maßgeblich die Entwicklung der Kunststofftechnik bestimmt und vorangetrieben hat, gilt als einer der großen Pioniere der Kunststoffverarbeitung.

Prof. Walter Michaeli

Prof. Walter Michaeli war von 1988 bis 2011 Inhaber des Lehrstuhls für Kunststoffverarbeitung der RWTH Aachen und Inhaber des Lehrstuhls Kunststoffverarbeitung. Michaeli studierte Fertigungstechnik an der RWTH Aachen, nach über acht Jahren Industrietätigkeit übernahm er 1988 als Direktor die Leitung des IKV. Er war Mitglied in mehreren bedeutenden wissenschaftlichen Akademien und in der Jury des Deutschen Zukunftspreises. Für seine Entwicklung der Wasserinjektionstechnik beim Spritzgießen von Kunststoffen erhielt Professor Michaeli im Jahr 2002 den Otto von Guericke-Preis der AiF.

Paul Mohren

Paul Mohren schloss seine Ausbildung an der Ingenieursschule Aachen 1963 ab und gestaltete ab da das noch junge Forschungsinstitut IKV als Betriebsingenieur mit. Aufgrund seiner Ausbildung und seiner Affinität zu Spritzgießwerkzeugen erarbeitete er die Erstausgabe des Buches Spritzgießwerkzeuge gemeinsam mit Prof. Menges.

Unter Mitwirkung

An der Neubearbeitung dieses Buches haben mitgewirkt:

Kapitel 1	neu gestaltet	Y. Zhang, M. Sc. RWTH Dr.-Ing. M. Theunissen
Kapitel 2	neu gestaltet	S. Koch, M. Sc. RWTH
Kapitel 3	überarbeitet	J. Onken, M. Sc. RWTH Dr.-Ing. M. Theunissen
Kapitel 4	überarbeitet	J. Onken, M. Sc. RWTH
Kapitel 5	überarbeitet	H. Dornebusch, M. Sc. RWTH
Kapitel 6	überarbeitet	Dipl.-Wirt.-Ing. B. Grümer P. Bibow, M. Sc. RWTH
Kapitel 7	überarbeitet	H. Dornebusch, M. Sc. RWTH
Kapitel 8	überarbeitet	M. Rieck, M. Sc. RWTH
Kapitel 10	mitgestaltet und überarbeitet	Dipl.-Ing. M. Schmitz Dr.-Ing. M. Theunissen
Kapitel 11	mitgestaltet und überarbeitet	T. Schneppe, M. Sc. RWTH Dr.-Ing. M. Theunissen
Kapitel 12	überarbeitet	Dipl.-Ing. M. Schmitz Dr.-Ing. M. Theunissen
Kapitel 13	überarbeitet	M. Röbig, M. Sc. RWTH
Kapitel 14	überarbeitet	Dipl.-Wirt.-Ing. B. Grümer
Kapitel 15	überarbeitet	Dipl.-Ing. S. Haase
Kapitel 16	grundlegend überarbeitet	C. Zimmermann, M. Sc. RWTH

Kapitel 17	überarbeitet	P. Ochotta, M. Sc. RWTH
Kapitel 18	mitgestaltet und grundlegend überarbeitet	M. Röbig, M. Sc. RWTH Dr.-Ing. M. Theunissen
Kapitel 19	mitgestaltet und überarbeitet	J. Heinisch, M. Sc. RWTH
Kapitel 20	überarbeitet	M. Orth, M. Sc. RWTH
Kapitel 21	mitgestaltet und überarbeitet	M. Orth, M. Sc. RWTH Dr.-Ing. M. Theunissen
Kapitel 22	überarbeitet	N. Lammert, M. Sc. RWTH
Kapitel 23	überarbeitet	M. Orth, M. Sc. RWTH
Kapitel 24	überarbeitet	N. Lammert, M. Sc. RWTH

Inhaltsverzeichnis

1 Das Spritzgießverfahren

Das Spritzgießverfahren ist eines der wesentlichen Produktionsverfahren zur Verarbeitung von Kunststoffen. Es ermöglicht die wirtschaftliche Herstellung geometrisch nahezu beliebig komplexer Formteile in hohen Stückzahlen.

Als Vorteile dieses Verfahrens sind zu nennen:

- der direkte Weg vom Rohstoff zum Fertigteil
- die allenfalls geringe Nacharbeit der Formteile
- die Vollautomatisierbarkeit
- die hohe Reproduzierbarkeit
- die geringen Stückkosten bei großen Stückzahlen
- die kurzen Zykluszeiten auch bei komplexer Bauteilgeometrie
- die Möglichkeit der Funktions- und Prozessintegration
- die Fertigung komplexer Produkte in integrierten Prozessen

Die Bandbreite der herstellbaren Formteile reicht von Mikrobauteilen bis zu großen Erdtanks mit Schussgewichten von 10^{-6} kg bis 10^{2} kg. Wesentliche Einschränkungen bestehen hinsichtlich der Wanddicke, die einige Millimeter in der Regel nicht übersteigen sollte, sowie der Gestalt des Formteils, die die Entformbarkeit aus dem Werkzeug voraussetzt [1.1].

Als zentrales Element des Spritzgießprozesses erfüllt das Spritzgießwerkzeug wesentliche technologische Aufgaben. Zu diesen gehört die Aufnahme und Verteilung der Schmelze, die Ausformung des Formteils, die Erstarrung der Schmelze und das Entformen des Formteils. Das Spritzgießwerkzeug besteht als Fertigungseinheit aus unterschiedlichen Funktionskomplexen, die diese Aufgaben erfüllen. Die prozessorientierte Auslegung der einzelnen Funktionskomplexe ermöglicht die Integration weiterer Funktionen in das Spritzgießwerkzeug. Aufgrund der Komplexität der Spritzgießwerkzeuge und der unterschiedlichen Anforderungen an das Werkzeug sowie die anwendungsbezogene Gestaltung der Funktionskomplexe sind Spritzgießwerkzeuge meist Unikate.

1.1 Ablauf des Spritzgießprozesses

Die Herstellung der Formteile erfolgt diskontinuierlich in Zyklen. Der Ablauf eines Zyklus ist schematisch in Bild 1.1 dargestellt.

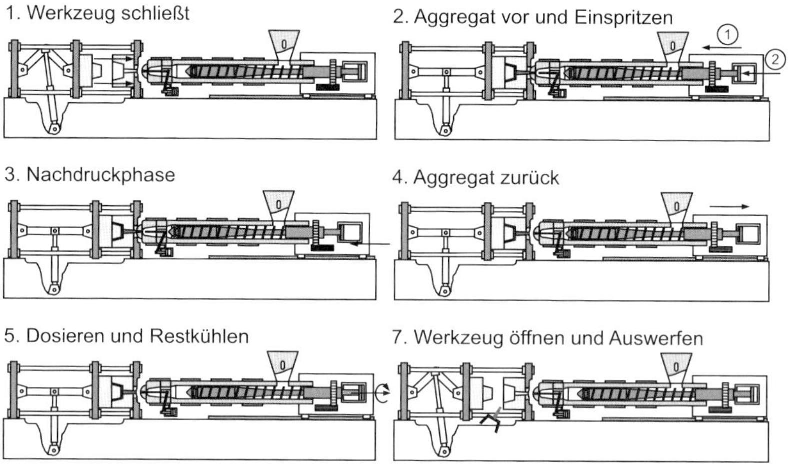

Bild 1.1 Verfahrensablauf beim Spritzgießen

Die Plastifiziereinheit besteht aus einem beheizten Massezylinder und einer innerhalb des Zylinders koaxial verschiebbaren und drehbaren Schnecke. Der in der Regel in Granulatform angelieferte Rohstoff wird in der Plastifiziereinheit durch Rotation der Schnecke aufgeschmolzen. Durch die Verschiebung der Schnecke entgegen der Plastifizierrichtung während der Plastifizierphase wird die erzeugte Schmelze vor die Schnecke in den Schneckenvorraum gefördert und dort gespeichert. Die Schnecke wird gegen den als Staudruck bekannten Widerstand im Schneckenzylinder zurückgedrückt.

Zu Beginn des Zyklus wird das Werkzeug durch die Betätigung der Schließeinheit geschlossen. Vor dem Einspritzvorgang wird die Einspritzdüse der Plastifiziereinheit an der Angussbuchse des Werkzeugs positioniert. Der Druck, mit dem die Düse gegen die Angussbuchse anliegt, muss so eingestellt werden, dass beim nachfolgenden Einspritzen der Schmelze die Verbindung dicht bleibt. Anschließend wird die dosierte Schmelze durch die Vorwärtsbewegung der Schnecke aus dem Plastifizieraggregat in die Höhlung des Werkzeugs, die Kavität, gedrückt [1.1].

Für die Füllung der Kavität wird aufgrund der hohen Schmelzeviskosität ein hoher Druck, um einige hundert bis 2 000 bar, benötigt. Dadurch entsteht in der Kavität ein hoher Werkzeuginnendruck. Die Schließeinheit muss entsprechend hohe Zuhaltekräfte aufbringen und das Werkzeug steif ausgeführt werden, um das Entweichen der Schmelze in die Trennebene aus der Kavität zu vermeiden.

Mit dem Eintritt der Kunststoffschmelze beginnt durch den Kontakt mit dem deutlich kälteren Werkzeug die Abkühlung und Erstarrung der Schmelze. Da das Volumen der Schmelze mit der Temperatur abnimmt, erfolgt nach der volumetrischen Füllung der Kavität in der Einspritzphase die Nachdruckphase. Dabei wird bis zur Erstarrung des Angusses weiter Kunststoffschmelze in die Kavität nachgedrückt, um die Schwindung des Kunststoffs auszugleichen. Danach wird die Einspritzdüse geschlossen und die Plastifiziereinheit zurückgefahren. Das Abheben der Düse vom Werkzeug dient der thermischen Trennung zwischen Werkzeug und Plastifiziereinheit, da diese auf sehr unterschiedliche Temperaturen temperiert werden müssen.

Da der Plastifiziervorgang eine gewisse Zeit in Anspruch nimmt, beginnt im Anschluss direkt die Aufdosierung des Werkstoffs für den nächsten Spritzgießzyklus, während das Formteil in der Kavität weiter abkühlt.

Wenn der Spritzling (Formteil) formstabil ist, wird das Werkzeug durch die Schließeinheit geöffnet und der Spritzling durch Auswerfer aus der Kavität geschoben [1.2].

Damit ist der Zyklus beendet und der nächste Zyklus kann unmittelbar erfolgen. Bild 1.1 zeigt wie sich die einzelnen Vorgänge zeitlich einordnen.

1.2 Spritzgießen von Thermoplasten

Thermoplaste erweichen und schmelzen unter Wärmezufuhr, sodass sie nach Überschreiten der materialspezifischen Übergangstemperaturen um- und urgeformt werden können, bevor sie durch das Abkühlen wieder erstarren. Daher werden beim Spritzgießprozess von Thermoplasten die Plastifiziereinheit heiß (im Allgemeinen zwischen 220 °C und 300 °C) und die Werkzeuge kalt (im Allgemeinen 40 °C bis 120 °C) temperiert. In der Regel ist der Temperaturunterschied größer als 100 K. Die für das Spritzgießen entwickelten thermoplastischen Formmassen sind in der Schmelze relativ niedrigviskos, damit neben langen Fließwegen auch kurze Einspritzzeiten realisiert werden können und niedrigere Schließkräfte erforderlich sind.

Neben der Aufnahme und Verteilung der Schmelze ist eine weitere wichtige Aufgabe des Spritzgießwerkzeugs die schnelle und gleichmäßige Wärmeabfuhr der eingebrachten Schmelze. Sowohl aus Gründen der Wirtschaftlichkeit als auch aufgrund der Qualität der Formteile ist eine sorgfältig ausgelegte Temperierung von erheblicher Bedeutung, um Fehler, wie z. B. Einfallstellen, Formteilverzug und Glanzunterschiede in der Oberfläche zu vermeiden (Kapitel 10). Die Wärmeverteilung innerhalb des Formteils beeinflusst die Eigenspannungen im Formteil und damit die Verzugsneigung des entformten Spritzlings immens. Das Kühlmittel – meist Wasser, solange die Werkzeugtemperaturen unter 100 °C liegen – umströmt in Temperierkanälen die Kavität. Durch den Einsatz von Temperiergeräten wird das Kühlmittel im Temperierkreislauf mit einem möglichst geringen Temperaturunterschied im Umlauf gehalten, sodass Formteile reproduzierbar hergestellt werden können [1.3].

Nacharbeitsfreie Formteile können nur entstehen, wenn alle Fugen und die Trennebenen des Werkzeuges so dicht geschlossen bleiben, dass keine Schmelze eindringen und zur Gratbildung führen kann. Hierzu müssen alle Fugen auch unter dem vollen Spritzdruck unter einer gewissen Spaltweite bleiben, bis die Schmelze erstarrt ist. Jedoch ist zu beachten, dass zur vollständigen Füllung der Kavität und der Vermeidung von Brennern am Bauteil durch die Verdichtung der Luft in der Kavität eine gute Entlüftung gewährleistet werden muss. Die maximale Spaltweite variiert je nach verwendetem Kunststoff und beträgt üblicherweise 0,01 mm und 0,2 mm je nach Viskosität der Schmelze und Neigung zur Formbelegbildung.

Somit ergeben sich insbesondere bei größeren Formteilen und großen Spritzgießmaschinen besonders hohe Anforderungen an die Präzision und Steifigkeit der Werkzeuge sowie die maximale Zuhaltekraft der Schließeinheiten. Die Steifigkeit der Aufspannplatten ist maschinenseitig von ganz besonderer Wichtigkeit.

1.3 Spritzgießen vernetzender Formmassen

Elastomere und Duroplaste erhalten erst unter Wärmezufuhr durch Vernetzung ihren endgültigen Aufbau. Da die Vernetzung erst in der Werkzeugkavität einsetzen darf, muss die Prozessführung entsprechend angepasst werden. Aus diesem Grund dürfen die Formmassen in der Plastifiziereinheit nur gerade so warm werden, dass eine zum Füllen der Kavität ausreichend niedrige Viskosität vorliegt. So wird verhindert, dass durch zu frühes Vernetzen der Prozessablauf nicht oder unvollständig bis zur Formteilbildung abläuft. Die Plastifiziereinheit wird daher meist unter 100 °C gehalten und die Erzeugung von Reibungswärme durch den Einsatz kompressionsloser Schnecken auf ein Minimum beschränkt.

Bei Eintritt der Formmasse in die Werkzeugkavität muss die Vernetzung aus wirtschaftlichen Gründen schnell erfolgen, sodass das Werkzeug auf einem hohen Temperaturniveau gehalten wird. Die Werkzeugtemperatur wird nach oben durch die Zersetzungstemperatur der Formmasse begrenzt und liegt zwischen 150 °C und 210 °C. Da die Viskosität der Formmassen mit steigender Temperatur abnimmt, jedoch mit dem Vernetzungsgrad steigt, ergibt sich durch die Überlagerung der genannten Effekte ein charakteristischer Viskositätsverlauf. Aufgrund der unterschiedlichen Material- und Verarbeitungseigenschaften ergeben sich für Elastomere und Duroplaste unterschiedliche Anforderungen an die Werkzeugtechnik [1.4] [1.5] [1.6].

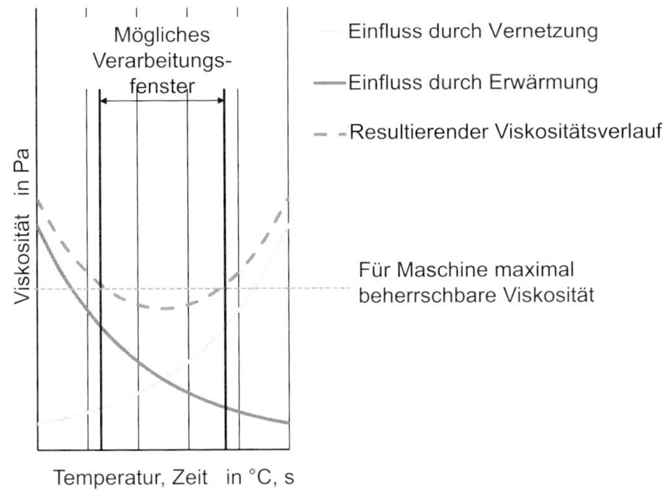

Bild 1.2 Viskositätsverlauf von vernetzenden Formmassen [1.1]

Bild 1.2 zeigt eine schematische Darstellung des Viskositätsverlaufes solcher Formmassen und welchen Bereichen des Zyklus dies zuzuordnen ist.

1.3.1 Spritzgießen von Elastomeren

Elastomerformmassen besitzen bereits im Anlieferungszustand eine makromolekulare Struktur, allerdings wird im Werkzeug unter dem Einfluss von Wärme noch eine weitmaschige Vernetzung der Molekülketten erzeugt. Infolgedessen ist die Volumenänderung, welche mit der Vernetzung einhergeht, gering [1.4].

Um eine Vernetzung vor Eintritt in das Werkzeug zu vermeiden, werden die Plastifiziereinheiten in der Regel < 100 °C eingestellt.

Durch die Erwärmung der Elastomermasse auf in der Regel bis zu 210 °C in der Kavität dehnt sich deren Volumen erheblich aus, so dass es zu hohen Werkzeuginnendrücken kommt. Da die Formmassen bei der Berührung mit der heißen Wand des Formnestes vor der Vernetzung niedrigviskoser werden, müssen die Spaltweiten der Trennfugen und Auswerferführungen < 0,01 mm sein, um Gratbildung zu vermeiden. Diese Forderung ist vor allem bei größeren Werkzeugen nicht immer realisierbar, so dass es häufig nicht möglich ist, Gratbildung und damit Nacharbeit am Formteil zu vermeiden.

1.3.2 Spritzgießen von Duroplasten

Duroplaste werden in einem niedermolekularen Zustand zum Spritzgießen angeliefert. Sie sind meist mit Mineralpulvern, Fasern und Holzmehl oder anderen Stoffen gefüllt, so dass sie bei den niedrigen Temperaturen im Zylinder (< 190 °C) der Plastifiziereinheit eine relativ hohe Viskosität besitzen.

Die Werkzeugtemperaturen betragen im Allgemeinen bis zu 190 °C. Hierdurch entsteht eine engmaschige Vernetzung, die zu einer schnellen Erstarrung führt. Da die chemische Reaktion exotherm abläuft, muss Wärme abgeführt werden. Die duroplastische Matrix wird bei Kontakt mit den heißen Werkzeugwänden besonders dünnflüssig. Zur Vermeidung von Graten am Formteil dürfen daher Spalten an den Trennfugen < 0,001 mm nicht überschreiten. Aufgrund von Verschleisserscheinungen können jedoch auch bei sorgfältiger Werkzeugwartung minimale Gratbildungen häufig nicht vollständig vermieden werden [1.7].

Literatur Kapitel 1

[1.1] *Hopmann, C.; Michaeli, W.:* Einführung in die Kunststoffverarbeitung. Carl Hanser Verlag, München 7. Auflage 2015.

[1.2] *Johannaber, F.; Michaeli, W.:* Handbuch Spritzgießen. Carl Hanser Verlag, München 2. Auflage 2004.

[1.3] *Kazmer, D. O.:* Injection Mold Design Engineering. Carl Hanser Verlag, München 2. Auflage 2016.

[1.4] *Baur, E. (Hrsg.):* Saechtling Kunststoff-Taschenbuch. Carl Hanser Verlag, München 31. Auflage 2013.

[1.5] *Röthemeyer, F.; Sommer, F.:* Kautschuktechnologie. Carl Hanser Verlag, München 3. Auflage 2013.

[1.6] *Buchschausen, F.:* Automatisierung beim Spritzgiessen von Duroplasten und Elastomeren, Dissertation an der RWTH Aachen 1982.

[1.7] *Wahl, S.:* Spritzgussverarbeitung von Duroplasten – Grundlagen und Anwendungsfelder einer Werkstoffgruppe. Vortrag zur Fachtagung Duroplastspritzgießen am IKV Aachen, 2015.

2 Formmassen für das Spritzgießen

Als Formmassen werden in der Kunststoffverarbeitung sämtliche strang-, pulver- oder granulatförmigen Kunststofferzeugnisse bezeichnet, welche die Ausgangsprodukte für die Verarbeitung darstellen und urformend zu Halbzeugen oder Formteilen geformt werden können [2.1]. Formmassen bestehen aus einer Mischung von Polymeren und Zusatzstoffen, wobei sowohl die Art des Polymers als auch des Füllstoffs einen wesentlichen Einfluss auf die Verarbeitung im Spritzgießprozess haben. Nachfolgend wird zunächst auf den chemischen Aufbau der Polymere und die sich hieraus ergebene Einteilung von Kunststoffen in verschiedene Kunststoffklassen eingegangen. Es folgt eine kurze Beschreibung der charakteristischen Verarbeitungseigenschaften der verschiedenen Kunststoffklassen. Abschließend wird eine Beschreibung und Einordnung der Zusatzstoffe vorgenommen, die in der Kunststofftechnik eingesetzt werden.

2.1 Aufbau von Kunststoffen

Kunststoffe bestehen aus makromolekularen organischen Verbindungen, die synthetisch oder durch Umwandlung von Naturprodukten entstehen [2.2]. Die genannten Makromoleküle bestehen aus einer Aneinanderreihung vieler identischer, niedermolekularer, reaktionsfähiger Moleküle, welche auch als Monomere bezeichnet werden. Die in der Kunststofftechnik übliche Bezeichnung „Polymere" setzt sich hierbei aus dem griechischen „Poly = viele" und „meros = Teil" zusammen. Die Anzahl der Wiederholungseinheiten in der Molekülkette wird als Polymerisationsgrad bezeichnet, wobei deren Zusammenhalt innerhalb der Molekülkette durch chemische Hauptvalenzbindungen realisiert wird. Die Bindungskräfte der Molekülketten untereinander können sowohl chemische Hauptvalenzbindungen als auch physikalische Nebenvalenzbindungen darstellen. Die Struktur der Makromoleküle und ihr Bindungsmechanismus ermöglicht eine Einteilung der Kunststoffe in verschiedene Kunststoffklassen, welche nachfolgend vorgestellt werden [2.3].

2.2 Klassifikation von Kunststoffen aufgrund ihrer chemischen Struktur

Die im Spritzgießen verarbeitbaren Formmassen bestehen allesamt aus Polymeren, welche sich hinsichtlich ihres molekularen Aufbaus in verschiedene Werkstoffgruppen einteilen lassen. Hierbei sind für die Verarbeitung im Spritzgießprozess die Charakteristika der einzelnen Werkstoffgruppen zu beachten, wodurch im Folgenden eine einzelne Betrachtung vorgenommen wird.

2.2.1 Thermoplaste

Thermoplastische Formmassen bestehen aus linearen oder verzweigten Makromolekülen, welche untereinander ausschließlich sekundäre Bindungskräfte (Nebenvalenzbindungen) aufweisen [2.4]. Diese sekundären Bindungskräfte können durch Temperatureinfluss und der daraus resultierenden Wärmeschwingung herabgesetzt werden, worin die Schmelzbarkeit der Thermoplaste begründet liegt [2.2]. Die Höhe der Sekundärkräfte ist von der Art der Bindungskräfte, aber auch von der Anzahl und der Art der Verzweigungen abhängig, wodurch sich ebenfalls unterschiedliche Verarbeitungseigenschaften ergeben [2.3].

2.2.1.1 Teilkristalline Thermoplaste

Liegen nur wenige und kurze Seitenketten vor, bzw. verfügen die Makromoleküle über eine durchgängige Fernordnung, können sich die einzelnen Makromoleküle dicht nebeneinander legen, wodurch eine entsprechend hohe Packungsdichte entsteht. Die Entstehung solcher Bereiche aus der Schmelze heraus wird auch als Kristallisation bezeichnet. Jedoch kann es aufgrund der äußerst langen Molekülketten zu keiner vollständigen Kristallisation kommen, da die Moleküle entsprechend ihrer Länge zu Verschlaufungen und Umschlingungen neigen, wodurch lokale Bereiche mit geringerer Packungsdichte entstehen. Aus diesem Grund wird diese Art von Thermoplasten als teilkristallin bezeichnet [2.2] [2.5].

Die während des Abkühlprozesses aus der Kristallisation entstehenden Gefügestrukturen sind vor allem von den vorherrschenden Temperaturen und der Abkühlgeschwindigkeit abhängig und werden somit sehr stark vom Verarbeitungsprozess beeinflusst. Der schematische Aufbau eines teilkristallinen Thermoplasten ist nachfolgend dargestellt. In Bild 2.1 sind die amorphen Bereiche, in denen die Molekülketten ungeordnet vorliegen, dargestellt. Die daneben liegenden kristallinen Bereiche, die einen hohen Ordnungsgrad aufweisen, sind ebenfalls gut zu erkennen.

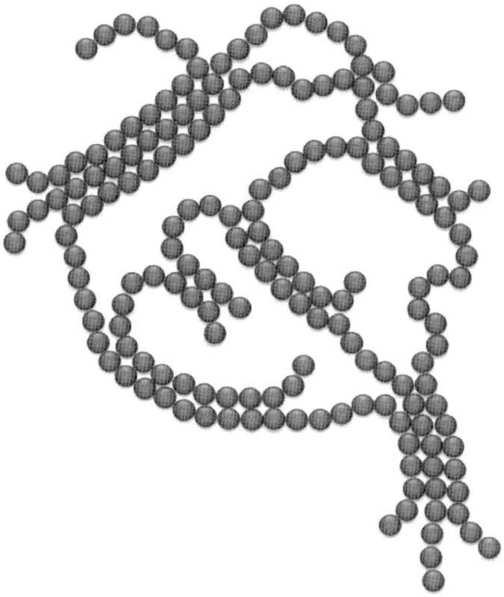

Bild 2.1 Schematischer Aufbau eines teilkristallinen Thermoplasten

2.2.1.2 Amorphe Thermoplaste

Weisen die vorliegenden Molekülketten viele Verzweigungen mit langen Seitenketten auf, so können sich aufgrund des unregelmäßigen Aufbaus der Makromoleküle, bzw. aufgrund der fehlenden durchgängigen Fernordnung, keine Bereiche mit hohen Packungsdichten ausbilden. Die Moleküle liegen wie in einem Knäuel oder einem Wattebausch in- und umeinander verschlungen und somit vollständig amorph vor (Bild 2.2). Diese Kunststoffe werden somit als amorphe Thermoplaste bezeichnet [2.3] [2.5].

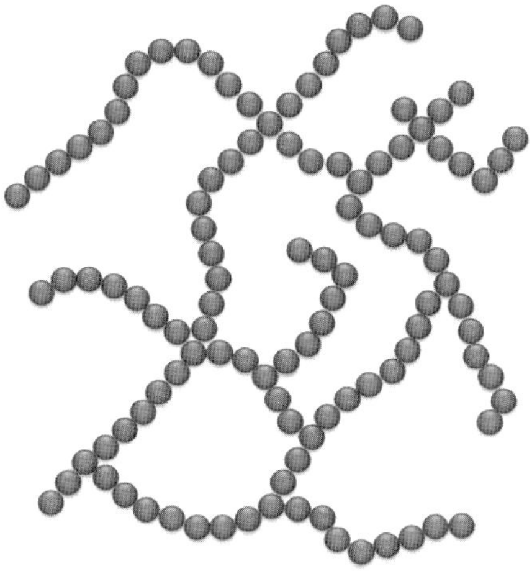

Bild 2.2 Schematischer Aufbau eines amorphen Thermoplasten

Der grundlegend unterschiedliche strukturelle Aufbau von Thermoplasten resultiert in deutlich unterschiedlichen Charakteristika bei der Verarbeitung im Spritzgießverfahren und bei der Bauteilauslegung. Bei der Verarbeitung von teilkristallinen Thermoplasten muss beachtet werden, dass die durch die Kristallisation freiwerdende Wärme abgeführt werden muss, wodurch oftmals längere Zykluszeiten notwendig werden (Kapitel 10). Aufgrund der Dichteänderung während der Kristallisation muss ebenfalls längere Zeit ein erhöhter Nachdruck aufgebracht werden, um die größere Volumenänderung des Materials auszugleichen [2.6]. Des Weiteren führt der Kristallisationsvorgang zu einer erhöhten Schwindung von teilkristallinen Thermoplasten, welche ebenfalls auf die erhöhte Volumenänderung zurückzuführen ist [2.5] (Kapitel 4). Das Schwindungspotenzial einiger thermoplastischer Kunststoffe ist in Tabelle 2.1 angegeben. Gut zu erkennen sind die deutlich höheren Schwindungswerte teilkristalliner Thermoplaste (z. B. PE) im Vergleich zu amorphen Thermoplasten (z. B. PS).

Tabelle 2.1 Verarbeitungsschwindung, Fließweglängen, Verarbeitungs- und Werkzeugtemperaturen für thermoplastische Werkstoffe [2.7] [2.8] [2.9]

Kunststoff		Kurzzeichen	Schwindung in %	Fließweglänge [1] in mm	Verarbeitungstemperatur in °C	Werkzeugtemperatur in °C
Polyethylen		PE-LD	1,5-3	550-600	160-220	20-60
		PE-HD	1,5-5	200-600	180-250	10-60
Polypropylen		PP	1,3-2,5	250-700	200-270	20-90
		PP GF 20[2)]	1,2-2,0	500	230-270	40-70
Polystyrol und Copolymerisate		PS	0,4-0,7	200-500	170-280	10-60
		SB	0,4-0,7	200-500	190-280	10-80
		ABS	0,4-0,7	320	200-275	50-90
		ABS GF 30[2]	0,1-0,3	300	210-240	50-80
		SAN	0,4-0,6	200-500	200-260	50-80
		SAN GF 30[2)]	0,2-0,3	-	240-280	50-80
Polyvinylchlorid	**hart**	PVC-U	0,5-0,7	160-250	170-210	20-60
	weich	PVC-P	0,7-3,0	150-500	160-190	20-60
Ethylen-Vinylacetat		EVA	0,8-2,2	320	130-240	10-50
Perfluoralkoxy		PFA	3,5-5,5	80-120	380-400	95-230
Polymethylmethacrylat		PMMA	0,4-0,8	200-500	190-270	40-90
Polyoxymethylen		POM	1,9-2,3	500	180-230	60-120
		POM GF 30[2)]	0,5-1	350	190-230	70-120
Polycarbonat		PC	0,7-0,8	150-220	270-320	80-120
		PC GF 30[2)]	0,2-0,4	120-170	280-330	80-130

Tabelle 2.1 (*Fortsetzung*) Verarbeitungsschwindung, Fließweglängen, Verarbeitungs- und Werkzeugtemperaturen für thermoplastische Werkstoffe [2.7] [2.8] [2.9]

Kunststoff	Kurzzeichen	Schwindung in %	Fließweglänge [1] in mm	Verarbeitungstemperatur in °C	Werkzeugtemperatur in °C
Polyamid	PA 6	0,8-2,5	400-600	240-290	40-120
	PA 66	0,8-2,5	810	260-300	40-120
	PA 6 GF 30[2]	0,2-1,2	360-580	250-290	50-100
	PA 66 GF 30[2]	0,2-1,2	610	270-300	50-100
	PA 610	0,8-2,0	-	220-260	40-120
	PA 11	1,0-2,0	-	200-250	40-80
	PA 11 GF 30[2]	0,3-0,7	-	220-290	40-70
	PA 12	1,0-2,0	200-500	190-270	20-100
	PA 12 GF 30[2]	0,5-1,5	200	220-280	60-100
	PA 6-3-T	0,5-0,6	-	250-320	70-90
	PA 6-3-T GF30[2]	0,16-0,22	-	260-300	50-100
Celluloseacetobutyrat	CAB	0,4-0,7	500	180-220	40-80
Celluloseacetat	CA	0,4-0,7	350	180-220	40-80
Cellulosepropinat	CP	0,4-0,7	500	190-230	40-80
Polyphenylenoxyd	PPO	0,50-0,8	260	250-290	70-120
	PPO GF 30[2]	0,2	170	250-290	70-120
Polyphenylensulfid	PPS	0,2	-	320-380	20-200
Polysulfon	PSU	0,6	-	340-390	100-160
	PSU GF 40[2]	0,15	-	330-370	90-150
Thermoplastische Polyester	PET	1,30-1,5	200-500	260-300	130-150
	PET GF 30[2]	0,20-2,0	200-300	270-300	130-150
Polybutylenterephtalate	PBT	1,00-2,2	250-600	230-280	40-80
	PBT GF 30[2]	0,50-1,5	200-400	240-270	60-100

[1] Fließweglänge bei 2 mm Wanddicke, mittlerer Massetemperatur, mittlerem Einspritzdruck und mittlerer Werkzeugtemperatur
[2] Formmasse mit Glasfaser in %

2.2.2 Vernetzende Formmassen

Während die Makromoleküle thermoplastischer Formmassen untereinander lediglich Nebenvalenzbindungen aufweisen, können andere Makromoleküle abhängig von ihrem chemischen Aufbau ebenfalls über Hauptvalenzbindungen miteinander vernetzt werden. Hierfür sind geeignete Vernetzungsstellen, wie C=C-Doppelbindungen oder reaktive Gruppen, innerhalb der Molekülkette notwendig. Die Vernetzung kann entweder während der Kettenbildungsreaktion oder erst im Anschluss darauf durch Zugabe von geeigneten Reagenzien gestartet werden. Je nach Häufigkeit der Vernetzungsstellen innerhalb der Molekülstrukturen kann zwischen Elastomeren und Duroplasten unterschieden werden [2.2].

2.2.2.1 Duroplaste

Als Duroplaste werden Kunststoffe bezeichnet, welche durch häufige Hauptvalenzbindungen zwischen den Molekülketten zu einem sehr engmaschigen dreidimensionalen Netz verbunden sind. Die Ausbildungen der Hauptvalenzbindungen werden als Netzstellen bezeichnet und bilden sich erst durch einen Aushärtungsprozess bei hohen Temperaturen während der Verarbeitung. Hierbei ist zu beachten, dass ein erneutes Aufschmelzen aufgrund der Hauptvalenzbindungen jedoch nicht möglich ist. Duroplaste sind aufgrund ihres engmaschigen Aufbaus bei Raumtemperatur sehr hart und spröde, zeigen jedoch im Gegensatz zu Thermoplasten auch bei erhöhten Temperaturen praktisch kein Fließen, da ein Abgleiten der Molekülketten durch die Vernetzung unterbunden ist [2.3].

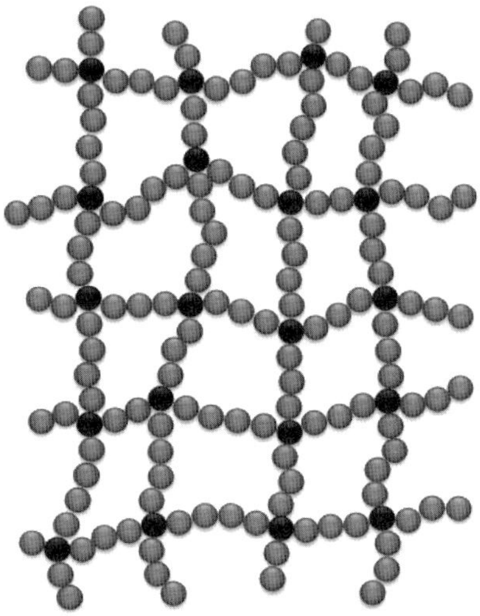

Bild 2.3 Schematischer Aufbau eines Duroplasten

2.2.2.2 Elastomere

Elastomere weisen, im Gegensatz zu Duroplasten, ein sehr weitmaschiges Netz auf (Bild 2.4). Die Molekülketten sind meist regellos verteilt oder bilden einzelne kristalline Bereiche aus. Sie besitzen nur wenige Vernetzungsstellen und sind ebenfalls nicht aufschmelzbar. Aufgrund ihres charakteristischen Aufbaus zeigen Elastomere bei Raumtemperatur ein meist voll reversibles Verformungsverhalten [2.3].

Bild 2.4 Schematischer Aufbau eines Elastomeren

Da vernetzende Formmassen im Gegensatz zu Thermoplasten durch die Zufuhr von Wärme infolge der Vernetzung erstarren, muss der Spritzgießprozess an die Verarbeitung dieser Materialien angepasst werden (Abschnitt 2.2.2). Des Weiteren weisen vernetzende Formmassen vor der Vernetzung im Vergleich zu Thermoplasten eine sehr niedrige Viskosität auf. So werden schon kleinste Spalte in der Trennebene oder zwischen den Auswerferstiften und Werkzeugchassis von der Formmasse durchflossen. Dies führt oftmals zur Bildung von Schwimmhäuten und Graten, welche im anschließenden Nachbearbeitungsschritt entfernt werden müssen [2.2].

2.2.3 Zusatzstoffe

Neben den Verarbeitungscharakteristika der Polymere haben die eingesetzten Zusatzstoffe einen wesentlichen Einfluss auf die Verarbeitung und die hieraus resultierenden Bauteileigenschaften. Nachfolgend werden die verschiedenen Gruppen der Zusatzstoffe und ihre Wirkung vorgestellt, mit deren Hilfe die Eigenschaften von Polymeren gezielt verbessert werden können. Hierbei ist zwischen verarbeitungsfördernden und produkteigenschaftsverbessernden Zusatzstoffen zu unterscheiden [2.3] [2.11]. Zu den **verarbeitungsfördernden Zusatzstoffen** gehören:

- *Gleitmittel* wirken in zweierlei Hinsicht. So ist ihre Aufgabe, die Fließfähigkeit der Polymerschmelze zu erhöhen und eine schonendere Verarbeitung empfindlicher Polymere zu ermöglichen. Des Weiteren sollen Gleitmittel ein Anhaften des Polymers an heißen Stahlflächen der Förderaggregate verhindern.

- *Wärmestabilisatoren* verhindern eine temperaturbedingte Kettenspaltung des Polymers, wobei die Neigung hierzu sehr polymerspezifisch ist. Oftmals werden als Wärmestabilisatoren Antioxidantien eingesetzt.
- *Haftvermittler* werden in Verbindung mit der Zugabe von Füllstoffen eingesetzt. Durch Haftvermittler soll die Haftung zwischen Füllstoff und Polymer verbessert werden. Die Substanzen lagern sich meist auf der Füllstoffoberfläche ab und gehen daraufhin eine chemische Verbindung mit dem Polymer ein.
- Durch *Trennmittel* soll die Haftung zwischen Polymer und Werkzeugwand bei der Verarbeitung im Spritzgießprozess herabgesetzt werden, um somit geringere Entformungskräfte zu ermöglichen. Hierbei wird zwischen inneren und äußeren Trennmitteln unterschieden. Während innere Trennmittel dem Polymer zugegeben werden, können äußere Trennmittel direkt in der Werkzeugform eingesetzt werden.
- *Thixotropiemittel* werden eingesetzt, um die Rieselfähigkeit von Granulaten und Pulvern zu verbessern oder das Zusammenkleben von Folien nach der Fertigung zu verhindern. Werden Polymere mit derartigen Stoffen versetzt, weißt die Schmelze ein eher zähflüssiges Verhalten auf, welches durch Scherbelastung während der Verarbeitung verringert werden kann [2.3].

Neben den verarbeitungsfördernden Zusatzstoffen werden ebenfalls Zusatzstoffe zur **Verbesserung der Produkteigenschaften** eingesetzt. Diese lassen sich in folgende Gruppen einteilen [2.3]:

- *Festigkeitserhöhende Zusatzstoffe:* Um die Festigkeit von Kunststoffbauteilen im Einsatz zu erhöhen werden Füllstoffe eingesetzt, welche ein sehr hohes Aspektverhältnis (Verhältnis von Länge zu Dicke) aufweisen. Hierbei werden sowohl anorganische Füllstoffe (u. a. Glasfaser, Glimmer oder Einkristalle) als auch organische Füllstoffe (u. a. Aramid- oder Kohlenstofffasern) eingesetzt. Eingebettet in die Polymermatrix können die Füllstoffe auftretende Kräfte aufnehmen und somit das Polymer entlasten. Hierbei muss jedoch der Ausrichtung der Fasern besondere Aufmerksamkeit geschenkt werden. Während Zugbelastungen in Orientierungsrichtung gut aufgenommen werden können, kann es bei Druckbelastung, welche nicht senkrecht zur Faser eingeleitet werden, zum Abknicken dieser kommen. Durch die deutlich geringere Wärmedehnung der Fasern im Gegensatz zur umgebenen Polymermatrix wirkt sich eine Faserverstärkung positiv auf das Schwindungsverhalten aus, wohingegen die Fließfähigkeit deutlich reduziert wird (Kapitel 4).
- *Steifigkeitserhöhende Zusatzstoffe:* Um die Steifigkeit von Kunststoffbauteilen zu erhöhen, werden kugelförmige Partikel mit einem Aspektverhältnis von 1 eingesetzt. Hierbei werden vornehmlich mineralische Füllstoffe verwendet, wodurch das verformungsfähige Volumen des Polymers durch den Einsatz des Füllstoffs, mit nahezu unendlich steifer Matrix, verringert wird. Mineralische Füllstoffe wirken sich ebenfalls positiv auf das Schwindungs- und Verzugsverhalten aus, sind gut verarbeitbar und kostengünstig.

- *Weichmacher:* Im Gegensatz zu steifigkeitserhöhenden Kunststoffen setzen Weichmacher die Steifigkeit herab. Hierbei wird zwischen inneren und äußeren Weichmachern unterschieden. Während innere Weichmacher die Polymerstruktur durch Copolymerisation ändern, besitzen äußere Weichmacher lediglich eine Affinität zum Polymer und bewirken die Quellung bzw. Lösung der Polymerstruktur.
- *Reagierende Zusatzstoffe* werden eingesetzt, um das Eigenschaftsprofil eines Polymers gezielt zu erweitern. Hierzu zählen z. B. Schwerentflammbarkeitszusätze, Peroxide, Beschleuniger und Inhibitoren.
- *Gebrauchsfähigkeitsverlängernde Zusatzstoffe:* Durch diese Gruppe der Zusatzstoffe wird Einfluss auf den Abbau des Polymers während des Gebrauchs genommen. So sind beispielsweise viele Polymere lichtunbeständig und neigen zum Abbau unter UV-Strahlung. Dies kann durch Lichtstabilisatoren verhindert werden. Des Weiteren werden beispielsweise Antioxidantien eingesetzt, welche den Abbau des Polymers durch Wärme bei Anwesenheit von Sauerstoff verhindern.
- *Färbende Zusatzstoffe:* Um ein Kunststoffprodukt einzufärben, müssen dem Polymer vor der Verarbeitung färbende Zusatzstoffe beigegeben werden. Hierbei wird meist auf organische oder anorganische Pigmente zurückgegriffen. Da die Farbgebung auf der Lichtbrechung beruht, haben die Pigmentgröße und die Dispersion einen erheblichen Einfluss. Der Teilchendurchmesser der Pigmente liegt unter 1 µm. Oftmals wird bei der Verarbeitung auf sogenannte Masterbatches zurückgegriffen, in denen hohe Pigmentkonzentrationen in ein Polymer eingearbeitet sind.
- *Treibmittel* werden zum Schäumen von Polymeren eingesetzt, wobei Treibmittel im Ausganszustand sowohl fest, flüssig als auch gasförmig vorliegen können. Grundsätzlich wird zwischen chemischen und physikalischen Treibmitteln unterschieden.
  - Chemische Treibmittel erzeugen durch Zersetzung eines Stoffes oder eine chemische Reaktion ein im Polymer gelöstes Gas, wodurch ein Aufschäumen des Polymers erfolgt.
  - Physikalische Treibmittel hingegen bewirken das Aufschäumen durch die Verdampfung von flüssigen Treibmitteln [2.3] [2.10].

Literatur Kapitel 2

[2.1] *N. N.:* Kunststoff-Formmassen Kunststofferzeugnisse; Begriffe, DIN 7708-1 (1980).

[2.2] *Hopmann, Ch.; Michaeli, W.:* Einführung in die Kunststoffverarbeitung. Carl Hanser Verlag, München 7. Auflage 2015.

[2.3] *Menges, G.; Haberstroh, E.; Michaeli, W.; Schmachtenberg, E.:* Menges Werkstoffkunde Kunststoffe. Carl Hanser Verlag, München 6. Auflage 2011.

[2.4] *Ehrenstein, G. W.:* Polymer-Werkstoffe. Struktur – Eigenschaften – Anwendung. Carl Hanser Verlag, München 3. Auflage 2011.

[2.5] *Elsner, P.; Everer, P.; Hirth, T.:* Domininghaus – Kunststoffe: Eigenschaften und Anwendungen. VDI-Verlag, Düsseldorf 8. Auflage 2012.

[2.6] *Domininghaus, H.:* Die Kunststoffe und ihre Eigenschaften, VDI-VERLAG, Düsseldorf 2004.

[2.7] *Johannaber, F.; Michaeli, W.:* Handbuch Spritzgießen. Carl Hanser Verlag, München 2. Auflage 2004.

[2.8] *Baur, E.; Brinkmann, S.; Osswald, T.; Rudolf, N.; Schmachtenberg, E.:* Saechtling Kunststofftaschenbuch. Carl Hanser Verlag, München, 2013

[2.9] *N. N.:* Campus® Datenbank http://www.campusplastics.com/, Abrufdatum 01.09.2017.

[2.10] *Bonnet, M.:* Kunststoffe in der Ingenieuranwendung. Vieweg+ Teubner Verlag, Wiesbaden 1. Auflage 2009.

[2.11] *Laska, R.; Felsch, C.:* Werkstoffkunde für Ingenieure. Vieweg+ Teubner Verlag, Wiesbaden 3. Auflage 1992.

3 Gestalten von Bauteilen für das Spritzgießen von Thermoplasten

3.1 Kunststoff als Konstruktionswerkstoff

Klassische Anwendungsbereiche von Spritzgießbauteilen sind z. B. Gehäuse, Verkleidungsteile sowie generell mechanisch gering bis mäßig beanspruchte Formteile mit häufig komplexer Geometrie, bei denen hauptsächlich die kostengünstige Großserienherstellung ausschlaggebend für die Wahl von Kunststoffen ist. Jedoch werden Spritzgießbauteile zunehmend auch in technisch anspruchsvollen Anwendungen eingesetzt, die bislang Metallbauteilen vorbehalten waren.

Gründe hierfür sind eine hohe Gestaltungsfreiheit, Reproduzierbarkeit sowie die Möglichkeit zur Funktions- und Prozessintegration, die das Spritzgießverfahren ermöglicht. Insbesondere faserverstärkte teilkristalline Thermoplaste konkurrieren dabei zunehmend mit Metallen.

Des Weiteren werden die besonderen Eigenschaften der Kunststoffe bei der Auslegung von Spritzgießbauteilen genutzt. Hier sind die guten gewichtsspezifischen mechanischen Eigenschaften, niedrige Verarbeitungstemperaturen, weitreichend einstellbare E-Moduln, niedrige Dichte, chemische Beständigkeit und bei amorphen Kunststoffen die Transparenz zu nennen.

Auch die Möglichkeit der Verbindung unterschiedlicher Kunststoffe eröffnet viele Optionen bei der Produktentwicklung, ebenso wie die häufig unerwünschte, in manchen Fällen aber auch sinnvoll nutzbare Inkompatibilität mancher Kunststoffe. Auf diese Weise können Bauteile entwickelt werden, die unterschiedliche Funktionen wie beispielsweise Filmscharniere oder, bei inkompatiblen Kunstoffen, bewegliche durch Montagespritzgießen in sich vereinen.

3.2 Gestaltungsregeln für die fertigungs- und werkstoffgerechte Konstruktion von Spritzgießbauteilen

Einhaltung grundlegender Gestaltungsregeln

Um die oben genannten Vorteile von Kunststoffen zu nutzen, ist eine werkstoff-, verfahrens- und werkzeuggerechte Konstruktion der Formteile notwendig. Formteile, die hinsichtlich dieser Anforderungen nicht optimiert sind, können auch mit einem gut konstruierten Werkzeug nicht anforderungsgerecht und wirtschaftlich produziert werden. Die kunststoffgerechte Gestaltung von Formteilen erfordert die Einhaltung grundlegender Regeln. Diese werden im Folgenden beschrieben. Damit ist der Werkzeugkonstrukteur in der Lage, umzusetzende Formteilkonstruktionen zu analysieren und zu optimieren.

Kompromisse zwischen Regeln notwendig

Die nachfolgend beschriebenen Regeln basieren auf dem Materialverhalten der Kunststoffe, dem Spritzgießverfahren und den zugehörigen Werkzeugtechniken. Sie sind als Empfehlung für das ideal gestaltete Formteil zu betrachten. Produkt- oder Fertigungsanforderungen erlauben oft nicht die ideal kunststoffgerechte Gestaltung des Formteils oder die Einhaltung einer Regel führt zu einer Verletzung einer anderen Regel. Die Nichteinhaltung einiger Regeln verhindert deshalb nicht die Realisierung eines Spritzgussbauteils. Vielmehr ist es die Aufgabe des Konstrukteurs, unter Kenntnis der Konsequenzen einen Kompromiss zwischen der Einhaltung der Gestaltungsregeln und den Konsequenzen zu definieren, wie z. B. die Akzeptanz von Einfallstellen oder von längeren Zykluszeiten.

Nachfolgend werden die folgenden Gestaltungsregeln erläutert:

1. Wanddicke so dünn wie möglich auslegen
2. Gleichbleibende Wanddicken vorsehen
3. Masseanhäufungen vermeiden
4. Ecken und Kanten mit Radien versehen
5. Rippen spritzgießgerecht gestalten
6. Ebene Flächen vermeiden
7. Ausreichende Konizitäten vorsehen
8. Hinterschneidungen vermeiden
9. Keine genauere Bearbeitung als nötig
10. Das Potenzial der freien Formgebung ausschöpfen

11. Position des Angusses bei der Formteilgestaltung beachten
12. Kunststoff-Metall-Verbunde spannungsausgleichend gestalten
13. Löcher und Auskernungen kunststoffgerecht gestalten
14. Gewinde kunststoffgerecht gestalten
15. Formteile verfahrensgerecht optimieren

3.2.1 Wanddicke so dünn wie möglich auslegen

Typische Formteilwanddicke

Typische Formteilwanddicken liegen in einem Bereich von 1 bis 4 mm. Bei großen Formteilen, wie zum Beispiel Mülltonnen, werden auch Wanddicken bis 6 mm realisiert. Wanddicken über 6 mm sind möglich, führen aber zu sehr langen Abkühlzeiten und sind unter wirtschaftlichen Aspekten möglichst zu vermeiden. Formteile mit Wanddicken unter 0,5 mm sind nach dem derzeitigen technischen Stand der Spritzgießmaschinen und den zur Verfügung stehenden Materialien ungünstig bzw. erfordern einen erhöhten Aufwand. Im Steckerleistenbereich existieren z. B. Formteile mit Wanddicken von 0,3 mm. Hier kommen in der Regel besonders fließfähige Materialien zum Einsatz. Ein Vergleich der möglichen Fließweglängen verschiedener Thermoplaste findet sich in Kapitel 2, Tabelle 2.1.

Wanddicken, Einflussgrößen auf Gestaltung der Formteile

Die optimale Wanddicke eines Formteils wird, neben der zur Erfüllung der mechanischen Funktion des Formteils notwendigen Wanddicke, im Wesentlichen durch drei Forderungen an die Konstruktion bestimmt. Diese sind:

- Kostenersparnis
- Vermeidung von Einfallstellen und Lunkern
- Vollständige Füllung der Kavität

Die Einhaltung der ersten beiden Forderungen führt zu einer Minimierung der Wanddicken. Die dritte Forderung resultiert in einer Mindestwanddicke, da eine vollständige Kavitätsfüllung nur bei einem ausreichend geringen Fließwiderstand möglich ist. Im Folgenden wird darauf eingegangen, welche Faktoren diese Forderungen beeinflussen.

Kostenersparnis/Zykluszeit

Durch geringe Wanddicken wird nicht nur der Material- und Energieeinsatz minimiert, sondern auch die Kühlzeit bei der Spritzgießfertigung herabgesetzt. Da die Kühlzeit ca. 50 bis 70 % der Gesamtzykluszeit beträgt und quadratisch mit der Wanddicke zunimmt [3.1], lässt sich durch die Verringerung der Wanddicke direkt der Ausstoß erhöhen, wodurch die Kosten für das einzelne Formteil gesenkt werden können.

Fertigungskosten

Als Beispiel für die Abhängigkeit der Kosten von den Wanddicken eines Formteils zeigt das Bild 3.1 für den Werkstoff POM die relativen Fertigungskosten aufgetragen über den Wanddicken für Formteilfertigungen – einmal mit einem zugelassenen engen Toleranzbereich „Präzision" – sowie einmal mit einem zugelassenen weiteren Toleranzbereich „Standard". Die relativen Fertigungskosten ergeben sich aus dem Verhältnis der tatsächlichen Fertigungskosten zu den einmal ermittelten Fertigungskosten einer Standardkombination. Die Materialkosten werden hierbei nicht berücksichtigt.

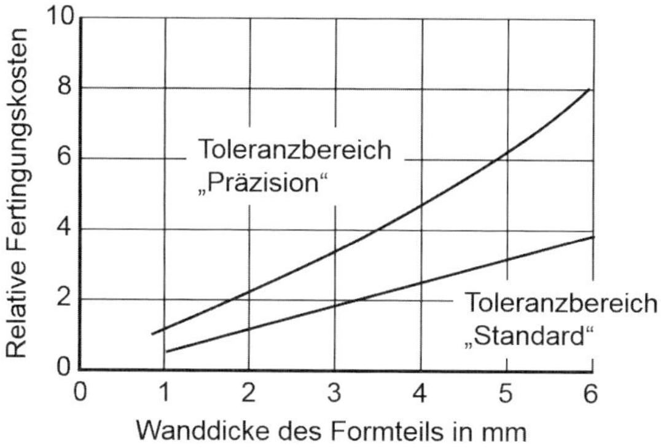

Bild 3.1 Relative Fertigungskosten als Funktion der Wanddicke für das POM Delrin von Du Pont nach [3.1]

Abkühleffekte

Während die Randschichten eines Spritzgießbauteils durch den direkten Kontakt mit der Werkzeugwand schnell abkühlen, kann die Wärme aus den Mittelschichten wegen der schlechten Wärmeleitfähigkeit von Kunststoffen nur langsam abgeführt werden. Die noch schmelzeflüssigen Bereiche weisen aufgrund thermischer Volumenänderung eine starke Schwindung auf, während sie durch die bereits erstarrten Bereiche in ihrer Volumenkontraktion behindert werden. Die Folge sind, insbesondere bei Wanddicken über 4 mm hohe Eigenspannungen, die zu Verzug oder, bei Ausgleich durch Materialbewegungen, zu Einfallstellen und Lunkern führen können.

Diese in der Abkühlphase auftretenden Effekte werden unter Aufrechterhaltung des Nachdruckes durch Materialtransport in die Kavität kompensiert. Sobald jedoch ein Abschnitt des Fließweges erstarrt ist, kann der Nachdruck nicht mehr alle Bereiche des Formteils erreichen. Es kommt zu Einfallstellen und Lunkern. Das Schwindungspotenzial einiger thermoplastischer Kunststoffe findet sich in Kapitel 2, Tabelle 2.1

Abkühleffekte: Einfallstellen

Der Schwindungsvorgang beim Abkühlen der Formmasse in der Kavität zieht die äußeren Wände des spritzgegossenen Teils weg von der Werkzeugwand hin zu dessen Zentrum. Kommt es dabei zum einen zu lokal unterschiedlich starker Schwindung z. B. aufgrund von Wanndickenunterschieden, schnellerer Abkühlung in Kanten und Ecken oder einer asymmetrischen Temperierung, während zum anderen die Volumenkontraktion des abkühlenden Kunststoffs nicht ausreichend durch Masseförderung unter Nachdruck ausgeglichen werden kann, entstehen Einfallstellen [3.2].

Abkühleffekte: Lunker

Sind die Randschichten eines Formteils im Lauf der Abkühlphase so stark abgekühlt und somit so steif, dass sie der Volumenschwindung der noch schmelzeflüssigen Mittelschichten nicht mehr folgen können, kommt es bei fehlendem Nachdruck zu einem Unterdruck im Formteil. Ist dieser Unterdruck hoch genug, kommt es zur Bildung einer Vakuole, eines sogenannten Lunkers, im Bauteil. Je nach Höhe des Unterdrucks füllt sich der Lunker mit Restmonomeren, flüchtigen Gasen oder Feuchtigkeit aus dem umgebenden Material [3.3].

Abkühleffekte: Teilkristalline Kunststoffe

Teilkristalline Werkstoffe weisen in der Regel eine höhere Schwindung als amorphe auf und neigen daher eher zur Bildung von Lunkern. Der Grund dafür liegt, abgesehen von ihrem hohen Schwindungspotenzial, in ihrem spezifischen Verhalten während des Abkühlvorgangs. Teilkristalline Werkstoffe ändern ihren Aggregatzustand in einem sehr engen Temperaturbereich, während amorphe Werkstoffe einen breiteren Übergang von einem festen zu einem flüssigen Zustand aufweisen. Daher nimmt die Außenfläche bei teilkristallinen Werkstoffen schneller eine ausreichend hohe Festigkeit an, um den Zugkräften in Richtung Formteilmitte zu widerstehen.

Fließfähigkeit des Materials – Fließweg-Wanddickenverhältnis

Die minimale Wanddicke wird durch das Fließverhalten der Schmelze im Werkzeug begrenzt. Für leicht fließende, niedrigviskose Spritzgießtypen ist die minimale Wanddicke geringer als für Materialien höherer Viskosität. Diagramme, die die erreichbaren Fließweg-Wanddickenverhältnisse beschreiben, werden häufig von den Rohstoffherstellern zu den von ihnen angebotenen Kunststoffen herausgegeben.

Abschätzung der maximalen Fließweglänge

Die Fließweg-Wanddickenverhältnisse können nicht von einem Werkstoff auf einen anderen übertragen werden, da die dafür notwendigen Ähnlichkeitsgesetze nicht bekannt sind. Die folgenden Formeln dienen zur Abschätzung der maximalen Fließweglänge bei Spritzgießmaschinen mit Spritzdrücken bis zu 1 200 bar und Werkzeugen ohne den Einsatz von Sonderverfahren bzw. -technologien (Werkzeuge für Spritzgießsonderverfahren siehe Kapitel 18):

- für amorphe Thermoplaste

$$L = 325 \cdot H^2 \tag{3.1}$$

- für teilkristalline Thermoplaste

$$L = 500 \cdot H^2 \tag{3.2}$$

mit:

$$H = 2 \cdot \frac{b \cdot d}{b + d} \tag{3.3}$$

(für Rechteckquerschnitte)

L: Fließweg
H: hydraulischer Radius
b: Breite des Fließkanals
d: Höhe des Fließkanals

In Kapitel 2, Tabelle 2.1 sind für einige thermoplastische Werkstoffe die erreichbaren Fließweglängen bei 2 mm Wanddicke, mittlerer Verarbeitungstemperatur, mittlerem Einspritzdruck und mittlerer Werkzeugtemperatur dargestellt. Diese sind Anhaltswerte, um die prinzipielle Erreichbarkeit von Fließwegen schnell abzuschätzen. Falls die Werkstofffamilie oder der Handelstyp bereits bekannt sind, empfiehlt es sich, die Werkstoffunterlagen des entsprechenden Herstellers zu analysieren. Diese enthalten häufig Fließweg-Wanddicken-Diagramme in Abhängigkeit vom Spritzdruck.

Prozesssimulationen zeigen Schwachstellen der Formteilgeometrie

Bei komplexen Formteilgeometrien mit variierenden Wanddicken sind Fließweg-Wanddicken-Diagramme zu ungenau. Hier gehört es heute zum Stand der Technik, den Spritzgießprozess mit geeigneter Software numerisch zu berechnen, um Schwachstellen der Formteilgeometrie zu überprüfen. Aus Zeit- und Kostengründen werden diese Simulationen idealerweise direkt nach der Fertigstellung der CAD-Geometrie des Formteils durchgeführt, um die Geometrie beim Auftreten von Problemstellen direkt ändern zu können, siehe Kapitel 16.

Ausnutzen der geometrischen Steifigkeit bei geringen Wanddicken

Beispiel: Haken

In Bild 3.2 ist die Gestaltung eines Hakens dargestellt [3.4]. Bei Belastung des Hakens treten hohe Biegekräfte in seiner Flanke auf. Um den Werkstoff im Querschnitt A–A nicht durch eine zu hohe Biegespannung zu belasten, wurde ursprünglich eine große tragende Querschnittsfläche mit entsprechend großer Wanddicke vorgesehen. Kunststoffe werden jedoch in der Regel nicht spannungs-, sondern dehnungsbezogen ausgelegt, da sich bei Überschreitung von bestimmten Grenzdehnungen das Werkstoffverhalten aufgrund innerer Schädigungen des Werkstoffes signifikant ändern kann. Bei der Änderung der Gestaltung der Querschnittsfläche wurde zusätzlich darauf geachtet, dass bei minimierter Wanddicke das Flächenträgheitsmoment annähernd gleich bleibt.

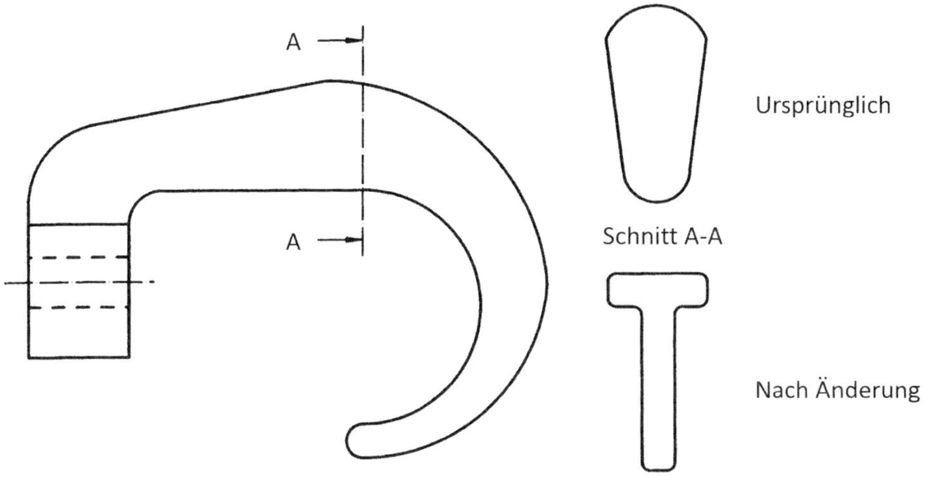

Bild 3.2 Kunststoffgerechte Gestaltung eines Hakens [3.4]

3.2.2 Gleichbleibende Wanddicken vorsehen

Wanddickenunterschiede sollten vermieden werden, da sie zu ungleichmäßiger Abkühlung und damit zu unterschiedlicher Schwindung führen. Die unterschiedliche Schwindung verursacht Eigenspannungen, die bei zu geringer Steifigkeit des Formteils zu Verzug führen kann. Exemplarisch zeigt Bild 3.3 Verzugserscheinungen an typischen Bauteilen mit Wanddickenunterschieden.

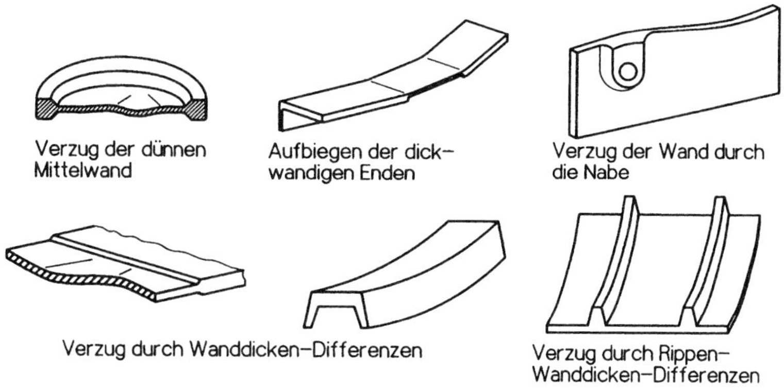

Bild 3.3 Verzugserscheinungen durch ungleichmäßige Wanddicken [3.5] [3.6]

Verzug an einer Stufenplatte

Am Beispiel einer Stufenplatte (Bild 3.4) lässt sich die Ursache für Verzug bei unterschiedlichen Wanddicken einfach ableiten. Im Verlauf des Spritzgießzyklusses kühlt die Seite mit der geringeren Wanddicke s_1 schneller ab als die Seite mit der Wanddicke s_2. Aufgrund des geringeren flächenbezogenen Volumens der Seite mit der Wanddicke s_1 muss eine geringere Wärmemenge über eine kürzere Strecke abgeführt werden als auf der Seite mit der Wanddicke s_2. Als Folge kann sich der dickwandige Bereich des Formteils noch zusammenziehen, während der dünnwandige Bereich bereits erstarrt ist, was in Verzug resultiert. An der Grenzfläche zwischen den beiden Plattenhälften kommt es zu einer Druckspannung in Richtung der eingezeichneten Pfeile, was zu der in Bild 3.4 dargestellten Faltenbildung führen kann.

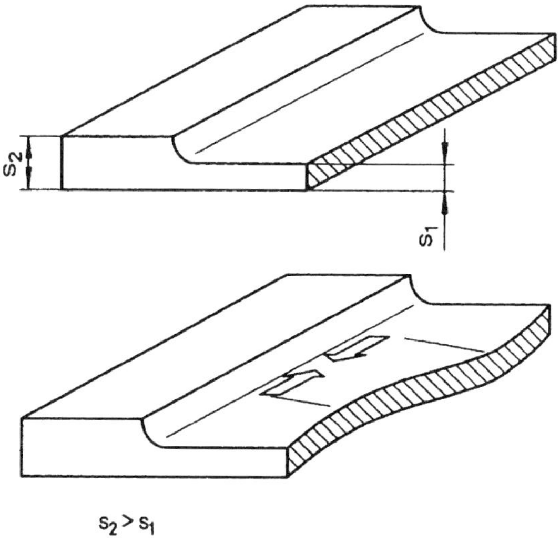

Bild 3.4 Verzug einer Stufenplatte [3.7]
oben: Sollform, unten: Maß- bzw. Gestaltabweichung

Verzug bei Verrippungen

Aus denselben Gründen können auch Verrippungen zu Verzug führen. In Bild 3.3 rechts unten erstarren die Rippen wesentlich langsamer als die Grundplatte. Aus diesem Grunde schwinden sie stärker und führen zu dem dargestellten Verzug. Bei einer deutlich dickeren Dimensionierung der Grundplatte im Vergleich zu den Rippen würde sich diese dementsprechend in die andere Richtung krümmen, vergleiche auch *Regel 5*: „Rippen spritzgerecht gestalten".

Gestaltung von Wanddickenübergängen

Soweit möglich werden daher Wanddickenunterschiede bei der Gestaltung von Kunststoffformteilen vermieden. Wo unterschiedliche Wanddicken zwingend erforderlich sind, sollten zumindest sanfte Übergänge, wie in Bild 3.5 gezeigt, vorgesehen werden. Für die Gestaltung der Übergangszone ist maximal eine Konizität von 3 : 1 zuzulassen.

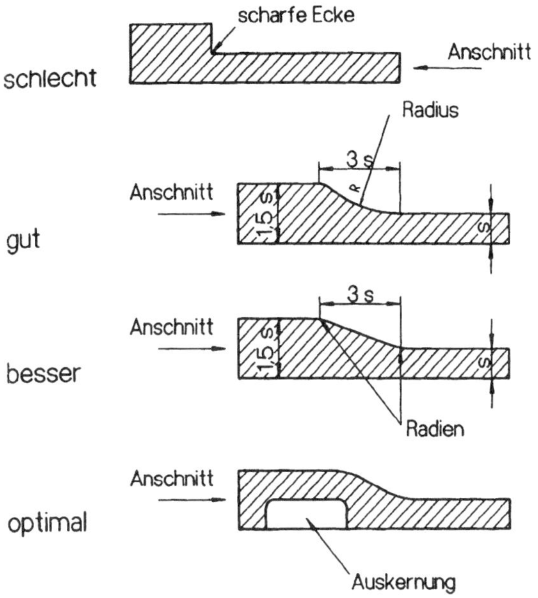

Bild 3.5 Empfohlene Gestaltung von Wanddickenübergängen [3.1]

Beispiele für Ausnahmen von der Regel

Rotationssymmetrische Formteile

In Sonderfällen kann jedoch ein Abweichen von der Regel „Gleiche Wanddicken vorsehen" sinnvoll sein. Bei der Konstruktion in Bild 3.6 wird eine Gewichtseinsparung von 6,5 % erreicht, da aufgrund der Rotationssymmetrie die ungleichmäßige Schwindung des Formteils trotz der ungleichmäßigen Wanddickenverteilung nicht zum Verzug führt [3.6].

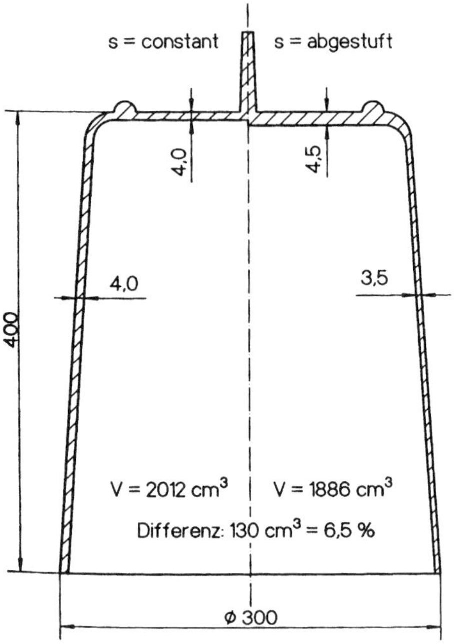

Bild 3.6 Gewichtseinsparungen bei großflächigen Teilen [3.6]

Kastenförmige Formteile

Innere Spannungen bei ungleichmäßigen Wanddicken können auch bewusst eingesetzt werden, um Verzug aufgrund von anderen Effekten auszugleichen. So tritt, wie in Bild 3.7 dargestellt, bei Kästen oder Rahmen typischerweise Winkelverzug auf.

Gründe dafür sind die ungleichmäßigen Abkühlbedingungen in den Ecken (siehe auch *Regel 4*). Abhilfe kann durch eine Neugestaltung des Eckenbereichs (möglichen Hinterschnitt beachten) und durch Anhebung der Wanddicken zur Mitte der freien Flächen hin erfolgen.

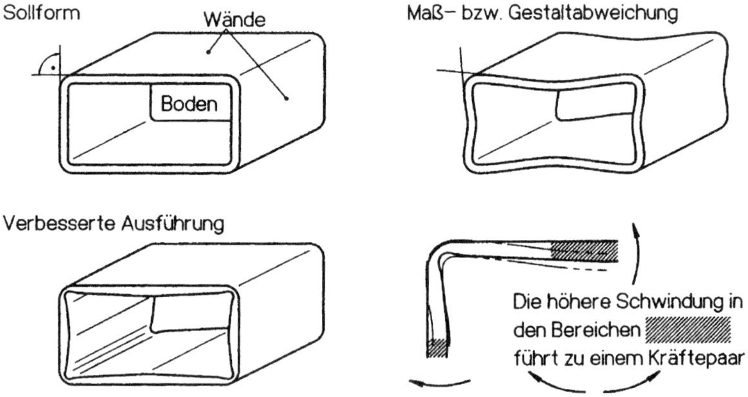

Bild 3.7 Winkelverzug bei Kästen

Kompensation des Rahmenverzugs

Durch die Herabsetzung der Wanddicken in den Ecken lassen sich die unterschiedlichen Abkühlbedingungen zwischen Innen- und Außenseiten der Ecken angleichen. Auf den Eckeninnenseiten ist prinzipiell weniger Oberfläche und weniger Metallvolumen zum Abtransport der Verarbeitungswärme vorhanden als auf den Außenseiten (vgl. auch Bild 3.17 und Kapitel 15). Die Innenseiten der Ecken schwinden dadurch stärker als die Außenseiten und führen daher zu Eigenspannungen, die die Schenkel der Ecken nach innen biegen.

3.2.3 Masseanhäufungen vermeiden

Masseanhäufungen, Lunker, Einfallstellen und Eigenspannungen

Masseanhäufungen führen genau wie zu hohe oder zu ungleichmäßige Wanddicken zu Lunkern, Einfallstellen und Eigenspannungen (vgl. *Regel 1* und *Regel 2*). Verstärkt werden diese Effekte, wenn die Masseanhäufungen nicht mehr vom Nachdruckvolumen erreicht werden können. Die durch die langsame Abkühlung der Masseanhäufung bedingte starke Schwindung kann so nicht durch Nachförderung von Schmelze unter Nachdruck ausgeglichen werden.

Beispiel zur Gestaltung: Designänderung

Masseanhäufungen wie auf der linken Seite von Bild 3.8 sind an sich einfach zu vermeiden. Ein Beispiel dazu ist in der Mitte des Bildes dargestellt. Oft sind aber noch zusätzliche Randbedingungen zu beachten. Aus Gründen des Designs oder der Funktionalität könnte zum Beispiel eine Fläche zur Ecke an der Außenseite des Formteils gefordert sein. Auch in solchen Fällen lässt sich jedoch oft eine Lösung wie auf der rechten Seite von Bild 3.8 finden.

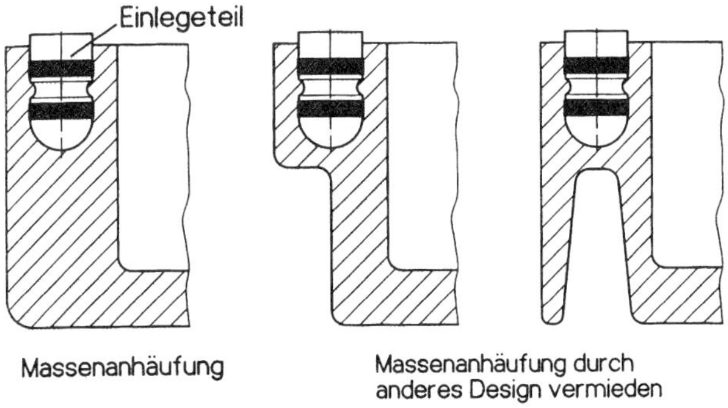

Bild 3.8 Designänderungen zur Vermeidung von Masseanhäufungen

Beispiel: Anbindung von Einschraubungen

Viele Kunststoffformteile können als eine Ansammlung von Funktionselementen betrachtet werden, die durch die Formteilwand miteinander verbunden sind. Die Verbindungspunkte der Funktionselemente mit der Formteilwand stellen oft Masseanhäufungen dar. Am Beispiel der Anbindung von Schraubdomen an eine Formteilwand werden in Bild 3.9 verschiedene Verbindungskonzepte exemplarisch vorgestellt.

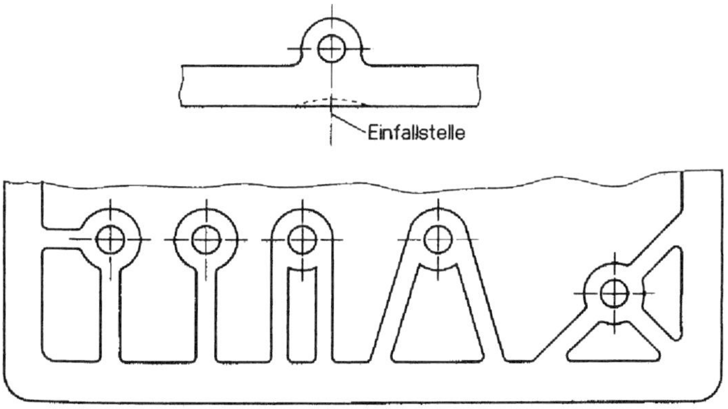

Bild 3.9 Empfohlene Gestaltung der Anbindung von Einschraubaugen
oben: schlechte Anbindung
unten: gute Anbindungen

Kaschieren von Einfallstellen

Lassen sich Masseanhäufungen aus konstruktiven Gründen nicht vermeiden, da z. B. der Tubus die gleiche Wanddicke erfordert wie die Anbindungswand, kann man zu erwartende Einfallstellen durch entsprechendes Design kaschieren. Ein Beispiel ist in Bild 3.10 dargestellt.

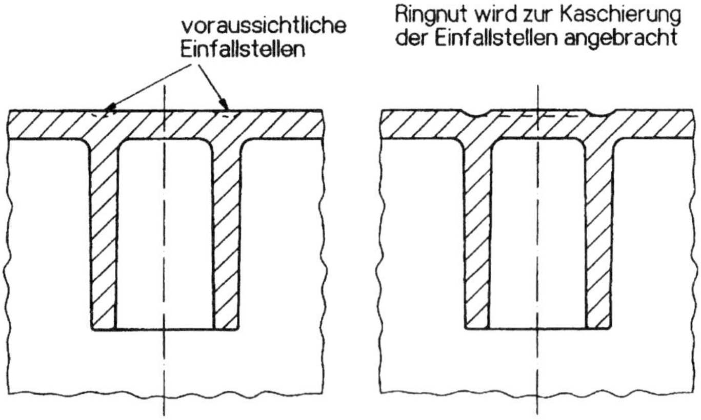

Bild 3.10 Kaschieren von Einfallstellen

3.2.4 Ecken und Kanten mit Radien versehen

Ecken und Kanten verrunden

Scharfe Ecken und Einkerbungen sind aufgrund der Kerbspannungsrissempfindlichkeit häufig die Ursache für das Versagen von Kunststoffteilen, wie in den Beispielen in Bild 3.11 und Bild 3.12 dargestellt wird.

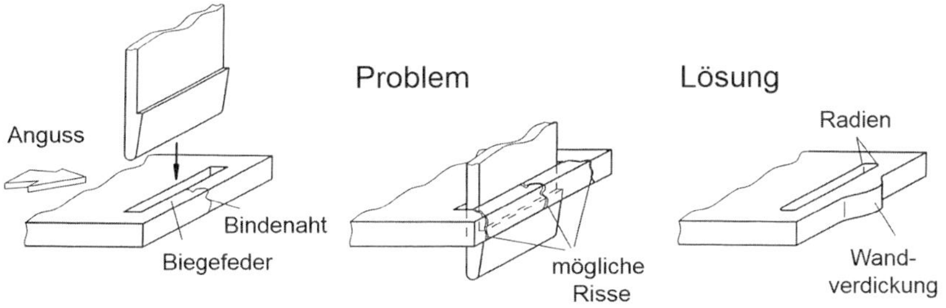

Bild 3.11 Kerbspannungsrissempfindlichkeit am Beispiel einer unlösbaren Schnappverbindung [3.7]

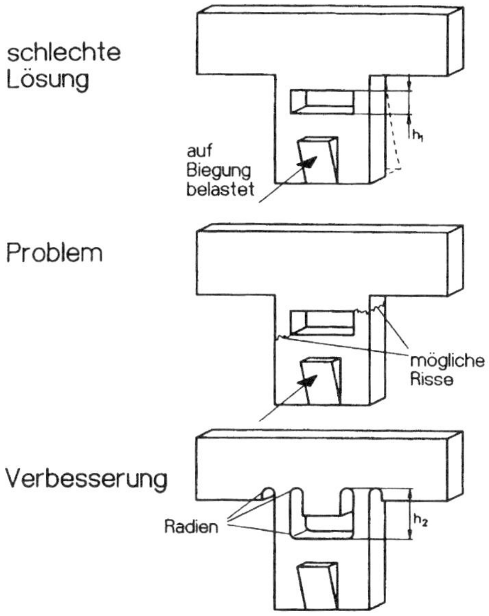

Bild 3.12 Kerbspannungsrissempfindlichkeit am Beispiel eines Schnapphakens [3.8]

Kerbspannungsrissempfindlichkeit

Als Kerbwirkung wird eine abrupte Spannungszunahme bei Belastung eines Bauteils im Bereich einer Einkerbung bezeichnet und hängt von der spezifischen Geometrie des Teils, der Schärfe der Ecke bzw. der Einkerbung und der verwendeten Formmasse ab. In beiden Fällen kann jedoch die Kerbspannungsrissempfindlichkeit durch ein Verrunden der Ecken herabgesetzt werden. Zusätzlich wird in Bild 3.11 die Bindenahtfestigkeit durch Verdickung der Wand erhöht. In Bild 3.12 wird außerdem durch Verlängerung der Biegebalken des Schnapphakens die lokale Dehnung reduziert.

Spannungskonzentration an Eckbereichen

Die meisten Kunststoffe sind kerbempfindlich. Um sicherzustellen, dass eine Einkerbung eines Formteils innerhalb sicherer Spannungsgrenzen liegt, können Spannungskonzentrationsfaktoren für die Eckbereiche berechnet werden. Formeln für spezifische Profile finden sich in den Nachschlagewerken zur Spannungsanalyse. Bild 3.13 zeigt ein Beispiel für die Spannungsfaktoren, die an der Ecke eines Winkels wirksam werden.

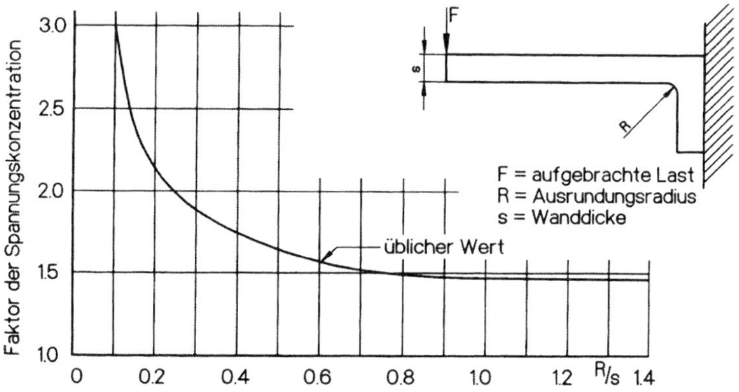

Bild 3.13 Verringerung der Spannungskonzentration durch Radien [3.9]

Ausrundungsradius

Aus dieser Kurve lässt sich die Faustregel für das Maß der Ausrundung ableiten. Das Verhältnis des Ausrundungsradius R zur Wanddicke s sollte grundsätzlich im folgenden Bereich liegen:

$$0{,}4 \le \frac{R}{s} \le 0{,}6 \qquad (3.4)$$

Empfohlener Mindestradius

Wie die Kurve zeigt, lässt sich die Spannungsspitze durch die Verwendung eines noch größeren Radius nur noch unwesentlich senken.

Weniger Druckverlust und Verschleiß durch Ausrundungen

Ausrundungen ermöglichen außerdem im Gegensatz zu scharfen Ecken strömungsgünstige Fließwege im Werkzeug und erleichtern das Entformen der Teile. Darüber hinaus wird auch die Lebensdauer des Werkzeugs verlängert, weil Auswaschungen im Werkzeug vermieden werden. Der empfohlene Mindestradius für Ecken r_{min}

$$0{,}2 \leq r_{min} \leq 0{,}5 \quad \text{in mm} \tag{3.5}$$

lässt sich in aller Regel auch dort verwirklichen, wo eine scharfe Kante erforderlich ist.

Masseanhäufungen in Ecken und Kanten

In scharfen Ecken und Kanten kann es auch zu Gestaltungsabweichungen infolge von Schwindungsunterschieden kommen. Außerdem besteht, wie in Bild 3.14 dargestellt, die Gefahr der Lunkerbildung durch die Masseanhäufung in den Ecken (vgl. auch *Regel 3*).

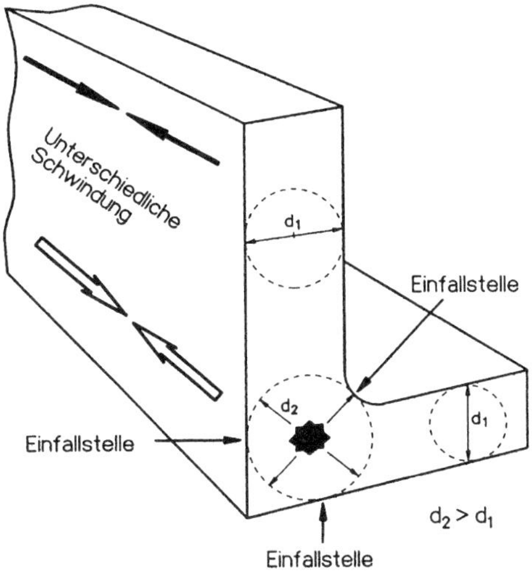

Bild 3.14 Masseanhäufungen in Ecken und Kanten [3.1]

Vermeidung von Masseanhäufungen

Masseanhäufungen in Ecken und Kanten sind an sich einfach zu vermeiden, wie in der Mitte von Bild 3.15 gezeigt wird. Ähnlich wie in Bild 3.8 müssen aber oft Designvorgaben eingehalten werden, die beispielsweise scharfe Kanten fordern können. Auf der rechten Seite von Bild 3.15 ist eine mögliche Lösung für solche Fälle wiedergegeben.

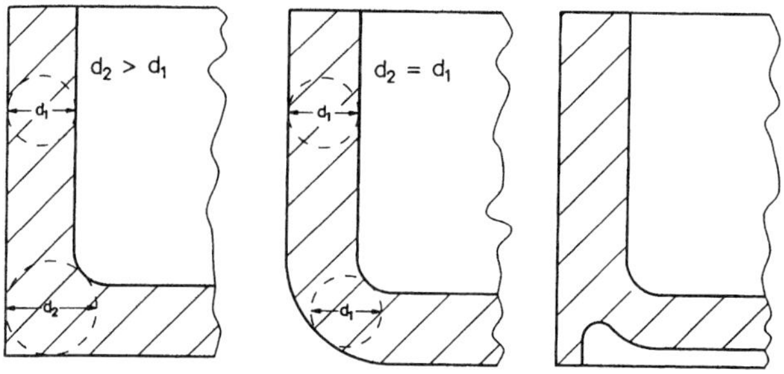

Bild 3.15 Vermeidung von Masseanhäufungen in Ecken und Kanten [3.1]

Unterschiedliche Abkühlbedingungen in Ecken und Kanten

Ein weiterer Grund für Winkelverzug und Lunkerbildung ist die unterschiedliche örtliche Abkühlung des Formteils trotz gleicher Werkzeugwandtemperaturen in Folge unterschiedlicher Werkzeugkontaktflächen, wie in Bild 3.16 (vgl. Kapitel 15) dargestellt. Durch die herabgesetzte Abkühlungsgeschwindigkeit an den Innenseiten der Ecken kommt es dort zu einer geringeren Schwindung, die Winkelverzug und Lunkerbildung nach sich zieht.

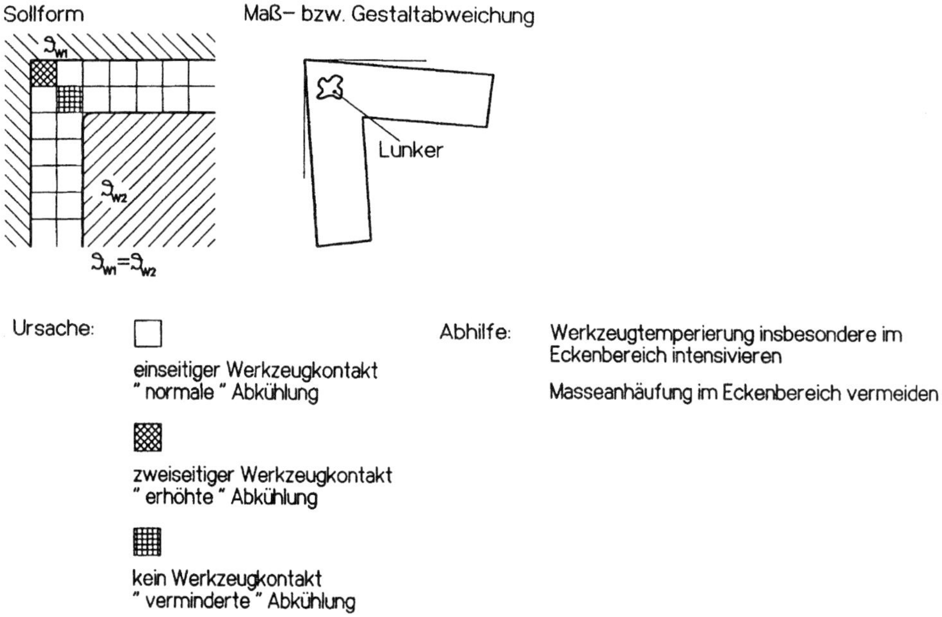

Bild 3.16 Unterschiedliche Abkühlbedingungen in Ecken und Kanten [3.7]

Vermeidung unterschiedlicher Abkühlbedingungen

In Bild 3.17 sind zwei Versionen dargestellt, die das Problem der ungleichmäßigen Werkzeugwandabkühlung umgehen. Bei der Lösung auf der rechten Seite des Bildes kann es jedoch je nach Entformungsrichtung zu einem Hinterschnitt *H* kommen. Hinterschnitte sind meist mit erhöhtem Werkzeugaufwand verbunden und sollten daher vermieden werden (vgl. auch *Regel 8*).

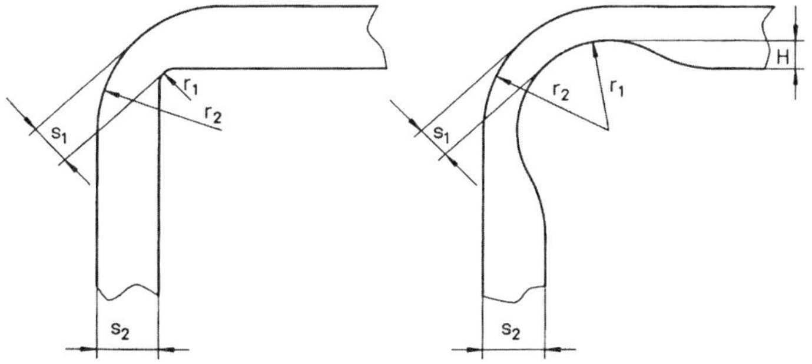

Bild 3.17 Gestaltung von Ecken und Kanten zur Vermeidung von Verzug [3.7]

3.2.5 Rippen spritzgießgerecht gestalten

Um ein Formteil mit hoher Steifigkeit herzustellen, werden anstelle von Wandverdickungen oft Rippen vorgesehen (vgl. auch *Regel 1*: „Wanddicke so dünn wie möglich“). Auf diese Weise kann Material eingespart werden, Zykluszeiten können verkürzt und Materialanhäufungen vermieden werden.

Lunker und Einfallstellen

Rippen sollten in Richtung der Hauptbelastung und des Fließens konstruiert werden. Aber auch sie können bei falscher Gestaltung zu Lunkern, Einfallstellen, Spannungskonzentration und Entformungsschwierigkeiten führen. Dicke Rippen führen z. B. zu deutlich sichtbaren Einfallstellen sowie zu fehlerhaften Masseströmen, wodurch unerwünschte Fließbilder mit Bindenähten und im Zusammenhang damit Lufteinschlüsse entstehen können.

Verzug

Bei der Verarbeitung von faserverstärkten Kunststoffen kann die unterschiedliche Schwindung in Richtung der Faserorientierung und quer zur Faserorientierung zu Verzug führen. Daher sind beim Entwurf von Bauteilen aus faserverstärkten Kunststoffen Profilkonstruktionen anstatt von Rippen zu bevorzugen, um einheitliche Wanddicken und eine geringe Faserorientierung zu gewährleisten.

Simulationen erlauben Optimierung der Faserorientierung

Sind komplexe Rippenkonstruktionen unvermeidbar, sollte die Faserorientierung gezielt beeinflusst werden. Die zu erwartende Orientierung lässt sich unter der Annahme eines Anschnittsystems simulieren und iterativ optimieren. Zur belastungsgerechten Optimierung der Faserorientierung kann sowohl die Verlegung der Anschnittposition als auch eine Geometrieänderung des Formteils beitragen.

Grundlegende Rippengestaltung

Bild 3.18 stellt eine empfohlene Rippengestaltung dar. Gemäß den Empfehlungen sollte die Wanddicke der Rippe dünner als die des restlichen Formteils gewählt werden, um Einfallstellen zu vermeiden. Die maximale Höhe kann die im Bild angegebene Höhe abhängig von der gewählten Wanddicke auch überschreiten. Die tatsächliche Höhe ergibt sich aus der Entformungsschräge. Diese bewirkt, dass die Wanddicke der Rippe nach oben abnimmt. Der Konstrukteur muss darauf achten, dass eine ausreichende Wanddicke am Rippenkopf übrig bleibt, um das Bauteil füllen zu können.

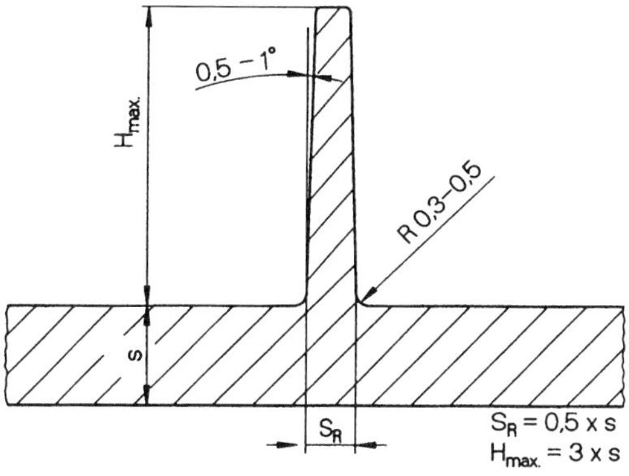

Bild 3.18 Empfohlene Rippengestaltung [3.9]

Rippenkreuzungen

Kreuzungen von Rippen führen zu Masseanhäufungen und sollten daher laut *Regel 3* vermieden werden. Die Bilder Bild 3.19 bis Bild 3.21 zeigen an Beispielen günstige und ungünstige Konstruktionen von Rippenkreuzungen.

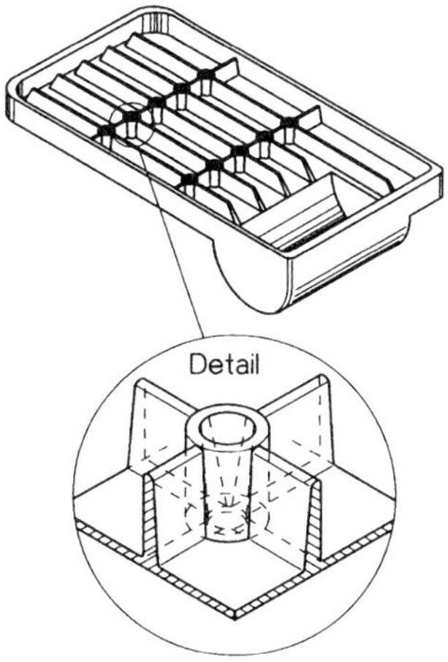

Bild 3.19 Günstige Gestaltung von Rippenkreuzungen an einer Gehäuseunterseite einer Papierschneidemaschine [3.9]

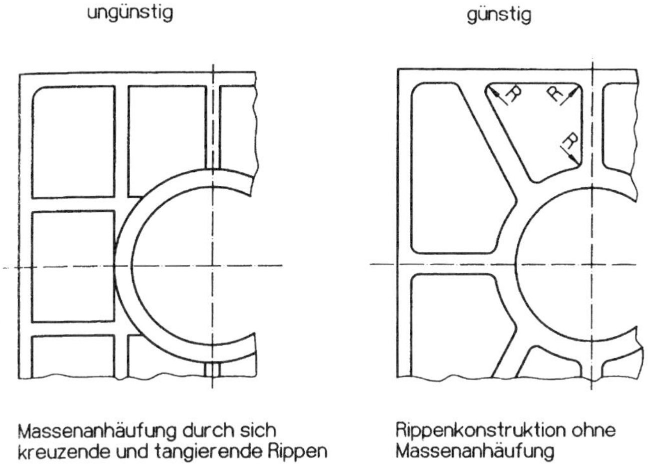

Bild 3.20 Rippenkonstruktion zur Vermeidung von Kreuzungen [3.9]

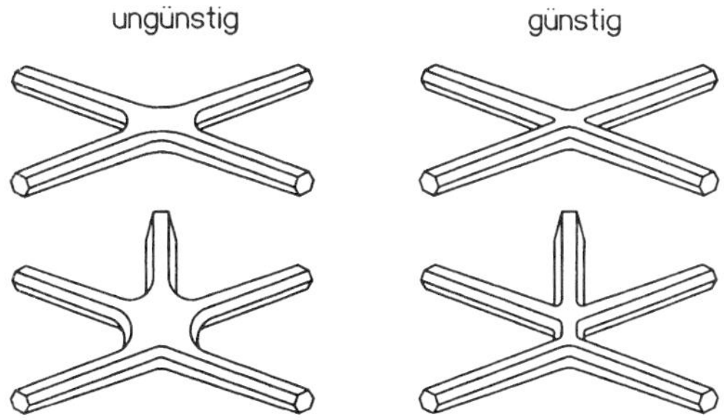

Bild 3.21 Gestaltung von Rippenkreuzungen [3.9]

Kaschieren von Einfallstellen

Häufig entstehen Einfallstellen auf den Rippen gegenüberliegenden Seiten. Um diese zu vermeiden, müssen Materialanhäufungen minimiert oder kaschiert werden. In Bild 3.22 werden verschiedene konstruktive Möglichkeiten dazu aufgezeigt.

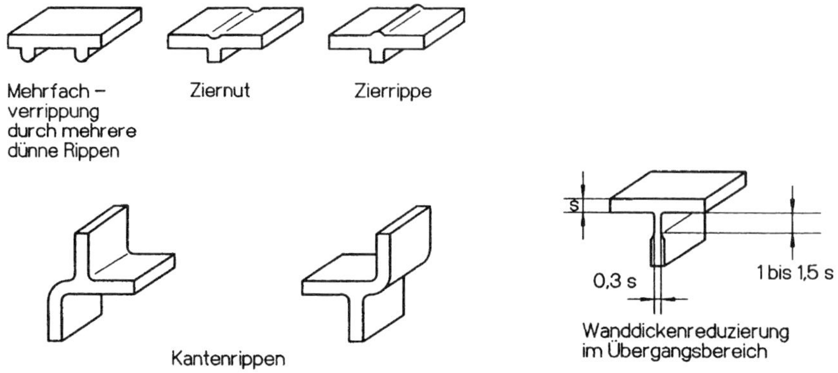

Bild 3.22 Gestaltung zur Optimierung von Rippenkreuzungen [3.7]

Verrippungsarten (biegesteif)

Um möglichst steife Formteile zu erhalten, können verschiedene Verrippungsarten eingesetzt werden. In Bild 3.23 wird die relative Durchbiegung unterschiedlicher Verrippungen verglichen.

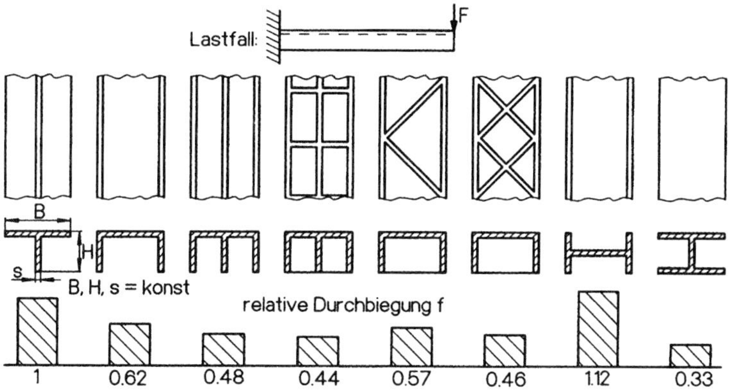

Bild 3.23 Durchbiegung unterschiedlich gestalteter Profile [3.7]

Verrippungsarten (torsionssteif)

In Bild 3.24 wird die relative Torsionssteifigkeit unterschiedlich gestalteter Profile verglichen.

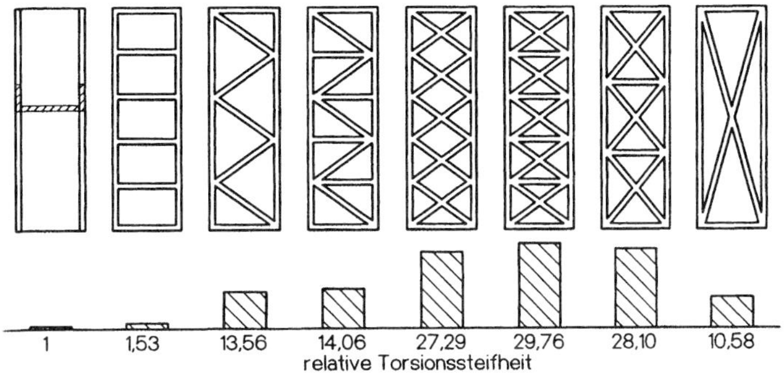

Bild 3.24 Relative Torsionssteifigkeit [3.7]

Masseanhäufungen an verrippten Profilen

Bei der Konstruktion von verrippten Profilen ist besonders darauf zu achten, dass an den Berührungsstellen von Wand und Rippe möglichst keine Masseanhäufungen entstehen. In Bild 3.25 sind drei Varianten von Profilkonstruktionen aufgeführt. Die Unterschiede liegen in der Art der Rippenanschlüsse. Profil A stellt eine fehlerhafte Konstruktion dar. Es entstehen zu große Masseanhäufungen an den Stellen, an denen Wand und Rippe sich berühren. Die Profile B und C stellen gelungene Konstruktionen dar, wobei die Werkzeugkosten bei B höher sind als bei C.

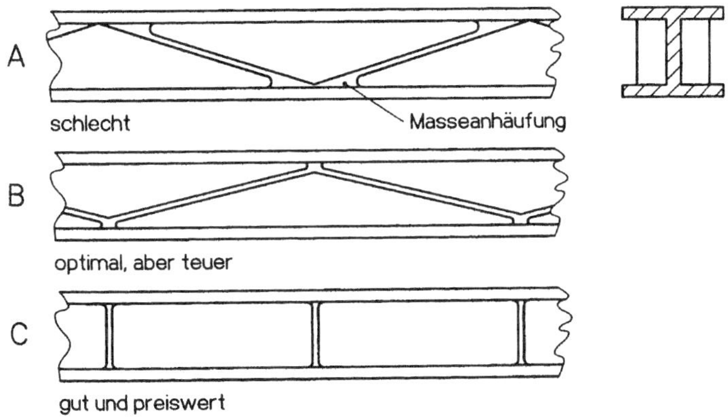

Bild 3.25 Profilkonstruktionen [1.4]

3.2.6 Ebene Flächen vermeiden

Ebene Flächen sind zu vermeiden, da sie nur schwer plan herzustellen sind. Das trifft besonders bei großflächigen und eingespannten Flächen zu. Aufgrund ihrer geringen Flächenträgheitsmomente besitzen sie nur eine mäßige Biegesteifigkeit, so dass schon verhältnismäßig geringe Eigenspannungen zu einer Verformung führen. Mit Eigenspannungen muss aber aufgrund der niemals völlig gleichmäßigen Kühlwirkung von Spritzgießwerkzeugen immer gerechnet werden. Zu den Eigenspannungen aus dem Abkühlprozess kommen noch die Anteile aus den Molekül- oder Faserorientierungen aufgrund des anisotropen Schwindungsverhaltens.

Gewölbte Flächen

Eine Möglichkeit, Verwerfungen zu vermeiden liegt darin, die entsprechenden Flächen gewölbt zu gestalten (Bild 3.26). Einerseits wird die Steifigkeit der Fläche durch das erhöhte Flächenträgheitsmoment gesteigert, andererseits werden leichte Verformungen kaschiert.

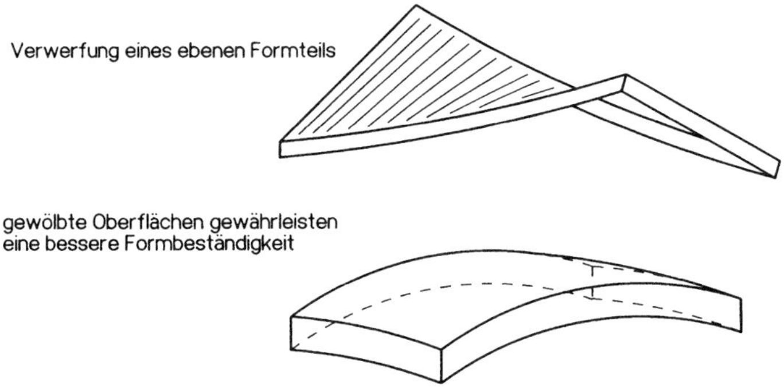

Bild 3.26 Gestaltung ebener Flächen nach [3.9]

Sicken

Eine andere bewährte Methode zur Vermeidung von Verwerfungen sind abgestufte Zonen (Sicken). Beispiele für eine entsprechende Gestaltung sind in Bild 3.27 wiedergegeben.

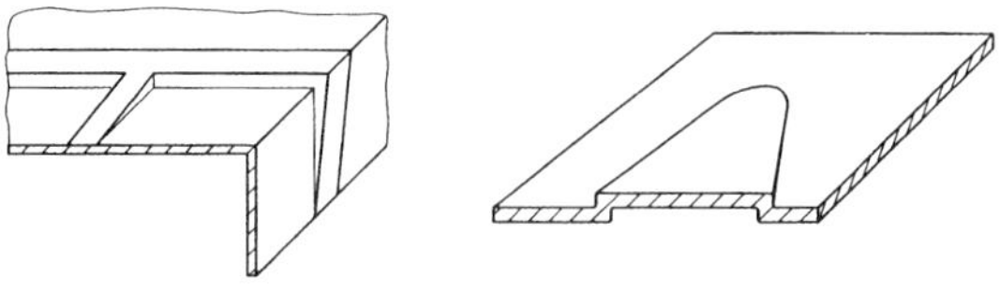

Bild 3.27 Flächenversteifung durch abgestufte Zonen (Sicken) [3.9]

Beispiel: Gehäuseabdeckung

Am Beispiel der Gehäuseabdeckung in Bild 3.28 lässt sich ebenfalls gut erkennen, wie man durch Profilierung eines Gehäuses a Formstabilität bei gleichzeitiger Vermeidung großer Wanddicken erreichen kann.

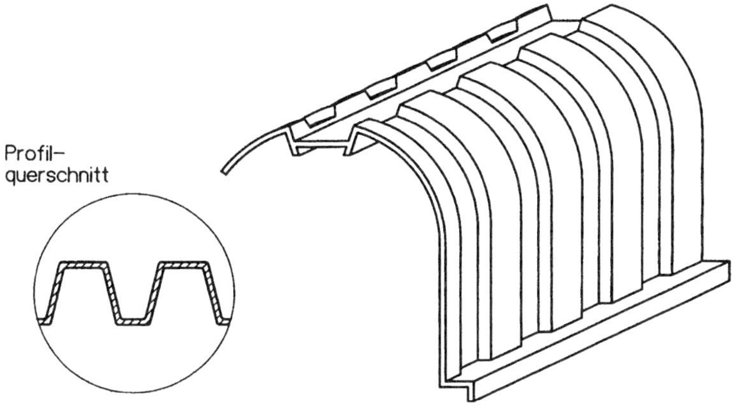

Bild 3.28 Profilstruktur einer Gehäuseabdeckung [1.4]

Verrippungen

Wenn ebene Flächen aus Design- oder Funktionsgründen unbedingt erforderlich sind, ist u. U. eine Verrippung zu ihrer Versteifung nötig. Aber auch in diesem Fall sind zeit- und kostenintensive Nacharbeiten am Werkzeug unumgänglich, um eine ebene Fläche herstellen zu können.

Aufgrund der zuvor diskutierten Argumente ist es als Produktkonstrukteur notwendig, zunächst den Designer von der Vermeidung ebener großer Flächen zu überzeugen.

3.2.7 Ausreichende Konizitäten vorsehen

Entformungsschrägen

Um Entformungskräfte niedrig zu halten, müssen alle senkrecht zur Teilungsebene des Werkzeugs liegenden Bauteilflächen eine der Schwindung des Kunststoffs entsprechende Entformungsschräge (Konizität) aufweisen.

Allgemein gilt für den Neigungswinkel der Entformungsschräge:

für amorphe Thermoplaste	1,5 bis 3
für teilkristalline Thermoplaste	0,5 bis 3

In Tabelle 3.1 sind die Neigungswinkel für einige häufig eingesetzte Werkstoffe angegeben. [3.10].

Tabelle 3.1 Neigungswinkel für verschiedene Werkstoffe [3.10]

Kunststoff	Kurzzeichen	Neigungswinkel
Polyethylen	PE	0,5 bis 1
Polypropylen	PP	1 bis 3
Polyoxymethylen	POM	0,25 bis 0,5
Polycarbonat	PC	0,5 bis 1,5
Polyphenylenoxyd	PPO	0,5 bis 1,5
Polybutylenterephtalat	PBT	0,5 bis 1,5
Polyamid	PA 66	0,125 bis 0,5
	GF-PA 66	0,25 bis 1
Acrylnitril-Butadien-Styrol	ABS	> 0,5

Strukturierte Oberflächen

Bei strukturierten Oberflächen betragen die Neigungswinkel der Entformungsschrägen zusätzlich mindestens 1° je 0,025 mm Strukturtiefe. Die Struktur sollte in derselben Richtung wie die Entformung verlaufen.

3.2.8 Hinterschneidungen vermeiden

Formelemente, die eine Entformung des Formteils behindern, weil sie quer zur Entformungsrichtung ausgeprägt sind, bezeichnet man als Hinterschneidungen. Diese sind generell zu vermeiden. Beispiele zur Vermeidung von Hinterschneidungen sind in Bild 3.29 dargestellt (vgl. Kapitel 15). In allen Fällen wurden die Formteile so umkonstruiert, dass die entsprechenden Werkzeuge mit einer Entformungsrichtung auskommen.

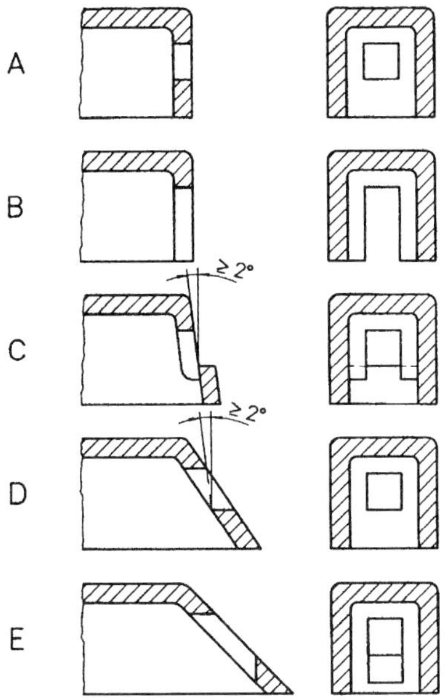

Bild 3.29 Gestaltung zur Vermeidung von Hinterschneidungen
A: Die Öffnung in der Seitenwand des Kastens führt zu einer Hinterschneidung.
B: Durch die Änderung der Öffnung in einen Schlitz wird die Hinterschneidung vermieden.
C bis E: Um eine Öffnung ohne Hinterschneidung zu erhalten, wird die Seitenwand jeweils so weit geneigt, dass das Formteil vom Kern abgestreift werden kann.
D bis E: Die Kontaktflächen der Werkzeughälften entlang der gestrichelten Linien müssen mindestens 2° zur Entformungsrichtung geneigt sein, um Reibung der Kontaktflächen aufeinander während des Öffnens und Schließens des Werkzeugs zu verhindern.

Verwendung beweglicher Werkzeugteile

Sind Hinterschneidungen zur funktionellen Gestaltung, wie etwa bei Schnapphaken, unvermeidlich, können sie durch eine entsprechende Gestaltung des Werkzeugs entformt werden (vgl. Kapitel 15). Hinterschneidungen können zum Beispiel durch Schieber, zusammenlegbare Kerne oder geteilte Kernstifte entformt werden. Solche beweglichen Werkzeugteile verursachen eine Kostensteigerung in der Werkzeugfertigung und im Betrieb, da Abrieb und Verschleiß zu Störungen führen können.

Beispiele zur Entformung von Hinterschneidungen

In Bild 3.30 und Bild 3.31 sind Beispiele für Lösungsmöglichkeiten zur Entformung von Hinterschneidungen aufgeführt. Anstatt von Schiebern werden Stifte eingesetzt, die dabei gleichzeitig auch als Auswerferstifte dienen können.

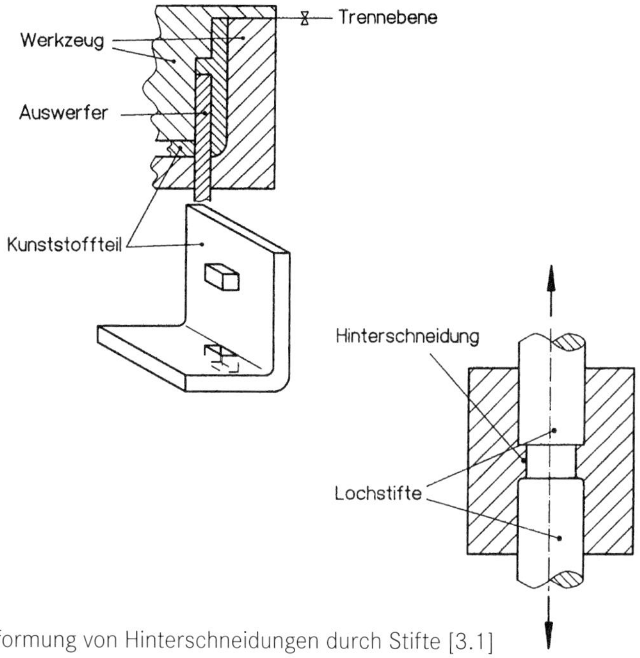

Bild 3.30 Entformung von Hinterschneidungen durch Stifte [3.1]

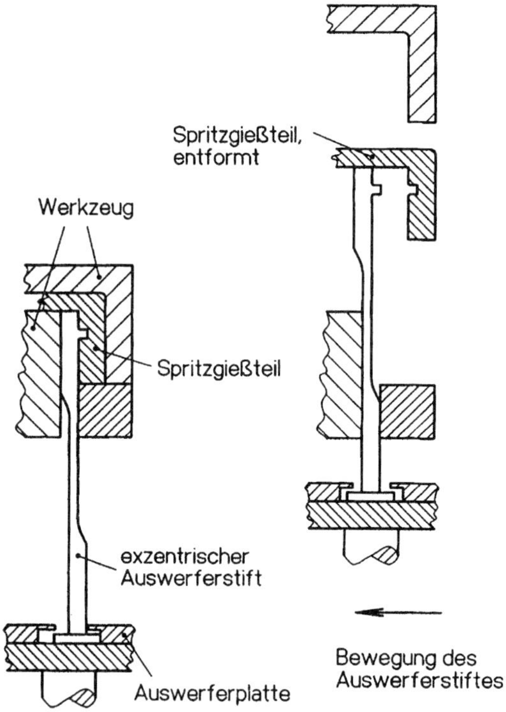

Bild 3.31 Entformung einer Hinterschneidung durch einen exzentrischen Auswerferstift [3.1]

Zwangsentformungen von Hinterschneidungen

Hinterschneidungen lassen sich auch, je nach Bauteildimensionen und Steifigkeit des Werkstoffs bei Entformungstemperatur, zwangsentformen. In Tabelle 3.2 sind für einige Kunststoffe Richtwerte der maximal zulässigen Hinterschneidungen aufgeführt [3.1] [3.11]. Bild 3.32 zeigt, wie Hinterschneidungen an Formteilen zu ermitteln sind.

Tabelle 3.2 Richtwerte der maximal zulässigen Hinterschneidung [3.1] [3.11]

Kunststoff	Kurzzeichen	Maximal zulässige Hinterschneidungen in %
Polyethylen	PE weich	10 bis 12
Polyoxymethylen	POM	5
Polyamid	PA	6 bis 10
Polycarbonat	PC	2 bis 3
Acrylnitril-Butadien-Styrol	ABS	2 bis 3

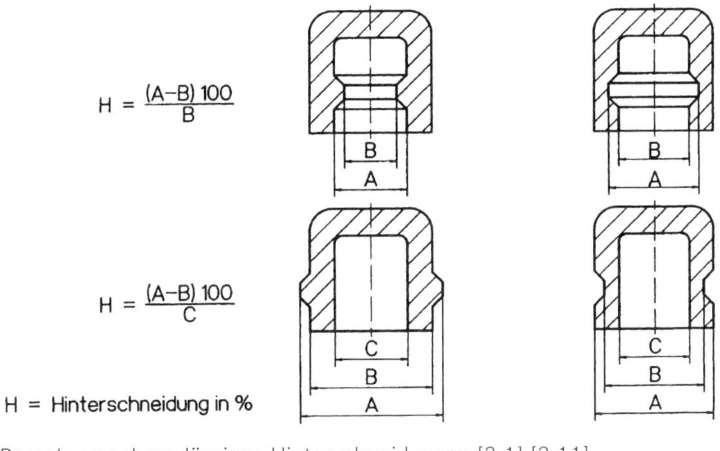

Bild 3.32 Berechnung der zulässigen Hinterschneidungen [3.1] [3.11]

Gestaltung von zwangsentformten Hinterschneidungen

Für eine Zwangsentformung müssen Werkzeug und Formteil so konstruiert sein, dass beim Abziehvorgang die erforderliche Auslenkung zur Entformung der Hinterschneidung möglich ist. Im Allgemeinen eignet sich für Zwangsentformungen nur die Kreisform. Andere Formen, wie beispielsweise Rechtecke, beinhalten hohe Spannungskonzentrationen in den Ecken, die ein erfolgreiches Abstreifen verhindern. Die Hinterschneidung sollte abgeschrägt sein, um das Ausdrücken aus dem Werkzeug zu erleichtern und eine Überbeanspruchung des Teils zu vermeiden.

3.2.9 Keine genauere Bearbeitung als nötig

Oberflächengestaltung

Polierte, hochglänzende Oberflächen sind in der Fertigung und im Gebrauch empfindlich. In vielen Fällen reicht eine erosionsraue oder geschlemmte bzw. die in Ausschubrichtung geschliffene Oberfläche. Hierdurch können zudem bis zu 20 % der Werkzeugherstellkosten eingespart werden [3.9].

In Tabelle 3.3 wird der Aufwand verglichen, den man benötigt, um unterschiedliche Oberflächen herzustellen.

Tabelle 3.3 Oberflächenbearbeitung [3.9] [3.12] bis [3.14] (Angaben nach DIN ISO 1302 und DIN 4766-1)

Oberflächencharakter	Zeichnungsangabe Kurzzeichen	Anwendungsbeispiel	Aufwand in %
spiegelklar **feinst bearbeitet, durch Honen und Läppen**	hochglanzpoliert √ R_z 1 R_z 0,04	transparente Außenflächen	100
glänzend **fein geschlichtet, Riefen weder fühlbar noch sichtbar (Ausgangsgüte für mattierte Oberflächen)**	glanzpoliert √ R_z 6,3 R_z 0,1	Flächen mit hohem optischen Anspruch auch für Gleitflächen geeignet	85
glatt **geschlichtet, Riefen nur noch sichtbar**	poliert √ R_z 10 R_z 0,4	sichtbare Fläche innerhalb eines Gerätes	60
matt **noch fühlbare Rauheit ohne Ansätze (Ausgangsgüte für höherwertige Oberflächen)**	√ R_z 16 R_z 1	nicht nachpolierte Flächen Entformung darf nicht beeinträchtigt werden	40
ohne **besondere Anforderungen**	√	Flächen ohne Funktion Entformung darf nicht beeinträchtigt werden	30
gleichmäßig schwach **geraut in vielen Richtungen**	√ M	nicht spiegelnde Flächen	90
gleichmäßig **geraut in vielen Richtungen**	√ M	Flächen einiger Bedienelemente	95
gleichmäßig stark **geraut in vielen Richtungen**	√ M	Flächen an Griffelemente	100

Toleranzangaben

Grundlage für die Tolerierung von Spritzgussteilen ist die DIN 16742 [3.15]. In ihr sind die zulässigen Maßabweichungen für die verschiedenen Kunststoffe festgehalten. Die Festlegung funktionsgerechter Toleranzen für Formteile erlaubt eine wirtschaftliche Konstruktion. Auf unnötig enge Toleranzangaben sollte man verzichten, da sie erhöhte Kosten verursachen. Als Faustregel gilt: Nicht so genau wie möglich, sondern nur so genau wie nötig.

Verwendbare Isotoleranzreihen

Bei der Auslegung kunststoffgerechter Toleranzangaben ist zu berücksichtigen, dass Schwindung und Nachschwindung zeitabhängige Maßänderungen hervorrufen. Diese Effekte wirken sich bei Kunststoffen aufgrund ihrer hohen Wärmeausdehnungskoeffizienten stärker aus, als bei anderen Werkstoffen. Dies hat zur Folge, dass Isotoleranzen der Reihe IT 5, IT 6 oder IT 7 mit teilkristallinen technischen Kunststoffen im Allgemeinen spritzgießtechnisch nicht zu erzielen sind. Mit normalem Aufwand lassen sich IT 10, mit erhöhtem Aufwand IT 9 und mit hohem Aufwand IT 8 erreichen. Präzisionsspritzguss ist daher notwendigerweise aufwendiger und setzt ein hohes technisches Niveau bezüglich des Werkzeugs, der Spritzgießmaschine und der Prozessführung voraus.

Beispiele zur Vermeidung von Toleranzen

Wegen des höheren Aufwands sollte der Konstrukteur enge Toleranzen, wann immer möglich, vermeiden. Konstruktiv nutzt man dazu oft die leichte Verformbarkeit der Kunststoffe aus. Ein Beispiel ist dazu in Bild 3.33 dargestellt [3.10].

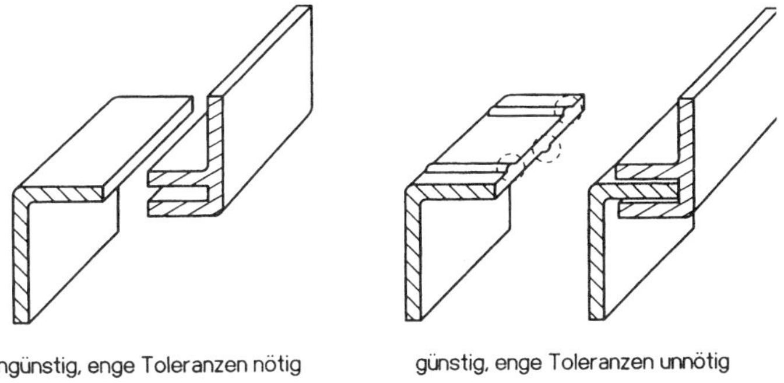

Bild 3.33 Vermeidung enger Toleranzen [3.10]

Ausnutzung der Verformbarkeit

Die auf der linken Seite des Bildes dargestellte Lösung ist ungünstig, da enge Toleranzen erforderlich sind, ohne die ein leichtes Zusammenstecken der beiden Einzelteile bei hoher Klemmwirkung im gefügten Zustand nicht gewährleistet ist. Bei der Lösung auf der rechten Seite des Bildes gibt es nur wenige Kontaktpunkte durch die Verwendung so genannter Klemm- oder Toleranzausgleichsrippen, die auch bei großem Übermaß aufgrund der Verformbarkeit leicht gefügt werden können.

Kleine Dimensionen tolerieren

Sind enge Toleranzen aus funktionalen Gründen unvermeidbar, so sind sie möglichst nicht auf große Längenmaße zu beziehen. In Bild 3.34 wird anhand von zwei Beispielen gezeigt, wie sich in solchen Fällen enge Toleranzen umgehen lassen.

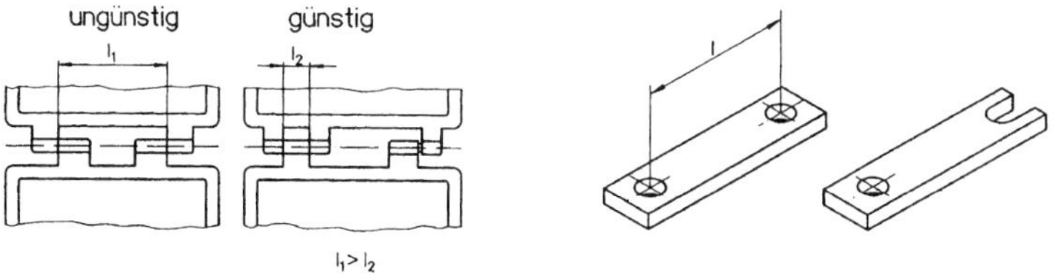

Bild 3.34 Beispiele zur Vermeidung großer Längenmaße mit engen Toleranzen [3.10]

3.2.10 Das Potenzial der freien Formgebung ausschöpfen

Durch die nahezu freie Formgebung von Spritzgießbauteilen sind oft mehrere Gestaltungsvarianten für eine prinzipielle Konstruktionslösung möglich. Die folgenden Leitsätze dienen zur Gestaltung kostengünstiger Formteile:

- Identische Konstruktion der Einzelteile anstreben
- Runde Formen bevorzugen
- Integration mehrerer Funktionen in ein Teil verwirklichen

Identische Konstruktion der Einzelteile

Durch eine identische Gestaltung der Einzelteile einer Baugruppe werden unterschiedliche Werkzeuge eingespart. Zum Beispiel kann ein Koffer aus zwei vollkommen identischen Halbschalen aufgebaut werden, wie in Bild 3.35 gezeigt wird.

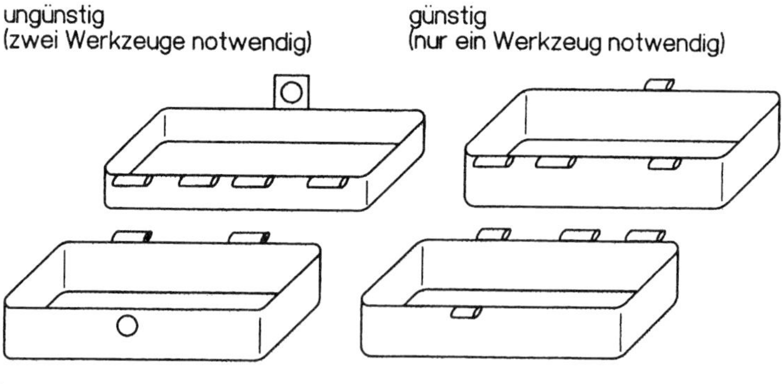

Bild 3.35 Ausnutzung von Symmetrien bei der Gestaltung eines Koffers [3.10]

Bedeutung von Werkzeugkosten

Die Einsparung von Werkzeugkosten rechnet sich insbesondere bei geringen Stückzahlen, da dann der Werkzeugkostenanteil an den Gesamtkosten sehr hoch ist (siehe Kapitel 6).

Runde Formen bevorzugen

Die Werkzeugkosten sind direkt abhängig von der Gestaltung des Formteils, daher sollten komplizierte Geometrien vermieden werden. So können durch eine rotationssymmetrische Gestaltung von Formteilen bzw. einzelner Formelemente beim Werkzeugbau 50 bis 80 % der Kosten eingespart werden [3.4].

Beispiele zur Kosteneinsparung beim Werkzeugbau

Die Bilder Bild 3.36 bis Bild 3.39 zeigen Beispiele für eine kostensparende, alternative Formgestaltung von Elementen mit gleicher Funktion [3.4]. Die Einsparungen sind folgenden Faktoren zu verdanken:

- weniger Werkzeugteile
- kürzere Fertigungszeiten im Werkzeugbau
- geringere Maschinenkosten (Drehbänke statt Fräsmaschinen)

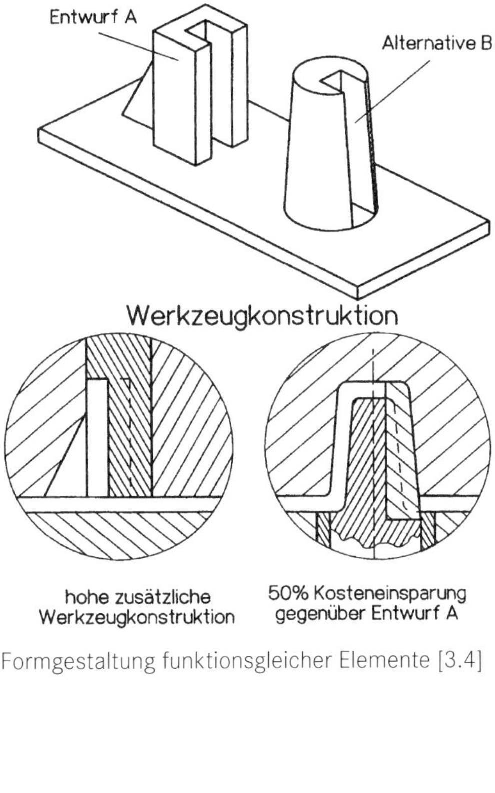

Bild 3.36 Alternative Formgestaltung funktionsgleicher Elemente [3.4]

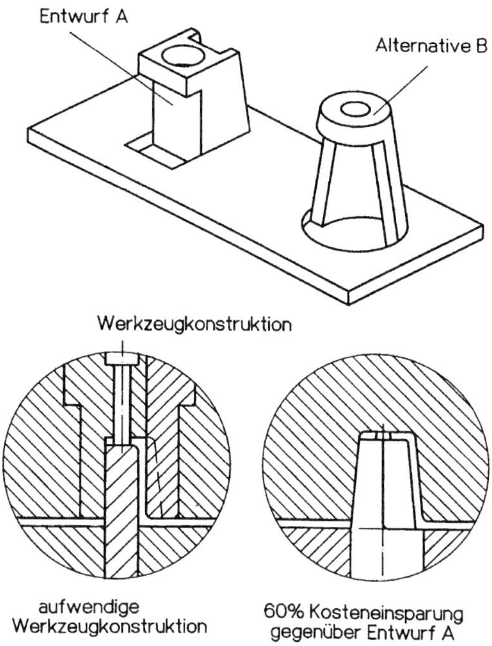

Bild 3.37 Alternative Formgestaltung funktionsgleicher Elemente [3.4]

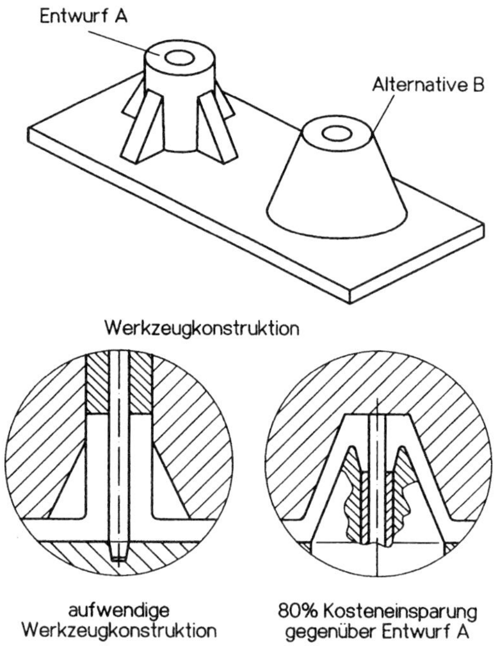

Bild 3.38 Alternative Formgestaltung funktionsgleicher Elemente [3.4]

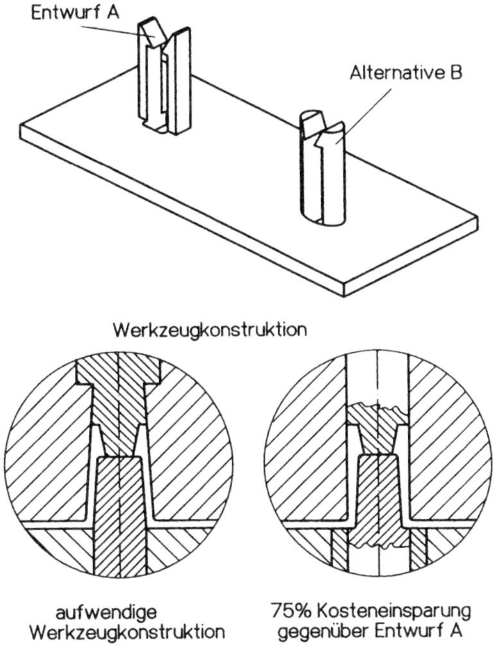

Bild 3.39 Alternative Formgestaltung funktionsgleicher Elemente [3.4]

Die modifizierten Entwürfe bieten häufig auch Möglichkeiten zur besseren Kühlung des betreffenden Werkzeugteils, was sich wiederum günstig auf den Spritzgießzyklus und die Qualität des Produkts auswirkt.

Integration mehrerer Funktionen in ein Teil

Spritzgussteile bieten sich an, um mehrere Funktionselemente zu integrieren. Dadurch werden nicht nur Einzelteile, sondern auch unterschiedliche Arbeitsgänge, wie zum Beispiel die Montage der Einzelteile, eingespart oder vereinfacht. Beispiele für solche Funktionselemente sind:

- Schnappverbindungen
- Filmscharniere
- umspritzte Metallteile
- umspritzte Kunststoffteile
- hinterspritzte Dekorationen

Einsatz von Sonderverfahren der Spritzgießtechnik

Eine hohe Funktionsintegration kann beispielsweise durch den Einsatz der Projektilinjektionstechnik erreicht werden (Bild 3.40). Dabei wird zunächst Kunststoffschmelze in das Werkzeug eingespritzt. Anschließend wird mithilfe eines Treibfluids

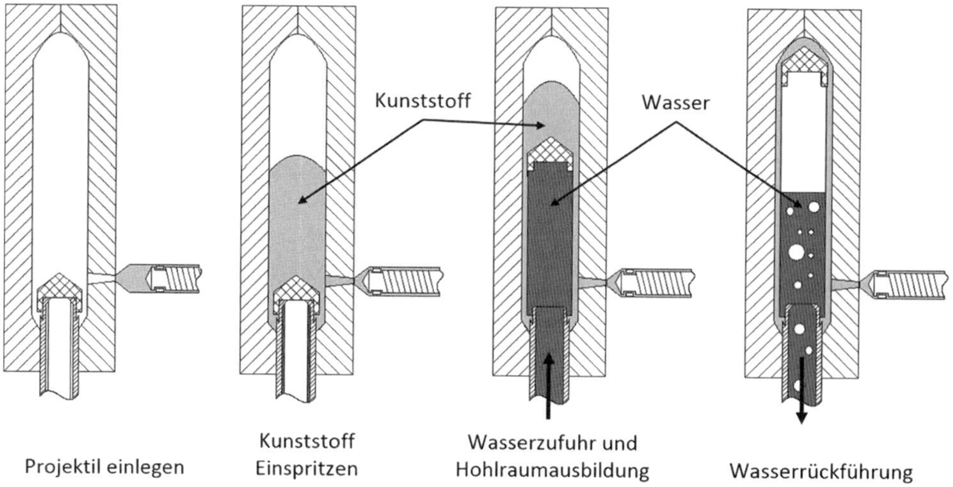

Bild 3.40 Funktionsprinzip der Projektilinjektionstechnik

ein Projektil durch den noch schmelzeflüssigen Kunststoff getrieben, wodurch ein Hohlraum mit gleichmäßiger Wanddicke entsteht, wobei auch Krümmungen realisierbar sind. Mit dieser Technik lassen sich Hohlkörper und Medienleitungen in Spritzgussbauteile integrieren, welche in herkömmlichen Verfahren nicht entformbar wären (vgl. Kapitel 18).

Mehrkomponententechnik reduziert Montagekosten

Durch Mehrkomponententechniken im Spritzgießen lassen sich mehrere Werkstoffe ohne zusätzliche Montageschritte in einem Werkzeug kombinieren. Eine der Technologien, die dazu eingesetzt werden, ist die Core Back Technik (Bild 3.41) Bei dieser werden Zwei Kunststoffe nacheinander in das Formnest eingespritz, wobei zwischen dem ersten und zweiten Werkstoff eine zusätzliche Kavität durch einen Schieber freigegeben wird. Auf diese Wiese wird in einem Spritzgießzyklus ein Bauteil aus zwei Werkstoffen hergestellt. Eine nachträgliche Montage entfällt (vgl. Kapitel 18).

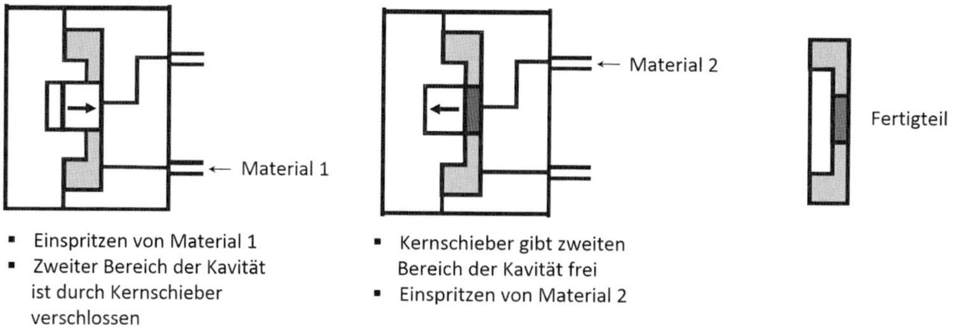

Bild 3.41 Funktionsprinzip der Core Back Technik mit Kernschieber

3.2.11 Position des Angusses bei der Formgestaltung beachten

Angusssystem

Der Anguss bzw. das Angusssystem dient dazu, der Kavität des Werkzeugs die aufgeschmolzene Formmasse zuzuleiten. Der Entwurf des Angusssystems wird daher zur Werkzeugkonstruktion gerechnet. Position und Art des Angusssystems müssen jedoch bei der Gestaltung des Formteils mit beachtet werden, denn der Anguss, insbesondere seine Gestalt und seine Anbindung an die Kavität, beeinflusst den Werkzeugfüllvorgang und damit weitgehend auch die Qualität des Formteils. Im Folgenden werden daher die Angussarten im Überblick vorgestellt und Richtlinien zur Positionierung des Angusses präsentiert.

Prinzipiell können, wie in Bild 3.42 dargestellt, zwei verschiedene Arten von Angüssen unterschieden werden:

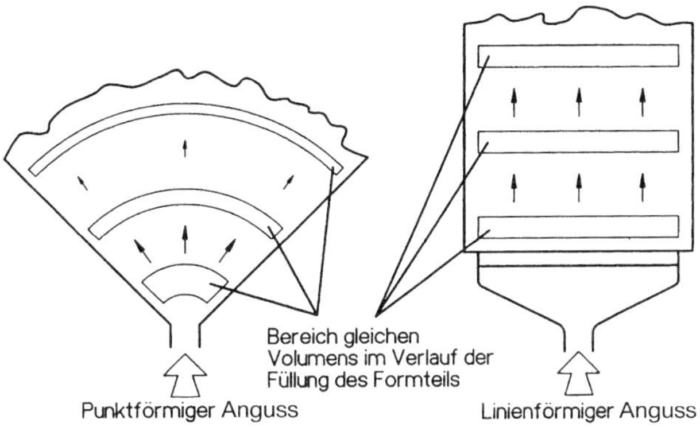

Bild 3.42 Prinzipielle Angussarten

Punktförmiger Anguss

Am punktförmigen Anguss (wie z. B. Punktanguss, Stangen- oder Kegelanguss, Tunnelanguss etc.) wird die Schmelze bezüglich des Volumens verzerrt, wie es durch die mit dünnen Linien abgegrenzten Bereiche in Bild 3.42 symbolisiert wird. Dadurch werden die einzelnen Moleküle während des Abkühlvorgangs der Schmelze verstreckt. Als Folge ergeben sich Orientierungen, die unterschiedliche Schwindungseigenschaften zur Folge haben.

Durch die sich verlängernde Fließfront im Verlauf der Formteilfüllung kann es leicht zu einer Aufteilung des Schmelzestroms kommen. Bei der zwangsläufigen Zusammenführung dieser Einzelströme gegen Ende des Füllvorgangs kommt es an den Grenzflächen zur Bildung von Bindenähten. An diesen Bindenähten sind die mechanischen Festigkeiten stark herabgesetzt, außerdem sind sichtbare Markierungen zu beobachten.

Linienförmiger Anguss

Beim linienförmigen Anguss (wie z. B. Schirmanguss, Band- oder Filmanguss, Ringanguss etc.) treten gar keine oder nur geringe Verzerrungen der Schmelzepartikel auf. Aus diesem Grund kommt es nur zu geringen Orientierungen und dementsprechend zu geringerer Verzugsneigung. Durch die gleichmäßige Formteilfüllung ist die Gefahr einer Aufspaltung des Schmelzestroms geringer als bei einem punktförmigen Anguss. Nachteilig ist jedoch die aufwendige Nacharbeit zur Entfernung des Angusses vom fertigen Formteil.

Positionierung des Angusses

Neben der Art des Angusses ist auch seine Lage von Bedeutung, um beispielsweise Bindenähte, Einfallstellen, Lunker und Verzug zu vermeiden.

Aufspaltung des Schmelzestroms vermeiden

Zur Vermeidung von Bindenähten ist die Lage des Angusses so zu wählen, dass sich der Schmelzestrom während des Formfüllvorgangs möglichst nicht in mehrere Teilströme bzw. in so wenige wie möglich aufteilen kann. Eine Aufspaltung des Schmelzestroms durch einen Durchbruch im Formteil kann zum Beispiel bei einem Rad durch die Verwendung eines Schirmangusses an der Nabe vermieden werden. Eine Aufspaltung des Schmelzestroms kann jedoch auch, wie in Bild 3.43 dargestellt, durch Wanddickenunterschiede auftreten. In Bereichen mit großen Wanddicken ist der Fließwiderstand gering, so dass sich hier die Schmelzefront schneller fortbewegt als in den Bereichen mit niedriger Wanddicke. Als mögliche Folge dieses Effekts kann es passieren, dass der Bereich mit geringerer Wanddicke nicht nur über die direkte Verbindung zum Anguss gefüllt wird, sondern zusätzlich durch den dickwandigen Bereich. An den Grenzflächen dieser beiden Schmelzströme können sich dann Bindenähte ausbilden.

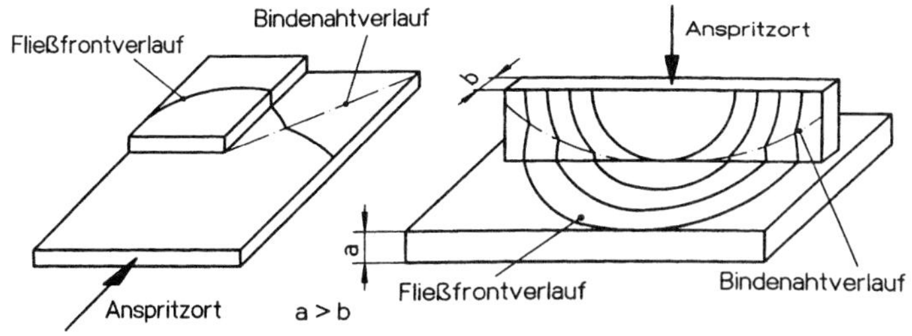

Bild 3.43 Entstehung von Bindenähten durch Wanddickenunterschiede

Geringe Anzahl der Anspritzpunkte

Die Anzahl der Angusspunkte ist möglichst gering zu halten, um Bindenähte zu vermeiden.

Position der Bindenaht

Sind Bindenähte nicht zu vermeiden, ist die Angussposition so zu wählen, dass die Bindenähte möglichst in den unbelasteten und in den nicht sichtbaren Bereichen des Formteils liegen.

Verstärkung von Bindenähten

Lassen sich Bindenähte in hoch belasteten Stellen nicht vermeiden, so sollten sie zumindest verstärkt werden, wie es in Bild 3.11 bei der verbesserten Konstruktion der Schnappverbindung zu sehen ist.

Angussposition in Zonen höchster Wanddicken

Die Angussposition sollte immer in den Zonen mit den größten Wanddicken liegen. Dadurch wird eine gleichmäßige Füllung der Form mit langsam steigendem Fließwiderstand erreicht. Die Schmelze erstarrt erst in den dünnwandigen Bereichen des Formteils, so dass dieses noch möglichst lange unter Nachdruck gefüllt werden kann. Lunker und Einfallstellen können so weitgehend vermieden werden.

Ausbalancieren der Angusspositionen

Die Angusspositionen sind so auszubalancieren, dass in jeder Richtung der gleiche Fließwiderstand vorhanden ist, um eine gleichmäßige Füllung des Formteils zu erreichen.

Beispiel zur Angusspositionierung

Anhand des Zahnrads in Bild 3.44 werden exemplarisch die oben genannten Richtlinien angewandt. Dabei zeigt es sich, dass bereits bei der Gestaltung des Formteils die Lage der Bindenähte berücksichtigt werden muss [3.7]. Da der Zahnkranz den größten Fließkanal darstellt und aus Funktionsgründen keinesfalls Lunker oder Einfallstellen aufweisen darf, muss der Anguss hier positioniert sein, um so lange wie möglich Masse unter Nachdruck fördern zu können. Um einerseits die Fließwiderstände auszubalancieren und um andererseits die Federelemente mit möglichst frischem Material zu füllen, wurden je drei Angusspunkte am Fußpunkt der Federelemente gewählt. Auf einen Schirmanguss wurde verzichtet, um aufwendige Nacharbeiten zur Entfernung des Angusses vom Formteil zu vermeiden. Es zeigte sich aber, dass die Nabe nicht ausreichend über die Federelemente gefüllt werden konnte. So wurden auch an der Nabe drei Angusspunkte gewählt. Die auftretenden

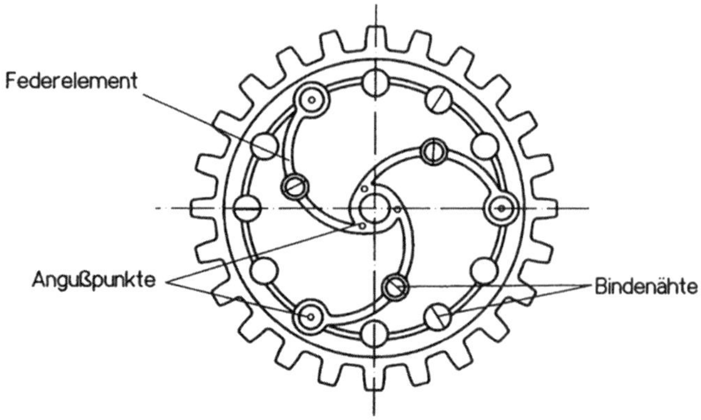

Bild 3.44 Zahnrad mit drei Federelementen [3.7]

Bindenähte in den Federelementen mussten nun verstärkt werden, da sie sonst die Biegebelastung der Federn nicht hätten aufnehmen können.

Simulationen bestimmen das optimale Angusssystem

Ob eine geeignete Angussposition vorhanden ist oder ob die Bauteilgeometrie z. B. durch die oben beschriebenen Aufdickungen geändert werden sollte, sollte der Formteil Konstrukteur direkt nach der Fertigstellung der CAD-Geometrie mit Hilfe einer Prozesssimulation untersuchen oder untersuchen lassen (siehe Kapitel 16).

3.2.12 Kunststoff-Metall-Verbunde spannungsausgleichend gestalten

Das Einbetten von Metallfunktionsteilen in thermoplastische Kunststoffe als Verbindung mehrerer Teile ist eine seit langem bekannte Technik. Es wird dabei zwischen der Insert- und der Outsert-Technik unterschieden.

Inserts

Inserts sind in Kunststoff eingebettete Funktionsteile aus Metall. Ihre Verwendung ist mit relativ hohen Kosten verbunden, da sie vor Beginn jedes Spritzgießzyklusses in das Werkzeug eingelegt werden müssen. Dafür sind jedoch die übertragbaren Kräfte zwischen den Verbundpartnern hoch. Häufig verwendete Funktionsteile sind Gewindeeinsätze.

Outserts

Werden nun mehrere Kunststoffeinzelteile auf eine Metallplatine aufgebracht, so spricht man von der Outsert-Technik.

Insert-Technik

Problem: Rissbildung

Bei der Konstruktion mit Einlegeteilen besteht die Gefahr der Rissbildung in der Kunststoffummantelung. Diese Rissbildung kann infolge von Zeitstandbeanspruchung auch erst nach längerer Beanspruchungsdauer, also Monaten bis Jahren, auftreten [3.7].

Grund: Eigenspannungen

Grund dafür sind Eigenspannungen im Kunststoffformteil, die durch Behinderung der freien Schwindung infolge des unterschiedlichen Wärmeausdehnungsverhaltens von Metallen und Kunststoffen entstehen. Zusätzlich in den Kunststoff eingebrachte Querbohrungen, Gewinde etc. führen aufgrund der Kerbwirkung noch leichter zu einer Rissbildung. Aus diesen Zusammenhängen ergeben sich u. a. die folgenden Richtlinien für die Gestaltung eines Inserts, wie es in Bild 3.45 dargestellt ist [3.1].

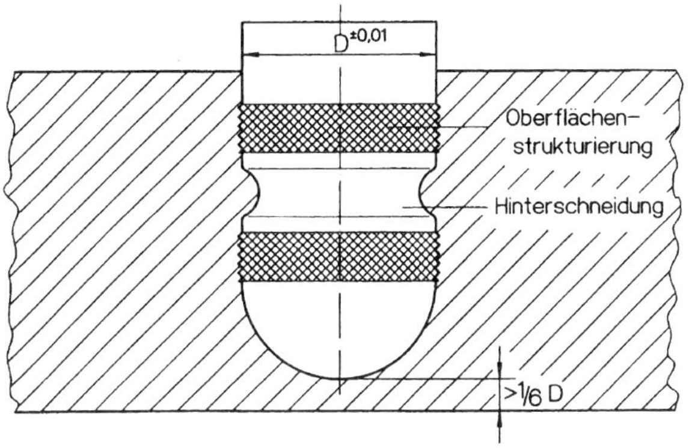

Bild 3.45 Gestaltung eines Kunststoff-Metall-Verbundes [3.1]

Vermeidung von Ecken und Kanten

Scharfe Ecken und Kanten sind zu vermeiden. An Ecken und Kanten kann es im Kunststoffformteil aufgrund der Kerbwirkung zu Spannungskonzentrationen und in Folge zu Rissbildungen kommen.

Sicherung gegen Ausreißen und Verdrehen

Hinterschneidungen und eine Strukturierung der Oberflächen sichern Einlegeteile gegen Ausreißen und Verdrehen, wie es Bild 3.45 veranschaulicht.

Einlegeteile mit engen Toleranzen

Einlegeteile müssen mit hoher Maßgenauigkeit gefertigt werden. Empfohlen werden Toleranzen von ±0,01 mm, damit das Werkzeug durch das Einlegeteil entsprechend abgedichtet wird. Kann im Spritzgießprozess Kunststoff in offen gebliebene Spalten eindringen, bilden sich so genannte „Schwimmhäute". Neben ihrem unschönen Aussehen bedeuten sie in den meisten Fällen auch eine Schädigung des Werkzeuges.

Einbettung des Inserts

Die Dicke des Materials unterhalb des Einlegeteils sollte mindestens 1/6 des Durchmessers des Einlegeteils betragen, andernfalls kann es zur Bildung von Bindenähten kommen. Durch Steigerung des Fließwiderstandes unterhalb des Einlegeteils kann der Schmelzestrom in Einzelstränge aufgeteilt werden, die an ihren Grenzflächen Bindenähte ausbilden. Außerdem steigt durch das Einlegeteil die Abkühlgeschwindigkeit im Bereich unter dem Insert, und es kann daher zu Markierungen aufgrund unterschiedlicher Schwindung kommen.

Schlagzähe Kunststoffe verwenden

Schlagzäh modifizierte Kunststofftypen sollten für die Verwendung in Bauteilen mit Inserts in Erwägung gezogen werden, da diese Kunststoffe eine höhere Dehnungsfähigkeit als Standardtypen aufweisen und gleichzeitig beständiger gegen Rissbildung sind.

Vorheizen der Einlegeteile

Einlegeteile sollten vor dem Spritzgießen vorgeheizt werden. Dieses Verfahren reduziert die Nachschwindung, dehnt das Einlegeteil vor und reduziert dadurch die Differenz der Wärmedehnung und verbessert zusätzlich die Festigkeit der Fließnähte.

Ausreichende Verfahrenstests vorsehen

Ausgedehnte Testreihen unter Betriebsbedingungen sollten durchgeführt werden, um Probleme schon vor der Serieneinführung zu erkennen. Die Tests sollten auch Temperaturzyklen im Bereich der zu erwartenden Betriebstemperatur umfassen sowie ggf. unter entsprechendem Medieneinfluss durchgeführt werden, um das Quellverhalten des Kunststoffs zu berücksichtigen.

Wanddicken des Kunststoffmantels

Bei großen Einlegeteilen ist die Wanddicke des Kunststoffmantels ausreichend zu dimensionieren, um Schrumpfspannungen aufnehmen zu können. Große Einlegeteile, wie in Bild 3.46 und Bild 3.47 schematisch dargestellt, behindern die Schwindung des sie umgebenden Kunststoffmantels. Daher muss die Wanddicke dieses Mantels einerseits so hoch gewählt werden, dass die resultierende Zugspannung aufgenommen werden kann, und andererseits so niedrig, dass diese Spannung durch eine Relaxation des Mantels teilweise abgebaut werden kann. Als Faustregel gilt für die Wanddicke s des Kunststoffmantels bei dem Durchmesser d des Einlegeteils:

$$0{,}3\,d \leq s \leq 0{,}4\,d \quad \text{für } d \leq 25\ \text{mm} \tag{3.6}$$

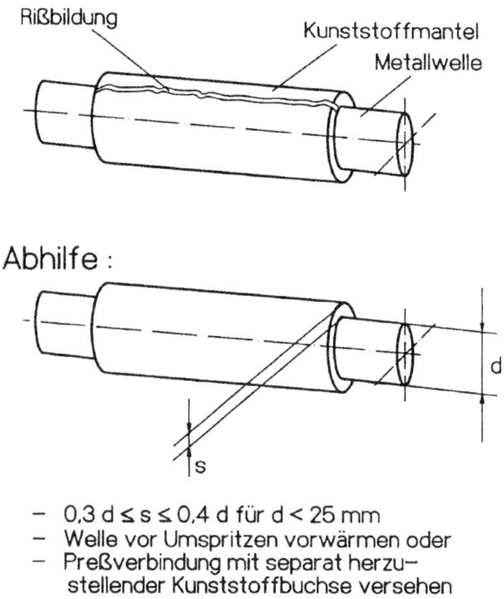

Bild 3.46 Umspritzte Metallwelle [3.7]

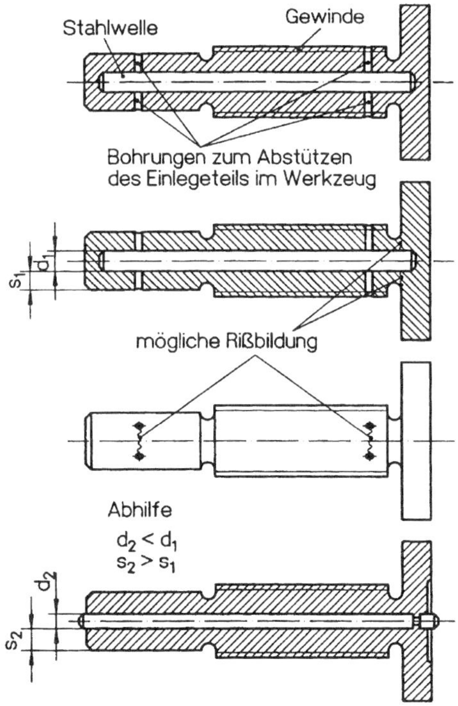

Bild 3.47 Gewindespindel mit Handrad [3.7]

Behinderung von Schwindung vermeiden

Die Gestaltung eines Kunststoff-Metall-Verbundes ist so auszuführen, dass eine Behinderung der Schwindung weitgehend vermieden wird. Dazu ist in Bild 3.47 die Stahlwelle so umgestaltet worden, dass sie sich jeweils an ihren Enden im Werkzeug abstützt. So ist die axiale Schwindung des Kunststoffmantels nur noch gering oder gar nicht behindert. Zusätzlich konnten die Bohrungen im Kunststoffmantel zur Abstützung der Stahlwelle vermieden werden, die vorher zu Rissbildung aufgrund von Spannungskonzentrationen geführt hatten.

Outsert-Technik

Kostengünstiges Fertigen und Montieren von Funktionselementen im Werkzeug

Bei der Outsert-Technik werden mehrere Kunststoffeinzelteile auf einer Metallplatine zusammengefasst. Dabei werden die Kunststoffteile in einem Schritt im Spritzgießverfahren hergestellt und auf der Metallplatine befestigt. Bild 3.48 zeigt die Grundbauelemente der Outsert-Technik. Die Herstellung metallischer Funktionsteile durch Drehen, Bohren, Fräsen etc. und das nachfolgende kraft- und formschlüssige Verbinden mit einer Platine ist kosten- und zeitintensiv. Die Zielrichtung der Outsert-Technik ist daher die Herstellung technischer Teile, die qualitätsmäßig gleichen bzw. höheren Anforderungen als die der nach herkömmlichen Verfahren hergestellten entsprechen und die kostengünstig gefertigt werden können.

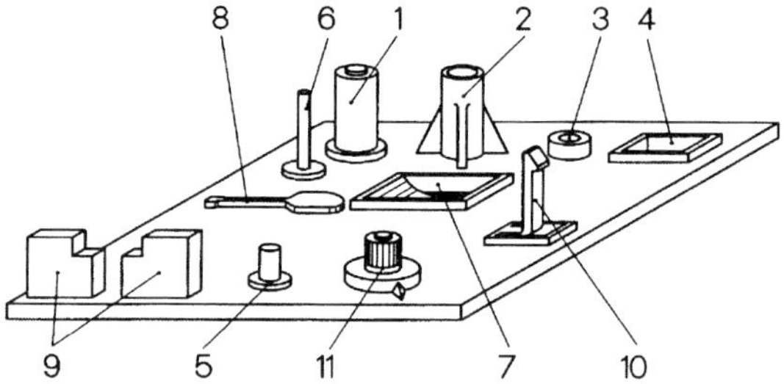

Bild 3.48 Grundbauelemente der Outsert-Technik [3.16]
1: Säule mit Flanschbefestigung, 2: Säule, zentrisch fixiert, 3: Gleitlager für Wellen, 4: Schieberführung, senkrecht zur Platine, 5: Achse, Vollkunststoff-Ausführung, 6: Achse, Metallstift in Kunststoff-Verankerung, 7: Biegefeder, senkrecht zur Platine, 8: Biegefeder, parallel zur Platine, 9: Schiebeführung, parallel zur Platine, 10: Schnapphaken, 11: drehbewegliches Bauelement (Stellbetrieb)

Verbindung Bauelemente Platine

Die Funktionselemente werden im Allgemeinen form- und kraftschlüssig mit der Platine verbunden. Die Schwindung des Funktionselements führt dabei zum Kraftschluss (siehe Bild 3.49).

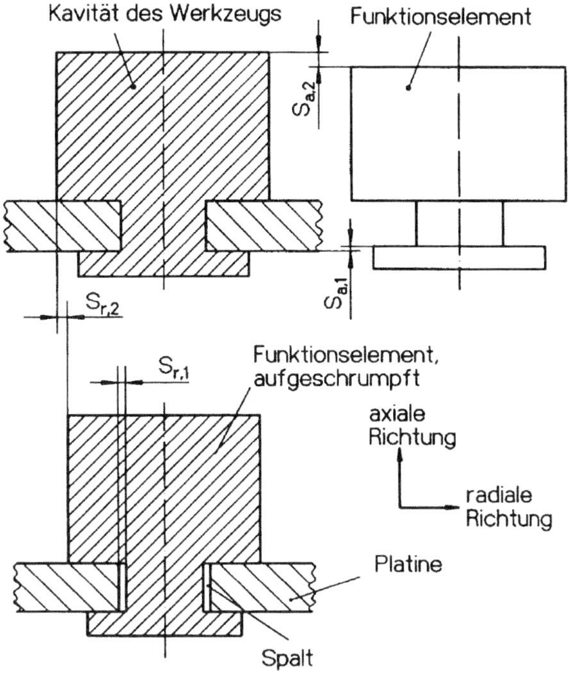

Bild 3.49 Schwindungsrichtung am Funktionselement

Kraftschlüssige Verbindung durch Schwindung

Die Schwindung $S_{a,1}$ in axialer Richtung führt infolge der daraus resultierenden Verspannung zu einer kraftschlüssigen Verbindung. Bei Verwendung eines amorphen Kunststoffs würde diese Vorspannung bei Anwesenheit eines Netzmittels zur Spannungsrissbildung und damit zum Versagen des Funktionsteils führen.

Gestaltung der Verbindung

Die Schwindung $S_{r,1}$ in radialer Richtung führt zu einer Spaltbildung. Um trotzdem einer möglichen Verschiebung des Bauteils in Richtung *r* entgegenzuwirken, sollten mehrere zur Mittenlage symmetrisch angeordnete Verknüpfungspunkte vorgesehen werden. Aber auch hier sind die beim Abkühlen auftretenden Spannungen infolge von Schwindungsbehinderung besonders bei großen oder zu langen Funktionselementen zu berücksichtigen. Diese Spannungen können entweder zum Abscheren der Verknüpfungspunkte, zur Deformation der Platine oder sogar zum Reißen der Outsert-Funktionselemente führen. Zur Gestaltung der einzelnen Bauelemente siehe [3.16].

Gestaltung der Schmelzeverteiler

Besonderes Augenmerk sollte auf die Gestaltung der Schmelzeverteiler auf der Platine gelegt werden. Werden diese Schmelzeverteiler starr ausgeführt, so führen sie, bedingt durch ihre Schwindung, zu einer Maß- und Gestaltabweichung der Einzelteile. Hilfsverteiler sollten daher immer in Form einer weichen Biegefeder ausgeführt werden.

3.2.13 Löcher und Auskernungen kunststoffgerecht gestalten

Gestaltung von Durchgangslöchern

Löcher in Spritzgussteilen lassen sich auf einfache Weise durch Lochstifte erzeugen, die in die Formhöhlung hineintragen. Der minimal mögliche Durchmesser hängt von dem zu verarbeitenden Kunststoff sowie vom Material des Werkzeugs ab. Ohne die Verwendung von Sonderwerkstoffen sollte der Stiftdurchmesser mindestens ∅ 1 mm betragen. Bei Durchbrüchen großer Länge sind mindestens ∅ 3 mm einzuhalten. Andernfalls besteht die Gefahr, dass der Werkzeugkern überhitzt und zerstört wird. Außerdem können Kerne mit zu hoher Länge und geringem Durchmesser sich unter dem Einspritzdruck verbiegen oder sogar brechen [3.17]. Um ein stabiles Werkzeug zu garantieren, wird für die maximale Länge L eines Durchbruches mit dem Durchmesser d die folgende Faustregel empfohlen:

$$L \leq d \tag{3.7}$$

Lage der Durchgangslöcher

Bild 3.50 zeigt die empfohlene Lochgestaltung zur Vermeidung von Rissbildungen bzw. zur Vermeidung eines Ausreißens des Kunststoffteils. Dabei sind der Abstand b der Löcher untereinander, der Abstand D zum Formteilende und der Abstand c zur nächstliegenden Formteilkante größer als der Lochdurchmesser zu wählen

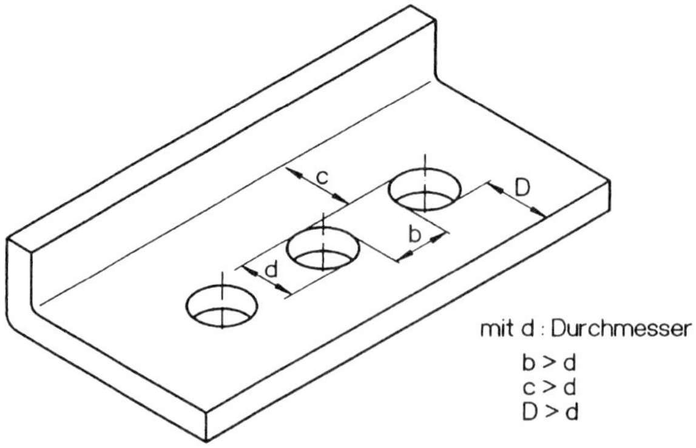

Bild 3.50 Empfohlene Lochgestaltung [3.1]

Vermeidung von Bindenähten

Werden Bindenähte, die durch das Fließen der Schmelze um Lochstifte herum verursacht werden, aus Gründen der Festigkeit oder der Optik nicht zugelassen, können die Löcher, wie in Bild 3.51 dargestellt, lediglich angesenkt oder teilweise ausgekerbt werden, um ein anschließendes Bohren zu erleichtern. Ein spanendes Nacharbeiten stellt aufgrund der hohen Kosten im Vergleich zum Spritzgießen sicherlich nur eine Alternative für kleinere Stückzahlen oder bei äußerst bindenahtanfälligem Kunststoff dar.

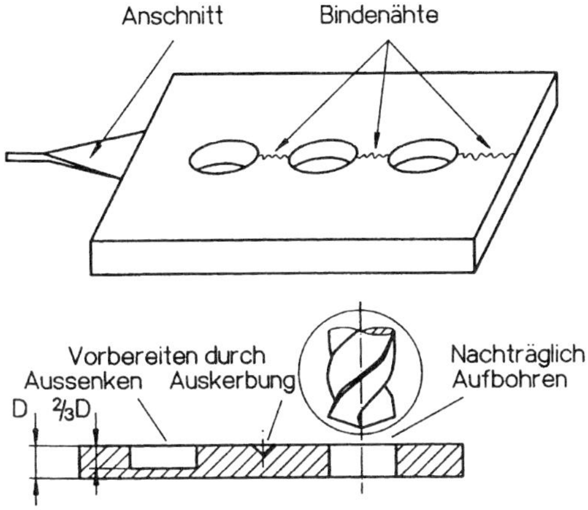

Bild 3.51 Empfohlene Bohrlochvorbereitung [3.1]

Gestaltung von hoch belasteten Durchbrüchen

Durchbrüche an hoch belasteten Stellen werden, wie in Bild 3.52 dargestellt, zur Vermeidung von Spannungsspitzen mit verstärkten Rändern oder Entlastungsbohrungen versehen.

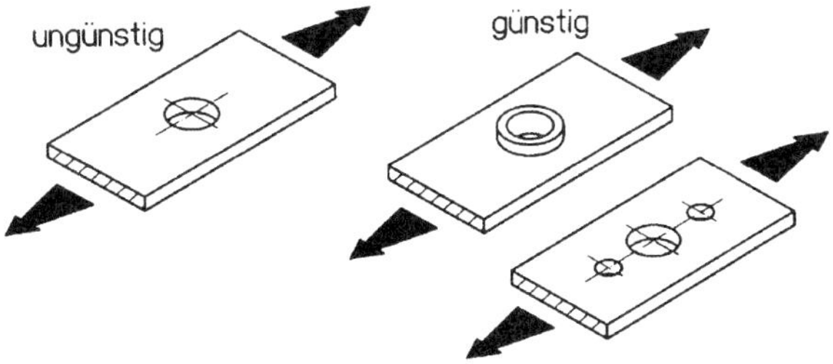

Bild 3.52 Durchbrüche an hoch belasteten Stellen [3.10]

Gestaltung von Sacklöchern

Durchgängige Löcher lassen sich leichter spritzen als Sacklöcher, weil der Lochstift im Werkzeug an beiden Enden abgestützt werden kann. Sacklöcher, die durch Lochstifte erzeugt werden, welche nur an einem Ende befestigt sind, können exzentrisch ausfallen, wenn der Lochstift durch den Druck der einströmenden Schmelze bewegt wird. Deshalb ist die Tiefe eines Sacklochs im Allgemeinen auf das Doppelte des Lochstiftdurchmessers D_2 begrenzt, wie in Bild 3.53 („a" linke Bildseite) dargestellt.

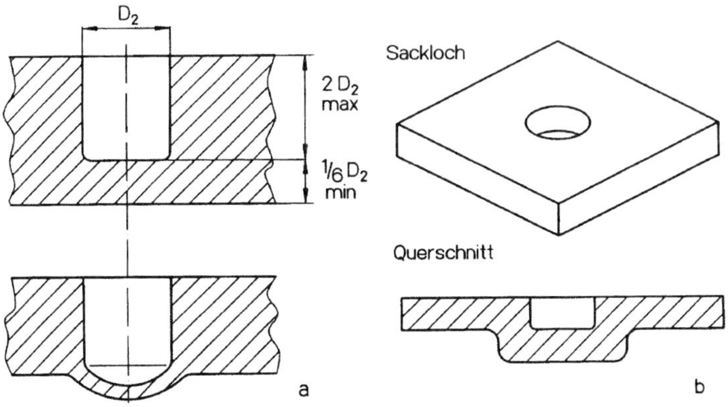

Bild 3.53 Empfohlene Sacklochgestaltung [3.1]

Die Dicke der Abschlusswand des Sacklochs sollte nicht weniger als 1/6 des Lochdurchmessers betragen. Damit, wie in *Regel 12* bei der Gestaltung von Kunststoff/Metall-Verbunden, eine Markierung bzw. ein Ausbauchen durch unterschiedliche Schwindung an der gegenüberliegenden sowie die Bildung von Bindenähten nach Umströmung des Sackloches durch die Schmelze vermieden wird.

Eine technisch bessere Konstruktion ist in Bild 3.53 („b" rechte Bildseite) dargestellt. Die Wanddicke ist überall gleich und scharfe Ecken, in denen eine Spannungskonzentration auftreten könnte, wurden vermieden.

Verwendung von stufenförmigen Lochstiften bei größeren Lochtiefen

Um eine größere Lochtiefe zu erzielen, kann ein stufenförmiger Lochstift verwendet werden.

3.2.14 Gewinde kunststoffgerecht gestalten

Soweit erforderlich, lassen sich im Spritzgießverfahren auch Formteile mit Außen- oder Innengewinde in einem Arbeitsgang fertigen, so dass sich ein späteres Nachschneiden des Gewindes erübrigt. Besonders geeignet ist dazu das Rundgewinde.

Das metrische ISO-Gewinde sollte wegen der Kerbwirkung seines Gewindegrundes lediglich bei weniger kerbempfindlichen Kunststoffen wie Polyoxymethylen (POM), Polyamid (PA), Polycarbonat (PC) oder Polyethylenterephtalat (PET) verwendet werden:

Gestaltung der Gewindeausläufe

In jedem Fall sind Anfang und Ende eines Gewindes mindestens 1 mm von den Rändern abgesetzt zu gestalten. Dadurch werden spitzauslaufende Gewindegänge vermieden, die sowohl am Formteil als auch am Werkzeug leicht geschädigt werden können. Außerdem wird das Ansetzen der Fügepartner während der Verschraubung erleichtert.

Entformungsschrägen

Generell lassen sich Gewinde durch im Werkzeug eingelegte Gewindeeinsätze abformen. Um das spätere Ausdrehen der Gewindeeinsätze vom Formteil zu erleichtern, ist eine leichte Konizität der Gewinde von 1 : 100 vorzusehen.

Außengewinde

Außengewinde lassen sich preiswerter mit zweiteiligen Werkzeugen herstellen. Dabei bilden die Gewindegänge Hinterschneidungen in der Trennebene, die bei Entformung zu einer Deformation des Gewindes führen. Wenn der verwendete Kunststoff diese Verformung nicht aufnehmen kann, kann das Gewinde, wie in Bild 3.54 dargestellt, in der Trennebene unterbrochen werden [3.10].

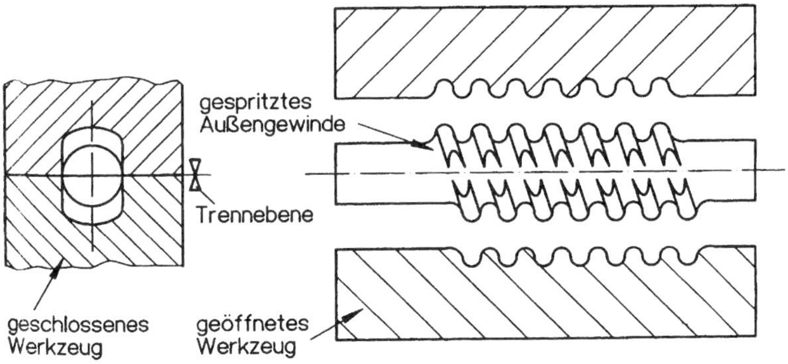

Bild 3.54 Spritzgießen von Außengewinden

Innengewinde

Innengewinde werden oft durch automatisch gewindelösende Vorrichtungen oder durch zusammenfaltbare Werkzeugkerne gefertigt (vgl. Kapitel 15).

Zwangsentformte Gewinde

Walzen- oder Rundgewinde, mit einem Verhältnis von Durchmesser zu Wanddicke größer als 20 : 1, lassen sich bei entsprechender Gestaltung trotz Hinterschnitt auch zwangsentformen. In Bild 3.55 ist eine Prinzipskizze einer solchen Konfiguration wiedergegeben.

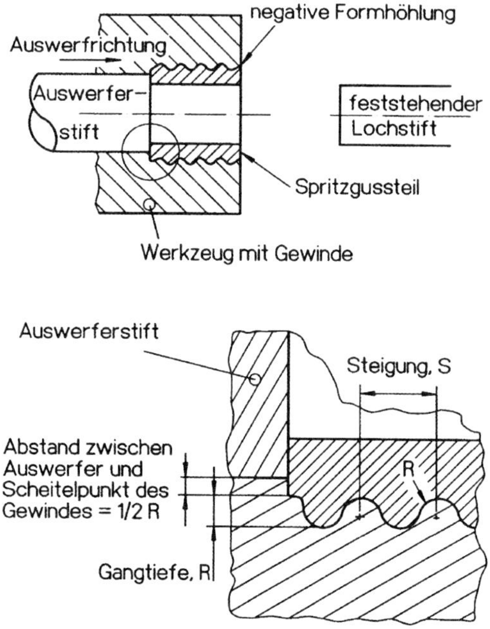

Bild 3.55 Auswerfen und Abstreifen walzenförmiger Gewinde [3.1]

Dabei gilt:

$$R = 0{,}3 \cdot s \tag{3.8}$$

mit:

R = Gangtiefe
s = Steigung

Verschraubungen

Sind Formteile aus Metall und Kunststoff miteinander zu verschrauben, empfiehlt es sich, wie in Bild 3.56 dargestellt, das Metallteil außen und das Kunststoffteil innen anzuordnen. Das Außengewinde sollte sich also immer am Kunststoffteil befinden, was im Kriechverhalten der Kunststoffe begründet ist, das insbesondere bei schwankenden oder hohen Einsatztemperaturen zur Aufweitung von Innengewinden in Kunststoffformteilen führen kann. Muss dennoch ein Kunststoffformteil mit Innengewinde verwendet werden, kann, wenn erforderlich, eine Verstärkungsmuffe eingesetzt werden (vgl. Bild 3.56).

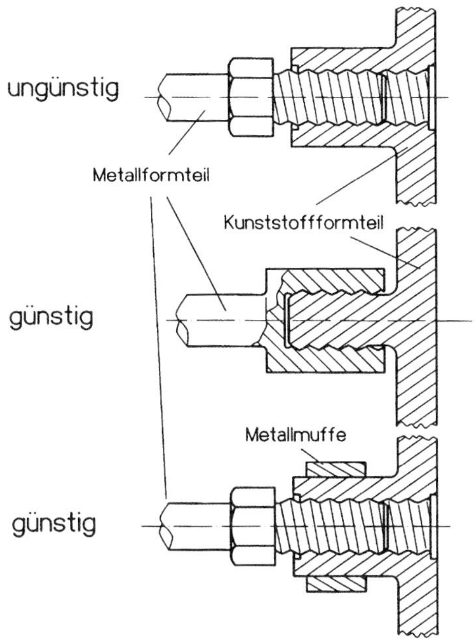

Bild 3.56 Empfohlene Gestaltung von Kunststoff-Metall-Verschraubungen

3.2.15 Formteile verfahrensgerecht optimieren

Gleichmäßige Druck- und Temperaturverteilung in der Kavität

Um weitgehend verzugsfreie und spannungsarme Formteile zu erhalten, sollten ortsunabhängig gleicher Druck und gleiche Werkzeugwandtemperatur im Formnest herrschen, da die Verarbeitungsschwindung von der jeweiligen Höhe dieser Größen abhängig ist (siehe Kapitel 16). Diese Forderung ist in der Praxis oft nur näherungsweise zu erfüllen. So hängt zum Beispiel die Werkzeugwandtemperaturverteilung über dem Werkzeug wesentlich von der Lage der Kühlkanalbohrungen im Werkzeug ab. Konstanter Druck im Formnest liegt in der Regel nicht vor, da der Werkzeuginnendruck über dem Fließweg der Schmelze kontinuierlich abnimmt. Dieser Druckverlust Δp wird vom Hagen-Poisseuilleschen Gesetz beschrieben:

$$\Delta p = \frac{12\dot{V} \cdot l \cdot \eta}{b \cdot s^3} \qquad \eta = f\left(\vartheta, \rho, \dot{\gamma}\right) \tag{3.9}$$

$\dot{V}$ Volumenstrom
l Fließweglänge
η Schmelzeviskosität
ϑ Temperatur

p Druck
$\dot{\gamma}$ Schergeschwindigkeit
s Plattendicke
b Plattendicke

Minimieren des Druckverlustes

Um den Druckverlust zu minimieren bzw. um den Werkzeuginnendruck konstant zu halten, können zum Beispiel folgende Abhilfemaßnahmen durchgeführt werden [3.8]:

Werkstoffauswahl

Die Verwendung von Formmassen mit sehr niedriger Schmelzeviskosität. Das entspricht in Gleichung 3.9 einer Herabsetzung der Schmelzeviskosität η.

Anschnittgestaltung

Die Wahl entsprechender Anschnittanordnungen wie z. B.:

- Ein zentraler Anschnitt, durch den möglicherweise der Verzug erhöht wird.
- Mehrfachanschnitte um Fließwege zu verkürzen und/oder auszugleichen, wodurch jedoch Bindenähte entstehen.

Dies entspricht in Gleichung 3.9 einer Herabsetzung der Fließweglänge l bzw. einer Erhöhung der Plattendicke s.

Verwendung von Fließhilfen

Verwendung von Fließhilfen (Querschnittserweiterungen oder zusätzliche Rippen). Dies entspricht ebenfalls einer Erhöhung der Plattendicke s in Gleichung 3.9.

Ausgleich von Druckunterschieden

Zusätzlich zu diesen druckverlustmindernden Maßnahmen kann ein Ausgleich von Druckunterschieden durch die Verwendung von Fließbremsen, beispielsweise Querschnittsverengungen, erreicht werden, so dass eine gleichmäßige Füllung der Kavität erzielt wird.

Simulation notwendig zur Bewertung verfahrenstechnischer Maßnahmen

Ob die in dieser Regel angesprochenen verfahrenstechnischen Optimierungen notwendig sind bzw. wie wirksam die Maßnahmen sind, kann durch Prozesssimulation während der Produktentwicklung (vgl. Kapitel 16) geklärt werden. So wird der Werkzeugbau mit einer verfahrentechnisch optimierten Geometrie begonnen.

3.3 Prototypenfertigung mithilfe additiver Verfahren

Um während des Produktentwicklungsprozesses frühzeitig Gestaltungsfehler physisch erkennen zu können und somit Iterationsschleifen im finalen Spritzgießbauteildesign und des Serienwerkzeugs zu verhindern, bieten sich Prototypen, Modelle und Musterteile an. Diese können zur Überprüfung einzelner Produktfunktionen eingesetzt werden. Dabei können vier verschiedene Prototypenarten unterschieden werden, welche in den verschiedenen Stadien der Produktentwicklung sinnvoll genutzt werden können [3.18] [3.19] [3.20].

Konzeptprototypen stellen die früheste physische Realisierung der Bauteilgeometrie zu Überprüfung der Ästathik und des grundlegenden Erscheinungsbildes dar. Hierdurch können im Besonderen Designaspekte besprochen und ggf. nach Kundenbefragung geändert werden. Geometrieprototypen können bereits zur Beurteilung von Maß, Form und Lage genutzt werden und stellen somit höhere Anforderungen an das genutzte Prototypingverfahren. Funktionsprototypen bilden spezifische Funktionalitäten des späteren Serienbauteils ab und ermöglichen somit deren Überprüfung.

Abschließend stellt der technische Prototyp eine nur geringe Abweichung vom späteren Serienbauteil dar und erlaubt die Überprüfung aller wesentlichen Bauteilanforderungen. Aus Kostengründen können einzelne Prototypenstadien übersprungen oder zusammengelegt werden. Prototypen ermöglichen somit die ständige Kontrolle des Produkts parallel zum Produktentwicklungsprozess, um so mögliche Schwachstellen der Konstruktion rechtzeitig zu erkennen und dadurch die Kosten für spätere Änderungen niedrig zu halten [3.21].

Je nach Anwendungszweck und resultierendem Eigenschaftsspektrums des Prototypen variieren die Anforderungen, welche über den Prototypen an das zugrundeliegende Verfahren zum Prototypenbau gesetzt werden (Bild 3.57). So nehmen für Untersuchungen hinsichtlich des optischen Designs oder der Ergonomie die mechanischen Eigenschaften eine untergeordnete Rolle ein. Bei solchen Einsatzzwecken sind die Oberflächenqualität sowie die Einfärbbarkeit oder Lackierbarkeit der Prototypen wichtig, um die Akzeptanz beim Kunden zu ermitteln.

Demgegenüber stehen Montagemuster. Hier ist die Oberflächenqualität höchstens über resultierende tribologische Eigenschaften für bewegliche Teile von Interesse. Wichtiger ist für Montagemodelle dagegen die erzielbare Maßhaltigkeit. Dadurch sollen unter Einsatz von Prototypen Aussagen über die Baugruppeninteraktion gemacht werden können. Für diese beiden Fälle sind häufig nur einzelne Prototypen erforderlich.

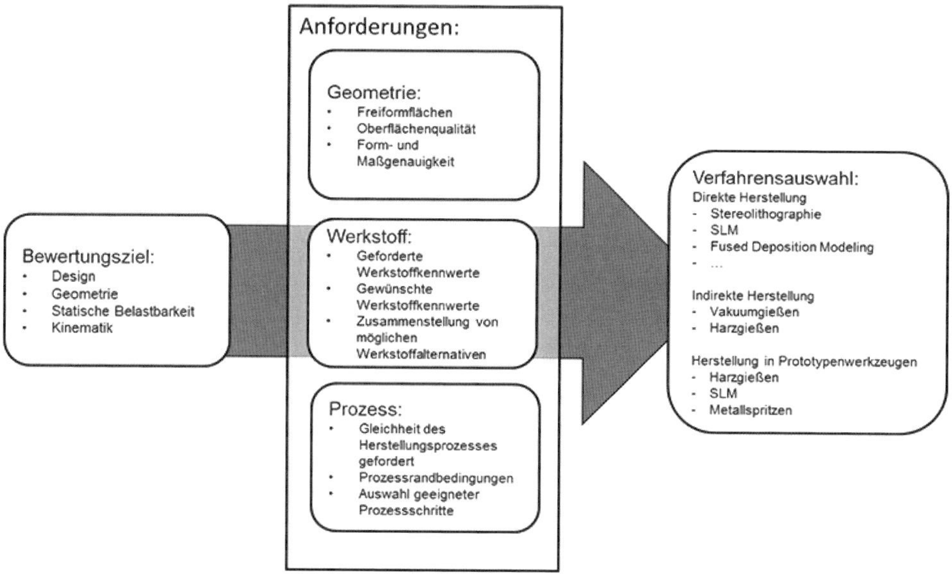

Bild 3.57 Auswahl eines geeigneten Verfahrens zur Prototypenherstellung

Sollen dagegen Funktionstests durchgeführt werden, so muss der Prototyp dem späteren Serienbauteil insbesondere in Bezug auf die mechanischen Eigenschaften möglichst ähnlich sein. Um weiterhin die statistische Sicherheit bei den Untersuchungen gewährleisten zu können, reichen einzelne Prototypen nun nicht mehr aus. Je nach Anwendungsfall werden vor dem Start der Serienproduktion 1000 Prototypen und mehr benötigt.

Es gilt somit das einzusetzende Prototypenverfahren nach den im Vorfeld gesetzten Anforderungen auszuwählen. Als Prototypenverfahren eignen sich im Besonderen additive Fertigungsverfahren, wodurch eine werkzeuglose Einzelfertigung der Prototypen ermöglicht wird, sowie die Nutzung von Prototypenwerkzeugen, welche über einen Abformprozess die wirtschaftliche Fertigung von größeren Stückzahlen erlauben [3.22].

Die additive Fertigung dreidimensionaler Modelle mit fast beliebiger Komplexität wird dabei ohne Zuhilfenahme von Werkzeugen oder Formen direkt durchgeführt. Es erfolgt ein schichtweiser, additiver Aufbau des Prototypen auf Basis von 3D-CAM Daten. Die additive Fertigung als geschlossener direkter Prozess bietet sich dabei im Besonderen zur Fertigung von einzelnen Prototypen an [3.22].

Müssen mehrere Bauteile mit dem späteren Material als Prototypenserie (15 bis 25 Stück) oder Kleinserie (100 bis 500 Stück) erzeugt werden, kann dies über ein indirektes Verfahren realisiert werden. Die additiven Fertigungsverfahren (direkte Prototypenfertigung) sowie übliche Gießverfahren (indirekte Prototypenfertigung) sind in Abschnitt 24.5 bis 24.7 erläutert [3.22].

Es muss sowohl unter Nutzung der direkten als auch der indirekten Prototypenfertigungsverfahren berücksichtigt werden, dass die zu fertigenden Geometrien nur selten als fertigungsgerecht vor dem Hintergrund der Protptypenfertigungsverfahren einzuordnen sind. Dadurch wird das zur Verfügung stehende Prozessfenster für die Protoypenfertigung stark eingeschränkt. Gleichzeitig ergeben sich durch die grundlegend abweichenden Fertigungsabläufe im Vergleich zum Spritzgießen abweichende Bauteileigenschaften. Dadurch müssen resultierende Protoypeneigenschaften, wie morphologische oder mechanische Eigenschaften, zur Abschätzung der späteren Serienbauteileigenschaften kritisch analysiert werden. Nur tiefgehende Erfahrungen sowohl im Spritzgießen als auch bei der Nutzung von Protoypenverfahren ermöglichen diese Abschätzung der späteren Bauteileigenschaften. Hier stellen Prototypentests den realen Spiegel von virtuellen Bauteiltest durch Prozess- oder Struktursimulationen dar.

Neben den automatisierten Fertigungsverfahren, wie der additiven Fertigung, kommt dem manuellen Modellbau immer noch eine wichtige Rolle bei. Die manuelle Fertigung von Modellen mit den Methoden des klassischen Modellbaus ist jedoch meist nur für flächige Bauteile geeignet, die leicht spanend zu bearbeiten sind oder aus einfachen Geometrien zusammengesetzt werden können. Auch die Auswahl der einzusetzenden Materialien wird durch die Forderung einer schnellen und kostengünstigen Bearbeitbarkeit eingeschränkt. Ein weitbekanntes Einsatzfeld stellt auch heute noch die Automobilbranche dar. Hier werden Modelle der neuen Designstudien im manuellen Modellbau hergestellt. Ein wesentlicher Vorteil besteht in der zu realisierenden Modellgröße, welche bei anlagenbasierten, additiven Fertigungsverfahren deutlich beschränkt ist. Komplexere Formteilgeometrien, wie z. B. Hohlkörper, geringe Wanddicken, Hinterschnitte usw. sind allerdings nur mit Schwierigkeiten und mit einem erheblichen Mehraufwand realisierbar.

Literatur Kapitel 3

[3.1] *N. N.:* General Design Principles - Module 1, Firmenschrift E. I. du Pont de Nemours and Company, Wilmginton, USA, 2002.

[3.2] *Beall, G.:* Der Ärger mit den Einfallsteilen, Woher sie kommen und wie man sie verhindert, Kunststoffe 82 (1992) 5, S. 413-415.

[3.3] *Beall, G.:* Einfallstellen und Lunker - große Wanddicken locken sie an, Kunststoffe 82 (1992) 9, S. 834-838.

[3.4] *N. N.:* Gestalten und Konstruieren mit Akulon und Arnite, Firmenschrift Akzo Plastics, Arnheim, 1992.

[3.5] *N. N.:* Spritzgießtechnik von Vestolen: Formteilgestaltung, Formenbau, Firmenschrift HÜLS AG, Marl, 1989.

[3.6] *Goldbach, I.:* Anwendungstechnische Informationen, Konstruieren technischer Artikel aus Thermoplasten, Beispiele für PA, PC und ABS, Firmenschrift BAYER AG, Leverkusen, 1980.

[3.7] *N. N.:* Technische Kunststoffe: Berechnen, Gestalten, Anwenden, C.3.4 Richtlinien für das Gestalten von Formteilen aus technischen Kunststoffen, Firmenschrift TICONA GmbH, Kelsterbach, 2004.

[3.8] *Mörwald, K.:* Einblick in die Konstruktion von Spritzgießwerkzeugen, Firmenschrift HÜLS AG, Marl, 1985.

[3.9] *Michaeli, W.; Brinkmann, Th.; Lessenich, V.:* Kunststoffbauteile werkstoffgerecht konstruieren. Carl Hanser Verlag, München, Wien 1995.

[3.10] *Schmitz, J.:* Anleitung zum methodischen Konstruieren von Spritzgießteilen, Dissertation an der RWTH Aachen, 1985.

[3.11] *N. N.:* Noryl-Design Guide, Firmenschrift GENERAL ELECTRIC PLASTICS, New York, 1983.

[3.12] *Hoischen, H:* Technisches Zeichnen. 28. Auflage 2000, Cornelsen Verlag, Berlin.

[3.13] *Hoischen, H.:* Praxis des Technischen Zeichnens. 12. verbesserte Auflage 2000, Cornelsen Verlag, Berlin.

[3.14] *Hoischen, H.:* Tabellenbuch Metall. 43. Auflage 2005, Europa Lehrmittel Verlag, Haan - Gruiten.

[3.15] *N. N.:* Kunststoff-Formteile: Toleranzen und Abnahmebedingungen für Längenmaße, DIN 16742 (2013).

[3.16] *N. N.:* Technische Kunststoffe: Berechnen, Gestalten, Anwenden, C.3.5 Outsert-Technik mit Hostaform, Firmenschrift TICONA GmbH, Kelsterbach, 2004.

[3.17] *Niederhöfer, K.-H.:* Konstruieren mit Kunststoffen, TÜV RHEINLAND, Köln, 1989.

[3.18] *Feldhusen, J.; Grote, K. H.:* Konstruktionslehre. Berlin: Springer Vieweg, 2013.

[3.19] *N. N.:* VDI Richtlinie: VDI 3404. Verein Deutscher Ingenieure. Beuth-Verlag, 2009.

[3.20] *Wohlers, T.:* Wohlers Report. Wohlers Associates Inc., Fort Collins (USA), 2014

[3.21] *Bertsche, B.:* Entwicklung und Erprobung innovativer Produkte - rapid prototyping. Springer, Berlin, 2007.

[3.22] *Gebhardt, A.:* Generative Fertigungsverfahren: Rapid Prototyping - Rapid Tooling - Rapid Manufacturing. München: Hanser, 2007.

4 Maßänderungen, Schwindung und Verzug

4.1 Einleitung

Bei der Verarbeitung von Kunststoffformmassen im Spritzgießprozess sind Maßabweichungen des Formlings vom formgebenden Werkzeug fertigungsbedingt nicht zu vermeiden. Diese Abweichungen vom Nennmaß werden unter dem Oberbegriff Schwindung zusammengefasst – Abweichungen von der Gestalt nennt man Verzug.

4.2 Definitionen zur Schwindung

In der Spritzgießtechnik versteht man unter Schwindung den Unterschied zwischen einem beliebigen Maß der Werkzeugkavität l_w und des Formteils l_{FT}, bezogen auf das Werkzeugmaß.

$$S = \frac{l_W - l_{FT}}{l_W} \cdot 100\,\% \tag{4.1}$$

Allerdings ist diese Definition nicht eindeutig (Bild 4.1) [4.1].

Einerseits ändern sich die Werkzeugmaße durch thermische Dehnung des Werkzeugs ($0 \rightarrow 1$) und durch die mechanische Belastung während der Produktion ($1 \rightarrow 2$), andererseits muss der Zeiteinfluss auf das Formteilmaß berücksichtigt werden ($2 \rightarrow 5$).

Man unterscheidet die Entformungsschwindung (Punkt 3), die unmittelbar nach dem Auswerfen des Spritzgießteils gemessen wird, und die Verarbeitungsschwindung (Punkt 4). Nach DIN 16742 wird die Verarbeitungsschwindung VS 16 bis 24 Stunden nach der Fertigung des Formteils gemessen. Die Lagerung und Ermittlung der Formteilmaße sowie der Werkzeugmaße erfolgt bei Normklima nach DIN EN ISO 291, also 23 °C ± 2K und 50 % ± 10 % Luftfeuchtigkeit [4.2].

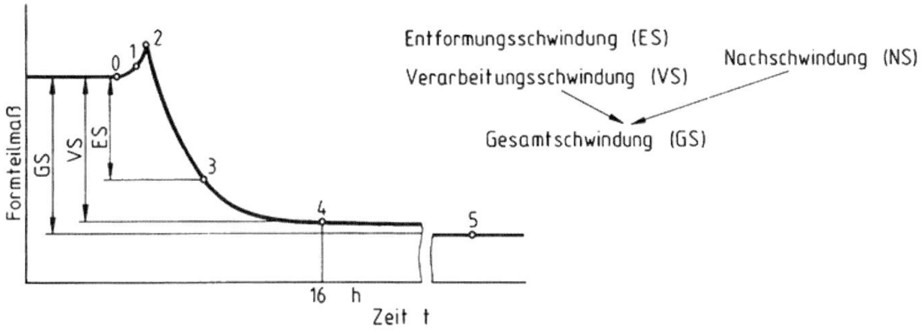

Bild 4.1 Maßänderungen als Funktion der Zeit [4.1]
0 Maß im kalten Werkzeug
1 Maß im warmen Werkzeug
2 Maß im Werkzeug unter Schließkraft und Nachdruck
3 Maß des Formteils nach dem Entformen
4 Messung der VS (DIN 16742)
5 Maß nach langer Zeit

Bei längerer Lagerung, unter dem Einfluss von Temperaturwechseln, bei Feuchte aufnehmenden Kunststoffen und insbesondere bei einer Nachkonditionierung des Formteils kann eine weitere Maßänderung auftreten, die als Nachschwindung (4 → 5) bezeichnet wird. Diese Maßänderung wird durch Relaxation von Eigenspannungen, Reorientierungsvorgänge und bei teilkristallinen Materialien durch Nachkristallisation verursacht. Sie ist jedoch – außer bei teilkristallinen Kunststoffen – vernachlässigbar gering. Die Summe aus Verarbeitungsschwindung und Nachschwindung wird Gesamtschwindung genannt. Sollen zusätzliche Maßabweichungen, z. B. durch Feuchtigkeitsaufnahme oder den Einsatz des Formteils bei erhöhten Betriebstemperaturen bei der Messung für die Abnahme berücksichtigt werden, muss eine Festlegung der Nachbehandlung und der Messbedingungen zwischen Lieferant und Abnehmer vereinbart werden.

Die Längenschwindung wird generell durch die frühzeitig eingefrorenen Formteilränder behindert, sodass sich die Volumenkontraktion zu 90 % auf die Dickenschwindung auswirkt (siehe Bild 4.2).

Die DIN 16742 unterscheidet zusätzlich Schwindungswerte in Abhängigkeit von der Spritzrichtung (Bild 4.3). Die radiale Verarbeitungsschwindung ist der Schwindungswert in Spritzrichtung, die tangentiale Verarbeitungsschwindung ist der Wert quer zur Fließrichtung.

Die Verarbeitungsschwindungsdifferenz ist die Differenz zwischen radialer und tangentialer Verarbeitungsschwindung und stellt ein Maß für die Schwindungsanisotropie dar. Die Dickenschwindung ist das Schwindungsmaß in Wanddickenrichtung. Dieser Wert ist aber in der Regel nicht von praktischem Interesse und wird auch meist nicht gemessen.

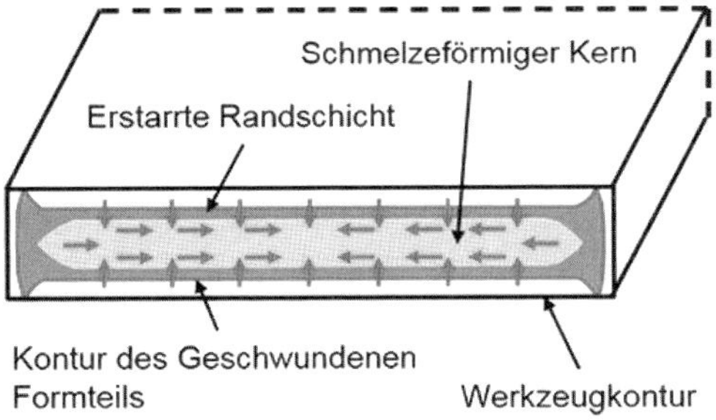

Bild 4.2 Erstarrungsmodell nach [4.3]

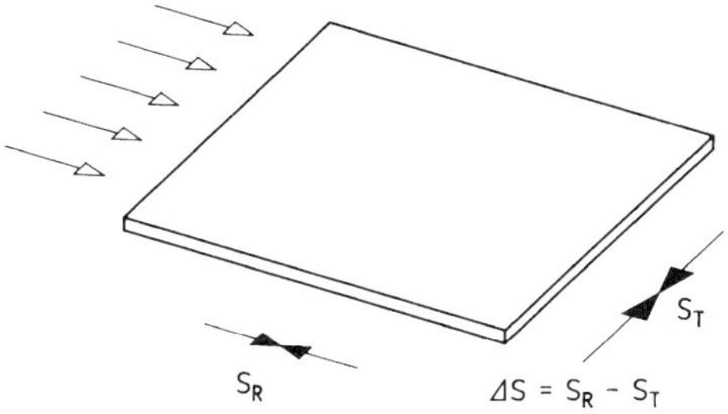

Bild 4.3 Schwindungswerte in Abhängigkeit von der Spritzrichtung S_R radiale Verarbeitungsschwindung, S_T tangentiale Verarbeitungsschwindung, ΔS Verarbeitungsschwindungsdifferenz.

Die Ermittlung der Verarbeitungsschwindung von Thermoplasten und thermoplastischen Elastomeren erfolgt nach DIN EN ISO 294-4, von Duroplasten nach ISO 2577 [4.2] [4.5].

Werden statt der Längenmaße in Gleichung 4.1 Volumina von Werkzeugkavität V_K und Formteil V_F bei Normklima eingesetzt, spricht man von Volumenschwindung [4.4].

$$S_V = \frac{V_K - V_F}{V_K} \tag{4.2}$$

Längenschwindung und Volumenschwindung sind miteinander verknüpft, allerdings können aufgrund der Anisotropie (Richtungsabhängigkeit und Behinderung der Schwindung) die linearen Schwindungswerte aus der Volumenschwindung nicht präzise berechnet, wohl aber abgeschätzt werden:

Die Dickenschwindung zu:

$$S_D = (0{,}9 \div 0{,}95)\, S_V \tag{4.3}$$

Die Längenschwindung zu:

$$S_L = (0{,}05 \div 0{,}1)\, S_V \tag{4.4}$$

4.3 Ursache der Schwindung

Eigentliche Ursache für die Schwindung spritzgegossener Formteile ist das thermodynamische Stoffverhalten des Materials. Diese auch als p-v-T-Verhalten (Zusammenhang zwischen Druck und Temperatur auf das spezifische Volumen) bezeichnete Eigenschaft kennzeichnet die Kompressibilität und Wärmedehnung der Kunststoffe [4.6].

Beim p-v-T-Verhalten muss grundsätzlich zwischen zwei Materialklassen (amorph und teilkristallin) unterschieden werden (Bild 4.4). Beide Materialtypen zeigen im Schmelzebereich eine lineare Abhängigkeit des spezifischen Volumens von der Temperatur. Wesentliche Unterschiede ergeben sich jedoch für den Feststoffbereich. Aufgrund der Kristallisationsvorgänge bei teilkristallinen Materialien nimmt das spezifische Volumen mit abnehmender Temperatur exponentiell ab, während amorphe Materialien auch im Feststoffbereich eine lineare Temperaturabhängigkeit zeigen. Dieser Unterschied ist die Ursache für die größeren Schwindungswerte von teilkristallinen Thermoplasten.

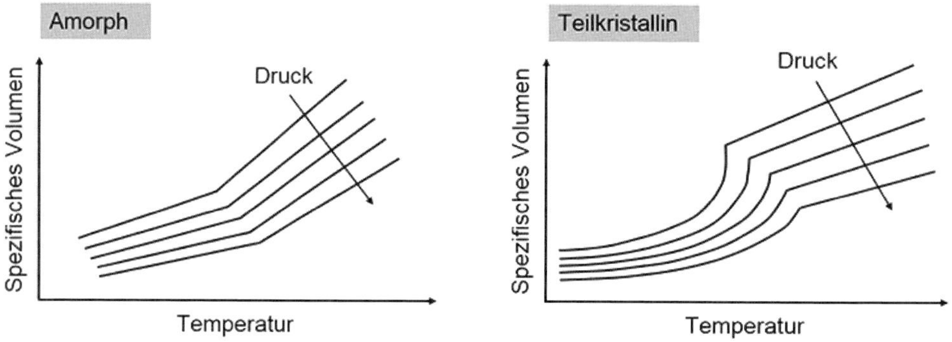

Bild 4.4 p-v-T-Verhältnis eines amorphen und eines kristallinen Thermoplasten

Zur Beurteilung des Prozessverlaufs hinsichtlich der Schwindungsvorgänge ist der Zustandsverlauf im p-v-T-Diagramm sehr hilfreich. Dazu wird der Druck-Temperatur-Verlauf im Werkzeug während des Prozesses in ein p-v-T-Diagramm eingetragen (Bild 4.5).

Im Anschluss an die volumetrische Füllung der Kavität ($0 \rightarrow 1$) wird das Material ohne wesentliche Temperaturänderung in der Kompressionsphase verdichtet ($1 \rightarrow 2$). Die Höhe des lokal erreichbaren Verdichtungsdrucks im Formteil ist von der Höhe des maschinenseitig aufgebrachten Nachdrucks und von den in der Kavität vorliegenden Fließwiderständen abhängig.

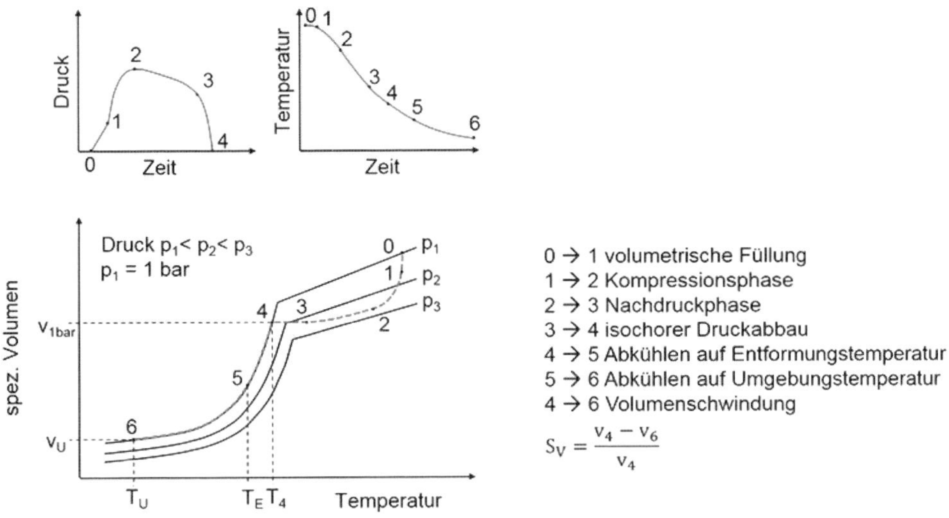

Bild 4.5 Zustandsverlauf im p-v-T-Diagramm [4.4]

Anschließend kühlt der Spritzling stetig ab (2 → 3). Damit verbundene Volumenkontraktion kann durch den Nachdruck teilweise ausgeglichen werden, indem durch die flüssige Seele des erstarrenden Formteils weiteres Material in den Werkzeughohlraum nachgefördert wird. Ist keine weitere Schmelzezufuhr z. B. durch einen erstarrten Anschnitt möglich, ist die Zustandsänderung isochor (3 → 4).

Der Punkt beim Auftreffen auf die 1-bar-Linie (Punkt 4) legt die lokale Volumenschwindung fest. Liegt dieser Punkt bei größeren spezifischen Volumina, ergeben sich entsprechend höhere Volumenschwindungen. Da die Volumenschwindung ein Maß für das Schwindungspotenzial darstellt, resultiert aus einer größeren Volumenschwindung im Normalfall auch ein größerer Längenschwindungswert.

Nach Erreichen der 1-bar-Linie ist die weitere Zustandsänderung isobar. Zum Zeitpunkt 5 wird das Formteil ausgeworfen, dadurch entfällt der Formzwang durch das umgebende Werkzeug.

4.4 Ursachen des anisotropen Schwindungsverhaltens

Durch Kraft- und Formschluss wird die Maßänderung des Formteils im Werkzeug be- oder verhindert [4.7], und die Schwindung erfolgt ungleichmäßig (anisotrop). Hier muss zwischen interner (innerer) und externer (äußerer) Schwindungsbehinderung unterschieden werden.

Unter äußerer Schwindungsbehinderung versteht man die mechanische Verhinderung der Maßänderung durch das umgebende Werkzeug. Die Schwindungsbehinderung und die damit verbundene Spannungsrelaxation führen zu einem geringeren Schwindungsniveau. Dadurch sind die Schwindungsmaße eines behindert schwindenden Formteils kleiner als die eines nicht behinderten Formteils, und es ergibt sich zudem eine geringere Abhängigkeit von den Prozessgrößen.

Die mechanische Einspannung ist allerdings nur wirksam, solange sich das Formteil noch im Werkzeug befindet. Nach dem Auswerfen können auch gebundene Maße frei schwinden. Deshalb ist die Entformungstemperatur eine charakteristische Kenngröße für die Änderung der mechanischen Randbedingungen und auch für das Schwindungs- und Verzugsverhalten.

Die innere Schwindungsbehinderung wird durch abkühlbedingte Eigenspannungen, Fasern und deren Orientierung sowie molekularen Orientierungen hervorgerufen.

Die molekularen Orientierungen wirken durch zwei Mechanismen auf die Schwindung. Einerseits ergeben orientierungsabhängige lineare Wärmeausdehnungskoeffizienten unterschiedliche Schwindungswerte, andererseits trägt die Orientierungsrelaxation in Orientierungsrichtung zu einer Vergrößerung der Schwindung auch noch nach längerer Zeit bei. Die molekulare Orientierung wird durch die Prozessparameter sowie hauptsächlich durch Art und Lage des Anschnittes bestimmt, besitzt aber einen weitaus geringeren Einfluss als z. B. die Faserorientierung bei fasergefüllten Formmassen.

Die durch die Strömungsvorgänge orientierten Fasern behindern durch die gegenüber dem Matrixmaterial geringere Wärmedehnung und durch die höhere Steifigkeit die Schwindung vor allem in Orientierungsrichtung (Bild 4.6) [4.8]. Durch den Einsatz von Fasern kann die Schwindung um bis zu 80 % reduziert werden. Allerdings ist bei mehr als 20 % Glasfaserzusatz in der Regel keine weitere Reduzierung des Schwindungsverhaltens festzustellen.

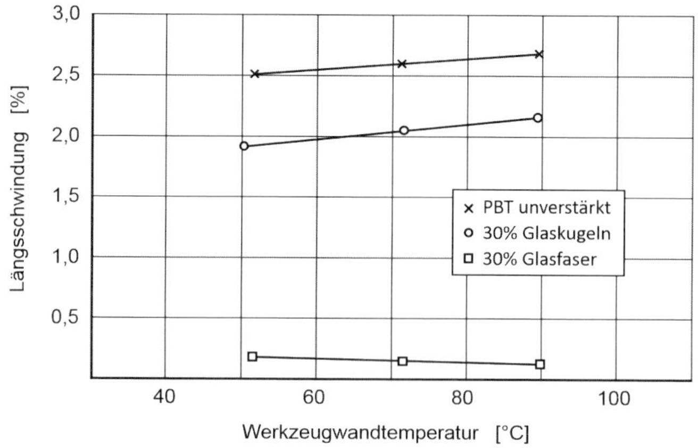

Bild 4.6 Einfluss von Glasfasern und -kugeln auf die Schwindung eines Formteils aus PBT

Bei Verwendung von Füllstoffen wie Glaskugeln und Mineralpulver liegt dagegen ein isotropes Schwindungsverhalten vor und nur durch die geringere Kompressibilität des Gesamtmaterials folgt eine Verringerung der Gesamtschwindung.

Aufgrund der geringen Wärmeleitfähigkeit von Kunststoff ergibt sich ein Temperaturprofil über die Bauteildicke (Bild 4.7). Hierdurch entstehen für die einzelnen Schichten unterschiedliche Abkühlbedingungen und somit auch eine unterschiedliche Volumenkontraktion. Aufgrund der mechanischen Kopplung zwischen den Schichten und den schnell erstarrenden Rändern und Kanten ist die thermische Kontraktion in Längen- und Breitenrichtung behindert. In Dickenrichtung besteht diese Behinderung nicht, so dass der größte Anteil der Volumenschwindung in Dickenrichtung umgesetzt wird. Durch die gleichartige Schwindungsbehinderung ergeben sich, wenn keine Vorzugsorientierungen von Molekülen oder Fasern vorliegen, in Längs- und Querrichtung die gleichen Schwindungswerte.

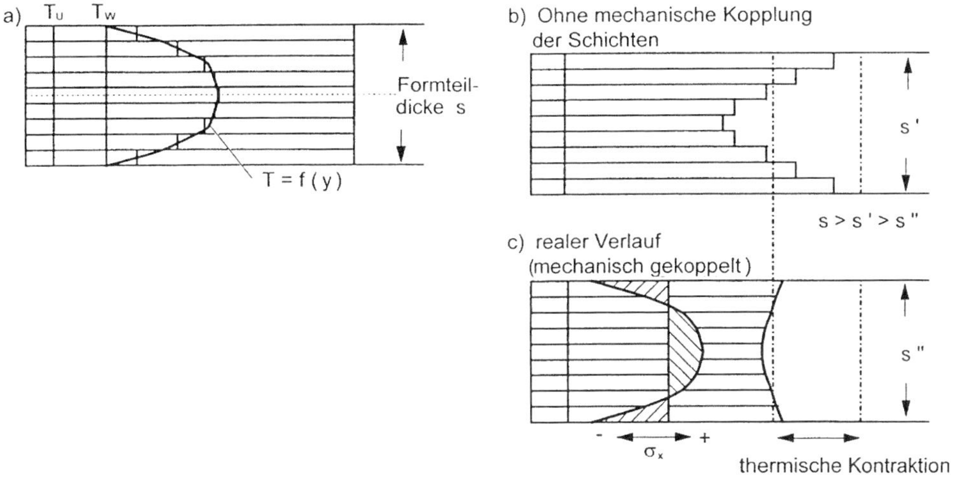

Bild 4.7 Modell des Spannungsaufbaus [4.9] mit $\sigma < 0$ = Druckspannung und $\sigma > 0$ = Zugspannung

4.5 Ursachen des Verzugs

Eine Folgeerscheinung des anisotropen Schwindungsverhaltens ist der Verzug. Häufig tritt Verzug durch eine ungleichmäßige Abkühlung des Formteils auf. Eine höhere Wandtemperatur auf der Oberseite z. B. führt nach Bild 4.7 zu höheren Temperaturen in den oberen Schichten und über eine höhere Volumenkontraktion zur Durchbiegung zur wärmeren Seite. Diese unterschiedliche Abkühlung kann auch durch Einlegeteile oder Werkzeugeinsätze und Kerne hervorgerufen werden, die andere thermische Eigenschaften als das restliche Werkzeugmaterial haben. Eine ausführliche Darstellung des komplexen Verzugsverhaltens z. B. beim Hinterspritzen von Dekormaterialien findet sich in [4.10].

Der Eckenverzug (Bild 4.8) tritt durch eine schlechtere Wärmeabfuhr zur Innenseite einer Ecke auf. Hierbei werden die Eckwinkel kleiner. Ebenfalls bewirken unterschiedliche Rippendicken die Verschiebung des Temperaturprofils aus der symmetrischen Mittellage heraus und somit einen Verzug der Formteile (Bild 4.9).

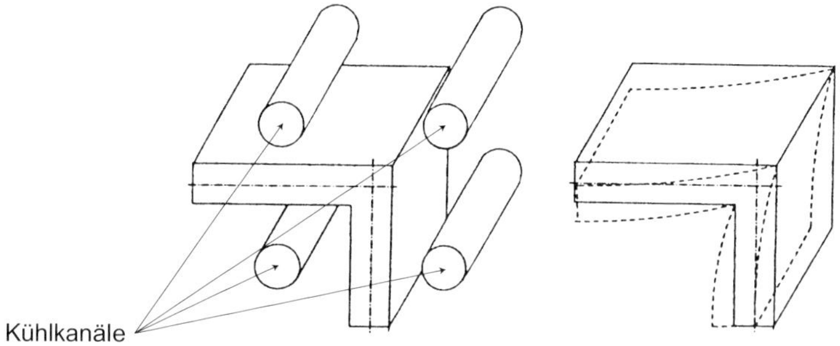

Bild 4.8 Eckenverzug durch schlechtere Wärmeabfuhr in inneren Ecken

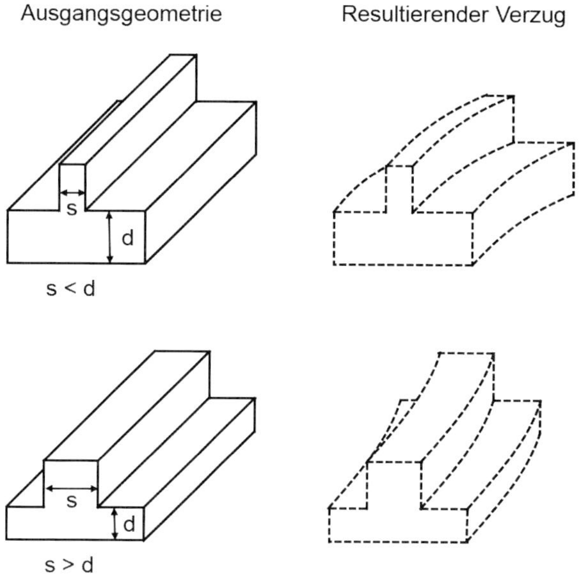

Bild 4.9 Verzug durch Wanddickenunterschiede

Dieser abkühlbedingte Verzug kann durch eine veränderte Werkzeugtemperatur verhindert werden. Hierfür müssen gegebenenfalls die Kühlkanäle verlegt oder Werkzeugeinsätze aus unterschiedlichem Material verwendet werden. So müssen

Innenecken und dicke Rippen besser gekühlt werden als andere Bauteilbereiche (vgl. Kapitel 11).

Um durch Orientierung bewirkten Verzug zu minimieren, ist eine Veränderung der Anschnittlage vorzunehmen oder über Wanddickenveränderungen der Fließweg zu variieren. Um dem Verzug gerade bei flächigen Bauteilen entgegenzuwirken, sind dünne Versteifungsrippen anzubringen.

4.6 Beeinflussung von Schwindung und Verzug durch den Prozess

Neben den diskutierten konstruktiven Veränderungen und einem Materialwechsel kann der Verarbeiter durch Prozessänderungen Einfluss auf das Schwindungs- und Verzugsverhalten nehmen. Anhand des p-v-T-Diagramms ist ersichtlich, dass Druck und Temperatur die Haupteinflussfaktoren auf die Schwindung sind. Einen Überblick über die Einflussnahme verschiedener Parameter gibt Bild 4.10 [4.11].

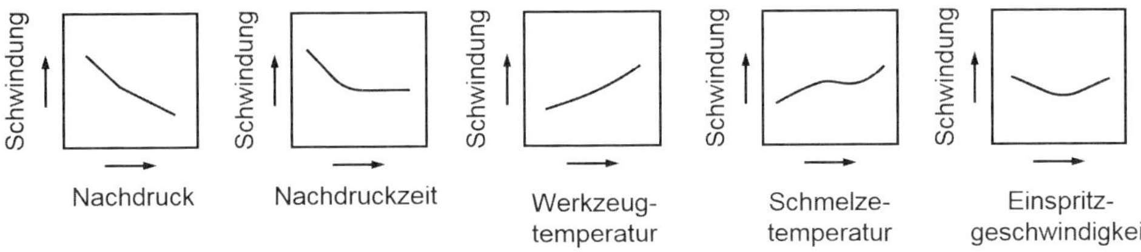

Bild 4.10 Zusammenhänge zwischen der Schwindung und charakteristischen Einflussgrößen [4.11]

Sowohl bei amorphen als auch bei teilkristallinen Thermoplasten hat die Nachdruckhöhe den größten Einfluss auf das Schwindungsverhalten.

Unter der Wirkung des Nachdruckes wird das Material in der Kavität komprimiert und die durch den Abkühlprozess hervorgerufene Volumenkontraktion durch nachfließende Schmelze kompensiert. Den Einfluss des Nachdruckes verdeutlicht der Prozessverlauf im p-v-T-Diagramm (siehe auch Bild 4.5). Wird der Nachdruck erhöht, so verschiebt sich der Prozessverlauf zu niedrigeren spezifischen Volumina, erreicht bei niedrigeren spezifischen Volumina die 1-bar-Linie und das Formteil weist somit eine geringere Schwindung auf. Die Beeinflussbarkeit durch den Nachdruck ist allerdings degressiv, d. h. mit zunehmendem Nachdruck wird die Schwindungsreduktion geringer, da durch den Nachdruck nur die Schwindung der Formmasse im schmelzeflüssigen Bereich ausgeglichen werden kann, die Schwindung nach dem Erstarren der Formmasse davon jedoch kaum beeinflusst wird.

Die zweite wesentliche Einflussgröße auf die Schwindung ist die Massetemperatur. Theoretisch hat eine höhere Massetemperatur zwei gegensätzliche Wirkungen auf die Schwindung: Einerseits resultiert aus einer höheren Temperatur ein höheres thermisches Kontraktionspotenzial des Kunststoffs (siehe auch Bild 4.5 und [4.3]), andererseits bewirkt die damit verbundene Abnahme der Schmelzeviskosität eine bessere Druckübertragung und damit eine Schwindungsverringerung. Bei ausreichend langer Nachdruckzeit überwiegt bei teilkristallinen Formmassen der Einfluss der verbesserten Druckwirkung in der Kavität (Bild 4.11).

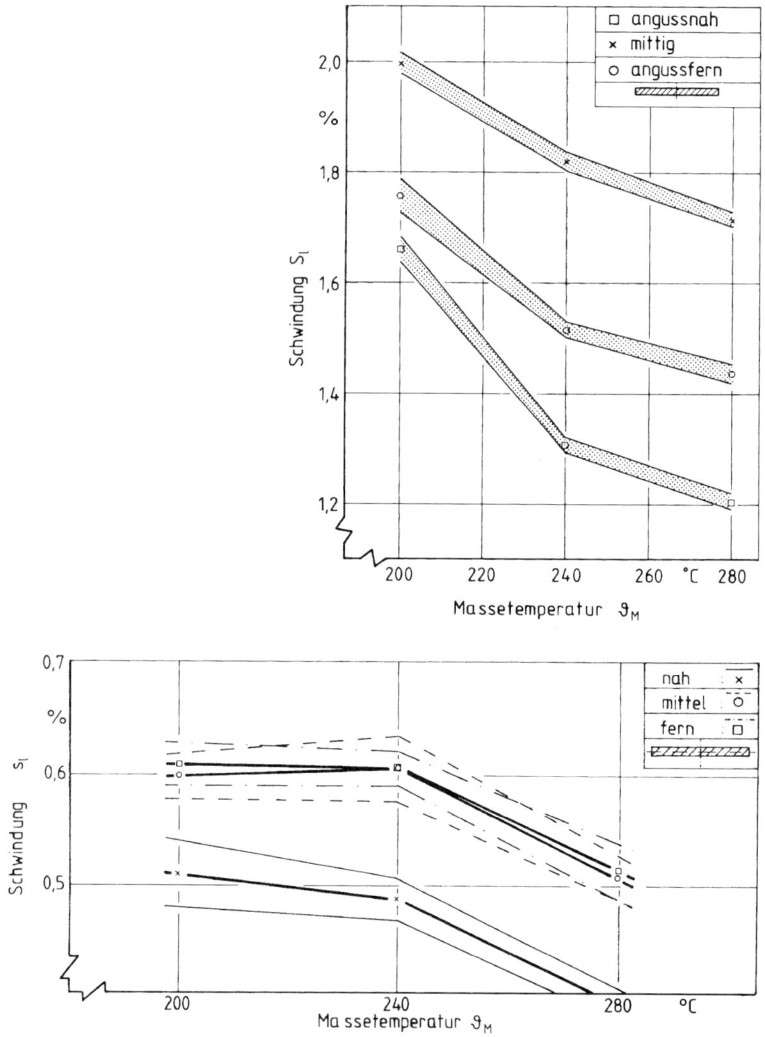

Bild 4.11 Einfluss der Massetemperatur auf die Schwindung
oben: teilkristallin
unten: amorph

Alle weiteren Einflussgrößen bedingen indirekt über Druck und Temperatur das Schwindungsverhalten. So führt eine höhere Wanddicke zwar auch zu einer besseren Druckübertragung, jedoch macht sich hier über die schlechte Wärmeleitfähigkeit von Kunststoffen die Volumenkontraktion bei hohen Temperaturen stärker bemerkbar und erhöht die Schwindung. Fließbehinderungen verschlechtern die Druckübertragung und vergrößern hierüber die Schwindung, dagegen sorgen größere Verteilerquerschnitte und dickere Anschnitte für eine bessere Druckübertragung. Eine große Verteilerlänge führt ebenso wie ein großes Fließweg-Wanddickenverhältnis zu Druckverlust und somit zu größerer Schwindung. Heißkanäle vermindern dagegen die Schwindung.

Anhand des Einflusses der Nachdruckzeit kann noch einmal das wichtigste Kriterium der Schwindungsbeeinflussung verdeutlicht werden: Mit zunehmender Nachdruckzeit wird durch Nachdrücken der Schmelze die Schwindung reduziert. Dieser Vorgang kann jedoch nur erfolgen, solange die Schmelze an keinem Ort des Fließwegs (insbesondere Anguss und Anschnitt) eingefroren ist. Eine Nachdruckzeitverlängerung darüber hinaus hat danach keine Wirkung mehr. Aus diesem Grund sollte ein Formteil aus einer homogenen Formmasse immer an der dicksten Stelle angespritzt werden und die Wanddickenverhältnisse so beschaffen sein, dass der Nachdruck auch angussferne Bereiche möglichst lange erreicht.

Bei glasfasergefüllten Materialien gelten einige Besonderheiten (Bild 4.12). In Faserorientierungsrichtung wird die Schwindung von einer Änderung der Verfahrensparameter kaum beeinflusst, da die Steifigkeit der Fasern eine Schwindung größtenteils verhindert. Quer zur Faserrichtung können die gleichen Beeinflussungsmöglichkeiten wie beim reinen Matrixwerkstoff angenommen werden.

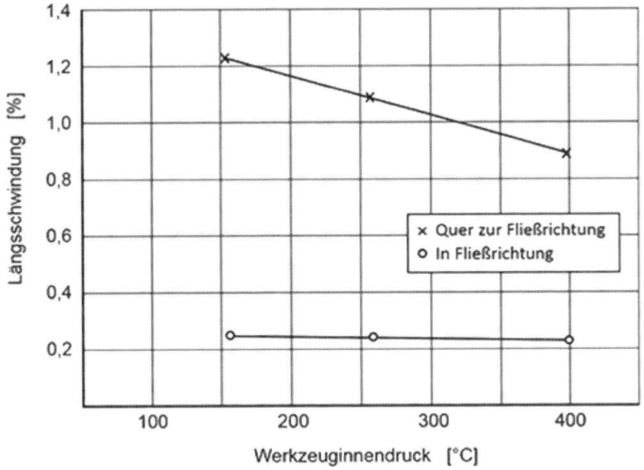

Bild 4.12 Beeinflussbarkeit der Schwindung bei glasfasergefüllten Materialien am Beispiel einer Platte aus PA GF 30

4.7 Hilfsmittel zur Schwindungsvorhersage

Die einfachste Möglichkeit, Schwindungswerte zur Werkzeugdimensionierung abzuschätzen, ist die Verwendung von Schwindungstabellen (Tabelle 4.1). Diese Schwindungsmaße werden von Rohstoffherstellern in den Materialblättern typenspezifisch zur Verfügung gestellt.

Tabelle 4.1 Schwindungstabelle [4.12]

Kunststoff	Schwindung in %
Polyamid 6	1 bis 1,5
Polyamid 6 + Glasfaser	0,5
Polyamid 6,6	1 bis 2
Polyamid 66 + Glasfaser	0,5
Polyethylen niedriger Dichte	1,5 bis 3
Polyethylen hoher Dichte	2 bis 3
Polystyrol	0,5 bis 0,7
Acrylnitril-Styrol	0,4 bis 0,6
Polymethacrylate	0,3 bis 0,6
Polycarbonat	0,8
Acetatcopolymerisat	2
Polyvinylchlorid hart	0,5 bis 0,7
Polyvinylchlorid weich	1 bis 3
Aycrylnitril-Styrol-Butadien	0,4 bis 0,6
Polypropylen	1,2 bis 2
Celluloseacetat	0,5
Celluloseacetobutyrat	0,5
Cellulosepropinat	0,5

Problematisch ist dabei einerseits die zum Teil große Bandbreite der angegebenen Schwindungswerte, die eine ausreichend genaue Schwindungsvorhersage und damit Bauteildimensionierung nicht gestattet. Andererseits sind die Einflüsse von Prozessgrößen und der Formteilgeometrien in diesen Daten nicht berücksichtigt. Daher ist eine Übertragung auf beliebige Geometrien schwierig.

Eine genauere Vorhersage der Schwindung ist auf Basis von Erfahrungskatalogen möglich. Eine Erstellung interner Erfahrungskataloge ist zu empfehlen. In den Erfahrungskatalogen werden die Schwindungswerte des bisher produzierten Teilespektrums und die zugehörigen Herstellbedingungen protokolliert. Aufgrund von unterschiedlichen Schwindungsbehinderungen und Geometrieelementen lassen sich hieraus Maßfamilien bilden.

Bei Neukonstruktionen eines ähnlichen Formteils können diese Daten zur Dimensionierung genutzt werden.

Eine weitere und zunehmend genauere Abschätzung des Schwindungsverhaltens eröffnet die Spritzgießprozesssimulation [4.13] (siehe auch Kapitel 16). Aktuelle kommerziell erhältliche Programme können Schwindung und Verzug mit einer Abweichung von ca. 15 % vorhersagen. Somit können für das Schwindungs- und Verzugsverhalten der Prozess und die Formteilgeometrie in einem gewissen Rahmen verbessert werden. Um eine genauere Vorhersage von Schwindung und Verzug zu ermöglichen, werden derzeit neuartige Materialmodelle sowie Methoden zur prozessnahen Ermittlung von Materialdaten entwickelt.

4.8 Toleranzen für Kunststoffformteile

In DIN 16742 werden Grenzabmaße für Größenmaße (Zweipunktmaße) als indirekte Tolerierung (Allgemeintoleranzen) und als direkte Tolerierung (Abmaßangaben am Nenngrößenmaß) für Kunststoffformteile geregelt. Anwendbar ist diese Norm auch für Formteile aus Thermoplasten, thermoplastischen Eleastomeren sowie Duroplasten, die in Urformverfahren in geschlossenen Werkzeugen wie z. B. dem Spritzgießen, Pressen, Spritzpressen und Spritzprägen sowie dem Rotationsformen hergestellt werden [4.2].

4.8.1 Bestimmung der Toleranzgruppe

Um eine passende Toleranzgruppe (TG) für die Formteilfertigung zu finden, schlägt die DIN 16742 ein punktebasiertes Zuordnungsschema vor (Tabelle 4.2). Die Gesamtpunktezahl P_g berechnet sich dabei aus verschiedenen Einzeleinflüssen:

$$P_g = P_1 + P_2 + P_3 + P_4 + P_5 \tag{4.5}$$

Tabelle 4.2 Toleranzgruppen nach DIN 16742 [4.2]

TG	TG1	TG2	TG3	TG4	TG5	TG6	TG7	TG8	TG9
Pg	1	2	3	4	5	6	7	8	≥ 9

Die Punktezuordnungen zu den einzelnen Einflussfaktoren lassen sich den folgenden Bewertungsmatrizen entnehmen:

Tabelle 4.3 Bewertungsmatrize 1 [4.2]

Fertigungsverfahren	P_1
Spritzgießen, Spritzprägen, Spritzpressen	1
Formpressen, Fließpressen	2

Tabelle 4.4 Bewertungsmatrize 2 [4.2]

Formsteifigkeit bzw. -Härte			P_2
E-Modul in N/mm²	**Shore D**	**Shore A; IRHD**	
Über 1 200	Über 75	–	1
Über 30 bis 1 200	Über 35 bis 75	–	2
3 bis 30	–	50 bis 90	3
Unter 3	–	Unter 50	4

Tabelle 4.5 Bewertungsmatrize 3 [4.2]

Verarbeitungsschwindung (Rechenwert)	P_3
Unter 0,5 %	0
0,5 % bis 1 %	1
Über 1 % bis 2 %	2
Über 2 %	3
Bei Schwindungsanisotropie ist der maximale Schwindungskennwert für die Zuordnung maßgebend.	

Tabelle 4.6 Bewertungsmatrize 4 [4.2]

Berücksichtigung der geometrie- und verfahrensbedingten Schwindungsunterschiede	P_4
Genau möglich: Rechenwerte der VS sind bekannt. (Zum Beispiel aus Erfahrungen, systematischen Messungen, Computersimulationen.) Schwindungsanisotropie ist bedeutungslos oder kann in der jeweiligen Maßrichtung hinreichend genau berücksichtigt werden. Mögliche Abweichungen vom Rechenwert betragen max. ± 10 %.	1
Bedingt genau möglich: Rechenwerte der VS sind in Bereichen max. bis ± 20 % bekannt.	2
Nur ungenau möglich: Rechenwerte der VS sind nur als grobe Richtwertbereiche bekannt. Schwindungsanisotropie kann nicht oder nur ungenügend berücksichtigt werden. Praktische Erfahrungen zum Abschätzen relevanter Rechenwerte sind nicht vorhanden. Mögliche Abweichungen vom Rechenwert liegen über ± 20 %.	3
Im Allgemeinen wird davon ausgegangen, dass die Schwindungsschwankungen durch Variationen in den Verarbeitungsbedingungen und Unterschiede der Formmasseneigenschaften circa ± 30 % des Rechenwertes der VS betragen können. Die Auswahl P_4 = 3 ist zu treffen, wenn keine anderen Informationen vorliegen.	

Tabelle 4.7 Bewertungsmatrize 5 [4.2]

Toleranzreihen		P_5
Reihe 1 (Normalfertigung)	Fertigung mit Allgemeintoleranzen realisiert. Maßhaltigkeitsforderungen, die keinen besonderen Qualitätsschwerpunkt bilden.	0
Reihe 2 (Genaufertigung)	Fertigung und Qualitätssicherung sind auf höhere Maßhaltigkeitsforderungen orientiert.	-1
Reihe 3 (Präzisionsfertigung)	Vollständige Ausrichtung von Fertigung und Qualitätssicherung auf die sehr hohen Maßhaltigkeitsforderungen.	-2
Reihe 4 (Präzisionssonderfertigung) Wie Reihe 3, aber mit intensivierter Prozessüberwachung.		-3
Die Toleranzreihen 3 (Präzisionsfertigung) und 4 (Präzisionssonderfertigung) sind immer vereinbarungspflichtig.		

Nach der Bestimmung einer geeigneten Toleranzgruppe finden sich in Tabelle 4.8 die entsprechenden Toleranzbereiche für Größenmaße. In den Tabellen wird zwischen werkzeuggebundenen und nicht werkzeuggebundenen Maßen unterschieden. Werkzeuggebundene Maße sind Formteilmaße, die durch Abformung im gleichen Werkzeugteil festgelegt werden (Bild 4.13, oben).

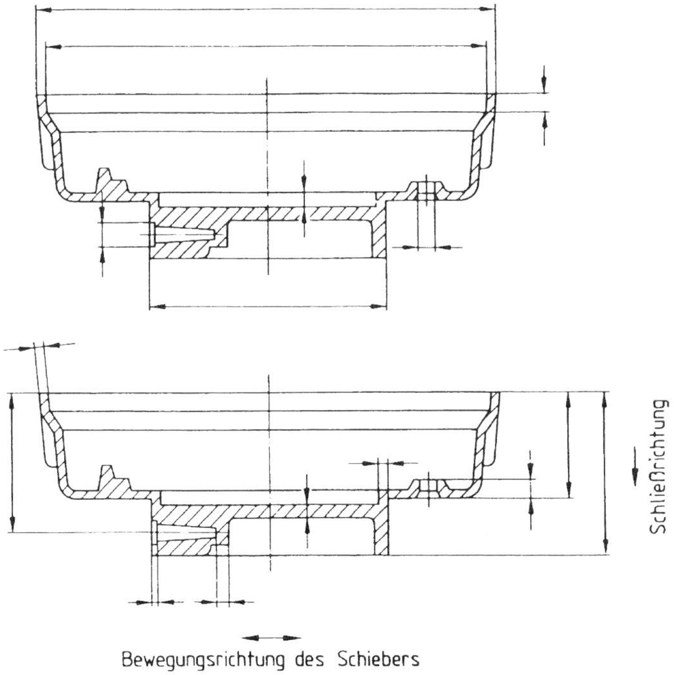

Bild 4.13 Werkzeuggebundene (oben) und nicht werkzeuggebundene (unten) Maße [4.2]
1) Schließrichtung
2) Bewegungsrichtung des Schiebers

Tabelle 4.8 Kunststoff-Formteiltoleranzen als symmetrische Grenzabmaße für Größenmaße nach DIN 16742 [4.2]

Toleranz-gruppe		Grenzabmaße (GA) für Nenngrößenmaßbereiche 1 bis 3	> 3 bis 6	> 6 bis 10	> 10 bis 18	> 18 bis 30	> 30 bis 50	> 50 bis 80	> 80 bis 120	> 120 bis 180	> 180 bis 250	> 250 bis 315	> 315 bis 400	> 400 bis 500	> 500 bis 630	> 630 bis 800	> 800 bis 1000
TG1	W	±0,007	±0,012	±0,018	±0,022	±0,026	±0,031	±0,037	±0,044	–	–	–	–	–	–	–	–
	NW	±0,012	±0,018	±0,022	±0,026	±0,031	±0,037	±0,044	±0,050	–	–	–	–	–	–	–	–
TG2	W	±0,013	±0,020	±0,029	±0,035	±0,042	±0,050	±0,060	±0,090	±0,13	±0,15	±0,16	±0,18	±0,20	–	–	–
	NW	±0,020	±0,029	±0,035	±0,042	±0,050	±0,060	±0,090	±0,13	±0,15	±0,16	±0,18	±0,20	±0,22	–	–	–
TG3	W	±0,020	±0,031	±0,05	±0,06	±0,07	±0,08	±0,10	±0,15	±0,20	±0,23	±0,26	±0,29	±0,40	±0,55	±0,63	±0,70
	NW	±0,031	±0,050	±0,06	±0,07	±0,08	±0,10	±0,15	±0,20	±0,23	±0,26	±0,29	±0,40	±0,55	±0,63	±0,70	±0,77
TG4	W	±0,03	±0,05	±0,08	±0,09	±0,11	±0,13	±0,15	±0,23	±0,32	±0,35	±0,41	±0,45	±0,63	±0,88	±1,00	±1,15
	NW	±0,05	±0,08	±0,09	±0,11	±0,13	±0,15	±0,23	±0,32	±0,35	±0,41	±0,45	±0,63	±0,88	±1,00	±1,15	±1,30
TG5	W	±0,05	±0,08	±0,11	±0,14	±0,17	±0,20	±0,23	±0,36	±0,50	±0,58	±0,65	±0,70	±1,00	±1,40	±1,60	±1,80
	NW	±0,08	±0,11	±0,14	±0,17	±0,20	±0,23	±0,36	±0,50	±0,58	±0,65	±0,70	±1,00	±1,40	±1,60	±1,80	±2,10
TG6	W	±0,70	±0,12	±0,18	±0,22	±0,26	±0,31	±0,37	±0,57	±0,80	±0,93	±1,05	±1,15	±1,60	±2,20	±2,50	±2,80
	NW	±0,12	±0,18	±0,22	±0,26	±0,31	±0,37	±0,57	±0,80	±0,93	±1,05	±1,15	±1,60	±2,20	±2,50	±2,80	±3,10
TG7	W	±0,13	±0,20	±0,29	±0,35	±0,42	±0,50	±0,60	±0,90	±1,25	±1,45	±1,60	±1,80	±2,60	±3,50	±4,00	±4,50
	NW	±0,20	±0,29	±0,35	±0,42	±0,50	±0,60	±0,90	±1,25	±1,45	±1,60	±1,80	±2,60	±3,50	±4,00	±4,50	±5,00
TG8	W	±0,20	±0,31	±0,45	±0,55	±0,65	±0,80	±0,95	±1,40	±2,00	±2,30	±2,60	±2,85	±4,00	±5,50	±6,25	±7,00
	NW	±0,31	±0,45	±0,55	±0,65	±0,80	±0,95	±1,40	±2,00	±2,30	±2,60	±2,85	±4,00	±5,50	±6,25	±7,00	±7,75
TG9		±0,30	±0,49	±0,75	±0,90	±1,05	±1,25	±1,50	±2,25	±3,15	±3,60	±4,05	±4,45	±6,20	±8,50	±10,00	±11,50

ANMERKUNG 1: W: werkzeuggebundene Maße; NW: nicht werkzeuggebundene Maße

ANMERKUNG 2: Für TG9 ist die Differenzierung von W- und NW-Maßen nicht erforderlich

ANMERKUNG 3: Als Nenngrößenmaße für Formteilzeichnungen gelten Toleranzmittenmaße. Zur Tolerierung des Abstandes paralleler Flächen, die sich nicht direkt gegenüber stehen, sondern zueinander versetzt angeordnet sind, ist als Nenngrößenmaß das Dp-Maß nach 7.2 dieser Norm anzuwenden.

ANMERKUNG 4: Maße unter 1 mm und über 1 000 mm sind vereinbarungspflichtig

ANMERKUNG 5: Für Allgemeintoleranzen sind ausschließlich die Grenzmaße für nicht werkzeuggebundene Maße zu verwenden.

ANMERKUNG 6: Toleranzen für Materialdicken sind vereinbarungspflichtig

ANMERKUNG 7: Allgemeintoleranzen sind in den Konstruktionsdokumentationen wie folgt anzugeben. Beispiel: DIN 16742-TG6

ANMERKUNG 8: Nachweis von Maschinen- oder Prozessfähigkeit siehe Anhang E.

Tabelle 4.9 Kunststoff-Formteiltoleranzen für Positionstoleranzen nach DIN 16742 [4.2]

Toleranz-gruppe		Durchmesser der zylindrischen Toleranzzonen für die Dp-Nennmaßbereiche															
		1 bis 3	> 3 bis 6	> 6 bis 10	> 10 bis 18	> 18 bis 30	> 30 bis 50	> 50 bis 80	> 80 bis 120	> 120 bis 180	> 180 bis 250	> 250 bis 315	> 315 bis 400	> 400 bis 500	> 500 bis 630	> 630 bis 800	> 800 bis 1 000
TG1	W	∅ 0,020	∅ 0,034	∅ 0,05	∅ 0,06	∅ 0,07	∅ 0,09	∅ 0,11	∅ 0,12	–	–	–	–	–	–	–	–
	NW	∅ 0,034	∅ 0,05	∅ 0,06	∅ 0,07	∅ 0,09	∅ 0,11	∅ 0,12	∅ 0,14	–	–	–	–	–	–	–	–
TG2	W	∅ 0,04	∅ 0,06	∅ 0,08	∅ 0,10	∅ 0,12	∅ 0,14	∅ 0,17	∅ 0,26	∅ 0,37	∅ 0,42	∅ 0,45	∅ 0,51	∅ 0,57	–	–	–
	NW	∅ 0,06	∅ 0,08	∅ 0,10	∅ 0,12	∅ 0,14	∅ 0,17	∅ 0,26	∅ 0,37	∅ 0,42	∅ 0,45	∅ 0,51	∅ 0,57	∅ 0,62	–	–	–
TG3	W	∅ 0,06	∅ 0,09	∅ 0,14	∅ 0,17	∅ 0,20	∅ 0,23	∅ 0,28	∅ 0,42	∅ 0,57	∅ 0,65	∅ 0,74	∅ 0,82	∅ 1,1	∅ 1,6	∅ 1,8	∅ 2,0
	NW	∅ 0,09	∅ 0,14	∅ 0,17	∅ 0,20	∅ 0,23	∅ 0,28	∅ 0,42	∅ 0,57	∅ 0,65	∅ 0,74	∅ 0,82	∅ 1,1	∅ 1,6	∅ 1,8	∅ 2,0	∅ 2,2
TG4	W	∅ 0,08	∅ 0,14	∅ 0,23	∅ 0,25	∅ 0,31	∅ 0,37	∅ 0,42	∅ 0,65	∅ 0,90	∅ 1,0	∅ 1,2	∅ 1,3	∅ 1,8	∅ 2,5	∅ 2,8	∅ 3,3
	NW	∅ 0,14	∅ 0,23	∅ 0,25	∅ 0,31	∅ 0,37	∅ 0,42	∅ 0,65	∅ 0,90	∅ 1,0	∅ 1,2	∅ 1,3	∅ 1,8	∅ 2,5	∅ 2,8	∅ 3,3	∅ 3,7
TG5	W	∅ 0,14	∅ 0,23	∅ 0,31	∅ 0,40	∅ 0,48	∅ 0,57	∅ 0,65	∅ 1,0	∅ 1,4	∅ 1,6	∅ 1,8	∅ 2,0	∅ 2,8	∅ 4,0	∅ 4,5	∅ 5,1
	NW	∅ 0,23	∅ 0,31	∅ 0,40	∅ 0,48	∅ 0,57	∅ 0,65	∅ 1,0	∅ 1,4	∅ 1,6	∅ 1,8	∅ 2,0	∅ 2,8	∅ 4,0	∅ 4,5	∅ 5,1	∅ 5,9
TG6	W	∅ 0,20	∅ 0,34	∅ 0,51	∅ 0,62	∅ 0,74	∅ 0,88	∅ 1,1	∅ 1,6	∅ 2,3	∅ 2,6	∅ 3,0	∅ 3,3	∅ 4,5	∅ 6,2	∅ 7,1	∅ 7,9
	NW	∅ 0,34	∅ 0,51	∅ 0,62	∅ 0,74	∅ 0,88	∅ 1,1	∅ 1,6	∅ 2,3	∅ 2,6	∅ 3,0	∅ 3,3	∅ 4,5	∅ 6,2	∅ 7,1	∅ 7,9	∅ 8,8
TG7	W	∅ 0,37	∅ 0,57	∅ 0,82	∅ 1,0	∅ 1,2	∅ 1,4	∅ 1,7	∅ 2,6	∅ 3,5	∅ 4,0	∅ 4,5	∅ 5,0	∅ 7,4	∅ 10,0	∅ 11,3	∅ 13,0
	NW	∅ 0,57	∅ 0,82	∅ 1,0	∅ 1,2	∅ 1,4	∅ 1,7	∅ 2,6	∅ 3,5	∅ 4,0	∅ 4,5	∅ 5,0	∅ 7,4	∅ 10,0	∅ 11,3	∅ 13,0	∅ 14,0
TG8	W	∅ 0,57	∅ 0,88	∅ 1,3	∅ 1,6	∅ 1,8	∅ 2,3	∅ 2,7	∅ 4,0	∅ 5,7	∅ 6,5	∅ 7,4	∅ 8,0	∅ 11,3	∅ 16,0	∅ 18,0	∅ 20,0
	NW	∅ 0,88	∅ 1,3	∅ 1,6	∅ 1,8	∅ 2,3	∅ 2,7	∅ 4,0	∅ 5,7	∅ 6,5	∅ 7,4	∅ 8,0	∅ 11,3	∅ 16,0	∅ 18,0	∅ 20,0	∅ 22,0
TG9		∅ 0,85	∅ 1,4	∅ 2,1	∅ 2,6	∅ 3,0	∅ 3,5	∅ 4,5	∅ 6,4	∅ 9,0	∅ 10,0	∅ 11,5	∅ 13,0	∅ 18,0	∅ 24,0	∅ 28,0	∅ 33,0

ANMERKUNG 1: W: werkzeuggebundene Maße; NW: nicht werkzeuggebundene Maße
ANMERKUNG 2: Für TG9 ist die Differenzierung von W- und NW-Maßen nicht erforderlich
ANMERKUNG 3: Maße unter 1 mm und über 1 000 mm sind vereinbarungspflichtig
ANMERKUNG 4: Nachweis von Maschinen- oder Prozessfähigkeit siehe Anhang E

Nicht werkzeuggebundene Maße werden durch das Zusammenwirken gegeneinander beweglicher Werkzeugteile (Düsen-/Schließseite des Werkzeugs, Schieber) geformt (Bild 4.13, unten). Durch diese Unterscheidung wird die geringere, erzielbare Genauigkeit bei beweglichen Werkzeugteilen durch die nicht exakt reproduzierbare Endlage berücksichtigt.

Die entsprechenden Toleranzbereiche für Positionstoleranzen finden sich in Tabelle 4.9.

Der Bezug auf diese Norm für Allgemeintoleranzen wird durch Angabe DIN 16742 und der entsprechend ausgewählten Toleranzgruppe (Beispiel: Toleranzen DIN 16742 – TG6) in den Fertigungsunterlagen angegeben [4.2].

Literatur Kapitel 4

[4.1] *Hoven-Nievelstein, W. B.:* Die Verarbeitungsschwindung thermoplastischer Formmassen. Dissertation an der RWTH Aachen, 1986.

[4.2] *N. N.:* DIN 16742, Kunststoff – Formteile; Toleranzen und Abnahmebedingungen. Berlin: Beuth Verlag, 2013.

[4.3] *Stitz, S.:* Analyse der Formteilbildung beim Spritzgießen von Plastomeren als Grundlage für die Prozesssteuerung. Dissertation an der RWTH Aachen, 1973.

[4.4] *Schmidt, T. W.:* Zur Abschätzung der Schwindung Dissertation an der RWTH, Aachen 1986.

[4.5] *N. N.:* ISO 2577, Plastics – Thermosetting moulding materials – Determination of shrinkage. Berlin: Beuth Verlag, 2007.

[4.6] *Geisbüsch, P.:* Ansätze zur Schwindungsberechung ungefüllter und mineralisch gefüllter Thermoplaste. Dissertation an der RWTH Aachen, 1980.

[4.7] *Zipp, Th.:* Erfahrungsanalyse zur Ermittlung des notwendigen Werkzeugübermaßes beim Spritzgießen. Unveröffentlichte Arbeit, IKV Aachen 1985.

[4.8] *Menges, G.; Hoven-Nievelstein, W. B.; Zipp, Th.:* Erfahrungskatalog zur Verarbeitungsschwindung thermoplastischer Formmassen beim Spritzgießen. Unveröffentlichter Bericht, IKV Aachen 1984/85.

[4.9] *Pötsch, H. G.:* Prozesssimulation zur Abschätzung von Schwindung und Verzug thermoplastischer Spritzgussteile. Dissertation an der RWTH Aachen, 1991.

[4.10] *Wielpütz, M.:* Analyse der Hinterspritztechnik kompakter Dekormaterialien. Dissertation an der RWTH Aachen, 2004, ISBN: 978-3861304876.

[4.11] *Steinmetz, G.:* CAD/CAM – Anwendung zum rechnerintegrierten Spritzgießen. CAD/CAM/CIM-Sonderteil, Carl Hanser Verlag, München 1987.

[4.12] *N. N.:* Strack Normalien für Formwerkzeuge. Handbuch der Firma Strack – Norma GmbH, Wuppertal.

[4.13] *Kim, S.-W.; Turng, L.-S.:* Developments of three-dimensional computer-aided engineering simulation for injection moulding, Modelling and Simulation in Materials Science and Engineering 12 (2004), S. 151–173.

5 Das Spritzgießwerkzeug, seine Bauarten und Aufgaben

Das Spritzgießwerkzeug ist das Kernstück des Spritzgießprozesses, das dafür verantwortlich ist, die Kunststoffschmelze aufzunehmen, zu verteilen und in die gewünschte Form zu bringen. Aus diesem Grund werden im folgenden Kapitel die grundlegenden Aufgaben und verschiedenen Bauarten von Spritzgießwerkzeugen sowohl für Thermoplaste als auch für vernetzende Formmassen vorgestellt.

5.1 Bezeichnungen am Spritzgießwerkzeug

Im Folgenden sollen die in Bild 5.1 verwendeten Bezeichnungen benutzt werden. Diese Bezeichnungen haben sich im allgemeinen Sprachgebrauch durchgesetzt, daher sind Abweichungen zur DIN ISO 12165 [5.1] möglich. In dieser Norm werden einheitliche Benennungen und Symbole bei Press-, Spritz- und Druckgießwerkzeugen beschrieben.

5.2 Einteilung der Werkzeuge

Je nach verarbeiteter Formmasse spricht man häufig von:

- Thermoplast-Spritzgießwerkzeug
- Duroplast-Spritzgießwerkzeug
- Elastomer-(Gummi-)Spritzgießwerkzeug

Unabhängig von der zu verarbeitenden Formmasse müssen Spritzgießwerkzeuge verschiedenen Anforderungen entsprechen und bestimmte Aufgaben erfüllen (siehe Abschnitt 5.3). Aus diesem Grund werden im Folgenden die Werkzeugtypen nach Funktionskomplexen eingeteilt.

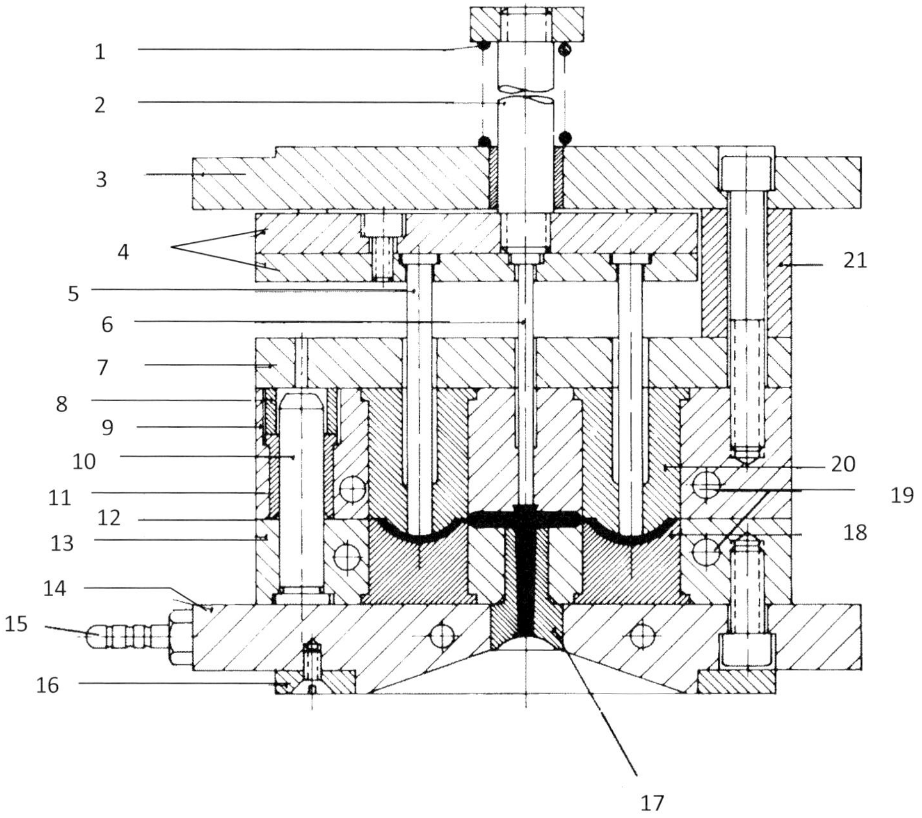

Bild 5.1 Bezeichnungen am Spritzgießwerkzeug [5.2]
1 Druckfeder, 2 Auswerferstößel, 3 schließseitige Aufspannplatte, 4 Auswerferplatte, 5 Auswerfer, 6 Mittenauswerfer, 7 Zwischenplatte, 8 Zwischenbuchse, 9 Formplatte, 10 Führungssäule, 11 Führungsbuchse, 12 Formtrennebene, 13 Formplatte, 14 spritzseitige Aufspannplatte, 15 Schlauchnippel für Anschluss der Kühlung, 16 Zentrierring, 17 Angussbuchse, 18 Formeinsatz, 19 Kühlbohrung, 20 Formeinsatz, 21 Stützbuchse

5.3 Aufgaben des Spritzgießwerkzeugs

Das Spritzgießwerkzeug ist für die Formteilfertigung von entscheidender Bedeutung. Stabile Prozesse mit kurzen Zykluszeiten und hoher Qualität der produzierten Formteile sind nur möglich, wenn die eingesetzten Werkzeuge optimal konstruiert und gefertigt werden. Für die Herstellung mehr oder weniger komplizierter Formteile in einem Arbeitsgang – man spricht vom Spritzzyklus – ist ein individuell hergestelltes Werkzeug mit einer oder mehreren Formhöhlungen (Kavitäten, Formnestern, Formeinsätzen usw.) notwendig.

Die grundlegenden Aufgaben des Werkzeuges bestehen darin, die Formmasse aufzunehmen, zu verteilen, auszuformen, abzukühlen (bzw. bei Duroplasten und Elastomeren Aktivierungswärme zuzuführen) und damit in einen festen Zustand zu überführen. Anschließend muss das Bauteil aus dem Werkzeug ausgeworfen werden.

Neben diesen technologisch bedingten Aufgaben muss das Werkzeug weitere konstruktiv bedingte Aufgaben erfüllen: Kräfte aufnehmen, Bewegungen übertragen und Werkzeugteile führen [5.3].

Mit den folgenden Funktionskomplexen in einem Werkzeug lassen sich die o. g. Aufgaben lösen:

- Angusssystem,
- Formnest (Entlüftung),
- Temperierung,
- Entformungssystem,
- Führung und Zentrierung,
- Maschinenaufnahme,
- Kraftaufnahme,
- Bewegungsübertragung.

Bild 5.2 zeigt die Funktionskomplexe bei einem einfachen Werkzeug:

Neben dem Ausformen des Bauteils liegt die wichtigste Aufgabe des Werkzeugs im Entformen des Formteils. Dem wirtschaftlichen Aspekt einer möglichst kurzen Zykluszeit steht ein qualitätsbegründetet Gesichtspunkt gegenüber: Die sichere Entformung ohne Beschädigung des Spritzteils oder der Formnestwandung muss auch bei kompliziert gestalteten Teilen gewährleistet sein.

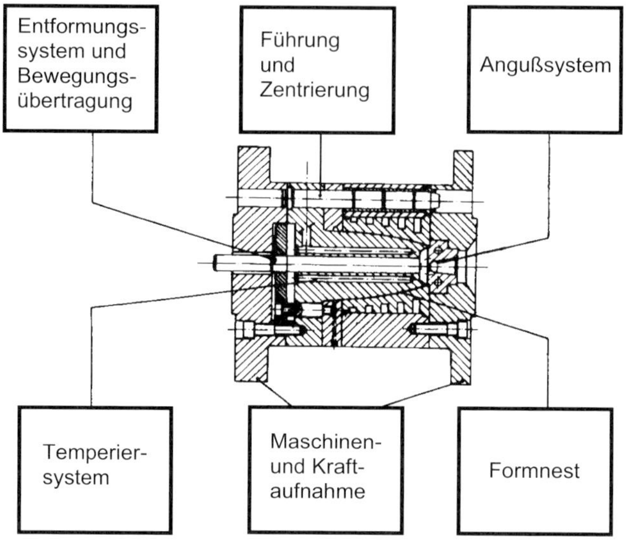

Bild 5.2 Aufgliederung eines Spritzgießwerkzeugs in Funktionskomplexe [5.4]

Das Entformungssystem richtet sich also nach der Art des Spritzteils. Es wird zwischen Bauteilen:

- ohne Hinterschneidung,
- mit äußerer Hinterschneidung und
- mit innerer Hinterschneidung

unterschieden.

Daraus ergeben sich vielseitige Konstruktionsmöglichkeiten und ein wichtiges Einteilungsprinzip: Spritzgießteile können auf unterschiedliche Weise aus dem Werkzeug entformt werden. Sie lassen sich ausdrücken, abstreifen, abschrauben, abreißen oder abschneiden. Werkzeuge lassen sich aus diesem Grund anhand ihrer Entformungssysteme einteilen. Außerdem beeinflusst die Art des Entformungssystems maßgeblich die Kosten für ein Werkzeug sowie den Aufwand für die Fertigung der Spritzgießbauteile.

5.3.1 Kriterien zur Einteilung der Werkzeuge in Gruppen

Die oben beschriebenen Funktionskomplexe lassen sich in konstruktionsabhängige und formteilabhängige Kriterien einteilen (Tabelle 5.1). Spritzteilabhängige Merkmale können innerhalb einer Werkzeugtypengruppe (verschiedene Werkzeuge eines Typs) unterschiedlich sein. Konstruktionsabhängige Merkmale sind innerhalb dieser Gruppe nicht variabel und somit allgemeingültig für den jeweiligen Typ.

Tabelle 5.1 Einteilung der Konstruktionsmerkmale (konstruktionsabhängige Merkmale $\hat{=}$ konstruktionsfestlegende Merkmale) [5.4]

Konstruktionsabhängige Merkmale	Formteilabhängige Merkmale
Bewegungsübertragung Entformungssystem (teilw.) Anzahl der Öffnungsebenen Anzahl der Zwischenplatten Führung der Zentrierung Kraftaufnahme Maschinenaufnahme	Formnest Formnestanordnung Angusssystem (z. T.) Temperiersystem Entformungssystem (teilw.)

Eine weitere Unterscheidung der Werkzeuge nach primären konstruktiven Gesichtspunkten ist in Tabelle 5.2 dargestellt. Hier wird gezeigt, wie aus unterschiedlichen konstruktiven Kriterien (weitere sind möglich) mit den zugehörigen Einflussgrößen Werkzeugtypen entstehen können.

Tabelle 5.2 Unterteilung der Werkzeuge nach primären konstruktiven Gesichtspunkten [5.4]

Unterscheidung nach	jeweilige Einflussgrößen	konstruktive Ausführung	Werkzeug-Bezeichnung
Anzahl der Trennebenen	Geometrie des Formteils Formnestzahl Angussart Entformungsprinzip	2-Platten-Werkzeug 3-Platten-Werkzeug Abstreifplatte (1 Haupt- und 1 Hilfstrennebene)	Normalwerkzeug Abreißwerkzeug Abstreifwerkzeug Etagenwerkzeug
Art der Entformung	Formteilgestalt Formmasse Verarbeitungsparameter Stückzahl Lage des Formteils zur Trennebene	Schieber/Schrägführung Backe/Schrägführung Abschraubeinrichtung Abstreifplatte	Schieberwerkzeug Backenwerkzeug Abschraubwerkzeug Abstreifwerkzeug
Art der Angusstemperierung	Spritzgießmaschine Zykluszeit Formmasse Wirtschaftlichkeit	Heißkanalverteiler Isolierkanalverteiler	Heißkanalwerkzeug Isolierkanalwerkzeug
Art der Kraftaufnahme	Steifigkeit des Werkzeugs Geometrie des Formteils Spritzdruck (spez.) Formmasse	Backenform Topfführung Säulenführung	Backenwerkzeug Normalwerkzeug

Die Trennebene ist die Ebene, die beim Öffnen des Werkzeugs das Formteil und den Anguss freigibt, so dass alle erstarrten Kunststoffteile entformt werden können und das leere Werkzeug für den nächsten Zyklus bereitsteht.

Die in der Literatur aufgeführten Werkzeugbezeichnungen sind nicht immer einheitlich. Die Bezeichnungen entstehen zumeist aufgrund werkzeugspezifischer Bauteile, Entformungsprinzipien oder geben spezielle Anwendungsmöglichkeiten an. In Tabelle 5.3 sind Kriterien aufgelistet, die zur Bezeichnung eines Werkzeuges führen können.

Tabelle 5.3 Kriterien die zur charakteristischen Bezeichnung eines Werkzeuges führen [5.4]

	Bezeichnung	Kriterien für die Bezeichnung
1	**Normalwerkzeug**	einfachste Bauform („normale Ausführung“); eine Trennebene; Öffnungsbewegung in eine Richtung; Entformung hauptsächlich durch Schwerkraft, Ausdrückstifte, Ausdrückhülse
2	**Schieberwerkzeug**	eine Trennebene; Öffnungsbewegung in Hauptrichtung und quer dazu durch (z. B. auf Schrägstiften geführte) Schieber
3	**Abstreifwerkzeug**	wie unter 1., jedoch Entformung durch Abstreifplatte
4	**Backenwerkzeug**	eine Trennebene; Öffnungsbewegung in Hauptrichtung und quer dazu durch auf schräger Ebene geführte Backen; Backen können Seitenkräfte aufnehmen
5	**Abschraubwerkzeug**	mechanische Einleitung von Drehbewegungen zur automatischen Gewindeentformung
6	**Abreißwerkzeug**	zwei Trennebenen zur getrennten Entformung von Anguss und Spritzteil, die voneinander abgerissen werden; Öffnungsbewegung in eine Richtung aber in zwei Phasen
7	**Etagenwerkzeug**	Formteile etagenweise in mehreren Teilungsebenen angeordnet
8	**Isolierkanal**	zwei Trennebenen; kein konventionelles Angusssystem, sondern Kanäle mit größerem Querschnitt, damit sich eine „plastische Seele“ innerhalb einer erstarrten Haut bilden kann
9	**Heißkanalwerkzeug**	beheizte Verteilerkanäle
10	**Kaltkanalwerkzeug**	Gekühlte Verteilerkanäle für angussloses Spritzgießen von vernetzenden Formmassen (Duroplaste, Elastomere)
11	**Sonderwerkzeuge**	Kombination aus 2. bis 8. für spezielle Formteile mit besonderen Anforderungen, die eine „einfache“ Lösung unmöglich machen

Spritzgießwerkzeuge lassen sich nach dem Entformungsprinzip einordnen, so ergeben sich die in Tabelle 5.4 und Tabelle 5.5 dargestellten Werkzeuggrundtypen. Werkzeuge mit einer relativ komplexen Mischbauweise, wie Abschneide-, Mehretagen-, Heißkanal-, Isolierkanal- und Sonderwerkzeuge lassen sich in dieses Raster eingliedern.

Tabelle 5.4 Übersicht über die Werkzeugtypen, Teil 1 [5.4]

	Normalenwerkzeug	Abstreifwerkzeug	Schieberwerkzeug
Schematische Darstellung	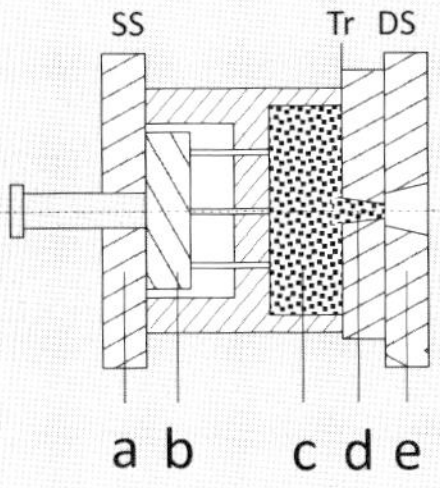	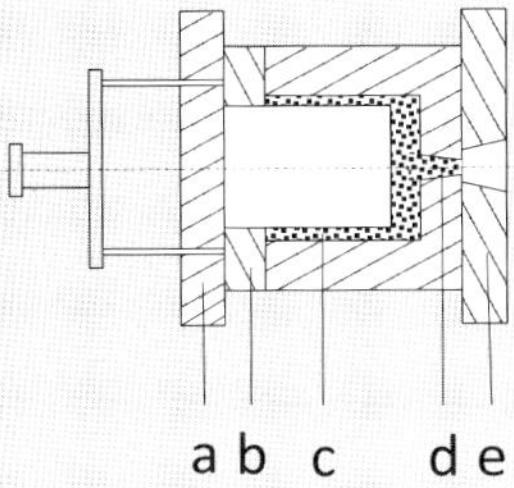	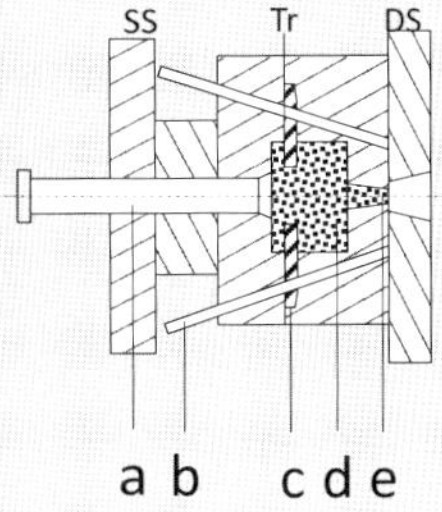
Wichtige Elemente	a Aufspannplatte SS b Entformungssystem c Formnest d Angusskanal e Aufspannplatte DS	a Aufspannplatte SS b Abstreifplatte c Formnest d Angusskanal e Aufspannplatte DS	a Entformungssystem b Steuerfinger c Formnest d Schieber e Angusskanal
Charakteristische Beschreibung	Einfachste Bauweise; zwei Werkzeughälften; eine Trennebene; Öffnungsbewegung in eine Richtung; Entformung durch Schwerkraft, Hülse oder Stifte	Aufbau ähnlich dem Normalenwerkzeug, jedoch Entformung durch Abstreifplatte	Aufbau ähnlich dem Normalenwerkzeug, jedoch mit zusätzlichem Schieber und Steuerfinger für Seitenbewegung
Formteile	Für Formteile aller Art ohne Hinterschneidung	Für becherförmige Teile ohne Hinterschneidung	Für flache Teile mit Hinterschneidung oder äußerem Gewinde
Öffnungsrichtung			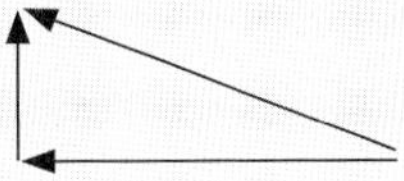

In Tabelle 5.4 und Tabelle 5.5 ist das bisher Dargestellte übersichtlich zusammengefasst. In der Reihenfolge:

- schematische Darstellung,
- wichtige Elemente,
- charakteristische Beschreibung,
- Formteile,
- Öffnungsrichtung

werden die einzelnen Grundtypen nacheinander vorgestellt. Die schematischen Darstellungen zeigen das Grundsätzliche jeder Typengruppe.

Tabelle 5.5 Übersicht über die Werkzeugtypen, Teil 2 [5.4]

	Backenwerkzeug	**Abschraubwerkzeug**	**Abreißwerkzeug**
Schematische Darstellung	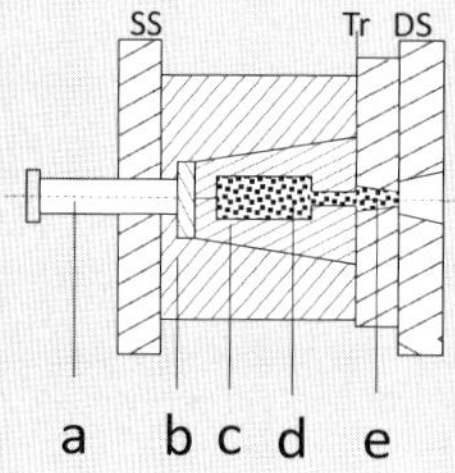 	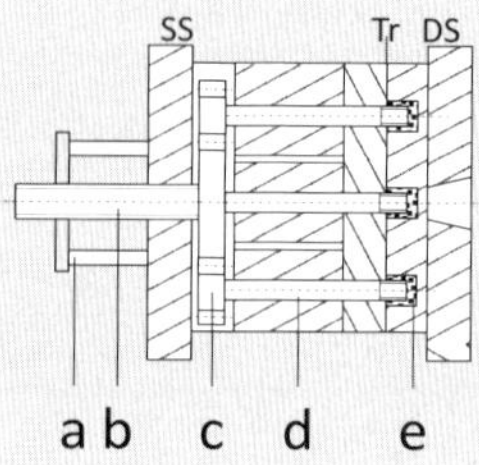 	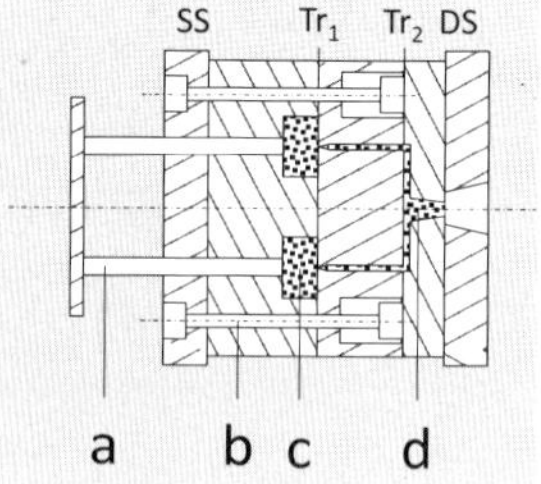
Wichtige Elemente	a Entformungssystem b Backenführungsplatte c Backe d Formnest e Angusskanal	a Entformungssystem b Spindel c Zahnrad d Formkern e Formnest	a Entformungssystem b Zuganker c Formnest d Anugsskanal
Charakteristische Beschreibung	Aufbau ähnlich dem Normalwerkzeug, jedoch mit zusätzlichen Backen für Teile mit Hinterschneidung oder äußerem Gewinde sowie zur Kraftaufnahme	Drehbewegung des Gewindeformkerns durch eingebautes Getriebe mechanisch betätigt	Zwei Trennebenen; Betätigung der Zwischenplatte durch Klinkenzug oder Zuganker; unterteilte Öffnungsbewegung
Formteile	Für längliche und breite Teile mit Hinterschneidung	Für Teile mit inneren und äußeren Gewinden	Für Teile mit automatischer Angussabtrennung
Öffnungsrichtung	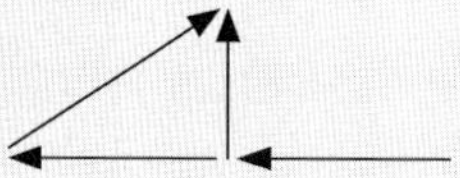	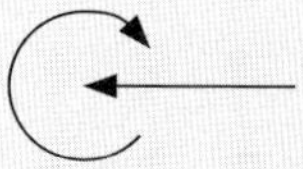	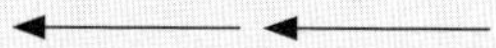

5.3.2 Prinzipielle Vorgehensweise bei der Werkzeugkonstruktion

Der Konstruktionsablauf eines Spritzgießwerkzeugs sollte systematisch vorgenommen werden, da der Aufbau und die Arbeitsweise sehr vielfältigen Bedingungen gerecht werden muss. Bild 5.3 zeigt, wie komplex die Bedingungen sind und welchen Rand- und Nebenbedingungen jede Hauptfunktion ebenfalls unterliegt. Wesentlich deutlicher wird diese Aussage durch ein Beispiel. In Form eines Ablaufdiagramms für die Konstruktion eines Normalwerkzeuges, mit dem mehrere Deckel gleichzeitig gefertigt werden sollen, wird der Entscheidungspfad des Konstrukteurs veranschaulicht (Bild 5.4). Es empfiehlt sich, diesem Pfad Schritt für Schritt zu folgen, um mit diesem strukturierten Entwicklungsprozess zu einer reproduzierbaren Lösung zu kommen.

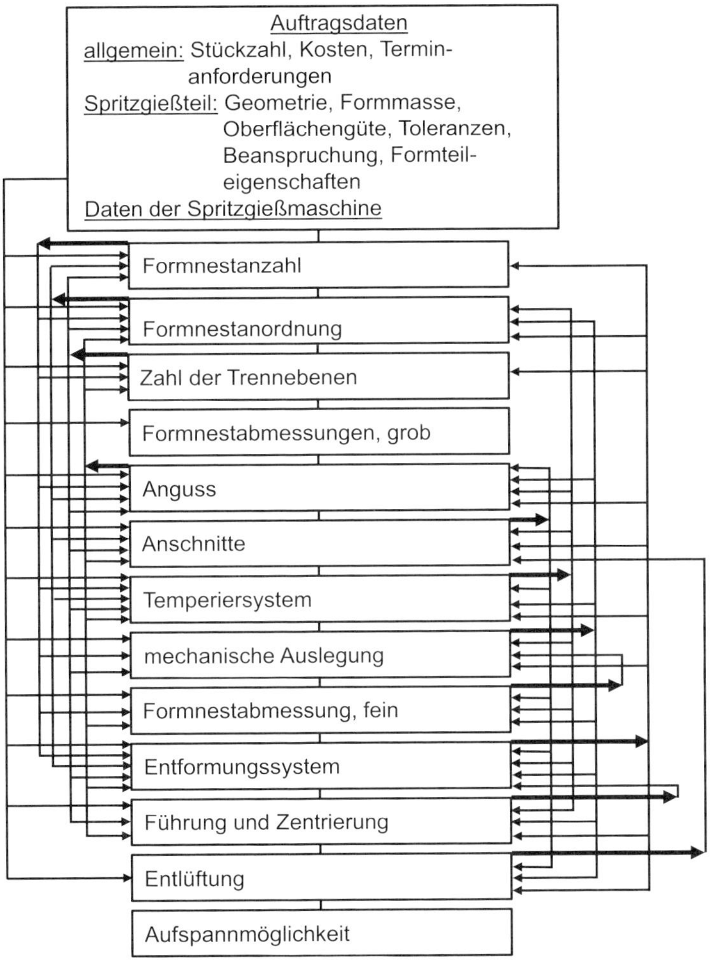

Bild 5.3 Prinzipieller Konstruktionsalgorithmus [5.5]

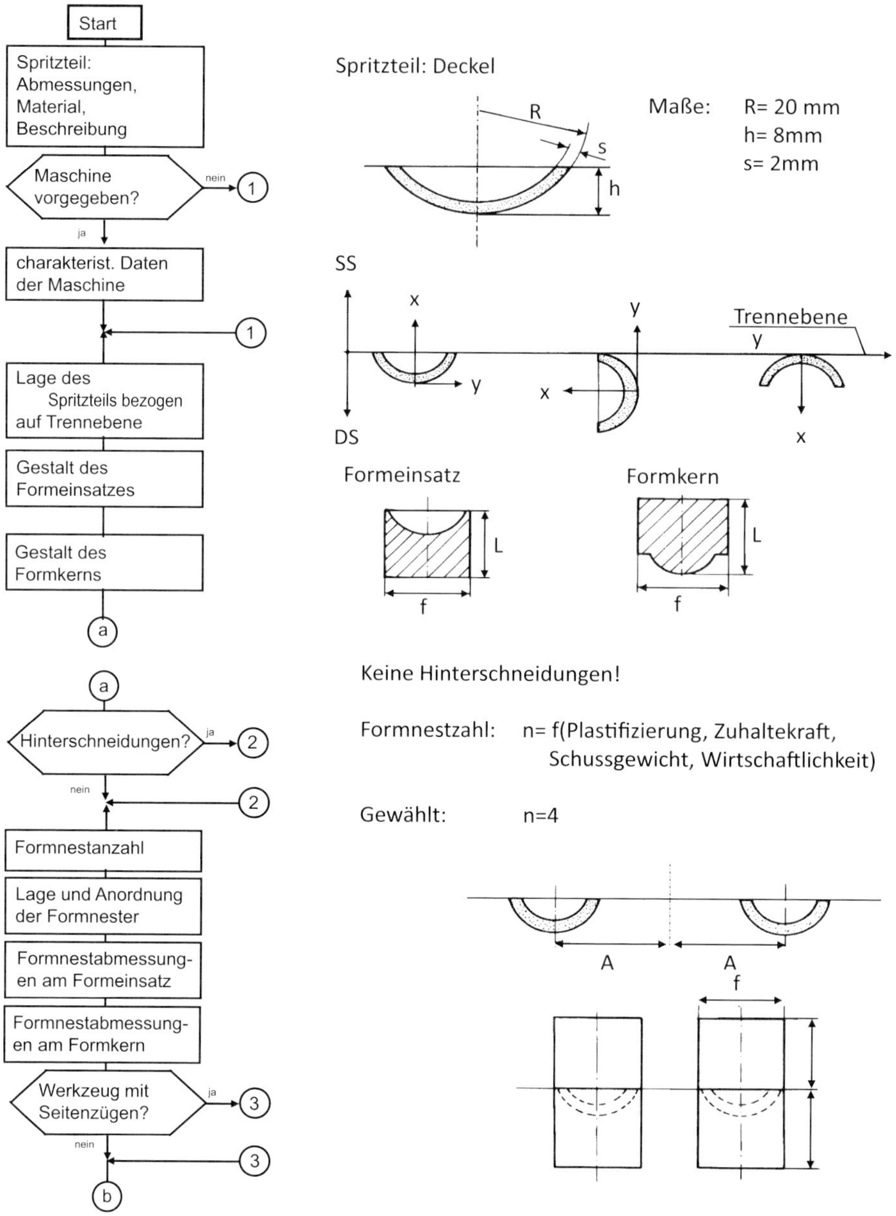

Bild 5.4 Konstruktionsbeispiel Normalwerkzeug [5.4]
SS = Schließseite, DS = Düsenseite

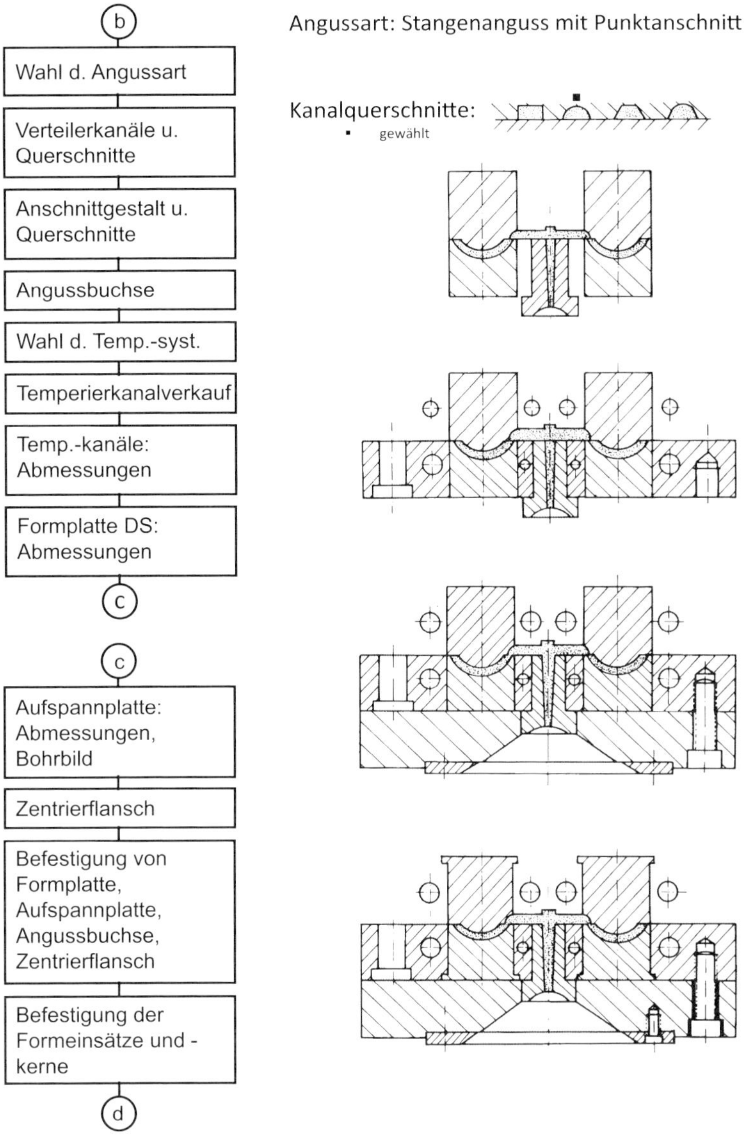

Bild 5.4 (*Fortsetzung*) Konstruktionsbeispiel Normalwerkzeug [5.4]
SS = Schließseite, DS = Düsenseite

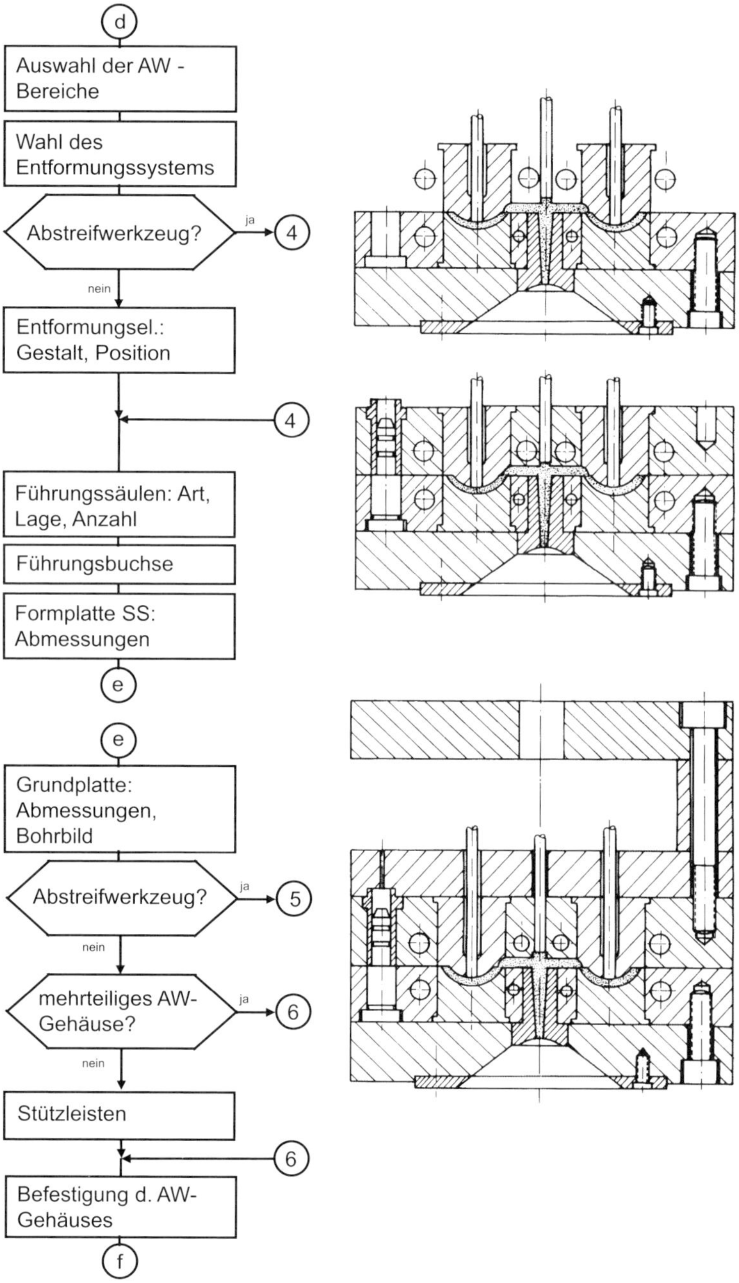

Bild 5.4 (*Fortsetzung*) Konstruktionsbeispiel Normalwerkzeug [5.4]
SS = Schließseite, DS = Düsenseite

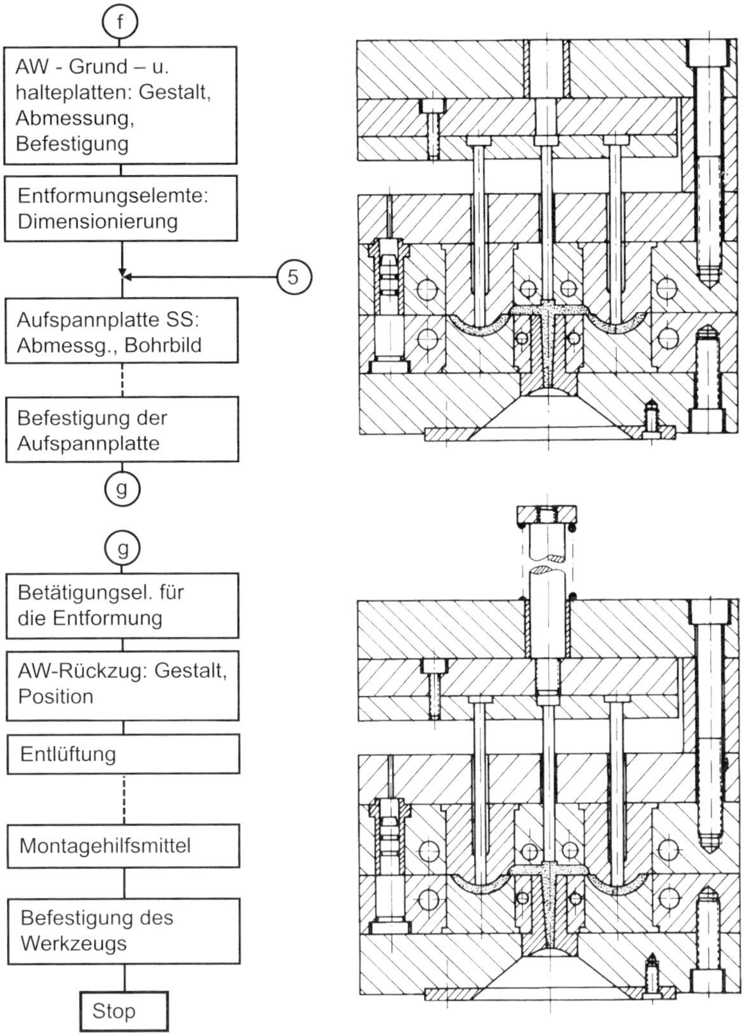

Bild 5.4 (*Fortsetzung*) Konstruktionsbeispiel Normalwerkzeug [5.4]
SS = Schließseite, DS = Düsenseite

5.3.3 Bestimmung der Werkzeuggröße

Die Größe eines möglichen Werkzeugs hängt in erster Linie von der Maschine ab. Sehr oft ist eine vorhandene Maschine bzw. bestimmte Maschinengröße eine wesentliche Vorgabe, der der Konstrukteur unterworfen ist. Als Vorgaben ergeben sich:

- das *Schussvolumen* als die Menge, die in einem Hub des Spritzkolbens (Schneckenkolben) in das Formnest transportiert werden kann und das Volumen des Bauteils bzw. die Anzahl der Formnester vorgibt;
- die *Plastifizierleistung*, als die Menge an Formmasse, welche die Maschine z. B. in einer Stunde verarbeiten kann;
- die *Zuhaltekraft* der Schließeinheit (sie muss der Auftriebskraft entgegenwirken, die sich aus dem maximalen in der Formhöhlung wirkenden Innendruck ergibt);
- der *Öffnungshub* der Maschine;
- die *maximale Aufspannfläche* (sie ist durch die Holmabstände gegeben) und
- der *maximale Einspritzdruck*.

5.3.3.1 Maximale Formnestzahl

Hierzu bestimmt man zunächst die größtmögliche theoretische Anzahl der Werkzeughohlräume (Formnestzahl F) [5.2].

$$F_1 = \frac{S_V}{A_V} \tag{5.1}$$

In dieser Formel ist S_V definiert als das maximale Spritzvolumen der Maschine und A_V als das Gesamtvolumen des Formteils. Das Gesamtvolumen setzt sich aus Artikel- und Angussvolumen zusammen.

Bei der so ermittelten Formnestzahl F_1 wird davon ausgegangen, dass das aus Schneckenhub und -durchmesser errechnete größte Spritzvolumen für jeden Schuss zur Verfügung steht. In der Praxis wird, vor allem aus qualitativen Gründen (Schmelzehomogenität, ausreichendes Schmelzepolster für den Nachdruck) dieser Maximalwert nicht genutzt.

Die Formnestzahl kann bei dünnwandigen Teilen zusätzlich durch die Plastifizierleistung L der Maschine bestimmt werden:

$$F_2 = \frac{L}{Z \cdot A_V} \tag{5.2}$$

Die Schlusszahl Z ist definiert als die Anzahl an Spritzgießzyklen pro Minute.

Es gilt als Erfahrungsregel

$$0{,}4 \cdot F_1 \leq F_2 \leq 0{,}8 \cdot F_1 \quad (5.3)$$

Ein Werkzeug mit einem einzigen Formnest erweist sich bis zu einer Stückzahl von circa 100 Stück als wirtschaftlichste Lösung, solange keine Terminforderung vorliegt. In der Regel ist die Lösung mit einem Formteil am sinnvollsten, da diese Werkzeuge am kostengünstigsten sind und die besten Formteilqualitäten erzielt werden können. Wirtschaftliche Vorteile bieten hingegen Mehrkavitätenwerkzeuge, mit denen bis zu 256 Bauteile gleichzeitig hergestellt werden können.

5.3.3.2 Zuhaltekraft

Die mindestens erforderliche Zuhaltekraft errechnet sich aus den auf die Formtrennebene projizierten Formnestoberflächen aller Kavitäten und Schmelzkanäle und dem maximal auftretenden Druck im Formnest.

$$F = A \cdot p \quad (5.4)$$

In der Gleichung beschreibt F die Auftriebskraft, A die Projektionsflächen der Werkzeughohlräume und Angusswege und p den Druck der Formmasse im Werkzeughohlraum. Je nach Formmasse und Artikel liegt bei ordnungsgemäßer Arbeitsweise der Druck zwischen 200 und über 1 000 bar. Bei Bedienungsfehlern jedoch können diese Drücke erheblich, sogar bis auf den eingestellten Einspritzdruck, ansteigen. Um auch bei hohen Innendrücken ein Überspritzen des Werkzeugs zu vermeiden, wird für die Berechnung der Zuhaltekraft der maximale Spritzdruck der Maschine sowie die gesamte projizierte Fläche, die mit Formmasse überspült werden kann, in die Formel einbezogen.

$$F_{\mathrm{max}} = A_{\mathrm{max}} \cdot p_{\mathrm{Spritzdruck}} \leq F_{\mathrm{Zuhaltekraft}} \quad (5.5)$$

Die maximale Zuhaltekraft muss zur sicheren Seite hin abgeschätzt werden, um ein Überspritzen des Werkezugs zu vermeiden. Überspritzen kann zu Beschädigungen des Werkzeugs durch Gratbildung oder der Maschine durch Holmbruch führen.

Um die Schließkraft richtig abschätzen zu können, hängen an vielen Maschinen Diagramme (vgl. Bild 5.5). Bei kleinen Werkzeugen auf großen Maschinen muss viel Wert auf die korrekte Einstellung der Schließkraft gelegt werden, um Werkzeugschäden zu verhindern, da hier die maximale Flächenpressung überschritten werden kann. Andererseits darf die Schließkraft nicht zu gering eingestellt sein, um ein Aufbiegen des Werkzeugs unter Einspritzdruck zu vermeiden.

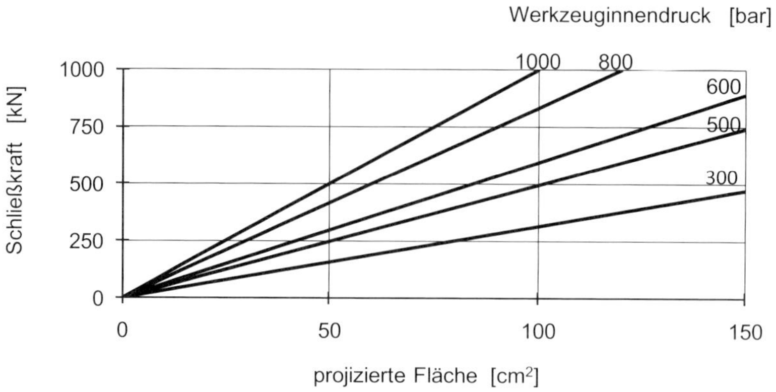

Bild 5.5 Diagramm zum Abschätzen der erforderlichen Schließkraft

5.3.3.3 Maximale Aufspannfläche

Um den Aufwand beim Werkzeugwechsel möglichst gering zu halten und ein Ziehen der Holme zu vermeiden, beschränkt sich die maximale Aufspannfläche meist auf den lichten Holmabstand. Die maximale Werkzeugabmessung sollte daher10 mm kleiner sein als die Holmabstände, durch die das Werkzeug eingefahren werden muss. Wie in Abschnitt 5.3.3.2 beschrieben wird die Schließkraft auf Basis der zu erwartenden Auftriebskräfte im Werkzeug ausgelegt. Maschinen, auf denen beispielsweise Schäume mit niedrigen Drücken verarbeitet werden, können daher leichtere Schließeinheiten bzw. größere Aufspannplatten und Holmabstände besitzen. Die Aufspannplatten dürfen sich durch die Belastungen aus dem Werkzeug nur im Mikrometerbereich verbiegen, da sonst die zulässige Spaltweite in den Trennebenen der Werkzeuge nicht eingehalten werden kann, unabhängig von der Steifigkeit des Werkzeugs.

5.3.3.4 Erforderlicher Öffnungshub

Um auch bei einem Werkzeug mit einem tief eintauchenden Kern einwandfrei ausformen zu können (Beispiel: Werkzeug für einen Eimer), muss der Öffnungshub ausreichend groß sein. Gefordert ist mindestens: Hub = 2 × Kernlänge. Um die Zykluszeit aus Kostengründen möglichst kurz zu halten, sollte der Öffnungshub das geforderte Maß nicht wesentlich überschreiten.

Aus wirtschaftlichen Gründen sollte die Geschwindigkeit der Bewegung möglich hoch sein. Das Geschwindigkeitsprofil beim Zufahren des Werkzeugs wird gestuft gefahren. Bei der letzten Stufe, bevor das Werkzeug komplett schließt, wird die Geschwindigkeit signifikant reduziert, um Werkzeug und Maschine zu schützen. Zum zusätzlichen Schutz wird das Zufahren unter niedrigem Druck ausgeführt und erst bei fast geschlossenem Werkzeug wird die Zuhaltekraft aufgebaut.

5.3.4 Fließweg-Wanddickenverhältnis

Während des Spritzgießprozesses baut sich der Werkzeuginnendruck in Abhängigkeit vom Fließweg auf, der sich, zusätzlich zur Verfestigung der Formmasse, auf die Fließweglänge (also letztendlich die Formteilgröße) auswirkt. Der Druck während des Formfüllvorgangs ist abhängig von:

- der Massetemperatur,
- der Werkzeugwandtemperatur,
- der Einspritzgeschwindigkeit,
- der Formteilgeometrie,
- der Materialdaten und
- der Zeit.

Der Druckverlust pro Längeneinheit im Werkzeug ist umgekehrt proportional zum Quadrat der Wanddicke.

$$\Delta p \sim \frac{x}{H^2} \tag{5.6}$$

Diese Abhängigkeit kann aus der Impulsgleichung durch die Einführung geometrischer Randbedingungen und unter folgenden Annahmen hergeleitet werden:

- zeitlich und örtlich konstante Dichte,
- eindimensionales Fließen,
- keine Beschleunigungs- und Gravitationskräfte und
- keine Wärmeleitung in Fließrichtung.

Nach der Hagen-Poisseuille-Gleichung bestimmen der Spritzdruck p_{SP} als Maschinengröße und die Viskosität der Formmasse im Schmelzezustand das Verhältnis aus Fließweg L und dem Quadrat der Wanddicke des Formteils H. Ähnlichkeitstheoretisch richtig ergibt sich aus dem Hagen-Poisseuille-Gesetz abgeleitetes Fließweg-Wanddickenverhältnis für rechteckige Querschnitte, die lautet:

$$\frac{L}{H^2} = \frac{\Delta p}{12 \cdot \overline{v}_F \cdot \eta_{s,eff}} \tag{5.7}$$

Und für einen zylindrischen Querschnitt:

$$\frac{L}{D^2} = \frac{\Delta p}{32 \cdot \overline{v}_F \cdot \eta_{s,eff}} \tag{5.8}$$

Darin bedeuten:

L: Fließweg in m

H: Höhe des durchflossenen Rechteckkanals mit $H \ll B$

B: Breite in m
D: Durchmesser des durchströmten Zylinders in m
Δp: Druckverlust über der Fließweglänge in bar
$\overline{v}_F$: Geschwindigkeit, mit der sich die Fließfront vorwärts bewegt

Die Viskosität kann in der gekühlten Kavität als die scheinbar effektive Viskosität $\eta_{s,eff}$ beschrieben werden. Die scheinbare effektive Viskosität beschreibt den gemittelten Zustand der Scherbeanspruchung bzw. der Deformationsbeanspruchung der Kunststoffschmelze während des Einspritzens in die Kavität [5.6].

Für Abschätzungen können für die **„scheinbare effektive Viskosität"** folgende Werte angenommen werden, da sich für ungefüllte Formmassen konstante Werte ergeben.

für *amorphe Thermoplaste*:

$$\eta_{s,eff} \sim 250 \text{ bis } 270 \text{ Pa} \cdot \text{s} \tag{5.9}$$

(max. Fehler +10 %, wobei die Temperatur der Schmelze $T = T_{EF} + 150$ °C beträgt).

für *teilkristalline Thermoplaste*:

$$\eta_{s,eff} \sim 170 \text{ Pa} \cdot \text{s} \tag{5.10}$$

(max. Fehler ± 5 %, hier wird die Temperatur der Schmelze $T = T_{EF} + 250$ bis 375 °C).

Damit ergibt sich für Abschätzungen bei üblichen Spritzgießmaschinen (mit Spritzdrücken von 1 200 bar) und normalen Werkzeugen

für *amorphe Thermoplaste*:

$$L = \frac{10^6 \cdot H^2}{12 \cdot 260} = 325\ ^2 \text{ (cm)} \tag{5.11}$$

für *teilkristalline Thermoplaste*:

$$L = \frac{10^6 \cdot H^2}{12 \cdot 170} = 500\ H^2 \text{ (cm)} \tag{5.12}$$

Für die Füllung mit 30 Vol.-% Kurzglasfasern oder Pulver kann man mit einem Faktor von 2, d. h. Verminderung des Fließwegs auf die Hälfte, rechnen [5.7] [5.8].

An Stelle dieser Gesetzmäßigkeiten hat sich jedoch eingebürgert, dass man mit Erfahrungswerten arbeitet, die als Fließweg-Wanddickenverhältnis bezeichnet werden und von den Rohstoffherstellern in Form von Kurvendarstellungen für ihre Werkstoffe herausgegeben werden (Beispiel: Bild 5.6). Die Werte dieser Darstellung sind für jeden Werkstoff experimentell ermittelt worden. Sie geben eine als reine Erfahrungsregel eingebürgerte Maßzahl für die Herstellbarkeit eines Formteils, gekennzeichnet durch den längsten Fließweg der Schmelze im Formnest und die (dünnste) Wanddicke, wieder.

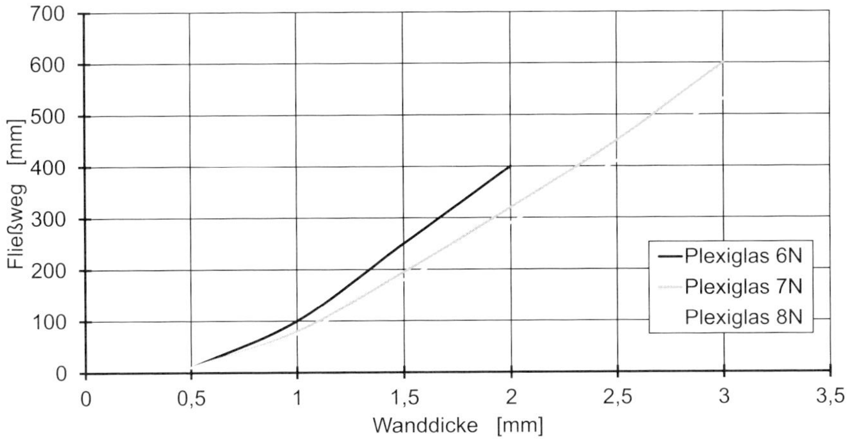

Bild 5.6 Abhängigkeit des Fließweges von der Wanddicke bei verschiedenen (Formmassen der Firma Evonik) Spritzgussmassen (PMMA) [5.9]

5.4 Anordnung der Formnester in der Trennebene

5.4.1 Allgemeine Forderungen

Bei den meisten Spritzgießmaschinen sitzt der Plastifizierzylinder zentral zur düsenseitigen Werkzeugaufspannplatte. Dadurch ist auch die Lage des Angusskegels festgelegt. Die Formnester sind zum zentralen Angusskegel so anzuordnen, dass folgende Forderungen erfüllt werden:

- Alle Formnester sollen gleichzeitig mit Schmelze von gleicher Temperatur und gleichem Druck gefüllt werden.
- Die Fließwege sollen möglichst kurz sein, um den Druckabfall durch das Angussvolumen gering zu halten.
- Der Abstand der Formnester untereinander muss so groß sein, dass Kühlkanäle und Auswerferstifte untergebracht werden können und eine ausreichende Wanddicke zur Aufnahme der Verformungskräfte durch den Spritzdruck erhalten bleiben.

Die Summe der Sprengkräfte (Gesamtheit der Kräfte, die gegen die Formhälften wirken) muss in den Schwerpunkt der Platte fallen.

5.4.2 Darstellung der Lösungsmöglichkeiten

In Tabelle 5.6 sind prinzipielle Möglichkeiten zur Anordnung der Formnester in der Werkzeugtrennebene dargestellt:

Tabelle 5.6 Formnestanordnung in der Trennebene [5.10] [5.11]

	Vorteile	Nachteile
Sternverteiler 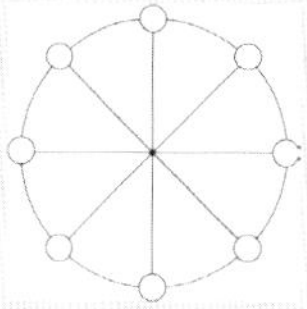	Gleiche Fließwege zu allen Formnestern Günstige Anordnung zur Entformung, besonders bei Teilen mit mechanisch betätigten Gewindeausdrehspindeln	Anzahl der unterzubringenden Formnester ist beschränkt
Reihenverteiler 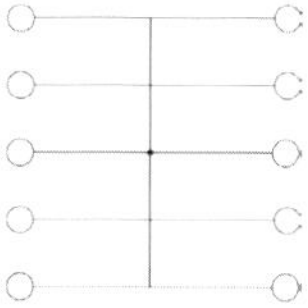	Unterbringung von mehr Formnestern als bei Sternverteilung	Ungleichlange Fließwege zu den einzelnen Formnestern Gleichzeitige Füllung nur mit korrigierten Kanaldurchmessern (Unterstützung durch Füllsimulation, z. B. Moldflow, Cadmould, Moldex3D)
Symmetrieverteiler 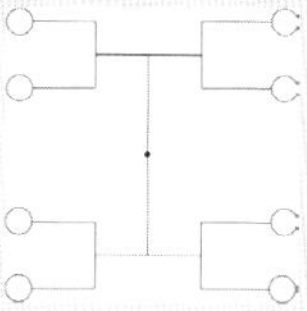	Gleichlange Fließwege zu allen Formnestern Keine Anschnittkorrektur notwendig	Großes Angussvolumen Hoher Materialverbrauch Formmasse kühlt schnell ab Abhilfe: Heißkanal- oder Isolierverteiler

5.4.3 Kräftegleichgewicht des Werkzeugs beim Füllvorgang

Liegen die Formnester exzentrisch zum Angusskegel, so werden Werkzeug und Schließeinheit ungleichmäßig belastet. Die Trennebene kann sich einseitig öffnen. Als Folge treten Schwimmhäute und u. U. Bruch der Holme der Schließeinheit auf.

Werkzeuge, in denen einmal Schwimmhäute aufgetreten sind, sind stets in der Dichtfläche beschädigt, so dass immer wieder neue Schwimmhäute entstehen werden! ■

Für alle Fälle gilt daher als oberstes Konstruktionsgesetz die Forderung, dass die Resultierende aus den Auftriebskräften des Werkzeugs (Spritzdruck) und die Resultierende aus den Kräften der Schließeinheit (Zuhaltekräfte) im Zentrum des Angusskegels angreifen sollen.

Bild 5.7 zeigt einen Reihenanguss mit exzentrischem (unvorteilhaftem) und empfehlenswertem zentrischen Angussverteiler

Bild 5.7 Zentrische (links) und exzentrische (rechts) Lage des Verteilerkanals

Bei komplizierten Werkzeugen muss der Schwerpunkt bestimmt und damit die Lage der Werkzeughohlräume im Werkzeug so festgelegt werden, dass die Achse des Schwerpunktes möglichst auf die Angussachse (Mitte der Aufspannplatte) fällt (Bild 5.8).

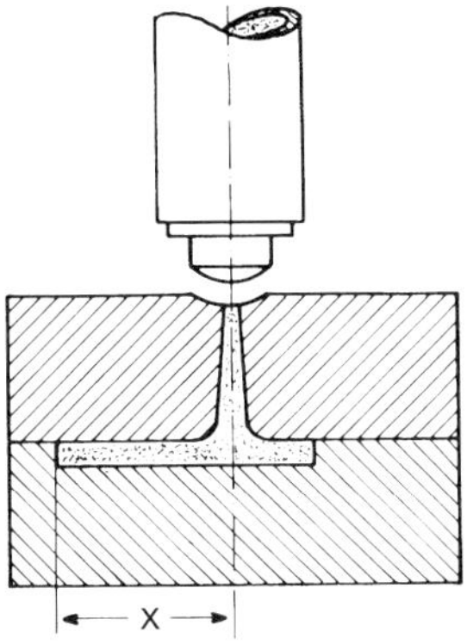

Bild 5.8 Bestimmung des Schwerpunktes

Der Schwerpunkt kann rechnerisch ermittelt werden. Er ergibt sich aus der Beziehung:

$$x_{\mathrm{m}} = \frac{\Sigma(f_i \cdot x_i)}{\Sigma f_i} \qquad (5.13)$$

f_i: projizierte Teilfläche

Durch eine geeignete konstruktive Gestaltung des Werkzeuges kann erreicht werden, dass die Resultierende aus den Zuhaltekräften im Zentrum angreift (Bilder 5.9 und 5.10) [5.5] [5.14]. Die im Werkzeug auftretenden Kräfte können, wenn beispielsweise das Formteil nicht mittig im Werkzeug positioniert ist, durch einen Ausgleichstempel ausgeglichen werden, wodurch jedoch höhere Zuhaltekräfte benötigt werden.

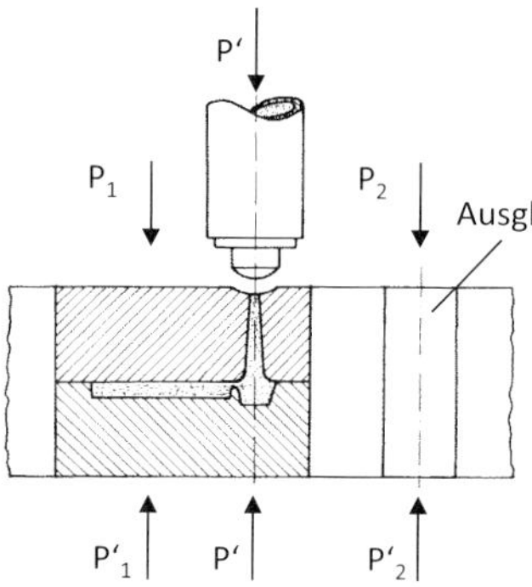

Bild 5.9 Kräfteausgleich durch Zwischenplatte (Dreiplattenwerkzeug) [5.12]

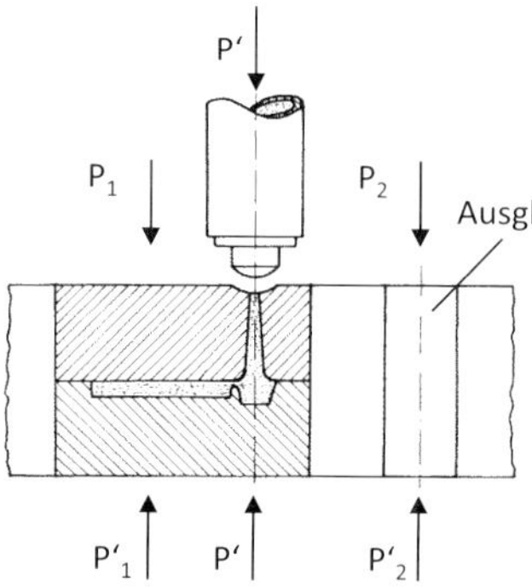

Bild 5.10 Kräfteausgleich durch Ausgleichstempel (P_2, P_2') [5.12]

5.4.4 Zahl der Trennebenen

Das Standardwerkzeug besitzt nur eine Trennebene und das Formteil wird zusammen mit dem Anguss entformt. Um vergleichsweise teure Nachbearbeitungsschritte zu sparen (besonders bei Mehrfachwerkzeugen oder mehreren Anspritzpunkten), soll der Anguss möglichst beim Entformen automatisch vom Formteil getrennt werden. Für das automatische Entfernen des Angusses kann z. B. eine weitere Trennebene für das Angusssystem im Werkzeug vorgesehen werden (vgl. Abschnitt 8.6 Abreiß-Punktanguss – Dreiplattenwerkzeug). Auch durch einen zweistufigen Auswerfer, der im ersten Schritt den Anguss vom Bauteil trennt und entformt und in der zweiten Ausfahrstufe das Bauteil von der Kavität löst, kann ein automatisches Abtrennen des Anguss erfolgen. Heißkanalwerkzeuge (bei vernetzenden Formmassen werden Kaltkanalwerkzeuge verwendet) stellen eine weitere Alternative dar. In solchen Werkzeugen wird der Anguss weiter beheizt, sodass die Schmelze hier erst gar nicht erstarren kann (vgl. Abschnitt 8.10, Temperierte Angusssysteme) (Ausnahme: Tunnelanguss).

Beispiele für die verschiedenen Konstruktionsmöglichkeiten sind in Abschnitt 5.3.1 „Werkzeugeinteilung“ aufgeführt.

5.4.4.1 Konstruktive Lösungsmöglichkeiten

Eine Trennebene

- Normalwerkzeug
- Schieberwerkzeug
- Backenwerkzeug
- Abschraubwerkzeug
- Heißkanalwerkzeug

Mehrere Trennebenen

- Abreißwerkzeug
- Mehretagenwerkzeug
- Isolierkanalwerkzeug

Einflussgrößen auf die Zahl der Trennebenen

- Geometrie des Formteils
- Formnestzahl n
- Angussart
- Entformungsprinzip

Literatur Kapitel 5

[5.1] *N. N.:* DIN ISO 12165 Press-, Spritzgieß- und Druckgießwerkzeuge – Bauteile von Press-, Spritzgieß- und Druckgießwerkzeugen – Benennungen und Symbole. DIN Deutsches Institut für Normung e. V. (Hrsg.), 2002.

[5.2] *Mörwald, K.:* Einblick in die Konstruktion von Spritzgießwerkzeugen. Garrels, Hamburg 1965.

[5.3] *Bangert, H.:* Systematische Konstruktion von Spritzgießwerkzeugen und Rechnereinsatz. Dissertation an der RWTH Aachen 1981.

[5.4] *Amberg, J.:* Konstruktion von Spritzgießwerkzeugen im Baukastensystem (Variantenkonstruktion). Unveröffentlichte Arbeit am IKV, Aachen 1977.

[5.5] *Jonas, R.; Schlüter, H.; Braches, E.; Thienel, P.; Bangert, H.; Schürmann, E.:* Spritzgerechtes Formteil und optimales Werkzeug. Vortragsblock X auf dem 9. Kunststofftechnischen Kolloquium des IKV. Aachen 8. bis 10. März 1978.

[5.6] *Grellmann, W.; Seidler, S.:* Kunststoffprüfung. 3. Aufl. Hanser, München 2015.

[5.7] *Thienel, P.:* Der Formfüllvorgang beim Spritzgießen. Dissertation an der RWTH Aachen 1977.

[5.8] *Leibfried, D.:* Untersuchungen zum Werkzeugfüllvorgang beim Spritzgießen von thermoplastischen Kunststoffen. Dissertation an der RWTH Aachen 1971.

[5.9] *Evonik* – Produktinformation (Fließlängen/Wanddickenverhältnis) der Plexiglastypen 6N, 7N und 8N, Firmenschrift der Evonik Performance Material GmbH, Darmstadt, 2015.

[5.10] *Krahn, H.; Eh, D.; Vogel, H.:* 1000 Konstruktionsbeispiele für den Werkzeug- und Formenbau beim Spritzgießen. Hanser, München 2008.

[5.11] *Szibalski, M.; Meier, E.:* Entwicklung einer qualitativen Methode für den Konstruktionsablauf bei Spritzgießwerkzeugen. Unveröffentlichte Arbeit am IKV, Aachen 1976.

[5.12] *Morgue, M.:* Modules d'injection pour Thermoplastiques. Officiel des Activités des Plastiques et du Caoutchouc 14 (1967) S. 269–276 und S. 620–628.

6 Verfahren zur Abschätzung der Werkzeugkosten

6.1 Allgemeines

Spritzgießwerkzeuge sind aufgrund der vielfältigen Anforderungen, die an sie gestellt werden, Systeme höchster Präzision, die in der Regel als Unikate oder nur in Kleinstserien hergestellt werden.

Sie werden mit aufwändigen und vor allem zeit- und lohnintensiven Fertigungsverfahren hergestellt. Damit stellen sie einen mitentscheidenden Summanden bei der Kostenkalkulation von Kunststoffformteilen dar. Bei kleinen Serien haben die Werkzeugkosten oft einen erheblichen Anteil an den Produktionskosten und sind deshalb entscheidendes Kriterium bei der Einführung eines Produktes [6.1]. Trotzdem genießt die Werkzeugkalkulation in den meisten Betrieben nicht den ihr zustehenden Stellenwert.

In der Regel werden die zu erwartenden Kosten für den Bau eines Werkzeuges nicht objektiv, sondern jeweils nach der individuellen Auftragslage des Werkzeugbaubetriebs kalkuliert. Darüber hinaus werden die Werkzeugkosten nicht genau errechnet, sondern nur aufgrund von Erfahrungen und im Vergleich zu bereits früher schon einmal gefertigten Werkzeugen geschätzt.

Die in dieser Situation zwangsweise auftretenden Unsicherheiten verführen den anbietenden Werkzeugbau dazu, Sicherheitszuschläge aufzuschlagen, die nach subjektiven Kriterien ermittelt werden [6.2]. Daraus resultieren Differenzen in den Angeboten, die wiederum den Kunden verunsichern. Die Folge ist dann oft die Ablehnung des Angebotes. Dies erklärt vielleicht auch die geringe Umwandlungsrate, also die Anzahl erfolgreich in Aufträge umgewandelter Angebote, die häufig im Bereich von nur 5 % bis 15 % liegt [6.1] [6.3].

Ziel eines Verfahrens zur Abschätzung der Werkzeugkosten muss es daher sein:

- die Kalkulationsgenauigkeit zu erhöhen;
- den Zeitaufwand für die Kalkulation herabzusetzen;
- eine Kalkulation von bisher nicht gefertigten Werkzeugen zu ermöglichen, auch wenn noch keine Erfahrungen vorliegen;
- eine sichere Kalkulation auch ohne langjährige Erfahrung zu gewährleisten [6.4].

Es ist auch äußerste Vorsicht geboten, wenn Werkzeuge wesentlich billiger angeboten werden als eine solche Kalkulation ergibt, weil dann eventuell entscheidende Arbeitsgänge ausgelassen werden, die sich in mehr oder weniger reparablen Mängeln im Betrieb äußern.

6.2 Verfahren zur Werkzeugkalkulation

Die Werkzeugkosten können auf zwei grundsätzlich verschiedene Weisen kalkuliert werden, zum einen auf der Basis von Arbeitsplandaten, zum anderen auf der Basis von Prognoseverfahren.

Das erstgenannte Verfahren der Nutzung von Arbeitsplandaten sieht vor, jeden einzelnen Arbeitsgang sowie das eingesetzte Material kostenmäßig zu erfassen. Der hohen Kalkulationsgenauigkeit als wichtigstem Vorteil des Verfahrens stehen viele Nachteile und Schwierigkeiten bei der Nutzung des Verfahrens gegenüber. Das Verfahren ist sehr aufwendig und verlangt vom Kalkulator eine tiefe Kenntnis des genauen Arbeitsablaufes, zu dem Bearbeitungszeiten und -kosten in der Werkzeugfertigung gehören. Außerdem ist dieses Verfahren erst dann anwendbar, wenn die Grundlage für den Arbeitsplan, nämlich die Werkzeugkonstruktion, komplett vorliegt [6.4].

Ferner existiert eine Norm (DIN ISO 16916) [6.5] zur Beschreibung und Spezifikation von Spritzgießwerkzeugen für die Werkzeuganfrage und -bestellung in der Angebotsphase. Sie erfasst systematisch die Anforderungen an das zu bauende Werkzeug und kann so bei der Angebotserstellung hilfreich sein. Gleichzeitig werden durch die Anfrage mit Beschreibung und Spezifikation nach DIN ISO 16916 Angebote verschiedener Werkzeug- und Formenbauer vergleichbar [6.5].

Im Gegensatz zur Nutzung der Arbeitsplandaten steht das Prognoseverfahren. In Werkzeugbaubetrieben werden die Angebotspreise in der Regel mit Hilfe dieser Prognoseverfahren ermittelt. In der Literatur werden zwei prinzipielle Ansätze zur Kostenprognose genannt [6.6]:

- Kostenfunktion und
- Kostenähnlichkeit.

Das Prinzip der Kostenfunktion geht davon aus, dass eine Abhängigkeit zwischen den Kosten eines Spritzgießwerkzeuges und seinen Merkmalen besteht. Diese Abhängigkeit drückt sich in einer mathematischen Funktion aus. Die Merkmale bilden die unabhängigen Variablen oder Einflussgrößen, die die Kosten bestimmen.

Das zweite Prinzip beschreibt die Kostenähnlichkeit. Ausgehend von einem zu kalkulierenden Spritzgießwerkzeug und seinen Merkmalen, sucht man ein Spritzgießwerkzeug mit ähnlichen Merkmalen, das in der Vergangenheit bereits einmal hergestellt wurde. Die Kosten des bekannten Spritzgießwerkzeugs dürften in der Regel vorliegen, so dass sie nun als Kalkulationsbasis für das neue Objekt verwendet werden können. Dabei kann der Rückgriff auf vorhandene Unterlagen, z. B. mit Hilfe des in [6.7] oder [6.8] beschriebenen Werkzeugklassifizierungssystems erfolgen.

Beide Prinzipien weisen Vor- und Nachteile auf. Die Kostenfunktion führt nur dann zu genauen Ergebnissen, wenn die Einflussgrößen eine annähernd gleiche Wirkung auf die Kosten haben. Bei einem sehr heterogenen Spektrum von Spritzgießwerkzeugen trifft dies nur begrenzt zu [6.4].

Über das Prinzip Ähnlichkeit kann lediglich auf Spritzgießwerkzeuge zurückgegriffen werden, die gleichartig aufgebaut sind und damit auch ähnliche Kosteneinflussgrößen besitzen. Um die spezifischen Vorteile beider Verfahren nutzen zu können, bietet sich die Verknüpfung der genannten Prinzipien an (Bild 6.1). Dies wird dadurch erreicht, dass Gruppen von gleichartigen, einander ähnlichen Spritzgießwerkzeugen bzw. Baugruppen von Spritzgießwerkzeugen gebildet werden und innerhalb dieser Gruppe jeweils eine Kostenfunktion ermittelt wird [6.8].

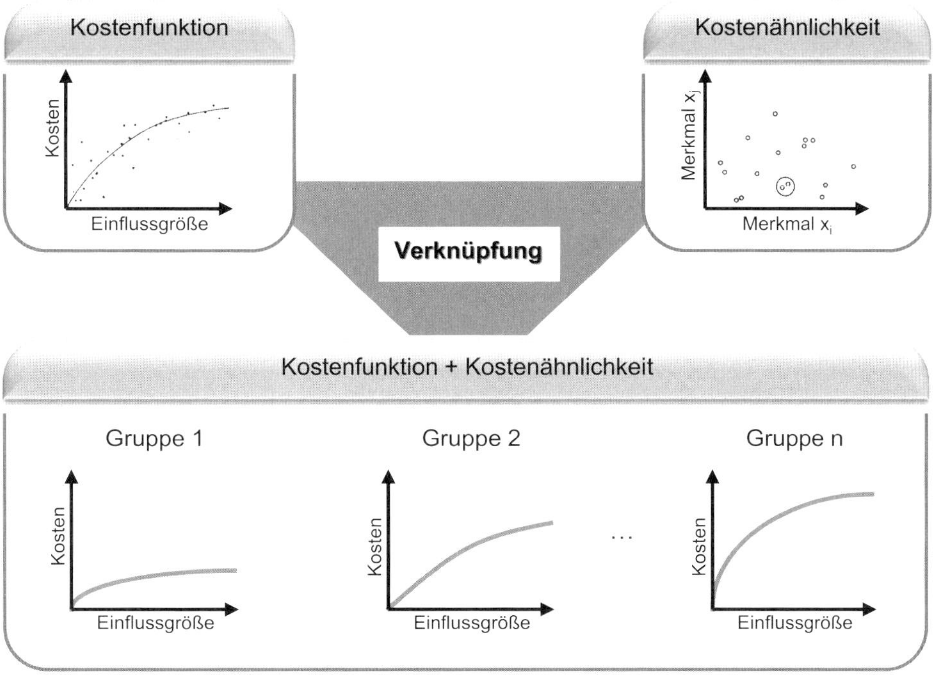

Bild 6.1 Verknüpfung von Kostenfunktion und Kostenähnlichkeit [6.4]

Nach *Schlüter* [6.9] teilt sich die Gesamtkalkulation eines Spritzgießwerkzeuges in vier funktionsbezogene Kalkulationsgruppen auf (Bild 6.2). Für jede Kalkulationsgruppe werden die Kosten ermittelt und zu den Gesamtkosten addiert. Das systematische Bearbeiten der einzelnen Gruppen und die additive Kostenstruktur vermindern das Risiko einer Fehleinschätzung und ihre Auswirkung auf die Gesamtkosten [6.9].

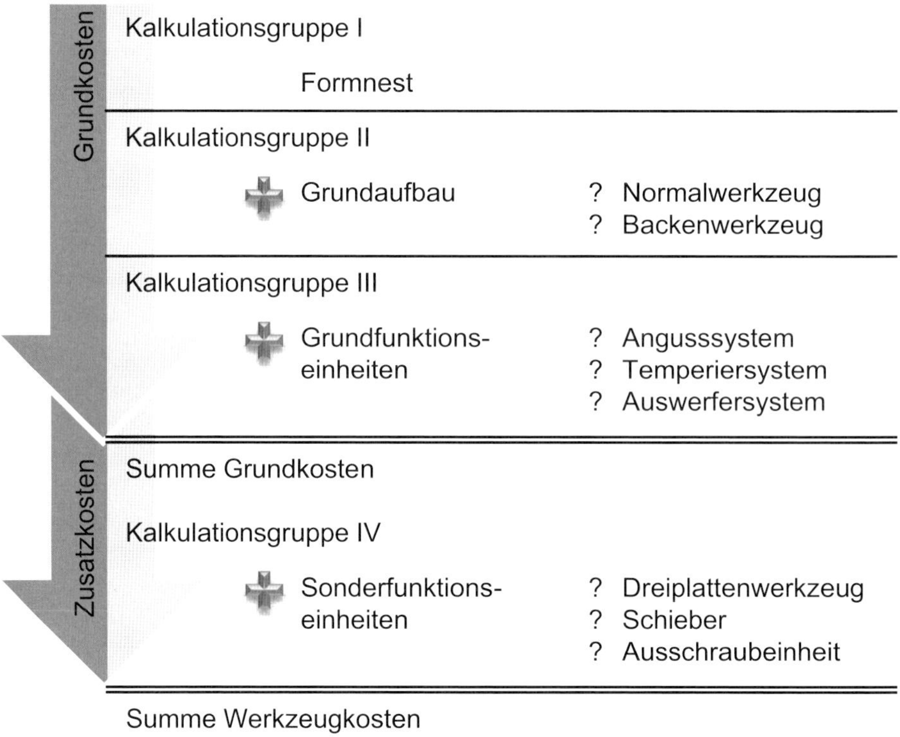

Bild 6.2 Kalkulationsgruppen zur Ermittlung der Werkzeugkosten [6.4]

6.3 Das Prinzip der Kostenfunktion

Die Gruppenkalkulation nach *Schlüter* [6.9] ist die verbreitetste Methode, die das Prinzip der Kostenfunktion verfolgt. Die Umsetzung in Form einer Kostenkalkulationssoftware für Spritzgießwerkzeuge wird in Abschnitt 3.6 beschrieben.

Der Gruppenkalkulation zugrunde liegt der Ansatz, dass die Kosten der Werkzeugelemente jeweils den verursachenden Parametern des Formteils zugeordnet werden. Dazu erfolgt eine Aufteilung in drei Grundkostengruppen, nämlich das Formnest, den Grundaufbau des Werkzeugs und den Grundfunktionsgruppen des

Werkzeugs, wozu Temperiersystem, Angusssystem und Auswerfersystem zählen, also Gruppen, die bei jedem Werkzeug auftreten. Ferner gibt es Sonderfunktionseinheiten, die hier als zusätzliche Kosten gewertet werden, beispielsweise wenn es sich beim zu kalkulierenden Objekt um ein Dreiplattenwerkzeug, ein Backen- oder ein Schieberwerkzeug handelt. Die insgesamt vier Gruppen weisen eine additive Struktur der Kosten auf und die Kalkulationsmethode geht davon aus, dass Zeiten für die spanenden Bearbeitungsschritte mit statistischen Methoden ermittelt werden.

Nachteilig bei dieser Vorgehensweise ist, dass man Veränderungen in den Fertigungstechnologien aufwändig aktualisieren und nachpflegen muss, da zunächst Bearbeitungsversuche notwendig sind, bevor man zu den Koeffizienten gelangt, die für entsprechende Bearbeitungsformeln bereitgestellt werden müssen. Im Folgenden werden die Kalkulationsgruppen im Einzelnen vorgestellt.

6.3.1 Kalkulationsgruppe I: Formnest (3.3.1–3.3.4 auszugsweise aus [6.9])

In Kalkulationsgruppe I werden die Kosten zur Einarbeitung des Formnestes berechnet. Sie sind im Wesentlichen von der Kontur des Kunststoffteils, der geforderten Präzision und der gewünschten Oberfläche abhängig. Zur Ermittlung der Kosten wird der Zeitbedarf für die Erstellung der Kavität ermittelt und mit den jeweiligen Stundensätzen bewertet.

Der Zeitbedarf zur Bearbeitung der Werkzeugkavität t_k wird genau wie der Bearbeitungszeitbedarf für Erodierarbeiten t_E mit Hilfe statistischer Methoden bzw. aufgrund einer durchgeführten Analyse von Bearbeitungsversuchen ermittelt.

Einflussfaktoren bei der Kalkulation des Bearbeitungszeitbedarfs für die Werkzeugkavitäten sind dabei die Wahl des Bearbeitungsverfahrens, die Anzahl und Geometrie der Kavitäten und der Trennebenen sowie Anforderungen an Oberfläche und Toleranzen.

Da die Kontur der formbildenden Elektrodenfläche der zu erodierenden Formteilkontur entspricht, kann die Bearbeitungszeit der Erodierelektroden in gleicher Weise wie die der Werkzeugkavitäten ermittelt werden. Lediglich der Erodieranteil an der Formnestkontur kommt als zusätzlicher Einflussfaktor hinzu.

6.3.2 Kalkulationsgruppe II: Grundaufbau

Unter Grundaufbau wird hier das Werkzeuggestell verstanden, welches das Formnest, Grundfunktionseinheiten (Anguss-, Temperier- und Auswerfersystem) und möglicherweise notwendige Sonderfunktionseinheiten (Dreiplattenwerkzeug, Schieber,

Ausschraubeinheit) aufnimmt. Es wird davon ausgegangen, dass Spritzgießwerkzeuge weitgehend aus Normalien aufgebaut sind. Die Gesamtkosten des Grundaufbaus setzen sich dabei aus den Normalienkosten und den Kosten für die Bearbeitung der Normalien zusammen (Bild 6.3).

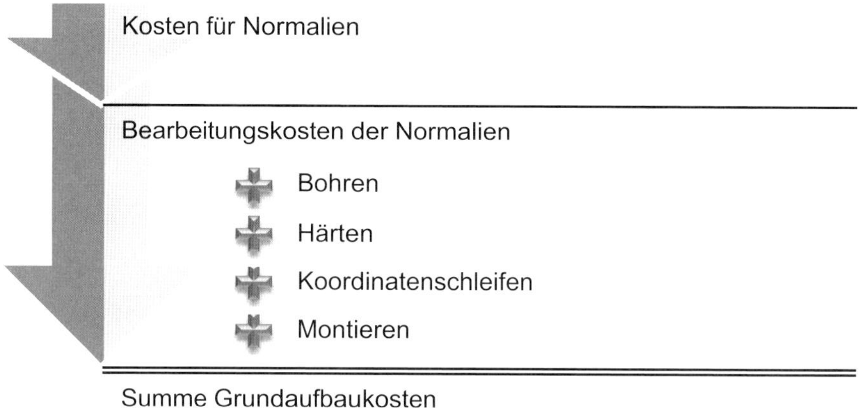

Bild 6.3 Einflussgrößen zu Kalkulationsgruppe II: Grundaufbau [6.4]

Es ist dabei zweckmäßig, nach verschiedenen Güteklassen zu unterscheiden.

Das Basiswerkzeug I ist für niedrige Stückzahlen bei geringer Präzision, für Versuchsserien u. ä. konzipiert und wird nicht gehärtet. Es wird aus einem unlegierten Baustahl (C 45 U) gefertigt und besitzt in der runden Ausführung nur zwei Führungselemente. Auf zusätzliche Zentriereinheiten oder Wärmedämmplatten wird verzichtet.

Das Basiswerkzeug II ist mit einsatzgehärteten Formplatten (Werkzeugstahl 21MnCr5), zusätzlichen Zentriereinheiten, einer maschinenseitigen Wärmedämmplatte und in der runden Ausführung mit drei Führungseinheiten ausgerüstet. Es ist für technische Bauteile und mittlere Stückzahlen gedacht.

Basiswerkzeug III wird weitgehend durchgehärtet und für große Stückzahlen oder bei geforderter hoher Präzision und optimaler Betriebssicherheit ausgelegt [6.9].

Die Kosten setzen dabei die Verwendung von Werkzeugmaterialien voraus, beinhalten aber darüber hinaus die für den Zusammenbau des Grundwerkzeugs erforderlichen Bearbeitungsschritte (inkl. Rüstzeiten), die Härtekosten und Montagearbeiten. Wesentlicher zusätzlicher Einflussfaktor ist die Formplattenhöhe, d. h. die Gesamthöhe der zwei Formplatten, in die die notwendigen Kavitäten eingearbeitet werden.

6.3.3 Kalkulationsgruppe III: Grundfunktionseinheiten

Anguss-, Temperier- und Auswerfersystem sind als Grundfunktionseinheiten zwingende Bestandteile eines jeden Spritzgießwerkzeuges. Ordnet man den Grundfunktionseinheiten einzelne Funktionselemente zu, können deren Kosten inklusive Folgekosten allgemein bestimmt werden, so dass für die Kalkulation allein ihre Zusammenstellung und nur in geringem Umfang eine Dimensionierung erforderlich ist. Wie in Kalkulationsgruppe II wird auch hier von der weitestgehenden Verwendung von Normalien ausgegangen. In Bild 6.4 sind die wichtigsten Einflussgrößen zu Kalkulationsgruppe III dargestellt.

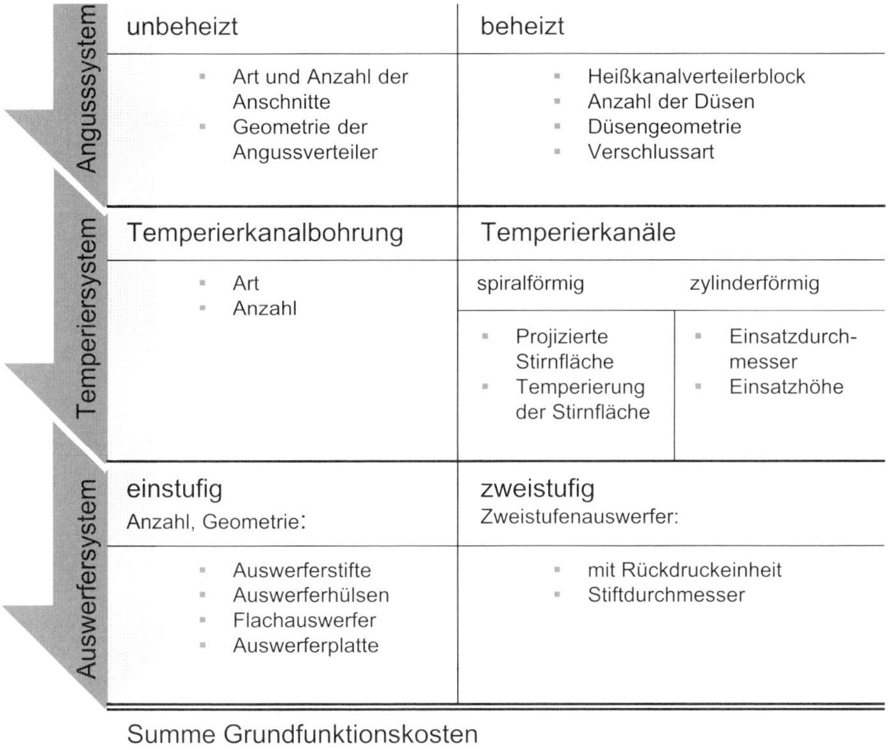

Bild 6.4 Einflussgrößen zu Kalkulationsgruppe III: Grundfunktionseinheiten [6.4]

Angussystem

Die Art des Angusssystems wird aufgrund der Anforderungen bezüglich Wirtschaftlichkeit und Qualität, vor allem aber durch die Formteilgeometrie bestimmt. Die Kosten für die Herstellung des Angussystems werden auf Basis des jeweils zugrunde liegenden Konstruktionsprinzips und der Geometrie (Länge und Durchmesser) der erforderlichen Angussverteilerkanäle berechnet.

Auch für Heißkanalsysteme werden überwiegend Normalien verwendet, so dass die Heißkanalgrundkosten und der Preis für die Düsen den Katalogen der Normalienhersteller entnommen werden können. Bei den Heißkanalgrundkosten sind allerdings zusätzlich die Kosten für Zwischenplatten, den Heißkanalgrundblock (I-, X- oder H-förmig), das Befestigungs- und Dichtungsmaterial sowie die Bearbeitung und Montage zu berücksichtigen. Aufgrund der vielen unterschiedlichen Systeme und damit verschiedenen Anforderungen ist es nicht möglich, die Kosten hier näher aufzuschlüsseln.

Temperiersystem

Die Kosten der Temperierung berechnen sich aus dem gemittelten Maschinen- und Lohnstundensatz, der Anzahl der Temperierkanalbohrungen und einem Schwierigkeitsfaktor, der die Werkzeuggröße und Temperierkanalgestaltung (gerade Bohrungen, Schrägbohrungen, Einsatz von Spiral- oder Kühlrohren) berücksichtigt.

Auswerfersystem

Zur Bestimmung der Kosten für das Auswerfersystem sind wiederum die Normalienkosten für Auswerferstifte, Auswerferhülsen, Flachauswerfer und Führungs- bzw. Rückdrückstifte heranzuziehen.

Darüber hinaus werden die Herstellkosten von Führungsbohrungen, die Befestigung von Auswerferelementen in der Auswerfergrund- und Auswerferhalteplatte sowie die Anpassung der Formteilgeometrie bei der Berechnung berücksichtigt.

6.3.4 Kalkulationsgruppe IV: Sonderfunktionseinheiten

Durch Formteil oder Angussverteiler bedingte Hinterschnitte erschweren das Entformen der Spritzgussteile. Sie verursachen in der Regel besondere Werkzeugkonstruktionen.

Die Kosten für die anfallenden Sonderfunktionen, wie

- die Ausführung als Dreiplattenwerkzeug,
- Schieber sowie
- Ausschraubeinheit,

müssen ermittelt und zu den vorher berechneten Basiskosten addiert werden.

Die Einflussgrößen zu Kalkulationsgruppe IV sind in Bild 6.5 dargestellt.

Zur Ermittlung der zusätzlichen Kosten durch die Sonderfunktionseinheiten in Abhängigkeit von der Aufspannfläche können ähnlich wie in Kalkulationsgruppe II für den Grundaufbau entsprechende Diagramme erstellt werden. Berücksichtigt werden müssen dabei die Kosten für Bearbeitung und Montage. Möglich wird diese Kalkulationsweise, da die Sonderfunktionseinheiten im Regelfall wiederum aus Normalien aufgebaut sind.

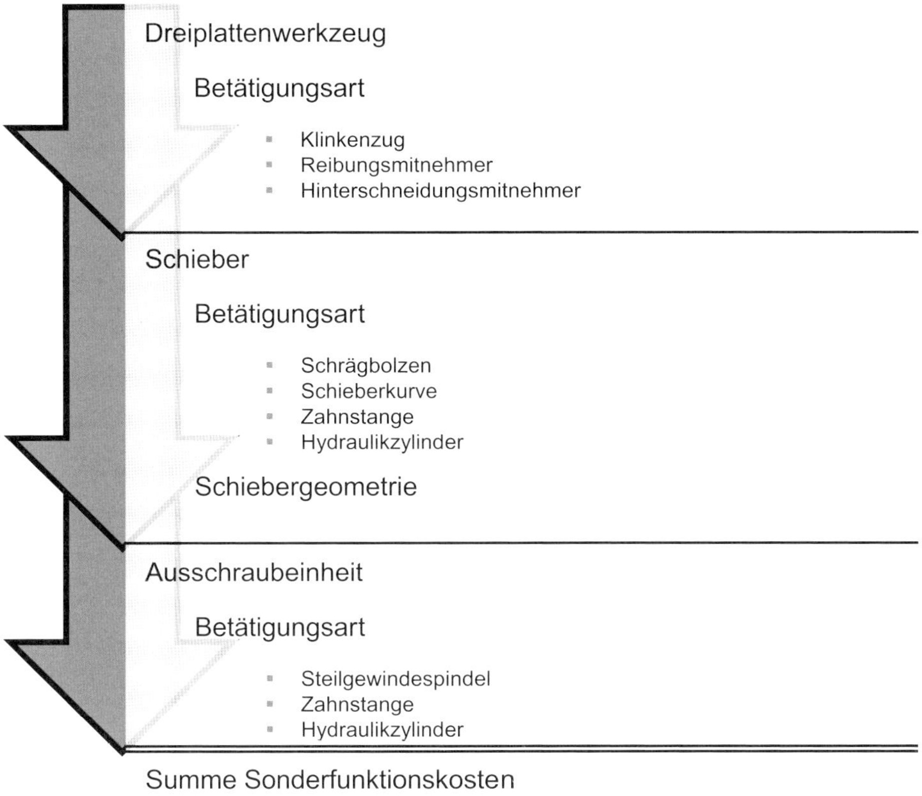

Bild 6.5 Einflussgrößen zu Kalkulationsgruppe IV: Sonderfunktionseinheiten [6.4]

6.4 Das Prinzip der Kostenähnlichkeit

Die Ähnlichkeitskalkulation geht davon aus, dass ähnliche Werkzeuge bzw. ähnliche Formteile auch ähnliche Kosten verursachen. Dies entspricht einer Systematisierung der in der Praxis üblichen Vorgehensweise: Auch der Kalkulator im Betrieb sucht in seinem Erfahrungsschatz nach dem ähnlichsten bereits hergestellten Werkzeug. Grundlage des Kalkulationsprinzips ist das Vorhandensein einer Datenbank mit möglichst vielen bereits gefertigten und mit Kosten hinterlegten Werkzeugen, auf die bei der Kalkulation eines neuen Werkzeugs zugegriffen werden kann.

Dabei ist zu beachten, dass in ähnlich aufgebauten Werkzeugen ähnliche Formteile gefertigt werden. Ebenso ist es möglich, dass ähnliche Formteile mittels unterschiedlicher und damit weniger ähnlicher Werkzeuge gefertigt werden, wie dies beispielsweise bei unterschiedlicher Lage der Trennebenen gegeben ist. Grundsätzlich möglich sind deshalb:

- die Suche nach ähnlich aufgebauten Werkzeugen,
- die Suche nach Werkzeugen mit ähnlicher Kavität,
- die Suche nach ähnlich aufgebauten Werkzeugen mit ähnlicher Kavität sowie
- die Suche nach bestimmten Werkzeugen, falls ein ähnliches Werkzeug bekannt ist.

Mittels einfach anzuwendender Suchalgorithmen kann der Anwender aus den im Rechner gespeicherten Daten bereits gefertigter Werkzeuge eines ermitteln, dessen Aufbau und/oder Kavität dem zu kalkulierenden Werkzeug entsprechen. Damit kann dann die vorhandene Kalkulation an das neue Werkzeug angepasst werden [6.10].

Für die Suche nach ähnlich aufgebauten Werkzeugen können die in Bild 6.6 dargestellten Suchkriterien verwendet werden. Dabei müssen nicht bei jeder Suche alle Merkmale verwendet werden, sondern es kann je nach Anwendungsfall unterschiedlich detailliert gesucht werden.

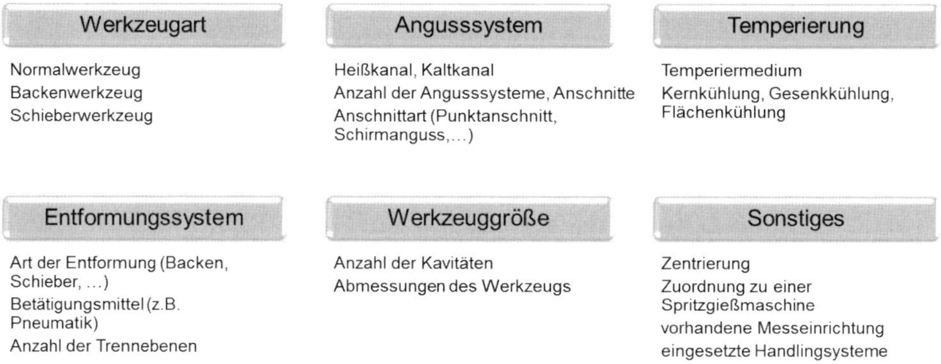

Bild 6.6 Suche nach ähnlichem Werkzeugaufbau

Die Herausforderung bei der Ähnlichkeitskalkulation liegt in der kennzahlenmäßigen Erfassung der Bauteilgeometrie. Diese Kennzahlen dienen dazu eine Datenbanksuche hinsichtlich einer ähnlichen geometrischen Eigenschaft zu ermöglichen. Die von Pacyna [6.11] ursprünglich zur Klassifizierung von Gussstücken entwickelten und nach ihm benannten dimensionslosen PACYNA-Kennzahlen erfüllen genau diese Voraussetzung. Sie werden angewendet zur Werkstückbeschreibung, in deren Mittelpunkt die Gestalt des Werkstücks steht. Es handelt sich um absolute Maßstäbe, bei denen ein Würfel mit gleichem Werkstoffvolumen wie das zu klassifizierende Werkstück als Vergleichskörper dient [6.12]. Bild 6.7 veranschaulicht diese drei

PACYNA-Kennzahlen. Die Definitionen sind dabei logarithmisch festgesetzt, um eine größere Spreizung des Funktionsraumes zu bewirken. Im Einzelnen handelt es sich um die Kennzahlen [6.11]:

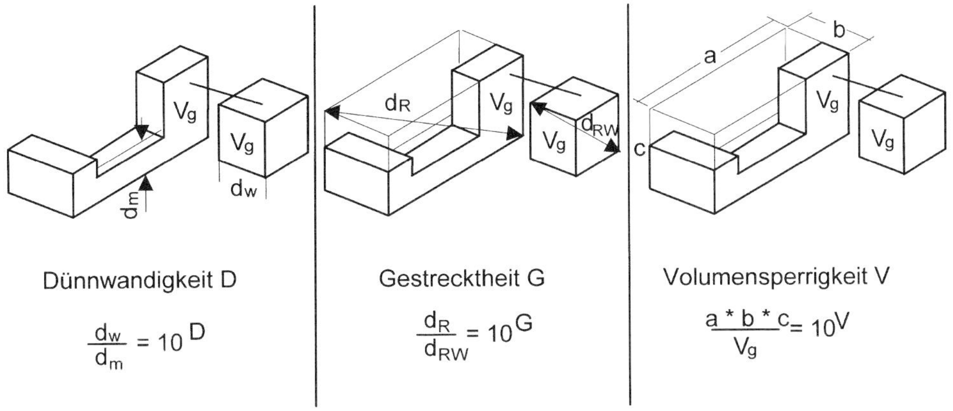

Bild 6.7 PACYNA-Kennzahlen [6.11]

Dünnwandigkeit *D*

Diese Größe wird durch Division der Kantenlänge d_w des Vergleichswürfels mit der dünnsten Wanddicke d_m des Werkstückes ermittelt.

Gestrecktheit *G*

Sie gibt das Verhältnis der Größtabmessung des Werkstücks zu den Größtabmessungen des Vergleichswürfels an. Als Maß für die Größtabmessung des Werkstücks wurde die Raumdiagonale des Quaders gewählt, dessen Kantenlängen den Abmessungen des Werkstücks in Länge, Breite und Höhe entsprechen oder anders ausgedrückt, die Raumdiagonale d_r der kleinstmöglichen, rechteckigen Verpackung des Teiles.

Verpackungssperrigkeit *V*

Sie kennzeichnet das Verhältnis des Umhüllungsvolumens V_U zum Werkstoffvolumen V_G, das definitionsgemäß für Werkstück und Vergleichswürfel übereinstimmt.

Die Darstellung dieser Kennzahlen in einem entsprechenden Diagramm ermöglicht die Nutzung einer Datenbanksuche. In einem n-dimensionalen Raum nimmt ein Formteil, abhängig von seinen n geometrischen Kennzahlen, einen bestimmten Punkt ein. Der räumliche Abstand zwischen zwei Formteilen ist dementsprechend ein Maß für ihre geometrische Ähnlichkeit. Da es sich bei den PACYNA-Kennzahlen um dimensionslose Kennzahlen handelt, wird zur Kennzeichnung der absoluten Größe eines Formteils das Formteilvolumen als zusätzliche Kennzahl aufgenommen.

Die Ähnlichkeitskalkulation macht es erforderlich, zunächst eine umfangreiche Datenbank mit ähnlichen Werkzeugen aufzubauen, bevor kalkuliert werden kann. Ferner ist eine gezielte Nachkalkulation bereits gefertigter Werkzeuge wichtig. Bei einer reinen Ähnlichkeitskalkulation sollte jedoch ein relativ homogenes Produktspektrum der zu produzierenden Bauteile vorliegen, um ausreichende Informationen über ähnliche Werkzeuge zur Verfügung stellen zu können. Liegt ein Werkzeug in Größe oder Aufbau außerhalb des üblichen Produktspektrums, ist es mit diesem Ansatz allein nicht kalkulierbar. Deshalb ist es sinnvoll, die Ähnlichkeitskalkulation mit anderen Kalkulationsansätzen zu verbinden.

6.5 Weitere Kalkulationsansätze

Die hier dargestellten Ansätze beschreiben entweder eine Kombination der zuvor erwähnten Prinzipien oder bedienen sich hierarchischer Herangehensweisen zur Abschätzung und Vorhersage der Werkzeugkosten.

6.5.1 Die ressourcenorientierte Prozesskostenrechnung

Einen weiteren Ansatz für die Werkzeugkalkulation stellt die ressourcenorientierte Prozesskostenkalkulation mit Verbrauchsfunktionen dar. Die Basis für diesen Ansatz sieht vor, dass eine Verknüpfung vorliegt zwischen den Aspekten der Kostenähnlichkeit und der Kostenfunktion. In diesem Zusammenhang müssen für jeden Prozessschritt (in der Fertigung des Werkzeugs) Kostentreiber ermittelt werden. Dabei erfolgt die Quantifizierung von gegebenenfalls subjektiven, nicht direkt handhabbaren Komplexitäten durch Kennzahlen, denen wiederum Ähnlichkeitsbetrachtungen zugrunde liegen. Schließlich ergeben sich die Gesamtkosten des Werkzeugs aus der Summe der Kostenfunktionen für jeden Prozessschritt.

Im Folgenden wird die Vorgehensweise bei der Verknüpfung zwischen Ressourcenverbrauch und Kostenfunktion kurz erläutert. Die Standardprozesskette bei der Werkzeugherstellung wird in einzelne Prozesse unterteilt, für die jeweils die Verbrauchs- und Kostenfunktionen ermittelt werden kann. Bestimmte Aspekte, die nicht direkt quantifizierbar sind, erfordern eine Festlegung der notwendigen Abschätzungen, beispielsweise Kennzahlen zur Beschreibung der Geometriekomplexität. Über die Festlegung von Ressourcenverbrauchsfunktionen kann je nach Parameter (beispielsweise Anzahl der Schieber) ein bestimmter Ressourcenverbrauch ermittelt werden (siehe Bild 6.8). Dieser führt wiederum über die linke Seite des Diagramms direkt über die zugehörige Kostenfunktion zu den entsprechenden Kosten [6.12].

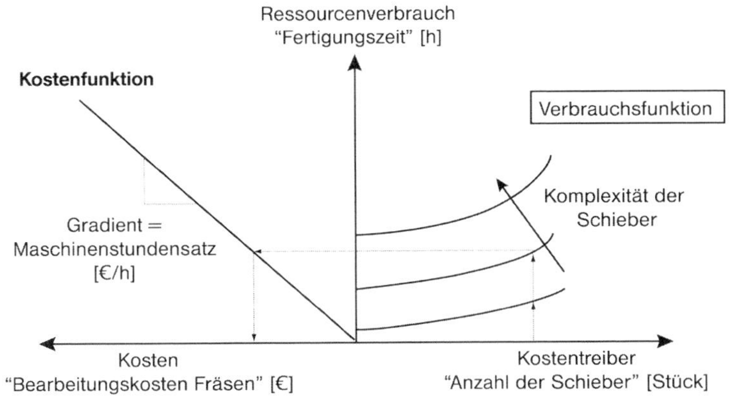

Bild 6.8 Verknüpfung von Prozessschritt und entstehenden Kosten unter Berücksichtigung der Produktmerkmale [6.12]

Anhand des Beispielprozessschritts „Schruppfräsen“ wird etwas genauer auf diesen Kalkulationsansatz eingegangen. Zunächst werden die Kostentreiber für den Prozessschritt ermittelt. Diese können durch eine geeignete Zerlegung des Gesamtprozessschrittes in Teilschritte aufgeteilt werden. Für jeden Teilschritt wird anschließend eine gesonderte Ressourcenverbrauchsfunktion formuliert. Im Hinblick auf die benötigte Fräszeit liegen mögliche Kostentreiber für das Schruppfräsen in der Anzahl der Frästeile, dem abzutragenden Materialvolumen, der Bearbeitbarkeit des Werkzeugstahls und auch in der Komplexität des Formteils [6.1].

Die ressourcenorientierte Prozesskostenrechnung als Kombination von Ähnlichkeitsbetrachtungen und Kostenverursachungsanalyse besitzt von ihrem Aufbau her ein großes Potenzial zur genauen Prognose von Werkzeugkosten, bedarf im Gegenzug jedoch eines hohen Aufwandes zur Formulierung der Ressourcenverbrauchsfunktion für jeden Prozessschritt. Ferner kann die Abfrage der werkzeug- und formteilspezifischen Daten sehr umfangreich sein, wodurch dieser Kalkulationsansatz zumindest zu Beginn seiner Nutzung sehr zeitintensiv ist [6.15].

6.5.2 Das Prinzip der hierarchischen Ähnlichkeitssuche

Bei der hierarchischen Ähnlichkeitssuche nach Brunkhorst [6.15] kann die Ähnlichkeitssuche nicht nur für das gesamte Werkzeug, sondern auch für die einzelnen Funktionselemente ausgeführt werden. Die Suche wird zunächst ebenfalls für das gesamte Werkzeug durchgeführt. Bei dem dabei gefundenen, ähnlichsten Werkzeug kann dann für die einzelnen Funktionsgruppen wiederum eine Ähnlichkeitssuche durchgeführt werden. Auf diese Weise können auch Elemente aus unterschiedlichen Werkzeugen kombiniert werden. Bild 6.9 zeigt die Struktur eines Werkzeuges für diese hierarchische Ähnlichkeitssuche.

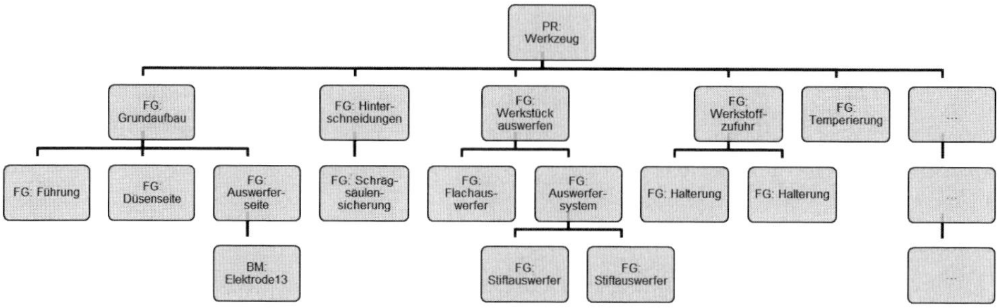

Bild 6.9 Suchstruktur bei der hierarchischen Ähnlichkeitssuche [6.15]

Voraussetzung für die hierarchische Ähnlichkeitssuche ist jedoch ebenfalls das Vorhandensein einer umfangreichen Datenbank.

6.6 Aktuelle Rechenprogramme

Es wird heute eine ganze Reihe von Software-Hilfsmitteln angeboten, die nicht nur den Konstrukteur in die Lage versetzen, eine umfangreichere und bessere Prognose der Bauteileigenschaften zu treffen, sondern in zunehmendem Maße auch eine zuverlässige Vorhersage der Herstellkosten eines Spritzgießwerkzeuges ermöglichen. Auf welchen Grundlagen bzw. Prinzipien sie aufbauen ist in der Regel nicht bekannt, sondern kann allenfalls aus dem Aufbau des Programms erkannt werden, ohne dass man jedoch – was gelegentlich notwendig sein kann – einzelne Ansätze ändern kann, da der Softwarelieferant die Quellfassung nicht herausgibt. Das bedeutet, dass man hiermit den Softwarelieferanten beauftragen muss.

Ohne die Vollständigkeit garantieren zu können soll nachfolgend kurz auf einige aktuelle Software-Lösungen eingegangen werden, die auf Basis der vorgestellten Ansätze entwickelt worden sind. Insgesamt soll so gezeigt werden, wie heutzutage im Werkzeugbau und in der Kunststoff verarbeitenden Industrie die Kosten von Spritzgießwerkzeugen kalkuliert bzw. abgeschätzt werden, wie der Kalkulator durch ein methodisches Vorgehen bei der Kalkulation unterstützt werden kann und wo das Potenzial am Markt erhältlicher Kalkulationssoftware liegt [6.1].

Ams.erp (ams.Solution AG)

Die Enterprise-Ressource-Planning-Software von ams.Solution richtet sich an Werkzeugbauer und kann auch dazu benutzt werden, die Kosten eines zu fertigenden Werkzeugs zu kalkulieren [6.16]. Es handelt sich aber nicht um eine spezielle Kalkulationssoftware, sondern das Programm ist dazu gedacht, den kompletten Fertigungsprozess darzustellen und zu überwachen.

Die Software berechnet die Fertigungskosten dann mittels einer ressourcenorientierten Prozesskostenrechnung, wie sie in Abschnitt 6.5.1 beschrieben wurde. Deshalb ist es erforderlich, die Stundensätze für Mitarbeiter und Maschinen genau zu ermitteln. Aufgrund der ausführlichen Erfassung der Produktionsdaten ermöglicht das System die Kostenkalkulation für alle Arten von Werkzeugen.

CalcMaster (Schouenberg & Partners)

Das derzeit in der Version von 2015 erhältliche Programm der niederländischen Firma Schouenberg & Partner [6.17] basiert auf einem Punktesystem, das Mitte der 1980er-Jahre von der Firma Philips entwickelt wurde [6.18]. Für verschiedene Kriterien eines Werkzeuges (z. B. Formteilgeometrie, Toleranzen, Oberflächenqualität, Schieber, Angusssystem etc.) werden bei der Kostenkalkulation nach einem definierten Schlüssel jeweils Punkte vergeben. Die Punkte für die Kalkulationsgruppen „Kavität" und „Werkzeugaufbau" werden getrennt addiert, und aus der Summe der Punkte wird schließlich ein Werkzeugpreis berechnet. Die Berechnung der im Werkzeugbau anfallenden Kosten wird zudem verknüpft mit einer Simulation und Berechnung verschiedener Parameter des Spritzgießprozesses, wodurch z. B. Aussagen zur Kühl- und Zykluszeit, zum benötigten Einspritzdruck und der Schließkraft der Spritzgießmaschine getroffen werden können. Durch die Möglichkeit, die Kosten pro Spritzgussbauteil zu ermitteln, kann zudem eine Optimierung des Werkzeugkonzeptes auf einen möglichst geringen Preis pro Spritzgussbauteil hin erfolgen, indem verschiedene Alternativkonzepte gegenübergestellt werden [6.19]. So kann zum Beispiel weitgehend automatisch die wirtschaftlich günstigste Anzahl von Kavitäten berechnet werden. Außerdem ermöglicht die Software, das entworfene Werkzeug grafisch darzustellen, und noch manuell zu verändern.

Wesentlicher Nachteil des Systems CalcMaster ist, bedingt durch die zugrunde liegende Methodik, die schwierige Anpassbarkeit an die betriebsspezifischen Besonderheiten sowie an neue Technologien. Da die Berechnung auf Basis statistischer Berechnungen erfolgt, kann zudem mit guter Genauigkeit lediglich ein relativ homogenes Spektrum von Standard-Werkzeugen kalkuliert werden.

Schmale Kalkulationssoftware für den Werkzeug- und Formenbau (Schmale Werkzeug- und Formtechnik GmbH)

Die Software der Firma Schmale ist speziell dazu gedacht die Kosten eines Werkzeuges abzuschätzen. Es beinhaltet die Kalkulation von 1K- und 2K-Spritzgießwerkzeugen sowie Spritzgießwerkzeuge für Elastomere [6.18]. Dabei stehen verschiedene Kalkulationsstrategien zur Auswahl.

Zur schnellen Abschätzung der Kosten wird eine Schnellkalkulation bereitgestellt, bei der mittels weniger Eingabe-Parameter die Kosten ermittelt werden. Die Daten aus dieser Schnellkalkulation können dann in die Detailkalkulation übernommen werden. In der Detailkalkulation können die Standardwerte aus der Schnellkalkulation individuell angepasst werden. Zusätzlich steht noch eine Datenbank zur Verfügung, in der bereits erstellte Kalkulationen hinterlegt werden können. So können, wenn sich zum Beispiel Materialpreise oder Stundensätze ändern, bereits erfolgte Kalkulationen schnell angepasst werden [6.20]. Außerdem ermöglicht die Software die Abschätzung von Werkzeugkosten aufgrund von bereits hergestellten, ähnlichen Werkzeugen. Dieses Programm bietet also sowohl eine Kostenkalkulation anhand von Kostenfunktionen und Kostenähnlichkeit, als auch eine Datenbank zur Angebotserstellung anhand zuvor hergestellter Werkzeuge.

Literatur Kapitel 6

[6.1] *Boos, W.; Pitsch, M.; Salmen, M.:* Erfolgreich kalkulieren im Werkzeugbau. Werkzeugmaschinenlabor WZL, Aachen, 2015.

[6.2] *Proos, G.:* Confessions of a mold maker. Plastics Engineering 8 (1980) 1, S. 29–33.

[6.3] *Tönshoff, H. K.; Petzold, J.:* Mit Erfolg kalkulieren im Werkzeug- und Formenbau. wt Werkstatttechnik online 92 (2002) 11/12, S. 568–572.

[6.4] *Menges, G.; v. Eysmondt, B.; Bodewig, W.:* Sicherheit und Genauigkeit erhöhen, Plastverarbeiter 38 (1987) 3, S. 76–80.

[6.5] *N. N.:* DIN ISO 16916 „Press-, Spritzgieß- und Druckgießwerkzeuge – Werkzeug-Spezifikationsblatt für Spritzgießwerkzeuge". DIN Deutsches Institut für Normung e. V. (Hrsg.), 2005.

[6.6] *Eversheim, W.; Rothenbücher, J.:* Kurzkalkulation von Spannvorrichtungen für die mechanische Fertigung. ZWF 80 (1985) 6, S. 266–274.

[6.7] *Walsche, K.; Lowe, P.:* Computer-aided cost estimation for injection molds, Plastics and Rubber International 9 (1984) 4 S. 30–35.

[6.8] Bübel, H.: Ähnlichkeitskalkulation – warum und wie?, Umdruck zu den 18. Würzburger Werkzeugtagen „Funktionsintegration durch geeignete Werkzeugtechnik". Würzburg, 2012.

[6.9] *Schlüter, H.:* Verfahren zur Abschätzung der Werkzeugkosten bei der Konstruktion von Spritzgussteilen. Dissertation an der RWTH Aachen, 1982.

[6.10] *Grundmann, M.:* Entwicklung eines Kalkulationsinstrumentariums für Spritzgießbetriebe auf der Basis von Ähnlichkeitsbetrachtungen. Dissertation an der RWTH Aachen, 1993.

[6.11] *Pacyna, H.:* Die Klassifikation von Gussstücken. Gießerei 55 (1968) 13, S. 381–394.

[6.12] *Eversheim, W.; Klocke, F.:* Werkzeugbau mit Zukunft – Strategie und Technologie, Springer Verlag, Berlin, 1998.

[6.13] *Franz, A.:* Kostenkalkulation von Spritzgießwerkzeugen – eine Standortbestimmung. Promotionsvortrag, RWTH Aachen, 11.7.2003.

[6.14] *Michaeli, W.; Schmachtenberg, E.; Gärtner, R.; Schönfeld, M.; Seul, T.; Schröder, T.; Thornagel, M.:* Spritzgießwerkzeugtechnik. Tagungshandbuch zum 22. Kunststofftechnischen Kolloquium des IKV. Aachen, 2004.

[6.15] *Brunkhorst, U.:* Angebots- und Auftragsplanung im Werkzeug- und Formenbau. Arbeitskreis Technische Informationssysteme im Werkzeug und Formenbau. IPH, Hannover, 21. Sept. 1995.

[6.16] *N. N.:* Website der ams.Solution AG. URL: https://www.ams-erp.com/, 28.07.2016.

[6.17] *N. N.:* Website der Firma Schouenberg & Partner. URL: http://www.schouenberg.nl/, 28.07.2016.

[6.18] *N. N.:* Puntensystem PHILIPS, personeelformatie centrale sociale sector. Philips, Opleidingen (NL), 1986.

[6.19] *Westekemper, M.:* Integrierte Methodik zur Angebotspreisermittlung im Werkzeug- und Formenbau. Dissertation, RWTH Aachen, 2002.

[6.20] *N. N.:* Website der Firma Schmale Werkzeug- und Formtechnik GmbH. URL: http://www.schmale-gmbh.com/, 28.07.2016.

7 Eintritt der Schmelze in das Werkzeug, ihre Verteilung und der Füllvorgang der Kavitäten

7.1 Beschreibung des Angusssystems

Der Anguss bzw. das Angusssystem dienen dazu, die vom Plastifizierzylinder kommende, aufgeschmolzene Formmasse aufzunehmen und in den Werkzeughohlraum – die Kavität – zu leiten. Der Anguss, insbesondere seine Gestalt, seine Abmessungen und seine Anbindung an das Formteil beeinflussen den Werkzeugfüllvorgang und damit auch die Qualität des Formteils. Die Auslegung nach rein wirtschaftlichen Gesichtspunkten d. h. schnelles Einfrieren bzw. kurze Zykluszeiten, steht den Qualitätsanforderungen insbesondere bei technischen Teilen entgegen.

Das Angusssystem besteht in der Regel aus mehreren Segmenten. Dies wird besonders deutlich bei Mehrfachwerkzeugen. Es besteht (vgl. Bild 7.1) aus:

- dem Angusskegel, auch Angusszapfen oder Angussstange genannt;
- dem oder den Angusskanälen, auch Angussspinne oder Angussverteiler genannt und
- dem Angusssteg, auch Anschnitt oder Anbindung genannt.

Bild 7.1 Angusssystem [7.1]

Der Angusskegel übernimmt die plastische Formmasse von der Einspritzdüse, die den Plastifizierzylinder abschließt und beim Einspritzen fest auf den Angusskegel gedrückt wird. Bei Einfachwerkzeugen bildet der Angusskegel allein das gesamte Angusssystem. Man spricht dann vom sogenannten Stangenanguss (vgl. Abschnitt 8.1). Bei Mehrfachwerkzeugen übergibt der Angusskegel die Schmelze in die Verteilerkanäle. Diese stehen über die Anschnitte mit den Formhöhlungen (Kavitäten) in Verbindung.

Die Anschnitte (Angussstege) stellen eine Drosselstelle dar; der Querschnitt ist durch einen Steg verengt. Diese Maßnahme hat folgende Gründe:

- Das Bauteil leicht und sauber vom Angusssystem trennen,
- Die Haut, die sich an den kalten Wänden der Angusskanäle beim Durchströmen der Schmelze gebildet hat, zurückhalten (Schwimmhautbildung auf dem Formteil vermeiden),
- Erwärmen der Schmelze durch Scherung vor dem Eintritt in die Kavität,
- Der Querschnitt der Öffnung kann leicht geändert werden, um das Kanalsystem so zu balancieren, dass *in jede Kavität Schmelze gleichen Zustandes zu gleichen Zeiten eintritt.*

7.2 Prinzip und Definition verschiedener Angusskanalarten

Je nach Temperaturführung kann man verschiedene Arten von Angusskanälen unterscheiden:

- Normale Verteilerkanäle (einfrierende oder ausvernetzende Kanäle, die mit dem Formteil entformt werden)
- Heißkanäle (bei denen die thermoplastische Schmelze bis zum nächsten Schuss im Angusssystem verweilt)
- Kaltläufer (bei denen die vernetzende – duroplastische oder elastomere – Schmelze bis zum nächsten Schuss im Angusssystem verweilt)

7.2.1 Normale Verteilerkanäle

Die normalen Angusskanäle sind unmittelbar in die Werkzeugplatten, welche die Haupttrennebene bilden, eingearbeitet. Die Temperatur in den Verteilerkanälen entspricht daher der Werkzeugtemperatur. Die im Kanal verbleibende Schmelze erstarrt und muss bei jedem Schuss mit dem Formteil zusammen entformt werden. Bei Thermoplasten kann das in den Verteilerkanälen erstarrte Material regranuliert werden und dem Prozess als Rezyklat wieder zugeführt werden.

7.2.2 Heißkanäle

Heißkanalverteiler (engl. Hot Runner) sind gewissermaßen verlängerte Einspritzdüsen in Form eines beheizten, durch Wärmesperren vom kalten Werkzeug getrennten Blocks. Dieser Block enthält das Verteilersystem mit zentraler Angussbuchse, Verteilerkanälen und Anschnitten bzw. Düsen. Die Temperaturen dieses Blocks liegen im Schmelzebereich der Thermoplastschmelzen. Der Heißkanalverteiler bietet folgende *Vorteile*:

- geringer Materialverbrauch und damit weniger Energie- und Arbeitsaufwand, da das erstarrte Angussmaterial nicht verworfen oder aufbereitet werden muss,
- vollautomatischer Betrieb ist erleichtert,
- verbesserte Qualität der Formteile, da die Schmelze an den optimalen Stellen in die Kavität übergeben werden kann,
- in der Kavität steht ein höherer Einspritz- und Nachdruck zur Verfügung.

Dem stehen die folgenden *Nachteile* gegenüber:

- hohe Kosten,
- bei Formmassen mit niedriger thermischer Beständigkeit Gefahr der Zersetzung und daraus folgend Betriebsstörungen oder Qualitätseinbußen,
- Wärmetrennung des kalten Werkzeuges gegen den Heißkanalverteilerblock insbesondere im Bereich der Düsen ist problematisch.

7.2.3 Kaltkanäle

Analog zum Heißkanal bei Thermoplastwerkzeugen dient der Kaltkanal (engl. Cold Runner) in Werkzeugen für reagierende Formmassen, wie z. B. Duroplaste und Kautschuk dazu, die Angussverluste zu vermeiden. Der Kaltkanal muss im Gegensatz zum heißen Werkzeug (ca. 160 °C bis 180 °C) bei etwa 80 °C bis 120 °C gehalten werden, damit die Formmassen nicht schon im Kaltkanal ausreagieren. Die Vorteile entsprechen denjenigen bei den Thermoplasten, jedoch ergeben sich zusätzliche Schwierigkeiten:

- Der Druckverbrauch in den Kaltkanalverteilern ist sehr hoch, was die Konstruktion verteuert,
- da geringste Temperaturunterschiede sehr große Unterschiede der Viskosität bedingen, ist es bisher praktisch unmöglich die Forderung zu erfüllen *„Formmasse gleichen Zustandes zu gleichen Zeiten in jede Kavität“* einzubringen.

Die Kaltkanäle haben daher nicht die gleiche Bedeutung erlangt, wie die Heißkanäle bei der Verarbeitung von Thermoplasten.

7.3 Anforderungen an das Angusssystem

Die Dimensionierung des Angusssystems wird von mehreren Einflussgrößen bestimmt, die sich im Wesentlichen aus der Gestalt des Formteils und der zu verarbeitenden thermoplastischen Formmasse ergeben (Bild 7.2). Die Anforderungen an Qualität und Wirtschaftlichkeit sind in Tabelle 7.1 aufgelistet.

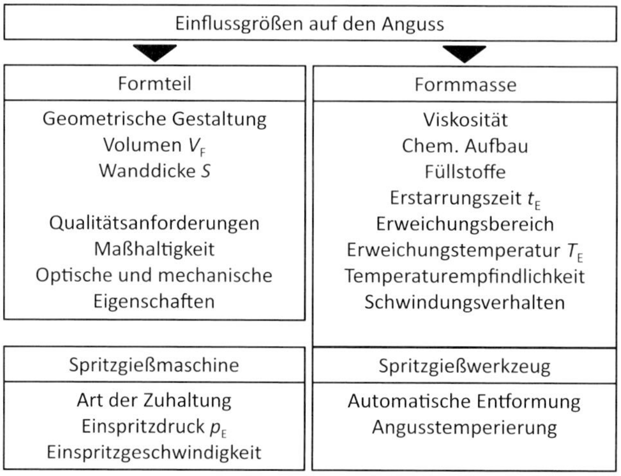

Bild 7.2 Einflussgrößen auf den Anguss [7.2]

Tabelle 7.1 Aufgaben und Forderung an das Angusssystem [7.2]

Aufgaben und Forderungen	
1. Formmasse mit einem Minimum an Fließnähten in das Werkzeug leiten	2. Massefluss möglichst wenig behindern
3. Möglichst geringen Anteil am Gesamt-Spritzgewicht beanspruchen	4. Vom Formteil möglichst leicht zu entformen sein
5. Das Aussehen des Formteils nicht beeinträchtigen	6. Angusslänge so kurz wie technisch möglich, um Druck-, Temperatur- und Materialverlust gering zu halten.
7. Querschnitt so groß, dass Erstarrungszeit gleich oder geringer über der des Formteils liegt, damit der Nachdruck während der gesamten Erstarrungszeit wirksam bleiben kann	8. Anguss soll Zykluszeit möglichst nicht beeinflussen
9. Anbindung an der größten Wanddicke des Formteils	10. Anbindung so legen und gestalten, dass sich beim Einspritzen kein Freistahl

7.4 Angussformen

Der Konstrukteur kann aus einer Vielzahl von Anguss- und Verteilersystemen auswählen, um für jeden Fall das Optimum zwischen Qualität und Wirtschaftlichkeit dem Betreiber bieten zu können. Angusssysteme lassen sich in die drei folgenden Gruppen gliedern:

1. Angüsse, die bei der Entformung am Formteil verbleiben und nachträglich automatisiert oder per Hand vom Formteil abgetrennt werden müssen;
2. Angüsse, die beim Entformungsvorgang automatisch vom Formteil getrennt und separat entformt werden;
3. Angüsse, die beim Entformungsvorgang automatisch vom Formteil getrennt werden und da sie schmelzflüssig bleiben, nicht entformt werden müssen.

Diese Angussarten sind dementsprechend in Tabelle 7.2 zusammengestellt.

Zu einer ersten Übersicht sind diese Angussarten mit ihren charakteristischen Merkmalen in Tabelle 7.3 aufgelistet.

Tabelle 7.2 Angussarten

Angussarten	
1	Stangenanguss Band- oder Filmanguss Schirmanguss Ringanguss
2	Tunnelanguss Abreiß-Punktanguss (Dreiplattenwerkzeug)
3	Punktanguss (Vorkammer-Punktanguss) Angussloses Anspritzen Mehretagenanguss Isolierverteiler Heißkanalverteiler

Tabelle 7.3 Übersicht über die Angussarten [7.2] bis [7.6]

Angussart		Merkmale
Stangen- oder Kegelanguss	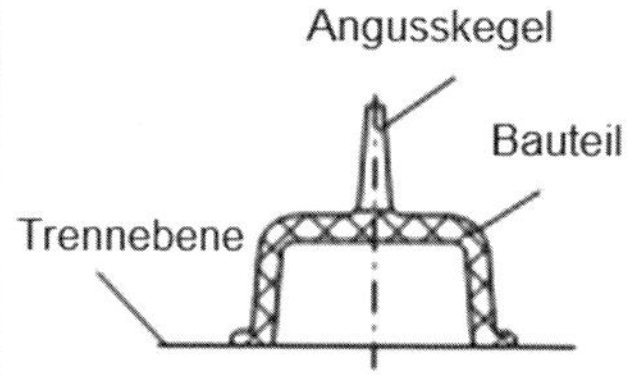	*Anwendung:* Für temperaturunempfindlich, zähflüssige Formmassen, technisch hochwertige und dickwandige Teile *Vorteile:* Gute Qualität und Maßhaltigkeit *Nachteile:* Nacharbeit durch Entfernen des Angusses, sichtbare Anspritzstelle
Band- oder Filmanguss	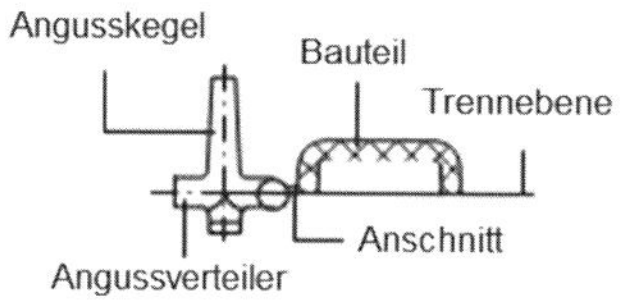	*Anwendung:* Flächige Teile, wie Platten oder Leisten *Vorteile:* Keine Bindenähte, gute Qualität und Maßhaltigkeit *Nachteile:* Nacharbeit durch Entfernen des Angusses
Schirmanguss	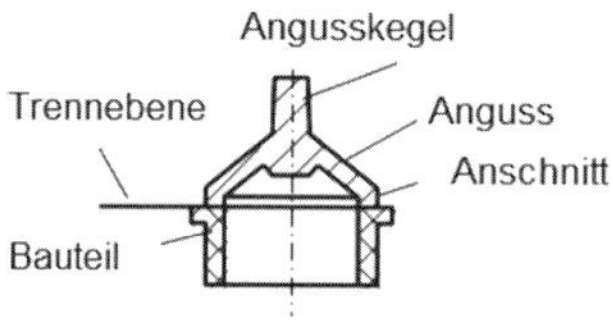	*Anwendung:* Rotationssymmetrische Teile mit einseitiger Kernlagerung *Vorteile:* Vermeidung von Bindenähten und somit kein Festigkeitsabfall *Nachteile:* Nacharbeit durch Entfernen des Angusses
Ringanguss	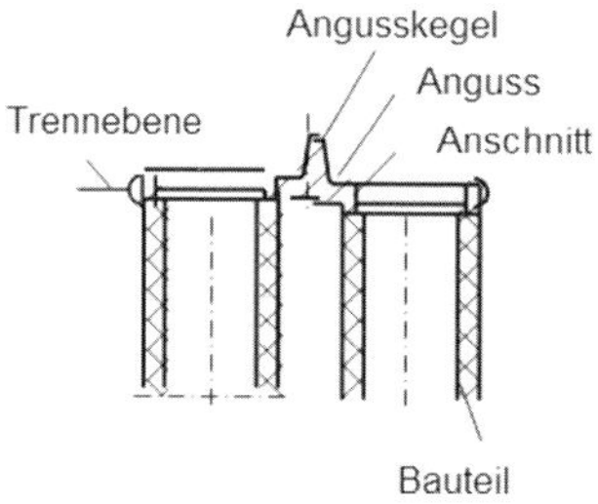	*Anwendung:* Ring- oder hülsenförmige Teile mit beidseitiger Kernlagerung *Vorteile:* Konstante Wanddicke am Umfang *Nachteile:* Geringe Bindenaht, Nacharbeit durch Entfernen des Angusses
Tunnelanguss	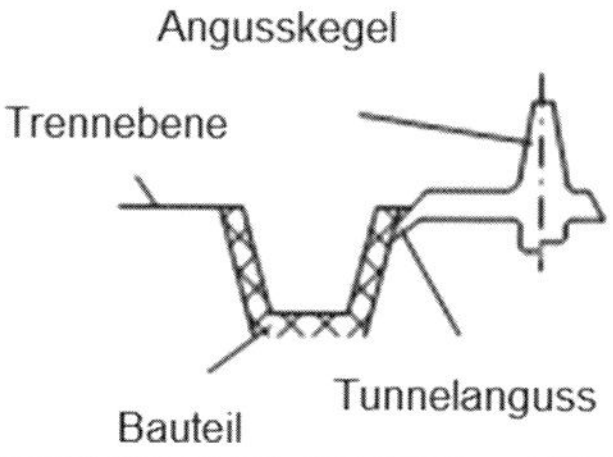	*Anwendung:* Hauptsächlich kleinere Teile in Mehrfachwerkzeugen, sowie elastische Formmassen *Vorteile:* Automatische Entfernung des Angusses *Nachteile:* Nur für einfache Teile, da hohe Druckverluste
Abreißpunktanguss (Dreiplattenwerkzeug)	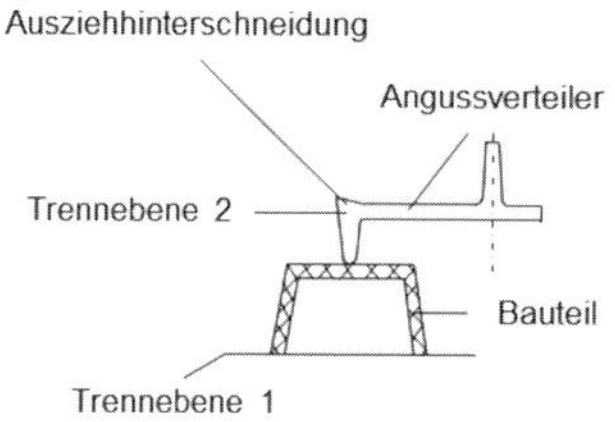	*Anwendung:* bei Mehrfachwerkzeugen mit zentrischer Anspritzung *Vorteile:* automatische Entformung des Angusses *Nachteile:* großer Materialverlust durch Angussvolumen, erhöhte Werkzeugkosten

Angussart		Merkmale
Punktanguss	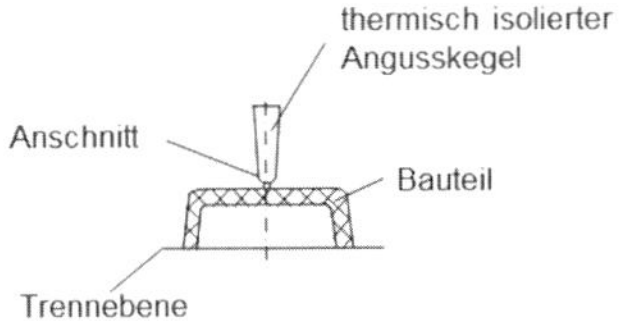	*Anwendung:* Formteil mit vollautomatischer Trennung des Angusses *Vorteil:* keine Nacharbeit *Nachteile:* vorzugsweise für thermisch stabile Formmassen (z. B. PS und PE, bedingt auch für andere)
Angussloses Anspritzen	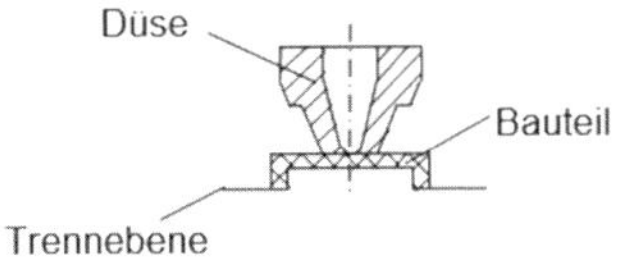	*Anwendung:* dünnwandige Teile, schnelle Zyklusfolge *Vorteile:* kein Materialverlust durch Anguss *Nachteile:* Düse zeichnet sich am Formteil ab
Mehrkanalanguss	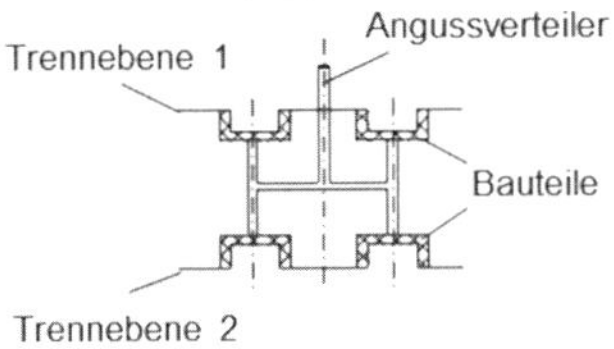	*Anwendung:* flache Formteile mit niedrigem Gewicht in Mehrfachwerkzeugen Vorteile: bessere Ausnutzung der Plastifizierung der Maschine *Nachteile:* großer Materialverlust durch Angussvolumen, erhöhte Werkzeugkosten *Anmerkung:* heute vorzugsweise als Heißkanal ausgeführt; somit entfällt der Materialverlust, dafür teuer
Isolierkanal	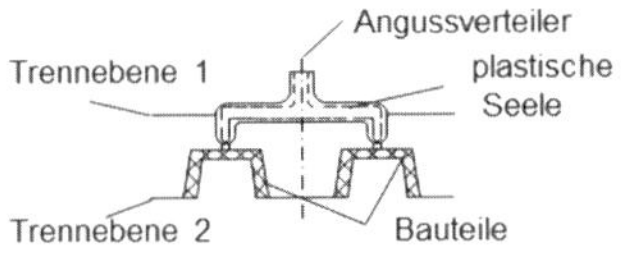	*Anwendung:* für Formmassen mit breitem Erweichungs- und Schmelztemperaturbereich und schnelle Zyklusfolge *Vorteile:* automatische Angussabtrennung, Materialverlust durch Anguss nur bei Betriebsunterbrechung *Nachteile:* Es besteht die Gefahr, dass nach einer Betriebsunterbrechung erkaltetes Material in das Formnest gelangt

7.5 Angussbuchse

Der Eintritt der Schmelze in das Werkzeug erfolgt über einem Angusskegel, der in eine Angussbuchse eingearbeitet ist. Die Angussbuchse gewährleistet beim Einspritzen und in der Nachdruckphase die dichte Verbindung zwischen Plastifizierzylinder und Werkzeug. Die Angussbuchse ist hohem Verschleiß – insbesondere bei Verschmutzung durch tropfende Düsen – und hoher mechanischer Belastung ausgesetzt. Aus diesem Grund muss die Angussbuchse leicht austauschbar sein. Außer bei Heißkanalverteilern, bei denen häufig ebene Kontaktflächen (Bild 7.3) erforderlich sind, ist der Übergang zwischen Düse und Angussbuchsen gekrümmt (vgl. Bild 7.4). Um ihre Funktionen erfüllen zu können, sind folgende Eigenschaften für Angussbuchsen erforderlich:

- Verschleißfestigkeit, daher Ausführung in gehärtetem Stahl,
- Biegewechselfestigkeit, daher kräftiger aber nicht zu großer Flansch und gerundete Kanten,
- möglichst kleiner Durchmesser, da die Buchse stets eine Markierung am Formteil hinterlässt,
- für eine einwandfreie Dichtung müssen die Bohrungen von Düsen und Buchse fluchten. Die Düsenbohrung (d_D) soll 1,5 mm kleiner sein als die Bohrung der Angussbuchse (d_A). Der Radius der Kalotte der Angussbuchse (R_A), in welche die Düse mit ihrer Spitze eintaucht, muss 1 mm größer sein als derjenige der Düsenspitze (R_D) [7.7] (Bild 7.4).

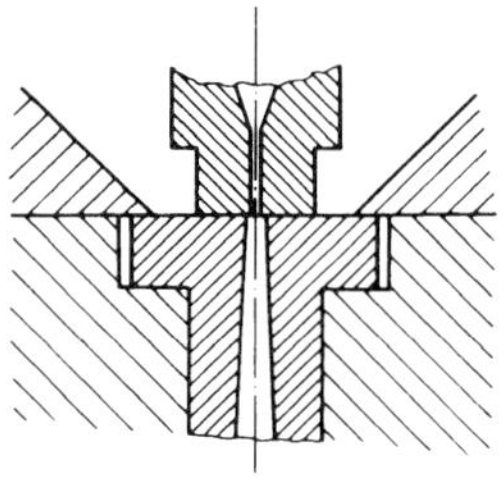

Bild 7.3 Ebene Kontaktfläche zwischen Düse und Angussbuchse

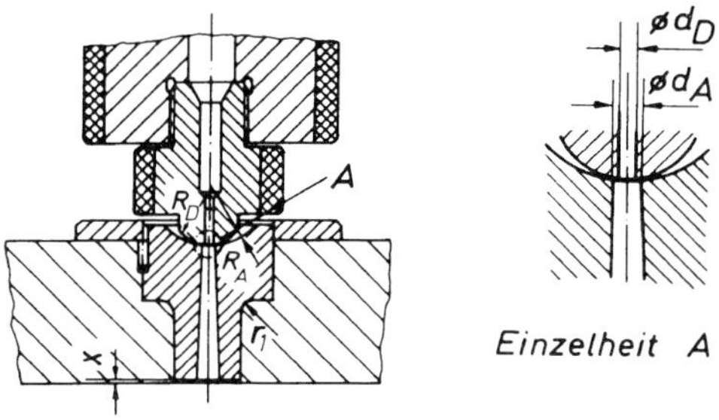

Bild 7.4 Gekrümmte Kontaktfläche zwischen Düse und Angussbuchse [7.3]

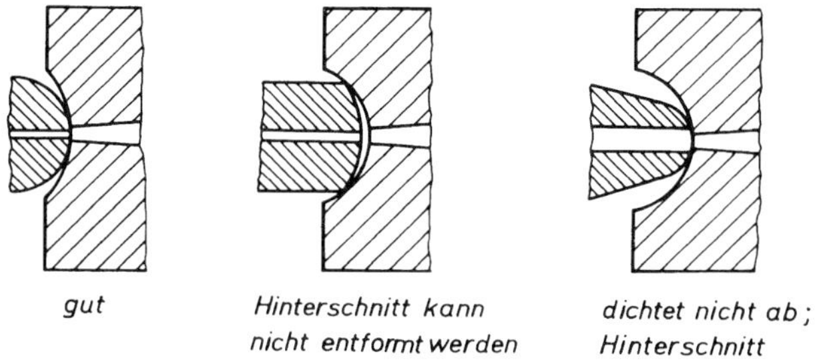

Bild 7.5 Richtige und falsche Gestaltung der Kontaktflächen

Für die Dimensionierung des Angusskegels (Bild 7.6) gelten die folgenden Regeln, die eine einwandfreie Qualität und einen sicheren Betrieb gewährleisten sollen:

- Der Durchmesser am Fußpunkt der Bohrung soll ca. 1 mm größer sein als das angebundene Formteil an seiner dicksten Stelle bzw. größer als der Durchmesser des anschließenden Kanals, um sicherzustellen, dass die Schmelze im Anguss zuletzt erstarrt und die Bohrung für den Nachdruck offen bleibt.
- Die Bohrung muss konisch (> 1° – 4°) und absolut glatt ohne Riefen o. Ä. in Umfangsrichtung sein, damit der am Formteil verbleibende Angusskegel beim Öffnen des Werkzeuges aus der Bohrung gezogen werden kann (Bild 7.7).
- Die Kante am unteren Bohrungsrand muss gerundet sein, damit die Schmelze dort keinesfalls von der Wand abreißt und einen Freistrahl bildet. Freistrahlbildung führt zu Oberflächenfehlern.

Sind diese Forderungen erfüllt, wird der Angusskegel bei Einfachwerkzeugen durch das Formteil, das auf der auswerferseitigen Werkzeughälfte hängen bleibt, aus der Bohrung gezogen und damit entformt.

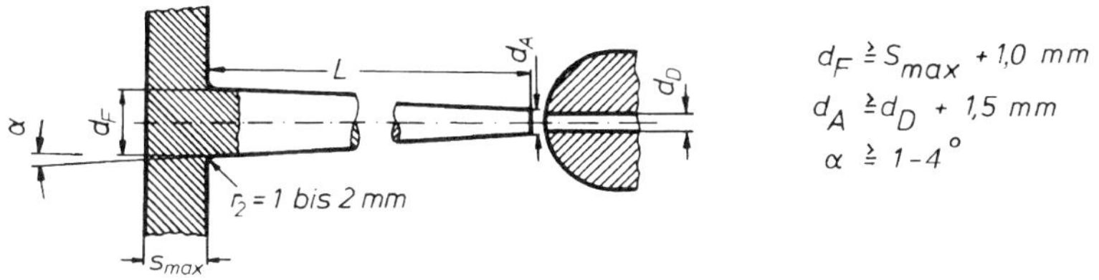

Bild 7.6 Dimensionierungsrichtlinien für den Angusskegel [7.8]

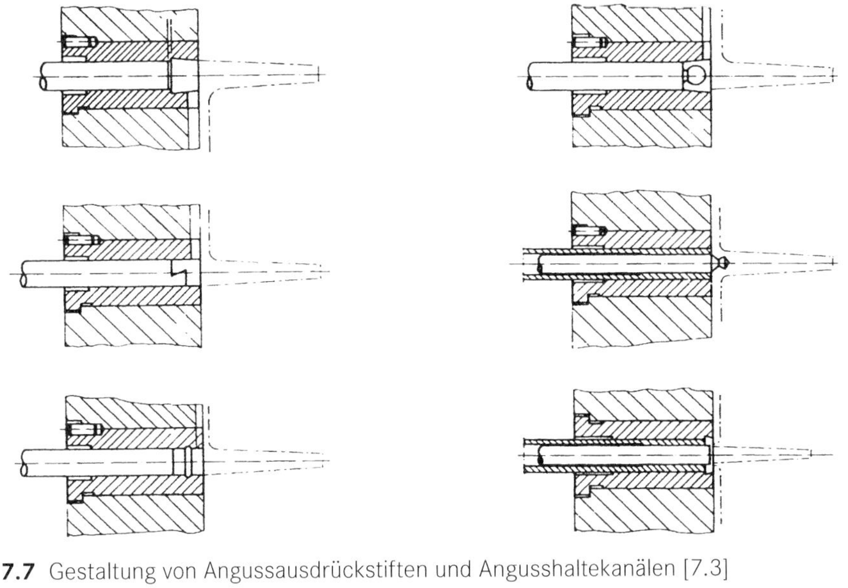

Bild 7.7 Gestaltung von Angussausdrückstiften und Angusshaltekanälen [7.3]

Bei Mehrfachwerkzeugen, bei denen der Angusskegel die Formmasse nur zu den Verteilerkanälen führt, sind spezielle Entformungshilfen erforderlich. Damit das Formteil nach dem Öffnen des Werkzeugs an der Schließseite verbleibt, wird die Angussbohrung verlängert (vgl. Bild 7.7). In diese verlängerte Angussbohrung werden Auswerferstifte eingesetzt. Die Auswerferstifte weisen am oberen Ende Hinterschnitte auf, die von der Schmelze umflossen werden und so ein Verankern des Formteils an der Schließseite ermöglichen. Die Verlängerung der Angussbohrung hat zudem den Vorteil, dass sie den kalten Pfropfen der Spritzdüse aufnimmt.

7.6 Gestaltung der Verteilerkanäle

Die Verteilerkanäle verbinden den Angusskegel mit dem oder den Kavitäten. Sie sollen die Formmasse so verteilen, *dass Schmelze gleichen Zustandes unter gleichem Druck alle Kavitäten gleichzeitig füllt.*

Die Schmelze tritt mit hoher Geschwindigkeit in die Verteilerkanäle des gekühlten Werkzeugs ein. Durch Wärmeabfuhr wird der an den Außenwänden strömenden Formmasse so viel Wärme entzogen, dass diese dort zu einer Haut erstarrt. Gleichzeitig wird dadurch die in der Kanalmitte strömende Masse zur Angusskanalwand hin abgeschirmt und damit isoliert. Durch die Isolierwirkung der erkalteten Masse bleibt dann die Schmelze im inneren länger flüssig und verbleibt als „plastische Seele“, sodass ein Nachfließen der Schmelze für längere Zeit möglich ist und das Verschweißen der einzelnen Fließschichten im gleichen Zustand erfolgen kann. Diese „plastische Seele“ muss so lange erhalten bleiben, bis das Formteil völlig erstarrt ist; dann kann der Nachdruck, der erforderlich ist, damit zusätzliche Schmelze die beim Erstarrungsprozess einsetzende Volumenkontraktion – mindestens zum größten Teil – kompensiert, voll einwirken.

Aus dieser Forderung einerseits und dem Wunsch geringster Druckverluste sowie möglichst großer Materialersparnis andererseits leitet sich der optimale Durchmesser der Verteilerkanäle ab. Die Abmessungen eines Kanals richten sich dabei in erster Linie nach dem dicksten Querschnitt der zu spritzenden Formteile und zu einem geringeren Teil nach der zu verarbeitenden Formmasse. Der Querschnitt des Angusskanals muss, umso größer sein je dickwandiger die Formteile sind. Ganz allgemein gilt, dass man einen ca. 1 mm größeren Querschnitt für den Kanal wählt, als die Formteile dick sind. Ein großer Querschnitt begünstigt zudem die Werkzeugfüllung, weil der Fließwiderstand geringer ist als bei dünnen Kanälen. Jedoch erlauben niedrigviskose Formmassen bei gleicher Länge dünnere Kanäle. Es lohnt sich somit, die Kanaldurchmesser nach hydraulischen Gesetzmäßigkeiten zu dimensionieren.

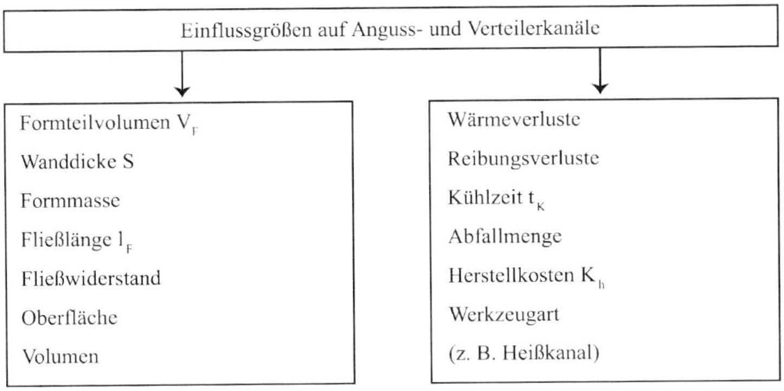

Bild 7.8 Einflussgrößen auf Anguss- und Verteilerkanäle [7.2]

In Bild 7.8 sind die Einflussgrößen auf die Anguss- und Verteilerkanäle zusammenfassend dargestellt. Ihre Aufgaben und die an sie zu stellenden Forderungen lauten:

- Die Formmasse möglichst rasch und ungehindert auf kürzestem Weg, bei geringstem Wärme- und Druckverlust, in den Werkzeughohlraum leiten.
- An allen Anschnittstellen muss Material gleichen Drucks und gleicher Temperatur gleichzeitig in den bzw. in die Werkzeughohlräume gelangen.
- Kleiner Querschnitt des Kanals aus Gründen der Materialersparnis. Andererseits ist ein großer Querschnitt günstig, um optimale Werkzeugfüllung und ausreichenden Nachdruck zu erreichen. Großer Kanalquerschnitt verlängert u. U. die Kühlzeit.
- Das Verhältnis von Oberfläche zu Volumen möglichst klein halten.

Tabelle 7.4 zeigt eine Gegenüberstellung der gebräuchlichen Kanalformen und wägt deren Vor- und Nachteile gegeneinander ab.

Als Erfahrungswerte sind in dem Bild 7.9 für verschiedene Formmassen und durchzusetzende Volumina bzw. Gewichte Diagramme aufgestellt, die es gestatten, die Durchmesser der Kanäle in Abhängigkeit von ihrer Länge so zu bestimmen, dass Druckverluste von < 300 bar auftreten.

Weiterhin kann der Druckverlust analytisch berechnet werden, um eine erste Abschätzung für die Durchmesser der Kanäle zu treffen (vgl. Abschnitt 5.3.4).

Die Oberflächenbeschaffenheit der Kanäle ist von der zu verarbeitenden Formmasse abhängig. Im Allgemeine werden die Kanäle nicht poliert. Die erstarrte Haut kann so besser an der Kanalwand haften und wird nicht von der Strömung mitgerissen. Bei kritischen Werkstoffen werden die Kanäle auf Hochglanz poliert und verchromt, da sich sonst Fehler im Formteil ausbilden können. Kritische Formmassen dieser Art sind Polyvinylchlorid (PVC), Polycarbonat (PC) und Polyoxymethylen (POM).

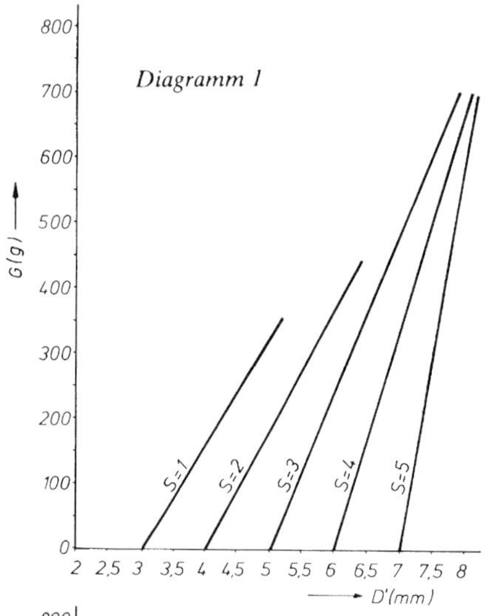

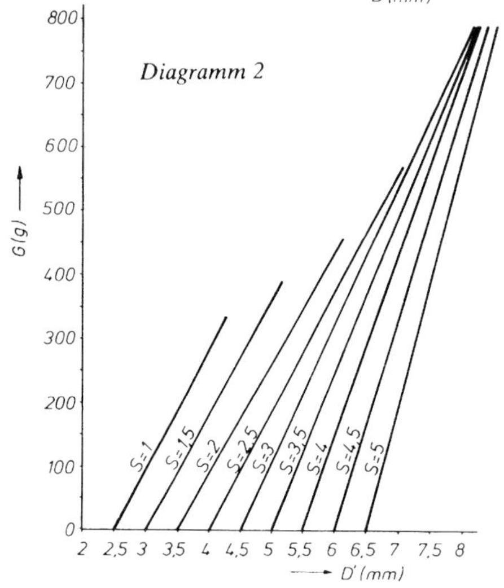

Diagramm 1
Gültig für PS, ABS, SAN,CAB

Diagramm 2
Gültig für PE, PP, PA, PC, POM

Bezeichnungen
S: Wanddicke in mm
D': Angussdurchmesser in mm
G: Gewicht des Formteils, bezogen auf einen Anguss in g
L: Angusslänge, auf ein Formteil bezogen (vom Angussverteiler bis Formnest) in mm
L_F: Angusslängenfaktor

Vorgehensweise
1. G und S ermitteln
2. Entsprechend der Formmasse D' aus Diagramm bestimmen
3. L ermitteln
4. L_F aus Diagramm bestimmen
5. Wahrer Angussdurchmesser

$D = D' \cdot L_F$

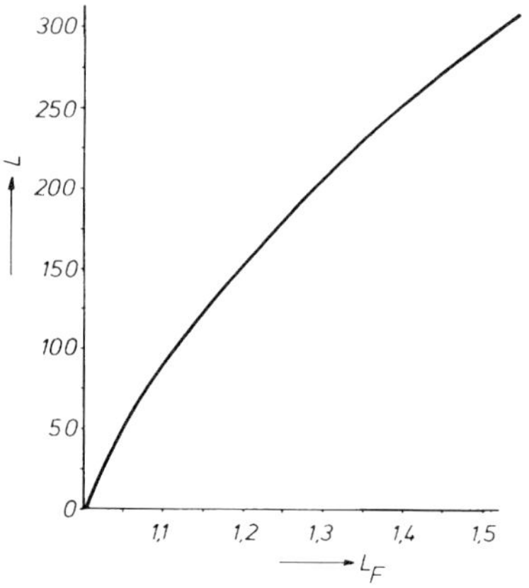

Bild 7.9 Richtlinien zur Dimensionierung der Angusskanalquerschnitte [7.13]

Tabelle 7.4 Querschnittformen der Kanäle [7.2] [7.10] bis [7.12]

Querschnittsform der Kanäle	
Rundkanal 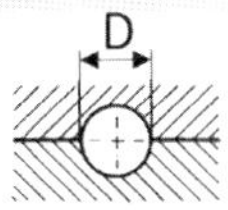 $D = s_{max} + 1{,}5$ mm	*Vorteile:* ▪ Geringste Oberfläche bezogen auf den Querschnitt ▪ Geringste Abkühlung ▪ Geringste Wärme- und Reibungsverluste ▪ Masse erstarrt im Zentrum eines runden Kanals zuletzt, dadurch gute Nachdruckwirkung *Nachteil:* ▪ Muss zu gleichen Teilen in beide Werkzeughälften eingearbeitet werden, dadurch aufwändig und teuer
Parabelförmiger Kanal 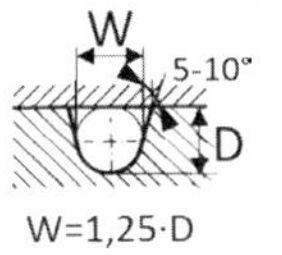 $W = 1{,}25 \cdot D$ $D = s_{max} + 1{,}5$ mm	*Vorteile:* ▪ Gute Annäherung an Rundkanal ▪ Einfacherer Herstellung, da Einarbeitung nur in einer Werkzeughälfte ▪ Anwendung, wenn Schieber relativ zur Trennebene bewegt werden müssen *Nachteil:* ▪ Wärmeverlust und Abfall größer gegenüber Rundkanal
Trapezförmiger Kanal 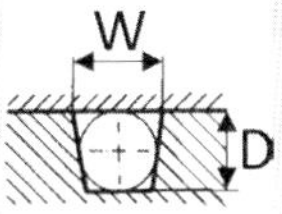 $W = 1{,}25 \cdot D$	Alternativlösung zum parabelförmigen Kanal *Nachteil:* ▪ Wärmeverlust und Abfall größer gegenüber parabalförmigem Kanal
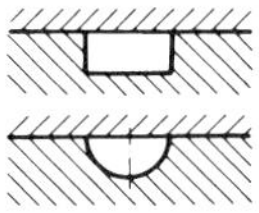	Ungünstige Querschnitte sind zu vermeiden *Nachteile:* ▪ Ungünstiges Fließquerschnitt zu Abkühloberfläche ▪ Ungleichmäßige Scherung entlang des Querschnittes

7.7 Gestaltung der Angussstege (Anschnitte)

Der Angusssteg, auch Anschnitt genannt, ist derjenige Teil des Angusssystems, der das Formteil mit dem Verteilerkanal verbindet. Er ist in der Regel die engste Stelle des Angusssystems. Seine Größe wird durch verschiedene Forderungen bestimmt (vgl. Bild 7.10):

- der Anschnitt soll möglichst klein sein, damit die Formmasse durch Scherung erwärmt aber nicht geschädigt wird;
- der Anschnitt muss sich gut entformen lassen, d. h. er darf die Entformung der Verteiler nicht behindern;

- der Anschnitt soll die Trennung der Kanäle vom Formteil ohne Markierungen am Formteil (Zurücklassen von Fehlern) erlauben;
- der Anschnitt muss häufig die automatische Trennung vom Formteil ermöglichen.

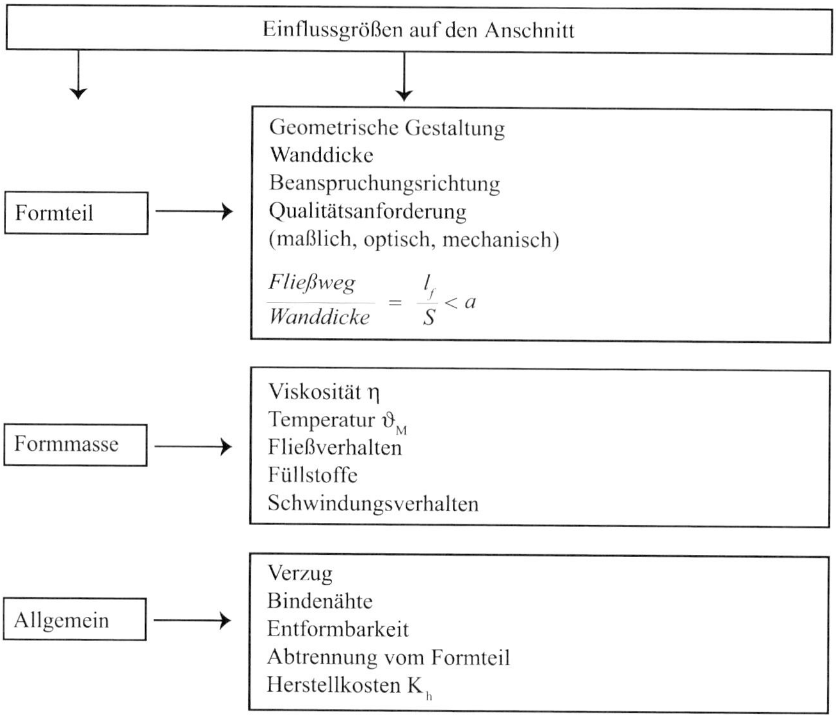

Bild 7.10 Einflussgrößen auf die Lage, Gestalt und Größe des Anschnitts [7.2]

Für die Gestalt des Anschnittes kann man zwischen verschiedenen Formen wählen. So unterscheidet man zwischen einem punkt- und einem band- bzw. filmförmigen Anschnitt. Eine Sonderform stellt der Stangenanschnitt dar, der mit dem Stangenanguss, wie er in Abschnitt 7.4 ausführlich beschrieben wurde, identisch ist.

Der Anschnitt ist stets die engste Stelle im Angusssystem (mit Ausnahme des Stangenanschnitts). Beim Durchströmen enger Kanäle wie dem Angusssystem wird der Formmasse ein erheblicher Widerstand entgegengesetzt. Ein Teil des Spritzdruckes wird dabei verbraucht und es kommt zu einer zusätzlichen merklichen Temperaturerhöhung der Formmassen. Dies ist ein erwünschter Effekt, denn dadurch wird:

- die in der Formhöhlung eintretende Schmelze viskoser, so dass eine gute Abformung der Kavität erreicht wird;
- auch das Metall der Umgebung wird erwärmt, so dass der Anschnitt länger für den Nachdruck offen bleibt.

Allerdings muss die optimale Anschnittgröße, bei der

- noch keine thermische Schädigung
- oder zu hoher Druckverlust eintritt

durch Simulationen (vgl. Kapitel 16) vor der Werkzeugkonstruktion oder Versuche beim Bemustern ermittelt werden. Die Simulation kann gleichzeitig genutzt werden, um die Angusskanäle zu balancieren. Der praktische Ablauf – in der Regel auch notwendig, wenn eine rechnerische Auslegung vorangegangen ist – ist folgender:

Der das Werkzeug abmusternde Handwerker verändert mechanisch die Anschnitte so, dass jede Kavität zur gleichen Zeit gleichmäßig mit Schmelze gefüllt wird.

Durch Teilfüllung des Werkzeugs kann das Füllverhalten ermittelt werden (Bild 7.11 und Bild 7.12). Hierzu werden die Anschnitte zunächst bedeutend kleiner als erforderlich hergestellt; sie werden bei den Abspritzversuchen so lange erweitert, bis alle Kavitäten gleichmäßig gefüllt werden. Eine vorangegangene Simulation des Füllvorganges (vgl. Kapitel 16) kann diese Abspritzversuche zur Kontrolle der gleichmäßigen Füllung der Kavitäten nicht ersetzen, jedoch helfen, das Einfahren zu verkürzen und festzustellen, ob die Lage der Angüsse so ist, dass sich die Kavität fehlerfrei füllt.

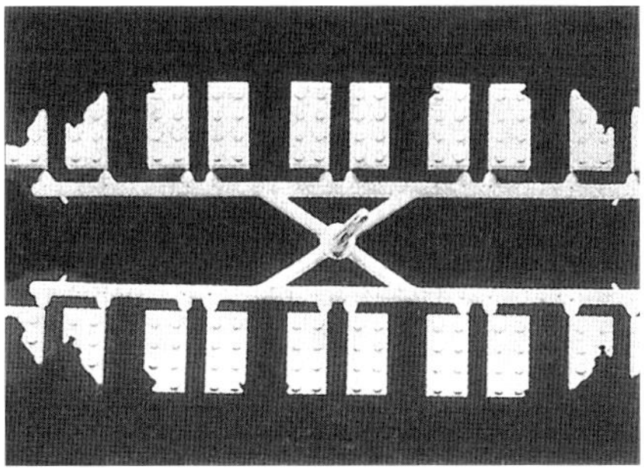

Bild 7.11 Ungleichmäßige Füllung der Formnester mit nicht balanciertem Angusssystem [7.6]

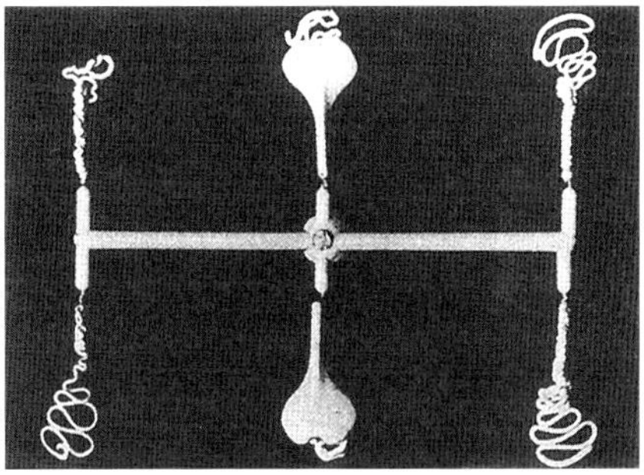

Bild 7.12 Werkzeugfüllung bei einem Werkzeug mit nicht balanciertem Angusssystem [7.6]

Tabelle 7.5 zeigt empfohlene Formen und Lagen des Anschnittes am Formteil. Anschnitte können runde, halbrunde und rechteckige Querschnitte besitzen, am günstigsten ist der rechteckige; vom Formteil trennen lässt jedoch am besten der halbrunde.

Tabelle 7.5 Querschnittsform und Lage des Anschnitts zum Angusskanal [7.2] [7.3] [7.10]

	Merkmale
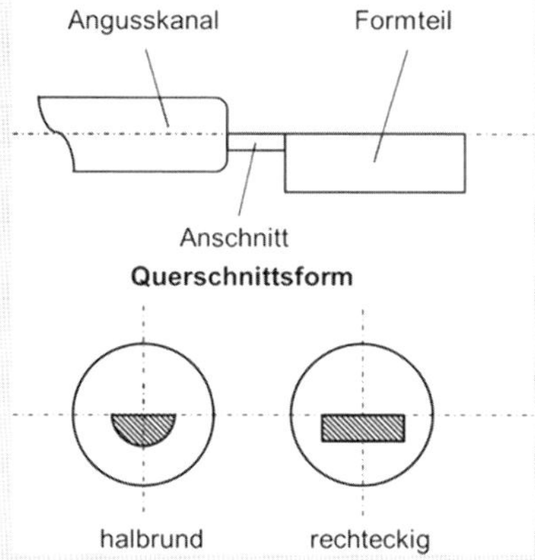	*Exzentrischer Anschnitt* ▪ Die exzentrische Lage des Anschnittes ist in der Herstellung einfacher ▪ Diese Anschnitte sind besser entformbar und leichter vom Formteil abreißbar. ▪ Der Anschnitt mündet in der Flucht der wand, sodass kein freistrahl entstehen kann.
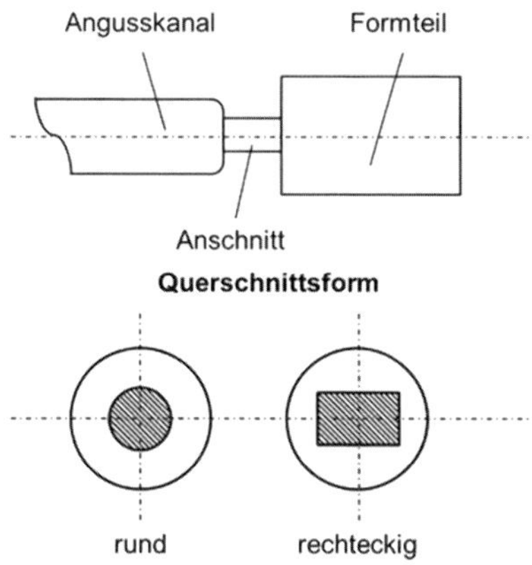	*Zentrischer Anschnitt* ▪ Um Wärme- und Reibungsverluste gering zu halten, sind möglichst kleine Oberflächen bei großem Volumen gefordert. ▪ Rundkanäle sind am günstigsten. ▪ Einarbeitung in beide Formhälften ▪ Die zentrische Lage erschwert das Abreißen des Angusses und erfordert eventuelle Nacharbeit ▪ Der Anschnitt muss auf der Höhe einer Wand in das Formnest münden, um Freistrahlbildung zu vermeiden.

Die Anbindung des Anschnittes am Verteilerkanal sollte entsprechend Tabelle 7.6 (oben) ausgeführt werden. Das kann allerdings in manchen Fällen dazu führen, dass die an der Kanalwand erstarrte Haut mit in das Formnest gerissen wird und dort den so genannten „Schallplatteneffekt" hervorruft Tabelle 7.6 (unten). Demgegenüber hilft diese Ausführung die „Spaghetti"- oder„Würstchen"-Bildung (Tabelle 7.6, oben) zu verhindern, weil so die Strömung nicht abreißen kann und die Formmasse in die Kavität einquillt. Für kritische Fälle wurde das Anbringen einer so genannten „Bohne" (Tabelle 7.6, unten) am Übergang des Kanals in den Anschnitt empfohlen.

Empfohlene Abmessungen der Anschnitte für Punkt- bzw. Tunnelangüsse können Bild 8.12, Bild 8.13 und Bild 8.18 entnommen werden.

Tabelle 7.6 Richtlinien zur Gestaltung des Anschnitts [7.2] [7.12] [7.14] [7.15]

Gestaltung des Anschnittes	Merkmale
Ungünstige Querschnitte 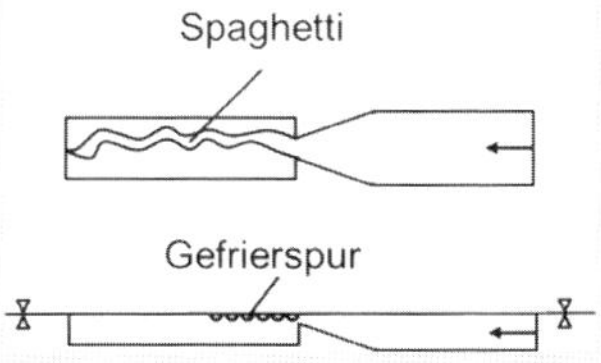	Anschnitt so ans Formteil legen, dass dein Freistrahl wie im Bild entsteht, sonst störende Markierungen; Schmelzestrom auf Wand oder Hindernis treffen lassen. Bei Einarbeitung des Anschnittes in einer Formhälfte besteht die Gefahr, dass kalte Außenhaut aus dem Anguss in das Formnest wandert, weil eine Prallwand hinter dem Anschnitt fehlt. Ebenfalls störende Markierung.
Günstige Querschnitte 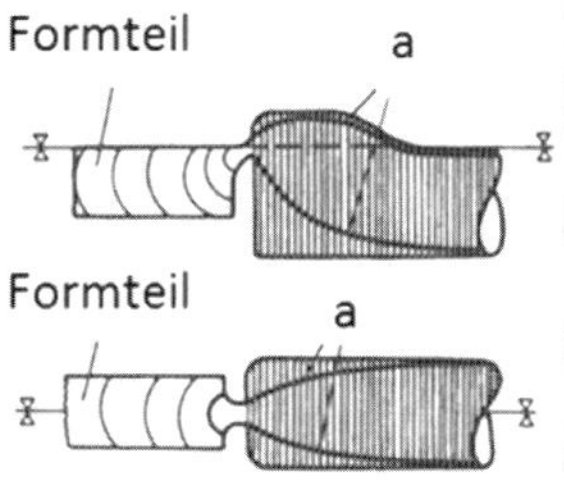	*Abhilfe*: Durch Ausführung mit „Überlaufbohne" bleibt „plastische Seele" erhalten Bei mittiger Lage des Anschnittes und schroffem Übergang (Stauboden) mit Aufrauhung des Kanals wird Mitspülen der erstarrten Randschicht verhindert. (a. Begrenzung der „plastischen Seele") Radien am Übergang zum Formnest ergeben laminares Strömen der Schmelze in das Formnest. Freistrahl wird vermieden. Durch Abrundung des Überganges ist die Beseitigung des Angusses schwierig. Diese Variante ist trotzdem vorzuziehen, da auf Grund der besseren Fließverhältnisse höherer Qualität der Formteile in Bezug auf Maßhaltigkeit und mechanische Festigkeit.

7.7.1 Lage des Anschnittes am Formteil

Bei allen thermoplastischen Kunststoff-Formmassen wird die Erstarrung der Schmelze in den Hohlräumen des Werkzeuges direkt durch die Temperatur des Werkzeuges bestimmt. Kunststoffe sind schlecht wärmeleitend. Demzufolge bestimmt die Wanddicke des Formteiles direkt die Zeit, bis die für die Entformung ausreichende Erstarrung erreicht ist. Aus diesem Grund befindet sich der Anschnitt immer am dicksten Querschnitt, damit dieser zuletzt erstarrt und der Nachdruck bis zuletzt wirken kann. Wird der Anschnitt nicht am dicksten Querschnitt des Formteils angeordnet, so entstehen Lunker oder Einfallstellen, weil der Nachdruck die Schmelze im Anguss nicht mehr nachzudrückt.

Die Lage des Anschnittes bestimmt die Fließrichtung der Formmasse bei der weiteren Füllung des Werkzeughohlraumes. In Fließrichtung werden die Kunststoffmoleküle gestreckt und alle nicht sphärischen Füllstoffpartikel orientiert. Dies verursacht sogenannte Orientierungen, d. h. eine Ausrichtung der Moleküle, Fasern und anderen Füllstoffpartikeln. Da die Eigenschaften in Richtung der Orientierung und senkrecht dazu sehr unterschiedlich sind, gilt dies auch für viele Formteileigenschaften, beispielsweise für die Festigkeitseigenschaften und die Schwindung von Formteilen quer und parallel zur Fließrichtung. Dieser auf die Orientierung der Moleküle zurückzuführende Effekt ist umso stärker ausgeprägt, je mehr die Schmelze im bereits einfrierenden Zustand geschert wird. Bei dünnwandigen Artikeln ist der

Grad der Orientierung daher besonders groß. Die besten Werte für die Zug- und Schlagfestigkeit werden dabei in Fließrichtung erreicht während senkrecht zur Fließrichtung niedrigere Werte gemessen werden und zudem mit einer höheren Spannungsrissempfindlichkeit und verminderter Zähigkeit zu rechnen ist. Die Bilder 7.13 bis 7.15 verdeutlichen schematisch den Fließweg der Schmelze bei verschiedenen Anschnittlagen und die Auswirkung auf die mechanischen Eigenschaften der Formteile.

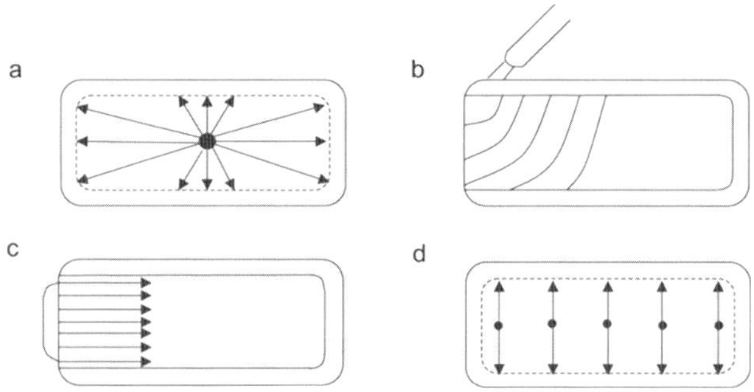

Bild 7.13 Fließweg der Schmelze bei verschiedenen Anschnittlagen [7.11]
a: mittiger Stangen- oder Punktanschnitt,
b: seitlicher Normalanschnitt mit erwünschter Wirbelbildung,
c: seitlicher Bandanschnitt,
d: Mehrfach-Punktanschnitt.

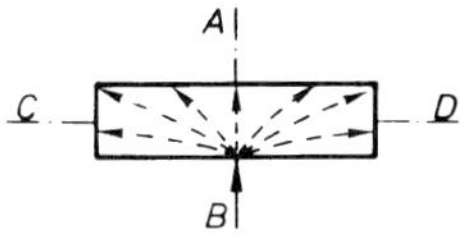

Bild 7.14 Molekülorientierung senkrecht zur Fließfront der Formmasse, bei an der Breitseite liegendem Anschnitt. Bei Beanspruchung im Querschnitt C–D ist die mechanische Festigkeit größer als im Querschnitt A–B [7.17]

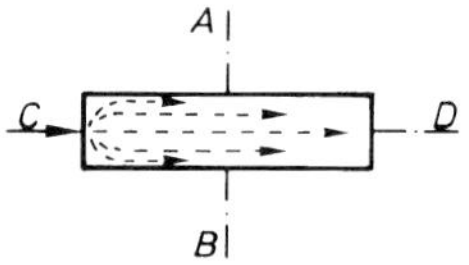

Bild 7.15 Molekülorientierung senkrecht zur Fließfront der Formmasse, bei an der Schmalseite liegendem Anschnitt. Bei Beanspruchung im Querschnitt A–B ist die mechanische Festigkeit größer als im Querschnitt C–D [7.17]

Aufgrund der unterschiedlichen Materialeigenschaften entlang und senkrecht der Orientierungen, sollte vor der Konstruktion des Werkzeugs definiert werden, wie das Formteil belastet wird und in welchen Achsen die Hauptbeanspruchungsrichtungen liegen. Bei fasergefüllten Formmassen ist die Auslegung der Formteilbelastung in besonderem Maß von Bedeutung. Faserverstärkte Bauteile weisen eine deutlich höhere Festigkeit in Orientierungsrichtung auf, können hauptsächlich Zugkräfte aufnehmen. Aufgrund dessen muss der Anspritzpunkt im Werkzeug und der Spritzgießprozess so ausgelegt werde, dass sich die Fasern in Richtung der größten im Betrieb des Formteils zulässigen Zugspannungen ausrichten und Druckspannungen entlang der Fasern vermieden werden.

Bei ungefüllten Schmelzen ist die Schwindung in Orientierungsrichtung (Bild 7.16) stets am kleinsten und senkrecht dazu am größten. Unterschiedliche Schwindung innerhalb eines Bauteils ist eine häufige Ursache von Verzug. Dieser ist besonders groß, wenn wie bei Faser gefüllten Schmelzen, die Kontraktion durch die Fasern in Faserrichtung unterdrückt wird und daher eine verstärkte Querschwindung auftritt.

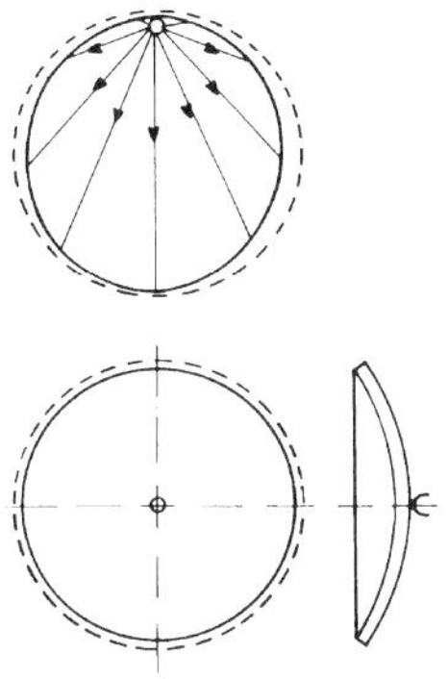

Bild 7.16 Einfluss der Lage des Anschnittes auf die Qualität des Formteils
oben: Nicht zentrisch liegender Anschnitt, Schwindung in Fließrichtung ist kleiner als senkrecht dazu.
unten: Zentrisch liegender Anschnitt führt zum Beulen, da Schwindung in Umfangsrichtung größer ist als in Radialrichtung.

Kritisch sind auch sogenannte Bindenähte. Bindenähte entstehen in einem Bauteil dort, wo sich in einem Werkzeug der Schmelzefluss an einem Hindernis (Löcher oder Einsätze, Wanddickensprünge oder aufgrund mehrere Anspritzpunkte) in mehrere Ströme aufteilt, welche wieder zusammenfließen. Ist die Temperatur der zusammenlaufenden Fließfronten zu niedrig, ist eine optimale Verschmelzung nicht mehr möglich. Bindenähte können daher nur sehr vermindert Kräfte aufnehmen (z. B. Bild 7.17). Durch Bindenähte entstehen meist auch optische Fehlstellen, ganz besonders, wenn die Schmelzen eingefärbt sind. Hochmolekulare Schmelzen, fasergefüllte oder faserbildende Formmassen (LC-Polymere, d. h. Schmelzen, die eine flüssigkristalline Struktur besitzen) neigen besonders zu Orientierungen und Bindenähte sind hier besonders kritisch zu betrachte. Je weiter die Bindenähte vom Anguss entfernt entstehen, umso kälter sind die Oberflächen der aufeinander treffenden Ströme.

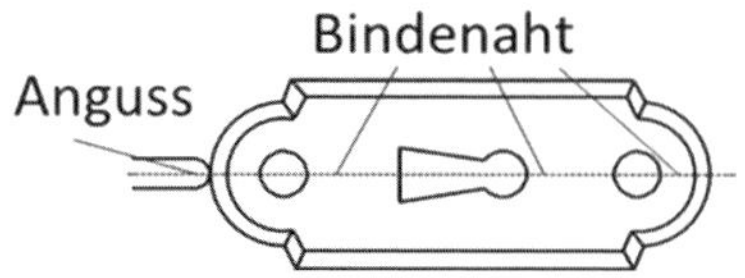

Bild 7.17 Bindenaht hinter Löchern und Schlitzen ergibt Stellen geringer Festigkeit [7.17]

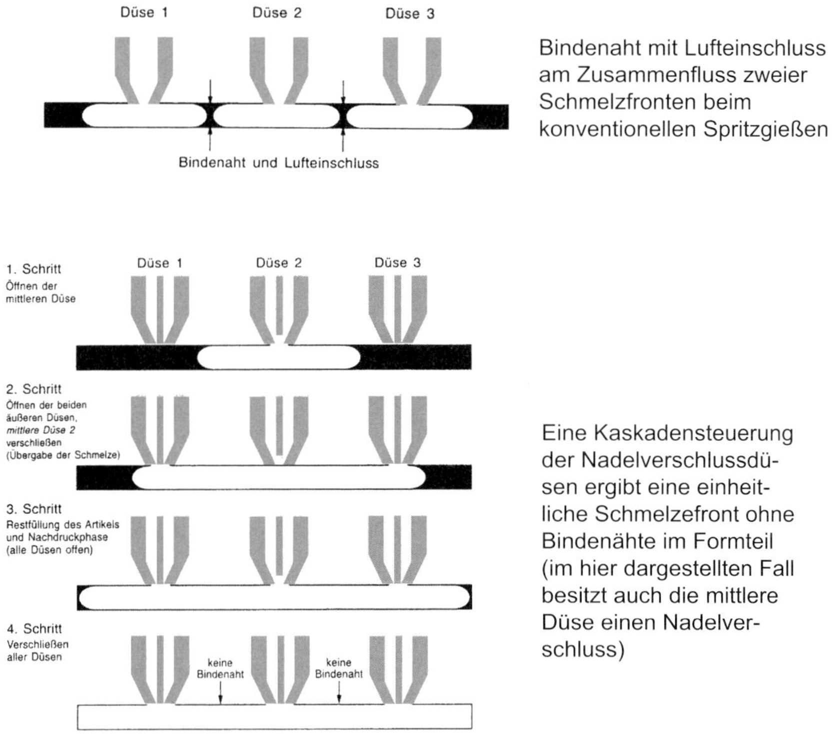

Bild 7.18 Kaskadenanspritzung [7.18]

Dementsprechend lassen sich die aufeinandertreffenden Ströme schlechter verschweißen, was die Schwachstelle im Formteil begünstigt. Abhilfe kann dadurch erreicht werden, dass Stellen im Werkzeug, an denen Bindenähte auftreten, zu späteren Füllzeitpunkten oder unter dem Nachdruck nochmals quer durchströmt werden oder dass wie beim Kaskadenanguss (vgl. Bild 7.18) Bindenähte dadurch vermieden werden, dass über einen bzw. mehrere weitere Anschnitte neue Schmelze direkt in den ankommenden Strom gepumpt wird.

Andererseits ist es bei kleinen Formteilen, welche viele Fließhindernisse besitzen, wie z. B. Steckerleisten (Bild 7.19), völlig ausreichend, einen Vielfachpunktanschnitt, wie ihn Bild 7.20 zeigt, anzubringen. Die Schmelzeoberflächen sind infolge der kurzen Fließwege zwischen den Anschnitten noch gut verschweißbar, daher stellen

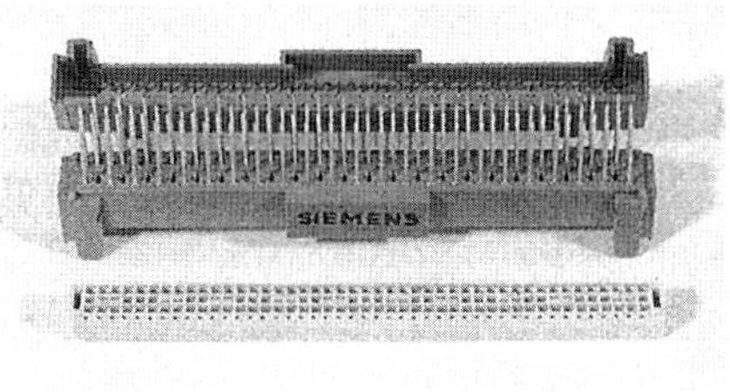

Bild 7.19 Steckerleiste

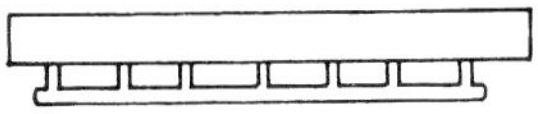

Bild 7.20 Mehrfacher Punktanschnitt

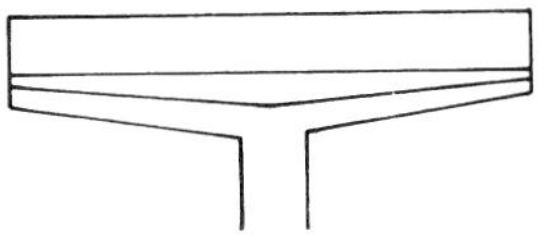

Bild 7.21 Bandanschnitt

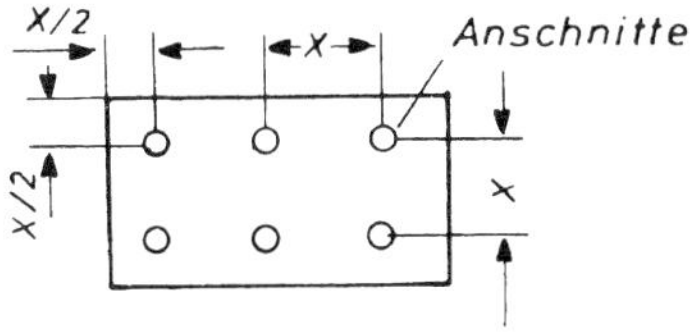

Bild 7.22 Prinzip der gleichen kurzen Fließwege bei Punktanschnitten

die Bindenähte keine Schwachstellen dar. Die Bilder 7.21 bis 7.22 zeigen weitere Beispiele. Insbesondere wird wegen des leichteren, automatisch möglichen Abtrennens von Vielfachpunktanschnitten (Bild 7.20) diese Angussform in der Regel dem qualitativ etwas besseren Bandanschnitt (Bild 7.21) vorgezogen.

Es ist heute kein Problem mehr, sich bereits in der Konstruktionsphase ein Bild davon zu verschaffen, wie sich bestimmte Anschnittorte auf die Qualität des Formteiles auswirken. Kommerziell erhältliche Softwareprogramme berechnen die Füllung der Kavität und damit Faserorientierung, Schwindung und Verzug. Vor der eigentlichen Werkzeugkonstruktion können so die Lage und die Anzahl der Anschnitte variiert werden, um den Schmelzefluss durch die Kavität optimal auszulegen.

7.8 Verteilerkanäle für hochgefüllte Schmelzen

In speziellen Verfahren der Kunststoffverarbeitung, wie beispielsweise dem Pulverspritzgießen, werden Kunststoff-Formmassen mit Füllstoffanteilen von bis zu 65 Vol.-% versetzt. Die hierdurch herbeigeführte Änderung der rheologischen und thermodynamischen Eigenschaften der Mischung in der Schmelze muss bei der Dimensionierung und Gestaltung des Verteilersystems in Spritzgießwerkzeugen besonders berücksichtigt werden. Da die Veränderung des Materialverhaltens nicht nur von der Art des Füllstoffs (z. B. metallisches oder keramisches Pulver) und seinem Anteil an der Mischung abhängt, sondern auch von seiner Gestalt (Faser, Pulver) und mikroskopischen Geometrie (Faserlänge und -durchmesser, Oberflächenstruktur, Korngröße und Korngrößenverteilung), muss die Auslegung durch Simulationen (vgl. Kapitel 16) ermittelt werden.

Mit dem Füllgrad von Kunststoffen steigt deren Schmelzeviskosität stark an, sodass für eine vollständige Füllung der Kavität ein im Vergleich zu ungefüllten Thermoplasten wesentlich höherer Druck erforderlich ist. Die beste Lösung ist, den Fließwiderstand im Verteilersystem dadurch gering zu halten, dass das Verteilersystem möglichst kurz gehalten und mit großem Querschnitt ausgeführt wird.

Weiterhin ist je nach Füllstoff und Füllstoffgehalt (s. o.) die Schwindung einer Formmasse wesentlich geringer als die ungefüllter Kunststoffe, so dass eine größere Entformungsschräge sowohl bei den Angusszapfen, als auch bei den Verteilerkanälen erforderlich ist. Wegen der je nach verwendetem Füllstoff stark abrasiven Wirkung der Schmelze muss ein geeigneter Werkzeugstahl oder eine verschleißfeste Beschichtung gewählt werden.

Die besonders hochgefüllten Kunststoffe, die beim Pulverspritzgießverfahren eingesetzt werden, weisen keine oder eine nur sehr geringe Schmelzeelastizität auf (kein Memory-Effekt), sodass sich kaum eine Quellströmung bei der Füllung der Kavität ausbildet. Um also Freistrahlbildung zu verhindern ist die optimale Wahl des Anschnittes besonders wichtig. Insbesondere muss der eintretende Strahl in Berührung mit einer Kavitätswand kommen (z. B. seitliche Anbindung) oder auf eine Fließbehinderung treffen [7.19] [7.20]. Aus dem gleichen Grund müssen auch Wanddickensprünge vermieden werden, da auch hierdurch Freistrahlbildung entstehen kann.

Bindenähte sind auch deswegen unbedingt zu vermeiden, weil sie matrixreiche, füllstoffarme Bereiche darstellen und somit Schwachstellen im Bauteil. Es müssen auch andere Ursachen für Entmischungen unterbunden werden, wie scharfe Umlenkungen oder Ecken und Kanten im Verteilersystem. Entmischungen vermeidet man auch, wenn es gelingt eine Blockströmung im Verteiler zu erzwingen. Hierzu müssen die Wandungen der Kanäle und des Angusses poliert werden [7.21].

Hochgefüllte Schmelzen besitzen im Vergleich zu ungefüllten Kunststoffen eine deutlich erhöhte Temperaturleitfähigkeit, die bei hohen Füllstoffbeladungen mit keramischen oder metallischen Partikeln gegenüber ungefüllten Kunststoffen um mehr als das Zehnfache ansteigen kann. Bei der Verwendung eines gekühlten Verteilersystems kommt es daher zu einer verstärkten Randschichtbildung während der Einspritzphase und zu einem frühzeitigen Versiegeln des Angusses. Hierdurch ist ein höherer Fülldruck erforderlich und die Zeit, in der der Nachdruck wirkt, verkürzt sich drastisch.

Als Alternative gegen zu groß dimensionierte Angüsse und um trotzdem Einfriereffekten entgegenzuwirken, werden zunehmend Heißkanalsysteme eingesetzt. Diese erlauben eine deutlich längere und gezieltere Beeinflussung des Formteilbildungsprozesses in der Nachdruckphase [7.22]. Da die Bildung einer erstarrten Randschicht im Verteilerkanal unterbunden wird, ergeben sich geringere Druckverluste. Nachteilig an dieser Konstruktion sind die aufwendige, thermische Isolierung des Heißkanalsystems zur Kavität hin und die Gefahr hoher Orientierungen im Bereich des Angusses, da hier die Formmasse lange Zeit schmelzeflüssig ist. Um diese Probleme zu beheben, haben sich beim Pulverspritzgießen Kombinationen aus Heißkanalverteilern mit kurzem erstarrenden Anguss bewährt [7.23] [7.24]. Hierdurch werden die Bereiche mit hohen Orientierungen in den dann zu entfernenden Angussbereich verschoben und haben somit keine Auswirkungen auf die Qualität des Bauteils.

7.9 Verteilerkanäle und Anschnitte für vernetzende Formmassen

Sowohl für Elastomere als auch für Duroplaste ist die Minimierung des Volumens der Verteilerkanäle deswegen besonders wichtig, weil der hier aushärtende Kunststoff nur bedingt wiederverwertet werden kann und in der Regel entsorgt werden muss. Aus wirtschaftlichen Gesichtspunkten werden allerdings Vielnestformen mit umfangreichen Verteilersystemen in breitem Maß eingesetzt, weshalb zur Reduzierung der entstehenden Materialkosten Kaltkanalsysteme inzwischen an Bedeutung gewinnen. Die Ausführung der Verteilersysteme unterscheidet sich prinzipiell nicht von denjenigen, die bei thermoplastischen Formmassen benutzt werden.

7.9.1 Elastomere

Da elastomere Formmassen in der Regel hoch gefüllt und daher hochviskos sind, wird für die Überwindung der Verteilersysteme ein Großteil des Spritzdrucks verbraucht. Die Füllung der Formnester, erfolgt unter geringem Druck. Beim Füllen der Kavitäten kommt es nicht immer zur Ausbildung von geschlossenen Fließfronten die sich vom Anschnitt zum Fließwegende bewegen, es tritt auch recht häufig das Phänomen der Freistrahlbildung auf. Dies liegt unter anderem daran, dass Kautschukmischungen meist eine hohe Viskosität und Elastizität aufweisen [7.62]. Allerdings sind Bindenähte bei Elastomeren nicht so kritisch, wie bei Thermoplasten, da die Formmasse erst vor Ort nach der Füllung der Kavität in der Berührung mit der heißen Werkzeugwand dünnflüssig wird und nun unter dem sich aufbauenden Druck durch die Volumenausdehnung der Schmelze Bindenähte gut verschweißt werden. Eine Freistrahlbildung ist allerdings trotzdem oft ungünstig, da das Formteil undefiniert gefüllt wird und Luft eingeschlossen werden kann, was zu Blasen und Verbrennungen (z. B. Brennern) führen kann.

Der hohe Druckverbrauch in den Angusssystemen führt zudem meist dazu, dass die Trennebenen bereits beim Füllen aufgesprengt werden und sich weit ausgedehnte Schwimmhäute (Grate) bilden. Diese Schwimmhäute müssen in kostenintensiver Nacharbeit – meist von Hand – entfernt werden. Weiterhin wird *eine einmal aufgesprengte Trennebene sofort durch den Schließdruck zerstört; sobald nämlich der Forminnendruck mit zunehmender Vernetzung nachlässt, werden die Grate in den Stahl eingepresst.*

Einfluss der Lage des Anschnittes bei Elastomeren

Je komplizierter die Formteilgeometrie, desto komplexer verlaufen auch die Fließvorgänge in der Kavität. Obwohl die Bindenähte aufgrund der Vernetzungsreaktion gut verschweißen, führen sie in gewissen Fällen dennoch zu Ausschuss. Bindenähte, die ja stets an der gleichen Stelle auftreten, verursachen an diesen Stellen verstärkte Belagbildung in der Kavität. Das gleiche wird am Ende der Füllstrecke beobachtet. Die Fließfronten der Formmassen, denen oft niedermolekulare Stoffe beigemischt sind, wie Wachse, Öle, Oligomere des Harzes, dampfen zunächst in einem gewissen Maße aus, werden dann aber wieder von der Formmasse eingeschlossen und kondensieren. Dieser Vorgang führt zum Aufbau fest haftender Beläge, die an der Oberfläche der Formteile zu matten Flecken führen [7.26].

Zur Gewährleistung einer dauerhaft guten Qualität der Formteile und um zu häufiges Reinigen zu verhindern, empfiehlt sich bei der Werkzeugauslegung daher trotzdem Bindenähte möglichst zu vermeiden.

7.9.2 Duroplaste

Es werden in Anordnung, Gestalt und Abmessungen die gleichen Systeme benutzt, wie in den Abschnitten 7.6 beschrieben. Mit gutem Erfolg werden sogar Tunnelanschnitte eingesetzt, wodurch ein automatisierter Prozessablauf ermöglicht wird. Allerdings ist es erforderlich, da duroplastische Formmassen mit zum Teil hochabrasiv wirkenden Füllstoffen modifiziert werden, die Anschnitte mit Hartstoffeinsätzen bzw. Einsätzen aus besonders verschleißfesten Stählen zu fertigen. Kanäle und Formnester werden durch Oberflächenvergütung – Hartverchromen oder Hartstoffbeschichtung – verschleißfester.

7.10 Rheologische Werkzeugauslegung

In der rheologischen Werkzeugauslegung wird das Füllverhalten der Kavität berechnet. Die rheologische Auslegung erfolgt schon während der Produkt- und Werkzeugentwicklung, da nach der Fertigung des Werkzeugs Fehler nur sehr schwer durch werkzeugtechnische Anpassungen kompensiert werden können. Die rheologische Auslegung wird für das gesamte Spritzvolumen durchgeführt. Das Spritzvolumen setzt sich sowohl aus der Kavität als auch aus den notwendigen Angusssystemen zusammen, um neben dem eigentlichen Füllvorgang der Kavität auch die Balancierung der Verteilerkanäle bewerten zu können.

Mithilfe einer Füllsimulation kann:

- die geeignete Art und Positionierung der Anschnitte,
- die Füllbarkeit einzelner Fließabschnitte,
- die Lage von Bindenähten,
- die Lage möglicher Lufteinschlüsse sowie
- der Hauptorientierungsrichtungen von Molekülen und Fasern

berechnet werden.

Zum Stand der Technik gehört heute die rheologische Auslegung des Werkzeugs mithilfe von CAE-(Computational Aided Engneeringe) Programmen. Um eine erste Abschätzung treffen zu können, wo beispielsweise Bindenäht liegen, kann neben den CAE-Programmen auch die Füllbildmethode verwendet werden (vgl. Kapitel 16).

Vorteile für die Verwendung von Simulationssoftware sind:

- Konstruktionszeichnungen aus CAD (computer aided design)-Programm können direkt in der Software verwendet werden
- Modifikationen der Prozessparameter und des Angusssystems möglich
- Genaue Vorhersage der Einstellparameter der Spritzgießmaschine
- Ermittlung notweniger Informationen wie Druckverlust, Temperatur oder Füllzeit

Maßgeblich für die genaue Berechnung des Füllvorgangs sind zuverlässige Materialdaten. Die benötigten Werkstoffdaten lassen sich im modernen Simulationsprogramm den angeschlossenen Werkstoffdatenbanken entnehmen. Diese Materialdatenbanken sind meistens sehr ausführlich und enthalten rohstoffherstellerübergreifende Daten zu den verschiedensten Werkstoffen. Sind die Materialdaten für das zu verarbeitende Material nicht in diesen Datenbanken hinterlegt, müssen sie experimentell bestimmt werden. Zur Durchführung einer Füllsimulation werden für die meisten Simulationsprogramme materialspezifische Daten benötigt. Neben den rheologischen Daten (Carreau-Koeffizienten und WLF-Temperaturveschiebung) werden auch thermische Daten wie:

- Wärmeleitfähigkeit,
- Dichte,
- spezifische Wärmekapazität und
- Fließgrenztemperatur

benötigt. Außerdem ist das pvT-Verhalten des Kunststoffs notwendig für eine genaue Berechnung des Füllvorgangs sowie die mechanischen Daten (Elastizitätsmodul und Querkontraktionszahl).

7.10.1 Rheologische Grundlagen [7.39]

Eine allgemeine Strömung wird durch die Erhaltungssätze von Masse, Impuls und Energie sowie durch eine rheologische und thermodynamische Zustandsgleichung vollständig beschrieben (vgl. Bild 7.24). Die rheologische Zustandsgleichung, die auch Stoff- oder Materialgesetz genannt wird, beschreibt den Zusammenhang zwischen dem Strömungsgeschwindigkeitsfeld und dem resultierenden Spannungsfeld. In diese gehen sämtliche Fließeigenschaften des jeweiligen Kunststoffs ein. Das Beschreiben, Erklären und Messen der Fließeigenschaften von Stoffen ist zentraler Gegenstand der Wissenschaft von der Deformation und dem Fließen der Körper, die man Rheologie nennt. Die rheologischen Grundlagen werden in diesem Kapitel einführend soweit behandelt, wie sie für die Auslegung von Angüssen und Angussverteilern bei ingenieurmäßiger Betrachtung benötigt werden.

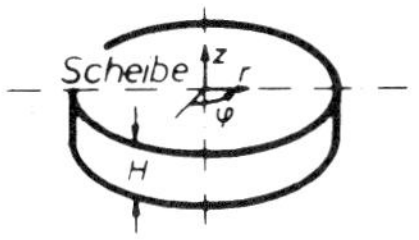		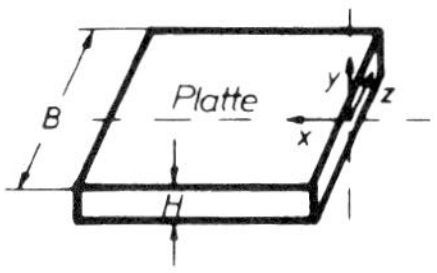	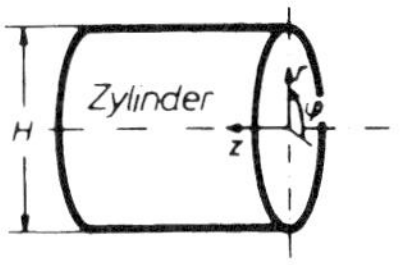
mit Dehnströmung	ohne Dehnströmung		
Kontinuitätsgleichung			
$\frac{\partial(r \cdot v_r)}{\partial r} = 0$		$\frac{\partial v_x}{\partial x} = 0$	$\frac{\partial v_z}{\partial z} = 0$
Impulsgleichung			
$\rho v_r \frac{\partial v_r}{\partial r} = \frac{1}{r}\frac{\partial(r\sigma_{rr})}{\partial r} - \frac{\sigma_{\varphi\varphi}}{r} - \frac{\partial \sigma_{rz}}{\partial z}$	$0 = -\frac{\partial \sigma_{rr}}{\partial r} - \frac{\partial \sigma_{rz}}{\partial z}$	$0 = -\frac{\partial \sigma_{xx}}{\partial x} - \frac{\partial \sigma_{yx}}{\partial y}$	$0 = -\frac{\partial \sigma_{zz}}{\partial z} - \frac{1}{r}\frac{\partial(r\sigma_{rz})}{\partial r}$
Energiegleichung			
$\rho c_p\left(\frac{\partial \vartheta}{\partial t} + v_r \frac{\partial \vartheta}{\partial r}\right) = \lambda \frac{\partial^2 \vartheta}{\partial z^2} - \left[\sigma_{rr}\frac{\partial v_r}{\partial r} + \sigma_{\varphi\varphi}\frac{v_r}{r}\right] - \sigma_{rz}\frac{\partial v_r}{\partial z}$	$\rho c_p\left(\frac{\partial \vartheta}{\partial t} + v_r \frac{\partial \vartheta}{\partial r}\right) = \lambda \frac{\partial^2 \vartheta}{\partial z^2} - \sigma_{rz}\frac{\partial v_r}{\partial z}$	$\rho c_p\left(\frac{\partial \vartheta}{\partial t} + v_x \frac{\partial \vartheta}{\partial x}\right) = \lambda \frac{\partial^2 \vartheta}{\partial y^2} - \sigma_{xy}\frac{\partial v_x}{\partial y}$	$\rho c_p\left(\frac{\partial \vartheta}{\partial t} + v_z \frac{\partial \vartheta}{\partial z}\right) = \lambda \frac{\partial^2 \vartheta}{\partial r^2} + \frac{\lambda}{r}\frac{\partial \vartheta}{\partial r} - \sigma_{zr}\frac{\partial v_z}{\partial r}$

Bild 7.23 Berechnung der Fließvorgänge (Grundgleichungen) [7.28] [7.29]

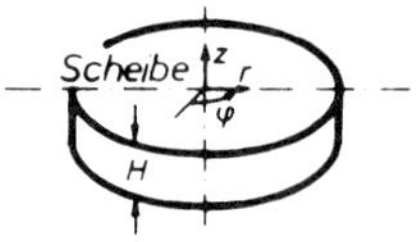 		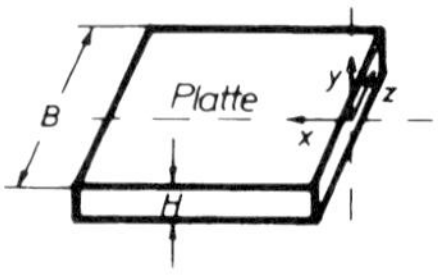 	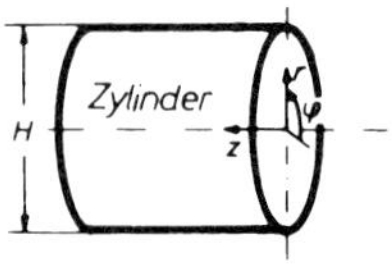
mit Dehnströmung	ohne Dehnströmung		
Geschwindigkeitsverteilung $v_r = \int_0^{H/2} \frac{1}{\eta} \left\{ \int_0^z \left[\left(-\frac{\partial p}{\partial r} - \frac{v_r}{r} \cdot \frac{1{,}5\eta_0}{r} - \rho \cdot v_r \right) \right] dz \right\} dz$	$v_r = \left(-\frac{\partial p}{\partial r}\right) \cdot \int_z^{H/2} \frac{1}{\eta} z\,dz$	$v_x = \left(-\frac{\partial p}{\partial x}\right) \cdot \int_y^{H/2} \frac{1}{\eta} y\,dy$	$v_z = \frac{1}{2}\left(-\frac{\partial p}{\partial z}\right) \cdot \int_r^{R} \frac{1}{\eta} r\,dr$
mittlere Geschwindigkeit $\bar{v}_r = \frac{2}{H} \int_0^{H/2} v_r\,dz$	$\bar{v}_r = \frac{2}{H}\left(-\frac{\partial p}{\partial r}\right) \cdot \int_0^{H/2} \frac{1}{\eta} z^2\,dz$	$\bar{v}_x = \frac{2}{H}\left(-\frac{\partial p}{\partial x}\right) \cdot \int_0^{H/2} \frac{1}{\eta} y^2\,dy$	$\bar{v}_z = \frac{1}{2R^2}\left(-\frac{\partial p}{\partial z}\right) \cdot \int_0^{R} \frac{1}{\eta} r^3\,dr$
Schergeschwindigkeit $-\frac{\partial v_r}{\partial z} = \frac{1}{\eta} \int_0^z \left[\left(-\frac{\partial p}{\partial r}\right) - \frac{v_r}{r} \left\{ \frac{1{,}5\eta_0}{r} - \rho v_r \right\} \right] dz$	$-\frac{\partial v_r}{\partial z} = \left(-\frac{\partial p}{\partial r}\right) \cdot \frac{1}{\eta} \cdot z$	$-\frac{\partial v_x}{\partial y} = \left(-\frac{\partial p}{\partial x}\right) \cdot \frac{1}{\eta} \cdot y$	$-\frac{\partial v_z}{\partial r} = \frac{1}{2}\left(-\frac{\partial p}{\partial z}\right) \cdot \frac{1}{\eta} \cdot r$
Druckgradient implizit in Geschwindigkeitsverteilung	$\left(-\frac{\partial p}{\partial r}\right) = \frac{\dot{V}}{4\pi r \int_0^{H/2} \frac{1}{\eta} z^2\,dz}$	$\left(-\frac{\partial p}{\partial x}\right) = \frac{\dot{V}}{2B \int_0^{H/2} \frac{1}{\eta} y^2\,dy}$	$\left(-\frac{\partial p}{\partial z}\right) = \frac{2\dot{V}}{\pi \int_0^{R} \frac{1}{\eta} r^3\,dr}$
$\dot{V} = 2 \cdot \pi \cdot r \cdot H \cdot \bar{v}_r$		$\dot{V} = B \cdot H \cdot \bar{v}_x$	$\dot{V} = \pi \cdot R^2 \cdot \bar{v}_z$

Bild 7.24 Berechnung der Fließvorgänge (Bestimmungsgleichungen) [7.28] [7.29]

mit:

$x, y, z/r, z, \varphi$ = Koordinaten
v = Geschwindigkeit in Koordinatenrichtung
ρ = Dichte
t = Zeit
ϑ = Temperatur
σ = Spannung
c_p = spezifische Wärmekapazität
λ = Wärmeleitfähigkeit
p = Druck
B = Breite
H = Höhe
R = Radius

Kunststoffschmelzen verhalten sich nicht rein viskos, sondern sie besitzen zusätzlich eine nicht unerhebliche Elastizität. Ihre Eigenschaften liegen damit zwischen denen eines idealen Fluids und eines idealen (Hookeschen) Festkörpers. Man spricht deshalb von viskoelastischem Verhalten oder Viskoelastizität. Bei der rheologischen Beschreibung werden daher üblicherweise Materialdaten, die das rein viskose und solche, die das elastische Verhalten beschreiben, unterschieden.

Viskose Schmelzeeigenschaften

Beim Fließprozess, wie er in Spritzgießwerkzeugen auftritt, wird die Schmelze hauptsächlich geschert. Verursacht wird dieses sogenannte Scherfließen (vgl Bild 7.25) dadurch, dass Kunststoffschmelzen an den Oberflächen der sie verformenden Werkzeughälften haften *(Stokesche Haftung)*. Vereinfacht lässt sich dies an einem Zwei-Platten-Modell darstellen (Bild 7.26).

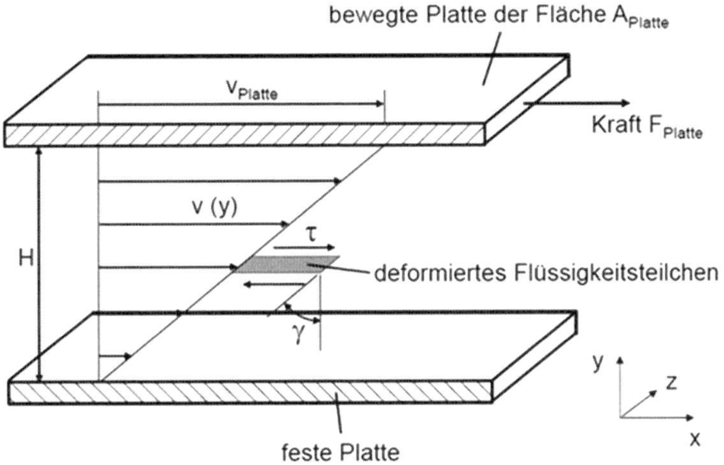

Bild 7.25 Schematische Darstellung der Scherströmung zwischen zwei gegeneinander bewegten Platten

Die Fließfähigkeit eines Stoffes ist stark von der Beweglichkeit seiner Molekülsegmente abhängig, d. h. von ihrer Gestalt, der Temperatur, ihrer Größe sowie davon, wie sehr die einzelnen Moleküle miteinander verschlauft sind. Der innere Widerstand eines Werkstoffes gegen eine während des Fließens stetig wirkende Kraft wird durch die Viskosität beschrieben. Im Folgenden wird die Viskosität an einem einfachen Modell, dem Zweiplattenmodell, hergeleitet.

Kunststoffschmelzen fließen stets laminar. Sie haften bei ausreichend geringen Geschwindigkeiten zudem an den Oberflächen eines Fließkanals. Hierdurch kommt es zum sogenannten Scherfließen. Als einfaches Modell zur Darstellung des Scherfließens von Polymerschmelzen ist das Zweiplattenmodell gut geeignet (Bild 7.25).

Wird die obere Platte gegen die untere verschoben, so muss die dazwischen befindliche Schmelze die Geschwindigkeitsdifferenz über dem Plattenabstand H ausgleichen; die Schmelze wird geschert. Ein rechteckiges Flächenelement wird dabei wie in Bild 7.25 verformt. Es entsteht eine einfache Scherströmung mit der Schergeschwindigkeit:

$$\dot{\gamma} = \frac{\mathrm{d}v}{\mathrm{d}y} \tag{7.1}$$

v = Fließgeschwindigkeit
y = Scherrichtung

beschrieben wird.

Bei einer stationären Scherströmung tritt eine Schubspannung τ zwischen den Fluidschichten auf. Im einfachsten Fall eines newtonschen Fluids ist die Schubspannung τ proportional der Schergeschwindigkeit $\dot{\gamma}$. Es gilt:

$$\tau = \eta \cdot \dot{\gamma} \tag{7.2}$$

Man bezeichnet den Proportionalitätsfaktor als dynamische Scherviskosität oder kurz nur als Viskosität. Sie hat die Dimension Pa · s. Die Viskosität ist ein Maß für den inneren Fließwiderstand eines gescherten Fluides.

Kunststoffschmelzen verhalten sich im Allgemeinen nicht newtonsch. Ihre Viskosität ist nicht konstant, sondern abhängig von der Schergeschwindigkeit. In Anlehnung an die für newtonsche Fluide gültige Beziehung 4.7 gilt für das Fließgesetz:

$$\tau = \eta(\dot{\gamma}) \cdot \dot{\gamma} \tag{7.3}$$

bzw.:

$$\eta(\dot{\gamma}) = \frac{\tau}{\dot{\gamma}} \tag{7.4}$$

Hinweis:

Viele Kunststoffe zeigen eine mehr oder weniger ausgeprägte Zeitabhängigkeit der Viskosität (Thixotropie, Rheopexie, Anlaufverhalten der Viskosität bei plötzlich einsetzender Scherung oder Dehnung, Spannviskosität [7.31] bis [7.33]). Diese Zeitabhängigkeit wird bei der Auslegung von Spritzgießwerkzeugen jedoch allgemein nicht berücksichtigt, da Daten hierzu meist nicht vorliegen und zudem in der Regel eher kleine Fehler verursachen. Diese Zeitabhängigkeit wird daher im Folgenden nicht mehr berücksichtigt.

Viskositäts- und Fließfunktion

Trägt man die Viskosität in Abhängigkeit von der Schergeschwindigkeit in einem Diagramm doppeltlogarithmisch auf, so ergibt sich (bei konstanter Temperatur) für Kunststoffe ein prinzipieller Verlauf, wie er in Bild 7.26 dargestellt ist. Für kleine Schergeschwindigkeiten ist die Viskosität konstant, mit steigenden Schergeschwindigkeiten fällt die Viskosität.

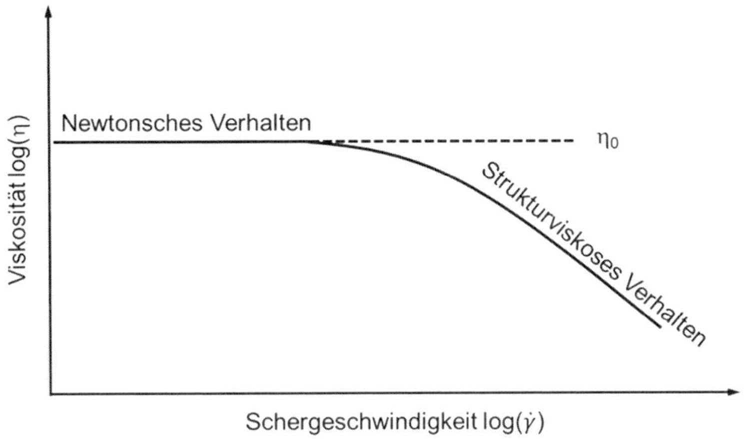

Bild 7.26 Darstellung der Abhängigkeit der Viskosität von der Schergeschwindigkeit in Form einer Viskositätskurve [7.61]

Das Verhalten, bei der die Viskosität mit der Schergeschwindigkeit abfällt, bezeichnet man als strukturviskos. Die für kleine Schergeschwindigkeiten konstante Viskosität bezeichnet man als newtonsche Viskosität, untere newtonsche Grenzviskosität oder bei $\dot{\gamma} = 0$ als Nullviskosität.

Neben der Auftragung der Viskosität in Abhängigkeit von der Schergeschwindigkeit in der so genannten *Viskositätskurve* benutzt man noch die Darstellung des Zusammenhangs zwischen der Schubspannung und der Schergeschwindigkeit (ebenfalls doppeltlogarithmisch) als so genannte *Fließkurve* (Bild 7.27).

Bei einem newtonschen Fluid besteht Proportionalität zwischen Schergeschwindigkeit und Schubspannung. Die doppeltlogarithmische Auftragung der Wertepaare liefert deshalb eine Gerade mit Steigung 1, d. h. der Winkel zwischen der Abszisse und der Fließkurve beträgt 45°. Eine Abweichung der Fließkurve von dieser Steigung zeigt somit direkt nicht - newtonsches Fließverhalten an.

Für ein strukturviskoses Fluid hat bei der gewählten Darstellung Kurven eine Steigung größer als 1, d. h. die Schergeschwindigkeit nimmt progressiv mit steigender Schubspannung zu.

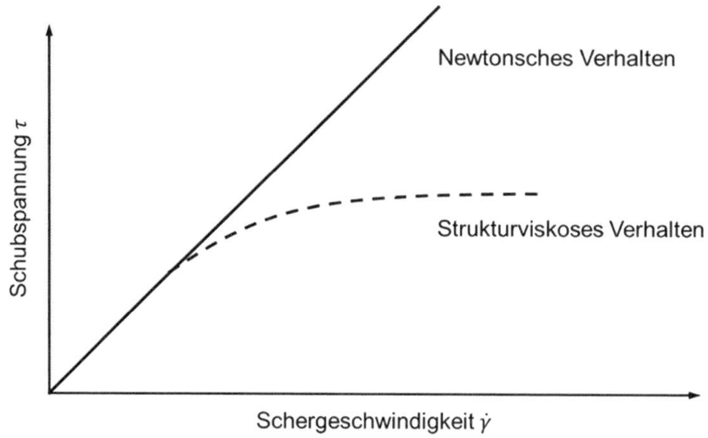

Bild 7.27 Darstellung der Abhängigkeit der Schergeschwindigkeit von der Schubspannung in Form einer Fließkurve

Mathematische Beschreibung des strukturviskosen Schmelzeverhaltens

Zur mathematischen Beschreibung der Viskositäts- und Fließkurven sind verschiedene Modelle entwickelt worden, die sich im mathematischen Aufwand einerseits und in der Anpassungsfähigkeit im Hinblick auf konkrete Messwerte und damit der Genauigkeit andererseits unterscheiden. Überblicke geben beispielsweise [7.31] [7.34]. Die für Thermoplaste und Elastomere gebräuchlichsten Modelle werden im Folgenden kurz erläutert.

Potenzansatz nach *Ostwald* und *De Waele* [7.35] [7.36]

Trägt man die Fließkurven verschiedener Kunststoffe in doppeltlogarithmischem Maßstab auf, dann erhält man Kurven, die aus zwei näherungsweise linearen Abschnitten und einem Übergangsbereich bestehen (Bild 7.28). In vielen Fällen bewegt man sich nur in einem der beiden Bereiche, sodass sich zur mathematischen Beschreibung des Kurvenabschnitts eine Funktion:

$$\gamma = \dot{\phi} \cdot \tau^m \tag{7.5}$$

eignet. Gleichung 7.5 stellt den so genannten Potenzansatz nach *Ostwald* und *De Waele* mit den beiden Parametern Fließexponent m und Fluidität ϕ dar. Charakterisierend für das Fließvermögen eines Stoffes und seiner Abweichung vom newtonschen Verhalten ist dabei der Fließexponent m. Es gilt:

$$m = \frac{\Delta \log \dot{\gamma}}{\Delta \log \tau} \tag{7.6}$$

m ist also die Steigung der Fließkurve im betrachteten Bereich, aufgetragen im doppeltlogarithmischen Diagramm (Bild 7.28).

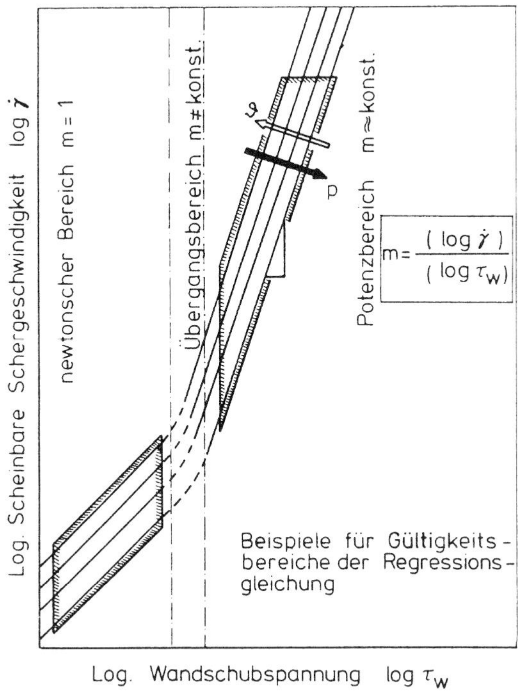

Bild 7.28 Approximation der Fließkurve durch einen Potenzansatz [7.30]

m liegt bei Kunststoffschmelzen in der Regel zwischen 1 und 6. Im Schergeschwindigkeitsbereich von ca. 10^0 bis $10^4\ s^{-1}$ meist nur zwischen 1 und 4. Für $m = 1$ wird $\phi = 1/\eta$, d. h. es liegt newtonsche Fließverhalten vor.

Mit Gleichung 7.4 erhält man aus Gleichung 7.5 für die Viskositätsfunktion:

$$\eta = \phi^{-1} \cdot \tau^{1-m} = \phi^{\frac{1}{m}} \cdot \dot{\gamma}^{\frac{1}{m}-1} \tag{7.7}$$

Mit:

$$k = \phi^{\frac{1}{m}} \tag{7.8}$$

$$n = \frac{1}{m} \tag{7.9}$$

erhält man die übliche Darstellung der Viskositätsfunktion:

$$\eta = k \cdot \dot{\gamma}^{n-1} \tag{7.10}$$

Der Faktor *k* heißt Konsistenzfaktor (Einsviskosität). Er gibt die Viskosität bei einer Schergeschwindigkeit von $\dot{\gamma} = 1/s$ an. Der Viskositätsexponent *n* ist gleich 1 für newtonsches Verhalten und liegt bei den meisten Kunststoffen zwischen 0,2 und 0,7. Er beschreibt die Steigung der Viskositätskurven im betrachteten Bereich (Bild 7.28).

Der Potenzansatz ist mathematisch sehr einfach aufgebaut und gestattet daher eine analytische Behandlung nahezu aller einfachen Strömungsprobleme, die mit dem newtonschen Ansatz lösbar sind. Ein Nachteil dieses Ansatzes ist, dass bei sehr geringer Schergeschwindigkeit der Viskositätswert unendlich groß wird und dass damit der näherungsweise schergeschwindigkeitsunabhängige newtonsche Bereich nicht beschrieben werden kann. Generell kann der Potenzansatz eine Fließ- oder Viskositätskurve nur in einem gewissen Schwergeschwindigkeitsbereich mit genügender Genauigkeit beschreiben. Dabei hängt die Größe dieses Bereichs bei gegebener Genauigkeit von der Krümmung der wirklichen Fließkurve ab.

Soll eine Fließkurve über einen größeren Bereich mit dem Potenzgesetz beschrieben werden, so bietet sich eine Aufteilung der Kurve in Segmente an, wobei für jeden Abschnitt ϕ und m bestimmt werden müssen [7.37].

In einer Standarddatensammlung für rheologische Stoffdaten [7.38] [7.39] werden deshalb entsprechend den Schergeschwindigkeitsbereichen unterschiedliche Werte für ϕ und m angegeben.

Carreau-Ansatz [7.39] [7.41]

Ein Stoffmodell, das große Bedeutung in der Praxis der Spritzgießwerkzeugauslegung erlangt hat, ist der dreiparametrige Ansatz von *Carreau*. Er lautet:

$$\eta \cdot \dot{\gamma} = \frac{A}{\left(1 + B \cdot \dot{\gamma}\right)^{C}} \tag{7.11}$$

A = [Pa · s], B = [s] und C = [-]

Hierbei beschreiben A die Nullviskosität, B die so genannte reziproke Übergangsgeschwindigkeit und C die Steigung der Viskositätskurven im strukturviskosen Bereich für $\dot{\gamma} \rightarrow \infty$ (Bild 7.29).

Dieses Carreau-Modell hat den Vorteil, dass es das tatsächliche Stoffverhalten innerhalb eines breiteren Schergeschwindigkeitsbereichs als der Potenzansatz richtig wiedergibt, und dass es auch für $\dot{\gamma} \rightarrow 0$ sinnvolle Viskositätswerte liefert.

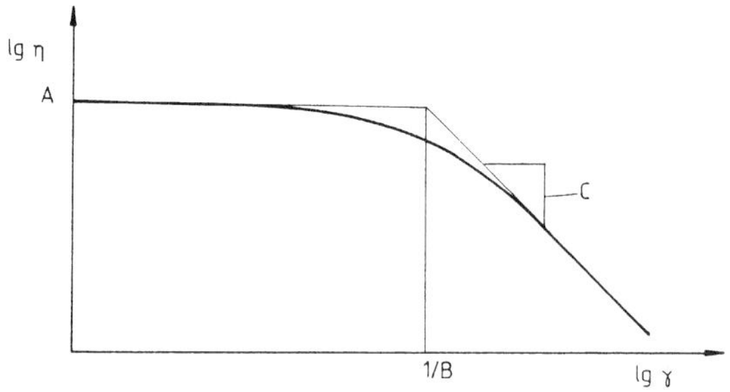

Bild 7.29 Approximation der Viskositätskurve durch den Carreau-Ansatz [7.30]

Temperatureinfluss

Trägt man für eine Kunststoffschmelze die Viskositätswerte doppeltlogarithmisch für jeweils unterschiedliche Temperaturen auf (Bild 7.30), so stellt man fest:

- der Einfluss der Temperatur auf die Viskosität ist bei kleinen Schergeschwindigkeiten, insbesondere im Bereich der Nullviskosität, wesentlich größer als bei hohen Schergeschwindigkeiten.
- die Lage der Viskositätskurven im Diagramm verändert sich zwar je nach Temperatur, deren Form bleibt aber gleich.

Es kann gezeigt werden, dass man für fast alle Kunststoffschmelzen (sogenannte *thermorheologisch einfache Fluide* [7.42]) die Viskositätskurven in eine einzige temperaturinvariante Masterkurve überführen kann. Zur Berechnung eines Temperaturverschiebungsfaktors existieren verschiedene Ansätze [7.39], von denen die weit verbreitete WLF-Gleichung (Williams-Landel-Ferry-Gleichung) hier näher erläutert wird. Mithilfe dieser Gleichung, die von *Williams*, *Landel* und *Ferry* entwickelt wurde [7.43], kann die Verschiebung von einer Viskositätskurve bei einer beliebigen Bezugstemperatur T_0 im Verarbeitungsbereich auf die gesuchte Temperatur T durchgeführt werden:

$$\log\frac{\eta(T)}{\eta(T_0)} = \log\alpha_T = \frac{C_1(T_0 - T_S)}{C_2(T_0 - T_2} - \frac{C_1(T - T_S)}{C_2(T - T_S)} \qquad (7.12)$$

Hierbei ist T_0 die Bezugs- und T_S die Standardtemperatur. Für $T_S \approx T_E + 50$ °C [7.43], wobei T_E die Erweichungstemperatur ist, wird $C_1 = -8{,}86$ und $C_2 = 101{,}6$.

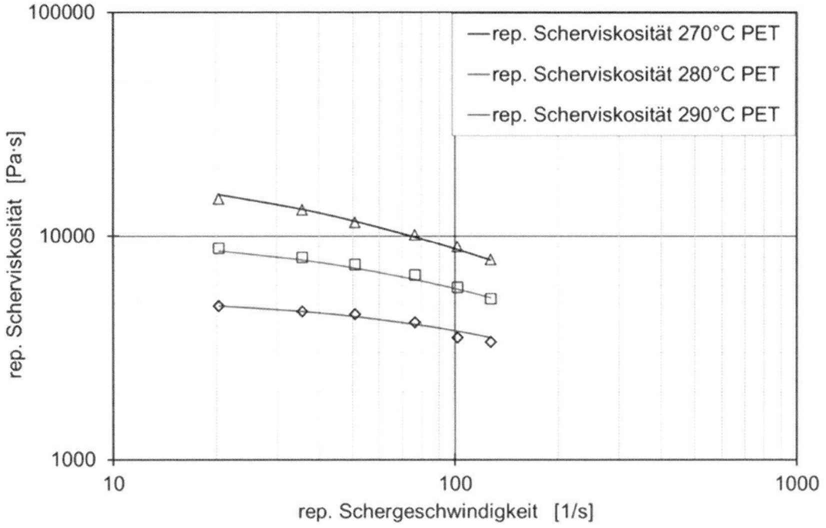

Bild 7.30 Viskositätsfunktion für PET bei verschiedenen Temperaturen

7.10.1.1 Ermittlung des viskosen Fließverhaltens unter Scherung mit Hilfe des Kapillarrheometers

Das Kapilarrheometer wird zur Bestimmung des viskosen Fließverhaltens der thermoplastischen Formmasse verwendet. Das Messprinzip besteht darin, dass die zu untersuchende Schmelze mittels eines Stempels durch eine Kapillare mit Kreisquerschnitt (auch Schlitzquerschnitte sind möglich) gepresst wird (Bild 7.31). Meist wird über die Kolbengeschwindigkeit der Volumenstrom eingestellt und das Signal eines oder mehrer Druckaufnehmer gemessen.

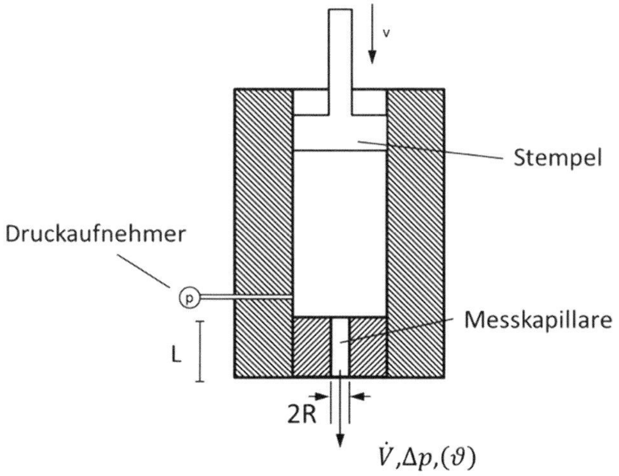

Bild 7.31 Prinzip des Kapillarrheometers [7.30]

Das zu untersuchende Material wird in einem beheizten Zylinder aufgeschmolzen und mit einem Stempel mit definierter Geschwindigkeit durch eine Düse gepresst. Aus dem gemessenen Druckverlust und den vorgegebenen Volumenströmen kann dann die Viskosität errechnet werden. Durch die Messung mit verschiedenen Düsenlängen wird der Einlaufdruckverlust im Totwassergebiet am Düseneintritt mit Hilfe der Bagley-Korrektur eliminiert.

Bei Kapillarrheometern wird vielfach nicht der Druckabfall mittels zweier Druckaufnehmer in der Kapillaren, sondern der Druck vor der Kapillaren gemessen (Bild 7.32). Hierbei erfasst man allerdings nicht nur den Druckabfall aufgrund der Reibungskräfte des Fluides über der Kapillaren (nur dieser darf in die entsprechenden Gleichungen für die Berechnung der Viskosität eingesetzt werden), sondern auch noch einen sogenannten Einlaufdruckverlust, der durch die beim Einlauf in die Kapillare erfolgende elastische Deformation der Schmelze anfällt. Im Bereich der Kontraktion des Fließkanals wird ein Schmelzevolumenelement stark in Fließrichtung gestreckt (gedehnt). Diese Deformation wird teilweise in Form von

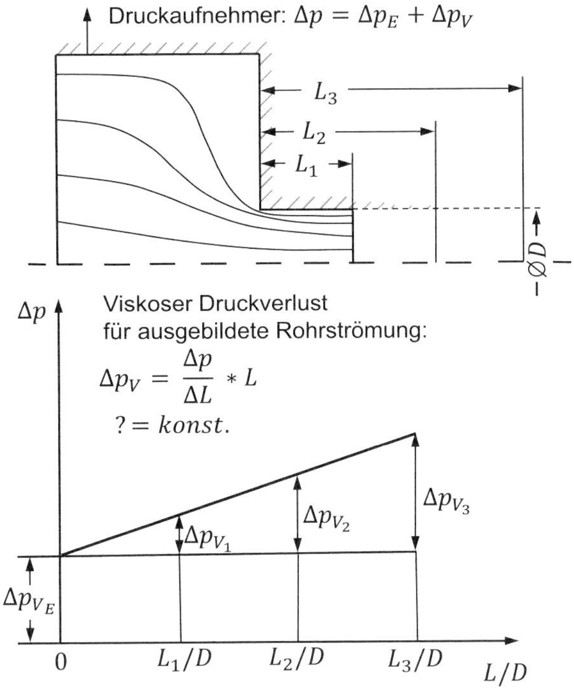

Bild 7.32 Bagley-Korrektur

elastisch gespeicherter Energie durch die Kapillare transportiert und am Austritt in Form einer Aufweitung des Schmelzestrangs zurückgewonnen. Diese elastisch gespeicherte Energie muss zunächst in Form eines zusätzlichen Druckbedarfs aufgebracht werden. Dieser Einlaufdruckverlust wird von dem Druckaufnehmer miterfasst und muss daher zunächst aus dem Ergebnis herausgerechnet werden. Dies geschieht mittels der sogenannten Bagley-Korrektur. Bei der Bagley-Korrektur (nach *E. Bagley*) geht man von zwei Annahmen aus:

1. Der Einlaufdruckverlust tritt nur im Einlaufbereich der Kapillaren auf und ist deshalb unabhängig von der Kapillarlänge.
2. In der Kapillaren fällt der Druck aufgrund viskosen Fließens mit konstantem Druckgradienten ab.

Nimmt man nun den Druckabfall über Kapillaren unterschiedlichen L/D-Verhältnisses (meist hält man den Durchmesser D konstant und variiert die Länge L) bei konstanter Schergeschwindigkeit auf, so erhält man in einem Δp-L/D-Diagramm (Bild 7.31) Punkte, die auf einer Geraden liegen. Die Steigung dieser Geraden entspricht dem Druckgradienten in der Kapillaren. Bei Variation der Schergeschwindigkeit erhält man eine Geradenschar mit der Schergeschwindigkeit als Parameter.

Extrapoliert man nun mittels dieser Geraden auf die Düsenlänge Null ($L/D = 0$), so schneidet die Gerade die Ordinate gerade in dem längenunabhängigen Einlaufdruckverlust. Dieser Einlaufdruckverlust steigt wie der Druckgradient über der Kapillaren mit zunehmender Schergeschwindigkeit. Für die Berechnung der Viskositätskurve muss nun die Differenz aus gemessenem Druck p_{gem} und Einlaufdruckverlust p_{e} gebildet werden:

$$\Delta p = \Delta p_{\text{gem}} - \Delta p_{\text{e}} \tag{7.13}$$

Nur diese Differenz darf in Gleichung 3) für die Schubspannung eingesetzt werden.

Das Fließen in der Kreiskapillaren wird für newtonsche Fluide durch das *Hagen-Poisseuille* beschrieben. Dabei wird angenommen, dass die Strömung laminar, stationär und isotherm ist und Wandhaftung vorliegt.

Es ergibt sich der Durchfluss und die Schubspannung an der Kapillarwand:

$$\dot{V} = \frac{\pi \cdot R^4 \cdot \Delta p}{8 \cdot \eta \cdot L} \tag{7.14}$$

$$\tau_{\text{W}} = \frac{\Delta p \cdot R}{2L} \tag{7.15}$$

und die Schergeschwindigkeit an der Wand:

$$\dot{\gamma}_{\text{W}} = \frac{4 \cdot \dot{V}}{\pi \cdot R^3} \tag{7.16}$$

So lässt sich aus bekannten geometrischen Größen (R, L), dem vorgegebenen Volumenstrom $\dot{V}$ und der gemessenen Druckdifferenz ein Punkt ($\eta,\dot{\gamma}$) der Viskositätskurve bestimmen. Durch Variation von $\dot{V}$ und damit von $\dot{\gamma}$ lässt sich das Verhalten über einen weiten Schergeschwindigkeitsbereich ermitteln.

Die obigen Ableitungen der Viskosität aus den Messgrößen erfolgten unter der Annahme, dass das Fluid sich newtonsch verhält. Da dies bei Kunststoffschmelzen im Allgemeinen aber nicht der Fall ist, erhält man mit der Gleichung 7.14 eine falsche, d. h. eine sogenannte scheinbare Fließkurve, welche eine Darstellung der Schubspannungen als Funktion der scheinbaren Schergeschwindigkeit D_{S} ist.

Um nun die wahre Viskositätskurve zu ermitteln, die den durch die Strukturviskosität beeinflussten wahren Geschwindigkeitsgradienten berücksichtigt, sind zwei Korrekturverfahren gebräuchlich. Bei der Weißenberg-Rabinowitsch-Korrektur wird die wahre Schergeschwindigkeit aus einer Differenzierung der scheinbaren Fließkurve ermittelt. Anschließend liefert die Division der Schubspannungswerte nach Gleichung durch die wahren Schergeschwindigkeiten die wahren Viskositäten. Dieses Verfahren ist aufgrund der punktweisen grafischen Differenzierung der Fließkurve recht aufwendig.

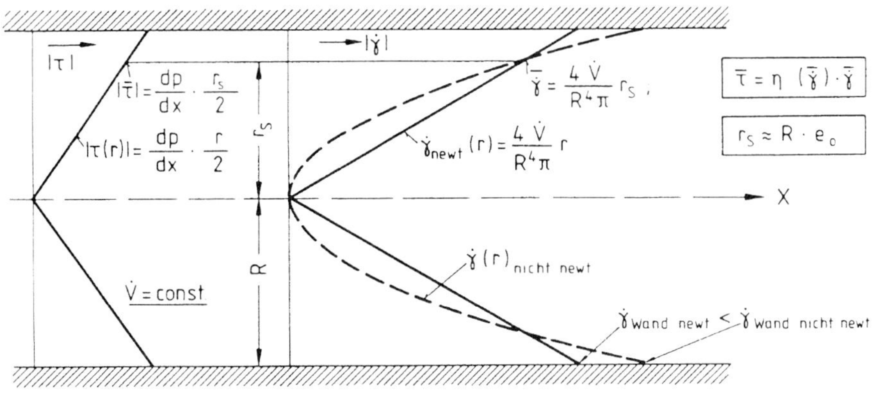

Bild 7.33 Schergeschwindigkeitsverteilung einer newtonschen und einer strukturviskosen Substanz bei laminarer Rohrströmung [7.30]

Das von Schümmer erstmals beschriebene und von Giesekus und Langer weiterentwickelte Konzept der repräsentativen Viskosität liefert gleiche Genauigkeit bei wesentlich geringerem Korrekturaufwand. Bei diesem Korrekturverfahren geht man von der Überlegung aus, dass es bei einer laminaren und isothermen Druckströmung eine Stelle im Fließkanal gibt, wo die Schergeschwindigkeit eines newtonschen und eines strukturviskosen Fluides gleich sind, wenn man einen gleichen Volumenstrom Q annimmt. Ermittelt man an diesem Ort die Schubspannung und die Schergeschwindigkeit einer newtonschen Substanz, so ergibt sich die wahre Viskosität für die dort vorliegende „repräsentative" Schergeschwindigkeit bzw. Schubspannung (Bild 7.33).

Um die wahre Schergeschwindigkeit bei nicht-newtonschen Flüssigkeiten zu erhalten, wird eine Korrektur vorgenommen. Diese wird als Weißenberg-Rabinowitsch-Korrektur bezeichnet.

Bei bekanntem Volumenstrom $\dot{V}$ lässt sich aus den Messwerten die scheinbare Schergeschwindigkeit D_S und die Wandschubspannung τ_W bestimmen. Da die gesuchte Fließfunktion sowohl an der Rohrwand als auch im Inneren erfüllt sein muss, kann nun die scheinbare mit der wahren Schergeschwindigkeit verknüpft werden, und es ergibt sich der Zusammenhang für die Kreiskapillare:

$$\dot{\gamma} = \frac{D_S}{4}\left(3 + \frac{d(\log D_S)}{d(\log \tau_W)}\right) \tag{7.17}$$

und für die Schlitzkapillare:

$$\dot{\gamma} = \frac{D_S}{3}\left(2 + \frac{d(\log D_S)}{d(\log \tau_W)}\right) \tag{7.18}$$

Eine andere Möglichkeit der Darstellung bei strukturviskosen Substanzen bietet die Ermittlung so genannter „repräsentativer Größen“. Hierbei wird im Fall des Strömungsprofils in einem geschlossenen Kanal nicht mehr die Wand, sondern die Stelle, an der die beiden Schergeschwindigkeitsprofile Bild 7.33 sich überschneiden, betrachtet. Diese repräsentative Stelle liegt mit ausreichender Genauigkeit bei:

Kapillaren (Rohren)

$$r_s = R \cdot e_0 \quad \text{mit } e_0 \approx 0{,}815 \tag{7.19}$$

und bei einer *schlitzförmigen Geometrie* bei

$$r_s = R \cdot e \quad \text{mit } e \approx 0{,}772 \tag{7.20}$$

Damit ist die Beschreibung des Strömungszustandes nicht-newtonscher Stoffe mit den Ansätzen für newtonsches Verhalten möglich. Bei gleichem Durchsatz lässt sich somit die repräsentative Schergeschwindigkeit leicht ermitteln.

7.10.1.2 Dehnviskosität

Neben der Scherung wird das Material insbesondere an extremen Querschnittsveränderungen wie z. B. zwischen Verteilerkanal und Anschnitt auch durch Dehnung beansprucht. Die zugehörige materialspezifische Größe ist die Dehnviskosität η_D. Für newtonsche Fluide gilt:

$$\eta_D = \frac{\sigma}{\dot{\varepsilon}} \tag{7.21}$$

Mit:

$$\dot{\varepsilon} = \frac{dv_x}{dx} \tag{7.22}$$

Die Dehnung ε wird in der Rheologie üblicherweise nach Hencky als natürlicher Logarithmus des Verstreckgrades definiert:

$$\varepsilon = \ln \frac{l}{l_0} \tag{7.23}$$

Die Dehnviskosität kann bestimmt werden, indem eine Probe im Schmelzezustand im Zugversuch getestet wird. Aus der sich ergebenden Spannung und Dehnrate wird die Dehnviskosität berechnet. Diese Methode wird im Allgemeinen als die direkte Methode bezeichnet, weil eine transiente Dehnviskosität bei einer konstant vorgegebenen Dehnrate gemessen werden kann.

Die Dehnviskosität ist bei newtonschen Fluiden unabhängig von der Dehngeschwindigkeit und entspricht dem dreifachen Wert der Scherviskosität:

$$\eta_D = 3 \cdot \eta \tag{7.24}$$

Bei nicht-newtonschen Flüssigkeiten gilt dies nur bei kleinen Deformationsgeschwindigkeiten, d. h. im Bereich des newtonschen Fließens. Bei nicht-newtonschen Fluiden kann die Dehnviskosität um mehrere Zehnerpotenzen größer als die Scherviskosität sein. Einflüsse, die die Molekularstruktur verändern, die das Entschlaufen der Kettenmoleküle fördern oder eine Entknäuelung behindern, wie z. B. hohe Molmassen oder Langkettenverzweigungen, bewirken eine Erhöhung der Dehnviskosität, wohingegen Weichmacher oder interne Gleitmittel verringern sie dagegen.

7.10.1.3 Gleichungen zur Druckverlustberechnung in Angüssen und Angussverteilern

In den Tabelle 7.7 und Tabelle 7.8 sind die Berechnungsgleichungen für den auf die Länge bezogenen Druckabfall sowie für die Schergeschwindigkeiten für verschiedene Geometrien des vorgesehenen Kanals und Angusses sowohl für newtonsches als auch strukturviskoses Werkstoffverhalten dargestellt. Diesen Beziehungen liegen folgende Annahmen zugrunde:

- isotherme Strömung (alle strömenden Massepartikel haben gleiche Temperatur)
- stationäre Strömung (keine zeitliche Änderung des Strömungsprofils)
- laminare Strömung (Schichtenströmung $Re < 2\,100$)
- inkompressible Flüssigkeit (konstante Dichte)
- Vernachlässigung von Ein- und Auslaufeffekten
- Wandhaftung

Tabelle 7.7 Druckabfall $\Delta p/L$ [7.32]

Geometrie	Newton'sch ($\tau = \eta \cdot \dot{\gamma}$)	Strukturviskos $\left(\tau^m = \frac{1}{\phi}\dot{\gamma}\right)$	Strukturviskos: Repräs. Größen
Kreis (Rohr)	$\frac{\Delta p}{L} = \frac{8\eta \cdot \dot{V}}{\pi R^4}$	$\frac{\Delta p}{L} = \left[\frac{2^m(m+3) \cdot \dot{V}}{\phi \pi R^{m+3}}\right]^{\frac{1}{m}}$	$\frac{\Delta p}{L} = \frac{8\bar{\eta} \cdot \dot{V}}{\pi R^4} = \frac{8\bar{\eta} \cdot \bar{\gamma}}{\pi R} = \frac{8\bar{\eta} \cdot \bar{v}_Z}{R^2}$
Kreisspalt (Ringspalt)	$\frac{\Delta p}{L} = \frac{12\eta \cdot \dot{V}}{\pi D H^3}$; $H \ll D$	$\frac{\Delta p}{L} = \left[\frac{2^{m+1}(m+2)\dot{V}}{\phi \pi D H^{m+2}}\right]^{\frac{1}{m}}$	$\frac{\Delta p}{L} = \frac{12\bar{\eta} \cdot \dot{V}}{\pi D H^3}$ $\frac{\Delta p}{L} = \frac{8\bar{\eta} \cdot \dot{V}}{\pi(R_a^2 - R_i^2) \cdot \bar{R}}$ $\bar{R} = R_a\left(1 + k^2 + \frac{1-k^2}{\ln k}\right)^{\frac{1}{2}}$; $k = \frac{R_i}{R_a}$
Schlitz (Rechteckspalt)	$\frac{\Delta p}{L} = \frac{12\eta \cdot \dot{V}}{B \cdot H^3}$ $(B \gg H)$ $\frac{\Delta p}{L} = \frac{12\eta \cdot \dot{V}}{B \cdot H^3 \cdot fp}$ $(B/H \leq 20)$	$\frac{\Delta p}{L} = \left[\frac{2^{m+1}(m+2)\dot{V}}{\phi B \cdot H^{m+2}}\right]^{\frac{1}{m}}$	$\frac{\Delta p}{L} = \frac{12\bar{\eta} \cdot \dot{V}}{BH^3} = \frac{12\bar{\eta}\bar{v}}{H^2}$
Unregelmäßiger Querschnitt (allgemein)	a) $\frac{\Delta p}{L} = \frac{12\eta \cdot \dot{V}}{B \cdot H^3 \cdot fp}$ b) $\frac{\Delta p}{L} = \frac{2\eta U^2 \cdot \dot{V}}{A^3}$ (Näherungsformel)	$\frac{\Delta p}{L} = \left[\frac{(m+3)\,U^{m+1}\dot{V}}{2\phi A^{m+2}}\right]^{\frac{1}{m}}$ (Näherungsformel!)	– ($\bar{\eta}$ nicht allgemeingültig formuliert)

Tabelle 7.8 Schergeschwindigkeiten $\dot{\gamma}$, Schergeschwindigkeit an der Werkzeugwand $\dot{\gamma}_W$ [7.30]

Geometrie	Newtonsch ($\tau = \eta \cdot \dot{\gamma}$)	Strukturviskos $\left(\tau^m = \frac{1}{\phi}\dot{\gamma}\right)$
Kreis (Rohr)	$\dot{\gamma} = \frac{4\bar{v}_Z \cdot r}{R^2} = \frac{4 \cdot \dot{V} \cdot r}{R^4 \pi}$ $\dot{\gamma}_W = \frac{4 \cdot \dot{V}}{\pi R^3}$	$\dot{\gamma} = (m+3)\frac{\bar{v}_Z}{R}\left(\frac{r}{R}\right)^m$ $\dot{\gamma}_W = \frac{(m+3) \cdot \dot{V}}{\pi R^3}$
Kreisspalt (Ringspalt)	$\dot{\gamma}_W = \frac{6 \cdot \dot{V}}{\pi D H^2}$ $\dot{\gamma}_W = \frac{6 \cdot \dot{V}}{\pi (R_a + R_i)(R_a - R_i)^2}$	$\dot{\gamma}_W = \frac{2(m+2)\dot{V}}{\pi D H^2}$ $\dot{\gamma}_W = \frac{2(m+2)\dot{V}}{\pi (R_a + R_i)(R_a - R_i)^2}$
Schlitz (Rechteckspalt)	$\dot{\gamma}_W = \frac{6 \cdot \dot{V}}{B \cdot H^2}$	$\dot{\gamma} = (m+2)\frac{2\bar{v}_Z}{H}\left(\frac{2x}{H}\right)^m$ $\dot{\gamma}_W = \frac{2(m+2)\dot{V}}{B H^2}$
Kegelbohrung	$\dot{\gamma} = \frac{4\dot{V}}{\pi r^3}\left[\frac{1 - \left(\frac{r_0}{R_0}\right)^3}{3\left(\frac{R_0}{r_0} - 1\right)}\right]^{\frac{3}{4}}$	
Unregelmäßiger Querschnitt	a) $\dot{\gamma} = \frac{2 \cdot \dot{V} \cdot U}{A^2}$ b) $R_{äq} = \sqrt{\frac{A}{\pi}}$ $\dot{\gamma}_W = \frac{4 \cdot \dot{V}}{\pi R_{äq}^3}$ (Näherungsformel!)	

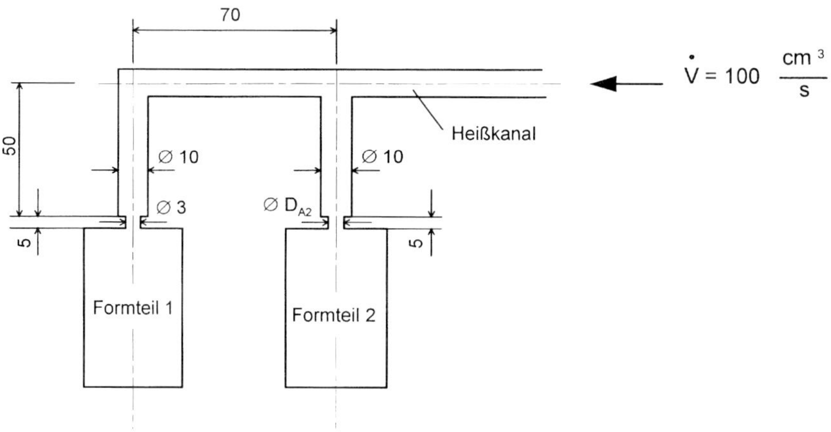

Bild 7.34 Einfaches Heißkanalsystem [7.61]

Beispielhaft soll das in Bild 7.34 dargestellte einfache Heißkanalsystem ausgelegt werden.

Der Anschnittdurchmesser D_{A2} bei Formteil 2 soll so angepasst werden, dass die beiden Formteile unter gleichen Bedingungen gefüllt werden (gleichzeitiger Eintritt der Schmelze in die Formteile, gleichzeitiges Erreichen der Fließwegenden).

Das zu verwendende Material wird durch folgende Daten charakterisiert:

- Einsviskosität: $K = 1{,}14 \cdot 10^4$ kg/(ms^{2-n}); Fließexponent: $n = 0{,}6$
- Maße des Heißkanalsystems:
  - Heißkanal bis zum Formteil 2:
    $L_{HK2} = 50$ mm; $D_{HK} = 10$ mm; $L_{A2} = 5$ mm; $D_{A2} = ?$
  - Heißkanal bis zum Formteil 1:
    $L_{HK1} = 120$ mm; $D_{HK} = 10$ mm; $L_{A1} = 5$ mm; $D_{A1} = 3$ mm

Für eine gleichzeitige Füllung der Formteile muss der Druckverlust auf beiden Fließwegen gleich sein:

$$\Delta p_1 = \Delta p_2$$

$$\frac{\eta_{HK} \cdot L_{HK1}}{D_{HK}^4} + \frac{\eta_{A1} \cdot L_{A1}}{D_{A1}^4} = \frac{\eta_{HK} \cdot L_{HK2}}{D_{HK}^4} + \frac{\eta_{A2} \cdot L_{A2}}{D_{A2}^4} \tag{7.25}$$

Für die verschiedenen Viskositäten gilt:

$$\eta_i = K \cdot a_T \cdot \dot{\gamma}_i^{n-1} \tag{7.26}$$

Mit der repräsentativen Schergeschwindigkeit:

$$\dot{\gamma}_{i,\mathrm{rep}} = e_0 \, \frac{32\,\dot{V}}{\pi \cdot D_i^3} \tag{7.27}$$

folgt für Gleichung 7.18:

$$\eta_i = K \cdot a_T \cdot \left(e_0 \cdot 32\,\dot{V}\right)^{n-1} \cdot \frac{1}{\pi \cdot D_i^{3\,(n-1)}} \tag{7.28}$$

Dies setzt man in die Ausgangsgleichung 7.26 und löst nach D_{A2} auf. Nach Einsetzen der Zahlenwerte berechnet sich D_{A2} zu 2,61 mm. Dies ist ein physikalisch sinnvolles Ergebnis, da durch diesen im Vergleich zu Anschnitt 1 kleineren Anschnittdurchmesser ein größerer Widerstand erzeugt wird, der den kürzeren Fließweg zu Formteil 2 kompensiert.

Nach dem heutigen Stand der Technik werden der Formfüllgang und damit auch das Auslegen und Balancieren der Anguss-, Verteiler und Heißkanäle nicht mehr per Hand ausgelegt. Aus diesem Grund wird in Kapitel 16 auf die Nutzung spezieller Simulationsprograme eingegangen, die die in diesem Kapitel vorgestellten Grundlagen nutzen, um den Füllvorgang zu berechnen.

7.11 Auslegung von Angüssen und Angussverteilern für vernetzende Formmassen

7.11.1 Elastomere

7.11.1.1 Berechnung des Füllvorgangs

Die Auslegung von Angüssen und Angussverteilern geschieht, genau so wie in der Thermoplastverarbeitung, unter rheologischen und thermischen Aspekten. Zusätzlich muss allerdings die Reaktionskinetik der Formmasse in Abhängigkeit von der vorherrschenden Temperatur und der Zeit berücksichtigt werden.

Für die rheologische Werkzeugauslegung werden seit längerem bereits erfolgreich Simulationsprogramme eingesetzt (vgl. Kapitel 16). Zur Beschreibung des Fließverhaltens wird hierbei der Carreauansatz oder der Potenzansatz verwendet (siehe hierzu auch Abschnitt 7.10).

Zur Gewährleistung einer sicheren Formteilfüllung dürfen keine Anvernetzungen (Scorch) während der Einspritzphase auftreten. Die Einspritzzeit, die dem Verarbeiter zur Werkzeugfüllung zur Verfügung steht und in der noch keine Anvernetzungen auftreten, wird als Inkubationszeit bezeichnet. Diese ist werkstoff- und temperaturabhängig. Für die mathematische Beschreibung des Auftretens von Anvernetzungen wird der *Scorch-Index* verwendet. Der Scorch-Index stellt das Verhältnis aus abgelaufener (Einspritz-) Zeit und Inkubationszeit dar und kann daher Werte zwischen „0“ und „1“ annehmen. Wird der Wert „1“ erreicht, ist die Inkubationszeit verstrichen und die eigentliche Vernetzung beginnt. Für eine sichere Formteilfüllung Scorch-Indices kleiner „1“ eingehalten werden müssen, um ein vorzeitiges Vernetzten zu vermeiden.

Um die geeigeneten Prozessparameter für die zu verarbeitende Formmasse zu finden, werden sogenannte Verarbeitungsfenster ausgelegt [7.55]. Systematische Unteruchungen mit variirenden Parametern (Temperatur, Zeit und Druck) werden durchgeführt und dabei auf Viskosimeter- und Vulkameterergebnisse zurückgegriffen. Damit werden auch Anvernetzungen erfasst, die bei Elastomeren eine wichtige Rolle für die Qualität spielen. Der Aufwand zur Erstellung ist allerdings erheblich, sodass sich dies nur bei großen Serien empfiehlt.

Im Folgenden wird zunächst erläutert, wie sich unterschiedliche Materialien und Werkzeuggeometrien qualitativ im Verarbeitungsfenster darstellen. Anschließend werden verschiedene berechnete Verarbeitungsfenster diskutiert.

7.11.1.2 Einfluss der Verarbeitungseigenschaften ermittelt anhand von Verarbeitungsfenstern

Die Verarbeitungseigenschaften eines Elastomers können durch seine:

- Viskosität,
- Inkubationszeit (t_i-Zeit) und
- Vulkanisationsgeschwindigkeit

charakterisiert werden. Bei der Verarbeitung interessiert vor allem die Frage, wie sich unterschiedliche Materialtypen oder verschiedene Chargen im Prozess verhalten und wie mögliche Verarbeitungsprobleme behoben werden können. An einem Verarbeitungsfenster können diese Fragen erörtert werden. Bild 7.35 zeigt, wie sich die Lage der:

- Einspritzzeit-Linie,
- Einspritzgrenze,
- Nachdruckzeit-Linie und
- Heizzeit-Linie

je nach Material(-charge) verändert.

Höhere Viskositätswerte verursachen im Werkzeug höhere Druckverluste. Da Spritzgießmaschinen die Einspritzgeschwindigkeit steuern oder regeln, führt der höhere Druckverlust zu sehr unterschiedlichen Auswirkungen [7.65]. Eine geregelte Maschine verringert ihre Geschwindigkeit konstant. Die gesteuerte Maschine verringert ihre Geschwindigkeit mehr oder weniger. Wie gering die Geschwindigkeit wird, hängt von der Dimensionierung des Hydraulikantriebs ab. Erreicht die gesteuerte oder geregelte Maschine ihre Druckgrenze (maximaler Einspritzdruck), dann stellt sich eine Einspritzgeschwindigkeit entsprechend dem Gleichgewicht zwischen Einspritzdruck und Druckverlust ein [4.65], die nicht mehr beeinflussbar ist.

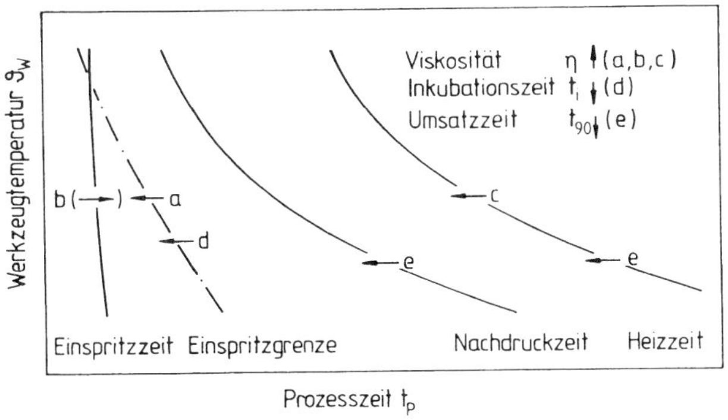

Bild 7.35 Einfluss der Materialeigenschaften im Verarbeitungsfenster (qualitativer Verlauf) a bis e Effekt [7.51]

Höhere Druckverluste (aufgrund einer höheren Viskosität) wirken sich daher sehr unterschiedlich aus. Besteht noch eine ausreichende Druckreserve der Maschine, bleibt die Einspritzzeit konstant (geregelte Maschine) oder sie wird geringfügig länger (gesteuerte Maschine). Bei dieser verlängerten Zeit stellt sich jetzt aber ein höherer Einspritzdruck ein. Dies bedeutet, dass für die Einspritzzeit-Linie ein neuer, höherer Einspritzdruck gilt. Da durch den höheren Druckverlust aber mehr Energie beim Einspritzvorgang in Wärme umgewandelt wird, erhöht sich auch die Massetemperatur und der Vulkanisationsvorgang läuft schneller ab. Durch die dann kürzere Inkubationsphase verschiebt sich die Einspritzgrenze nach links zu kleineren Zeiten (Bild 7.35, Effekt a). Bei steigenden Viskositätswerten engt sich der mögliche Füllzeitbereich (Abstand Einspritzzeit-Linie zu Einspritzgrenze) somit ein.

Arbeitet die Maschine jedoch an ihrer Druckgrenze, so wird die Einspritzzeit bei einem höherviskosen Material länger. Dies bedeutet, dass die Einspritzzeit-Linie sich nach rechts verschiebt (siehe Bild 7.35, Effekt b, eingeklammerter Pfeil). (Die Einspritzzeit-Linie steht dann immer für den maximalen Einspritzdruck der Maschine.) Beim Einspritzvorgang wird jetzt zwar nicht mehr Energie dissipiert (gleicher Druckverlust), aber die Füllzeit dauert länger und somit kann die Masse sich mehr durch Wärmeleitung erwärmen. Die höhere Massetemperatur kann wieder kürzere Inkubationszeiten verursachen und somit eine Einengung des möglichen Füllzeitbereichs (s. o.).

Durch die beschriebenen Effekte beim Einspritzvorgang startet die Nachdruck- und Heizphase natürlich auch mit höheren Massetemperaturen. Im Anschnitt wirkt sich die höhere Massetemperatur zu Beginn der Nachdruckphase jedoch fast nicht aus. Die Masse erreicht im (meist) geringen Anschnittquerschnitt ohnehin rasch die Werkzeugtemperatur und damit die maximal mögliche Vulkanisationsgeschwindigkeit. Die Nachdruckzeit (Abstand zwischen Einspritz-Linie und Nachdruckzeit-Linie) verkürzt sich dadurch praktisch nicht. Im dickwandigeren Formteil verkürzt die höhere Massetemperatur (nach Ablauf des Einspritzvorgangs) aber dessen Vulkanisationszeit, also den Abstand zwischen Einspritzzeit- und Heizzeit-Linie (siehe Bild 7.35, Effekt c). Ausschlaggebend hierfür sind der schnellere Temperaturausgleich der Masse und die deshalb höhere Vulkanisationsgeschwindigkeit.

Kürzere Inkubationszeiten verschieben dagegen nur die Einspritzgrenze nach links (siehe Bild 7.35, Effekt d). Bei der Lagerung einer Mischung steigt die Viskosität an (Verstrammung) und gleichzeitig wird die Inkubationsphase kürzer. Beide Effekte verstärken sich dann und verringern die maximal mögliche Füllzeit.

Höhere Vulkanisationsgeschwindigkeiten eines Materials verkürzen nur die Nachdruck- und Heizzeit (Bild 7.35, Effekt e). Die entsprechenden Linien verschieben sich ebenfalls nach links. Die Vorgänge in der Einspritzphase werden dadurch aber nicht tangiert.

Bestimmte Verarbeitungsprobleme können oft unterschiedlichen Ursachen zugeordnet werden bzw. durch verschiedene Maßnahmen abgestellt werden. Mit einem Verarbeitungsfenster kann die Auswahl der wirkungsvollsten Maßnahme erleichtert werden.

7.11.1.3 Kritische Anmerkungen und Beispiele zum Modell des Verarbeitungsfensters

Bei der Berechnung des Verarbeitungsfensters wird der Dosiervorgang nicht berücksichtigt. Er kann – was man beachten muss – jedoch bei ungünstigen Bedingungen den Prozessablauf beeinflussen. Die ungünstigen Bedingungen sind gegeben, wenn:

- die Dosierzeit länger als die Heizzeit ist und
- beim Dosiervorgang hohe Massetemperaturen erreicht werden.

Ist der Dosiervorgang länger als die Heizzeit, vergrößert sich dadurch die Prozesszeit bzw. die Zykluszeit.

Bei extremen Dosierbedingungen kann die Massetemperatur so hoch werden, dass bereits ein Teil der Inkubationsphase vor dem Einspritzvorgang ausgeschöpft wird. Die Annahme bei der Berechnung eines Verarbeitungsfensters, dass der Einspritzvorgang mit einem Scorch-Index von Null startet, ist dann natürlich falsch.

Aus solchen Verarbeitungsfenstern, wie sie in Bild 7.36 für zwei Werkzeuge und Anschnitte zusammengestellt wurden, können die Veränderungen der Betriebsbedingungen abgelesen und Werkzeuge, vor allem Angüsse, ausgelegt werden. Die vollständigen Verarbeitungsfenster zweier Prüfwerkzeuge *C* und *D* zeigt Bild 7.36. In den beiden oberen Diagrammen wurden die Nachdruck- und Heizzeiten jeweils von der 500 bar Einspritzzeit-Linie aus berechnet. Es ist zu erkennen, dass der flache Angussverteiler die Heizzeit-Linie geringfügig zu kürzeren Zeiten verschiebt. Bei einer Einspritzgrenze für einen Scorch-Index von 10 Prozent ist bei Werkzeug *D* jedoch nur eine maximale Werkzeugtemperatur von 164 °C möglich. Dies führt dann jedoch zu einer deutlich längeren, minimalen Prozesszeit bei Werkzeug D als bei Werkzeug *C*, das aufgrund des großen Abstandes zwischen Einspritzzeit-Linie und Einspritzgrenze eine Werkzeugtemperatur von 200 °C zulässt. Dadurch kann in Werkzeug *C* die Prozesszeit fast auf die Hälfte der Zeit von Werkzeug *D* reduziert werden (78 s bzw. 138 s). Erst ein höherer Einspritzdruck von 700 bar vergrößert in Werkzeug *D* den Abstand von Einspritzzeit-Linie zu Einspritzgrenze so weit, dass auch in Werkzeug *D* eine Temperatur von 200 °C möglich ist (Bild 7.36, unteres Diagramm). Durch diese Maßnahme kann die minimale Prozesszeit dann auf 68 s verkürzt werden.

Bild 7.37 zeigt zunächst nur den Einfluss unterschiedlicher Angussverteilerhöhen h_A in der Einspritzphase (Werkzeug A: h_A = 6 mm; Werkzeug B: h_A = 4 mm). Die Formnesthöhe h_F beträgt bei beiden Werkzeugen 6 mm.

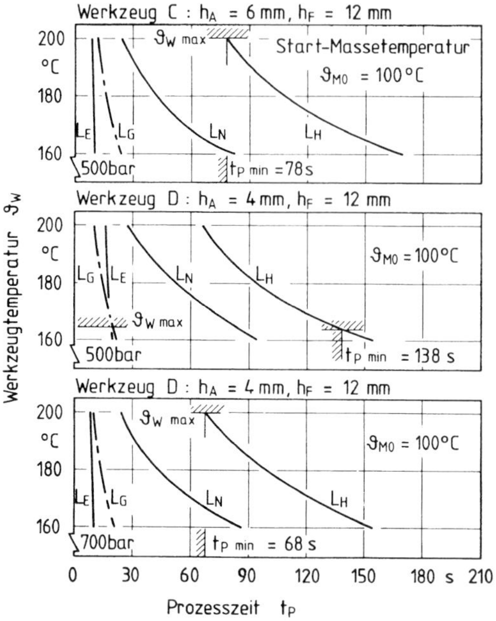

Bild 7.36 Verarbeitungsfenster für verschiedene Angussverteilerhöhen h_A
Prüfwerkzeuge *C* und *D*
Einspritzzeit: Linie L_E
Einspritzgrenze: L_G (S_1 = 10 %)
Nachdruckzeit: Linie L_N (X_A = 30 %)
Heizzeit: Linie L_H (X_F = 80 %)
Material: NBR-2 [7.51]

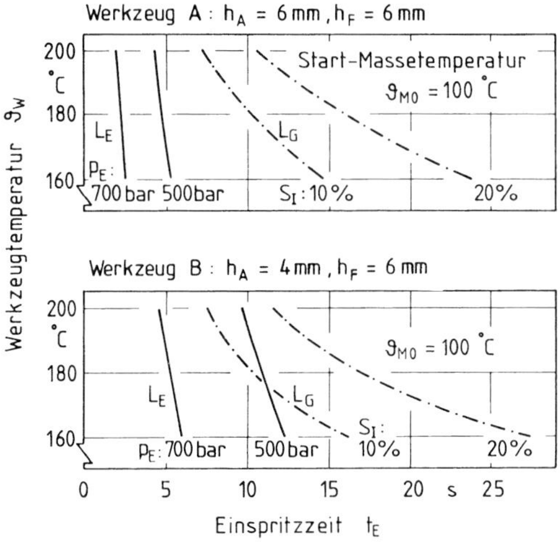

Bild 7.37 Verarbeitungsfenster für verschiedene Angussverteilerhöhen h_A
Prüfwerkzeug A und B
Einspritzzeit: Linie L_E
Einspritzdrücke: p_E
Einspritzgrenze: L_G
Scorch-Indizes: S_1
Material: NBR-2 [7.51]

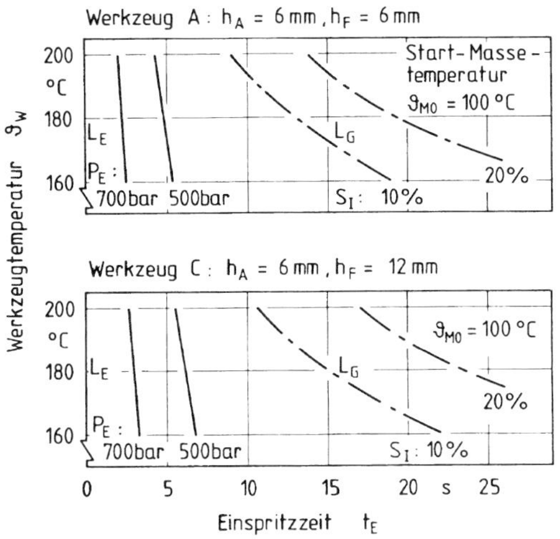

Bild 7.38 Verarbeitungsfenster für verschiedene Angussverteilerhöhen h_F. Prüfwerkzeug A und C, Verlauf der Einspritzzeit – Linie L_E für verschiedene Einspritzdrücke p_E und der Einspritzgrenze L_G für verschiedene Scorch-Indizes S_I; Material: NBR-2 [7.51]

Bei gleichen Einspritzdrücken verschiebt sich die Einspritz-Linie aufgrund des höheren Druckverlustes im Angussverteiler von Werkzeug B zu etwa den doppelten Zeiten. Die Lage der Einspritzgrenzen bleibt in beiden Werkzeugen annähernd gleich.

Bild 7.38 vergleicht den Einfluss unterschiedlicher Formnesthöhen:

Werkzeug A: h_F = 6 mm, Werkzeug C: h_F = 12 mm. Die Höhe des Angussverteilers h_A ist bei beiden Werkzeugen hingegen gleich (h_A = 6 mm).

7.11.2 Duroplaste

Die Berechnung des Druckverlustes bei Duroplasten stellt sich als schwierig dar. Dies ist zum einen auf die zusätzlichen Strömungseffekte in Form von Dehnströmungsverlusten und unverdichteten Fließfrontbereichen zurückzuführen. Zum anderen ist es schwierig die Viskositätsfunktion zu bestimmen, da der hohe Füllstoffgehalt und die schnelle Vernetzungsreaktion die Anwendung Hochdruckkapillarrheometer praktisch unmöglich machen.

In der Praxis werden daher in der Regel einfache technologische Prüfverfahren zur Materialcharakterisierung eingesetzt. Hierbei werden beispielsweise Probekörper im Pressverfahren mit konstantem Formmassengewicht unter definiertem Pressdruck hergestellt (Stäbchen, Platten, Becher etc.). Die resultierende Dicke bzw. Länge der Probekörper ist dann ein Maß für das Fließverhalten. Allerdings kann eine niedrigviskose aber hochreaktive Masse hier zu gleichen Ergebnissen führen wie eine hochviskose, niedrigreaktive Formmasse. Mit den so gewonnenen Stoffwerten können jedoch keine Berechnungen durchgeführt werden. Dagegen ist eine getrennte Beschreibung des Fließ- bzw. Härtungsverhaltens prinzipiell mit der Aufzeichnung verschiedener Fließwiderstands-Zeitkurven (z. B. *Brabender-Plastograph* oder *Kanavec-Rheometer*) möglich. Allerdings liegen die Materialbeanspruchungen bei diesen Prüfungen bei völlig anderen Größenordnungen als beim Spritzgießen, so dass eine Übertragung der Daten schwierig ist und daher nicht durchgeführt wird.

In [7.57] wird eine erprobte Vorgehensweise zur Abschätzung der Druckverluste vorgestellt. Hier werden ausgehend von einer ähnlichkeitsmechanischen Betrachtung Formeln für die Berechnung von Druckverlusten in geraden Fließkanälen, an Querschnittsübergängen und in Umlenkungen entwickelt. Allerdings ist die Bestimmung der in den Formeln erhaltenen Materialkonstanten mithilfe eines Versuchswerkzeuges relativ aufwendig. Dieser Aufwand lohnt sich, wenn mit einer Formmasse häufiger gearbeitet wird.

Für den Druckverlust soll folgende Formel angesetzt werden:

$$\Delta p = R \cdot \overline{v}_{\mathrm{F}} \cdot \frac{U \cdot L}{A} \tag{7.29}$$

mit:

R = Größe, die die Fließfähigkeit (~ Viskosität) beschreibt
$\overline{v}_{\mathrm{F}}$ = die über den Fließquerschnitt gemittelte Geschwindigkeit
U = Umfang des Fließkanals
L = Länge des Fließkanals
A = Querschnittsfläche des Fließkanals

Man führt nun mit Werkzeugen Versuche durch und zeichnet die Ergebnisse, wie in Gleichung 7.27, auf.

Die Auswertung der Versuchsergebnisse mit Hilfe von Gleichung 7.30 lässt sich daher im doppeltlogarithmischen Koordinatensystem auftragen (Bild 7.39).

$$m = \frac{\Delta \lg \cdot \dot{\gamma}}{\Delta \lg \cdot \tau} \tag{7.30}$$

Es ergibt sich ein eindeutiger Zusammenhang bezüglich des Fließwiderstands *R*. Darüber hinaus zeigt sich, dass kein Einfluss der Kanalgeometrie mehr festzustellen ist.

Der Fließwiderstand wird also durch die angegebene Geometriekennzahl vollständig erfasst.

Die Funktion *R* ist also geometrieinvariant und liegt als Funktion der Geschwindigkeit vor. Entsprechend den Voraussetzungen ist somit eine Berechnungsmöglichkeit für beliebige Kanalgeometrien gegeben. In Tabelle 7.9 sind die mathematischen Beziehungen für verschiedene Geometrieformen zusammengefasst.

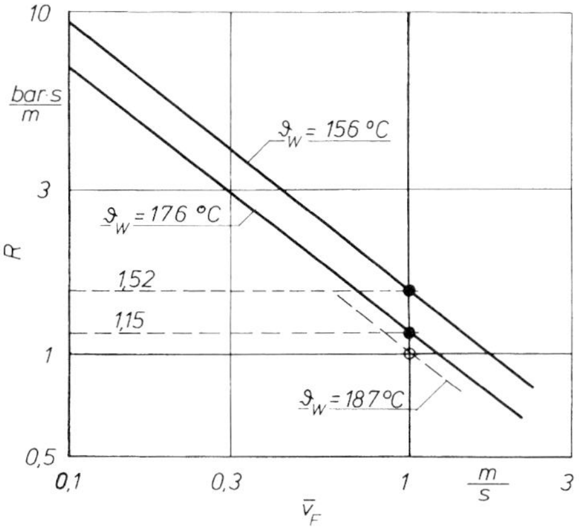

Bild 7.39 Fließwiderstand von Phenolharz (Typ 31w) [7.66]

Tabelle 7.9 Druckberechnung

Geometrie	Druckverlust	Bezeichnungen
Gerade Kanäle 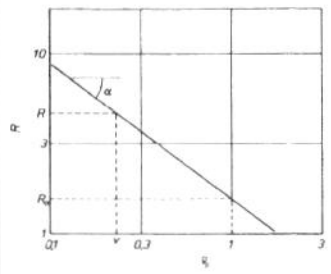	$\Delta p = R_0 \frac{\bar{v}_F^{a+1}}{v_0^a} \cdot \frac{U \cdot L}{A}$	V_0 := 1 m/s a := tanα, Steigung der Geraden im doppeltlogarithmischen Diagramm $R = f(v_F)$ R0 := $f(v_0)$
Umlenkungen 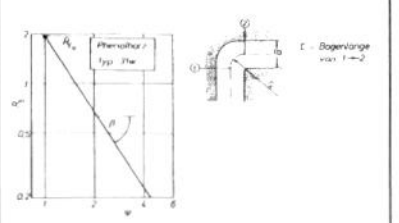	$\Delta p = \frac{R_0}{v_0^a} \cdot [\bar{v}_F]^{a+1} \cdot \frac{UL}{A} \cdot (R_{F_0} \cdot \psi^c + 1)$	ψ := r_K/B, Geometriefunktion ψ_0 := 1 c := tanβ, Steigung der Geraden im doppeltlogarithmischen Diagramm $R_E = f(\psi)$ R_{E0} := $f(\psi_0)$
Querschnitts-übergänge 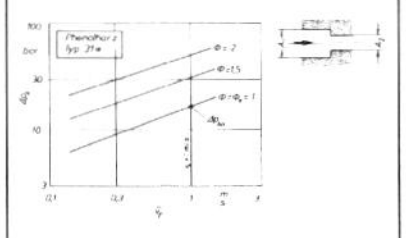	$\Delta p_A = \Delta p_{A0} \cdot [\frac{\bar{v}_F}{v_0}]^f \cdot [\frac{\varphi}{\varphi_0}]^g$	ϕ := A_1/A_2 -1,Querschnittsverhältnis ϕ_0 := 1 Δp_{A0} := $f(v_0,\phi_0)$ f := tanγ, Steigung der Geraden im doppeltlogarithmischen Diagramm $\Delta p_{A0} = f(v)$ g := tanδ, Steigung der Geraden im doppeltlogarithmischen Diagramm $\Delta p_{A0} = f(\phi)$

Literatur Kapitel 7

[7.1] *Pye, R. G. E.:* Injection Mold Design (for Thermoplastics). Little Books Ltd., London 1968.

[7.2] *N. N.:* DIN EN ISO 12165: Press-, Spritzgießen- und Druckgießwerkzeuge – Bauteile von Press-, Spritzgieß- und Druckgießwerkzeugen – Benennungen und Symbole, Juni 2002. Berlin: Beuth Verlag, 2002.

[7.3] *Möhrwald, K.:* Einblick in die Konstruktion von Spritzgießwerkzeugen. Verlag Brunke Garrels, Hamburg 1965.

[7.4] *N. N.:* Spriztgießtechnik von Vestolen. Broschüre der Chemischen Werke Hüls AG, Marl.

[7.5] *Krahn, H.; Eh, D.; Vogel, H.:* 1 000 Konstruktionsbeispiele für den Werkzeug- und Formenbau beim Spritzgießen. München, Wien: Carl Hanser Verlag, München, 2008.

[7.6] *N. N.:* Kunststoff-Verarbeitung im Gespräch, 1 Spritzgießen. Druckschrift der BASF, Ludwigshafen 1979.

[7.7] *Morgue, M.:* Moules d'injection pour Thermoplastiques. Officiel des Activities des Plastiques et du Caoutchouc, 14 (1967) S. 269–276 und 14 (1967) S. 620–628.

[7.8] *N. N.:* Kegelanguss, Schirmanguss, Bandanguss. Technische Information 4.2.1 der BASF, Ludwigshafen/Rh. 1985.

[7.11] *N. N.:* Spritzgießen von Thermoplasten. Druckschrift der Farbwerke Hoechst AG, Franfurt/M. 1971.

[7.12] *Schmid, A.:* Leitsätze, Angüsse, Anschnitte, Lehrgangshandbuch Spritzgießwerkzeuge. VDI-Bildungswerk, Düsseldorf Dezember 1971.

[7.13] *Stank, H.-D.:* Anforderungen an den Anguss, seine Aufgaben, Anordnung am Spritzgussteil. Anguss- und Anschnittprobleme beim Spritzgießen. Reihe Ingenieurwissen, VDI-Verlag, Düsseldorf 1975.

[7.14] *Speil, Th.:* Fertigungsgenauigkeit und Herstellung von Kunststoffpräzisionsteilen, Lehrgangshandbuch Spritzgießwerkzeuge. VDI-Bildungswerk, Düsseldorf Dezember 1977.

[7.15] *Cechacek, J.:* Problematik der Werkzeugkonstruktion. Plaste und Kautschuk, 22 (1975) 2, S. 183.

[7.16] *N. N.:* Crastin-Sortiment, Eigenschaften, Verarbeitung. Firmenschrift der Ciba-Geigy AG, Basel, August 1977.

[7.17] *N. N.:* Gestaltung von Spritzgussteilen aus thermoplastischen Kunststoffen. VDI-Richtlinie 2006, VDI-Verlag GmbH, Düsseldorf, 1970.

[7.18] *Homes, W.:* Kaskadenspritzgießen vermeidet Bindenähte. Kunststoffe 86 (1996) 9, S. 1 269–1 272.

[7.19] *Appel, O.:* Übertragbarkeit von Auslegungsregeln für Spritzgusswerkzeuge auf Werkzeuge für die Pulvermetall-Spritzgießtechnik. Unveröffentlichte Diplomarbeit am IKV, RWTH Aachen, 1988.

[7.20] *German, R. M.:* Powder Injection Molding, Metal Powder Industries Federation, Princeton, New Jersey, 1990.

[7.21] *Greim, J.:* Keramische Formmassen – Anwendungen und Verarbeiten durch Spritzgießen, Neue Werkstoffe und Verfahren beim Spritzgießen VDI Verlag, Düsseldorf, 1990.

[7.22] *Bielzer, R.:* Ermittlung von Kriterien zur systematischen Binderauswahl beim Pulverspritzgießen und Übertragung des Verfahrens auf PTFE, Dissertation an der RWTH Aachen, 1992.

[7.23] *Ricking, T.:* Analyse der thermischen Vorgänge in einem Heißkanalwerkzeug zur Herstellung keramischer Bauteile, Unveröffentlichte Diplomarbeit am IKV, RWTH Aachen, 1996

[7.24] *König, K.:* Entwicklung statistischer Prozessmodelle für den Keramikspritzguss, Unveröffentlichte Arbeit am IKV, RWTH Aachen, 1997.

[7.26] *Maaß, R.:* Die Anwendung der statistischen Versuchsmethodik zur Auslegung von Spritzgießwerkzeugen mit Kaltkanalsystem. Dissertation an der RWTH Aachen, 1995.

[7.27] *Menges, G.; Schmidt, Th. W; Hoven-Nievelstein, W. B.:* Handbuch zur Berechnung von Spritzgießwerkzeugen. Verlag Kunststoff-Information, Bad Homburg 1985.

[7.28] *Schmidt, L.:* Auslegung von Spritzgießwerkzeugen unter fließtechnischen Gesichtspunkten Dissertation, RWTH Aachen 1981.

[7.29] *Lichius, U.:* Rechnerunterstützte Konstruktion von Werkzeugen zum Spritzgießen von thermoplastischen Kunststoffen. Dissertation, RWTH Aachen, 1983.

[7.30] *Michaeli, W.:* Extrusionswerkzeuge für Kunststoffe und Kautschuk. Carl Hanser Verlag, München, Wien, 2009.

[7.31] *Pahl, M.:* Praktische Rheologie der Kunststoffschmelzen und Lösungen. VDI-Verlag, Düsseldorf 1982.

[7.32] *Meissner, J.:* Rheologisches Verhalten von Kunststoffschmelzen und Lösungen. In: Praktische Rheologie der Kunststoffe. VDI-Verlag, Düsseldorf, 1978.

[7.33] *Gleißle, W.:* Kurzzeitmessungen zur Ermittlung der Fließeigenschaften von Kunststoffen bis zu höchsten Schergeschwindigkeiten. In: Praktische Rheologie der Kunststoffe. VDI-Verlag, Düsseldorf, 1978.

[7.34] *Bird, R. B.; Armstrong, R. C.: Hassager, O.:* Dynamics of Polymeric Liquids Vol. 1: Fluid Mechanics. Wiley, New York 1977.

[7.35] *Ostwald, W.:* Über die Geschwindigkeitsfunktion der Viskosität disperser Systeme. Kolloid-Z. 36 (1925) S. 99–117.

[7.36] *Waele, A. de:* J. Oil Colour Chem. Assoc. 6 (1923) S. 33.

[7.37] *Schulze-Kadelbach, R.; Thienel, P.; Michaeli, W.; Haberstroh, E.; Dierkes, A.; Wortberg, J.; Wübken, G.:* Praktische Stoffdaten für die Verarbeitung von Plastomeren. Tagungsband zum 10. Kunststofftechnischen Kolloquium des IKV, Aachen, 1978.

[7.38] *N. N.:* Kenndaten für die Verarbeitung thermoplastischer Kunststoffe. VDMA (Hrsg.). T. 2: Rheologie, Carl HanserVerlag, München, 1982.

[7.39] *N. N.:* Kenndaten für die Verarbeitung thermoplastischer Kunststoffe. VDMA (Hrsg.). T. 4: Rheologie, Carl Hanser Verlag, München, 1986.

[7.42] *Laun, H. M.:* Rheologie von Kunststoffschmelzen mit unterschiedlichem molekularem Aufbau. Kautschuk. Gummi Kunststoffe 40 (1987) 6, S. 554–562.

[7.43] *Williams, M. L. u. a.:* The Temperature Dependence of Relaxation Mechanism in Amorphous Polymers and other Glassforming Liquids. J. Am. Chem. Soc. 77 (1955) 7, S. 3701–3706.

[7.44] *Cogswell, F. N.:* Polymer Melt Rheology. A Guide for Industrial Practice. George Godwin Ltd. Halted Press (1981).

[7.45] *Kemper, W.:* Kriterien und Systematik für die rheologische Auslegung von Spritzgießwerkzeugen. Dissertation an der RWTH Aachen, 1982.

[7.46] *Benfer, W:* Rechnergestützte Auslegung von Werkzeugen für Elastomere. Dissertation RWTH Aachen, 1986.

[7.47] *Schneider, W.:* Spritzpressen technischer Gummiformteile. Dissertation an der RWTH Aachen, 1985.

[7.48] *Pötsch, G.:* Berechnungsverfahren zur Abschätzung der Druckverluste von Transfermoldingwerkzeugen. Unveröffentlichte Diplomarbeit am IKV, Aachen 1985.

[7.49] *Pötsch, G.:* Dehndruckverluste in Transfermoldingwerkzeugen. Unveröffentlichte Studienarbeit am IKV, Aachen, 1986.

[7.50] *Schürmann, E.:* Abschätzmethoden für die Auslegung von Spritzgießwerkzeugen. Dissertation RWTH Aachen, 1979.

[7.51] *Hengesbach, H. A.; Egli, L.; Schürmann, E.; Neuenschwander, S.:* Spritzversuche bei der Firma Bühler Uzwil, 1978.

[7.55] *Schneider, Ch.:* Das Verarbeitungsverhalten von Elastomeren im Spritzgießprozess. Dissertation, RWTH Aachen, 1986.

[7.56] *Rörick, W.:* Prozessregelung im Thermoplast-Spritzgießbetrieb. Dissertation RWTH Aachen, 1979.

[7.57] *Paar, M.:* Auslegung von Spritzgießwerkzeugen für vernetzende Formmassen. Dissertation, RWTH Aachen, 1984.

[7.58] *Kemper, W.:* Kriterien und Systematik für die rheologische Auslegung von Spritzgießwerkzeugen. Dissertation, RWTH Aachen 1982.

[7.59] *Feichtenbeiner, H.:* Auslegung eines Spritzgießwerkzeuges mit 4-Fach Kaltkanalverteiler für Elastomerformteile. Unveröffentlichte Arbeit, IKV, Aachen, 1983.

[7.60] *Busch, F.:* Fließtechnische Auslegung von Spritzgießwerkzeuge für Duromere. Unveröffentlichte Arbeit IKV, Aachen, 1983.

[7.62] *Röthemeyer, F.; Sommer, F.:* Kautschuk Technologie. Carl Hanser Verlag, München Wien, 3. Auflage, 2013.

8 Ausführung der Angüsse

8.1 Stangenanguss

Der Stangenanguss ist die einfachste und älteste Art des Angusses. Er hat einen runden Querschnitt, ist leicht kegelig und geht an seinem größten Querschnitt (= Anschnitt) in das Formteil über.

Der Stangenanguss sollte stets an der dicksten Stelle des Formteils anbinden. So bleibt bei richtiger Dimensionierung der Nachdruck während der gesamten Erstarrungszeit des Formteils wirksam. Die Volumenkontraktion wird durch Nachdrücken von Formmasse während des Abkühlens ausgeglichen, um die Bildung von Lunkern zu vermeiden.

Der Durchmesser des Stangenangusses d_F richtet sich nach dem Ort der Anbindung an das Formteil. Er muss etwas größer sein als die Dicke des Formteils S_{max}, damit die Schmelze im Anguss zuletzt erstarrt. Es gilt (vgl. Bild 7.6):

$$d_F \geq S_{max} + 1{,}0 \text{ mm} \tag{8.1}$$

Der Durchmesser des Stangenangusses sollte aber auch nicht dicker sein, da er sonst zu spät erstarrt und die Kühlzeit unnötig verlängert.

Um einwandfrei entformt werden zu können, ist eine gewisse Konizität notwendig, mit der sich die Stange zur düsenseitigen Öffnung verjüngt. Für den Kegelwinkel gilt materialabhängig:

$$\alpha \geq 1 - 4° \tag{8.2}$$

Da die düsenseitige Öffnung d_A ebenfalls größer sein muss als die Düsenbohrung d_D gilt ferner:

$$d_A \geq d_D + 1{,}5 \text{ mm} \tag{8.3}$$

(Bezeichnungen siehe Bild 7.6).

Wird diese Forderung nicht erfüllt, entstehen am oberen Rand Hinterschneidungen (vgl. Bild 7.6).

Die Entformbarkeit des Stangenangusses hängt darüber hinaus wesentlich von der Beschaffenheit der Oberfläche der Angussbohrung ab. So muss unter allen Umständen vermieden werden, dass Schleif- und Polierriefen quer zur Entformungsrichtung bei der Herstellung entstehen. In derartigen Riefen würde sich die Formmasse verankern und so ein Entformen verhindern. In der Regel werden Stangenangussbohrungen daher poliert und/oder gehohnt.

Der Radius r_2 (Bild 7.6) am Fuß des Stangenangusses wird empfohlen, damit einerseits keine scharfe Kerbe zwischen Anguss und Formteil entsteht und andererseits die Formmasse beim Einspritzvorgang in das Werkzeug hineinquillt und nicht abreißt.

Nachteilig ist, dass der Stangenanguss stets spanend abgearbeitet werden muss. Die Anspritzstelle ist daher, auch bei sorgfältigster Nachbearbeitung, weiterhin auf der Formteiloberfläche sichtbar, was in manchen Fällen störend ist. Manchmal wird daher der Anguss so umgelenkt, dass das Formteil von innen (Bild 8.1) oder von einer Stelle aus angespritzt wird, die im Einbauzustand nicht zu sehen ist (Bild 8.1). Diese Art der Anbindung wird vielfach als Überlappungsanguss oder -anschnitt bezeichnet. Es handelt sich um einen umgelenkten Stangenanguss, dessen weiterer Vorteil darin besteht, dass sich beim Werkzeugfüllvorgang kein Freistrahl bildet. Der Massestrahl trifft zunächst auf die dicht gegenüber der Anspritzstelle liegende Wandung und füllt von dort aus die Kavität [8.2]. Ein spanendes Abtrennen des Angusses ist auch hier erforderlich.

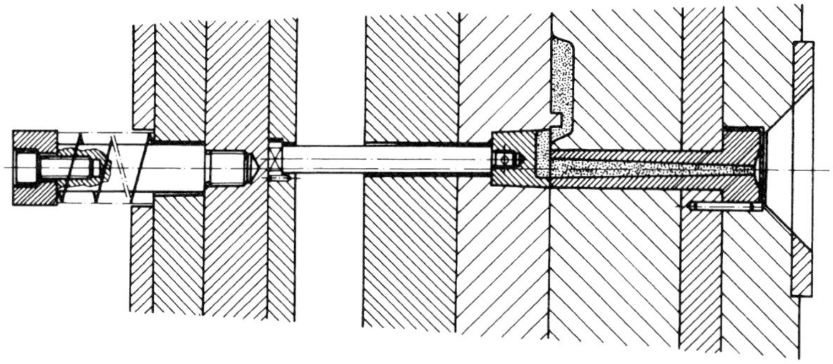

Bild 8.1 Stangenanguss mit Umlenkung [8.1], auch Überlappungsanguss genannt

Eine weitere interessante Variante des Stangenangusses ist in Bild 8.2 dargestellt. Es handelt sich dabei um einen so genannten gebogenen Stangenanguss, mit dessen Hilfe das Formteil seitlich angespritzt wird. Er wird in diesem Fall angewendet, damit das Formteil im Werkzeug mittig angeordnet werden kann und so die Schließeinheit der Maschine zentrisch belastet wird. Aus Gründen der Entformbarkeit des gebogenen Stangenangusses ist diese Variante jedoch nur auf bestimmte Formmassen beschränkt, wie z. B. auf thermoplastische Elastomere.

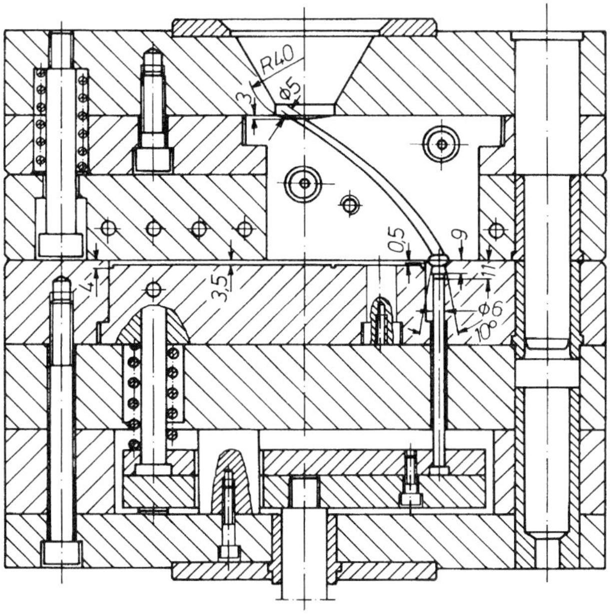

Bild 8.2 Gebogener Stangenanguss [8.3]

8.2 Band- oder Filmanguss

Der Band- oder Filmanguss wird vorzugsweise bei großflächigen, dünnwandigen Formteilen angewendet. Er hat folgende Vorteile:

- parallele Orientierung über die gesamte Breite (wichtig z. B. bei optischen Teilen),
- jeweils einheitliche Schwindung in Fließrichtung und in Querrichtung (wichtig bei teilkristallinen Kunststoffen),
- keine störenden Anschnittmarkierungen auf der Fläche.

Die einströmende Formmasse gelangt über den Angusskegel zunächst in einen lang gestreckten Verteilerkanal, der das Formteil über den Anschnitt mit dem Angusssystem verbindet. Der Anschnitt mit seinem engen Querschnitt wirkt beim Werkzeugfüllvorgang zunächst als Drossel. Dadurch füllt sich der Verteilerkanal zuerst gleichmäßig mit Formmasse, die dann über den Anschnitt in den Werkzeughohlraum eintritt. Derartige Drosselstellen müssen in ihrer Weite verändert werden, wenn sich die Viskosität der Formmasse wesentlich ändert.

Der Verteilerkanal kann im einfachsten Fall mit einem runden Querschnitt ausgeführt werden. Für seine Dimensionierung gelten im Wesentlichen die Beziehungen nach Bild 8.3. Da man diese Konstruktion auch wie einen aufgeschnittenen und

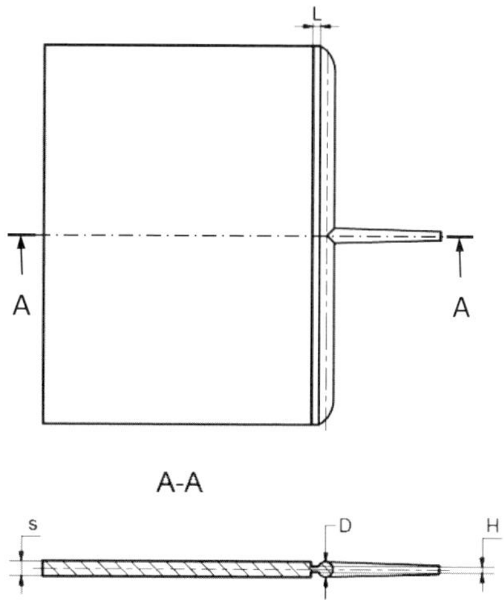

Bild 8.3 Band- oder Filmanguss mit rundem Verteilerkanal [8.1] [8.4]

zu einer Geraden gestreckten Ringanguss auffassen kann, haben die Dimensionierungsrichtwerte für den Ringanguss hier ebenfalls Gültigkeit.

$$D = \begin{cases} s \\ (4/3) \cdot s + k \end{cases} \tag{8.4}$$

k = 2 mm für kurze Fließwege und große Wanddicken
k = 4 mm für lange Fließwege und kleine Wanddicken
L = 0,5 bis 2,0 mm; zunehmende Länge mit verringerter Viskosität
H = (0,2 bis 0,7) · s

Neben dem runden Verteilerkanal trifft man noch sehr häufig einen Fischschwanz oder Kleiderbügel ähnlichen Verteilerkanal an (Bild 8.4). Diese Kanalform erfordert einen höheren Fertigungsaufwand und bringt einen höheren Materialeinsatz mit sich. Sie liefert aber eine exzellente Qualität, vor allem bei niedrigen Viskositäten –, da die Schmelze parallel in das Formnest einfließt.

Die Auslegung von Verteilerkanälen erfolgt unter Verwendung numerischer Verfahren. Mit Hilfe rheologischer Softwarepakete, wie Cadmould, Moldflow, Moldex3D u. a. kann eine Dimensionierung vorgenommen werden (vgl. Kapitel 16), die auf den Grundlagen der von Görmar vorgeschlagenen Kleiderbügeldüse für die Extrusion basiert [8.6].

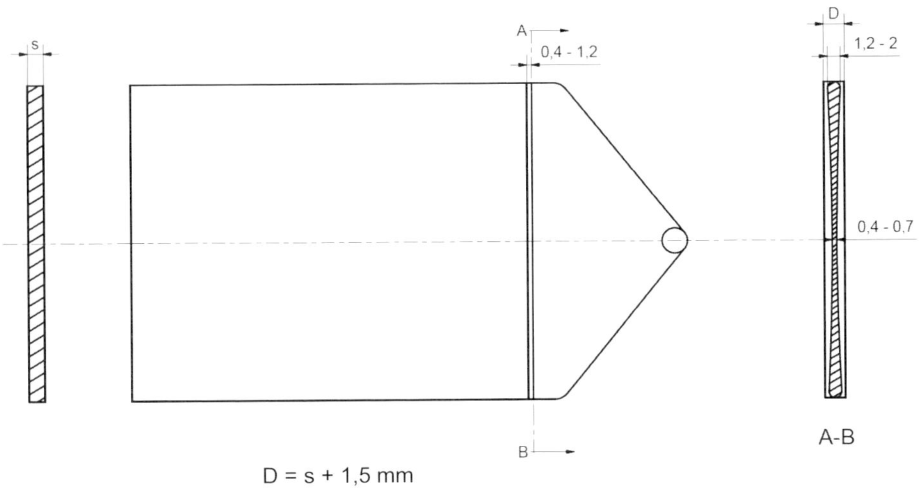

Bild 8.4 Band- oder Filmanguss mit korrigiertem Anschnittquerschnitt, wodurch eine gleichmäßige Fließfrontgeschwindigkeit erreicht wird [8.5]

8.3 Schirmanguss

Um bei rotationssymmetrischen Formteilen ein gleichmäßiges Füllen des gesamten Querschnitts zu erreichen, verbindet man den Angusskegel mit einem „Schirm", einem trichterförmigen Kanal, dessen Kegelwinkel $\alpha = 90°$ betragen sollte, und der den Massestrom gleichmäßig auf den größeren Durchmesser des Formteils aufteilt (Bild 8.5). Dies hat den Vorteil, dass Bindenähte, die zwangsläufig beim Anspritzen eines Ringquerschnitts über einen oder mehrere Punkte entstehen würden, vermieden werden. Damit wird auch ungleichmäßiger Verzug minimiert, der beim Anbinden über einige Punktangüsse kaum vermeidbar wäre. Bei richtiger Dimensionierung ist weiterhin nicht mit einer Verschiebung des Kerns aufgrund

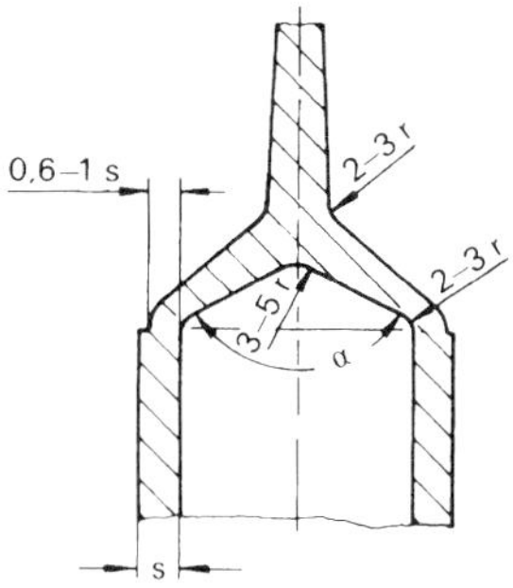

Bild 8.5 Schirmanguss [8.5]

einseitiger Belastung zu rechnen. Als Faustregel gilt hier: Das Verhältnis Kernlänge zu Kerndurchmesser sollte kleiner als:

$$\frac{L_{\text{Kern}}}{D_{\text{Kern}}} \leq \frac{5}{1} \qquad (8.5)$$

sein [8.5] (siehe auch Abschnitt 12.11 Kernversatz).

Bei größeren Kernlängen ist der Kern auf der Einspritzseite abzustützen, um ein Verschieben des Kerns aufgrund etwaiger Druckunterschiede in der einströmenden Masse zu verhindern. In solchen Fällen sollte dann der Ringanguss von Abschnitt 8.4 angewendet werden. Konstruktionen wie in Bild 8.6 sind ungünstig, da hier zwangsläufig hinter den Durchbrüchen wieder Bindenähte mit den bekannten Nachteilen entstehen.

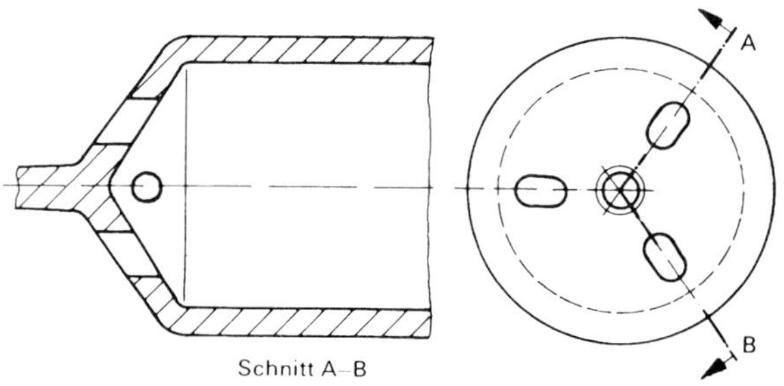

Bild 8.6 Schirmanguss mit Durchbrüchen zur Lagerung des Kerns [8.5]

Der Schirmanguss kann auf zwei Arten an das Formteil angebunden werden. Entweder direkt wie in Bild 8.5 oder aber über einen Anschnitt oder Angusssteg (Bild 8.7). Welche Art der Anbindung gewählt wird, hängt im Wesentlichen von der Wanddicke des zu fertigenden Formteils ab.

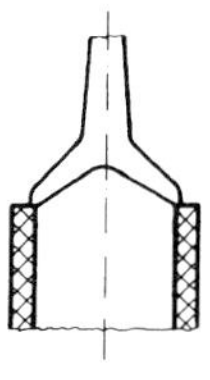

Bild 8.7 Schirmanguss – Anbindung über Anschnitt

Die Praxis kennt noch eine Sonderart des Schirmangusses, die unter der Bezeichnung Membran- oder Scheibenanguss bekannt ist und bei offenen Innendurchmessern und hohen Anforderungen an die Konzentrizität Anwendung findet [8.5] [8.7] [8.8].

Der Membran- oder Scheibenanguss gestattet es, auch ring- oder hülsenförmige Formteile mit einer Hinterschneidung – in der Trennebene – in einem einfachen Spritzgießwerkzeug ohne Backen etc. herzustellen (linkes Bild 8.8).

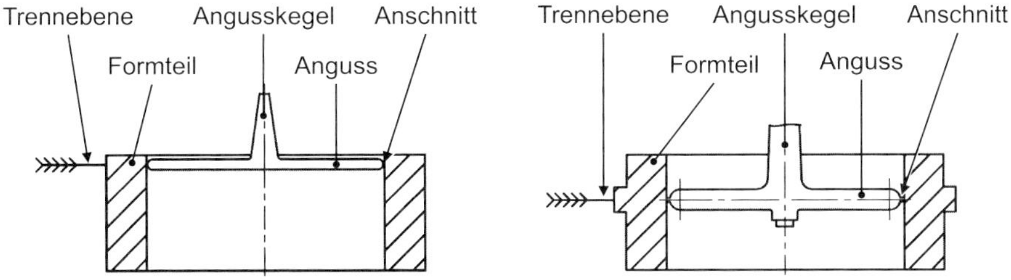

Bild 8.8 Membrananguss (links) [8.5] – Scheibenanguss (rechts) [8.7]

8.4 Ringanguss

Der Ringanguss wird bei rotationssymmetrischen, hülsenförmigen Teilen angewendet, bei denen der Kern wegen seiner Länge zweifach gelagert sein muss. Die plastifizierte Formmasse gelangt vom Angusskegel zuerst in einen Ringkanal, der das Formteil über den Anschnitt mit dem Angusskanalsystem verbindet (Bild 8.9). Der Anschnitt mit seinem engen Querschnitt wirkt beim Werkzeugfüllvorgang zunächst als Drossel. Dadurch füllt sich der Ringkanal zuerst gleichmäßig mit Masse, die dann über den Anschnitt in die Kavität eintritt. Im Ringkanal tritt zwar eine Zusammenfließstelle auf, die durch die Angussverengung im Anschnitt jedoch soweit kompensiert wird, dass sie sich später am Formteil gar nicht oder kaum bemerkbar macht.

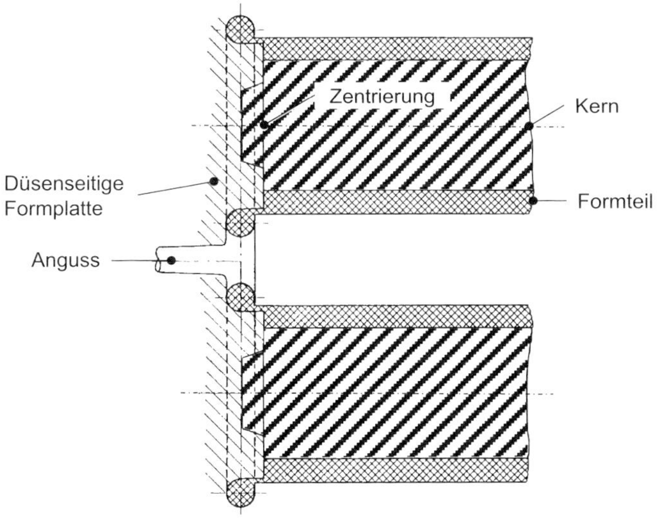

Bild 8.9 Rohre mit Ringanguss und Zentrierzapfen für die Kernlagerung [8.1]

Der besondere Vorteil dieser Angussart besteht darin, dass der Kern beidseitig gelagert werden kann (Bild 8.9). Dadurch können auch relativ lange hülsenförmige Formteile (Kernlänge zu Kerndurchmesser größer als 5 : 1) mit gleichmäßiger Wanddicke gefertigt werden. Darüber hinaus findet der Ringanguss, wie Bild 8.9 zeigt, Anwendung beim Spritzen von rotationssymmetrischen Teilen in Mehrfachwerkzeugen. Beim Schirmanguss, zu dem der Ringanguss in gewisser Konkurrenz steht, ist dies, wie auch eine beidseitige Kernlagerung, nicht möglich.

Die Dimensionierung des Ringangusses richtet sich nach der zu verarbeitenden Formmasse, dem Gewicht und den Abmessungen des Formteils sowie nach dem Fließweg. Bild 8.9 zeigt die in der Literatur üblicherweise für einen runden Kanal angegebenen Abmessungen.

Die in Bild 8.9 dargestellten Ringangüsse werden in der Literatur [8.5] auch als Außenringanguss bezeichnet. Demgegenüber wird dann die Konstruktionsvariante nach Bild 8.10 Innenringanguss genannt. Diese Konstruktion hat den Nachteil, dass im Ringkanal zwei Zusammenfließstellen entstehen. Sie ist zudem teurer in der Fertigung und erschwert eine beidseitige Lagerung des Kerns.

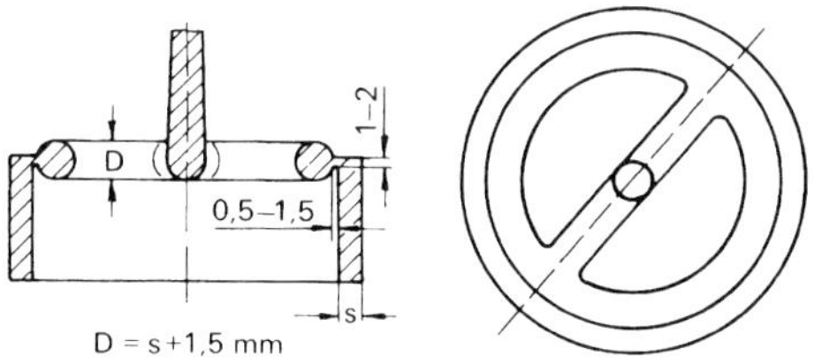

Bild 8.10 Innenringanguss [8.5] [8.9]

In der Literatur ist darüber hinaus noch der Begriff Kranzanschnitt zu finden. Er wird mit der Konstruktion nach Bild 8.11 verbunden.

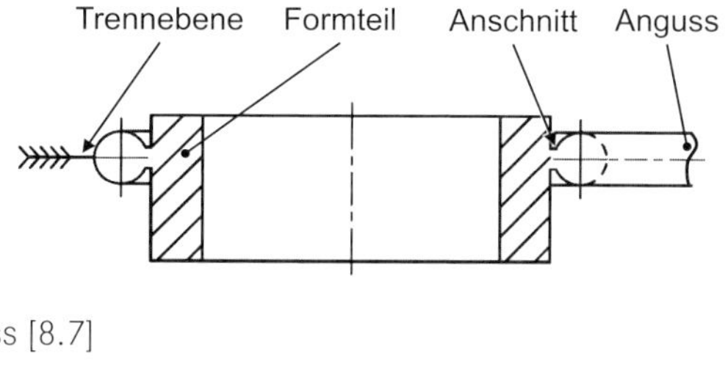

Bild 8.11 Kranzanguss [8.7]

8.5 Tunnelanguss

Der Tunnelanguss wird hauptsächlich bei der Herstellung kleiner Formteile in Mehrfachwerkzeugen verwendet, bei denen die Formteile auch von der Seite her angespritzt werden können. Er stellt das einzige selbst abtrennende Angusssystem bei nur einer Trennebene dar, und kann somit in einem vollautomatischen Zyklus mit Angusstrennung eingesetzt werden.

Formteil und Anguss liegen in einer Werkzeugtrennebene. Die Verteilerkanäle des Angusssystems werden bis kurz vor die Formnester geführt und dort umgelenkt. Sie enden dann in einer konischen Bohrung, die den Werkzeughohlraum über den Anschnitt mit dem Angusssystem verbindet. Durch die tunnelartige, schräg in die Seitenwand der Werkzeughöhlung geführte Bohrung (Tunnel) entsteht eine scharfe Kante zwischen Werkzeugführung und Tunnel, die das Angusssystem beim Entformen vom Formteil abschert [8.10].

Man unterscheidet zwei mögliche Ausführungsformen für die Tunnelbohrung (Bilder 8.12 und 8.13). Die Tunnelbohrung kann spitz oder kegelstumpfförmig zulaufen. Im ersten Fall bildet sich am Übergang zum Formteil ein punktförmiger, im zweiten Fall ein ellipsenähnlicher Anschnitt. Die letztere Anschnittsform erstarrt beim Werkzeugfüllvorgang langsamer, so dass längere Nachdruckzeiten ermöglicht werden. Die Herstellung dieser Kanalform ist besonders preisgünstig, da sie mit einem Stirnfräser in einem Arbeitsgang hergestellt werden kann.

Beim Entformen müssen Formteil und Angusssystem auf der schließseitigen Werkzeughälfte festgehalten werden. Dies kann beim Formteil wie auch beim Angusssystem durch Hinterschneidungen erreicht werden. Sollten Hinterschneidungen am Formteil jedoch stören, so kann durch unterschiedliche Werkzeugtemperierung erreicht werden, dass das Formteil, z. B. bei becherförmigen Teilen, auf dem schließseitigen Kern sitzen bleibt.

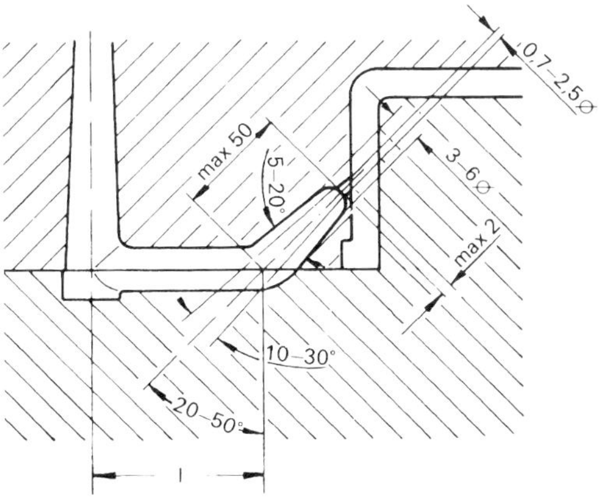

Bild 8.12 Tunnelanguss mit spitzkegeliger Tunnelbohrung [8.5]

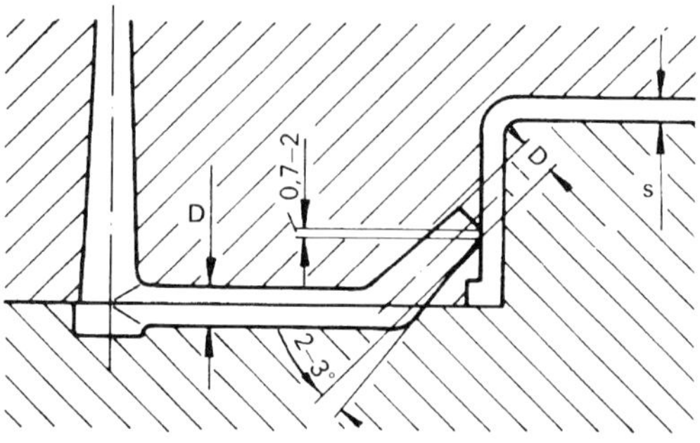

Bild 8.13 Tunnelanguss mit stumpfkegeliger Tunnelbohrung [8.5]

Störungsfrei arbeitet das System bei der Verarbeitung zähelastischer Formmassen. Bei spröden Formmassen besteht die Gefahr, dass die Verteilerkanäle beim Werkzeugöffnungsvorgang, bei dem sie sich zwangsläufig biegen müssen, brechen. Es empfiehlt sich daher, die Verteilerkanäle beim Verarbeiten spröder Formmassen stärker zu dimensionieren, damit der Anguss beim Entformen noch nicht vollständig erstarrt und damit weicher und zäher ist.

Bei den bisher vorgestellten Konstruktionen wurde das Formteil seitlich von der Außenseite aus angespritzt. Die Tunnelbohrung ist dabei in der düsenseitigen Werkzeughälfte eingearbeitet, so dass das Formteil bereits beim Öffnen des Werkzeugs vom Anguss getrennt wird. Bei der Konstruktion nach Bild 8.14 wird das Formteil (in diesem Fall eine Abdeckglocke) von innen angespritzt. Die Tunnelbohrung ist im Werkzeugkern auf der auswerferseitigen Werkzeughälfte eingearbeitet. Die Trennung von Anguss und Formteil erfolgt hier, nachdem das Werkzeug geöffnet ist, durch die Auswerferbewegung. Nach dem gleichen Prinzip arbeitet der „gebogene“ Tunnelanguss, auch „Bananenanguss“ genannt (Bild 8.15).

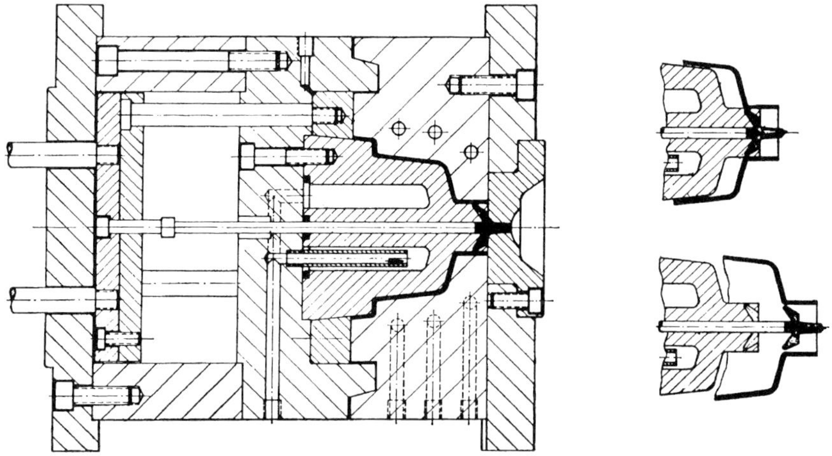

Bild 8.14 Werkzeug mit Tunnelanguss zum Herstellen von Abdeckglocken [8.11]

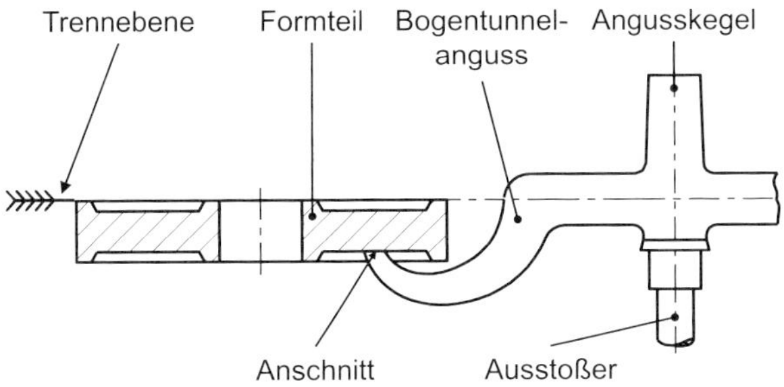

Bild 8.15 Bogentunnelanschnitt [8.7]

8.6 Abreiß-Punktanguss – Dreiplattenwerkzeug

Beim Abreiß-Punktanguss liegen Formteil und Anguss in verschiedenen Werkzeugtrennebenen. Die beiden Werkzeughälften, die düsen- und die auswerferseitige Werkzeughälfte, werden durch eine Zwischenplatte, die bei der Werkzeugöffnungsbewegung die zweite Trennebene freilegt, voneinander getrennt. Da sich das Werkzeug durch die Zwischenplatte in drei Baugruppen unterteilen lässt, wird das Arbeitsprinzip des Abreiß-Punktangusses in der Literatur auch als Dreiplattenwerkzeug bezeichnet (Bild 8.16). Die Bilder 8.17 und 8.18 zeigen den Anschnittbereich im Detail.

Der Abreiß-Punktanguss findet in erster Linie Anwendung bei Mehrfachwerkzeugen, bei denen die Formteile möglichst zentral nacharbeitsfrei angespritzt werden sollen. Günstig ist der Einsatz bei rotationssymmetrischen Formteilen, bei denen sich auf Grund einer seitlichen Anspritzung Verzug einstellen könnte.

Eingesetzt wird der Abreiß-Punktanguss auch bei Einfachwerkzeugen für großflächige dünnwandige Formteile, die infolge zu großer Fließweg-Wanddickenverhältnisse nicht mit einem Anguss gefüllt werden können. Abhilfe bietet eine Mehrfachanspritzung, wie sie der Abreiß-Punktanguss gestattet. Besondere Beachtung ist bei der Konstruktion derartiger Werkzeuge aber sowohl den Bindenähten wie auch der Werkzeugentlüftung zu schenken. Der Abreiß-Punktanguss kann ebenso bei Mehrfachkavitätenwerkzeugen sinnvoll eingesetzt werden, wenn Fortmeile zentral angeschnitten werden (Bild 8.19).

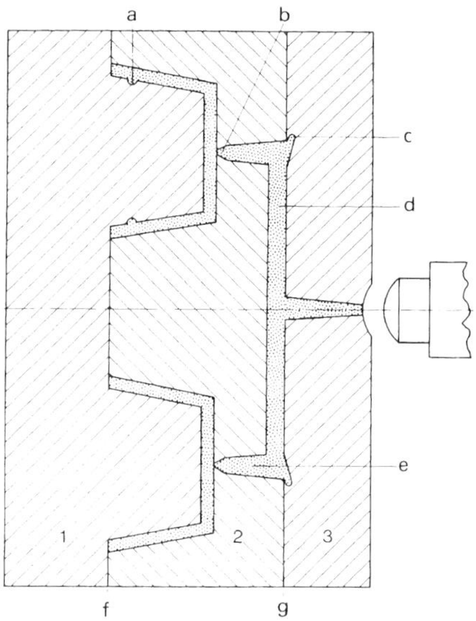

Bild 8.16 Dreiplattenwerkzeug [8.12]
1 auswerferseitige Werkzeughälfte, 2 Zwischenplatte, 3 düsenseitige Werkzeughälfte, a Hinterschneidung am Kern, b Anschnittkanal, c Hinterschneidung, d Verteilerkanal, e Verbindungskanal, f Trennfläche 1, g Trennfläche 2

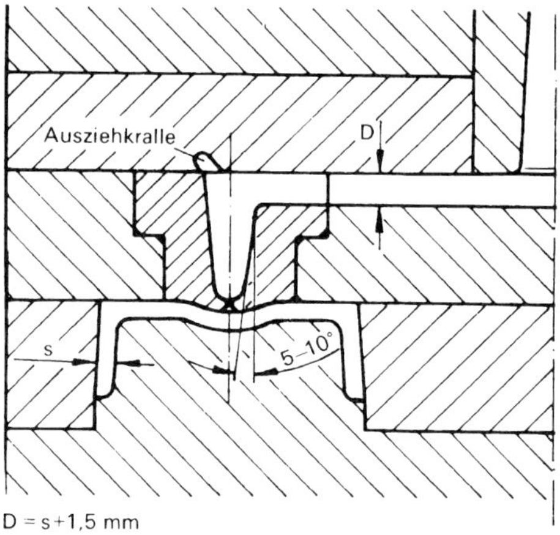

Bild 8.17 Punktanschnitt beim Mehrfach-Dreiplattenwerkzeug mit Ausziehkralle

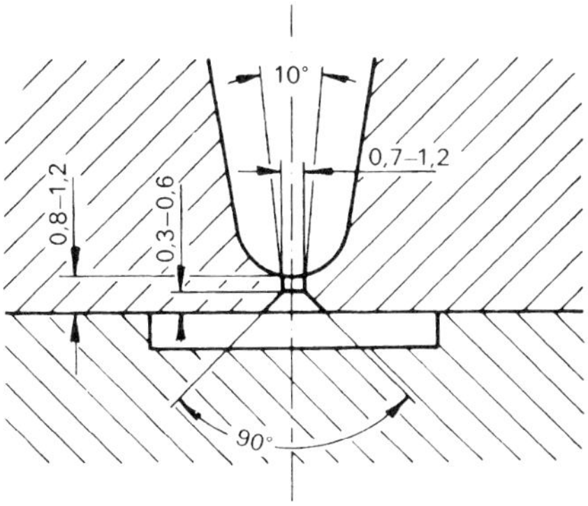

Bild 8.18 Abmessungen für Abreißpunktangüsse [8.7]

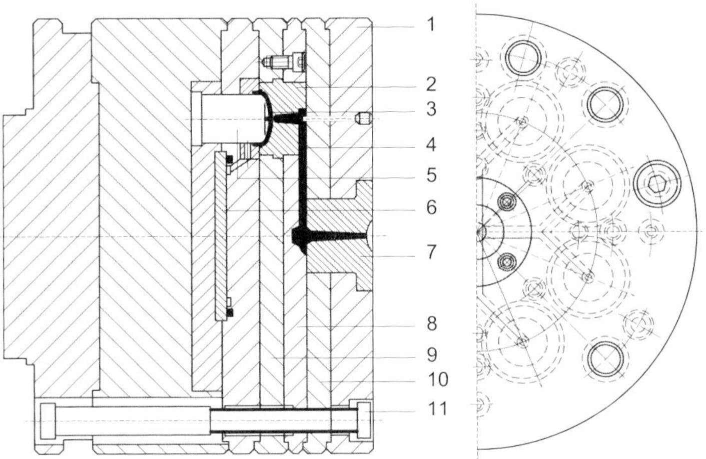

1 Aufspannplatte
2 Formeinsatz
3 Spritzteil
4 Verteilerkanal
5 Formkern
6 Kühlplatte
7 Angussbuchse
8 Formplatte
9 Formplatte
10 Zwischenplatte
11 Anschlagbolzen

Bild 8.19 Dreiplattenwerkzeug mit Mehrfachanguss und Abreißpunktanschnitten [8.9]

Beim Abreiß-Punktanguss handelt es sich um ein automatisch arbeitendes selbst abtrennendes Angusssystem, bei dem beim Entformungsvorgang Formteil und Angusssystem durch die Öffnungsbewegung der Spritzgießmaschine voneinander getrennt werden. Beim Öffnungsvorgang wird das Werkzeug zuerst in der ersten, dann in der zweiten Trennebene geöffnet, so dass Formteile und Angussspinne separiert sind. Zudem kann mit Hinterschneidungen gearbeitet werden, damit Bauteile und Angusssystem beim Öffnen des Werkzeugs prozesssicher auf den jeweils vorgesehenen Platten verbleiben.

8.7 Vorkammer-Punktanguss

Beim Vorkammer-Punktanguss ist in der düsenseitigen Werkzeughälfte eine „Tasche“ (Vorkammer) eingearbeitet, die über einen sich kegelförmig aufweitenden Anschnittkanal mit dem Werkzeughohlraum verbunden ist.

Im Betrieb wird nun die Vorkammer durch die Düse des Plastifizierzylinders abgedichtet und beim ersten Schuss vollständig mit Formmasse gefüllt. Die Maschine bleibt in dieser Stellung, d. h. man arbeitet mit „anliegender Düse“. Bei kurzen Zykluszeiten bleibt die Formmasse im Kern der Vorkammer plastisch und kann beim nächsten Schuss durchspritzt werden.

Vorkammer-Punktangüsse bieten beispielsweise bei schnellaufenden Anwendungen, wie dünnwandigen Verpackungsteilen den Vorteil, dass eine mechanische Nacharbeit des Formteils durch die Trennung von Anguss und Formteil im Prozess vermieden wird. Ebenso kann die Zykluszeit dadurch verringert werden, dass die Spritzzeiten und Entformungszeiten für den Anguss reduziert sind [8.9].

Das Arbeitsprinzip des Vorkammer-Punktangusses ist in Bild 8.20 dargestellt. Die plastische Seele im Zentrum wird durch die erkaltete Formmasse an den Wandungen der Vorkammer isoliert. Die Größe der Vorkammer korreliert hierbei mit der Zykluszeit, sodass ein Durchspritzen der plastischen Seele möglich bleibt. Darüber hinaus erschweren Ausdrehungen, die am Umfang der Angussbuchse einen Luftspalt bilden, den Wärmeübergang von der Vorkammer in das gekühlte Werkzeug.

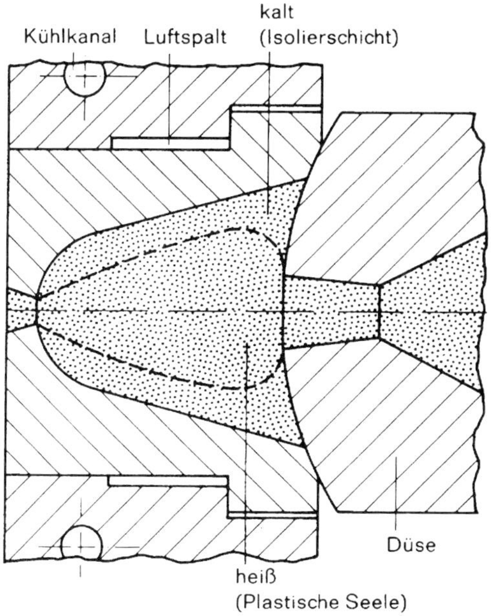

Bild 8.20 Angussbuchse mit Vorkammer [8.12]

Die in Bild 8.20 dargestellte Lösung arbeitet zuverlässig bei Formmassen mit einem breiten Erweichungstemperaturbereich (z. B. LDPE), wenn eine Schussfolge von 4 bis 5 Schuss/min [8.13] nicht unterschritten wird.

Sind diese kürzeren Zykluszeiten nicht möglich, so muss die Vorkammer zusätzlich erwärmt werden. Dies geschieht z. B. von innen her am einfachsten dadurch, dass man die Düse des Plastifizierzylinders durch eine Spitze aus einem gut wärmeleitenden Material verlängert. Als Materialien für diese Spitzen haben sich Kupfer und dessen Legierungen bewährt. Eine beheizte Vorkammer zeigt Bild 8.21. Die Düsenspitze ist absichtlich kleiner gehalten als die Aushöhlung der Angussbuchse. Dadurch wird sie beim ersten Werkzeugfüllvorgang von Schmelze umhüllt, die erstarrt und als Isolator gegen das gekühlte Werkzeug wirkt.

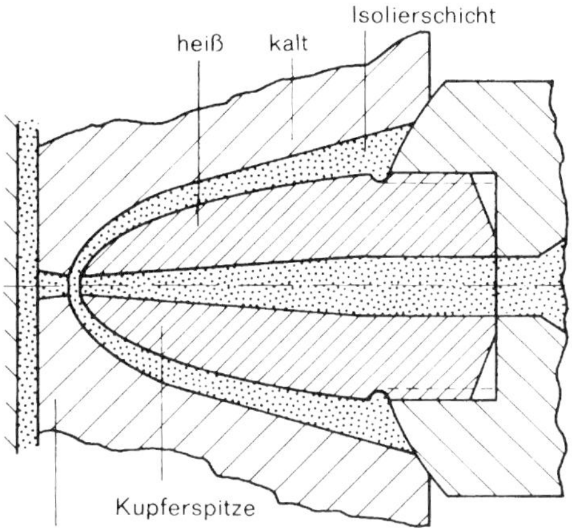

Bild 8.21 Vorkammer, die durch die Düsenspitze beheizt wird [8.12]

Die für die Dimensionierung des Vorkammer-Punktangusses wichtigen Größen können Bild 8.22 entnommen werden.

Der Durchmesser des Anschnittes richtet sich wie bei allen Anschnitten, unabhängig vom System, nach der Wanddicke des Formteils und nach der zu verarbeitenden Formmasse. Generell kann gesagt werden, dass das Formteil am Punktanguss umso leichter abreißt, je kleiner der Querschnitt ist. Um den Anschnitt möglichst klein zu halten, arbeitet man daher mit höchst möglicher Massetemperatur.

Der kegelförmige Auslauf des Anschnittkanals ist selbst bei der geringen Länge von 0,6 bis 1,2 mm erforderlich, damit dieser gut entformt werden kann. Beim Entformen des Formteils wird dadurch die im Anschnittkanal erstarrte Formmasse jeweils mit entformt, so dass die Anschnittöffnung für den folgenden Werkzeugfüllvorgang wieder offen ist. Dadurch ergibt sich aber eine entsprechend sichtbare Angussmarkierung auf dem Bauteil.

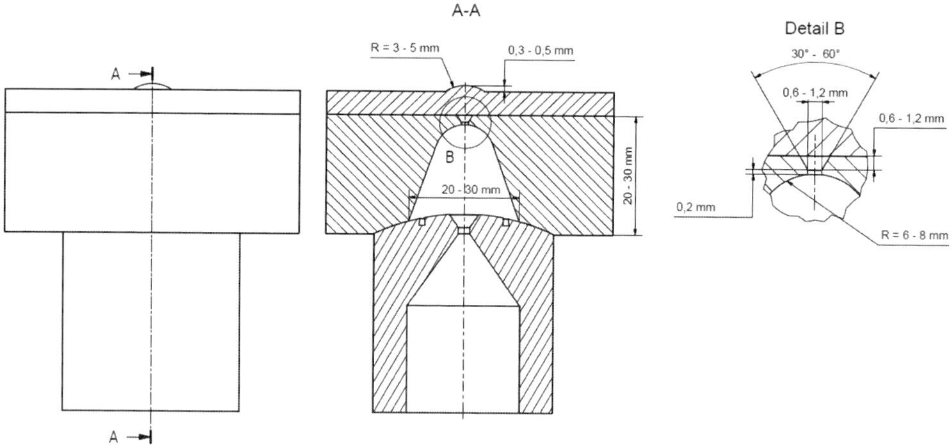

Bild 8.22 Vorkammer mit Linse gegenüber dem Punktanguss, die die Verteilung der Formmasse verbessert [8.13]

Manche Formmassen z. B. (Polystyrol) neigen dazu, beim Entformen Fäden zu ziehen. Besonders bei diesen Werkstoffen ist dann eine kleinere Anschnittbohrung günstiger. Große Anschnitte, in deren Kern die Formmasse noch weichplastisch ist, begünstigen das Fadenziehen und erschweren damit den Entformungsvorgang.

Oftmals ist es zweckmäßig, wenn die Düse der Plastifiziereinheit Hinterschneidungen hat (vgl. Bild 8.22), mit denen ein erstarrter Vorkammerbutzen aus dem Werkzeug gezogen werden kann. Der Butzen kann dann von Hand oder durch spezielle Vorrichtungen abgeschlagen werden (Bild 8.23).

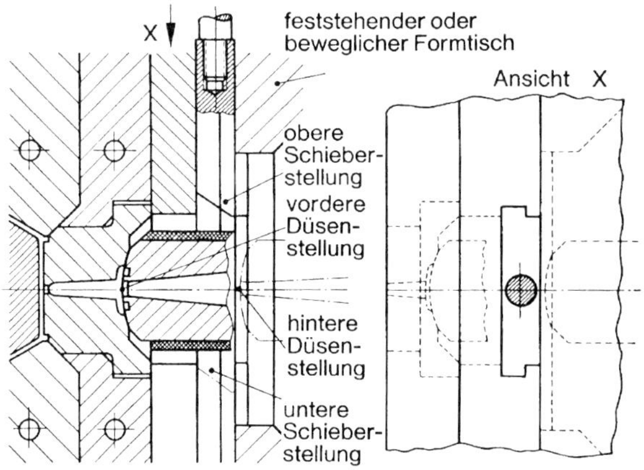

Bild 8.23 Angussabschlagschieber in Führungsplatte zwischen Werkzeug und Aufspannplatte [8.14]

Eine etwas elegantere Möglichkeit, den Angusskegel aus der Angussbuchse zu entfernen, zeigt die in Bild 8.24 dargestellte Lösung. Hier wird der Angusskegel durch pneumatische Betätigung eines Ringkolbens aus der Angussbuchse entfernt. Die Hinterschneidung am Teller des Angusskegels hält diesen so lange fest, bis sich die Düse vom Werkzeug abgehoben hat. Dann wird der in Bild 8.24 gezeigte Ringkolben durch Druckluft in Richtung Düse bewegt. Er legt dabei im vorliegenden Beispiel einen Weg von rund 5 mm zurück. Nach einem Hub von 3 mm trifft die Druckluft direkt auf den Teller des mitgerissenen Angusskegels, so dass dieser jetzt vollständig herausgeblasen wird [8.14].

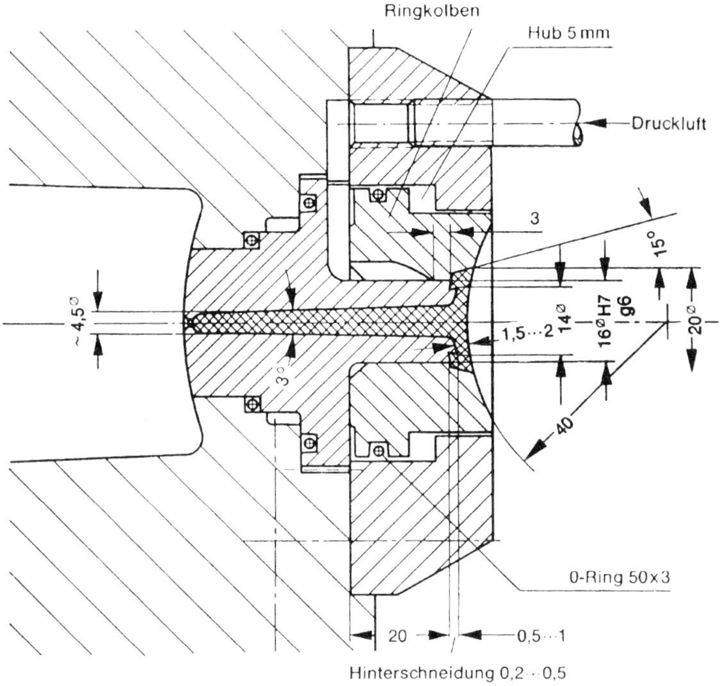

Bild 8.24 Kegelanguss mit Punktanschnitt für pneumatisches Auswerfen des Angusskegels [8.14], Maße in mm

8.8 Angussloses Anspritzen

Beim angusslosen Anspritzen reicht die Düse direkt an das Formteil heran und ist mit diesem durch eine Punktanbindung verbunden. Bild 8.25 zeigt eine Düse, mit der angusslos angespritzt wird. Die Stirnseite der Düse schließt das Werkzeug ab. Dadurch erhält das Formteil allerdings eine starke Angussmarkierung (mattes Aussehen und wellige Oberfläche). Man muss daher bemüht sein, die Düse so klein wie möglich zu wählen. Es empfiehlt sich, einen Durchmesser von 6 bis 12 mm nicht zu überschreiten. Da die Düse beim Einspritzvorgang und während der Nachdruckzeit Kontakt mit dem temperierten Werkzeug hat, ist dieses Verfahren nur anwendbar bei der Herstellung dünnwandiger Teile mit schneller Zyklusfolge. Um die Gefahr des Einfrierens der Düse, die nur durch Wärmeleitung beheizt ist, zu vermeiden, sollte die Schussfolge keinesfalls unter 3 Schuss/min liegen. Das Verfahren wird z. B. bei günstigen Verpackungsartikeln angewendet.

Mit Erfolg wird dieses Anspritzprinzip dort angewendet, wo die Formmasse durch Verteilerkanäle weitergeleitet wird, wie z. B. beim Abreiß-Punktanguss.

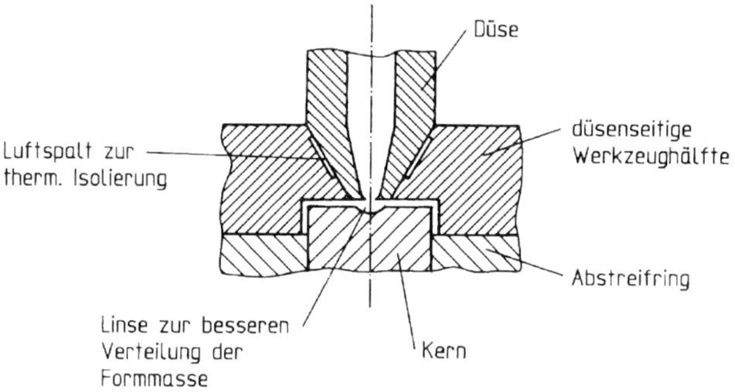

Bild 8.25 Angusslose Anspritzung

8.9 Werkzeuge mit Isolierkanalverteilern [8.15]

Isolierkanalverteiler sind mit vergrößertem Querschnitt ausgeführt und so wird die niedrige Wärmeleitfähigkeit von Kunststoffen ausgenutzt. Im Randbereich des Kanals erstarrt die Formasse. Der Schmelzefluss erfolgt in der plastischen Seele des Verteilerkanals. Bei richtiger Konstruktion, d. h. mit thermisch kontrolliertem Anschnitt, haben Isolierkanäle einige Vorteile gegenüber Heißkanalverteilern. Die Vorteile sind:

- Innerhalb des schmelzeförmigen Querschnittsbereichs weisen Isolierkanäle glatte Oberflächen auf und sind totraumfrei. Durch günstige Strömungsverhältnisses gelten sie daher für Standardmaterialien als betriebssicher.
- Da die Wärmeisolation sich durch die an der Wand abgelagerte Schmelze selbst bildet, ist eine sehr gleichmäßige Temperaturverteilung der Schmelze immer gewährleistet.
- Isolierkanalverteiler sind immer wirtschaftlich, wenn ein stetiger Betrieb mit gleichmäßigen Zyklen gewährleistet ist. Für häufige, längere Unterbrechungen ist er jedoch nicht geeignet.
- Isolierkanalverteiler sind umso sicherer, je größer der Durchsatz, d. h. je größer das Schussgewicht bei normaler Wanddicke ist.
- Wegen der sehr leicht durchführbaren und schnellen Reinigung sind Isolierkanalverteiler besonders zu empfehlen, wenn häufige Farbwechsel vorgenommen werden müssen oder wenn recyceltes Material verwendet wird, bei dem nie ausgeschlossen werden kann, dass eingeschleppte Verunreinigungen zu Verstopfungen oder unsauberen, fleckigen Oberflächen führen.
- Richtig ausgelegte Isolierkanalverteiler sind sowohl in der Anschaffung wie im Unterhalt preiswerter als Heißkanalverteiler.

Ein gut ausgelegter Isolierkanalverteiler zeichnet sich dadurch aus, dass er minimale Wärmeverluste hat. Damit wird beim Anfahren oder nach Unterbrechungen schnell das thermische Gleichgewicht mit einem niedrigen Energieaufwand erreicht. Eine solche gute Auslegung bedingt folgende, konstruktive Maßnahmen:

- Gute Isolierwirkung durch eine dicke, äußere Isolierung (großzügiger Kanalquerschnitt),
- einen abgekapselten Luftspalt (Es darf keine Kaminwirkung im Luftspalt entstehen!),
- minimale Berührungsflächen zwischen Kanalblock und Werkzeug,
- sorgfältig berechneter Einbau von Heizpatronen in den Kanalblock, um Wärmeverluste an kritischen Stellen bei langen Zykluszeiten zu kompensieren.

Es empfiehlt sich immer, ist jedoch bei thermisch empfindlichen Kunststoffen (beispielswiese POM, PC, PBT u. a.) notwendig, den Anschnittbereich besonders sorgfältig auszulegen. Hier müssen die kritische Schergeschwindigkeit und die Schmelzetemperatur beachtet werden. Die Schmelzetemperatur darf weder zu niedrig sein, sodass kaltes Material in das Werkzeug gelangen könnte, noch darf sie zu hoch sein, was eine Zersetzung des Materials zur Folge hätte. Man erreicht ein ideales Temperaturprofil des Anschnittbereiches durch folgende Maßnahmen:

Eine innenbeheizte Nadel (Bild 8.26) muss als Element der Energiezufuhr im Bereich des Übergangs zur Kavität ein dem zu verarbeitenden Kunststoff gut angepasstes

Temperaturprofil aufweisen. Dies bedeutet, dass eine solche Nadel an ihrer Spitze die Schmelze gerade auf ihrer idealen Verarbeitungstemperatur hält, während sie entlang ihres Schafts die Schmelze nicht überhitzen darf und im Bereich der Führungsbuchse soll die Kunststofftemperatur gerade die Einfriertemperatur erreichen.

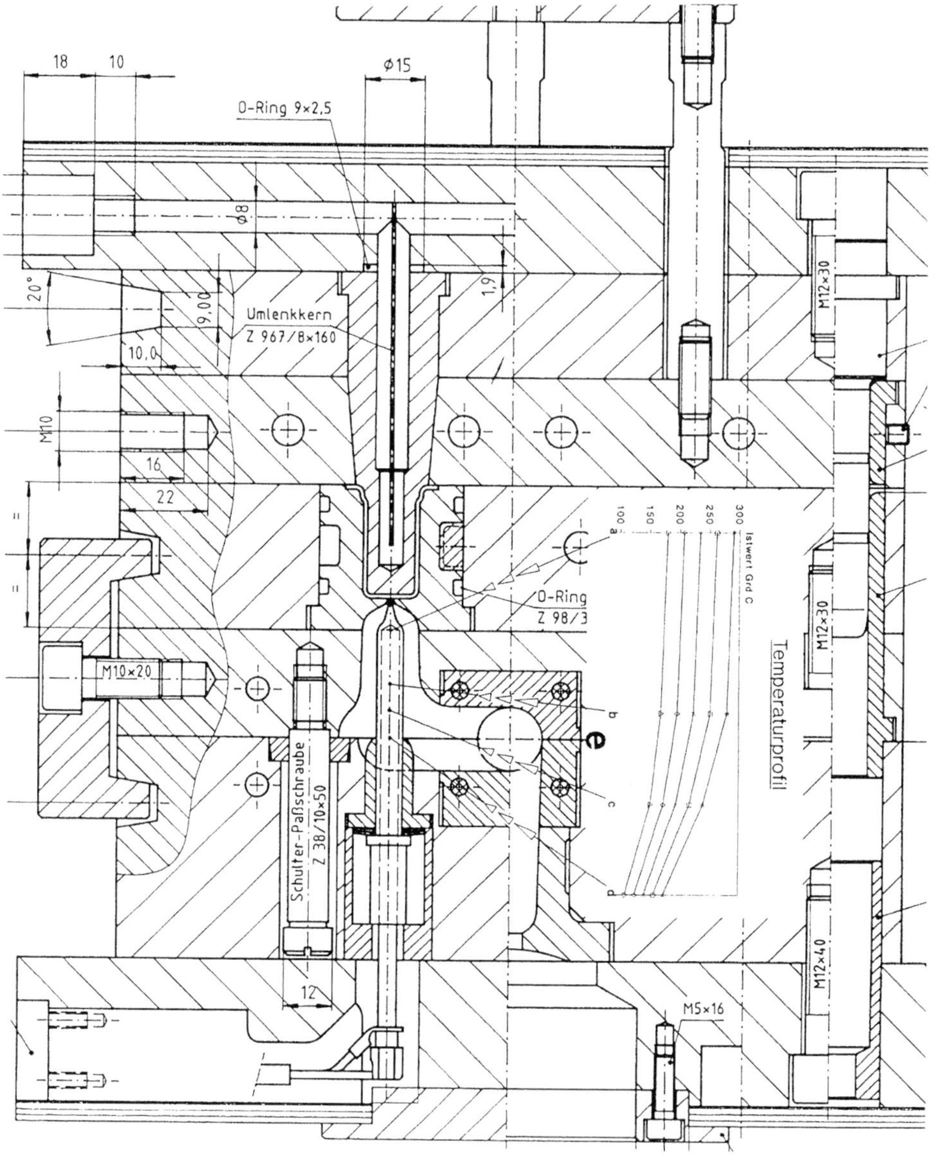

Bild 8.26 Isolierkanalwerkzeug mit innenbeheizter Nadel – offenes System [8.15]

Einsatzbereich und Einsatzgebiete

Formteile aus PE von 0,15 g bei 8 Schuss/Minute lassen sich noch gut mit Isolierkanalverteilern herstellen, obwohl der Wärmeeintrag in das System bei kleinen Schussgewichten entsprechend gering ist. Es muss in diesen Fällen mehr Energie über Heizpatronen dem Verteilerkanal zugeführt werden. Aber trotzdem benötigt der Isolierkanalverteiler im Vergleich zum Heißkanalverteiler nur knapp 25 % an zugeführter elektrischer Energie. Man kann im Allgemeinen davon ausgehen, dass Größe und Gewichte der herstellbaren Teile nur durch die rheologischen Grenzen der benutzten Kunststoffschmelzen, d. h. die Schergeschwindigkeit am Anschnitt bestimmt wird.

Praktische Erfahrungen mit Isolierkanalverteilern

Der Isolierkanalverteiler ist dank seines einfachen Aufbaus, der überschaubaren Funktion und seiner Selbstdichtung bedienungsfreundlich. Die zweite Trennebene lässt sich durch einfaches Umsetzen von zwei Halteklammern schnell und leicht öffnen und die eingefrorene Masse mit einem Handgriff entnehmen (Bild 8.27). Da das Werkzeug nach zwei bis drei Zyklen wieder produktionstüchtig ist, erweist sich dies als eher vorteilhaft, denn bei Störungen in einem Heißkanalverteiler ist dessen Ausbau und Reinigung unvergleichlich aufwendiger. Längere Produktionsunterbrechungen führen bei Heißkanalverteilern zu Materialabbau, wenn die Temperaturen nicht abgesenkt werden. Beim Isolierkanalverteiler erfolgt eine komplette Reinigung in wenigen Minuten, wogegen dies beim Heißkanalverteiler zu stundenlangem Produktionsausfall mit entsprechend großem Arbeitsaufwand führt.

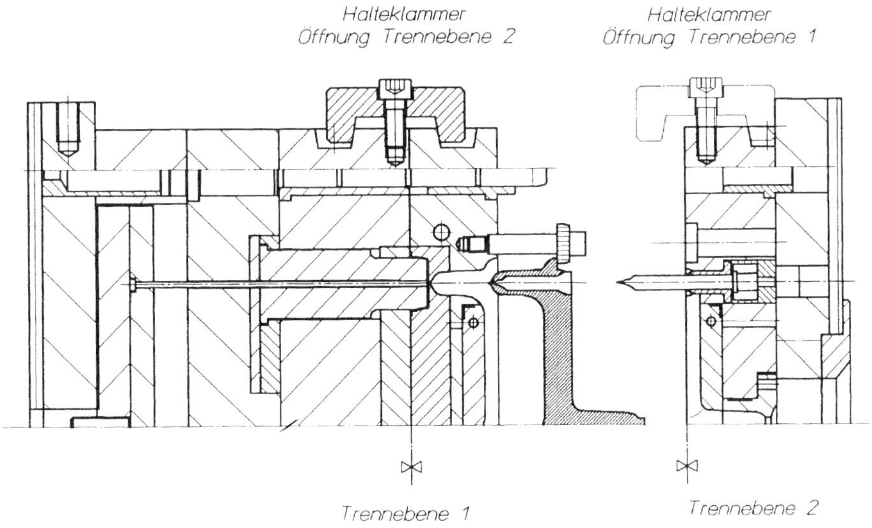

Bild 8.27 Halteklammern erleichtern das Reinigen von Isolierverteilern [8.15]
Stufe 2 = Anguss von Wärmeleitspitze abgezogen

8.10 Temperierte Angusssysteme – Heißkanal [8.16]

Angusssysteme in herkömmlichen Spritzgießwerkzeugen haben, da sie im gleichen Werkzeugblock liegen, gleiche Temperaturen wie das übrige Werkzeug. Verlagert man dagegen das Angusssystem in einen besonderen Block, welcher auf die Temperatur der Schmelze beheizt wird, dann ergeben sich eine ganze Reihe von Vorteilen, die nachfolgend aufgelistet sind. Solche auf Schmelzetemperatur beheizte Verteilerblöcke haben die Aufgabe, die Schmelze ohne Schädigung bis zu den Anschnitten zu verteilen. Sie werden heute bei allen durch Spritzgießen verarbeiteten Thermoplasten und auch bei vernetzenden Kunststoffen, wie Elastomeren und Duroplasten, verwendet.

Man bezeichnet üblicherweise bei Thermoplasten diese Verteiler als Heißkanalsystem bzw. Heißkanalverteiler, kurz auch als Heißläufer oder Heißkanäle, und bei den vernetzenden Kunststoffen als Kaltläufer.

8.10.1 Heißkanalsysteme

In der hochautomatisierten Fertigung von Formteilen aus Thermoplasten in hohen Stückzahlen hat sich die Verwendung von Heißkanalsystemen weitgehend durchgesetzt. Die Entscheidung hierfür wird nahezu ausschließlich durch die Wirtschaftlichkeit, d. h. die Seriengröße bestimmt. Unter Beachtung der Verweilzeiten spielen qualitative Aspekte nur noch selten eine Rolle, denn die verwendeten Thermoplaste sind heute fast alle so stabil, dass man sie mit solchen, im Detail angepassten Heißkanal-Systemen problemlos verarbeiten kann.

Heißkanalsysteme werden als Normalien mit hoher Modularität angeboten; eine Eigenfertigung lohnt sich im Normalfall nicht. Die einschlägigen Lieferanten (siehe Tabelle 8.1) bieten außer erprobten Teilen auch das auf die speziellen Bedürfnisse eingestellte gesamte System an.

Tabelle 8.1 Anbieter von Heißkanalsystemen
(Die Tabelle erhebt keinen Anspruch auf Vollständigkeit.)

Hot Runner Systems	
A&E Produktionstechnik	Dresden, Deutschland
Ewikon	Frankenberg, Deutschland
Günther Heißkanaltechnik	Frankenberg, Deutschland
Hasco	Lüdenscheid, Deutschland
Heitec	Burgwald, Deutschland
HFT	Lorsch, Deutschland
HRSflow	San Polo di Piave, Italien
Husky	Dundelange, Luxemburg
i-mold	Michelstadt, Deutschland
Incoe	Troy, USA
Jetform	Leonberg, Deuschland
Mastip	Auckland, Neuseeland
Meltdesign	Illinois, USA
MHS	Würzburg, Deutschland
MHT	Hochheim, Deutschland
Mold Masters	Baden-Baden, Deutschland
Otto Männer	Bahlingen, Deutschland
PSG Plastic Service	Mannheim, Deutschland
Roko Heißkanaltechnik	Pforzheim, Deutschland
Sander Plast	Edenkoben, Deutschland
Seiki Corporation	Yonezawa, Japan
Strack Norma	Lüdenscheid, Deutschland
Synventive	Griendweg, Niederlande
Thermoplay	Pont Saint Martin, Italien
Witosa	Frankenberg, Deutschland
Xintech	Dübendorf, Deutschland
Yudo Germany	Darmstadt, Deutschland

8.10.1.1 Wirtschaftliche Vor- und Nachteile der Heißkanalsysteme

Wirtschaftliche Vorteile:

- *Einsparung von Angussmaterial* und der Kosten für eine evtl. Nacharbeit in Form des Abtrennens und Aufbereitens der Angüsse.
- *Kürzere Zykluszeit*, Kühlzeit wird nicht mehr durch die – langsam erstarrenden – Angüsse bestimmt, ein Düsenabhub ist nicht mehr notwendig. Die Dosierzeit und Einspritzzeit wird für das Angussvolumen entfällt (für Schnellläufer).
- *Maschinen können kleiner sein*, da das Schussvolumen um die Angüsse vermindert ist und auch die Zuhaltekräfte niedriger sind, denn die Angusskanäle erzeugen keine Auftriebskräfte, weil die Verteilerblöcke und -balken geschlossen sind.

Wirtschaftliche Nachteile:

- Hohe Systemkosten für Heißkanal und Regelung
- Größere Störanfälligkeit, höhere Wartungskosten (z. B. Leckagen, Ausfall von Heizelementen und Verschleiß bei gefüllten Formmassen)

Technologische Vorteile:

- *Automatisierbarkeit des Prozesses* (Entnahme) dank Wegfall der Entformung der Angüsse.
- *Anschnitte an der jeweils qualitativ optimalen Stelle*; dank gleichmäßiger und genau geregelter Temperierung des Angusssystems können lange Fließwege realisiert werden.
- *Druckverluste minimiert*, da die Durchmesser der Angusskanäle nicht begrenzt sind.
- *Künstliche Balancierung des Angusssystems*; durch Temperatursteuerung oder eine spezielle Mechanik (z. B. Verstellung des Spaltes bei Ringspaltdüse oder Einsatz von Blenden im Fließkanal) kann eine Balancierung im laufenden Betrieb vorgenommen werden. (Besser ist die natürliche Balancierung! Siehe Abschnitt 5.4)
- *Gezielte Beeinflussung der Werkzeugfüllung*; Nadelverschlussdüsen und deren gezielte Betätigung erlauben neue Technologien (Kaskadenangusssystem: Vermeidung von Bindenähten, Hinterspritzen).
- *Geringerer Öffnungshub*, da kein Anguss/Angusssystem zu entformen ist. Im Gegensatz zu konventionell arbeitenden Werkzeugen und insbesondere bei den mit den Heißkanälen konkurrierenden Dreiplattenwerkzeugen.
- *Längere Wirkung des Nachdruckes*, was geringere Schwindung zur Folge hat.
- *Funktionalisierung von Nadelverschlussdüsen* zur Fixierung von Einlegeteilen.

Technologische Nachteile:

- *Gefahr der thermischen Schädigung empfindlicher Werkstoffe* aufgrund langer Fließwege und Verweilzeiten insbesondere bei langen Zykluszeiten und geringen Schussgewichten.
- *Aufwendige Temperaturführung*, da eine ungleichmäßige Temperierung zu unterschiedlichen Schmelzetemperaturen und damit zu einer ungleichmäßigen Füllung führen würde.

8.10.1.2 Heißkanäle für verschiedene Anwendungen und neue Möglichkeiten

Welche Möglichkeiten sich grundsätzlich bieten, zeigt die schematische Darstellung in Bild 8.28.

Heißkanalsysteme werden heute nahezu immer eingesetzt, wenn große Serien in einem möglichst automatisierten Betrieb gefertigt werden sollen.

Sie ermöglichen jedoch auch neue Technologievariationen, die darauf beruhen, dass man die Anschnitte an den Formteilen dort anordnen kann, wo sie zu den qualitativ besten Ergebnissen führen. Sie sind vor allem mit der Möglichkeit einer zeitlich exakten Betätigung von Nadelverschlussdüsen verbunden.

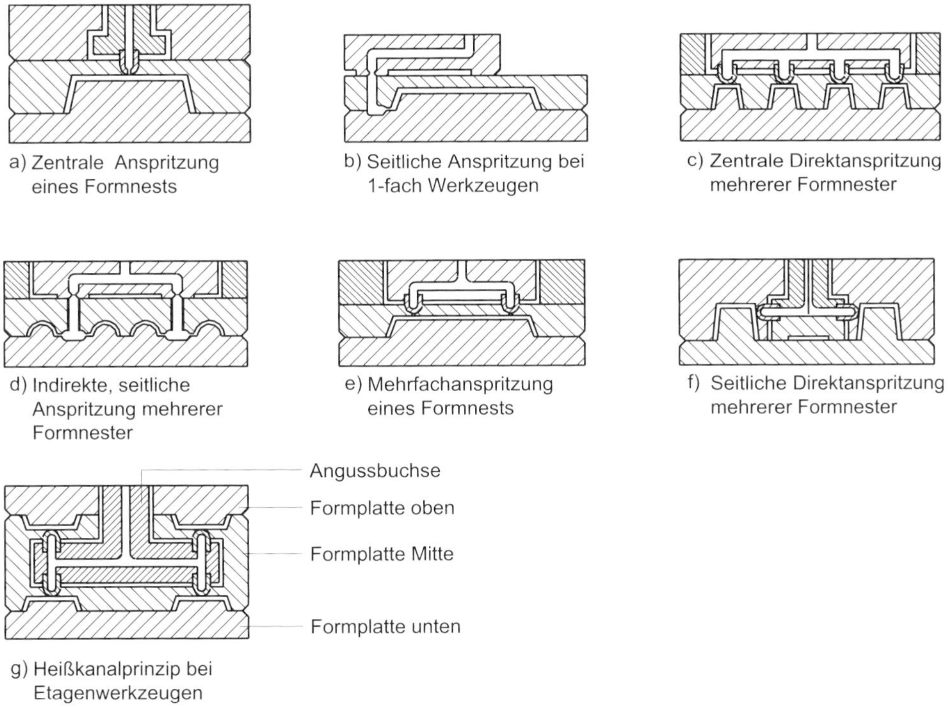

Bild 8.28 Prinzipielle Möglichkeiten (a bis g) der Schmelzeführung mit Heißkanälen [8.9]

Ein Beispiel dafür ist die *Kaskadenanspritzung* (Bild 7.28, Abschnitt 7.7.1). Die einzelnen Nadelverschlussdüsen können hier – abhängig von der Füllung – so geöffnet und geschlossen werden, dass die Fließfront stets von der zuletzt überfahrenen Düse gespeist wird [8.17] [8.18].

Dies ermöglicht:

- *Vermeidung von Bindenähten* (z. B. erforderlich für Karosserieaußenteile). Diese großflächigen Teile benötigen mehrere Anschnitte. Dies würde normalerweise zu Bindenähten führen. Mit der Kaskadenanschnitt-Technik wird stafettenartig die Schmelzefront weitergeschoben, indem jede Düse erst öffnet, wenn die Front gerade über sie hinweg gelaufen ist, während gleichzeitig die vorher liegende Düse schließt.
- *Hinterspritzen* Integriertes Kaschieren mit Textilien oder Folien ist erst durch die Kaskadenanspritzung möglich geworden, da sich bei den niedrigeren Einspritzdrücken eingelegte Textilien unter anderem nicht mehr verschieben und so keine Falten und andere Fehler entstehen können. Die Arbeitsweise entspricht derjenigen der Vermeidung von Bindenähten.
- *Vielnestformen* mit geometrisch und volumenmäßig verschiedenen Formnestern, auch Familienformen genannt, weil zusammengehörige Teile unterschiedlichen Volumens in einer Form, mit einem Schuss gleichzeitig hergestellt werden können.
- *Da Einspritzdruck und Nachdruck* unabhängig voneinander betätigt werden können, kann das Öffnen und Schließen den speziellen Bedingungen der jeweiligen Kavität angepasst werden.
- *Gesteuerte Volumenbalancierung* bedeutet, dass man eine Bindenaht in einen unkritischen Bereich des Formteiles verschieben kann.
- *Vereinheitlichung des Werkzeuginnendruckverlaufs* über den Fließweg durch die Nutzung selektiv angesteuerter Verschlussnadeln. Durch die Regelung der Nadelposition und Nadelgeschwindigkeit werden Druckabfälle durch abrupte Nadelbewegungen vermieden. Dies wirkt sich positiv auf die Formteiloberfläche aus.
- *Etagenwerkzeuge,* d. h. Verdopplung oder Vervielfachung der Produktion, dank zweier oder mehrerer Formplatten und Trennebenen.

8.10.1.3 Aufbau und Bestandteile eines Heißkanalsystems

Heißkanäle stellen technologisch anspruchsvolle Systeme dar, die zur Erfüllung ihrer Hauptfunktion, der schädigungsfreien Leitung der Schmelze zu den Anschnitten, einen hohen technischen und finanziellen Aufwand erfordern. Der Aufbau ist beispielhaft für ein Werkzeug in Bild 8.29 dargestellt.

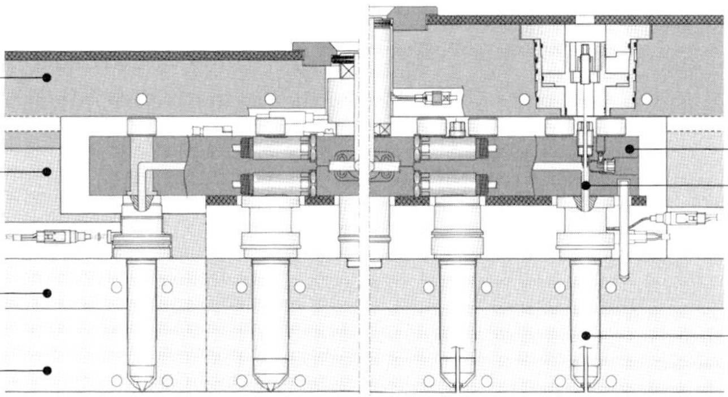

Bild 8.29 Aufbau einer heißen Seite [8.19] Konstruktionsvarianten von Verteilerkanal und Düsentypen
links: offene Düsen
rechts: Nadelverschlussdüsen

Verteilersysteme werden zunächst danach unterschieden, wie sie beheizt werden. Man unterscheidet zwischen:

- Isolierkanal-Systemen (vgl. Abschnitt 8.9) und
- Heißkanal-Systemen.

Bei den Heißkanal-Systemen unterscheidet man wiederum nach der Art der Beheizung (siehe Bild 8.30):

- nach Innen- und
- Außen-Beheizung.

Die Beheizung erfolgt grundsätzlich elektrisch durch Heizpatronen, Heizstäbe, Heizbänder, Heizrohre und -schlangen, Dickschichtheizelementen oder vergleichbare Elemente. Um eine gleichmäßige Strömung und Verteilung der Schmelze sicherzustellen, ist immer eine relativ aufwendige Regelung mit mehreren Heizkreisen und entsprechender Anzahl von Sensoren erforderlich. Die Betriebsspannung liegt meist bei 220 bis 240 V, jedoch werden kleine Düsen häufig mit Niederspannung mit einer Betriebsspannung von 5 V, 15 V oder auch 24 V betrieben.

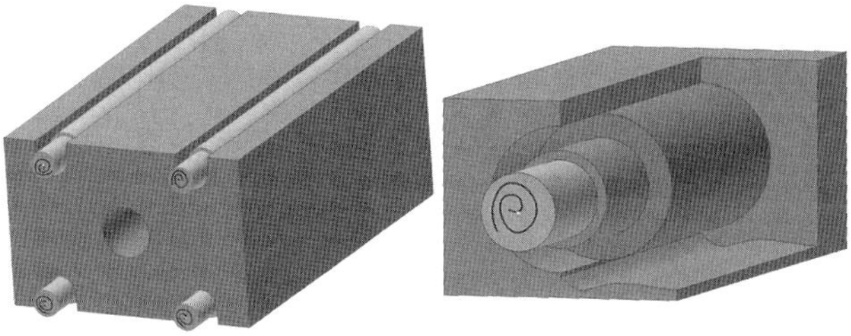

Bild 8.30 Fließquerschnitte im Verteiler [8.20]

8.10.1.3.1 Außen- und Innenbeheizte Systeme

In Bild 8.30 sind die beiden Beheizungsmöglichkeiten dargestellt. Die Strömungsverhältnisse und die Temperaturverteilungen in der Schmelze für beide Beheizungsarten sind in Bild 8.31 dargestellt. Der Vollständigkeit halber muss erwähnt werden, dass diese Unterscheidung in innen und außen beheizt nicht nur die Verteilerblöcke betrifft, sondern es ist auch durchaus üblich, z. B. die Blöcke außen und die Düsen innen zu beheizen. Generell sieht man jedoch einen Trend zu außen beheizten Heißkanalsystemen.

Aus Bild 8.31 leiten sich auch sofort die wesentlichen Vor- bzw. Nachteile der beiden Systeme ab.

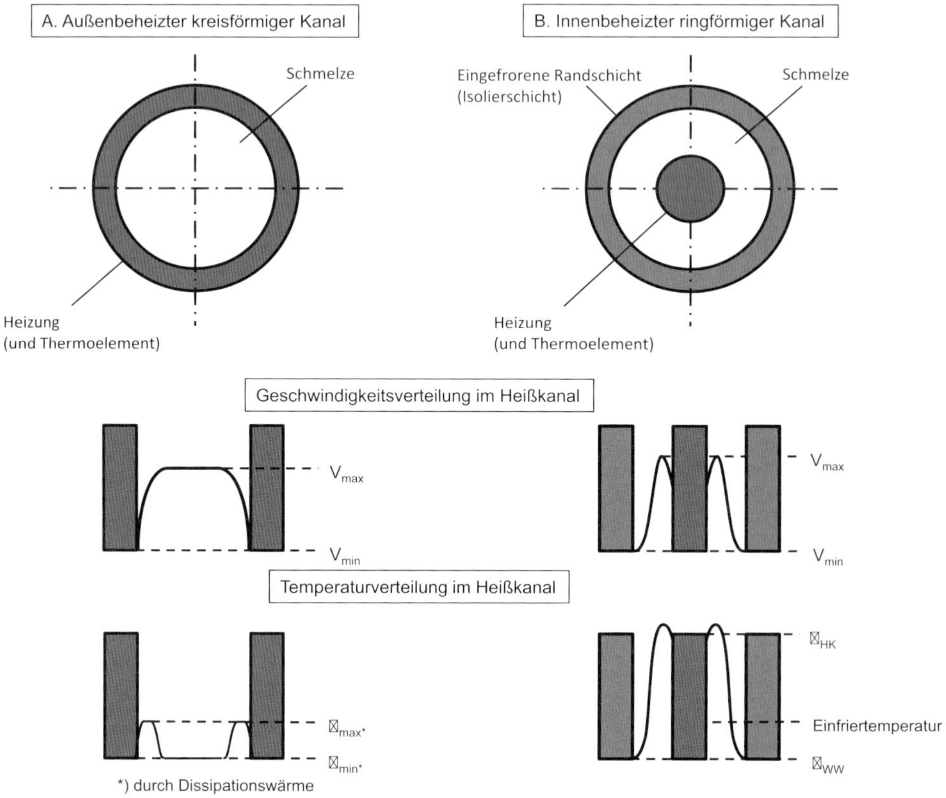

Bild 8.31 Heißkanalsysteme: Gegenüberstellung von innen und außen beheizten Systemen [8.20] [8.21]

Außenbeheiztes System

Vorteil

Große Strömungskanäle bedingen eine niedrige Strömungsgeschwindigkeit und gleichmäßige Temperaturverteilung.

Nachteil

Die Temperaturen einer Außenheizung müssen sehr viel höher sein (vgl. Bild 8.32 [8.22] für die Verarbeitung von PA 6.6). Hier beträgt die Werkzeugtemperatur ca. 100 °C und beim Verteiler mindestens 270 °C; damit liegt ein Temperaturunterschied von ca. 170 °C zum Werkzeugblock vor. Das bedeutet:

- Erhebliche Wärmedehnungen erfordern eine angepasste Auslegung der Toleranzen von Verteilerblock und Heißkanaldüsen. Ziel ist hier die Anschnittposition am Formteil zu fixieren.
- Höhere Heizleistung als bei innen beheizten Systemen (über 500 W je 100 mm Leitung bei einem typischen Querschnitt von 40×7 mm^2) und Isolierungen des Verteilerblocks werden notwendig.
- Durch große, ungestützte Flächen besteht bei großflächigen Werkzeugen die Gefahr der Durchbiegung der angussseitigen Werkzeugplatte, wenn diese nicht entsprechend dick ausgeführt wird. In direkter Folge davon wird das Werkzeug schwerer.

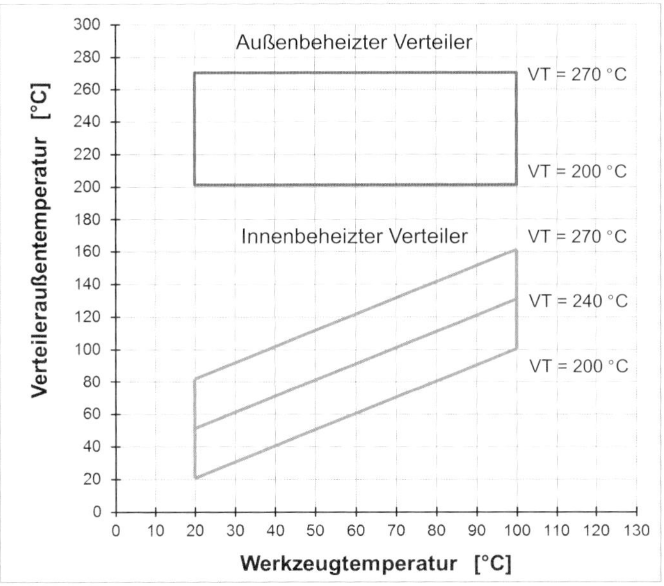

Bild 8.32 Außentemperaturen von Verteilersystemen in Abhängigkeit von der Werkzeugtemperatur [8.22]

Um die Auswirkungen der Nachteile zu begrenzen, werden neben einer Isolierung auch Verteilerbalken mit Aussparungen eingebracht, in die zur Abstützung der angussseitigen Werkzeugplatte Distanzstücke (Holme) eingeschraubt werden. Des Weiteren müssen Voraussetzungen für eine gute Temperierung der Verteiler- und Abstützplatten geschaffen werden.

Innenbeheiztes System

Es bildet sich eine erstarrte Kunststoffschicht an der äußeren Kanaloberfläche, die als Isolierschicht wirkt.

Vorteil

- Der Wärmebedarf des Systems ist wesentlich geringer (etwa 55 W je 100 mm Länge des Innenrohres).
- Die Temperaturunterschiede zwischen Werkzeug- und Verteilerblock sind vernachlässigbar, somit entfallen Maßnahmen, wie sie bei großen Wärmedehnungen erforderlich sind.
- Der Heißkanalverteiler ist bei innen beheizten Systemen ein kompakter Block, der fest mit dem Werkzeug verschraubt wird, sodass das Werkzeug sehr steif ist und keine Maßnahmen erforderlich sind, um die Düsen und Anschnitte zu zentrieren. Dies erlaubt auch den direkten Einbau des Verteilers in die maschinenseitige Werkzeugaufspannplatte [8.23] (Bild 8.33).
- Das Schmelzevolumen ist klein; daher sind die Verweilzeiten der strömenden Schmelze kurz.

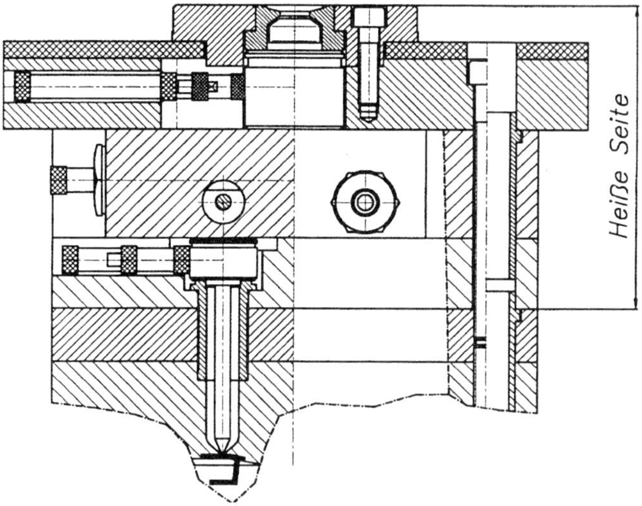

Bild 8.33 Querschnittzeichnung eines Werkzeugs mit heißer Seite [8.23]

Nachteil

- Die Strömungsgeschwindigkeiten sind auf Grund der konzentrischen Anordnung von Heizelement und Schmelzekanal sehr viel größer, wodurch der Werkstoff geschädigt werden kann.
- Für empfindliche Formmassen und bei häufigen Farbwechseln wird von den innen beheizten Systemen abgeraten.
- Bei der Entscheidung für ein bestimmtes System kann man sich durch die Lieferanten beraten lassen. Die namhaften Lieferanten bieten heutzutage überwiegend außen beheizte Heißkanalsysteme an.

8.10.1.4 Angussbuchse

Die Angussbuchse dient der Übergabe der Schmelze von der Maschine in den Verteiler. Um eine gleichmäßige Temperatur der Schmelze (Grundvoraussetzung für eine optimale Formteilqualität) zu gewährleisten, muss sie daher sorgfältig beheizt werden. Dazu wird sie in der Regel mit einem eigenen Heizkreis und Temperaturfühler versehen. Bei gegenüber hohen Temperaturen empfindlichen Thermoplasten führt eine zu niedrige Temperatur in diesem Bereich möglicherweise zu Beanstandungen durch Oberflächenfehler an den Formteilen. Es stellen sich auf Grund der großen Längen der Angussbuchsen – von 30 bis 50 mm – Temperaturunterschiede in der Schmelze – in der Größenordnung von ca. 20 °C bis 30 °C – ein [8.24]. Dies ist der Grund dafür, dass die Düsen beheizt müssen werden.

Da die Kunststoffschmelze unter hohem Druck durch den Heißkanalverteiler in das Spritzgießwerkzeug gespritzt wird, ist eine hohe Düsenanlagekraft erforderlich, um eine feste und schmelzedichte Verbindung zum Heißkanalverteiler herzustellen. Es gelten hier die gleichen Bedingungen wie für jede andere Angussbuchse (siehe Abschnitt 4.5). Da bei Heißkanalverteilern zwischen Maschinendüse und Werkzeug oft, z. B. wenn angussseitige Schließsysteme im Werkzeug erforderlich sind, große Abstände bestehen können, sind in solchen Fällen verlängerte, beheizte Düsen erforderlich.

Da zwischen Maschine und Verteiler keine Temperaturunterschiede bestehen, ist ein Abheben der Maschinendüse von der Angussbuchse nicht notwendig. Es haben sich daher so genannte Tauchdüsen und Tauchbuchsen durchgesetzt (Bild 8.34), weil sie sicherstellen, dass keine Schmelze, weder in die Kavität, noch an der Angussbuchse austritt. Auch das Dekomprimieren kann problemlos durchgeführt werden. Beim Verarbeiten von wärmeempfindlichen Materialien ist von den Tauchdüsen allerdings abzuraten, da hier Materialstagnation entsteht. Die Dekompression ist ein bewährtes Hilfsmittel um zu verhindern, dass aus einem Heißkanalanschnitt Schmelze in die nach dem Entformen leere Kavität tropft und hierdurch Qualitätsmängel und Betriebsstörungen verursacht. Sie wird in der Regel durch Rückzug der Schnecke im Zylinder bewirkt. Düsen und Buchsen werden als Normalien angeboten.

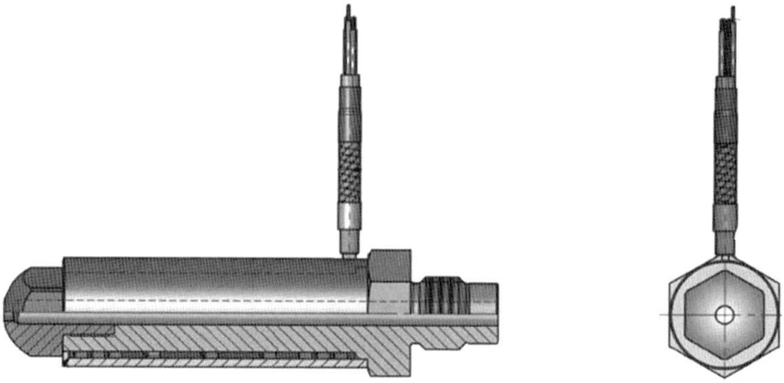

Bild 8.34 Tauchdüse [8.25]

8.10.1.5 Schmelzefilter

Verstopfungen in Heißkanalverteilern, die sich insbesondere in den engen Querschnitten der Anschnitt-Düsen einstellen können, wenn die Schmelze nicht ganz sauber ist, haben dazu geführt, dass Filter eingebaut werden können (Bild 8.35). Roßbach [8.26] empfiehlt diese Vorsichtsmaßnahme immer dann, wenn nicht nur Neuware verarbeitet wird und die Schließkraft der Maschinen kleiner als 5 000 kN ist (größere Maschinen haben Werkzeuge mit Anschnitten, die so groß sind, dass übliche Verunreinigungen nicht mehr hängen bleiben). In allen Fällen muss man die Druckverluste kennen, um abschätzen zu können, ob dann die Werkzeugfüllung noch fehlerfrei bewältigt wird. Der Druckverlust beträgt normalerweise < 30 % des üblichen Druckes bei einer Düse ohne Filter.

Der Einbau des Filters erfolgt hauptsächlich unmittelbar an den Plastifizierzylinder, um mit der Dekompression arbeiten zu können. Er gehört also in diesem Fall in die Düse der Maschine.

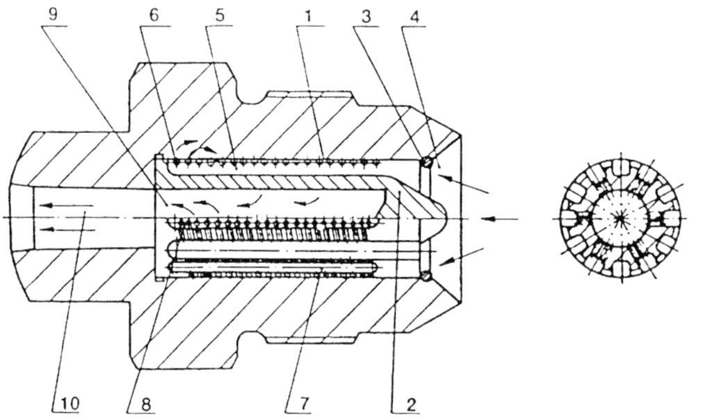

1) Aufnahmebohrungen,
2) Filtereinsatz,
3) Sicherungsring,
4) Übergang zum Düsenkopf der Spritzgießmaschine
5) Zuführkanal,
6) tangentale Filternut,
7) Zwischenkanal,
8) radiale Filterbohrungen,
9) Sammelkanal,
10) Düsenaustrittöffnung

Bild 8.35 Filtereinsatz mit radialen Bohrungen und tangentialen Nuten [8.26]

8.10.1.6 Verteilerblöcke

Einnestformen

Es gibt einige Gründe auch bei Einnest-Werkzeugen einen beheizten Anguss einzubauen, z. B. wenn ein Prototyp unter den identisch gleichen Bedingungen hergestellt werden soll, wie die Teile aus der späteren Serie und dem Einsatz von Vielnestwerkzeugen. Nur dann sind nämlich der gleiche Nachdruck und damit die gleiche Schwindung einstellbar. Bild 8.36 zeigt eine Nadelverschlussdüse und eine Düse mit thermischem Verschluss für Einfachanwendungen.

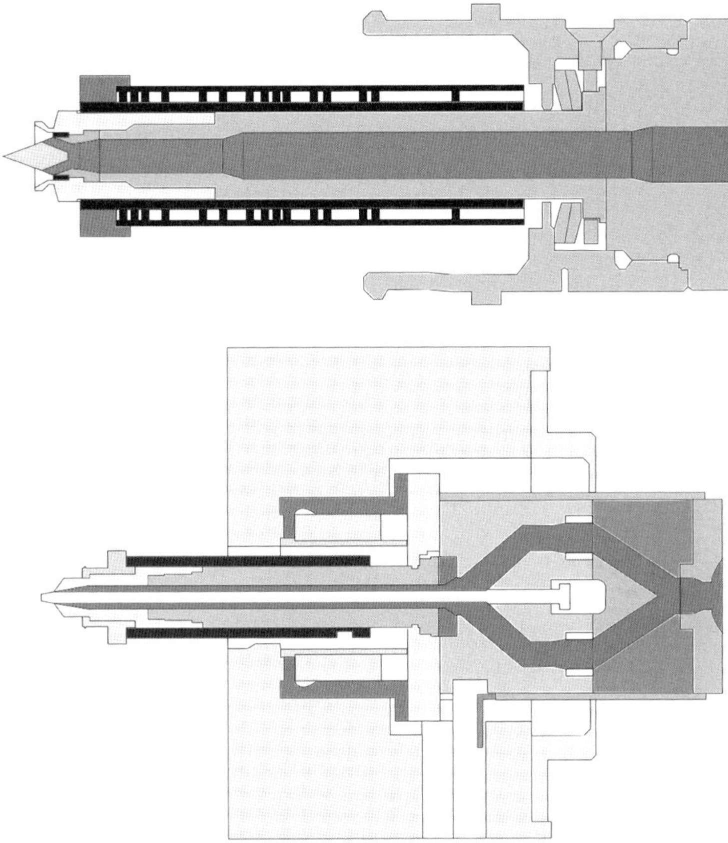

Bild 8.36 Heißkanal bei Einfachwerkzeugen (Einnestwerkzeugen)
oben: mit Wärmeverschluss
unten: mit Nadelverschluss
[8.16] [8.28]

8.10.1.7 Verteilerbalken

Vielnestformen

Die Schmelze wird von der Angussbuchse über die Verteilerkanäle zu den Anschnittdüsen geführt. Bei identischen Kavitäten wird man eine natürliche Balancierung bevorzugen, d. h. die Querschnitte und Längen bis zu den jeweiligen Anschnitten haben gleiche Abmessungen (siehe Abschnitt 7.6). Es ist aber auch mit den Abschnitt 7.6 besprochen Mitteln möglich, über eine Veränderung der Kanalquerschnitte unterschiedliche Längen zu kompensieren, d. h. künstlich zu balancieren. Wie schon kurz erwähnt, gibt es außer Nadelverschlussdüsen noch weitere Möglichkeiten mechanischer oder was meist einfacher ist, thermischer Art, die Strömungsverhältnisse der verschiedenen Kavitäten zu beeinflussen.

Im Gegensatz zu den innen beheizten Verteilern wird bei außen beheizten Verteilern nicht mit Verteilerblöcken sondern mit Verteilerbalken gearbeitet (vgl. Bild 8.37). Damit bleibt genügend Raum für den Einbau von Stützsäulen bestehen, welche unzulässiges Durchbiegen der angussseitigen Formplatte beim Füllen der Kavitäten verhindern.

Die Schmelzekanäle sollten natürlich so glatt als möglich sein, damit keine Schmelze hängen bleiben kann. Zudem müssen alle Umlenkungen strömungsgünstig ausgeführt werden, d. h. große Radien sind erwünscht, scharfe Ecken sind zu vermeiden. In den Verteilern sind die Kanäle gebohrt und gehont. Für die Ecken benötigt man dann Umlenkstücke, die in den Kanal eingepasst werden (vgl. Bild 8.38). Sie werden durch spezielle Dichtelemente festgehalten. Auf diese Weise können die Kanäle besser gereinigt werden.

Angaben zur Heizung der Verteiler werden in Abschnitt 8.10.1.3 gemacht.

Um bei außen beheizten Verteilern mit möglichst wenigen Heizkreisen und Regelungen auszukommen und die betriebssicheren und billigen Rohrheizkörper verwenden zu können, werden von einzelnen Heißkanal-Systemherstellern Verteilerbalken mit Wärmeleitrohren angeboten. Diese betriebssicheren und wartungsfreien, rohrförmigen Körper sorgen für eine gleichmäßige Wärmeverteilung auch an solchen Stellen, wo ein Wärmegefälle vorhanden ist, wie an Distanz-, Zentrier- und Befestigungsstücken. Man erhält so einen relativ kostengünstigen, betriebssicheren und bei richtiger Verlegung sich nahezu isotherm verhaltenden Verteilerblock. Die Größe der Bohrungen richtet sich einerseits nach den Druckverlusten und Strömungsgeschwindigkeiten, andererseits nach der Verweilzeit der Schmelze. Für mittlere Durchsätze wählt man 6 bis 8 mm Durchmesser.

Die Isolierung der außen beheizten Verteiler besteht, wenn dies die Steifigkeit der Werkzeugplatten erlaubt, meist aus einer Lufttasche mit Distanzstücken aus schlecht leitendem Metall, z. B. Titan und Keramik.

Bild 8.39 zeigt ein Heißkanalsystem mit selektiver Steuerung von Verschlussnadeln für das Kaskadenspritzgießen bei Großwerkzeugen. Durch die selektive Ansteuerung der Nadelverschlussdüsen können Schwankungen im Werkzeuginnendruck reduziert werden. Dadurch kann die Oberflächenqualität positiv beeinflusst werden.

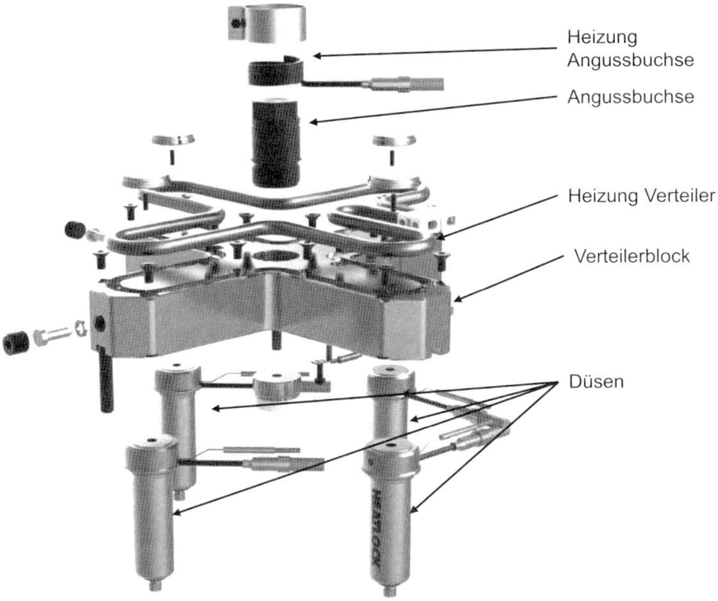

Bild 8.37 Verteilerbalken für die Verteilung auf vier Anschnittdüsen [8.27]

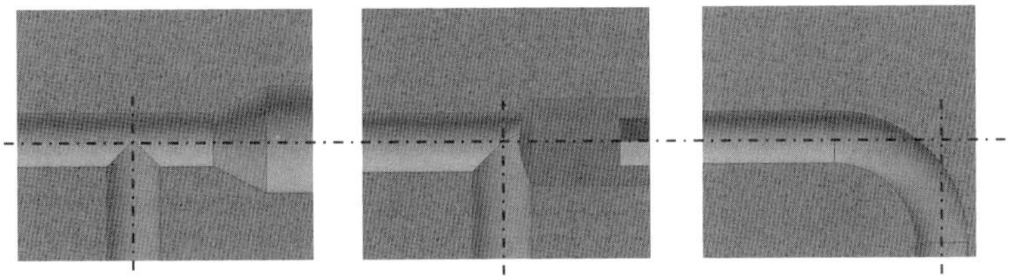

Bild 8.38 Umlenkung im Verteiler [8.28]

Bild 8.39 Heißkanalsystem mit selektivem Nadelverschluss für Karosserieanbauteile [8.29]

8.10.1.8 Heißkanaldüsen (Anspritzdüsen, Anschnittdüsen)

Die Düse stellt die Verbindung, zwischen Verteiler und Formnest her. Die wesentlichen Anforderungen an eine Heißkanaldüse lauten:

- Eine möglichst gleichmäßige und temperaturhomogene Schmelze in das Werkzeug übergeben.
- Thermische Trennung zwischen heißem Verteiler und kälterem Werkzeug; das Werkzeug darf sich in der Umgebung der Düse nicht erwärmen, um matte wellige Stellen zu vermeiden und die Düse nicht soweit abkühlen, dass sie einfriert.
- Eine Saubere und reproduzierbare Trennung zwischen schmelzeflüssigem Kanalinhalt und erstarrtem Formteil bei der Entformung muss erreicht werden (kein Fadenziehen und kein Tropfen!).

An den Forderungen an die Düsen hat sich somit gegenüber normalen Werkzeugen wenig geändert, jedoch sind zahlreiche neue Varianten entstanden.

Die Vorteile der einzelnen Düsenarten können wie folgt beschrieben werden:

Offene Düsen (Bild 8.40)

Haben fließtechnische Vorteile und werden wie in konventionellen Werkzeugen dort eingesetzt, wo solche Anforderungen bestehen. Bei gefüllten, verschleißenden Formmassen werden sie ebenfalls wegen ihrer relativ großen Unempfindlichkeit eingesetzt. Schließlich gibt es auch gelegentlich räumliche Gründe, weshalb man zu diesen noch eine gewisse Nacharbeit – Abtrennen des Zapfens – erfordernden Angüssen greift.

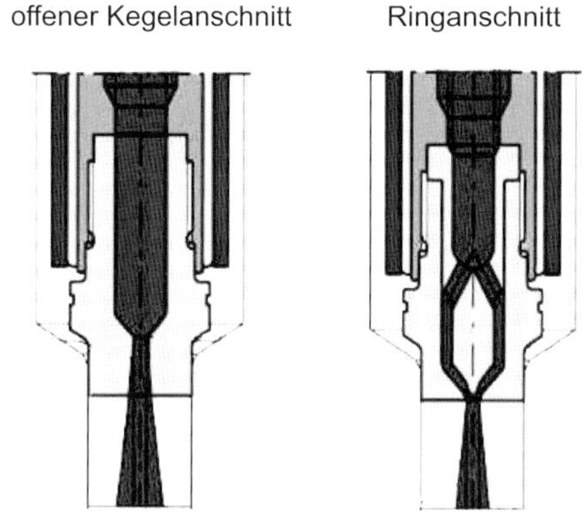

Bild 8.40 Heißkanal-Anschnittdüse mit Zapfen (indirekter Anguss)
links: Wärmeverschluss mit kegelförmigen Anschnitt, offene Düsenspitze
rechts: Wärmeverschluss mit Torpedo zur Erweiterung des Verarbeitungsfensters durch Wärmeleitung zum Anschnitt [8.30]

Düsen mit Spitzen (Bild 8.41)

Die Spitzen sind durch die sehr gute Wärmeleitung aus ihrer Befestigung z. B. in der Düsenträgerplatte heiß, denn sie müssen die Wärme in die einfriergefährdete Schmelze am Anschnitt tragen. Sie werden daher aus gut leitenden Werkstoffen, meist Kupfer oder Kupfer-Beryllium hergestellt. Hierdurch wirken sie als Fließhilfe.

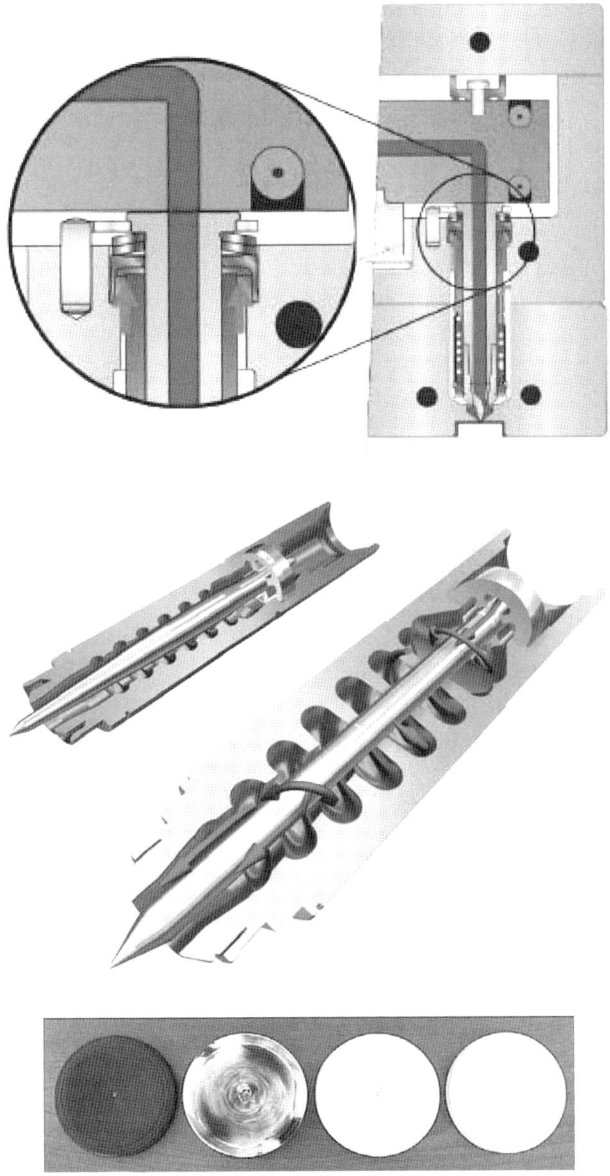

Bild 8.41 Punktanschnitt bei Heißkanalanschnittdüsen mit Spitzen oder Torpedo und Tunnelverteiler [8.33]

Besonders wichtig ist der saubere fadenfreie Abriss des Angusses, weshalb gerade diese Düsen je nach dem zu verarbeitenden Werkstoff unterschiedlich gestaltet sind. Dies gilt in ganz besonderem Maße für die Düsen mit mehreren Spitzen (Euterdüsen oder hot edges). Besonders hochwertige Düsen haben in der Außenwand eingelötete Heizleitungen, die von einem eigenen Regelkreis geführt werden, der sich eines eigenen hier eingebauten Sensors bedient. Viele dieser Düsen haben keine Punktanschnitte, sondern Ringanschnitte, da hier bei gleicher oder manchmal sogar besserer optischer Gestalt die Strömungsgeschwindigkeit dank der relativ großen Fläche sehr viel kleiner ist als beim Punktanschnitt. Sie sind daher je nach dem zu verarbeitenden Werkstoff unterschiedlich gestaltet.

Nadelverschlussdüsen (Bild 8.42)

Sie werden in zunehmendem Maße eingesetzt, insbesondere beim segmentierten Einspritzen, z. B beim Kaskadenanguss oder wo generell eine gute Anschnittqualität gefordert wird. Es kann auch mit größeren Anschnitten als bei thermischen Punktanschnitten gearbeitet werden. Dadurch hat man Vorteile, wie geringere Scherung im Anschnittbereich und die Möglichkeit den Nachdruck länger einwirken zu lassen. Durch den mechanischen Verschluss können auch kürzere Zykluszeiten erzielt werden, da der Anschnitt nicht einfrieren muss. Die Betätigung erfolgt pneumatisch, hydraulisch oder elektrisch (beispielsweise bei selektiv schließenden Systemen). Letztere werden vor allem bei großen Werkzeugen eingesetzt, da ihr Platzbedarf bei zentraler Ansteuerung kleiner ist und höhere Nadeldrücke verwirklicht werden können. Bei hydraulisch betätigten Düsen muss eine mögliche Leckage berücksichtigt werden.

Während die Beheizung von Heißkanalverteilern mit 220 bis 240 V vorgenommen wird, sind gerade für die kleinen, schmalen und eng nebeneinander liegenden Düsenheizungen mit einer Niederspannung von 5 bzw. 15 oder 24 Volt entwickelt

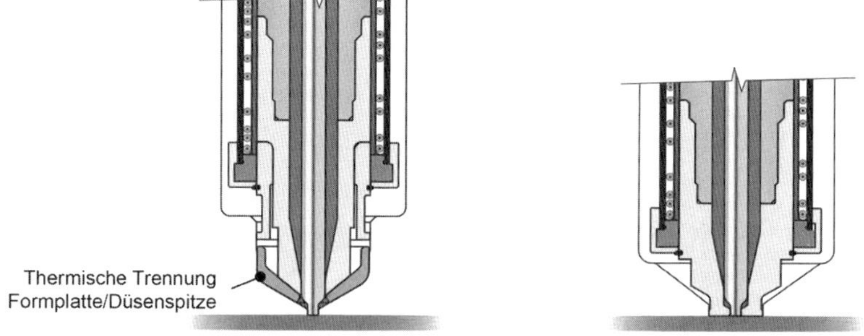

Bild 8.42 Heißkanal-Anschnittdüsen mit Nadelverschluss
links: für amorphe (besondere Isolationswirkung)
rechts: für teilkristalline Kunststoffe
[8.31]

worden. Bei den engen Abständen von bis herunter zu 11 mm, stellt die Verkabelung der einzeln beheizten und geregelten Düsen ein Problem dar [8.24]. In all den Fällen, in denen nicht das Einhalten engster Temperaturgrenzen gefordert wird, zieht man daher die wartungsfreie und kostengünstige indirekte Beheizung vor. Sie bestehen aus Wärmeleitelementen, die von der Schmelze umflossen werden. Hergestellt werden sie aus Werkstoffen mit einer hohen Wärmeleitfähigkeit (meistens Kupfer-Beryllium) oder man benutzt Wärmerohre.

Ein besonderes Problem vor allem bei den außen beheizten Verteilern ist die Abdichtung der Düsen gegen das Werkzeug. Eine Lösung stellt der Einsatz von Tellerfedern zwischen Düse und Heißkanalverteiler dar.

8.10.1.9 Daten zur Auslegung von Heißkanalverteilern

Obwohl man heute nur noch selten Heißkanalverteiler selbst herstellen wird, sind im Folgenden einige Daten zu deren Dimensionierung aufgeführt.

8.10.1.9.1 Verteilerbalken

Als Werkstoff wählt man zumindest einen C60 oder höherwertigen Stahl. Die Durchmesser der Kanäle können nach der Tabelle 8.2 ausgewählt werden, wobei eine Schmelzekanalberechnung generell empfohlen wird. Bei kleinen Schussgewichten und Längen der Kanäle unter 200 mm bestimmen die Schussgewichte alleine die Durchmesser in dieser Tabelle. Sind die Längen der Kanäle größer, müssen die Kanaldurchmesser vergrößert werden, um die Druckverluste zu vermindern und damit die Schererwärmung in Grenzen zu halten. Es muss hier erwähnt werden, dass Standardheißkanalsysteme für Drücke bis zu 2 500 bar und Temperaturen bis zu 400 °C ausgelegt werden.

Den Einbau der Heizungen und des Temperatursensors entnimmt man Bild 8.43.

Für die Selbstherstellung ist in Bild 8.44 eine als Tauchdüse ausgebildete Maschinendüse mit Schmelzefilter mit den erforderlichen Abmessungen dargestellt.

Tabelle 8.2 Richtlinien zur Dimensionierung von Verteilerkanälen bei Heißkanalwerkzeugen [8.20] [8.32]

Kanaldurchmesser mm	Kanallänge mm	Schussgewicht/Formnest g
5	–	bis ca. 25
6	–	50
8	–	100
6 bis 8	bis 200	–
8 bis10	200 bis 400	–
10 bis 14	über 400	–

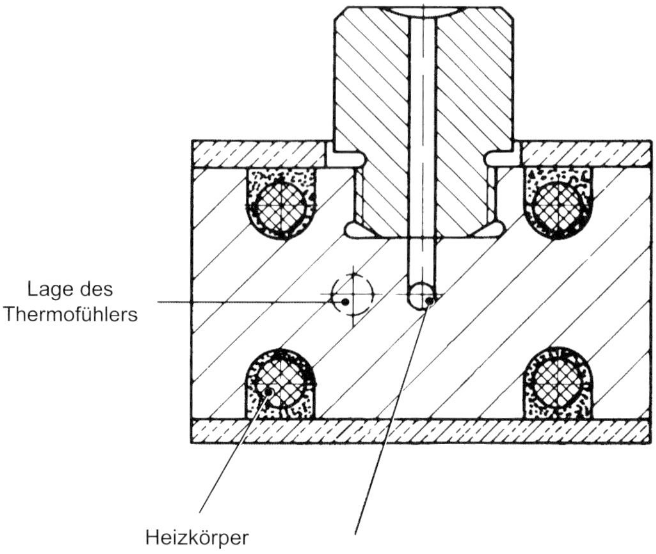

Bild 8.43 Anordnung der Rohrheizkörper im Querschnitt [8.33], Heizkörper in Wärmeleitzement eingebettet

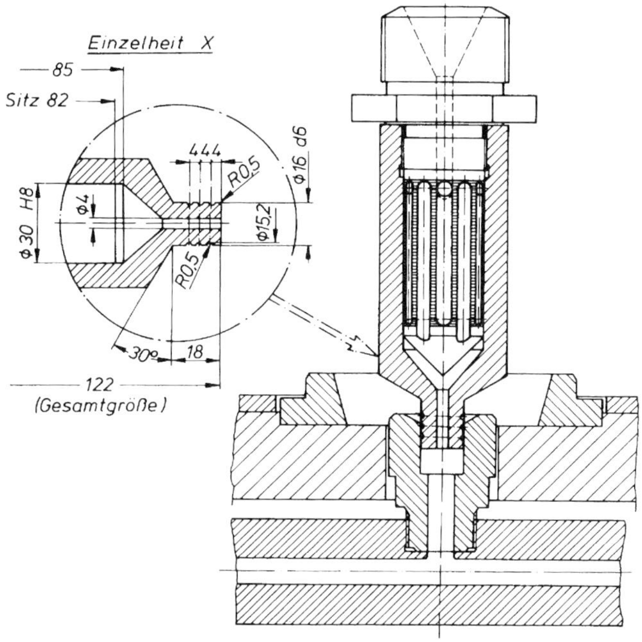

Bild 8.44 Angussbuchse, Druckentlastungsbuchse mit Schmelzefilter [8.34]

Für die Umlenkungen wird man sich Eckstücke mit Passungen von z. B. H7, n6 herstellen und mit Dichtstopfen befestigen. Die Umlenkstücke müssen natürlich gegen Verdrehen gesichert sein; es dürfen keine Hinterschnitte im Kanal entstehen (vgl. Bild 8.38).

Bei der Eigenfertigung sollten Verteilerbalken bevorzugt werden, dies hat sich auch als Standard bei den namhaften Heißkanalherstellern herauskristallisiert. Alternativ dazu kann auch ein Heißkanalsystem aus Hochdruckrohren und Armaturen hergestellt werden.

Für die Beheizungen wählt man meistens die robusten Rohrheizkörper. Sie werden in gefräste Nuten mit einem Wärmeleitzement eingebettet (Bild 8.43). Die Nuten sollten in etwa den Isothermen folgen, die man durch eine abschätzende Rechnung mit einem entsprechenden Wärmeberechnungsprogramm ermitteln kann.

Zur Isolierung belässt man um den Verteiler einen allseitigen Luftspalt von 3 bis 5 mm. Als Distanzstücke wählt man solche aus Titan.

8.10.1.9.2 Düsenauslegung

Der freie Kanaldurchmesser der Düse muss mit demjenigen der Kanäle im Verteilerbalken übereinstimmen. Die Anschnittdurchmesser hingegen sind gemäß Tabelle 8.3 auszuwählen. Sie richten sich nach dem Gewicht der einzelnen Formteile und entsprechen in etwa denjenigen von normalen Werkzeugen. Die Gefahr eines Abbaues durch überhöhte Schergeschwindigkeiten ist bei Heißkanalverteilern eher kleiner als bei den Punktangüssen in konventionellen Werkzeugen, weil die Schmelze hier mit höherer Temperatur in die Anschnitte einströmt. Zudem besteht hier nicht die Notwendigkeit die Schmelze nochmals vor dem Eintritt in das Werkzeug aufzuheizen; das bedeutet, dass die Durchmesser bzw. freien Querschnitte kleiner ausgeführt werden können. Sie müssen bei Abreißangüssen so klein sein, dass das Abreißen ohne Probleme möglich ist, was von Formmasse zu Formmasse unterschiedlich ist und zudem auch von der Temperatur abhängt.

Tabelle 8.3 Richtwerte für die Anschnittdimensionierung bei Punkt-Anschnitten [8.35]

Spritzgewicht g	Punktanguss mm
bis 10	0,4 bis 0,8
10 bis 20	0,8 bis 1,2
20 bis 40	1,0 bis 1,8
40 bis 150	1,2 bis 2,5
150 bis 300	1,5 bis 2,6
300 bis 500	1,8 bis 2,8

Es empfiehlt sich daher, wenn man einen Heißkanal selbst bauen will, ihn sowohl auf sein rheologisches wie auch sein thermisches Verhalten mit einer geeigneten Software (z. B. *CADMOULD*) nachzurechnen. Anhaltswerte für die zu installierende Wärmeleistung werden in (Abschnitt 8.10.1.10) angegeben. Soll die Heizleistung jedoch sehr genau bemessen werden, kann man sie auch mit Hilfe eines thermischen Auslegungsprogramms (z. B. aus CADMOULD) errechnen.

Alle Düsen müssen mit einem Thermoelement bestückt sein und ihre Heizung einen eigenen Regelkreis besitzen. Nur dann ist gewährleistet, dass man die Düsen zu einem Gleichlauf veranlassen kann. Optimal sind Regler mit einer PIDD-Struktur [8.36] (insbesondere empfohlen, wenn mit kleinen Düsen gearbeitet wird, da diese bedingt durch die geringere Düsenmasse einen schnelleren Regleralgorithmus benötigen). Die Regler sollten mit der Maschinensteuerung so verbunden sein, dass die Temperaturen bei Betriebsunterbrechungen oder längeren Stillständen automatisch auf ein niedrigeres Niveau herunter gestellt werden, damit kein Abbau oder gar Zersetzung im Verteilerbereich eintreten kann.

8.10.1.9.3 Hinweise zum Betrieb von Heißkanälen

Beim Aufheizen von Heißkanälen mit äußeren Heizungen empfiehlt es sich, die Werkzeuge selbst zunächst nicht zu kühlen bzw. was noch besser ist, sie statt des Kühlwassers mit heißem Wasser möglichst warm zu halten, damit die Verteiler schneller ihre Sollwerte erreichen. Die Düsen sollten beim Aufheizen erst zugeschaltet werden, wenn der Verteilerbalken auf ca. 75 % der benötigten Prozesstemperatur hoch geheizt ist. Standardverteilerbalken benötigen zum Aufheizen ca. 20 bis 30 min, wobei die Düsen innerhalb von 5 bis 10 min auf Prozesstemperatur sind. Bei modernen Temperaturregelgeräten ist diese automatische Aufheizfunktion integriert.

Farbwechsel können sehr lange dauern und viel Material kosten. Man muss hierfür bei mittelgroßen, bis großen Werkzeugen zwischen 50 und 100 Schuss rechnen. Deswegen wird empfohlen, Farbwechsel, soweit dies möglich ist zu vermeiden oder, wenn es sein muss, den Heißkanal vor dem Farbwechsel zu reinigen. Dies geht bei gebohrten Kanälen im Verteiler relativ gut, wenn man die Stopfen entfernt und dann so hoch aufheizt, dass der in den Kanälen verbliebene Kunststoff am Rand schmilzt, so dass der Rest heraus geschoben werden kann. Isolierkanal-Verteiler sind hier eindeutig von Vorteil.

8.10.1.10 Elemente zur Beheizung von Heißkanalsystemen

8.10.1.10.1 Beheizung von Düsen

Heißkanaldüsen werden auf drei Arten beheizt. Man unterscheidet:

- indirekt beheizte Düsen,
- innen beheizte Düsen und
- außen beheizte Düsen.

Bei den indirekt beheizten Düsen wird die Wärme vom Verteilerkanal über Wärmeleitdüsen oder Torpedos zum Anschnitt geführt. Die Beheizung beschränkt sich auf den Verteilerkanal. Um die Temperaturen der einzelnen Düsen unabhängig voneinander variieren zu können, müssen die entsprechenden Partien des Verteilers separat beheizbar sein. Dies erfolgt meist durch paarweise um den Verteilerkanal im Düsenbereich angeordnete Heizpatronen. Die indirekte Beheizung der Düsen hat den großen Nachteil, dass für eine kleine Temperaturänderung im Anschnittbereich, die z. B. für ein gleichmäßiges Füllen oder einen sauberen Abriss erforderlich sein kann, eine wesentlich größere Temperaturänderung des Verteilers notwendig ist, die zwangsläufig auch die Massetemperatur im Kanal verändert. Diese prinzipiell unerwünschte Massetemperaturänderung kann sich nachteilig auf die Qualität der Formteile auswirken. Besser ist es, wenn die Temperaturen der Düsen unabhängig vom Verteiler einstellbar sind. Dies ist bei direkt beheizten Düsen der Fall.

Bei innen beheizten Düsen sind Durchmesser und Länge der Heizpatronen durch die konstruktiven Abmessungen der Düse festgelegt. Im Interesse einer möglichst geringen Wattdichte sollten auch hier größtmögliche Heizpatronendurchmesser angestrebt werden.

Nach [8.32] sind die Wattdichten nach Tabelle 8.4 empfehlenswert: Für Heizpatronenlängen über 75 mm sollten Heizpatronen mit verteilter Leistung vorgesehen werden. Durch eine variable Wicklungsdichte wird dafür gesorgt, dass die normalerweise zu heiße Patronenmitte weniger und die kälteren Enden vermehrt beheizt werden.

Heißkanaldüsen mit außen liegender Beheizung werden entweder über Heizbänder, Rohrheizpatronen, Wendelrohrpatronen oder Dickschichtheizelementen beheizt. Wegen der großen Abmessungen und der niedrigen Heizleistung von 4 W/cm^2 sind Heizbänder nur sehr begrenzt einsetzbar.

Tabelle 8.4 Dimensionierung von Heizpatronen [8.32]

Patronen Zoll ″	Länge mm	Leistungsdichte W/cm^2
1/4	30	35
	75	23
3/8	30	27
	200	13
1/2	50	20
	200	13

8.10.1.10.2 Beheizung von Verteilern

Verteiler von Heißkanälen mit indirekt beheizten Düsen werden mit Heizpatronen beheizt, da diese es im Gegensatz zu den nachfolgend beschriebenen Rohrheizkörpern es gestatten, die einzelnen Düsenbereiche des Verteilers individuell zu temperieren. Die Heizpatronen werden beidseitig entlang der Fließkanäle angeordnet.

Der Abstand wird etwa gleich dem Patronendurchmesser gewählt. Die Anordnung in Längsrichtung muss durch Ausmessen der Temperaturverteilung optimiert werden.

Für die Beheizung von Heißkanalverteilern mit direkt beheizten Düsen können Rohrheizkörper empfohlen werden. Mit diesen robusten Heizkörpern ist eine sehr gleichmäßige Beheizung von Verteilern möglich, ihre Ausfallwahrscheinlichkeit ist gering. Die Rohrheizkörper werden gebogen und von unten sowie von oben in vorgefräste Nuten um Verteilerkanal und Düsen gelegt. Die Nuten wurden mit leichtem Übermaß gefräst, z. B. mit 8,6 mm bei 8,2 mm Heizkörperdurchmesser. Beim Einlegen in die gefrästen Nuten werden die Rohrheizkörper in Wärmeleitzement eingebettet. Der Abstand der Rohrheizkörper vom Schmelzekanal sollte etwas größer als der Rohrdurchmesser sein.

Die wichtigsten Elemente zur Beheizung von Heißkanälen sind in Bild 8.45 zusammengestellt. Ihre Verwendung richtet sich vorwiegend nach der erforderlichen Heizleistung und den Platzverhältnissen.

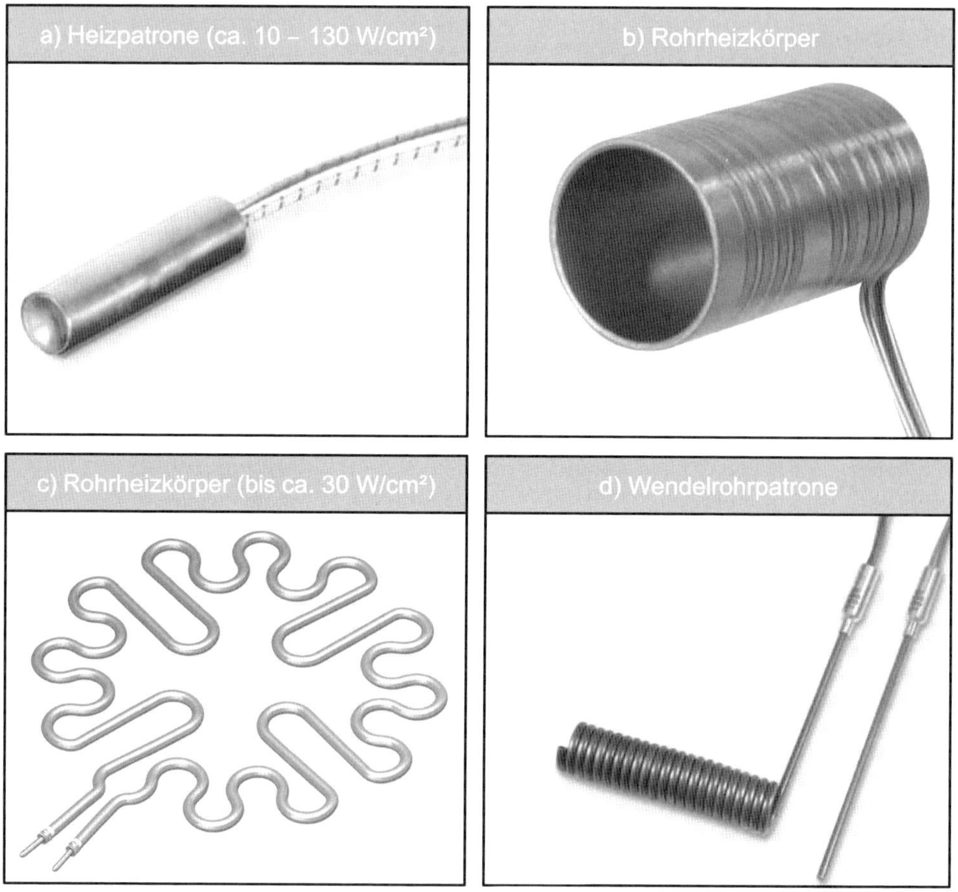

Bild 8.45 Heizelemente zur Beheizung von Heißkanälen [Hotset GmbH Lüdenscheidt] [8.37]

Die höchste Heizleistung auf kleinstem Raum lässt sich mit Hochleistungsheizpatronen erreichen. Allerdings wachsen die Probleme mit zunehmender Wattdichte. Abgesehen von der hohen Ausfallquote besteht die Gefahr der lokalen Überhitzung des Heißkanals bzw. seiner Elemente. Die Heizelemente sollten aus diesen und aus regeltechnischen Gründen nicht überdimensioniert werden. Die Wattdichte sollte nach Möglichkeit nicht über 20 W/cm^3 liegen. Die wichtigste Voraussetzung für eine akzeptable Lebensdauer der Heizpatronen ist ein guter Wärmeübergang zum beheizten Objekt. Dazu muss die von den Heizpatronenherstellern geforderte geriebene Passung der Aufnahmebohrung genau eingehalten werden. Dennoch wird sich ein Auswechseln von Heizpatronen nicht vermeiden lassen, so dass auch auf einfache Montierbarkeit geachtet werden muss.

Bei nicht ausreichend isolierten Heißkanalwerkzeugen geht durch Strahlungsverluste zu viel Energie verloren. Hier bietet sich der Einsatz von Reflektorblechen aus Aluminium an, die in dem Luftspalt zwischen Heißkanalblock und Form- bzw. Aufspannplatte montiert werden. Dadurch kann man Energieeinsparungen von ca. 35 % erzielen [8.38].

8.10.1.10.3 Ermittlung der Heizleistung

Die zu installierende Heizleistung wird nach folgender Formel berechnet:

$$p = \frac{m \cdot c \cdot \Delta T}{t \cdot \eta_{\mathrm{ges}}} \tag{8.6}$$

m: Masse des Heißkanal-Blocks in kg
c: spezifische Wärme für Stahl 0,48 kJ/(kg · K)
ΔT: Temperaturdifferenz zwischen gewünschter Schmelzetemperatur und Temperatur des Heißkanals bei Aufheizbeginn
t: Aufheizzeit
η_{ges}: Gesamtwirkungsgrad (elektrisch-thermisch) (ca. 0,4 bis 0,7, meist 0,6)

8.10.1.10.4 Temperaturregelung in Heißkanälen

Heißkanalwerkzeuge reagieren außerordentlich empfindlich auf Temperaturänderungen im Düsen- und Anschnittbereich. So kann eine Temperaturveränderung von wenigen Grad im Düsenbereich bereits zu Spritzfehlern und Ausschuss führen. Die präzise Temperaturführung ist deshalb eine wichtige Voraussetzung für ein gut funktionierendes und vollautomatisch arbeitendes Heißkanalwerkzeug. Grundsätzlich sollte jede Düse separat geregelt werden, denn nur so kann der Massefluss aus jeder Düse individuell beeinflusst werden. Des Weiteren wird ein von den Kavitäten getrennter Anschnittkühlkreislauf empfohlen, um gute Anschnittqualitäten und kurze Zykluszeiten zu erzielen.

Die Regelung des Verteilers ist weniger kritisch. Bei kleineren Heißkanälen mit Rohrheizkörpern reicht eine Mess- und Regelstelle aus, so dass für ein Vierfach-Werkzeug mit direkt beheizten Düsen und Angussbuchse insgesamt mindestens sechs Temperaturregelkreise notwendig sind.

8.10.1.10.5 Anordnung der Temperaturfühler

Im Düsenbereich gibt es zwei exponierte Stellen. Einerseits ist die Temperatur am Anschnitt wichtig, weil davon der Schmelzefluss und die Nachdruckwirkung abhängen, andererseits besteht im Bereich der größten Erwärmung des Heizkörpers, z. B. Heizpatronenmitte, Verbrennungsgefahr für die Schmelze. Als Kompromisslösung empfiehlt sich eine Messung zwischen diesen beiden extremen Stellen. Bei außen beheizten Düsen hat sich die in Bild 8.46 dargestellte Messfühleranordnung bewährt, wobei hier der Aufbau der jeweiligen Düse mitberücksichtigt werden muss. Es ist auf jeden Fall vorteilhaft, wenn die Temperaturfühler separat austauschbar sind. Bei innen beheizten Torpedos werden häufig Heizpatronen mit eingebauten Fühlern verwendet. Der Temperaturfühler sollte dann am vorderen Ende der Patrone, also möglichst nahe an der Torpedospitze, angebracht sein. Bei ausreichenden Torpedowanddicken können jedoch auch Miniaturmantelthermoelemente, Durchmesser 0.8 mm, durch feine Nuten oder Bohrungen zur Torpedospitze geführt werden.

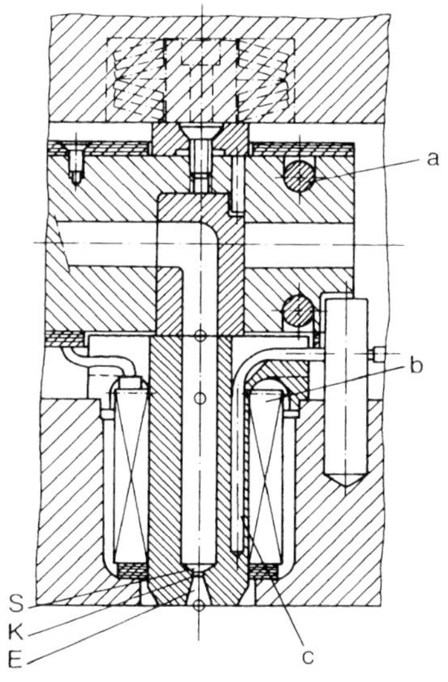

Bild 8.46 Beheizte Düsen für indirekte Anspritzung [8.20]
S Stauboden
K Querschnittverengung am Düsenauslauf
E Expansionsteil
a Rohrheizkörper
b geschlossener zylindrischer Heizkörper
c Temperaturfühler

Für den Verteiler gelten ähnliche Überlegungen wie für die Düsen. Die Fühler dürfen keinesfalls an den verhältnismäßig kalten Enden des Verteilers angeordnet werden, da sonst Überhitzungsgefahr für die Kanalmitte besteht; sie sollen vielmehr zwischen der heißesten Stelle der Heizpatrone und dem Schmelzekanal liegen. Ebenso darf die Temperatur an der Messstelle auch nicht durch wärmeableitende Abstützungen oder ähnliches verfälscht werden. Auch bei Verwendung von Rohrheizkörpern wird der Fühler in dem Bereich der höchsten Temperatur, hier im Verteilerzentrum in der Nähe der Angussbuchse, angebracht. Es wird generell empfohlen den Fühler in der Nähe des Rohrheizkörpers und eines Schmelzekanals zu halten, wodurch eine bestimmte Reglergeschwindigkeit bei repräsentativen Schmelzekanaltemperaturen gewährleistet werden kann. Im Interesse der Reproduzierbarkeit sollten sämtliche Fühler fest im Werkzeug installiert werden, denn Fühler und Einbauart können erhebliche Messfehler bewirken. Nur bei fest eingebauten Fühlern ist gewährleistet, dass sich bei Neueinsatz eines Werkzeugs keine Messfehler einschleichen.

Bei außen beheizten Balken rechnet man mit einer zu installierenden Leistung von 0,002 W je mm^3 Volumen des Verteilers. Als Heizkörper sind sowohl Heizrohre als auch Flächenheizkörper üblich. Flächenheizkörper haben den Vorteil, dass sie sich besser eignen für Werkzeuge, die eine sehr genaue Abstimmung der Temperaturen über mehrere Heizkreise erfordern. Sie sind jedoch weniger robust als Rohrheizkörper.

8.10.2 Kaltkanäle

Beim Spritzgießen von vernetzenden Formmassen können bezüglich der Gestaltung des Angusssystems ähnliche Auslegungskriterien angewendet werden wie beim Spritzgießen von Thermoplasten. Als nachteilig erweist sich allerdings, dass neben dem Formteil auch die Formmasse im Verteilersystem ausvernetzt und im Gegensatz zur Thermoplastverarbeitung nicht wieder aufgeschmolzen und dem Prozess wieder zugeführt werden kann.

Diese nicht zur Wertschöpfung beitragenden Materialkosten des ausvernetzten Verteilersystems sind der wesentliche Grund, Spritzgießwerkzeuge für die Verarbeitung vernetzender Formmassen mit Kaltkanalsystemen auszustatten. Allerdings entstehen hierdurch höhere Werkzeugkosten, so dass das Kaltkanalwerkzeug sich nur für Großserien lohnt, bei denen die Werkzeugkosten nicht entscheidend zu den Fertigungskosten beitragen [8.35].

8.10.2.1 Kaltkanalsysteme für Elastomer-Spritzgießwerkzeuge

Aufgabe des Kaltkanalsystems ist, die Schmelze auf einem Temperaturniveau zu halten, auf dem ein Anvernetzen des Elastomers gesichert vermieden wird. Die thermische Entkopplung des Verteilersystems von dem heißen Werkzeugbereich führt neben der Materialersparnis zu weiteren Vorteilen [8.40], die besonders im Zuge der Bestrebungen nach höherer Produktivität und Formteilqualität sowie nach höherer Automatisierung interessant sind. Hier sind beispielhaft zu nennen [8.41]:

- höhere Standzeiten, da keine Beschädigungen durch Austriebsreste entstehen;
- geringe thermische Beanspruchung während der Einspritzphase;
- Reduzierung der Heizzeit durch höhere Werkzeugtemperatur;
- Erleichterung der Automatisierung und
- größere Gestaltungsfreiheit bei der rheologischen Dimensionierung und Ausbalancierung des Systems.

Im einfachsten Fall, in dem nur ein Formnest direkt angespritzt wird, ist der Kaltkanalverteiler die Verlängerung der Maschinendüse bis an die Kavität. Die Regel ist jedoch ein Verteilersystem für mehrere Formnester.

Der in Bild 8.47 gezeigte prinzipielle Aufbau eines Kaltkanalsystems besteht aus den Baugruppen: Verteilerblock, Düsen und Temperierung mit Isolation. Der Verteilerblock enthält die Verteilerkanäle, die Umlenkungen und Verzweigungsstellen. Er wird in verschiedenen Versionen ausgeführt, die jeweils Vor- und Nachteile besitzen.

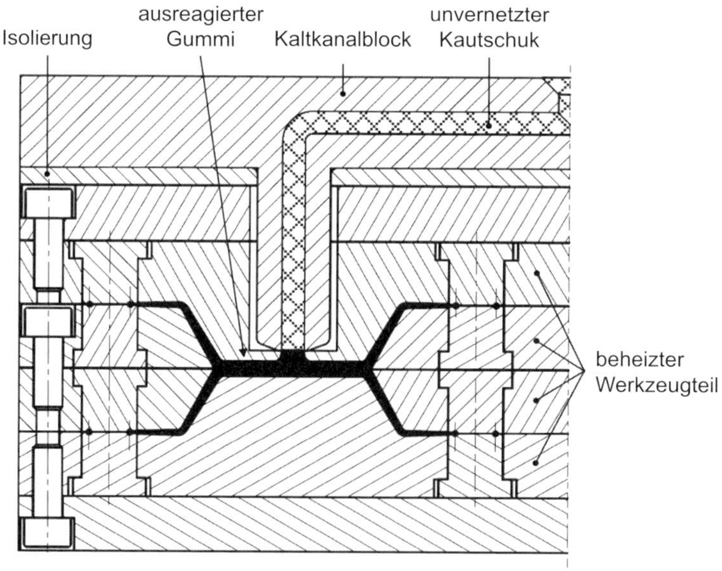

Bild 8.47 Einfache Kaltkanalkonstruktion [8.42]

Die Verbindung zwischen Verteilerblock und Werkzeug stellen die Düsen her. Sie führen entweder direkt an das Formteil oder auf einen Unterverteiler (vernetzender Restanguss), über den wiederum mehrere Formnester versorgt werden. Die einfachste Düsenform ist die ungekühlte Düse. Sie sollte allerdings nur dann verwendet werden, wenn die Eintauchtiefe der Düse klein ist und mit einem abhebenden Kaltkanalblock gearbeitet werden kann [8.43] (vgl. Bild 8.49).

Will man bei ständig am Werkzeug anliegendem Kaltkanalsystem mit der Kaltkanaldüse ein Formteil direkt anspritzen, ist eine aufwendigere Wärmetrennung erforderlich. Dabei wird der Abreißbereich des Anschnittes durch einen Keramikeinsatz (Bild 8.48), der den radialen Wärmetransport von der heißen düsenseitigen Formplatte in den Kaltkanal behindert, dicht an das Formteil herangebracht, da der Anschnitt immer im Übergangsbereich zwischen vernetzter und nicht vernetzter Elastomermischung abreißt [8.46].

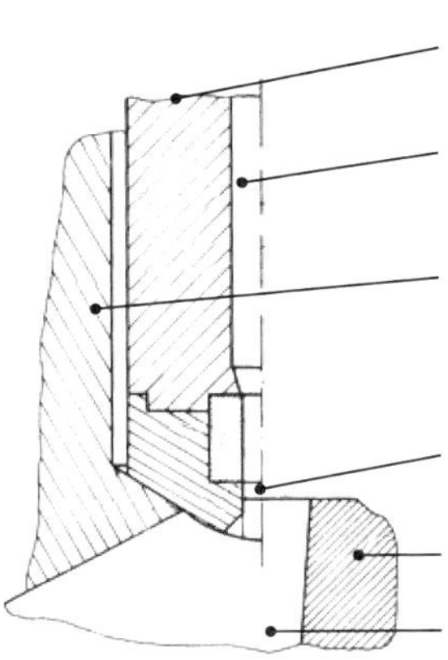

Bild 8.48 Gestaltung des Angussbereichs einer Kaltkanaldüse [8.47]

Eine thermische Trennung kann auch dadurch erreicht werden, dass der Kaltkanal nur während bestimmter Zeiten mit dem heißen Werkzeug in Kontakt kommt. Der Kaltkanalverteilerblock stellt hier ein - auch in seinen Bewegungen - eigenständiges Werkzeugbauteil dar (Bild 8.49). Die Formteile werden in dem 20fach-Kaltkanalwerkzeug von der Seite her abfallfrei angespritzt. Der Kaltkanalverteiler ist in der Trennebene eingespannt und hebt während der Werkzeugöffnungsphase von den heißen Werkzeugteilen ab [8.47].

Eine weitere konstruktive Lösung geht von dem Gedanken aus, dass ein Kontakt zwischen Kaltkanal und beheiztem Werkzeug nur solange erforderlich ist, wie eine Druckübertragung in das Werkzeug möglich ist, d. h. bis zur Vernetzung des Anschnittes. Ein Abheben des Kaltkanals nach Beendigung der Kompressionsphase bringt dann erhebliche verfahrenstechnische Vorteile, da die thermische Trennung hierbei in idealer Weise herbeigeführt wird [8.46].

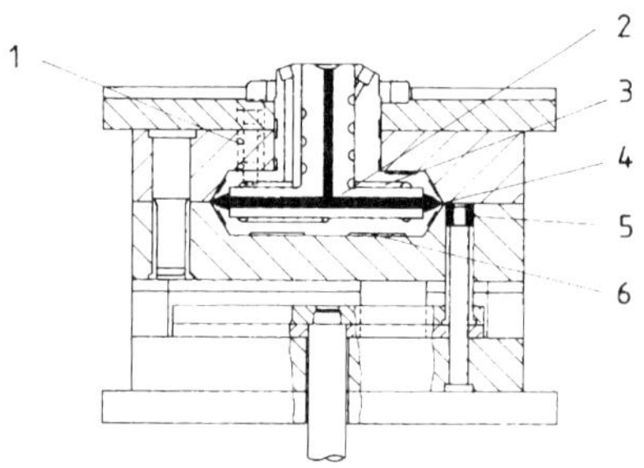

Bild 8.49 Elastomerspritzgießwerkzeug mit gekühltem Verteiler [8.45]
1 Abhebvorrichtung, 2 Kaltkanalverteiler, 3 Kühlkanäle, 4 Punktanguss, 5 Formteil, 6 Luftschlitze

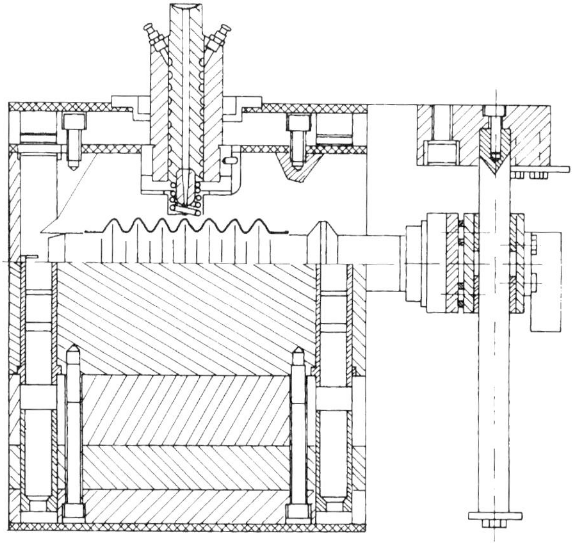

Bild 8.50 Faltenbalgkaltkanalwerkzeug [8.44]

Ein entsprechendes Werkzeug ist in Bild 8.50 gezeigt. Der Kaltkanal in Form einer Düse stellt hierbei die direkte Verlängerung des Einspritzaggregates dar. Das Abheben des Kaltkanals wird durch eine Feder bewirkt, die nach dem Zurückfahren der Maschinendüse die Kaltkanaldüse vom Werkzeug abhebt. Die Heizphase kann nun im Werkzeug ablaufen, ohne dass Wärme zwischen Kaltkanal und Werkzeug ausgetauscht wird.

Die Auswirkung des Abhebens auf den Temperaturverlauf in der Düse über einen Spritzgießzyklus ist in Bild 8.51 gezeigt. Im Fall der abhebenden Düse ist deutlich zu erkennen, wie die Temperatur aufgrund des Wärmestroms von dem Werkzeug in der Düse ansteigt. Sie sinkt jedoch sofort nach dem Abheben der Düse auf ihr ursprüngliches Niveau. Dieser Temperaturverlauf ist für das Material in der Düse unkritisch.

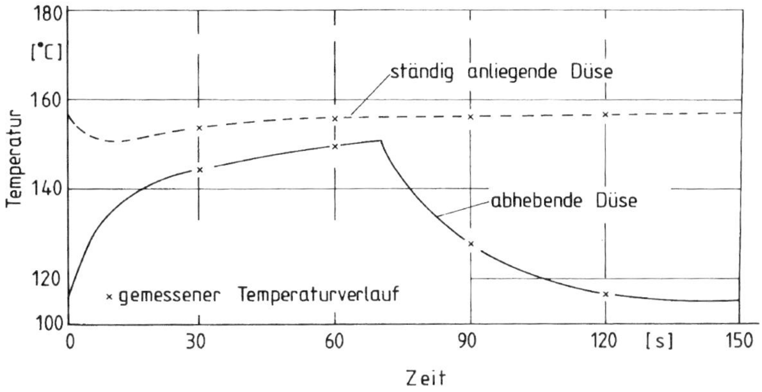

Bild 8.51 Temperaturverlauf einer Kaltkanaldüse über einen Zyklus [8.44]

Für die anliegende Düse ergibt sich hingegen ein hohes Temperaturniveau, so dass bei langen Zykluszeiten die Vernetzung in der Düse fortschreitet und diese zusetzt [8.44].

Mit diesem Werkzeugprinzip ist es auch möglich, Mehrfachwerkzeuge zu konstruieren. Die Besonderheit des in Bild 8.52 gezeigten Werkzeuges ist, dass es zwei Trennebenen aufweist. Die erste Trennebene dient dem normalen Entformungsvorgang. Sollte es während der Fertigung zu einer Produktionsstörung kommen (z. B. vernetztes Material in der Düse), besteht die Möglichkeit, das Werkzeug durch das Umlegen eines Verriegelungsbügels in der zweiten Trennebene, der Wartungsebene, zu öffnen. Bei aufgefahrenem Werkzeug können nun die Düsen demontiert und gereinigt werden. Sollte die Vernetzung in dem Kaltkanalverteiler fortgeschritten sein, kann dieser komplett entnommen werden.

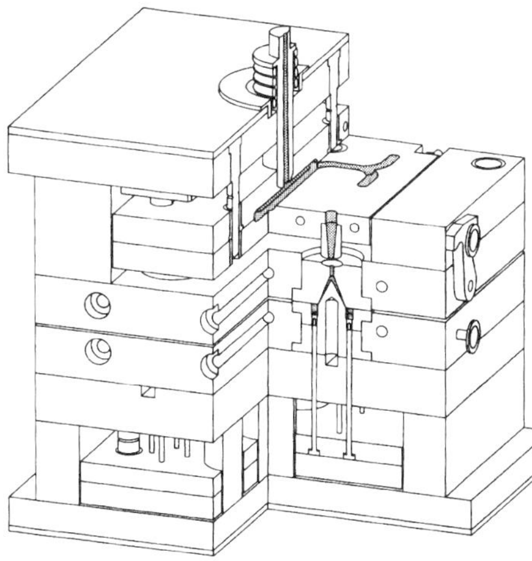

Bild 8.52 Achtfach-Kaltkanalwerkzeug mit vernetzenden Schirmangüssen [8.44] [8.46]

Bei der Auslegung von Kaltkanalsystemen sind für eine optimale Funktionalität folgende Kriterien zu berücksichtigen [8.41]:

- minimaler Druckverlust, je geringer der Druckverbrauch im Kaltkanal, desto mehr Druck steht für die eigentliche Formfüllung zur Verfügung und desto geringer sind die Auftriebskräfte, die zu Gratbildung führen können;
- keine Totwassergebiete an Umlenkungen und Verzweigungen;
- gleichzeitige Füllung aller Formnester;
- geringe Verweilzeiten der Formmasse im Verteilersystem, damit ein Anvernetzen vermieden wird;
- ausreichende thermische Trennung von Kaltkanal und Werkzeug zur Erzielung einer ausreichenden Vernetzung im Anschnittbereich und Vermeidung einer Anvernetzung im Angusskanal;
- mechanische Belastung der Kaltkanaldüsen bei der Übertragung der Anlagekraft bei beweglichen Kaltkanalsystemen;
- im Falle einer Betriebsstörung und der daraus resultierenden Vernetzung des Materials im Verteilersystem sollte dieses leicht zu reinigen sein.

Die genannten Kriterien dürfen nicht losgelöst von der Gestalt des Formteils, der Leistungsfähigkeit der Spritzgießmaschine und von der zu verarbeitenden Mischung gesehen werden. Für einen erfolgreichen Einsatz der Kaltkanaltechnik ist aber auch eine entsprechende Schulung der Mitarbeiter notwendig, damit diese mit der Kaltkanaltechnik nicht überfordert sind.

Eine spezielle Variante der Kaltkanaltechnik stellt die temperierte Transferkammer („Kaltkanaltopf") beim Injection-Transfer-Molding (ITM) dar. Das ITM ist durch die Übertragung des Transfer-Molding-Prozesses auf eine Spritzgießmaschine entstanden. Hierbei wird die Transferkammer über einen Angusskanal im Transferkolben mit Kautschuk von der Spritzgießeinheit gefüllt. Durch eine geeignete Temperierung wird die Transferkammer auf Plastifiziertemperatur gehalten, damit das Elastomer hier nicht vernetzt. Bild 8.53 zeigt schematisch die einzelnen Phasen des kompletten ITM-Prozesses, welche in Tabelle 8.5 beschrieben werden.

Die Dauer der einzelnen Phasen variiert je nach Formteil und Elastomer. Bei der Herstellung von Gummi-Metall-Bauteilen muss ggf. eine weitere Prozessphase für die Beschickung mit Einlegeteilen berücksichtigt werden. Die Verwendung einer auf Plastifiziertemperatur beheizten Transferkammer führt zu einer nahezu abfallfreien Produktion, da nur die Angusspfropfen in den kurzen Angusskanälen zwischen der Transferkammer und dem Formnestbereich vernetzen. Das Verfahren wird vornehmlich zur Herstellung einer hohen Anzahl kleiner Elastomerformteile in einem Werkzeug eingesetzt.

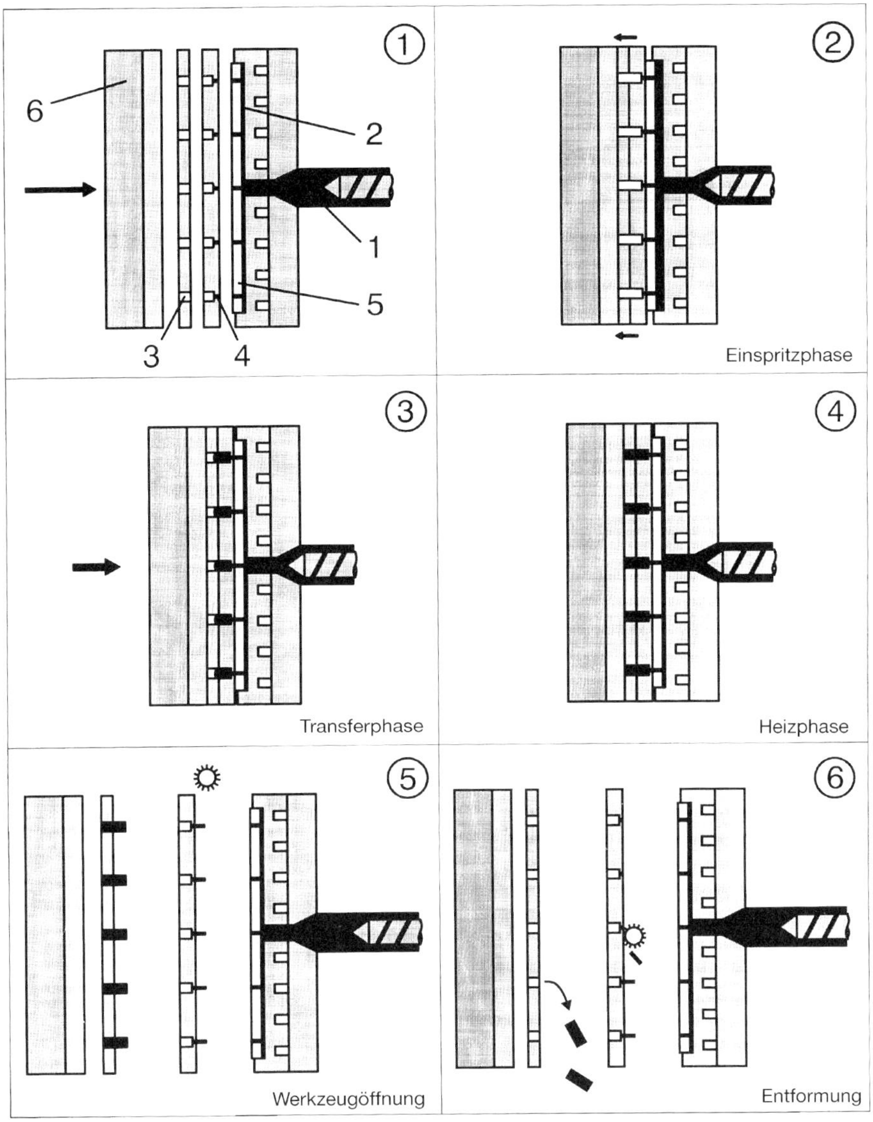

Bild 8.53 Schematische Darstellung des Prozessablaufs beim ITM-Verfahren
1 Schneckenvorraum mit Schmelze gefüllt, 2 gekühlte Transferkammer,
3 Formnester, 4 Angusskanäle, 5 Isolierplatte, 6 Heizplatte

Tabelle 8.5 Prozessablauf beim ITM-Verfahren nach Bild 8.53

Phasenbezeichnung	Prozessbeschreibung
Phase 1: Schließen	Zusammenfahren aller Werkzeugplatten, Schneckenvorraum 1 ist gefüllt
Phase 2: Einspritzen	Einspritzen des Elastomers in die gekühlte Transferkammer 2
Phase 3: Transferieren	Füllen der Formnester 3 über die Angusskanäle 4 in der Isolierplatte 5 durch Zusammenfahren der Transferkammer
Phase 4: Heizphase	Vernetzen der Formteile sowie der Angusspfropfen durch Wärmeeinbringung über die Heizplatte 6
Phase 5: Öffnen	Öffnen der Werkzeugplatten, automatisches Trennen der Angusspfropfen vom Formnest, Plastifizieren in den Schneckenvorraum für den nächsten Schuss
Phase 6: Entformen	Entnahme der Formteile, Entfernen der Angusspfropfen z. B. mit einer Bürsteneinrichtung, evtl. Abblasen der Formplatten und Einbringen von Trennmittel.

8.10.2.2 Kaltkanalwerkzeuge für Duroplaste

Auch bei der Verarbeitung von Duroplasten werden Kaltkanalwerkzeuge eingesetzt. Hier muss allerdings nach Art der zu verarbeitenden Formmasse unterschieden werden. So können aufgrund von Chargenschwankungen bei Polykondensaten Verarbeitungsprobleme auftreten. Diese Erfahrungen haben dazu geführt, dass sich die heutigen Angusssysteme für Polykondensations-Formmassen auf den Einsatz temperierter Angussbuchsen oder in Einzelfällen auf temperierte Maschinendüsen beschränken.

Bei den temperierten Angussbuchsen wird zwischen solchen ohne und mit festem Abrisspunkt unterschieden. Letztgenannte haben den Vorteil, dass dort rein geometrisch durch eine Querschnittsverengung ein Abrisspunkt vordefiniert ist. Nachteilig ist hierbei jedoch ein erhöhter Druckbedarf beim Durchströmen und damit verbunden eine stärkere Materialbelastung. Untersuchungen haben gezeigt, dass aber auch bei den Angussbuchsen ohne Querschnittverengung ein gleichmäßiger Abrisspunkt erzielt wird, insbesondere wenn die Zykluszeit sehr konstant ist [8.48].

Bei Polymerisations-Formmassen hingegen ist der Einsatz der Kaltkanaltechnik eher verbreitet und hierbei im Besonderen für Feuchtpolyesterharz-Formmassen aufgrund der niedrigen Viskosität und den daraus resultierenden geringen Einspritzdrücken zur Formfüllung [8.49].

Ein besonderes Werkzeugprinzip stellt hierbei die Verwendung von Kaltkanälen in Kassettentechnik dar (Bild 8.54).

Das Werkzeug in Bild 8.54 entspricht in seinem Aufbau einem Zweiplattenwerkzeug mit einem Tunnelanguss. Der Kaltkanal wird von einem temperierten Verteilerblock (Temperiermedium Wasser) gebildet, der vertikal in der festen Werkzeugplatte eingelassen ist. Ein wesentlicher Vorteil dieser Kaltkanalkonstruktion liegt in

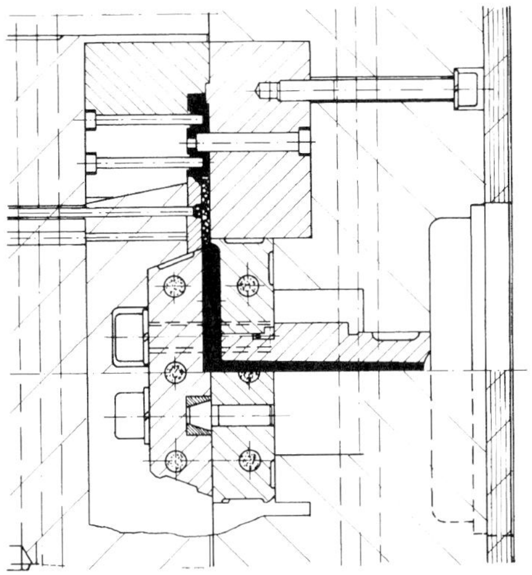

Bild 8.54 Kaltkanalwerkzeugsystem Bucher/Müller mit Tunnelanguss [8.50]
1 Isolierplatte, 2 Anguss in Lufttasche, 3 Kassette, wassergekühlt düsenseitig, 4 Kassette, wassergekühlt schließseitig, 5 Auswerfer für Verteilerkanal, 6 Tunnelanguss, 7 Formteil, 8 Auswerfer für Formteil, 9 Kühlkanäle, 10 Heizkanäle für Werkzeug-Formplatten

deren Demontage- bzw. Montagefreundlichkeit bei Betriebsunterbrechungen und bei Produktionsende. Der Kaltkanal kann bei aufgefahrenem Werkzeug in der Maschine geöffnet und anschließend gereinigt werden. Den um ca. 20 % bis 25 % höheren Werkzeugkosten im Vergleich zu einem konventionellen Werkzeug müssen die Materialeinsparungen gegenübergestellt werden. So konnte der Materialverlust bei einem entsprechend aufgebauten Achtfach-Werkzeug von 12 % auf 3 % reduziert werden [8.50].

In den Fällen, in denen bestimmte Bauteile über mehrere Anspritzpunkte angebunden werden müssen (z. B. Scheinwerferreflektoren), ist ein Betrieb ohne Kaltkanalkassetten oft nicht denkbar [8.49].

Die Kaltkanaltechnik findet bei Duroplasten auch bei dem so genannten *Common-Pocket-Verfahren* Anwendung (Bild 8.55). Die in Kombination mit dem Verfahren beschriebene RIC-Technik (Runnerless-Injection-Compression, angussloses Spritzprägen) reduziert den Abfall auf einfache Weise auf ein Minimum. Zusätzlich wird die Gratbildung reduziert. Die plastifizierte Formmasse gelangt hierbei über einen temperierten Angusskanal in das leicht geöffnete Werkzeug und wird dort verteilt. Durch die Schließbewegung des Werkzeugs wird das Material in die Kavitäten gepresst und ausgeformt. Hierbei dringt der Masseverteiler (a) in die konische Angussbuchse (b) und sperrt diese gegen die Trennebene ab. Durch die Temperierung wird das Material im Angusskanal plastisch gehalten und steht für den nächsten Schuss zur Verfügung [8.51].

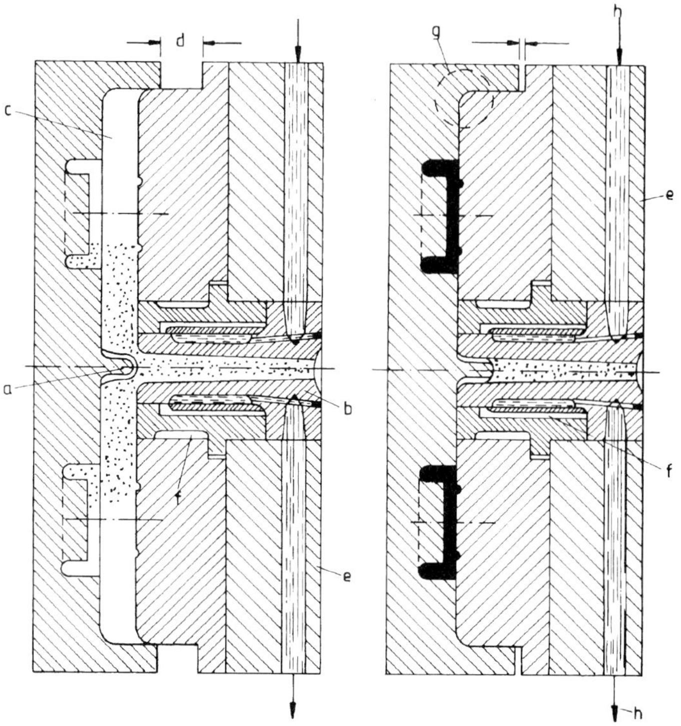

Bild 8.55 Common-Pocket-Werkzeug zur Verarbeitung von Duroplasten im Spritzgießverfahren [8.51]
links: während des Einspritzvorgangs
rechts: Werkzeug geschlossen
a Masseverteiler, b Angussbuchse, c gemeinsamer Füllraum, d Prägespalt, e Isolierplatte, f Luftspalt, g Tauchkante, h Temperierung

Literatur Kapitel 8

[8.1] *N. N.:* Kegelanguss, Schirmanguss, Ringanguss. Technische Information 4.2.1 der BASF, Ludwigshafen/Rh., 1969.

[8.2] *N. N.:* Spritzgießen von Thermoplasten. Druckschrift der Farbwerke Hoechst AG, Frankfurt/M., 1971.

[8.3] *Sowa, H.:* Wirtschaftlicher fertigen durch verbesserte Angusssysteme. Plastverarbeiter 29 (1978) 11, S. 587–590.

[8.4] *Kohlhepp, K. G.; Mohnberg, J.:* Spritzgießen von Formteilen hoher Präzision, dargestellt am Beispiel von Polyacetal. Kunststoff-Berater 10 (1974) S. 577–584.

[8.5] *N. N.:* Crastin-Sortiment, Eigenschaften, Verarbeitung. Firmenschrift der Ciba-Geigy, Basel August 1977.

[8.6] *Görmar, E. H.:* Beitrag zur verarbeitungsgerechten Dimensionierung von Breitschlitzwerkzeugen für thermisch instabile Thermoplaste, PVC hart. Dissertation an der RWTH Aachen, 1968.

[8.7] *Christoffers, K. E.:* Formteilgestaltung, verarbeitungsgerecht. Das Spritzgussteil. VDI Verlag, Düsseldorf, 1980.

[8.8] *N. N.:* Scheiben- oder Membrananguss. AUTODESK MOLDFLOW ADVISER 2017. URL: http://help.autodesk.com/view/MFAA/2017/DEU/?guid=GUID-D4E60F8C-EAA9-4E89-8AFC-74F02D7F60EB, 26.07.2016.

[8.9] *Krahn, N; Eh, D.; Vogel, H.:* 1 000 Konstruktionsbeispiele für den Werkzeug- und Formenbau beim Spritzgießen. München, Wien: Hanser, 2008.

[8.10] *N. N.:* Tunnelanguss, Abreiß-Punkt-Anguss. Technische Information 4.2.3 der BASF Ludwigshafen/Rh., 1969.

[8.11] *Thonemann, O. E.:* Anguss- und Anschnitt-Technik für die wirtschaftliche Herstellung von Spritzgussteilen aus Makrolon. Plastverarbeiter 14 (1963) 9, S. 509–524.

[8.12] *N. N.:* Kunststoffverarbeitung im Gespräch, 1. Spritzgießen. Druckschrift der BASF, Ludwigshafen/Rh., 1979.

[8.13] *N. N.:* Vorkammer-Punktanguss-Isolierverteiler. Technische Information 4.2.4 der BASF, Ludwigshafen/Rh., 1969.

[8.14] *N. N.:* Durethan BK. Technisches Ringbuch der Farbenfabriken Bayer AG, Leverkusen, 1967.

[8.15] *Cuttat, K. P.:* Isolierkanalwerkzeuge für das angusslose Spritzgießen. Kunststoffe 82 (1993) 5, S 348–350.

[8.16] *Husky:* Husky-Heißkanalsysteme. Werkschrift der Husky Injection Molding Systems Ltd., Bolton, Kanada. Niederlassung Luxemburg in L-3401 Dudelange (www.husky.ca).

[8.17] *Gauler, K.:* Heißkanalsysteme mit Ventilanschnitten. Kunststoffe 87, 1997, 3, S. 338–340.

[8.18] *Homes, W.:* Kaskadenspritzgießen vermeidet Bindenähte. Kunststoffe 86 (1996) 9, S. 1 269–1 272.

[8.19] *N. N.:* Aufbau einer heißen Seite der Günther Heisskanaltechnik GmbH, Frankenberg.

[8.20] *Goldbach, H.:* Heißkanal-Werkzeuge für die Verarbeitung technischer Thermoplast (wie ABS, PA, PBT, PC). Plastverarbeiter 29 (1978) S. 677–682; 30 (1979) s. 591–598.

[8.21] *Eiden, G.:* Werkzeuge für die Herstellung von Präzisionsteilen aus technischen Thermoplasten In: 8. Würzburger Werkzeugtage. Der Spritzgießformenbau im internationalen Wettbewerb. 24.9.97–25.9.97.

[8.22] *Braun, P.:* Innenbeheizte Heißkanalsysteme. Kunststoffe 87 (1997) 9, S. 1 184–1 886.

[8.23] *N. N.:* Heiße Seiten. Plastverarbeiter, 48. Jahrgang 1997, Nr. 10, S. 96–98.

[8.24] *Braun, P.:* Universelles Heißkanalsystem. Österr. Kunststoffzeitschrift 28 (1997) 5/6, S. 98–102.

[8.25] *N. N.:* Tauchdüse der WEMA GmbH, Lüdenscheid.

[8.26] *Roßbach, R.:* Schmelzefilter für den Spritzgießer. Kunststoffe 85 (1995) 2, S. 193–195.

[8.27] *N. N.:* Broschüre Heißkanalsysteme 2015 der I-mold GmbH & Co. KG, Michelstadt.

[8.28] *Leidig, K.; Poppe, E. A.; Schirmer, K.:* Technische Kunststoffe: Die Top Ten der Spritzgießprobleme, 8. Folge: Schwierigkeiten mit Heißkanälen, Dupont de Nemours (Deutschland) GmbH, D. 61343 Bad Homburg.

[8.29] *N. N.:* Heißkanalsystem mit selektiven Nadelverschluss für Karosseriebau der HRSflow, San Polo di Piave, Italien.

[8.30] *N. N.:* Broschüre Thermoject Düsen Premium der PSG Plastic Service GmbH, Mannheim.

[8.31] *N. N.:* Broschüre Ultra Valve Gate Technology der Firma Husky Injection Molding System Ltd., Dudelage.

[8.32] *N. N.:* Der Heißkanal. Broschüre der Firma Plastic Service GmbH, Mannheim

[8.33] *N. N.:* Heißkanalsystem-Indirekt beheitzter Wärmeleittorpedo C.2.1 Technische Kunststoffe, Berechnen-Gestalten-Anwenden. Broschüre der Hoechst AG, Frankfurt/M., Oktober 1979.

[8.34] *N. N.:* Konstruktionszeichnung der Firma H. Weidmann AG, Raperswil/Schweiz.

[8.35] *N. N.:* Katalog der Firma Hotset, Lüdenscheid.

[8.36] *N. N.:* Mit Microelektronik Temperaturen genau regeln. Plastverarbeiter 41. Jahrgang 1990 Nr. 5, S. 78–80.

[8.37] *N. N.:* Heizelemente der Hotset GmbH, Lüdenscheid.

[8.38] *N. N.:* Wärmeverluste an Heißkanalblöcken-Reflektorbleche schaffen Abhilfe. Plastverarbeiter 37 (1986) 4, S. 122–123.

[8.39] *Krehwinkel, T.; Schneider, Ch.:* Kaltkanaltechnik-pro und contra. In: Spritzgießen und Extrudieren von Elastomeren, VDI-Gesellschaft Kunststofftechnik, VDI-Verlag, Düsseldorf, 1996.

[8.40] *Schneider, Ch.:* Das Verarbeitungsverhalten von Elastomeren im Spritzgießprozess. Dissertation an der RWTH Aachen, 1987.

[8.41] *Maaß, R.:* Die Anwendung der statistischen Versuchsmethodik zur Auslegung von Spritzgießwerkzeugen mit Kaltkanalsystem. Dissertation an der RWTH Aachen, 1995.

[8.42] *Cottancin, G.:* Gummispritzpressen mit dem Kaltkanalverfahren, Gummi Asbest Kunststoffe (1980) 9, S. 624–633.

[8.43] *Bode, M.:* Spritzgießen von Gummiformteilen. In: Spritzgießen von Gummiformteilen. VDI-Verlag, Düsseldorf, S. 1–33, 1988.

[8.44] *Menges, G.; Barth, P.:* Erarbeitung systematischer Konstruktionshilfen zur Auslegung von Kaltkanalwerkzeugen. AiF-Abschlußbericht, IKV Aachen, 1987.

[8.45] *Lommel, H.:* Einflüsse der Prozeßgrößenverläufe un der Werkzeuggestaltung auf die Qualität von Elastomerformteilen. Unveröffentlichte Arbeit am IKV, 1984.

[8.46] *Benfer, W.:* Rechnergestützte Auslegung von Spritzgießwerkzeugen für Elastomere. Dissertation, RWTH Aachen, 1985.

[8.47] *Holm, D.:* Aufbau von Werkzeugen für Spritzgießmaschinen. In: Spritzgießen von Elastomeren. VDI-Verlag, Düsseldorf, 1978.

[8.48] *Kloubert, T.:* Reduzierung von ausgehärtetem Angußmaterial beim Spritzgießen von rieselfähigen Duroplasten – Kaltkanaleinsatz und Partikelrecycling. Dissertation an der RWTH Aachen, 1996.

[8.49] *Niemann, K.:* Kaltkanaltechnik-Stand und Einsatzmöglichkeiten bei Duroplasten. Tagungsumdruck „Angußminimiertes Spritzgießen", SKZ, Würzburg 23./24. Juni 1987.

[8.50] *Gluckau, K.:* Wirtschaftliche Verarbeitung von Duroplasten auf Spritzgießmaschinen in Kaltkanalwerkzeugen. Plastverarbeiter 31 (1980) 8, S. 467–469.

[8.51] *Braun, U.; Danne, W.; Schönthaler, W.:* Angußloses Spritzprägen in der Duroplastverarbeitung. Kunststoffe 77 (1987) 1, S. 27–29.

9 Entlüften der Werkzeuge

Beim Werkzeugfüllvorgang wird die Formmasse mit hoher Geschwindigkeit unter hohem Druck in das Werkzeug eingespritzt. Um dabei ein Überströmen der Formmasse und damit Gratbildung (Schwimmhaut) zu vermeiden, muss das Werkzeug an den Trennebenen, Schiebern, Auswerferstiften etc. dicht abschließen. Andererseits kann eine vollständige Werkzeugfüllung nur dann erreicht werden, wenn gleichzeitig die im Werkzeug befindliche Luft vollständig entweichen kann. Ist das nicht der Fall, so kann es neben unvollständig gefüllten Formteilbereichen zu einer thermischen Schädigung der Schmelze kommen. Beim schnellen Einspritzen wird die im Werkzeug befindliche Luft verdichtet. Damit kommt es zu einem erheblichen Temperaturanstieg, der nicht mehr schnell genug über die Werkzeugwand durch das Kühlsystem ausgeglichen werden kann. Die Folge davon sind lokale Verbrennungen am Formteil bis hin zu Schäden am Werkzeug.

Die Folgen unzureichend entlüfteter Werkzeuge können auch an Zusammenfließlinien (Bindenähten) beobachtet werden, wo die eingeschlossene Luft ein Verschweißen der aufeinander treffenden Fließfronten verhindern kann.

Tabelle 9.1 fasst die wesentlichen Folgen einer ungenügenden Werkzeugentlüftung für Formteil, Werkzeug und Spritzgießprozess zusammen.

Zur Systematisierung des Themas „Werkzeugentlüftung" wird zwischen „passiver" Entlüftung, wo die Luft aufgrund des Druckes der einströmenden Schmelze aus der Kavität entweicht, und der „aktiven" Entlüftung, bei der ein Druckgefälle zum Entlüften der Luft künstlich hergestellt wird, unterschieden.

Tabelle 9.1 Folgen ungenügender Werkzeugentlüftung [in Anlehnung an 9.1]

Folgen für das Formteil	Folgen für das Werkzeug	Folgen für den Spritzgießprozess und die Spritzgießmaschine
Unvollständige Formteilfüllung	**Erhöhte Werkzeugbelastung**	**Erhöhte Zykluszeit** **Erhöhter Druckbedarf**
▪ mangelhaft abgebildete Formteiloberflächen, insbesondere bei strukturierten Formteiloberflächen ▪ Lufteinschlüsse (Lunker) ▪ erhöhter Ausschuss	infolge erhöhter Einspritzdrücke muss die Werkzeugzuhaltekraft ebenfalls erhöht werden	infolge erhöhtem Gegendruck in der Kavität; dadurch bedingt: ▪ Erhöhter Energiebedarf und ▪ Geringere Lebensdauer der Spritzgießmaschine
Überspritzungen	**Schäden an Trennebenen**	**Höhere Stillstandzeiten**
durch zu hoch eingestellten Spritzdruck, um eine vollständige Werkzeugfüllung zu erreichen	durch Druckstellen an den Werkzeugtrennebenen erhöhte Wartungs- und Reparaturarbeiten am Werkzeug	unregelmäßige Prozessabläufe
Brandstellen (Dieseleffekt)	**Randschichtenthärtung**	**Höhere Stillstandzeiten** **Unregelmäßige Prozessabläufe**
am Formteil infolge von Lufterhitzung durch Kompression: Erhöhter Ausschuss	(je nach Stahlqualität) infolge Dieseleffekt: ▪ *Abrasion* (Auswaschungen) durch Verbrennungsrückstände im Verbrennungsgas (Dieseleffekt) ▪ *Korrosion* durch aggressive Verbrennungsgase (Dieseleffekt) ▪ *Formbelag* durch Verbrennungsrückstände im Verbrennungsgas (Dieseleffekt): Vermehrte Reinigungsarbeiten	entweichende Gase beim Verbrennen des Kunststoffes (Dieseleffekt), je nach Material evtl. gesundheitsgefährdend und korrodierend
Festigkeitsminderung	**Änderung des Werkzeugs**	**Ohne Folgen**
an den Bindenähten kein Verschweißen der Fließfronten: Erhöhter Ausschuss	durch Einarbeiten geeigneter Entlüftungskanäle	–

9.1 Passive Entlüftung

Bei einfach aufgebauten Werkzeugen und entsprechender Angusslage (vgl. Bild 9.1) sind meist keine besonderen konstruktiven Maßnahmen zum Entlüften der Werkzeuge erforderlich, weil die Luft ausreichende Möglichkeiten hat, an den Führungen von Schiebern und Backen, an Auswerferstiften und an Trennebenen zu entweichen, insbesondere dann, wenn man für eine bestimmte Rauigkeit der Werkzeugtrennebenen sorgt, z. B. durch Planschleifen der Dichtflächen mit einer grobkörnigen Schleifscheibe (240 Korn) und bei runden Formteilen mit radial oder bei allen Formteilgeometrien mit überkreuzend diagonal angeordneter Schleifrichtung (Bild 9.1 unten). Eine parallel ausgerichtete Schleifrichtung führt nicht zum gewünschten Erfolg, da Luft nicht allseitig um die Kavität entweichen kann, sondern nur in Schleifrichtung. Eine gleichmäßige Entlüftung über die Werkzeugtrennebenen kann auch durch Erodieren oder Mikrosandstrahlen der Trennebenen erreicht werden. Dabei sollten Rautiefen von 0,003 bis 0,009 mm angestrebt werden [9.3]. Auch nachträglich mit einer Reißnadel eingebrachte Riefen haben sich bei nicht genügender Rauhigkeit der Dichtflächen bewährt.

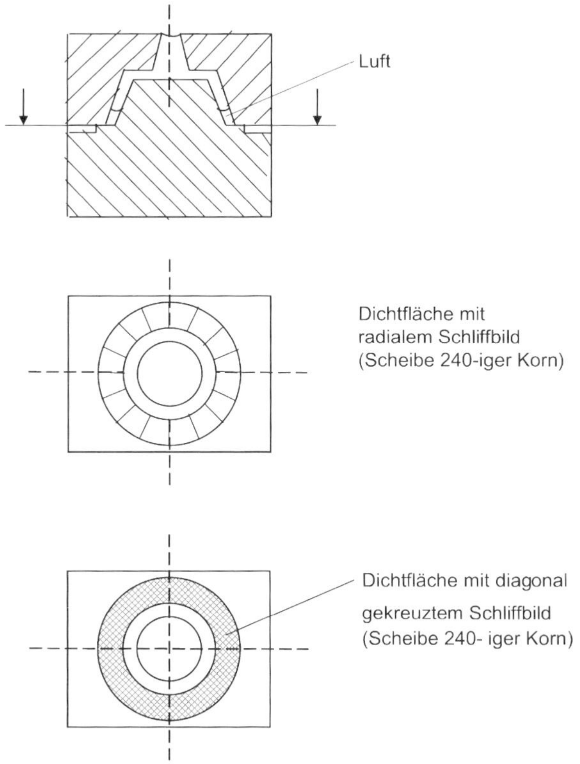

Bild 9.1 Entlüftung über die Werkzeugtrennebene [9.2]

Von großem Einfluss auf die Entlüftung des Werkzeuges sind die Gestalt des Formteils, seine Lage im Werkzeug und seine Anbindung an das Angusssystem. Dies soll an den nachfolgenden Beispielen deutlich gemacht werden. Der Becher nach Bild 9.1 wird vom Boden aus angespritzt. Beim Eintritt der Formmasse in das Werkzeug wird die Luft zur Trennebene hin abgedrängt und kann dort entweichen; anders bei der Konstruktion nach Bild 9.2. Hier wird der Becher seitlich angespritzt. Beim Werkzeugfüllvorgang fließt die Schmelze zunächst ringförmig um den Kern und steigt dann nach oben. Die Schmelze schließt also den Werkzeughohlraum an der Trennebene ab und schiebt die Luft vor sich her in den Boden des Bechers. Dort wird die Luft komprimiert und dadurch überhitzt (Dieseleffekt). Um dies zu verhindern, sind konstruktive Maßnahmen erforderlich. Das gleiche gilt auch für das Werkzeug nach Bild 9.3 a. Beim Einspritzvorgang „legt" sich die Schmelze zunächst über die Rippe und verhindert so beim weiteren Werkzeugfüllvorgang ein Entweichen der Luft.

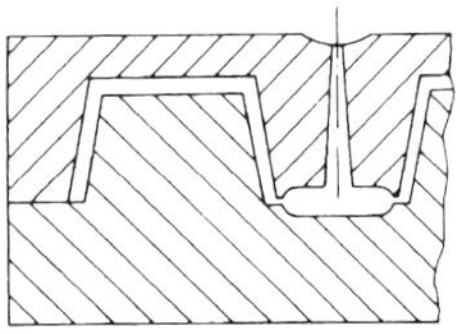

Bild 9.2 Seitlich angespritzter Becher, Anschnittlage zum Entlüften ungünstig

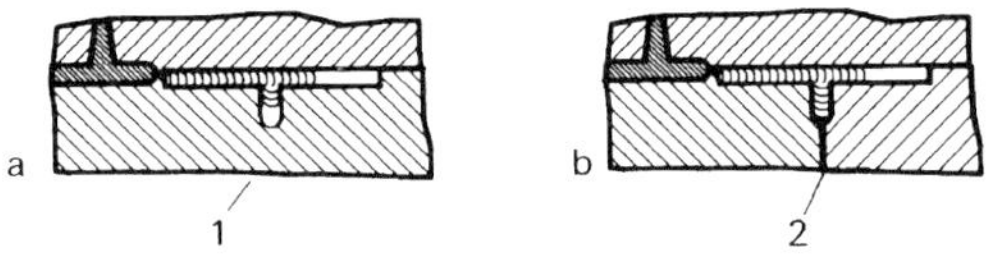

Bild 9.3 Artikel mit Rippe [9.4]
a Luft kann im Bereich der Rippe nicht entweichen, es bildet sich ein Luftsack (1)
b Abhilfe durch zusätzliche Trennebene (2)

In beiden Fällen kann durch eine zusätzliche Trennfuge (dabei ist natürlich darauf zu achten, dass die Stabilität des Werkzeuges erhalten bleibt) für eine entsprechende Entlüftung des Werkzeuges gesorgt werden. Beim Becherwerkzeug nach Bild 9.2 kann man einmal das Gesenk am Boden des Bechers teilen und damit eine weitere Trennfuge schaffen (Bild 9.4, links), zum anderen kann man aber auch einen Abzug der Luft durch den zusätzlichen Einbau eines Stempels erreichen. Dabei ist allerdings eine Markierung am Boden des Bechers nicht zu vermeiden. Durch eine entsprechende Ausbildung des Stempels hat man auch die Möglichkeit die Oberfläche des Bodens zu gestalten, z. B. Gravur mit Firmenlogo, Datum- oder Recyclingstempel (Bild 9.4, rechts).

Bei dem Artikel mit Rippe nach Bild 9.3 a wird die Luft über eine zusätzliche Trennfuge abgeleitet, wenn der formgebende Einsatz geteilt wird (Bild 9.3 b). Bei Artikeln

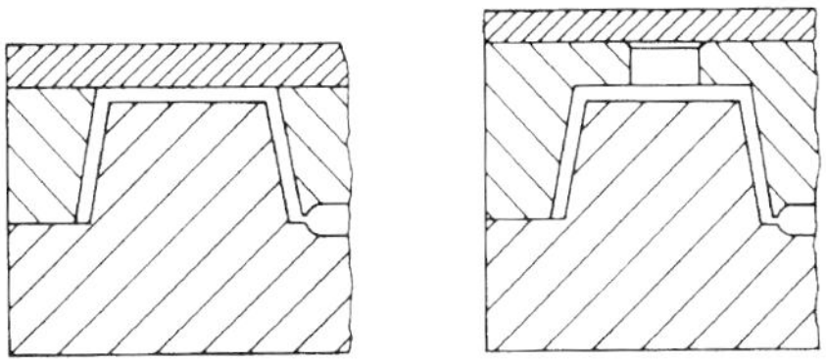

Bild 9.4 Seitlich angespritzter Becher, Werkzeug mit zusätzlicher Trennfuge
links: Entlüftung über Trennebene am Becherboden
rechts: Entlüftung über Hilfsstempel am Becherboden

mit mehreren parallel liegenden Rippen bzw. mit größeren Flächenfeldern kann auch der Einbau so genannter Lamellenpakete (Bild 9.6), auf die später noch näher eingegangen wird, die Entlüftung der Werkzeuge erleichtern.

Bei den vorab vorgestellten Lösungen setzt man voraus, dass die Luft über Trennflächen entweichen kann. Selbstverständlich müssen diese Trennflächen eine genügend große Rauhigkeit aufweisen und der Einspritzvorgang so langsam ablaufen, dass die Luft auch entweichen kann. Bei der Fertigung dünnwandiger Formteile (z. B. Joghurtbecher), bei denen man mit sehr hohen Einspritzgeschwindigkeiten arbeitet, versagt diese Lösung. Hier sind besondere Entlüftungskanäle erforderlich.

Im Fall des zentral angespritzten Bechers nach Bild 9.1 wird dies dadurch gelöst, dass man in der Werkzeugtrennebene einen Ringkanal einarbeitet, in dem die Luft beim Einspritzvorgang über einen oder mehrere Entlüftungsspalte entweichen kann und über einen Luftabzugskanal aus dem Werkzeug geführt wird. Bei dieser so genannten umlaufenden Entlüftung (in der Literatur auch unter „continuous venting“ [9.5] [9.6] oder „peripheral venting“ [9.7] bekannt), muss die Spalthöhe so eingestellt werde, dass gerade keine Schmelze in den Luftabzugskanal eintritt (Bild 9.5). Wegen der besonderen Gestaltung des Becherbodens (der Boden steht nicht plan auf, sondern auf einem umlaufenden Ring) ist auch an der Angussbuchse eine umlaufende Entlüftung eingearbeitet.

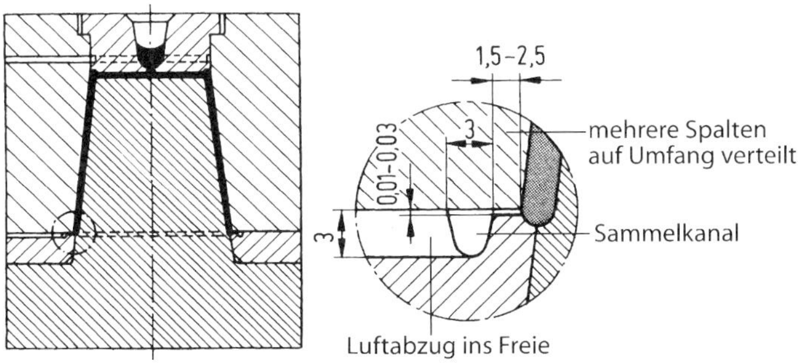

Bild 9.5 Becherwerkzeug mit umlaufendem Ringkanal zum Entlüften [9.8]

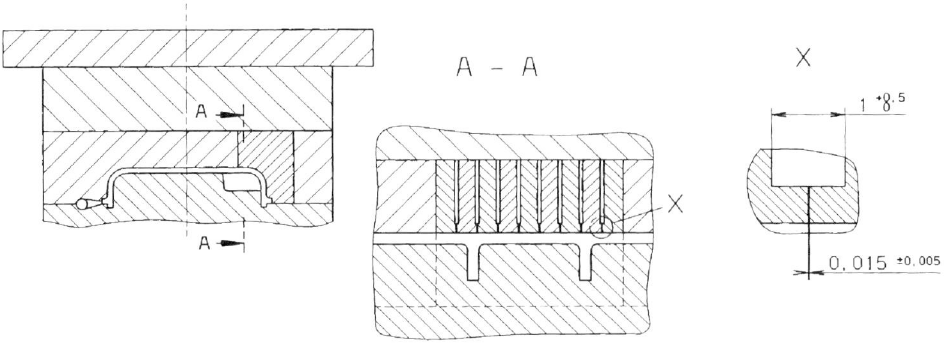

Bild 9.6 Lamellenpaket am Fließwegende zur Entlüftung einer Kavität für einen Kasten [9.8]

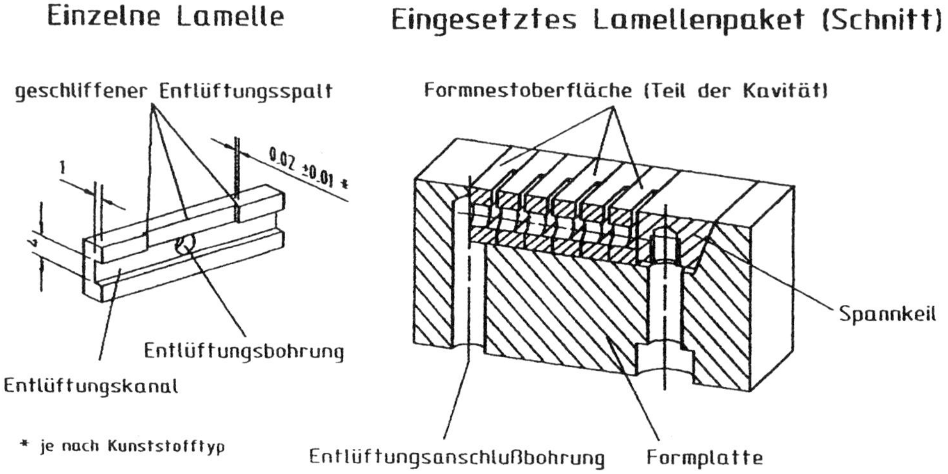

Bild 9.7 Konstruktive Gestaltung eines Lamellenpaketes [9.9]

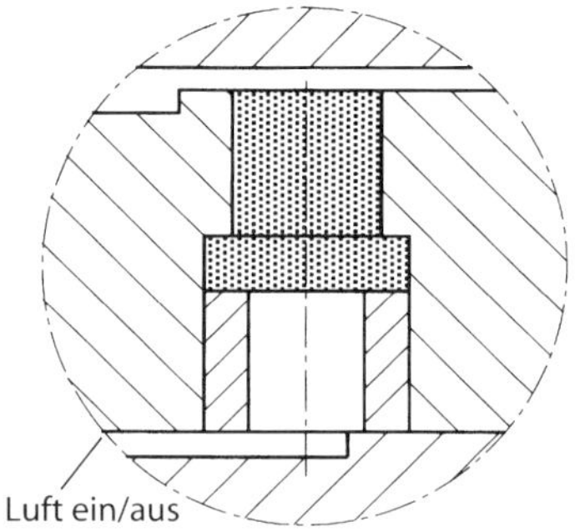

Bild 9.8 Poröser Sintermetallstopfen zum Entlüften von Werkzeugen [9.12]

Bild 9.6 zeigt, wie man großflächige Werkzeuge durch den Einbau so genannter Lamellenpakete entlüften kann. Zu beachten ist, dass sich die Lamellen am Formteil abzeichnen können. Sie sollten deshalb möglichst nicht an Sichtflächen angebracht werden.

Lamellenpakete werden auch vorteilhaft dann eingesetzt, wenn Teile mehrfach angespritzt werden und die genauen Zusammenflussstellen nicht ermittelt werden können. Im Übrigen sei hier auf Abschnitt 16.2 verwiesen, wo gezeigt wird, wie man mit Hilfe der Füllbildmethode die Zusammenflusslinien und damit die Orte mit voraussichtlichen Lufteinschlüssen voraus bestimmen kann. Die rechnerische Simulation (vgl. Kapitel 16) ist heute die sicherste Methode, solche Gefahrenpunkte voraus zu bestimmen.

Bild 9.7 gibt besondere Hinweise auf die Konstruktion von Lamellenpaketen. Zu beachten ist insbesondere, dass die einzelnen Lamellen fest aneinander liegen, damit keine Schmelze zwischen die einzelnen Trennflächen gelangen kann. Dies wird nach der Konstruktion in Bild 9.7 durch das Verspannen der Lamellen mit einem Spannkeil erreicht.

Poröse Einsätze z. B. aus Sintermetallen (Porengröße ca. 10 µm), die ins Freie führen, haben sich nur bedingt bewährt. Münden sie jedoch in einen Kühlkanal, so kann ähnlich dem Wasserstrahlpumpen-Prinzip, der vorhandene Kühlwasserkreislauf für eine aktive Entlüftung der Kavität sorgen. Das Wasser des Kühlkreislaufes saugt hier die Luft durch den Entlüftungseinsatz aus der Kavität heraus, ohne dass Wasser in das Werkzeug gelangt [9.7] [9.8] [9.10] [9.11]. Generell ist aber festzuhalten, dass die Sintermetallstopfen sehr anfällig gegen Verschmutzung sind, z. B. durch auftretenden Formbelag, und sich am Formteil abzeichnen. Darüber hinaus ist beim Anpassen der Stopfenlänge darauf zu achten, dass die Konturfläche und die Gegenfläche nicht geschliffen oder poliert werden darf, da sie sich sonst zusetzen und ein Entlüften der Werkzeuge verhindern. Bild 9.8 zeigt einen Sintermetalleinsatz mit Bund, der über einen Entlüftungskanal die Luft dem aus Werkzeug herausführt. Diese Konstruktion bietet die Möglichkeit, den Sintermetalleinsatz durch gegen gesteuerte Luftimpulse von Verschmutzungen frei zu blasen [9.3].

Neben porösen Sintermetallstopfen sind auch „geschlitzte" Metallstopfen als Normalien im Handel (Bild 9.9). Bei diesen Stopfen entweicht die komprimierte Luft sowohl an der Außenfläche als auch zusätzlich durch Schlitze. Über eine Sammelnut wird die Luft dann durch eine Bohrung sowie einer Ausfräsung ins Freie geführt (Bild 9.10). Über die Veränderung des Durchmessers d_1 und der Stopfenlänge kann die Schlitzbreite verstellt und damit auf den zu verarbeitenden Kunststoff (Fließfähigkeit) abgestimmt werden. Auch bei dieser Entlüftungsvariante entsteht am Formteil ein Abdruck. Die Stopfen sollten deshalb so in das Werkzeug eingebaut werden, dass sie nicht an der Sichtfläche des Formteils liegen.

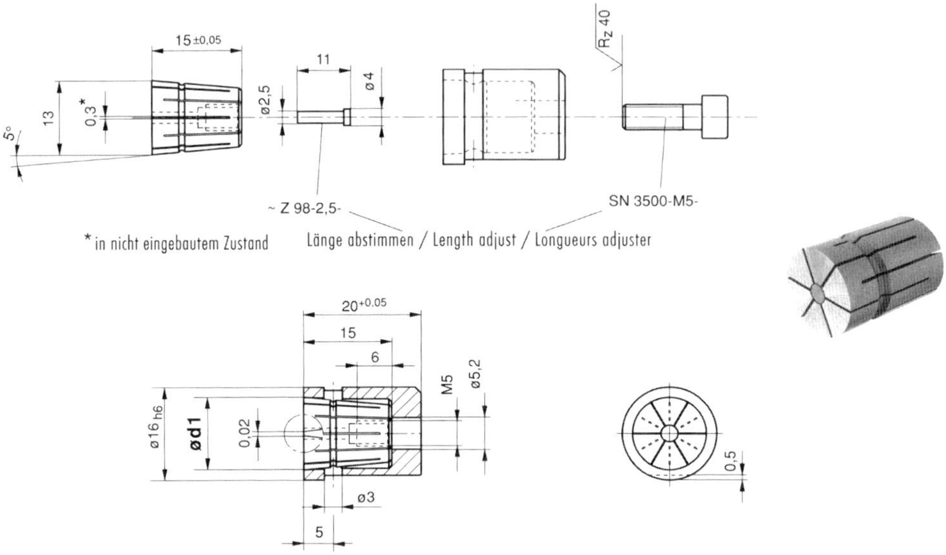

Bild 9.9 Entlüftungsstopfen aus Stahl mit zusätzlichen Schlitzen [9.12]

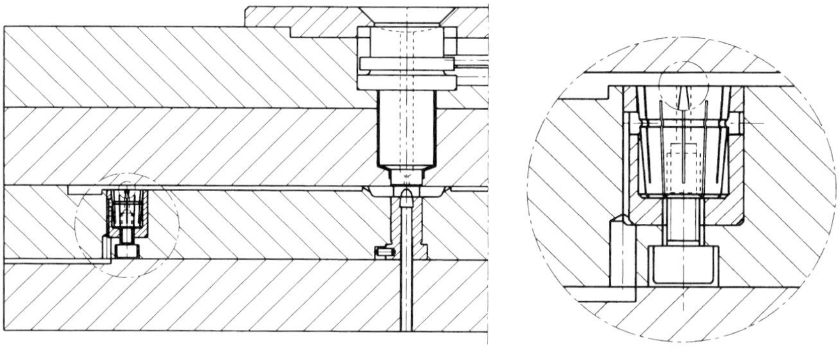

Bild 9.10 Einbaubeispiel für einen Entlüftungsstopfen aus Metall [9.12]

Liegen an Stellen, an denen mit Lufteinschlüssen zu rechnen ist, Auswerferstifte, so genügen diese im Allgemeinen zur Entlüftung. Der Luftabzug kann darüber hinaus durch eine Erweiterung der Auswerferbohrung (Bild 9.11), die ca. 3 mm unterhalb der Werkzeugoberfläche beginnt, erleichtert werden. Diese Lösung hat darüber hinaus den Vorteil, dass man hier zum Entlüften zusätzlich sowohl ein Vakuum (hierauf wird später noch näher eingegangen) anlegen, als auch beim Auswerfen Pressluft in die Auswerferbohrung blasen kann, um das Entformen zu unterstützen. Zudem reinigen sich die Spalte durch die Bewegung der Stifte und die Strömung der Luft selbst. Damit die Luft bzw. das Vakuum voll zur Wirkung kommen, müssen die Auswerferbohrungen zum Werkzeug hin abgedichtet werden, z. B. durch das Einlegen von O-Ringen.

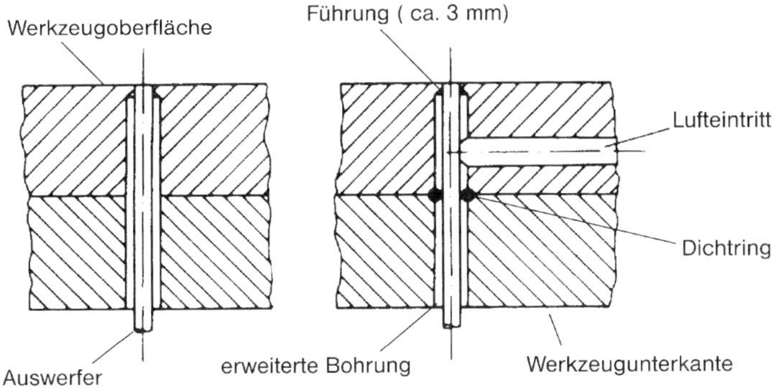

Bild 9.11 Gestaltung der Auswerferbohrungen zum besseren Entlüften des Werkzeugs [9.9] [9.14], Erweiterung der Auswerferbohrung ca. 3 mm unterhalb der Werkzeugoberfläche

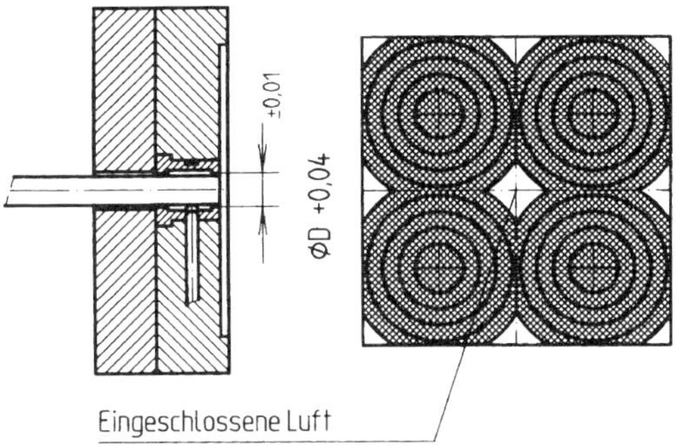

Bild 9.12 Selbstreinigender Entlüftungsstift [9.14]

Die Konstruktion nach Bild 9.12 wird in der Literatur unter dem Begriff „selbst reinigender Entlüftungsstift mit der Funktion eines Auswerfers" geführt. Der entscheidende Vorteil liegt in der genauen Zentrierung des Auswerfers, der einen definierten Entlüftungsringspalt garantiert. Auch hier kann, wie bei der Konstruktion nach Bild 9.11, ein Vakuum angelegt oder Pressluft in das Werkzeug geblasen werden.

Bei Mehrfachwerkzeugen bzw. bei Werkzeugen zur Fertigung von Formteilen mit mehreren Anbindungen, sollte das Entlüften der Werkzeuge bereits im Angusssystem beginnen, damit die Luft, die sich in den Kanälen befindet, erst gar nicht in den Werkzeughohlraum gelangen kann. Zudem werden auch Verbrennungen (Dieseleffekt) im Angussmaterial vermieden. Geschädigtes Material kann so von der einströmenden Schmelze nicht mitgerissen werden und zu Verunreinigungen am Formteil führen. Darüber hinaus kann das Angussmaterial ohne wesentlichen Qualitätsverlust gemahlen und wieder verwendet werden. Wie Bild 9.13 zu entnehmen ist, gelten hier für die Gestaltung der Entlüftungskanäle die gleichen Richtlinien wie für die Entlüftung der Werkzeuge am Fließwegende.

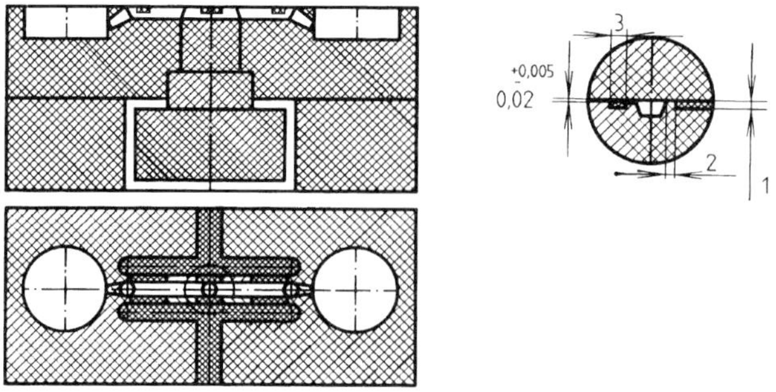

Bild 9.13 Entlüftung des Angussverteilers [9.14]

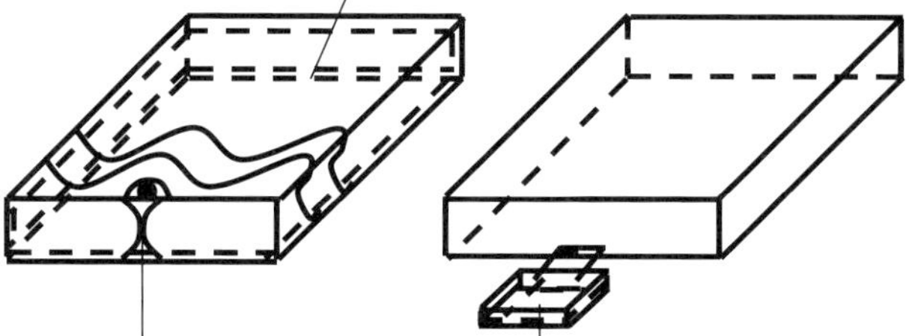

Bild 9.14 Verlagerung der Zusammenfließstelle (Bindenaht) außerhalb der Kavität durch einen Überlaufkanal [9.3]

Wie eingangs bereits erwähnt, verhindern Lufteinschlüsse da, wo die Fließfronten beim Werkzeugfüllvorgang aufeinander treffen, das Verschweißen der Formmasse. Es bilden sich Bindenähte (Fließnähte), die die optischen und mechanischen Eigenschaften der Formteile negativ beeinflussen. Um dies zu umgehen wird in der Literatur empfohlen, an solchen Stellen einen Überlaufkanal anzuordnen, um so die Fließfront außerhalb der Kavität zu verlagern (Bild 9.14). Diese Konstruktion hat allerdings den Nachteil, dass das Formteil nach dem Entformen zusätzlich bearbeitet werden muss und dass je nach Lage des Überlaufkanals u. U. optisch störende Bearbeitungsspuren sichtbar bleiben.

Es stellt sich schließlich noch die Frage nach der Größe der Entlüftungsspalte. Damit sich kein Grat (Schwimmhaut) am Formteil bildet bzw. keine Schmelze in die Luftabzugskanäle gelangt, dürfen bei geschlossenem Werkzeug gewisse Spaltweiten, die kunststoffspezifisch sind, nicht überschritten werden.

Eine kritische Spaltweite lässt sich je nach Kunststofftyp in Anlehnung an [9.6] [9.8] [9.11] [9.13] bis [9.17] angeben:

teilkristalline Thermoplaste: wie PA, GF-PA, POM, PE	0,015 mm
amorphe Thermoplaste: wie PS, ABS, PC, PMMA	0,030 mm
extrem leicht fließende Massen: z. B. Elastomere	0,003 mm

Betrachtet man die Entlüftungsspalte als Rechteckblende und setzt die Gültigkeit der Gesetze der Gasdynamik voraus, so kann man aus dem Volumen des Formteils und des Angusssystems sowie aus der Einspritzzeit den Volumenstrom $\dot{V}$ ermitteln, der über den Entlüftungsspalt (Blende) fließen muss, um das Werkzeug zu entlüften [9.18] [9.19].

Es gilt:

$$\dot{V} = \frac{V_F + V_A}{t_E} \tag{9.1}$$

Darin bedeuten:

$\dot{V}$ = Volumenstrom
V_F = Volumen des Formteils
V_A = Volumen des Angusssystems
t_E = Einspritzzeit

Setzt man den Volumenstrom $\dot{V}$ gleich dem Leitwert L der gedachten Rechteckblende (Entlüftungsspalt), so kann man aus der zugeschnittenen Größengleichung

$$L = A \sqrt{\frac{T_k}{293}}\, 2 \cdot 10^{-2} \tag{9.2}$$

mit:

L = $\dot{V}$ in m^3/s
A = $b \times h$ = Querschnitt des Lüftungskanals in cm^2
b = Spaltbreite in cm
h = Spalthöhe in cm
T_K = Temperatur der Luft in K

oder mit den im Maschinenbau üblichen Dimensionen $\dot{V}$ in cm^3/s, sowie b und h in mm

$$L = A \sqrt{\frac{T_k}{293}}\, 2 \cdot 10^{-2} \tag{9.3}$$

Mit $A = b \times h$ kann man:

$$b = \frac{L}{h \sqrt{\frac{T_k}{293}}\, 2 \cdot 10^{-2}} \tag{9.4}$$

die Breite b des Entlüftungsspaltes berechnen.

Bei einem Formteil mit einem Gesamtvolumen (Formteilvolumen + Angussvolumen) von 10 cm^3, das mit einer Einspritzzeit von 0,2 sec. gefertigt wird, ergibt sich nach der Beziehung 9.4 eine Entlüftungsspaltbreite von 12,5 mm, wenn man davon ausgeht, dass sich bei einer Spalthöhe von 0,02 mm kein Grat bildet und die Lufttemperatur mit 293° K = 20 °C angenommen wird. Dieser so dimensionierte Entlüftungsspalt darf natürlich nicht irgendwo im Werkzeug eingearbeitet werden, sondern da, wo auch ein Lufteinschluss zu erwarten ist. Sind mehrere Lufteinschlüsse zu erwarten, so müssen auch mehrere Entlüftungsspalte in das Werkzeug eingearbeitet werden, wobei die Summe der Querschnitte mindestens mit dem vorab bestimmten Querschnitt übereinstimmen sollte.

9.2 Aktive Entlüftung

Bei den bisher vorgestellten Entlüftungsmöglichkeiten wurde versucht, durch geeignete Werkzeugkonstruktionen die Bildung von Lufteinschlüssen zu vermeiden bzw. die Luft über Trennfugen zu verdrängen. Bei komplizierten Werkzeugen sowie bei der Verarbeitung von extrem niedrigviskosen Kunststoffschmelzen können diese Lösungsmöglichkeiten jedoch versagen. So sind beim Spritzgießen von Mikrostrukturen und bei der Duroplast- und Elastomerverarbeitung die konventionellen Entlüftungsspalte zu groß, um ein Überströmen der Formmasse und damit eine Gratbildung zu verhindern. Zudem müssen bei den vorgenannten Verfahren die Werkzeuge besonders sorgfältig entlüftet werden, um eine hohe Abformgenauigkeit und Formteilqualität zu erreichen [9.20] [9.21]. Aus diesen Gründen werden hier die Werkzeuge durch eine Vakuumanlage (Bild 9.15) entlüftet. Die Funktionen dieser Anlage müssen in den Ablauf des Spritzgießprozesses so integriert werden, dass die Zykluszeit nicht bzw. nur unwesentlich verändert wird. Zur Evakuierung des Werkzeuges steht nur die kurze Zeit, zwischen dem Schließen des Werkzeuges und dem Einspritzen der Formmasse, zur Verfügung. Man integriert deshalb in die Vakuumanlage sinnvollerweise einen Speicher (Vorgelege), dessen Volumen größer ist als das Volumen der Kavitäten (von Formteil und Angusssystem). Das Werkzeug kann so beim Öffnen des Ansaugschiebers schlagartig entlüftet werden. Die Vakuumpumpe hat dann, während der Einspritz-, Kühl- und Entformungszeit ausreichend Gelegenheit, den Speicher erneut zu evakuieren.

Um ein Werkzeug zu evakuieren, muss es gegenüber der Umgebung gut abgedichtet werden. Wegen vieler beweglicher Teile am Werkzeug, wie Schiebern, Auswerfern etc. ist dies sehr aufwendig und kaum durchzuführen. Man umgibt daher das Werkzeug mit einem geschlossenen Mantel oder Kasten, der nur eine Trennebene hat.

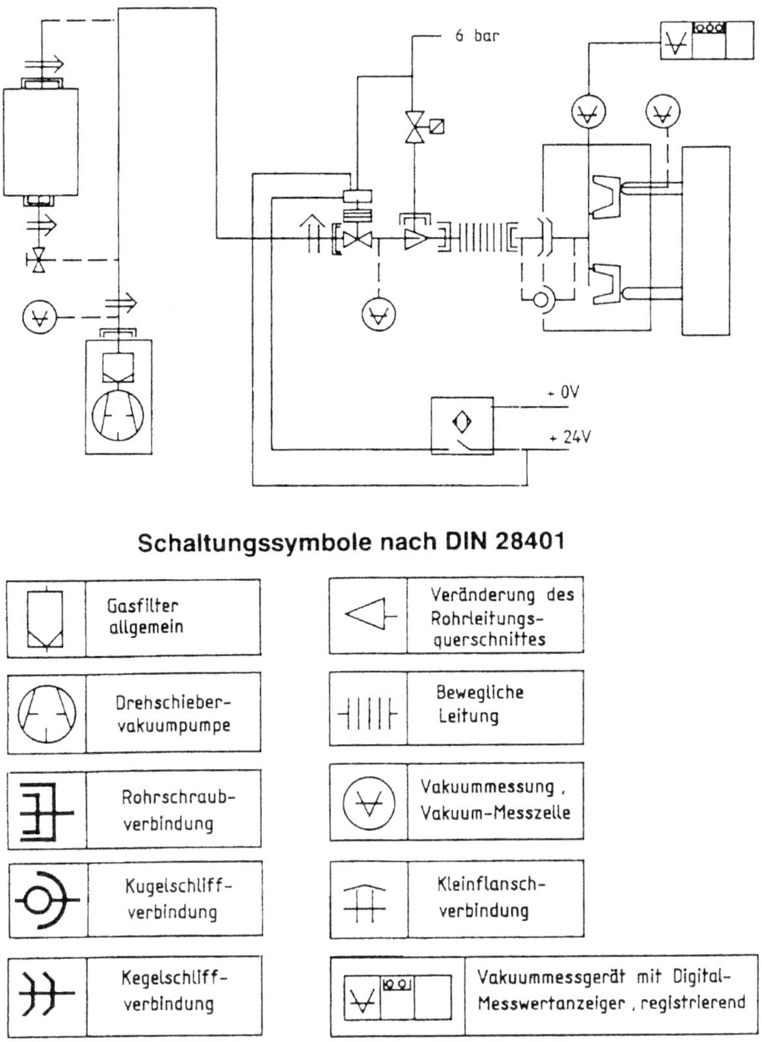

Bild 9.15 Schaubild einer Vakuumanlage [9.20]

In Bild 9.16 ist ein derartiger Werkzeugaufbau für ein Mikrospritzgießwerkzeug schematisch dargestellt. Je nach Entformungsart müssen bei dieser Konstruktion keine oder nur wenige bewegliche Teile aus dem Vakuumraum herausgeführt werden, die sich jedoch leicht abdichten lassen [9.22].

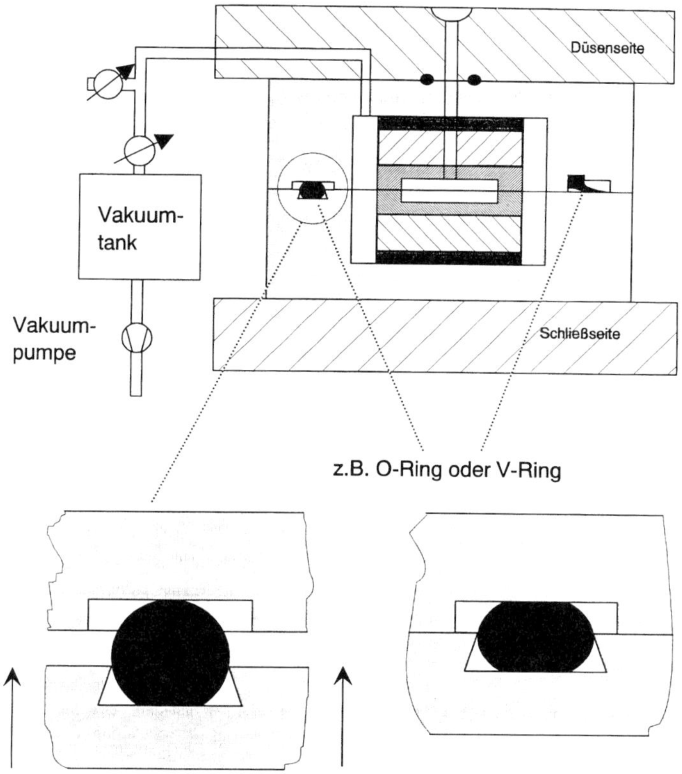

Bild 9.16 Evakuierung eines Mikrospritzgießwerkzeuges [9.20] [9.22]

9.3 Entlüften beim Gasgegendruckspritzgießen

Strukturschaumteile weisen häufig eine raue Oberfläche auf, da die Zersetzung des Treibmittels unmittelbar mit dem Einspritzen in das Werkzeug beginnt. Dies kann vermieden werden, wenn man das Aufschäumen der treibmittelhaltigen Schmelze dadurch unterdrückt, dass man sie gegen einen bereits vor dem Einspritzen im Formnest aufgebauten Druck einspritzt. Dieser „Gegendruck" muss genau so groß oder etwas größer sein wie der Treibmitteldruck. Das Werkzeug muss dazu abgedichtet werden (Bild 9.17). Dies kann mit Hilfe von wärmebeständigen Dichtungen (O-Ringen) geschehen. Zur Befüllung des Werkzeuges mit Gas ordnet man zweckmäßig um den Werkzeughohlraum einen Sammelkanal an, der über Spalte mit dem Hohlraum verbunden ist (Bild 9.18) Über diese Spalte und den Sammelkanal kann dann das Gas beim Werkzeugfüllvorgang wieder entweichen [9.23] bis [9.25].

Um den Gegendruck beim Einspritzen konstant zu halten aber auch um ein Entlüften zu gewährleisten, wird der Sammelkanal an magnetgesteuerte Druckregelventile angeschlossen.

Die Abmessungen der zum Be- und Entlüften des Werkzeuges erforderlichen Spalte ergeben sich aus den Beziehungen in Abschnitt 9.1 (passive Entlüftung).

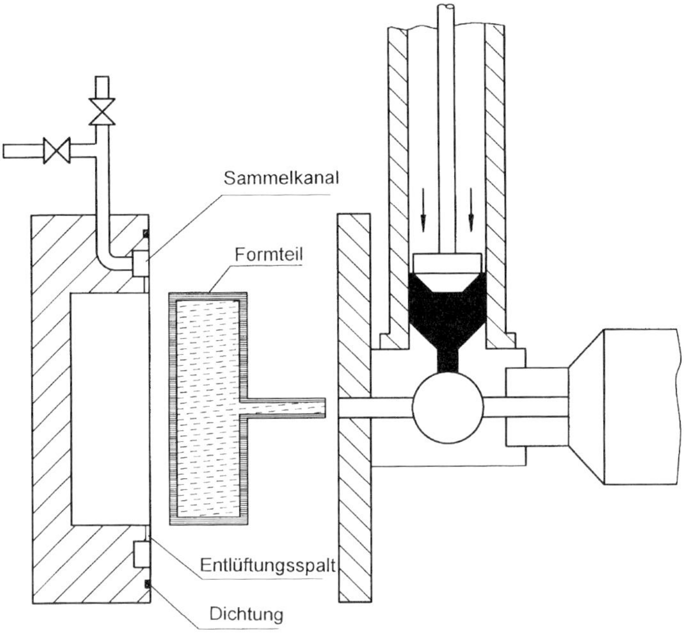

Bild 9.17 Schematische Darstellung des Gasgegendruck-Verfahrens [9.22]

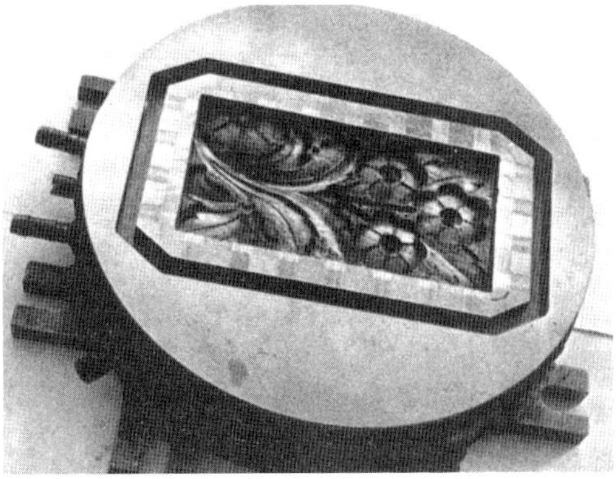

Bild 9.18 Werkzeug für das Spritzgießen mit Gasgegendruck einer dekorativen Holzschnitzerei-Imitation. Die Formnestwand besteht aus einer galvanisch niedergeschlagenen Hartnickelschale

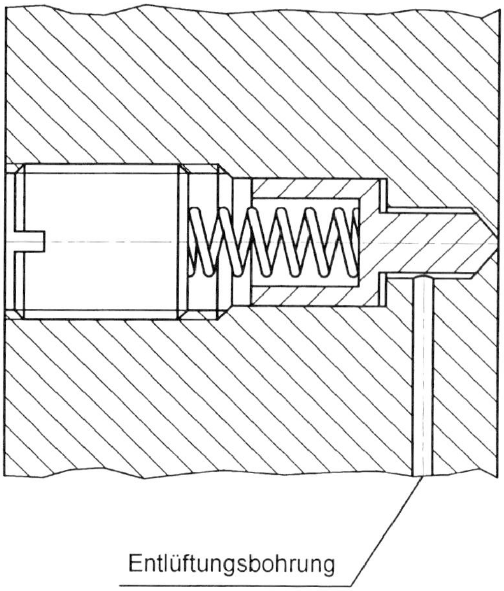

Bild 9.19 Schematische Darstellung eines Entlüftungsstiftes

Ist eine vollständige Entlüftung des Werkzeuges nicht möglich, z. B. in Sacklöchern, so können dort Feder betätigte Entlüftungsstifte eingesetzt werden (Bild 9.19). Über die Vorspannung der Feder kann der erforderliche Druck leicht eingestellt werden.

Literatur Kapitel 9

[9.1] *Notz, F.:* Entlüftung von Spritzgießwerkzeugen. Plastverarbeiter 45 (1994) 11, S. 88–94.

[9.2] *Michaeli, W.; Weyer, G.; Speuser, G.; Kretzschmar, G.:* Entlüftung von Formnestern beim Spritzgießen von Elastomeren. Kautschuk und Gummi Kunststoffe Nr. 12/91, S. 1 146–1 153.

[9.3] *Beitl, F.:* 1 000 Tipps zum Spritzgießen. Band 2: Spritzgießen. Hüthig Verlag, Heidelberg, 2005.

[9.4] *Jürgeleit, H. F.:* DE PS 1198987.

[9.5] *Giragosian, S. E.:* Continuous mold venting. Modern Plastics 44 (1966) 11, S. 122–124.

[9.6] *Rees, H.:* Mold Engineering. Carl Hanser Verlag, München, 1995.

[9.7] *Allen, P.:* A non-traditional approach to mold cooling and venting. SPE Injection Molding.

[9.8] *Mennig, G.:* Werkzeuge für Kunststoffverarbeitung. Bauarten, Herstellung, Betrieb. Carl Hanser Verlag, München, 1995.

[9.9] *Weber, W.; Notz, F.:* Mitteilung der Firma Fischerwerke Artur Fischer GmbH, Waldachtal.

[9.10] *Smith, B.:* Venting is vital. British Plastics and rubber (1986) May, S. 22.

[9.11] *N. N.:* Water-line venting saves the job. Plastics World 46 (1988) 3, S. 27–28.

[9.12] *N. N.:* Strack Normalien, Strack Norma GmbH, Lüdenscheid.

[9.13] *Hartmann, W.:* Entlüften des Formhohlraums. Vortrag anlässlich der VDI-Tagung, Nürnberg 6. und 7. Dezember 1978.

[9.14] *Sander, W.:* Formverschmutzung (Formbelag) -verschleiß und Korrosion bei Thermoplastwerkzeugen. Vortrag auf den 2. Würzburger Werkzeugtagen WWT, Würzburg 4. und 5 Oktober 1988.

[9.15] *Ufrecht, M.:* Die Werkzeugbelastung beim Überspritzen. Unveröffentlichte Arbeit am IKV, Aachen, 1978.

[9.16] *Huyjmans, H.; Packbier, K.; Schürmann, E.:* Spritzversuche mit einem 2-Fach Werkzeug mit 12 Anschnitten in der Firma NWM, s'Hertogenbosch. Unveröffentlichte Arbeit am IKV, Aachen, 1978.

[9.17] *Stitz, S.; Schürmann, E.:* Verformungsmessungen an Spritzgießwerkzeugen in der Firma Weidmann, Zug. Unveröffentlichte Arbeit am IKV, 1976.

[9.18] *Wutz, M.; Hermann, A.:* Theorie und Praxis der Vakuumtechnik. Vieweg, Braunschweig, Wiesbaden, 1986.

[9.19] *Speuser, G.:* Evakuierung von Spritzgießwerkzeugen für die Elastomerverarbeitung. Unveröffentlichte Arbeit am IKV, Aachen, 1987.

[9.20] *Rogalla, A.:* Analyse des Spritzgießens mikrostrukturierter Bauteile aus Thermoplasten. Dissertation an der RWTH Aachen,1997.

[9.21] *Meiertoberens, U.; Herschbach, Ch.; Maaß, R.:* Verbesserte Technologien für die Elastomerverarbeitung. Gummi, Fasern, Kunststoffe 47 (1994) 10 S: 642–649.

[9.22] *Winterkemper, A.:* Entwicklung eines Werkzeugkonzeptes für das Spritzgießen von Mikrostrukturen. Unveröffentlichte Arbeit am IKV, Aachen, 1995.

[9.23] *Semerdjiev, S.; Popov, N.:* Probleme des Gasgegendruck-Spritzgießens von thermoplastischen Strukturschaumstoffen. Kunststoffberater 4/1978 S. 198–201.

[9.24] *Eckardt, E.:* Schaumspritzgießverfahren – Theorie und Praxis. Kunststoffberater 1/2/1983 S. 26–32.

[9.25] *Semerdjiev, S.; Piperov, N.; Popov, N.; Mateev, E.:* Das Gasgegendruck – Spritzgießverfahren zum Herstellen von thermoplastischen Strukturschaumteilen, Kunststoffe Bd. 64 (1974) 1, S. 13–15.

10 Die thermische Auslegung

Das Spritzgießwerkzeug ist in seiner Wirtschaftlichkeit entscheidend abhängig von der Geschwindigkeit, mit welcher der Wärmeaustausch zwischen eingespritzter Formmasse und dem Werkzeug erfolgt. Bei Thermoplasten muss der Formmasse soviel Wärme entzogen werden, bis ein formstabiler Zustand erreicht ist, der das Entformen ermöglicht. Die dafür notwendige Zeit ist die Kühlzeit. Die abzuführende Wärmemenge hängt von der Temperatur der Schmelze, der Entformungstemperatur und dem spezifischen Wärmeinhalt der Formmasse ab.

Bei duroplastischen und elastomeren Formmassen muss den eingespritzten Formmassen Wärme in einem solchen Maß zugeführt werden, dass die Vernetzung ablaufen kann.

Zunächst soll hier nur am Beispiel thermoplastischer Formmassen die Kühlung behandelt werden. Um die vom Formteil eingebrachte Wärmemenge aus dem Werkzeug abzutransportieren, werden die Werkzeuge von einem Kanalsystem durchzogen, durch welches das Kühlmedium gepumpt wird.

Die Qualität des Formteils hängt entscheidend von dem stets gleichmäßigen Temperaturgang von Zyklus zu Zyklus ab. Die Wirtschaftlichkeit der Produktion wird entscheidend davon geprägt, inwieweit das Werkzeug die durch die Formmasse eingebrachte Wärmemenge abzuführen vermag. Die Wärmeströme sind in Bild 10.1 dargestellt.

Der Bereich zwischen den Kanälen und der Außenfläche des Werkzeugs muss je nach Berandungstemperatur und Umgebungstemperatur geheizt oder gekühlt werden. Man kann also bei der Auslegung beide Bereiche getrennt behandeln und im Bereich der Kanäle überlagern. Überwiegt z. B. die Abkühlung über die Berandung gegenüber der Formteilabkühlung, so muss das Werkzeug entsprechend der Differenz beheizt werden. Diese Heizung ist als Schutzheizung für den Kühlbereich anzusehen und soll lediglich den Kühlbereich gegenüber der Berandung des Werkzeugs abschirmen. Zunächst sollte jedoch eine Isolierung des Werkzeugs gegenüber der Umgebung vorgesehen werden. Die Auslegung des Kühlbereichs steht deshalb im Vordergrund. Wegen der Anwendbarkeit der aufgeführten Beziehungen für alle Arten von Spritzgieß- und Presswerkzeugen, also auch Wärmezufuhr bei vernetzenden Formmassen, wird im Folgenden auch der Ausdruck Temperierung verwendet.

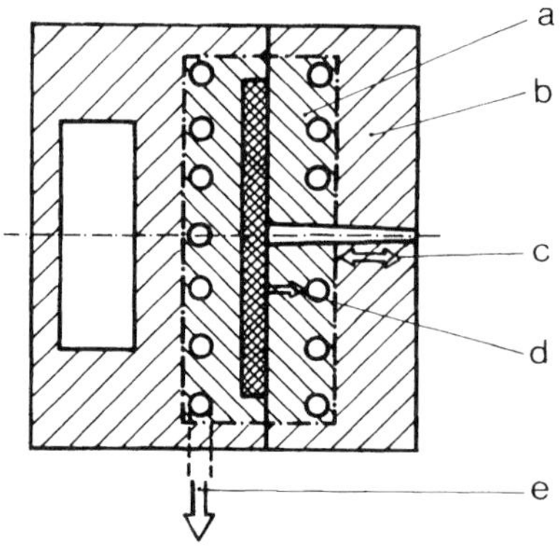

Bild 10.1 Wärmeströme in einem Spritzgießwerkzeug [10.1]
a: Kühl- oder Heizbereich
b: Kühlbereich
c: $\dot{Q}_U$: Wärmeaustausch mit der Umgebung
d: $\dot{Q}_{FT}$: Wärmeaustausch mit dem Formteil
e: $\dot{Q}_{TM}$: Wärmeaustausch mit dem Temperiermedium

10.1 Kühlzeit (Temperierzeit)

Die Kühlzeit beginnt mit dem Einspritzbeginn, wobei die vollständige Füllung innerhalb der Zeit t_E erreicht wird. Die Hauptwärmemenge aber wird während der Standzeit t_K, d. h. bis zum Öffnen und Auswerfen des Formteils aus dem Werkzeug, ausgetauscht. Die Auslegung muss sich nach derjenigen Partie des Formteils richten, die am längsten gekühlt werden muss.

Der Wärmeaustausch zwischen Formmasse und Kühlmedium erfolgt über die Leitung der Wärme durch die Werkzeugwände. Die Wärmeleitung wird durch die *Fouriersche Differentialgleichung* beschrieben. Da Spritzgussteile vorzugsweise flächiger Natur sind und die Wärme meist nur über die Dicke, d. h. in einer Richtung abgeführt wird, gibt bereits die eindimensionale Betrachtung ein gutes Bild über die Wärmeleitvorgänge im Formteil. Lösungen in Form von Näherungen wurden von [10.2] [10.3] für eindimensionalen Wärmeaustausch erarbeitet, wobei das Längen-Wanddickenverhältnis $l/s > 10$ sein soll.

Die Fouriersche Differentialgleichung der Wärmeleitung vereinfacht sich für das Modell eines Körpers, der als unendlich ausgedehnt angesehen werden kann, sodass Wärmeleitung nur in einer Richtung stattfindet, zu:

$$\frac{\partial \vartheta}{\partial t} = a \frac{\partial^2 \vartheta}{\partial x^2} \tag{10.1}$$

mit:

$$a = \frac{\lambda}{\rho \cdot c_p} \tag{10.2}$$

Es bedeuten:

a = Temperaturleitfähigkeit
t = Zeit
x = Weg
ρ = Dichte
λ = Wärmeleitfähigkeit
c_p = spez. Wärmekapazität
ϑ = Temperatur

Nimmt man zunächst an, dass die Massetemperatur direkt nach dem Einspritzen überall den konstanten Wert ϑ_M besitzt, die Oberflächentemperatur der Formhöhlung zu diesem den konstanten Wert ϑ_W hat und a konstant bleiben soll, so gilt für die Temperaturverteilung in erster Näherung [10.2]:

$$\vartheta - \vartheta_W = \frac{4}{\pi}\left(\vartheta_M - \vartheta_W\right) \sum_{n=0}^{\infty} \frac{1}{2n+1} \cdot e^{-\frac{a(2n+1)^2 \pi^2 t}{s^2}} \cdot \sin \frac{(2n+1)\pi \cdot x}{s} \tag{10.3}$$

Vereinfachend kann diese schnell konvergierende Reihe nach dem ersten Glied abgebrochen werden und mit den oben genannten Randbedingungen folgt:

$$\frac{\vartheta_E(x) - \vartheta_W}{\vartheta_M - \vartheta_W} = \frac{4}{\pi} e^{-\frac{a\pi^2 t_K}{s^2}} \sin\left(\frac{\pi \cdot x}{s}\right) \tag{10.4}$$

Für die mittlere Formteilwandtemperatur gilt dann:

$$\frac{\bar{\vartheta}_E - \vartheta_W}{\vartheta_M - \vartheta_W} = \frac{8}{\pi^2} e^{-\frac{a\pi^2 t_K}{s^2}} \tag{10.5}$$

Diese Formel wird auch als „Kühlzeitformel" bezeichnet, wenn nach t_K aufgelöst wird. Es gilt:

$$Fo(t_K) = \frac{t_K \cdot a}{s^2} = \frac{1}{\pi^2} \ln\left(\frac{8}{\pi^2} \frac{\vartheta_M - \vartheta_W}{\bar{\vartheta}_E - \vartheta_W}\right) \tag{10.6}$$

Mit der dimensionslosen Übertemperatur Θ (Abkühlgrad) kann in Kombination mit der Fourierzahl der Abkühlverlauf dimensionslos dargestellt werden (Bild 10.2):

$$\frac{\bar{\vartheta}_E - \vartheta_W}{\vartheta_M - \vartheta_W} = \Theta \tag{10.7}$$

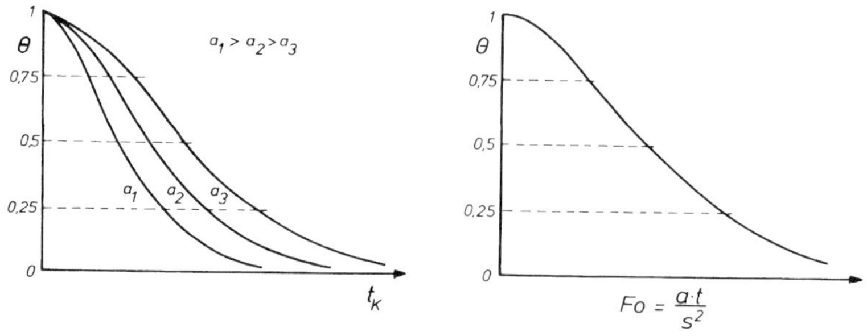

Bild 10.2 Abkühlgrad in Abhängigkeit der Kühlzeit (links) und Fourierzahl (rechts) [10.1]

Der Abkühlgrad Θ ist nach Gleichung 10.7 nur eine Funktion der Fourierzahl und dient als Kennzahl für die Abkühlgeschwindigkeit im Spritzgießprozess. Ist also die *Fourierzahl* konstant, so erreicht man immer denselben Abkühlgrad.

$$\Theta = f\left(Fo\right) \tag{10.8}$$

Man kann statt auf der mittleren Temperatur des Formteils die Rechnung auch auf der höchsten Temperatur des Formteils aufbauen, die sich bei der Annahme ideal symmetrischer Kühlung und vernachlässigter Schererwärmung in der Mitte des Formteils einstellt (vgl. Bild 10.3). Dann lautet die Gleichung für den maximalen Abkühlgrad:

$$\frac{\hat{\vartheta}_E - \vartheta_W}{\vartheta_M - \vartheta_W} = \hat{\Theta} \tag{10.9}$$

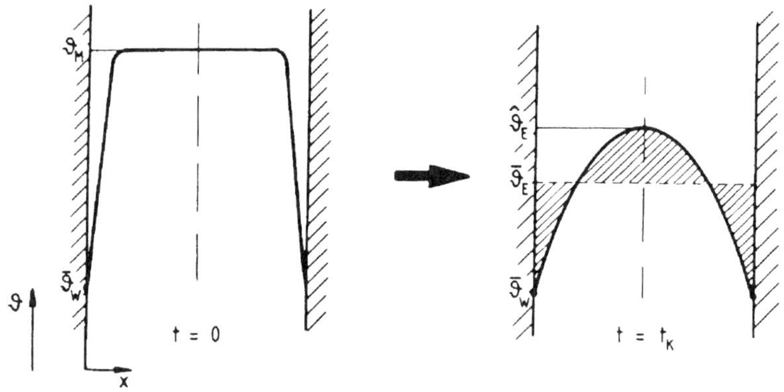

Bild 10.3 Temperaturverlauf im Formteil [10.4] Füllbeginn (links); Füllende (rechts)
ϑ_M = Massetemperatur
$\bar{\vartheta}_W$ = mittlere Werkzeugtemperatur
$\hat{\vartheta}_E$ = Entformungstemperatur, Formteilmitte
$\bar{\vartheta}_E$ = Entformungstemperatur, integraler Mittelwert
t_k = Kühlzeit

Die unterschiedlichen Verläufe des Abkühlgrades lassen sich dimensionslos durch eine einzige Kurve unter Verwendung der Fourierzahl darstellen (siehe Bild 10.2).

Obwohl beim Spritzgießen die geforderten Bedingungen keineswegs völlig erfüllt sind, so kann man doch mit dieser Näherungsrechnung ausreichend genau die Kühlzeit abschätzen.

Die hier getroffenen Bedingungen/Vereinfachungen sind:

- 1D-Wärmeleitung: Es wird ausschließlich die Wärmeleitung in Dickenrichtung betrachtet,
- konstante Wärmeleitfähigkeit und spezifische Wärmekapazität der Kunststoffformmasse,
- idealer Wärmeübergang zwischen Werkzeug und Formteil,
- konstante Werkzeugwandtemperatur,
- symmetrische Formteilkühlung,
- die Ausgangstemperatur entspricht der Einspritztemperatur (keine Schererwärmung oder Abkühlung während der Formfüllung),
- keine Berücksichtigung von Fließvorgängen.

Untersuchungen von Wübken [10.5] haben gezeigt, dass beim Spritzgießen von Thermoplasten praktisch immer bei derselben dimensionslosen Temperatur, d. h. beim gleichen Abkühlgrad $\hat{\Theta} = 0{,}25$, basierend auf der Spitzentemperatur in der Formteilmitte bzw. bei $\bar{\Theta} = 0{,}16$, bezogen auf die mittlere Entformungstemperatur des Spritzlings, entformt wird. Damit war es möglich, für die Stoffgröße Temperaturleitzahl a, die bei teilkristallinen Formmassen eine nicht-lineare Funktion darstellt, einen Mittelwert, die *effektive Temperaturleitfähigkeit* a_{eff}, zu bilden. Diese effektive Temperaturleitfähigkeit ist so dimensioniert, dass die Berechnung der Kühlzeit unter Verwendung dieser Konstante der Kühlzeit der nicht-linearen Kühlung entspricht.

10.2 Kühlzeitermittlung bei Thermoplasten

Da die Abkühlung bei allen thermoplastischen Formmassen physikalisch ähnlich abläuft, kann man oft ausreichend genau mit der sehr einfachen Beziehung:

$$t_k = c_k \cdot s^2 \qquad (10.10)$$

die Kühlzeit abschätzen.

c_k = 2–3 s/mm² für die ungefüllten Thermoplaste
t_K = Kühlzeit
s = Wanddicke

Soll eine genauere Bestimmung der Abkühlzeit erfolgen, so kann mit folgenden genäherten Gleichungen für plattenförmige und zylinderförmige Formteile gerechnet werden:

Kühlzeit für plattenförmige Bauteile

$$t_K = \frac{s^2}{a_{eff}\,\pi^2} \cdot \ln\left(\frac{8}{\pi^2}\,\frac{\vartheta_M - \vartheta_W}{\bar{\vartheta}_E - \vartheta_W}\right) \qquad (10.11)$$

Kühlzeit für zylinderförmige Bauteile

$$t_K = \frac{R^2}{5 \cdot 8 \cdot a_{eff}} \cdot \ln\left(0{,}7 \cdot \frac{\vartheta_M - \vartheta_W}{\bar{\vartheta}_E - \vartheta_W}\right) \qquad (10.12)$$

Anhaltswerte für Schmelze-, Wand- und Entformungstemperaturen sowie ein Mittelwert der Dichte zwischen Masse- und Entformungstemperatur gibt Tabelle 10.1.

Tabelle 10.1 Materialwerte [10.8]

Material	**Masse-temperatur °C**	**Wand-temperatur °C**	**Entformungs-temperatur °C**	**Mittlere Dichte g/cm³**
ABS	200 bis 270	50 bis 80	60 bis 100	1,03
HDPE	200 bis 300	40 bis 60	60 bis 110	0,82
LDPE	170 bis 245	20 bis 60	50 bis 90	0,79
PA 6	235 bis 275	60 bis 95	70 bis 110	1,05
PA 66	260 bis 300	60 bis 90	80 bis 140	1,05
PBTP	230 bis 270	30 bis 90	80 bis 140	1,05
PC	270 bis 320	85 bis 120	90 bis 140	1,14
PMMA	180 bis 260	10 bis 80	70 bis 110	1,14
PP	200 bis 300	20 bis 100	60 bis 100	0,83
PS	160 bis 280	10 bis 80	60 bis 100	1,01
PVC hart	170 bis 210	20 bis 70	60 bis 100	1,35
PVC weich	160 bis 190	20 bis 55	60 bis 100	1,23
SAN	200 bis 270	40 bis 80	60 bis 110	1,05

10.2.1 Kühlzeit bei asymmetrischen Wandtemperaturen

Liegt nun z. B. durch unterschiedliche Wandtemperaturen des Werkzeugs eine asymmetrische Abkühlung vor, so kann mit einer korrigierten Formteilwanddicke und den Zusammenhängen für eine symmetrische Abkühlung die Kühlzeit abgeschätzt werden [10.1]. Die asymmetrische Temperaturverteilung in einem Formteil wird vervollständigt zu einer symmetrischen Temperaturverteilung durch die Ergänzung zur Formteildicke s' (siehe Bild 10.4). Dabei wird die Annahme getroffen, dass eine Abkühlung auf Basis der geringer temperierten Formteilhälfte stattfindet.

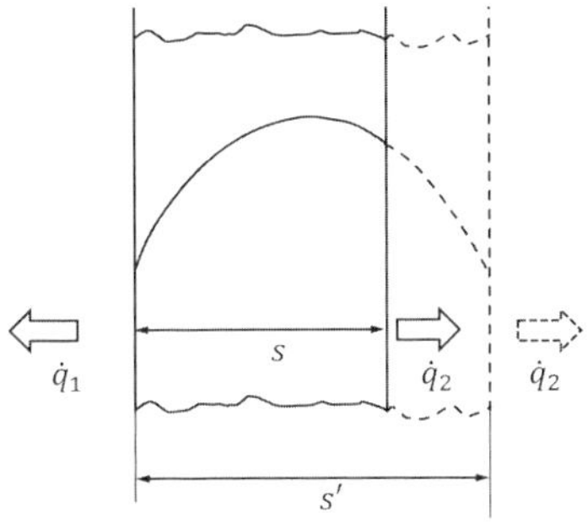

Bild 10.4 Darstellung der korrigierten Formteildicke [10.1]

Aus den in [10.1] näher erläuterten Zusammenhängen ergibt sich folgende Abschätzung:

$$s' = \frac{2s}{\frac{\dot{q}_1}{\dot{q}_2} + 1}, \quad \dot{q}_2 \le \dot{q}_1 \tag{10.13}$$

$\dot{q}$ = *Wärmestromdichte*

Bei $\dot{q}_2 = 0$ (einseitige Kühlung) ergibt sich $s' = 2\,s$, d. h. unter Berücksichtigung der Kühlzeitgleichung Gleichung 10.14) resultiert eine viermal so große Kühlzeit wie bei beidseitiger Kühlung.

Mit den unterschiedlichen Werkzeugwandtemperaturen kann das Verhältnis der spezifischen Wärmestromdichte ermittelt werden. Mit der korrigierten Wanddicke kann dann die Kühlzeit abgeschätzt werden.

10.2.2 Kühlzeit bei anderen Geometrien

Neben den plattenförmigen Formteilen existieren in der Praxis fast beliebige Kombinationen aus Platten, Zylindern, Würfeln etc.

Am Beispiel der ebenen Platte wurden bereits die Abhängigkeiten zwischen Abkühlgrad Θ und der Fourierzahl *Fo* dargestellt. Diese lassen sich auch für andere geometrische Grundformen wie Zylinder, Kugel und Würfel angeben [10.9] [10.10]. Mit dem Abkühlgrad Θ im Zentrum des Körpers gibt [10.10] den in Bild 10.5 dargestellten Zusammenhang an. Hiermit lassen sich also auch andere Geometrien berechnen bzw. abschätzen. Die Formeln dazu sind in Bild 10.6 zusammengestellt.

Für die praktische Berechnung kann nun noch weiter vereinfacht werden. So kann der Abkühlgrad Θ durch das Verhältnis der mittleren Formteiltemperatur $\overline{\vartheta}$ und die Schmelzetemperatur $\vartheta_M = \vartheta_0$ ausgedrückt und für Zylinder und Platte über der Fourierzahl aufgetragen werden (vgl. Bild 10.7).

Soll nun das Abkühlverhalten bei einem aus einem Zylinder und einer Platte gebildeten Formteil (Zylinder mit endlicher Länge) oder einem Formteil mit rechteckigen Flächen (von drei sich durchdringenden unendlichen Platten gebildet) ermittelt werden, so kann die von [10.9] angegebene einfache Gesetzmäßigkeit verwendet werden. Die verschiedenen Abkühlgrade Θ_1 und Θ_2 der entsprechenden geometrischen Grundelemente bei den jeweiligen *Fourierzahlen* ergeben nach Multiplikation den Abkühlgrad der zusammengesetzten Geometrie. So kann z. B. in einem Zylinder mit endlicher Länge die mittlere bzw. die Maximaltemperatur (im Zentrum) zu einer bestimmten Zeit ermittelt werden. Wie das folgende Beispiel verdeutlicht, lassen sich mit den angegebenen Gesetzmäßigkeiten alle denkbaren Abkühlvorgänge in Spritzlingen mit hinreichender Genauigkeit ermitteln.

$$\theta(Fo_1)\cdot\theta(Fo_2)=\theta_{1,2} \tag{10.14}$$

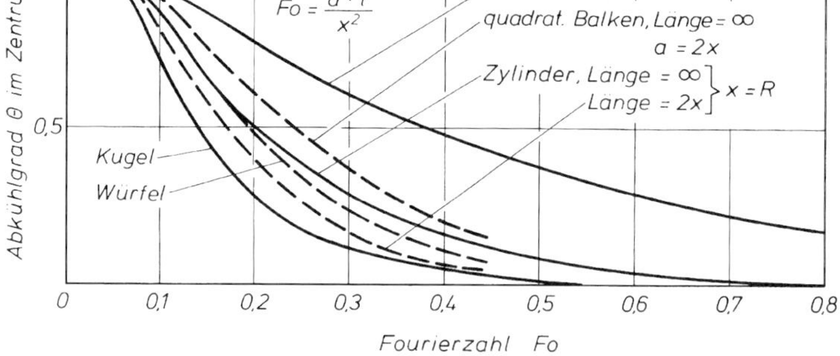

Bild 10.5 Mittentemperatur bei konstanter Randtemperatur, in Anlehnung an [10.9]

Geometrie	Randbedingung	Gleichung
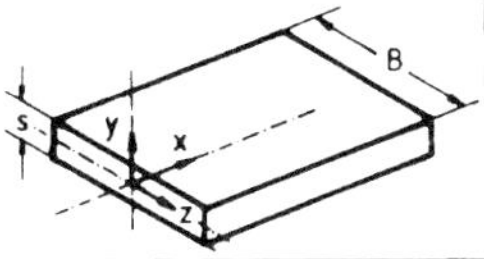	Platte $\dot{Q}_z = 0$ $\dot{Q}_x = 0$	$t_K = \frac{s^2}{\pi^2 \cdot a} \cdot \ln\left(\frac{8}{\pi^2} \cdot \frac{\vartheta_M - \bar{\vartheta}_W}{\bar{\vartheta}_E - \bar{\vartheta}_W}\right)$ $t_K = \frac{s^2}{\pi^2 \cdot a} \cdot \ln\left(\frac{4}{\pi} \cdot \frac{\vartheta_M - \bar{\vartheta}_W}{\hat{\vartheta}_E - \bar{\vartheta}_W}\right)$
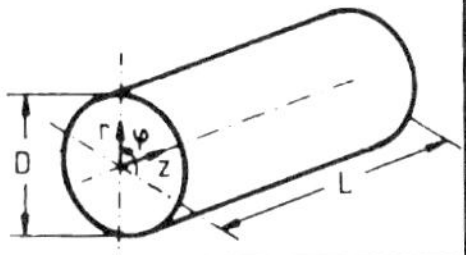	Zylinder $\dot{Q}_\varphi = 0$ $\dot{Q}_z = 0$ $L \gg d$	$t_K = \frac{D^2}{23.14 \cdot a} \cdot \ln\left(0.692 \cdot \frac{\vartheta_M - \bar{\vartheta}_W}{\bar{\vartheta}_E - \bar{\vartheta}_W}\right)$ $t_K = \frac{D^2}{23.14 \cdot a} \cdot \ln\left(1.602 \cdot \frac{\vartheta_M - \bar{\vartheta}_W}{\hat{\vartheta}_E - \bar{\vartheta}_W}\right)$
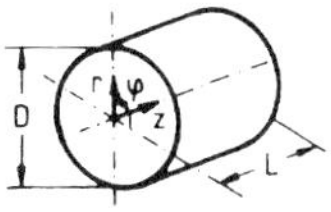	Zylinder $\dot{Q}_\varphi = 0$ $L \sim d$	$t_K = \frac{1}{\left(\frac{23.14}{D^2} + \frac{\pi^2}{L}\right) \cdot a} \cdot \ln\left(0.561 \cdot \frac{\vartheta_M - \bar{\vartheta}_W}{\bar{\vartheta}_E - \bar{\vartheta}_W}\right)$ $t_K = \frac{1}{\left(\frac{23.14}{D^2} + \frac{\pi^2}{L}\right) \cdot a} \cdot \ln\left(2.04 \cdot \frac{\vartheta_M - \bar{\vartheta}_W}{\hat{\vartheta}_E - \bar{\vartheta}_W}\right)$
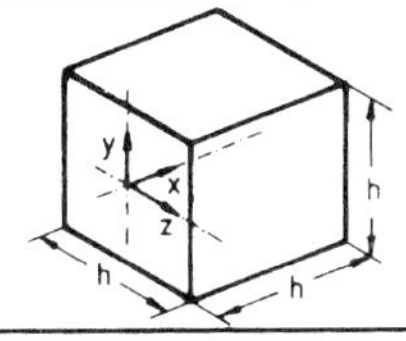	Würfel	$t_K = \frac{h^2}{3 \cdot \pi^2 \cdot a} \cdot \ln\left(0.533 \cdot \frac{\vartheta_M - \bar{\vartheta}_W}{\bar{\vartheta}_E - \bar{\vartheta}_W}\right)$ $t_K = \frac{h^2}{3 \cdot \pi^2 \cdot a} \cdot \ln\left(2.064 \cdot \frac{\vartheta_M - \bar{\vartheta}_W}{\hat{\vartheta}_E - \bar{\vartheta}_W}\right)$
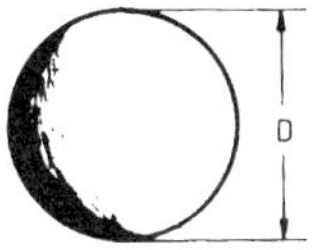	Kugel	$t_K = \frac{D^2}{4 \cdot \pi^2 \cdot a} \cdot \ln\left(2 \cdot \frac{\vartheta_M - \bar{\vartheta}_W}{\hat{\vartheta}_E - \bar{\vartheta}_W}\right)$
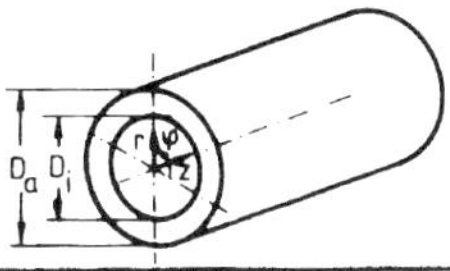	Hohlzylinder $\dot{Q}_\varphi, \dot{Q}_z = 0$ $r < D_i/2$: $\dot{Q}_r = 0$	wie Platte mit $s = D_a - D_i$
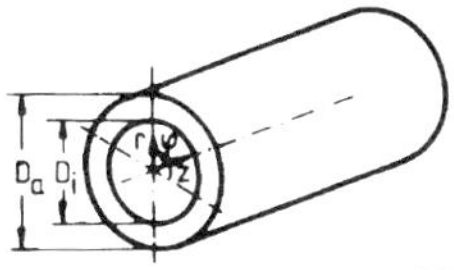	Hohlzylinder $\dot{Q}_\varphi, \dot{Q}_z = 0$	wie Platte mit $s = (D_a - D_i)/2$

Bild 10.6 Kühlzeitgleichungen [10.8]

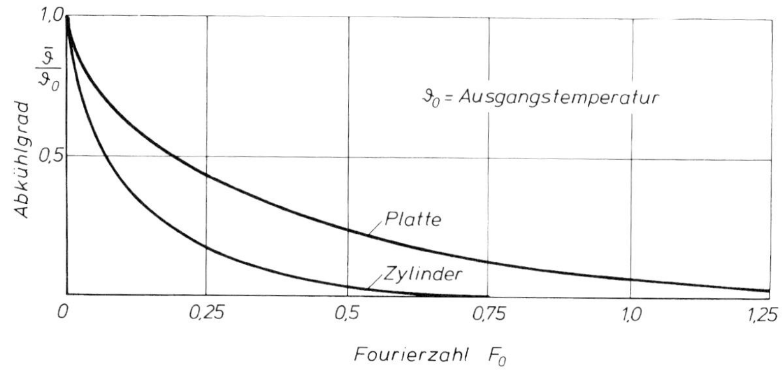

Bild 10.7 Mittlere Temperatur bei konstanter Randtemperatur [10.1]

Beispiel:

Fragestellung: Wie lange ist die nötige Kühlzeit bei dem zylinderförmigen Formteil nach Bild 10.8?

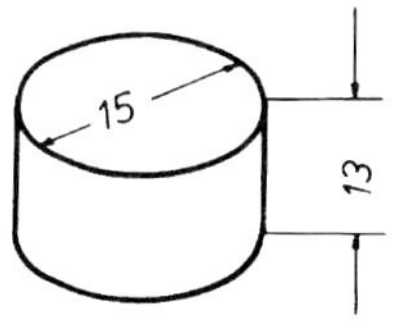

Bild 10.8 Zylinderförmiges Formteil

Vorausgesetzt wird, dass das Formteil, wie bei Spritzgussteilen üblich, sowohl mit den Deckflächen als auch der Zylinderwand abgekühlt wird. Der Abkühlgrad des vorliegenden Zylinders ergibt sich aus der Multiplikation des

- Abkühlgrades einer Platte (Dicke s = 13 mm = 2 x) mit dem
- Abkühlgrad eines Zylinders (Durchmesser D = 15 mm = 2 R).

$$\theta = \frac{\hat{\vartheta}_E - \vartheta_E}{\vartheta_M - \vartheta_W} = \theta_{Platte} \cdot \theta_{Zylinder} \tag{10.15}$$

$\hat{\vartheta}_E$ = max. Entformungstemperatur

Material	PMMA
Wandtemperatur	40 °C
Massetemperatur	220 °C
Max. Entformungstemperatur	120 °C
Temperaturleitfähigkeit	0,07 mm^2/s

$$\theta = \frac{120\ °C - 40\ °C}{220\ °C - 40\ °C} = 0{,}44 \tag{10.16}$$

$$Fo = \frac{a \cdot t}{x^2}, \quad Fo_{Zylinder} = \frac{a \cdot t \cdot 4}{D^2}, \quad Fo_{Platte} = \frac{a \cdot t \cdot 4}{S^2} \tag{10.17}$$

$Fo_{Zylinder}$ = 0,00124 t
Fo_{Platte} = 0,00166 t

Aus Bild 10.5 lassen sich zu verschiedenen Zeiten *t* die entsprechenden Abkühlgrade Θ_p und Θ_Z ermitteln, die dann multipliziert den Abkühlgrad des Formteils nach der Zeit *t* ergeben.

Tabelle 10.2 Berechnete Werte zu Bild 10.5

***t*(s)**	**80**	**100**	**120**	**140**	**160**
Fo_Z	0,099	0,124	0,149	0,173	0,198
Fo_P	0,133	0,166	0,199	0,232	0,265
Θ_Z	0,860	0,810	0,700	0,610	0,510
Θ_P	0,900	0,850	0,800	0,700	0,670
Θ	0,770	0,690	0,560	0,427	0,340
$\hat{\vartheta}_{E\,(°C)}$	**178**	**164**	**141**	**117**	**101**

Die zur Entformungstemperatur von 120 °C im Formteilinneren wird nach ca. 135 s unterschritten (nach 140 s bereits 117 °C).

Es bedeuten:

$\hat{\vartheta}_E$ = max. Entformungstemperatur
Fo_Z = Fourierzahl - Zylinder
Fo_P = Fourierzahl - Platte
Θ_Z = Abkühlgrad - Zylinder
Θ_P = Abkühlgrad - Platte

10.3 Temperaturleitfähigkeit verschiedener Formmassen

In Bild 10.9 sind die effektiven Temperaturleitfähigkeiten für ungefüllte teilkristalline thermoplastische Formmassen bei einem Abkühlgrad $\hat{\Theta} = 0{,}25$ (für die Formteilmitte) dargestellt.

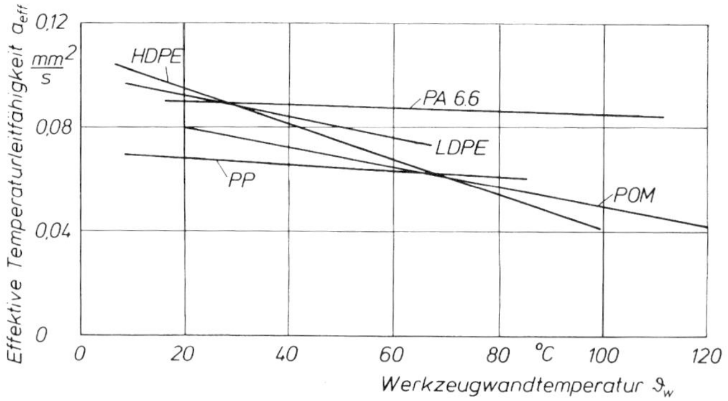

Bild 10.9 Effektive Temperaturleitfähigkeit teilkristalliner Formmassen [10.6]

Bild 10.10 zeigt die Änderung der effektiven Temperaturleitfähigkeit in Abhängigkeit vom Abkühlgrad am Beispiel von Polystyrol. Hiermit könnten auch andere Abkühlgrade interpoliert werden.

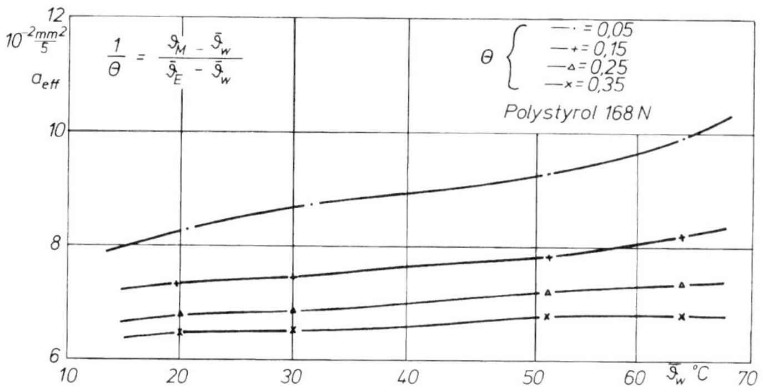

Bild 10.10 a_{eff} über der mittleren Werkzeugwand-Temperatur mit ϑ als Parameter für Polystyrol (Bild 10.2)

Für gefüllte Formmassen ändert sich die Temperaturleitfähigkeit entsprechend des ersetzten Volumens [10.7]. Bild 10.11 zeigt die *effektive Temperaturleitfähigkeit* a_{eff} als Funktion des Abkühlgrades bei Polyethylen mit verschieden hoher Quarzfüllung (Gewichtsprozent). Die Werte können auf andere Formmassen, welche mit Mineralfasern gefüllt sind übertragen werden.

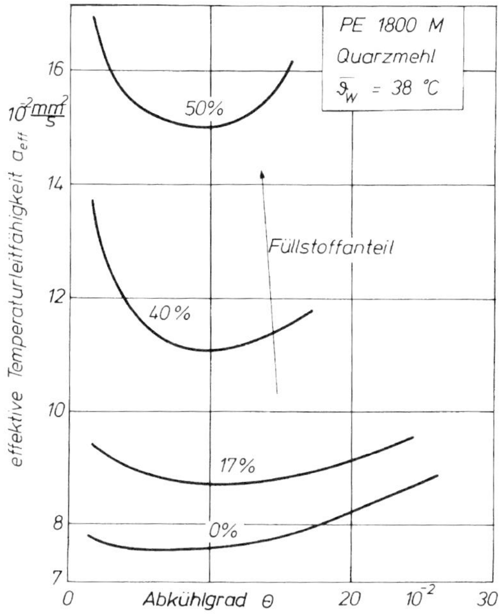

Bild 10.11 Effektive Temperaturleitfähigkeit von quarzmehlgefülltem PE (Gew.-%) [10.1]

10.3.1 Die Temperaturleitfähigkeit duroplastischer Formmassen

Bei Duroplasten kann eine hohe Reaktionswärme auftreten. Die freiwerdende Wärme hängt von dem Vernetzungsgrad und dem Reaktionsgrad des Volumens der Polymere ab; hohe Füllstoffgehalte wirken dämpfend. Es ist somit nicht möglich, allgemeingültige Werte anzugeben. Diese Werte können von Rohstoff-Herstellern bezogen werden oder selbst mithilfe eines Differential-Scanning-Calorimeters (DSC) ermittelt werden.

Welcher Anteil an Reaktionswärme zu erwarten ist, kann auch in einem reagierenden Formling gemessen werden, wenn dessen Erwärmungskurve über der Zeit aufgenommen wird, wie dies in Bild 10.12 dargestellt ist. Die Flächendifferenz zwischen kontrollierter Aufheizung und resultierender Temperatur ist ein Maß für die exotherme Reaktionswärme des Formteils (vgl. schraffierte Fläche in Bild 10.12). Bei geringer Größe der Flächendifferenz gegenüber der Gesamtfläche unter der Erwärmungskurve kann dieser Anteil vernachlässigt werden.

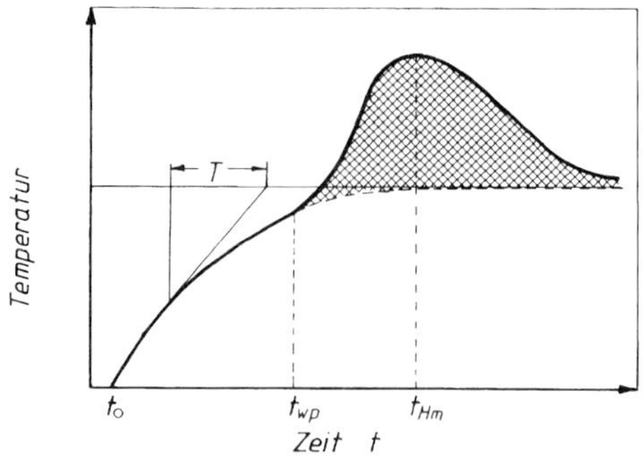

Bild 10.12 Prinzipielle Temperaturentwicklung über der Zeit bei reagierenden Formmassen [10.1]

10.4 Die Wärmeströme und die Temperierleistung

10.4.1 Thermoplaste

Bei Thermoplasten muss das Werkzeug der, in das Formteil eingespritzten, Formmassenschmelze möglichst schnell und gleichmäßig soviel Wärme entziehen, dass das Formteil steif genug ist, um beschädigungsfrei entformt werden zu können.

Hierbei fließen Wärmeströme aus dem Formteil zu den Wänden der Formhöhlungen. Um diese Wärmeströme berechnen und die Kühlung auslegen zu können, muss zunächst die ins Werkzeug abzuführende Gesamtwärmemenge bestimmt werden. Sie errechnet sich aus der Enthalpiedifferenz Δh zwischen Eintritt der Schmelze und der Enthalpie des Kunststoffs zum Entformungszeitpunkt (vgl. Bild 10.13).

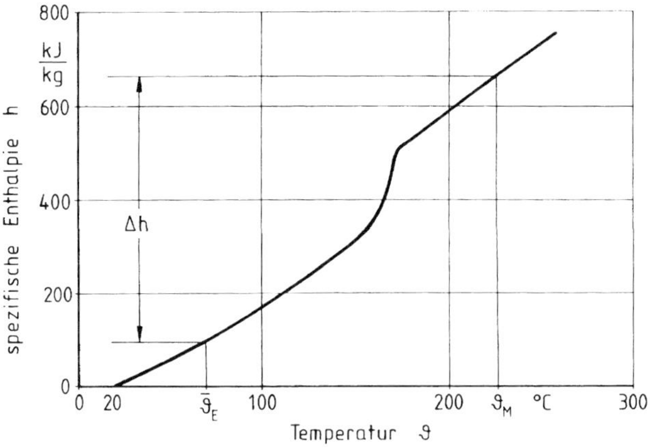

Bild 10.13 Enthalpieverlauf für Polypropylen [10.4] Δh = Enthalpiedifferenz

Wird im Werkzeugbereich quasistationär gerechnet, so verteilt sich die Wärmemenge auf die gesamte Zykluszeit und ergibt den Wärmestrom, der dem Werkzeug vom Formteil zugeführt wird:

$$\dot{Q}_{KS} = \Delta h \cdot \frac{m_{KS}}{t_Z} \tag{10.18}$$

$$\dot{Q}_{KS} = \frac{\Delta h \cdot \rho_{KS} \cdot V}{t_Z} \tag{10.19}$$

Δh = Differenz der spezifischen Enthalpie
ρ_{KS} = mittlere Dichte zwischen Masse- und Entformungstemperatur
m_{KS} = in das Werkzeug gefüllte Masse
t_Z = Zykluszeit
V = Materialvolumen

Im quasistationären Betriebsbereich müssen Wärmeströme, die dem Werkzeug zugeführt werden (positiv gezählt) und Wärmeströme, die dem Werkzeug entzogen werden (negativ gezählt) im Gleichgewicht stehen. Es kann daher eine Wärmestrombilanz aufgestellt werden, die folgende Wärmeströme berücksichtigen muss (Bild 10.14):

Tabelle 10.3 Wärmeströme

$\dot{Q}_{KS}$	Wärmestrom vom Formteil (Gleichung 10.16)
$\dot{Q}_U$	Wärmeaustausch mit der Umgebung
$\dot{Q}_{Zus}$	zusätzliche Wärmeströme (z. B. durch Heißkanäle)
$\dot{Q}_{TM}$	Wärmestrom in das Temperiermittel
$\dot{Q}_{Ko}$	Wärmestrom von der Werkzeugoberfläche durch Konvektion
$\dot{Q}_{Str}$	Wärmestrom von der Werkzeugoberfläche durch Strahlung
$\dot{Q}_{Lei}$	Wärmestrom von der Werkzeugoberfläche durch Leitung

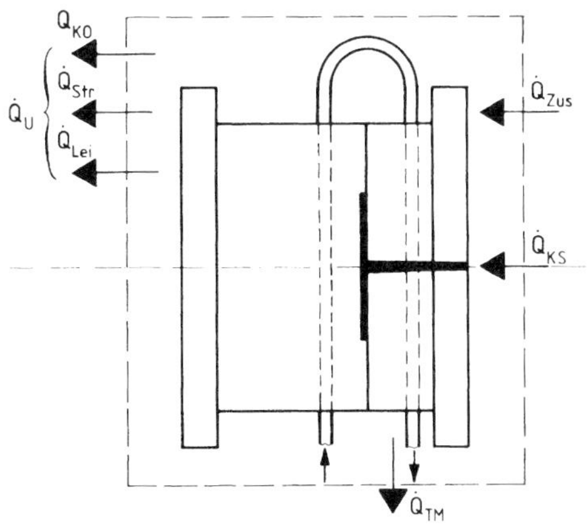

Bild 10.14 Wärmestrombilanz am Werkzeug [10.4]

Die Wärmestrombilanz lautet dann:

$$\dot{Q}_{KS} - \dot{Q}_{U} + \dot{Q}_{Zus} - \dot{Q}_{TM} = 0 \quad (10.20)$$

Bei der Abschätzung des Wärmestroms mit der Umgebung und des zusätzlichen Wärmestroms kann daraus der erforderliche Wärmestrom ermittelt werden, der durch das Temperiermittelaufgenommen werden muss.

Der Wärmeaustausch mit der Umgebung kann anhand der unterschiedlichen Wärmetransportarten unterteilt werden [10.13]:

$\dot{Q}_{KO}$ = Wärmestrom durch Konvektion an den Werkzeugseitenflächen

$$\dot{Q}_{Ko} = A_S \cdot \alpha_L \cdot (\vartheta_{WA} - \vartheta_U) \quad (10.21)$$

A_S = Werkzeugseitenflächen
α_L = Wärmeübergangskoeffizient an Luft (für leicht bewegte Luft $\alpha \sim 8 \frac{W}{m^2 K}$)

$\dot{Q}_{Str}$ = Wärmestrom durch Strahlung an den Werkzeugseitenflächen

$$\dot{Q}_{Str} = A_S \cdot \varepsilon \cdot C_S \cdot \left[\left(\frac{T_{WA}}{100} \right)^4 - \left(\frac{T_U}{100} \right)^4 \right] \quad (10.22)$$

C_S = Strahlungskonstante $5{,}77 \frac{W}{m^2 K^4}$
ε = Emissionskoeffizient

für Stahl gilt:

poliert	$\varepsilon = 0{,}01$
blank	$\varepsilon = 0{,}25$
leicht angerostet	$\varepsilon = 0{,}6$
stark verrostet	$\varepsilon = 0{,}85$

$\dot{Q}_{Le}$ = Wärmestrom durch Leitung in die Maschinenaufspannplatten

Mit einem Proportionalitätsfaktor β (analog zum Wärmeübergangskoeffizienten) kann dieser Anteil berechnet werden [10.13] mit:

β = für Stahl unlegiert $\sim 100 \frac{W}{m^2 K}$
Stahl niedrig legiert $\sim 100 \frac{W}{m^2 K}$
Stahl hoch legiert $\sim 80 \frac{W}{m^2 K}$

$$\dot{Q}_{L} = A_A \cdot \beta \cdot (\vartheta_{WA} - \vartheta_U) \quad (10.23)$$

A_A = Kontaktfläche zwischen Werkzeug und Aufspannplatte

Der gesamte Wärmestrom mit der Umgebung wird dann:

$$\dot{Q}_U = \dot{Q}_{\text{ko}} + \dot{Q}_{\text{Str}} + \dot{Q}_{\text{Lei}} \tag{10.24}$$

Mit diesen Gleichungen kann bei der Abschätzung der Werkzeugaußenabmessungen und der Werkzeugaußentemperatur der Wärmestrom mit der Umgebung berechnet werden. Wärmestrombilanzen können auch für einzelne Segmente des Werkzeugs aufgestellt werden, wenn die über die Segmentgrenzen fließenden Wärmeströme Q_{KS} vernachlässigbar klein sind oder in Form eines zusätzlichen Wärmestroms berücksichtigt werden. Auf Basis des Wärmesaustausches mit der Umgebung sowie des durch den Kunststoff eingebrachten Wärmestrom kann das Wärmestromverhältnis C_q berechnet werden [10.13]:

$$C_q = \frac{\dot{Q}_U}{\dot{Q}_{\text{KS}}} \tag{10.25}$$

Das Wärmestromverhältnis ermöglicht eine Charakterisierung des Betriebsbereiches der Temperierung (Bild 10.15):

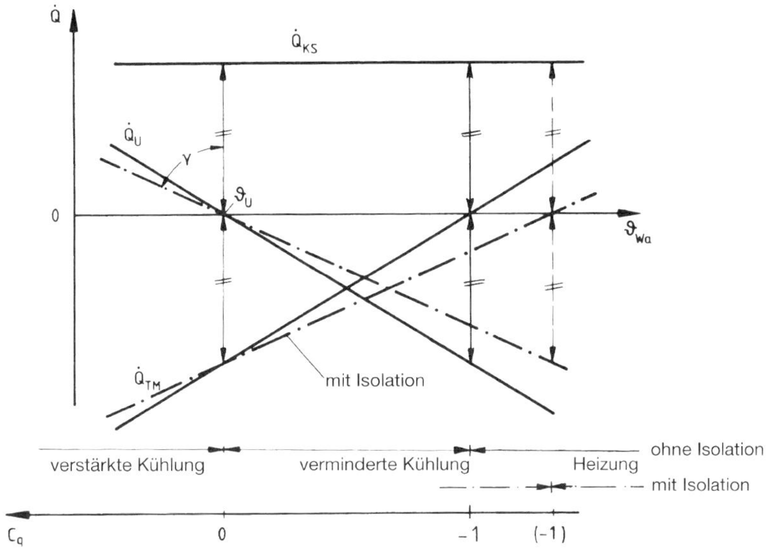

Bild 10.15 Betriebsbereiche der Temperierung [10.4]

$C_q > 0$

Da bei Thermoplasten dem Werkzeug vom Formteil Wärme zugeführt wird ($\dot{Q}_{\text{KS}} > 0$), wird in diesem Fall von der Umgebung zusätzliche Wärme zugeführt ($\dot{Q}_U > 0$), da die Umgebungstemperatur wärmer als die Außentemperatur des Werkzeugs ist. Das Temperiersystem muss in diesem Fall auf eine verstärkte Kühlung hin ausgelegt werden. Eine Isolation des Werkzeugs senkt die erforderliche Leistung des Temperiersystems.

$-1 < C_q < 0$

Ein Teil des Wärmestroms vom Formteil fließt an die Umgebung ($\dot{Q}_U < 0$). Dadurch wird vom Temperiersystem nur eine verminderte Kühlung verlangt. Für diese Werte C_q führt eine Zykluszeitänderung auf $t'_z = t_z/C_q$ zu einem geeigneten Arbeitspunkt. Damit wäre das Werkzeug jedoch umgebungstemperaturabhängig; die Möglichkeit der Regelung über das Temperiersystem würde entfallen und die Homogenität der Formteilkühlung könnte nicht mehr beeinflusst werden.

$C_q < -1$

Der Wärmestrom an die Umgebung ist durch hohe Werkzeugaußentemperaturen größer als der vom Formteil zugeführte Wärmestrom. Das Temperiersystem muss hier als Heizung ausgelegt werden, um ein Absinken der Werkzeugwandtemperatur zu vermeiden. Eine Isolation senkt die erforderliche Leistung des Temperiersystems.

Bei der Verwendung von Isolationen müssen diese in der Berechnung des Wärmestroms mit der Umgebung berücksichtigt werden. Sie reduzieren nicht nur bei verstärkter Kühlung oder Heizung über die erforderliche Temperiersystemleistung die Energiekosten, sondern senken auch die Abhängigkeit der thermischen Vorgänge von wechselnden Umgebungstemperaturen (Bild 10.15).

Problematisch ist die unbekannte Werkzeugaußentemperatur ϑ_{WA}.

Sie kann wie folgt abgeschätzt bzw. iterativ ermittelt werden:

1.	$\vartheta_{WA} = \vartheta_U$	d. h. der Wärmestrom in die Umgebung wird vernachlässigt (nur zulässig bei kleinen, unbeheizten Werkzeugen).
2.	$\vartheta_{WA} = \vartheta_{TM}$	(Temperiermitteltemperatur). Hierbei ergeben sich die größten Werte für den Wärmestrom mit der Umgebung.
3.	$\vartheta_{WA} = \vartheta_{TK}$	(Temperiermittelkanaltemperatur). (Fällt erst im Laufe der Rechnung an). Man rechnet damit für den mittleren Abstand zwischen Temperierkanal und Werkzeugaußenoberfläche.

$$\vartheta_{WA} = \vartheta_{TK} + \frac{\dot{Q}_U \cdot \overline{l}}{(A_A + A_S) \cdot \lambda_W} \tag{10.26}$$

A_S = Werkzeugseitenflächen
A_A = Werkzeugaufspannflächen
λ_W = Wärmeleitfähigkeit des Werkzeugwerkstoffs
$\overline{l}$ = Mittlerer Abstand zwischen Temperierkanal und Werkzeugaußenfläche

Da ϑ_{TK} zunächst noch unbekannt ist, werden in einem ersten Rechengang mit 2.) (Temperiermitteltemperatur; $\vartheta_{WA} = \vartheta_{TM}$) die Wärmeströme abgeschätzt. Im Laufe der weiteren Rechnung wird die Temperierkanaltemperatur ermittelt. Durch Einsetzen in iterative Rechengänge kann eine höhere Genauigkeit des Ergebnisses erzielt werden.

10.4.2 Vernetzende Formmassen [10.14]

Bei der Vernetzung von Polymeren wird mehr oder weniger Reaktionswärme freigesetzt. Diese bewirkt in der Regel eine zusätzliche Aufheizung des Werkzeugs oder ersetzt über eine gewisse Zeit die ganze oder einen Teil der äußeren Heizung, die das Werkzeug auf die Starttemperatur, die für das Aushärten erforderlich ist, aufheizen muss. Die erforderliche Wärme muss bei der Einstellung der Anlagen nicht bekannt sein, da die stets vorhandene Regelung diese zusätzliche Wärme erfasst und entsprechend weniger Heizenergie zuführt.

Der Verlauf der Aushärtung hat jedoch bei Duroplasten und Elastomeren große Auswirkungen auf die Prozessführung und die Materialeigenschaften. Er beeinflusst aufgrund der Wärmeentwicklung und der hieraus bewirkten Änderung der Viskosität maßgeblich die Verarbeitung und damit letztendlich die Qualität des Formteils wie z. B. den Verzug. Es ist für hochwertige Formteile daher unumgänglich, die richtige Werkzeugtemperatur und die erforderliche Verweilzeit der Formmasse im Werkzeug zu bestimmen. Früher und zum Teil noch heute werden diese Daten empirisch auf der Basis einfacher Qualitätsprüfungen (z. B. Kochversuch) an den Formteilen bestimmt. Eine aktuelle Messmethodik stellt jedoch die Bestimmung auf Basis von DSC-Messungen dar. Die Mithilfe der DSC gewonnenen Heiz- und Abkühlkurven erlauben es, auf eine Vielzahl von Eigenschaften zu schließen und diese zu optimieren. So kann unter anderem ohne weitere Versuche sichergestellt werden, dass die Oberfläche nicht übervernetzt (bei Kautschuk spricht man von Scorching), was zu Materialdegradation und somit Bauteilschädigungen führen kann oder der Kern des Formteils untervernetzt ist, wodurch die Formstabilität beeinträchtigt wird.

Kinetik der Vernetzungsreaktion

Wegen der Vielzahl der ablaufenden Vernetzungsreaktionen gestaltet sich eine exakte reaktionskinetische Beschreibung sehr schwierig, was sowohl für Kautschuk als auch für Harze gilt. Obwohl es sich um mehrere Reaktionen handelt, die teilweise parallel, teilweise nacheinander ablaufen, kann man den gesamten Härtungsvorgang als eine einzige Reaktion betrachten, die durch einen reaktionskinetischen Ansatz beschrieben wird. In der Literatur werden mehrere derartige Ansätze beschrieben [10.15] bis [10.18].

Zur Beschreibung der Geschwindigkeitsgleichung genügt zunächst ein einfacher Ansatz zur Reaktion n-ter Ordnung [10.19]

$$\frac{\mathrm{d}c}{\mathrm{d}t} = K_{(\vartheta)} \cdot (1-c)^n \qquad (10.27)$$

mit:

c: Anteil der vernetzten Stellen (= Vernetzungsgrad)

$\mathrm{d}c/\mathrm{d}t$: Reaktionsgeschwindigkeit

$K_{(\vartheta)}$: Geschwindigkeitskonstante (temperaturabhängig)
n: formale Reaktionsordnung (temperaturabhängig)

Durch Integration der Gleichung 10.24 erhält man eine Bestimmungsgleichung für die Reaktionszeit *t*:

$$t = \frac{1}{(n-1) \cdot K_{(\vartheta)}} \cdot \left(\frac{1}{(1-c)^{n-1}} - 1 \right) \tag{10.28}$$

Die Temperaturabhängigkeit der Geschwindigkeitskonstanten $K_{(\vartheta)}$ wird durch einen Arrhenius-Ansatz beschrieben:

$$K_{(\vartheta)} = K_{\max} \cdot \exp\left(-\frac{E_{\mathrm{a}}}{R \cdot T} \right) \tag{10.29}$$

mit:

$K_{\max}$: Maximale Reaktions-Geschwindigkeitskonstante in s^{-1}
E_a: Aktivierungsenergie in J/mol
R: allgemeine Gaskonstante in 8,23 J/(mol K)
T: Temperatur in K

Durch Einsetzen in Gleichung 10.25 erhält man eine Bestimmungsgleichung für die Reaktionszeit als Funktion des Reaktionsumsatzes *c* und der Temperatur *T*. Die Größen $K_{\max}$, E_a und *n* sind typisch für den jeweiligen Stoff und müssen experimentell ermittelt werden.

$$t = \frac{1}{(n-1) \cdot K_{\max} \cdot e^{(-E_{\mathrm{a}}/R \cdot T)}} \cdot \left(\frac{1}{(1-c)^{n-1}} \right) \tag{10.30}$$

Bestimmung der Konstanten

Die Bestimmung der Konstanten zur Beschreibung einer chemischen Reaktion wird meist in isothermen Messungen mit entsprechendem zeitlichen Aufwand durchgeführt. Mit der dynamischen DSC-Analyse (Differential-Scanning-Calorimetrie) können die Konstanten zur Beschreibung der Vernetzungsreaktions-Kinetik bei sehr langsamer Aufheizung in einer einzigen Analyse innerhalb weniger Minuten ermittelt werden [10.20].

Zur Bestimmung der Aktivierungsenergie wird die Fläche zwischen Grundlinie (linearisiert angenommener Verlauf des Wärmestroms) und maximal auftretendem Wärmestrom bestimmt, die in guter Näherung der Reaktionswärme entspricht. Die Aktivierungsenergie E_A kann, wie in Bild 10.16 dargestellt ist, bestimmt werden.

$$E_{\mathrm{A}} = \ln\left(\frac{\Delta\vartheta_1}{\Delta\vartheta_2} \right) R \, \frac{T_1 \cdot T_2}{T_1 - T_2} \tag{10.31}$$

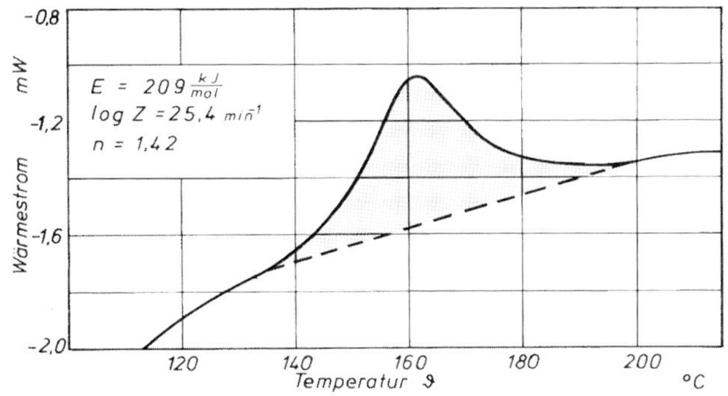

Bild 10.16 Schematischer Verlauf einer exothermen Reaktion, ermittelt mit einer DSC-Analyse-Bestimmung, zur Bestimmung der Aktivierungsenergie [10.14]. Die Fläche des „Buckels" (dunkler Bereich) ist ein Maß für die exotherme Reaktionswärme eines Formteils aus Phenolharz Typ 31 w.

Die Bestimmung der Aktivierungsenergie erfolgt durch Integration der in Bild 10.16 schraffierten Fläche, begrenzt durch die durchgezogene und die gestrichelte Kurve. Dabei bildet die gestrichelte Kurve den angenommenen lineariserten Verlauf des Wärmestroms, wenn keine Vernetzung stattfinden würde. Eine ähnliche Methode kann zur Bestimmung der maximalen Geschwindigkeitskonstanten K_{max} herangezogen werden. Bei bekannter Aktivierungsenergie E_A, Spitzentemperatur T_P und Aufheizgeschwindigkeit v in s^{-1} gilt:

$$K_{max} = \frac{E_A}{R \cdot T_p^2} \cdot e^{\frac{E_A}{R \cdot T_p}} \cdot v \tag{10.32}$$

Mit diesen Daten kann die Geschwindigkeitskonstante $K_{(\vartheta)}$ bestimmt werden.

Es ist heute allerdings viel einfacher, Software-Lösungen zur Bestimmung der Reaktionsparameter zu nutzen. Die notwendigen Parameter zur Beschreibung der Reaktionskinetik werden hierbei mithilfe einer nicht-linearen Optimierung aus den DSC-Daten bestimmt. Die Software liest hierzu die Messdaten der DSC-Analyse ein und bestimmt hieraus Reaktionsgeschwindigkeits-Diagramme. Diagramme verschiedener Temperaturen lassen sich komfortabel zusammenstellen und werden automatisch mit dem Modellansatz angenähert. Durch die Visualisierung von Zwischenergebnissen besteht aber jederzeit die Möglichkeit, eventuell notwendige Änderungen einfach vorzunehmen. Eine solche Auswertung ist für jeden Werkstoff nur einmal erforderlich. Für Elastomere entspricht die Berechnung der für Duroplaste, jedoch kann für die Auslegung des Werkzeugs in der Regel die Reaktionswärme vernachlässigt werden. Die Temperaturleitfähigkeiten einiger typischer Elastomere sind in Tabelle 10.4 zusammengestellt.

Tabelle 10.4 Temperaturleitfähigkeit *a* verschiedener Elastomere [10.41]

Material	Härte Shore-A	Temperaturleitfähigkeit *a* mm^2/s
NBR - 1	40	0,147
NBR - 2	70	0,145
NR - 1	45	0,093
NR - 2	60	0,122
ACM	75	0,218
CR	68	0,188

10.5 Analytische thermische Berechnung anhand des spezifischen Wärmestroms (globale Auslegung)

Als erster Anhaltswert zur thermischen Auslegung des Temperiersystems kann, wenn man sich nicht ganz auf Erfahrungen verlassen will, eine einfache analytische Berechnung (Grobauslegung) verwendet werden; wobei das Formteil vereinfacht als Platte betrachtet wird. Sie ergibt mit kurzen Rechenzeiten Ergebnisse über Temperaturen, Wärmeströme und Temperierungsgeometrie und bildet einen guten Startwert für die genauere numerische Berechnung.

In praktischen Fällen hat sich bei Werkzeugen bis ca. 100 °C gezeigt, dass die Fehler bei nur zweidimensionaler Rechnung vernachlässigbar sind. Mit diesen Grundlagen kann die Kühlung ausgelegt werden, wobei zu beachten ist, dass die Rechnung auf zweidimensionaler Betrachtung aufbaut. Diese Vereinfachung kann im Bereich der äußeren Kanten und Ecken des Werkzeuges beachtliche Fehler bedingen, wenn dort z. B. bei hohen Werkzeugtemperaturen keine Isolation vorhanden ist.

10.5.1 Berechnungsablauf

Die analytische thermische Berechnung kann in einzelne Auslegungsschritte unterteilt werden (Bild 10.17). Zunächst sollte eine Berechnung der erforderlichen Kühlzeit auf Basis der effektiven Temperaturleitfähigkeit sowie der maximalen Wandstärke erfolgen. Anschließend kann eine Wärmestrombilanz für das Werkzeug erstellt werden, die eine Berechnung der Temperierleistung ermöglicht. Ausgehend von dieser Berechnung kann anschließend der Temperiermitteldurchsatz bestimmt werden, der folgend als Grundlage zur Berechnung des Temperierkanaldurchmessers dient. Nachfolgend kann die Lage der Temperierkanäle bestimmt werden und die Homogenität der Temperierung bewertet werden. Zuletzt erfolgt eine Bestimmung des Druckverlustes zur Anforderungsbestimmung an die Temperiertechnik.

Auslegungsschritt		Kriterien
1 Kühlzeit-berechnung	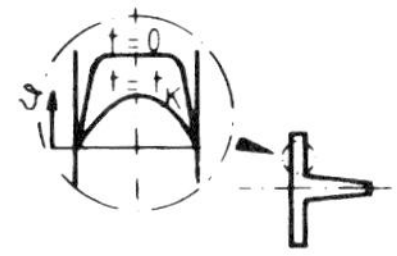	Minimale Zeit zur Abkühlung von Masse- auf Entformungs-temperatur
2 Wärmestrom-bilanz	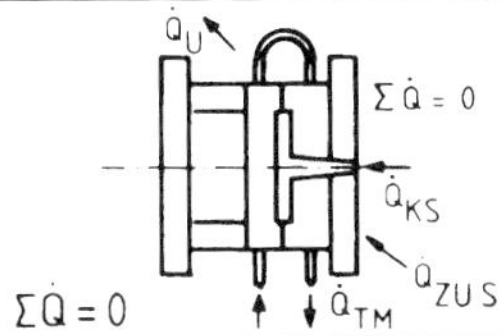	Erforderlicher Wärmestrom mit dem Temperiermittel
3 Temperiermittel-durchsatz	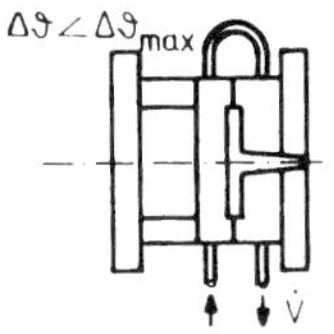	Homogene Temperierung über der Temperierkreislänge
4 Temperierkanal--durchmesser	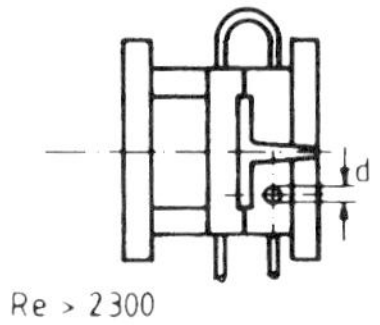	Turbulente Strömung
5 Lage der Temperierkanäle	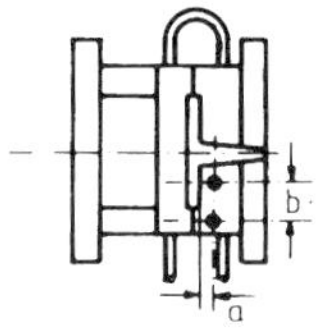	Wärmestrom Homogenität
6 Druckverlust-berechnung	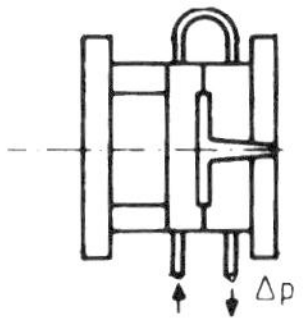	Auswahl des Temperier-gerätes Änderung des Durchmessers oder des Volumenstromes

Bild 10.17 Schritte der analytischen thermischen Berechnung [10.4] (Grobauslegung)

In der Kühlzeitberechnung wird die erforderliche Zeit zum Abkühlen eines Formteilbereichs von Masse- auf Entformungstemperatur bei vorgegebener Werkzeugwandtemperatur ermittelt. Mit den Berechnungsgleichungen für unterschiedliche Geometrien (Abschnitt 10.3) können für verschiedene Formteilbereiche, für die nach Ablauf der Kühlzeit zum Entformen und Auswerfen Dimensionsstabilität vorliegen muss, Kühlzeiten berechnet werden. Entscheidend für die weitere Auslegung ist der größte in diesen Berechnungen ermittelte Wert.

Bei der Wärmestrombilanz wird unter Berücksichtigung des zusätzlich zugeführten Wärmestroms, des Wärmeaustausches mit der Umgebung unter Berücksichtigung eventueller Isolationen der erforderliche Wärmestrom, den das Temperiermittel aufzunehmen hat, berechnet. Der Wärmestrom mit der Umgebung wird über Abschätzung der Werkzeugaußenabmessungen und der Werkzeugoberflächentemperatur berechnet. Als Näherungswert kann für letztere die zunächst vorzugebende Temperiermitteltemperatur verwendet werden (vgl. Abschnitt 10.5.1.3).

Die Wärmestrombilanz ergibt nicht nur Informationen über den Betriebsbereich, den die Temperierung abzudecken hat, sondern auch Hinweise auf Probleme in der weiteren Auslegung. Hohe Wärmeströme, die mit dem Temperiermittel ausgetauscht werden, erfordern einen hohen Temperiermitteldurchsatz und ergeben damit hohe Druckverluste im Temperiersystem. Die Verwendung mehrerer Temperierkreise kann deswegen vorteilhaft sein. Hier ist darauf zu achten, dass der Durchmesser des Temperierkanals so klein ist, dass bei geringen erforderlichen Volumenströmen noch sicher turbulente Strömung im Kanal vorliegt. Nach der Berechnung des Temperiermitteldurchsatzes ergibt die Forderung nach turbulenter Strömung einen oberen Grenzwert des Durchmessers.

Die Lage der Temperierkanäle zueinander sowie deren Abstand von der Formteiloberfläche ergeben sich aus der Forderung nach Realisierung des berechneten Wärmestroms unter Einhaltung der Homogenitätsgrenzen.

Die Berechnung kann unter verschiedenen Vorgaben erfolgen:

- Vorgabe des Abkühlfehlers und Berechnung der Abstände,
- Vorgabe des Abstandes von der Formteiloberfläche,
- Vorgabe des Abstandes der Kanäle zueinander,
- Vorgabe der temperierenden Gesamtkanallänge,
- Vorgabe beider Abstände (zueinander und zur Formnestwand) und Berechnung der erforderlichen Temperiermitteltemperatur. In diesem Fall ist jedoch eine erneute Wärmestrombilanz erforderlich und die Annahme auf jeden Fall zu prüfen.

Neben der zuvor behandelten Leistungsfähigkeit der Temperierung muss mit der Wahl der Temperierkanalabstände untereinander (Bild 10.18, b) eine homogene Formteilabkühlung gewährleistet werden. Nach dem Einspritzvorgang (d. h. Beginn der Abkühlung) hat die Formmasse an jeder Stelle die Massetemperatur ϑ_M.

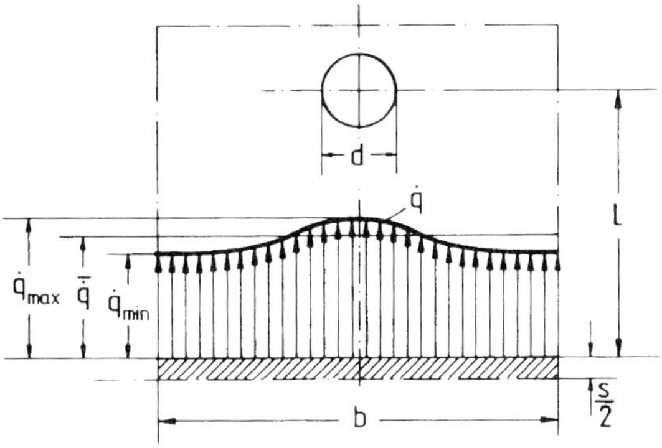

Bild 10.18 Wärmestromverteilung im Segment [10.4]

Liegen nun an der Werkzeugwand infolge des Abstandes der Kühlbohrungen voneinander unterschiedliche Wärmeströme vor (es werden nur die Wärmeströme senkrecht zur Wand angenommen, d. h. der Temperaturausgleich im Formteil wird nicht berücksichtigt, was auch wegen der sehr viel niedrigeren Wärmeleitfähigkeit der Schmelze gerechtfertigt ist), so führen die unterschiedlichen Wärmeströme zu unterschiedlichen Abkühlgeschwindigkeiten und nach einer gleichen Abkühlzeit zu unterschiedlichen Entformungstemperaturen der betreffenden Zonen des Formteiles (vgl. Bild 10.18).

Daraus kann man nun die jeweils größte, am Formteil auftretende Wärmestromdifferenz $\dot{q}_{\max} - \dot{q}_{\min}$, zum mittleren Wärmestrom $\Delta\bar{\dot{q}}$ ins Verhältnis setzen und dies als den Abkühlfehler j (Gleichung 10.30) definieren. Dies ist ein Maß zur Beschreibung der Temperaturunterschiede im Formteil während des Entformungszeitpunktes.

$$j = \frac{\dot{q}_{\max} - \dot{q}_{\min}}{\bar{\dot{q}}} \; [\%] \qquad (10.33)$$

Für die praktisch in Frage kommenden Kanalabstände sind folgende zulässige Abkühlfehler aus der Erfahrung anzunehmen [10.1]. Größere Kanalabstände führen zu einer zu welligen Temperaturverteilung an der Oberfläche und damit zu inhomogener lokaler Schwindung, wodurch lokale Einfallstellen oder Verzug resultieren kann.

Teilkristalline Kunststoffe	$j_{zul.} \sim 2.5$ bis 5 %
Amorphe Kunststoffe	$j_{zul.} \sim 5$ bis 10 %

Schürmann hat in seiner Dissertation [10.1] den Abkühlfehler j bestimmt und konnte einen Zusammenhang, zwischen Biot-Zahl (*Bi*) und Abkühlfehler herstellen, wobei als weitere Variablen lediglich der Kühlkanalabstand und -durchmesser in die Gleichung eingehen.

Der Abkühlfehler beträgt:

$$j = \frac{\dot{q}_{max} - \dot{q}_{min}}{\bar{\dot{q}}} \, [\%] \qquad j = 2{,}4 \cdot Bi^{0{,}22} \cdot \left(\frac{b}{l_k} \right)^{2{,}8k} \tag{10.34}$$

Darin bedeuten:

j = Abkühlfehler
Bi = $\alpha \cdot d_{TK} / \lambda W$
k = $\ln b / l_k$

Die Formel gilt für Abkühlfehler $j < 10$ %, d. h. für Kühlkanalabstände von:

l_k = 1 bis $5 \cdot d_k$
b = 2 bis $5 \cdot d_k$

Bei der analytischen thermischen Berechnung wird die Formteilgeometrie zu einer Platte vereinfacht, die das gleiche Volumen und die gleiche Oberfläche wie das Formteil besitzt. Mit dem Ergebnis kann der Innenbereich des Werkzeugs durch die Berechnung des Abstandes zwischen den Temperierkanälen eingeteilt werden.

Aus der Lage der Temperierkanäle werden dann die Gesamtlänge des Temperiersystems, die Länge der Zuleitungen, die Anzahl von Ecken, Krümmern und Anschlüssen in der Werkzeugskizze ermittelt. Mit diesen Angaben schätzt man dann den Druckverlust und die erforderliche Temperiergeräteleistung ab. Ebenso kann bei Vorgabe eines zulässigen Druckverlustes der minimale Kanaldurchmesser oder der maximale Volumenstrom berechnet werden.

Zu beachten ist, dass ein großer Teil des Druckverlustes häufig nicht durch die Temperierkanäle im Werkzeug entsteht, sondern in Zuleitungen, Anschlüssen und Umlenkungen, die daher mitberücksichtigt werden müssen.

10.5.1.1 Kühlzeitberechnung

Mithilfe der in Abschnitt 10.3 (Bild 10.6) dargestellten Gleichungen kann die erforderliche Kühlzeit berechnet werden. Für eine sichere Auslegung sollte immer der kritische (d. h. dickste) Querschnitt des Formteils zur Berechnung herangezogen werden.

10.5.1.2 Wärmestrombilanz

Es kann, wie sich gezeigt hat, auf einen Wärmeübertragungskoeffizienten zwischen Formmasse und Werkzeugwand verzichtet werden, wenn man die Werkzeugwandtemperatur als Kontakttemperatur zwischen Formmasse und Werkzeugwand definiert. Diese kann, wie nachfolgend gezeigt, berechnet werden.

Für die maximale Temperatur pro Zyklus, die sich nach dem Einspritzvorgang einstellt, ist die Kontakttemperatur anzusetzen:

$$\vartheta_{W_{max}} = \frac{b_K \cdot \vartheta_{K_0} + b_W \cdot \vartheta_{W_0}}{b_K + b_W} \qquad b = \sqrt{\rho \cdot \lambda \cdot c} \tag{10.35}$$

$\vartheta_{W_{max}}$: Kontakttemperatur
ϑ_{K_0}: Kunststofftemperatur vor dem Kontakt = ϑ_M
ϑ_{W_0}: Werkzeugwandtemperatur vor dem Kontakt
b: Wärmeeindringfähigkeit
λ: Wärmeleitfähigkeit
ρ: Dichte
c: spezifische Wärmekapazität
b_W: Wärmeeindringfähigkeit in Werkzeugwand
b_K: Wärmeeindringfähigkeit in Kuststoffschmelze

Je nach Zyklusverlauf und Dauer wechselt die Temperatur der Werkzeugoberfläche zwischen der Kontakttemperatur und der Mindesttemperatur, die durch die Temperatur des Kühlmediums bedingt ist. Der Mittelwert beider reicht sowohl für eine erste Abschätzung der Kühlzeit als auch für die Bestimmung der notwendigen Temperierleistung meist aus. Diese mittlere Temperatur wird in den abschätzenden Berechnungen als Werkzeugwandtemperatur $\overline{\vartheta}$ verwendet.

$$\overline{\vartheta}_W = \frac{\vartheta_{W_{max}} + \vartheta_{W_{min}}}{2} = \frac{\vartheta_{W_{max}} + \overline{\vartheta}_{Kühlmittel}}{2} \tag{10.36}$$

Die Werkzeugoberfläche mit der Temperatur $\overline{\vartheta}_W$ ist im stationären Zustand üblicherweise eine Wärmesenke für das Formteil und eine Wärmequelle für das Werkzeug. Der resultierende Wärmestrom kann wie folgt gebildet werden:

Wärmeinhalt einer Formnestfüllung mit Kunststoffschmelze:

$$Q_{KS} = \Delta h \cdot A_{FT} \cdot s \cdot \rho_{KS} \tag{10.37}$$

Wärmestrom an das Formnest:

$$\dot{Q}_{KS} = \frac{\Delta h \cdot A_{FT} \cdot s \cdot \rho_{KS}}{t_Z} \tag{10.38}$$

Δh = Differenz der spez. Enthalpie des Formteils während der Abkühlung (siehe Bild 10.13)
ρ_{KS} = Dichte der Kunststoffschmelze
$\dot{Q}_{KS}$ = Wärmestrom der Kunststoffschmelze
s = Wanddicke
A_{FT} = projizierte Formteilmittelfläche
t_K = *Kühlzeit* $C_K \cdot s^2$
t_Z = Zykluszeit $t_K + t_N$ (t_N = Nebenzeit für Öffnen, Schließen und Auswerfer)

$$C_K = \frac{1}{\alpha \cdot \pi^2} \cdot \ln\left(\frac{8}{\pi^2} \cdot \frac{1}{\Theta}\right) = \frac{t_K}{s^2} \tag{10.39}$$

Wärmestromdichte des Formteils:

$$\dot{q} = \frac{\dot{Q}_{KS}}{A_{FT}} \tag{10.40}$$

Für die erste Abschätzung lässt man die Nebenzeit zunächst unberücksichtigt. Ohne Berücksichtigung der Nebenzeit lässt sich die Gleichung weiter vereinfachen:

$$\dot{q} = \frac{\Delta h \cdot \rho_{KS \cdot S}}{C_K \cdot s^2} = \frac{\Delta h \cdot \rho_{KS}}{C_K} \cdot \frac{1}{s} \tag{10.41}$$

Man kann nun $\frac{\Delta h \cdot \rho}{C_K} = K$ als einzige Materialkonstante zusammenfassen, so dass sich ergibt:

$$\dot{q} = K \cdot \frac{1}{s} \tag{10.42}$$

Es wird deutlich, dass die Wärmestromdichte, die in der üblichen Verarbeitungstemperaturbandbreite nur vom Material abhängig ist, mit abnehmender Wanddicke zunehmen muss, um die konstante Wandtemperatur sicherzustellen. Darüber hinaus stellt die Wärmestromdichte – im Weiteren spezifischer Wärmestrom genannt – eine materialspezifische Kenngröße für die erforderliche Temperierleistung dar, wenn man den im Allgemeinen geringen Maschineneinfluss vernachlässigt. Die Maschine hat Einfluss auf die formteillose Nebenzeit. Mit der Entformung wird der Wärmestrom vom Formteil zum Werkzeug unterbrochen, das Kühlwasser wird jedoch in der Regel das Werkzeug auch noch in der Nebenzeit weiter abkühlen, sodass sich der spezifische Wärmestrom über dem Gesamtzyklus verringert. Diese Annahmen stellen natürlich eine Idealisierung dar, da durch Einsatz von an die Werkzeugtemperatur gekoppelten Reglern der Temperieraggregate ein dynamischeres Verhalten der Temperierstrecken möglich wird. Näheres zu möglichen Temperieraggregatvarianten kann Abschnitt 11.3 entnommen werden.

Für Polystyrol PS und Polyethylen hoher Dichte HDPE ist in den Bildern Bild 10.19 und Bild 10.20 der spezifische Wärmestrom als Funktion der Formteilwanddicke und der Maschinennebenzeit dargestellt. Der spezifische Wärmestrom kann einerseits bereits im Planungsstadium eines Werkzeugs die Auswahl des Konzeptes erleichtern und stellt andererseits eine zentrale Auslegungsgröße für die Dimensionierung einer Werkzeugtemperierung dar.

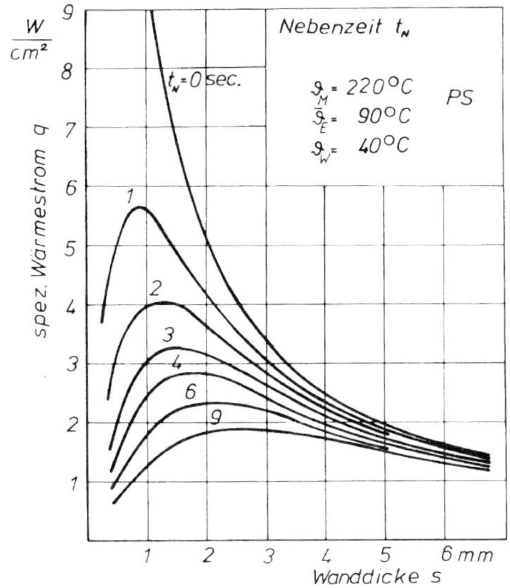

Bild 10.19 Spezifischer Wärmestrom $\dot{q}$ von PS als Funktion der Formteilwanddicke [10.1]

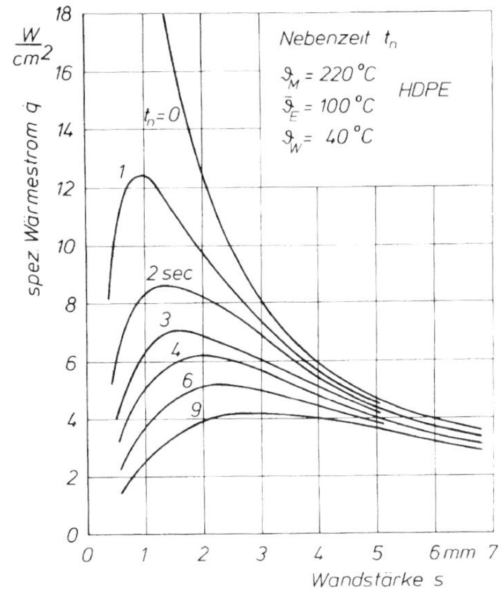

Bild 10.20 Spezifischer Wärmestrom $\dot{q}$ von HDPE als Funktion der Formteilwanddicke [10.1]

10.5.1.3 Temperiermitteldurchsatz

Für die Bestimmung des Temperiermitteldurchsatzes bildet der spezifische Wärmestrom $\dot{q}$ (Bild 10.19 und Bild 10.20) die zentrale Auslegungsgröße. Multipliziert mit der entsprechenden Formteilfläche A_{FT} ergibt sich die Wärmemenge, die pro Temperierkreislauf, der zu A_{FT} gehört, vom Temperiermedium abgeführt werden muss. Der notwendige Temperiermitteldurchsatz $\dot{V}_{TM}$ ergibt sich aus der zulässigen Temperaturerhöhung $\Delta\vartheta_{TM}$ des Mediums zwischen Vorlauf und Rücklauf.

Die Temperaturmitteldifferenz sollte einen Maximalwert $\Delta\vartheta_{max}$ von 3 °C nicht überschreiten, um eine noch ausreichende homogene Temperierung über der Temperierkreislänge zu gewährleisten. Aus der maximal zulässigen Temperaturdifferenz kann ein minimal erforderlicher Temperiermitteldurchsatz berechnet werden.

$$\dot{V}_{TM} \geq \frac{\dot{q} \cdot A_{FT}}{\rho_{TM} \cdot c_{TM} \cdot \Delta\vartheta_{TM}} \tag{10.43}$$

ρ_{TM} = Dichte des Temperiermediums
C_{TM} = spez. Wärmekapazität des Temperiermediums

Es ist davon auszugehen, dass mit dem Wasserimpuls im Zyklus die gesamte Wärmemenge abzuführen ist. Unklar ist in diesem Zusammenhang die sich einstellende Temperaturerhöhung des Temperiermediums während der Zeit, in welcher das Temperiermedium nicht im Temperierkanal fließt, sondern steht (Zykluszeit – Pulsdauer) und erst mit einem der nächsten Wasserimpulse abgeführt wird. Ein erster Ansatz zur Auslegung ist es, den Wärmestrom allein während des Wasserimpulses bei einer entsprechenden Erhöhung der Mediumstemperatur abzuführen und daher statt der Gesamtzyklusdauer nur die Pulsdauer zur Wärmeabfuhr zur Verfügung steht ($t_p = t_Z$ in Gleichung 10.37).

10.5.1.4 Temperierkanaldurchmesser

Der notwendige Temperiermitteldurchsatz (durch den vom Temperiergerät erzeugten Druck mit einem Abschlag für die Druckverluste in den Zuleitungen zum Werkzeug vorgegeben) kann bei vorgegebenem Druck Δp und üblichen Kanalgeometrien nur durch die zu wählenden Kanaldurchmesser $d_{TK\,i}$ sichergestellt werden. Die Einzeldruckverluste für die jeweiligen Temperierkanalnetze können bei Annahme einer eindimensionalen Strömung Newtonscher Flüssigkeiten in idealisierten Rohrgeometrien durch Addition der Einzeldruckverluste bestimmt werden:

$$\Delta p_i = \frac{\rho}{2} v_i^2 \cdot \left(\lambda_i \frac{l_i}{d_{TK\,i}} \right) + \sum_{j=1}^{n} \xi_j \tag{10.44}$$

$$\text{mit} \quad \dot{V}_{TM} = \frac{\pi \cdot d_{TK\,i}^2}{4} \cdot v_i$$

mit:

Δp_i = Druckverlust pro Rohrabschnitt [Pa]
v_i = Strömungsgeschwindigkeit im jeweiligen Rohrabschnitt [m/s]
ρ = Dichte des Temperiermittels [kg/m³]
λ_i = Rohrreibungskoeffizient [-]
l_i = Kanallänge [m]
$d_{TK\,i}$ = Temperierkanaldurchmesser [m]
ξ_j = Verlustfaktor für Ecken, Querschnittssprünge, Einbauten [-]
i = Anzahl Rohrelemente [-]
j = Anzahl Verlustfaktoren pro Rohrelement [-]
v_i = Strömungsgeschwindigkeit [m/s]
Δp_i = Einzeldruckverluste [bar]

gilt folgt für $d_{TK\,i}$:

$$d_{TK\,i} = \sqrt[5]{\frac{8 \cdot \rho \cdot \dot{V}_{TM} \cdot \lambda_i \cdot l_i \cdot \left(1 - \sum_{j=1}^{n} \xi_j\right)}{\Delta p \cdot \pi}} \tag{10.45}$$

λ_i = Rohrreibungskoeffizient [-]
l_i = Kanallänge [m]
ξ_j = Verlustfaktor für 90° [-]
$d_{TK\,i}$ = Temperaturkanaldurchmesser [m]
$\Delta p_{V\,i}$ = Druckverlust pro Rohrabschnitt [Pa]
$\dot{V}_{TM}$ = Temperiermittelvolumenstrom [m³/s]
i = Anzahl Rohrelemente, jeweiliges Rohrelement
j = Anzahl Verlustfaktoren pro Rohrelement

Da die endgültige Kanalanordnung zu diesem Berechnungszeitpunkt noch nicht festliegt, müssen die Anzahl der Kanalecken i und das Längendurchmesserverhältnis $l_i/d_{TK\,i}$ zunächst abgeschätzt werden. Um eine Iteration zu umgehen, ist ein möglichst geringer Temperiermitteldruck Δp anzusetzen. Da der eingesetzte Druck eine Minimalforderung darstellt, sind sicherheitshalber alle zu erwartenden Schwankungen des Netzdruckes, der Zuleitungslängen und des Verschmutzungsgrades (durch Ablagerungen und Korrosion) großzügig zu berücksichtigen (Korrosion während der Lagerzeit des Werkzeugs kann durch ein Trockenblasen mit Luft bei Betriebsende und sachgerechter Lagerung minimiert werden).

Der Rohrreibungskoeffizient lässt sich bei gebohrten Kanälen ohne Ablagerungen mit dem Gesetz nach *Blasius* beschreiben:

$$\lambda_{TK} = \frac{0{,}3164}{Re^{1/4}} \tag{10.46}$$

Typische Rohrreibungskoeffizienten λ und Verlustfaktoren ξ für Ecken und Umlenkungen sind in folgenden Tabellen aufgeführt.

Kreisquerschnitte, Kreiskrümmer mit Radius *R* und Fließkanaldurchmesser *d*, Umlenkung 90° [10.22]:

Tabelle 10.5 Verlustbeiwerte für 90° Krümmer [10.22]

R/d	1	2	4	6	10
$\xi_{90°}$ [-]	0,21	0,14	0,11	0,09	0,11

Für andere Umlenkungswinkel kann der ermittelte Wert durch Multiplikation mit einem Korrekturfaktor *k* angepasst werden. Es gilt hier: $\xi = k \cdot \xi_{90}$ [10.22].

Tabelle 10.6 Verlustbeiwerte *k* für Krümmer ≠ 90° [10.22]

Krümmungswinkel ϕ	**30°**	**60°**	**120°**	**150°**	**180°**
Verlustbeiwert *k* [-]	0,4	0,7	1,25	1,5	1,7

Für Kniestücke mit rundem Querschnitt kann mit den folgenden Verlustbeiwerten ξ kalkuliert werden [10.22] [10.23]:

Tabelle 10.7 Verlustbeiwerte für Kniestücke [10.22]

Winkel Δ	**30°**	**45°**	**60°**	**90**
Verlustbeiwert ξ [-]	0,11	0,24	0,47	1,13

Wenn Verkrustungen vorliegen oder Temperierkanäle verrostet sind, gilt für die Rohrreibung nicht mehr das Gesetz nach *Blasius*. In diesem Fall sei auf Standardwerke der Strömungslehre verwiesen, wenn eine Abschätzung der Verlustbeiwerte notwendig wird [10.22]. Um eine stabile Prozessführung zu gewährleisten sollten die Einflüsse auf Temperierkanalablagerungen minimiert werden. Dazu bieten sich Wasseraufbereitungsanlagen an.

Der Wärmeübergangskoeffizient kann über die Verknüpfung der Nusselt-, Reynolds- und Prandtlzahl berechnet werden (vereinfacht für typische Spritzgießbedingungen aus [10.3]):

$$\alpha = \frac{\lambda_{\mathrm{TM}}}{d_{\mathrm{h}}} \cdot \left(0{,}0235 \cdot \left[Re^{0{,}8} - 230\right] \cdot \left[1{,}8 \cdot Pr^{0{,}3} - 0{,}8\right]\right) \cdot K_{\mathrm{f}} \tag{10.47}$$

d_{h} = hydraulischer Durchmesser (= 4 × Durchtrittsfläche/benetzter Umfang)
λ_{TM} = Wärmeleitfähigkeit des Temperiermittels
K_{f} = Korrekturfaktor

Die verwendeten dimensionslosen Kennzahlen Reynoldszahl *Re* und Prandtlzahl *Pr* errechnen sich zu:

$$Re = \frac{4 \cdot \dot{V}_{\mathrm{TM}}}{\pi \cdot \nu \cdot d_{\mathrm{h}}} \qquad Pr = \frac{\nu \cdot \rho \cdot c_{\mathrm{p}}}{\lambda_{\mathrm{TM}}} \tag{10.48}$$

mit:

ν = kinematische Viskosität des Temperiermediums (meist Wasser) [m^2/s]
c_{p} = spezifische Wärmekapazität des Temperiermediums [J/(kg K)]

Für typische, in Spritzgießwerkzeugen vorkommende Temperiersegmente kann der Wärmeübergangskoeffizient mithilfe von Korrekturfaktoren K_{f} angepasst werden, die in Bild 10.21 aufgeführt sind.

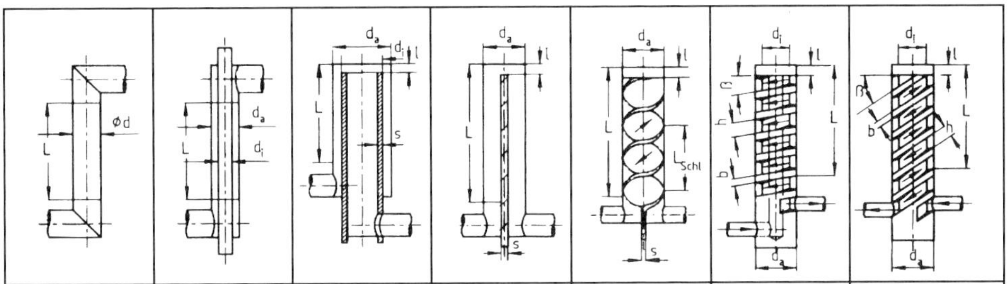

einfacher Kanal	Temperierkanal mit eingesetztem Zylinder	Rohrkühlfinger	Temperierkanal mit geradem Trennblech	Temperierkanal mit verdrilltem Trennblech	eingängiger Spiralkühlfinger	doppelgängiger Spiralkühlfinger
$d_h = d$	$d_h = d_A - d_i$		für $s << d_a$: $d_h = 0{,}611 d_a$		$d_h = \frac{2h\,(d_a - d_i)}{2h + (d_a - d_i)}$	
$A_{TK} = \pi d L$	$A_{TK} = \pi d_a L$		$A_{TK} = (\pi d_a - 2s) L$		$A_{TK} = \frac{4hL}{\sin 2\beta}$	
$K_{fg} = 1$	$K_{fg} = (1 - 0{,}1\,\frac{d_i}{d_a})$		$K_{fg} = 1{,}4$	$K_{fg} = 1 + 4{,}33\,\frac{d_a}{d_{Schl}}$	$K_{fg} = 1 + \frac{7{,}08 d_h}{(d_a + d_i)}$	
		$d_i \simeq 0{,}7 \cdot d_a$ $d_i \simeq 0{,}71 \cdot d_a$	$l \simeq 0{,}4 \cdot d_a$		$l \simeq 0{,}25 \cdot d_h$	$l \simeq \frac{h(d_a - d_i)}{2 d_a}$

Bild 10.21 Temperierelementtypen [10.4]

Die Gleichung für den Wärmeübergangskoeffizienten α gilt für den turbulenten Strömungsbereich. Im laminaren Bereich sollte grundsätzlich nicht gearbeitet werden, denn ein weiterer Nachteil des laminaren Strömungsbereiches ist das Umschlagen in turbulente Strömungen nach Ecken und Querschnittsänderungen, wodurch über eine bestimmte Länge nach diesen ein besserer Wärmeübergang erfolgt und sich somit unterschiedliche Abkühlverhältnisse einstellen. Aus der Forderung nach turbulenter Strömung ergibt sich ein oberer Grenzwert des Durchmessers:

$$d < \frac{4 \cdot \dot{V}}{\pi \cdot 2\,300 \cdot \nu} \tag{10.49}$$

Der Wärmeübergangskoeffizient α ist für verschiedene Temperiermitteltemperaturen, Strömungsgeschwindigkeiten, Kühlkanaldurchmesser in Bild 10.22 dargestellt.

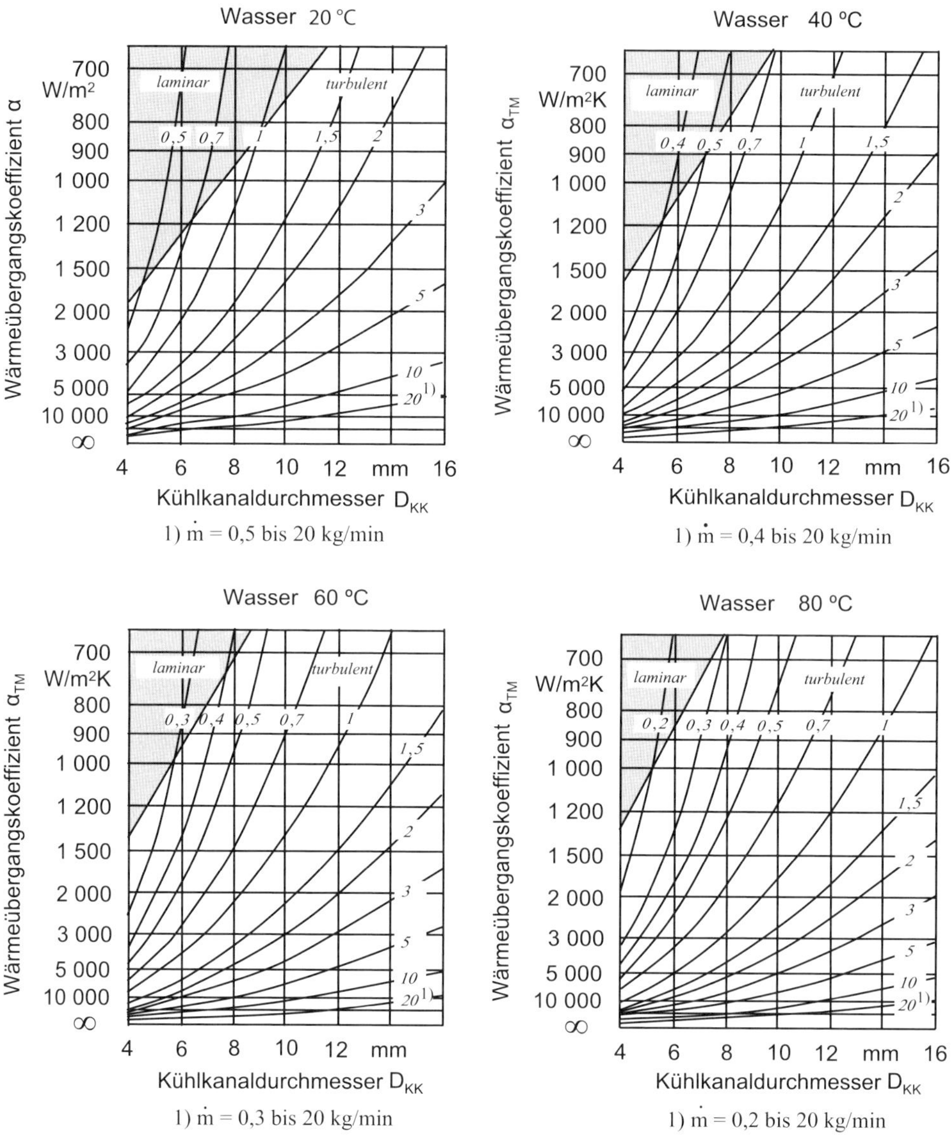

Bild 10.22 Wärmeübergangskoeffizient α für Wasser bei verschiedenen Temperierkanaldurchmessern und Druckverlusten [10.23]

Wird bei hohen Werkzeugtemperaturen anstelle des Wassers z. B. ein Wärmeträgeröl genutzt, so ist für Berechnung des Wärmeübergangskoeffizienten im Betriebsbereich die Gleichung 10.44 zu nutzen. Die entsprechenden strömungstechnischen und wärmetechnischen Eigenschaften werden für gängige Temperieröle von den Herstellern temperaturabhängig in Tabellenform angegeben [10.40].

10.5.1.5 Lage der Temperierkanäle

Der weiteren Ermittlung der Kanalabstände in einem Spritzgießwerkzeug liegen die in Bild 10.23 dargestellten Beziehungen zugrunde.

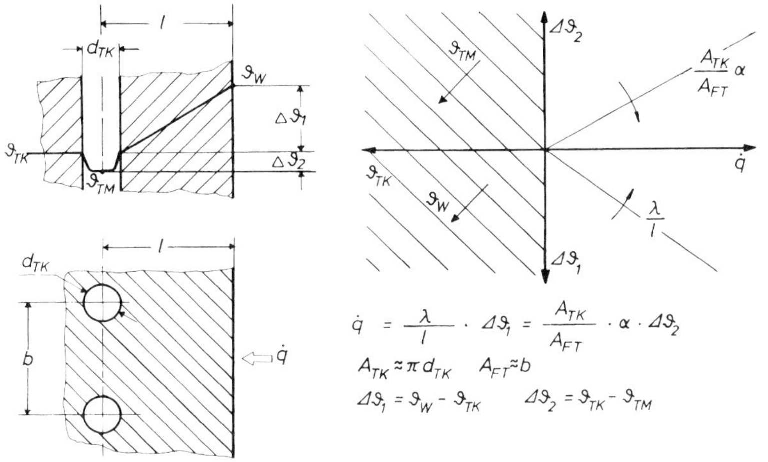

Bild 10.23 Beschreibung der thermischen Vorgänge (stationär) [10.1]
(Das Verhältnis A_{TK}/A_{FT} ist in Bild 11.27 dargestellt)
A_{FT}: Formteiloberfläche; A_{TK}: Oberfläche der Temperierkanäle

Für die Dimensionierung kann das Bild 10.24 verwendet werden. Dem Beispiel in Bild 10.24 liegen als Vorgaben die mittlere Temperiermitteltemperatur von ϑ_{TM} = 20 °C und die mittlere Werkzeugtemperatur von ϑ_W = 62 °C zugrunde.

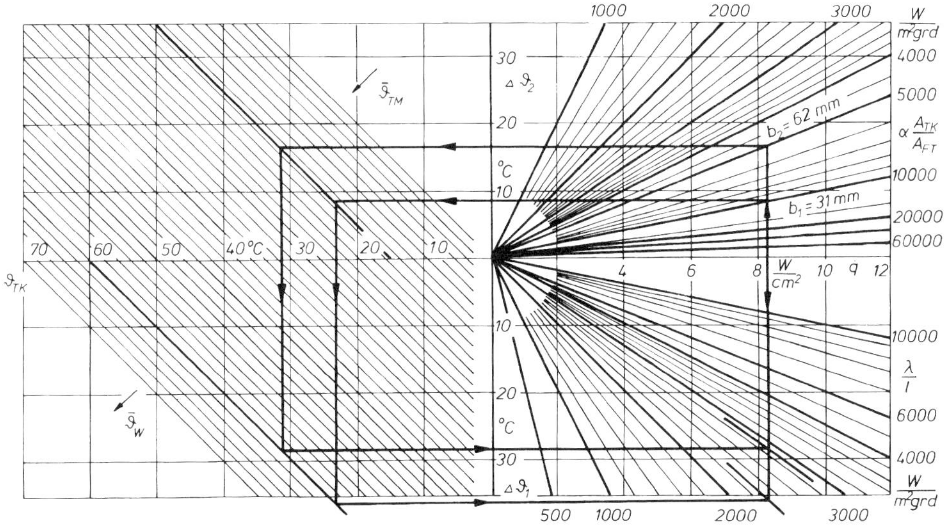

Bild 10.24 Bestimmung der thermischen Verhältnisse im Werkzeug [10.1]

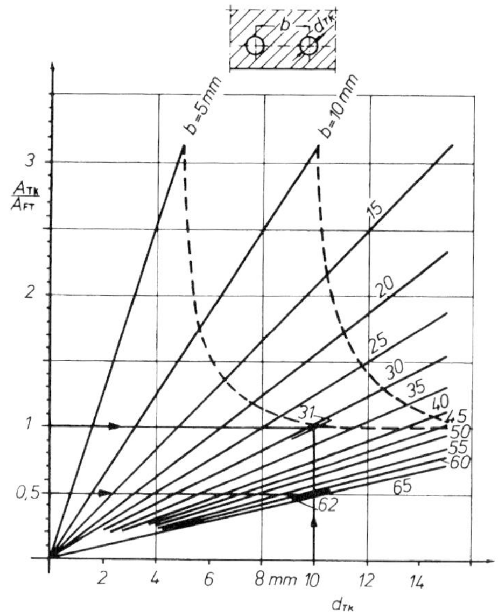

Bild 10.25 Ermittlung der Temperierkanalanordnung [10.19]

Das Verhältnis A_{TK}/A_{FT} kann aus Bild 10.25 als Funktion vom Abstand der Bohrungen untereinander und deren Durchmesser entnommen werden.

Der spezifische Wärmestrom verursacht infolge der Wärmeleitfähigkeit des Werkzeugwerkstoffes und des Kanalabstandes l das Temperaturgefälle $\Delta\vartheta_1$ (Wärmeleitung) nach Gleichung 10.48.

$$\dot{q} = \frac{\lambda_W}{l} \cdot \Delta\vartheta_1 \tag{10.50}$$

$\bar{\vartheta}_W$ = mittlere Wandtemperatur
$\Delta\vartheta_1$ = $\bar{\vartheta}_W - \vartheta_{TK}$
ϑ_{TK} = Temperierkanalwandtemperatur

Der gleiche Wärmestrom wird vom Temperiermedium aufgenommen und führt in Abhängigkeit vom Wärmeübergangswiderstand zwischen Kühlmedium und Werkzeug zu der Temperaturdifferenz $\Delta\vartheta_2$ (konvektiver Wärmeübergang).

$$\dot{q} = \alpha \cdot \Delta\vartheta_2 \tag{10.51}$$

$$\Delta\vartheta_2 = \vartheta_{TK} - \vartheta_{TM} \tag{10.52}$$

Das Flächenverhältnis zwischen Temperierkanal A_{TK} und der anteiligen Formteiloberfläche A_{FT} beeinflusst die Wärmestromdichte $\dot{q}$ im gleichen Sinn wie den Wärmeübergangswiderstand. Damit gilt:

$$\dot{q} = \frac{A_{TK}}{A_{FT}} \cdot \alpha \cdot \Delta\vartheta_2 \tag{10.53}$$

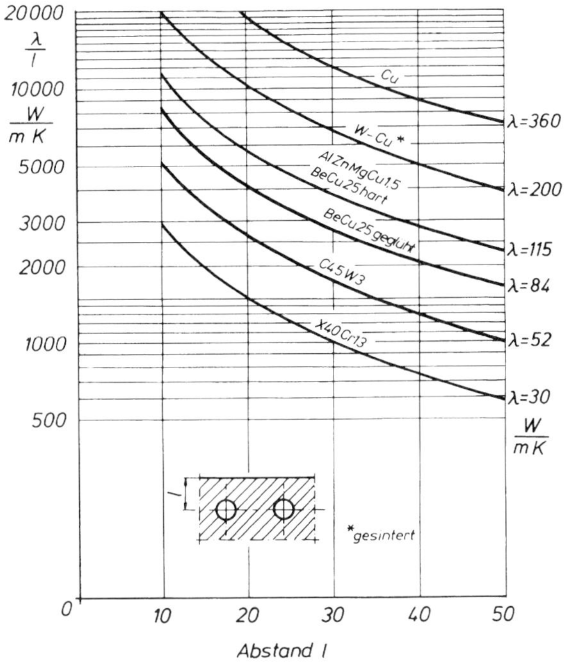

Bild 10.26 Bestimmung des Abstands zwischen Werkzeugwand und Temperierkanal [10.1]
Die Pfeillinien in den Bildern beziehen sich auf das Beispiel in Abschnitt 10.5.2

Die durch Wärmeleitung und Konvektion übertragenen Wärmeströme $\dot{q}$ müssen im eingeschwungenen Zustand gleich sein, und die Temperaturdifferenzen $\Delta\vartheta_1$ und $\Delta\vartheta_2$ haben als gemeinsame Größe die Temperierkanalwandtemperatur $\Delta\vartheta_{TK}$. In einem 4-Quadrantendiagramm können somit entsprechend gemeinsame Abszissen gewählt werden (siehe Bild 10.23). Bis auf $\dot{q}$ und $\overline{\vartheta}_W$, die gemäß der Bilder 10.21 und 10.22 voneinander abhängig sind, lassen sich alle Parameter beliebig variieren. Zwischen den Kanalabständen l (Abstand Temperierkanal zur Kavitätswand) und b (Abstand zwischen den einzelnen Temperierkanälen) muss bei einem konstanten spezifischen Wärmestrom ein funktionaler Zusammenhang bestehen, wobei der Abstand l aus dem Wärmeleitwiderstand λ_W/l mit der Wärmeleitfähigkeit des Werkzeugstoffs λ_W ausreichend genau ermittelt (Bild 10.23) werden kann, wenn man in dem Gültigkeitsbereich $b = (2-5)\, d_{TK}$ bleibt.

Ziel der thermischen Auslegung ist neben der Realisierung des erforderlichen Wärmestroms zur Einhaltung der vorgegebenen Werkzeugwandtemperatur die homogene Abkühlung des Formteils. Es gibt nun verschiedene Kombinationen von l und b, die die gleiche Temperaturdifferenz ergeben:

- kleine Werte für b (viele Temperierkanalelemente) erfordern kleine Abstände l
- große Werte für b (wenig Temperierkanalelemente) erfordern große Abstände l

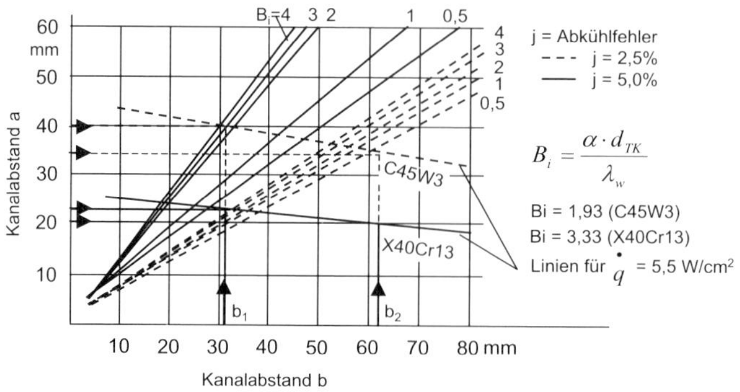

$$B_i = \frac{\alpha \cdot d_{TK}}{\lambda_w}$$

Bild 10.27 Mögliche Temperierkanalanordnungen. Die Pfeillinien beziehen sich auf das Beipiel in Abschnitt 10.5.2

Beide Anforderungen sind von der thermischen Leistung her gleichwertig. Die Gleichmäßigkeit (Homogenität) der Formteilkühlung (und damit der Oberflächenqualität/Welligkeit) ist jedoch verschieden und im 2. Fall geringer. Um eine möglichst große Homogenität (gleichmäßige Oberflächentemperatur) an der Formteiloberfläche zu erhalten ist ein kleiner Abkühlfehler *j* erwünscht.

Für teilkristalline Kunststoffe sollte dabei der Abkühlfehler maximal 2,5 % bis 5 %, für amorphe Kunststoffe maximal 5 % bis 10 % betragen, um inhomogene Formteileigenschaften (z. B. Welligkeit, Glanzunterschiede) zu vermeiden [10.1].

Der Abstand b ergibt sich aus dem vorgewählten Verhältnis der Kühlkanal- und Formteilfläche (z. B. $A_{\mathrm{TK}}/A_{\mathrm{FT}}$ = 0,5 und 1), womit nun die Linie gleicher Temperierleistung ermittelt ist. Die Linie gleicher Temperierleistung bietet dem Konstrukteur eine Vielzahl von alternativen Kanalanordnungen, um Verschraubungen, Auswerferstiften usw. ausweichen zu können.

10.5.1.6 Auslegung des Temperierkreislaufes

10.5.1.6.1 Temperiermitteldurchsatz

Das Temperiermittel ändert seine Temperatur zwischen Ein- und Austritt entsprechend dem Wärmestrom mit dem Temperiermittel:

$$\begin{aligned} \dot{Q}_{\mathrm{TM}} &= \dot{V} \cdot \rho \cdot c_{\mathrm{p}} \cdot \Delta\vartheta \\ \Delta\vartheta &= \vartheta_{\mathrm{ein}} - \vartheta_{\mathrm{aus}} \end{aligned} \qquad (10.54)$$

Die Temperaturmitteldifferenz $\Delta\vartheta$ sollte einen Maximalwert $\Delta\vartheta_{\mathrm{max}}$ von 3° C nicht überschreiten, um eine homogene Temperierung über der Temperierkreislänge zu gewährleisten. Aus der maximal zulässigen Temperaturdifferenz kann ein minimal erforderlicher Temperiermitteldurchsatz $\dot{V}$ berechnet werden. Die Berechnung ist jedoch abhängig von der Schaltungsart der Temperierelemente; bei Reihenschaltung wird die zulässige Temperaturdifferenz für die Summe der Wärmeströme aller Segmente angesetzt, bei der Parallelschaltung für jedes Segment. Damit ergeben sich bei der Parallelschaltung ein geringerer erforderlicher Volumenstrom pro Segment und ein geringerer Druckverlust. Bei der Parallelschaltung müssen jedoch die Volumenströme durch Drosseln genau abgeglichen und in der Produktion ständig überwacht werden.

10.5.1.6.2 Berechnung des Druckbedarfs und der Pumpleistung

Durch die Strömungsvorgänge im Temperiersystem entstehen Druckverluste, die ein zusätzliches Kriterium der gezielten Auslegung von Temperiersystemen und Randbedingung zur Auswahl des Temperiergerätes sind.

Liegen die Druckverluste über der Leistungsfähigkeit des Temperiergerätes, so kann der erforderliche Temperiermitteldurchsatz und damit die zulässige Temperaturdifferenz zwischen Temperiermittelein- und -austritt nicht eingehalten werden (vgl. Abschnitt 11.3). Die Folge sind eine ungleichmäßige Abkühlung des Formteils und damit inhomogene Formteileigenschaften und Verzug.

Bei der Druckverlustberechnung müssen unterschiedliche Anteile berücksichtigt werden:

- Druckverlust über der Temperierelementlänge,
- Druckverluste an Umlenkungen, Ecken und Krümmern,
- Druckverluste durch spiralförmige Strömung,
- Druckverluste an Querschnittsänderungen,
- Druckverluste an Anschlüssen,
- Druckverluste in den Zuleitungen zum Temperierelement und zum Werkzeug.

Der Gesamtdruckverlust ergibt sich als Summe dieser Anteile. Die zur Druckverlustberechnung verwendeten Gleichungen (siehe auch [10.1] [10.24]) sind aufgrund der zu berücksichtigenden Effekte umfangreich und können hier im Einzelnen nicht aufgeführt werden. Sie lassen sich jedoch mit etwas Erfahrung aus dem praktischen Betrieb leicht ausreichend genau abschätzen.

Aus dem Gesamtdruckverlust Δp und dem Wärmestrom mit dem Temperiermittel folgt die geforderte Temperiergeräteleistung:

$$P = \Delta p \cdot \dot{V} \cdot \dot{Q}_{\mathrm{TM}} \tag{10.55}$$

Darin bedeuten:

P = Pumpleistung des Temperiergerätes
Δp = Druckverlust
$\dot{V}$ = Volumenstrom
$\dot{Q}_{\mathrm{TM}}$ = Wärmeleistung des Temperiermittels

10.5.2 Beispiel für die Auslegung von Temperierkanälen [10.25]

Das in Bild 10.28 gezeigte Formteil soll als Beispiel für die Auslegung der Temperierkanäle dienen.

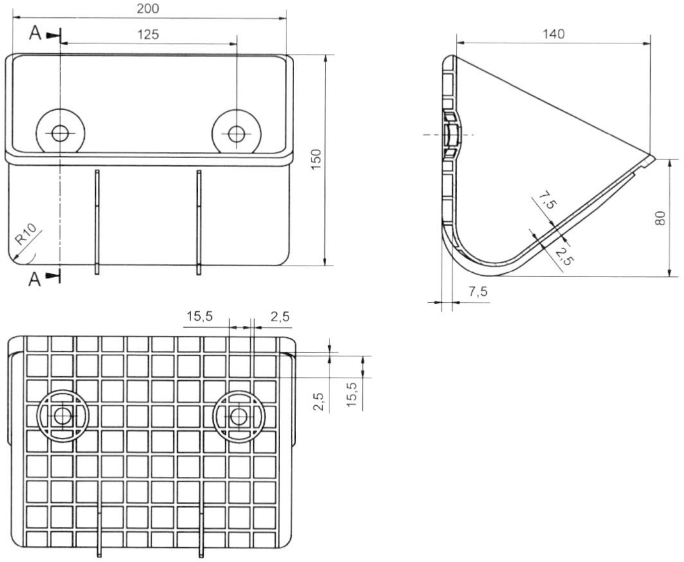

Bild 10.28 Elevatorbecher mit gerippten Seitenflächen

Schritt 1

Zunächst wird der spezifische abzuführende Wärmestrom aus dem Formteil für alle Flächen ermittelt. In Bild 10.29 ist die Kühlzeit des Formteils in Abhängigkeit der Werkzeugwandtemperatur für den gegebenen Prozess mit 5 s Nebenzeit dargestellt.

Die notwendige Kühlzeit ist hierbei mittels Gleichung 10.11 ermittelt worden. Die effektive Wärmeleitfähigkeit beträgt hierbei in guter Näherung bei der gegebenen Werkzeugwandtemperatur $a_{\mathrm{eff}} = 0{,}06\ \mathrm{mm^2/s}$. Darüber hinaus ist in Bild 10.29 der abzuführende spezifische Wärmestrom dargestellt. Falls ein entsprechendes Diagramm nicht vorliegt, kann der abzuführende Wärmestrom beispielsweise aus Diagrammen ermittelt werden, welche die spezifische Enthalpie des Kunststoffs in Abhängigkeit der Temperatur darstellen (Bild 10.13). Mithilfe der Formteilmasse und der Zykluszeit kann dann die abzuführende Wärmemenge berechnet werden. Aus Bild 10.30 ergibt sich ein abzuführender Wärmestrom von 5,3 $\mathrm{W/cm^2}$. Eine Anpassung der abzuführenden Wärmeströme muss z. B. in verrippten Formteilbereichen erfolgen. Hier ergibt sich ein erhöhter Wärmestrom im Vergleich zu unverrippten Formteilbereichen, da eine größere Formteiloberfläche für den Wärmeaustausch mit dem Werkzeug zur Verfügung steht, jedoch zur Wärmeabfuhr in die Temperierkanäle

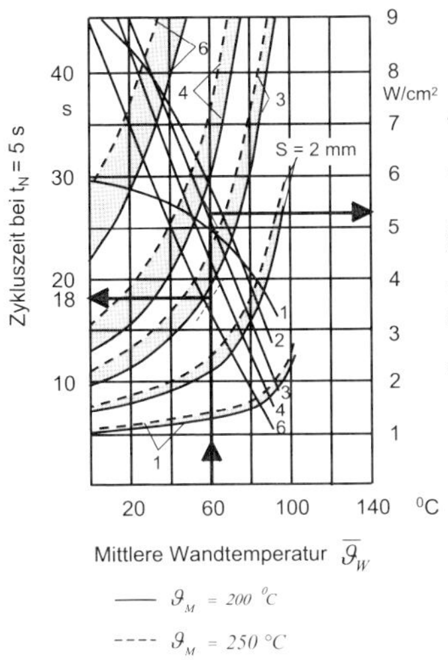

Bild 10.29 Ermittlung des spezifischen Wärmestroms und der Zykluszeit

nur die projizierte Formteilfläche parallel zur Temperierkanalebene zur Verfügung steht. In erster Näherung kann davon ausgegangen werden, dass eine verrippte Fläche sich ähnlich verhält wie eine um die Rippenoberfläche vergrößerte unverrippte Fläche bei gleichem Wärmestrom von 5,3 W/cm². Da die Rippen im betrachteten Beispiel die Formteiloberfläche um einen Faktor 1,57 vergrößern, ergibt sich für den über die Temperierkanäle abzuführenden Wärmestrom ein entsprechend erhöhter Wärmestrom von:

$$\dot{q}''_{\text{verrippt}} = \dot{q}'' \cdot \frac{A_{\text{Formteiloberfläche\_verrippt}}}{A_{\text{Formteiloberfläche\_projiziert}}} \qquad (10.56)$$

hier $\dot{q}''_{\text{verrippt}} = 5{,}3\ \text{W/cm}^2 \cdot 1{,}57 = 8{,}32\ \text{W/cm}^2$

Schritt 2

Der Temperiermittelstrom in den Temperierkanälen muss in der Lage sein, den entsprechenden Wärmestrom abzuführen. Die Anzahl der Temperierkreisläufe stellt nun einen Kompromiss zwischen dem Aufwand und den Möglichkeiten, korrigierend in den Prozess einzugreifen, dar. Als Mindestmaß sollten zumindest zwei getrennte Kreisläufe für den Kern und den Nestbereich des Formteils vorgesehen werden, um einfacher die höheren abzuführenden Wärmeströme in Kernbereich des Werkzeugs realisieren zu können. Da, wie oben geschildert, außerdem auf der Nestseite des Formteils relativ unterschiedliche Wärmeströme im verrippten und unverrippten Kreislauf auftreten, wurden im betrachteten Beispiel drei Kreisläufe gewählt, um gezielt die Temperaturverteilung in beiden Nesthälften anpassen zu können. Folglich ergeben sich insgesamt drei Temperierkreisläufe.

Kreis 1 (Kernkreislauf)

Die entsprechende Formteilfläche beträgt 850 cm^2 bei $\dot{q}'' = 5{,}3\ W/cm^2$.

Bei der gewählten Kühlwassertemperatur von $\Delta\vartheta_{TM} = 3\ °C$ ergibt sich aus Bild 10.30 ein minimaler Wasserdurchsatz von ca. 15 l/min.

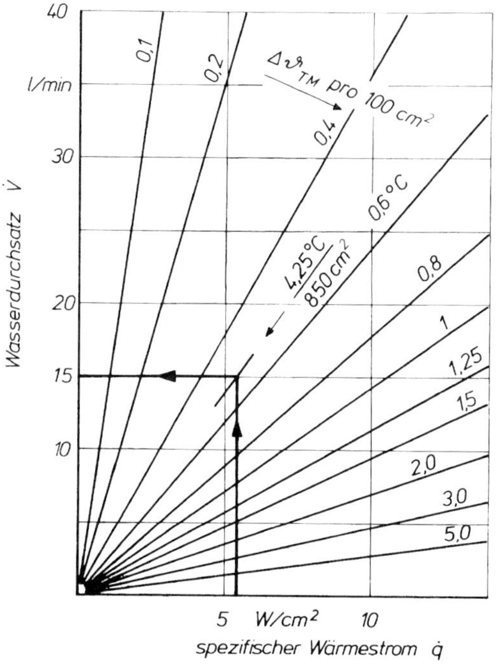

Bild 10.30 Bestimmung des Wasserdurchsatzes, bezogen auf 100 cm^2 Formteilfläche [10.1]

Wenn kein entsprechendes Diagramm vorliegt, kann der minimal notwendige Volumenstrom auch mithilfe der Gleichung 10.38 berechnet werden. Für die beiden anderen Kreisläufe reicht analog auch ein Wasserdurchsatz von 15 l/min, um den erforderlichen Wärmestrom abzuführen, da die jeweiligen Formteilflächen mit 550 cm^2 für den unverrippten Formeilbereich bei einem abzuführenden Wärmestrom von $\dot{q}'' = 5{,}3\ W/cm^2$ und für den verrippten Bereich mit einer projizierten Formteilfläche von 300 cm^2 bei $\dot{q}'' = 8{,}32\ W/cm^2$ ausgeführt sind.

Schritt 3

Welcher Temperierkanaldurchmesser ist erforderlich, um den geforderten Durchsatz sicherzustellen?

Da der Druckverlust in diesem Stadium der Auslegung noch nicht exakt festliegt, muss jetzt zweckmäßigerweise ein möglichst geringer Netzdruck zur Versorgung des Temperiersystems angenommen werden (ca. 1 bis 2 bar). Dabei wird ein Tem-

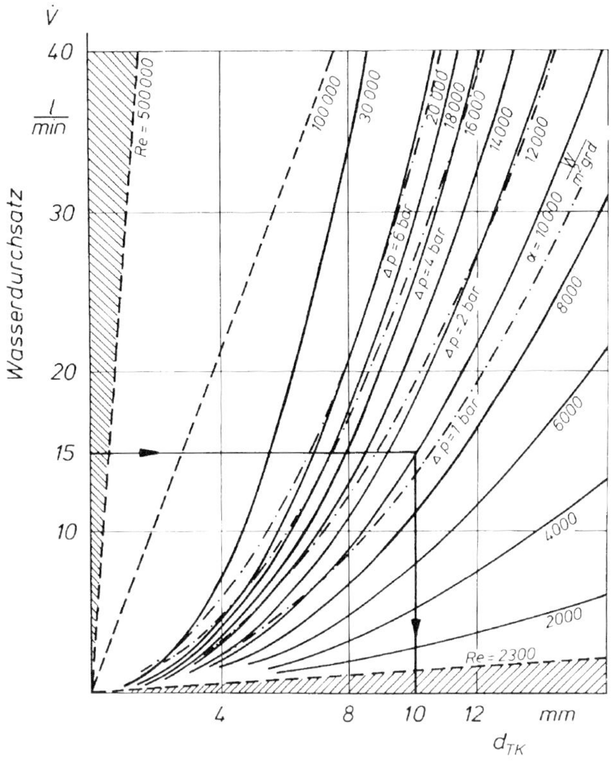

Bild 10.31 Bestimmung des Temperierkanaldurchmessers d_{TK} und des Wärmeübergangskoeffizienten [10.1]

periersystem mit 10 Ecken und einer Länge von $l_k = 200 \times d_{TK}$ zunächst in erster Näherung angenommen. Aus Bild 10.31 ergibt sich dementsprechend ein Temperierkanaldurchmesser von $d_{TK} = 10$ mm.

Schritt 4

Welche Temperierkanalabstände sind erforderlich?

Es gibt zwei wesentliche Einflussgrößen, welche die Anordnung von Temperierkanälen in einem Werkzeug bestimmen. Dies sind:

1. die Temperierleistung und
2. die Homogenität des Temperaturfeldes.

Nachdem der Temperierkanaldurchmesser und der Temperiermitteldurchsatz in einer ersten Nährung bereits bestimmt wurden, werden die Temperierleistung und deren Homogenität nur noch durch den gewählten Werkzeugwerkstoff und die Temperierkanalabstände bestimmt.

Die Temperierkanalabstände sind definiert als:

- l = Abstand zwischen Temperierkanalmitte und Werkzeugwand und
- b = Abstand der Kanäle zueinander

Zwischen diesen beiden Abständen besteht sowohl im Hinblick auf die Temperierleistung, wie auf die Homogenität ein linearer Zusammenhang. Es ist daher notwendig, um die Geradenfunktion von $l = f(b)$ bestimmen zu können, zunächst zwei mögliche Temperierkanalabstände zu wählen.

Im Rahmen einer noch vorzugebenden Bandbreite der vertretbaren Inhomogenitäten findet man auf der o. g. Geraden eine Vielzahl von möglichen Temperierkanalanordnungen.

Die Temperierkanalabstände können mit Hilfe von Bild 10.24 einfach ermittelt werden. Gewählt werden muss dazu das Flächenverhältnis A_{TK}/A_{FT}, das wir aus Bild 10.23 kennen.

$$A_{TK}/A_{FT} = d_{TK} \cdot \pi/b \tag{10.57}$$

Gewählt werden 1 und 0,5 und damit ergeben sich aus Bild 10.25 zwei Werte für den Faktor A_{TK}/A_{FT} = 62 und 31, mit welchen man nach Bild 10.24 einen Überblick über die gesamten thermischen Verhältnisse beim verrippten Nestkreislauf erhält. (Dabei gilt es zu beachten, dass man die zu erwartende Temperaturerhöhung von $\Delta\vartheta_{TM}$ = 5 °C im Kreislauf der am Eintritt in den Kreislauf vorliegenden Temperiermitteltemperatur von $\Delta\vartheta_{TM}$ = 15 °C zuschlagen muss, um auf der sicheren Seite zu sein.)

Für die Wärmeleitung vom Temperierkanal zur Werkzeugwand ist der Werkstoff die entscheidende Größe. Mit Hilfe des Bildes 10.26 [10.1] kann man je nach gewähltem Werkzeugwerkstoff den Abstand der Kühlkanäle von der Werkzeugwand bestimmen. Hierzu benötigt man die Werte von λ/l, die Bild 10.24 (unten rechts) entnommen werden können.

Für jeden der beiden möglichen Werkstoffe kann man somit zwei Werte für die Abstände l der Kühlkanäle von der Wand entnehmen und damit die Geraden festlegen. Dies ist in Bild 10.26 durchgeführt und man erhält für die beiden Werkstoffe die erforderlichen Abstände der Kanäle von der Wand. Für einen kleinen Abkühlfehler würden man einen Kühlkanalabstand von b = 30 mm wählen müssen.

10.6 Berechnung der Heizleistung von Werkzeugen für vernetzende Werkstoffe

Bei Werkzeugen für vernetzende Formmassen wird man die Auslegung nur nach der gewünschten Heizzeit vornehmen. Hierfür gibt es Erfahrungswerte, z. B. wird in der Literatur [10.30] 20 bis 30 W/kg Werkzeuggewicht angegeben. Eine Formel hierfür kann ebenfalls angegeben werden.

$$p = \frac{m \cdot c \cdot \Delta T}{t \cdot \zeta} \tag{10.58}$$

Darin bedeuten:

P: zu installierende Heizleistung
m: Masse des zu beheizenden Werkzeuges oder Werkzeugteils
c: spezifische Wärme $c_{\text{Stahl}} = 0{,}48$ kJ/(kgK)
ΔT: Temperaturdifferenz, um die aufgeheizt werden soll
t: Aufheizzeit
ζ: Wirkungsgrad

Es ist möglich, eine detaillierte Rechnung auszuführen, wenn eine genaue Auslegung gefordert wird. Hierfür bieten sich beispielsweise FEM-Programme an. Beispiele finden sich in der Literatur [10.30] bis [10.34] sowie in Abschnitt 10.6.3.

10.7 Thermische Auslegung von Werkzeugen für vernetzende Kunststoffe [10.29]

10.7.1 Wärmehaushalt

Wichtigste Grundlage für eine rechnerische Auslegung der Werkzeugheizung ist die Kenntnis des Wärmehaushaltes, da die Werkzeugtemperaturen bei Elastomeren/Duroplasten 100 °C bis 150 °C höher liegen als bei Thermoplasten. In Anlehnung an [10.11] [10.13], wo für Thermoplastwerkzeuge bei höheren Temperaturen eine Wärmebilanz aufgestellt wird, soll auch hier mit einer Erfassung der Wärmeströme für den quasi stationären Betriebszustand eine Leistungsbilanz aufgestellt werden (Bild 10.32).

Die Bilanzgleichung für das Werkzeug lautet:

$$\dot{Q}_{\text{H}} + \dot{Q}_{\text{F}} - \dot{Q}_{\text{FT}} - \left(\dot{Q}_{\text{LSP}} + \dot{Q}_{\text{S}} + \dot{Q}_{\text{K}}\right) = 0 \tag{10.59}$$

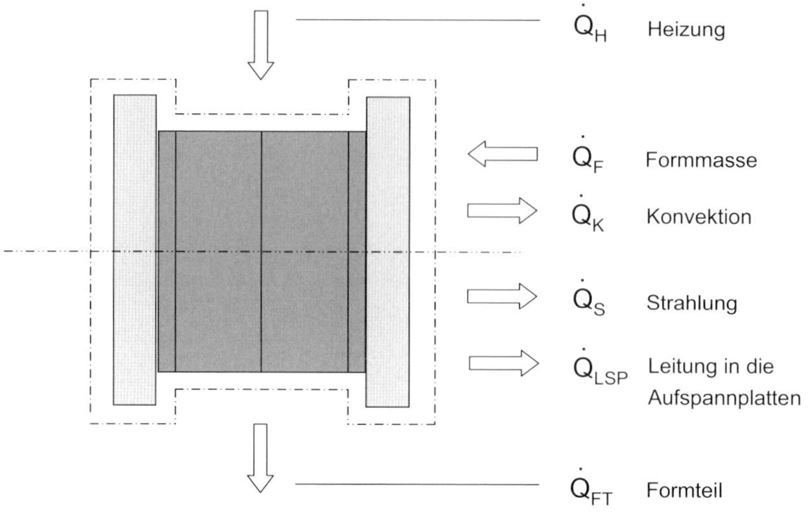

Bild 10.32 Wärmebilanz [10.14]

Fasst man die Terme, $\dot{Q}_S$ und $\dot{Q}_K$ als Verlustwärme $\dot{Q}_V$ und $\dot{Q}_F$ mit $\dot{Q}_{FT}$ zu $\dot{Q}_T$ zusammen, so erhält man eine Aufteilung in drei wichtige Bereiche:

- Wärmeaustausch mit der Umgebung ($\dot{Q}_V$)
- Wärmeaustausch mit dem Formteil ($\dot{Q}_{FT}$)
- Wärmeaustausch mit der Heizung ($\dot{Q}_H$)

Es gilt dann:

$$\dot{Q}_H - \dot{Q}_{FT} - \dot{Q}_V = 0 \qquad (10.60)$$

Zur Bestimmung der Verluste greift man zweckmäßigerweise auf die in [10.12] vorgeschlagene Segmentierung zurück (Bild 10.33). Diese geht von folgenden Annahmen aus:

Die Umgebung der Kavität weist eine konstante Temperatur auf (im Bild dunkel ausgelegt). Gesucht ist nun der Wärmestrom, der sich bei einer vorgegebenen Geometrie einstellt. Dazu wird vorausgesetzt, dass die Segmente nur über die Außenflächen Wärme abgeben können. Diese Vorraussetzung kann aufgrund einer Symmetrieannahme zwischen den Segmenten angenommen werden. Die Qualität dieser Annahme lässt sich weiterhin durch die geometrische Vereinfachung der Symmetrieannahme für jedes Werkzeug einschätzen. Ein Wärmeaustausch der Segmente untereinander ist damit ausgeschlossen. Die Segmente können jedoch aus mehreren Schichten aufgebaut sein, so dass eine außen angebrachte Isolierung mitberücksichtigt werden kann. Da die Verlustwärmeströme und die zugehörigen Temperaturverläufe voneinander abhängen, muss der Wärmestrom iterativ bestimmt werden. In der Berechnung werden Wärmeleitwiderstände benutzt, die jeweils für

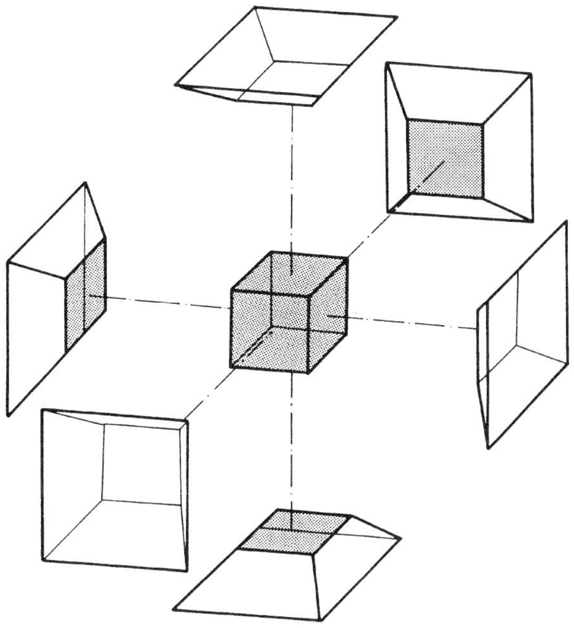

Bild 10.33 Segmentierung des Werkzeuges [10.14]

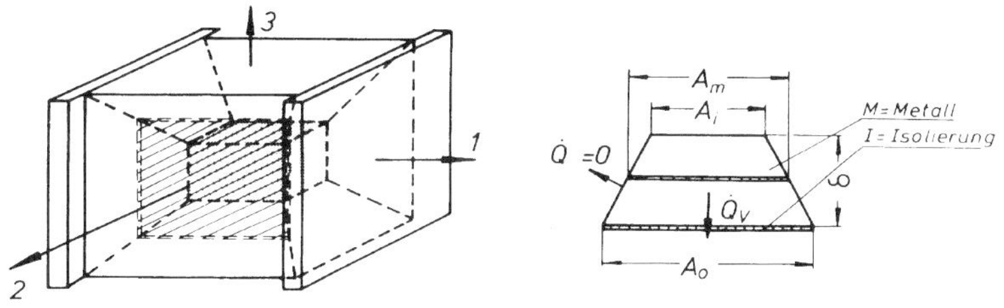

Bild 10.34 Bestimmung der thermischen Verluste [10.14]

ein pyramidenförmiges Segment bestimmt werden. Eine exemplarische Annahme für die Randbedingunge der Segmente zeigt Bild 10.34.

Für den Wärmeleitwiderstand (WLW) des Elementes gilt:

$$\mathrm{WLW} = \frac{1}{A_\mathrm{m}} \cdot \left(\frac{\delta}{\lambda}\right)_\mathrm{Metall} + \frac{1}{A_\mathrm{o}} \cdot \left(\frac{\delta}{\lambda}\right)_\mathrm{Isolierung} \tag{10.61}$$

Für die Wärmeleitung im jeweiligen Element gilt:

$$\dot{Q}_\mathrm{L} = \frac{\vartheta_\mathrm{max} - \vartheta_\mathrm{o}}{\mathrm{WLW}} \tag{10.62}$$

Diese Wärme wird durch Strahlung, Konvektion und Leitung in die Aufspannplatten der Spritzgießmaschine als Verlustwärme abgegeben:

$$\dot{Q}_L = \dot{Q}_V = \dot{Q}_K + \dot{Q}_S + \dot{Q}_A \tag{10.63}$$

wobei gilt:

Wärmeverlust $\dot{Q}_{VS}$ über die Werkzeugseitenflächen je Element:

$$\dot{Q}_{VS} = \alpha_K A_o \left(\vartheta_o - \vartheta_u\right) + A_o \cdot \varepsilon \cdot c_s \left(\left(\frac{T_o}{100} \right)^4 - \left(\frac{T_u}{100} \right)^4 \right) \tag{10.64}$$

Wärmeverlust $\dot{Q}_{VSp}$ über Spannplatten je Element analog zu:

$$\dot{Q}_{VSp} = A_o \beta \left(\vartheta_o - \vartheta_u\right) \tag{10.65}$$

$$\dot{Q}_V = \dot{Q}_{VS} + \dot{Q}_{VSp} \tag{10.66}$$

$$\dot{Q}_K = A_o \cdot \alpha_K \left(\vartheta_o - \vartheta_u\right) \tag{10.67}$$

$$\dot{Q}_V = \dot{Q}_L = \dot{Q}_K + \dot{Q}_S \tag{10.68}$$

Die für jedes Segment errechneten Verluste werden zum Gesamtverlust zusammengefasst. Die Fläche A_m in Gleichung 10.59 wird als Mittelwert eingeführt, wodurch sich für das gesamte Segment ein gleich bleibender mittlerer Wärmeleitwiderstand ergibt. Man kann auch einen variablen Wärmeleitwiderstand als Funktion der Flächen benutzen, der durch Integration über die Höhe des Segments zur Lösung führt [10.35]. Durch die o. g. Vereinfachungen ergeben sich geringfügig abweichende Werte, die aber auf der sicheren Seite liegen. Da die Rechnung mit der einfachen Mittelwertbildung sehr viel unkomplizierter bleibt, ist diese Vorgehensweise vorzuziehen.

Beachtung verdient noch der Wärmeübergangskoeffizient, der für freie Konvektion mit der Oberflächentemperatur und der Werkzeughöhe bestimmt werden kann (Bild 10.35). Die Werkzeughöhe ist die Länge des Werkzeuges in Richtung der Aufspannplatten. Diese hat einen großen Einfluss auf die Thermik, da ein relativ hoher Wärmeanteil von der Oberfläche der abhängigen Werkzeugaußenflächen abgeführt wird. Die verwandten Wärmeübergangsgesetze sind nur zum Teil aus den Erhaltungsgleichungen hergeleitet. Der überwiegende Teil wurde durch empirische Untersuchungen ermittelt [10.3] [10.36].

Im Bereich 0,4 m bis 0,6 m Werkzeughöhe ist ein Übergang der Konvektion von laminar nach turbulent festzustellen. Wenn ein Wärmeübergangskoeffizient von 8 W/(m^2 K) benutzt wird, liegen die errechneten Verluste höher als die realen Werte. Bei größeren Werkzeugen errechnet man dagegen zu kleine Werte, was u. U. zu einer unterdimensionierten Heizung führen kann.

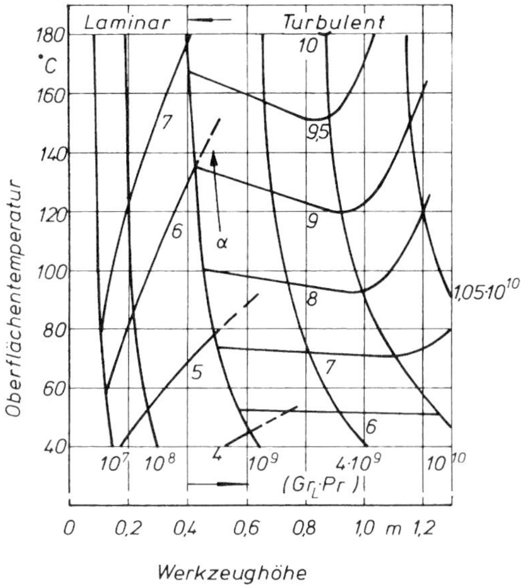

Bild 10.35 Wärmeübergangskoeffizient an vertikalen Flächen [10.14]

Die mit dem Formteil ausgetauschte Energie kann durch eine einfache Rechnung erfasst werden, wenn man annimmt, dass innerhalb der Zykluszeit t_z die Masse des Spritzlings m von Massevorlagetemperatur auf Werkzeugtemperatur gebracht wird. Die spezifische Wärmekapazität wird dabei als Mittelwert angenommen. Die durch die Reaktion freigesetzte Wärme wird bei dieser Betrachtung vernachlässigt (Gleichung 10.67). Diese Vereinfachung ist für Elastomere zulässig, für Duroplaste kann die freigesetzte Wärmemenge allerdings zu einer Temperaturerhöhung von mehreren Grad Celsius führen.

$$\dot{Q}_r = \dot{m} \cdot c_p \cdot \frac{\vartheta_W - \vartheta_M}{t_z} \qquad (10.69)$$

Mit den Wärmeverlusten nach Gleichung 10.63 und 10.64 und der mit dem Formteil ausgetauschten Energie in Gleichung 10.66 liegt nun die über dem Temperiersystem einzubringende Heizleistung fest. Es handelt sich dabei um eine stationäre Größe, mit der das Werkzeug im „thermischen Gleichgewicht“ bleibt. Eine Aussage über die Temperaturverteilung oder das Verhalten des Werkzeugs beim Aufheizen kann auf diesen Abschätzungen nicht aufgebaut werden.

10.7.2 Temperaturverteilung

Bei der Betrachtung der Temperaturhomogenität gilt es in erster Linie, die Annahmen zu bestätigen, unter denen die Verluste bestimmt wurden. Mit dieser Bestätigung können die Wärmeverluste als gesichertes Auslegungskriterium gelten. Einem direkten Zugriff ist dieses räumliche Temperaturfeld nicht zugänglich. Man betrachtet daher Schnitte durch dieses Temperaturfeld und hat somit das dreidimensionale, physikalische Problem in zweidimensionale Modelle überführt. Seit diversen Jahren werden Differenzenverfahren [10.37] und FEM-Programme [10.32] eingesetzt. Beispiele für die Anwendung von FEM-Programmen befinden sich auch in Kapitel 12. Mit einem Differenzenverfahren wurde beispielsweise Bild 10.36 ermittelt.

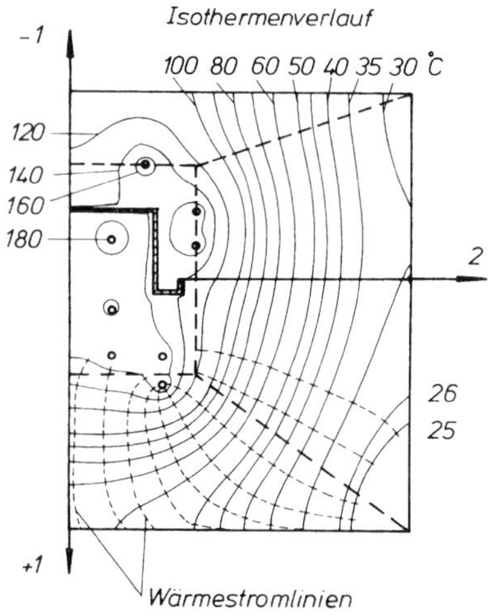

Bild 10.36 Temperaturverlauf im Werkzeug [10.14]
○ Temperierkanal
- - - Segmentierung

Die Kontrolle der Homogenität im Bereich des Formnestes ist ebenfalls mit einer Aufrasterung einer Schnittebene des Werkzeugs durchführbar, die eine Bearbeitung mit Differenzenverfahren ermöglicht. Als Ergebnis erhält man Isothermenverläufe, die nach der Größe der Temperaturdifferenzen in der Formnestwand interpretiert werden. Ungünstig liegende Temperierkanäle können so im vornherein vermieden werden. Auch die Bedeutung einer wirksamen Isolierung kann an diesen Temperaturprofilen gezeigt werden. Diese, ursprünglich für Thermoplastwerkzeuge entwickelte Berechnungsmethode, ist für flüssigtemperierte Werkzeuge vorgesehen. Der ursprünglich hohe Aufwand bei der Eingabe wird bei CAD-Anwendungen durch Netzgeneratoren reduziert, die automatisch die für Differenzenverfahren erforderlichen Gitterstrukturen erzeugen.

Für elektrisch temperierte Werkzeuge sind diese Betrachtungen weniger wichtig, da den zeitlichen Temperaturschwankungen mehr Bedeutung zukommt. Aus diesem Grund und auch aus konstruktiven Überlegungen ordnet man die elektrischen Heizpatronen relativ weit außen an. Dabei ist eine ausreichende Isolierung wichtig, da ansonsten die Betriebstemperatur nur mit enorm hohen Verlusten gehalten werden kann und außerdem von Schwankungen überlagert wird.

Empfehlenswert ist in diesem Fall eine Kontrolle der tatsächlichen Werkzeugtemperatur. Die vielfach noch geübte Praxis, die am Temperaturregler eingestellte Temperatur als die Werkzeugtemperatur anzusehen, reicht mit Sicherheit nicht, da sich Temperaturen einstellen, die bis zu 20 °C von den Vorgabewerten abweichen können [10.39] [10.40].

Eine Temperaturabsenkung von 10 °C kann eine drastische Verringerung des Vernetzungsgrades bewirken. Aus diesem Grund ist eine genaue Kontrolle der Werkzeugtemperatur unerlässlich und eine gute Werkzeugtemperaturregelung zu empfehlen.

10.8 Einfache Abschätzung der unterschiedlichen Wärmeströme an kritischen Stellen

Unsymmetrische Abkühlung über den Querschnitt einer Platte führt zum Verzug und muss daher verhindert werden.

So führen vor allem die Flächenunterschiede an Formteilecken zu erheblichen Unterschieden, zu großen Abkühlgeschwindigkeiten in den Konvexbereichen und niedrigen Abkühlgeschwindigkeiten in den Konkavbereichen des Formteils.

Nach dem Einspritzvorgang erstarrt die Schmelze an den Rändern und das Temperaturmaximum liegt noch in der Mitte. Im Laufe der Zeit erstarrt mehr Schmelze an der Außenseite einer Ecke als an der Innenseite. Der Grund dafür ist, dass an der Konvexseite mehr Wärme abgeführt werden kann als an der Konkavseite des Formteils (Wärmeaustauschflächen sind unterschiedlich groß). In Bild 10.37 ist erkennbar, dass die Restschmelze nicht in der Mitte liegt, sondern zur konkaven Seite wandert, weil diese entsprechend langsamer abgekühlt wird. Gegen Ende der Abkühlung liegt die zuletzt erstarrende Schmelze in der Nähe der Innenseite.

Beim Erstarren der Restschmelze tritt hier ein Materialdefizit auf, da die Schwindung nicht durch nachdrückendes Material ausgeglichen werden kann, d. h. es entstehen Eigenspannungen und die Gefahr von Lunkerbildung. Diese Spannungen werden vom Werkzeug aufgefangen, solange sich das Formteil unter Formzwang befindet.

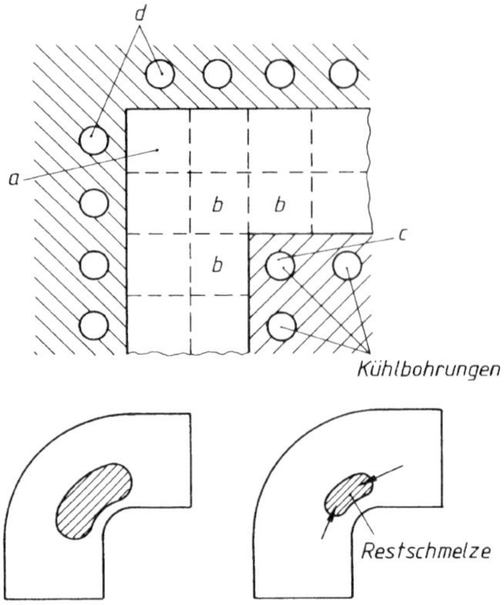

Bild 10.37 Erstarren der Schmelze in einer Formteilecke [10.1]
Im oberen Bild erkennt man, dass dem äußeren Rechteckbereich *a* an der Formteilecke zwei Kühlbohrungen *d* zugeordnet werden können.
Im Innenkonturbereich *b* ist dies nicht möglich; drei Bereichen *b* lässt sich nur eine Kühlbohrung *c* zuordnen. Dementsprechend verlagert sich das Restschmelzebett in Richtung der Innenkontur.

Zum Zeitpunkt der Entformung ändert sich das Kräftegleichgewicht, und es stellt sich im Formteil ein Spannungsgleichgewicht unter Formänderung ein. Diese Formänderung kann sich als Formteilverzug auswirken. In diesem Fall wird die Ecke des Formteils (vgl. Bild 10.37) nach der Entformung einen kleineren Winkel als 90° annehmen. Darüber hinaus können sich neben Lunkern und Einfallstellen auch spontan Risse bilden. Der Verzug lässt sich vermeiden, indem die Restschmelze und damit die Schwindungskräfte in die Symmetrieebene durch Veränderung der Kühlleistungen verlagert werden. Damit entsteht am Querschnitt ein Kräftegleichgewicht, wenn die letzte Erstarrung in der Formteilmitte stattfindet. Um dies zu erreichen, muss die Kühlleistung auf der Konkavseite erhöht werden.

Für eine schnelle empirische Korrektur der Eckenkühlung werden in einem vergrößerten Maßstab die Formteilecke und die vorgegebenen Kühlkanäle auf ein Blatt gezeichnet. Dann wird, wie dies Bild 10.37 zeigt, der Formteilquerschnitt in gleich große Rechtecke mit der Kantenlänge $s/2$ (halbe Wanddicke) und dem Abstand der Kühlbohrungen eingeteilt und zwar so, dass die Fläche beschrieben wird, welche von der Bohrung aus gekühlt werden soll (Kühlsegment). Durch Anpassen und Flächenvergleich werden dann an der Ecke außen entweder die Bohrung eliminiert oder die Bohrungen so verschoben, dass gleiche Abkühlflächen (Bohrungen zu Rechtecken) entstehen.

10.9 Numerische Berechnung zur thermischen Auslegung

Durch den Einsatz von Simulationsprogrammen und aufgrund der Rechenleistung moderner Computer ist man in der Lage, das Temperaturfeld im Spritzgießwerkzeug zu berechnen. Dabei kommen numerische Verfahren zum Einsatz, so dass die *Fouriersche Differentialgleichung* für die Wärmeleitung ohne die in Abschnitt 10.1 vorgestellten Vereinfachungen gelöst werden kann.

$$\rho c_{\mathrm{p}} \frac{\partial T}{\partial t} = \frac{\partial}{\partial x}\left(\lambda \frac{\partial T}{\partial x}\right) + \frac{\partial}{\partial y}\left(\lambda \frac{\partial T}{\partial y}\right) + \frac{\partial}{\partial z}\left(\lambda \frac{\partial T}{\partial z}\right) \tag{10.70}$$

Hierzu werden heute vorzugsweise Algorithmen auf Basis der Finite-Differenzen oder Finite-Volumen Methode verwendet. Die Randbedingungen für die thermische Simulation kann neben der eingebrachten Wärme über den flüssigen Kunststoff vielfältig sein und viele Werkzeugelemente, wie Kühlkanäle, Heizelemente, Heißkanal oder Werkzeugelemente unterschiedlichen Materials, berücksichtigen. Die Komplexität der Simulation kann dabei ein sehr weites Spektrum des Detailierungsgrades von Formteil und Werkzeug abbilden. So können beispielsweise in einem frühen Stadium Simulationen des Formteils mit Anschnittposition durchgeführt werden und stufenlos bis hin zur Abbildung eines komplexen Werkzeugkonzeptes, das jegliche thermisch relevanten Elemente enthält, erweitert werden.

Ergebnisse der Berechnung sind die Temperaturverläufe in Formteil und/oder Werkzeug. Dabei ist zu beachten, dass diese Ergebnisse auf unterschiedliche Arten der Prozessmodellierung gewonnen werden können. Die Möglichkeiten der Prozessmodellierung sind:

- Berechnung eines Spritzgießzyklus
- Berechnung der durchschnittlichen Temperaturverteilung im laufenden Prozess
- Berechnung mehrerer aufeinanderfolgender Zyklen

Bei der Wahl der Prozessmodellierung ist auf Effizienz, Genauigkeit, Komplexität und Rechenzeit zu achten. Für simple Simulationen sowie Prozesse, bei denen eine vergleichsweise homogene Temperaturverteilung im Werkzeug bei Zyklusbeginn angenommen werden kann, kann die Berechnung eines Spritzgießzyklusses sinnvoll sein, da die Rechenzeit dieser Berechnungsmethode die kürzeste darstellt. Wenn hingegen Prozesse betrachtet werden, in denen ein asugeprägtes thermisches Einschwingen des Werkzeuges angenommen werden kann (wie beispielsweise Schnellläuferprozesse), sollte auf die Berechnung mittels durchschnittlicher Temperaturberechnung oder die Berechnung mittels mehrerer Zyklen zurückgegriffen werden. Bei der Berechnung mittels durchschnittlicher Temperaturberechnung wird unter Berücksichtigung der eingebrachten Energie ein quasistationärer thermischer

Zustand des Werkzeuges berechnet, während bei der Multizyklen-Simulation ausgehend von einem homogen temperierten Werkzeug aufeinanderfolgende Spritzgießzyklen berechnet werden. Dabei wird der vorhergehende Zyklus als Ausgangszustand für den Folgezylus verwendet. Mittels letzterer Methode können Anfahrvorgänge oder variierende Zykluszeiten simulativ abgebildet werden. Diese Methode stellt gleichzeitig die Methode mit dem höchsten Rechenaufwand dar.

Der große Vorteil der simulativen Werkzeugauslegung besteht in der Rückkopplung der Werkzeugthermik auf die Formteilqualität. Somit ist es möglich, den Einfluß des komplexen Zusammenspiels zwischen Formteilfüllung, Prozessführung und Werkzeugaufbau auf die Formteilqualität in Form von Fließ- und Erstarrungsverhalten sowie Schwindung und Verzug virtuell zu analysieren und bereits vor der Herstellung von realen Werkzeugen Schwachstellen aufzudecken und zu vermeiden. Ein typischer Aufbau eines vereinfachten Simulationsmodells ist in Bild 10.38 dargestellt.

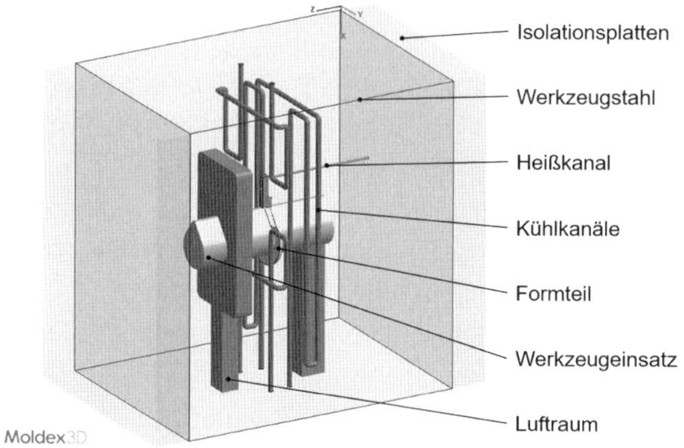

Bild 10.38 Detailliertes Simulationsmodell eines Spritzgießwerkzeuges

10.9.1 Thermische Formteilsimulation

Ausgehend von der Formteilgeometrie sowie einer definierten Anschnittposition können bereits in einem frühen Stadium des Entwicklungsprozesses Simulationen zum Füllverhalten (vgl. Abschnitt 16.2) sowie zur thermischen Betrachtung des Formteils durchgeführt werden. Simulationen, die lediglich Formteil und Anschnittposition berücksichtigen, stellen den einfachsten und schnellsten Detaillierungsgrad der Spritzgießsimulation dar. Dabei wird als Vereinfachung eine einheitliche Wandtemperatur angenommen. Zu beachten ist, dass bei einer solchen Simulation kein Einfluss der eingebrachten Energie auf den Werkzeugstahl abgebildet wird (vgl. Abschnitt 10.5). Diese Vereinfachung ist, bezogen auf das Aufheizverhalten des Werkzeuges an kavitätsnahen Bereichen, nur bedingt haltbar und setzt somit eine sehr effiziente und homogene Temperierung voraus. Dieser Detaillierungsgrad ermöglicht jedoch bereits eine Identifikation kritischer Bereiche für die thermische Werkzeugauslegung auf Basis des untersuchten Formteils.

Die Simulationen des Formteils können mittels unterschiedlicher Netzmethoden durchgeführt werden. Abhängig von Formteilgeometrie und Detaillierungsgrad können verschieden Netzmethoden in der Simulation verwendet werden. Diese unterscheiden sich in der Art der Modellierung und somit auch in der Art der Netzgenierung sowie im Aufwand der Modellerstellung und der Rechenzeit, die zur Berechnung der Ergebnisse benötigt wird vgl. Abschnitt 16.2.8.

Die unterschiedlichen Netzmethoden sind:

- Mittelflächenmodell
- Dual-Domain/Oberflächenmodell
- 3D-Netz

Bei einem Mittelflächenmodell wird das Formteil durch dessen Mittelflächen beschrieben und eine zwei-dimensionale Lösung berechnet. Die dritte Dimension wird dabei über die Formteildicke parametrisiert.

Zur Diskretisierung mittels Dual-Domain Netz werden die Oberflächen des Formteils zur Diskretisierung verwendet und die dritte Dimension über die Abstände der Oberflächen parametrisiert.

Bei der Verwendung eines Mittelflächenmodells sowie eines Dual-Domain-Modells werden vereinfachte Modellgleichungen basierend auf einer zweidimensionalen Problembeschreibung zur Lösung des Problems verwendet. Einerseits verringert sich der manuelle Aufwand der Modellierung sowie der Netzerzeugung andererseits kann somit die Rechenzeit reduziert werden. Durch diese Art der Modellbildung werden jedoch drei-dimensionale Effekte der Strömung in Dickenrichtung vernachlässigt. Somit sind diese Verfahren nicht in der Lage, Effekte wie beispielsweise Freistrahlbildung oder die Füllung bei Formteilabschnitten mit sehr großen Wanddicken hinreichend genau abzubilden.

Die komplexeste Diskretisierungsmethode stellt die Vernetzung mittels 3D-Netz dar. Bei dieser wird das Formteil durch ein dreidimensionales Netz mit Freiheitsgraden in allen Koordinatenrichtungen abgebildet und die Modellgleichungen werden für ein dreidimensionales System gelöst. Dadurch können beispielsweise dreidimensionale Strömungsvorgänge, wie Freistrahlbildung oder große Wanddickensprünge, abgebildet werden. Besonders für Formteile mit hohen Wanddicken und komplexen Geometrien, ist diese Art der Modellierung zu wählen. Eine solche Diskretisierung ist im Vergleich zu der Diskretisierung mittels Mittelflächenmodell oder Dual-Domain-Modell jedoch stets mit einem erhöhten Modellierungsaufwand sowie erhöhten Rechneranforderungen und Rechenleistung verbunden. Neben der Rechenzeit kann bei dieser Diskretisierung auch die Bereitstellung von ausreichend Arbeitsspeicher eine Limitierung darstellen.

Betrachtet man die im Spritzgießen üblichen Formteilgeometrien mit großen Fließweg-Wanddickenverhältnissen, so kann mittels Mittelflächen- oder Dual-Domain-Modellen bereits ein sehr gutes Ergebnis erzielt werden, weshalb diese Methode sehr weit verbreitet sind.

Werden hingegen Formteilgeometrien betrachtet, bei deren Füllung keine Strömungsprofile auftreten, die durch die vereinfachte Diskretisierung nicht hinreichend genau abgebildet werden können, empfiehlt sich eine 3D-Diskretisierung. Typische Effekte, bei denen eine 3D-Diskretisierung eine genauere Abbildung ermöglicht sind beispielsweise Freistrahlbildung, Lufteinschlüsse oder Bindenähte in dickwandigen Bereichen sowie die Anströmung von Werkzeugkernen oder Einlegeteilen.

Mithilfe der Spritzgießsimulation kann somit eine detaillierte und realitätsnahe Vorhersage des Formgebungsprozesses erreicht werden, wodurch die resultierende Bauteilqualität bereits vor Fertigung von Versuchswerkzeugen bewertet und optimiert werden kann.

Die Auswertung der berechneten Ergebnisse erfolgt üblicherweise gemäß der Prozessschritte im Spritzgießprozess. Im Folgenden sind wichtige Ergebnisse sowie deren Verwendung zur Bewertung des Prozesses und der Formteilqualität dargestellt:

- *Fließfront/Füllzeit:*
  Der Verlauf der Kavitätsfüllung wird über der Zeit dargestellt, wodurch der Strom der flüssigen Kunststoffschmelze nachvollzogen werden kann. Dadurch kann die Füllung insbesondere hinsichtlich der Homogenität der Füllung (Gleichmäßige Füllung der Kavitätsbereiche) oder der Entstehung von Bindenähten und Lufteinschlüssen bewertet werden. Dieses Ergebnis bitete weiterhin den größten Mehrwert für die Bewertung der Anschnittposition.
- *Fülldruck/Druckverlust:*
  Die Druckverteilung wird über der Zeit dargestellt. Anhand dieses Ergebnisses kann bewertet werden, welcher Druckverlauf bei der Formteilfüllung entsteht und in welchen Bereichen dieser Auftritt. Daraus kann insbesondere die Kavitätsgeometrie hinsichtlich der Füllung bewertet werden und Optimierungspotenziale für Formteilbereiche aufgedeckt werden. Weiterhin kann anhand dieser Größe die notwendige Einspritzleistung abgeschätzt werden.
- *Temperatur:*
  Die Temperaturverteilung wird über der Zeit dargestellt und somit über der aktuellen Füllung. Anhand der Temperaturverteilung kann einerseits, die Abkühlung der Schmelze während der Füllphase bewertet werden, wodurch frühzeitige Erstarrung und damit verbundene Füllprobleme identifiziert werden können. Andererseits kann anhand der Temperaturverteilung die thermische Belastung der Kunststoffformmasse durch beispielsweise Scherung analysiert werden.

- *Geschwindigkeit/Schergeschwindigkeit:*
  Die Geschwindigkeit/Schergeschwindigkeit wird über der Zeit dargestellt. Dieses Ergebnis ermöglicht eine Bewertung der mechanischen Belastung auf die Kunststoffschmelze. Anhand der zulässigen Grenzwerte für den spezifischen Kunststoff kann die Füllung analysiert werden, um Materialschädigung oder Phänomene wie Entmischung zu vermeiden.

Während bei der Füllphase die strömungsmechanischen Vorgänge die Qualität des Formteils sowie die Prozessführung beeinflussen, treten in der Nachdruck- und Kühlphase die thermischen Vorgänge in den Vordergrund. Insbesondere die folgenden Ergebnisse dienen dem Verständnis der thermischen Vorgänge im Spritzgießprozess.

- *Temperatur (Formteil):*
  Die Temperaturverteilung wird über der Zeit dargestellt. Anhand der Temperaturverteilung kann die Homogenität der Formteilkühlung bewertet werden, die maßgeblich Einfluss auf die Schwindung und somit den Formteilverzug hat. Weiterhin kann anhand der Temperaturverteilung die Nachdruckwirkung untersucht werden sowie die Siegelzeit bestimmt werden. Dadurch kann die notwendige Nachdruckzeit bestimmt werden. Darüber hinaus, kann der Entformungszeitpunkt durch vorgabe der notwendigen Erstarrung im Formteil identifiziert werden. In den gängingen Simulationstools kann weiterhin eine Auswertung der Temperatur in der Formteilmitte sowie der aktellen Randschichtdicke erfolgen, wodurch dies genannten Analysen deutlich vereinfacht werden.
- *Temperatur (Werkzeug):*
  Wird die Thermik im Spritzgießwerkzeug berechnet, kann das Kühlkanallayout hinsichtlich seiner Funktionalität untersucht werden, indem die resultierenden Temperatur innerhalb des Spritzgießprozesses berechnet werden. Dies bietet die Möglichkeit kritische Werkzeugbereiche zu identifizieren, in denen keine hinreichende Kühlung vorgesehen wurde. Kritische Bereiche sind beispielsweise die Angusssituation bei Verwendung eines Heißkanals oder die Temperierung in einem Werkzeugkern, der durch zyklische Wärmeeinbringung übermäßig erwärmt wird.

10.9.2 Simulation von Temperierkanälen

Sind im Spritzgießwerkzeug ausgeprägte Einflüsse der Temperierung auf die Formnesttemperatur zu erwarten, die nicht durch eine einheitliche Wandtemperatur approximiert werden können, stellt die Abbildung von Kühlkanälen einen weiteren Detaillierungsgrad dar. Dabei können Kühlkanäle parametrisiert modelliert werden, d. h. es wird eine Modellierung über Punkte und Linien durchgeführt, denen im Anschluss eine Dicke zugewiesen wird. Diese Art der Modellierung ist besonders effizient, da einerseits der Modellierungsaufwand gering ist somit Modifikationen schnell durchgeführt werden können und andererseits eine Modellierung der Geometrie über 1D-Elemente durchgeführt werden kann, was zu einer reduzierten Rechenzeit führt. In aktuellen Simulationstools werden zu diesem Zweck Softwareassistenten zur Verfügung gestellt, die ein Kühlkanallayout (zumindest für ebene Kanalanordnungen) automatisch erzeugen lassen. Dieses Hilfsmittel kann effizient dazu verwendet werden, ein Ausgangslayout zu definieren, das anschließend iterativ optimiert werden kann.

Weiterhin besteht die Möglichkeit, dreidimensionale Geometrien für die Modellierung der Kühlkanäle zu verwenden. Dies ermöglicht eine deutlich größere Gestaltungsfreiheit für das Kühlkanallayout, wodurch beispielsweise konturnahe Kühlkanäle oder additiv gefertigte Kühlkanalgeometrien abgebildet werden können.

Werden Kühlkanäle für die Simulation modelliert, so muss zwangsläufig ein Werkzeugkörper modelliert werden, der Formteil und Kühlkanäle umfasst. Die Modellierung des Werkzeugkörpers kann automatisiert über die Erstellung eines kompakten Werkzeugkörpers erfolgen (vgl. Bild 10.38) oder in einem beliebigen Detaillierungsgrad über die CAD-Geometrien der Werkzeugelemente erfolgen. Dieser Detaillierungsgrad muss erneut in jedem Entwicklungsstadium mit Rücksicht auf Effizienz und Genauigkeit angepasst werden.

Eine weitere Möglichkeit, komplexere Prozesse abzubilden, bietet die Abbildung der dynamischen Werkzeugtemperierung. Dabei kann simulativ eine variierende Temperiermitteltemperatur abgebildet werden und der Einfluss auf die Temperaturverteilung am Formteil und im Werkzeug berechnet werden.

Üblicherweise werden in der Simulation Strömungseffekte im Kühlkanal vernachlässigt und einheitliche Temperaturen und Wärmeübergangskoeffizienten verwendet. Darüber hinaus besteht die Möglichkeit, das Strömungsfeld im Kühlkanal zu berechnen und den Einfluss der Strömung auf die Thermik in Form von Wärmeübergangskoeffizienten zu berücksichtigen. In Bild 10.39 ist exemplarisch die berechnete Strömungsgeschwindigkeit in einem einfachen Kühlkanalsystem dargestellt. Ausgehend von den lokalen Strömungsgeschwindigkeiten, die sich besonders an Umlenkungen verändern werden die lokalen Wärmeübergangs-koeffizienten berechnet und der virtuelle Wärmeaustausch optimiert.

Eine Berechnung der Strömungsgeschwindigkeit bietet sich insbesondere für komplexe Kühlkanäle an, bei denen nicht von einheitlichen Strömungsgeschwindigkeiten ausgegangen werden kann. Dies kann beispielsweise durch eine komplexe Führung eines Kühlkanals oder durch variierende Kühlkanalquerschnitte entstehen, bei denen in Umlenkungen hohe Druckverluste sowie nicht konzentrische Strömungsgeschwindigkeiten oder bei variierenden Kühlkanalquerschnitten hohe Änderungen der durchschnittlichen Strömungsgeschwindigkeiten entstehen. Die veränderten Strömungseigenschaften erzeugen dabei eine Veränderung des Wärmeübergangs zwischen Kühlkanal und Werkzeugstahl und somit einen Einfluss auf das Kühlverhalten.

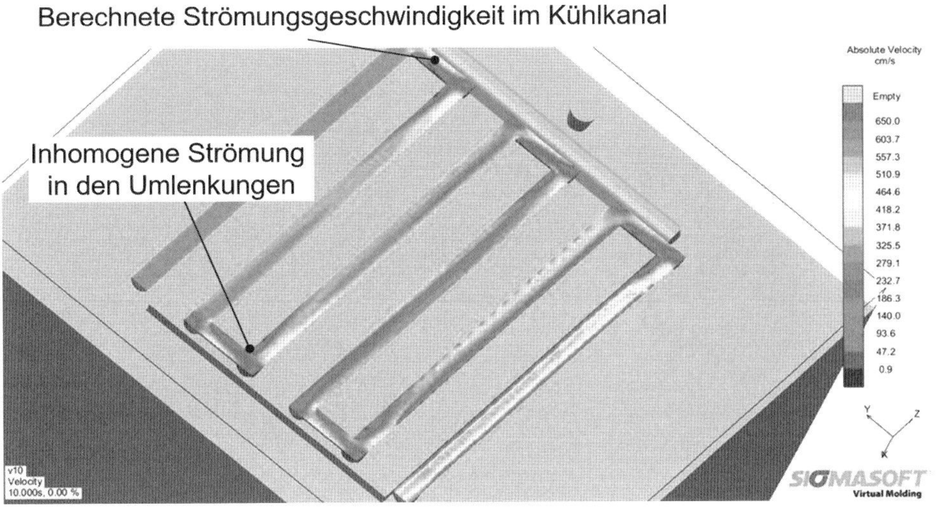

Bild 10.39 Simulation der Kühlkanalströmung zur Berechnung der lokalen Wärmeübergangskoeffizienten

Weiterhin wird diese Problematik durch hohe Temperaturdifferenzen verstärkt, wodurch diese Modellierung weiterhin für Werkzeuge mit hohen Temperaturunterschieden empfohlen ist.

10.9.3 Simulation von Heizelementen

Bei komplexeren Werkzeugkonzepten für Präzisionsbauteile oder dynamisch temperierte Werkzeuge ist eine Modellierung und Berücksichtigung von Heizelementen, wie Heizpatronen, Wendelpatronen oder keramischen Heizelementen, notwendig. Eine Berücksichtiung solcher Bauelemente in der Spritzgießsimulation ist über die Definition diverser Randbedingungen umsetzbar. Dazu können Heizelemente über eine definierte Temperatur, Leistungsaufnahme oder einen Wärmestrom beschrieben werden. Neben vordefinierten Elementen bieten diese Modellierungsmöglichkeiten den Vorteil, eine Modellierung von noch nicht vordefinierten Elementen mittels Ersatzmodellen zu erzeugen.

Zur Abbildung der Heizlemente werden diese mittels CAD-Daten in die Software importiert und vernetzt. Anschließend können die Randbedingungen an der Geometrie definiert werden und die Prozesssteuerung dieser Randbedingungen eingestellt werden. Dabei kann einerseits eine zeitliche Steuerung dieser Randbedingnungen vorgenommen werden sowie eine Steuerung über ein Messelement, wie beispielsweise einen virtuellen Temperatursensor, implementiert werden. Weiterhin kann dadurch sogar eine Regelung mittels eines Reglers (wie z. B. P-Regler oder PI-Regler) virtuell umgesetzt werden. Ein solches Modell ist in Bild 10.40 dargestellt.

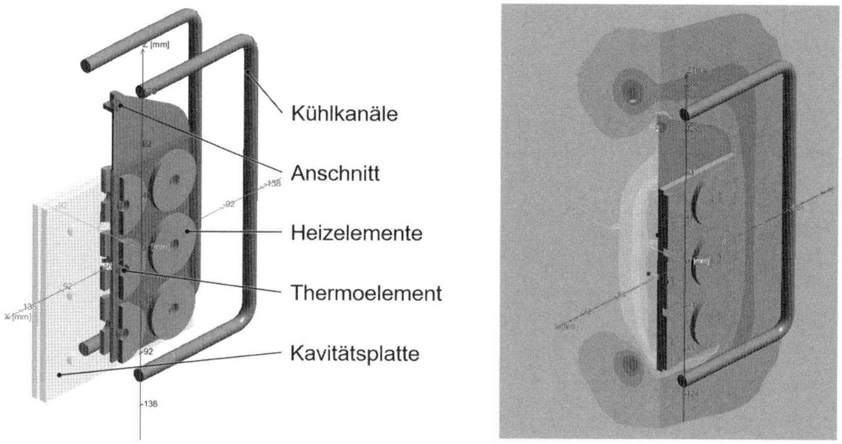

Bild 10.40 Modellierung eines Werkzeugkonzeptes mit Kühlkanälen und Heizelementen

Anschließend kann der thermische Werkzeugzustand unter Berücksichtigung komplexer Temperiergeometrien und komplexer Prozessteuerung berechnet werden.

10.9.4 Simulation von Werkzeugelementen

Wie bereits erwähnt, lässt sich die Komplexität des Simulationsmodells und somit der Detaillierungsgrad des Werkzeuges sowie des Prozesses stufenlos bis zur Abbildung kleinster Elemente steigern. Dadurch kann die Simulationsqualität und die Analysequalität der virtuellen Auslegung weiterhin gesteigert werden.

Die Simulation ermöglicht die Berücksichtigung diverser Materialpaarungen und Werkzeugelemente. Somit besteht die Möglichkeit, jedes thermisch relevante Element eines Werkzeuges, wie Zwischenplatten, Einsätze, Kerne, Heißkanalsystem bis hin zu Lufthohlräumen unter Berücksichtigung des spezifischen Materials, zu modellieren und deren Einfluss auf die Temperaturverteilung im Spritzgießprozess zu untersuchen. Somit können kritische Bereiche identifiziert werden, wo beispielsweise ein zu niedriges Kühlpotenzial vorliegt oder Temperaturerhöhungen nicht kompensiert werden können [10.42].

Ein Beispiel zum Einfluss der Trennebene auf den Wärmefluss ist in Bild 10.41 verdeutlicht. Die Trennebene stellt eine Einschränkung des Wärmeübergangs zwischen Angussseite und Schließseite dar. Während der Einspritz- und Kühlphase ist das Werkzeug geschlossen und eine Wärmeleitung zwischen den Werkzeughälften ist gegeben. Ist das Werkzeug geöffnet, findet keine Wärmeleitung zwischen den Werkzeughälften statt, sondern ein konvektiver Wärmetransport mit der Umgebung. In Bild 10.41 sind die Temperaturverteilungen für einen Werkzeugeinsatz mit und ohne Modellierung der Trennebene dargestellt. Wie dargestellt, resultiert aus der

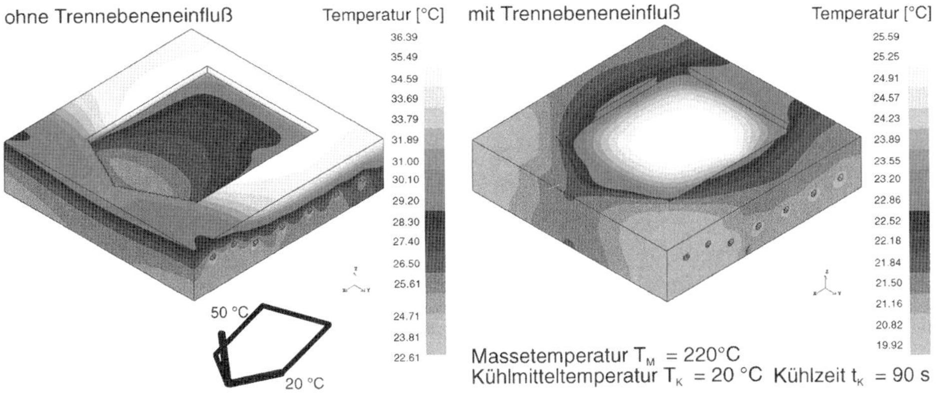

Bild 10.41 Einfluss der Trennebene auf die Werkzeugwandtemperatur [10.27]

Berücksichtigung der Trennebene eine deutlich niedrigere Oberflächentemperatur. Dies ist zurückzufühen auf die konvektive Kühlung bei Werkzeugöffnung sowie einen reduzierten Energieeintrag durch die Angussseite.

Literatur Kapitel 10

[10.1] *Schürmann, E.:* Abschätzmethoden für die Auslegung von Spritzgießwerkzeugen. Dissertation an der RWTH Aachen, 1979.

[10.2] *Baehr, H. D.; Stephan, K.:* Wärme- und Stoffübertragung. Springer. Berlin, Heidelberg, New York, 2004.

[10.3] *Kneer, H.:* Wärme- und Stoffübertragung. Vorlesungsumdruck RWTH Aachen, 2016.

[10.4] *Kretzschmar, O.:* Rechnerunterstützte Auslegung von Spritzgießwerkzeugen mit segmentbezogenen Berechnungsverfahren. Dissertation an der RWTH Aachen, 1985.

[10.5] *Wübken, G.:* Einfluß der Verarbeitungsbedingungen auf die innere Struktur thermoplastischer Spritzgußteile unter besonderer Berücksichtigung der Abkühlverhältnisse. Dissertation an der RWTH Aachen, 1974.

[10.6] *Beese, U.:* Experimentelle und rechnerische Bestimmung von Abkühlvorgängen beim Spritzgießen. Unveröffentlichte Arbeit am IKV, Aachen, 1973.

[10.7] *Döring, E.:* Ermittlung der effektiven Temperaturleitfähigkeiten beim Spritzgießen von Thermoplasten. Unveröffentlichte Arbeit am IKV, Aachen.

[10.8] *Menges, G.; Hoven-Nievelstein, W. B.; Schmidt, W. Th.:* Handbuch zur Berechnung von Spritzgießwerkzeugen. Verlag Kunststoff Information, Bad Homburg, 1985.

[10.9] *Gröber, H.; Erk, S.; Grigull, U.:* Die Grundgesetze der Wärmeübertragung. Springer Verlag, Berlin, Göttingen, New York, 1988.

[10.10] *Carlslaw, H.; Jaeger, J. C.:* Conduction of heat in solids, Oxford Science Publications, Oxford, 1986.

[10.11] *Catic, I.:* Wärmeaustausch in Spritzgießwerkzeugen für die Plastomerverarbeitung. Dissertation an der RWTH, Aachen, 1972.

[10.12] *Kretzschmar, O.:* Auslegung der Temperierung von Spritzgießwerkzeugen für erweiterte Randbedingungen. Unveröffentlichte Arbeit am IKV, Aachen, 1981.

[10.13] *Wübken, G.:* Thermisches Verhalten und thermische Auslegung von Spritzgießwerkzeugen. Technisch-wissenschaftlicher Bericht, IKV, Aachen, 1976.

[10.14] *Paar, M.:* Auslegung von Spritzgießwerkzeugen für vernetzende Formmassen. Dissertation an der RWTH Aachen, 1973.

[10.15] *Buschhaus, F.:* Automatisierung beim Spritzgießen von Duroplasten und Elastomeren. Dissertation an der RWTH Aachen, 1982.

[10.16] *Kamal, M. R.; Sourour, S.:* Kinetics and Thermal Characterization of Thermoset Cure. Polymer Engineering Science 13 (1973).

[10.17] *Murray, P.; White, J.:* Kinetics of the Thermal Decomposition of Clay. Transaction of the British Ceramic Society 48, S. 187–206 (1949).

[10.18] *Nicolay, A.:* Untersuchung zur Blasenbildung in Kunststoffen unter besonderer Berücksichtigung der Rißbildung. Dissertation an der RWTH Aachen, 1976.

[10.19] *Prömper, E.:* DSC-Untersuchungen der Härtungsreaktion bei Phenolharzen. Unveröffentlichter Bericht am IKV, 1983.

[10.20] *Heide, K.:* Dynamische thermische Analysemethoden. Deutscher Verlag für die Grundstoffindustrie, Leipzig, 1979.

[10.22] *Beitz, W.; Grothe, K.-H.:* Dubbel – Taschenbuch für den Maschinenbau. Springer Verlag, Berlin, Heidelberg, New York, 1997.

[10.23] *Bohl, W.:* Technische Strömungslehre. Vogel Verlag, Würzburg, 1994.

[10.24] *VDI (Hrsg.):* VDI-Wärmeatlas. Springer, Berlin, Heidelberg, 1997.

[10.25] *Jonas, R.; Schlüter, H.; Braches, E.; Thienel, P.; Bangert, H.; Schürmann, E.:* Spritzgerechtes Formteil und optimales Werkzeug. 9. Kunststofftechnisches Kolloquium (IKV) in Aachen 8.–10. März 1978.

[10.26] *N. N.:* Thermische Werkzeugauslegung. Anwendungstechnische Information ATI 892. Bayer AG, 1993.

[10.27] *Temesvary, L.:* Mold cooling: key to fast molding. Modern Plastics Bd. 44 (1966) 12, S. 125–128 und 196–198.

[10.28] *Westhoff, R.:* Innovative Techniken der Werkzeugtemperierung – Hilfe bei der Senkung von Stückkosten. In: Kostenreduktion durch innovatives Spritzgießen, VDI Verlag, Düsseldorf, 1997.

[10.29] *Paar, M.:* Auslegung von Spritzgießwerkzeugen für vernetzende Formmassen. Dissertation an das RWTH Aachen 1973.

[10.30] *Keller, W.:* Spezielle Anforderungen an Werkzeuge für die Duroplastverarbeitung. Kunststoffe 78 (1988) 10, S. 978–983.

[10.31] *Weyer, G.:* Automatische Herstellung von Elastomerartikeln im Spritzgießverfahren. Dissertation an der RWTH Aachen, 1987.

[10.32] *Ehrig, F.:* Möglichkeiten der thermischen Auslegung von Duroplastwerkzeugen am Beispiel eines Kaltkanalverteilers. Umdruck zur 7. Internationalen Duroplasttagung, Würzburg, 1996.

[10.33] *Maaß, R.:* Die Anwendung der statistischen Versuchsmethodik zur Auslegung von Spritzgießwerkzeugen mit Kaltkanalsystem. Dissertation an der RWTH Aachen, 1995.

[10.34] *Diemert, J.:* Einsatz physikalisch gestützter Prozeßmodelle zur Verbesserung der Qualitätsüberwachung beim Elastomerspritzgießen, 1997 Unveröffentlichte Arbeit am IKV, Aachen.

[10.35] *Feichtenbeiner, H.:* Auslegung eines Spritzgießwerkzeuges mit 4fach-Kaltkanalverteiler für Elastomerbauteile. Unveröffentlichte Diplomarbeit Arbeit am IKV, Aachen, 1983.

[10.36] *Delpy, U.; Wintergerst, S.:* Spritzgießen mit veränderlicher Werkzeugtemperatur. Umdruck zum 2. Stuttgarter Kunststoffkolloquium, 1971.

[10.37] *Lichius, U.:* Rechnerunterstützte Konstruktion von Werkzeugen zum Spritzgießen von thermoplastischen Kunststoffen. Dissertation an der RWTH Aachen, 1983.

[10.38] *Rauscher, W.:* Praktische Überprüfung von Rechenmodellen zur thermischen Auslegung von Elastomerwerkzeugen. Unveröffentlichte Studienarbeit am IKV, Aachen, 1984.

[10.39] *Rellmann, J.:* Inbetriebnahme eines Duroplastspritzgießwerkzeugs. Unveröffentlichte Studienarbeit am IKV, Aachen, 1984.

[10.40] *N. N.:* Produktinformation Marlotherm LH, Sasol, Olefins & Surfactants GmbH, 2006.

[10.41] *Schneider, Ch.:* Das Verarbeitungsverhalten von Elastomeren im Spritzgießprozess. Dissertation an der RWTH Aachen, 1986.

[10.42] *Allert, S.; Schwittay, V.:* Den Verzug im Griff. Kunststoffe 106 (2016) 12, S. 66–68.

11 Temperierkonzepte

Die Temperierung des Spritzgießwerkzeuges leistet einen essentiellen Beitrag zu einer wirtschaftlichen Produktion, beeinflusst aber in hohem Maße auch die erreichbaren Formteilqualitäten. Aus technologischer Sicht stellt sich damit bei der Temperierung stets die Frage nach einer möglichst einfachen Lösung, die geringe Kosten verursacht, jedoch ausreichend dimensioniert und umgesetzt ist, um die erforderlichen Kühlraten und Abkühlung des Formteils sicherzustellen.

Im Folgenden werden gebräuchliche Ansätze für eine effiziente Werkzeugtemperierung vorgestellt. Dabei steht dem Konstrukteur stets die Möglichkeit offen für seinen Anwendungsfall eine Variation oder gänzlich alternative Temperierung einzusetzen.

Das Kapitel gliedert sich in Temperierlösungen für Kerne und großflächige Bereiche. Außerdem wird die konturnahe Temperierung dargestellt und der klassische Eckenverzug thematisiert. Weitere Aspekte umfassen die Beheizung z. B. für Duroplastwerkzeuge und die Vorstellung möglicher Temperiergeräte.

11.1 Praktische Ausführung der Kühlkanäle

11.1.1 Temperiersysteme für Kerne und rotationssymmetrische Formteile

Es bereitet erhebliche Schwierigkeiten, den spezifischen Wärmestrom in allen Formteilbereichen den Erfordernissen anzupassen und in kritischen Werkzeugbereichen sicherzustellen. Ein charakteristisches Beispiel für schwer zugängliche Werkzeugpartien stellen vom Formteil umgebene schlanke Werkzeugkerne dar. Bei derartigen Kernen wird oft in Unkenntnis der gravierenden Folgen (Kühlzeitverlängerung) oder aus Fertigungsgründen auf eine besondere Kühlung verzichtet. Die Kühlung kann nur vom Werkzeugkörper über die Befestigung des Kerns erfolgen. Mit abnehmenden Nebenzeiten der Maschinen und der sich verringernden Möglichkeiten der Kernkühlung während der formteillosen Zeit wird sich dieser ungekühlte Kern aufheizen.

Hieraus folgen störende, progressiv zum Kernfuß hin fallende Wandtemperaturen. Die sich einstellende hohe Temperaturdifferenz zwischen Werkzeugwand- und Temperiermitteltemperatur verschlechtert das dynamische Verhalten und führt zu so genannten *Hot-Spots*. Die prinzipiellen Zusammenhänge zur Beschreibung dynamischer Vorgänge sind in [11.1] [11.3] dargestellt.

Wegen der möglichen Zykluszeitverlängerung können ungekühlte Kerne zur Produktionsblockierung und insbesondere zu minderwertigen Formteilqualitäten führen. Dies wird besonders deutlich bei Kernen mit quadratischem oder rechteckigem Querschnitt. Hier ist ein Einfallen bzw. Verziehen der Seitenwände bei ungekühlten Kernen kaum zu vermeiden. Aus diesen Gründen sollten möglichst immer Kernkühlungen vorgesehen werden. Es bieten sich dazu die nachfolgenden Möglichkeiten abhängig vom Kerndurchmesser bzw. von der Kernbreite an (Bild 11.1).

Kühlung über Gase

Bei sehr kleinen Durchmessern bzw. Breiten ist oft nur eine Temperierung mit Luft möglich. Alternativ kann auch die Verdampfungsenthalpie von leicht flüchtigen Gasen, wie z. B. CO_2 zur intensiven Kühlung genutzt werden [11.14]. Die Kerne können dabei entweder während der formteillosen Zeit von außen angeblasen (Luft) oder durch Durchströmen einer zentralen Bohrung mit Luft oder z. B. CO_2 von innen her gekühlt werden. Durch gezielte Steuerung können mittlerweile auch die Temperaturen relativ reproduzierbar eingestellt werden (Bild 11.1 a).

Die CO_2-Temperierung ist eine Zusatztemperierung und wird vor allem in sehr kleinen, für flüssige Medien oder andere Temperiermethoden unzugänglichen Bereichen angewendet. So können Kerne mit einem Außendurchmesser von minimal 2 mm gekühlt werden, was bei Wassertemperierung extrem hohe Druckverluste zur Folge haben und eine sehr hohe Wasserqualität voraussetzen würde.

Weiterhin ist die CO_2-Kühlung auch für die separate Temperierung dickwandiger Formteilbereiche einsetzbar und kann oft nachträglich in bestehende Werkzeuge integriert werden. Das flüssige und unter Druck stehende CO_2 gelangt – angepasst an den Zyklus – über Ventile und Kapillarröhrchen pulsierend in den Expansionsraum und verdampft dort aufgrund des Druckabfalls.

Zur Temperierung des Spritzgießwerkzeugs wird die Verdampfungsenthalpie des CO_2 genutzt, die dem Spritzgießwerkzeug entzogen wird. Zur Regelung der Kühlung wird die Gaszufuhr getaktet, so dass eine gezielte Einstellung der Werkzeugoberflächentemperatur ermöglicht wird. In der Praxis zeigt sich, dass für eine wirtschaftliche Kühlung die notwendigen CO_2-Mengen so gering sind, dass ein Auffangen und Rückführen des Gases meist nicht sinnvoll ist [11.14].

Da der Einsatz von CO_2 aufgrund eventueller Umweltauflagen nicht unbegrenzt umgesetzt werden kann, lassen sich auch alternative Gase (z. B. Stickstoff oder Wasserdampf) oder Temperiermittel (z. B. Kältemittel R404a) einsetzen. Insbesondere geschlossene Systeme bieten sich an, sodass keine Emissionen auftreten [11.13].

Für die CO_2-Temperierung wird folgende Anlagentechnik benötigt:

- CO_2-Druckbehälter (Drucktank, Flaschenbündel oder Druckflasche)
- Evtl. Überdruckventil und Manometer
- Verteilerblock mit Ventilen
- Zuleitungen, Kapillarröhrchen
- Evtl. Steuergerät mit separatem Startsignal oder Schnittstelle zur Maschine

Andere Kernkühlungen

Alternativ kann die Kühlung schlanker Kerne durch Einsätze aus Werkstoffen mit hoher Wärmeleitfähigkeit (z. B. Cu, BeCu oder auch hochfeste W-Cu-Sinterwerkstoffe) (Bild 11.1 b) erfolgen. Die Einsätze werden mit Presssitz eingesetzt und ragen mit ihrem Fuß, der einen möglichst großen Querschnitt hat, in einen Temperierkanal.

Bei größeren Kerndurchmessern können auch Kühlfinger eingesetzt werden. Dabei wird das Temperiermedium durch ein Steigrohr in ein Sackloch im Kern gefördert. Die Durchmesser (Steigrohr und Sackloch) müssen so aufeinander abgestimmt werden, dass sich ein gleicher Fließwiderstand in Außen- (Sackloch) und Innenrohr (Steigrohr) ergibt. Hierzu sollten der Innen- und Außendurchmesser im Verhältnis $d_i/d_a = 0{,}5$ stehen. Die kleinsten bisher realisierbaren Steigrohre stellen Injektionsnadeln mit einem Außendurchmesser von 1,5 mm dar. Damit das System bei diesem Durchmesser jedoch einwandfrei arbeitet, sind besondere Anforderungen an den Reinheitsgrad des Temperiermediums zu stellen. Die Kühlfinger sind handelsüblich zu beziehen und werden in aller Regel in den Kern eingeschraubt (Bild 11.1 d). Bis zu einem Durchmesser von 4 mm sollte das Steigrohr am Ende zur Vergrößerung des Austrittquerschnitts angeschrägt werden (Bild 11.1 c).

Kühlfinger können außer zum Kühlen von Kernen auch zum Temperieren von flachen Werkzeugen, die mit Durchgangsbohrungen oder eingefrästen Kühlkanälen nicht zu temperieren sind, verwendet werden.

Ein spezieller Kühlfinger wurde zum Kühlen von rotierenden Kernen – erforderlich bei Abschraubwerkzeugen – entwickelt (Bild 11.1 e).

Vielfach wird auch empfohlen, die Kernbohrung durch ein Trennblech in Vor- und Rücklauf zu trennen (Bild 11.1 f). Bei dieser Lösung werden zwar die größtmöglichen Strömungsquerschnitte für Vor- und Rücklauf erzielt, da sich das Trennblech jedoch meist nicht in der Bohrungsmitte fixieren lässt und das Temperiermedium in der einen Hälfte der Bohrung zur Kernspitze und in der anderen wieder zurückgeführt wird, ergibt sich eine ungleichmäßige Temperaturverteilung im Kern. Dieser Nachteil, bei der im Prinzip von der Fertigung her sehr wirtschaftlichen Lösung, kann vermieden werden, wenn man das Trennblech verdrillt in die Kernbohrung einsetzt.

Bild-Nr.	Kern∅ Kernbreite	Beschreibung	Konstruktion
a	≧ 3 mm	Wärmeabfuhr durch Luft bei geöffnetem Werkzeug von außen; kontinuierlich nur bei Formteilen mit Durchbrüchen möglich. Wärmeabfuhr kann bei geschlossenem Werkzeug durch Saugwasser erreicht werden	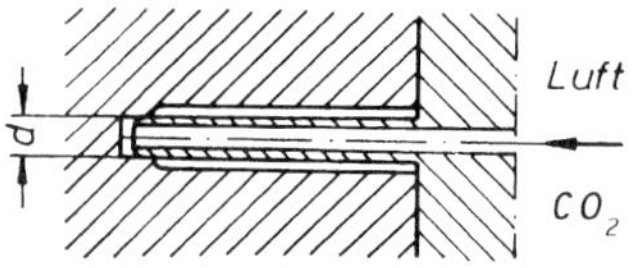
b	≧ 5 mm	Kupfer als Wärmeleiter zum Temperiermedium Fuß des Einsatzes möglichst vergrößern	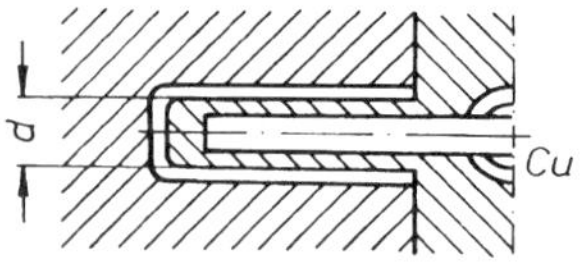
c	≧ 8 mm	Fingertemperierung, Steigrohr bis 4 mm abschrägen	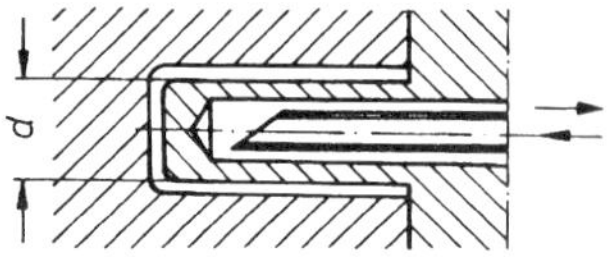
d		$d_i/d_a = 0{,}5$	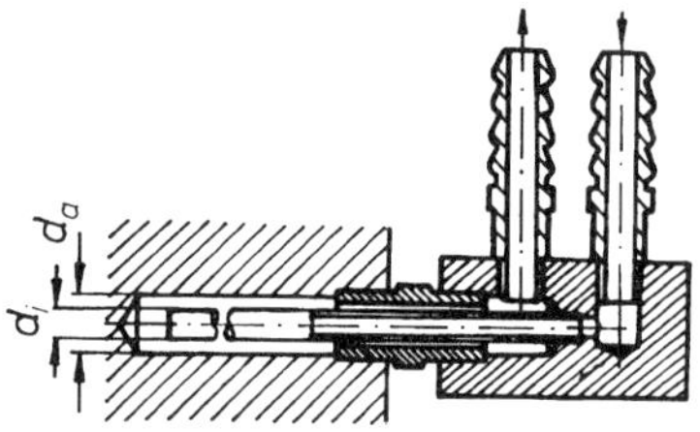
e		Kühlfinger für rotierende Kerne	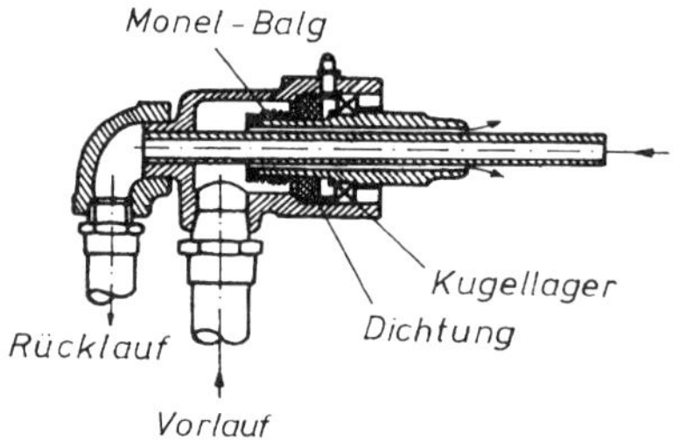
f		Trennblech	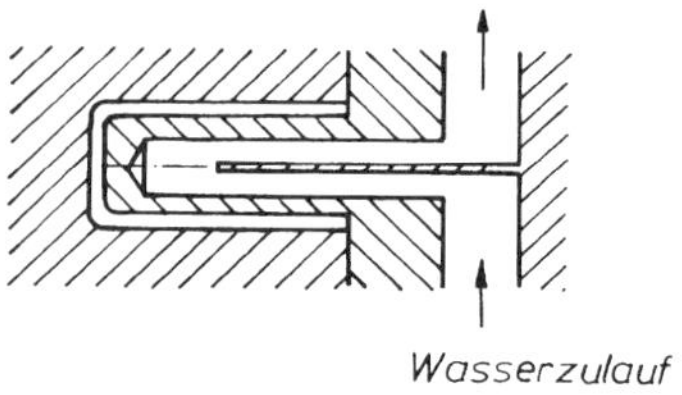

Bild 11.1 Temperiersysteme für Kerne [11.4] [11.12]

Bild-Nr.	Kern∅ Kernbreite	Beschreibung	Konstruktion
g		Trennblech verdrillt	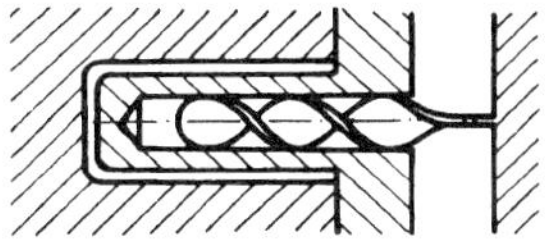
h		Spiralkern ein- und zweigängig Passung H11/h11 Durchmesser 12–50 mm (siehe auch Normalien)	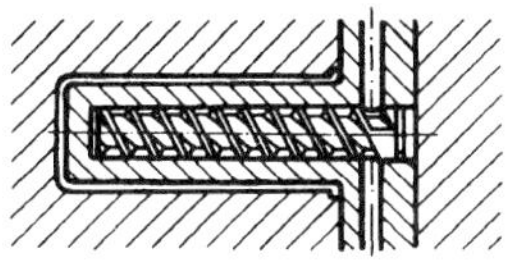
i		Wärmerohr ab 3 mm ∅, Passung H9/j9 oder mit Zinn einlöten [Heat pipe]	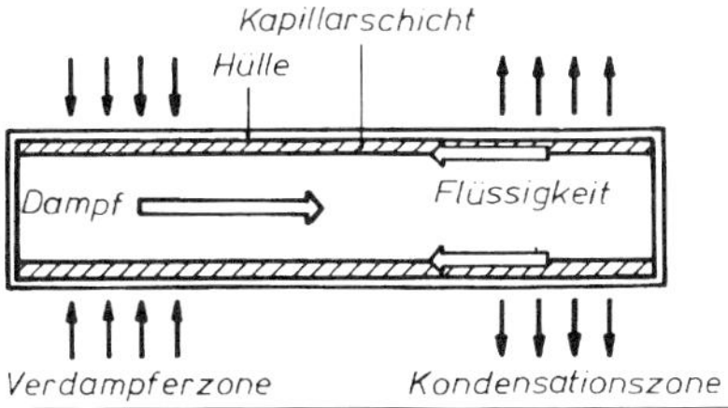
j	≧ 40 mm	Wendel-Temperierung	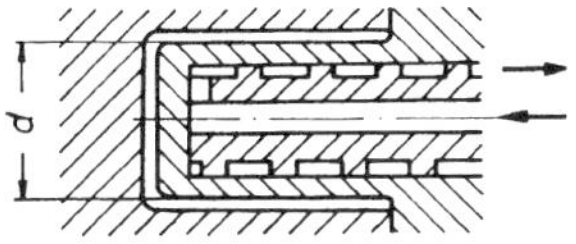
k	Rohrkern S ≧ 4 mm	Zweigängige Wendel und Fingertemperierung	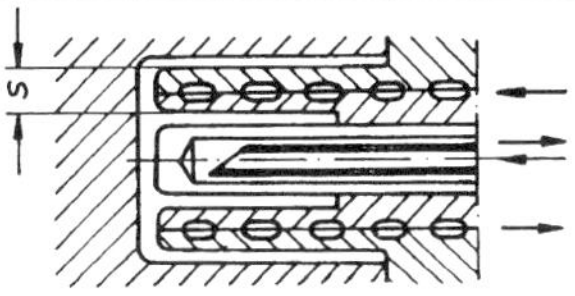
l		a Spritzling; b⁺ BeCu-Zylinder, Wanddicke < ≙ 3 mm; b Stahl, Wanddicke < 3 mm; c wendelförmiger Kühlkanal; d geschweißtes Teil aus nichtrostendem Stahl	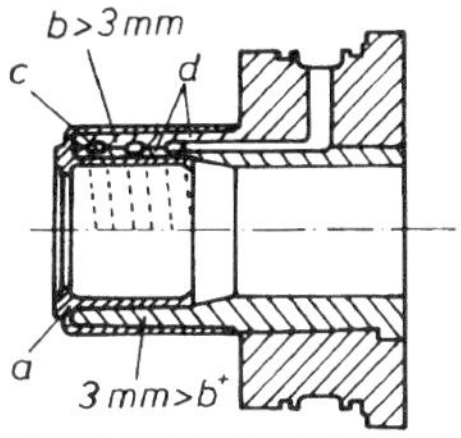
m		a: mikroporöses Material b: Kapillarröhrchen für CO_2-Zuführung	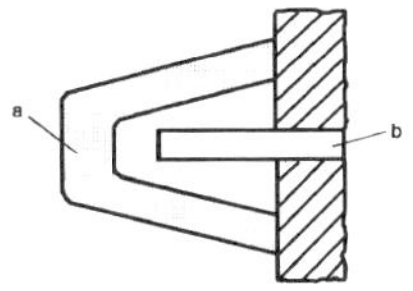
n		Zerlegen des Kerns Einfräsen angepaßter Temperierkanäle Fügen des Kerns	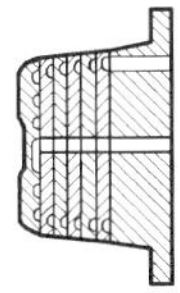

Bild 11.1 (*Fortsetzung*) Temperiersysteme für Kerne [11.4] [11.12]

Diese „Kühlwendel“ zentriert sich selbst und führt das Temperiermedium auf einer Schraubenlinie zur Kernspitze und wieder zurück; dadurch wird eine weitgehend homogene Temperaturverteilung erreicht (Bild 11.1 g). Eine konsequente Weiterentwicklung der Trennbleche sind ein- oder zweigängige Spiralkerne (Bild 11.1 h).

Bei Kerndurchmessern ab 40 mm sollte in jedem Fall eine Zwangsförderung des Temperiermediums gewährleistet sein. Dies wird durch Einsätze erreicht, bei denen das Temperiermedium durch eine zentrale Bohrung zur Stirnseite und dort durch eine Spirale an den Umfang gelangt, wo es schließlich wendelförmig zwischen Kern und Einsatz nach außen geführt wird (Bild 11.1 j). Bei dieser Konstruktion wird darüber hinaus der Kern nur unbedeutend geschwächt.

Als elegante Lösung bieten sich die so genannten Wärmerohre an (Bild 11.1 i). Es handelt sich hierbei um ein geschlossenes zylindrisches Rohr, das mit einem flüssigen Wärmetransportmedium teilgefüllt ist, dessen Zusammensetzung vom Einsatztemperaturbereich abhängig ist. Es besteht aus einer Verdampferzone, in der die Flüssigkeit durch Wärmezufuhr verdampft, einer Kondensationszone, wo der vorher gebildete Dampf kondensiert und einer isolierten Transportzone, die dem Wärmetransport dient. Die Wärmerohre müssen passgenau (typische Passung: H9/j9) eingesetzt werden, um den Wärmeübergangswiderstand zwischen Werkzeugbohrung und Rohrwandung möglichst klein zu halten. Die Wärmerohre sind am Fuß ebenso zu kühlen wie die in Darstellung 11.36 b beschriebenen Einsätze aus Werkstoffen mit hoher Wärmeleitfähigkeit. Wärmerohre sind bereits ab 3 mm im Handel erhältlich. Wärmeleitrohre können nach einer Dickvernickelung auch direkt als Kern verwendet werden, wobei hier eine kritische Prüfung der mechanischen Belastung stattfinden sollte.

Zur Temperierung von Rohrkernen, wie auch anderen rotationssymmetrischen Körpern, sollte eine zweigängige Wendel verwendet werden (Bild 11.1 k). Die Führung des Temperiermediums erfolgt über die eine Wendel bis zur Kernspitze und in der anderen Wendel zurück. Aus konstruktiven Gründen sollte die Wanddicke des Rohrkerns bei dieser Lösung jedoch mindestens 3 mm betragen. Bei kleineren Wanddicken bietet sich die in Bild 11.1 l zusätzliche dargestellte Lösung an. Die Wärme wird hier über einen Cu-Be-Zylinder, der am Fuß intensiv gekühlt wird, abgeführt.

Eine weitere Möglichkeit zur Temperierung schlecht zugänglicher Werkzeugbereiche (schlanke Kerne) ist, anstelle herkömmlicher Formenstähle ein mikroporöses Material für die Kavität zu verwenden, das von flüssigem Gas, oftmals CO_2, durchströmt wird (Bild 11.1 m). Das Gas expandiert in dem Sintermaterial und nimmt dabei über die Porenoberfläche Wärmeenergie auf und transportiert diese über Evakuierungskanäle oder die vorhandene Porosität aus dem Werkzeug ab [11.10] [11.11].

Sind nun bei einem Werkzeug mehrere Kerne gleichzeitig zu kühlen, so bieten sich die im Bild 11.2 und in Bild 11.3 dargestellten Möglichkeiten an. Ihrem Aufbau entsprechend bezeichnet man sie als Serien- bzw. Parallelkühlung.

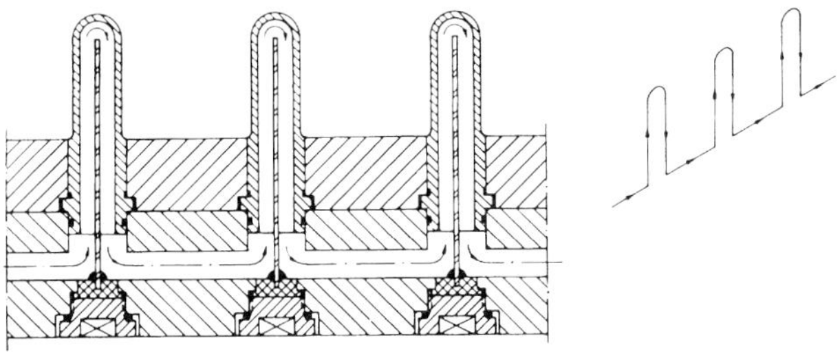

Bild 11.2 Serienkühlung [11.15]

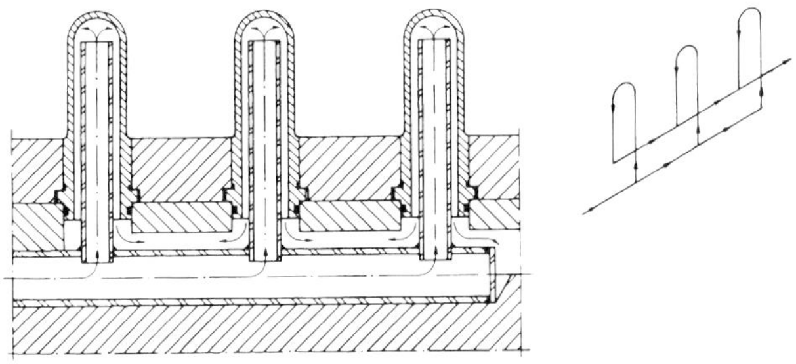

Bild 11.3 Parallelkühlung [11.15]

Bei der *Serienkühlung* werden die einzelnen Kerne nacheinander vom Kühlmedium durchströmt. Da jedoch die Temperatur des Kühlmittels zunimmt und somit die Temperaturdifferenz zwischen den Spritzlingen und dem Kühlmedium mit der Länge der Kühlwege abnimmt, ist eine gleichmäßige Kühlung der einzelnen Kerne und somit der Spritzlinge nicht mehr gegeben. Mehrfachwerkzeuge, die mit diesem Temperiersystem arbeiten, erzeugen eine unterschiedliche Qualität der Spritzlinge. Um das zu vermeiden, wendet man die Parallelkühlung an.

Bei der *Parallelkühlung* wird das Temperiermedium den einzelnen Kernen von einem Sammelkanal aus zugeführt. Über einen weiteren Sammelkanal fließt dann das Temperiermedium wieder ab. Dadurch wird erreicht, dass für jeden Kern Temperiermittel gleicher Temperatur zur Verfügung steht. Damit ist für eine gleichmäßigere Kühlung gesorgt [11.15], wenn man zudem dafür Sorge trägt, dass das Kühlmittelvolumen gleichmäßig aufgeteilt wird. Eleganter, allerdings wesentlich kostspieliger, ist die in Bild 11.1 d dargestellte Temperierung über einzelne Temperierfinger.

Die bisher dargestellten Temperiersysteme eignen sich zum Kühlen aller rotationssymmetrischen Formteile. Die Wendel-Temperierung, ein- oder zweigängig ausgeführt, kann dabei sowohl zum Temperieren der Kerne wie auch der Gesenke verwendet werden.

11.1.2 Temperiersysteme für flächige Formteile

Hierbei ist zunächst zwischen rotationssymmetrischen und eckigen Formteilen zu unterscheiden. Für rotationssymmetrische Formteile, die eine besonders gleichmäßige Temperatur am ganzen Formteil erfordern, hat sich in der Praxis das Temperiersystem nach Bild 11.4 besonders bewährt. Das Temperiermedium wird bei diesem System vom Zentrum aus (gegenüber dem Anguss) spiralförmig an den Formteilrand geführt und abgeleitet. Dies hat den Vorteil, dass die Temperaturdifferenz zwischen Spritzling und Temperiermedium an der heißesten Stelle am größten ist. Beim Weiterfließen durch die Spirale nimmt das Temperiermedium an Temperatur zu, sodass an den Stellen, an denen die Schmelze wegen der längeren Fließwege bereits stärker abgekühlt ist, das Temperaturgefälle kleiner ist und damit weniger Wärme abgeführt wird. Eine noch bessere Führung des Temperiermediums wird erzielt, wenn man für den Rückfluss eine zweite, parallel zur ersten verlaufende Spirale einarbeitet. Dieses System ist zwar teuer in der Herstellung, liefert aber hochwertige und besonders verzugsarme Teile. Es wird bei der Fertigung von Zahnrädern und Datenträgern benutzt [11.17].

Bei der Produktion hochwertiger Teile sollten sowohl Anguss- als auch Auswerferseite mit diesem System getrennt temperiert werden.

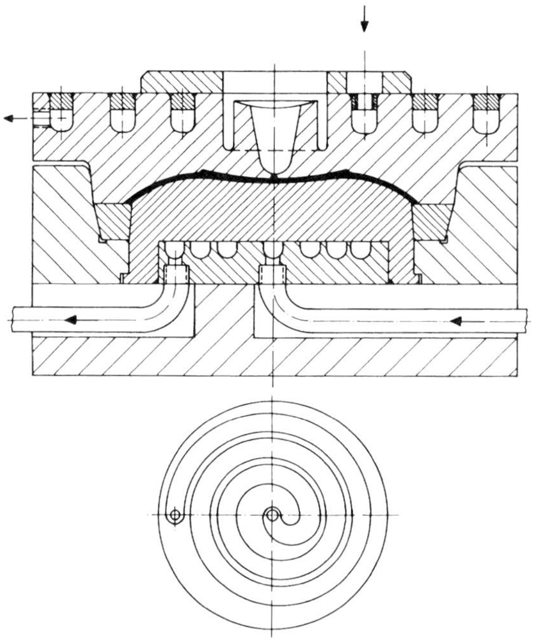

Bild 11.4 Spiralförmige Anordnung der Temperierkanäle [11.15]

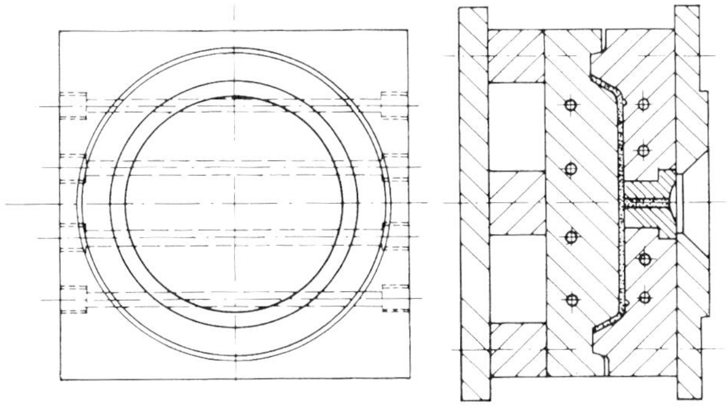

Bild 11.5 Geradlinige Anordnung der Temperierkanäle. Ungünstig bei runden Formteilen [11.18]

Häufig trifft man bei rotationssymmetrischen Teilen aus Kostengründen geradlinig durch das Werkzeug verlaufende Temperierkanäle an. Hierbei ist eine gleichmäßige Temperaturverteilung nicht mehr gewährleistet (Bild 11.5). Als Folge davon muss mit Verzug der Formteile gerechnet werden. Diese Lösung ist daher nicht zu empfehlen.

Geradlinig durch das Werkzeug verlaufende Temperierkanäle sollten allenfalls zum Temperieren von Werkzeugen verwendet werden, mit denen rechteckige Formteile hergestellt werden. Die preisgünstigste Fertigungsmethode für derartige Temperierkanäle sind Durchgangsbohrungen (Bild 11.5), die an den offenen Enden und zur Gewährleistung einer Zwangsführung teilweise auch in den stirnseitigen Verbindungsbohrungen verstiftet werden (Bild 11.7).

Wesentlich aufwendiger von der Fertigung her ist das in Bild 11.6 dargestellte System. Das Temperiermedium wird hier durch einen eingefrästen Temperierkanal spiralförmig vom Zentrum aus an den Formteilrand geführt. Dieses System hat wegen der hohen Herstellungskosten nur bei zentraler Anspritzung seine Berechtigung.

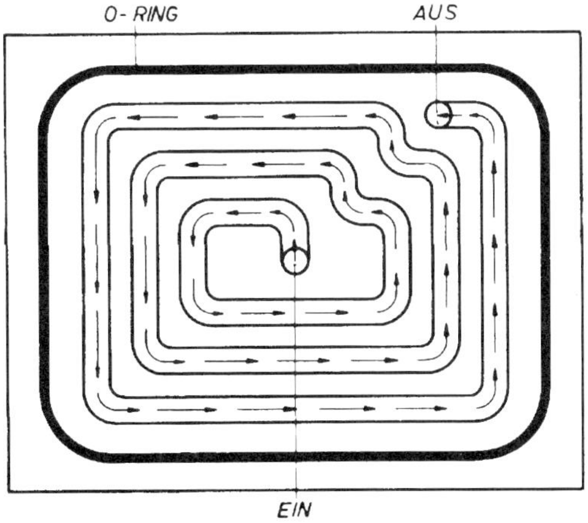

Bild 11.6 Spiralförmige Kühlkanalanordnung bei rechteckigen Spritzlingen [11.19]

Gleich wirksam, aber wesentlich preisgünstiger, ist bei zentral angespritzten rechteckigen Spritzlingen das in Bild 11.7 dargestellte Temperiersystem. Das Temperiersystem ist hier in Form von Sacklöchern in das Werkzeug eingebracht worden.

Bei einseitig angespritzten Formteilen kann das Temperiermedium auch einseitig dem Temperiersystem zugeführt werden (Bild 11.8).

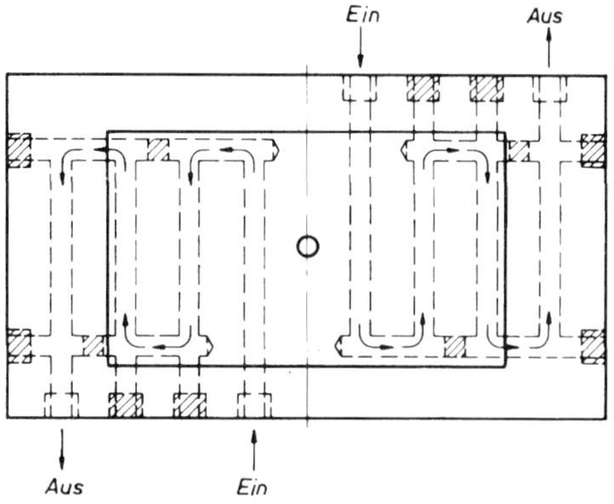

Bild 11.7 Zentral angespritzter rechteckiger Spritzling [11.21]

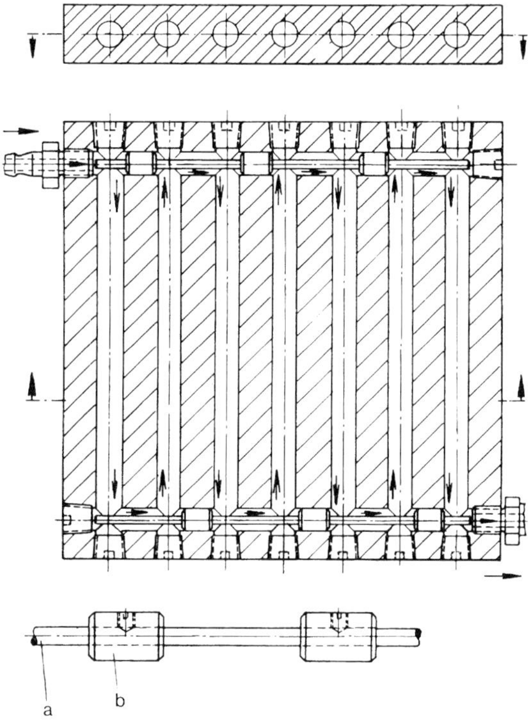

Bild 11.8 Geradlinige Anordnung der Kühlkanäle bei rechteckigen Spritzlingen, die von der Seite aus angespritzt werden [11.15]
a Hilfsstift, b Stopfen

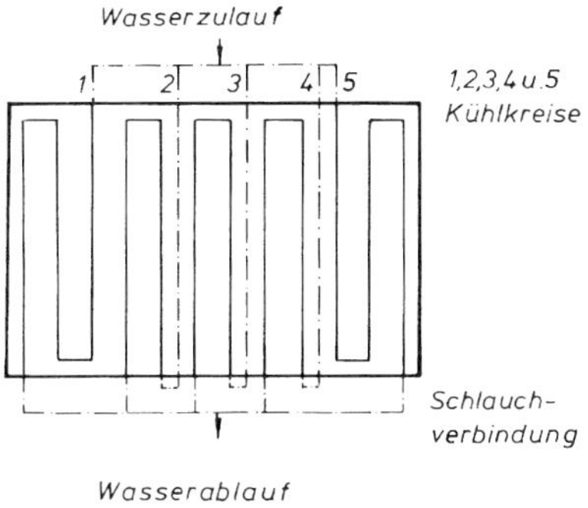

Bild 11.9 Parallelschaltung mehrerer Temperierkreise bei einem flächigen Werkzeug [11.20]

Sehr häufig werden mehrere Spritzlinge in einem Werkzeug ausgeformt. Hochwertige Teile können nur dann produziert werden, wenn für jedes einzelne Formnest gleiche Abkühlverhältnisse gewährleistet sind, d. h. jedes Formnest muss separat gekühlt und die Kreisläufe sorgfältig gegeneinander isoliert werden. Dazu können mehrere Kühlkreisläufe, wie in Bild 11.9 dargestellt, parallel geschaltet werden, jedoch ist eine gleichmäßige Selbsteinstellung auf gleiche Durchflussvolumina damit nicht sichergestellt; sie bedarf stets einer Kontrolle.

Die bisher vorgestellten Systeme zum Temperieren flächiger Formteile können entsprechend abgewandelt auch zum Temperieren kastenförmiger Spritzlinge verwendet werden. Die Lage des Angusses bestimmt auch hier, ob eine Reihenschaltung der Temperierkanäle oder eine Parallelschaltung mehrerer Kreisläufe das zweckmäßige Temperiersystem darstellt.

Als Beispiel für eine Parallelschaltung soll hier das in Bild 11.10 abgebildete Temperiersystem zum Temperieren des Kerns eines Kühlschrankboxwerkzeugs dienen. Dieses System kann preisgünstig nur durch Bohrungen (Durchgangsbohrungen oder Sacklöcher) hergestellt werden. Diese müssen an den Austrittstellen zur Erzielung einer Zwangsförderung verstiftet oder verschweißt werden. Damit verbunden sind Schwach- oder Gefahrenstellen. Die Stopfen zeichnen sich besonders bei transparen-

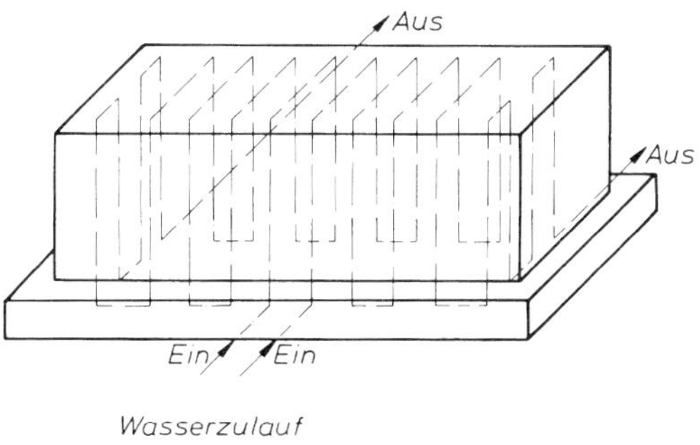

Bild 11.10 Parallelschaltung der Kernkühlung eines Kühlschrankboxwerkzeugs [11.45] [11.20]

ten Formteilen u. U. am Spritzling ab. Beim Verschweißen besteht die Gefahr, dass sich der Kern so stark verzieht, dass die Maßabweichungen durch eine abschließende mechanische Endbearbeitung nicht mehr ausgeglichen werden können.

Es empfiehlt sich daher, auch rechteckige Kerne mit Kühlfinger oder Kernkühlsysteme für runde Kerne nach Bild 11.2, die parallel oder in Reihe geschaltet sein können, zu temperieren (Bild 11.11).

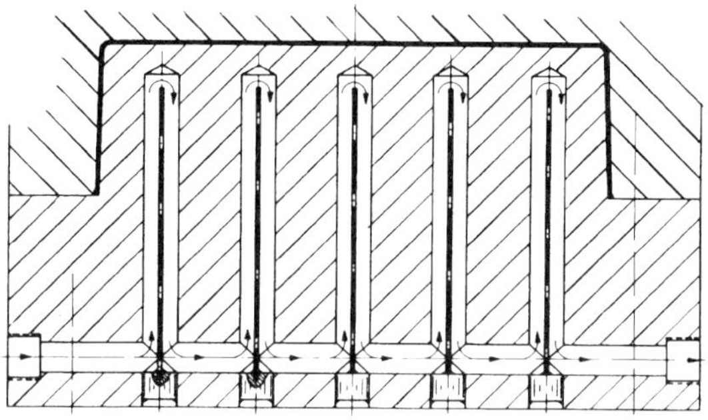

Bild 11.11 Kühlkreis der Kernkühlung eines Kühlschrankboxwerkzeugs [11.20]

11.1.3 Abdichten der Temperiersysteme

Das Verstopfen und einfache Verschweißen von Temperierkanalenden wie auch das Abdichten der Kanäle durch eine lose aufgelegte Platte, die nur am äußeren Rand durch einen O-Ring abgedichtet ist, wie in Bild 11.6 dargestellt ist, ist problematisch. Es ist stets zu befürchten, dass durch bereits geringes Verbiegen der Platten die Kanäle nicht mehr gegeneinander oder gar nach außen abgedichtet sind. Auch wenn nur zwischen den Kanälen ein „Kurzschluss“ entsteht, führt dies zu Fehlern, denn es entstehen ungekühlte Bereiche, die nicht mehr vom Temperiermittel gekühlt werden Die Platten müssen deswegen in ausreichend geringen Abständen gedichtet und verschraubt werden.

Auswerferbohrungen und durchgehende Bohrungen müssen einzeln durch eingelegte O-Ringe gedichtet werden. Alternativ können Flächendichtungsmassen eingesetzt werden. Mit diesen können Fügespalte bis zu 0,15 mm abgedichtet werden. Sie sind im Bereich von 55 °C bis über 300 °C temperaturbeständig.

Wegen der einfacheren Demontage verwendet man häufiger O-Ringe zum Abdichten der Temperiersysteme. Je nach Werkzeugtemperatur können sie aus synthetischem Kautschuk, Silikonkautschuk, Fluorkautschuk, Gummi oder aus Sonderwerkstoffen bestehen.

11.1.4 Konturnahe Temperierung

Man kann auch den Werkzeugkern konstruktiv trennen, sodass in einem bestimmten Abstand zur Werkzeugwand Kühlkanäle eingefräst werden können, wodurch zum einen die für den Wärmeaustausch zur Verfügung stehende Fläche erhöht wird und zum anderen das Kühlkanalsystem der Werkzeugwandkontur in engem Abstand folgen kann (Bild 11.1 n). In diesem Fall sorgt eine homogenere Temperaturverteilung im Kern sowohl für eine bessere Formtreue des Bauteils als auch für kürzere Kühlzeiten. Durch ein geeignetes Fügeverfahren (z. B. Hochtemperaturlöten unter Vakuum und spezielle Schweißverfahren) werden alle hergestellten Schnittebenen wieder vereint. Alternativ werden auch vermehrt generative Verfahren eingesetzt (Bild 11.12). Näheres zur Fertigung findet sich in Kapitel 24.

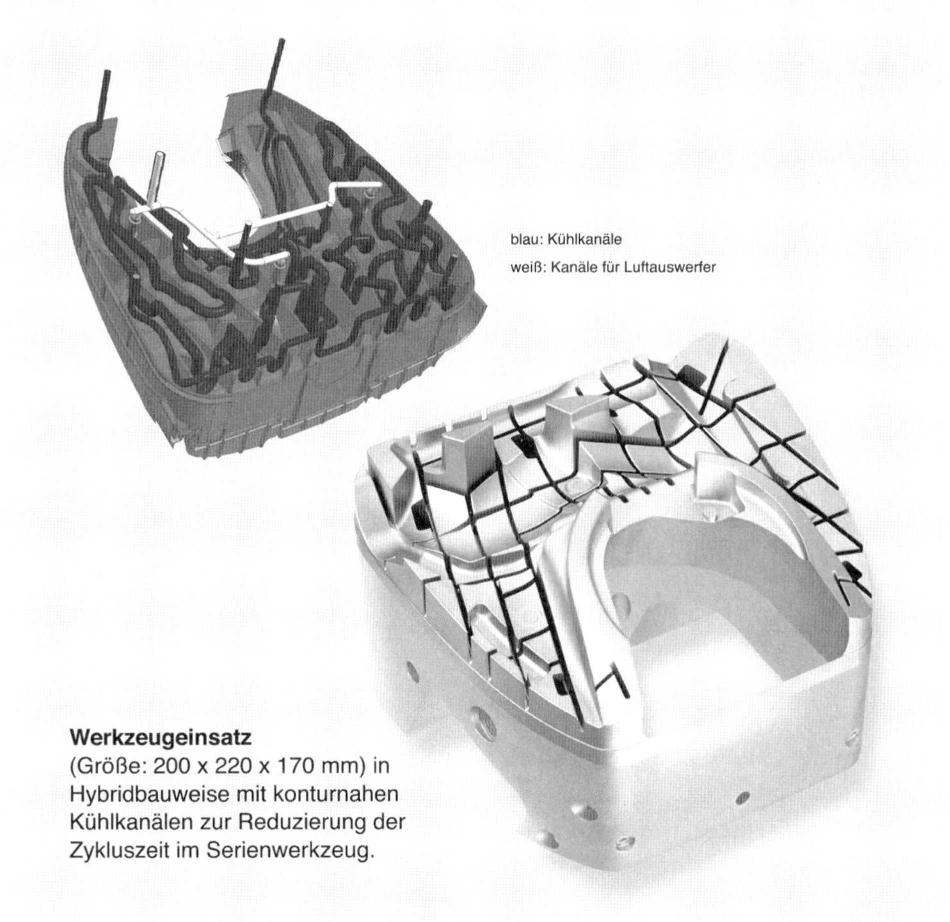

Bild 11.12 Generativ hergestellter Werkzeugeinsatz mit konturnahen Kühlkanälen zur Reduzierung der Zykluszeit [11.35]

Neben dem schichtweisen Aufbau kann eine konturnahe Temperierung ebenfalls durch die vollständige Aushöhlung der Werkzeugwand erfolgen. Die notwendige Stabilität erreicht das Werkzeug dadurch, dass der entstehende Hohlraum hinter der Kavitätswand durch Kugeln aufgefüllt wird. Diese stützen die Werkzeugwand, gleichzeitig kann eine gute Wärmeabfuhr zwischen den Kugeln realisiert werden. Hierbei ist allerdings darauf zu achten, keine Totwassergebiete zu erzeugen und einen guten Durchfluss an allen Stellen zu realisieren [11.36].

11.1.5 Empirische Praxis zur Kompensation des Verzugs aus Wärmestromdifferenzen in Ecken bei thermoplastischen Formteilen

Es ist bekannt, dass bei kastenförmigen Formteilen der Verzug auch durch niedrigere Kern- als Nesttemperatur reduziert werden kann. Dies ist allerdings nicht zu empfehlen, weil sich die in diesem Fall eingefrorenen Eigenspannungen später im Betrieb zurückstellen und so zu einem Verzug des Formteils führen. Darüber hinaus können eine verstärkte Sprödigkeit und Spannungsrissgefahr auftreten. Der Effekt einer reduzierten Werkzeugwandtemperatur des Kerns im Vergleich zum Nest verdeutlicht Bild 11.13.

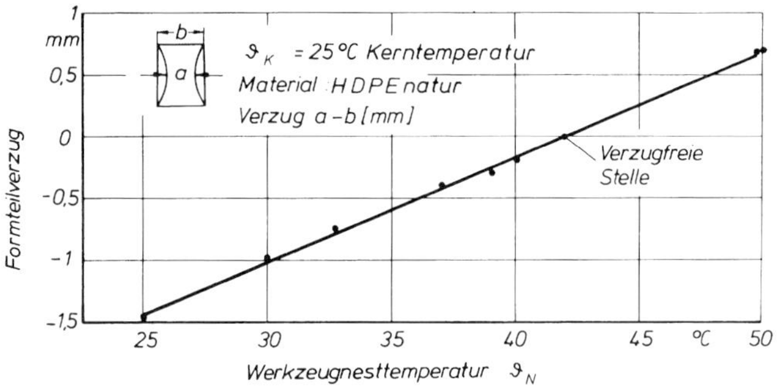

Bild 11.13 Verzugsverhalten bei konstanter Kern- und variabler Nesttemperatur [11.37]

11.1.5.1 Änderung der Eckengeometrie

Ändert man das Verhältnis in Richtung geringeren Wärmeinhalts und/oder größerer Austauschfläche, so erübrigt sich eine Anpassung der Wärmeströme über unterschiedliche Werkzeugtemperaturen, um Verzug zu vermeiden. Nachteilig sind hierbei eine Schwächung der Formteilecken und die Erhöhung der Werkzeugfertigungskosten (Bild 11.14).

Erlauben es die Formteilfunktion und die visuellen Anforderungen, so können die Krümmungsradien der Ecken vergrößert werden. Dies verbessert die Abkühlver-

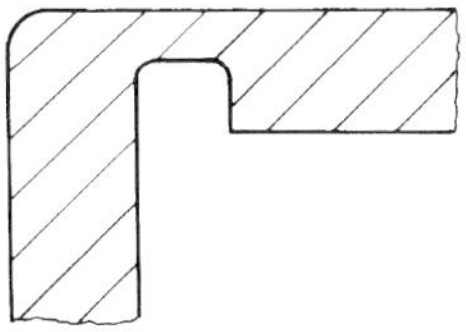

Bild 11.14 Vermeidung des Verzugs durch Änderung der Eckengeometrie [11.37]

hältnisse. Eine weitere Möglichkeit zur Unterdrückung des Eckenverzugs bieten durch Rippen oder Bombierung versteifte Formteilseitenwände. Entsprechende Eigenspannungen im Eckenbereich sind jedoch dabei nicht zu vermeiden und verursachen ebenso Versprödung oder Spannungsrissempfindlichkeit.

11.1.5.2 Partielle Anpassung der Wärmeströme

Ausgehend von den Wärmedurchgangs- und Wärmeübergangsgesetzen lassen sich folgende Möglichkeiten zur Anpassung der Wärmeströme ableiten:

- Die Wärmeleitfähigkeit in dem Bereich zwischen der Ecke und der Temperierkanalwand verbessern. Das kann man bei Stahlwerkzeugen mit geeigneten Materialien, die eine bessere Wärmeleitfähigkeit haben, verwirklichen (z. B. Kupfereinsätze, Bild 11.15).
- Einen möglichst kleinen Abstand zwischen der Ecke und der Kanalwand wählen oder die Temperiermitteltemperatur senken. Das bedeutet wiederum, dass man zwischen der Ecke und der Kanalwand einen zusätzlichen Temperierkreis vorsieht.

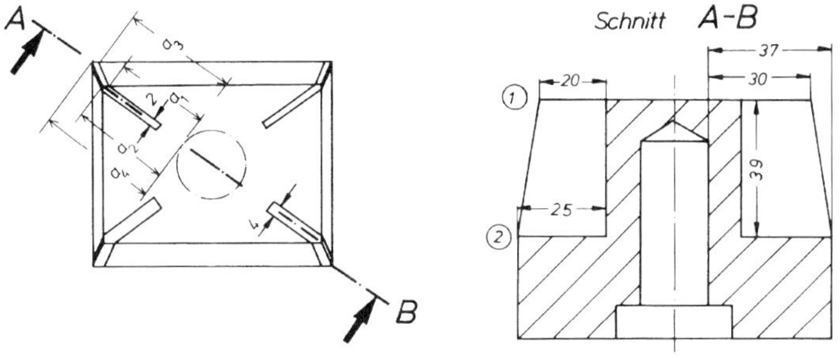

Bild 11.15 Werkzeug mit Kupfereinsätzen [11.37]

Die Zusammenhänge können zur Erklärung und die Methoden damit auch zur Beseitigung von Einfallstellen (z. B. gegenüber von Rippen) herangezogen werden. Hier kann die unvermeidliche verzögerte Erstarrung in der Mitte des Fußpunkts der Rippe zwar wegen der Symmetrie im Allgemeinen keine Verzugserscheinungen hervorrufen, jedoch führt das Volumendefizit zu einer mehr oder weniger ausgeprägten Einfallstelle.

11.2 Praktische Ausführung der elektrischen Beheizung von Duroplastwerkzeugen

Nach [11.21] soll die installierte Heizleistung 20 bis 30 W/kg Werkzeuggewicht betragen, um eine akzeptable Aufheizzeit und eine stabile Temperaturregelung zu erreichen. Die Heizelemente sind gleichmäßig über das Werkzeug zu verteilen. Bei elektrischen Widerstandsheizungen sollte die Installation der Heizkreise durch Rechnersimulation kontrolliert werden. Für Heizpatronen kommen die in Kapitel 8 für Heißkanalverteiler erwähnten gekapselten Heizstäbe oder konische Heizpatronen in Frage, die auch analog eingebaut werden. Für eine stabile Temperaturführung sollte jeder Heizkreis über ein geeignet positioniertes Thermoelement geregelt werden. Einbauhinweise können dem vorgenannten Kapitel 10 ebenfalls entnommen werden. Eine Isolation des Werkzeugs sollte immer vorgenommen werden, insbesondere auch zu den Aufspannplatten.

Elektrische Heizsysteme können direkt leistungsbezogen ausgewählt werden, wobei die Abmessungen noch variierbar sind. Soll jedoch die zur schnellen Aufheizung notwendige Leistung im quasistationären Bereich zu gleichbleibenden Temperaturen führen, muss eine Leistungsreduzierung vorgenommen werden.

Es ist wichtig, bei der Auswahl der Regler eine gute Abstimmung zwischen der Regelstrecke Werkzeug und dem Regler sicherzustellen. Die Strecke kann als Regelstrecke erster Ordnung mit einer Verzögerungszeit angesehen werden. Als Zeitkonstante ergibt sich in guter Näherung die nach der Aufheizformel bestimmte Aufheizzeit. Mit der rechnerischen Aufheizfunktion lassen sich nach [11.31] die Regelparameter bestimmen.

Wenn eine elektrische Heizung auch leistungsmäßig einfach zu dimensionieren ist, muss dennoch die Temperatur in jedem Fall kontrolliert werden, da Abweichungen sich in relativ großen Temperaturschwankungen niederschlagen können. Bei Flüssigheizungen verhält es sich umgekehrt: Die Vorlauftemperatur hält sich in engen Grenzen. Es muss allerdings sichergestellt werden, dass die geforderte Leistung auch tatsächlich übertragen werden kann. Im Gegensatz zu der direkten elektrischen Heizung spielt die Geometrie des Temperiersystems hier eine erhebliche Rolle. Zusätzlich muss gewährleistet sein, dass die Temperaturdifferenz zwischen Vorlauf und Rücklauf nicht zu groß wird. Wegen der geringen Temperaturdifferenzen an den Temperierkanälen von Flüssigheizungen können diese zwar näher an der Kavität angeordnet werden, die Aufheizzeit wird allerdings verlängert, weil die treibende Temperaturdifferenz relativ klein bleibt, besonders wenn es sich um ein Temperiergerät handelt, bei dem nur die Vorlauftemperatur geregelt wird.

Zur Erzielung einer schnellen und gleichmäßigen Aufheizung können spezielle Heizplatten eingesetzt werden [11.32] (Bild 11.16). Hierbei wird mittels Standard-

Rohrheizkörpern Wärme in Wärmeleitungsrohre eingebracht, die die Wärme über einen großflächigen Bereich schnell und gleichmäßig verteilen. Hierdurch können Temperaturdifferenzen über die Plattenoberfläche gegenüber einer konventionellen Beheizung erheblich reduziert werden.

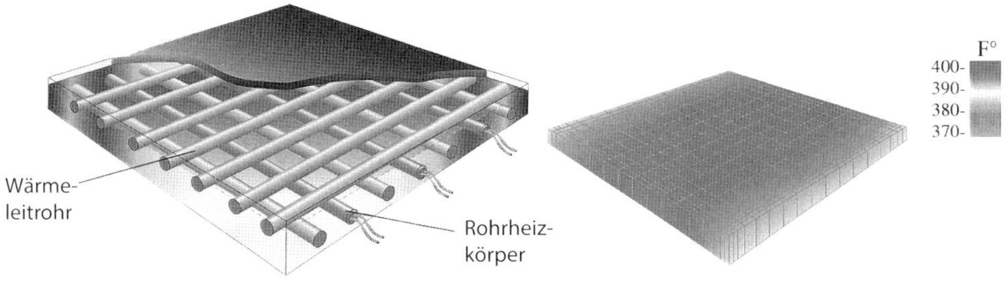

Bild 11.16 Temperierung mittels Wärmeleitrohren [11.32]

11.3 Temperiergeräte für Spritzgieß- und Presswerkzeuge

11.3.1 Aufgabe, Prinzip, Einteilung

In den vorangegangenen Abschnitten wurde die große Bedeutung, welche der Temperierung der Werkzeuge zukommt, ausführlich beschrieben. In Anbetracht der entscheidenden Bedeutung der Temperierung für Qualität und Wirtschaftlichkeit erscheint es daher unumgänglich, auch die Anlagen, die zur Temperierung eingesetzt werden und ihren Anschluss an die Werkzeuge, kurz zu beschreiben.

Man unterscheidet grundsätzlich zwei Temperiersysteme:

1. *Kontinuierlich arbeitende Anlagen*; so genannte Heiz- und Kühlgeräte.
2. *Diskontinuierlich arbeitende Anlagen*; oft als Impulskühlung bezeichnet.

Da Werkzeugtemperaturen unterhalb der Raumtemperatur nur sehr selten erforderlich sind bzw. wegen der Kondenswasserbildung, die sich in den Nebenzeiten in den Werkzeugen einstellt, bewusst vermieden werden, soll daher hierauf nicht eingegangen werden. Informationen geben die Hersteller; z. B. ONI [11.40]

11.3.2 Kontinuierlich arbeitende Anlagen

11.3.2.1 Durchflusstemperierung

Zur Temperierung werden die Werkzeuge meist an eine zentrale Wasserversorgung angeschlossen. Dies kann im einfachsten Fall die öffentliche Trinkwasserversorgung sein. Wegen der hohen Kosten der öffentlichen Wasserversorgung ist dies jedoch nur noch selten vorzufinden. Die meisten Betriebe verfügen heute über Wasserrückkühlsysteme mit Kreislaufführung. Dies empfiehlt sich auch wegen der dadurch möglichen stetigen Reinigung des Kühlwassers von gelösten Mineralstoffen, sowie von Algen usw. die sich in den Kühlkreisläufen der Werkzeuge absetzen können. Diese Anlagen haben jedoch den großen Nachteil, dass sich die Temperaturen des Kühlwassers mit den Jahreszeiten ändern und daher den hohen Ansprüchen an die Qualität der Formteile nicht mehr garantiert werden können. In diesen Fällen werden dann entweder Durchfluss-Temperiergeräte oder Heiz-/Kühlgeräte mit eigenem Kreislauf eingesetzt (Bild 11.17). Die Durchflusstemperiergeräte werden vor allem dann eingesetzt, wenn die Werkzeuge eine höhere Temperatur benötigen als sich im Kreislauf der zentralen Wasserversorgung einstellt.

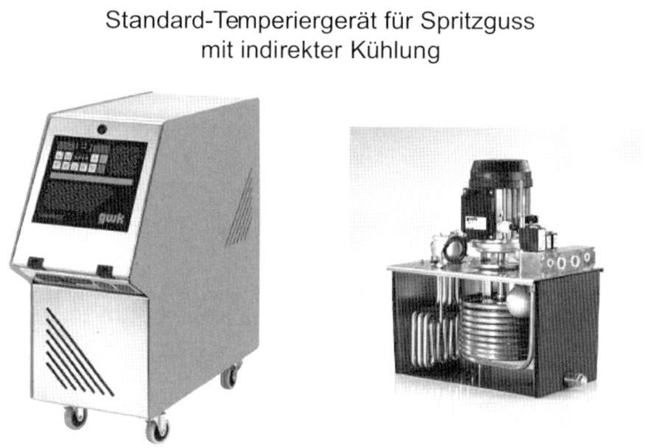

Bild 11.17 Temperiergerät für Wasser bis 95 °C [11.39]
links Gerät ohne Verkleidung

11.3.2.2 Temperiergeräte mit eigenem Kreislauf.

Für die Herstellung anspruchsvollerer Formteile, insbesondere technischer Teile, wird oft eine höhere Temperiermitteltemperatur benötigt. Hierzu werden Temperiergeräte eingesetzt, die für Wasser-Temperierung bei einfacher Ausführung für Temperaturen bis 95 °C (Bild 11.17) oder in druckfester Ausführung bis zu etwa 180 °C geeignet sind. Für noch höhere Temperaturen setzt man mit Wärmeträgeröl arbeitende Geräte ein, die bis etwa 400 °C Anwendung finden. Von den Geräteherstellern werden zudem Geräte angeboten, welche sich sowohl für Wasser, als auch für Öl eignen. Da die Ölgeräte in der Regel bei Umgebungsdruck arbeiten, müssen diese Geräte nicht druckfest ausgelegt sein. Das Prinzip eines Temperiergerätes mit eigenem Kreislauf für Wasser oder Wärmeträgeröl zeigt Bild 11.18.

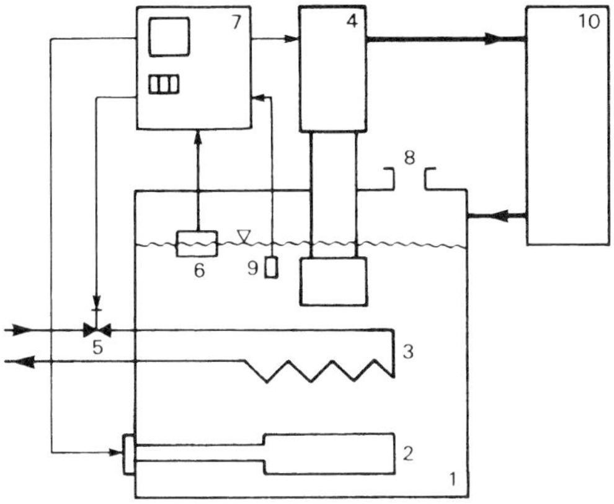

Bild 11.18 Prinzipieller Aufbau eines Temperieraggregates [11.38]
1 Tank, 2 Heizung, 3 Kühlung, 4 Pumpe, 5 Magnetventil Kühlung, 6 Niveaukontrolle, 7 Steuerventil, 8 Einfüllstutzen, 9 Temperaturfühler, 10 Werkzeug

Der Wärmeträger wird im Tank (1) mit eingebautem Kühler (3) und Heizung (2) von der Pumpe (4) durch das Werkzeug (10) gefördert und fließt wieder in den Tank zurück.

Der Temperaturfühler (9) misst die Temperatur im Medium und gibt den Wert an den Eingang des Reglers im Steuerteil (7). Der Regler regelt die Temperatur des Wärmeträgers und damit indirekt die Werkzeugtemperatur.

Steigt die Werkzeugtemperatur während der Produktion über den am Regler eingestellten Sollwert, öffnet das vom Regler angesteuerte Magnetventil (5) den Kühlwasserkreislauf so lange, bis die Temperatur des Wärmeträgers und damit die Werkzeugtemperatur wieder den Sollwert erreicht hat. Ist die Werkzeugtemperatur zu niedrig, wird analog zum Kühlen die Heizung (2) eingeschaltet.

Tabelle 11.1 enthält eine Übersicht der Eigenschaften weiterer Geräte, die zur Temperaturregelung bzw. -steuerung eingesetzt werden.

Tabelle 11.1 Geräte zur Temperaturregelung bzw. -steuerung (Übersicht) [11.38]

Gerät	Typ
Kühlwasserbatterie – ungeregelt	▪ Nur Kühlung möglich (Wasser) ▪ Einstellung abhängig von Geschicklichkeit des Personals ▪ Verbrauchertemperatur abhängig von Kühlwassertemperatur und ▪ Kühlwasserdruck ▪ Produktionsverhältnisse (Änderungen der Zykluszeit der Kühlwassertemperatur, Produktionsunterbrechungen usw.) werden nicht berücksichtigt
	▪ Produktionsverhältnisse werden durch die automatische Regelung berücksichtigt ▪ Nur Kühlung möglich (Wasser) ▪ Einstellung unabhängig von der Geschicklichkeit des Personals ▪ Untere Einsatzgrenze liegt über der Temperatur des Kühlwassernetzes
Kühlmaschinen	▪ Nur Kühlung möglich (ausgenommen Spezialausführung mit eingebauter Heizung) ▪ Einsatz unabhängig vom Kühlwassernetz ▪ Kein Kühlwasserverbrauch
Temperiergeräte	▪ Heizen und Kühlen möglich ▪ Einstellung unabhängig von der Geschicklichkeit des Personals, da automatische Temperaturregelung ▪ Verbrauchertemperatur unabhängig von Kühlwassertemperatur- und -druckschwankungen ▪ Produktionsverhältnisse werden berücksichtigt ▪ Aufheizen auf Produktionstemperatur möglich ▪ Untere Einsatzgrenze liegt über der Temperatur des Kühlwassernetzes ▪ Dynamische Temperierung über mehrere Temperierkreisläufe möglich ▪ Erhitzung bis zur Dampferzeugung

11.3.2.3 Diskontinuierlich arbeitende Temperieranlagen (Impulskühlung)

Diskontinuierlich arbeitende Anlagen führen dem Werkzeug jeweils so viel Temperiermittel zu, wie für die Abfuhr der Wärme aus dem oder den erstarrenden und abkühlenden Formteilen notwendig ist. Normalerweise wird der Zulauf über ein elektrisch betätigtes Schaltventil an den Kühl-Wasserkreislauf angeschlossen. Das Schaltventil wird über ein einfaches Regel- oder Zeitsteuergerät solange geöffnet, bis die abzuführende Wärmemenge erreicht ist. Dies kann – was in der Regel ausreicht – eine beim Einfahren des Werkzeuges ermittelte Zeitdauer sein, die am Zeitschalter für das Ventil eingestellt wird. Es ist natürlich auch möglich die Durchlaufzeit über einen Temperatursensor zu regeln.

Die Impulskühlung zeichnet sich durch einen einfachen Aufbau aus. Unabdingbare Voraussetzung für eine einwandfreie Arbeitsweise ist allerdings, dass der Kühlwasserkreislauf stets unter einem konstanten Druck steht. Die Temperatur sollte im Falle einer Zeitschaltung ebenfalls konstant gehalten werden.

Diese Temperieranlagen sind von der Investition und vom Platzbedarf her so günstig, dass größere Werkzeuge oder Werkzeuge, die an verschiedenen Stellen einen unterschiedlichen Wärmeanfall (z. B. Masseanhäufung durch Wanddickensprünge) haben, oftmals mit mehreren Kreisläufen ausgestattet werden. Das kommt der Qualität entgegen und verkürzt vor allem in solchen Werkzeugen die Zykluszeit. Bei manchen praktischen Beispielen konnte man die Zykluszeit so um ca. 30 % verkürzen [11.41] [11.48].

Prinzip bedingt wird in der Regel Wasser als Temperiermedium benutzt. Denkbar ist aber auch die Anwendung eines anderen Temperiermediums, das hierzu im zentralen Netz vorgehalten werden muss.

Die in der Regel ausschließliche Nutzung von Kaltwasser führt bei Produktionsbeginn oder Prozessunterbrechungen zu einer bestimmten Anzahl von Zyklen, bis das Werkzeug die erforderliche Temperatur erreicht hat. Hierbei werden qualitativ minderwertige Teile produziert. Die Dauer des Anfahrvorgangs wird entscheidend von der geforderten Werkzeugwandtemperatur bestimmt. Bei hohen Werkzeugwandtemperaturen kann der Anfahrvorgang dreißig und mehr Zyklen benötigen, in solchen Fällen empfehlen deshalb die Gerätelieferanten heute zunehmend, die Werkzeuge vor Beginn der Fertigung vorzuheizen, um den Ausschuss zu vermeiden. Dabei kommen kontinuierlich arbeitende Temperiergeräte zum Einsatz, die so lange einen stetigen Warmwasserstrom mit konstanter Temperatur durch das Werkzeug pumpen, bis die gewünschte Oberflächentemperatur der Kavität erreicht ist. Anschließend wird dann auf die diskontinuierliche Temperierung mit Kühlwasserimpulsen umgeschaltet [11.49]. Die Temperiereinheiten sind mit der intermittierenden Temperierung gekoppelt. Für die Regelung der diskontinuierlichen Temperierung ist das Regelgerät mit der Ablaufsteuerung der Spritzgießmaschine verbunden und empfängt Signale aus der Ablaufsteuerung, die jeweils Zyklusanfang und -ende kennzeichnen. In Abhängigkeit vom Messort und der jeweiligen Werkzeugzone wird die beste Temperierimpulsdauer für den aktuellen Zyklus beim Einfahren entweder praktisch ermittelt oder im Voraus berechnet. Der Beginn des Kühlimpulses wird dabei üblicherweise beim Start des Einspritzens oder bei Umschaltung auf Nachdruck realisiert [11.44] bis [11.46] [11.50].

Die Zykluszeit wird von derjenigen Werkzeugzone mit dem schlechtesten Verhältnis aus Kühlwirkung und Kühlbedarf bestimmt. Es erscheint daher zweckmäßig, dass die Kühlung bereits bei der Konstruktion des Kühlsystems die Nutzung der Impulskühlung berücksichtigt und die Kreisläufe so gestaltet, dass jede Werkzeugzone optimal nach ihrem Kühlbedarf hinsichtlich Lage, Länge und Kanaldurchmesser ausgelegt wird. Hierdurch können die Impulse weitgehend zeitgleich eingestellt und damit die Zykluszeit optimiert werden [11.44] [11.46] [11.51] [11.52] [11.53] [11.54]. Aussagen über mögliche Zykluszeitverkürzungen, die mit der Impulstemperierung erreicht worden wären, können auf die optimale Konstruktion der in einem Werkzeug eingerichteten Kühlkreisläufe zurückgeführt werden. Vorteilhaft für die Impulskühlung sind auch die geringen Anlagenkosten, die die Wirtschaftlichkeit zusätzlich erhöhen. Wie auch für die kontinuierliche Temperierung ist eine weitere

Verbesserung der Zykluszeit möglich, indem die Kühlung mit weiteren werkzeugseitigen Konzepten wie konturnaher Temperierung oder hoch wärmeleitfähigen Materialien kombiniert wird [11.55]. Hier muss jedoch der Aspekt der Wirtschaftlichkeit berücksichtigt werden.

Mit FE-Simulationen konnten verringerte Temperierfehler im Vergleich zur kontinuierlichen Kühlung erzielt werden [11.56]. Zu beachten ist noch, dass bei der Impulstemperierung im Gegensatz zur kontinuierlichen Temperierung nicht eine Werkzeugzone gekühlt und eine benachbarte beheizt werden kann.

11.3.2.4 Diskontinuierlich mit alternativ wechselnder Temperatur arbeitende Temperieranlagen (sogenannte variotherme Temperierung)

Beim Spritzgießen von Thermoplasten gibt es Anwendungen, bei denen sich die Anforderungen an die Temperierung nicht nur auf eine schnelle Abkühlung des Formteils konzentrieren dürfen, sondern auch die Möglichkeit berücksichtigen muss, dass die gesamte Kavität oder ein Teil davon vor dem Einspritzen kurzfristig auf die Temperatur der Kunststoffschmelze oder höher aufgeheizt werden muss. Nach Abschluss der Füllphase wird das Formteil dann bis auf Entformungstemperatur gekühlt. Man spricht in diesem Falle von dynamischer oder variothermer Werkzeugtemperierung (Bild 11.19 und Bild 11.20).

Beispiele für solche Anwendungen sind u. a. optische Präzisionsbauteile die spannungs- und orientierungsarm sein müssen [11.57]. Dank der heißen Wände der Kavitäten relaxieren Eigenspannungen die sich normalerweise in den Randschichten bilden und Verzug und optische Verzerrungen verursachen würden. Weiterhin werden Orientierungen nur noch in einem erträglich geringen Maß erzeugt. Dank der erhöhten Werkzeugwandtemperaturen bleibt die Fließfähigkeit der Schmelze erhalten und es können extreme Fließweg-Wanddickenverhältnisse [11.58] [11.59] erreicht werden. Insbesondere können Mikroteile mit Abmessungen im Bereich von Mikrometern nur so hergestellt werden [11.58] bis [11.61].

Bei den genannten Anwendungen mit variothermer Temperierung bestimmt in der Regel die Heizzeit die Zykluszeit. Solche dynamischen Werkzeugtemperierungen, bei der das Werkzeug abwechselnd aufgeheizt und gekühlt wird, gibt es bereits seit langer Zeit. Dabei werden verschiedene Heizsysteme eingesetzt:

- Bei der *variothermen Beheizung* [11.62] [11.63] werden zwei unterschiedlich temperierte Kreisläufe einer Flüssigtemperierung über ein Ventil gesteuert. Dabei wird meist Öl als Temperiermedium verwendet. Wegen der schlechten Wärmeübergangszahlen von Ölen sind diese Systeme jedoch nicht besonders effizient.
- Günstiger verhält sich dagegen eine *elektrische Beheizung*, z. B. mit Heizpatronen. Sie ermöglicht es zudem gezielt ausgewählte Stellen im Werkzeug lokal zu beheizen.

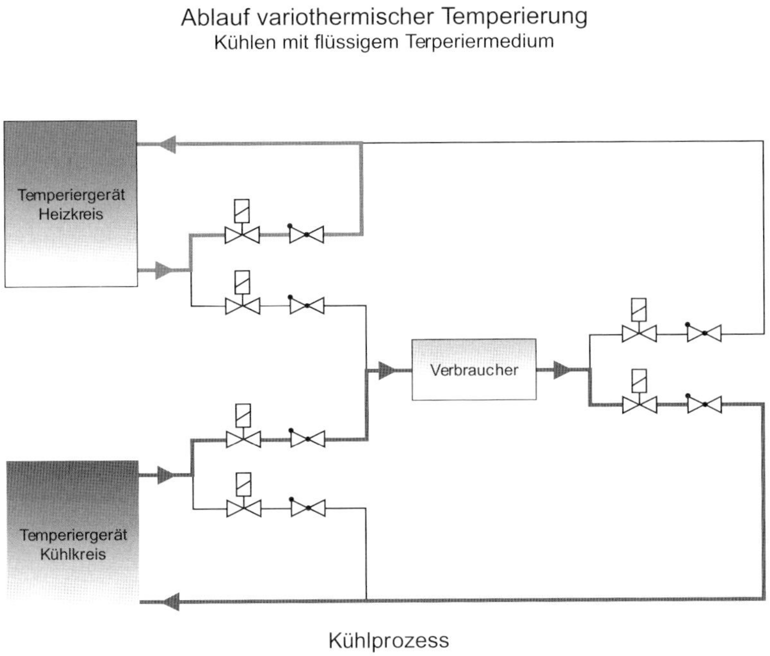

Bild 11.19 Variotherme Temperierung: Heizphase [11.39]

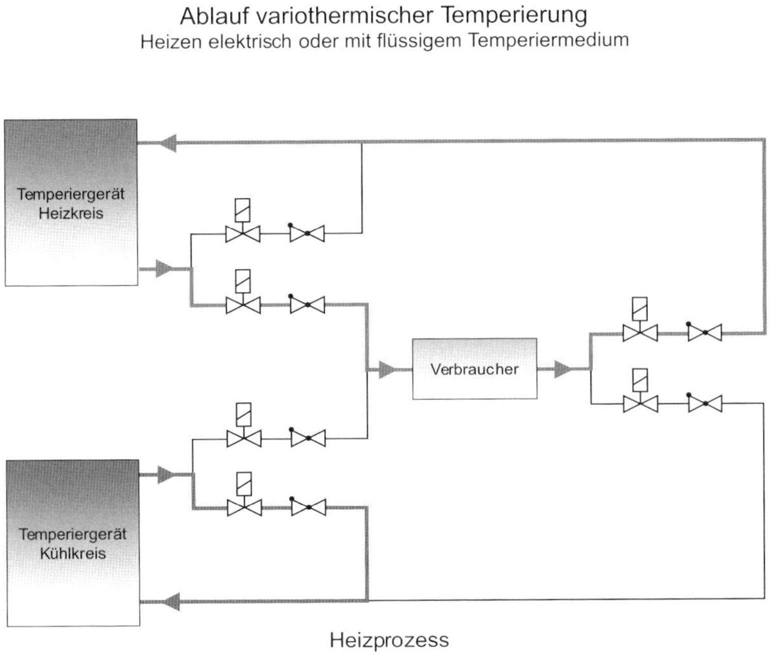

Bild 11.20 Variotherme Temperierung: Kühlphase [11.39]

- Bei der *Induktionserwärmung* können besonders hohe Wärmeströme (30 000 W/cm^2) übertragen werden, da die Energie direkt durch Wirbelströme in der Oberfläche des Heizgutes erzeugt wird. Das aufzuheizende Volumen muss dazu elektrisch leitfähig sein [11.64] und ein an die Formkontur angepasster Induktor muss in die Werkzeughälften eingefahren werden. Nach der nur kurzzeitig notwendigen Aufheizung werden die Induktoren ausgefahren, das Werkzeug geschlossen und die Kunststoffschmelze sofort in die an der Oberfläche heiße Kavität eingespritzt [11.58] [11.59]. Alternativ kann das Induktionsfeld auch durch ein Käfigsystem um das Werkzeug herum realisiert werden [11.65].
- *Strahlungsheizungen* mit IR-Strahlern (Keramik- oder Quarzgutstrahler) oder Halogenstrahlern werden auch gelegentlich als Zusatzheizung eingesetzt, um ein dynamisches Temperierverhalten zu erzeugen. Alternativ kann ebenfalls eine Bestrahlung mittels Laser erfolgen. Durch eine Scannereinheit kann dabei der Fokus der Erwärmung sehr variabel gesteuert werden. Der Einsatz dieser Strahlquelle ist damit für schnelle Lösungen ohne großen Werkzeugumbau geeignet und kann an vielen, klein verteilten Positionen der Kavität lokal die Oberflächentemperatur erhöhen [11.66].

Dank der übertragbaren Wärmeleistungen erlauben diese alternativen Mechanismen der Wärmeübertragung kürzere Heizzeiten gegenüber der Wärmeleitung über eine Widerstandsheizung.

11.3.3 Regelung

11.3.3.1 Regelungsarten

Man unterscheidet drei Methoden zur Regelung der Werkzeugtemperatur:

11.3.3.1.1 Regelung der Mediumstemperatur

Der Temperaturfühler (7 in Bild 11.21) misst die Temperatur des Wärmeträgers im Rücklauf. Bild 11.24 zeigt das Verhalten dieser Regelungsart in verschiedenen Phasen. Folgend die Hauptmerkmale:

Die tatsächlich im Werkzeug herrschende und für eine reproduzierbare Fertigung wichtige Temperatur wird nicht erfasst. Dies ist zwar eine einfache, jedoch ungenau arbeitende Regelung. Die Werkzeugtemperatur liegt je nach Arbeitsweise und Konstruktion des Werkzeuges mehr oder weniger weit entfernt von der eingestellten Temperatur des Wärmeträgers. Weiterhin können zusätzlich einwirkende Störgrößen, die vom Sensor im Temperiermittel nur ungenau erkannt werden, zu erheblichen Abweichungen zum für die Werkzeugtemperatur gewünschten Wert führen. Solche auf das Werkzeug einwirkende Störgrößen, die nicht direkt erfasst und ausgeregelt werden, sind zum Beispiel Änderungen im Spritzgießzyklus, der Einspritzgeschwindigkeit, der Massetemperatur usw.

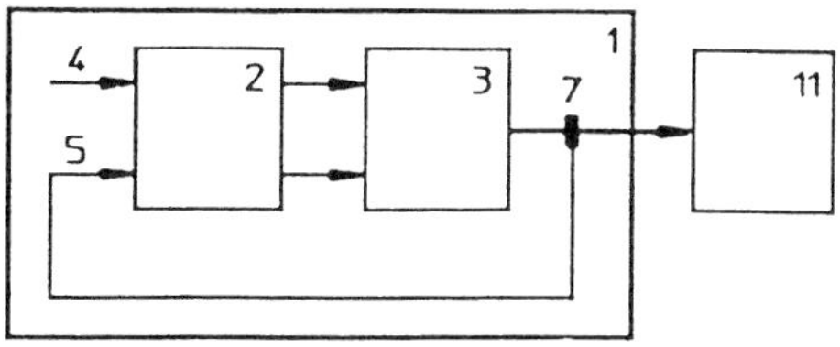

Bild 11.21 Regelung der Mediumstemperatur, Temperaturfühler im Rücklauf [11.38]

11.3.3.1.2 Regelung der Werkzeugtemperatur

Der Temperaturfühler befindet sich im Werkzeug. Die damit erzielte Konstanz der Werkzeugtemperatur ist in den meisten Fällen ausreichend. Allerdings ist dazu die richtige Platzierung des Fühlers speziell bei komplexen Formteil- und Werkzeuggeometrien notwendig. In Werkzeugen mit mehreren Kavitäten müssten in jeder ein eigener Temperaturfühler und ein eigener Kreislauf vorhanden sein. Dies ist jedoch in der Regel nicht der Fall. Der Einrichter versucht daher einen passenden Mittelwert einzustellen, um eine ausreichende Qualität aller Formteile des gleichen Zyklus zu erreichen.

Bild 11.25 zeigt das Verhalten der Werkzeugtemperatur wenn der Sensor im Werkzeug an der richtigen Stelle sitzt. Die Hauptmerkmale dieser Regelung sind:

- Die am Regler eingestellte Temperatur entspricht dem Wert, welchen der Sensor im Werkzeug misst. Das ist natürlich bei Mehrkavitäten nicht unbedingt die optimale Temperatur.
- Die am Werkzeug angreifenden Störgrößen werden erfasst und ausgeregelt. Dies ergibt nur kleine Temperaturschwankungen im Werkzeug.
- Die Produktionswerte sind reproduzierbar.

11.3.3.1.3 Kaskadenregelung

Mittels zweier gekoppelter Regler (2 und 9 in Bild 11.23) werden sowohl die Mediums- als auch die Werkzeugtemperatur von eigenen Sensoren ermittelt. Der Wert des Sensors, der die Werkzeugtemperatur misst, gibt die Stellgröße für den Hauptregler. Diese wird dann noch durch den nachgeschalteten, vom Sensor im Rücklauf des Temperiermediums beeinflussten Hilfsregler so verändert, dass die Temperatur des Werkzeugs sehr genau geregelt wird.

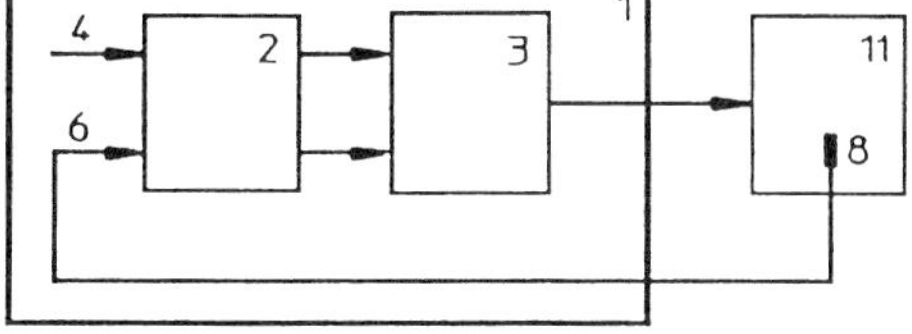

Bild 11.22 Regelung der Werkzeugtemperatur, Temperaturfühler im Werkzeug [11.38]

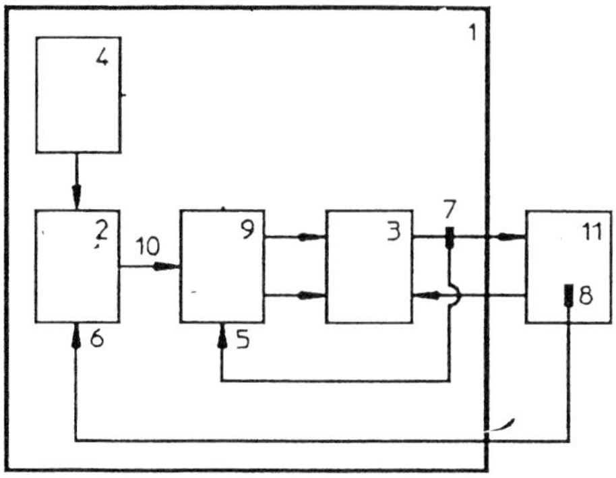

Bild 11.23 Kaskadenregelung, Temperaturfühler sowohl im Rücklauf als auch im Werkzeug [11.38]
In den Bildern 11.21, 11.22 und 11.23 bedeuten:
1 Temperiergerät; 2 Regler, Hauptregler PI, Führungsregler; 3 Heiz-/Kühlsystem; 4 Sollwerteingabe; 5 Istwert; 6 Istwert Formtemperatur; 7 Temperaturfühler Wärmeträger; 8 Temperaturfühler Form; 9 Hilfsregler (P/D); 10 Hilfssollwert; 11 Form (Verbraucher)

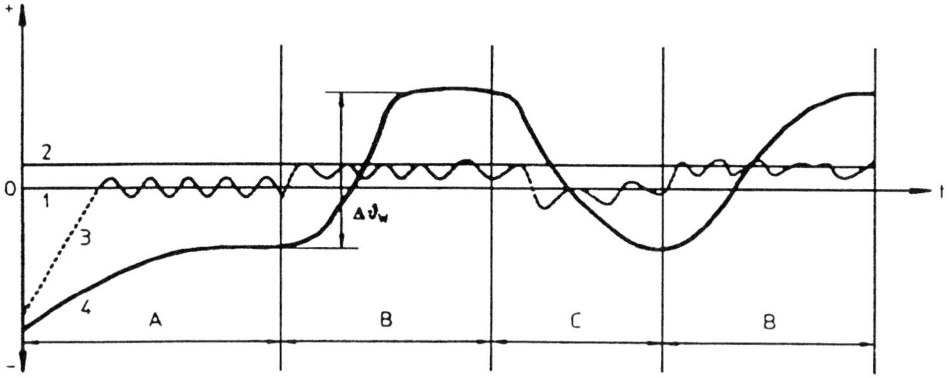

Bild 11.24 Regelung der Mediumstemperatur mit PID-Regler [11.38]
1 Sollwert Heizung, 2 Sollwert Kühlen, 3 Mediumstemperatur,
4 Werkzeugtemperatur, $\Delta\vartheta_W$ Werkzeugtemperaturdifferenz
A Aufheizen, B Spritzen (Kühlen), C Unterbrechung

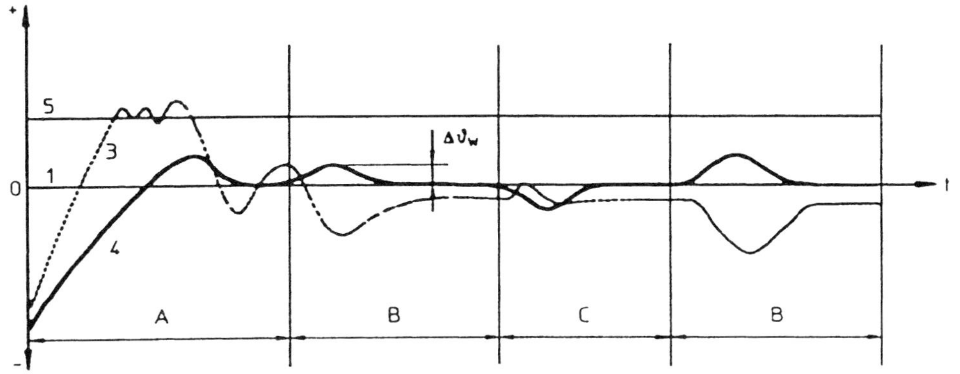

Bild 11.25 Regelung der Werkzeugtemperatur mit PID-Regler [11.38]
1 Sollwert Heizung, 3 Mediumstemperatur, 4 Werkzeugtemperatur,
5 Grenzwert Mediumstemperatur, $\Delta\vartheta_W$ Werkzeugtemperaturdifferenz
A Aufheizen, B Spritzen (Kühlen), C Unterbrechung

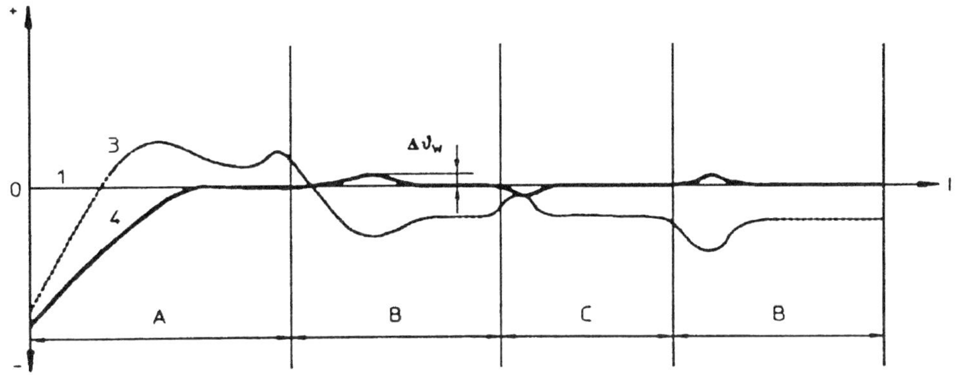

Bild 11.26 Regelung der Werkzeugtemperatur mit PID/PD-Kaskadenregelung [11.38]
1 Sollwert Heizung, 3 Mediumstemperatur, 4 Werkzeugtemperatur,
$\Delta\vartheta_W$ Werkzeugtemperaturdifferenz
A Aufheizen, B Spritzen (Kühlen), C Unterbrechung

11.3.4 Auswahl eines geeigneten Temperiergeräts

Die Auswahl des Temperiergerätes richtet sich hauptsächlich nach dem verarbeiteten Material, dem Werkzeuggewicht, der gewünschten Aufheizzeit, der verarbeiteten Menge pro Zeiteinheit (kg/h), dem zulässigen Temperaturgefälle über dem Werkzeug sowie dem Druck- und Durchflussverhältnissen im Werkzeug (siehe Tabelle 11.2). Der Förderdruck der Pumpe lässt sich nur bestimmen, wenn vom Werkzeug das Diagramm „Druckabfall in Funktion der Durchflussmenge“ vorliegt. Fehlt dieses Diagramm, kann allenfalls aufgrund ähnlicher Werkzeuge der Druckabfall geschätzt werden.

Tabelle 11.2 Kriterien für die Gerätebestimmung [11.38]

Angabe	Zweck
Verarbeitetes Material	Werkzeugtemperatur
Werkzeugtemperatur	Wärmeträger (Wasser/Öl)
Werkzeuggewicht, Aufheizzeit	Heizleistung
Verarbeitete Menge pro Zeiteinheit	Kühlleistung
Temperaturgefälle über dem Werkzeug	Fördermenge der Pumpe
Werkzeugkennlinie „Druckabfall in Funktion der Durchflussmenge"	Förderdruck der Pumpe

Hierbei ist zu beachten, dass nicht nur Durchmesser, Länge und Umlenkungen der Temperierkanäle im Werkzeug, sondern alle im Temperierkreislauf verbauten Schläuche, Armaturen, Kupplungen, Verschraubungen, Filter etc. aus strömungsmechanischer Sicht Drosselorgane darstellen, die Druckverluste erzeugen. Der Betriebspunkt des Prozesses liegt im Schnittpunkt der Kreislaufkennlinie mit der Pumpenkennlinie des Temperiergerätes (Bild 11.27). In diesem Diagramm ist die mögliche Förderhöhe der Pumpe, die mit dem Druckverlust korreliert, in Meter Flüssigkeitssäule (mFls) über den Durchfluss dargestellt.

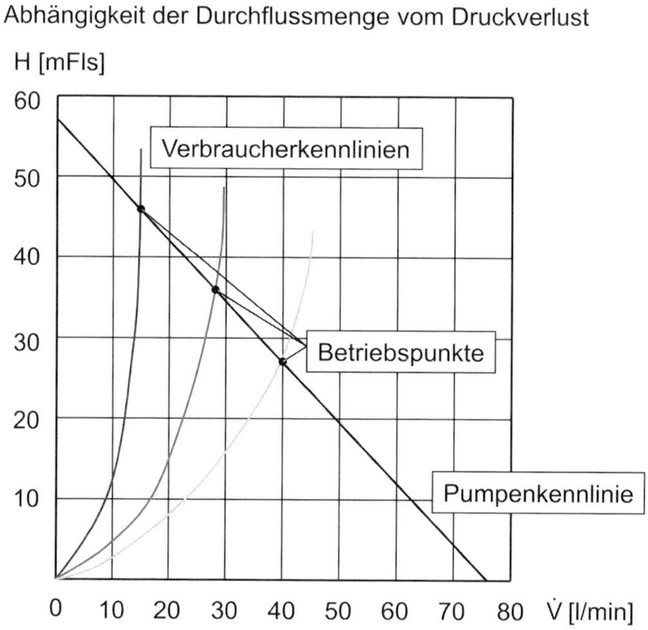

Bild 11.27 Prozesskennlinie Temperierkreislauf/Pumpe [11.39]

11.3.5 Wartung, Reinigung

Die Wartung und Reinigung des Temperiersystems (Gerät, Verbindungsleitungen und Kanäle im Werkzeug), müssen regelmäßig zumindest nach einem Wechsel durchgeführt werden. Es stellen sich sonst „schleichende“ Verschlechterungen ein, wie z. B. langsame Querschnittsverminderung der Kanäle im Werkzeug infolge von Ablagerungen. Speziell bei Wasser als Wärmeträger führen Rost- und Kalkablagerungen zu einer starken Beeinträchtigung des Wärmeaustausches zwischen Werkzeug und umlaufendem Wasser (Bild 11.28). Als Folge stellen sich verringerter Durchfluss, verminderte Wärmeleitfähigkeit mit steigenden Werkzeugwandtemperaturen, und damit unnötig langen Kühlzeiten ein. Eine Faustformel besagt, dass die Erhöhung der Werkzeugwandtemperatur um 1 °C die Kühlzeit um 2 % verlängert.

Die periodische Kontrolle und Reinigung des Verbrauchers ist daher unumgänglich. Vorbeugend ist die Inhibierung des Umlaufwassers mit Korrosionsschutzmitteln und Härtestabilisatoren zu empfehlen.

Auch bei Wärmeträgeröl können Ablagerungen von gecracktem Öl in den Kanälen des Werkzeuges ebenfalls zu einer Beeinträchtigung der Wärmeübertragung und erhöhtem Druckverlust führen. Es ist zu empfehlen, ein Reinigungsmittel beim Ölwechsel zuzumischen und den Zustand des Wärmeträgeröls periodisch zu überprüfen. Am besten geschieht dies mit einer Analyse durch den Lieferanten des Öls. Die dunkle Verfärbung ist kein Beurteilungskriterium.

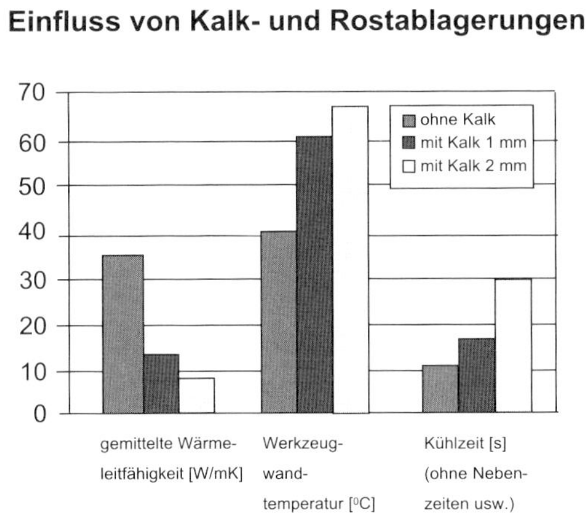

Bild 11.28 Einfluss von Ablagerungen auf den Wärmeübergang in Spritzgießwerkzeugen [11.39]

Literatur Kapitel 11

[11.1] *Wübken, G.:* Thermisches Verhalten und thermische Auslegung von Spritzgießwerkzeugen. Dissertation an der RWTH Aachen, 1974.

[11.2] *Hengesbach, H. A.:* Verbesserung der Prozeßführung beim Spritzgießen durch Prozeßüberwachung. Dissertation an der RWTH Aachen, 1976.

[11.3] *Mohren, P.; Schürmann, E.:* Die thermische und mechanische Auslegung von Spritzgießwerkzeugen. Seminarunterlagen IKV, Aachen, 1976.

[11.4] *N. N.:* Temperiersysteme als Teil der Werkzeugkonstruktion. Arburg heute, Heft 16/79, 10. Jg. Juni 1979, S. 28–34.

[11.5] *N. N.:* Rotary-Kupplung, Prospekt der Firma Gebr. Heyne GmbH, Offenbach/M.

[11.6] *N. N.:* Das Wärmerohr. Prospekt der Firma Méchanique de l'Ile de France.

[11.7] *Temesvary, L.:* Mold cooling: key to fast molding. Modern Plastics 44 (1966) 12, S. 125–128 und 196–198.

[11.8] *Stöckert, K.:* Formenbau für die Kunststoffverarbeitung. Carl Hanser Verlag, München, 1969.

[11.9] *N. N.:* Gase in der Kunststoffindustrie – die perfekte Verbindung. Firmenschrift Linde Gas AG, 2005.

[11.10] *N. N.:* Firmenschrift der AGA Gas GmbH, Hamburg, 1996.

[11.11] *Westhoff, R.:* Innovative Techniken der Werkzeugtemperierung – Hilfe bei der Senkung von Stückkosten. In: Kostenreduktion durch innovatives Spritzgießen, VDI Verlag, Düsseldorf, 1997.

[11.12] *N. N.:* System Contura – Firmenschrift der Innova Engineering GmbH, Menden, 1997.

[11.13] *N. N.:* Stemke Cooling Systems GmbH, 04746 Hartha, URL: http://stemke-cs.de, 31.07.2016.

[11.14] *Berghoff, M.; Kürten, A.; Thienel, P.:* Auszug aus dem Firmengemeinschaftsprojekt „Innovative Temperiertechniken", Iserlohner Kunststofftechnologie GmbH (ISK), 2005.

[11.15] *Mörwald, K.:* Einblick in die Konstruktion von Spritzgießwerkzeugen. Verlag Brunke Garrels, Hamburg, 1965.

[11.16] *Paar, M.:* Auslegung von Spritzgießwerkzeugen für vernetzende Formmassen. Dissertation an das RWTH Aachen 1973.

[11.17] *Joisten, S.:* Ein Formwerkzeug für Zahnräder. Sonderdruck aus „die maschine", Heft 10/1969 und Dissertation an der RWTH Aachen, 1974.

[11.18] *N. N.:* Spritzguß Hostalen PP. Handbuch der Farbwerke Hoechst AG, Frankfurt/M., 1965.

[11.19] *N. N.:* Temperieren von Spritzgießwerkzeugen. Mitteilung der Netstal-Maschinen AG, 8752 Näfels/Schweiz, No. 12, Juni 1979, S. 1–11.

[11.20] *Friel, P.; Hartmann, W.:* Beitrag zum Temperieren von Spritzwerkzeugen. Plastverarbeiter 26 (1975) 9, S. 491–498.

[11.21] *Keller, W.:* Spezielle Anforderungen an Werkzeugen für die Duroplastverarbeitung. Kunststoffe 78 (1988) 10, S. 978–983.

[11.22] *Weyer, G.:* Automatische Herstellung von Elastomerartikeln im Spritzgießverfahren. Dissertation an der RWTH Aachen, 1987.

[11.23] *Ehrig, F.:* Möglichkeiten der thermischen Auslegung von Duroplastwerkzeugen am Beispiel eines Kaltkanalverteilers. 11. Internationale Duroplasttagung, Würzburg, 1996.

[11.24] *Maaß, R.:* Die Anwendung der statistischen Versuchsmethodik zur Auslegung von Spritzgießwerkzeugen mit Kaltkanalsystem. Dissertation an der RWTH Aachen, 1995.

[11.25] *Diemert, J.:* Einsatz physikalisch gestützter Prozeßmodelle zur Verbesserung der Qualitätsüberwachung beim Elastomerspritzgießen. Unveröffentlichte Arbeit am IKV, Aachen.

[11.26] *Feichtenbeiner, H.:* Auslegung eines Spritzgießwerkzeuges mit 4-Fach-Kaltkanalverteiler für Elastomerbauteile. Unveröffentlichte Arbeit am IKV, Aachen, 1983.

[11.27] *Delpy U.; Wintergerst, S.:* Spritzgießen mit veränderlicher Werkzeugtemperatur. Vortrag auf dem 2. Stuttgarter Kunststoffkolloquium, 1971.

[11.28] *Lichius, U.:* Rechnerunterstützte Konstruktion von Werkzeugen zum Spritzgießen von thermoplastischen Kunststoffen. Dissertation an der RWTH Aachen, 1983.

[11.29] *Rauscher, W.:* Praktische Überprüfung von Rechenmodellen zur thermischen Auslegung von Elastomerwerkzeugen. Unveröffentlichte Arbeit am IKV, Aachen, 1984.

[11.30] *Rellmann, J.:* Inbetriebnahme eines Duroplastspritzgießwerkzeugs. Unveröffentlichte Arbeit am IKV, Aachen, 1984.

[11.31] *Recker, H.:* Regler und Regelstrecken in: Messen und Regeln beim Extrudieren. VDI-Gesellschaft Kunststofftechnik (Hrsg.), VDI-Verlag, Düsseldorf, 1982.

[11.32] *N. N.:* Broschüre der Firma ACROLAB Engineering, Windsor, Ontario, Kanada, 1996.

[11.33] *N. N.:* Produktinformation Marlotherm LH, Sasol, Olefins & Surfactants GmbH, 2006.

[11.34] *Schneider, Ch.:* Das Verarbeitungsverhalten von Elastomeren im Spritzgießprozess. Dissertation an der RWTH Aachen, 1986.

[11.35] *N. N.:* Hofmann Innovation Group AG, 96215 Lichtenfels, URL: http://www.hofmann-innovation.com/, 31.07.2016.

[11.36] *N. N.:* BFMOLD – Technologie Eine effiziente Alternative der Werkzeugtemperierung, URL: http://www.kunststoff-institut.de/inhalte/de/formteil_werkzeugoptimierung_bfmold.php?klick=1_71, 31.07.2016.

[11.37] *Schürmann, E.:* Abschätzmethoden für die Auslegung von Spritzgießwerkzeugen Dissertation an der RWTH Aachen, 1979.

[11.38] *N. N.:* Handbuch zur Temperierung mittels flüssiger Medien. Regloplas AG, St. Gallen, 1997.

[11.39] *Gries, H.:* Produktivität steigern durch optimierte Kühl- und Temperiertechnik, 6. Kiersper Temperiertag der Gesellschaft Wärme Kältetechnik mbH, Kierspe, 2002.

[11.40] *N. N.:* Oni Wärmetrafo GmbH 51789 Lindlar, URL: http://www.oni.de, 31.07.2016.

[11.41] *Kotzab, W.:* Exakte Temperierung bei geringem Kostenaufwand. Plastverarbeiter 35 (1984) 5, S. 74–81.

[11.42] *N. N.:* Cyclical Mold Temperature Control Systems. URL: http://www.reps.co.uk, 8.06.2005.

[11.43] *N. N.:* URL: http://www.pulsecooling.com, 31.07.2016.

[11.44] *Radke, R.:* Impulskühlung doch kein Flop? Kunststoffberater 47 (2002) 11, S. 35–36.

[11.45] *Philipp, H.:* Ohne Umwege: Impulskühlung. Kunststoffberater 45 (2000) 11, S. 30–31.

[11.46] *Kotzab, W.:* Der Impuls zum Energie sparen. Kunststoffe 91 (2001) 5, S. 74–77.

[11.47] *N. N.:* Geregelte Werkzeugkühlung Flowcon. Broschüre der Wittmann Kunststoffgeräte GmbH, Wien (Österreich).

[11.48] *N. N.:* Remak Pulse Temp. Broschüre der Remak Maschinenbau GmbH.

[11.49] *Radke, R.:* Kosten sparen mit richtiger Werkzeugtemperierung. Kunststoffe 93 (2003) 12, S. 35–37.

[11.50] *Haupt, E.:* Verfahren und Vorrichtung zur Erzeugung einer prozeßabhängigen Temperaturänderung bei thermoplastverarbeitenden Materialien. Patent der Deutschen Demokratischen Republik Nr. 29817, 18.03.1961.

[11.51] *Kotzab, W.:* Drei in einem. Plastverarbeiter 53 (2002) 11, S. 54.

[11.52] *Mapleston, P.:* Pulsed Cooling Yields. Modern Plastics 91 (2002) 8, S. 34–35.

[11.53] *N. N.:* Optimierte Zykluszeiten durch zyklische Temperierung Informationsschrift der Wieder GmbH International. Schweinfurt, 1999.

[11.54] *N. N.:* Impulse für die Werkzeugtemperierung. Kunststoffberater 45 (2000) 11, S. 28–29.

[11.55] *Allert, S.*: Untersuchungen zur Temperierung von Spritzgießwerkzeugen mit Impulskühlung. Dissertation an der RWTH Aachen, 2014.

[11.56] *Schirrmacher, H.; Hoffmann, D.:* Robuste Kühlstrategie. Plastverarbeiter 54 (2003) 8, S. 90–91.

[11.57] *Michaeli, W.; Kudlik, N.; Vaculik, R.:* Qualitätssicherung bei optischen Bauteilen. Kunststoffe 86 (1996) 4, S. 478–480.

[11.58] *Tewald, A.:* Entwicklung und Untersuchung eines schnellen Verfahrens zur variothermen Werkzeugtemperierung mittels induktiver Erwärmung. Dissertation Universität Stuttgart, 1997.

[11.59] *Walter, T.:* Geräte und Verfahrenstechnik zur induktiven Werkzeugtemperierung beim Mikrospritzgießen. Dissertation an der Universität Stuttgart, 2003.

[11.60] *Michaeli, W.; Rogalla, A.:* Kunststoffe für die Mikrosystemtechnik. Ingenieur-Werkstoffe 6 (1997) 1, S. 50–53.

[11.61] *Rogalla, A.:* Analyse des Spritzgießens mikrostrukturierter Bauteile aus Thermoplasten. Dissertation an der RWTH Aachen, 1998.

[11.62] *Delpy, U.:* Einfluß variabler Formtemperaturen auf die Eigenschaften von Spritzlingen aus amorphen Thermoplasten. Dissertation an der Universität Stuttgart, 1971.

[11.63] *Delpy, U.; Wintergerst, S.:* Spritzgießen mit veränderlicher Werkzeugtemperatur. Vortrag auf dem 2. Stuttgarter Kunststoffkolloquium, 30. Sept. 1971.

[11.64] *Benkowsky, G.:* Induktionserwärmung. Verlag Technik, Berlin, 1990.

[11.65] *N. N.:* RocTool S. A., 73370 Le Bourget du Lac, Frankreich. URL: http://www.roctool.com/, 31.07.2016.

[11.66] *Schöngart, M.*: Dynamische Beheizung von Spritzgießwerkzeugen mittels Laserstrahlung. Dissertation an der RWTH Aachen, 2015.

12 Mechanische Auslegung von Spritzgießwerkzeugen

12.1 Die Werkzeugverformung

Spritzgießwerkzeuge sind aufgrund der thermischen und mechanischen Prozessführung im Spritzgießen sehr hoch belastet. Diese Belastung ist einerseits durch die thermische Ausdehnung und andererseits durch das Zusammenspiel der mechanischen Kräfte durch Einspritzdruck, Nachdruck und Schließkraft begründet. Ein Spritzgießwerkzeug darf sich ausschließlich elastisch verformen, um die Funktionalität sowie eine lange Standzeit zu gewährleisten. Da mit diesen Werkzeugen Formteile mit hohen Präzisionsanforderungen hergestellt werden sollen, ist es verständlich, dass neben dem Maßänderungsverhalten der Kunststoffformmassen durch die Schwindung während der Abkühlung auch das Verformungsverhalten des Werkzeugs für die endgültigen Abmessungen der Formteile zu berücksichtigen ist. Darüber hinaus können unzulässige Verformungen des Werkzeuges Störungen des Spritzgießprozesses verursachen.

Für die Formteilqualität gilt:

- Verformungen des Werkzeuges führen zu Maßabweichungen der Formteile und evtl. zum Überspritzen mit Schwimmhautbildung.

Für die Funktionssicherheit des Werkzeuges gilt:

- Sind die Werkzeugverformungen, besonders senkrecht zur Entformungsrichtung, größer als die entsprechende Schwindung des Formteils, so ergeben sich durch Verklemmen Entformungs- bzw. Werkzeugöffnungsprobleme.

D. h. die Steifigkeit eines Werkzeugs bestimmt die Qualität der Formteile, die Funktionssicherheit sowie die Standzeit des Werkzeugs.

Übliche Spritzgießwerkzeuge sind aus einer Vielzahl von Elementen aufgebaut, die im Gesamtverbund mit ihren Wechselwirkungen dem Werkzeug seine Steifigkeit verleihen.

Bei den Elementen eines Werkzeuges handelt es sich um gedrungene Körper. Deren Auslegung verlangt eine Berücksichtigung sowohl der Biege- als auch der Schubverformung. Sie sind jedoch noch ausreichend schlank, dass sich – von Ausnahmen abgesehen – infolge der geringen zulässigen Verformungen eine Dimensionierung gegen zulässige Spannungen erübrigt.

12.2 Analyse und Bewertung der Verformungen

- Werkzeuge werden grundsätzlich gegen zulässige Verformungen dimensioniert.
- Die vorrangigen Beanspruchungen sind quasi-statischer Natur, weshalb mit dem großen Vorrat an Formeln für die statische Belastungs- und Verformungsanalyse gearbeitet wird.
- Die komplexe Geometrie bedingt, dass Spritzgießwerkzeuge mehrfach statisch unbestimmte Systeme sind. Man kann entweder mit Finite-Elemente-Rechnung (FEM) eine geschlossene Näherung durchführen oder die Werkzeuge in einzelne Elemente zerlegen [12.1] [12.2]. Da nur elastische Verformungen zugelassen sind, können die einzelnen Elemente bzw. Segmente als Federn betrachtet und das ganze System als Federpaket berechnet werden. Aus den einzelnen „Federverformungen" wird dann die Gesamtverformung durch Aufsummieren ermittelt (vgl. Abschnitt 12.4 bis 12.6).

Einwirkende Kräfte und ihre Bewertung

a) Schließ- und Zuhaltekräfte

welche die Maschine ausübt.

b) Maximaler Forminnendruck

Er wirkt über die Formmasse in den Formhöhlungen und dem Angusssystem auf das Werkzeug. Dieses kann sich dabei vor allem durch Biegungen verformen.

Hierdurch können zwei Probleme entstehen:

1. Das Formteil wird im Werkzeug eingeklemmt, wenn die senkrecht zur Werkzeugachse wirkenden Kräfte aus dem Forminnendruck die Wände weiter aufbiegen, als die Formmasse an diesen Stellen nach dem Abkühlen auf Entformungstemperatur in der Dicke schwindet.
2. Unter der Wirkung der Kräfte aus dem Forminnendruck in Werkzeugachsrichtung können unzulässig große Spalte in der Formtrennebene entstehen, in welche die Schmelze eindringen und Schwimmhäute (Grate) bilden kann. Der höchste lokale Forminnendruck ist bei Thermoplasten und üblicher Verarbeitung stets

der maximale Einspritzdruck. Bei Elastomeren und Duroplasten tritt jedoch in der Regel der höchste Forminnendruck erst dann ein, wenn die Formmasse sowohl von der heißeren Werkzeugwand als auch durch die frei werdende Reaktionswärme weiter erwärmt wird und sich ausdehnt. Erst wenn die Vernetzung weiter fortschreitet, tritt aufgrund der thermischen Schwindung eine mehr oder weniger große Volumenverminderung ein. Die vorherige Volumenausdehnung aufgrund der Erwärmung ist auch der Grund, warum diese Formmassen fast immer Schwimmhäute und Grate an den Formteilen hinterlassen. Noch leisten sich viele Verarbeiter den Luxus teurer, sehr häufig manueller Nacharbeit bei jedem erzeugten Formteil. Um die Bildung entstehender Spalte durch den Werkzeuginnendruck genauer zu berechnen, genügen die einfachen Rechnungen mit Federsteifigkeiten für die Werkzeuge allein nicht, weil auch die Verformungen der Presse (Schließeinheit) erhebliche Beiträge zur Gesamtverformung erbringen. Es sind eine Reihe von Arbeiten durchgeführt worden, welche die Bildung von Spalten in den Trennebenen von Werkzeugen sehr genau zu berechnen gestatten [12.3] [12.4]. Sie bestehen stets aus einer Aufsummierung der Verformungen der Werkzeuge in Achsrichtung und derjenigen der gesamten Schließeinheit. Diese Berechnungen sind allerdings wesentlich aufwendiger als die einfache Rechnung, wie sie im Nachfolgenden erläutert wird. Eine genaue Rechnung verlangt vom Verarbeiter zudem eine Bestimmung der Verformung der Schließeinheit unter Einbezug aller ihrer Elemente. Diese Verformung wird nämlich bis heute von den Maschinenherstellern normalerweise nicht angegeben. Die Methode zur messtechnischen Bestimmung und Berechnung der Verformung der Schließeinheit wird in [12.4] erläutert. Es gibt jedoch eine relativ einfache Methode, welche später erläutert wird. Diese Methode liefert Ergebnisse, welche auf der sicheren Seite liegen.

c) Formöffnungs- und Auswerfkräfte

Diese Kräfte sind im Normalfall wesentlich kleiner. Sie müssen nur berücksichtigt werden bei der Auslegung des Aufwerfersystems. Es müssen jedoch, falls vorhanden, stets die Auswerferstifte nachgerechnet werden. Hier bestehen zwei häufig nicht berücksichtigte Gefahren:

- die Stifte können ausknicken und zerstört werden,
- die Stifte können das Formteil durchstanzen.

Berechnungen hierzu werden in Abschnitt 12.3 gezeigt.

d) Kräfte an weiteren mechanischen Bauelementen

An weiteren mechanische Bauelementen des Werkzeuges können, resultierend aus mechanischen sowie thermischen Belastungen, Beeinträchtigungen der Funktionsweise auftreten. Um eine ordnungsgemäße Funktionsweise zu gewährleisten, müssen bewegliche Bauelemente wie Trennebenenverriegelungen, Angussmesser oder Kernzüge hinsichtlich dieser Belastungen ausgelegt werden. Häufig auftretende Probleme sind beispielsweise:

- Zu eng tolerierte Passungen im Hinblick auf die thermische Ausdehnung
- Verkeilen der Bauelemente durch ungünstige mechanische Belastung
- Unterdimensionierte Abstützung von kavitätsnahen Bauelementen

12.3 Grundlagen zur Beschreibung der Deformationen

Um nun die charakteristischen Verformungen in Abhängigkeit von den Belastungen durch Spritzdruck und Schließkraft zu erhalten, ist zunächst folgende Unterscheidung zu treffen:

1. Welche Elemente werden unter Einwirkung des Forminnendrucks entlastet?
2. Welche Elemente werden bei der Wirkung des Forminnendrucks weiter belastet?

Betrachtet man nun die Verformungen und Kräfte parallel zur wirkenden Schließkraft, so ergibt sich folgendes Ersatzbild (Bild 12.1) der Schließeinheit einschließlich Werkzeug.

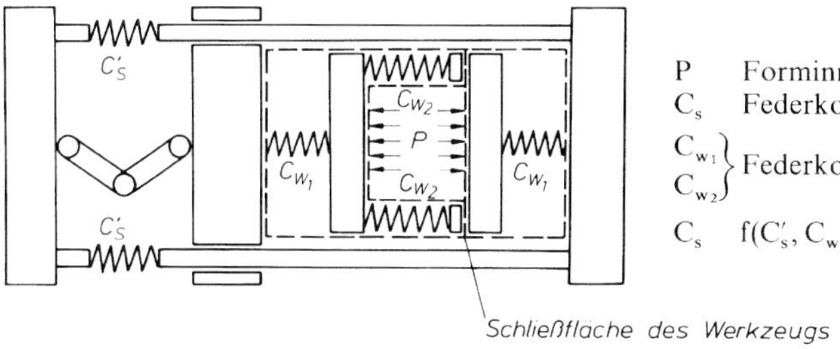

P Forminnendruck
C_s Federkonstante der Schließeinheit
C_{w1}, C_{w2} Federkonstanten des Werkzeugs
C_s $f(C_s', C_{w1})$

Bild 12.1 Ersatzbild Schließeinheit und Werkzeug [12.5]

Die Elemente mit den Federkonstanten C_{w1} (Platten des Werkzeuges) und C_s (Steifigkeit der Holme und Pressenplatten) werden zunächst durch die Schließkraft und dann zusätzlich durch den Forminnendruck belastet.

Die Werkzeuggrundplatten zeigen also das gleiche Verformungsverhalten wie die Holme der Schließeinheit, bezogen auf die Trennebene des Werkzeugs.

Der Teil des Werkzeugs (Formnestbereich) mit der Federkonstante C_{w2} wird durch die Schließkraft zunächst belastet und durch den Forminnendruck teilweise entlastet.

12.3.1 Einfache Rechnung zur Abschätzung der Spaltbildung

Die einfache Rechnung geht davon aus, dass sich die Schließflächen des Werkzeugs gerade noch berühren, wenn die zusätzliche Dehnung der Schließeinheit Δl_S und die Abnahme der Formneststauchung Δl_W gleich groß sind.

$$\Delta l_S = \Delta l_W \tag{12.1}$$

Unter Berücksichtigung der Steifigkeit des Werkzeuges C_W und der Schließeinheit C_S lassen sich mittels des Hookschen Gesetzes die resultierenden Kräfteänderungen ΔF_S und ΔF_W ausdrücken.

$$\Delta F = C \cdot \Delta l \tag{12.2}$$

$$\frac{\Delta F_S}{C_S} = \frac{\Delta F_W}{C_{W2}} \tag{12.3}$$

Für das Kräftegleichgewicht an der Schließfläche gilt anschließend folgende Beziehung.

$$p \cdot A_{FT} = \Delta F_S + \Delta F_W \tag{12.4}$$

$$p \cdot A_{FT} = C_S \cdot \Delta l_S + C_W \cdot \Delta l_W \tag{12.5}$$

Durch Einsetzen der Gleichung 12.1 und Gleichung 12.2 lässt sich der folgende Zusammenhang aufstellen, der eine Berechnung der Spaltbildung unter Berücksichtigung des Forminnendrucks, der projizierten Formteilfläche sowie der Steifigkeit von Werkzeug und Schließeinheit ermöglicht.

$$p \cdot A_{FT} = \Delta l \cdot (C_S + C_W) \tag{12.6}$$

P = Forminnendruck
A_{FT} = projizierte Formteilfläche
Δl_S = Verformung der Schließeinheit
Δl_W = Verformung des Werkzeugs
ΔF = Veränderung der Federkraft
C = Federkonstante
S = Index für Schließeinheit
W = Index für Werkzeug

Daraus ergibt sich das in Bild 12.2 dargestellte Verformungsverhalten.

Die Nestverformung in Schließrichtung, die bezüglich der Formteilqualität meist eine sehr große Rolle spielt, ist also von der Steifigkeit der Schließeinheit und nicht nur von der des Werkzeugs abhängig. Eine hohe Steifigkeit der Schließeinheit ergibt bei Belastung durch den Forminnendruck eine

1. geringe Nestverformung in Schließrichtung,
2. geringere Belastung der Schließeinheit und
3. höhere Kräfte in der Schließfläche.

2. und 3. gilt für Kniehebelschließeinheiten, nicht bei der rein hydraulischen Spritzgießschließeinheit.

Hohe Steifigkeit des Werkzeugs ergibt:

1. geringe Nestverformung in Schließrichtung und
2. geringe Belastung der Schließeinheit.

Aus diesen Gründen ist es sinnvoll, das Werkzeug so auszulegen, dass sich eine möglichst große Federsteifigkeit ergibt.

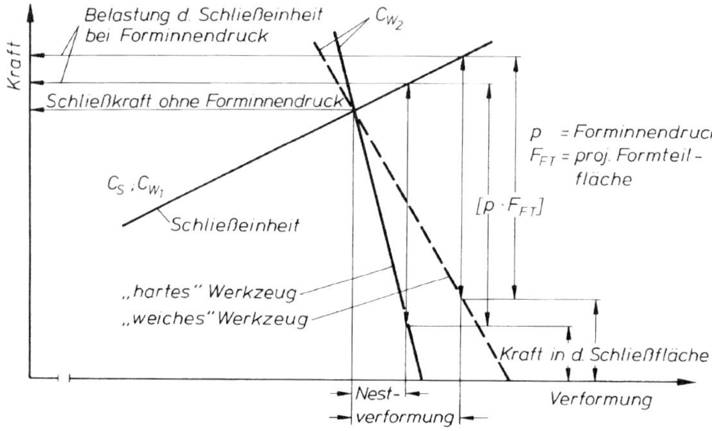

Bild 12.2 Verformungsverhalten von Werkzeug und Schließeinheit in Schließrichtung [12.1] [12.5]
C_{W2} Federkennlinie zweier Werkzeuge
C_S Federkennlinie der Schließeinheit

12.3.2 Genauere Rechnung zur Abschätzung der Spaltbildung und Verhinderung von Schwimmhäuten und Graten

Gratbildungen in den Schließflächen von Werkzeugen haben zwei wesentliche Ursachen:

1. Durchbiegung von Werkzeugplatten, die nicht gestützt sind, wie vor allem über dem Freiraum für die Auswerferplatte. Besonders gefährdet in dieser Beziehung sind die Werkzeuge für großflächige Formteile sowie Mehrfachwerkzeuge.
2. Die so genannte Werkzeugatmung, d. h. das Öffnen der Schließfläche (Trennebene) infolge des Zusammenwirkens von zu niedrigen Zuhaltekräften der Schließeinheit (Presse) und Verformungen des Werkzeuges.

Während die Werkzeugverformungen ausreichend genau mit der einfachen Methode der Federsteifigkeiten der Werkzeugelemente ermittelt werden können (siehe Abschnitt 12.4 bis 12.6), fehlen Informationen über die Verformungen der Schließeinheiten. Sie werden in der Regel von den Maschinenherstellern nicht angegeben und sind nicht ohne erheblichen Aufwand zu ermitteln.

Tatsächlich sind die Schließeinheiten alle, auch die Kniehebelpressen und die verriegelten hydraulischen Pressen, sehr viel weicher, als dies aus Bild 12.2 zu entnehmen ist. Es sind effektiv nicht, wie in Bild 12.2 dargestellt, nur die Holme, die beansprucht werden, sondern auch die vielen anderen Elemente, wie Gelenke und Gelenkzapfen bei den Kniehebelpressen und die Verriegelungselemente und Platten, die Kompressibilität des Öles usw. bei den hydraulischen Pressen. Diese Elemente müssen berücksichtigt werden, da sie erheblich weicher sind. Daher gleicht das reale Federdiagramm einer Schließeinheit mehr der Darstellung in Bild 12.3. Man kann nun entweder sehr genau nach einem Programm von Krause et al. rechnen [12.3] oder, wenn man die mühsame Erstellung umgehen will, eine einfache und sichere Methode anwenden, die ebenfalls aus den Arbeiten von Krause et al. aufgebaut wurde.

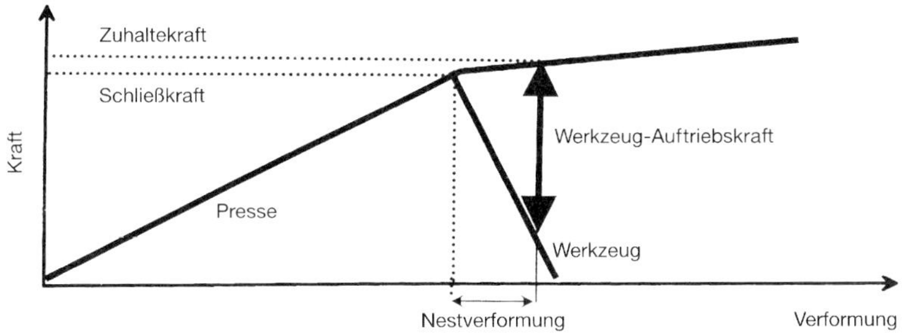

Bild 12.3 Werkzeugfederdiagramm [12.3]

Für die Gratbildung ist die Verformung des Nestrandbereiches im Werkzug verantwortlich. Es muss daher für die Spaltbildung die Verformung in der Schließebene mit der Verformung des Werkzeuges in einem gemeinsamen Federdiagramm betrachtet werden. Ein solches zeigt Bild 12.4. Da die Steifigkeit des Nestrandes sehr hoch gegenüber der Steifigkeit der Presse ist, ergeben sich Verformungsdiagramme, wie dies beispielhaft in Bild 12.4 gezeigt wird. Man macht somit kaum einen Fehler, wenn man die schwache Neigung der Federkennlinie der Presse oberhalb ihres Knickes nach Überschreiten der Schließkraft vernachlässigt und mit einer konstanten Zuhaltekraft in Höhe der Schließkraft rechnet (also wie bei einer hydraulischen Maschine ohne Verriegelung, bei der ein konstanter Druck in Höhe der Schließkraft durch die Pumpen aufrecht erhalten wird). Dies bedeutet, dass die Öffnungskräfte (Formauftriebskräfte) aus dem Werkzeuginnendruck kleiner als die Schließkraft sein müssen.

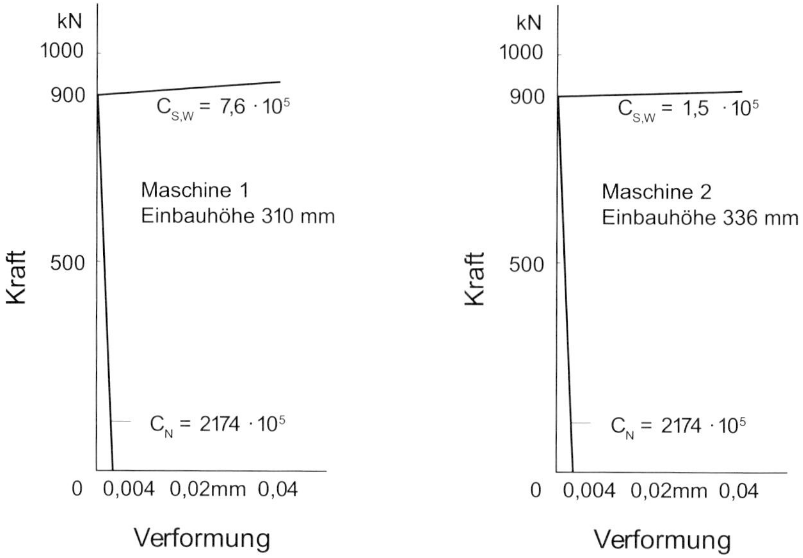

Bild 12.4 Realistisches Federdiagramm für zwei normale mechanische Schließeinheiten mit typischen Werkzeugen [12.3]
C_S Federsteifigkeit der Schließeinheit
C_W Federsteifigkeit des Werkzeugs
C_N Federsteifigkeit des Nestrandes

12.4 Das Überlagerungsverfahren

Komplette Werkzeuggestelle setzen sich i. A. aus unterschiedlichen Elementen zusammen, die wiederum verschiedenen Belastungen unterliegen. Aus diesem Grunde ist es zweckmäßig, das Werkzeug gezielt in charakteristische Bauelemente unter Berücksichtigung ihrer elastischen Eigenschaften zu zerlegen. Hierdurch ergibt sich eine einfache Bestimmung der Verformung (Bild 12.5).

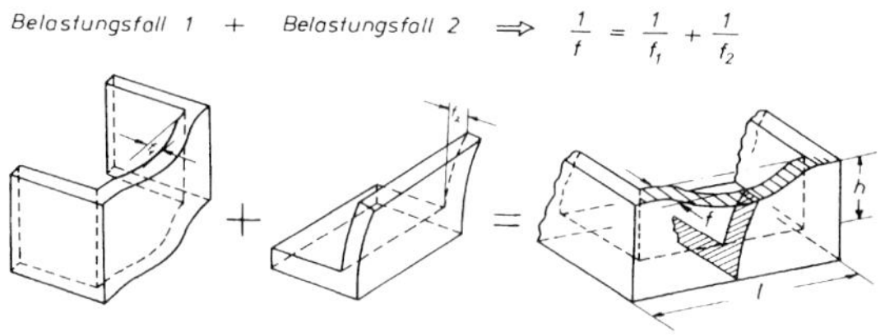

Bild 12.5 Zerlegung eines Werkzeugelements [12.1] [12.5]

12.4.1 Zusammengeschaltete Federn als Ersatzelemente

Beim Überlagerungsverfahren handelt es sich um eine Überlagerung von Einzelverformungen. Dabei werden alle Bauteile eines Werkzeuggestells (Werkzeugplatten, Leisten und Abstützungen) als Federn mit einer bestimmten Steifigkeit betrachtet (Bild 12.6).

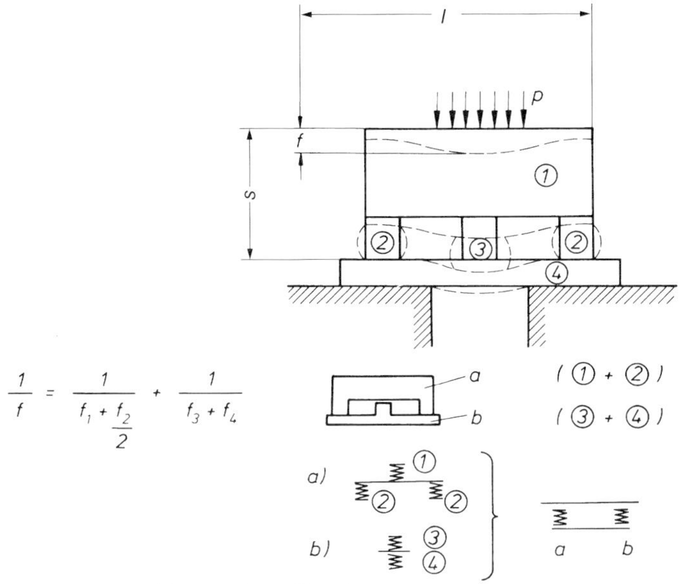

Bild 12.6 Überlagerungsverfahren [12.1] [12.5]

Wie bereits erwähnt, muss bei der Verformung Biegung und Schub berücksichtigt werden. Betrachtet man die mathematische Beziehung, die das Federverhalten beschreibt:

$$F = C \cdot f \Rightarrow f = \frac{F}{C} \qquad (12.7)$$

und die mathematische Beziehung einer Platte mit Biegung und Schub, so beträgt die Gesamtverformung:

$$f = \underbrace{\frac{P_{\mathrm{D}} \cdot l^4 \cdot 12}{384 \cdot F \cdot s^3}}_{\text{Biegung}} + \underbrace{\frac{P_D \cdot l^2 \cdot 2{,}66}{8 \cdot E \cdot s}}_{\text{Schub}} \qquad (12.8)$$

$$f = p_{\mathrm{D}} \left(\frac{l^4}{32 \cdot E \cdot s^3} + \frac{0{,}33 \cdot l^2}{E \cdot s} \right) \qquad (12.9)$$

Im Fall der Platte bleiben alle geometrieabhängigen Größen konstant, d. h. die Klammer von Gleichung 12.9 entspricht der Steifigkeit einer Feder.

Alle Belastungsfälle im Bereich eines Werkzeugs näherungsweise dieser Belastungsart unterliegen, ist die Betrachtung der Elemente als Federn möglich.

12.4.1.1 Parallelschaltung von Elementen

Bei einer Parallelschaltung weisen bei unterschiedlicher Belastung alle Bauteile die gleiche Verformung auf. Die Last verteilt sich gemäß den Einzellasten (Bild 12.7):

$$\frac{1}{f} = \frac{1}{f_1} + \frac{1}{f_2} \tag{12.10}$$

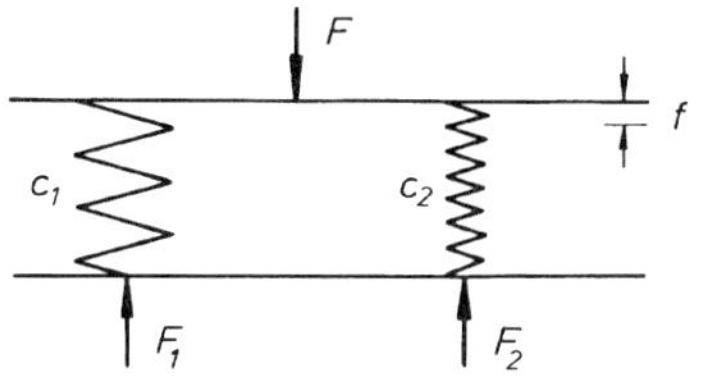

Bild 12.7 Parallelschaltung von Elementen [12.5]

12.4.1.2 Reihenschaltung von Elementen

Bei einer Reihenschaltung werden alle Bauteile durch die gleichen Lasten verformt (Bild 12.8).

$$F = F_1 = F_2 \tag{12.11}$$

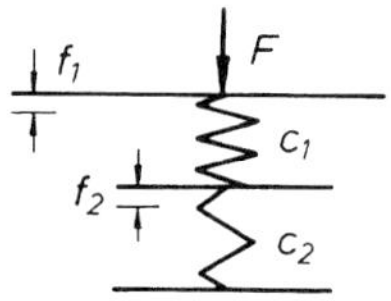

Bild 12.8 Reihenschaltung von Elementen [12.5]

Werden diese erneut als Feder betrachtet, werden diese durch die angreifende Kraft in gleicher Weise belastet. Für den resultierenden Federweg gilt:

$$f = f_1 + f_2 \tag{12.12}$$

D. h. die Verformungen addieren sich zu der Gesamtverformung.

Die mögliche Anzahl von Belastungsarten lässt sich also auf drei Grundfälle zurückführen:

1. Betrachtung als einzelne Feder,
2. Betrachtung als Parallelschaltung (Bild 12.7) und
3. Betrachtung als Reihenschaltung (Bild 12.8).

Die Bilder 12.5 und 12.6 zeigen, wie über die Kombination der Grundfälle die gesamte Verformung ermittelt werden kann.

12.5 Ermittlung der Werkzeugwanddicken und ihrer Verformungen

Alle Formteilgeometrien lassen sich auf einfache Körperformen zurückführen. Betrachtet man unter dieser Voraussetzung die vorkommenden Formnest- bzw. -kerngeometrien, so kann man folgende typische Geometrien auswählen, um zu einer überschlägigen Dimensionierungsmethode zu kommen:

1. runde Formnester bzw. -kerne,
2. Formnester bzw. -kerne, die durch ebene Flächen begrenzt sind.

Analysiert man nun die vorkommenden Belastungsfälle, so können unter Berücksichtigung des oben genannten Zieles die Verformungen auf wenige Belastungsfälle reduziert werden. Hierzu wird das zu dimensionierende Werkzeugelement in charakteristische Ersatzbalken zerlegt, wie dies beispielhaft bei der Dimensionierung einer dreiseitig eingespannten Platte (Bild 12.5) oder eines zylindrischen Nestes mit integriertem Boden (Bild 12.9) vorgestellt wird.

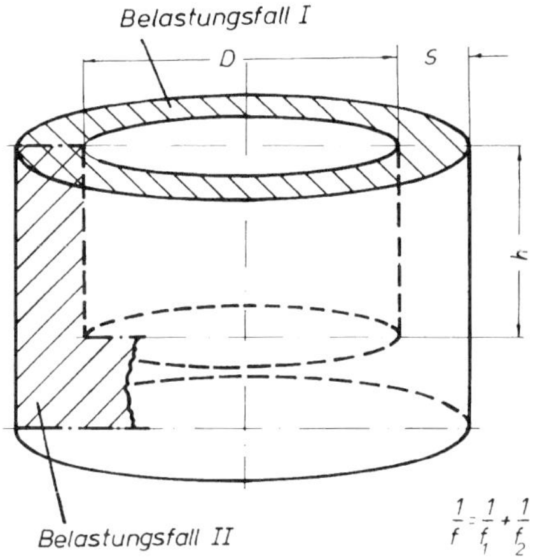

Bild 12.9 Zerlegung eines zylindrischen Werkzeugelements [12.1] [12.5]

Für die verschiedenen Belastungsfälle wurden Diagramme auf der Basis der elastizitätstheoretischen Berechnungsformeln erstellt (Bilder 12.11 und 12.14 bis 12.16), aus denen man unmittelbar – sofern es sich um Stahl als Werkstoff handelt – die erforderliche Wanddicke für die Formnester und -kerne sowie für die Werkzeuggrundplatten entnehmen kann, wenn man die erlaubte Verformung als Parameter vorsieht. Um sicher zu gehen, sind jeweils die Verformungen aus beiden charakteristischen Belastungsfällen zu berechnen. Es ist dann diejenige Wanddicke zu wählen, welche die geringere Verformung ergibt.

12.5.1 Darstellung der einzelnen Belastungsarten und Verformungen

In Bild 12.10 sind die Belastungsfälle schematisch dargestellt, mit denen man durch geeignete Kombination die Verformungen für alle vorkommenden Geometrien und Wanddicken errechnen kann. Für die Verformungsberechnungen wurden die Berechnungsformeln, die sich aus der Elastizitätstheorie ergeben, zugrunde gelegt:

$$\sigma = E \cdot \varepsilon \tag{12.13}$$

und

$$\tau = \frac{Q}{A} = G \cdot \gamma \tag{12.14}$$

Da die Elemente eines Spritzgießwerkzeugs ausschließlich aus gedrungenen Körpern mit großen Wanddicken bestehen, müssen außer den Biegebeanspruchungen auch die Schubverformungen berücksichtigt werden.

Bei der Aufstellung der Diagramme ist als Werkstoff Stahl mit einem E-Modul von 210 GPa und ein Forminnendruck von 600 bar angenommen worden. Sollten andere Drücke benutzt werden, so kann die Verformung leicht umgerechnet werden, da die Verformungen linear vom Forminnendruck abhängen.

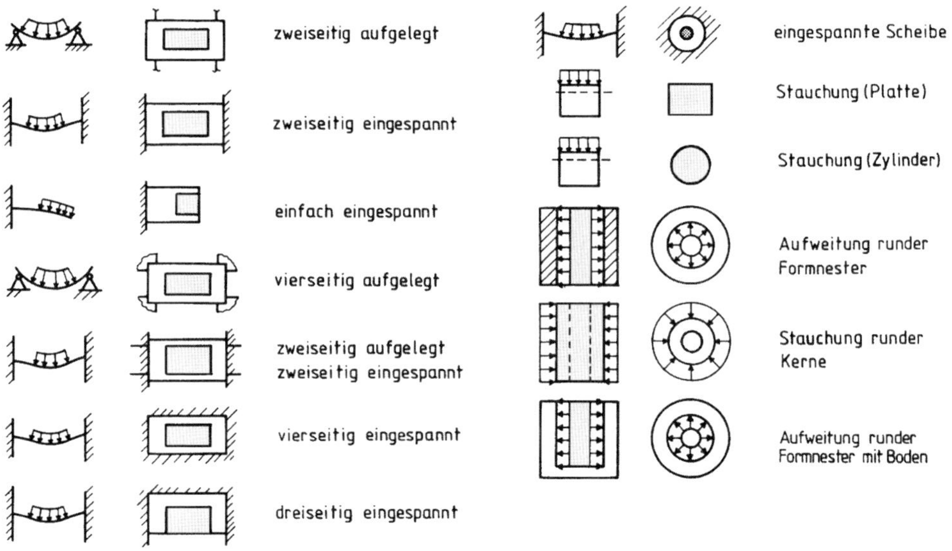

Bild 12.10 Grundlastfälle [12.6]

12.5.2 Dimensionierung kreiszylindrischer Formnester

Eine sehr genaue Rechnung bietet *Krause* [12.8] für die notwendige Dicke der Wände von Werkzeugkavitäten (Querverformung) an.

Für die übliche Auslegung ohne ein solches Programm, die ausreichend genau und leicht nachvollziehbar sein soll, werden nachfolgend eigene Dimensionierungsvorschläge vorgestellt.

Die elastische Aufweitung kreiszylindrischer Formnester ergibt sich für den Belastungsfall I (nach Bild 12.9) aus Bild 12.11, in dem folgende Funktion dargestellt ist:

$$\Delta r_N = \frac{p_D \cdot r_{Ni}}{E} \left[\frac{1 + \frac{r_{Ni}^2}{r_{Na}^2}}{1 - \frac{r_{Ni}^2}{r_{Na}^2}} + \frac{1}{m} \right] \qquad (12.15)$$

Δr_N = Aufweitung des Formnestes
r_{Ni} = Innenradius
r_{Na} = Außenradius
P_D = Einspritzdruck (= 600 bar)
E = Elastizitätsmodul (= $21\,000 \cdot 10^7$ N/m^2)
m = Poissonsche Zahl

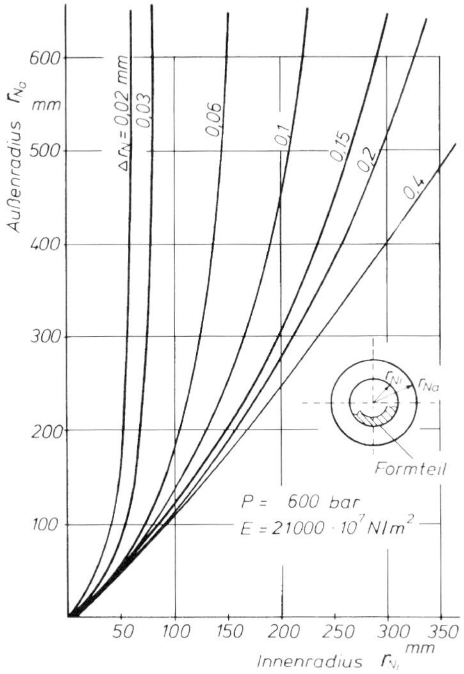

Bild 12.11 Aufweitung kreiszylindrischer Formnester [12.1] [12.5]

Die elastische Aufweitung des Formnestes nach dem Belastungsfall II (Druck auf hohlen Kern) (Bild 12.9) errechnet sich aus der in Bild 12.14 oben dargestellten Beziehung [12.9] bis [12.11].

$$f = \frac{12 \cdot p_D \cdot h^4}{8 \cdot E \cdot s^3} + \frac{p_D \cdot h^2 \cdot 2{,}66 \cdot 1{,}2}{2 \cdot E \cdot s} \tag{12.16}$$

f = Durchbiegung
h = Formnesthöhe
s = Werkzeugwanddicke

Die radiale Stauchung des Werkzeugkerns kann aus Bild 12.12 bestimmt werden.

$$\Delta r_K = \frac{p_D \cdot r_{Ka}}{E} \left[\frac{1 + \frac{r_{Ki}^2}{r_{Ka}^2}}{1 - \frac{r_{Ki}^2}{r_{Ka}^2}} + \frac{1}{m} \right] \tag{12.17}$$

Δr_K = Stauchung des Kerns
r_{Ka} = Außendurchmesser des Kerns
r_{Ki} = Innendurchmesser des Kerns

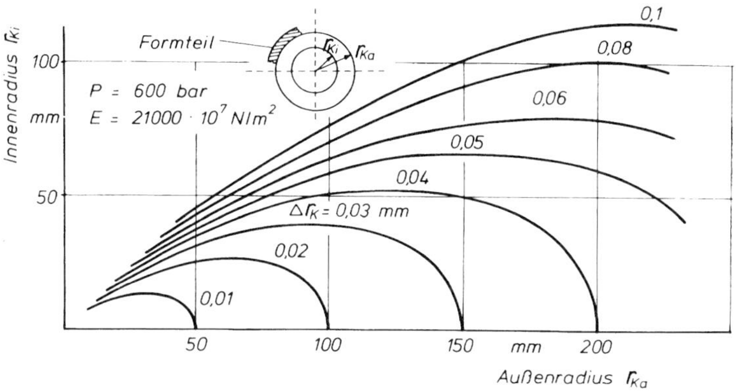

Bild 12.12 Stauchung runder Formkerne [12.1] [12.5]

12.5.3 Dimensionierung von nichtrunden Werkzeugkonturen

Werden die Werkzeughohlräume durch ebene Flächen begrenzt, so können folgende Belastungsfälle vorliegen (siehe Bild 12.13).

a) $$f = \frac{12 \cdot p \cdot h^4}{8 \cdot E \cdot s^3} + \frac{p \cdot h^2 \cdot 2{,}66}{2 \cdot E \cdot s} \cdot 1{,}2 \tag{12.18}$$

$$\text{b)}\quad f=\frac{12\cdot p\cdot h^4}{384\cdot E\cdot s^3}+\frac{p\cdot h^2\cdot 2{,}66}{2\cdot E\cdot s}\cdot 1{,}2 \tag{12.19}$$

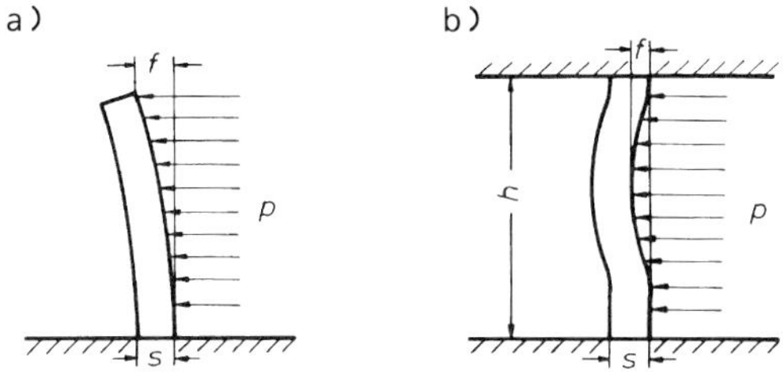

Bild 12.13 Belastungsfälle [12.11]
a) linkes Bild zu Gleichung 12.18
b) rechtes Bild zu Gleichung 12.19

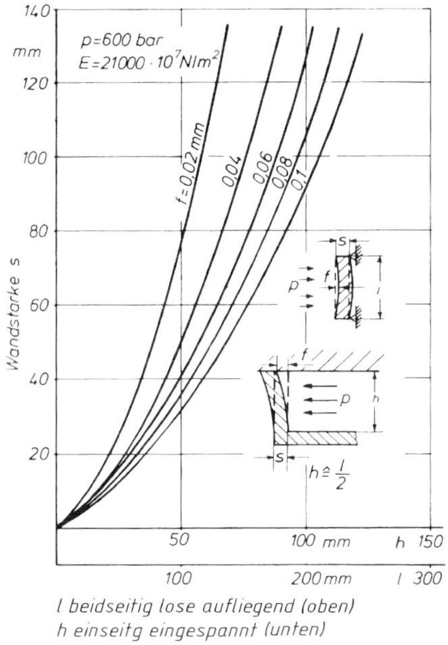

Bild 12.14 Verformung durch Biegung und Schub [12.1] [12.5]

Übliche Elemente von Spritzgießwerkzeugen liegen in ihrer Belastungsart zwischen den Belastungsfällen a) und b). Im geschlossenen Zustand des Werkzeugs wirken in der Schließfläche des Werkzeugs Reibungskräfte. Diese behindern die Aufweitung des Formnestes, jedoch kann hier nicht unbedingt von einer festen bzw. biegesteifen Einspannung gesprochen werden, zumal ein symmetrisches Aufweiten vorliegen kann. Somit kann Belastungsfall a) zur sicheren Auslegung verwendet werden. Eine Auslegung im Grenzbereich ist somit jedoch nicht möglich.

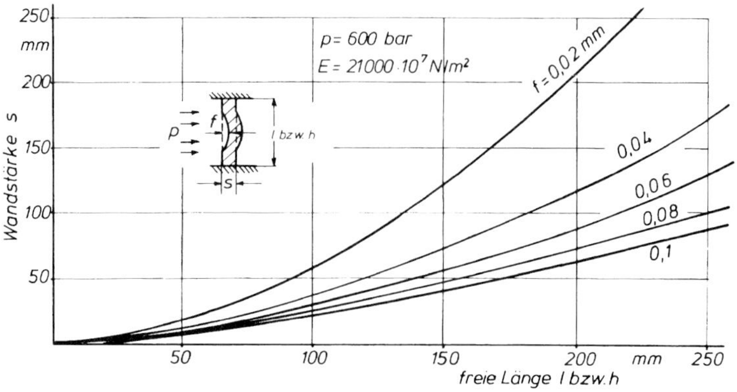

Bild 12.15 Verformung durch Biegung und Schub zweiseitig eingespannter rechteckiger Platten [12.1] [12.5] [12.7]

12.5.4 Dimensionierung der Werkzeugplatten

Die angussseitige Werkzeuggrundplatte liegt über der relativ großen Bohrung der angussseitigen Werkzeugaufspannplatte der Schließeinheit. Durch den Spritzdruck wird sie verformt, indem sie in die Bohrung der Aufspannplatte hinein gebogen wird.

Für die Bestimmung der Durchbiegung der angussseitigen Werkzeuggrundplatte wird der Belastungsfall der allseitig biegesteif eingespannten Platten angenommen. Für Bild 12.16 gilt:

$$f = \frac{p_D \cdot D^4 \cdot 12}{1138 \cdot E \cdot s^3} + \frac{p_D \cdot D^2 \cdot 2{,}66 \cdot 1{,}2}{16 \cdot E \cdot s} \tag{12.20}$$

D = Durchmesser des Durchbruchs in der Werkzeugaufspannplatte

s = Dicke der Werkzeuggrundplatte

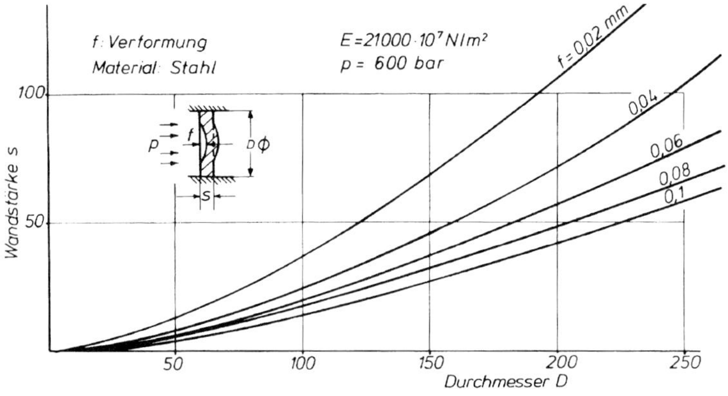

Bild 12.16 Verformungsverhalten allseitig eingespannter runder Platten [12.5] [12.7]

Die Abmessungen der Kernträgerplatte ergeben sich aus der Rechnung für zweiseitig eingespannte rechteckige Platten aus Bild 12.16:

$$f = \frac{12 \cdot p_D \cdot h^4}{384 \cdot E \cdot s^3} + \frac{p_D \cdot h^2 \cdot 2{,}66 \cdot 1{,}2}{8 \cdot E \cdot s} \qquad (12.21)$$

h = freie Länge
s = Dicke der Kernträgerplatte

12.6 Vorgehen bei der Dimensionierung einer Werkzeugwand unter Forminnendruck

Es sind folgende Schritte erforderlich:

1. Ermittlung der zu erwartenden Wanddickenschwindung

Bevor die Werkzeugwanddicken festgelegt werden, ist die zu erwartende Wanddickenschwindung im Werkzeug zu bestimmen, da sie ein Maß für die max. zulässige Werkzeugverformung ist. Die Wanddickenschwindung kann theoretisch nach Kapitel 9 aus dem p-v-T-Diagramm (Bild 9.6) und durch Berechnung ermittelt werden. Einen sehr guten Anhaltswert bieten die Angaben der verschiedenen Rohstoffhersteller. Es ist jedoch zu beachten, dass deren Angaben Längenschwindungswerte darstellen. Die Dickenschwindungen können nach folgender Formel ermittelt werden.

$$s_W \geq 9 \cdot S_L \qquad (12.22)$$

Es bedeuten:

S_W = Schwindung der Wanddicke
S_L = Längenschwindung (Angaben der Rohstoffhersteller)

2. Dimensionierung der Werkzeugwanddicken

Die elastische Verformung des Werkzeugs muss kleiner sein als die zu erwartende Wanddickenschwindung. Dies ist die maximale zulässige Verformung einer Wand. Die Rechnung kann schnell durch Ablesen der notwendigen Werkzeugwanddicke für die vorgegebene Durchbiegung aus den Bild 12.11, Bild 12.12 und Bild 12.14 bis Bild 12.16 ermittelt werden.

12.7 Verformung von Backenwerkzeugen unter Forminnendruck (auch gültig für Schieberwerkzeuge)

Backenwerkzeuge erlauben die Entformung großflächiger Hinterschneidungen und sind eine sehr häufig benutzte Werkzeugart. Das Bild 12.17 zeigt, dass das Backenwerkzeug zwei zueinander senkrecht stehende Haupttrennebenen A und B besitzt. Die eine Haupttrennebene A ist wie üblich senkrecht zur Schließrichtung ausgerichtet, die zweite befindet sich zwischen den Backen und ist parallel zur Schließrichtung ausgerichtet. Bei Backenwerkzeugen muss die Schließeinheit erheblich höhere Kräfte übernehmen als bei einem Werkzeug mit nur einer Trennebene, weil, wie dies Bild 12.17 zeigt, zu der Kraft aus dem Innendruck auf die Schließ-Trennebene noch die Vertikalkomponente der Kräfte aus dem Forminnendruck auf die Backen hinzukommt.

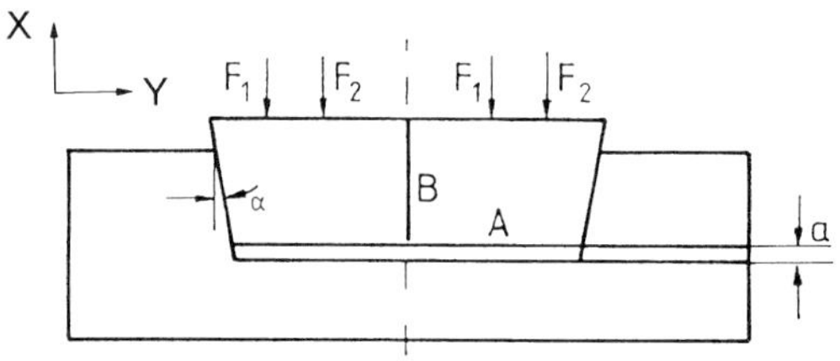

Bild 12.17 Ausschnitt aus einem Backenwerkzeug (Prinzipdarstellung) [12.6]
a = funktioneller Spalt

Es ist daher der erste Schritt einer Berechnung, die erforderliche Mindest-Schließkraft zu ermitteln und danach die Maschine auszuwählen.

Es ist notwendig, die Art der Backenkonstruktion zu definieren, denn für die Funktion und ein von Grat bzw. Schwimmhaut freies Formteil müssen die Backen so fest geschlossen und vorgespannt sein, dass sich keine Spalten unter dem Innendruck öffnen können. Dies ist nur möglich, wenn man bei der vertikalen Schließbewegung soviel Luft – Krause [12.3] nennt das „funktionellen Spalt" (in Bild 12.17 markiert als a) – lässt, dass die Backen auch nach den elastischen Verformungen unter der Zuhaltekraft nicht im Gestell aufsitzen. Um diese Berechnungen auszuführen, erstellt man wiederum ein Federmodell des Backenwerkzeuges, wie dies Bild 12.17 beispielsweise zeigt. (Um eine sehr genaue Rechnung durchzuführen, kann man sich eines Programms von Krause und Mitarbeitern bedienen [12.8]. In diesem komfortablen Rechenprogramm wird der Nutzer von Schritt zu Schritt geführt. Darin sind auch die Festigkeitsrechnungen für eventuelle Verschraubungen und Folgen der elastischen Verformungen dieser Schrauben enthalten.)

Etwas vereinfacht, wie sich jedoch gezeigt hat ausreichend, hat sich das im Programmsystem CADMOULD enthaltene Rechenprogramm für die Auslegung von Backenwerkzeugen erwiesen. Diese Rechnungen können an Hand der nachfolgenden Ausführungen auch ohne Nutzung des Programms selbst vom Nutzer nachvollzogen werden. [12.6]

Für das Beispiel eines Backenwerkzeuges (Bild 12.18) soll das Vorgehen zur Berechnung der Belastung erläutert werden.

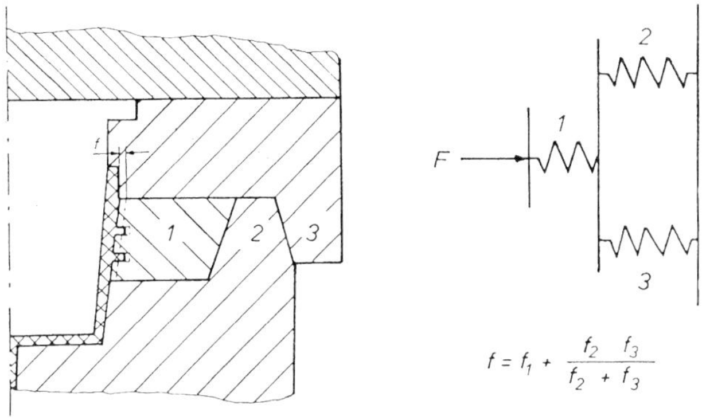

Bild 12.18 Federersatzbild für die Verformungen eines Backenwerkzeuges [12.8]

Der Kraftfluss läuft hier vollständig durch den Schieber (Element ①), der dadurch gestaucht wird. Die Gegenkraft wird durch die beiden Verriegelungen ② und ③ aufgebracht, die beide der gleichen Verformung unterliegen. Damit sind die Elemente ② und ③ parallel zueinander geschaltet. Der Schieber liegt zu diesen beiden Elementen in Reihe. Daraus ergibt sich das gezeichnete Ersatzschaltbild. Die Verformungen f_1 bis f_3 sind Verformungen unter der Gesamtlast, wobei f_1 reine Stauchung ist, f_2 und f_3 Biegungen einseitig eingespannter Balken bzw. Platten sind.

Für den Konstrukteur von Backenwerkzeugen ergeben sich neben den allgemeinen Dimensionierungsfragen Probleme im Hinblick auf die Schließkräfte, da in mehreren Trennebenen ein Überspritzen vermieden werden muss. Dies soll im Folgenden erläutert werden (siehe Bild 12.17). Es ist in diesem Fall sowohl die Dimensionierung des Spaltes a als auch des Winkels α von Bedeutung, wobei der letztere sehr oft mit 18° vorgewählt wird.

In Bild 12.18 wurden grundlegende Überlegungen für diesen speziellen Fall durchgeführt, dabei wurden anstelle der Durchbiegungen die Steifigkeiten der einzelnen Elemente zusammengeschaltet. Diese Überlegungen helfen, die komplexen Verhältnisse bei Backenwerkzeugen abzuschätzen.

Zur einfacheren Betrachtung der folgenden Zusammenhänge soll die Gesamtschließkraft in die Komponenten F_1 und F_2 zerlegt werden (Bild 12.17).

Für die Trennebene *A* gilt (Bild 12.19):

$$F_{Sx} = A_x \cdot p \tag{12.23}$$

p = Forminnendruck
F_{Sx} = Schließkraft in x-Richtung
A_x = Formteilfläche in x-Richtung

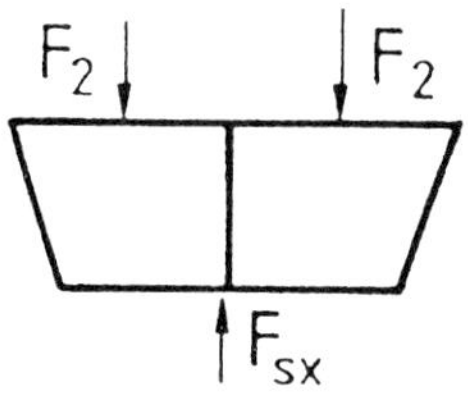

Bild 12.19 Belastung der Backen in Trennebene A (in Schließrichtung) [12.8]

Für die Trennebene *B* gilt (Bild 12.20):

$$F_{Sy} = A_y \cdot p$$
$$F_{Sy} = F_1/\tan\alpha \tag{12.24}$$

F_{Sy} = Schließkraft in y-Richtung
A_y = projizierte Formteilfläche in y-Richtung

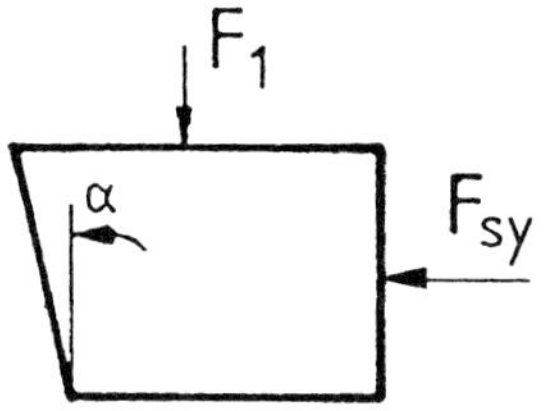

Bild 12.20 Belastung der Backen in Trennebene B (quer zur Schließrichtung) [12.8]

Die Schließkraft ergibt sich gemäß Bild 12.17 zu:

$$F_S = 2 \cdot (F_1 + F_2) \tag{12.25}$$

Zur weiteren Berechnung ist das Zusammenwirken der Elemente von Bedeutung. Um dies zu verdeutlichen, ist das Ersatzschaltbild des Systems in Bild 12.21 wiedergegeben.

Die eingekreisten Ziffern stehen für die Ersatzfedern, die in Schließrichtung x beansprucht werden. Die in einem Quadrat eingerahmten Ziffern stehen für die Ersatzfedern, die senkrecht zur Schließrichtung y belastet werden.

Die mit ′ gekennzeichneten Steifigkeiten sind dabei Größen, die aus der Querrichtung in Schließrichtung umgerechnet wurden.

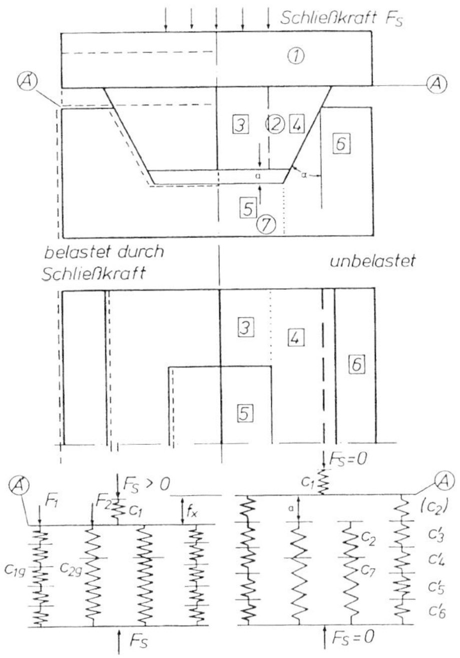

Bild 12.21 Belastung und Verformung in Schließrichtung am Backenwerkzeug [12.6]

Aus Bild 12.21 lassen sich die folgenden Beziehungen ableiten:

$$F_1 = C_{1g} \cdot f_x \tag{12.26}$$

Mit 12.24 folgt für die Horizontalkomponente:

$$F_{Sy} = \frac{C_{1g} \cdot f_x}{\tan \alpha} \tag{12.27}$$

$$F_2 = C_{2g} \cdot (f_x - a) \tag{12.28}$$

Mit 12.23 folgt:

$$F_{Sx} = 2 \cdot C_{2g} \cdot (f_x - a) \tag{12.29}$$

$$\frac{F_{Sx}}{F_{Sy}} = 2 \cdot \tan \alpha \cdot \frac{C_{2g} \cdot (f_x - a)}{C_{1g} \cdot f_x} \tag{12.30}$$

Aus 12.28 und 12.29 folgt:

$$\frac{F_S}{2} = F_1 + F_2 = C_{1g} \cdot f_x + C_{2g} \cdot f_x - C_{2g} \cdot a \tag{12.31}$$

$$\frac{F_S}{2} + C_{2g} \cdot a = f_x \cdot (C_{1g} + C_{2g}) \tag{12.32}$$

Für die unbekannte Größe f_x folgt mit 12.25, 12.26 und 12.28

$$f_x = \frac{F_S + 2 \cdot C_{2g} \cdot a}{2 \cdot \left(C_{1g} + C_{2g}\right)} \tag{12.33}$$

$$\frac{F_{Sx}}{F_{Sy}} = 2 \cdot \tan\alpha \cdot \frac{C_{2g}}{C_{1g}} \cdot \left[1 - \frac{1 + \frac{C_{1g}}{C_{2g}}}{1 + \frac{F_S}{\left(2a \cdot C_{2g}\right)}}\right] \tag{12.34}$$

Für die weitere Rechnung ist es nun notwendig, die einzelnen Federsteifigkeiten C_{1g} und C_{2g} zu bestimmen. Bild 12.22 zeigt die Verformung des Systems in y-Richtung (f_y) beim Zufahren des Werkzeugs um den Weg f_x.

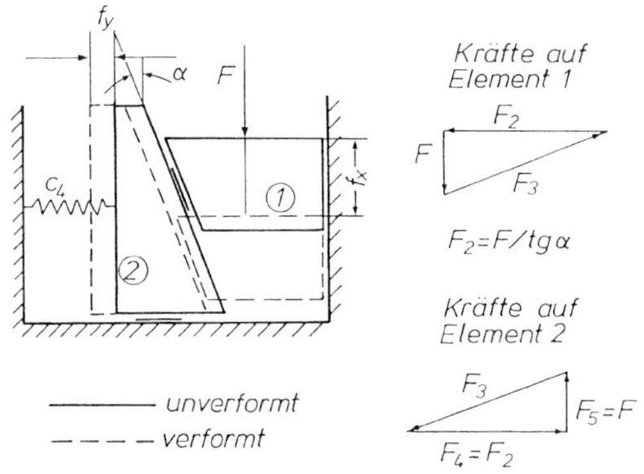

Bild 12.22 Verformung quer zur Schließrichtung [12.6]

Die dabei in y-Richtung auftretende Federkonstante ist C'. Diese lässt sich durch den konstanten Faktor $\tan^2\alpha$ auf die x-Richtung normalisieren.

Es gilt:

$$F = C \cdot \Delta l$$

$$F = C' f_x$$

$$f_x = f_y / \tan\alpha$$

$$f_y = F/C = \frac{F}{\tan\alpha \cdot C_4} \tag{12.35}$$

$$f_x = \frac{F}{\tan^2\alpha \cdot C_4} \Rightarrow F = C_4 \cdot \tan^2\alpha \cdot f_x$$

$$C' = C_4 \tan^2\alpha$$

Somit kann über diese normalisierte Federkonstante C' das Verformungsverhalten in eine Querrichtung beschrieben werden.

Die Ersatzfedern 3, 4, 5 und 6 sind in Reihe geschaltet (siehe Bild 12.21 unten).

$$\frac{1}{C_{1g}} = \frac{1}{C_3'} + \frac{1}{C_4'} + \frac{1}{C_5'} + \frac{1}{C_6'} \tag{12.36}$$

Zur Vereinfachung der weiteren Berechnung wird von der folgenden Geometrie ausgegangen (Bild 12.23):

Die Ersatzfedern 2 und 7 (vgl. Bild 12.21) sind ebenfalls in Reihe geschaltet:

$$\frac{1}{C_{2g}} = \frac{1}{C_2} + \frac{1}{C_7} \tag{12.37}$$

Die einzelnen Steifigkeiten können der Tabelle 12.1 entnommen werden.

Sind die Einzelsteifigkeiten bestimmt, so kann mit Hilfe der Gleichung 12.37 die Spaltweite a bestimmt werden:

$$a = \frac{F_{sy}}{C_{1g}} \cdot \tan\alpha - \frac{F_{sx}}{C_{2g}} \tag{12.38}$$

Dabei müssen die Kräfte F_x und F_y unter Benutzung des Forminnendrucks berechnet werden (Druck × projizierte Fläche).

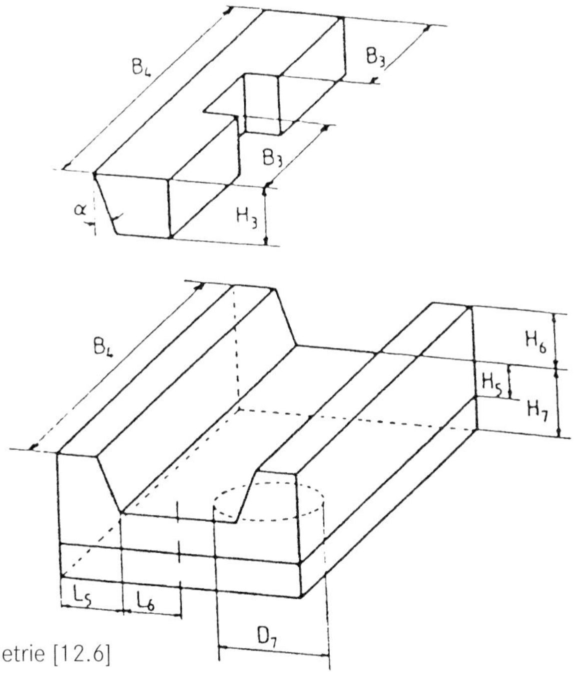

Bild 12.23 Geometrie [12.6]

Tabelle 12.1 Einzelsteifigkeiten des Systems [12.6]

Lastfall	Deformation	Steifigkeit
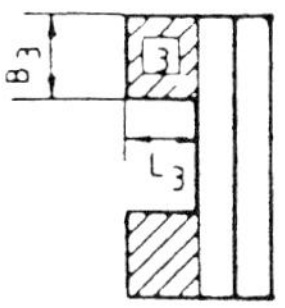	STAUCHUNG $\frac{F}{2\cdot B_3\cdot H_3} = \frac{\Delta L_3}{L_3}\cdot E$	$C_3 = \frac{2\cdot B_3\cdot H_3}{L_3}\cdot E$ $C_3' = C_3\cdot \tan^2\alpha$
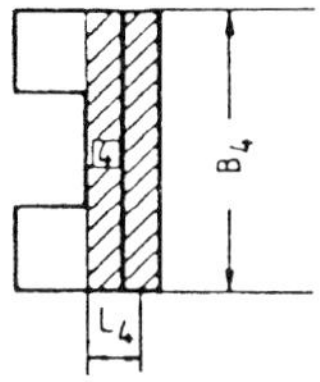	STAUCHUNG $\frac{F}{B_4\cdot H_3} = \frac{\Delta L_4}{L_4}\cdot E$	$C_4 = \frac{B_4\cdot H_3}{L_4}\cdot E$ $C_4' = C_4\cdot \tan^2\alpha$
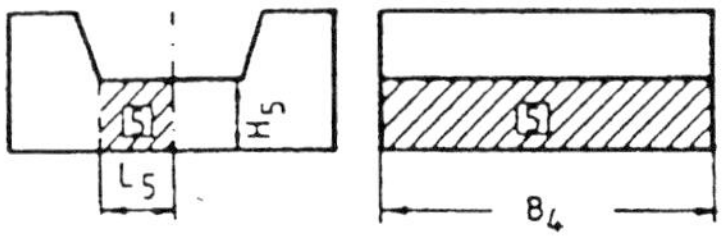	DEHNUNG $\frac{F}{H_5 B_4} = \frac{\Delta L_5}{L_5}\cdot E$	$C_5 = \frac{B_4\cdot H_5}{L_5}\cdot E$ $C_5' = C_5\cdot \tan^2\alpha$
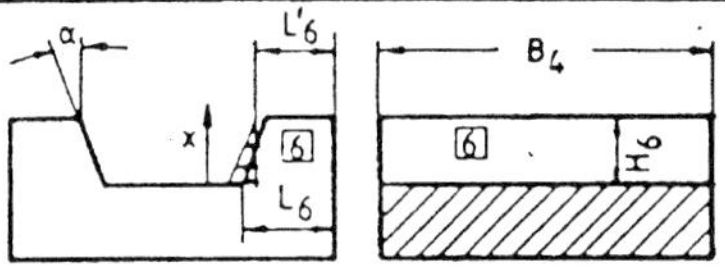	BIEGUNG + SCHUB $\Delta L_{6ges} = \frac{F}{EB_6}\left(\frac{17}{16}\cdot\left(\frac{H_6}{L_6}\right)^3 + 1{,}17\cdot H_6/L_6\right)$	$C_6 = \frac{B_6\cdot L_6}{H_6\left(1{,}06\left(\frac{H_6}{L_6}\right)^2 + 1{,}17\right)}\cdot E$ $C_6' = C_6\cdot \tan^2\alpha$
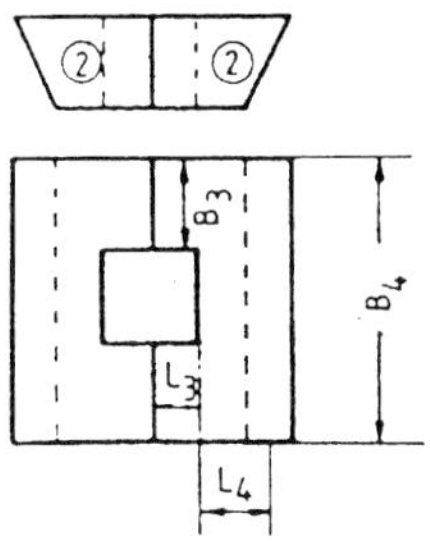	STAUCHUNG $\frac{F}{2\cdot L_3\cdot B_3 + L_4\cdot B_4} = \frac{\Delta H_3}{H_3}\cdot E$	$C_2 = \frac{2L_3\cdot B_3 + L_4\cdot B_4}{H_3}\cdot E$
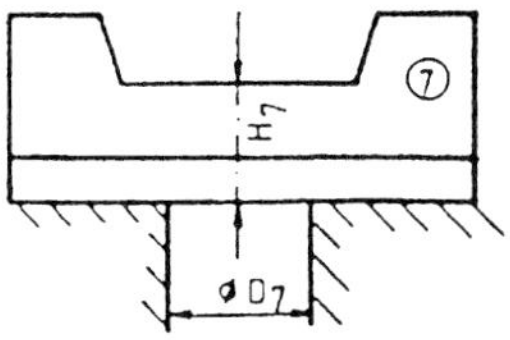	BIEGUNG + SCHUB $\Delta H_7 = \frac{4\cdot F\cdot 12\cdot D_7^2}{1138\cdot \pi\cdot E\cdot H_7^3} + \frac{4\cdot F\cdot 2{,}6\cdot 1{,}2}{16\cdot \pi\cdot E\cdot H_7}$	$C_7 = \frac{4{,}028\cdot H_7}{1 + 0{,}054\cdot\left(\frac{D_7}{H_7}\right)^2}\cdot E$

12.8 Vorbereitungen der Verformungsrechnungen

Beispiele

Setzt man derart einfache Berechnungsgrundlagen wie oben beschrieben zur Dimensionierung von Spritzgießwerkzeugen an, so muss man sich von vornherein im Klaren sein, dass bestimmte Vereinfachungen im Hinblick auf Geometrie- und Belastungsbeschreibung durchgeführt werden müssen. Letztendlich muss der Konstrukteur mit ingenieurmäßigem Verständnis solche Vereinfachungen selbst entscheiden. Dies soll im Folgenden an Beispielen veranschaulicht werden.

Betrachtet man z. B. den Fall zweier verschraubter Werkzeugplatten (siehe Bild 12.24), so ist die Frage zu beantworten, ob diese beiden Platten als eine Platte mit der Summe der Einzeldicken betrachtet wird oder ob dieser Lastfall als Parallelschaltung der Einzelplatten definiert werden muss.

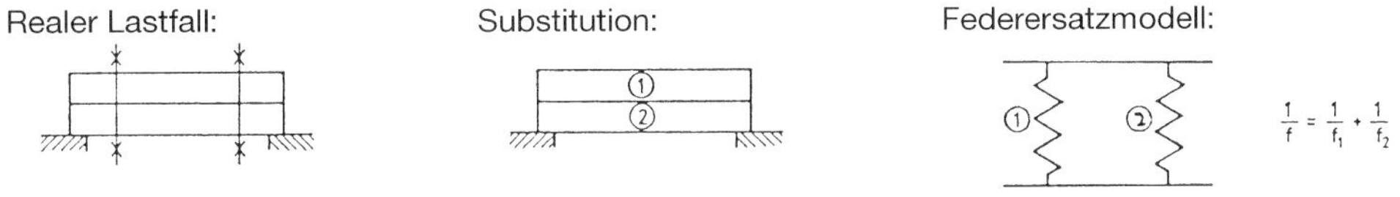

Bild 12.24 Vereinfachung der Betrachtung von Lastfällen am Beispiel verschraubter Platten, hier Parallelschaltung [12.6]

Abhängig ist dies ganz bestimmt von der Anzahl der Schrauben oder eventuell eingesetzter Scher- oder Passstifte, also die Frage, ob sich die Platten noch in einem gewissen Maße verschieben können oder nicht. Die endgültige Entscheidung kann also nur im ganz konkreten Fall gefunden werden.

Die Berechnungen beider Lastfälle können dabei dem Konstrukteur die Entscheidung bei seiner Auslegung wesentlich erleichtern. Ergebnisse für ein Beispiel sind in Bild 12.25 wiedergegeben.

Der Fall A macht deutlich, hier ist die Deformation bei einer Parallelschaltung (= zwei Platten lose aufeinander liegend) doppelt so hoch, so dass der Konstrukteur den Einsatz von Abstützungen in Erwägung ziehen sollte.

Fasst man also die Vorgehensweise zusammen, so muss vom realen Lastfall eine geometrische Vereinfachung durchgeführt und anschließend das Federersatzsystem für dieses nun gewählte System festgelegt werden.

In vielen Fällen muss zuerst jedoch noch für die eigentliche Belastung eine Ersatzbelastung gefunden werden, die durch die Berechnungsmöglichkeiten abgedeckt ist.

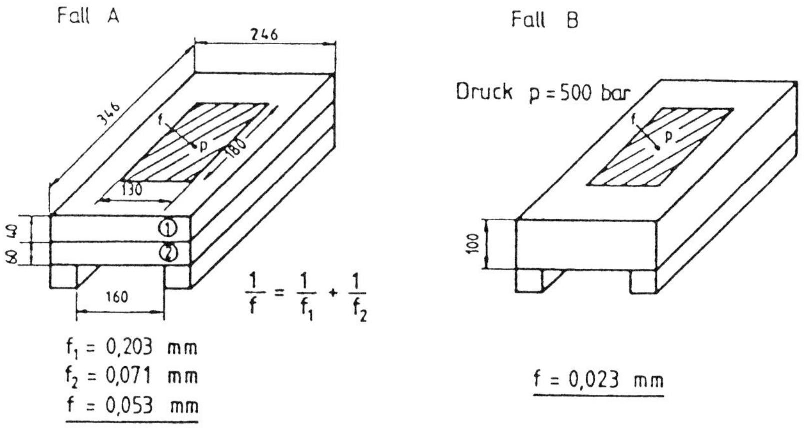

Bild 12.25 Vergleich verschiedener Lastfälle [12.6]

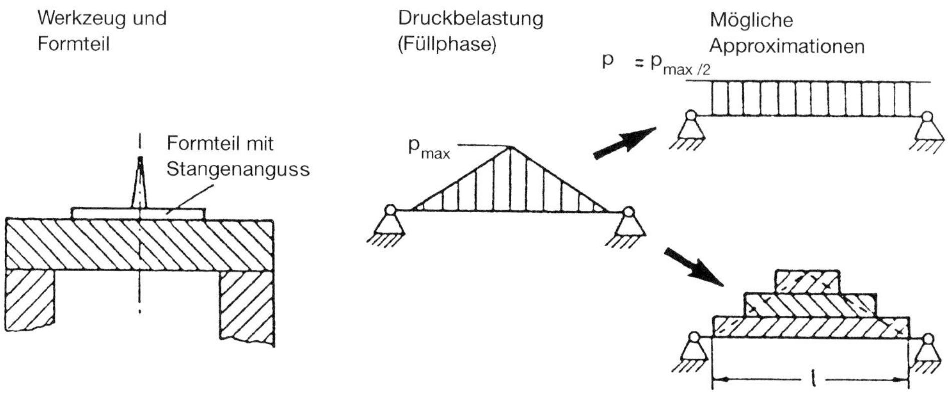

Bild 12.26 Lastfall Platte mit Stangenanguss [12.6]

Schon bei ganz einfachen Fällen kann dies problematisch sein, wie Bild 12.26 für eine Platte mit Stangenanguss zeigt.

Der Vergleich der zwei dargestellten Möglichkeiten zeigt sehr schnell die Grenzen, in denen man sich bei den Verformungswerten bewegt.

Da die Wahl offensichtlich einige Erfahrung erfordert, werden einige Anregungen für die vereinfachende Vorgehensweise gegeben. In Bild 12.27 sind solche schematischen Vereinfachungen für häufig wiederkehrende Lastfälle zusammengestellt. Das Bild erhebt jedoch nicht den Anspruch, vollständig zu sein.

Ist eine definitive Bestimmung der Last nur schwer möglich, so sollte das System unter der minimalen und der maximalen Last berechnet werden, damit genaue Grenzen festliegen.

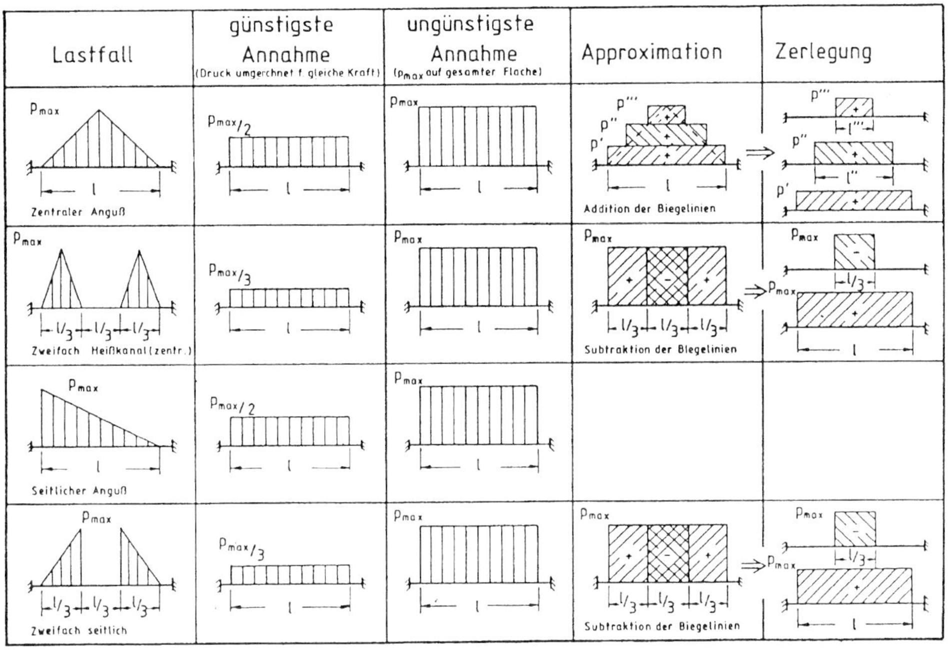

Bild 12.27 Zusammenstellung von vereinfachenden Lastannahmen [12.6]

12.8.1 Vereinfachungen der Geometrie

In vielen Fällen liegen recht komplizierte Konturen der Werkzeugkavitäten vor. Ein Beispiel ist in Bild 12.28 zu sehen.

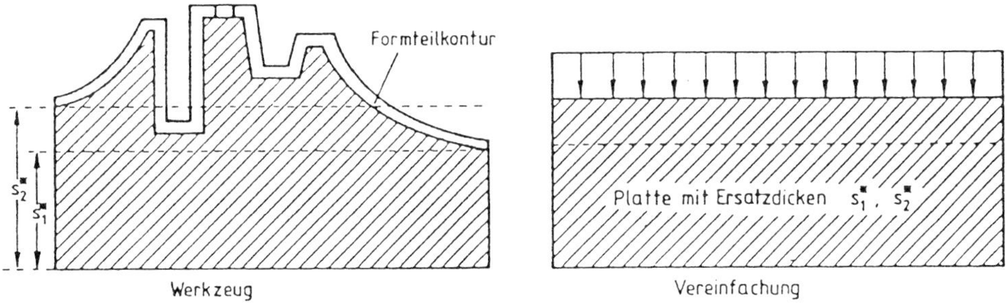

Bild 12.28 Vereinfachung von komplizierten Werkzeugkonturen [12.6]

Auch hier liefert ein Durchrechnen mit Vergleich der Deformationen bei zwei verschiedenen Ersatzwanddicken dem Konstrukteur genügend Hinweise für eine Entscheidung.

Ähnlich wird im Beispiel von Bild 12.29 vorgegangen. In diesem Fall wird auf eine einseitig eingespannte Platte mit Ersatzdicke vereinfacht.

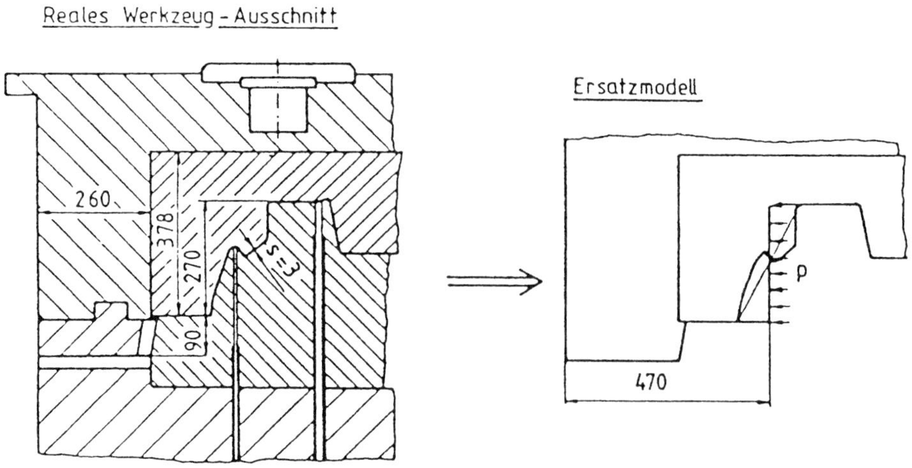

Bild 12.29 Vereinfachung der Kontur eines Stoßfängers [12.21]

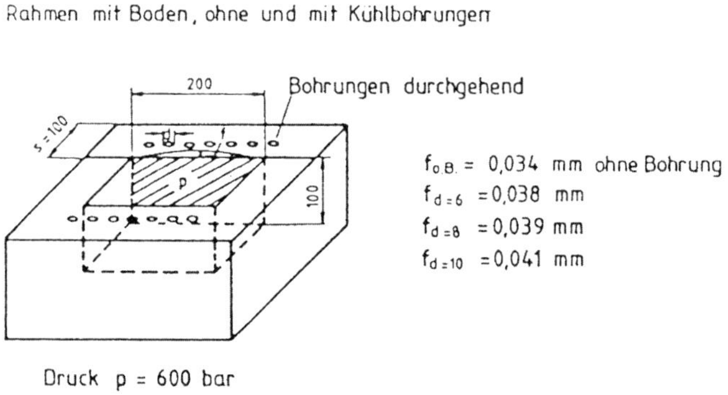

Bild 12.30 Abschätzung von Verformungen beim Vorhandensein von Kühlbohrungen [9.21]

Ein weiteres Problem bietet die Schwächung der Werkzeugplatten durch Kühlkanalbohrungen, wie sie nur bei der FEM berücksichtigt werden können. Auch hierzu können wieder Werkzeugelemente mit unterschiedlichen Ersatzwanddicken herangezogen werden (Bild 12.30).

12.8.2 Hinweise zur Wahl der Randbedingungen

Häufig haben unterschiedliche Randbedingungen großen Einfluss auf die Ergebnisse. Der Konstrukteur kann über eine Variation dieser Bedingungen und deren Durchrechnen weitere wertvolle Informationen bekommen. Dabei lassen sich hauptsächlich folgende Bedingungen ändern:

- Einspannbedingungen
- Materialkennwerte
- Druck
- Belastungsfläche
- Einsätze oder Vollmaterial

Liegen Druck (Belastung) und Geometrie für ein Werkzeugelement fest, so zeigt der Vergleich verschiedener Einspannbedingungen, dass sich Deformationen um Zehnerpotenzen ändern können (siehe Tabelle 12.2).

Tabelle 12.2 Variation der Einspannbedingungen [12.6]

Biegung		**Biegung**		**Biegung**	
Zweiseitig aufgelegte Platte		**Zweiseitig eingespannte Platte**		**Allseitig eingespannte Platte**	
Länge	596 mm	Länge	596 mm	Länge	596 mm
Breite	446 mm	Breite	446 mm	Breite	446 mm
Drucklänge[1]	596 mm	Drucklänge[1]	596 mm	Drucklänge[1]	596 mm
Druckbreite[2]	446 mm	Druckbreite[2]	446 mm	Druckbreite[2]	446 mm
Druck	250 bar	Druck	250 bar	Druck	250 bar
Dicke	116 mm	Dicke	116 mm	Dicke	116 mm
X-Koordinate	298 mm	X-Koordinate	298 mm	X-Koordinate	298 mm
Durchbiegung	= 1,51051 mm	Durchbiegung	= 0,415842 mm	Durchbiegung	= 0,11835 mm

[1)] Drucklänge = Druckbeaufschlagte Länge; [2)] Druckbreite = Druckbeaufschlagte Breite

Von Praktikern wird sehr häufig der Einfluss gehärteten gegenüber ungehärteten Werkzeugstahls im Hinblick auf das Biegungs- und Stauchungsverhalten überschätzt. Gegenüber Normalstahl (E-Modul 210 000 N/mm^2) erhöht sich der E-Modul von gehärtetem Stahl auf 215 000 N/mm^2; dies sind etwa 7 %. Dementsprechend ändert sich natürlich auch das Verformungsverhalten nur geringfügig.

Ganz anders ist dies jedoch, wenn z. B. Beryliumkupfer eingesetzt wird. Der E-Modul sinkt hierbei auf 130 000 N/mm^2; dies entspricht einer Änderung von ca. 40 %, was natürlich entsprechenden Einfluss auf das Deformationsverhalten hat.

Wie die zuvor gezeigten Berechnungen verdeutlichen, ist der Druck direkt proportional mit der Durchbiegung verbunden; dies heißt eine Verdopplung des Druckes führt zu einer Verdopplung der Durchbiegung.

Nicht so stark ist der Einfluss der belasteten Fläche. Für eine vorgegebene Geometrie zeigt Tabelle 12.3 die unterschiedlichen Verhältnisse.

Reduziert man die Belastungsfläche um den Faktor 2, so verhält sich die Durchbiegung ungefähr wie 2 : 1,34, beim Flächenverhältnis 4 : 1 reduziert sich die Verformung im Verhältnis ca. 4 : 1,56.

Tabelle 12.3 Variation der belasteten Fläche [12.6]

Biegung		Biegung		Biegung	
Allseitig eingespannte Platte		**Allseitig eingespannte Platte**		**Allseitig eingespannte Platte**	
Länge	596 mm	Länge	596 mm	Länge	596 mm
Breite	446 mm	Breite	446 mm	Breite	446 mm
Drucklänge[1]	596 mm	Drucklänge[1]	596 mm	Drucklänge[1]	596 mm
Druckbreite[2]	446 mm	Druckbreite[2]	298 mm	Druckbreite[2]	223 mm
Druck	500 bar	Druck	500 bar	Druck	500 bar
Dicke	116 mm	Dicke	116 mm	Dicke	116 mm
X-Koordinate	298 mm	X-Koordinate	298 mm	X-Koordinate	298 mm
Y-Koordinate	223 mm	Y-Koordinate	223 mm	Y-Koordinate	223 mm
Durchbiegung	= 0,2367 mm	Durchbiegung	= 1,59065 mm	Durchbiegung	= 9,28907E-02 mm

[1)] Drucklänge = Druckbeaufschlagte Länge; [2)] Druckbreite = Druckbeaufschlagte Breite

Oft steht der Konstrukteur vor dem Problem, dass er die Kontur des Formteiles nicht aus dem vollen Material herausarbeiten kann oder auch aus wirtschaftlichen oder technologischen Gründen nicht herausarbeiten will deshalb wählt er einen Einsatz. In diesen Fällen schwächt er das Werkzeug, und die Geometrie des Einsatzes muss optimiert werden. Bild 12.31 zeigt die dabei mögliche Vorgehensweise für die Berechnung an einem Beispiel.

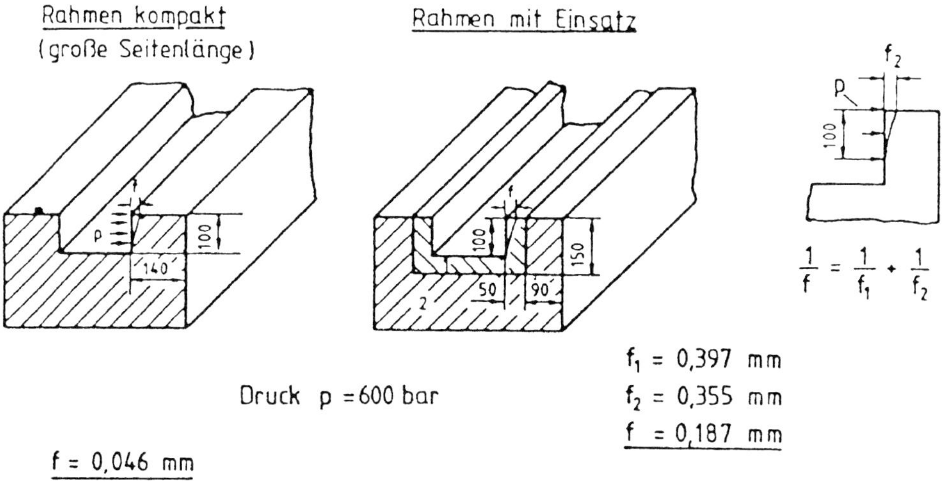

Bild 12.31 Werkzeug mit und ohne Einsatz [12.6]

12.9 Rechenbeispiele

Zwar wurden im vorangegangenen Abschnitt 12.8 schon Beispiele von Berechnungen gezeigt; hier soll jedoch für mehrere Komponenten das Vorgehen noch einmal deutlich gemacht werden.

Die im Folgenden ermittelten Zahlenwerte können anhand der angegebenen Gleichungen nachvollzogen werden. Die verwendeten Ausdrucke stellen Beispiele für die Anwendung von Programmen wie z. B. *CADMOULD* dar.

In Bild 12.18 wurde das Federersatzmodell eines Backenwerkzeuges hergeleitet, für die in der Skizze (Bild 12.32) vereinfacht dargestellte Geometrie der Schieberverriegelung soll nun die Aufweitung bestimmt werden.

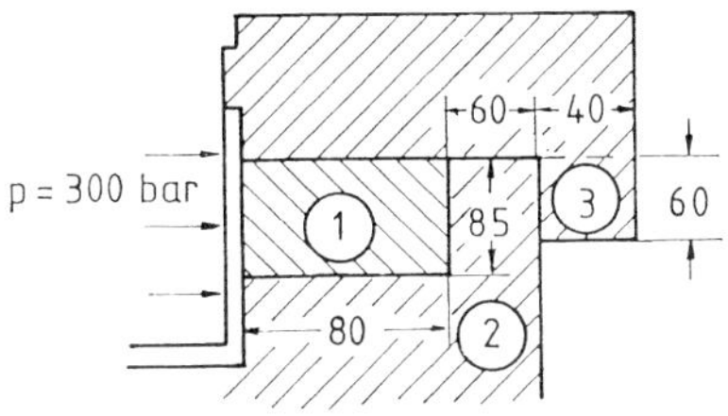

Bild 12.32 Vereinfacht dargestellte Geometrie einer Schieberverriegelung [12.6]

Es soll angenommen werden, dass der Schieber 60 mm breit ist und das Werkzeug 200 mm lang.

Stauchung von Element ①:

Aus dem Druck der Schieberfläche kann für die Stauchung eine Belastungskraft berechnet werden.

$$F = p \cdot A$$
$$F = 300\ \text{bar} \cdot 85\ \text{mm} \cdot 70\ \text{mm} \qquad (12.39)$$

Ein-/Ausgabe: Tabelle 12.4, links

② Für Element ② liegt der Lastfall einer einseitig eingespannten Platte vor. Zur Vereinfachung wird angenommen, dass eine gleichmäßige Druckbelastung vorliegt.

Ein-/Ausgabe: Tabelle 12.4, Mitte

③ Für Element ③ gelten die gleichen Bedingungen wie für ②

Ein-/Ausgabe: Tabelle 12.4, rechts

Mit diesen Angaben lässt sich die Gesamtverformung

$$f = f_1 + \frac{f_2 \cdot f_3}{f_2 + f_3} \qquad (12.40)$$

zahlenmäßig bestimmen zu

$$f = 1{,}14 \cdot 10^{-2}\ \text{mm} + \frac{2{,}5 \cdot 2{,}08 \cdot 10^{-4}}{(2{,}5 + 2{,}08) \cdot 10^{-2}} \tag{12.41}$$

$$f = 0{,}023\ \text{mm}$$

Als zweites Beispiel möge die Werkzeughälfte aus Bild 12.33 dienen.

Tabelle 12.4 Ein-/Ausgabedaten zur Berechnung der Aufweitung einer Schieberverriegelung [12.6]

BE-Modul: 210 000 N/mm² Querkontraktionszahl μ = 0,3					
Stauchung		**Biegung**		**Biegung**	
Kraft	178 500 N	Einseitig eingespannte Platte		Einseitig eingespannte Platte	
Seitenlänge A	70 mm	Länge	85 mm	Länge	60 mm
Seitenlänge B	85 mm	Breite	200 mm	Breite	200 mm
Höhe	80 mm	Druckfllänge[1]	85 mm	Druckfllänge[1]	60 mm
Stauchung = 1.14286E-02 mm		Druckflbreite[2]	70 mm	Druckflbreite[2]	70 mm
		Druck	300 bar	Druck	300 bar
		Dicke	60 mm	Dicke	40 mm
		X-Koordinate	85 mm	X-Koordinate	60 mm
		Durchbiegung = 2,58865E-02 mm		Durchbiegung = 2,08406E-02 mm	

1) Druckfllänge = Druckbeaufschlagte Länge; 2) Druckflbreite = Druckbeaufschlagte Breite

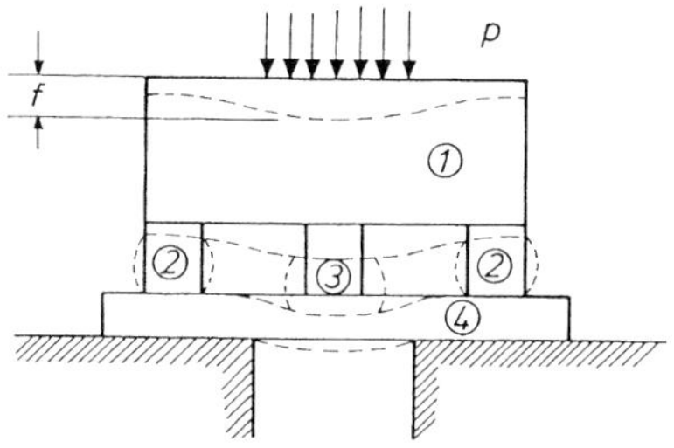

Bild 12.33 Prinzipieller Werkzeugaufbau [12.6]

Vorgegeben sei die Geometrie eines Werkzeugchassis:

Platte ①	246 mm × 190 mm × 36 mm
Leiste ② = ③	190 mm × 38 mm × 56 mm
Platte ④	254 mm × 190 mm × 22 mm

Der Durchmesser des Durchbruchs unter Platte ④ betrage: d = 125 mm.

Der Innendruck betrage: p = 500 bar

und wirke auf der gesamten Länge zwischen den Stützleisten, in der anderen Richtung ist die druckbelastete Länge 100 mm lang.

Bestimmung der Einzelverformungen

① zweiseitig eingespannte Platte

Diese Belastungsform wird angenommen, da die Platte im geschlossenen Zustand unter Schließkraft eingespannt ist. (Effektiv liegt die Belastung zwischen frei aufliegend und eingespannt.)

Ein-/Ausgabe: Tabelle 12.5, links

② Stauchung der Leisten

Die gesamte Kraft, die das Werkzeug belastet, beträgt

- $F = p \cdot A$
- F = 600 bar · 170 · 100 mm²
- F = 1 020 kN

Ein/Ausgabe: Tabelle 12.5, Mitte

③ Stauchung der Mittelleiste

Es gilt: $f_3 = f_2$

④ Durchbiegung der Platte über dem Durchbruch

Ein/Ausgabe: Tabelle 12.5, rechts

Tabelle 12.5 Ein-/Ausgabedaten für die Berechnung des Beispiels nach [12.6]

BE-Modul:
210 000 N/mm²
Querkontraktionszahl μ = 0,3

Biegung		**Stauchung**		**Biegung**	
Einseitig eingespannte Platte		Kraft	1.02E+06	Runde Platte	
Länge	170 mm	Seitenlänge	190 mm	Durchmesser	125 mm
Breite	190 mm	Seitenlänge B	38 mm	Lastdurchmesser	200 mm
Drucklänge[1]	170 mm	Höhe	56 mm	Druck	500 bar
Druckbreite[2]	100 mm	Stauchung = 3,76731E-02 mm		Dicke	22 mm
Druck	500 bar			Radius R	0 mm
Dicke	36 mm			Durchbiegung = 1,05776E-02 mm	
X-Koordinate	85 mm				
Durchbiegung = 0,103027 mm					

[1] Drucklänge = Druckbeaufschlagte Länge; [2] Druckbreite = Druckbeaufschlagte Breite

Gesamtverformung

Mit den ermittelten Einzeldeformationen kann nun die Gesamtdeformation bestimmt werden (siehe Superposition von Werkzeugelementen).

$$\frac{1}{f} = \frac{1}{f_1 + \frac{f_2}{2}} + \frac{1}{f_3 + f_4} \tag{12.42}$$

Zahlenmäßig ergibt sich für die Deformation

$$f = 0{,}0659 \text{ mm} \tag{12.43}$$

Diese Berechnung zeigt, dass durch die dritte Abstützung über Leiste ③ die Durchbiegung der Platte ① um 0,077 mm verringert werden kann.

Die Berechnung der Plattendicke bei gleicher Durchbiegung führt auf einen Wert von ca. 45 mm. Der Konstrukteur kann nun entscheiden, welcher Lösung er den Vorzug gibt.

Als weiteres Beispiel möge die Spaltweitenbestimmung für ein Backenwerkzeug herangezogen werden.

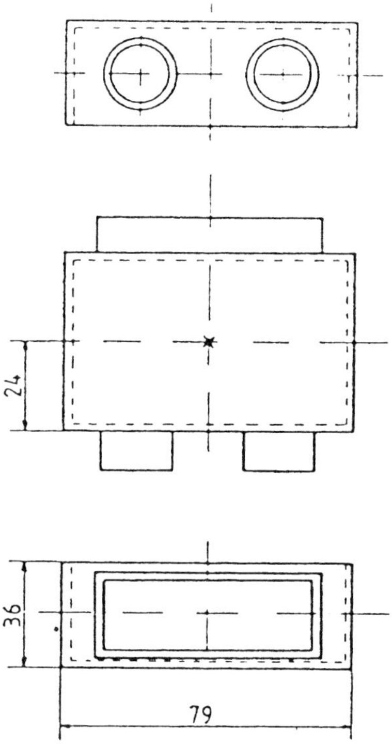

Bild 12.34 Beispiel: Formteil – Kasten [12.6]

Für das in Bild 12.34 gezeigte Formteil soll ein Backenwerkzeug konstruiert werden. Die Druckbelastung des Werkzeugs beträgt 600 bar.

Aufgrund der Formteilgeometrie können für ein Normalbackenwerkzeug (Bild 12.35) folgende geometrischen Größen festgelegt werden:

Halbe Breite des Formteils:	L_3 = 24 mm
Länge des Formteils:	B_F = 79 mm
Höhe des Formteils:	H_3 = 36 mm

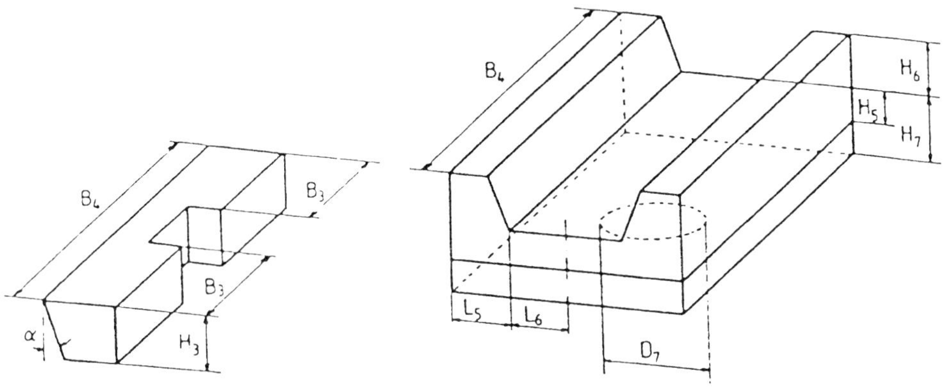

Bild 12.35 Geometrische Daten für Standardbackenwerkzeuge [12.6]

Sucht man aus entsprechenden Normalien (z. B. KB 246 246/36/2764) ein Werkzeug aus, so können konstruktiv folgende weitere Abmaße festgelegt werden:

- L_B = 70 mm
- α = 18°
- B_4 = 245,7 mm
- B_F = $B_4 - 2B_3 = 79 \rightarrow B_3$ = 83,35 mm
- L_5 = 58,95 mm
- H_5 = 31,3 mm
- gewählte Träger- bzw. Zwischenplatte 27 mm
- L_6 = 64,05 mm
- H_6 = 34,7 mm
- H_7 = H_5 + 27 mm = 58,3 mm

Der Durchbruch für den Auswerfer (D_7) soll im vorliegenden Beispiel vernachlässigt werden.

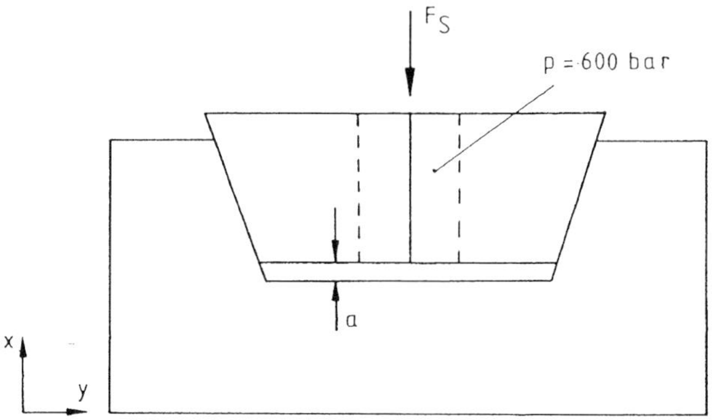

Bild 12.36 Berechnung der Spaltweite bei einem Backenwerkzeug [12.6]

Normalbackenwerkzeug

Geometrische Daten:

L_B = 70 mm	Alpha = 18 grd
B_3 = 83,35 mm	L_3 = 24 mm
H_3 = 36 mm	B_4 = 245,7 mm
L_5 = 58,95 mm	H_5 = 31,3 mm
L_6 = 64,05 mm	H_6 = 34,7 mm
H_7 = 58,3 mm	D_7 = 0 mm

Spaltweite

Druck: 600 bar

Schließkraft in x-Richtung:	F_x 227,52 kN
Schließkraft in y-Richtung:	F_y 170,64 kN
Gesamtschließkraft:	F_S 338,409 kN
Spaltweite a:	4,31992E-02 mm

Damit liegen alle geometrischen Größen fest, und die Rechnung kann durchgeführt werden.

Im ersten Schritt soll die notwendige Spaltweite (Bild 12.36) ermittelt werden. Die Ein-/Ausgabedaten sind ebenfalls in Bild 12.36 dargestellt.

Die beiden Schließkräfte F_x und F_y ergeben sich aus den projizierten Flächen und dem Innendruck, aus diesen Komponenten dann die Gesamtschließkraft und damit eine Spaltweite von 0,04 mm.

Die angegebene Gesamtschließkraft ist die Kraft, die von der Maschine aufgebracht werden muss, um in beiden Trennebenen ein Öffnen des Werkzeugs zu vermeiden.

Um zu sehen, welchen Einfluss ein Übermaß bei L_B besitzt, soll im Folgenden eine Variation durchgeführt werden. Dabei soll erst einmal der Winkel konstant gehalten werden.

L_B = 70,01 mm; 70,1 mm; 71 mm

Ein-/Ausgabe: Tabelle 12.6

Tabelle 12.6 Einfluss des Übermaßes L_B auf die Spaltweite *a* bei konstantem Schrägungswinkel [12.6]

Ein-/Ausgabe:		
Geänderte Daten: **L_B = 70,01 mm** **Alpha = 18 grd**	**Geänderte Daten:** **L_B = 70,1 mm** **Alpha = 18 grd**	**Geänderte Daten:** **L_B = 71 mm** **Alpha = 18 grd**
Spaltweite Druck: 600 bar	Spaltweite Druck: 600 bar	Spaltweite Druck: 600 bar
Schließkraft in *x*-Richtung: F_x = 227,52 kN *y*-Richtung: F_y = 170,64 kN	Schließkraft in *x*-Richtung: F_x = 227,52 kN *y*-Richtung: F_y = 170,64 kN	Schließkraft in *x*-Richtung: F_x = 227,52 kN *y*-Richtung: F_y = 170,64 kN
Gesamtschließkraft: F_S = 338,409 kN	Gesamtschließkraft: F_S = 338,409 kN	Gesamtschließkraft: F_S = 338,409 kN
Spaltweite *a*: 4,32025E-02 mm	Spaltweite *a*: 4,32325E-02 mm	Spaltweite *a*: 4,35309E-02 mm

Tabelle 12.7 Einfluss des Übermaßes L_B auf die Spaltweite *a* bei Variation des Schrägungswinkels [12.6]

Ein-/Ausgabe:		
Geänderte Daten: **L_B = 68,27 mm** **Alpha = 15 grd**	**Geänderte Daten:** **L_B = 70 mm** **Alpha = 18 grd**	**Geänderte Daten:** **L_B = 71,85 mm** **Alpha = 21 grd**
Spaltweite Druck: 600 bar	Spaltweite Druck: 600 bar	Spaltweite Druck: 600 bar
Schließkraft in *x*-Richtung: F_x = 227,52 kN *y*-Richtung: F_y = 170,64 kN	Schließkraft in *x*-Richtung: F_x = 227,52 kN *y*-Richtung: F_y = 170,64 kN	Schließkraft in *x*-Richtung: F_x = 227,52 kN *y*-Richtung: F_y = 170,64 kN
Gesamtschließkraft: F_S 318,966 kN	Gesamtschließkraft: F_S 338,409 kN	Gesamtschließkraft: F_S 358,525 kN
Spaltweite *a*: 5,32458E-02 mm	Spaltweite *a*: 4,31992E-02 mm	Spaltweite *a*: 3,59815-02 mm

Die Rechnung macht folgendes deutlich:

- Die Gesamtschließkraft bleibt konstant, da *a* konstant geblieben ist.
- Die Steifigkeit der Backe wird geringer, so dass ein größerer Spalt eingehalten werden muss, um in der Trennebene die Dichtkraft aufrecht zu halten. Die Änderungen sind jedoch vernachlässigbar klein.

Variiert man den Schrägungswinkel, so ergeben sich folgende Ergebnisse.

Ein-/Ausgabe: Tabelle 12.7

Trägt man die erzielten Ergebnisse graphisch auf (Bild 12.37), so kann man sehen, dass mit steigendem Winkel – wie zu erwarten war – eine Zunahme der Gesamt-

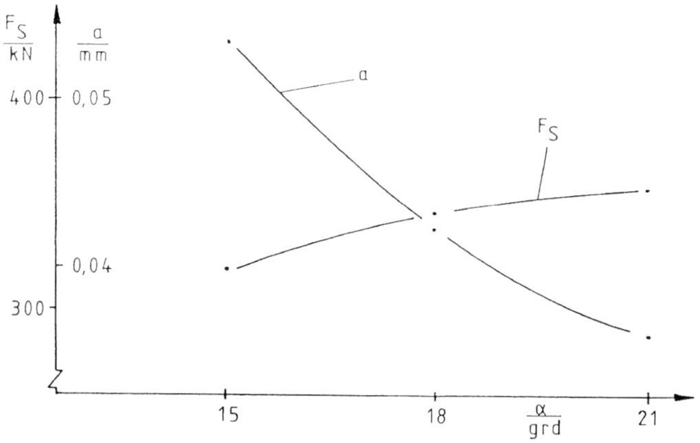

Bild 12.37 Gesamtschließkraft und Spaltweite als Funktion des Schrägungswinkels [12.6]

schließkraft notwendig ist, um in der *y*-Schließfläche ein Öffnen zu vermeiden. Auf der anderen Seite reduziert sich die Spaltweite.

Da sich aufgrund von Fertigungsungenauigkeiten andere Spaltweiten ergeben können, ändern sich die realen Verhältnisse. Dies soll im Folgenden dadurch simuliert werden, dass angenommen wird, die reale Spaltweite betrage 0,02 mm.

Das Werkzeug soll auf einer 40 t-Spritzgießmaschine (Schließkraft 40 t) verwendet werden.

Es stellt sich nun die Frage, ob sich das Werkzeug unter diesen Bedingungen während der Druckbelastung öffnet.

Ein-/Ausgabe: Tabelle 12.9

Tabelle 12.8 Schließkraftberechnung bei 0,02 mm Spaltweite und einer Schließkraft von 400 kN [12.6]

Normalbackenwerkzeug Geometrische Daten:	**Schließkräfte**
L_B = 70 mm Alpha = 18 grd B_3 = 83,35 mm	F_S: 400 kN Spaltweite: 0,02 mm
L_3 = 24 mm H_3 = 36 mm B_4 = 245,7 mm L_5 = 58,95 mm	Schließkraft in *x*-Richtung: F_x = 344,311 kN
H_5 = 31,3 mm L_6 = 64,05 mm H_6 = 34,7 mm H_7 = 58,3 mm D_7 = 0 mm	Schließkraft in *y*-Richtung: F_y = 85,6961 kN

Die Schließkraftkomponenten in x- und y-Richtung lassen sich über die projizierten Flächen in einen Maximaldruck umrechnen.

$$P_{x\,\max} = \frac{F_x}{A_x} \tag{12.44}$$

$$P_{y\,\max} = \frac{F_y}{A_y} \tag{12.45}$$

$$A_x = \boldsymbol{B}_\mathrm{F} \cdot 2\,L_3 = 3\,792\ \mathrm{mm}^2 \tag{12.46}$$

$$A_y = \boldsymbol{B}_\mathrm{F} \cdot H_3 = 2\,844\ \mathrm{mm}^2 \tag{12.47}$$

$$A_x = \boldsymbol{B}_\mathrm{F} \cdot 2\,L_3 = 3\,792\ \mathrm{mm}^2$$

$$P_{x\,\max} = \frac{344{,}311 \cdot 10^3}{3\,792 \cdot 10^{-6}}\ \mathrm{bar} = 907{,}99\ \mathrm{bar} \tag{12.48}$$

$$P_{y\,\max} = \frac{85{,}696 \cdot 10^3}{2\,844 \cdot 10^{-6}}\ \mathrm{bar} = 301{,}32\ \mathrm{bar}$$

$$P_{x\,\max} > 600\ \mathrm{bar}$$
$$P_{y\,\max} < 600\ \mathrm{bar} \tag{12.49}$$

Das Ergebnis zeigt, dass in der Schließfläche Y nicht genug Schließkraft vorliegt, so dass es also dort zum Überspritzen kommen wird. Der Einrichter wählt aus diesem Grund eine andere Maschine mit höherer Schließkraft (75 t).

Ein-/Ausgabe: Tabelle 12.9

Tabelle 12.9 Schließkraftberechnung bei 0,02 mm Spaltweite und einer Schließkraft von 750 kN [12.6]

Schließkräfte
F_S: 750 kN Spaltweite 0,02 mm
Schließkraft in x-Richtung: F_x = 683,277 kN
Schließkraft in y-Richtung: F_y = 102,676 kN

Mit den Ergebnissen können wieder die maximal zulässigen Drücke berechnet werden.

- $P_{x\max}$ = 1 801,89 bar
- $P_{y\max}$ = 361,03 bar

Es zeigt sich, dass auch mit Erhöhung der Gesamtschließkraft um fast den doppelten Wert bei zu geringem Spalt die Übertragung der Schließkraft in die *y*-Richtung nicht wesentlich verbessert wird. Die einzige Möglichkeit zur Vermeidung des Problems ist die Vergrößerung des Spaltes.

Bei der Nacharbeit am Werkzeug wird eine Spaltweite von 0,095 mm realisiert. Die Rechnung soll nun klären, wie die Verhältnisse für die 40 t-Maschine aussehen.

Ein-/Ausgabe: Tabelle 12.10

Tabelle 12.10 Schließkraftberechnung bei 0,095 mm Spaltweite und einer Schließkraft von 400 kN [12.6]

Schließkräfte
F_S: 400 kN Spaltweite 0,095 mm
Schließkraft in *x*-Richtung: F_x = 182,769 kN
Schließkraft in *y*-Richtung: F_y = 334,284 kN

Wieder bringt die Kontrolle des maximal ertragbaren Drucks Klarheit über die Verhältnisse.

- $P_{x\max}$ = 481,99 bar
- $P_{y\max}$ = 1 175,40 bar

In diesem Fall bei zu großem Spalt reicht die Schließkraft in der *x*-Trennebene nicht aus, um das Werkzeug dicht zu halten.

Hier hilft jedoch der Wechsel auf die größere Maschine (75 t).

Ein-/Ausgabe: Tabelle 12.11

Tabelle 12.11 Schließkraftberechnung bei 0,095 mm Spaltweite und einer Schließkraft von 750 kN [12.6]

Schließkräfte
F_S = 750 kN Spaltweite: 0,095 mm
Schließkraft in *x*-Richtung: F_x = 521,734 kN
Schließkraft in *y*-Richtung: F_y = 351,265 kN

- $P_{x\max}$ = 1 375,88 bar
- $P_{y\max}$ = 1 235,12 bar

Als Resumé für die Praxis lässt sich hieraus schließen, nicht immer hilft eine größere Maschine, Schwimmhäute zu vermeiden. Es muss in jedem Fall geklärt werden, wo diese Schwimmhäute liegen und dann entschieden werden, ob die Spaltweite verändert werden muss oder aber die Vergrößerung der Maschinenschließkraft Abhilfe schaffen kann.

12.10 Identifizierung kritischer Formteilbereiche und deren Auslegung im Rahmen eines Virtual Prototyping

Thornagel [12.13] konnte zeigen, dass trotz einer hinreichenden mechanischen Auslegung von Spritzgießwerkzeugen auf analytischem Weg kritische Bereiche im Werkzeug vorhanden sein können, bei denen die Annahme eines linear-elastischen Werkstoffverhaltens nicht mehr gültig ist, so dass es zu plastischer Verformung im Werkzeug kommen kann. Dies ist darauf zurückzuführen, dass bei der analytischen Werkzeugauslegung Vereinfachungen getroffen werden, welche die lokale Druckverteilung in der Kavität nicht abbilden. Besonders gefährdet sind dabei schlanke Werkzeugbereiche, über denen während der Füllphase ein Druckgradient anliegt. Da es sich bei Spritzgießwerkzeugen um Produktionsmittel zur Fertigung von Massenartikeln handelt, ist eine plastische Verformung des Werkzeugs nicht zulässig. Eine plastische Verformung kann auf die Dauer zu Schädigungen des Werkzeuges in Form von Brüchen führen d. h. zum Ausfall des Werkzeugs führen oder Entformungsschwierigkeiten verursachen.

In der Praxis werden heutzutage solche Fehler im Werkzeug meist erst während der Abmusterung offenbar. Die Folge sind nachträglich notwendige Umbauten der betreffenden Werkzeuge, die die Kosten des Werkzeugs unerwartet bedeutend erhöhen können [12.13].

Um kritische Bereiche bereits vor der Fertigung von realen Werkzeugen identifizieren zu können und kostspielige Überarbeitungen des Werkzeugs zu minimieren, kann ein Werkzeugkonzept weiterhin simulativ mechanisch ausgelegt werden. So können Problemstellen frühzeitig erkannt werden und eine zielgerichtete Dimensionierung der Kavitätsgeometrie und Werkzeugelemente durchgeführt werden, wodurch ein frühzeitiges Werkzeugversagen verhindert werden kann. Dazu kann auf eine Berechnung mithilfe von Spritzgießsimulationssoftware zurückgegriffen werden, mittels derer die lokalen Prozesszustände im Formteil und Werkzeug simuliert werden können. Anschliend können die Berechnungergebnisse in einer Struktursimulation für Formteil und Werkzeug verwendet werden. Häufig verwendete Simulationstools zur Simulation des Spritzgießprozesses sind unter anderem

- Autodesk Moldflow, Autodesk Inc., San Rafael, USA,
- Moldex3D, CoreTech Systems Co., Ltd., Chupei City, Taiwan,
- Cadmould 3D-F, Simcon kunststofftechnische Software GmbH, Würselen, Deutschland,
- und Sigmasoft, SIGMA Engineering GmbH, Aachen, Deutschland.

Mittels einer geeigneten Schnittstelle können die berechneten Ergebnisse auf ein Berechnungsnetz (FEM) übertragen werden, sodass im Anschluss eine Strukturanalyse durchgeführt werden kann. Wichtigste Größen zur Berechnung der mechanischen Belastung im Werkzeug stellen dabei die Druck-, Temperatur- und Scherratenverteilung dar. Diese Verteilungen können in der Strukturanalyse als Randbedingungen für die Simulation des Werkzeuges genutzt werden. Häufig zum Einsatz kommende Simulationsumgebungen für die Strukturanalyse sind

- ANSYS, ANSYS Inc., Canonsburg, USA,
- Abaqus, Dassault Systems SE, Vélizy-Villacoublay, Frankreich,
- und Nastran/Patran, MSC Software, Santa Ana, USA.

Während die Durchführung der Spritzgießsimulation (siehe Abschnitt 10.9) auf sehr unterschiedlichen Detaillierungsgraden erfolgen kann, ist dies auch für die Durchführung der Strukturanalyse der Fall. Sowohl von Seiten der geometrischen Modellierung, der Modellgleichungen für das Materialverhalten sowie von Seiten der Berechnungsmethodik besteht eine große Bandbreite der Detaillierung. Hinsichtlich der Detaillierungstiefe sollte stets eine situationsabhängige Vereinfachung des Berechnungsmodells durchgeführt werden, um den Rechenaufwand möglichst weit zu reduzieren. Modellierungsunterschiede und Vereinfachungen können sich dabei hinsichtlich der folgenden Aspekte unterscheiden:

- Stationäre oder instationäre Berechnung
- Definition der Anfangsbedingungen (z. B. Temperatur- und Druckverteilung)
- Definition der Randbedingungen (z. B. stationär/instationär oder Wahl der Auflagerpositionen)
- Materialdefinition des Werkzeugstahls (z. B. linear elastisch oder linear-plastisch)
- Kontaktdefinition der Werkzeugelemente

Eine ähnliche Vorgehensweise wurde bereits durch Thornagel beschrieben [12.13]. Zunächst sind nach diesem Verfahren kritische Werkzeugbereiche zu identifizieren. Mechanisch kritische Bereiche liegen auf Grundlage empirischer Betrachtungen von Formteilgeometrien immer dann vor, wenn sie während der Füllphase einseitig von der Kunststoffschmelze angeströmt werden [12.13]. Beispiele für diese Werkzeugbereiche sind Durchbrüche mit Queranströmung, Lamellen zum Ausformen von Rippen oder lange, schlanke Kerne. Auf Grundlage eines Richtlinienkatalogs von Grützner [12.14] lassen sich Formteilmerkmale identifizieren, die zu kritischen Werkzeugbereichen führen können. Die Auslegung dieser Werkzeugbereiche kann dann auf der Grundlage der Arbeit von Thornagel auf drei unterschiedliche Arten erfolgen, wobei der Konstrukteur mithilfe des Richtlinienkatalogs entscheiden kann, welche Hilfsmittel zur Auslegung verwendet werden sollten.

1. Einfache Geometrien mit einfachen Lasten lassen sich – wie in den vorhergehenden Abschnitten behandelt – analytisch berechnen.

2. Geometrien, die nach dem Richtlinienkatalog zu mittlerer Werkzeugbelastung führen können, lassen sich mit einer FE-Berechnung der Füllphase zur lokalen Druckberechnung mit anschließender Strukturanalyse dimensionieren. In der Arbeit von Thornagel wird zu diesem Zweck eine Füllsimulation des zu dimensionierenden Bauteils durchgeführt und auf diese Weise die lokale Druckverteilung berechnet. Im Anschluss wird eine Strukturanalyse des Werkzeugs durchgeführt, wobei als äußere Lasten die lokalen Drücke aus der Füllsimulation verwendet werden. Da in der Arbeit von Thornagel für die Füllsimulation und die anschließende Strukturanalyse jeweils eigene Finite-Elemente-Modelle verwendet werden, setzt dieses Verfahren ein so genanntes Mapping voraus, bei dem die lokalen Drücke des ersten FE-Modells in das zweite FE-Modell übertragen werden. Ein derartiges Mapping wurde von Thornagel erfolgreich als Schnittstelle zwischen dem Spritzgießsimulationsprogramm CADMOULD [12.15] und dem Programm *MSC.MARC/MENTAT 2000* [12.16] implementiert. Die Funktionalität der Übertragung von Ergebnissen aus der Spritzgießsimulation in eine FEM-Analyse gehört mittlerweile zum Stand der Technik und wurde seitens der Softwarehersteller für die gängisten FEM-Formate implementiert. Darüberhinaus existieren spezielle Softwareprodukte, die den Funktionsumfang auf weitere Softwareformate erweitern.

3. Bei Geometrien, die nach dem Richtlinienkatalog eine hohe Werkzeugbelastung mit nicht zu vernachlässigenden Verformungen verursachen können, ist es unter Umständen sinnvoll, auch den Einfluss zu berücksichtigen, den die von der lokalen Druckverteilung verursachte Werkzeugverformung aufgrund einer Änderung des Fließkanalquerschnitts auf den Formfüllvorgang ausübt. Zu diesem Zweck ist ein iteratives Verfahren zur gekoppelten Berechnung von Füllsimulation und Strukturanalyse notwendig. Ein solches Verfahren wurde von Thornagel mit den unter Punkt 2. genannten FE-Programmen entwickelt und anhand eines Beispielbauteils durchgeführt [12.13]. Bei diesem Verfahren wird zu einem definierten Füllstand n_i die lokale Druckverteilung berechnet und über das bereits beschriebene Mapping an die Strukturanalyse übergeben. Diese berechnet daraufhin die Werkzeugverformung. Die Werkzeugverformung wird dann auf das Formteilnetz für die Füllsimulation zurück übertragen, das heißt, das bestehende FE-Modell des Bauteils wird den errechneten Verformungen entsprechend verzerrt. Anschließend wird die Druckverteilung für den Füllstand $n_{i+1} = n_i + \Delta n$ berechnet und für die nächste Iteration verwendet. Der Einfluss der Werkzeugverformung auf die Füllsimulation ist in Bild 12.38 [12.13] dargestellt. Hier sind die Füllbilder des Beispielbauteils aus einer einfachen und einer gekoppelten, iterativen Berechnung einander gegenübergestellt. Der Einfluss der Werkzeugverformung

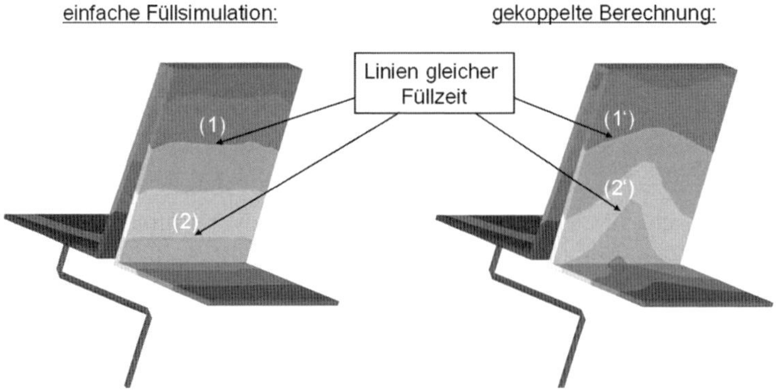

Bild 12.38 Einfluss der gerechneten Werkzeugverformung auf den berechneten Formfüllvorgang

auf den Formfüllvorgang ist klar erkennbar und auf den veränderten Fließkanalquerschnitt aufgrund der Werkzeugverformung zurückzuführen. Diese Veränderung wirkt sich ebenfalls auf die lokale Druckverteilung im Werkzeug aus. Die Ergebnisse der Verformungsrechnung stimmen beim gekoppelten Verfahren gut mit der Realität überein und übertreffen in Bezug auf ihre Qualität die Ergebnisse des unter Punkt 2. beschriebenen Verfahrens mit der Einschränkung, dass die berechnete Werkzeugverformung in engen Grenzen bleiben muss. Bei größeren Werkzeugverformungen bleibt die Ergebnisqualität dieses Verfahren zurzeit hinter der des zweiten Verfahrens zurück. Dies ist darauf zurückzuführen, dass bei der Übergabe der Werkzeugverformung an die Spritzgießsimulation das FE-Modell lediglich verzerrt und nicht vollständig neu vernetzt wird, so dass es zum Kollabieren einzelner Elemente kommen kann. Dies führt zu einer Verfälschung der Rechenergebnisse.

Die unter Punkt 2. und 3. dargestellten Verfahren sind geeignet, im Rahmen eines Virtual Prototyping zur Verringerung von Produktionszeit und -kosten beizutragen. Die angewendeten Verfahren sind prinzipiell auf beliebige FE-Simulationsprogramme übertragbar [12.13]. Diese Funktionalität wurde bereits in verschiedenen Simulationstools implementiert, z. B. zur Berechnung der Verformung von Kernen oder Einlegern (siehe Abschnitt 12.11).

12.11 Versatz von Kernen und Einlegeteilen

12.11.1 Versatz von Kernen

12.11.1.1 Abschätzung des maximalen Kernversatzes

Ein Problem bei der mechanischen Auslegung von Spritzgießwerkzeugen ist die Ermittlung des Kernversatzes bei becher- und hülsenartigen Formteilen oder komplexeren Formteilen, die zum Teil aus Hülsen bestehen.

Durch eine exzentrische Lagerung des Kerns, verursacht durch Ungenauigkeiten bei der Fertigung, oder durch eine unsymmetrische Anspritzung bzw. unsymmetrische Füllung, kommt es während des Einspritzvorganges zu einer seitlichen Belastung des Kerns. Die hieraus resultierende Verformung der Mittelachse bewirkt an der Kernspitze den Kernversatz. Die Maßhaltigkeit der Formteile und der Entformungsvorgang werden durch den Kernversatz negativ beeinflusst.

Das Werkzeugprinzip wird u. a. von der Kernlagerung (ein- oder beidseitig) und der Anschnittart und -lage stark beeinflusst. Damit ist klar, dass die Kenntnis des Kernversatzes schon in der Prinzipfindungsphase von großer Bedeutung sein kann. Mithilfe der nachfolgend besprochenen Möglichkeiten stehen dem Konstrukteur Informationen zur Abschätzung des Kernversatzes zur Verfügung.

In der Phase der quantitativen Auslegung des Werkzeugaufbaus kann der Einsatz von Berechnungsprogrammen zur Klärung der Frage herangezogen werden, wie groß die Höhe der Kerneinspannung oder die zulässige Fertigungstoleranz der Kerneinspannung sein muss bzw. kann. Beispiele bzw. Rechenprogramme hierzu sind in [12.17] bis [12.20] zu finden. Für einfache Geometrien ist auch eine analytische Vorgehensweise mit Hilfe der Formeln der Statik und Festigkeitslehre möglich [12.19].

Der sich in der Praxis einstellende Kernversatz setzt sich zusammen aus

- dem einspannungsbedingten Kernversatz und
- der relativen Verformung der Mittelachse des Kernes selbst.

Dabei wird vorausgesetzt, dass die beiden Werkzeughälften richtig gegeneinander zentriert sind. Beide Verformungen können, wie in Bild 12.39 dargestellt, überlagert werden.

Von dem sich im Verlauf des Formfüllvorganges einstellenden Kernversatz kann sich ein Teil nach Abschluss des Füllvorganges in der Abkühlphase wieder zurückstellen. Wie groß diese Rückstellung ist, hängt von den Verarbeitungsparametern, den Werkstoffeigenschaften der Formmasse und den geometrischen Verhältnissen ab. Bei sehr geringen Wanddicken, schlanken Kernen, langsamen Einspritzgeschwindigkeiten (schnelles Einfrieren) und bei Formmassen mit hohen E-Modulen kann eine geringe Rückstellung erwartet werden. Es wird deshalb hier im Folgenden der während des Formfüllvorganges auftretende maximale Kernversatz bestimmt.

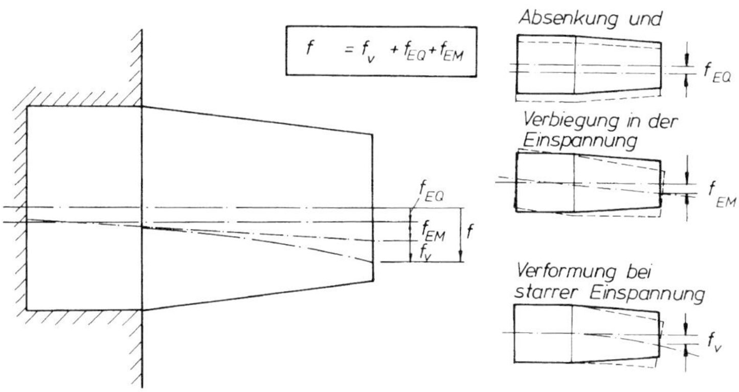

Bild 12.39 Überlagerung der Verformungen am Kern [12.21]

Für verschiedene Geometriefälle (runde und rechteckige Kerne mit und ohne Kühlbohrung) und Belastungsfälle (Anschnittarten und -orte) wurden Berechnungsmodule erstellt [12.21] bis [12.23], die innerhalb des Programmsystems *CADMOULD* als Auslegungsbausteine Verwendung finden.

Ein Vergleich von Kernversatzwerten bzw. der hier theoretisch ermittelten Grenzen für Kernhöhendurchmesserverhältnisse mit in der Praxis realisierten Verhältnissen ergab eine gute Übereinstimmung. Eine weitere Kontrolle der theoretisch ermittelten Werte konnte indirekt dadurch geführt werden, dass die theoretischen Ansätze zur Beschreibung des Füllbildes und des Druckbedarfs mit Messungen verglichen wurden [12.24] [12.25].

Beispielhaft wird im Folgenden der Kernversatz am runden Kern mit Punktanguss seitlich am Fuß (starre Einspannung) berechnet.

12.11.1.2 Kernversatz am runden Kern mit Punktanschnitt seitlich am Fuß (starre Einspannung)

Bei der Berechnung dieses Falles werden folgende Annahmen getroffen [12.23]:

1. Der Druck fällt vom Anschnitt über der Kernhöhe H_K linear ab (Bild 12.40).
2. Kerne mit geringer Konizität werden ersatzweise als zylindrische behandelt.
3. Bei Kernen mit Kühlbohrung wird diese als durchgehend angenommen, d. h. die stabilisierende Wirkung des „Bodens" wird vernachlässigt.
4. Bei Kernen mit Kühleinsatz wird der Einsatz als nicht tragend angenommen.
5. Das Eigengewicht des Kerns bleibt unberücksichtigt.
6. Die Einspannung des Kerns wird zunächst als starr angenommen.
7. Ein sogenannter „Aufschaukeleffekt" bleibt zunächst unberücksichtigt, d. h. der schon während des Füllvorganges auftretende Kernversatz wird in seiner Auswirkung auf das Füllbild nicht miterfasst.

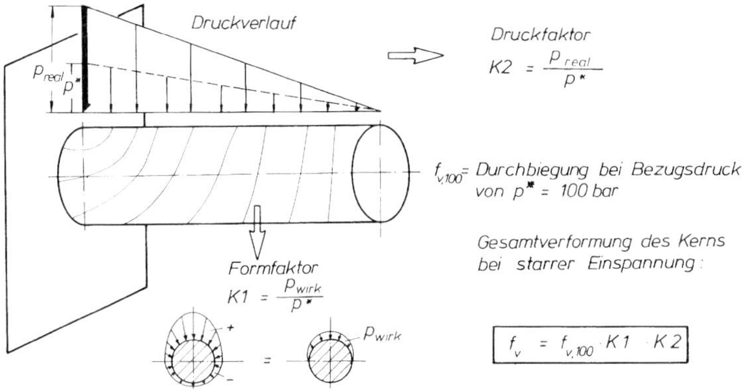

Bild 12.40 Ermittlung des Kernversatzes bei starrer Einspannung [12.21]

Die grundsätzliche Vorgehensweise bei der Ermittlung des Kernversatzes kann anhand von Bild 12.40 verdeutlicht werden.

- Für einen gewählten Bezugsdruck $p^* = 100$ bar am Anschnitt und ein lineares Druckprofil erfolgt die Berechnung des Kernversatzes $f_{V,\,100}$ an der Kernspitze.
- Zur Berücksichtigung der Abstützung des Kerns durch die Schmelze von unten wird der „Formfaktor" K_1 bestimmt. In diesen Geometriebeiwert gehen die unterschiedlichen Kernhöhendurchmesserverhältnisse ein.
- Mit der Bestimmung des „Druckfaktors" K_2 wird der reale zur Formfüllung benötigte Druck berücksichtigt.
- Bestimmung der gesamten Durchbiegung durch die Beziehung

$$f_V = K_1 \cdot K_2 \cdot f_{V,100} \qquad (12.50)$$

Basierend auf dieser Vorgehensweise wurden Rechenprogramme erstellt, mit deren Hilfe die in den folgenden Bildern dargestellten Kernversatzwerte errechnet wurden [12.22].

In den Bildern 12.41 und 12.42 ist für ein Polystyrol der Kernversatz in Abhängigkeit vom Kerndurchmesser bei verschiedenen Kernhöhen aufgetragen. Unterschreitet der Kerndurchmesser gewisse Werte, so steigt der Kernversatz sehr schnell an (siehe Konstruktionsgrenzen in Abschnitt 12.8.1).

Bei gleichem Kerndurchmesser nimmt bei Vergrößerung der Kernhöhe der Kernversatz ebenfalls stark zu. In allen Fällen sinkt der Kernversatz mit größer werdender Wanddicke, wie der schraffierte Bereich zwischen den Kurven 1 bis 2 mm Formteilwanddicke zeigt. Durch Vergleich von Bild 12.41 mit Bild 12.42 wird die Wirkung einer Kühlbohrung ($D_{Ki} = 3/5\ D_K^*$) auf den Kernversatz deutlich.

Ähnliche Diagramme können für andere Kunststoffe und Verfahrensparameter mit dem vorhandenen Rechenprogramm erstellt werden.

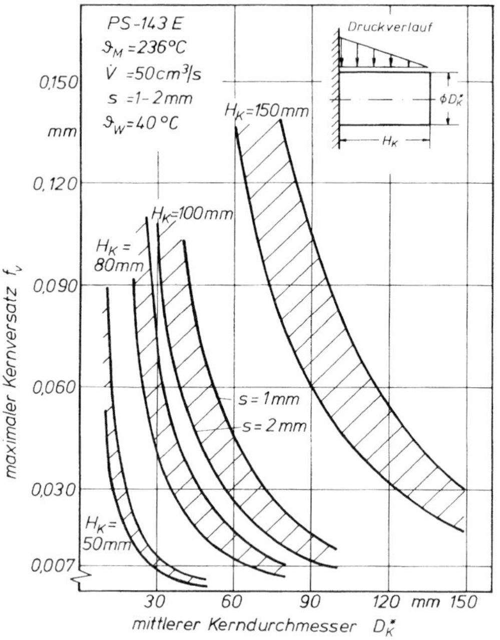

Bild 12.41 Maximaler Kernversatz eines Kerns mit kreisförmigem Vollquerschnitt [12.21]

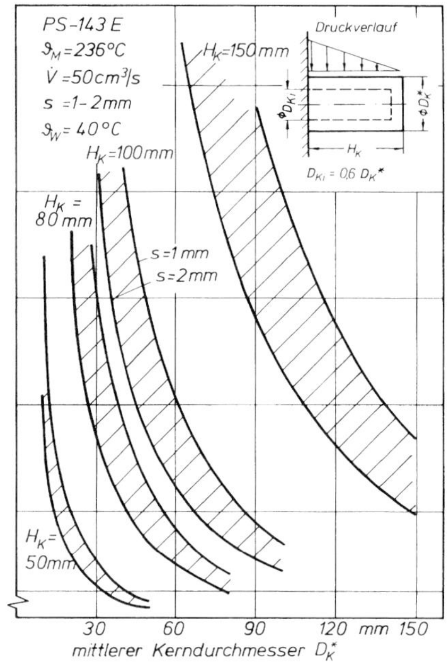

Bild 12.42 Maximaler Kernversatz eines Kerns mit kreisringförmigem Querschnitt ($D_{Ki} = 3/5\,D_K^*$) [12.21]

In [12.23] wurden erste theoretische Berechnungen über die Wirkung des „Aufschaukeleffektes“ auf den Kernversatz durchgeführt. Nach diesen Ergebnissen wirkt sich – entgegen den Erwartungen – der Aufschaukeleffekt nicht verstärkend auf den Kernversatz aus. Die Kernversatzwerte sind sogar etwas geringer als bei der Nichtberücksichtigung des Effektes. Eine erste Erklärung wird damit gegeben, dass der schon während des Füllvorganges auftretende Kernversatz auf die rheologischen Verhältnisse in zweierlei – unterschiedlich gerichteter – Weise wirkt. Einerseits strömt die Schmelze noch ungleichförmiger in das Formnest ein, wodurch höhere Belastungen auf den Kern erwartet werden könnten, andererseits kann die Schmelze in den größer werdenden Spalt leichter einströmen, was einen geringeren Gesamtdruckbedarf und von daher eine Entlastung für den Kern bedeutet. In der Gesamtwirkung heben sich die Einflüsse fast auf. Messtechnisch kann der Einfluss des Aufschaukeleffektes alleine nicht ermittelt werden, da er bei allen Messungen auftritt.

Die theoretischen Berechnungen des Kernversatzes unter der Berücksichtigung des Aufschaukeleffektes für den hier vorliegenden Fall des seitlich angespritzten Kernes wurden – ähnlich wie in (Bild 12.44) – mittels schrittweiser Berechnung des Füllvorganges durchgeführt.

Für die Abschätzung des maximalen Kernversatzes in der Konstruktion reichen die zuvor vorgestellten Ergebnisse (ohne Aufschaukeleffekt) aus, zumal hier die Werte sogar etwas höher sind.

In [12.21] ist die Berechnung des Kernversatzes für weitere Kerngeometrien, Einspannungs- und Belastungsarten dargestellt. Dies sind z. B.:

- Kernversatz am runden Kern mit Punktanschnitt seitlich an der Kernspitze – starr eingespannt.
- Kernversatz an rechteckigen Kernen mit Punktanschnitt seitlich am Fuß – starr eingespannt.
- Einspannungsbedingter Kernversatz (am Beispiel des runden Kerns seitlich am Fuß angespritzt).

12.11.1.3 Kernversatz am runden Kern mit Schirmanguss (starre Einspannung)

In [12.23] wird der Kernversatz für runde Kerne ohne Kühlbohrung aber mit Berücksichtigung des Aufschaukeleffektes für die Fälle:

- Kern mit Schirmanguss,
- Kern mit Punktanschnitt seitlich am Kernfuß,
- Kern mit Punktanschnitt seitlich an der Kernspitze

berechnet. Hier soll nun der Fall „Kern mit Schirmanguss“ betrachtet werden (Bild 12.43).

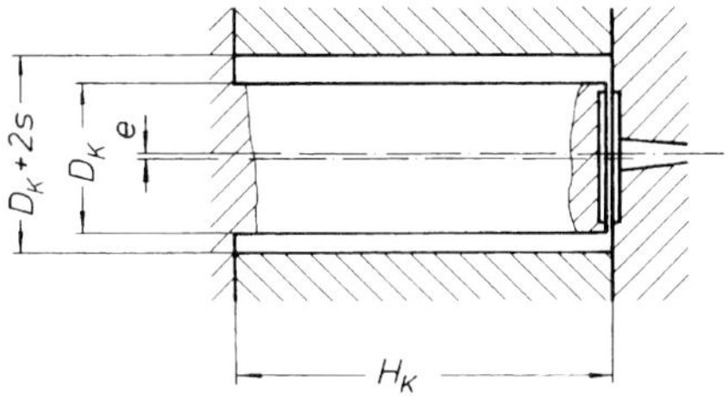

Bild 12.43 Kern mit Schirmanguss angespritzt [12.22]

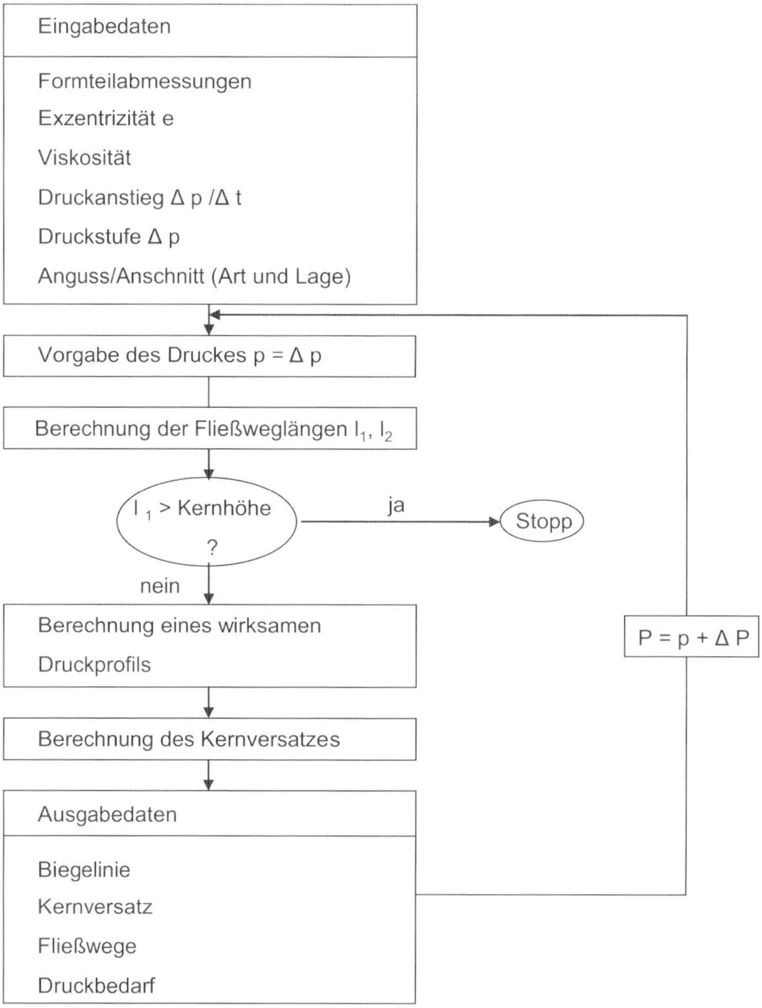

Bild 12.44 Prinzipieller Programmablaufplan zur Berechnung des Kernversatzes (mit Aufschaukeleffekt) [12.21]

Im Vergleich zu den zuvor behandelten Fällen erfordert die Abschätzung des Kernversatzes hier eine andere Vorgehensweise. Der Grund liegt darin, dass hier für die Entstehung des Kernversatzes ursächlich die exzentrische - fertigungsbedingte - Kerneinspannung verantwortlich ist. Dabei ist allerdings vorauszusetzen, dass in der Schmelze im gesamten Anschnitt Temperatur, Druck und Geschwindigkeit (Viskosität) gleich sind.

In den zuvor behandelten Fällen wurde lediglich der maximale Kernversatz kurz vor Ende des Formfüllvorganges, wenn die am weitesten fortgeschrittene Fließfront die volle Kernhöhe erreicht hat, bestimmt. Neben diesem Wert wird hier auch Kernversatz ermittelt, der während des Formfüllvorganges auftritt. Erreicht wird dies dadurch, dass der Füllvorgang in kleine Schritte aufgeteilt und die sich einstellende Verformung nach jedem Schritt berechnet wird. Damit besteht das zu lösende Gesamtproblem aus einem:

- rheologischen Problem (Füllbildermittlung) und
- mechanischen Problem (Verformungsberechnung).

Die prinzipielle Vorgehensweise bei der Berechnung des Kernversatzes unter Berücksichtigung des Aufschaukeleffektes zeigt der in Bild 12.44 dargestellte Programmablaufplan. Nach Eingabe der Formteil- und Materialdaten werden der zeitliche Druckanstieg $\Delta p/\Delta t$ am Anschnitt und die Druckstufen Δp eingegeben. Durch die Einführung der Druckstufen wird der gesamte Füllvorgang in einzelne Schritte aufgeteilt. Im ersten Rechenschritt erfolgt für den Druck $p = \Delta p$ die Berechnung des Füllbildes durch die Bestimmung zweier charakteristischer Fließlängen l_1 und l_2 (Bild 12.45). Danach erfolgt die Berechnung des verformungswirksamen Druckprofils (Bilder 12.46 und 12.47) und davon ausgehend die Berechnung des Kernversatzes.

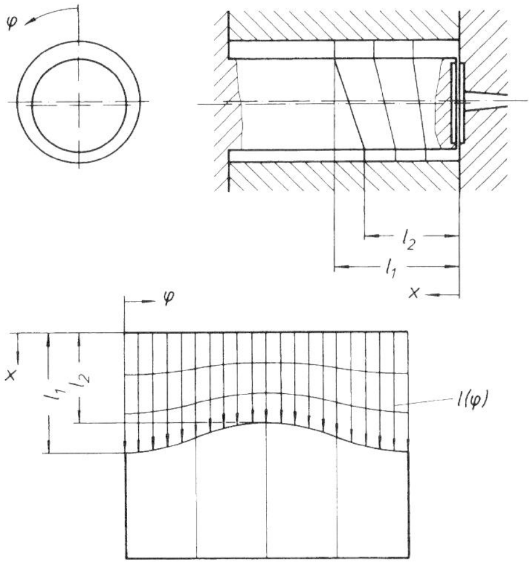

Bild 12.45 Formteil mit momentanem Füllbild (Abwicklung) [12.21]

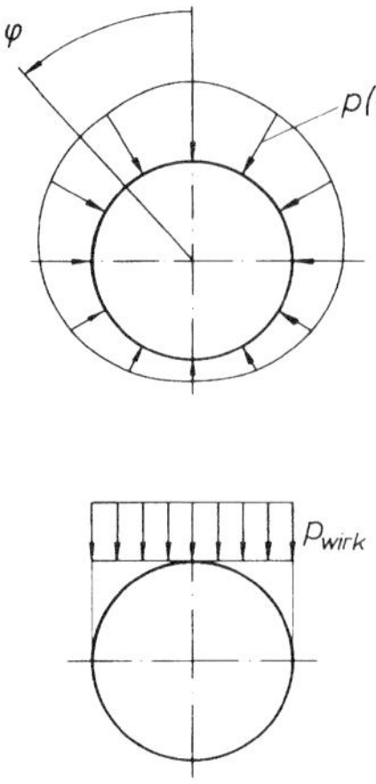

Bild 12.46 Wahrer Druck (oben) und wirksamer Druck (unten) im Querschnitt [12.21]

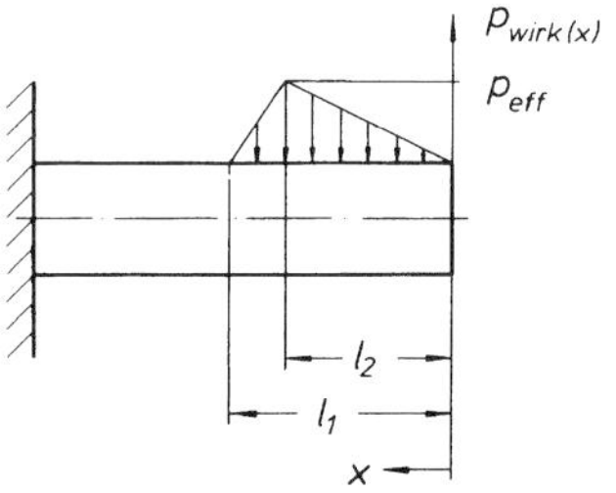

Bild 12.47 Wirksames momentanes Druckprofil [12.21]

Anschließend wird der Druck p um eine Druckstufe Δp erhöht und die Berechnung wiederholt, wobei die mittlerweile geänderten Wanddicken (aufgrund des Kernversatzes) berücksichtigt werden. Hat eine Fließfront die volle Kernhöhe erreicht, wird die Berechnung abgebrochen [12.23].

Basierend auf der oben vorgestellten Vorgehensweise zur Lösung des Problems wurden Rechenprogramme erstellt, die innerhalb des Programmsystems CADMOULD zur Berechnung des Kernversatzes verwendet werden können. Weiterhin bieten Simulationspakete wie Moldflow und Moldex3D die Möglichkeit den Kernversatz zu berechnen (siehe Abschnitt 12.11.1.5).

Eine wesentliche Einflussgröße auf den Kernversatz ist die Kernhöhe (Bild 12.48).

Mit steigender Kernhöhe nimmt die Absenkung zunächst langsam und bei größeren Kernhöhe stark zu. Dieser starke Anstieg liegt ungefähr bei einem Kernhöhendurchmesserverhältnis von:

$$\frac{H_K}{D_K} \approx 5 \tag{12.51}$$

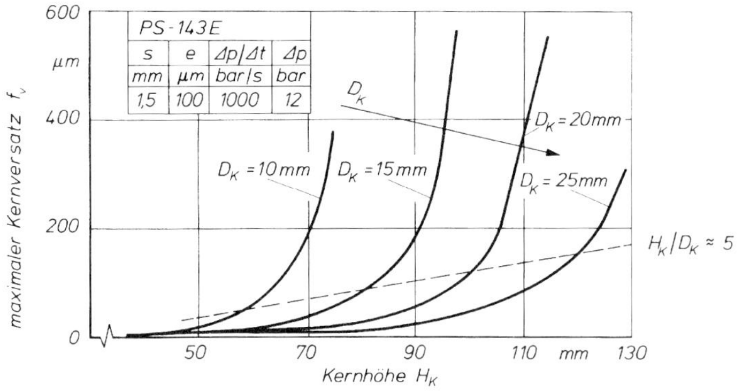

Bild 12.48 Maximaler Kernversatz in Abhängigkeit von der Kernhöhe bei verschiedenen Kerndurchmessern (Schirmanguss) [12.21]

Diese Aussage ist weitgehend unabhängig von der Exzentrizität, da diese sich in etwa linear auf den Kernversatz auswirkt. Auch bei verschiedenen Wanddicken behält das Grenzverhältnis seine Gültigkeit. Aber auch bei Einhaltung des angegebenen Verhältnisses von Kernhöhe zu Kerndurchmesser kann der Betrag des Kernversatzes schon zu hoch sein. Ähnliche Grenzwerte werden auch in [12.26] angegeben.

In Bild 12.49 ist der Kernversatz in Abhängigkeit von der Wanddicke dargestellt. Geringe Formteilwanddicken begünstigen ein unsymmetrisches Einströmen der Schmelze in das Formnest und führen zu größeren Verformungen.

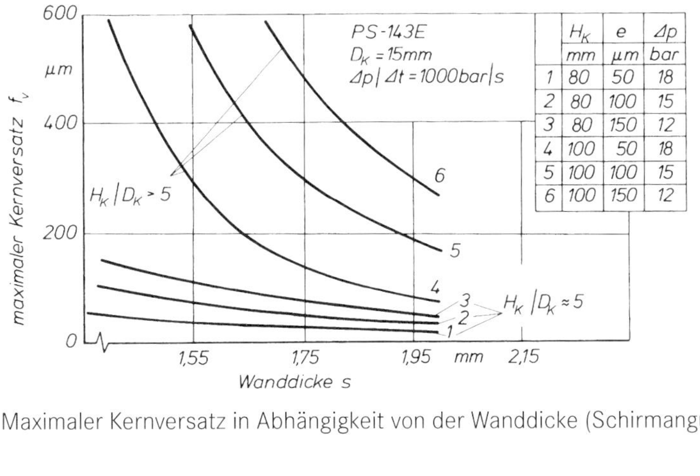

Bild 12.49 Maximaler Kernversatz in Abhängigkeit von der Wanddicke (Schirmanguss) [12.21]

Wird jedoch das angegebene Verhältnis von Kernhöhe zu Durchmesser eingehalten, hat die Wanddicke nur einen geringen Einfluss.

Der Einfluss der Exzentrizität, d. h. im Normalfall die durch Fertigungsfehler bedingte abweichende Lage der Mittelachse des Kernes von der Mittelachse des Formnestaußenraumes, ist in Bild 12.50 zu erkennen.

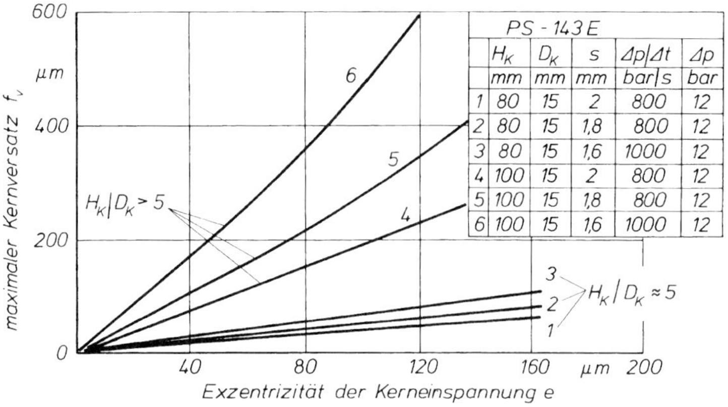

	H_K mm	D_K mm	s mm	$\Delta p/\Delta t$ bar/s	Δp bar
1	80	15	2	800	12
2	80	15	1,8	800	12
3	80	15	1,6	1000	12
4	100	15	2	800	12
5	100	15	1,8	800	12
6	100	15	1,6	1000	12

Bild 12.50 Maximaler Kernversatz in Abhängigkeit von der Exzentrizität (Schirmanguss) [12.21]

Der Kernversatz steigt mit der Exzentrizität in etwa linear an. Damit kann von einer bekannten Verformung bei einer bekannten Exzentrizität direkt auf die bei einer anderen Exzentrizität geschlossen werden:

$$f(e_1) = f(e_2) \cdot \frac{e_1}{e_2} \tag{12.52}$$

Ist die maximal zulässige Exzentrizität bekannt, so steht dadurch auch eine Toleranzgrenze für den Einbau des – im Idealfall zentrischen – Kernes fest.

12.11.1.4 Kernversatz bei verschiedenen Anguss- und Anschnittformen (starre Einspannung)

In [12.23] werden für verschieden angespritzte Kerne Konstruktionsgrenzen angegeben, bei deren Überschreitung der maximale Kernversatz überproportional ansteigt.

Kern mit Schirmanguss	$H_K/D_K \approx 5$	(12.40)
Punktanschnitt seitlich an der Kernspitze	$H_K/D_K \approx 1{,}5$	(12.41)
Punktanschnitt seitlich am Kernfuß	$H_K/D_K \approx 2{,}5$	(12.42)

Erwartungsgemäß ist der Schirmanguss hinsichtlich der Kernabsenkung die günstigste Lösung. Wird die Exzentrizität sehr gering gehalten, können auch äußerst geringe Absolutwerte des Kernversatzes erreicht werden. Dann kann auch unter Umständen mit größeren Kernhöhendurchmesserverhältnissen gearbeitet werden. In [12.27] wird angegeben, dass beim Präzisionsspritzguss das Verhältnis zwischen 5 und 15 und beim technischen Spritzguss mit mittlerem Schwierigkeitsgrad zwischen 1 und 5 liegen kann.

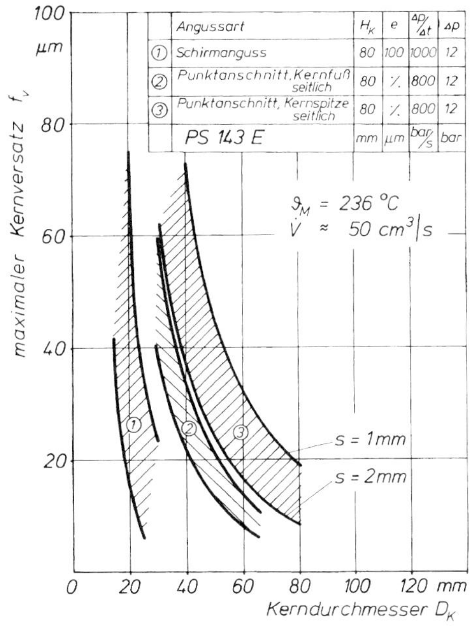

Bild 12.51 Maximaler Kernversatz bei verschiedenen Angussformen [12.21]

In Bild 12.51 sind für die drei verschiedenen Anspritzarten die Verformungen angegeben, wie sie sich bei sonst nahezu gleichen Bedingungen nach den Berechnungen [12.23] ergeben. Beim Schirmanguss stellen sich – selbst bei der angenommenen Exzentrizität von e = 100 µm – die geringsten Werte ein. Die höchsten Werte für den Kernversatz treten im Fall des Punktanschnittes an der Kernspitze auf. Der hinsichtlich der auftretenden Verformung zwischen den beiden anderen Anschnittarten liegende Fall des Punktanschnittes am Kernfuß ist auch oft bei Werkzeugen mit höherer Formnestzahl die konstruktiv einfachste Lösung.

Für die Reduzierung von zu hohen Kernversatzwerten stehen neben den oben beschriebenen auszuwählenden Anspritzarten weitere Maßnahmen zur Verfügung, wie:

- beidseitige, statt einseitige Kernlagerung;
- höhere Kerneinspannung;
- Reduzierung der Exzentrizität beim Schirmanguss;
- Änderung der Einspritzparameter und
- Verkleinerung der bzw. Verzicht auf die Kühlbohrung.

Die Reihenfolge der Maßnahmen entspricht in etwa ihrer Wirksamkeit.

12.11.1.5 Numerische Berechnung des Kernversatzes

Unter Zuhilfenahme von Spritzgießsimulation lassen sich die Belastungen durch die Formmasse auf die Werkzeugkomponenten, wie Kerne oder Schieber, rechnerisch bestimmen. Die Berechnung der durch den Fließprozess der Kunststoffschmelze sowie durch das Schwindungsverhalten der Formmasse auftretenden Belastungen geschieht dabei durch Einbindung eines numerischen Solvers zur Struktursimulation. Zunächst wird innerhalb der Spritzgießsimulation die Berechnung eines Zeitschrittes der Füllsimulation durchgeführt. Anschließend werden wichtige Prozessgrößen, wie Druck- und Temperaturverteilungen, als Randbedingungen in einer Strukturanalyse verwendet, um die Kernverformung zu berechnen. Unter Berücksichtigung der Kernverformung wird anschließend der folgende Zeitschritt der Füllsimulation berechnet. Auf diese Weise lässt sich der Einfluss der Kernverformung auf das Füllverhalten abbilden. In Bild 12.52 ist exemplarisch die Verschiebung eines Werkzeugkerns zu einem definierten Zeitpunkt im Spritzgießprozess dargestellt.

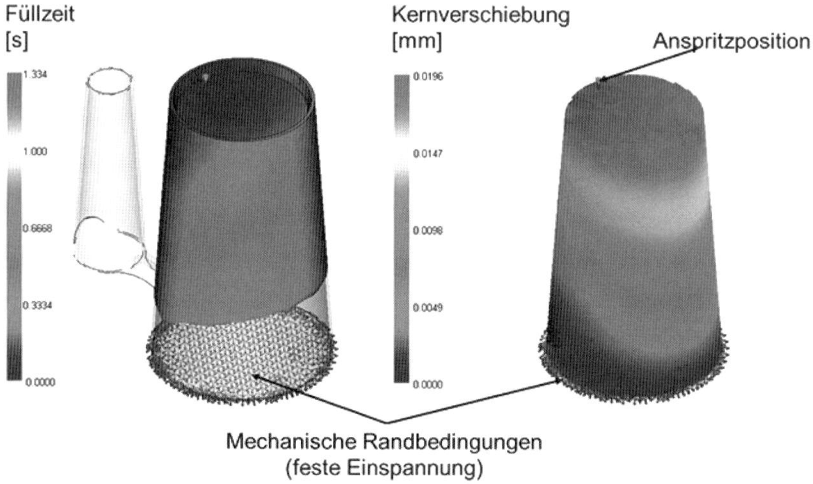

Bild 12.52 Simulation des Kernversatzes unter Berücksichtigung der Prozessführung

Je nach verwendetem Simulationswerkzeug kommen entweder integrierte Struktursolver oder externe Struktursolver zum Einsatz. Bei der Verwendung interner Struktursolver können die Ergebnisse des aktuellen berechnungsschrittes direkt für die Berechnung des Kernversatzes genutzt werden. Bei der Verwendung externer Struktursolver werden dazu die Ergebnisse des aktuellen Berechnungsschrittes durch eine geeignete Interface-Software wie beispielsweise Converse der Firma PART-Engieering GmbH, Bergisch Gladbach, Deutschland in einen externen Struktursolver exportiert. Innerhalb des Struktursolvers wird die Verformung des Kernes durch die thermische und mechanische Belastung in Abhängigkeit der Prozesseigenschaften berechnet. Als externe Solver kommen beispielsweise ANSYS der Firma ANSYS Inc., Canonsburg, USA oder Abaqus der Firma Dassault Systems SE, Vélizy-Villacoublay, Frankreich zum Einsatz. Während die Verwendung eines internen Struktursolvers meist die leistungsfähigere Möglichkeit darstellt (da das interne Datenformat direkt verwendet werden kann und keine Transformation in ein anderes Datenformat notwendig ist), bieten externe Struktursolver meist eine größere Modellierungsfreiheit sowie komplexere und aktuellere Materialmodelle zur Modellierung der Werkzeugkomponenten.

12.11.2 Versatz von Einlegeteilen

Die in den vorherigen Kapiteln dargestellte Vorgehensweise (Kopplung von rheologischer und mechanischer Werkzeugauslegung) zur Berechnung des Kernversatzes kann ebenfalls zur Berechnung der Verformungen von Einlegeteilen aufgrund der im Werkzeug vorliegenden Druckverteilung verwendet werden. Dies ist z. B. bei Werkzeugen für Gummi-Metall- oder Gummi-Kunststoff-Formteile von großer Bedeutung.

12.11.2.1 Analytische Berechnung der Verformung von Metalleinlegeteilen am Beispiel zylindrischer Walzenkörper [12.19]

Die Herstellung dieser Formteile, die als Transportwalzen eingesetzt werden, erfolgt im Spritzgießverfahren. Dabei wird ein zylindrischer Einlegekern mit Kautschuk umspritzt. Die untersuchten Formteilgeometrien besitzen ein unterschiedliches Längendurchmesserverhältnis und werden über verschieden breite Filmangüsse angespritzt (Bild 12.53) (Angussposition Bild 12.54).

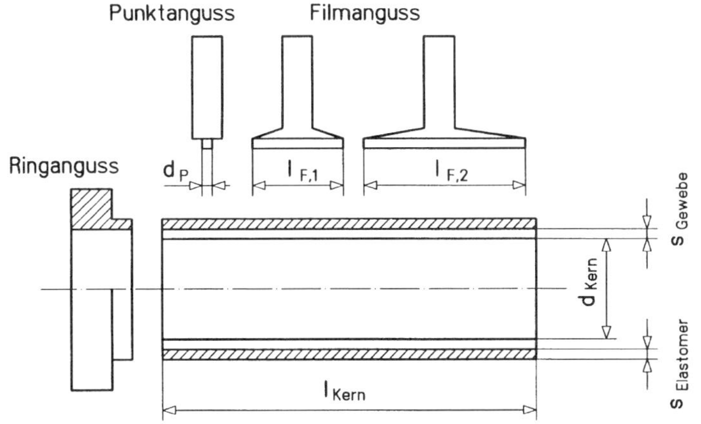

Bild 12.53 Abmaße und Angussgestaltung der Formteile [12.19]

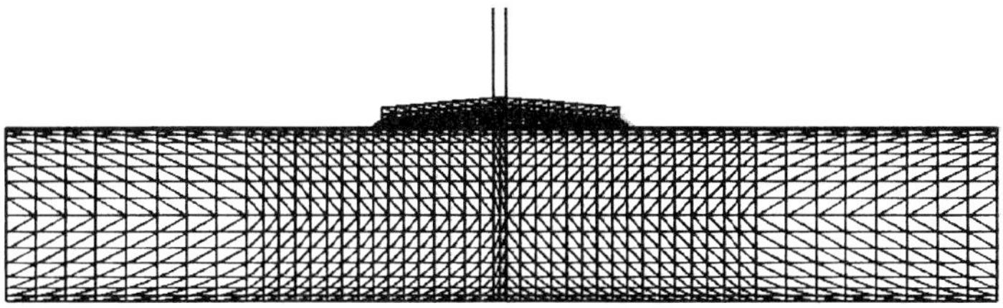

Bild 12.54 Strukturierte Geometrie eines Formteils mit einer Netzverfeinerung im Angussbereich [12.19]

Wie im vorherigen Kapitel bereits erläutert, wird zunächst eine rheologische Werkzeugauslegung durchgeführt, um die in der Kavität vorliegende Fülldruckverteilung zu bestimmen. Die Randbedingungen der Simulationsberechnung ergeben sich im Wesentlichen durch die Vorgabe der materialspezifischen Koeffizienten der Werkstoffmodelle und der Verfahrensparameter des Spritzgießprozesses.

Beispielhaft ist in Bild 12.54 für eine Formteilgeometrie das verwendete Finite-Elemente-Netz dargestellt und in Bild 12.55 als Ergebnis einer Simulationsrechnung die zugehörige berechnete Fülldruckverteilung. Für eine Vielzahl von Formteilgeometrien wurde die Druckverteilung bei unterschiedlichen Füllständen berechnet.

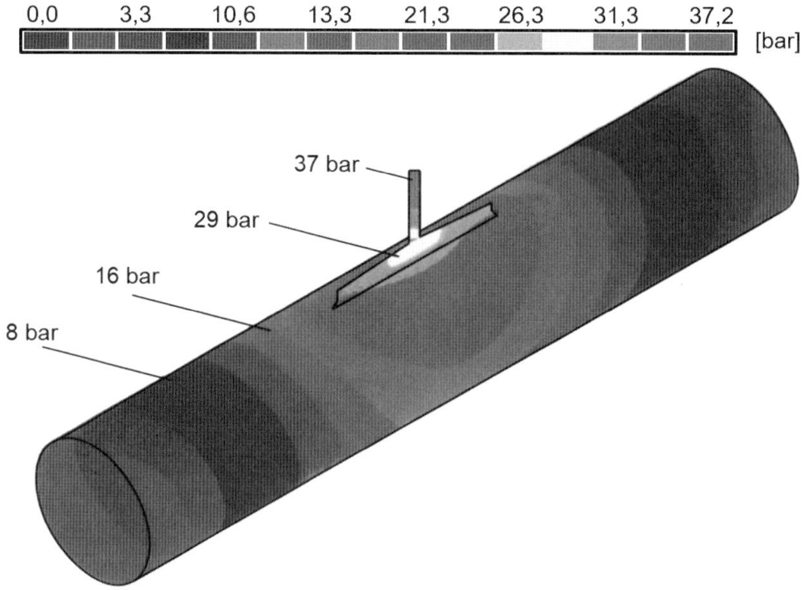

Bild 12.55 Darstellung des Fülldruckbedarfs am Füllende [12.19]

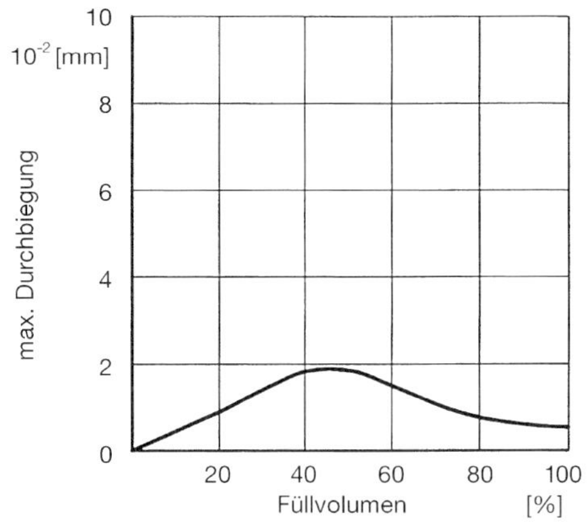

Bild 12.56 Maximale Durchbiegung des Werkzeugkerns in Abhängigkeit vom Füllvolumen [12.19]

Anschließend wurde die Verformungsberechnung analytisch mithilfe der für dieses Formteil hergeleiteten Formeln der Statik und Festigkeitslehre durchgeführt. In Bild 12.56 ist die maximale Werkzeugkerndurchbiegung über dem Füllstand für das angegebene Berechnungsbeispiel aufgetragen. Es ist zu erkennen, dass die Durchbiegung des Werkzeugkerns bis zu einem Füllstand von ca. 50 % ansteigt. Bei einem Füllstand von ca. 50 % verschmelzen die Fließfronten in dem Bereich, der dem Anguss gegenüberliegt. Beim weiteren Füllen des Werkzeugs verringert sich der Druckunterschied zwischen der Kernoberseite bzw. Angussseite und der Kernunterseite, wodurch die Durchbiegung des Werkzeugkerns zum Füllende abnimmt. Generell kann festgestellt werden, dass sich mit schmaler ausgelegtem Filmanguss aufgrund der höheren Druckverluste eine höhere Durchbiegung einstellt.

Der qualitative Durchbiegungsverlauf der Formteilgeometrien bei verschiedenen Durchmesser/Längen-Verhältnissen ist in Bild 12.57 dargestellt. Aus den Funktionsverläufen ist zu entnehmen, dass die Durchbiegung des Werkzeugkerns bis zu dem

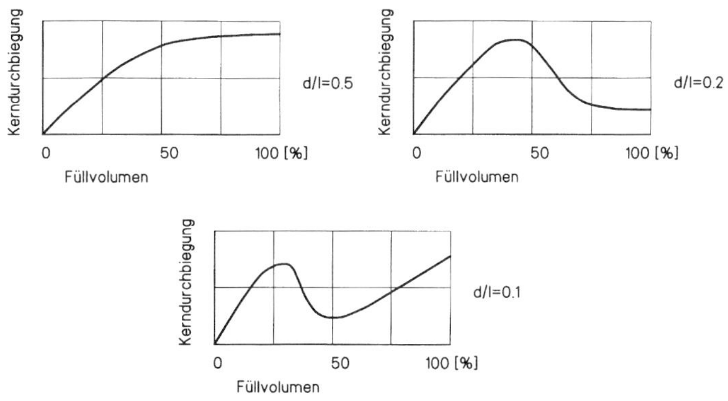

Bild 12.57 Kerndurchbiegungsverlauf bei unterschiedlichen Geometrieverhältnissen [12.19]

Füllstand ansteigt, der die Verschmelzung der Fließfront im Bereich, der dem Anguss gegenüberliegt, angibt. Ist die Füllung der Kavität kurz nach der Verschmelzung der Fließfront abgeschlossen (Durchmesser/Längen-Verhältnis ca. 0,5), wird die maximale Durchbiegung am Füllende erreicht.

Bei einem Durchmesser/Längen-Verhältnis d/l von ca. 0,2 tritt nach dem Verschmelzen der Fließfronten beim weiteren Füllen der Kavität eine Verringerung des Druckunterschieds zwischen Formteiloberseite bzw. Angussseite und Formteilunterseite auf, wodurch die Durchbiegung des Werkzeugkerns zum Füllende wieder abnimmt.

Die Formteilgeometrien mit einem Durchmesser/Längen-Verhältnis d/l kleiner 0,1 weisen nach dem Durchlaufen eines Durchbiegungsminimums einen erneuten Durchbiegungsanstieg auf, der sich auf weitere Anteile des Druckunterschieds zwischen der Formteilangussseite und -schließseite zurückführen lässt. Dabei kann das Zwischenmaximum der Durchbiegung beim Verschmelzen der Fließfront am Füllende überschritten werden.

Mithilfe dieser Untersuchungen wird aufgezeigt, mit welcher Durchbiegung bei vorgegebener Druckverteilung zu rechnen ist, und welchen Einfluss die Formteilgeometrie auf die maximale Durchbiegung und den Durchbiegungsverlauf hat.

Die dargestellte analytische Vorgehensweise ist aufgrund der mehrfachen Integration der Druckfunktion allerdings nur auf Formteile anzuwenden, deren Geometrie aus einfachen Grundkörpern (Zylinder, Platte etc.) aufgebaut ist und für die die Druckbelastung mit einfachen mathematischen Ansätzen beschrieben werden kann.

Für komplexere Geometrien oder Belastungsfälle ist die Verwendung eines FEM-Analyseprogramms anzuraten.

12.11.2.2 Numerische Berechnung der Verformung von Einlegeteilen

Zur Vorhersage des Verhaltens von Einlegern, sowohl hinsichtlich thermischer sowie mechanischer Belestungen im Spritzgießprozess, bietet sich aufgrund der Komplexität die Verwendung von numerischer Simulation an. Um die Verformung von Einlegeteilen effektiv simulativ berechnen zu können ist eine realitätsnahe Abbildung des Spritzgießprozesses sowie der thermischen und mechanischen Belastungen des Einlegers zielführend. Aus diesem Grunde kann dazu auf die Verwendung von Spritzgießsimulationssoftware wie Moldflow, Moldex3D, Cadmould oder Sigmasoft zurückgegriffen werden. Analog zur Berechnung des Kernversatzes wird bei der Berechnung der Einlegerverformung auf eine Kopplung zwischen Strömungssolver (Spritzgießsimulation) und Struktursolver (Verformungssimulation) zurückgegriffen. Der Ablauf der Simulationsdurchführung kann, wie auch bei der Berechnung des Kernversatzes, einerseits innerhalb der Spritzgießsimulation erfolgen oder andereseits durch eine Kopplung mit einer Struktursimulationssoftware, wie beispielsweise Abaqus, ANSYS oder Nastran, erfolgen. Bei beiden Verfahren

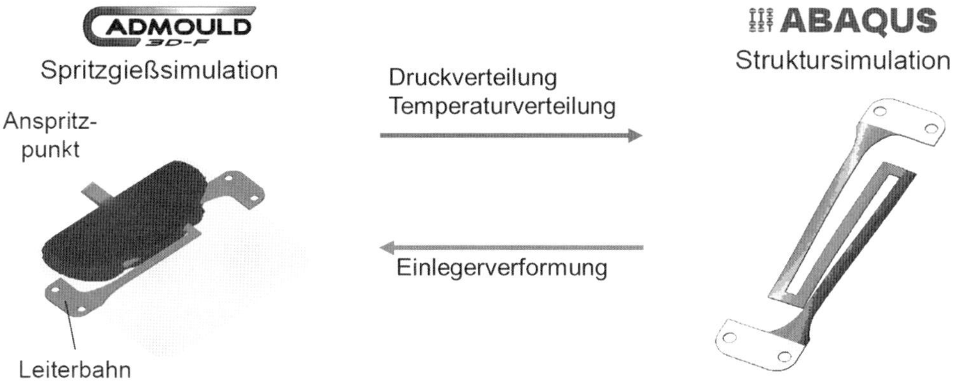

Bild 12.58 Integrative Simulation der Einlegerverformung [12.30]

wird dabei ein Zeitschritt in der Strömungssimulation numerisch berechnet um die resultierenden Prozessdrücke und -temperaturen in der Struktursimulation zu verwenden. Die daraus resultierenden Einlegerverformungen werden anschließend zur Anpassung der Strömungsgeometrie in die Strömungssimulation übertragen. Auf diese Weise ist eine Berücksichtigung der Einlegergeometrie im Spritzgießprozess möglich, wodurch die Simulationsgüte der Formfüllung und dadurch ebenfalls die Vorhersagegüte der Einlegerverformung gesteigert wird. In Bild 12.58 ist eine integrative Simulation mittels der Spritzgießsimulation Cadmould sowie der Struktursimulationssoftware Abaqus dargestellt [12.30] [12.31].

12.11.3 Konstruktionsbeispiele für die Kerneinspannung und für die Zentrierung tiefer Werkzeuge

Die Bedeutung der Kerneinspannung wird aus den vorangegangenen Kapiteln ersichtlich. Es wird klar, dass die beste Voraussetzung für eine absolute Fixierung des Kerns gegenüber dem Gesenk dann gegeben ist, wenn Kern und Kernhalteplatte eine Einheit bilden. Dies wird jedoch nur dann erreicht, wenn sie aus dem vollen Material herausgearbeitet werden. Bei Großwerkzeugen geht es nicht anders. Nur bei kleineren Werkzeugen werden Kern und Kernhalteplatte häufiger geteilt hergestellt. Der Kern muss äußerst sorgfältig und unverschiebbar in der Kernhalteplatte befestigt werden. Bei einfachen rotationssymmetrischen Teilen wird dann ein Bund am Kern angedreht, der ein Aufmaß hat und als Zentrierung dient. Über diesen Bund wird der Kern durch einen Flansch mit der Kernhalteplatte verspannt (Bild 12.59). Bild 12.60 zeigt ein Werkzeug, bei dem auch der Kern zusammengesetzt wurde, um die die Rippen ausformenden Teilkerne vernünftig bearbeiten zu können. Der geteilte Kern wird zur Befestigung mit Keilen in der Kernhalteplatte verspannt.

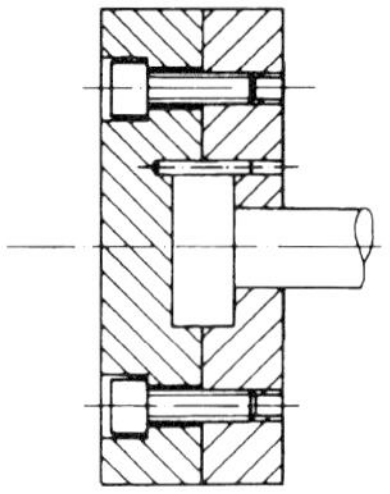

Bild 12.59 Kern durch Flansch mit Kernhalteplatte verspannt

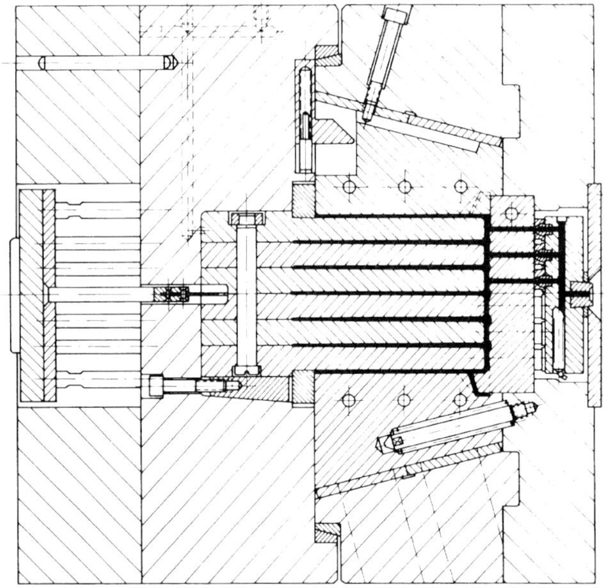

Bild 12.60 Befestigen eines mehrteiligen Kerns mit Keilen [12.28]

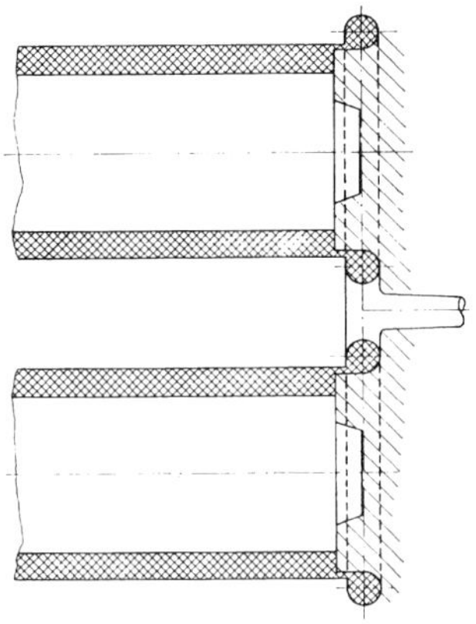

Bild 12.61 Ringanguss gestattet zweifache Lagerung des Kerns [12.29]

Unter allen möglichen Befestigungsarten für Kerne kommt diese Befestigungsart dem angestrebten Zustand der Einheit von Kern und Kernhalteplatte am nächsten.

Bei langen schlanken Kernen ist trotz optimaler Einspannung des Kerns eine zweifache Lagerung erforderlich (Bild 12.61).

12.12 Weitere Belastungen

Die bisher durchgeführten Überlegungen zur Dimensionierung von Spritzgießwerkzeugen haben außer dem Maßänderungsverhalten der Kunststoffe (Schwindung), das Verformungsverhalten des Werkzeugs behandelt, das sich aus der Belastung durch den Spritz- bzw. Nachdruck ergibt. Die herstellungsbedingten sowie die thermischen Verformungen und die maschinenabhängigen Belastungseinflüsse blieben unberücksichtigt. Hierauf soll nun noch kurz eingegangen werden.

12.12.1 Die Abschätzung der zusätzlich auftretenden Belastungen

1. Einflüsse aus der Werkzeugherstellung

Zusätzliche Belastungen entstehen aus den unvermeidbaren Fertigungstoleranzen und deren Auswirkungen bei der Montage der Einzelelemente zu einem kompletten Werkzeug. Können z. B. mehrere Platten nicht gemeinsam auf einer Koordinatenschleifmaschine geschliffen werden, so können wichtige Stichmaße um bis 0,02 mm auf je 100 mm abweichen. In ähnlicher Größenordnung liegen die üblichen Parallelitätsabweichungen. Mit zunehmender Zahl von Umspannvorgängen nimmt die Genauigkeit bekanntlich weiterhin ab.

Außerdem können nicht alle Verzugserscheinungen (nach dem Härten; bei großvolumigen Zerspanungen oder aus Schrumpfpassungen) durch einen weiteren Bearbeitungsvorgang korrigiert werden. Die Folge sind schwergängige, bewegliche Werkzeugteile, Kernversatz und anderes. Zur Überprüfung empfiehlt sich außer den bekannten Werkstattmethoden, wie Aufnahme von Tragbildern in Passungen, die Vermessung von Kavitäten durch einen Abguss mit einer nicht schwindenden Sn-Bi-Legierung [12.12]. Bei Verformungsmessungen müssen die Einflüsse der Werkzeugfertigung mitberücksichtigt werden, um die Messwerte überhaupt den Belastungen zuordnen zu können.

2. Thermische Einflüsse beim Betrieb der Werkzeuge

Diese führen bei unterschiedlichen Temperaturen der Passungspartner zu Belastungen, die sich aus der Differenz der Wärmedehnungen der Partner ergeben.

Es gilt:

$$\delta = \frac{\Delta l}{l_0} = (\alpha_1 - \alpha_2) \cdot T \tag{12.53}$$

oder, wenn Temperaturunterschiede vorhanden sind:

$$\delta = \frac{\Delta l}{l_0} = \alpha_1 \cdot T_1 - \alpha_2 \cdot T_2 \tag{12.54}$$

Wenn diese Deformation behindert wird, entstehen Zwangsspannungen, die man aus dem Kräfte-Gleichgewicht errechnen kann.

Ein hierfür typischer Fall sind Werkzeuge mit Heißkanalverteilern, bei welchen die Verschiebungen zumindest an den Orten der Angüsse berechnet werden müssen.

Literatur Kapitel 12

[12.1] *Schürmann, E.:* Abschätzmethoden für die Auslegung von Spritzgießwerkzeugen. Dissertation an der RWTH Aachen, 1979.

[12.2] *Kretschmar, O.:* Rechnergestützte Auslegung von Spritzgießwerkzeugen mit Segmentbezogenen Berechnungsverfahren. Dissertation RWTH Aachen, 1985.

[12.3] *Krause, H; Starke, B.:* Gratbildung durch Plattenverformung rechnerisch ermitteln. Plastverarbeiter 43. Jahrgang Nr. 10 S. 133–141 und Nr. 11 S. 90–94.

[12.4] *Krause, H.:* Modellbetrachtungen zur Werkzeugatmung beim Spritzgießen. Plastverarbeiter 44. Jahrgang Nr. 8 S. 58–64 und Nr. 9, S. 82–90.

[12.5] *Döring, E; Schürmann, E.:* Thermische und mechanische Auslegung von Spritzgießwerkzeugen. Interner Bericht des IKV, 1979.

[12.6] *Menges, G.; Hoven-Nievelstein, W. B.; Kretzschmar, O.; Schmidt, Th. W.:* Handbuch zur Berechnung von Spritzgießwerkzeugen. Verlag Kunststoffinformation, Bad Homburg, 1985.

[12.8] *Krause, H.:* Programm zur Berechnung der Querverformung. Plastverarbeiter 42 (1991) 3, S. 126–132 und 4, S. 103–107.

[12.9] *Barp, B.; Freimann, C.:* Kreisförmige Platten. Escher Wyss AG, Zürich, 19/10.

[12.10] *Timoschenko, S.:* Strength of Materials I und II. D. van Nostrand, London, 1955/56.

[12.11] *Bangert, H.; Mohren, P.; Schürmann, E; Wübken, G.:* Konstruktionshilfen für den Werkzeugbau. Vortrag auf dem 8. Kunststofftechnischen. Kolloquium des IKV, Aachen, Erschienen in: Industrie Anzeiger 98 (1976), S. 678–681 und S. 706–710.

[12.12] *Dick, H.:* Übersicht über einfache Verfahren zur Herstellung von Prototypenwerkzeugen für die Kunststoffverarbeitung. Unveröffentlichte Arbeit am IKV Aachen, 1976.

[12.13] *Thornagel, M.:* Gestaltung eines wissensbasierten Entwicklungsprozesses von Spritzgießwerkzeugen am Beispiel der mechanischen Werkzeugauslegung. Dissertation an der RWTH Aachen, 2005.

[12.14] *Grützner, B.:* Betrachtung von geometrischen Formteilmerkmalen und Abschätzung ihrer Auswirkungen auf das mechanische Verhalten des zugehörenden Spritzgießwerkzeugs. Unveröffentlichte Arbeit am IKV, Aachen, 2004.

[12.15] *N. N.:* Cadmould Bedienerhandbuch, simcon kunststofftechnische Software GmbH, Herzogenrath, 2002, www.simcon-worldwide.com.

[12.16] *N. N.:* MSC.Marc User's Guide, MSC.Software Corporation, Santa Anna, 2000, www.mscsoftware.com.

[12.17] *Guth, W.; Schenk, R.; Schroiff, V.:* Deformation von Einlegeteilen beim Umspritzen simulieren. Kunststoffe 84 (1994) 3, S. 244–248.

[12.18] *Knaup, J.:* Werkzeugverformung beim Füllvorgang vorausberechnen CAD·CAM·CIM, (1994) 5, S. 64–68.

[12.19] *Michaeli, W.; Ehrig, F.:* Berechnung der Verformung von Metalleinlegeteilen in Spritzgießwerkzeugen aufgrund der in der Kavität vorliegenden Fülldruckverteilung. In: der Elastomerverarbeitung, VDI-Z Integrierte Produktion, VDI-Verlag GmbH, Düsseldorf, 1996.

[12.19] *Hopmann, Ch.:* Entwicklung einer Berechnungsprozedur für ein FE-Programm zur Berücksichtigung der nichtlinearen Spannungs/Verzerrungs-Zusammenhänge bei der Auslegung von Bauteilen aus Faserverbundkunststoffen (FVK). Institut für Kunststoffverarbeitung, RWTH-Aachen, Abschlussbericht zum IGF-Vorhaben Nr. 11479 N, 2000.

[12.20] *Pesavento, M.:* Analyse des Herstellungsprozesses eines Thermoplast/Elastomer-Verbundbauteils zur Verbesserung der Formteilqualität. Unveröffentlichte Arbeit am IKV, Aachen, 1995. Betreuer: F. Ehrig.

[12.21] *Bangert, H.:* Systematische Konstruktion von Spritzgießwerkzeugen und Rechnereinsatz. Dissertation an der RWTH Aachen, 1981.

[12.22] *Schreuder, S.:* Rechnerunterstützte Konstruktion von Spritzgießwerkzeugen Kernversatz. Unveröffentlichte Arbeit am IKV, Aachen, 1987. Betreuer: H. Bangert.

[12.23] *Behrenbeck, U. P.:* Erstellung eines Rechenprogramms zur Ermittlung des Kernversatzes während des Einspritzvorganges unter Berücksichtigung des Aufschaukeleffektes. Unveröffentlichte Arbeit am IKV, Aachen, 1980. Betreuer: H. Bangert.

[12.24] *Schmidt, L.:* Auslegung von Spritzgießwerkzeugen unter fließtechnischen Gesichtspunkten Dissertation an der RWTH Aachen, 1981.

[12.25] *Menges, G.; Lichius, U.; Bangert, H.:* Eine einfache Methode zur Vorausbestimmung des Fließfrontverlaufes beim Spritzgießen von Thermoplasten. Plastverarbeiter, 31. Jg., 1980, Nr. 11, S. 671–676.

[12.26] *Menges, G.; Mohren, P.:* Anleitung zum Bau von Spritzgießwerkzeugen. Carl Hanser Verlag, München, 1999.

[12.27] *Schlüter, H.:* Verfahren zur Abschätzung der Werkzeugkosten bei der Konstruktion von Spritzgießwerkzeugen. Dissertation an der RWTH Aachen, 1981.

[12.28] *Lindner, E.:* Spritzgießwerkzeuge für große Teile. Mitteilung aus dem Anwendungstechnischen Laboratorium für Kunststoffe der BASF, Ludwigshafen/Rh.

[12.29] *N. N.:* Kegelanguss, Schirmanguss, Ringanguss, Bandanguss. Technische Information 4.2.1 der BASF, Ludwigshafen/Rh.

[12.30] *Hopmann, Ch.; Erler, I.:* Verformung eines Einlegeteils präzise vorhergesagt. Kunststoffe, 104. Jg., 2014, Nr. 2, S. 60–62.

[12.31] *Erler, I.:* Integrative Simulation zur mechanischen Spritzgießwerkzeugauslegung am Beispiel des Entformungsvorgangs und des Umspritzens von Einlegeteilen. Dissertation an der RWTH Aachen, 2016.

13 Zentrierung, Führung und Handling der Werkzeuge

13.1 Aufgabe der Führung und Zentrierung

Beim Einrichten werden die Spritzgießwerkzeuge auf die Werkzeugträgerplatten der Schließeinheit der Spritzgießmaschine montiert. Die Schließeinheit übernimmt dann die Aufgabe, das Werkzeug, im Rahmen des Gesamtarbeitszyklus, zu öffnen und/oder zu schließen. Dabei muss das Werkzeug so geführt sein, dass es zentrisch zur Düsenachse der Plastifiziereinheit liegt, die Werkzeugeinsätze genau fluchten und das Werkzeug in der Trennebene dicht schließt. Ist dies nicht der Fall, so wird die Produktion beeinträchtigt und die Formteile werden u. U. unbrauchbar.

Dichtet die Düse an der Angussbuchse nicht ab, so entsteht dort eine Hinterschneidung, die das Entformen des Angusszapfens erschwert und u. U. sogar unmöglich macht (siehe Bild 7.6).

Unterschiedliche Wanddicken am Formteil sind die Folge nicht fluchtender Werkzeugeinsätze. Die Maßhaltigkeit ist dadurch nicht mehr gegeben und es kommt zum Ausschuss der Formteile. Darüber hinaus können Schäden am Werkzeug auftreten. Das können Rattermarken, Riefen, Kratzer oder sogar Verformungen an den Kontur gebenden Werkzeugeinsätzen sein. Bei extrem dünnwandigen Formteilen, die zudem noch durch schlanke Kerne ausgeformt werden, können die Verformungen so groß werden, dass die Kerne beim Entformen abreißen. Die Probleme des Kernversatzes wurden in Abschnitt 12.11.1 bereits eingehend diskutiert. Dort wurden auch Konstruktionsbeispiele für die Lagerung und Zentrierung solcher Kerne vorgestellt.

Um die genannten Fehler auszuschließen, werden die Werkzeughälften grundsätzlich zueinander geführt.

13.2 Zentrierung des Werkzeugs auf der Schließeinheit

Um das Einrichten und Aufspannen der Werkzeuge auf den Spritzgießmaschinen zu erleichtern, haben die Werkzeuge an der Düsen- und der Auswerferseite Zentrierungen, in den überwiegenden Fällen Zentrierflansche, die bei der Montage der Werkzeuge in entsprechende Aussparungen der Werkzeugaufspannplatten eingesetzt und mit diesen fest verschraubt werden. Dabei übernimmt der Zentrierflansch auf der Düsenseite noch zusätzlich die Aufgabe, die Angussbuchse im Werkzeug zu sichern (Bild 13.1). Beim Einrichten werden dann die Zentrierflansche des so vorbereiteten Werkzeugs in die zentrisch zur Düsenachse der Plastifiziereinheit liegenden Bohrungen in den Werkzeugaufspannplatten der Schließeinheit eingeführt und dort im allgemeinen mit mechanischen Spannelementen (der herkömmlichen Schrauben-Mutter-Befestigung) befestigt.

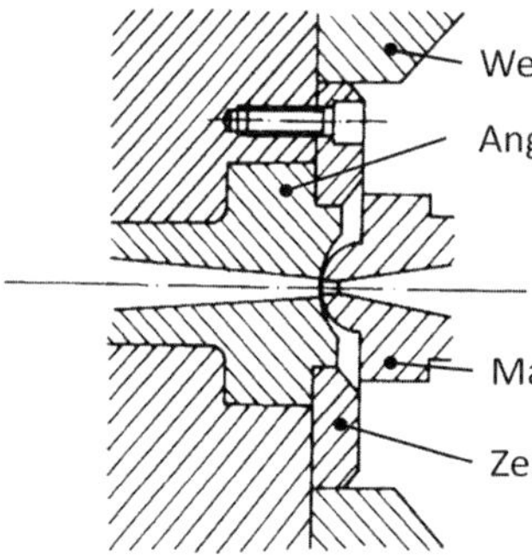

Bild 13.1 Zentrierflansch

Zentrierringe bzw. Zentrierflansche sind im Handel als Werkzeugnormalien in unterschiedlichen Stahlqualitäten und Abmessungen erhältlich. Als Passsitz zwischen Werkzeug und Zentrierflanschen wird die Paarung H7/f8 und zwischen Werkzeugträgerplatten und Flanschen die Paarung H8/f8 gewählt [13.1].

In Bild 13.2 ist der Einbau eines Zentrierflansches in Verbindung mit einer Wärmeisolierplatte dargestellt. Diese Kombination wird dann gewählt, wenn das Werkzeug gegenüber den Werkzeugträgerplatten der Schließeinheit gegen Wärmeleitung isoliert werden muss. Dies ist insbesondere bei der Verarbeitung von Elastomeren,

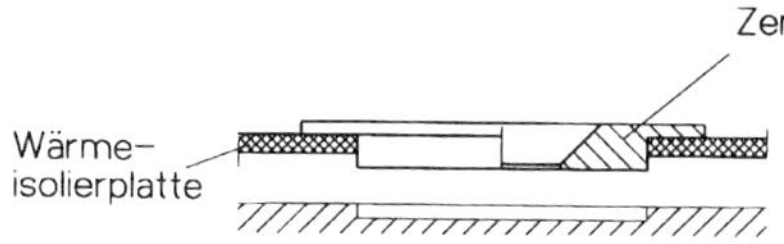

Bild 13.2 Einbau eines Zentrierflansches mit Wärmeisolierplatte

Duroplasten und Hochleistungsthermoplasten wie PEEK oder PES bzw. bei der Fertigung von Präzisionsteilen der Fall, bei denen die Werkzeuge auf höhere Temperaturen eingestellt werden.

13.3 Innere Führung und Zentrierung

Das Werkzeug muss zum Erreichen der notwendigen Präzision neben einer Führung und Zentrierung durch die Holme der Maschine in sich selbst geführt werden. Das geschieht bei kleinen Werkzeugen durch so genannte Führungseinheiten, die im einfachsten Fall aus Führungssäulen und -buchsen sowie Zentrierhülsen bestehen (Bild 13.3).

Beim Schließen des Werkzeugs gleiten die Führungssäulen in genau passende Buchsen in die gegenüber liegende Werkzeughälfte. Ist das Werkzeug aus mehreren Platten aufgebaut, so werden diese durch Zentrierhülsen, in die die Führungssäulen ebenfalls noch eintauchen können, untereinander zentriert.

Für die axiale Führung werden normalerweise vier Führungseinheiten in die Werkzeuge eingebaut und zwar möglichst nahe an den äußeren Umfang, um so die Werkzeugplatten bestmöglich für die Kavität auszunutzen und um ein ausreichendes Heiz- und Kühlsystem im Werkzeug unterzubringen. Zur Erleichterung der Montage und um stets ein seitengerechtes Montieren der Werkzeugplatten zu gewährleisten, wird eine Führungseinheit in einer anderen Dimension ausgeführt [13.2] [13.3].

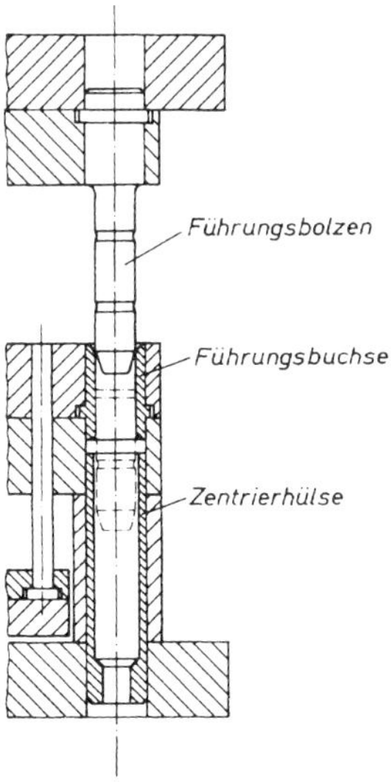

Bild 13.3 Führungseinheit [13.3]

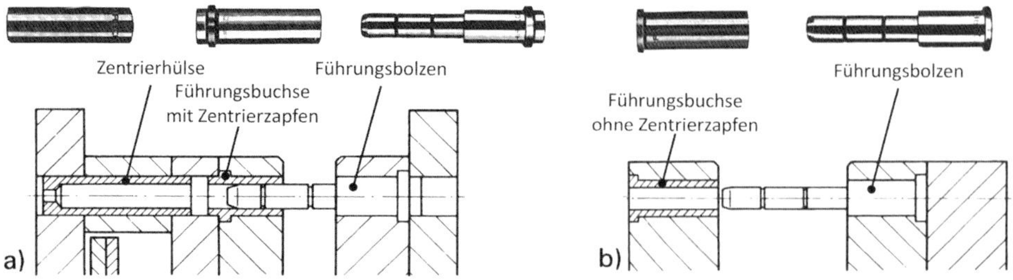

Bild 13.4 Führungs- und Zentrierelemente mit Einbaubeispielen [13.4]
a) Führungsbolzen und Führungsbuchse mit rückwärtigen Zentrierzapfen sowie Zentrierhülse
b) Führungsbolzen und Führungsbuchse ohne Zentrierzapfen

Während der Produktion unterliegen die Führungseinheiten, bedingt durch die ständigen Schließ- und Öffnungsbewegungen, einer hohen Verschleißbeanspruchung. Deshalb werden die Führungseinheiten, die heute von den Normalienherstellern angeboten werden, aus Einsatzstählen mit einer Härte von 60 bis 62 HRC hergestellt. Man unterscheidet konstruktiv zwischen Führungssäulen und Führungsbuchsen mit und ohne rückwärtigen Zentrierzapfen (Bild 13.4). Die Führungselemente mit rückwärtigen Zentrierzapfen führen und zentrieren in Kombination mit Zentrierhülsen gleichzeitig alle Platten eines Werkzeugaufbaus. Dies ist bei den Führungselementen ohne rückwärtigen Zentrierzapfen nicht gegeben. Ihr Einsatz beschränkt sich deshalb auf einfach aufgebaute Werkzeuge, bei denen nicht alle Platten zentriert werden müssen. Die beiden Varianten sind mit einem Einbaubeispiel in Bild 13.4 dargestellt [13.4].

Führungssäulen und -buchsen sowie Zentrierhülsen sind in den verschiedensten Ausführungen im Handel erhältlich. Die angegebenen Passtoleranzen sind bei den einzelnen Herstellerfirmen unterschiedlich. Eine ausreichende Führung und Zentrierung ist bei den Führungselementen nach Bild 13.6 und den dort angegebenen Passungsangaben gegeben. Aus Bild 13.6 ist darüber hinaus ersichtlich, dass die Führungssäulen mit Schmierrillen versehen sind. Der vorab bereits erwähnten Verschleißbeanspruchung kann so entgegengewirkt werden, wenn man die Führungssäulen mit Molybdändisulfid schmiert. Um eine kontinuierliche Schmierung der im Einsatz stehenden Werkzeuge zu gewährleisten, wurden darüber hinaus Führungsbuchsen aus Bronze mit Festschmierstoffdepots entwickelt (Bild 13.6). Ihr Einsatz ist bis zu Temperaturen von 200 °C möglich und insbesondere dann relevant, wenn größtmögliche Sauberkeit in der Produktion gefordert wird. Anders als bei der Anwendung von Molybdändisulfid bildet sich hier kein Schmierstofffilm, der die Formteile beim Entformen verschmutzen kann. Bei der Anwendung von Führungsbuchsen mit Festschmierstoffdepots werden Führungssäulen ohne Schmierstoffrillen eingesetzt (Bild 13.7). Diese Ausführung kommt auch dann zum Einsatz, wenn eine besondere Leichtgängigkeit bei der Betätigung der Werkzeuge verlangt wird und Führungsbuchsen mit einem Kugelkäfig kombiniert werden (Bild 13.8).

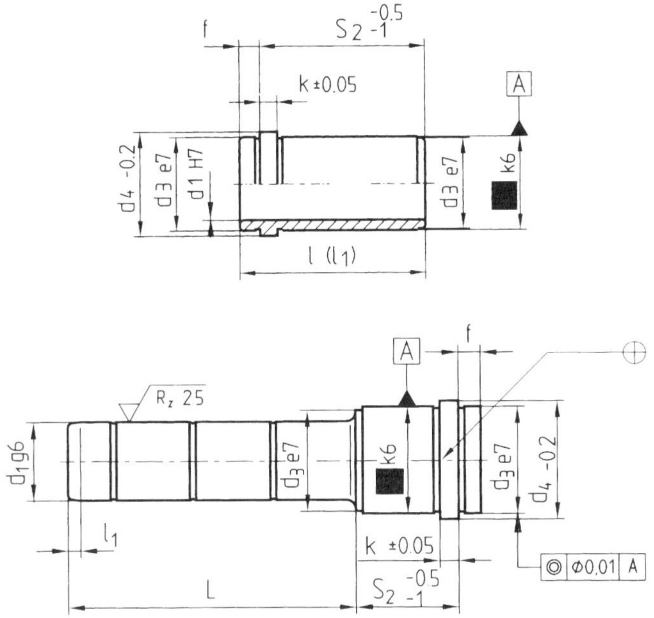

Bild 13.5 Zentrierbolzen und Zentrierbuchse mit Passungsangaben [HASCO Hasenclever GmbH + Co KG, Lüdenscheid]

Bild 13.6 Führungsbuchsen aus Bronze mit Festschmierstoffdepots [HASCO Hasenclever GmbH + Co KG, Lüdenscheid]

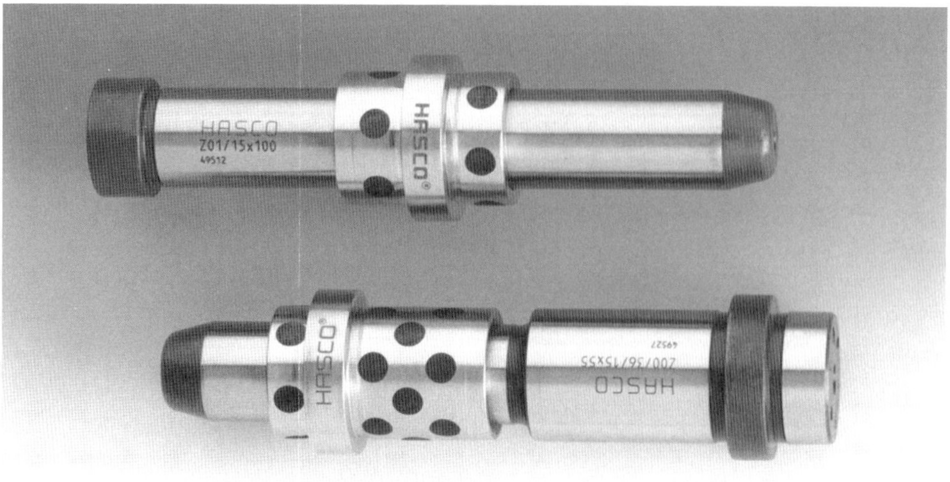

Bild 13.7 Führungsbuchsen aus Bronze mit Festschmierstoffdepots und Führungssäulen ohne Schmierrillen
[HASCO Hasenclever GmbH + Co KG, Lüdenscheid]

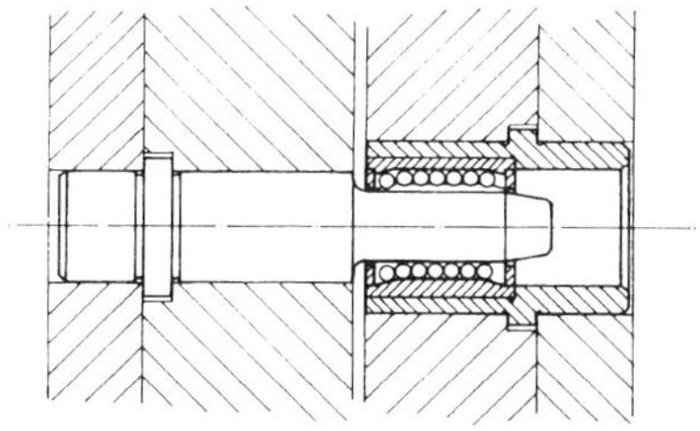

Bild 13.8 Führungseinheit mit Kugellagerbuchse [13.2]

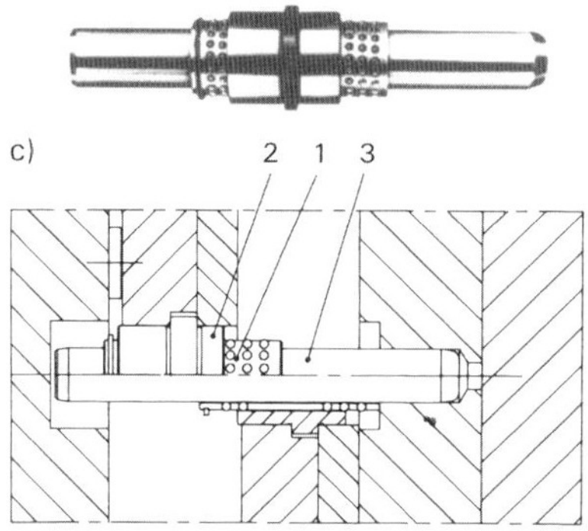

Bild 13.9 Kugelführungseinheit [13.4]
1: Kugelkäfig
2: Buchse
3: Führungsbolzen

Führungssäulen ohne Schmierrillen kommen ferner zur Führung von Keilschiebern oder Auswerferplatten zum Einsatz. Auch hier ist wieder die Kombination mit Kugelführungen möglich (Bild 13.9). Bei dieser Konstruktion ist allerdings darauf zu achten, dass die Kugelkäfige bei jeder Bewegung axial wandern. Dafür ist ein entsprechender Freiraum in den Werkzeugplatten zu schaffen [13.4].

Bei den bisher vorgestellten Führungssystemen müssen die einzelnen Werkzeugplatten noch mit einander verschraubt werden. Dazu sind zusätzliche Bohrungen zur Aufnahme von Schrauben und Gewinden in den Werkzeugplatten erforderlich. Um dies zu umgehen wurden Führungssysteme entwickelt, die eine Verschraubung der Werkzeugplatten über die Führungssysteme erlauben (Bild 13.10). Die Führungssäulen und -buchsen können bei diesen Systemen mit Schrauben verspannt werden [13.4]. Bei dem System nach Bild 13.11 wird zusätzlich noch ein Schraubenkopflager integriert, das sich auf der Gegenseite der zu verspannenden Platten abstützt. Das hat den Vorteil, dass auch weiterhin Platten verwendet werden können, die bereits zur Aufnahme der Führungssysteme vorgebohrt sind.

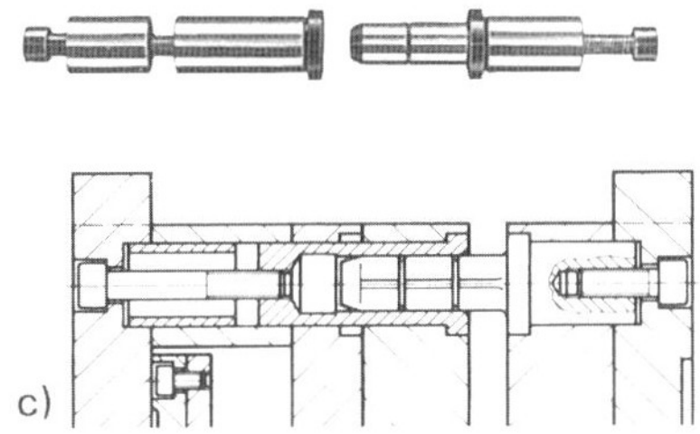

Bild 13.10 Führungseinheit mit integriertem Gewinde zum Verschrauben der Werkzeugplatten [13.4]

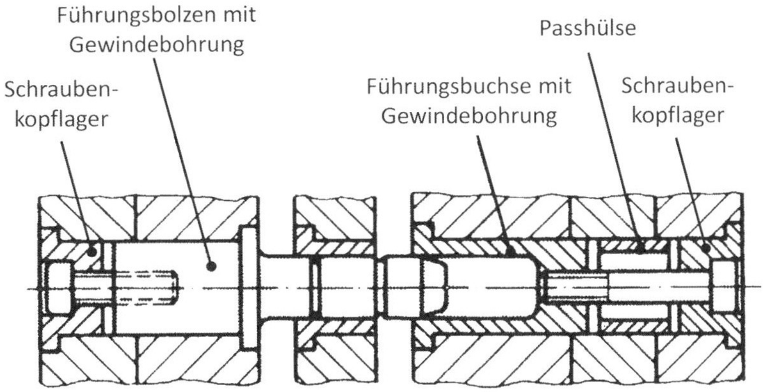

Bild 13.11 Führungseinheit [13.3]
a) Führungseinheit mit Gewindebohrung
b) Führungsbuchse mit Gewindebohrung
c) Passhülse

Bei dem System nach Bild 13.10 müssen hingegen ungebohrte Platten eingesetzt werden, die aber dann zur Aufnahme der Spannschraube noch nachträglich aufzubohren sind [13.3]. Beide Systeme sind in der Anschaffung zwar teuerer als die üblichen Konstruktionen, dafür bieten sie aber Vorteile bei der Montage und erlauben gleichzeitig eine bessere Ausnutzung der Werkzeugplatten für die Gravur und für eine ungestörte Unterbringung der Temperierung.

Um eine einwandfreie Arbeitsweise der Führungssysteme zu garantieren, sollte die Führungslänge der Führungssäulen, in Abhängigkeit von der Größe der Werkzeuge, das 1,5- bis 3-Fache des Säulendurchmessers betragen [13.2]. Außerdem ist darauf zu achten, dass die Führungssysteme nicht durch Seitenkräfte belastet werden. Sind Seitenkräfte zu erwarten, so ist der Querschnitt der Führungssäulen zu berechnen und den Belastungen anzupassen. Es gelten hier die Beziehungen, die in Abschnitt 15.9.2.1 zur Berechnung von Schrägbolzen bei Schieberwerkzeugen vorgestellt werden.

Parallel zu den runden Führungsbuchsen mit Festschmierstoffdepots sind auch selbst schmierende Rechteckführungen als Normalien kommerziell erhältlich (Bild 13.12). Sie ermöglichen eine präzise Führung und Zentrierung der Werkzeughälften und können eine unterschiedliche Wärmeausdehnung der beiden Werkzeughälften kompensieren. Sie kommen auch in Kombination mit den konventionellen Führungssystemen zur Anwendung (Bild 13.13).

Flachführungen für den Hochpräzisionswerkzeugbau weisen engere Toleranzen auf als mit konventionellen Vorzentrierungen erreichbar sind. Speziell entwickelte Zentrierelemente arbeiten deshalb mit einer Kombination von Vorzentrierung und Feinzentrierung. Während der Vorzentrierung der Werkzeughälften tritt laut Hersteller ein maximales Führungsspiel von 30 bis 50 µm auf, beim weiteren Schließen des Werkzeugs wird mit der Feinzentrierung der Elemente eine Ausrichtung zwischen 2 und 12 µm erreicht (Bild 13.14) [13.6] [13.7] [13.8]. Diese trapez- oder kegelförmigen Feinzentrierelemente werden kavitätsnah im Spritzgießwerkzeug montiert, um eine ideale Ausrichtung der beiden Kavitätshälften zueinander zu ermöglichen. Mithilfe einer reibungsmindernen DLC-Beschichtung (Diamond-like Carbon) kann der Verschleiß dieser Zentrierelemente reduziert werden, ohne auf Schmiermittel zurückgreifen zu müssen [13.8] [13.9]. Sie sind somit insbesondere für den Einsatz im Lebensmittel- und Medizinbereich geeignet [13.9]. Darüber hinaus ist es möglich, rollengelagerte Feinzentrierungen einzusetzen, welche sich durch ihr verschleißarmes Verhalten und Zentriergenauigkeiten von bis zu 3 µm auszeichnen (Bild 13.15).

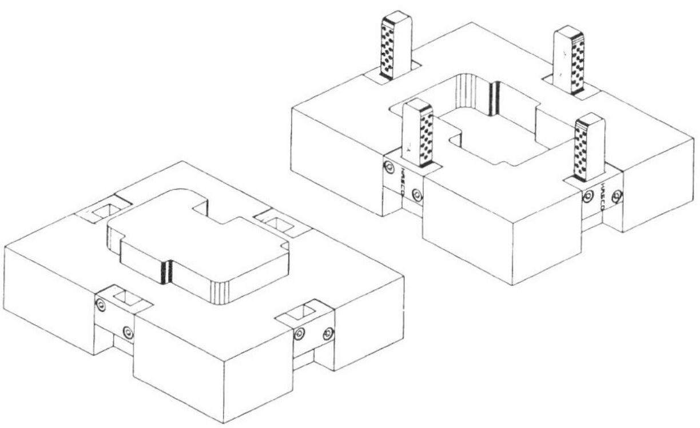

Bild 13.12 Flachführungen mit Festschmierstoffdepot
[HASCO Hasenclever GmbH + Co KG, Lüdenscheid]

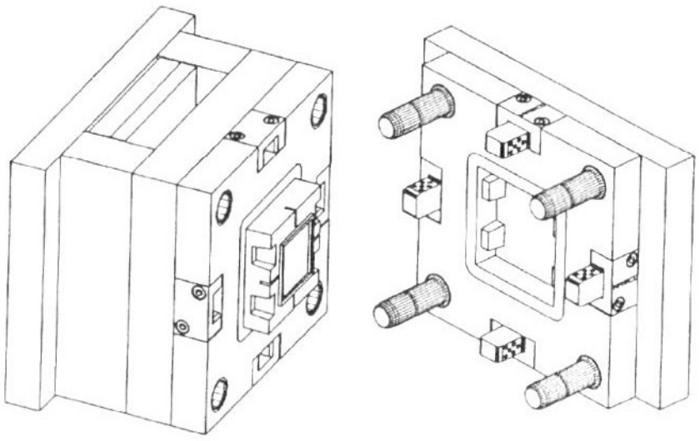

Bild 13.13 Kombination von Flachführungen mit konventionellen Führungselementen
[HASCO Hasenclever GmbH + Co KG, Lüdenscheid]

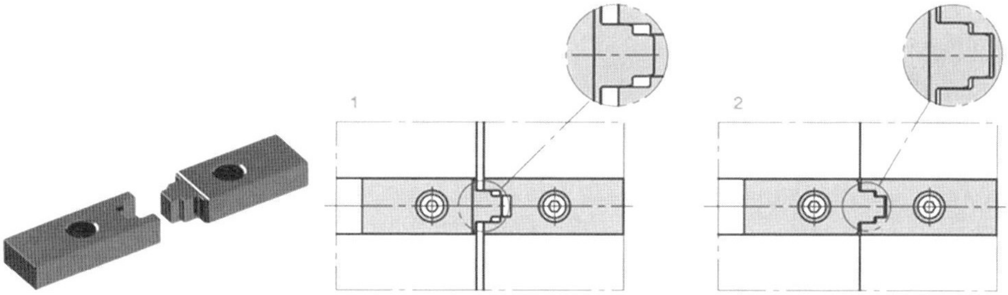

Bild 13.14 Zentriereinheit mit Vorzentrierung und DLC-Beschichtung
1: Vorzentrierung
2: Feinzentrierung
[HASCO Hasenclever GmbH + Co KG, Lüdenscheid]

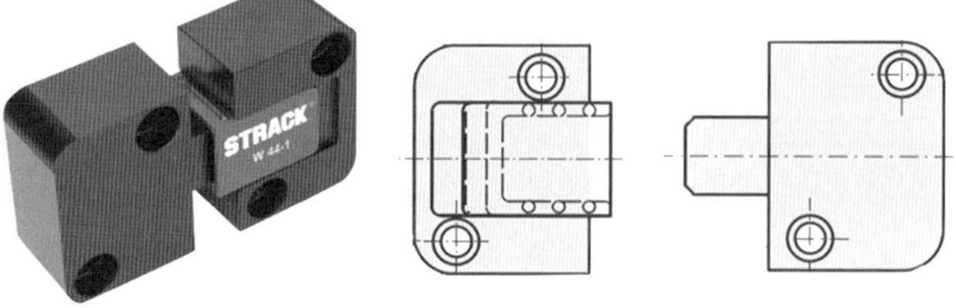

Bild 13.15 Rollengelagerte spielfreie Zentrierung [Strack Norma GmbH & Co. KG, Lüdenscheid]

Alle bisher vorgestellten Zentrierkonzepte setzen eine präzise Montage des Werkzeugs voraus und lassen sich bei einer nicht zufriedenstellenden Zentrierung nur durch eine aufwendige Nachbearbeitung des Werkzeugs optimieren. Insbesondere bei der Herstellung von Kunststofflinsen ist eine präzise Zentrierung der optischen Funktionsflächen essenziell. Bereits kleinere Zentrierfehler der optischen Oberflächen zueinander können eine deutliche Verschlechterung der optischen Eigenschaften bedeuten. Um teure Iterationsschleifen am Werkzeug zu vermeiden, wurde im Rahmen des Sonderforschungsbereichs SFB/TR4 „Prozessketten zur Replikation komplexer Optikkomponenten" ein Konzept zur aktiven Feinzentrierung eines Spritzgießwerkzeugs zur Herstellung von Kunststofflinsen umgesetzt [13.10]. Neben konventionellen Säulen- und Flachführungen ist die düsenseitige Kavität für die Feinzentrierung als beweglicher Kreuztisch ausgeführt (Bild 13.16). Mithilfe von Piezo-Aktuatoren lässt sich die Kavität in x- und y-Richtung verfahren und auf diese Weise ein lateraler Versatz mit einer Genauigkeit < 10 µm korrigieren. Ändert sich der Zentrierfehler beispielsweise aufgrund von thermischen Einflüssen ist auch während des Herstellungsprozesses eine Korrektur der Feinzentrierung ohne eine aufwendige Demontage und mechanische Nachbearbeitung des Spritzgießwerkzeugs möglich.

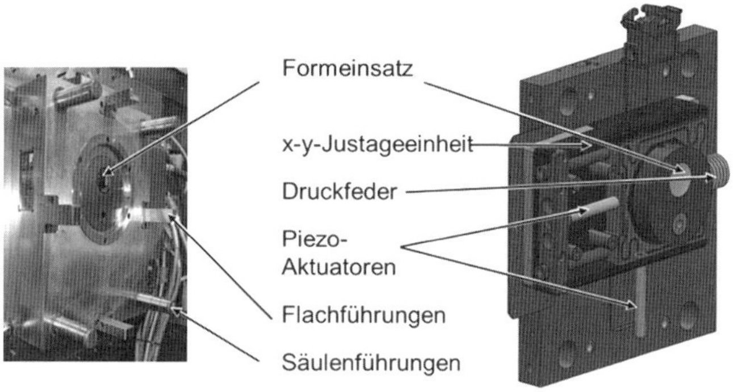

Bild 13.16 Spritzgießwerkzeug mit aktiver Justage der Düsenseite [13.14]

13.4 Führung und Zentrierung bei großen Werkzeugen

Bei großen und tiefen Werkzeugen, die man z. B. für die Fertigung von Eimern und Flaschenkästen anwendet, können die Führungssäulen beim Entformen u. U. hinderlich sein: entweder weil der Öffnungshub der Spritzgießmaschine wegen der über den Werkzeugeinsatz hinausragenden Führungssäulen nicht ausreicht, um den Spritzling ungehindert zu Entformen, oder aber weil die Führungssäule eine Entnahme des Formteils durch Handhabungsgeräte nicht zulässt. In solchen Fällen entfallen die Führungssäulen und man überlässt die Führung der Werkzeuge während des Öffnens und Schließens bis kurz vor dem endgültigen Aufsitzen der beiden Hälften in der Trennebene den Holmen der Maschine. Da deren Genauigkeit natürlich für die Zentrierung der Kerne nicht ausreicht und sie auch nicht vor Versatz bei der Füllung des Formnestes mit Schmelze schützt, muss dies auf anderem Wege erreicht werden. Die in Frage kommenden Konstruktionen sind alle dadurch gekennzeichnet, dass sie erst unmittelbar vor dem endgültigen Schließen der Werkzeuge die Führung übernehmen und beide Werkzeughälften gegeneinander im geschlossenen Zustand verspannen.

Als besonders günstige Lösung bietet sich die Topfführung (Bild 13.17) mit den in den Bildern 13.15 und 13.16 dargestellten Varianten an. Die Topfführungen haben zudem den Vorteil, dass sie auch die Verformungskräfte beim Werkzeugfüllvorgang übernehmen und so die Maßhaltigkeit der Formteile garantieren. Die Varianten mit eingesetzten Leisten (Bild 13.18 und Bild 13.19) haben dabei zusätzlich den Vorteil, dass sie bei auftretenden Verschleißerscheinungen leicht ausgewechselt bzw.

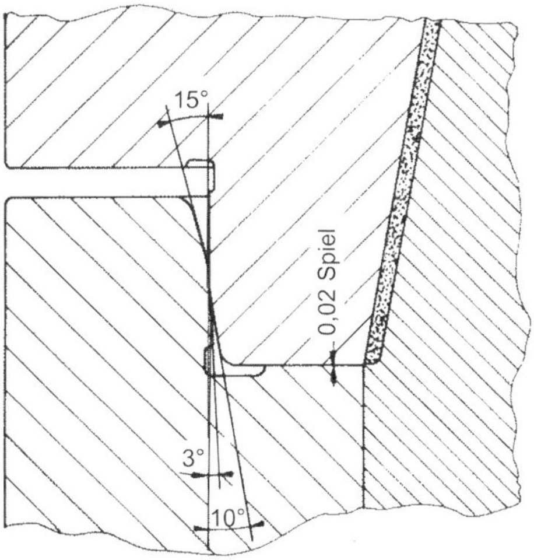

Bild 13.17 Topfführung aus dem vollen Material herausgearbeitet [13.2]

nachgestellt werden können [13.2]. Als sehr vorteilhaft hat sich hier der Einsatz von wartungsarmen Gleitelementen mit Feststoffschmierdepots erwiesen. Derartige Elemente werden von den Herstellerfirmen für Normalien in großer Bandbreite angeboten (Bild 13.20).

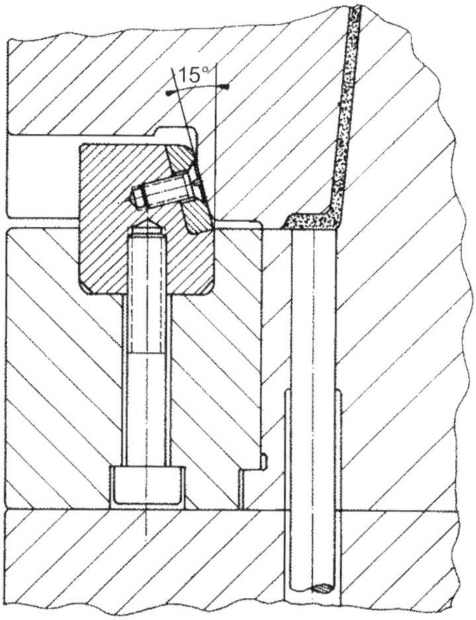

Bild 13.18 Topfführung durch aufgesetzte Leisten [13.2]

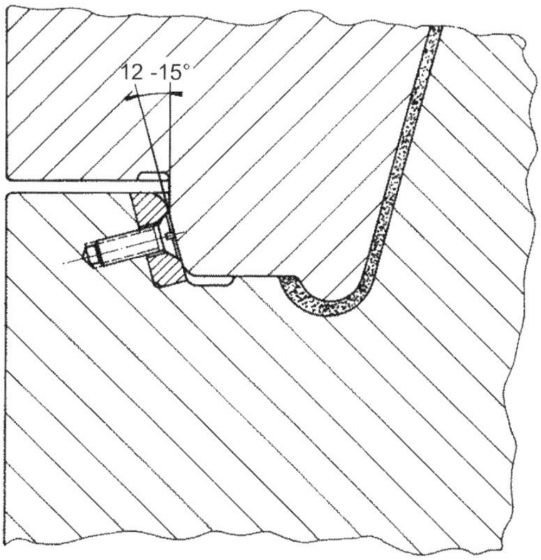

Bild 13.19 Topfführung mit eingesetzter Leiste [13.2]

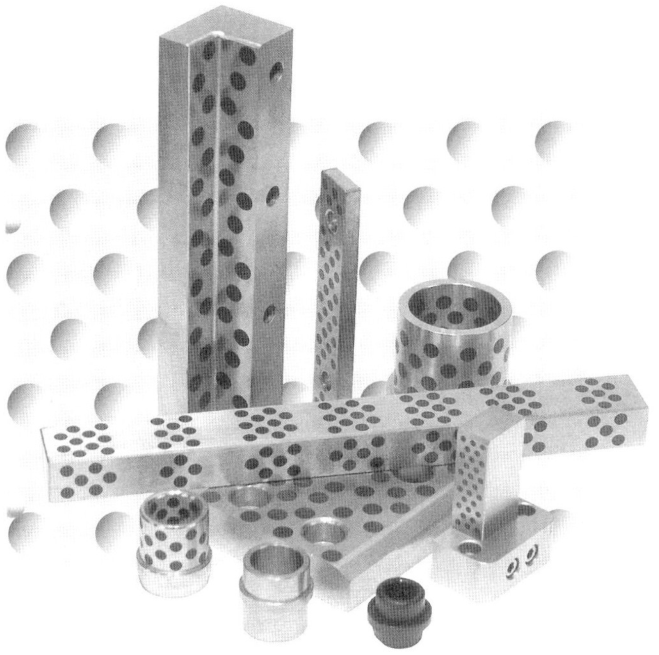

Bild 13.20 Wartungsfreie Flachführungen
[Strack Norma GmbH & Co. KG, Lüdenscheid]

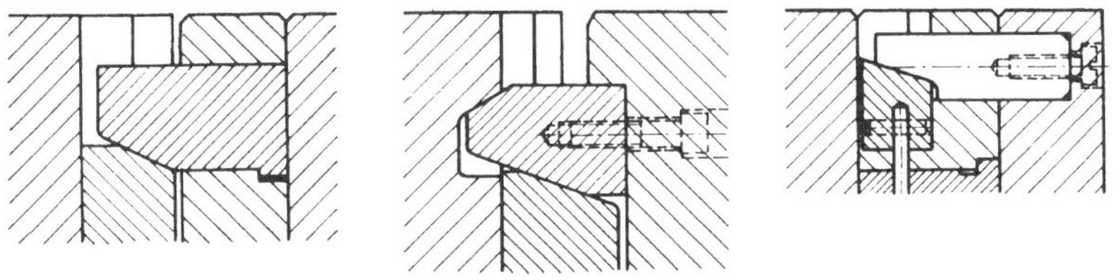

Bild 13.21 Varianten für Topfführungen [13.5]

Weitere Varianten für Topfführungen sind in Bild 13.21 dargestellt.

Häufig werden auch Passbolzen oder Leisten aus Keilstahl zum Zentrieren von Kern und Gesenk in die Trennebene der beiden Werkzeughälften eingearbeitet. Die Passbolzen (Bild 13.22) werden so in das Werkzeug eingebaut, dass ihre Mitte zur Teilungsebene des Werkzeugs versetzt ist. Dadurch werden beim Zusammenfahren des Werkzeugs die beiden Werkzeughälften ineinander verspannt. Die Zentrierung der Werkzeuge durch Passbolzen erfordert eine hohe Fertigungsgenauigkeit, da ein späteres Nachstellen nicht möglich ist. Relativ häufig findet man sogenannte Zentrierzapfen nach Bild 13.23 [13.4]. Sie sind als trapezförmige Flach- oder kegelförmige Rundzentriereinheiten im Handel erhältlich. Die Flachzentriereinheiten werden jeweils gegenüberliegend am äußeren Umfang in Plattenmitte in die Trennebene der Werkzeuge eingearbeitet. Ihr Einsatz ermöglicht im Gegensatz zu der runden Ausführung, deren Montage beliebig ist, den Ausgleich von unterschiedlichen Wärmedehnungen der Düsen- und Schließseite [13.4].

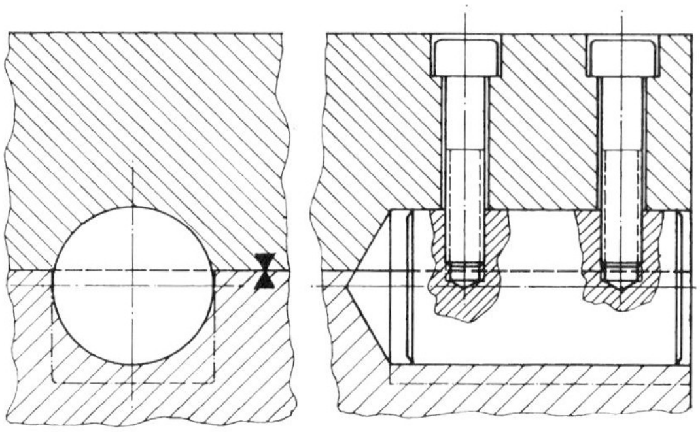

Bild 13.22 Passbolzen [13.2]

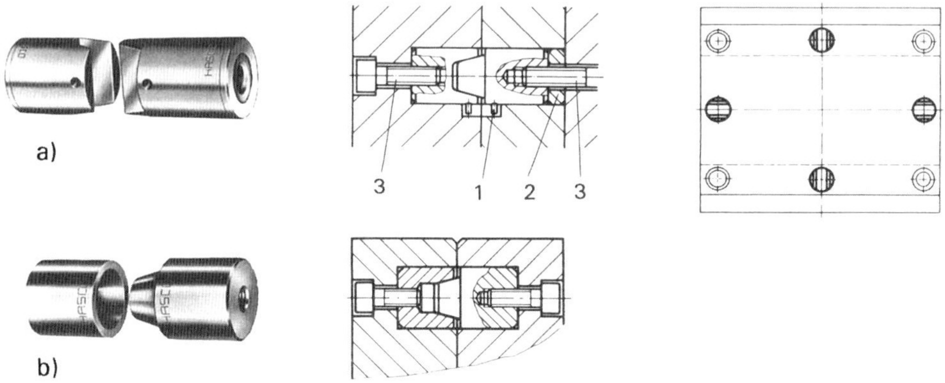

Bild 13.23 Flache (a) und runde (b) Zentrierzapfen

Literatur Kapitel 13

[13.1] *N. N.:* Euromap 2 Injection molding machines: Mold fixing and connection dimensions, Europäisches Komitee der Hersteller von Kunststoff- und Gummimaschinen, VDMA Frankfurt, 1995.

[13.2] *Möhrwald, K.:* Einblick in die Konstruktion von Spritzgießwerkzeugen. Garrels, Hamburg, 1965.

[13.3] *N. N.:* Handbuch Formwerkzeug-Normalien der Firma Sustan. Frankfurt, 1966.

[13.4] *Mennig, G.:* Werkzeuge für die Kunststoffverarbeitung. Carl Hanser Verlag München Wien, 1995.

[13.5] *Zawistowski, H.; Frenkler, D.:* Konstrcja form Wiryakowych Do Tworzyw Thermoplsttycnyh. (Konstruktion von Spritzgießwerkzeugen für Thermoplaste) Wyadawnictwa Naukowo-Techniczne, Warschau, 1984.

[13.6] *N. N.:* Neuentwickelte Zentriereinheiten für den präzisen Werkzeugbau. Der Stahlformenbauer 28 (2011) 1, S. 56.

[13.7] *N. N.:* Runde Feinzentrierung für den Formenbau. K-Zeitung online (2011).

[13.8] *Wippenberg, P.:* Attraktive Multitalente. Kunststoffe 100 (2010) 12, S. 33-37.

[13.9] *N. N.:* Z09 Datenblatt, HASCO Hasenclever GmbH + Co KG, Lüdenscheid.

[13.10] *Walach, P.:* Minimierung des Zentrierfehlers im Werkzeugbau zur Steigerung der Qualität spritzgegossenen optischer Präzisionsbauteile. RWTH-Aachen, Dissertation, 2014, ISBN: 978-3-95886-008-7.

14 Werkzeugwechsel- und Spannsysteme

Der Wechsel von Spritzgießwerkzeugen ist heutzutage die Aufgabe mit dem höchsten manuellen Aufwand in der Produktion, die gleichzeitig aufgrund ihrer ungenauen Vorhersage von Dauer und Ressourcen zu Unsicherheiten in der Produktionsplanung führt. Aktuelle Entwicklungen neuer Technologien beschäftigen sich neben der Nutzung von Schnellspannsystemen, einheitlichen Schnellkupplungen und Transportsystemen mit der Weitergabe der notwendigen Informationen für den Auftrag mit dem Ziel eines vollkommen automatisierten, in die Produktion integrierten Werkzeugwechsels.

14.1 Werkzeugwechselsysteme

Spritzgießwerkzeuge werden im Allgemeinen mit mechanischen Spannelementen (Bild 14.1) auf die Werkzeugaufspannplatten der Schließeinheit montiert und über entsprechende Verbindungen an die Energieversorgungsleitungen angeschlossen. Dazu wird das Werkzeug je nach Einbauweise (horizontal oder vertikal) mittels unterschiedlicher Hubvorrichtungen (Kran, Hubwagen, Wechseltische etc.) in die Spritzgießmaschine eingeführt. Je nach Werkzeuggröße und -gewicht sowie in Abhängigkeit von der Anzahl der Anschlüsse für Energiezufuhr und Sensorik kommt es dabei zu Maschinenstillstandszeiten zwischen einer halben Stunde bis hin zu mehreren Tagen. Diese unproduktiven Nebenzeiten beeinflussen die Wirtschaftlichkeit der Produktion erheblich, insbesondere bei einer „Just-In-Time-Fertigung" kleiner Losgrößen und den damit verbundenen häufigen Werkzeugwechseln. Der Trend zur Automation, die Forderung nach mehr Flexibilität und nach besserer Wirtschaftlichkeit führten so zwangsläufig zur Entwicklung von Werkzeugschnellwechselsystemen [14.2] bis [14.4]. Dennoch setzen sich die Wechselsysteme nur schwer durch. Gründe dafür sind einerseits die fehlende Kompatibilität zwischen den verschiedenen Systemen, die heute auf dem Markt sind und andererseits die meist notwendige konstruktiven Änderungen der Werkzeuge sowie die damit verbundenen Kosten.

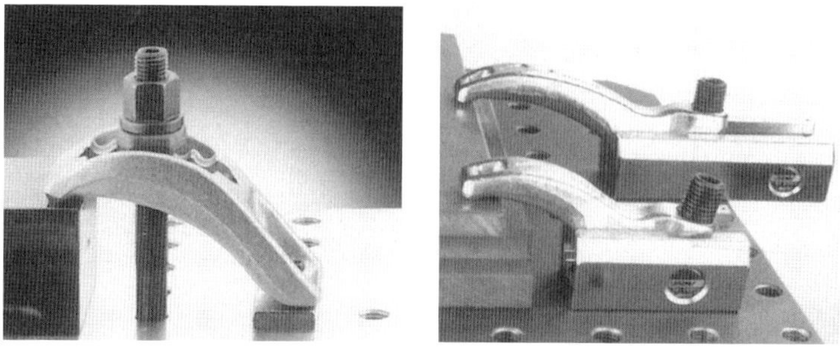

Bild 14.1 Mechanische Spannelemente [14.1]

Werkzeugwechselsysteme sind heute in großer Vielfalt auf dem Markt. Sie werden sowohl von den Normalienherstellern als auch von den Maschinenherstellern angeboten und bestehen aus mehreren Komponenten, die dazu geeignet sind, Spritzgießwerkzeuge entweder vollautomatisch oder durch steuernde Betätigung seitens des Bedienpersonals halbautomatisch auf einer Maschine auszuwechseln. Es handelt sich dabei um solche Komponenten, die:

- das Lösen und Befestigen der Werkzeuge auf den Maschinenplatten,
- das Lösen und Anschließen der Versorgungsleistungen des Werkzeugs sowie
- das Herausnehmen und Einbringen von Werkzeugen in die Schließeinheit der Maschine

durchführen.

Hieraus ergeben sich folgende Vorrichtungen für ein Werkzeugwechselsystem:

- Schnellspannvorrichtungen,
- Schnellkupplungen und
- Wechselvorrichtungen.

Für einen völlig automatisch durchzuführenden Werkzeugwechsel werden darüber hinaus im allgemeinen noch weitere Komponenten benötigt, die gemeinsam zu einem System zusammengefügt werden müssen (Bild 14.2). Erst durch das Zusammenwirken aller Bausteine wird eine flexible und automatisierte Spritzgießfertigung ermöglicht [14.5].

Die Werkzeugkonstruktion wird in diesem Zusammenhang im Wesentlichen nur durch die Schnellkupplungen beeinflusst. Bei den Schnellspannvorrichtungen für Spritzgießwerkzeuge unterscheidet man zwischen:

- manuell betätigten Werkzeugwechselsystemen,
- hydraulisch betätigten Wechselsystemen, unterteilt in
  → adaptive Wechselsysteme und
  → integrierte Wechselsysteme sowie
- Magnetsysteme zum Spannen der Werkzeuge.

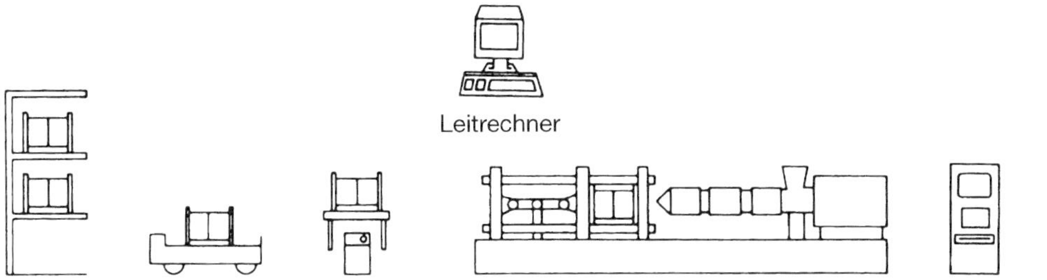

Bild 14.2 Schematische Darstellungen der Komponenten einer automatisierten Fertigung [14.5]

Für einen möglichst effektiven Ablauf des Werkzeugwechsels werden weiterhin folgende Elemente unterschieden:

- Multikupplungen für Energietransport und Sensorik
- Auswerferkupplungen
- Vorrichtungen für den Transport

14.2 Manuell-mechanisch-arbeitende Werkzeugwechselsysteme

Für kleinere bis mittlere Werkzeuge werden mechanisch arbeitende Systeme zur Handbetätigung als Normalien angeboten (Bild 14.3). Alle Systeme haben gemein, dass zusätzlich Aufbauten auf die Werkzeugaufspannplatten der Schließeinheit montiert werden müssen und Umbauten am Werkzeug erforderlich sind. Bei den Aufbauten für die Maschine handelt es sich um Spannplatten (Bild 14.3) oder Spannvorrichtungen (Bild 14.4 a bis c), die im vorhandenen Bohrbild der Werkzeugaufspannplatten fest mit der Schließeinheit verbunden werden und beim Werkzeugwechsel auf der Maschine verbleiben. Für das Wechselsystem nach Bild 14.3, muss das Werkzeug zusätzlich mit je zwei Spannbolzen auf der Düsen- und der Schließseite ausgerüstet werden. Beim Einrichten wird das Werkzeug dann am Kran hängend zuerst mit dem Zentrierflansch in die Zentrierbohrung der düsenseitigen Werkzeugaufspannplatte eingeführt und mit dem Exzenterbolzen verspannt. Danach wird die Schließeinheit, im Einricht-Zyklus der Maschinensteuerung, geschlossen. Dabei taucht das Werkzeug mit dem schließseitigen Zentrierflansch und den beiden Spannbolzen in die Zentrierbohrung bzw. in die Aufnahmebohrungen für die Spannbolzen der Werkzeugaufspannplatte ein und wird nun ebenfalls durch einen Exzen-

Bild 14.3 Manuell betätigtes Werkzeugwechselsystem [14.6] mit Spannplatte, Exzenterbolzen und Spannbolzen

terbolzen verspannt. Dieser Vorgang wiederholt sich auch in ähnlicher Weise beim Einrichten der Werkzeuge mithilfe des Wechselsystems nach Bild 14.4 b. Allerdings müssen hier die Werkzeuge durch Austausch der herkömmlichen Zentrierflansche auf der Düsenseite und der Schließseite umgerüstet werden, zusätzlich muss in jede Werkzeughälfte ein Zentrierstift eingearbeitet werden. Das Aufspannen des Werkzeugs geschieht dann über einen Bajonettverschluss (Bild 14.4 b) bzw. durch Keile (Bild 14.4 a) in dem der Hebel der Spannvorrichtungen von Hand umgelegt wird. Die Abmessungen der manuellen Wechselsysteme sind je nach Hersteller unterschiedlich und bis zu einem Werkzeuggewicht von maximal 2 t oder bis zu einer Schließkraft von 250 t einsetzbar.

Für Maschinen mit Standardplatten mit einem Bohrbild nach Euromap-Norm wurde das Schnellspannsystem nach Bild 14.5 entwickelt [14.7]. Bei diesem System verspannt ein Bajonettverschlussring, der über eine Zahnstange läuft, das Werkzeug. Die Systeme finden Anwendung für Spritzgießmaschinen bis 25 t Öffnungskraft. Für einen horizontalen Einrichtvorgang können an der Düsenseite und an der Schließseite Rollenbahnen montiert werden, auf denen das Werkzeug in die Maschine eingebracht wird. Dazu müssen die Aufspannplatten der Werkzeuge allerdings parallel eingefahren werden können. Bei der Montage laufen sie auf Anschläge auf, die sich auf den Aufspannplatten der Schließeinheit befinden, und werden so zentriert.

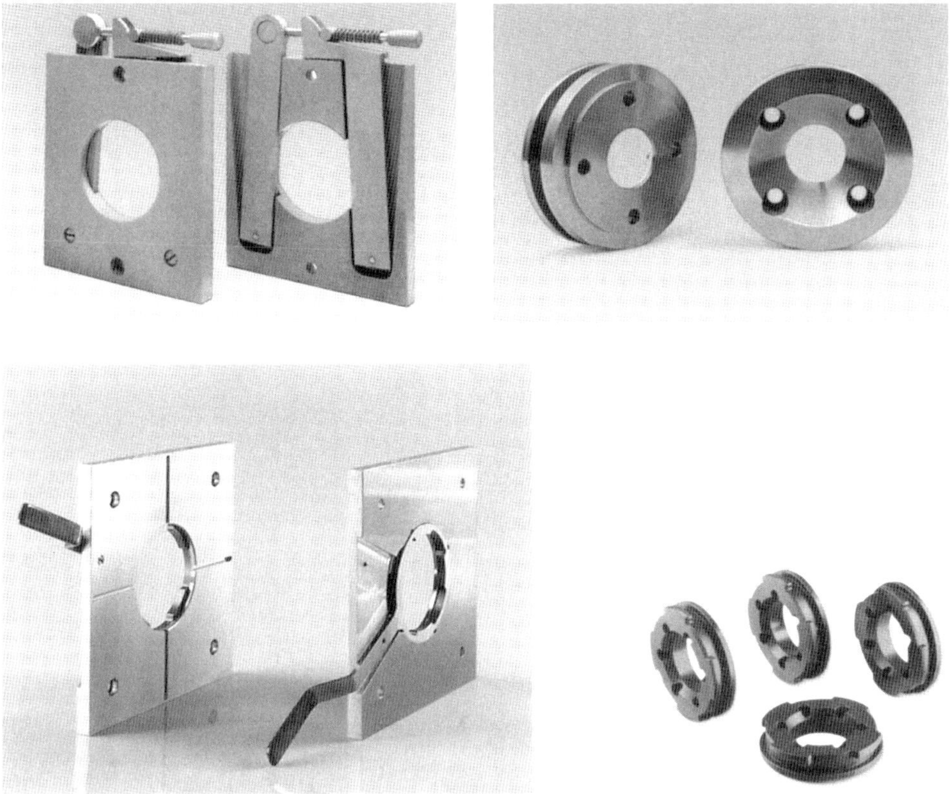

Bild 14.4 Varianten manuell betätigter Werkzeugwechselsysteme [14.8] [14.9]
oben: Durch das Umlegen des Hebels der Spannvorrichtung erfolgt das Aufspannen durch Keile
unten: Das Aufspannen erfolgt durch Bajonettverschlüsse

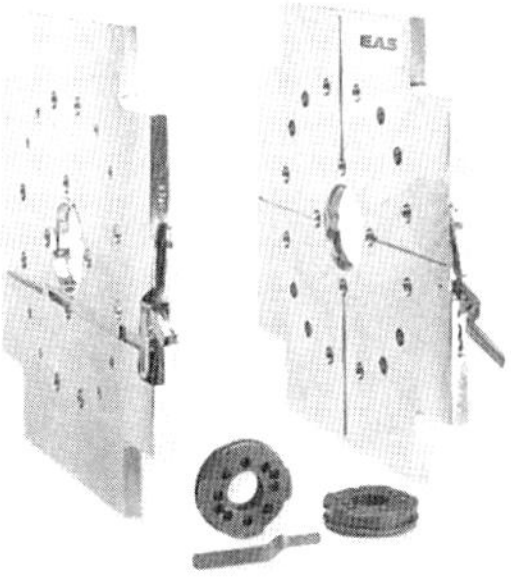

Bild 14.5 Manuell betätigte Werkzeugwechselsysteme für SPI-Aufspannplatten [14.9]

Bild 14.6 Kassettenwerkzeug [14.11]

Speziell für die Fertigung von Kleinserien, Prototypen und Prüfkörpern sind sogenannte Kassettenwerkzeuge (auch unter dem Namen „Handy-Mold" im Handel, Bild 14.6), entwickelt worden. Diese Systeme bestehen aus einem Wechselrahmen und verschiedenen Einschüben, die die Formteilkavitäten enthalten. [14.10] [14.11] Die Einschübe können von Hand gezogen und so schnell und auf einfache Art ausgewechselt werden. Für den automatischen Wechsel der Einschübe wurde eine maschinengebundene Werkzeugwechselvorrichtung (Bild 14.7) entwickelt, die mit einem Trägergestell auf die Schließeinheit der Spritzgießmaschine montiert wird. Sie besteht aus zwei temperierten Trommelmagazinen mit den formgebenden Werkzeugeinschüben, die durch einen Wechselmechanismus dem temperierten Wechselrahmen (Chassis) zugeführt werden, der in der Schließeinheit der Maschine verbleibt.

Dieses Wechselsystem lässt sich zwar nicht auf alle Werkzeugtypen übertragen, bietet aber bei kleinen Losgrößen und einfach aufgebauten Werkzeugen große Kostenvorteile und einen ersten Ansatz zu einem automatischen Werkzeugwechsel.

Eine Mischung zwischen einem einfachen Wechselsystem und dem Einsatz von Kasettenwerkzeugen bietet das Clever Mould System (Bild 14.8). Durch die Integration verschiedener Standardkomponenten eines konventionellen Spritzgießwerkzeugs in die Spannvorrichtung wird der Werkzeugwechselvorgang wesentlich vereinfacht und beschleunigt. Für die Befestigung des Spritzgießwerkzeugs im Schnellspannsystem kommt auf der Schließseite ein Handrad zum Einsatz, während auf der Düsenseite manuelle Schnellverschlüsse vorgesehen sind. Das Auswerfersystem des Schnellspannsystems ist direkt mit der Auswerferbewegung der Spritzgießmaschine verbunden und wird über ein Kupplungssystem an das jeweilige Spritzgießwerkzeug angeschlossen.

Ein neuerer Ansatz nutzt die enormen Weiterentwicklungen auf dem Markt der additiven Fertigung [14.15] [14.16]. So werden Werkzeugeinsätze mittels additiver Fertigung hergestellt, die jeweils eine individuell unterschiedliche Formteilgeometrie beinhalten. Die Werkzeugeinsätze können direkt nach der Produktion als Wechseleinsätze für ein entsprechendes Kassettenwerkzeug genutzt werden. Alternativ besteht auch die Möglichkeit, die Werkzeugeinsätze als Wechseleinsätze so zu gestalten, dass sie schnell über einen Wechsel innerhalb der Trennebene bei aufgespanntem Werkzeug eingebaut werden können. Detaillierte Informationen zu diesen Konzepten finden sich in Kapitel 24.

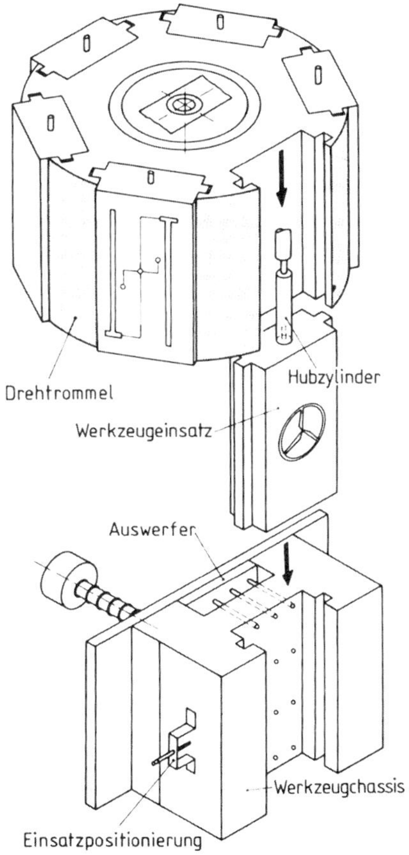

Bild 14.7 Werkzeugwechselsystem [14.12] [14.13]

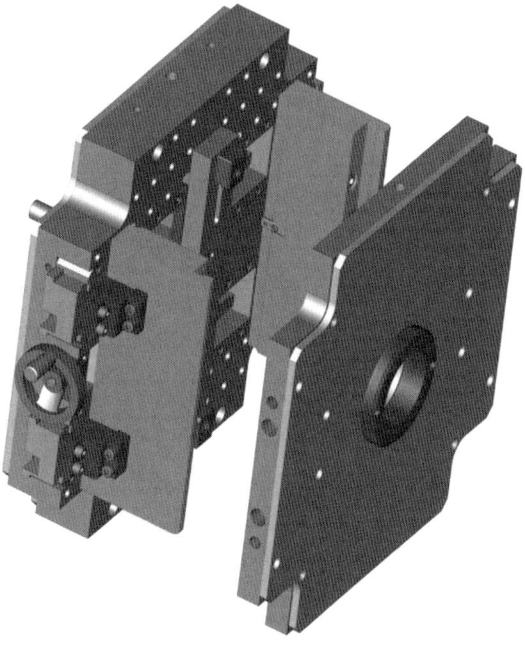

Bild 14.8 Clever Mould System für schnelle Werkzeugwechsel [14.14]

14.3 Hydraulisch arbeitende Spannsysteme

14.3.1 Adaptive Spannsysteme

Bei den adaptiven Spannsystemen werden hydraulische Spannzylinder auf die Aufspannplatten der Schließeinheit montiert, die die Werkzeuge beim Werkzeugwechsel lösen bzw. spannen. In Abhängigkeit von der Maschinen- und der Werkzeuggröße sind dazu mindestens je vier doppelt wirkende Hydraulikzylinder auf der feststehenden und auf der beweglichen Aufspannseite sowie zusätzlich ein Werkzeuganschlag mit statischer Zentrierung zur genauen Positionierung des Werkzeugs zur Düsenachse notwendig. Für einen automatischen Werkzeugwechsel müssen die werkzeugseitigen Aufspannplatten in ihren äußeren Abmessungen und in der Spannrandhöhe standardisiert sein. Düsen- sowie schließseitige Zentrierflansche am Werkzeug sind nicht mehr notwendig und können entfallen. Beim Werkzeugwechsel werden nun, bei einer vertikalen Beschickung, die Werkzeuge in der Regel mit einem Hallenkran zur Spritzgießmaschine befördert, an die zur besseren Einfädelung und zum Schutz der Holme eine Vorzentrierung angebracht werden sollte. Das Werkzeug wird dann in die Vorzentrierung eingeführt und gleitet entlang der Spannzylinder, die dazu an der düsenseitigen Maschinenaufspannplatte zusätzlich mit Gleit- und Führungsleisten ausgerüstet sind, auf den festen Maschinenanschlag und ist somit in der richtigen Position (Bild 14.9). Die Maschine kann nun zugefahren und das Werkzeug mithilfe der Spannzylinder auf den beiden Aufspannplatten befestigt werden. Um eine möglichst sichere Befestigung der Werkzeuge zu erreichen, spannen die Zylinder unter einem Neigungswinkel des Kolbens von 5° oder es werden Zylinder eingesetzt, die mit einem integrierten Keilsystem, das ebenfalls unter 5° spannt, ausgerüstet sind (Bild 14.10). Durch den Neigungswinkel von 5° bzw. durch das Keilsystem, spannen die Zylinder mechanisch selbsthemmend. Das hat den Vorteil, dass die Zylinder nach dem Spannen Druck entlastet werden können. So wird eine hohe Sicherheit erreicht und im laufenden Betrieb Energie eingespart.

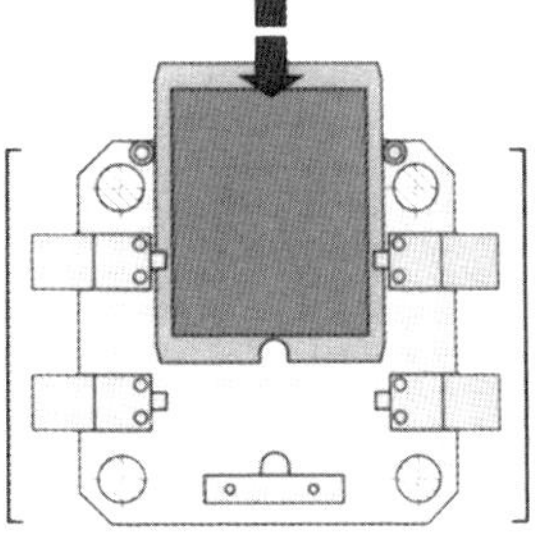

Bild 14.9 Prinzipskizze für den vertikalen Werkzeugwechsel mit hydraulischen Spannzylindern [14.9]

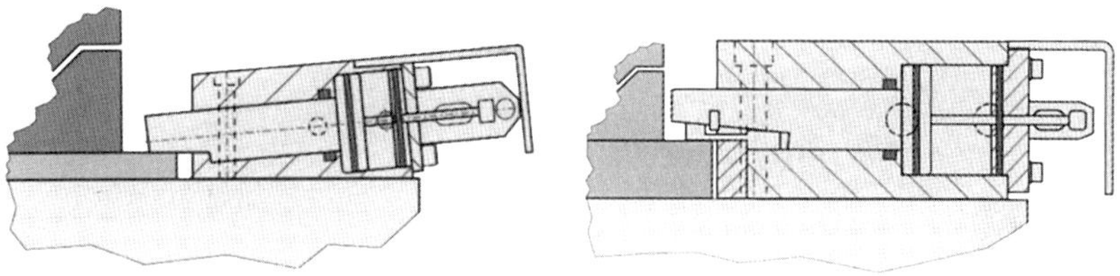

Bild 14.10 Varianten hydraulischer Spannzylinder [14.9] Durch einen Neigungswinkel von 5° sind diese Zylinder mechanisch selbsthemmend, d. h. im gespannten Zustand kein Hydraulikdruck erforderlich
links: Kolben um 5° schräggestellt
rechts: Neigungswinkel durch integriertes Keilsystem realisiert

Die Spannzylinder sind zusätzlich mit zwei Näherungsschaltern ausgerüstet, die die Position des Kolbens und somit den Zustand gelöst oder gespannt anzeigen. Die Näherungsschalter und die Dichtungen der Zylinder sind typischerweise für Temperaturen bis 60 °C ausgelegt. Für einen Einsatz bei höheren Temperaturen müssen die Zylinder umgerüstet und Schalter ausgetauscht werden. Geeignet sind die hydraulischen Spannzylinder für einen Einsatz auf Spritzgießmaschinen mit einer Schließkraft von 50 bis 10 000 t. Die Anzahl der zum Spannen der Werkzeuge benötigten Zylinder richtet sich nach den erforderlichen Öffnungskräften und der Spannkraft der Zylinder, die mit Spannkräften von 15 bis 1 200 kN im Handel sind [14.9].

Alternativ besteht die Möglichkeit, Werkzeugwechsel auch horizontal auf einer Spritzgießmaschine vorzunehmen. Dies ist inbesondere bei Nutzung von Hilfsmitteln wie Werkzeugwechseltischen oder -wagen der Fall. Hierbei werden die Spannzylinder horizontal auf die Werkzeugaufspannplatten montiert. Zusätzlich werden noch Rollen, die auch angetrieben werden können (Bild 14.11, unten), zwischen den Zylindern angeordnet. Mithilfe von Übergabekonsolen (siehe Bild 14.28), die den

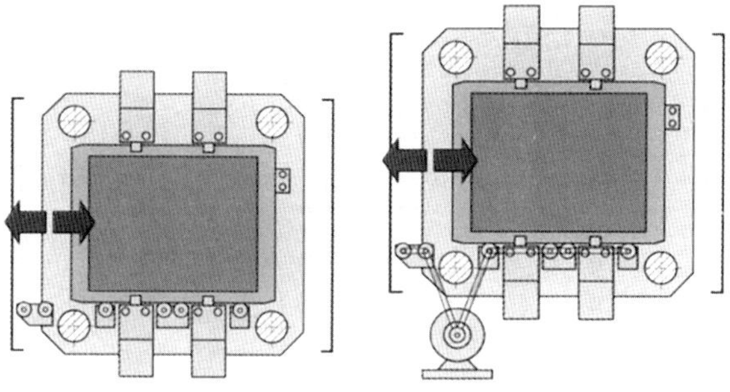

Bild 14.11 Schematische Darstellungen des horizontalen Werkzeugwechsels [14.8]
links: Transportrollen ohne Antrieb
rechts: Transportrollen mit Antrieb

Zwischenraum zwischen Wechseltisch bzw. -wagen (bedingt durch die Schutztür und die Holme der Schließeinheit) und den Werkzeugaufspannplatten überbrücken, rollt dann das Werkzeug in die Maschine. Ein Anschlag auf der Gegenseite verhindert, dass das Werkzeug durchgeschoben wird. Er dient gleichzeitig zur Vorzentrierung des Werkzeugs, das dann endgültig durch Zentrierzylinder exakt zur Düsenachse positioniert wird. Für diesen Wechselvorgang werden ebenfalls standardisierte werkzeugseitige Aufspannplatten benötigt.

Können die Werkzeugplatten nur in ihrer Dicke nicht aber in den äußeren Abmessungen standardisiert werden, müssen Spannzylinder verwendet werden, deren Position man leicht verändern kann. Bei den dazu benötigten Spannzylindern sind an der Unterseite T-Nut-Steine festgeschraubt. Damit können die Zylinder manuell oder mit Hydraulik- bzw. Pneumatikzylindern verschoben werden (Bild 14.12). Voraussetzung sind hier natürlich entsprechend ausgeführte Werkzeugaufspannplatten. Näherungsschalter überprüfen die Position der Zylinder zum Werkzeugrand [14.9].

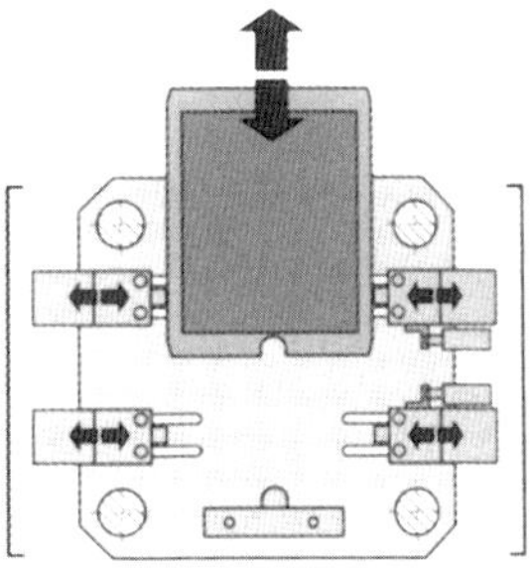

Bild 14.12 Schematische Darstellung des Werkzeugwechsels mit verstellbaren hydraulischen Spannzylindern [14.9]
links: Zylinder können von Hand verschoben werden
rechts: Zylinder können automatisch mit Hydraulik- oder Pneumatikzylinder verschoben werden

14.3.2 Integrierte Spannsysteme

Die bisher vorgestellten Spannzylinder können vielseitig sowohl auf neuen als auch auf älteren Spritzgießmaschinen eingesetzt werden. Bei den integrierten Spannsystemen ist das nicht möglich, es sei denn die Maschinen wurden bereits bei der Fertigung für den späteren Einsatz von integrierten Wechselsystemen hergerichtet. Bild 14.13 zeigt ein in die Aufspannplatten der Spritzgießmaschine integriertes Wechselsystem bei dem das Werkzeug durch hydraulische Spannschieber an den Zentrierflanschen verspannt wird. Dieses Wechselsystem ist sowohl für das Verspannen runder als auch rechteckiger Werkzeuge geeignet. Seine Anwendung beschränkt sich jedoch auf einen Einsatz kleiner bis mittel großer Werkzeuge.

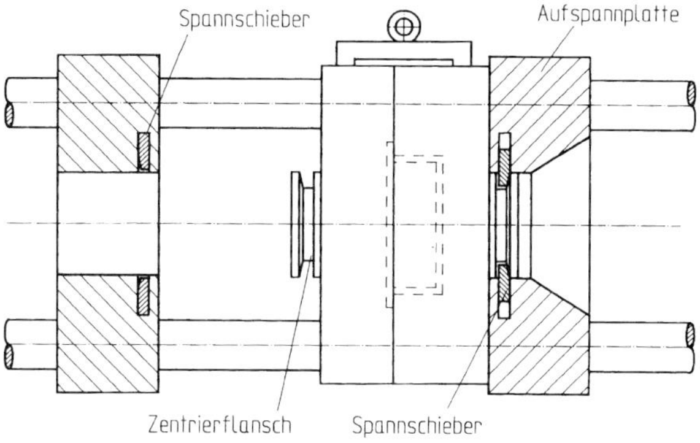

Bild 14.13 Integriertes Werkzeugschnellspannsystem, Werkzeug an den Zentrierflanschen verspannt [14.17]

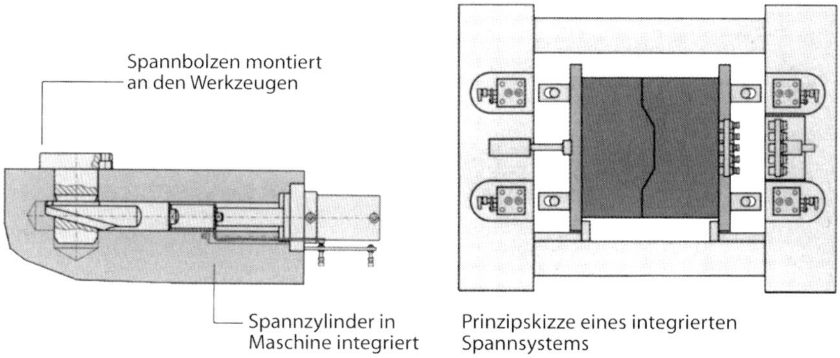

Bild 14.14 Schematische Darstellung des horizontalen Werkzeugwechsels mit integrierten Spannzylindern [14.8]

Zum Aufspannen größerer Werkzeuge ist der Einsatz von Hydraulikzylindern (Bild 14.14) besser geeignet, die Spannkeile in die Öffnungen von werkzeugseitig angebrachten Spannbolzen schieben und so eine sichere formschlüssige Verbindung herstellen. Für eine sichere Arretierung der Werkzeuge sind in Abhängigkeit von der Maschinen- und Werkzeuggröße pro Aufspannseite 2 bis 8 Hydraulikzylinder und entsprechend viele Spannbolzen in den Werkzeugen erforderlich. Die Größe der Spannbolzen und ihre Lage im Werkzeug sind standardisiert [14.9]. Zentriert wird das Werkzeug beim Einbau durch handelsübliche Zentrierflansche. Standardisierte werkzeugseitige Aufspannplatten sind nur für einen horizontalen Einbau erforderlich, bei dem das Werkzeug vom Werkzeugwechseltisch oder -wagen über Auflagekonsolen in die Schließeinheit rollt.

Das Wechselsystem in Bild 14.15 arbeitet nach einem ähnlichen Prinzip. Jedoch sind in diesem Fall die Spannbolzen nicht werkzeugseitig angebracht, sondern in die Maschinenaufspannplatten integriert. Auch sind bei der Anwendung dieses Systems wieder standardisierte Werkzeugaufspannplatten erforderlich.

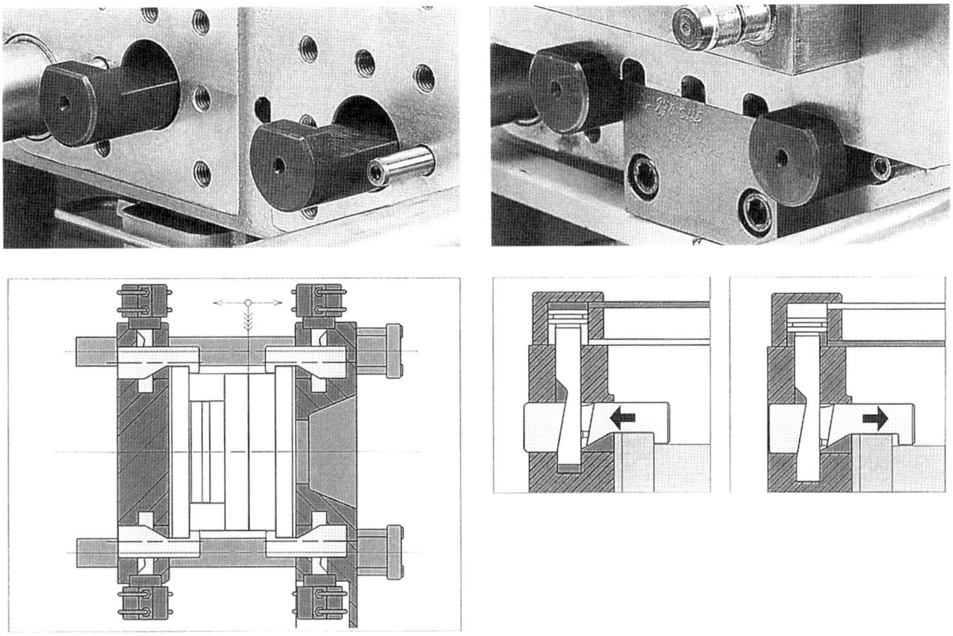

Bild 14.15 Integriertes hydraulisches Schnellspannsystem [14.18]

14.4 Magnetsysteme zum Spannen von Spritzgießwerkzeugen

Alle bisher vorgestellten Wechselsysteme arbeiten im Prinzip mit dem gleichen Verriegelungsmechanismus. Sind sie einmal installiert, so sind sie als starres System zu betrachten, das die Dicke und in vielen Fällen auch die Größe der werkzeugseitigen Aufspannplatten unabhängig von der Größe der Werkzeugeinsätze vorgibt. Bei kleinen Werkzeugen können so die Aufspannplatten überproportional groß werden. Dieser Nachteil entfällt beim Einsatz von Magnetsystemen zum Spannen von Spritzgießwerkzeugen.

Bei der Anwendung magnetischer Schnellspannsysteme bleiben die Aufspannplatten der Schließeinheit, abgesehen von den Magnetplatten, frei von jeglichen Aufbauten. So stehen die gesamten Aufspannflächen zur Verfügung. Änderungen am Werkzeug sind ebenfalls nicht erforderlich, d. h. die werkzeugseitigen Aufspannplatten unterliegen weder in ihren Dicken noch in ihren äußeren Abmessungen irgendwelchen Beschränkungen. Bei der Werkzeugkonstruktion ist lediglich zu berücksichtigen, dass eventuell notwendige Wärmedämmplatten vor den werkzeugseitigen Spannplatten eingebaut werden müssen, da die Eindringtiefe des Magnetfeldes nur ca. 20 mm beträgt [14.19]. Zentriert werden die Werkzeuge zur Düsenachse in herkömmlicher Art über Zentrierflansche. Zusätzlich sorgt ein Zentrierstift, der in die Magnetplatten eingearbeitet werden kann, dafür, dass das Werkzeug immer lagerichtig zum Handlingsystem positioniert ist. Nachteilig wirkt sich bei diesen Systemen u. U. aus, dass sich bedingt durch die Dicke der Platten (ca. 37 mm) der Öffnungshub der Schließeinheit verringert. Bei den magnetischen Spannsystemen werden die Werkzeuge auf der gesamten Aufspannfläche gleichmäßig gespannt. Verspannungen oder gar Verformungen, die sich beim unsachgemäßen Aufspannen der Werkzeuge (vor allem bei großen Werkzeugen) am Werkzeugrand einstellen können, werden so vermieden (Bild 14.16). Die Spannkraft der magnetischen Schnellwechselsysteme wird, je nach Hersteller, ausschließlich durch elektropermanente Quadrat- oder Langpole (Bild 14.17 und Bild 14.18 a und b) erzeugt, die lediglich zum Aktivieren und Deaktivieren für 1 bis 2 Sekunden Strom benötigen. Danach arbeiten die Systeme stromunabhängig. Integrierte Näherungsschalter überwachen die Lage des Werkzeugs und unterbrechen sofort die Fahrbewegungen der Schließeinheit, wenn sich zwischen Werkzeug und Aufspannplatte ein Spalt von 0,2 mm einstellt.

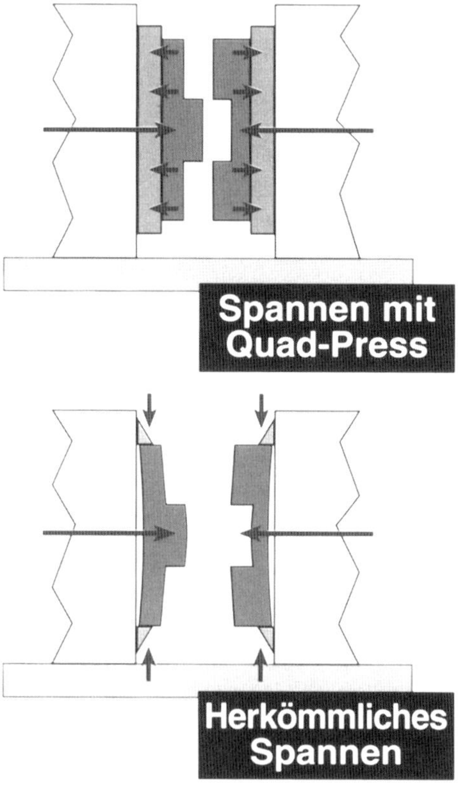

Bild 14.16 Schematische Gegenüberstellung des herkömmlichen Aufspannens der Werkzeuge und dem Aufspannen mit Permanentmagneten [14.19]

Ausgelegt sind die magnetischen Spannsysteme für eine Anwendung in einem Temperaturbereich bis ca. 130 °C. Für darüber hinaus gehende Temperaturen (bis ca. 260 °C), die durch Sensoren überwacht werden, bestehen Möglichkeiten für Sonderanfertigungen mit integrierten Heizplatten. Diese Platten sind allerdings dicker (ca. 85 mm). Ihr Einsatz bietet sich insbesondere in der Duroplast- und Elastomerverarbeitung an [14.20] [14.21].

Bild 14.17 Werkzeugaufspannplatte mit Rechteckmagneten [14.20]

Bild 14.18 Werkzeugaufspannplatte mit Langpolmagneten an einer 1 600 t Maschine (links), mit ovalen Langpolmagneten aufgespanntes Werkzeug (rechts) [14.20]

Die magnetischen Spannsysteme arbeiten im Prinzip wartungsfrei. Da sie die Werkzeuge ohne zusätzliche Elemente spannen, muss das Personal beim Einrichten keine Arbeiten im Maschinenraum ausführen. Das erhöht die Sicherheit des Personals, das auch weitgehend von Reinigungsarbeiten freigestellt ist, da keine Öle oder Schmierstoffe aus hydraulischen Schnellspannsystemen oder mechanischen Spannelementen den Arbeitsplatz verunreinigen. Die Magnetplatten können in Größe und Form unterschiedlichen Anforderungen angepasst werden. Sie eignen sich so für das Nachrüsten aller schon in der Produktion eingesetzten Spritzgießmaschinen und können darüber hinaus in neue Maschinen integriert werden. Für das Nachrüsten sind die Magnetplatten mit Befestigungs- und Auswerferbohrungen versehen, die den Normen EUROMAP/SPI/JIS entsprechen [14.19]. Im Rahmen eines vollautomatischen Werkzeugwechsels werden sie, speziell für das horizontale Einrichten, mit Übernahmekonsolen oder hydraulischen Rollen- und Kugelleisten sowie gefederten Kugelleisten kombiniert. Ein automatischer Werkzeugwechsel setzt zusätzlich voraus, dass auch die Energieanschlüsse und die Auswerfersysteme mit einbezogen werden.

14.5 Automatische Kupplungssysteme für Energietransport und Sensorik

Ein vollautomatischer Wechsel der Werkzeuge ist durch die Anwendung der bisher beschriebenen Wechselsysteme allein noch nicht sichergestellt. Er wird erst möglich durch die Verwendung von Schnellkupplungssystemen für die Energiezufuhr und Sensorik. Es handelt sich dabei um Anschlüsse für:

- die Temperierflüssigkeit (Öl, Wasser)
- die Druckluft zur Unterstützung und Betätigung der Auswerfer
- die hydraulische Betätigung von Schieber und Kernzügen etc.
- die Elektroanschlüsse zum Beheizen, z. B. von Heißkanälen
- die Zuleitungen von Thermoelementen und Druckaufnehmern

Die Auslegung und Installation der so genannten Multikupplungssysteme sowohl am Werkzeug als auch an der Maschine werden in [14.22] festgelegt. Die Kupplungssysteme sind nach dem Baukastenprinzip konstruiert und bestehen je nach Größe und Kundenwunsch aus mehreren Einzelkupplungen, bestehend aus Nippel und Kupplung – mit und ohne freien Durchgang für die Energiezufuhr – und aus Steckersystemen für die Sensorik. Sie sind für den manuellen und vollautomatischen Betrieb serienmäßig lieferbar. Bild 14.19 zeigt ein manuelles Kupplungssystem bei

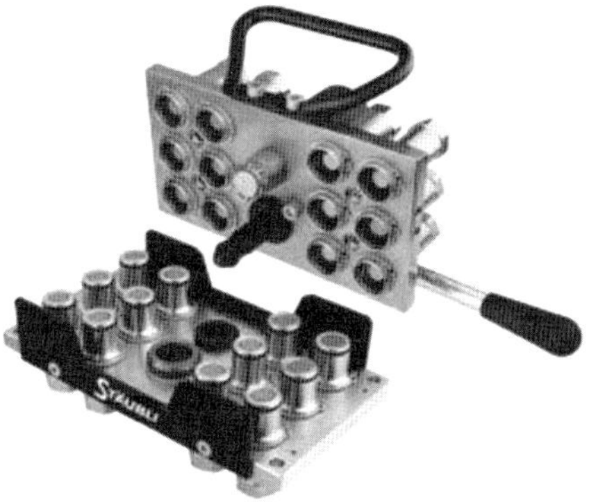

Bild 14.19 Multikupplung für die Handbetätigung [14.23]

dem die werkzeug- und maschinenseitigen Anschlüsse durch das Umlegen eines Excenters miteinander verbunden werden. Beim Werkzeugwechsel kann die maschinenseitige Kupplung an eine Parkeinheit „angeschlossen“ werden, um sie vor Beschädigung und Verschmutzung zu schützen sowie um eine Behinderung der Arbeiten beim Werkzeugwechsel auszuschließen.

Wichtig für ein einwandfreies Funktionieren dieser Systeme ist der exakte Einbau. Schon geringe Ungenauigkeiten bei der Montage können zu einem unzulässigen Versatz führen, der sich in Leckagen und vorzeitigem Verschleiß bemerkbar macht. Die Kupplungssysteme werden daher „schwimmend“ in die Kupplungsträgerplatten eingesetzt, um so eventuell noch einen Ausgleich, bei Versatz einzelner Komponenten, beim Verriegeln zu schaffen. Auch Wärmedehnungen können so abgefangen werden.

Bild 14.20 zeigt ein Kupplungssystem für den vollautomatischen Betrieb. Sobald das Werkzeug auf die Aufspannplatten der Schließeinheit sicher gespannt ist, werden die mit der Schließeinheit fest verbundenen Kupplungshälften durch die Eindockzylinder 2 in die auf den Werkzeughälften montierten Gegenstücke geschoben und durch die Sperrzylinder 3 verriegelt [14.23]. Bild 14.21 zeigt schematisch Werkzeuge im eingebauten Zustand. Für ein vertikales Beschicken der Spritzgießmaschine sind die Kupplungshälften an der Oberseite des Werkzeugs sowie auf die Schließeinheit montiert, für eine horizontale Beschickung werden sie seitlich angeflanscht. Die Kupplungssysteme sind gemäß VDMA und EUROMAP spezifiziert und standardisiert.

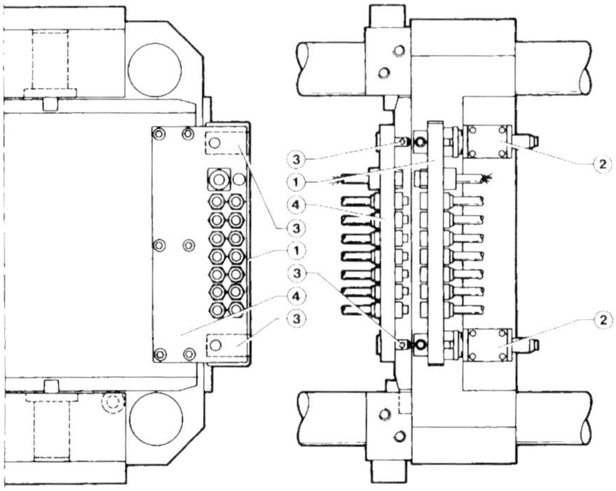

Bild 14.20 Werkzeug mit Schnellspannkupplungen für Energietransport und Sensorik [14.24] Sobald das Werkzeug horizontal in die Maschine eingeführt und auf beiden Aufspannplatten sicher gespannt ist, wird die bewegliche Kupplungshälfte (1) durch die Eindockzylinder (2) in die auf dem Werkzeug montierte Kupplungshälfte (4) eingedockt. Führungsstifte zentrieren die Kupplungshälften (1) zueinander. Sobald die Kupplungshälften voll eingedockt sind, werden sie durch die Sperrzylinder (3) verriegelt.

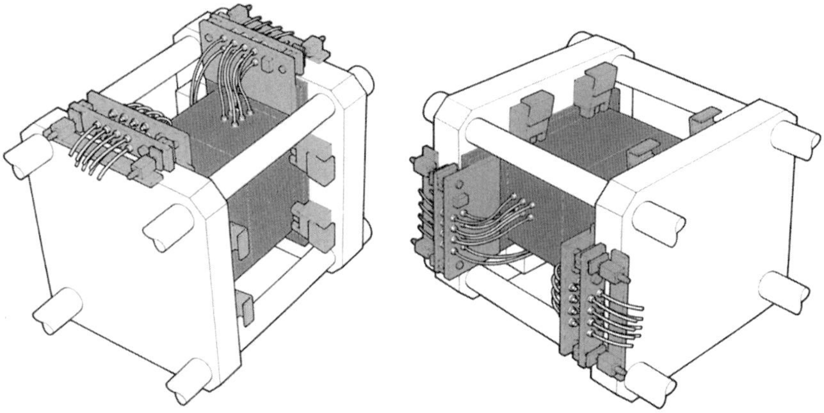

Bild 14.21 Schematische Darstellungen für den vertikalen (links) und den horizontalen (rechts) Werkzeugwechsel von Werkzeugen mit Schnellspannkupplungen für Energietransport und Sensorik [14.9]

14.6 Auswerferkupplungssysteme

Die Verbindung des Auswerferpakets mit der Spritzgießmaschine erfolgt klassischerweise je nach Hersteller der Maschinentechnik als mechanische Verbindung, die vom Bediener beim Einbau des Spritzgießwerkzeugs getätigt werden muss. Gleichzeitig erfolgt auf diesem Weg der aktive Rückzug der Auswerfer, sofern das Auswerfersystem beim Schließen der Werkzeuge nicht durch Federn oder Rückdrückstifte zurückgestellt wird, um Schäden auf der Oberfläche der gegenüberliegenden Werkzeughälfte zu vermeiden.

Der Anschluss der genannten mechanischen Auswerferverbindungen während des Werkzeugwechsels muss allerdings händisch erfolgen, sodass kein automatisierter Vorgang möglich ist. Es existieren allerdings auch Auswerferkupplungssysteme für eine automatisierte Verbindung.

Dabei wird zwischen hydraulisch bzw. pneumatisch und magnetisch arbeitenden Systemen unterschieden. Bei den hydraulisch bzw. pneumatisch arbeitenden Systemen werden die maschinenseitig montierten Spannsysteme, sobald sie mit Druck beaufschlagt werden, mit dem werkzeugseitigen Spannbolzen mechanisch verriegelt (Bild 14.22). Der Zustand, gelöst oder gespannt, der Spannsysteme wird dabei

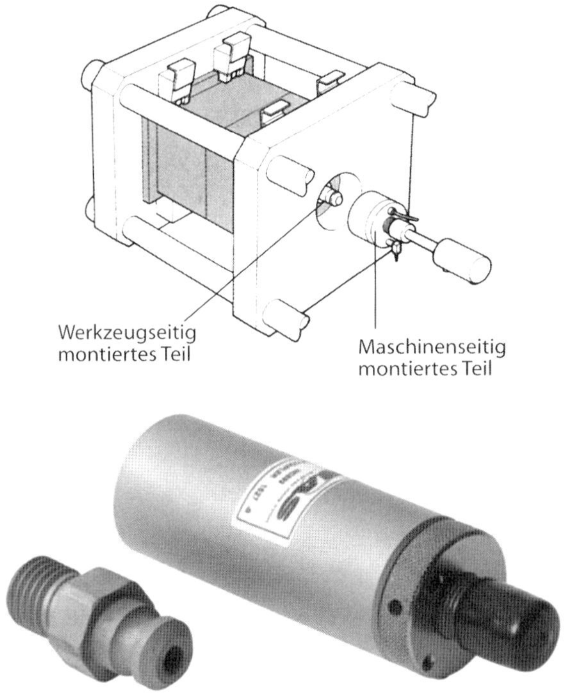

Bild 14.22 Hydraulisch oder pneumatisch betätigte Auswerferkupplung [14.9]

durch Näherungsschalter überwacht. Die Spannsysteme sind für unterschiedliche Zugkräfte im Handel erhältlich.

Bei den magnetisch arbeitenden Systemen (Bild 14.23) werden die erforderlichen Zugkräfte durch Permanentmagnete, entweder manuell oder elektrisch, aufgebracht. Dabei werden Zugkräfte von 100 bzw. 900 kg erreicht. Werden diese Zugkräfte überschritten, so trennen sich die Kupplungsteile und ein Sensor löst ein Signal für einen Maschinen-Stopp aus [14.9].

Bild 14.23 Magnetisch betätigte Auswerferkupplung [14.9]

14.7 Transportmittel für den Werkzeugwechsel

Bei den bisher vorgestellten Werkzeugwechselvorrichtungen wurden nur die Komponenten diskutiert, die das Werkzeug und die Spritzgießmaschine direkt betreffen. Für eine flexible und automatische Produktion werden darüber hinaus, wie Bild 14.2 zeigt, weitere Komponenten benötigt. Da diese Komponenten den Werkzeugbau aber nicht oder nur unwesentlich beeinflussen, werden sie hier ohne Diskussion ihrer konstruktiven Besonderheiten oder ihrer Vor- bzw. Nachteile benannt und nur kurz vorgestellt.

In der Arbeitsvorbereitung und Fertigungsplanung wird mithilfe eines EDV-Systems der Status des Werkzeuges (z. B. einsatzbereit oder in Reparatur bzw. noch in der Fertigung) überprüft. Ist das Werkzeug einsatzbereit, so wird sein Standort im Werkzeuglager ermittelt und mit dieser Information sowie dem Produktionsauftrag an die Fertigung weitergeleitet. Das Werkzeug kann dann mithilfe von Transportwagen befördert werden, das können je nach technischer Ausstattung und Automatisierungsstandard, die herkömmlichen Gabelstapler oder spezielle Werkzeugwechselwagen sein. Die Werkzeugwechselwagen gibt es in einfacher Ausstattung für den manuellen Betrieb (Bild 14.24), als von Hand gesteuerte Fahrzeuge mit Batterie- oder elektrischem Netzantrieb (Bild 14.25), als Luftkissenfahrzeuge bis hin zu schienengebundene Transportwagen (Bild 14.26 links und rechts). Je nach Ausstattung können Transportwagen mit elektrischem Antrieb ferngesteuert und mit einer Vorheizstation ausgerüstet werden. Mithilfe der Werkzeugwechselwagen können die Werkzeuge der Spritzgießmaschine dann entweder direkt übergeben werden oder sie werden auf einem Werkzeugwechseltisch abgelegt, der abhängig von der Konstruktion auch an zwei Spritzgießmaschinen parallel eingesetzt werden kann (Bild 14.27). Schließlich muss bei einigen Systemen die Werkzeugübergabe, durch Tragkonsolen, sowie durch gefederte oder hydraulische Kugel- und Rollenleisten (Bild 14.28), wegen der Lücke, die z. B. bei geöffneter Schutztür zwischen Werkzeugwechseltisch und -wagen sowie den Aufspannplatten der Spritzgießmaschine entsteht, unterstützt werden.

Bild 14.24 Werkzeug-Wechselwagen, in einfacher Ausführung für den Handbetrieb [14.25]

Bild 14.25 Werkzeug-Wechselwagen für den Transport von zwei Werkzeugen mit je 3 t. Der Wagen ist ausgerüstet mit einem elektrischen Antrieb, einer Luftkissen-Positionierung, einer Druckluft betriebenen Schub-Zug-Vorrichtung und einer Werkzeug-Vorheizstation [14.9]

In Abhängigkeit von den betrieblichen Gegebenheiten kann so bei richtiger Kombination der Werkzeugwechselsysteme mit Multikupplungen, Auswerferkupplungen und den Transport- und Übergabehilfen ein automatischer Werkzeugwechsel verwirklicht werden.

Bild 14.26 Schienengebundener Werkzeug-Wechselwagen
links für 2x20 t
rechts für 2x40 t [14.9]

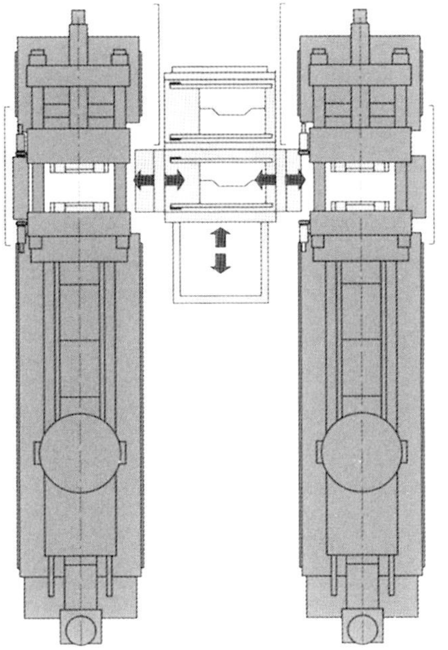

Bild 14.27 Werkzeug-Wechseltisch zum Bedienen von zwei Spritzgießmaschinen [14.9]

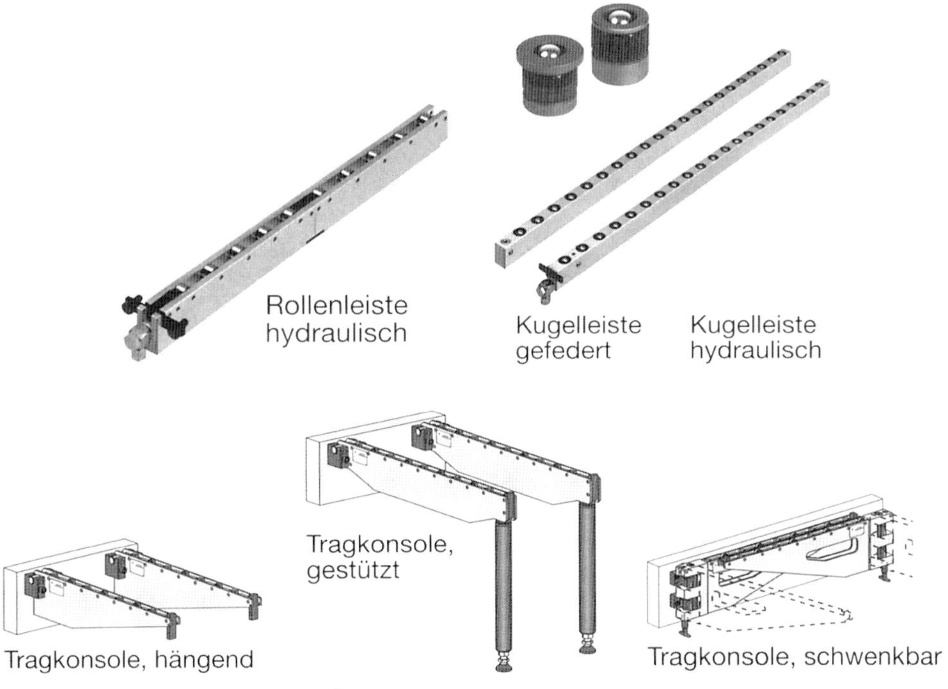

Bild 14.28 Transportmittel zum Überbrücken der Lücke zwischen Werkzeugaufspannplatten und Werkzeug-Wechseltischen oder Werkzeug-Wechselwagen [14.25]

Literatur Kapitel 14

[14.1] *N. N.:* Spanntechnik, Lenzkes Spanntechnik GmbH, Lüdenscheid, 2016.

[14.2] *N. N.:* CIM im Spritzgießbetrieb, Hanser Verlag, München, 1992.

[14.3] *Fernengel, R.:* Konzept einer modernen Spritzgießfertigung. Kunststoffe 84 (1994) 10, S. 1361–1362, S. 1364–1367.

[14.4] *N. N.:* Rationeller fertigen mit Werkzeugwechselsystemen Plastverarbeiter 45 (1994) 2, S. 87–89.

[14.5] *Benfer, W.:* Werkzeugwechselsysteme an Spritzgießmaschinen. Kunststoffe 77 (1987) 2, S. 139–149.

[14.6] *N. N.:* Schnellspannplatten, WöKu GmbH, Ottersweier.

[14.7] *N. N.:* Euromap 2 Injection molding machines: Mold fixing and connection dimensions, Europäisches Komitee der Hersteller von Kunststoff- und Gummimaschinen, VDMA Frankfurt, 1995.

[14.8] *N. N.:* Ziersch Profiquick, Ziersch Fertigungstechnik GmbH & Co. KG, Ilmenau.

[14.9] *N. N.:* Lösungen für den schnellen Werkzeugwechsel, EAS Europe B. V., Düsseldorf, 2015.

[14.10] *N. N.:* Normalien, Hasco Normalien, Lüdenscheid, 2015.

[14.11] *N. N.:* Strack-Normalien, Strack Norma GmbH, Lüdenscheid, 2012.

[14.12] *Sparmer, P. u. a.:* Flexibles Fertigungszentrum für das Spritzgießen kleiner Serien. Kunststoffe 74 (1984) 9, S. 489–490.

[14.13] *Weyer, G.:* Automatische Herstellung von Elastomerartikeln im Spritzgießverfahren. Dissertation an der RWTH Aachen, 1987.

[14.14] *N. N.:* Clever Mould Systems, B&R GmbH, Solms Niederbiel, 2017.

[14.15] *Doriath, C.:* Formen drucken statt Teile. Kunststoffe 106 (2016) 6, S. 70–71.

[14.16] *Lammert, N.:* Faszination aus Tropfen, Schichten und Strängen. Kunststoffe 106 (2016) 9, S. 62–66.

[14.17] *N. N.:* DE PS 2938665 C2, Krauss-Maffei,1984.

[14.18 *N. N.:* Prospekt der Fa. Arburg, Loßburg, 1996

[14.19] *N. N.:* Quad-Press, Tecnomagnete GmbH, Langen.

[14.20] *N. N.:* Pressmag LP Magnetspannsystem, EAS Change Systems, Stuttgart.

[14.21] *N. N.:* Magnet Spanntechnik, Hilma-Römfeld GmbH, Hilchenbach.

[14.22] *N. N.:* Euromap 11 Automatic mold changing on injection molding machines. Europäische Komitee der Hersteller von Kunststoff- und Gummimaschinen, VDMA, Frankfurt, 1993.

[14.23] *N. N.:* HTM Multikupplung für Hochtemperatur, Stäubli International AG, Pfäffikon, Schweiz.

[14.24] *N. N.:* Handbuch für den Einsatz von Werkzeugschnellwechselsystemen in Spritzgießbetrieben. Prospekt der Firma EAS, vormals Firma Enerpac, Düsseldorf, 1987.

[14.25] *N. N.:* Werkzeugspann- und Wechselsysteme. Hilma-Römfeld GmbH, Hilchenbach.

15 Entformen gespritzter Teile

15.1 Übersicht über Entformungsarten

Nachdem das Spritzgussteil abgekühlt und erstarrt ist, muss es aus dem Werkzeug entformt werden. Ideal wäre es, wenn sich der Spritzling beim Öffnen des Werkzeugs durch die Schwerkraft aus dem Werkzeughohlraum lösen bzw. vom Kern trennen würde. Durch Hinterschneidungen, Haftkräfte und innere Spannungen im Teil wird der Spritzling jedoch festgehalten und muss durch besondere Einrichtungen aus dem Werkzeug gelöst und geschoben werden.

Die Entformungseinrichtungen werden meist durch das Auswerfersystem der Spritzgießmaschine betätigt. Dieses arbeitet im Allgemeinen hydraulisch oder elektrisch und wird durch die Maschinensteuerung angesteuert. Reicht diese einfache lineare Auswerferbetätigung nicht aus, so kann sie auch durch pneumatisch oder hydraulisch arbeitende Systeme ergänzt werden werden [15.1] bis [15.3]. Im Normalfall ist das Auswerfersystem in der beweglichen Werkzeughälfte untergebracht. Voraussetzung dafür ist jedoch, dass der Spritzling auf oder in der beweglichen Werkzeughälfte bleibt. Dies wird gewährleistet durch Hinterschneidungen oder, wenn der oder die Spritzlinge durch Kerne ausgeformt werden, dadurch, dass die Spritzlinge auf dem Kern durch Schwindung aufschrumpfen. Hier muss aber durch Konizität und Oberflächenbearbeitung des Kerns darauf geachtet werden, dass keine zu großen Haftkräfte entstehen.

Problematisch ist der Verbleib auf der Schließseite dann, wenn der oder die Kerne auf der Düsenseite sind. Auch wenn für diese Sonderfälle konstruktive Lösungen gefunden werden können, sind sie als Sonderanfertigungen mit hohen Kosten verbunden und sollten daher vermieden werden.

Da das verwendete Entformungskonzept wesentlich zum Aufbau und zur Komplexität von Spritzgießwerkzeugen beiträgt, werden Spritzgießwerkzeuge im Allgemeinen nach dem gewählten Entformungskonzept bezeichnet. Die gebräuchlichen Arten von Auswerfersystemen sind daher bereits in Kapitel 5 in Tabelle 5.4 und 5.5 zusammengestellt.

Bei der Entformung größerer Formteile ist zudem zu beachten, dass diese zwar durch Abschieben entformt, aber nicht herausgeworfen werden dürfen. Sie werden daher von Hand, mit einem Handhabungssystem oder Roboter, nachdem sie gelöst sind, herausgehoben.

15.2 Auslegung des Entformungssystems – Entformungskräfte und Öffnungskräfte [15.5]

15.2.1 Allgemeines

Nachdem das Formteil von seiner Geometrie und seiner Masse her festgelegt ist, können die Entformungskräfte ermittelt werden. Dazu muss aber die Lage des Formteils im Werkzeug vorgegeben sein. Die Kenntnis der Entformungskraft ist einerseits wichtig für die Feinauslegung des Entformungssystems (z. B. Zahl, Ort und Art der Auswerferelemente), andererseits ergibt sich u. U. je nach Höhe der Entformungskraft die Notwendigkeit, die Lage des Formteils im Werkzeug und damit das Auswerfersystem prinzipiell zu ändern. Weiterhin ergibt sich u. a. durch die Kenntnis der Entformungskraft bzw. der Einflussgrößen auf diese die Möglichkeit, durch geringe Veränderungen am Formteil die Entformungskraft zu reduzieren.

Man hat grundsätzlich zwei Arten von möglicherweise kritischen Kräften zu erwarten:

- Die *Öffnungskräfte:* Sie entstehen dann, wenn durch zu geringe Schwindung bzw. zu große Verformungen das Formteil im Werkzeug verkeilt ist.
- Die *Entformungskräfte:* Sie können unterteilt werden in:
  - *Losbrechkräfte:* Sie sind bei allen Teilen mit Kernen vorhanden und entstehen durch das Aufschwinden des Formteils auf den Kern. Man beobachtet sie auch bei dünnen schlanken Rippen mit geringer Konizität. Hier führen sie häufig zum Brechen der rippenausformenden Lamellen des Werkzeuges.
  - *Ausschubkräfte:* können in der Folge entstehen, wenn das Formteil sich wegen z. B. zu geringer Konizität des Kernes noch im Reibkontakt mit dem Kern befindet.

Hierbei sind bei fachgerechter Dimensionierung die Öffnungskräfte weniger für Schwierigkeiten in der Produktion verantwortlich als die Entformungskräfte.

In Bild 15.1 sind die auf die Entformungskräfte wirkenden Einflussgrößen dargestellt. Wie man sieht, sind aus vier Gruppen von Einflussgrößen Veränderungen der Entformungskräfte zu erwarten. Dabei wirken die einzelnen Faktoren über ihren

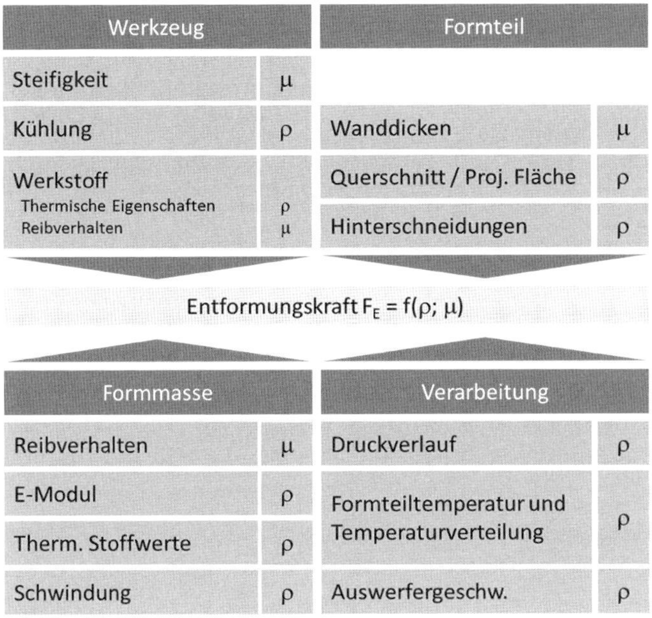

Bild 15.1 Einflussgrößen auf die Entformungskräfte [15.6]

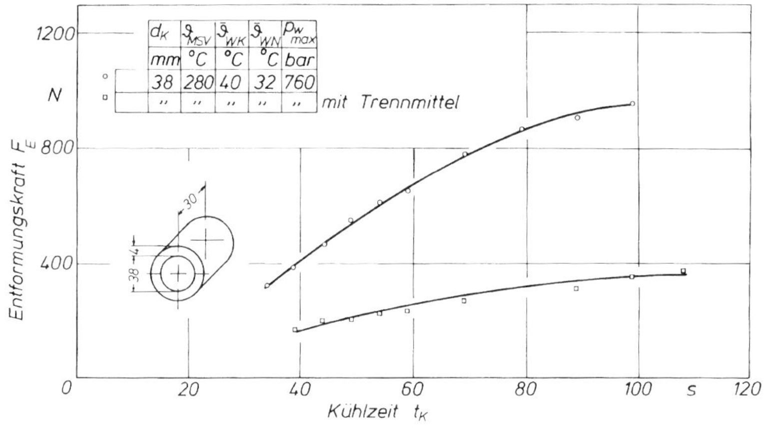

Bild 15.2 Einfluss des Trennmitteleinsatzes auf die Höhe der Entformungskraft (PP) [15.7]

Einfluss auf den Reibkoeffizienten „μ“oder auf die Druckverhältnisse im Werkzeug „p“. Aus Versuchen an hülsenförmigen Formteilen (z. B. Bilder 15.3, 15.8, 15.9), konnten die Wirkungsrichtung und die Stärke der Wirkung auf die Entformungskraft experimentell nachgewiesen werden [15.7] [15.9]. In Bild 15.3 sind die Ergebnisse dieser Untersuchungen zusammenfassend dargestellt worden. Hierbei werden verschiedene Einflussgrößen hinsichtlich ihrer Wirksamkeit auf die Reduzierung der Entformungskräfte diskutiert und mit Punkten von 0 bis 3 (kein Einfluss bis sehr starker Einfluss) bewertet. Die Pfeile bedeuten, dass die dazugehörigen Variablen höher bzw. niedriger eingestellt werden müssen, um eine Verringerung der Entformungskräfte zu erzielen. Die physikalische Begründung für die Wirkung der Parameter kann hier aus Gründen des Umfangs nicht dargestellt werden. Hierzu sei auf die Originalarbeiten [15.7] [15.9] die in [15.5] zusammengefasst sind, hingewiesen.

Parameter bzw. Einflussgrößen	Einflusshöhe	Änderungsrichtung	Bemerkungen
Kühlzeit t_E	3	↓	
mittlere Entformtemperatur $\overline{\vartheta}_E$	3	↑	
Kernwand-Temperatur $\overline{\vartheta}_{WK}$	3	↓	$\overline{\vartheta}_E$ =const.
	3	↑	t_K =const.
Nestwand-temperatur $\overline{\vartheta}_{WN}$	3	↓	$\overline{\vartheta}_E$ =const.
	3	↑	t_K =const.
Massetemperatur ϑ_M	O - 1	↑ ↓	
Einspritzdruck P_E	1	↑ ↓	
Einspritzgeschw. V_E	1 - 2	↑	t_K =const.
Nachdruckhöhe P_N	1 - 2	↑	t_K =const. bzw. $\overline{\vartheta}_E$ =const.
Nachdruckzeit t_N	0 - 1	↑	t_K =const.
Auswerfergeschw. V_{AUS}	1 - 2	↑	t_K =const. bzw. $\overline{\vartheta}_E$ =const.
Trennmitteleinsatz	3		Wirkung stärker bei hohen Kühlzeiten

Einflusshöhe von 0 bis max. 3

Bild 15.3 Möglichkeiten zur Reduzierung der Entformungskräfte an Hülsen [15.7] [15.9]

Der Werkzeugkonstrukteur ist auch heute noch meist auf seine Erfahrungen angewiesen. Das führt dazu, dass er bei Kernen die größte erlaubte Konizität wählt, umso mehr, wenn es sich um die Verarbeitung stark schwindender Formmassen, z. B. teilkristalliner Thermoplaste handelt. Die Simulation der bei der Entformung auftretenden Kräfte und Verformungen des Bauteils ist möglich. Sie setzt jedoch eine Beschreibung der mechanischen Eigenschaften des Kunststoffs in Abhängigkeit der Temperatur voraus und wird daher bisher noch selten eingesetzt [15.8].

Bild 15.4 gestattet es je nach dem Maß der linearen Schwindung die zweckmäßige Konizität abzulesen. Diese Konizität ist bei Hinterschnitten in Form von Oberflä-

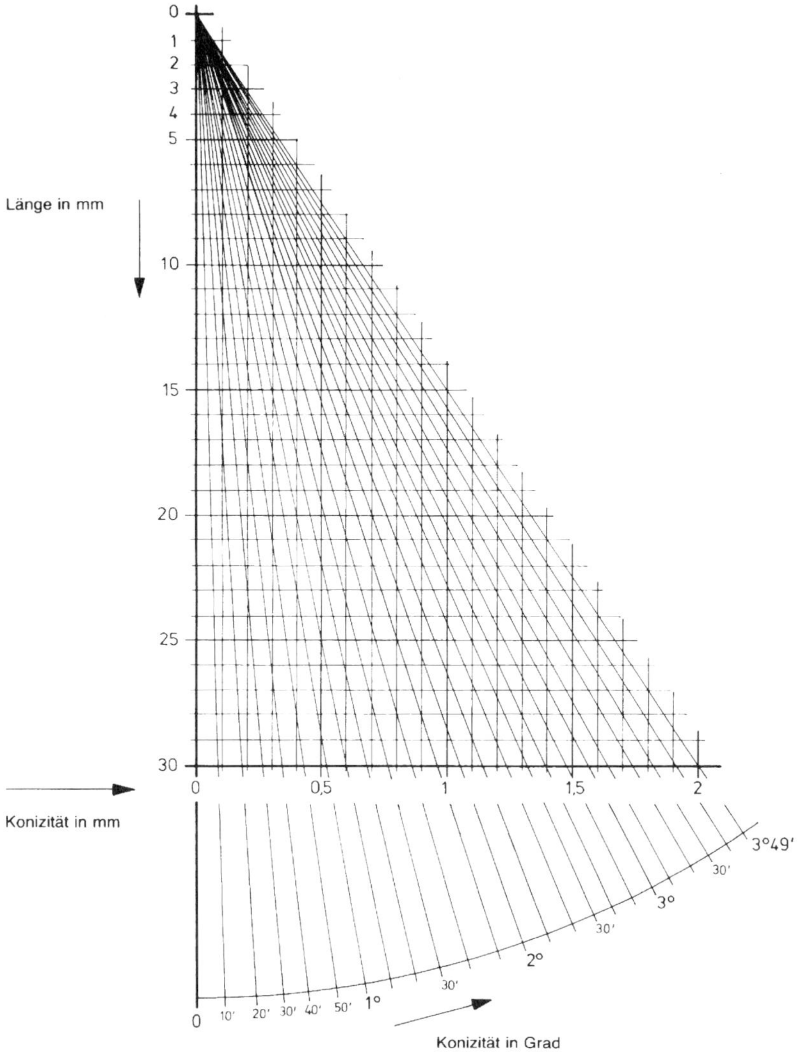

Bild 15.4 Diagramm für zu wählende Konizität in Abhängigkeit von der Länge des Kerns [15.10]

chenrauheiten zu vergrößern. Der Praktiker rechnet dazu für je 2/100 mm Rauheit mit einer notwendigen Konizitätsvergrößerung von 0,5 bis 2 % je nach der Viskosität und dem Schwindmaß der Schmelze. Die höheren Werte sind somit für teilkristalline Formmassen anzunehmen.

15.2.2 Möglichkeiten zur Bestimmung der Entformungskräfte

15.2.2.1 Haftreibungskoeffizienten zur Ermittlung von Entformungs- und Öffnungskräften

Allgemein gilt, dass bei hülsen- bzw. kastenförmigen Formteilen, die auf Kerne aufschwinden, die Entformungskraft durch die zum Zeitpunkt der Entformung vorhandene Normalspannung und einen Reibungsbeiwert ermittelt werden kann:

$$F_E = \mu \cdot p_F \cdot A_F \tag{15.1}$$

μ Reibungsbeiwert
p_F Flächenpressung zwischen Formteil und Kern
A_F Kernmantelfläche

Die Größe des Reibungsbeiwertes hängt im Wesentlichen von der Paarung Kunststoff-Stahl, aber auch von einigen Verfahrensparametern ab. Der für die Entformungskräfte maßgebende Reibungsbeiwert hängt von dem bei Entformung vorliegenden Kontakt zwischen erstarrter Randschicht und Werkzeugoberfläche ab. Das bedeutet, dass nur die bei realen Spritzbedingungen im Werkzeug selbst ohne vorherige Lösung der Haftung zwischen Formteilrand und Werkzeugoberfläche die gemessenen Reibungsbeiwerte in die Gleichung 15.1 einzusetzen sind, wenn man realistische Werte errechnen möchte. Für erodierte und geschliffene Formeinsätze wurde der Haftreibungskoeffizient in Abhängigkeit von der Rautiefe ermittelt (siehe Tabelle 15.1).

Die in Tabelle 15.1 angegebenen Haftreibungskoeffizienten wurden aus den unmittelbar zu Beginn des Entformungsprozesses auftretenden Losbrechkräften des Formteils im Spritzgießwerkzeug ermittelt [15.11] [15.12].

Tabelle 15.1 Haftreibungskoeffizient in Abhängigkeit von der Rautiefe [15.11] [15.12]

Werkstoff	Rautiefe in µm		
	1	6	20
PE	0,38	0,52	0,70
PP	0,47	0,50	0,84
PS	0,37	0,52	1,82
ABS	0,35	0,46	1,35
PC	0,47	0,68	1,60

Die in Tabelle 15.1 aufgeführten Werte stellen die bei verschiedenen Verfahrensparametern ermittelten Höchstwerte des Reibungskoeffizienten dar. Da zum Zeitpunkt der Werkzeugkonstruktion die Verfahrensparameter nicht genau bekannt sind bzw. auch bei Kenntnis im Betrieb nicht immer sicher eingehalten werden und auch noch Streuungen der Haftreibungskoeffizienten auftreten, sollte der jeweilige Tabellenwert noch mit einem Sicherheitsfaktor von 1,5 bis 2 multipliziert werden.

In Bild 15.5 sind beispielhaft für PE die Möglichkeiten zur Beeinflussung des Haftreibungskoeffizienten dargestellt. Für die Einflusshöhe wurden Stufen von 0 bis 3 definiert, wobei gilt:

0	kein Einfluss
1	geringer Einfluss
2	mittelstarker Einfluss
3	starker Einfluss

Einflussgröße	Einflusshöhe	Änderungsrichtung	Bemerkungen
Flächenpressung	0 - 1 (2)	↑ ↓	Stärkerer Einfluss (2) ist die Ausnahme bei R_T = 36 ηm
Auswerfer-geschwindigkeit	0 - 1 (2)	↑	nennenswerter Einfluss bei sehr rauen Oberflächen
Kühlzeit	(0) 1 - 2	↑	(0) bei Trennmittel.
mittlere Werkzeugwand-temperatur	2 - 3	↓	t_K = konst.
mittlere Entformungs-temperatur	3	↓	t_K = konst.
Massetemperatur	0 – 1 (2)	↑ ↓	keine eindeutigen Aussagen möglich
Nachdruckhöhe	0 – 1 (2,3)	↓	großer Einfluss bei hoher R_T und wenn durch Nachdruck-Steigerung p_{Wmax} steigt
Trennmittel	3	↑	
Rautiefe	1 - 3	↓	Abweichung vom Verhalten in Ausnahmen möglich

Bild 15.5 Möglichkeiten zur Reduzierung der Haftreibungskoeffizienten bei Polyethylen (PE)

Die Pfeilrichtung in der Spalte „Änderungsrichtung" gibt an, ob die zugehörige Einflussgröße erhöht (↑) oder verringert (↓) werden muss, um geringere Haftreibungskoeffizienten zu erhalten. Die hier für PE gezeigten Abhängigkeiten sind im Wesentlichen auch für PP, PS, ABS und PC gültig [15.11] [15.12].

Neben dem Reibungsbeiwert muss nun die Flächenpressung zwischen Kern und Formteil ermittelt werden. Sie kann entweder rein theoretisch errechnet werden [15.13] bis [15.15] oder mit einer sehr einfachen Methode ermittelt werden, die auf Erfahrungen aufbaut (Schwindungswerte).

15.2.2.2 Rechnerische Abschätzmethode für zylindrische Hülsen

Für den Praktiker wurde zur schnellen Abschätzung der Entformungskräfte eine Methode entwickelt, mit der er ausreichend genau, z. B. auch bei hülsenförmigen Formteilen, die Entformungskraft ermitteln kann [15.7] [15.14].

Dabei geht man von der Voraussetzung aus, dass der Konstrukteur in jedem Fall in der Lage sein muss, entsprechend den Sollmaßen des Formteilinnendurchmessers den zugehörigen Kerndurchmesser auszulegen. Allein mit diesem Durchmesserunterschied kann man schon eine absolute Obergrenze für die Entformungskraft mittels einer Kräftegleichgewichtsbeziehung abschätzen. Dies soll am Beispiel eines dünnwandigen hülsenförmigen Formteils erklärt werden [15.7] (siehe Ablaufdiagramm Bild 15.9).

Der Kern im Formteil behindert die Schwindung der Formmasse, sodass in den Querschnitten des Formteils Spannungen aufgebaut werden, die ihrerseits an den schwindungsbehinderten Flächen zu Normalkräften führen. Direkt mit der Entformung können sich diese gespeicherten energieelastischen Kräfte spontan zurückbilden. Dieses spontane Zusammenziehen des Formteils in Umfangs- bzw. Durchmesserrichtung bewirkt eine messbare Verkleinerung des Innendurchmessers der Hülse. Die relative Verkleinerung des Innendurchmessers des Formteils (gleich der relativen Umfangsänderung des Teils) zum Entformungszeitpunkt t_E ist:

$$\frac{\Delta d_{(t_E)}}{d_k} = \Delta U_r\left(t_E\right) = \frac{d_K - d_i\left(t_E\right)}{d_K} \qquad (15.2)$$

Hierbei bedeuten

ΔU_R relative Umfangsänderung,
d_K Kerndurchmesser und
$d_i(t_E)$ Innendurchmesser der Hülse unmittelbar nach Entformung.

Die direkt nach der Entformung gemessene Umfangsreduzierung steht in unmittelbarem Zusammenhang mit der Zugspannung, die im Formteilquerschnitt vorlag, als das Teil noch auf dem Kern war. Man kann sie einfach berechnen, da bei den hier im Verhältnis zum Innendurchmesser dünnwandigen Hülsen die Kesselformel angewendet werden kann, sodass man die Querkontraktionszahl nicht berücksichtigen muss (Bild 15.6).

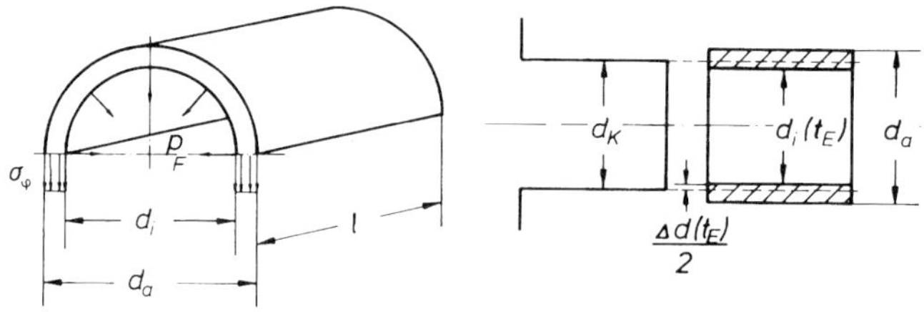

Bild 15.6 Ermittlung der Entformungskraft an der Hülse [15.7]

Allgemein gilt:

Hookesches Gesetz

$$\sigma = E \cdot \varepsilon \tag{15.3}$$

$$\varepsilon = \frac{\Delta l}{l} \tag{15.4}$$

bzw. hier (vgl. Bild 12.7)

$$\varepsilon = \frac{\Delta d}{d_K} = \Delta U_r \tag{15.5}$$

$$\sigma_\varphi = \Delta U_r \cdot E(\vartheta) \tag{15.6}$$

und über die *Kesselformel*

$$\sigma_\varphi = \frac{p_F \cdot d_K}{2 \cdot s_F} = \frac{p_F \cdot r_K}{s_F} \tag{15.7}$$

$$p_F = \frac{\sigma_\varphi \cdot s_F}{r_K} = E(\vartheta) \frac{s_F}{r_K} \Delta U_r \tag{15.8}$$

mit s_F Formteilwanddicke und r_K Radius des Kerns.

Über den Reibungsbeiwert erhält man hieraus die zum Entformen notwendige Kraft.

$$F_E = \mu \cdot p_F \cdot A_F \tag{15.9}$$

$$F_E = \mu \cdot E(\bar{\vartheta}_E) \cdot \frac{\Delta d(t_E)}{d_K} \cdot \frac{s_F}{r_K} \cdot d_K \cdot \pi \cdot l \tag{15.10}$$

Unter F_E wird hier immer die bei Beginn der Abschiebebewegung notwendige „Losbrechkraft“ verstanden, bei der Haftreibung vorliegt. Diese reine Entformungskraft beinhaltet lediglich die Kraft zur Entformung des Teils, ohne die Reibung im Auswerfersystem zu berücksichtigen.

Je nach Werkzeuggröße und Art des Entformungssystems sind die unterschiedlich hohen Reibungskräfte im Auswerfersystem $\sum F_R$ zu diesen Entformungskräften zu addieren, wenn man den Gesamtkraftbedarf im Übergangsbereich Maschinenauswerfer/Entformungssystem des Werkzeugs errechnen will (Auswahl der Maschine nach ausreichender Entformungskraft).

Bei einer Fachzahl *n* errechnet sich der Entformungskraftbedarf mit

$$F_{\text{Masch./Auswerfer}} = n \cdot F_E + \sum F_R \tag{15.11}$$

Die Anwendung dieser Methode z. B. auf eine Hülse aus ABS (d_K = 38 mm; d_a = 46 mm; l = 30 mm) führt zu dem in Bild 15.7 dargestellten Ergebnis [15.7].

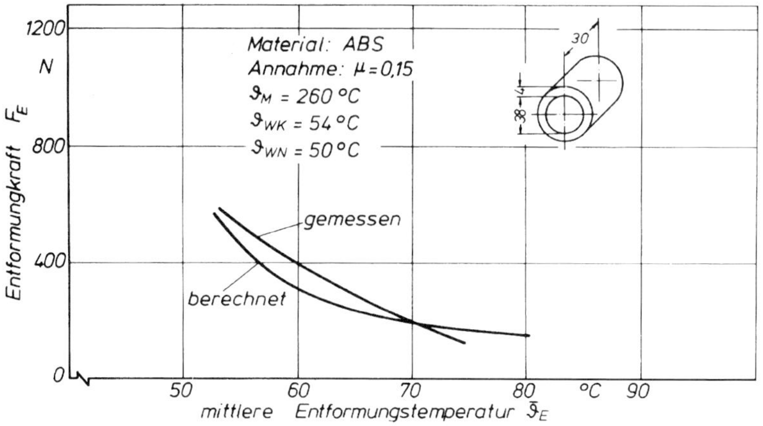

Bild 15.7 Entformungskraft an der Hülse (Messung und Abschätzung) [15.7]

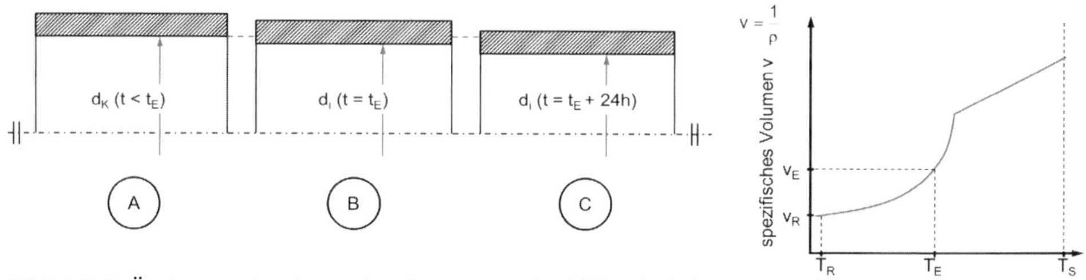

Bild 15.8 Änderung des Innendurchmessers der Hülse bei der Entformung vom Kern zu unterschiedlichen Zeitpunkten nach der Herstellung [15.7]:
A: sofort nach der Entformung
B: nach dem Abschieben
C: 24 h nach der Entformung

Da der Konstrukteur meist die unmittelbar nach Entformung vorliegende Durchmesseränderung nicht kennt, kann er mit den Angaben der Längenschwindung (Rohstoffhersteller) die Durchmesseränderung errechnen und als Startwert für die Berechnung (Bild 15.8) wie folgt verwenden:

Bei Ⓐ ist das Werkzeug aufgefahren, die Hülse sitzt noch auf dem Kern und übt die durch die Abkühlung erzeugte Flächenpressung aus. Ⓑ gibt den Zustand unmittelbar nach Entformung wider. Durch die spontane energieelastische Verformung ergibt sich eine Durchmesserverkleinerung:

$$\Delta d_r = \frac{d_K - d_i(t_E)}{d_K} \tag{15.12}$$

Den Zuständen Ⓐ und Ⓑ entspricht im p-v-T-Diagramm ein- und derselbe Punkt auf der 1-bar-Linie bei T_E, da sich die beiden Zustände thermodynamisch nicht voneinander unterscheiden. Durch die Abkühlung auf Raumtemperatur ergibt sich der

Zustand ©, für den man aus dem p-v-T-Diagramm eine entsprechende zusätzliche Volumenschwindung ΔV ablesen kann. Um vom leicht messbaren Zustand Ⓑ auf den Zustand © zu schließen, geht man nun wie folgt vor:

Für Hülsen, die bei bekannter mittlerer Formteiltemperatur entformt werden, entnimmt man dem p-v-T-Diagramm die zusätzliche relative Volumenschwindung:

$$\Delta s_{\mathrm{V}} = \frac{V(T_{\mathrm{E}}) - V(T_{\mathrm{U}})}{V(T_{\mathrm{E}})} \tag{15.13}$$

Aus Versuchen hat sich für verschiedene Thermoplaste und Hülsen mit je 4 mm Wanddicke ergeben, dass die relative Umfangsschwindung zur relativen Volumenschwindung in einem für alle Arten von Thermoplasten konstanten Verhältnis steht [15.7]:

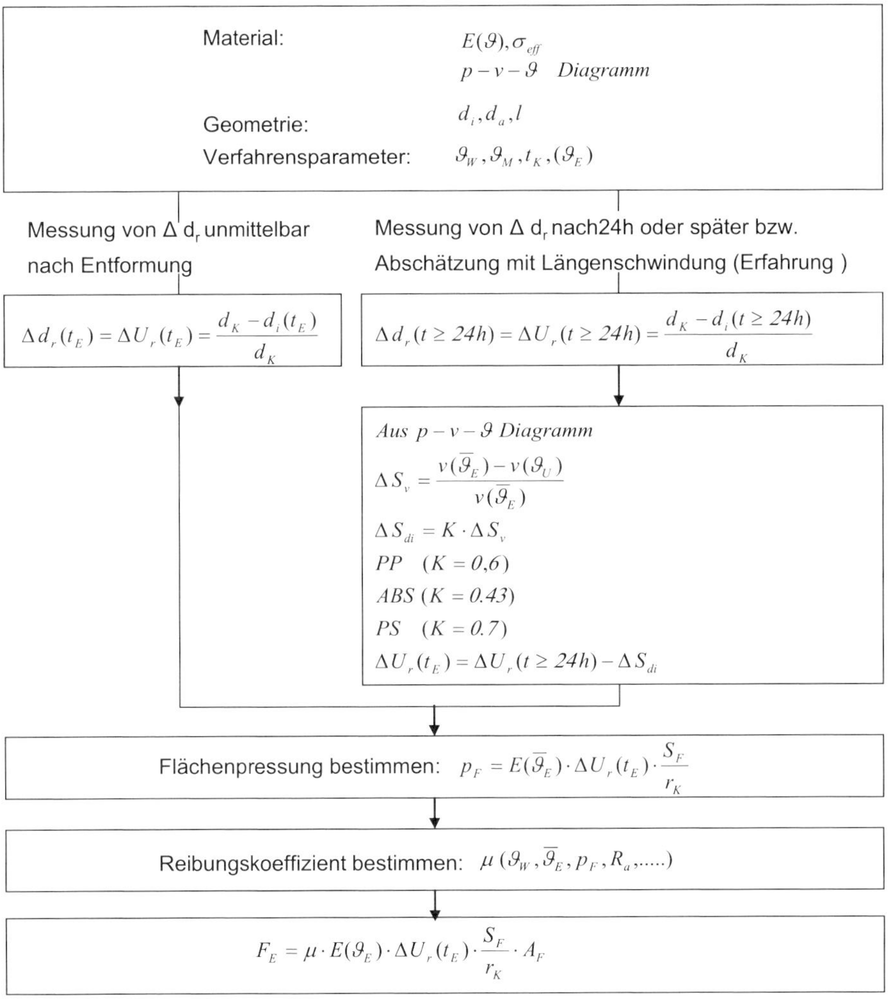

Bild 15.9 Schema zur Ermittlung der Entformungskräfte bei Hülsen (siehe Bild 15.6) [15.7]

$$\frac{\Delta d_r \left| \frac{t_E + 24\ \text{h}}{t_E} \right.}{\Delta s_V} = K \qquad (15.14)$$

für ABS $K \sim 0{,}43$
für PS $K \sim 0{,}7$ (und $s_F = 4$ mm)
für PP $K \sim 0{,}6$

Daraus ergibt sich die Vorgehensweise zur Abschätzung der Entformungskräfte wie in Bild 15.9 dargestellt [15.7].

15.2.2.3 Rechteckige Hülsen

Obwohl die oben genannten analytischen Berechnungsansätze von idealen zylindrischen Hülsen ausgehen, können damit auch die Entformungskräfte für rechteckige Hülsen näherungsweise abgeschätzt werden. Zwischen offenen zylindrischen und rechteckigen Hülsen gleicher Wanddicke besteht nach der Abschätzmethode (Abschnitt 15.2.2.2) z. B. das Verhältnis:

$$F_{E\bigcirc} / F_E \approx 0{,}785 \qquad (15.15)$$

Bei rechteckigen Hülsen besteht bei genauerer Betrachtung ein Zusammenhang zwischen der Diagonale (und Seitenlängen-Verhältnis) sowie dem Durchmesser der zylindrischen Hülse, sodass das oben genannte Rechenprogramm auch für Rechteck-Hülsen anwendbar ist [15.13]. Dies kann man sich allgemein zunutze machen, indem man eine rechteckige Hülse wie eine runde betrachtet und anstelle des Radius der Hülse die Diagonale der rechteckigen Hülse ansetzt. Damit lässt sich auch die einfache Methode für rechteckige Hülsen anwenden.

15.2.2.4 Konische Hülsen

Für leicht konische Hülsen kann die Ermittlung der Flächenpressung p_F mit dem mittleren Durchmesser wie bei zylindrischen Hülsen vorgenommen werden (wie in Bild 15.9 schematisch dargestellt). Wie stark sich durch die Konizität eine Reduzierung der Entformungskraft erreichen lässt, zeigt Bild 15.10. Aufgetragen ist das Verhältnis der Entformungskraft der konischen Hülse zur zylindrischen. Man erkennt, dass bei konstanter Konizität mit einem kleineren Reibungskoeffizienten eine stärkere Reduzierung der Entformungskraft erreichbar ist.

Die Konizität ist aber nicht nur aus Gründen der Reduzierung der Entformungskraft wichtig, sondern sie garantiert auch, dass nur über kurze Wege eine Haftung zwischen Formteil und Kern auftritt (geringere Beschädigung, da weniger Arbeitsaufnahme) [15.5].

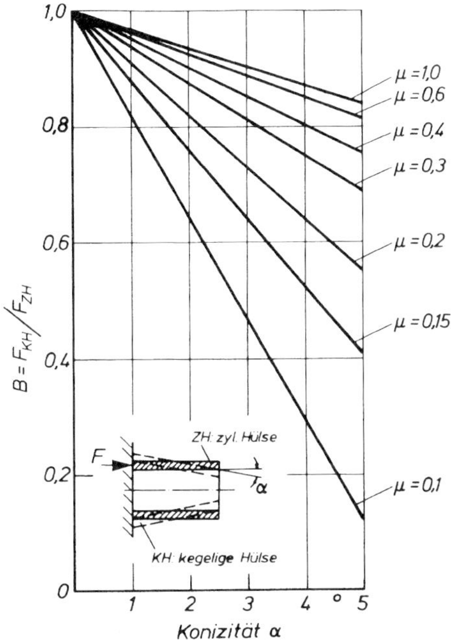

Bild 15.10 Abschätzung der Entformungskraft von konischen Hülsen [15.9]

15.2.2.5 Zusammenstellung verschiedener Grundfälle

Die in Bild 15.11 angegebenen Beziehungen für die Abschätzung von Entformungskräften werden ausgehend von den Überlegungen in den Abschnitten 15.2.2.2 und 15.2.2.3 entwickelt. Sie ermöglichen in der Praxis eine sichere Abschätzung.

Geometrie	Abschätzung der Entformungskräfte bzw. -momente
Zylindrische Hülse offen 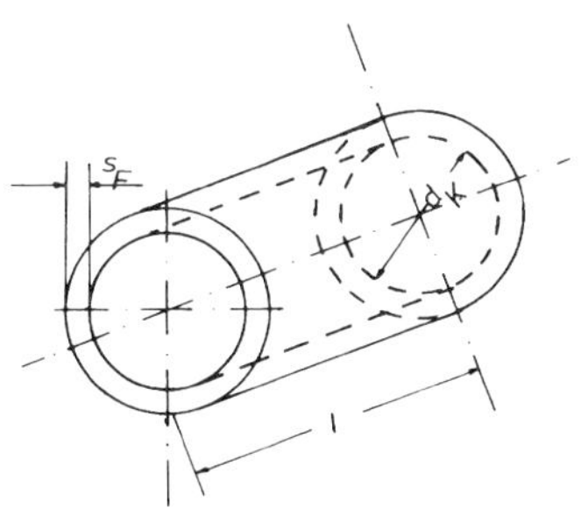 	Aus Bild 11.10 $F_E \approx \mu \cdot E(\bar{\vartheta}_E)\left[\frac{s_l(\%)}{100} - K \cdot \Delta s_v\right] 2 s_F \pi l$ $s_l \equiv \Delta d_r$ ($t \geqq 24$ h) s_l: Schwindung des Innendurchmessers ($t \geqq 24$) PP: $K \approx 0{,}6$ ABS: $K \approx 0{,}43$ PS: $K \approx 0{,}7$ $\Delta s_v = \frac{v(\bar{\vartheta}_E) - v(\vartheta_v)}{v(\bar{\vartheta}_E)}$ $v(\bar{\vartheta}_E)$; $v(\vartheta_v)$: spez. Volumen aus p, v, T-Diagramm Wenn $K\Delta s_v$ nicht bekannt ist, dann Term weglassen; damit ist ein absoluter Maximalwert für F_E abschätzbar

Bild 15.11 Abschätzung der Entformungskraft von konischen Hülsen [15.5]

Geometrie	Abschätzung der Entformungskräfte bzw. -momente
Zylindrische Hülse geschlossen 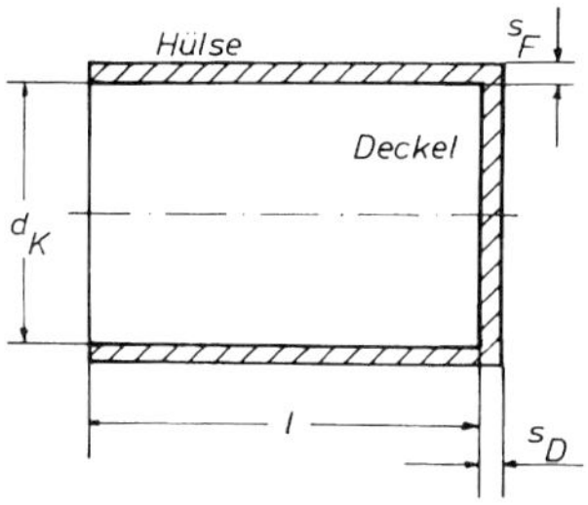 	a) mit Kernentlüftung $F_E \approx \mu E(\bar{\vartheta}_E)\left[\frac{s_l(\%)}{100} - K\Delta s_v\right]\cdot\left[2\pi s_F l + \frac{d_K \pi s_D}{1-\nu}\right]$ b) ohne Kernentlüftung $F_E \approx \mu E(\bar{\vartheta}_E)\left[\frac{s_l(\%)}{100} - K\Delta s_v\right]\cdot\left[2\pi s_F l + \frac{d_K \pi s_D}{1-\nu}\right] + \frac{d_K^2 \pi}{4} p_u$ p_u: Unterdruck ($p_{u\,max} = 1$ bar)
Rechteckhülse offen 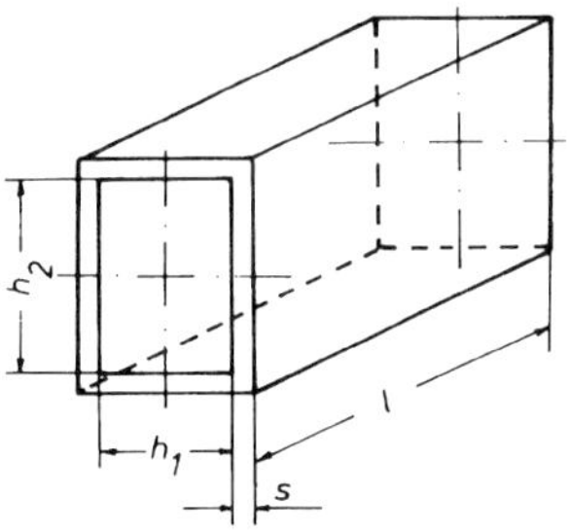 	$F_E \approx \mu E(\bar{\vartheta}_E)\left[\frac{s_l(\%)}{100} - K\Delta s_v\right] 8 s l$
Rechteckhülse geschlossen 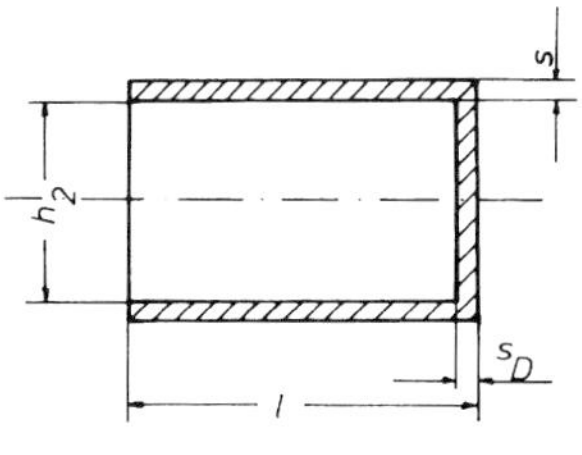 *h_1: siehe vorstehendes Bild*	a) mit Kernentlüftung $F_E \approx \mu E(\bar{\vartheta}_E)\left[\frac{s_l(\%)}{100} - K\Delta s_v\right]\cdot\left[8 s l + \frac{2 \cdot s_D (h_1 + h_2)}{1-\mu}\right]$ b) ohne Kernentlüftung $F_E \approx \mu E(\bar{\vartheta}_E)\left[\frac{s_l(\%)}{100} - K\Delta s_v\right]\cdot\left[8 s l + \frac{2 \cdot s_D (h_1 + h_2)}{1-\mu}\right]$ $+ h_1 h_2 p_u$ p_u: Unterdruck ($p_{u\,max} = 1$ bar) h_1: siehe vorstehendes Bild

Bild 15.11 (*Fortsetzung*) Abschätzung der Entformungskraft von konischen Hülsen [15.5]

Geometrie	Abschätzung der Entformungskräfte bzw. -momente
Gewindehülse Sägengewinde 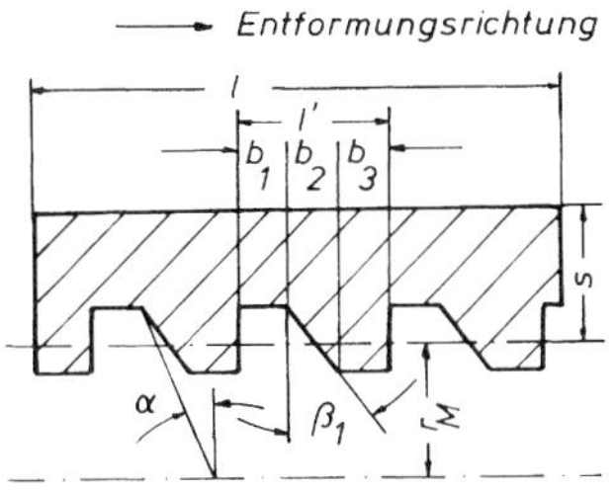 α: Steigungswinkel β_1: Flankenwinkel	Es werden 2 Schwindungsfälle angenommen, wobei das größte Drehmoment für die Auslegung entscheidend ist Fall 1 Gewindehülse stützt sich auf den äußeren Stegen ab 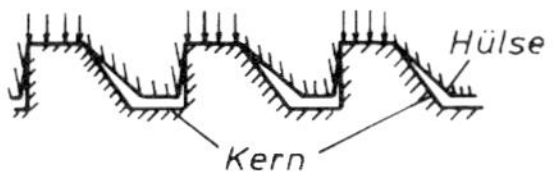 *Drehmoment-Haftung* $M_{EH} = \mu_M 2 r_M^2 \pi l p_F$ $p_F = E(\vartheta_E)\left[\frac{s_1(\%)}{100} - K \Delta s_v\right] \frac{s_F}{r_M}$ μ_H: Haftreibungskoeffizient *Drehmoment-Gleiten* $M_{EG} = \frac{2 \pi l r_M^2 p_F}{\frac{\cos\alpha}{\mu_G} - \frac{\sin\alpha}{\cos\beta_1}(1 - \sin\beta_1)}$ μ_G = Gleitreibungskoeffizient Fall 2 Gewindehülse stützt sich auf dem gesamten Kern gleichmäßig ab. 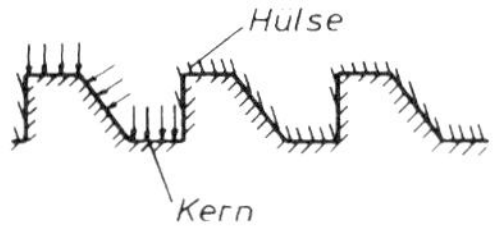 *Drehmoment-Haftung* $M_{EH} \approx \frac{2 \pi l r_M^2 p_F \left[b_1 + b_2 + b_3\left(\frac{1 + \cos\beta_1}{\sin\beta_1}\right)\right]}{l'\left(\frac{\cos\alpha}{\mu_H} - \frac{\sin\alpha}{\cos\beta_1}\right)}$ *Drehmoment-Gleiten* Wie zuvor, jedoch muss antelle des Haftreibungskoeffizient μ_H der Gleitreibungskoeffizient μ_G verwendet werden.

Bild 15.11 (*Fortsetzung*) Abschätzung der Entformungskraft von konischen Hülsen [15.5]

15.2.3 Entformungskraft für komplexe Formteile am Beispiel eines Lüfterrades

Wie die bisher vorgestellte Methode zur Ermittlung von Entformungskräften an Hülsen auf komplexere Teile angewendet werden kann, soll am Beispiel eines fünfflügeligen Lüfterrads gezeigt werden. Ähnlich können beliebige Formteile mit unterschiedlicher Gestalt und Geometrie behandelt werden [15.14].

Der Unterschied zu dem hülsenförmigen Formteil besteht darin, dass durch Rippen, Deckel und Innennabe die Entformungskrafthöhe beeinflusst wird. In Bild 15.12 sind schematisch das Lüfterrad und die Aufteilung in Grundgeometrien zur Abschätzung der Entformungskraft dargestellt.

Der Hülsenbereich des Lüfterrades ist bestimmend für die Entformungskraft. Ist der Durchmesserunterschied Formteil/Kern aus Erfahrung bekannt, so kann die Entformungskraft, wie in Abschnitt 15.2.2.2 dargestellt, abgeschätzt werden. Andernfalls kann durch Simulation des Spritzgießprozesses eine Vorhersage der Schwindung des entformten Bauteilts getroffen werden.

Bei dem hier vorliegenden Lüfterrad (5 Flügel) wird zunächst eine Aufteilung der Geometrien in Grundgeometrien vorgenommen (Bild 15.12).

Bei der Berechnung der Entformungskraft werden die Außenhülse, die fünf Rippen und der Deckel berücksichtigt. Dabei kann die kleine innere Hülse eher vernachlässigt werden als der Deckel des Lüfterrads. Durch folgende Überlegung kann

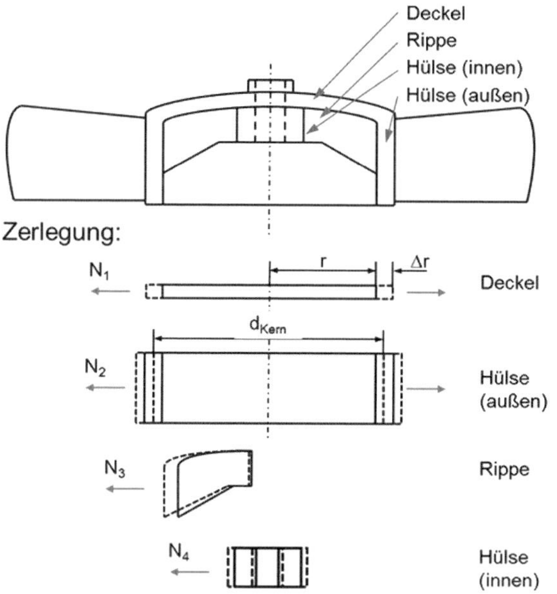

Bild 15.12 Zerlegung eines Lüfterrades zur Ermittlung der Entformungskraft [15.14]

man sich die Kraftabschätzung klar machen. Sitzt das Formteil noch auf dem Kern (Zustand 1), so wird von diesem eine Gesamtkraft auf den Hülseninnenmantel übertragen; es herrscht ein Kräftegleichgewicht. Direkt mit der Entformung fällt diese Kraft weg, das Formteil verkleinert seinen Durchmesser unmittelbar (Zustand 2). Dabei verringert sich auch die Länge der Rippe und der Durchmesser des Deckels; insgesamt herrscht wieder ein Kräftegleichgewicht.

Berechnet man nun die Kraft zur entsprechenden Dehnung der Rippe und der Hülse (bzw. auch des Deckels), so ist die Summe dieser Kräfte gleich der durch den Kern auf das Formteil in Zustand 1 übertragenen Kraft. Genau diese Kraft ist zusammen mit einem Reibungsbeiwert verantwortlich für die Entformungskraft.

Ausgehend von der Längenschwindung S_1, hier bei Polypropylen ca. 1,5 %, lässt sich der Durchmesserunterschied Hülse/Kern näherungsweise berechnen:

$$\Delta d\left(t \geq 24 \text{ h}\right) = d_K \cdot \frac{S_l}{100} \tag{15.16}$$

d_K Kerndurchmesser

S_l prozentuale Längenschwindung

Mit d_K = 74,2 mm und S_l = 1,5 % erhält man:

$$\Delta d\left(t \geq 24 \text{ h}\right) = 1{,}113 \text{ mm} \tag{15.17}$$

Zum Vergleich wurden an mehreren Lüfterrädern Durchmesserunterschiede nach 24 h gemessen, sie betrugen im Mittel 1,1 mm. Mit diesem Startwert kann die Entformungskraft berechnet werden.

Neben der Außenhülse müssen aber auch die fünf Rippen und der Deckel berücksichtigt werden. Die Entformungskraft errechnet sich mit:

$$F_E = \mu \cdot N \tag{15.18}$$

und die Normalkraft ist:

$$N = N_{\text{Hülse}} + N_{\text{Rippen}} + N_{\text{Sockel}} \tag{15.19}$$

wobei näherungsweise gilt:

$$N = p_F \cdot d_K \cdot \pi \cdot l + 5 \cdot E\left(\bar{\vartheta}_E\right) \frac{d_K - d_l\left(t_E\right)}{2 l_R} b_R \, s_R + N_{\text{Deckel}} \tag{15.20}$$

mit:

Kerndurchmesser (Hülse):	d_K	=	74,2 mm
Wanddicke der Hülse:	s	=	2,3 mm
Länge der Hülse:	l	=	29,8 mm

Wanddicke des Deckels:	s_D	=	2,00 mm
Länge der Rippe:	l_R	=	31,0 mm
Breite der Rippe:	b_R	=	12,0 mm
Wanddicke der Rippe:	s_R	=	1,5 mm

$$N_{\text{Hülse}} = p_F \cdot d_K \cdot \pi \cdot l \quad \text{und} \quad d_i(t_E) \tag{15.21}$$

können mit dem Ablaufschema in Bild 15.9 bestimmt werden. Die mit den Gleichungen 15.17 und 15.19 abgeschätzten Entformungskräfte sind in Bild 15.13 dargestellt. Da bei dem vorliegenden Werkzeug im Kern eine Entlüftung vorgesehen war, trat hier keine zusätzliche Abschiebekraft aus Gründen des Unterdrucks auf. Sie ist bei anderen Konstruktionen ggf. zu berücksichtigen.

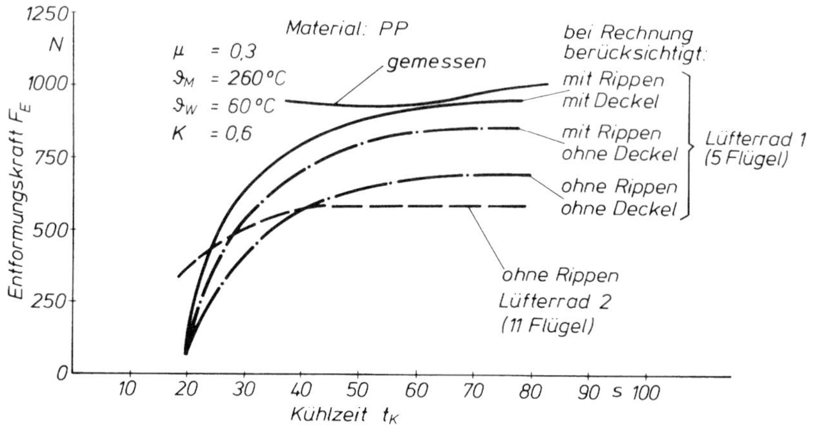

Bild 15.13 Entformungskraft an dem Lüfterrad nach Abschätzung und Messung [15.14]

Die Überprüfung der Abschätzmethode in Versuchen zeigt ebenfalls Bild 15.13. Die Entformungskraft auch bei langen Kühlzeiten wird mit der Methode ausreichend genau berechnet.

Wie stark Außenhülse, Rippe und Deckel nach der Abschätzmethode zur Entformungskraft beitragen, ist gleichfalls in Bild 15.13 zu sehen.

Für die Flächenpressung unter Auswerferkraft am Lüfterrad gilt weiterhin:

$$p = \frac{F}{A} \tag{15.22}$$

und mit Auswerferstiften:

$$p_A = \frac{V \cdot F_{E\,max} \cdot 4}{z \cdot D^2 \cdot \pi} \tag{15.23}$$

mit:

p_A Flächenpressung
V Sicherheitsbeiwert (1,5)
z Anzahl der Auswerferstifte (4)
D Durchmesser der Auswerferstifte (8 mm)

Für $F_{Emax} \sim 1\,000$ N (Bild 15.13) wird damit

$$p_A = 7{,}46 \text{ N/mm}^2$$

Diese berechnete Flächenpressung muss mit einer zulässigen verglichen werden, die vom Kunststofftyp, von der Wanddicke des Formteils, der Entformungstemperatur und der Gesamtsteifigkeit des zu entformenden Teils abhängt. Daher soll zunächst die relative Eindringtiefe unter der Auswerferkraft ermittelt werden.

Mit:

$$\sigma = E \cdot \varepsilon \quad \text{und} \quad \varepsilon = \Delta \frac{l}{l_0} = \Delta \frac{s}{s_D} \tag{15.24}$$

gilt hier näherungsweise:

$$\Delta s = \frac{p_A \cdot s_D}{E\left(\bar{\vartheta}_E\right)} \tag{15.25}$$

mit:
Δs Eindringtiefe
s_D Wanddicke (2 mm)

Damit wird: $\Delta s = 0{,}021$ mm bzw. es gilt:

$$\varepsilon = \frac{\Delta s}{s_D} 100\,\% = 1{,}05\,\% \tag{15.26}$$

Die geringen Werte von Δs und ε zeigen, dass keine Probleme zu erwarten sind.

Schließlich ist auch die Knickung der Auswerferstifte unter Werkzeuginnendruck zu berücksichtigen.

Nach Bild 15.25 und unter der Annahme von z. B.:

- $P_{W\,max}$ = 1 000 bar und
- D_A = 8 mm

ist die Knicklänge 280 mm, die in der Konstruktion zu unterschreiten ist.

15.2.4 Numerische Berechnung von Entformungsvorgängen (bei Elastomerformteilen)

Zur mechanischen Auslegung und Dimensionierung von Spritzgussformteilen hat sich die Finite-Elemente-Methode (FEM) als ein leistungsfähiges Hilfsmittel des Konstrukteurs erwiesen [15.16]. Zur numerischen Berechnung von Entformungsvorgängen thermoplastischer Spritzgussformteil wird die FEM allerdings selten eingesetzt. Der maßgebliche Grund hierfür ist, dass die Reibverhältnisse zwischen Werkzeugwand und Formteiloberfläche wie in Abschnitt 15.2.2.1 dargestellt von einer Vielzahl an Faktoren beeinflusst werden. Daher können die Reibverhältnisse während der Formteilkonstruktion oftmals nur abgeschätzt werden, sodass auch die FEM nur überschlägige Berechnungsresultate erzielen kann. Die Simulation der Entformungskräfte setzt voraus, dass das mechanische Verhalten des Kunststoffs in Abhängigkeit der Temperatur beschrieben werden kann. Dem Aufwand für die FEM-Berechnungen steht daher nicht immer ein ausreichender Nutzen gegenüber.

Bei Formteilen aus Elastomeren kann hingegen die FEM wichtige Hilfestellung bei der Beurteilung von Entformungsvorgängen bieten. Elastomere zeichnen sich im Gegensatz zu Thermoplasten durch eine hohe Elastizität aus. Diese besondere Werkstoffeigenschaft wird nicht nur beim technischen Einsatz der Formteile ausgenutzt. Bei der Herstellung von Gummiformteilen mit Hinterschnitt im Urformverfahren (z. B. Spritzgießen, Transfer-Molding) erfolgt in vielen Fällen eine Entformung ohne Beseitigung der Hinterschneidung des Werkzeugs, d. h. ohne dass der Hinterschnitt durch Schieber oder Backen freigelegt werden muss. Diese Art der Entformung ist aufgrund des hohen Deformationsvermögens von Elastomeren möglich. Die daraus resultierende kostengünstige Produktion von Formteilen mit Hinterschnitt eröffnet dem Konstrukteur zusätzliche gestalterische Freiheit, die in der Praxis vielfach Anwendung findet. So stehen eine Vielzahl von Gummibauteilen in der technischen Anwendung, deren Geometrien Hinterschneidungen aufweisen (z. B. Radialwellendichtringe, Federelemente von PKW-Motorlagern, Faltenbälge).

Jedoch wird auch für Elastomere die Entformbarkeit von Hinterschneidungen durch die maximal ertragbaren Werkstoffbeanspruchungen begrenzt. Die während des Entformungsvorgangs im Formteil tatsächlich auftretenden, lokalen Spannungen und Dehnungen sind hierbei von folgenden Einflussparametern abhängig:

- Hinterschnittgeometrie,
- Elastomerwerkstoff,
- Reibverhältnisse zwischen Formteil und Werkzeugwand,
- Verarbeitungsprozessparameter
- Art und Weise der Krafteinwirkung der Entformungsvorrichtung auf das Formteil (z. B. durch Auswerfersystem oder Handhabungsgerät).

Tritt eine Überbeanspruchung des Elastomerwerkstoffes bei der Entformung auf, kann dies das sofortige Versagen des Formteils zur Folge haben (z. B. durch Einreißen des Formteils im Bereich des Hinterschnitts), oder aber es kommt zu einer Vorschädigung, sodass das Formteil den Anforderungen beispielsweise bezüglich der Lebensdauer oder maximal ertragbarer Belastungen nicht mehr genügt. Die Auslegung von Gummibauteilen kann demnach nicht nur mit Blick auf die Belastungen im praktischen Einsatz erfolgen. Schon im Konstruktionsprozess ist auch die Entformbarkeit von Hinterschneidungen zu überprüfen. Dabei treten bei der Entformung zumeist völlig andersartige Beanspruchungen auf als bei der Belastung des Bauteils im praktischen Einsatz.

Die Dimensionierung der Hinterschneidungen basiert trotz der vorhandenen Möglichkeiten zu Simulation auch derzeit noch oftmals auf dem individuellen Erfahrungswissen der Konstrukteure oder erfolgt im *„Trial- and Error-Verfahren"*. Dabei wird das Potenzial des Werkstoffs Gummi oft nicht voll ausgeschöpft, oder es werden bei der Entformung teilweise unbemerkt Schädigungen in das Formteil eingebracht. Mithilfe von FE-Berechnungen wird der Formteilkonstrukteur hingegen in die Lage versetzt, den maximal möglichen Hinterschnitt in Abhängigkeit von Geometrie, Werkstoff und Entformungskinematik abschätzen zu können. Als Motivation für die Anwendung der FEM auf diese Problemstellung ist, dass die FEM bereits in der Konstruktionsphase auch auf komplexe Geometrien anwendbar und die Simulation von lokalen Beanspruchungsspitzen im Bauteil bei großen Verformungen, Reibkontakt und nichtlinearem Materialverhalten möglich ist.

Die Möglichkeiten bei der Entformungssimulation mit der FEM und deren Nutzen werden im Folgenden am Beispiel der Dimensionierung eines Radialwellendichtrings erläutert, dessen Geometrie in Bild 15.14 dargestellt ist. Bei einer bestimmten Radialwellendichtringentformung kam es bei einer erheblichen Formteilanzahl (bis

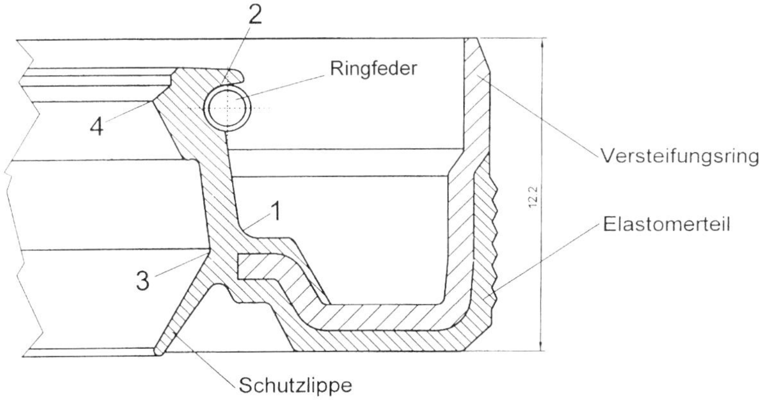

Bild 15.14 Querschnitt des Radilwellendichtrings mit den bei der Entformung auftretenden Schadensstellen. Schadensstellen bei der Entformung: 1 bis 4 (in der Reihenfolge der Schadenshäufigkeit)

zu 30 %) zu lokalen Rissbildungen. Die Schadenszonen korrelierten dabei mit den Hinterschnittbereichen. Sie sind in Bild 15.14 an der Formteilgeometrie mit den Postionen 1 bis 4 markiert.

Der Radialwellendichtring wird in einem automatisierten Spritzgießprozess hergestellt. Das hierzu verwendete Werkzeug ist in Bild 15.15 (Ausgangssituation) schematisch dargestellt. Es besteht aus vier Teilen, dem Oberteil (Pos. 1), dem Mittelteil (Pos. 3) sowie dem Unterteil (Pos. 2b) mit Dorn (Pos. 2a). Die Entformung beginnt mit dem Hochfahren des Oberteils. Danach wird das Unterteil mit dem Dorn nach unten gefahren. Die Verfahrgeschwindigkeit der Werkzeugteile beträgt hierbei ca. 0,02 m/s. Der Radialwellendichtring verbleibt in beiden Schritten in seiner Position im Mittelteil. Dieser wird nun in den Handhabungsbereich der Maschine geschwenkt, wo der Dichtring mit einem Schieber aus der Form gedrückt wird.

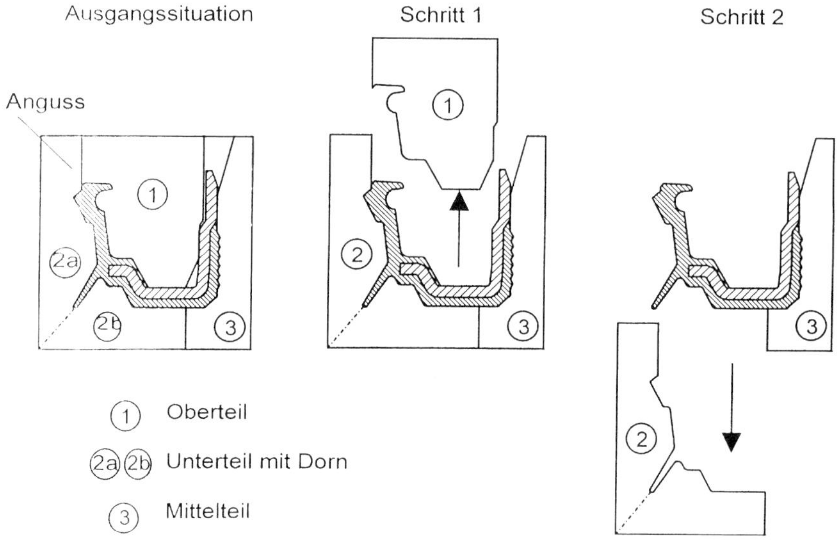

Bild 15.15 Entformungsvorgang für den Radialwellendichtring

Dieser Entformungsvorgang wird mithilfe der FEM simuliert [15.17]. Das Bild 15.16 zeigt exemplarisch die Ergebnisse der Verformungssimulation für das Verfahren des Werkzeugunterteils und des Dorns mit der Schutzlippe als Hinterschnitt. Weitere Ergebnisse der FEM-Analyse sind die Spannungs- und Dehnungsverteilungen im Bauteil. Dabei fallen die Orte der ermittelten Beanspruchungsspitzen mit den in der Praxis beobachteten Rissbildungszonen (Innenseite der Ringfederaufnahme und Schutzlippenanbindung (Bild 15.14) zusammen. Die berechneten Maximalspannungen und Maximaldehnungen erreichen die im Schnellzerreißversuch ermittelten Festigkeitsgrenzen des verwendeten Elastomerwerkstoffes bzw. übersteigen diese. Mithilfe der FE-Analyse kann somit ein Versagen des Formteils bei der Entformung vorhergesagt werden.

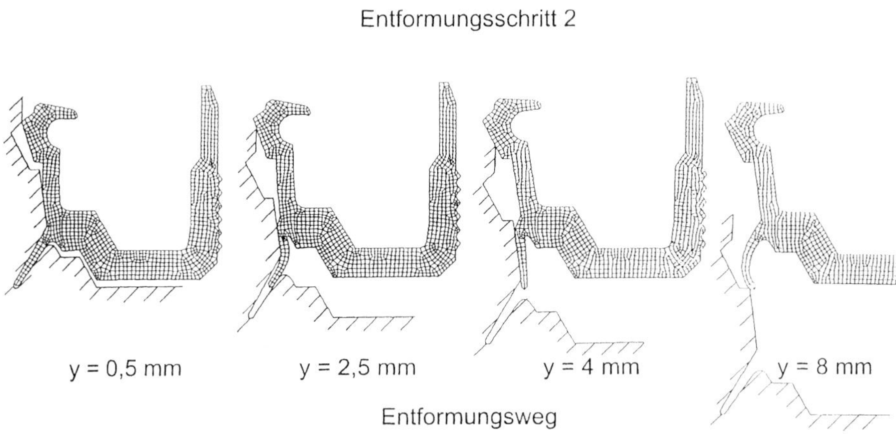

Bild 15.16 Berechnete Verformungen des Bauteilquerschnitts bei der Entformung des Werkzeugoberteils (zum Formteil aus Bild 15.14)

Die durch das Formteil auf die Werkzeugwand ausgeübten Entformungskräfte können ebenfalls berechnet werden, sofern die Höhe des Gleitreibungskoeffizienten ausreichend genau bekannt ist. Bild 15.17 zeigt die Reaktionskraftverläufe für den simulierten Entformungsvorgang. Das Entformungsstadium, bei dem die Reaktionskraft maximal wird, korreliert mit dem Zeitpunkt maximaler innerer Bauteilbeanspruchungen. Auf diese Weise ist das Auffinden der kritischsten Phase des Entformungsvorgangs möglich.

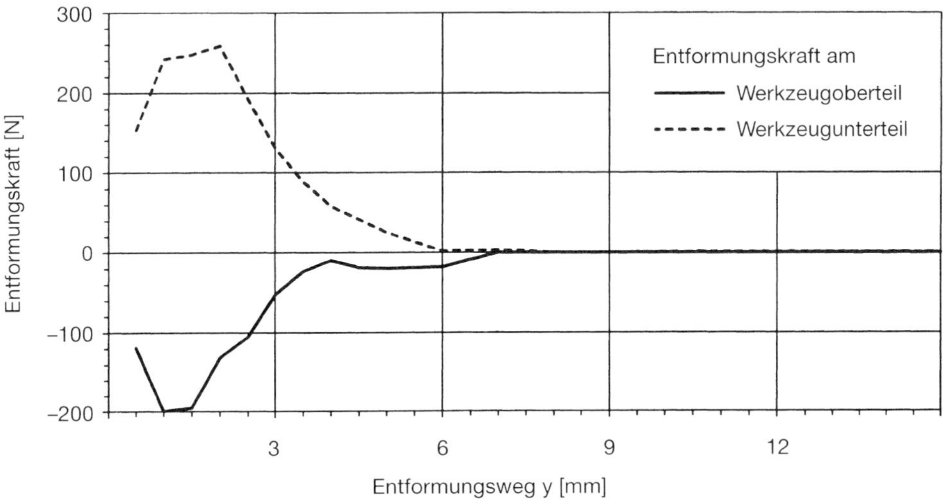

Bild 15.17 Berechnete Entformungskräfte am Werkzeugober- und unterteil (zum Formteil aus Bild 15.14)

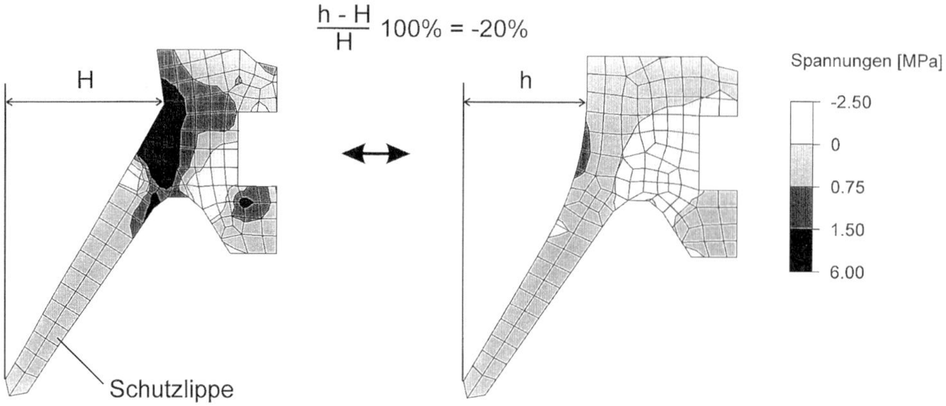

Bild 15.18 Verringerung der Werkstoffbeanspruchung bei der Entformung durch Gestaltsoptimierung (zum Formteil aus Bild 15.14)

Zur Vermeidung des Formteilversagens bei der Entformung werden mit der FEM Verfahrens- und Geometrievarianten berechnet. Mit einer Umkehr der Auffahrfolge des Werkzeugs (zunächst Entformung des Unterteils danach des Oberteils) wird keine Verbesserung erzielt (dies bestätigte sich auch in der Praxis). Dagegen ermöglichen geringfügige Änderungen der Hinterschnittgeometrien ein erhebliches Absenken der Beanspruchungsspitzen. Wird z. B. der Hinterschnitt der Schutzlippe um 20 % verringert, ohne die Schutzlippe zu verkürzen, liegen die Spannungsspitzen unterhalb der Reißspannung (Bild 15.18).

15.2.5 Abschätzung der Öffnungskräfte

Die Öffnungskräfte sind bei einwandfreier Konstruktion ausreichend klein, sodass keine Produktionsstörungen oder Beschädigungen an Werkzeug oder Formteil entstehen. Da Öffnungskräfte somit normalerweise nicht auftreten sollten, wird hier auf die Vorstellung der in der Literatur vorgeschlagenen Berechnungsmethode verzichtet. Sie kann bei Bedarf der Literatur [15.5] entnommen werden.

Für den praktischen Gebrauch, wenn trotzdem Probleme dieser Art bei Inbetriebnahme des Werkzeugs auftreten sollten, wird empfohlen, folgende Maßnahmen zu ergreifen:

1. Absenken des Spritzdruckes auf den niedrigsten zur Füllung der Kavität notwendigen Spritzdruck. Wenn das Formteil jetzt einwandfrei entformt werden kann, dann Steigerung des Spritzdruckes bis kurz bevor wieder Probleme auftreten.
2. Wenn Methode 1 nicht ausreicht, ist das Werkzeug zu schwach und muss verstärkt bzw. geändert werden. Hierzu errechnet man die notwendigen Abmessungen mit den in Kapitel 12 angegebenen Formeln für die kritischen Bereiche.

15.2.5.1 Zustandsverlauf im p-v-T-Diagramm bei unterschiedlichen Werkzeugsteifigkeiten

In Bild 15.19 ist qualitativ der Zustandsverlauf bei unterschiedlichen Werkzeugsteifigkeiten (senkrecht zur Schließrichtung) dargestellt. Die Darstellung ist etwas vereinfacht, da sich bei identischer Maschineneinstellung der Siegelpunkt bei unterschiedlich steifen Werkzeugen mit verändert (was hier vernachlässigt wurde). Die Wirkung harter und weicher Werkzeuge auf den Verlauf nach Erreichen des Siegelpunkts und die Werkzeugöffnungskraft wird jedoch klar. Je steifer ein Werkzeug ist, desto geringer sind die zu erwartenden Werkzeugöffnungskräfte [15.18].

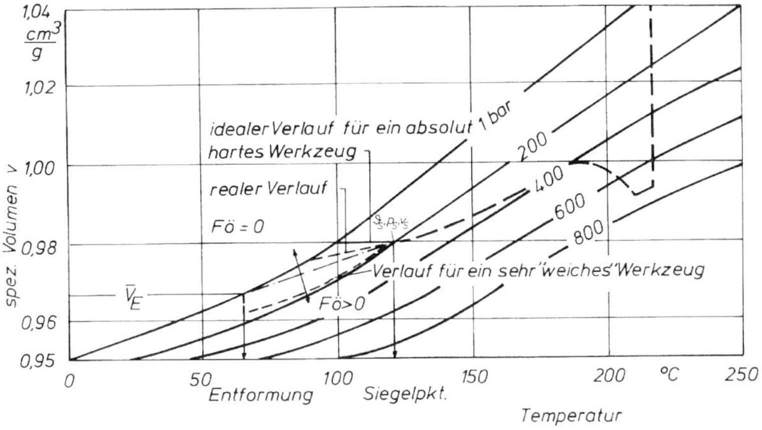

Bild 15.19 Zustandsverlauf bei unterschiedlichen Werkzeugsteifigkeiten [15.18]

15.2.5.2 Mittlere Öffnungskräfte

Bei Schieberwerkzeugen wird die senkrecht zur Öffnungsbewegung gerichtete Entformungskraft durch die Öffnungskraft über Schrägbolzen aufgebracht (Bild 15.77).

Die Abschätzung der Entformungskraft Q – z. B. einer seitlich liegenden Hülse – kann mit den Gleichungen im Kapitel „Schieberwerkzeug" (Abschnitt 15.9.2.1) durchgeführt werden. Danach lässt sich mit den Beziehungen für Bild 15.79 die notwendige Öffnungskraft berechnen.

15.2.5.3 Gesamte Öffnungskraft

Die gesamte Öffnungskraft setzt sich zusammen aus:

- Reibungskräfte im Werkzeug $F_{\text{ÖR}}$,
- Beschleunigungskräften $F_{\text{Öb}}$,
- unmittelbaren Öffnungskräften $F_{\text{Öv}}$ und
- mittelbaren Öffnungskräften $F_{\text{Öm}}$:

$$F_{\text{ÖMaschine/Werkzeug}} = F_{\text{ÖR}} + F_{\text{Öb}} + F_{\text{Öv}} + F_{\text{Öm}} \quad (15.27)$$

15.3 Auswerferarten

15.3.1 Gestaltung und Dimensionierung von Auswerferstiften

Auswerferstifte sind viel verwendete Bauelemente zum Entformen von Spritzlingen. Sie sind in vielen Variationen und Dimensionen als genormte Bauteile (DIN 1530) im Handel erhältlich [15.19] bis [15.23] (siehe Kapitel 23). Man unterscheidet zwischen nitrierten und gehärteten Auswerferstiften. Die nitrierten Stifte werden aus einem Warmarbeitsstahl (z. B. Werkstoff Nr. 1.2343/1.2344) mit einer Festigkeit von ca. 1 500 N/mm^2 und einer Anlassbeständigkeit von 500 bis 550 °C hergestellt. Um ihnen die nötige Verschleißfestigkeit zu geben, werden sie gasnitriert. Dadurch lässt sich jede gewünschte Nitriertiefe erreichen. Die Härte von ca. 70 HRC und die gute Oberflächenqualität verhindern ein Fressen in den Werkzeugen und gewährleisten eine lange Lebensdauer. Im Übrigen sollte zur Verbesserung der Notlaufeigenschaften bei jeder Wartung und Montage die Oberfläche mit Molybdändisulfid eingerieben werden.

Die nitrierten Auswerferstifte werden in erster Linie bei Werkzeugen zur Verarbeitung duroplastischer Formmassen und bei Längen über 200 mm verwendet.

Die durchgehärteten Auswerfer kommen bei kurzen Längen (unter 200 mm) und bei niedrigen Betriebsparametern, wie dies bei der Verarbeitung thermoplastischer Formmassen der Fall ist, zum Einsatz. Sie werden aus legiertem Werkzeugstahl (z. B. Werkstoff Nr. 1.2516) gefertigt. Die Härte beträgt am Schaft 60 bis 62 HRC, am Kopf ca. 45 HRC.

Die Köpfe der Auswerferstifte sind im Allgemeinen warm gestaucht. Dadurch wird ein günstiger Faserverlauf erreicht, und durch den allmählichen Übergang vom Schaft zum Kopf werden scharfe Ecken und damit eine Schwächung des Stiftes durch eventuelle Kerbwirkung verhindert.

Dem Verwendungszweck entsprechend gibt es drei Grundausführungen (Bild 15.20):

1. Zylindrische Stifte mit konischem Kopf (Senkkopf) werden dann verwendet, wenn keine besonderen Anforderungen in Bezug auf Kraftübertragung durch die Stifte gestellt werden. Sie werden angewendet mit Durchmessern von 3 bis 16 mm und einer Länge bis zu 400 mm (vgl. Bild 15.20, rechts).

2. Zylindrische Stifte mit zylindrischem Kopf werden angewendet, wenn hohe Ausdrückkräfte erforderlich sind. Der zylindrische Kopf bietet eine größere Auflagefläche als Stifte mit konischem Kopf und vermindert dadurch die Gefahr des Eindrückens in die Auswerfergrundplatte. Der Anwendungsbereich dieser Auswerferstifte erstreckt sich auf Durchmesser von 3 bis 16 mm und bis zu einer Länge von 400 mm (vgl. Bild 15.20, links).

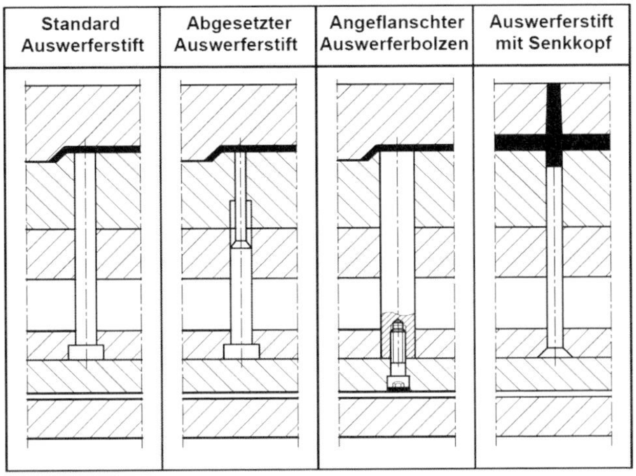

Bild 15.20 Schematische Darstellung von Auswerferstiften [15.2]

3. Auswerferstifte mit zylindrischem Kopf und abgesetztem Schaft werden benutzt, wenn die Angriffsfläche am Spritzling klein ist und nur geringe Kräfte zu übertragen sind. Durch den abgesetzten Schaft wird die Knickfestigkeit erhöht. Die Stifte werden mit Durchmessern von 1,5 bis 3 mm und Längen bis zu 200 mm verwendet (vgl. Bild 15.20, zweites Bild von links).

In Sonderfällen können angeflanschte (ggf. strukturierte) Auswerferbolzen eingesetzt werden, um die bei der Entformung auftretenden Kräfte auf einen größeren Bereich zu verteilen (vgl. Bild 15.20, zweites Bild von rechts).

Darüber hinaus gibt es noch Sonderbauarten. Sie werden eingesetzt, wenn die Stirnseiten den Konturen des Spritzlings angepasst werden müssen (Bild 15.21). Diese Auswerferstifte sind gegen Verdrehen zu sichern und müssen bei Überschreiten gewisser Längen durch spezielle Elemente geführt werden (Bild 15.22).

Auswerferhülsen sind in Bild 15.23 dargestellt (sie sind nicht genormt, entsprechen aber in den Außenmaßen DIN 1530).

Alle Auswerfer sind mit niedrigen Toleranzen (Passung G6) geschliffen. Damit wird eine gute Führung im Werkzeug garantiert. Die Passung der Bohrung im Werkzeug richtet sich nach der zu verarbeitenden Formmasse und nach der Werkzeugtemperatur. Bei beheizten Werkzeugen ist darauf zu achten, dass die Auswerfer erst nach dem Erreichen der Werkzeugtemperatur betätigt werden. Im Normalfall hat sich eine Passung von H7 bewährt. Bild 15.24 zeigt ein Einbaubeispiel für Auswerferstifte.

Bei der Dimensionierung von Auswerferstiften müssen wegen der zweckgebundenen Schlankheit der Stifte Stabilitätskriterien berücksichtigt werden. Daraus errechnet sich [15.14] [15.24]:

$$d \geq 0{,}000836 \cdot l \cdot \sqrt{p} \qquad (15.28)$$

Für Stahl und p = 1 000 bar gilt:

$$d \geq 0{,}028 \cdot l \tag{15.29}$$

In der Beziehung (15.27) bedeutet l die ungeführte Stiftlänge. Aus Sicherheitsgründen und wegen der ohnehin meist kurzen Führungslänge, insbesondere bei dünnen Auswerferstiften, sollte jedoch für l die gesamte Auswerferlänge eingesetzt werden. Mithilfe der Beziehung (15.27) erhält man Bild 15.25, aus dem man den Durchmesser der Auswerferstifte in Abhängigkeit von der Knicklänge und dem Spritzdruck direkt ablesen kann.

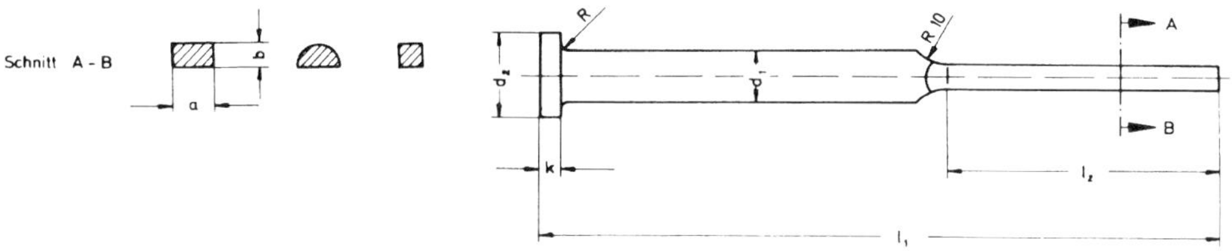

Bild 15.21 Profilierte Auswerferstifte [15.19]

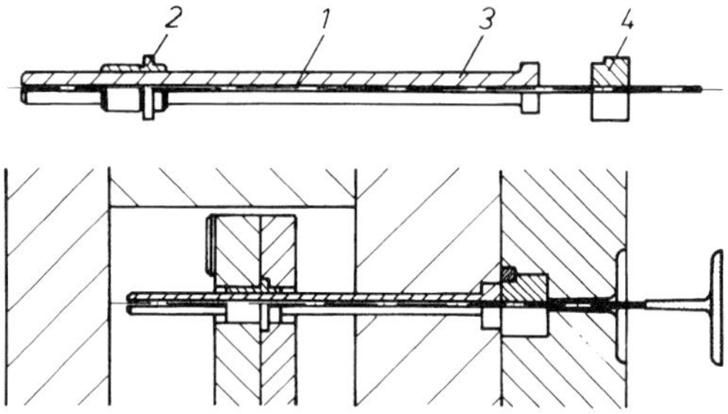

Bild 15.22 Flachauswerfer mit Führungselementen [15.22]
1 Flachauswerfer, 2 Buchse, 3 Führungselemente, 4 Führung

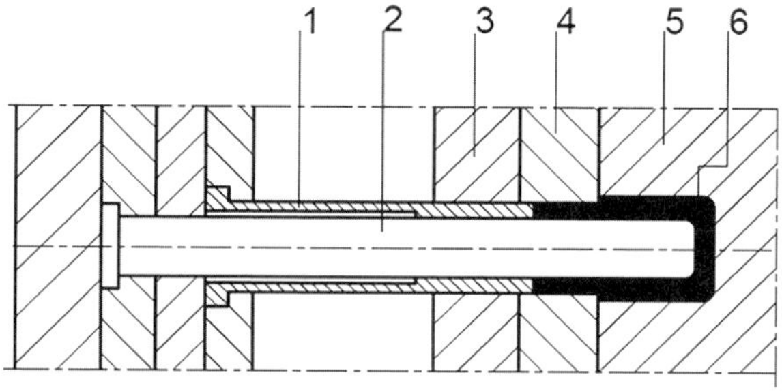

Bild 15.23 Auswerferhülse mit Einbaubeispiel [15.23]
1 Ausdrückbuchse, 2 Kern, 3 Zwischenplatte, 4 Formplatte (Auswerferseite), 5 Formplatte (Düsenseite), 6 Spritzteil

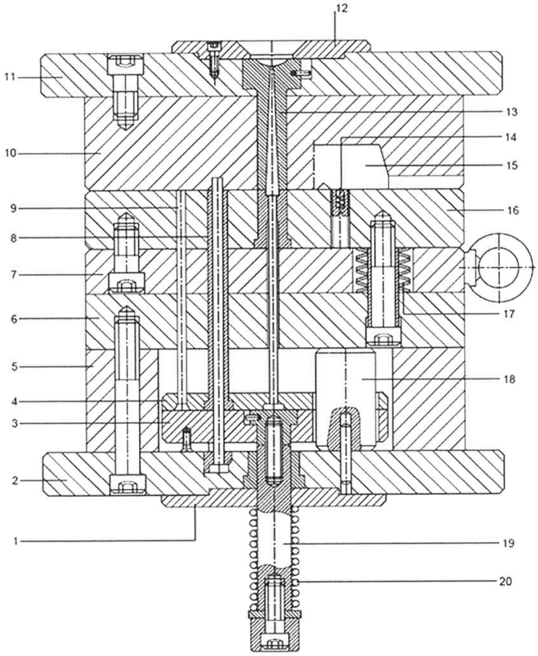

Bild 15.24 Einbaubeispiel für einen Auswerferstift [15.1]
1 Zentrierflansch, 2 Aufspannplatte, 3 Auswerferplatte, 4 Auswerferaufnahme, 5 Leiste, 6 Zwischenplatte, 7 Zwischenplatte, 8 Auswerferhülse, 9 Auswerferstift, 10 Formplatte oben, 11 Aufspannplatte, 12 Zentrierflansch, 13 Angussbuchse, 14 Schieberverriegelung, 15 Schieber, 16 Formplatte, 17 Federpaket, 18 Stützbolzen, 19 Auswerferbolzen, 20 Feder- Justierung

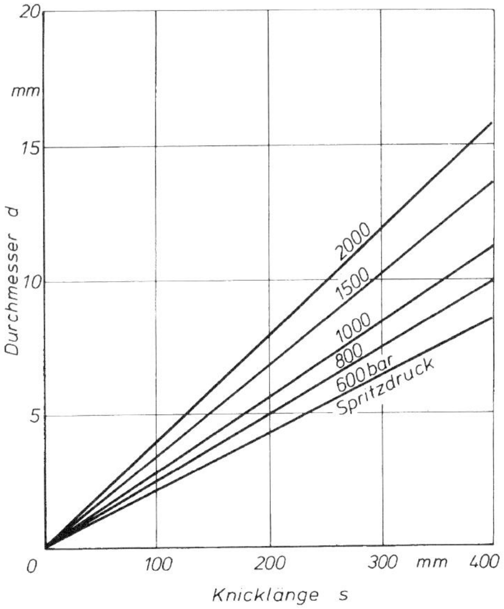

Bild 15.25 Dimensionierung von Auswerferstiften (Durchmesser in Abhängigkeit von der Knicklänge und dem Spritzdruck) [15.14] [15.24]

15.3.2 Angriffsorte von Stiften und anderen Entformungselementen

Bild 15.26 berücksichtigt die Formteildruckfestigkeit und die Auswerferkraft. Man kann diesem Diagramm entnehmen, ob das Formteil die zum Entformen erforderliche Kraft aufnehmen kann, ohne dabei beschädigt zu werden. Stifte müssen die Auswerferkräfte gleichmäßig in die Formteile einleiten, sodass diese die Kraft aufnehmen können, ohne sich dabei unzulässig ($\varepsilon < 0{,}5$ %) zu verformen oder gar durchstanzt zu werden. Damit die Formteile sich nicht verformen, was eventuell zum Verspannen führen würde, müssen die Angriffsorte nahe genug beieinander sitzen und an Stellen hoher Steifigkeit angreifen. Am besten sind Rippenkreuzungspunkte geeignet. Bild 15.27 zeigt eine Reihe von Beispielen.

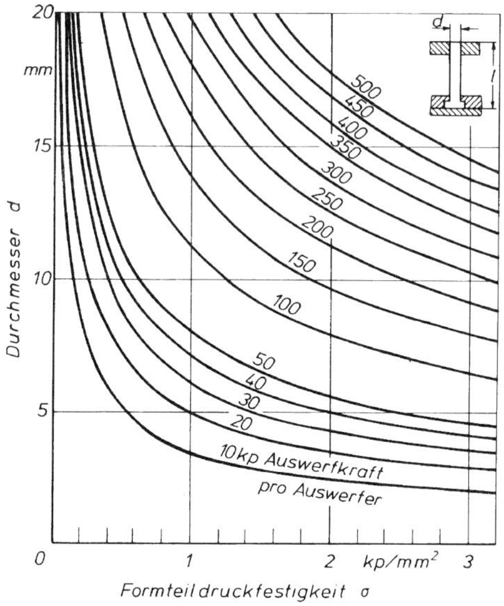

Bild 15.26 Dimensionierung von Auswerferstiften (Durchmesser in Abhängigkeit von der Formteilfestigkeit und der Auswerferkraft) [15.14] [15.24]

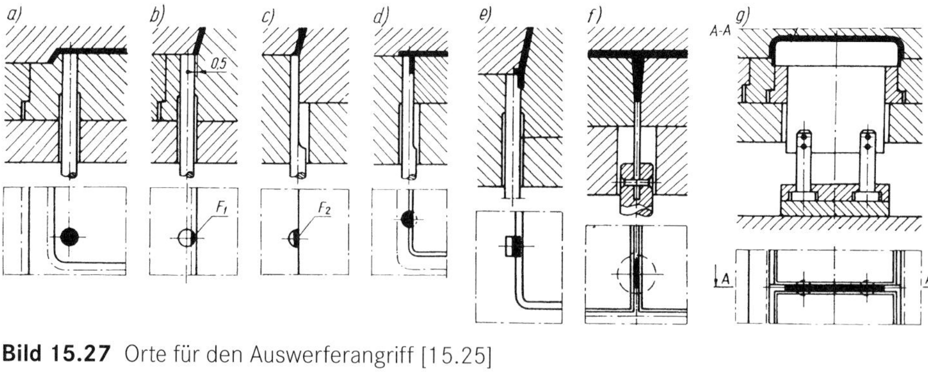

Bild 15.27 Orte für den Auswerferangriff [15.25]

Anzahl, konstruktive Gestaltung (möglichst große Angriffsflächen der Auswerferstifte am Spritzling) und Anordnung der Auswerfer sind dabei sowohl von der Gestalt des Spritzlings als auch von der zu verarbeitenden Formmasse abhängig; hier spielen insbesondere die Steifigkeit und die Zähigkeit eine entscheidende Rolle [15.3].

Jeder Auswerfer verursacht am Spritzling eine sichtbare Markierung. Auch das ist bei der Festlegung des Auswerfersystems und seiner Anordnung zu berücksichtigen, da am Auswerferangriffspunkt gelegentlich bei mangelhafter Ausführung auch eine Gratbildung zu beobachten ist. Der Grat (Schwimmhaut) kann zwar abgearbeitet werden, aber Bearbeitungsspuren bleiben dann meist als optische Fehlstellen zurück und der zusätzliche Nachbearbeitungsschritt steigert die Fertigungskosten. Besonderer Wert muss daher auf die Passung Auswerfer/Aufnahmebohrung (g6/H7) gelegt werden.

Bei thermoplastischen Formmassen bereitet das Anpassen wegen der niedrigen Werkzeugtemperatur weniger Schwierigkeiten als bei der Verarbeitung duroplastischer Formmassen. Kleine Spritzlinge, vor allem solche mit zentralem zylindrischem Kern, die zudem keine geeigneten Stellen zum Angriff der Auswerferstifte haben, werden zur besseren Einleitung der „Abschiebekraft" in den Spritzling mit einem Ringauswerfer oder einer Ausdrückbuchse entformt. Diese Auswerfer greifen am ganzen Umfang des Spritzlings an (Bild 15.28). Ihre Herstellung ist allerdings teurer als die der Auswerferstifte. Besonders bei großen Formteilen ist die Einhaltung enger Toleranzen erforderlich, da sonst Schmelze zwischen Auswerferring und Kern dringen kann, die zum einen das Entformen erschweren und zum anderen eine kostspielige Nacharbeit (entfernen von Schwimmhäuten) erfordern würde.

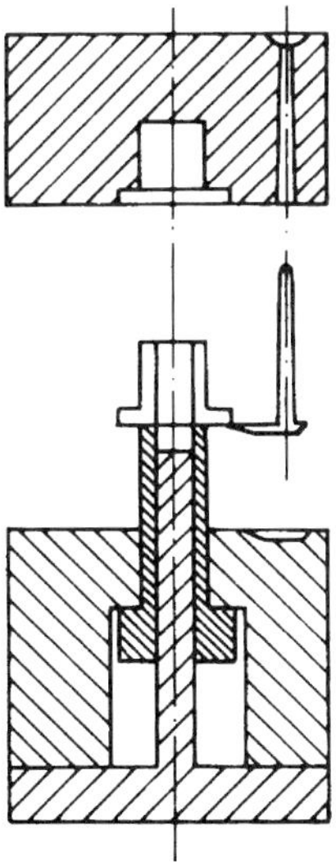

Bild 15.28 Entformen mit Ringauswerfer oder Ausdrückbuchse [15.26]

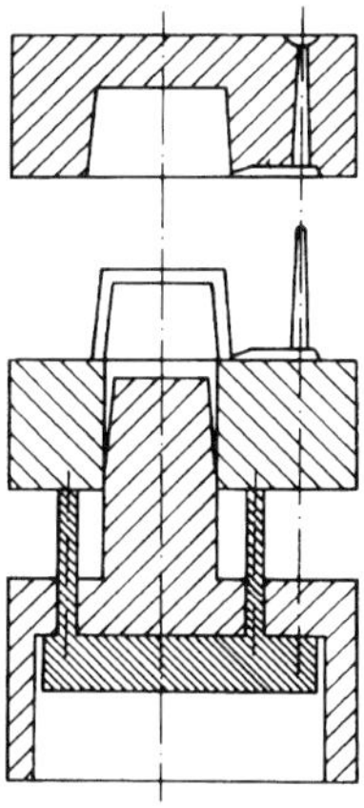

Bild 15.29 Entformen mit Auswerferplatte [15.26]

Eine weitere Möglichkeit, die „Abschiebekraft" am ganzen Umfang in den Spritzling zu leiten, bietet die Auswerferplatte (Bild 15.29). Sie ist sowohl zum Abstreifen runder als auch anders geformter Spritzlinge geeignet. Wegen notwendiger Dichtheit und der teuren Einpassarbeiten werden Ringauswerfer, Ausdrückbuchsen und Auswerferplatten nur bei Werkzeugen für rotationssymmetrische Teile angewandt.

Bei Ringauswerfern (Bild 15.30) werden die Passflächen zwischen Kern und Abschiebevorrichtung meist der Gestalt des Spritzlings entsprechend kegelig oder keilförmig gestaltet. Sie schließen dann bei geschlossenem Werkzeug „materialdicht" und vermindern damit den Verschleiß an den Berührungsflächen. Die kegeligen Passflächen erleichtern zudem das Zurückziehen der Abschiebevorrichtung.

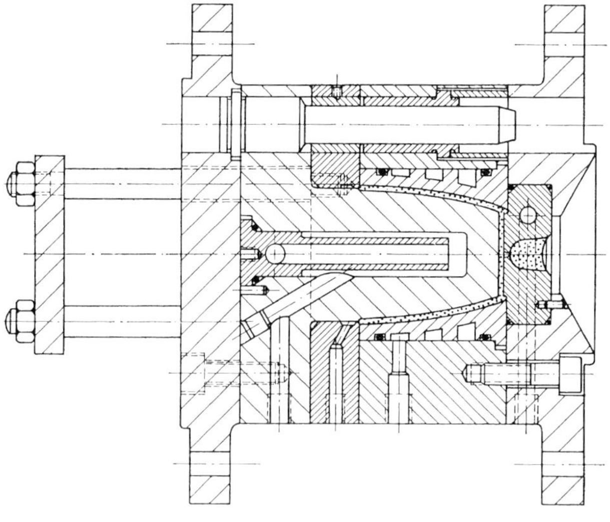

Bild 15.30 Becherwerkzeug mit Abschiebering [15.3]

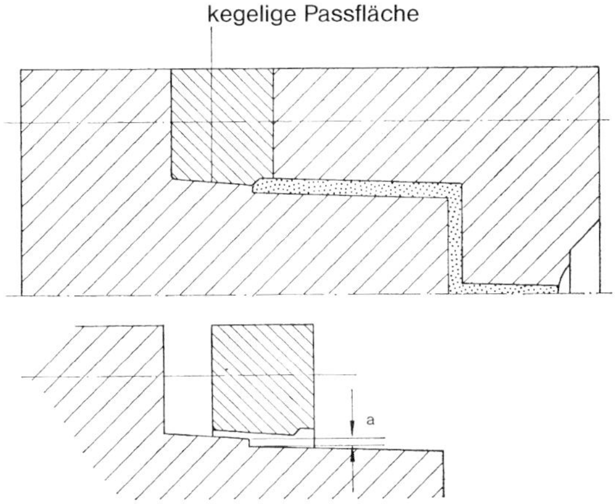

Bild 15.31 Werkzeugkern und Abschiebering [15.3]

Ein kleiner Absatz am Ringauswerfer verhindert, dass die polierte Oberfläche des Kerns beim Entformen oder Zurückschieben der Ringauswerfer beschädigt wird (Bild 15.31) [15.3].

Bild 15.32 zeigt ein Auswerfersystem, das in mehreren Ebenen am Spritzling angreift. Dieses Auswerfersystem ist besonders zum Entformen tiefer Spritzlinge aus wenig steifen Werkstoffen geeignet. Der Tellerauswerfer am Boden des Spritzlings dient gleichzeitig zum Entlüften und beim Entformen zum Belüften (gegen Vakuumbildung) des Werkzeugs. Vom Werkzeug abgehoben oder abgeworfen werden muss der Spritzling im vorgenannten Beispiel von Hand oder durch Pressluft, die durch die Mittelbohrung des Tellerauswerfers mit seitlichem Austritt in das Werkzeug einströmen kann.

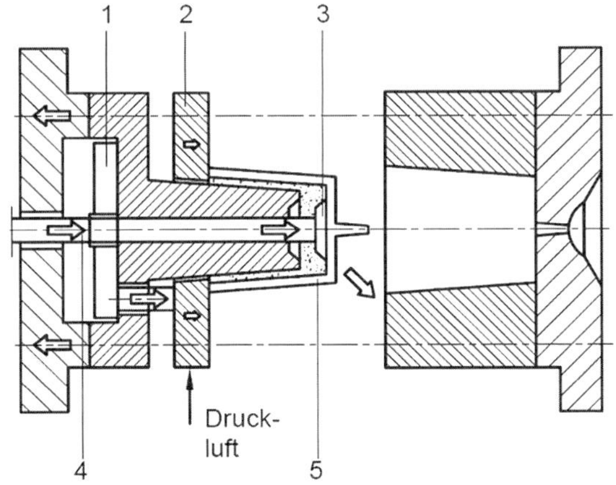

Bild 15.32 Gleichzeitiges Entformen in mehreren Ebenen [15.26]
1 Auswerferhalteplatte, 2 Abstreifplatte, 3 Tellerauswerfer, 4 hydraulisch betätigte Auswerferstange, 5 Spritzgießteil

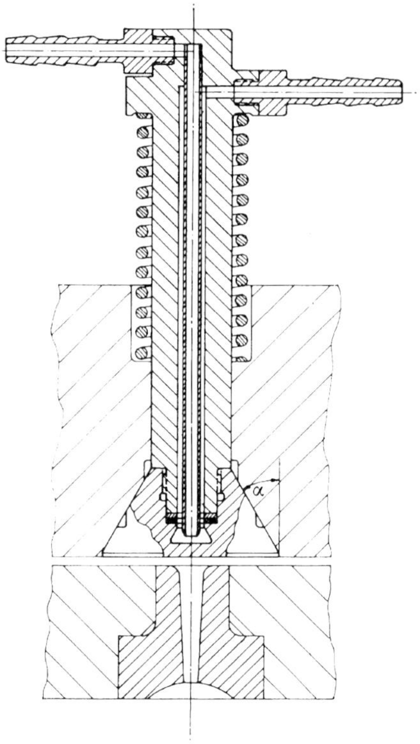

Bild 15.33 Teller- oder Pilzauswerfer mit abgewandeltem Kühlfinger [15.1]

Teller- oder Pilzauswerfer werden, wie in Bild 15.33 gezeigt, vornehmlich zum Entformen tiefer Spritzlinge verwendet, die am Boden angreifend ausgehoben werden müssen. Sie sollten dann verwendet werden, wenn der Pilzdurchmesser größer als 20 mm sein muss. Der konische Sitz – hier hat sich ein Winkel von 15° bis 45° bewährt – gewährleistet ein einwandfreies Abdichten gegenüber der Formmasse. Teller- oder Pilzauswerfer können sehr gut mit einem Kühlfinger (Bild 15.33) gekühlt werden.

Zur Unterstützung des Entformungsvorgangs können auch Entlüftungsbolzen verwendet werden. In Bild 15.34 ist ein Entlüftungsbolzen dargestellt, der durch Druckluft betätigt wird. Die Druckluft schiebt den Stift zurück. Dadurch wird die kleine Bohrung am Werkzeughohlraum frei. Die einströmende Luft verhindert eine Vakuumbildung und unterstützt gleichzeitig den Entformungsvorgang. Diese Konstruktion ist allerdings nicht geeignet für weiche und klebrige Thermoplaste [15.1].

Zum Verhindern der Vakuumbildung, die dem Entformungsvorgang entgegenwirkt, wird empfohlen, die Auswerferplatte als Kolben auszubilden. Die Luft wird dadurch beim Entformungsvorgang komprimiert und kann an den Auswerferstiften vorbei unter den Spritzling strömen [15.27].

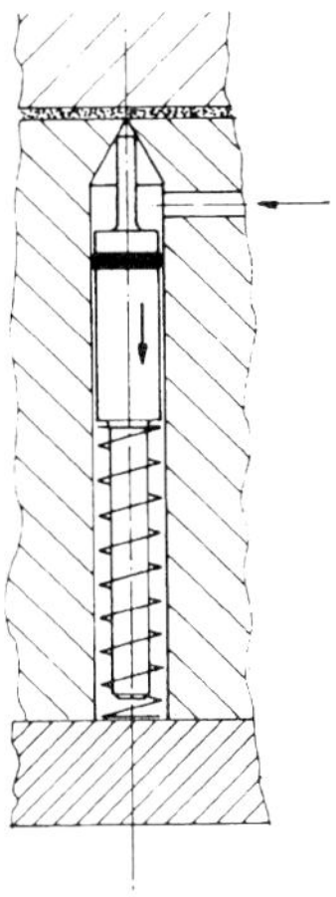

Bild 15.34 Entlüftungsbolzen als Luftauswerfer [15.1]

15.3.3 Aufnahme der Auswerferstifte in den Auswerferplatten

Die Auswerferstifte bilden zusammen mit den Auswerferplatten (Auswerferhalteplatte und Auswerfergrundplatte), mehreren Anschlägen und einem Ausstoß- oder Anschlagbolzen mit Führungsbuchse sowie einem Rückzugmechanismus das so genannte Auswerferpaket. Wirken mehrere Auswerferstifte beim Entformen auf einen Spritzling, so müssen sie gleichzeitig betätigt werden, wozu sie in Auswerferplatten befestigt und durch diese gemeinsam betätigt werden. Bei einer ungleichmäßigen Betätigung der Auswerferstifte würde der Spritzling beim Entformen verklemmen.

Die Auswerferplatte nimmt die Auswerferstifte auf und wird mit der Auswerfergrundplatte verschraubt, die über den Ausstoß- oder Anschlagbolzen den Anschluss an das Auswerfersystem der Spritzgießmaschine übernimmt. Die Anschläge begrenzen den Weg des Auswerfersystems auf der schließseitigen Werkzeugaufspannplatte beim Entformungsvorgang.

Die Auswerferstifte müssen in der Auswerferhalteplatte genügend seitliches Spiel haben, damit sie sich entsprechend den Bohrungen im Werkzeugeinsatz ausrichten können, was notwendig ist, weil Auswerferplatte und die die Bohrungen tragende Zwischenplatte sowie die Formplatte (Bezeichnungen vgl. Bild 15.35) im Betrieb unterschiedliche Temperaturen annehmen. Die Platten müssen gehärtet sein, damit die Stifte sich nicht in die Platten eindrücken bzw. einarbeiten. Es ist ferner dafür zu sorgen, dass die Auswerferstifte nicht durch Kippen der Auswerferplatten belastet werden, da sonst die Gefahr besteht, dass sie sich verklemmen. Die Auswerferplatten sind daher zu führen [15.21]. Dazu können besondere Führungsstifte oder Bolzen vorgesehen sein.

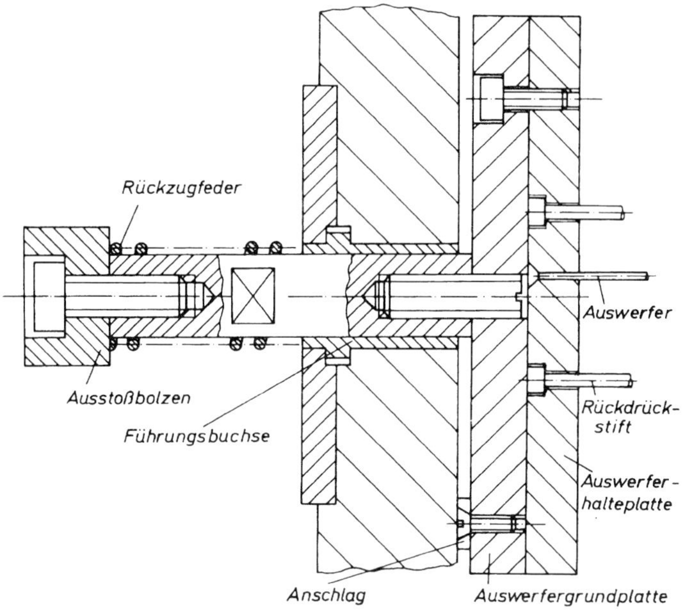

Bild 15.35 Auswerfersystem, Führung durch Ausstoßbolzen

Die kostengünstigste Lösung ergibt sich dadurch, dass man den Ausstoß- oder Anschlagbolzen führt. Der gehärtete Ausstoßbolzen läuft so meist in einer gehärteten Führungsbuchse oder in einer Führungsbuchse aus Bronze mit oder ohne Festschmierstoffdepots (siehe Abschnitt 13.3). Damit der Angriff der Auswerferstifte am Spritzling gleichzeitig erfolgt, muss für eine gleichmäßige Kraftübertragung in der Auswerfergrundplatte gesorgt werden. Das ist nur dann gewährleistet, wenn die Auswerfergrundplatte genügend steif ist, sich also beim Entformungsvorgang nicht durchbiegt. Sie ist entsprechend zu dimensionieren. Beim Schließen des Werkzeugs muss dafür gesorgt werden, dass das Auswerfersystem wieder in seine ursprüngliche Lage zurückgeht, ohne dass die Auswerferstifte bzw. die gegenüberliegende Werkzeughälfte beschädigt werden. Hierzu wird die Auswerfergrundplatte durch das Auswerfersystem der Spritzgießmaschine zurückgezogen. Um eine Beschädigung der Werkzeugkavität durch die Auswerfer auch bei Versagen einzelner Teile des Auswerfersystems zu vermeiden, sollten zusätzlich zu den Auswerfern immer auch Rückdrückstifte eingesetzt werden (vgl. Abschnitt 15.6).

In Bild 15.35 ist ein Auswerfersystem dargestellt, das durch einen Ausstoßbolzen betätigt wird, der in einer Führungsbuchse geführt ist. Die hier dargestellte Ausführung der Auswerferbewegung durch die Bewegung der Schließseite und die Nutzung eines Maschinenseitigen Anschlags wird heute nur noch in Ausnahmen eingesetzt. Die Nutzung des maschineneigenen Auswerfersystems hat sich als zuverlässigere Lösung in der Praxis bewährt.

Im Normalfall, insbesondere bei Einfachwerkzeugen, liegt das Auswerferpaket in der Werkzeugmitte. Um den notwendigen „Entformungshub“ realisieren zu können, ist das Werkzeug deshalb dort hohl. Es besteht dadurch aber die Gefahr von zu großer Durchbiegung der Formnestträgerplatte (Formplatte). Daher wird bei großen Werkzeugen empfohlen, mit außermittigen Ausstoßbolzen zu arbeiten, was den Vorteil hat, dass man die Formplatte in der Werkzeugmitte zusätzlich abstützen kann.

15.4 Betätigung und Betätigungsmittel für das Auswerfen

15.4.1 Betätigungsarten und Wahl des Angriffsortes

Es gibt zwei Betätigungsrichtungen für das Auswerfen. Die bevorzugte ist diejenige in Richtung Düse. In einer Minderzahl von Fällen wird aber auch in Richtung zur Schließseite ausgeworfen (Abschnitt 15.5.3.3). Der Grund hierfür ist meist, dass man damit Probleme löst, die mit der Markierung des Anschnitts auf der Sichtseite des Spritzlings entstehen. Gleiches gilt beim Hinterspritzen von Textilien oder Folien.

Es gibt weiterhin die Möglichkeit, den Spritzling durch einen Luftauswerfer alleine oder unterstützend zum mechanischen System auszuwerfen. Die Bilder 15.35 und 15.46 zeigen derartige Auswerfer. Er wird bevorzugt bei Becherformteilen eingesetzt, wo man beim Losbrechen zunächst Luft unter den Becherboden bringen muss, damit sich dort kein Vakuum aufbaut, das der Auswerfbewegung entgegenwirken würde. Ein verstärkter Luftstoß am Ende des mechanischen Hubs kann dann den Becher sogar gezielt aus dem Werkzeug blasen.

Es gibt bei Backenwerkzeugen schließlich die Möglichkeit, das Losbrechen und Anheben mit den Backenbewegungen zu bewirken; eine Möglichkeit, die man bei Großformteilen – Karosserieteilen für PKW – gelegentlich findet. Hier geschieht dann der Abtransport aus dem Werkzeug mithilfe eines Handhabungsgeräts oder Roboters. Dies hat vor allem auch den weiteren Vorteil, dass man keinen Hohlraum im Werkzeug hat, der dessen Steifigkeit vermindert.

15.4.2 Betätigungsmittel

Das Auswerfersystem wird bei der Mehrzahl der heute marktüblichen Spritzgießmaschinen über getrennt steuerbare Aggregate bewegt. Dabei ist zwischen hydraulischen und servoelektrischen Spritzgießmaschinen zu unterscheiden.

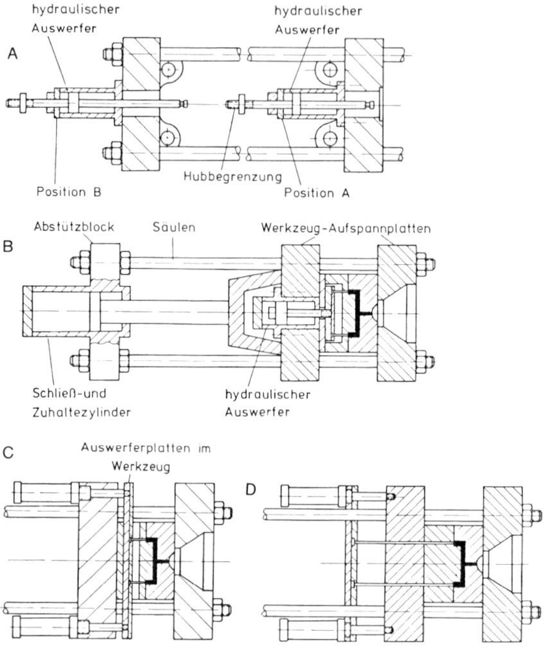

Bild 15.36 Beispiele für Auswerfer an Spritzgießmaschinen [15.30]
A: Zentrale Position des Auswerfers mit durchtauchendem Auswerferbolzen
B: Zentrale Position, jedoch auf Auswerferplatte im Werkzeug wirkend
C: Zwei seitlich angebaute Hydraulikzylinder auf Auswerferplatte in der Maschine wirkend
D: wie C, Auswerferplatte außerhalb des Werkzeugs

Bei hydraulischen Maschinen existiert ein eigener Hydraulikzylinder, der über einen Auswerferbolzen für die Bewegung des Auswerfersystems sorgt. Dagegen wird die notwendige Linearbewegung für das Entformen bei servoelektrischen Maschinen über Servomotoren realisiert, die einen Spindelantrieb antreiben. Dieser Spindelantrieb ist über einen Auswerferbolzen mit dem Auswerfersystem verbunden. Besondere Vorrichtungen und Sicherungen zur Rückstellung des Auswerfersystems beim Werkzeugschließvorgang sind meist nicht notwendig, da dies automatisch über die Maschinensteuerung geschieht. Die Steuerung der Aggregate erlaubt es häufig, Auswerfergeschwindigkeit und -kraft an die Erfordernisse des Spritzgussteils anzupassen. So ist es beispielsweise bei empfindlichen Teilen notwendig, eine stoßartige Belastung zu Beginn des Entformens zu vermeiden, um das Bauteil schadensfrei zu entformen. Dies kann über geringe Auswerfergeschwindigkeiten und eine Begrenzung der Auswerferkräfte zu Beginn des Entformungsvorgangs erreicht werden. Beispiele für Auswerfer an Spritzgießmaschinen sind in Bild 15.36 dargestellt. In Bild 15.37 ist ein Beispiel hydraulischer Auswerfer unterschiedlicher Bauart für eine Spritzgießmaschine dargestellt. Auf diese Weise ist es möglich, das Entformungssystem optimal an das Werkzeug anzupassen [15.4].

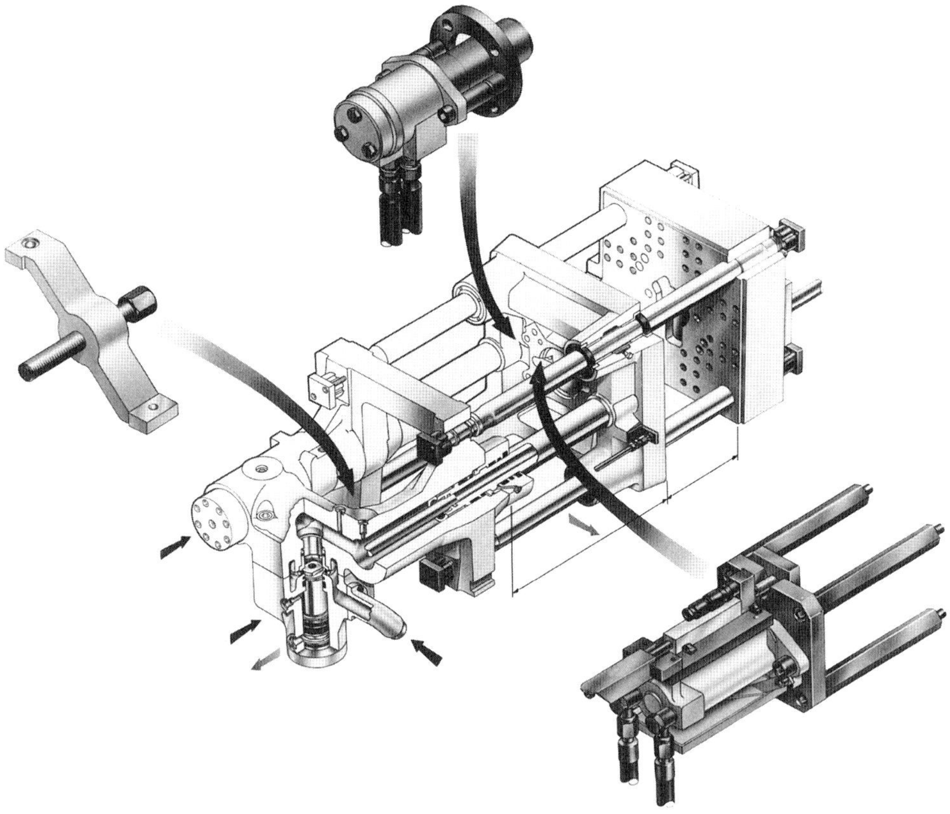

Bild 15.37 Hydraulische Auswerfer in unterschiedlicher Bauart für eine Maschine zur optimalen Anpassung an das Werkzeug [Dr. Boy] [15.31]

Eine andere Möglichkeit, Formteile schonend zu entformen, ist in den Bildern 15.40 und 15.41 dargestellt. Dank der außen am Werkzeug angebrachten Hebel und Gelenke benötigt man keine Durchbrüche. Bereits unmittelbar mit der Werkzeugöffnungsbewegung wird der Entformungsvorgang sanft eingeleitet. Diese Konstruktionen sind vom Aufbau her einfach. Da das gesamte Auswerfersystem außerhalb des Werkzeugs liegt, ist es jederzeit zugänglich und damit leicht zu warten. Spezielle Rückzug- oder Rückdrückvorrichtungen, die das Auswerferpaket beim Werkzeugschließvorgang üblicherweise wieder zurückstellen, sind nicht erforderlich. Die Anwendung dieser Konstruktionen bleibt allerdings auf Abstreifplatten beschränkt und ist durch die Nutzung der Auswerfersteuerung der Spritzgießmaschinen weitgehend vom Markt verdrängt worden.

Neben der beschriebenen Auswerferbetätigung ist die pneumatische oder hydraulische Auswerferbetätigung zu nennen, die im Spritzgießwerkzeug implementiert ist (Bild 15.40). Diese Systeme sind zwar etwas teurer, da sie entsprechende Zusatzaggregate wie Kernzugsteuerungen an der Spritzgießmaschine und Pneumatik- oder

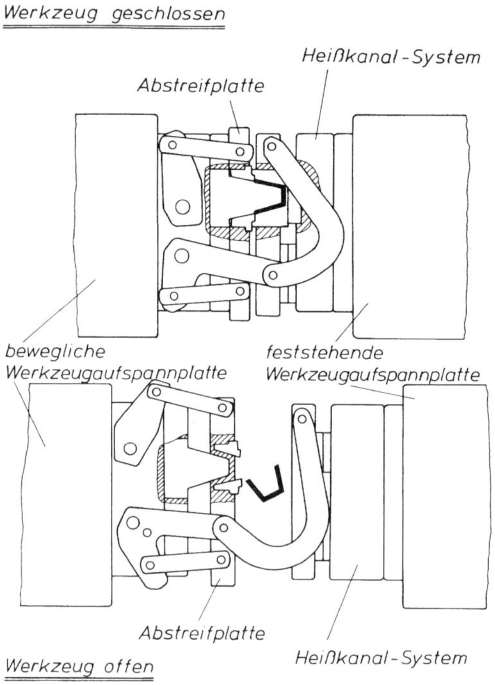

Bild 15.38 Betätigung der Abstreifplatte durch Gelenkhebel am Werkzeug [15.32]

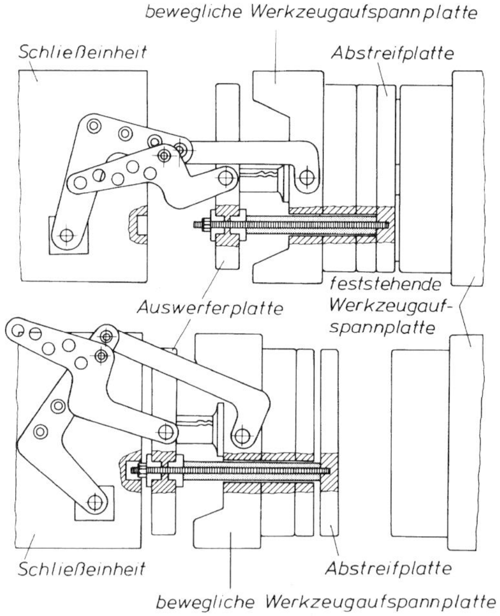

Bild 15.39 Betätigung der Auswerfer durch Gelenkhebel an Werkzeug und Maschine [15.32]

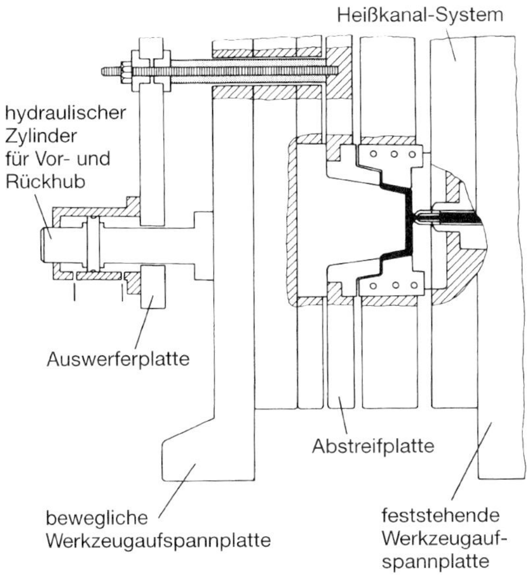

Bild 15.40 Hydraulische Betätigung der Abstreifplatte [15.32]

Hydraulikzylinder am Werkzeug voraussetzen. Sie ermöglichen aber beispielsweise erst die Funktion von Drehtellerwerkzeugen, bei denen der Einsatz der in der Spritzgießmaschine eigenen Betätigungsmittel nicht möglich ist. Vorrichtungen oder Sicherungen zur Rückstellung des Auswerfersystems sind auch hier meist nicht notwendig, wenn doppelt wirkende Zylinder verwendet werden.

Für ein einwandfreies Auswerfen ist ein hinreichender Hub der Auswerferplatten erforderlich. Die Auswerferplatten müssen dabei die Auswerferstifte, Ringauswerfer usw. so weit in Richtung Werkzeugtrennebene verschieben, dass die Schwerkraft auf den Spritzling einwirken, oder der Spritzling durch ein Handlingsystem entnommen werden kann; nur so ist ein vollautomatischer Betrieb möglich.

Bei tiefen Werkzeugen (z. B. zur Herstellung von Eimern) reicht u. U. der Hub der Auswerfer nicht aus, um den Spritzling vollständig zu entformen. Man wendet dann oft eine gemischte Entformungsart an. Der Spritzling wird zunächst durch mechanische Betätigung der Auswerferplatte gelöst und dann z. B. mit Druckluft vom Kern geblasen. Steht keine Druckluft zur Verfügung, muss der Spritzling nach dem Losbrechen mit der Hand oder einem Handlingsystem abgenommen werden.

Eine gestufte Entformung wird dann angewendet, wenn besonders hohe Losbrechkräfte erforderlich sind. In diesem Fall arbeitet man mit einem sog. Auswerferübersetzer, der von der Konstruktion her nur kleine Entformungswege überbrücken kann. Bild 15.41 zeigt einen Auswerferübersetzer, mit dem die Entformungskraft auf das Zwei- bis Dreifache gesteigert werden kann [15.27]. Nach dem Losbrechen muss der Spritzling in der zweiten Hubstufe dann eventuell weiter geschoben oder mit der Hand bzw. einem Handhabungsgerät dem Werkzeug entnommen werden.

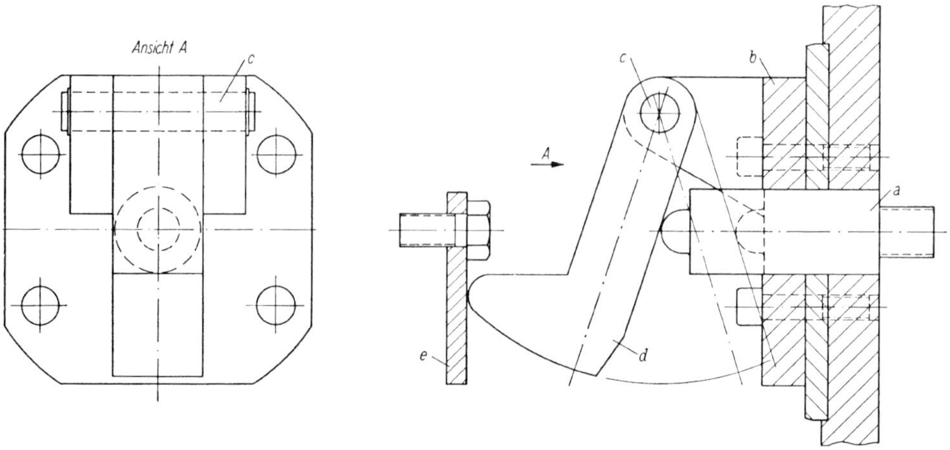

Bild 15.41 Auswerferübersetzer für hohe Losbrechkräfte [15.27]
a Auswerferbolzen, b Lagerblock, c Welle, d Hebel, e Lasche

15.5 Besondere Auswerfersysteme

15.5.1 Doppeletagenauswurf (zweifacher Auswerferweg)

Große dünnwandige Spritzlinge müssen häufig in mehreren Stufen entformt werden. Dies ist besonders dann der Fall, wenn die Stiftauswerfer nicht an den Stellen des Spritzlings angreifen können, an denen die Formteile in der Lage sind, ohne Schädigung die Losbrechkräfte aufzunehmen. Ein Beispiel ist in Bild 15.42 vorgestellt. Zunächst wird durch den Abstreiferring losgebrochen. Damit sich kein Vakuum unter dem Boden bilden kann, bewegen sich die Auswerferstangen mit und stützen den Boden des Formteils. Nachdem das Formteil gelöst ist fahren die Auswerferstifte alleine weiter vor. Das Element, das hier zum Erzielen dieses zweifachen Ausstoßwegs verwendet wird, ist in der Literatur unter der Bezeichnung Kugelraste eingeführt [15.1]. Beim Entformungsvorgang läuft der Ausstoßbolzen *a* auf einen feststehenden Anschlag und betätigt dadurch das Auswerfersystem *f*. Gleichzeitig wird das Auswerfersystem *g* über die eingerasteten Kugeln *e* mitgenommen. Dadurch wird der Spritzling zunächst durch die Abstreifplatte und Auswerferstifte gemeinsam vom Kern entformt. Nach Ablauf dieses Vorgangs sind die Auswerfersysteme *f* und *g* so weit in Richtung Werkzeugtrennebene verschoben worden, dass der feststehende Bolzen *c* zu kurz wird, um die Kugeln am Zusammenfallen zu hindern. Nachdem die Kugeln zusammengefallen sind, wird dann nur noch das Auswerfersystem *f* weiterbewegt, dessen Auswerferstifte den Spritzling von der Auswerferplatte abstreifen.

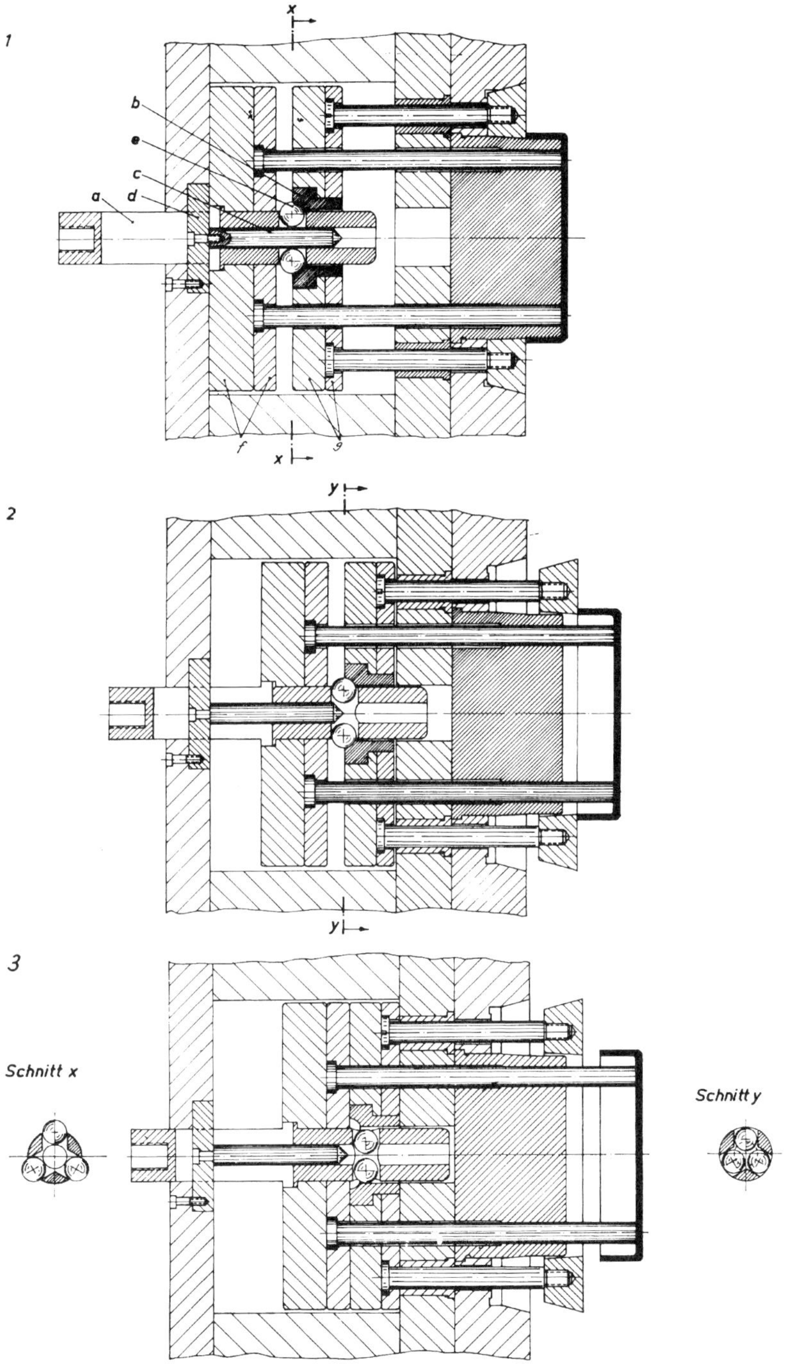

Bild 15.42 Doppeletagenauswurf, Antrieb durch Kugelraste [15.1]
a Ausstoßbolzen, b Buchse, c feststehender Bolzen, d Halteplatte, e Kugeln, f und g Auswerferhalteplatten

Wegen der hohen Verschleißbeanspruchung sind die Kugeln (Kugellagerkugeln), die Laufbuchsen und der Bolzen *c* zu härten. Um ein einwandfreies Arbeiten dieser Werkzeuge zu gewährleisten, ist bei der Dimensionierung und Anordnung der einzelnen Elemente darauf zu achten, dass eine rollende Bewegung der Kugeln erzwungen wird. Dies wird dadurch erreicht, dass man den Mittelkreisdurchmesser der Kugeln größer als den Durchmesser des Bolzens ausführt [15.1].

Bild 15.43 zeigt einen für das Trennen von Tunnelangüssen vom Spritzling typischen Zweiwegeauswerfer. Dieser gewährleistet die getrennte Entformung von Anguss und Formteil. Auf die Verwendung von Zweiwegeauswerfern kann jedoch meist verzichtet werden, wenn die Formteile durch ein Handlingsystem entnommen werden und so eine Sortierung von Formteil und Anguss direkt nach dem Entformen erfolgt.

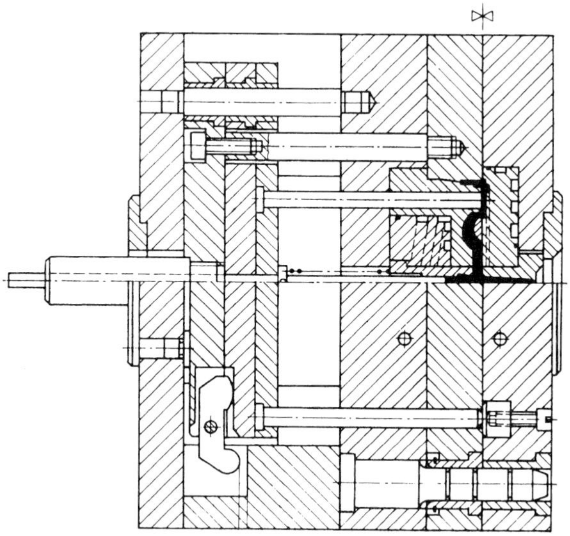

Bild 15.43 Entformen von Tunnelangüssen [15.25]

15.5.2 Gemischtes Auswerfen

Eine besondere Form des Doppeletagenauswurfs stellt die in Bild 15.44 gezeigte Entformungsmöglichkeit dar. Beim Werkzeugöffnungsvorgang wird der Spritzling zunächst mechanisch vom Kern getrennt. Dann wird der Spritzling mithilfe von Druckluft endgültig ausgeworfen. Dieses Entformungsprinzip hat den Vorteil, dass es im Verhältnis zu den rein mechanisch arbeitenden Entformungsprinzipien vom Werkzeug her günstiger ist und den Spritzling durch den auf die gesamte Fläche wirkenden Entformungsdruck (Luft) schonender auswirft. Es wird in der Hauptsache auch dort angewendet, wo der Hub der Auswerfer nicht vollständig zum Entformen des Spritzlings ausreicht (tiefe Teile). Der Lufteinlass kann an beliebiger Stelle liegen.

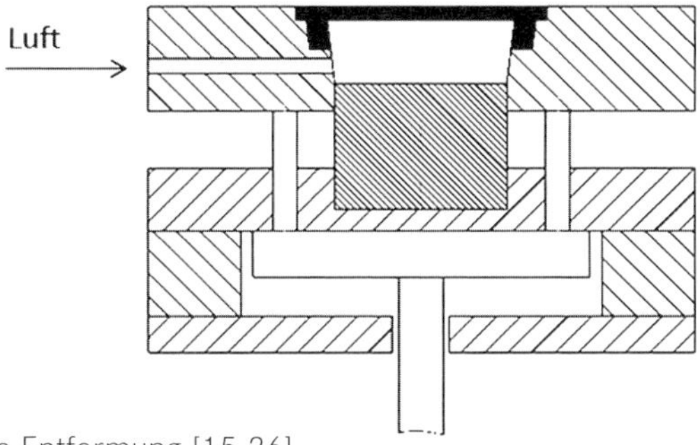

Bild 15.44 Gemischte Entformung [15.26]

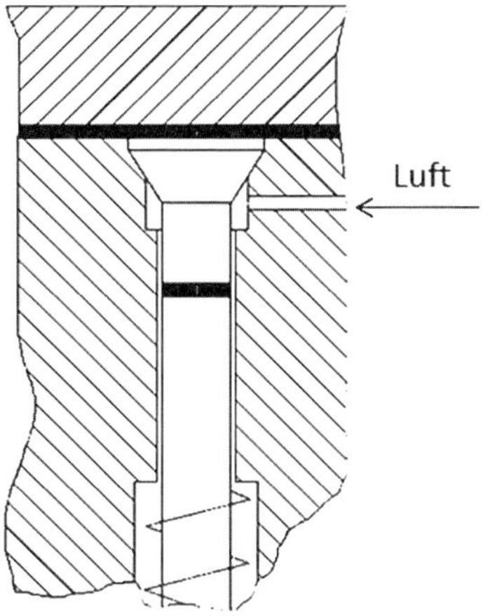

Bild 15.45 Pneumatisch arbeitender Teller- oder Pilzauswerfer (Luftauswerfer) [15.1]

Eine „Sonderbauart" der gemischten Entformung stellt der pneumatisch arbeitende Pilz- oder Tellerauswerfer dar. Durch die einströmende Druckluft wird der Teller zunächst angehoben und der Spritzling löst sich. Die Luft kann nun am Teller vorbeiströmen und den Spritzling völlig entformen (Bild 15.45).

15.5.3 Dreiplattenwerkzeug

Wird bei Mehrfachwerkzeugen bzw. bei Werkzeugen, bei denen der Spritzling über mehrere Anschnitte angespritzt wird, mit verlorenem Anguss gearbeitet, so muss das Angusssystem im Zuge der Werkzeugöffnungsbewegung vom Spritzling getrennt und separat ausgeworfen werden, um einen vollautomatischen Produktionsablauf zu erzielen. Das Werkzeug muss dafür mehrere Trennebenen haben, die zeitlich verschoben geöffnet werden. Die Auswerferbewegung kann auf verschiedene Arten unterteilt werden. Die meisten Systeme arbeiten mit einem Zuganker oder mit einem Klinkenzug.

15.5.3.1 Unterteilung der Auswerferbewegung durch Zuganker

Bild 15.46 zeigt ein Dreiplattenwerkzeug in geöffneter (links) und geschlossener Stellung (rechts) [15.33]. Beim Werkzeugöffnungsvorgang öffnet sich das Werkzeug zunächst in der Trennebene 1. Dabei muss dafür gesorgt werden, dass der Spritzling am Kern bleibt. Er wird dadurch vom Anschnitt oder den Anschnitten abgerissen. Nach einem gewissen Öffnungshub wird die Zwischenplatte durch den Zuganker Z_1 mitgenommen und das Werkzeug kann sich in der Trennebene 2 öffnen. Das Angusssystem wird dabei zunächst noch an Hinterschneidungen festgehalten und später durch eine Auswerferleiste entformt, die durch den Zuganker Z_2 betätigt wird.

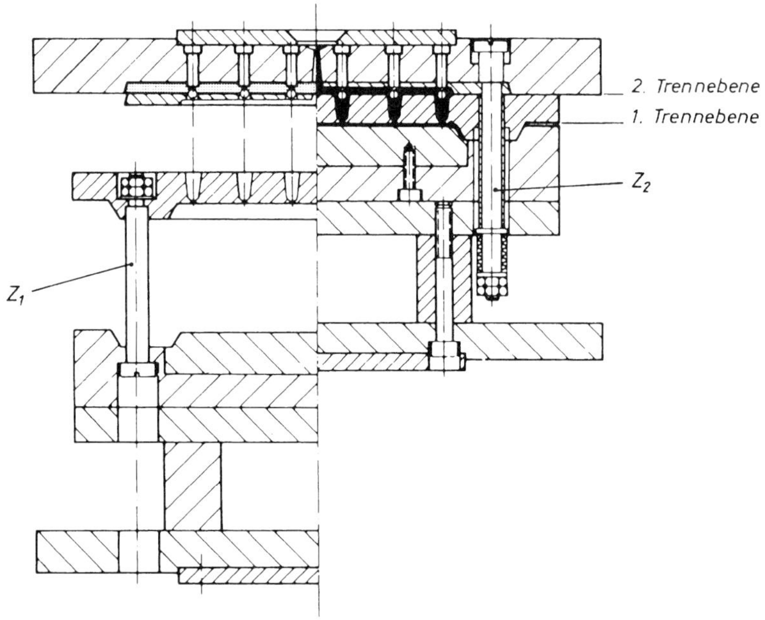

Bild 15.46 Dreiplattenwerkzeug mit Zugankerbetätigung der Entformungsplatte für das Abreißen der Angüsse [15.33] Z_1, Z_2 Zuganker, links geöffnet, rechts geschlossen

15.5.3.2 Unterteilung der Auswerferbewegung durch einen Klinkenzug

Beim Klinkenzug wird die Zwischenplatte zunächst durch eine Klinke verriegelt, die dann nach Erreichen eines gewissen Öffnungshubs durch eine Erhebung in der Kurvenleiste gelöst wird. Das Werkzeug kann sich danach in der Trennebene 2 öffnen. In Bild 15.47 ist der Ablauf der Werkzeugöffnungsbewegung eines Werkzeugs mit Klinkenzug dargestellt. Bild A zeigt das Werkzeug in geschlossener Stellung. Die Klinke *a* verriegelt die Zwischenplatte g. Die Klinke ist durch den Bolzen *d* drehbar gelagert. Bei geschlossenem Werkzeug wird sie durch die Feder *e* und den Anschlag *f* in waagerechter Lage gehalten. Beim Öffnen des Werkzeugs läuft

A

B

C

D

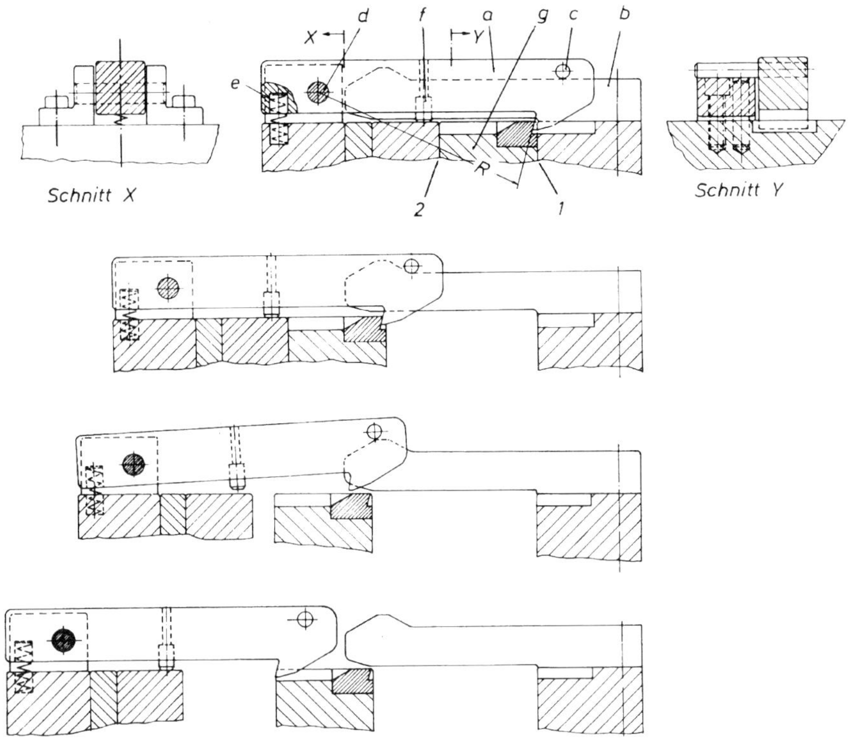

Bild 15.47 Klinkenzug [15.1]
1, 2 Trennebenen; a Klinke; b Kurvenleiste; c Führungsbolzen; d Drehbolzen; e Feder; f Anschlag; g Zwischenplatte

nun die Kurvenleiste *b* auf den Bolzen *c* auf (Bild B) und löst die Klinke *a* (Bild C). Das Werkzeug kann sich dadurch im Zuge der Werkzeugöffnungsbewegung auch in der Trennebene 2 öffnen. Spritzling und Angusssystem werden so getrennt ausgeworfen. Beim Bau dieser Werkzeuge ist darauf zu achten, dass sowohl Klinke und Kurvenleiste wie auch der Anschlag der Klinke an der Zwischenplatte wegen der auftretenden Verschleißbeanspruchung aus gehärtetem Stahl gefertigt werden. Derartige Werkzeuge sind bis zu einem Artikelgewicht von ca. 1 kg verwendbar. Bei größeren Werkzeugen ist dem Klinkenzug eine pneumatische Verriegelung und eine hydraulische Öffnungsbewegung vorzuziehen [15.1].

Bei allen Werkzeugen, die sich in mehreren Trennebenen öffnen, ist für eine exakte Führung und Zentrierung der Zwischenplatten zu sorgen, damit die Gravuren beim Schließen des Werkzeugs miteinander zum gewünschten Eingriff kommen und nicht beschädigt werden. Die Führungen und Klinken sind so anzubringen, dass sie den Spritzling nicht behindern, wenn er nach dem Entformen durch Schwerkraft aus dem Werkzeug fällt. Alternativ muss gewährleistet sein das Handlingsystem in das geöffnete Werkzeug einfahren kann.

15.5.3.3 Entformen auf der Düsenseite

Bei manchen Spritzgießwerkzeugen ist die Gestaltung so, dass das Formteil an der düsenseitigen Werkzeughälfte hängen bleibt. Diese Werkzeuge müssen daher eine andere Bewegungseinleitung besitzen. Eine Abstreiferplatte kann dabei beim Werkzeugöffnungsvorgang durch Zuganker gemäß Bild 15.48, die an der schließseitigen Werkzeughälfte befestigt sind, mit einer Gallkette oder hydraulisch bzw. pneumatisch betätigt werden. Das Entformen verläuft also durch Zug in Öffnungsrichtung (Bild 15.49).

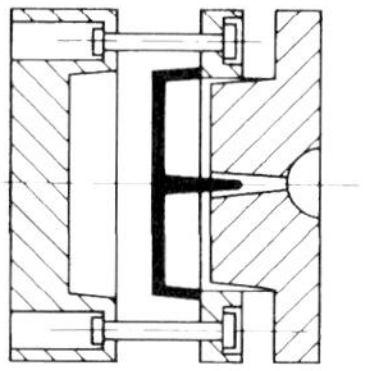

Bild 15.48 Entformung auf der Spritzseite, Antrieb über Zuganker

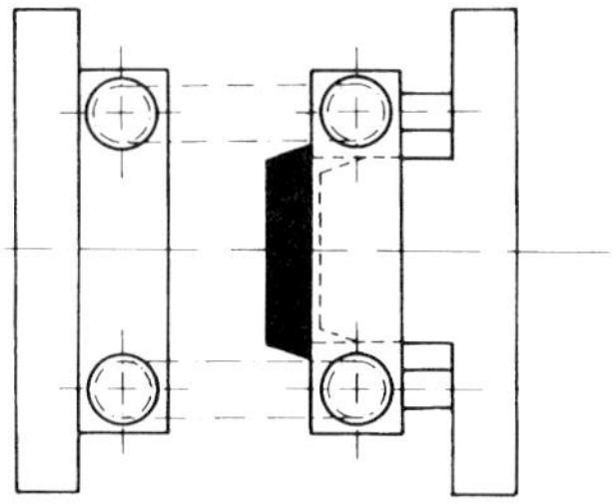

Bild 15.49 Entformung auf der Spritzseite, Antrieb mit Gallkette

15.6 Auswerferrückzug

Beim Schließen der Werkzeuge muss darauf geachtet werden, dass die vorgeschobenen Auswerferstifte oder -einrichtungen, wie Abstreifringe, Abstreifplatten usw. rechtzeitig in die Spritzstellung bei geschlossenem Werkzeug zurückgezogen werden, da sonst die Auswerfer oder die gegenüberliegende Werkzeughälfte beschädigt werden. Die Auswerfer werden im Allgemeinen durch das Auswerferaggregat der Spritzgießmaschine zurückgezogen. Alternativ können die Auswerfer entweder über Rückdrückstifte, über Federn oder spezielle Rückzugeinrichtungen zurückgeschoben werden.

Unabhängig von der gewählten Lösung zum Rückzug der Auswerfer sollten in jedem Fall Rückdrückstifte eingesetzt werden, um eine Beschädigung der Kavitätsoberfläche durch die Auswerfer auszuschließen. Als Auswerferrückdrückstifte können

Auswerferstifte mit zylindrischem Kopf und Schaft verwendet werden. Diese Stifte sind entweder nitriert oder gehärtet. Sie werden wie die Auswerferstifte in den Auswerferplatten gehalten. Beim Schließen des Werkzeugs werden sie entweder durch die gegenüberliegende Werkzeughälfte (Bild 15.50) oder aber durch Stifte (Bild 15.51), die in die gegenüberliegende Werkzeughälfte eingebaut sind, zurückgeschoben und ziehen dadurch die Auswerfer über die Auswerferplatten mit. Solche Gegenstifte werden deswegen empfohlen, weil sie als Verschleißteile leicht auswechselbar sind.

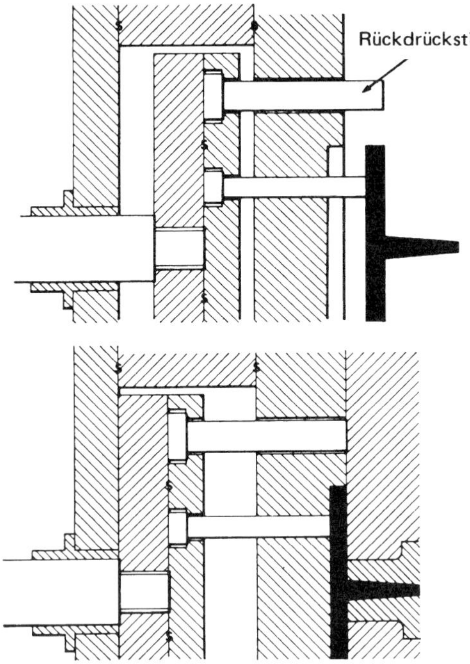

Bild 15.50 Ungeteilter Rückdrückstift [15.29]
oben: Werkzeug geöffnet
unten: Werkzeug geschlossen

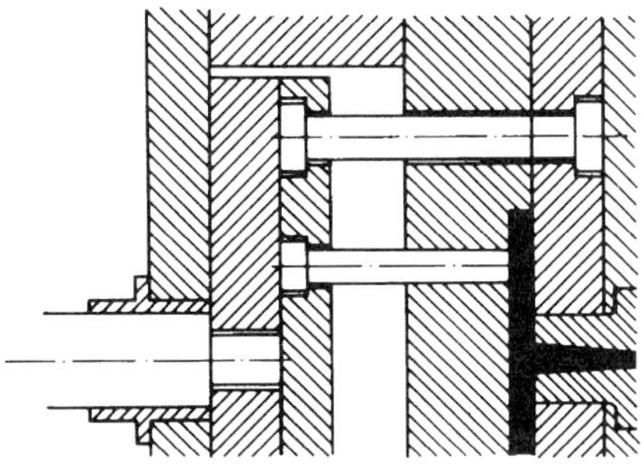

Bild 15.51 Geteilter Rückdrückstift [15.29]

Bei sehr einfachen Werkzeugen kann das Auswerfersystem durch kräftige Federn beim Schließvorgang des Werkzeugs zurückgezogen (vgl. Bild 15.35) werden. Die Federn müssen so ausgelegt sein, dass die z. T. erheblichen Hemmkräfte an den Auswerferstiften und am Auswerferführungsbolzen sicher überwunden werden. Würde die Federkraft nicht ausreichen, so würde das Werkzeug beim Schließvorgang beschädigt. Zudem ist die Lebensdauer einer Feder neben der Belastungsart und der Beanspruchung auch von der Lastspielzahl abhängig, und daher beschränkt. Es ist deshalb ratsam, für diese Werkzeuge eine Rückzugsicherung vorzusehen. Aus diesem Grunde kombiniert man häufig die Rückzugfeder mit Rückdrückstiften.

15.7 Entformen von Formteilen mit Hinterschneidungen

Die Entformbarkeit von Spritzlingen mit Hinterschneidungen ist vor allem eine Frage der Gestaltung und der Tiefe des Hinterschnittes. Hiervon hängt es ab, ob der Hinterschnitt direkt entformt werden kann oder ob durch spezielle konstruktive Maßnahmen am Werkzeug der Hinterschnitt erst durch Schieber oder Backen bzw.

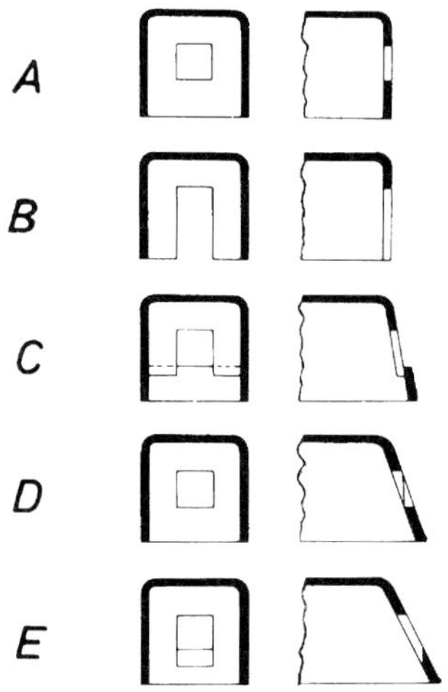

Bild 15.52 Durch Änderung der Formteilgeometrie kann auch bei Hinterschnitten auf einen aufwendigen Werkzeugaufbau verzichtet werden [15.35]
A Kasten mit Öffnung in der Seitenwand führt zur Hinterschneidung
B wird die Öffnung zum Schlitz, so wird die Hinterschneidung vermieden
C bis E um den Schlitz oben wieder zu schließen, ohne eine Hinterschneidung zu erzeugen, wird die Wand so schräg gemacht, dass eine Entformung durch Abstreifen vom Kern möglich wird.

durch Abschrauben freigelegt werden muss. Spritzlinge mit Hinterschneidungen, die nicht direkt entformt werden können, fordern demzufolge sehr teure Werkzeuge und u. U. Zusatzeinrichtungen an der Spritzgießmaschine. Es sollte daher zunächst stets geklärt werden, ob nicht durch eine einfache konstruktive Änderung des Formteils, z. B. durch geschickte Anordnung von Konizitäten oder auch Durchbrüchen in den Seitenwänden, Hinterschneidungen vermieden und die Teile direkt entformt werden können. Als Beispiel dafür möge Bild 15.52 dienen.

Im Folgenden sollen nun zunächst solche Spritzlinge mit Hinterschneidungen betrachtet werden, die sich noch direkt entformen lassen. Zu diesen relativ seltenen Fällen zählen in erster Linie Schnappverbindungen und Gewinde.

15.7.1 Entformen von Formteilen mit Hinterschneidungen durch Abschieben

Das Entformen von Formteilen mit Hinterschneidungen durch Abschieben, also ohne Beseitigung der Hinterschneidung des Werkzeugs (vgl. Bilder 15.58 bis 15.60), ist nur möglich, wenn das Formteil selbst derart verformt wird, dass die Hinterschneidung überwunden wird. Dabei darf die Verformung des Spritzlings keine unzulässigen plastischen Verformungen hervorrufen.

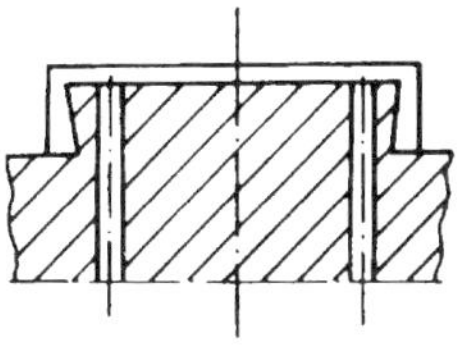

Bild 15.53
Höchste Beanspruchung des Spritzlings ist beim Entformen an den Auswerferstiften zu erwarten [15.26]

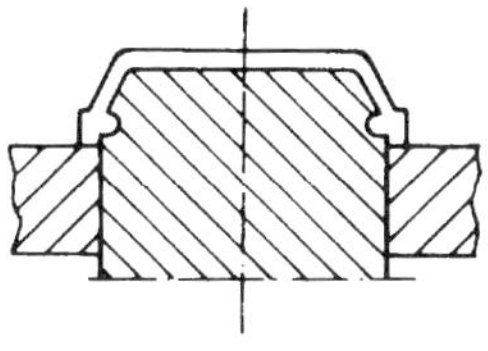

Bild 15.54
Größte Beanspruchung des Spritzlings beim Entformen an der Hinterschneidung [15.26]

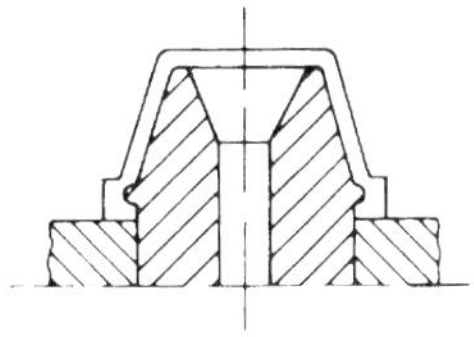

Bild 15.55
Pilzauswerfer zum Entformen von Spritzlingen mit negativem Hinterschnitt [15.26]

Tabelle 15.2 enthält einige Richtwerte für die zulässige Dehnung, die bei dünnwandigen Formteilen der maximal zulässigen Hinterschneidung gleichgesetzt werden kann. (In der Literatur [15.36] bis [15.38] werden auch größere erlaubte Dehnungen angegeben, jedoch ist dann nicht bei allen möglichen Betriebszuständen die Entformbarkeit gesichert bzw. es können Schäden am Formteil entstehen.)

Tabelle 15.2 Zulässige Kurzzeit-Dehnung thermoplastischer Kunststoffe (Richtwerte) [15.4]

Kunststoff	Zulässige Dehnung bzw. maximale Hinterschneidung in %
Polystyrol	< 0,5
Schlagzähes Polystyrol (Acrylnitril-Styrol-Copolymerisate)	< 1,0
Acrylnitril-Styrol-Copolymerisate	< 1,5
Polycarbonat	< 1
Polyamid	< 2
Polyacetal	< 2
Polyethylen niedriger Dichte	< 5
Polyethylen mittlerer Dichte	< 3
Polyethylen hoher Dichte	< 3
Polyvinylchlorid hart	< 1
Polyvinylchlorid weich	< 10
Polypropylen	< 2

15.7.2 Zulässige Hinterschnitthöhe am Beispiel von Schnappverbindungen

In der Praxis trifft man eine Fülle von Spritzlingen mit Hinterschneidungen für Schnappvorrichtungen an. Es dominieren drei Grundformen:

- haken-,
- zylinder- und
- kugelförmige Spritzlinge.

Unabhängig von der Art der Hinterschneidung besteht zwischen der Hinterschnitthöhe H und der Dehnung e ein linearer Zusammenhang. Dementsprechend wird die zulässige Hinterschnitthöhe H_{zul} durch die maximal zulässige Dehnung ε_{zul} an der Elastizitätsgrenze des jeweiligen Werkstoffs begrenzt (vgl. Tabelle 15.2). Für die drei angesprochenen Grundformen gelten zur Ermittlung des höchstzulässigen Hinterschnittes die in Bild 15.56 zusammengestellten Beziehungen.

Wesentlich ist, dass die Partien mit Hinterschneidungen beim Entformungsvorgang unbehindert gedehnt oder gestaucht werden können. Weiterhin ist darauf zu achten, dass die Entformungsrichtung in Richtung des Fügewinkels einer Schnappverbindung verläuft, da sonst insbesondere bei unlösbaren Schnappverbindungen mit einem Haltewinkel von α_2 = 90° eine direkte Entformung nicht mehr möglich ist (Bild 15.57); die Hinterschneidung würde abgeschert werden. Als geeigneter Fügewinkel wird ein Winkel von α_1 = 10 bis 45° [15.36] angegeben.

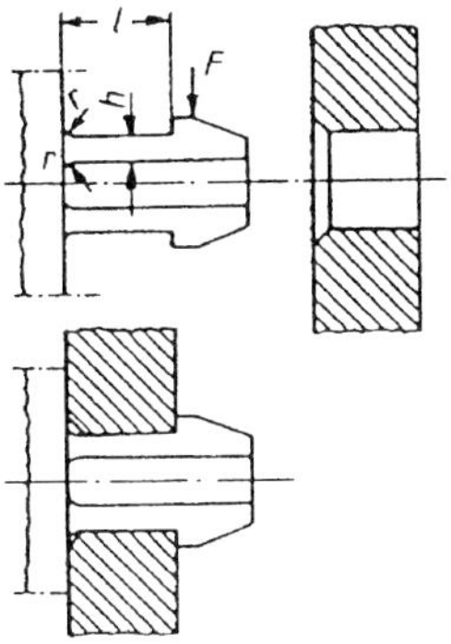

Hakenförmige Formteile

Rechteckquerschnitt $H_{zul} = \frac{2}{3} \cdot \frac{l^2}{h} \cdot \frac{\varepsilon_{zul}}{100}$

Halbkreisquerschnitt $H_{zul} = 0{,}578 \frac{l^2}{r} \varepsilon_{zul}$

Drittelkreisquerschnitt $H_{zul} = 0{,}580 \frac{l^2}{r} \varepsilon_{zul}$

Viertelkreisquerschnitt $H_{zul} = 0{,}555 \frac{l^2}{r} \varepsilon_{zul}$

Diese Beziehungen gelten angenähert auch für Kreisringquerschnitte. Der Fehler gegenüber der exakten Berechnung ist kleiner als 10 %.

l Hakenlänge; h Hakenhöhe; r Radius; ε_{zul} zulässige Dehnung

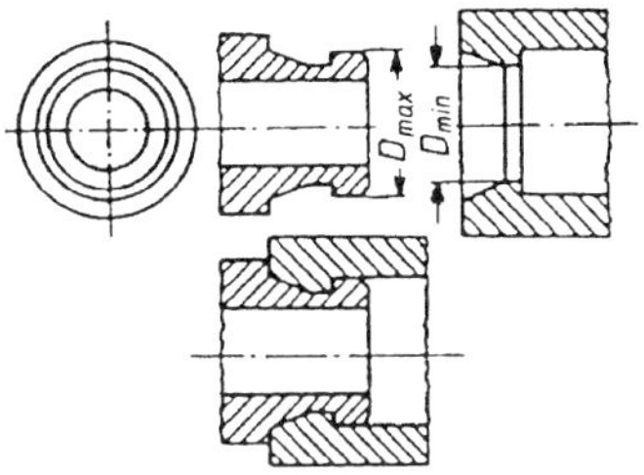

Zylinderförmige Formteile

$H_{zul} = D_{max} - D_{min}$

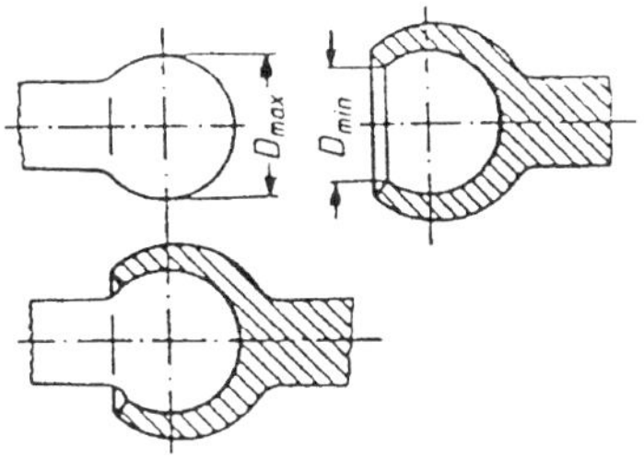

Kugelförmige Formteile

siehe zylinderförmige Formteile

Bild 15.56 Berechnung von Schnappverschlüssen [15.39]

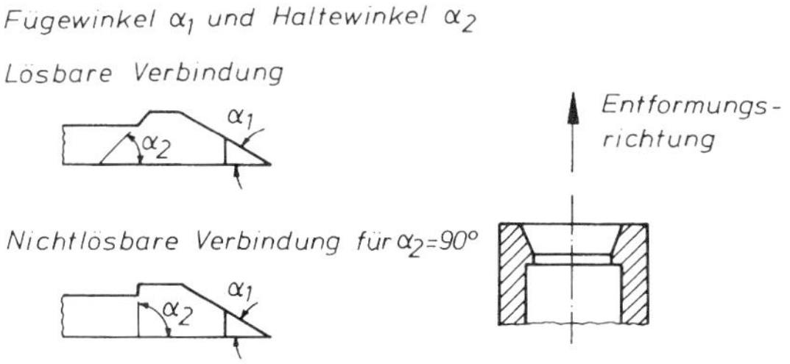

Bild 15.57 Füge- und Haltewinkel bei Schnappverbindungen [15.39]

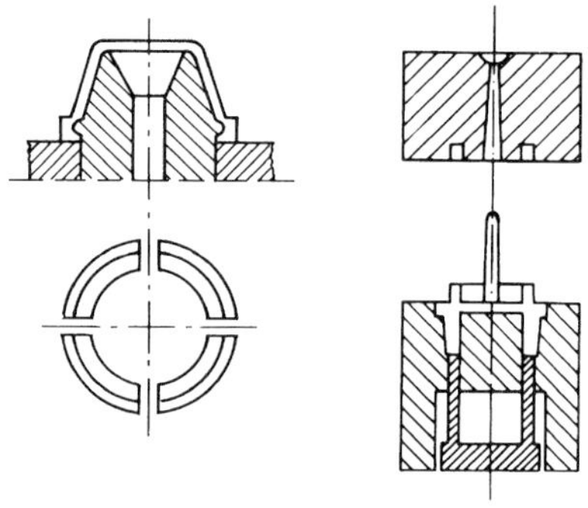

Bild 15.58 Links: Werkzeug mit Hinterschneidung
Rechts: Werkzeughöhlung so gelegt, dass keine Hinterschneidung entsteht [15.26]

Hinterschneidungen können wesentlich vergrößert werden, wenn starre, geschlossene Querschnitte, wie z. B. Zylinder, durch Längsschnitte in federnde Elemente unterteilt (Bild 15.58). Bei diesen dann hakenförmigen Teilen sind die Entformungskräfte unvergleichlich niedriger. Die Randfaserdehnung, d. h. die maximale lokale Dehnung, die bei der Biegung entsteht, sollte kleiner sein als in der Tabelle 15.2 angegeben.

Besonderes Augenmerk verlangt die Einleitung der Entformungskräfte in den Spritzling. Möglichst unmittelbare großflächige Einleitung der Kräfte bei bzw. nahe der Hinterschneidung ist sinnvoll, daher empfehlen sich vor allem Abstreiferplatten.

15.8 Entformen von Gewinden

Außengewinde können mit geringen Ansprüchen durch Backen entformt werden somit kann diese Hinterschneidung günstig entformt werden und ein Ausschrauben ist nicht erforderlich; diese Möglichkeit fehlt bei Innengewinden. Für viele Innengewinde, insbesondere aus dem Bereich der Verpackungsherstellung, besteht jedoch die Möglichkeit des Abschiebens, worauf zunächst eingegangen werden soll.

15.8.1 Entformen von Formteilen mit Innengewinde

15.8.1.1 Abstreiferwerkzeuge

Die Möglichkeit, Spritzlinge mit Innengewinde auf Abstreiferwerkzeugen zu fertigen, ist sehr begrenzt. Sie ist sowohl abhängig von der zu verarbeitenden Formmasse als auch von der Gewindeart. Spritzlinge aus PA 6, PP und vor allem aber aus PE-weich u. ä. Werkstoffen mit niedrigem E-Modul können durch Abstreifen entformt werden, wenn die Innengewinde dafür geeignet sind. Hierzu gelten die in Abschnitt 15.7.1 zusammengefassten Regeln als Kriterium. Im Allgemeinen kann man Gewindetiefen von < 0,3 mm noch durch Abschieben als entformbar ansehen, wenn es sich um Rundgewinde nach DIN 405 handelt.

15.8.1.2 Zusammenklappende Kerne

Bei kleinen Formteilen arbeitet man gelegentlich mit einem sog. zusammenklappenden Kern/Dorn. Die Gewindepartie des Werkzeugkerns ist in einer geschlitzten Federringhülse angeordnet, die durch einen Keilstift gespannt oder entspannt wird (Bild 15.59). Hier ist natürlich eine zusätzliche Auswerfervorrichtung – z. B. ein Abstreifring – notwendig.

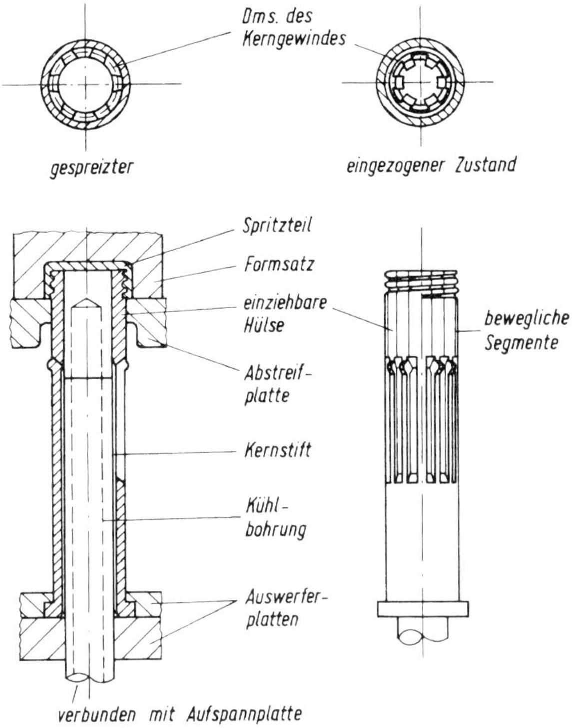

Bild 15.59 Zusammenklappender Kern [15.40]

Dieses Werkzeugelement hat außer dem hohen Preis weitere Nachteile. Trennmarkierungen, verursacht durch die einzelnen Segmente der geteilten Kerne, lassen sich meist nicht vermeiden und mindern bei hochwertigen Teilen die Qualität.

Für höherwertige Formteile zeigt Bild 15.60 eine Möglichkeit, Innengewinde in einem Werkzeug mit geteiltem Kern herzustellen und zu entformen. Bei dieser Konstruktion wird der Kern aus einem Metalldorn und die Kappe aus Silikon-Kautschuk gebildet.

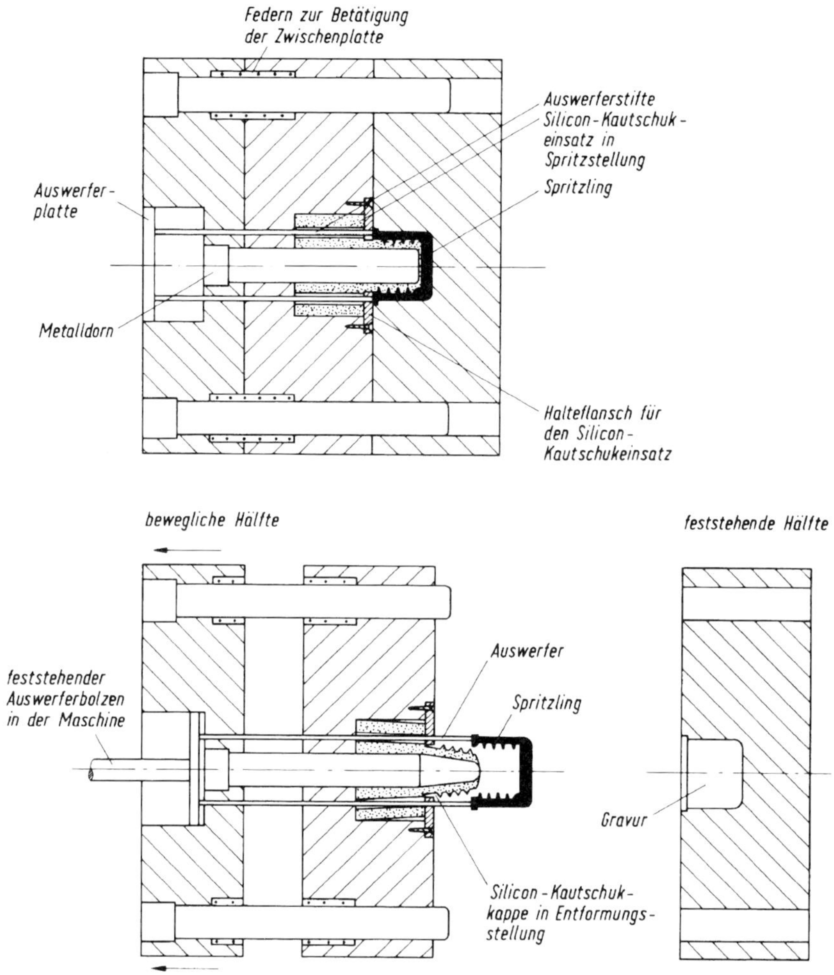

Bild 15.60 Zusammenklappender Kern, bestehend aus einem Metalldorn und einer Silikon-Kautschukkappe [15.41]

In diese Silikon-Kautschuk-Kappe sind die Gewindegänge eingearbeitet. Bei geschlossenem Werkzeug wird die Kautschukkappe durch den Dorn gespannt. Metalldorn und Kautschukkappe bilden so einen maßgetreuen Kern, der nun umspritzt werden kann. Beim Öffnen des Werkzeugs wird der Metalldorn aus der Kautschukkappe herausgezogen. Dadurch wird diese entspannt und fällt zusammen; eine einfache Art, den Spritzling vom Kern zu lösen. Dieses Werkzeug ist bedeutend günstiger im Vergleich zu Abschraubwerkzeugen und zu den vorab beschriebenen Werkzeugen mit geteiltem Kern. Allerdings sind die Silikon-Kautschuk Einsätze verschleißanfällig und das Werkzeug daher wartungsintensiv. Dieser Nachteil wiegt allerdings wenig, denn die Kappen sind preisgünstig und können leicht ausgewechselt werden.

Die Wärmeabfuhr ist hingegen problematisch und längere Kühlzeiten müssen in Kauf genommen werden. Die Kautschukkappen können sich unter dem Druck der einströmenden Formmasse beim Werkzeugfüllvorgang mehr als zulässig verformen, sodass die Maßgenauigkeit eingeschränkt werden kann.

15.8.1.3 Werkzeuge mit Wechselkernen

Besonders bei Formteilen mit Innengewinden werden bei Serien mit geringen Stückzahlen gern einsetzbare Wechselkerne benutzt. Diese Kerne besitzen einen konischen Schaft – üblicherweise mit 15° Seitenschräge – mit welchem sie durch die Maschinenbedienung in die zugehörige kegelige Aufnahmebohrung eingesetzt werden [15.1] [15.42]. Derartige Werkzeuge sind relativ günstig. Sie liefern hohe Maßgenauigkeit der Gewinde. Nach Ablauf des Zyklus ziehen die Kerne den Spritzling aus dem Gesenk. Spritzling und Kern werden dann gemeinsam dem Werkzeug entnommen. Der Spritzling kann jetzt nachträglich entweder manuell oder mithilfe geeigneter Vorrichtungen, wie einer Handkurbel oder einem Hilfsmotor, vom Kern geschraubt werden. Die Anzahl der Gewindekerne muss an den Spritzzyklus unter Beachtung der Abkühlzeit und der Anwärmzeit der Kerne angepasst sein. So kann man mit dem Entformen so lange warten, bis der Spritzling auf Raumtemperatur abgekühlt ist, um die Schwindung des Spritzlings so klein wie möglich zu halten [15.3] [15.43].

15.8.2 Abschraubwerkzeuge

Hochwertige Gewinde lassen sich bei großen Stückzahlen und wirtschaftlichem Betrieb nur mit Abschraubwerkzeugen herstellen. Die das Gewinde ausformenden Werkzeugpartien, im Allgemeinen Kerne bei Innengewinden und Hülsen bei Außengewinden, sind bei diesen Werkzeugen drehbar im Werkzeug gelagert und werden beim Entformungsvorgang entweder im geöffneten oder geschlossenen Werkzeug vom Spritzling ab- oder herausgeschraubt. Der Spritzling muss dafür so gestaltet sein, dass er den für die Entformung erforderlichen Verdrehschutz übernehmen kann. Bei allen Abschraubwerkzeugen ist auf eine exakte Lagerung und Führung der Kerne und Antriebselemente zu achten. Ungenügend gelagerte Kerne, insbesondere schlanke, können beim Werkzeugfüllvorgang sehr viel leichter als fest eingespannte Kerne durch die einströmende Formmasse aus ihrer Mittellage verschoben werden. Der Abschraubvorgang würde eventuell dadurch erschwert und u. U. verhindert, weil das Antriebsdrehmoment nicht mehr ausreicht, um die Kerne aus dem deformierten Spritzling zu lösen. Hinzu kommen die unerwünschten Geometrieabweichungen des Spritzlings.

Die Antriebskraft wird bei Abschraubwerkzeugen von der Öffnungsbewegung mit Steilgewindespindeln oder Zahnstangen auf das Getriebe für die Kerne übertragen. Es sind auch getrennte elektrische, pneumatische und hydraulische Antriebe üblich. Letztere werden oft über die Kernzugsteuerung der Maschine betätigt.

Abschraubwerkzeuge mit Zahnstangen

Die Anzahl der zu formenden Gewindegänge ist bei diesen Werkzeugen begrenzt durch den Durchmesser des Spritzlings, die Öffnungskräfte der Maschine oder des Zahnstangenantriebs und den Hub der Zahnstangen, der nach Bild 15.61 durch die Öffnungsbewegung der Verarbeitungsmaschine oder durch einen separaten Hydraulik- oder Pneumatikzylinder bewirkt werden kann (vgl. Abschnitt 15.8.2.2.3).

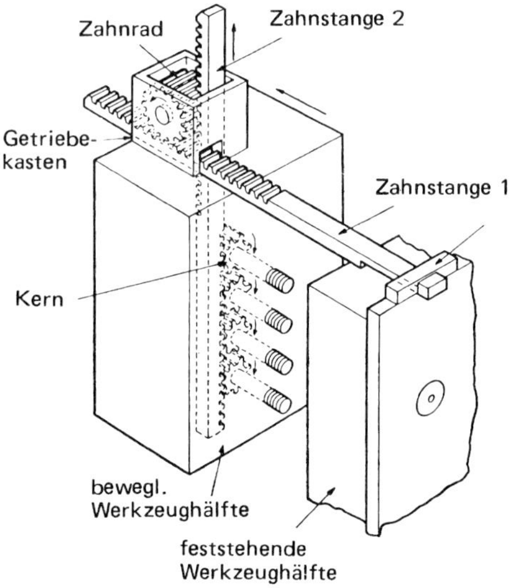

Bild 15.61 Abschraubwerkzeug mit Zahnstangenantrieb [15.29]

Voraussetzung dafür, dass diese Werkzeuge einwandfrei funktionieren, ist neben einer genauen Teilung der Zahnstange besonders eine präzise Lagerung und Führung von Zahnstange und angetriebenem Ritzel. Es besteht sonst die Gefahr, dass die Zähne überspringen, wenn der Spritzling einmal verklemmen sollte. Diese Gefahr ist besonders groß, wenn die Zahnstangen die erforderliche Drehbewegung nicht direkt auf die Gewindekerne übertragen können, sondern erst noch eine Umlenkung, wie in Bild 15.62 durch Kegelradgetriebe oder weitere Zahnstangen erforderlich ist. Bild 15.63 zeigt ein Abschraubwerkzeug, bei dem die Zahnstangen durch einen externen Antrieb (hydraulisch oder pneumatisch) bewegt werden. Diese Konstruktion hat den besonderen Vorteil, dass das Gewinde bereits bei geschlossenem Werkzeug entformt werden kann.

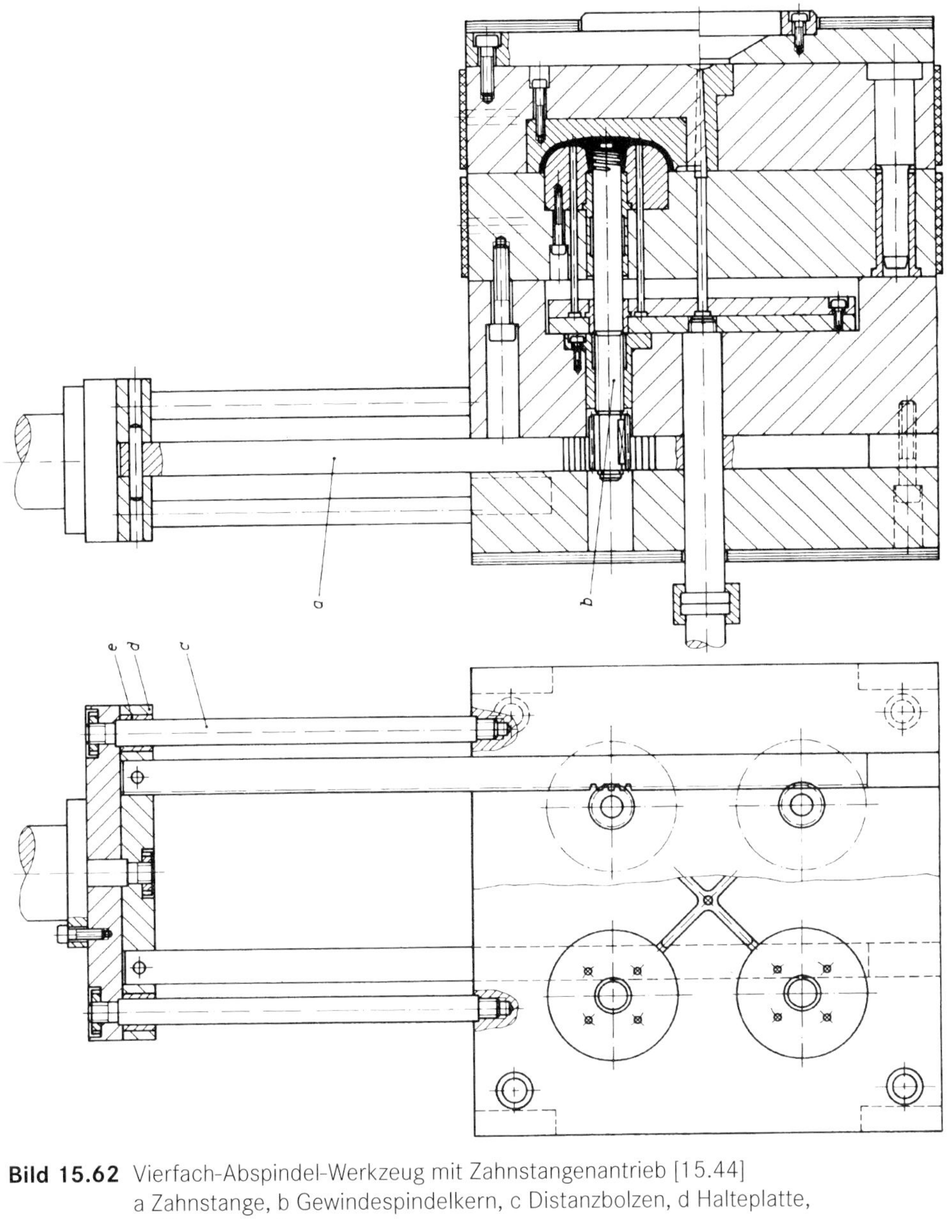

Bild 15.62 Vierfach-Abspindel-Werkzeug mit Zahnstangenantrieb [15.44]
a Zahnstange, b Gewindespindelkern, c Distanzbolzen, d Halteplatte, e Führungsbuchse

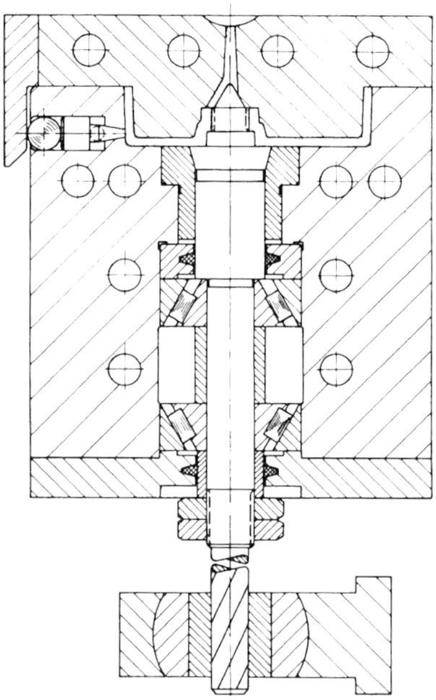

Bild 15.63 Steilgewindespindel ist drehbar im Werkzeug eingebaut, sie ist gleichzeitig Gewindekern [15.1]

Abschraubwerkzeuge mit Steilgewindespindeln

Steilgewindespindeln, die von in der Maschine befestigten Muttern angetrieben werden, gelten als die einfachsten und gleichzeitig sichersten Antriebselemente für Gewindekerne. Sie verursachen zudem keine erhöhten Rüstzeiten oder besondere Kontrollen des Hubwegs. Sie setzen die Öffnungsbewegung der Verarbeitungsmaschine beim Entformungsvorgang in eine Drehbewegung um und treiben dadurch die Kerne an. Öffnungshub und -kraft der Maschine bestimmen damit die Art, Durchmesser und Anzahl der Gewindegänge und die Anzahl der zu entformenden Gewinde. In der Regel können bis zu 15 Gewindegänge nach dieser Methode noch ohne weiteres entformt werden. Bei Gewindedurchmessern bis ca. 10 mm sind ggf. auch mehr Gewindegänge entformbar, da dann mit kleineren Steilgewinde-Steigungen gearbeitet werden kann [15.45].

Steilgewindespindeln und -muttern sind in verschiedenen Durchmessern (20 bis 38 mm) als links- oder rechtssteigende 5- bis 12 gängige Trapezgewinde mit Steigungen von 80 bis 200 mm im Handel erhältlich [15.45] [15.46] Mit zunehmender Steilgewindesteigung verbessert sich der Wirkungsgrad, reduziert sich die Flankenpressung und erhöht sich die Lebensdauer von Spindel und Mutter. Man arbeitet deshalb zweckmäßigerweise mit einem Stirnradgetriebe, das in das Werkzeug eingebaut ist. Die erforderliche Steilgewindesteigung zum Entformen eines Gewindes kann aus der Beziehung:

$$h = \frac{s_1 - s_2}{g} \qquad (15.30)$$

s_1 Öffnungsweg der Maschine
s_2 Auswerferweg
g Anzahl der zu entformenden Gewindegänge
h Steilgewindesteigung

ermittelt werden. Bei einem Wert von $h < 60$ mm sollte, wie auch bei Mehrfachwerkzeugen, mit einem eingebauten Getriebe gearbeitet werden. Das Übersetzungsverhältnis i des Getriebes errechnet sich aus der Beziehung:

$$i = \frac{g \cdot h}{s_1 - s_2} \qquad (15.31)$$

Im Folgenden sollen nun einige Konstruktionen vorgestellt werden.

In den Bildern 15.63 und 15.64 sind Abschraubwerkzeuge dargestellt, bei denen die Steilgewindespindel mithilfe von Kegelrollenlagern drehbar in das Werkzeug eingebaut und die Steilgewindemutter fest in der Auswerfertraverse angeordnet ist. Die Konstruktion nach Bild 15.64 stellt dabei insofern einen Sonderfall dar, als hier die Steilgewindespindel gleichzeitig der Gewindekern des Werkzeugs ist. Im Gegensatz zu den Bildern 15.65 bis 15.67 führt hier der Kern keine Axialbewegung beim Entformungsvorgang aus. Während sich die Spindel dreht, wird der Spritzling axial bewegt und damit gleichzeitig abgeschoben. Er muss zum Abschrauben im Gesenk festgehalten werden, sodass er die Drehbewegung nicht mitmachen kann. Ein Mitdrehen des Formteiles verhindert die durch eine Kugel und Klinke gesicherte Hinterschneidung an der linken Werkzeugseite (Bild 15.63).

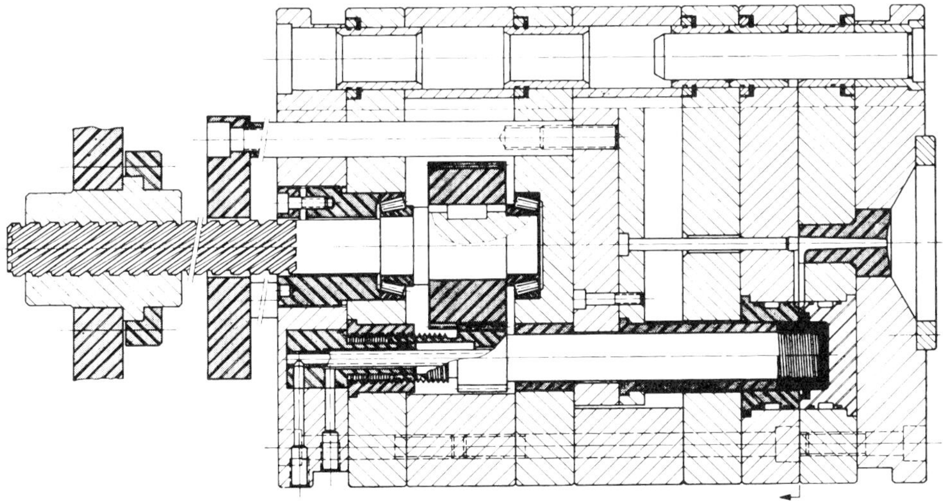

Bild 15.64 Abschraubwerkzeug mit im Werkzeug drehbar gelagerter Steilgewindespindel [15.45]

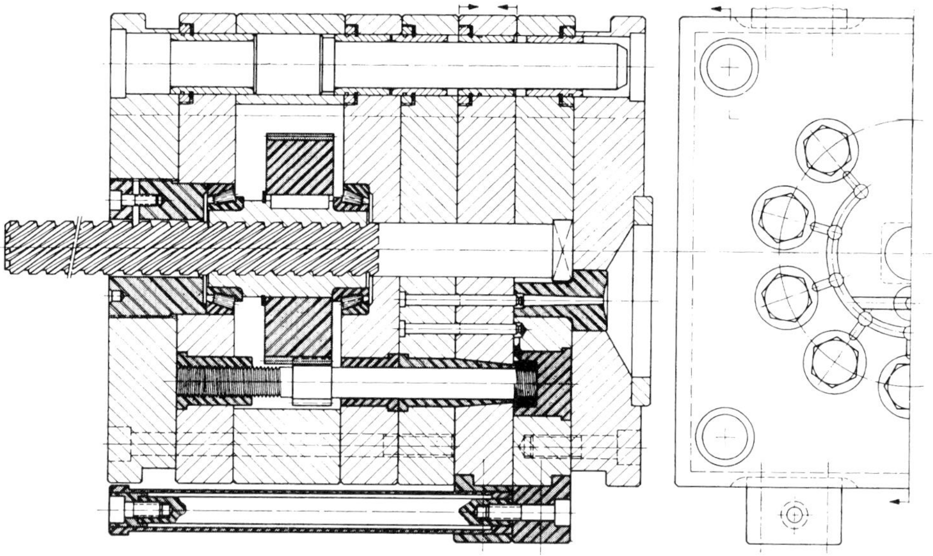

Bild 15.65 Abschraubwerkzeug - Steilgewindespindel und Steilgewindemutter im Werkzeug eingebaut. Die Spindel steht fest und die Mutter ist drehbar gelagert [15.45]

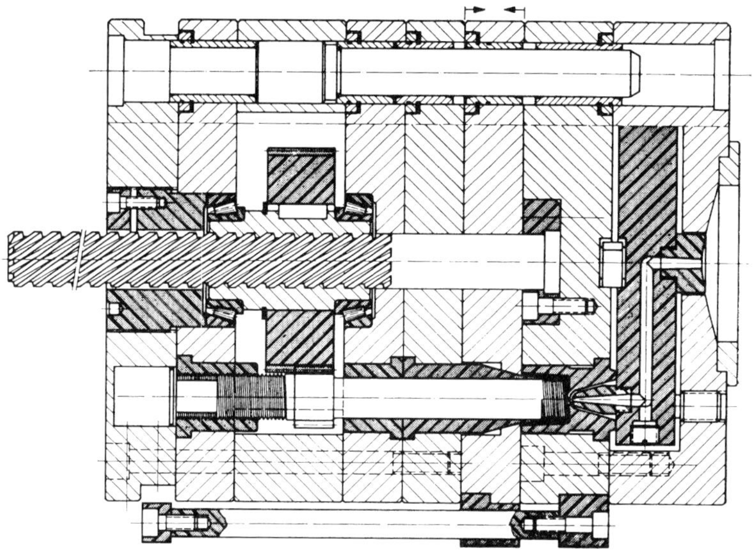

Bild 15.66 Heißkanalwerkzeug - Steilgewindespindel und Steilgewindemutter im Werkzeug, Mutter drehbar gelagert [15.45]

Bei den Konstruktionen nach den Bildern 15.65 bis 15.67 werden der bzw. die Gewindekerne axial bewegt. Zur besseren Lagerung bzw. Führung der Kerne sind diese am anderen Ende ebenfalls mit Gewinden versehen, die die gleiche Steigung haben müssen wie die Gewinde am Formteil und sich während der Werkzeugöffnung in eine sogenannte Leitgewindebüchse hineinschrauben.

Während in Bild 15.64 die Steilgewindemutter außerhalb des Werkzeugs in der Maschine befestigt ist, zeigen die Bilder 15.66 und 15.67 zwei besonders elegante und sichere Konstruktionen. In beiden Fällen ist die Gewindestange fest im Werkzeug verankert und gegen Verdrehen gesichert. Mit dem Auffahren des Werkzeugs rollt die als Nabe im Ritzel des Getriebes sitzende Mutter auf der stehenden Spindel ab. Während bei Bild 15.65 die zentral stehende Spindel mit der Angussbuchse kollidiert und deswegen außermittig angeordnet ist, konnte dieses Problem (Bild 15.66) durch den Heißkanalverteiler beseitigt werden.

Abschraubwerkzeuge mit separatem Antriebsaggregat

Bei den bisher vorgestellten automatisch arbeitenden Abschraubwerkzeugen war die Anzahl der zu entformenden Gewindegänge durch den Hub der Schließeinheit begrenzt. Ein Entformen der Gewinde bei geschlossenem Werkzeug war ebenfalls nur in Ausnahmefällen möglich. Vielfach muss das Gewinde jedoch bereits bei geschlossenem Werkzeug entformt werden, z. B. bei Teilen, bei denen die Gewinde in verschiedenen Ebenen und Winkeln liegen (Bild 15.67). Beim Entformen tiefer Gewinde oder komplexer Formteile ist man daher auf zusätzliche, von der Spritzgießmaschine unabhängige Antriebsaggregate angewiesen. Dazu wurden spezielle elektrisch und hydraulisch betriebene Aus- oder Abschraubeinheiten entwickelt (Bild 15.68 und Bild 15.69). Besonders hohe Anforderungen werden bei diesen Einheiten an die Schaltgenauigkeit gestellt.

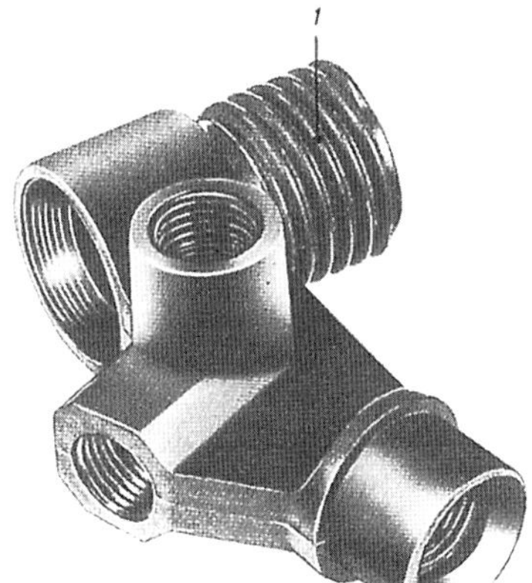

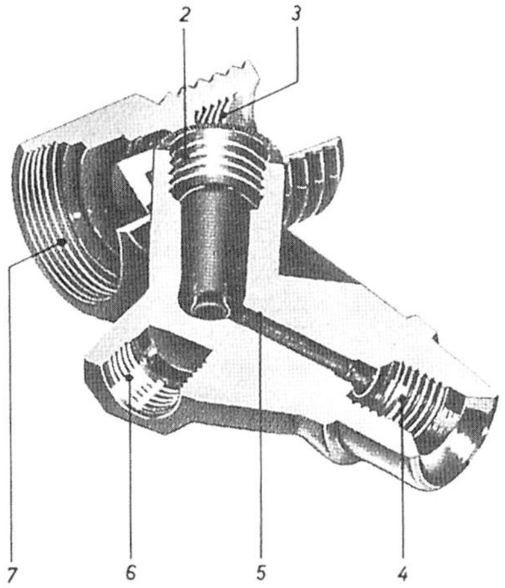

Bild 15.67 Bierzapf-Ventilkörper [15.47]
1 Außengewinde, 2 Innengewinde und Strömungskanal, 3 Innengewinde und Strömungskanal, 4 Innengewinde, 5 Strömungskanal, 6 Innengewinde, 7 Innengewinde und Dichtprofil

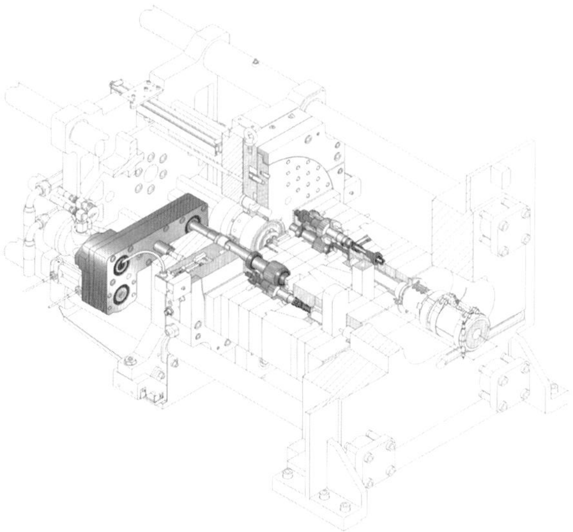

Bild 15.68 Abschraubwerkzeug mit hydraulisch betriebener Abschraubeinheit [Arburg] [15.48]

Bild 15.69 Elektrische Abschraubeinheit [Arburg] [15.48]

Gelegentlich sind Gewinde auch von seitlichen Bohrungen durchdrungen. Zur Fertigung dieser Teile muss in den Kern ein Seitenschieber eingefahren werden. Ohne zusätzliche mechanische Absicherung der Endlage des Kerns kommt man hier nicht aus. Als einfachste Lösung wird empfohlen, ein Zahnrad des Getriebes mit einer axialen Bohrung (zwischen Verzahnung und Nabe) zu versehen, in die beim Schließen des Werkzeugs ein angefasster Sicherungsstift eintaucht. Weicht die Lage des Zahnrads nur geringfügig von der des Stiftes ab, wird das Zahnrad durch den Stift in die richtige Lage gebracht. Kann bei zu großen Abweichungen der Stift nicht in die Bohrung eintauchen, wird die Werkzeugsicherung betätigt, und das Werkzeug fährt wieder auf [15.48].

15.8.3 Entformen von Formteilen mit Außengewinde

Außengewinde können prinzipiell ebenso wie die Innengewinde in Aus- oder Abschraubwerkzeugen gefertigt werden. Als Beispiel dafür sollen die Bilder 15.71 und 15.72 dienen. Bei der Konstruktion nach Bild 15.70 werden zwei Außengewinde unterschiedlicher Steigung und bei der Konstruktion nach Bild 15.71 ein Innen- und ein Außengewinde gleichzeitig entformt. In beiden Fällen werden zur Entformung der Gewinde die formgebenden Hülsen bzw. Kerne in Leitgewinden geführt. Sie führen dabei eine Axialbewegung aus und geben den Spritzling, der im Werkzeug festgehalten wird, frei. Abschraub- oder Ausschraubwerkzeuge sind Bauteile höchster Präzision. Sie sind dementsprechend teuer. Zur Fertigung von Außengewinden sollten sie daher nur verwendet werden, wenn hochwertige Formteile, bei denen eine eventuelle Trennmarkierung der formgebenden Kontur im Gewinde stören würde, gefordert werden und wenn eine hohe Stückzahl diese teuren Werkzeuge rechtfertigt.

In vielen Fällen können Außengewinde nämlich auch durch Backen geformt werden, insbesondere wenn die dabei unvermeidlichen Markierungen der Backen-Trennstellen toleriert werden.

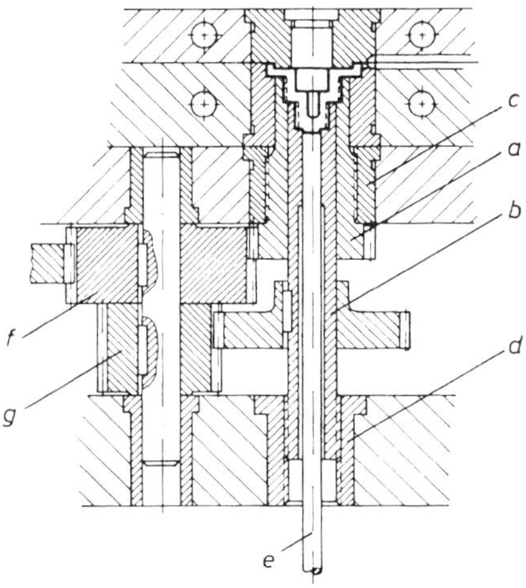

Bild 15.70 Formteil mit zwei Außengewinden unterschiedlicher Steigung [15.1]
a, b Gewindehülsen
c, d Gewindemuttern
e Auswerfer
f, g Zahnräder

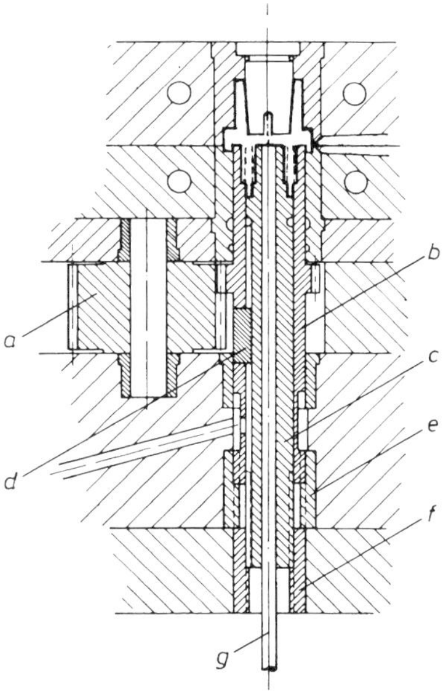

Bild 15.71 Formteil mit Innen- und Außengewinde [15.1]
a Ritzel, b Hülse,
c Gewindekern, d Nutstein
e, f Transportmuttern
g Auswerfer

15.9 Hinterschneidungen in nicht rotationssymmetrischen Formteilen

15.9.1 Innere Hinterschneidungen

Solche Formteile – hier sei der in Bild 15.72 gezeigte Deckel mit einer Hinterschneidung an zwei gegenüberliegenden Seiten als Beispiel genannt – können in einfachen Fällen durch einen Klappkern entformt werden. Der Kern setzt sich aus mehreren schräg zusammenlaufenden Segmenten zusammen, die durch einen Keil gespannt bzw. entspannt werden (vgl. Bild 15.59). Im Bereich dieses Keils sind die Artikel frei von Hinterschneidungen. Die Anwendung solcher Werkzeugkonstruktionen setzt eine gewisse Mindestgröße der Spritzlinge voraus, um eine ausreichende Festigkeit der Bauelemente sowie ausreichend Platz für die Faltbewegung zu gewährleisten. Insbesondere bei Werkzeugen mit höheren Fachzahlen beschränkt der notwendige Bauraum zudem die Anzahl der möglichen Kavitäten.

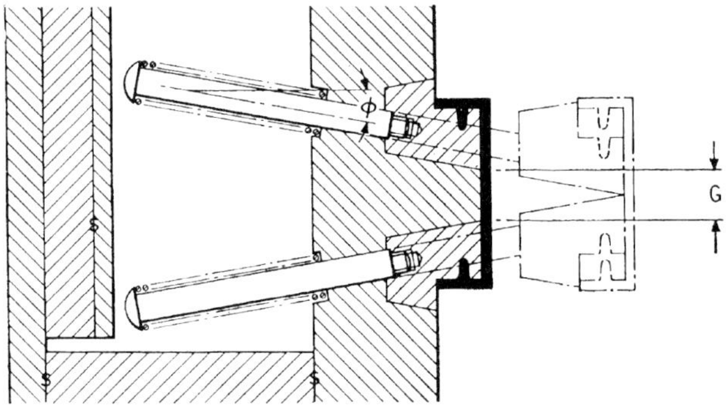

Bild 15.72 Werkzeug mit geteiltem Kern [15.29]

15.9.2 Äußere Hinterschneidungen

Im Vergleich zu den inneren Hinterschneidungen, die nur durch einen vergleichsweise großen werkzeugtechnischen Aufwand entformt werden können, ist das Entformen von äußeren Hinterschneidungen in der Praxis oftmals Standard. Dabei kann es sich um Rippen, Nocken, Stege, Durchbrüche, Sacklöcher, aber auch um Gewinde handeln. Formteile mit derartigen Hinterschneidungen werden in Werkzeugen hergestellt, bei denen der Teil der formgebenden Kontur, der die Hinterschneidung formt, beim Entformungsvorgang seitlich bewegt wird und dadurch die Hinterschneidungen freilegt. Diese so genannten Schieber- und Backenwerkzeuge sollen nachfolgend behandelt werden.

Schieber betätigen einen Kern, der eine örtlich beschränkte Hinterschneidung (z. B. Sackloch) ausformen muss. Eine Backe formt eine ganze Seite eines Formteils, die Hinterschneidungen besitzt (z. B. Rippen).

Beiden Konstruktionen ist gemeinsam, dass sie außerordentlich stabil konstruiert sein müssen und bei ihrer Herstellung besondere Sorgfalt auf das Einpassen der Führungen und Verriegelungen zu legen ist. Zu weiche Werkzeuge werden beim Einspritzvorgang durch die unter hohen Druck einströmende Formmasse aufgetrieben; dadurch kann Formmasse in die Trennflächen gelangen. Das gleiche geschieht auch bei unzureichend eingepassten Schiebern und Backen. Die Folge davon ist eine unerwünschte Gratbildung am Spritzling, die nachträglich abgearbeitet werden muss. Es können dadurch aber auch so hohe Biege- und Scherbelastungen an den Backen und Schiebern sowie deren Betätigungselementen und natürlich auch am Gestell auftreten, dass diese Teile beschädigt und die Werkzeuge unbrauchbar werden. Die Führung der Backen und Schieber kann in T-förmigen Nuten, in Schwalbenschwanzführungen oder auf Bolzen erfolgen. Besondere Bedeutung kommt dabei deren Notlaufeigenschaften zu. Eine Schmierung der beweglichen Teile mit Molybdändisulfid kann zu Verschmutzungen an den Spritzlingen und zu einer Verfärbung der Formmasse führen. Sie ist daher nur eingeschränkt möglich.

So muss durch geeignete Werkstoffpaarungen ausreichende Leichtgängigkeit sichergestellt und dem auftretenden Verschleiß entgegengewirkt werden. Bei mittelgroßen Werkzeugen wurde Aluminiumbronze mit Erfolg eingesetzt. Bei großen Werkzeugen konnten die Laufeigenschaften durch Auftragsschweißung von Bronze auf die gleitenden Flächen verbessert werden [15.49]. Durch den Einbau gehärteter und nachstellbarer Leisten kann der Formschluss bei einer Abnutzung der Keilflächen leicht korrigiert werden. Im Betrieb unterliegen die Werkzeuge verschiedenen thermischen Beanspruchungen, die von der heißen Formmasse, bei Heißkanalwerkzeugen vom beheizten Angusssystem und schließlich noch vom Temperiersystem herrühren können. Die damit verbundenen Wärmedehnungen können bei falscher Konstruktion zum Verklemmen der Backen und Schieber führen. Es ist daher darauf zu achten, dass entweder das gesamte Werkzeug auf gleicher Temperatur gehalten wird, d. h., dass auch die beweglichen Teile mit an das Temperiersystem des Werkzeugs angeschlossen werden, oder die Passungen so gewählt werden, dass im Betriebszustand keine unzulässigen Spalten in den Trenn- und Führungsebenen entstehen.

Die speziellen Konstruktionsmerkmale der Schieber- und Backenwerkzeuge sind in den nachfolgenden Kapiteln und Bildern zusammengestellt.

15.9.2.1 Schieberwerkzeuge

Beim Entformen werden die Schieber entweder zwangsläufig über die Maschinenöffnungsbewegung durch Schrägbolzen oder Schieberkurven oder durch direkte hydraulische Betätigung bewegt. Darüber hinaus sind noch Sonderkonstruktionen bekannt, die im Folgenden mitbehandelt werden.

Die Bilder 15.74 und 15.75 zeigen eine Gegenüberstellung von Schrägbolzen und Schieberkurven mit den für die Konstruktion und den Einbau kennzeichnenden Größen. Die Funktionsweise dieser beiden Werkzeugtypen ist in den Bildern 15.80 und 15.81 dargestellt. Während der Schrägbolzen den Schieber sofort mit der Öffnung der Trennebene bewegt, erlaubt die Schieberkurve ein verzögertes Einsetzen der Seitenbewegung.

Als Schrägbolzen können handelsübliche Führungssäulen verwendet werden. Ihre Dimensionierung ergibt sich aus der Belastung durch den Entformungswiderstand (siehe Abschnitt 15.2), dem Gewicht der Schieber und dem Reibungswiderstand. In Bild 15.77 ist ein Schrägbolzen dargestellt mit den Kräften, die ihn bei einer Aufwärtsbewegung des Schiebers belasten. Aus den Beziehungen für die Bewegung von Körpern auf einer schiefen Ebene (Bild 15.78), errechnet sich die Kraft, die die Führungssäule belastet. Die Resultierende aus den Einzelkräften P_R ergibt sich aus der Beziehung:

$$P_R = \sqrt{Q^2 + p^2} \qquad (15.32)$$

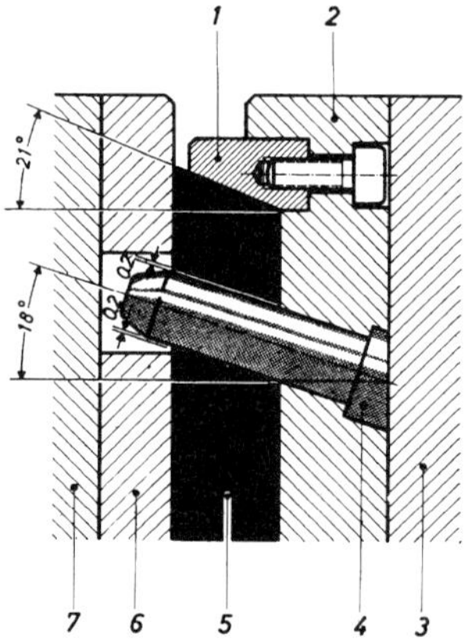

Bild 15.73
Schematische Darstellung der konstruktiven Anordnung von Schrägbolzen [15.2]
1 Schließflächeneinsatz, 2 vordere Einsatzplatte, 3 Aufspannplatte, 4 Schrägbolzen, 5 zu betätigendes bewegliches Werkzeugelement, 6 hintere Einsatzplatte, 7 Zwischenplatte

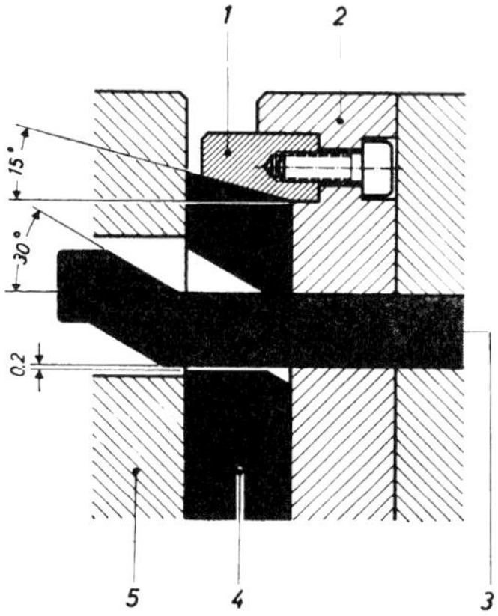

Bild 15.74
Schematische Darstellung der konstruktiven Anordnung von Schieberkurven [15.2]
1 Schließflächeneinsatz, 2 vordere Einsatzplatte, 3 Schieberkurve, 4 zu betätigendes bewegliches Werkzeugelement, 5 hintere Einsatzplatte

Setzt man in dieser Gleichung für p:

$$p = Q \cdot \tan(\alpha + \rho) \tag{15.33}$$

so erhält man:

$$P_\mathrm{R} = \sqrt{Q^2 + Q^2 \cdot \tan^2(\alpha + \rho)} \tag{15.34}$$

bzw.

$$P_\mathrm{R} = Q\sqrt{1 + \tan^2(\alpha + \rho)} \tag{15.35}$$

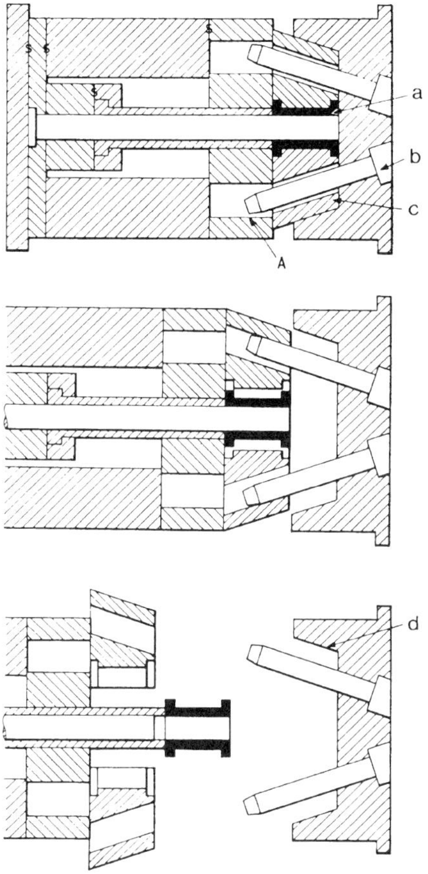

Bild 15.75
Arbeitsweise eines Schieberwerkzeugs mit Schrägbolzen [15.29]
a Spritzling, b Schrägbolzen, c beweglicher Werkzeugeinsatz, d Schließfläche, A Öffnung zum Eintauchen des Schrägbolzens

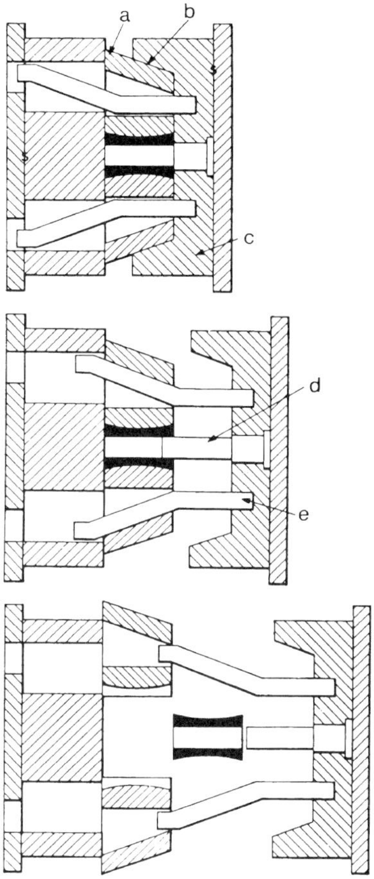

Bild 15.76
Arbeitsweise eines Werkzeugs mit Schieberkurven [15.29]
a beweglicher Werkzeugeinsatz, b Schließfläche, c feststehende Werkzeughälfte, d Kern, e Schieberkurve

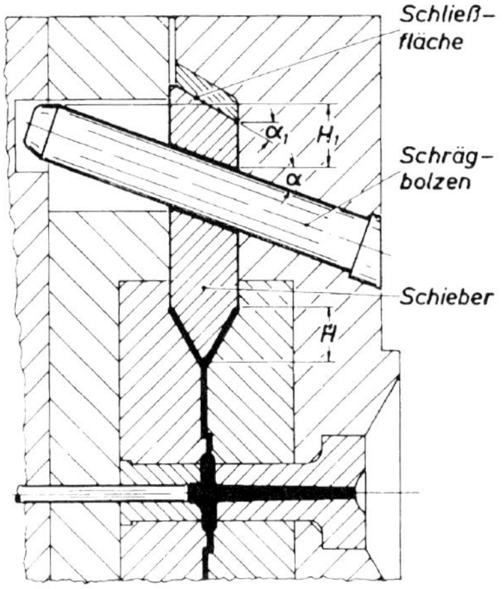

Bild 15.77
Schrägbolzen mit Winkeln der Kraftübertragung [15.1]
α und α_1 Winkel der Schrägstellung von Schrägbolzen und Schließfläche
H Hinterschneidung
H_1 Öffnungshub des Schiebers

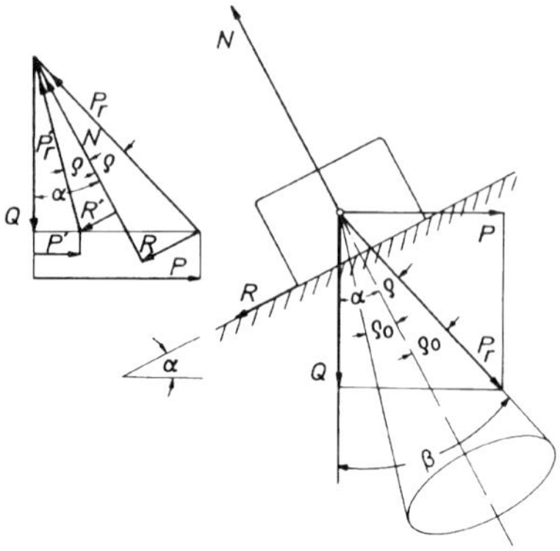

Bild 15.78
Bewegung auf schiefer Ebene, zur Berechnung schräger Führungssäulen [15.50]

Darin ist:

$$\tan\beta = \tan(\alpha + \rho) \tag{15.36}$$

$\tan\beta$ sollte im Allgemeinen einen Wert von 0,5 nicht überschreiten [15.50].

Mit $R = \mu \cdot N$ ergibt sich aus dem Kräftediagramm:

$$\tan\rho = \frac{R}{N} = \frac{\mu \cdot N}{N} = \mu \tag{15.37}$$

Als Reibungszahl μ kann für die Bewegungsreibung von Stahl auf Stahl $\mu = 0{,}1$ angenommen werden. Der Winkel für die Schrägstellung der Schrägbolzen kann somit berechnet werden. Die resultierende Kraft, die senkrecht zum Schrägbolzen wirkt und für die Berechnung des Bolzenquerschnitts maßgebend ist, errechnet sich aus der Beziehung:

$$A = \frac{Q}{\tau} \tag{15.38}$$

oder für den vorliegenden Fall:

$$A = \frac{Q\sqrt{1+\tan^2\beta}}{\tau} \cdot \cos\alpha \tag{15.39}$$

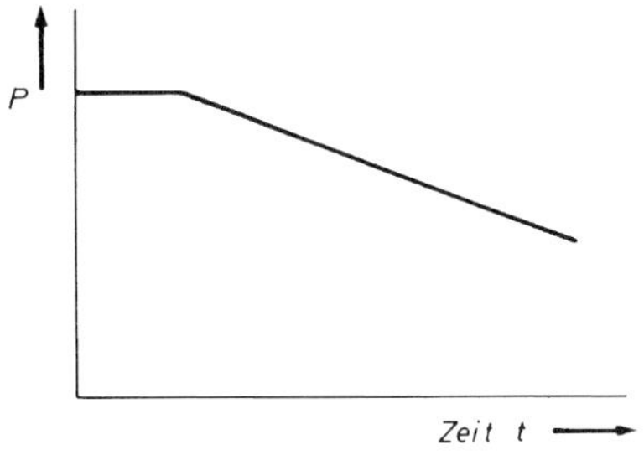

Bild 15.79 Schematische Darstellung des zeitlichen Verlaufs der Belastung eines Schrägbolzens [15.51]

In Bild 15.79 ist der zeitliche Verlauf der auf die Schrägbolzen wirkenden Öffnungskraft dargestellt. Die volle Kraft wirkt nur zum Zeitpunkt des Losbrechens auf die Schrägbolzen [15.51].

Um eine Überlastung der Schrägbolzen zu vermeiden, hat sich in der Praxis herausgestellt, dass der günstigste Winkelbereich für die Schrägstellung der Schrägbolzen zwischen 15° und 25° liegt. Große Winkel erleichtern dabei die Werkzeugöffnungsbewegung, während kleine Winkel eine höhere Zuhaltekraft mit sich bringen. Es ist also ein Kompromiss zu schließen, der bestimmt werden kann aus der Werkzeuggröße bzw. der Werkzeugschließ- und Öffnungskraft.

Die in Bild 15.73 dargestellte Art, den Schieber durch einen Schließflächeneinsatz gegen ein Verschieben durch den Spritzdruck zu sichern, genügt in den meisten Fällen. Der Vorteil dieser Konstruktion liegt bei der einfacheren Herstellung gegenüber dem Ausfräsen aus dem Vollen, wie in Bild 15.75, und der schnellen Austauschbarkeit bei unzulässig großem Verschleiß. Der Schließflächenwinkel sollte um 2 bis 3° steiler gehalten werden als der Neigungswinkel der Schrägbolzen, um ein eventuelles Spiel zwischen Schrägbolzen und Schrägbohrung auszugleichen [15.1] [15.2] [15.49], d. h., im geschlossenen Zustand zu verklemmen und damit einen festen Sitz des Schiebkerns zu bewirken.

Beim Werkzeugschließvorgang müssen die Schieber wieder in die „Spritzstellung“ zurückgeschoben werden. Die Rückstellung erfolgt entweder durch den Schrägbolzen gemäß Bild 15.80 oder aber durch die Schließfläche des Werkzeugs. Die letztgenannte Konstruktion wird dort angewendet, wo aus konstruktiven Gründen mit sehr kurzen Schrägbolzen gearbeitet werden muss. Eine Fixierung des Schiebers, im Bild 15.80 durch eine Kugelraste realisiert, muss bei dieser Bauart unbedingt vorgesehen werden, damit der Schieber sich nicht verschieben kann und der Schrägbolzen beim Schließen des Werkzeugs genau in die Bohrung des Schiebers einfährt.

Die Länge einer solchen Schrägbolzenführung richtet sich nach dem erforderlichen Öffnungshub. Das Beispiel – Bild 15.80 – zeigt eine kurze Schrägbolzenführung. Benötigt man einen großen Hub, dann ist auch eine lange Führung erforderlich. Bild 15.77 zeigt, dass dann der Schrägbolzen tief in das schließseitige Werkzeug eintaucht und dafür eine Öffnung vorgesehen werden muss.

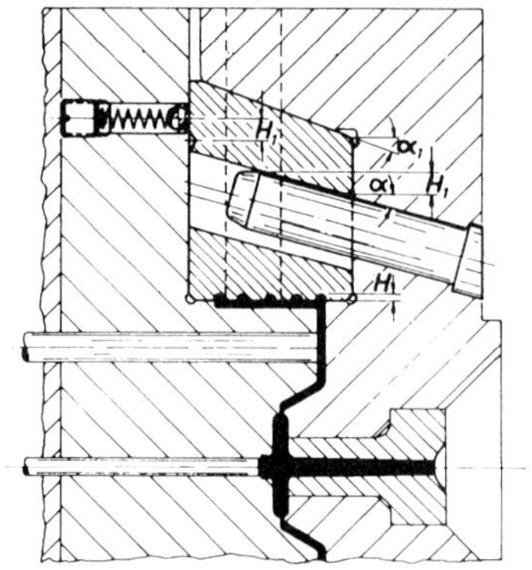

Bild 15.80 Rückstellung der Schieber durch Werkzeughälfte [15.1]
α und α_1 Winkel der Schrägstellung von Schrägbolzen Schließfläche
H Hinterschneidung
H_1 Öffnungshub des Schiebers

Um längere Schieberteilwege bei kürzeren Führungswegen zu erreichen, muss daher der Winkel der Schrägeinstellung vergrößert werden. Da nun ein Schrägbolzen-Winkel von 25° möglichst nicht überschritten werden sollte (erhöhter Verschleiß, geringere Kraftübertragung), müssen für solche Fälle andere Konstruktionen gefunden werden. Bild 15.81 zeigt ein Schieberwerkzeug, bei dem am Schieber *a* Rollen *c* befestigt sind, die in schräggeführten Nuten *b* laufen. Der Vorteil dieser Konstruktion besteht darin, dass der Winkel α der schräggeführten Nuten bis über 45° vergrößert werden kann, wodurch längere Schieberteilwege bei kürzeren Führungswegen erreicht werden. Da es sich hier um eine rollende Bewegung handelt, sind die Reibungskraft und der Verschleiß weitaus geringer als bei Schrägbolzen mit gleitender Bewegung.

Eine weitere interessante Variante ist in Bild 15.82 dargestellt. Diese Schiebermechanik kann außerhalb des Werkzeugs angeordnet werden, hierdurch wird in der Arbeitsfläche Platz für die Kontur gewonnen. Die Mechanik arbeitet mit zwei schrägverzahnten Zahnstangen, die im Winkel von 90° im Führungsblock ineinander greifen. Diese Schiebermechanik sowie deren Varianten sind im Handel als normierte Bausätze erhältlich.

Im Gegensatz zum Bewegungsbeginn der Schrägbolzen kann die Hubbewegung des Schiebers mit einer Schieberkurve verzögert eingeleitet werden, d. h. das Werkzeug öffnet sich um einen gewissen Betrag, der von der Gestalt des Kurvenprofils abhängig ist, bevor die Schieber seitlich bewegt werden und die Hinterschneidungen zum Entformen freigeben. Es ist dadurch möglich, z. B. bei tiefen hülsen- oder becherförmigen Spritzlingen bei geschlossenen Schiebern bereits eine teilweise Entformung des Spritzlings vom Kern des Werkzeugs zu erreichen. Nachdem die Schieber die Hinterschneidungen freigegeben haben, kann der Spritzling z. B. pneumatisch ausgeworfen werden.

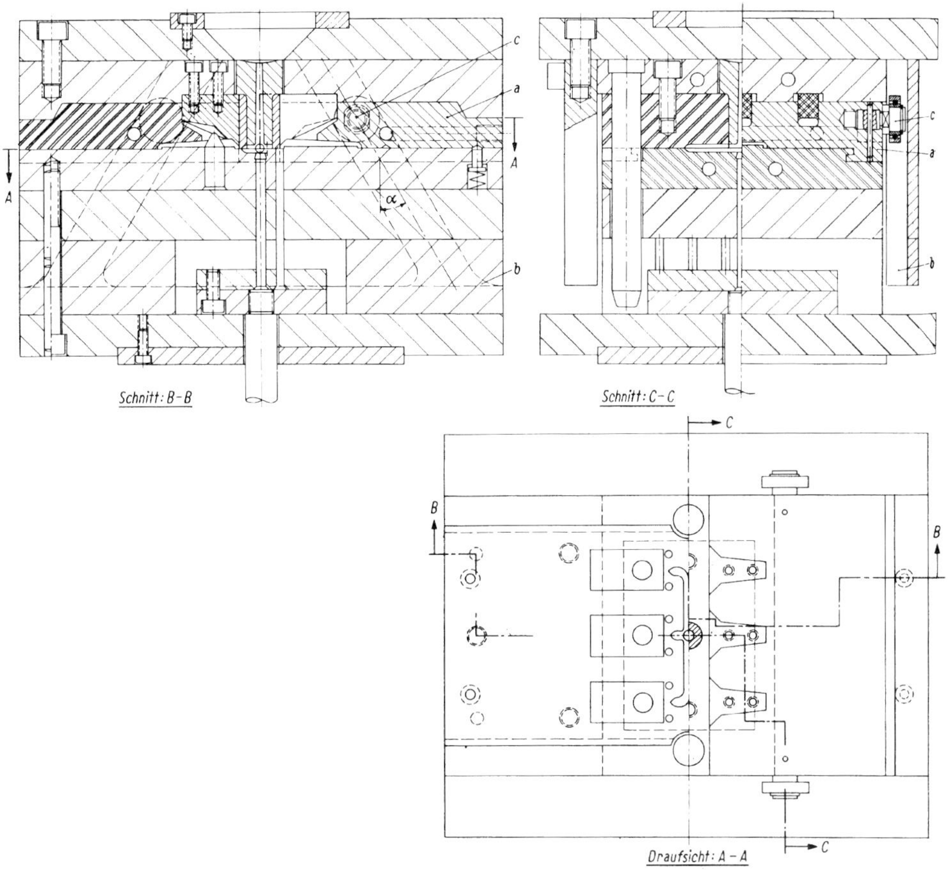

Bild 15.81 Sechsfach-Spritzgießwerkzeug für Haken aus Polystyrol mit starker Hinterschneidung [15.52]
Kennzeichnend für die Konstruktion ist, dass Rollen *c* des Schiebers in schräg geführten Nuten *b* laufen. Dies ermöglicht größere Winkel α (über 45°) und damit längere Schieberteilwege bei kürzeren Führungswegen. Der Verschleiß ist durch die rollende Bewegung geringer als beim Einbau von normalen Schrägbolzen.

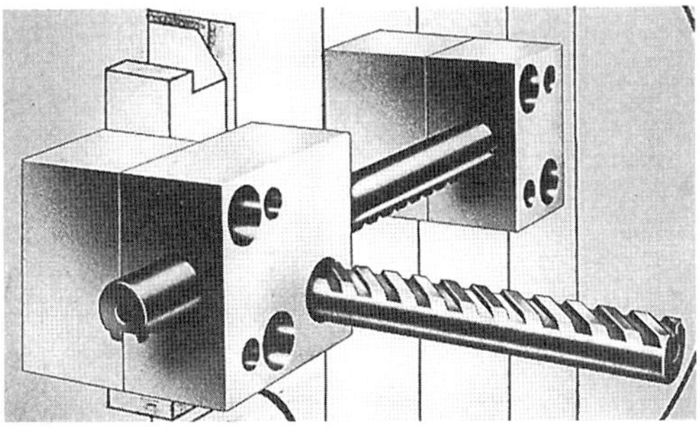

Bild 15.82 Schieberwerkzeug mit Schiebermechanik bestehend aus zwei schräg verzahnten Zahnstangen mit Führungsblock [15.53]

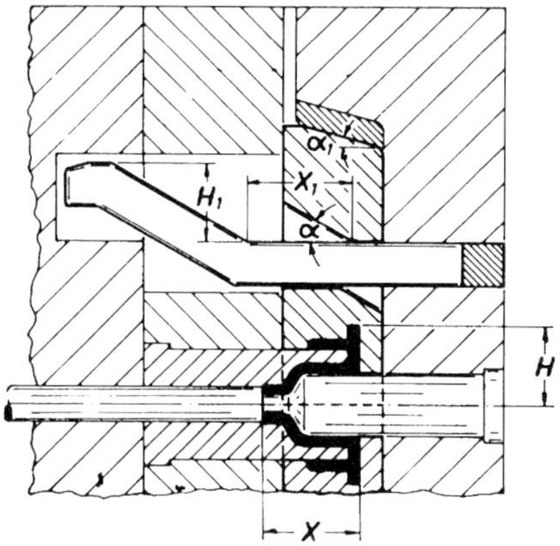

Bild 15.83 Werkzeug mit Schieberkurven [15.1]
H Hinterschneidung, H_1 Öffnungshub des Schiebers, α_1 Schließflächenschräge, α Schrägstellung der Schieberkurve, x Höhe des Spritzlings, x_1 Öffnungsweg; erst wenn der Weg zurückgelegt ist, leitet die Schieberkurve die Hubbewegung des Schiebers ein

Die Schräge der Schieberkurven sollte zwischen 25 und 30° liegen. Der Winkel der Schließflächen kann spitzer sein. Dadurch wird eine höhere Schließkraft erreicht. Die Praxis hat gezeigt, dass der Schließflächenwinkel etwa 15° betragen soll. In den Bildern 15.84 und 15.85 werden zwei Anwendungsbeispiele mit Schieberkurven vorgestellt [15.1] [15.2].

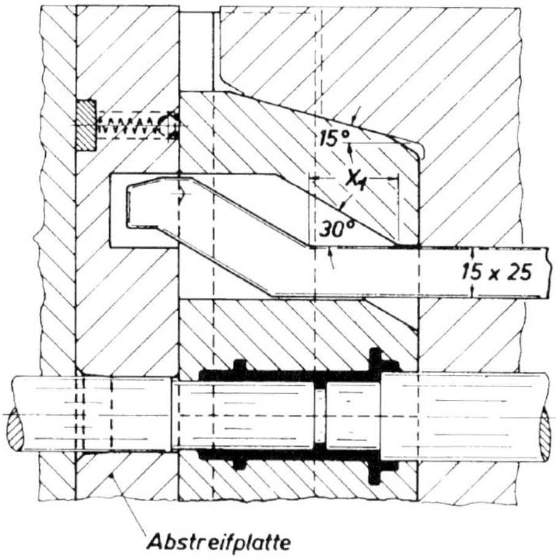

Bild 15.84 Werkzeug mit Schieberkurven [15.1]
x_1 Öffnungswege (siehe Erläuterungen zu Bild 15.83)

15.9.2.2 Backenwerkzeuge

Wenn ganze Seitenflächen weggezogen werden müssen, um die Spritzlinge vom Hauptkern abschieben zu können, dann bezeichnet man diese Teile als Backen, die Werkzeuge als Backenwerkzeuge. Typische Beispiele sind Kästen (Bierkästen) mit außen liegenden Rippen und Durchbrüchen in den Seitenflächen. Aber auch in Fällen, wo die Zuhaltekraft der Maschine nicht ausreicht, kann u. U. über die Backen die Zuhaltekraft vom Gestell aufgenommen werden.

In Bild 15.85 ist die Arbeitsweise eines Backenwerkzeugs dargestellt. Die keilförmig ausgebildeten Backen werden in einem Rahmen bzw. in einem Futter mit entsprechender Aufnahme geführt. Der Rahmen bzw. das Futter müssen so dimensioniert sein, dass sie unter der Wirkung der inneren Spritzkräfte beim Einspritzprozess nicht aufgetrieben werden. Sonst ist eine mehr oder weniger starke Gratbildung an den Trennfugen unvermeidlich. Die Backen werden in einem sogenannten Schwalbenschwanz geführt bzw. in Nuten mit T-förmigem Querschnitt. Auf die Möglichkeit, dabei auftretende Verschleißerscheinungen gering zu halten bzw. auszugleichen, wurde bereits bei der Schrägbolzenführung hingewiesen. Die Konizität der Backen sollte zwischen 10° und 15° liegen. Dieser Winkelbereich hat sich in der Praxis bewährt. Kleinere Neigungen führen unter dem Einfluss der Werkzeugschließkraft zu einer zu starken Verkeilung im Futter, während Neigungen über 15° dem durch das Verkeilen auftretenden Schließkrafteffekt wieder entgegenwirken. Die Werkzeuge werden durch die andere Werkzeughälfte verriegelt. So können überstehende Backen durch einen Gegenkonus in der anderen Werkzeughälfte aufgenommen werden (Bild 15.86). Derselbe Effekt wird auch mit der Konstruktion nach Bild 15.87 erzielt. Hier wird der Aufnahmerahmen der Backen bzw. das Konusfutter durch einen konischen Sitz in der anderen Werkzeughälfte gegen ein Auftreiben beim Werkzeugfüllvorgang zusätzlich gesichert [15.1] [15.55].

Die Öffnungsbewegung der Backen kann entweder durch die Maschinenöffnungsbewegung, oder durch separate Antriebsquellen eingeleitet werden. Die durch die Maschinenöffnungsbewegung zwangsläufig betätigten Backen werden durch:

- Kniehebel oder Zuglaschen (Bild 15.85),
- Auswerferstifte (Bilder 15.88 und 15.89),
- Gelenkzapfen (Bild 15.88),
- Federn (Bild 15.89) oder
- Steuerkurven (Bild 15.90)

aus dem Futter herausgezogen. Als separate Antriebsquellen können hydraulische Arbeitszylinder verwendet werden (Bilder 15.93 bis 15.95).

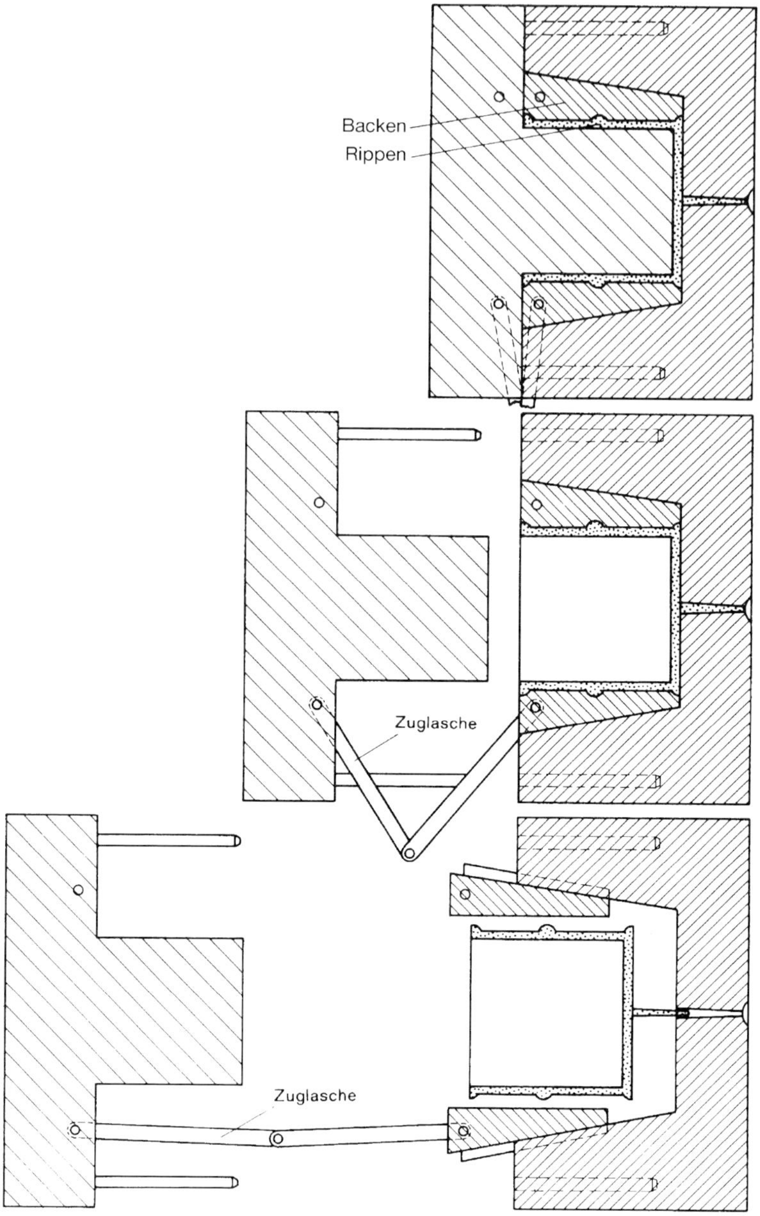

Bild 15.85 Arbeitsweise eines Backenwerkzeugs, Betätigung der Backen durch Zuglasche [15.54]

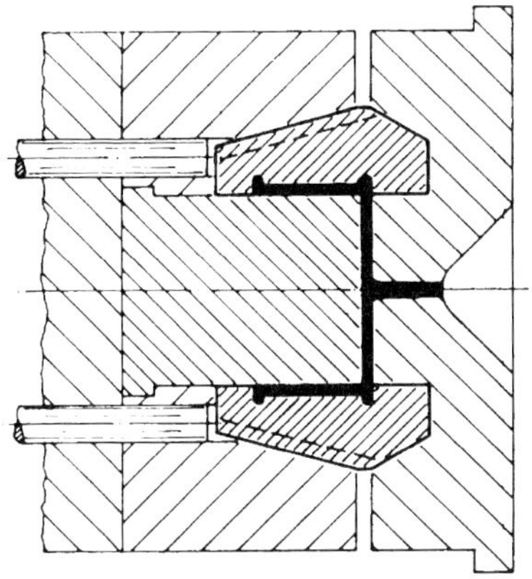

Bild 15.86 Gegenkonus als Verriegelung und zum Verbessern der Werkzeugabdichtung [15.1]

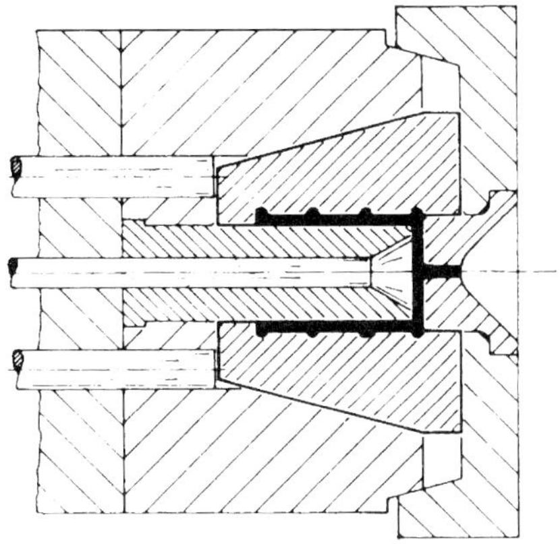

Bild 15.87 Konischer Sitz in der düsenseitigen Werkzeughälfte verhindert ein Auftreiben des Futters [15.1]

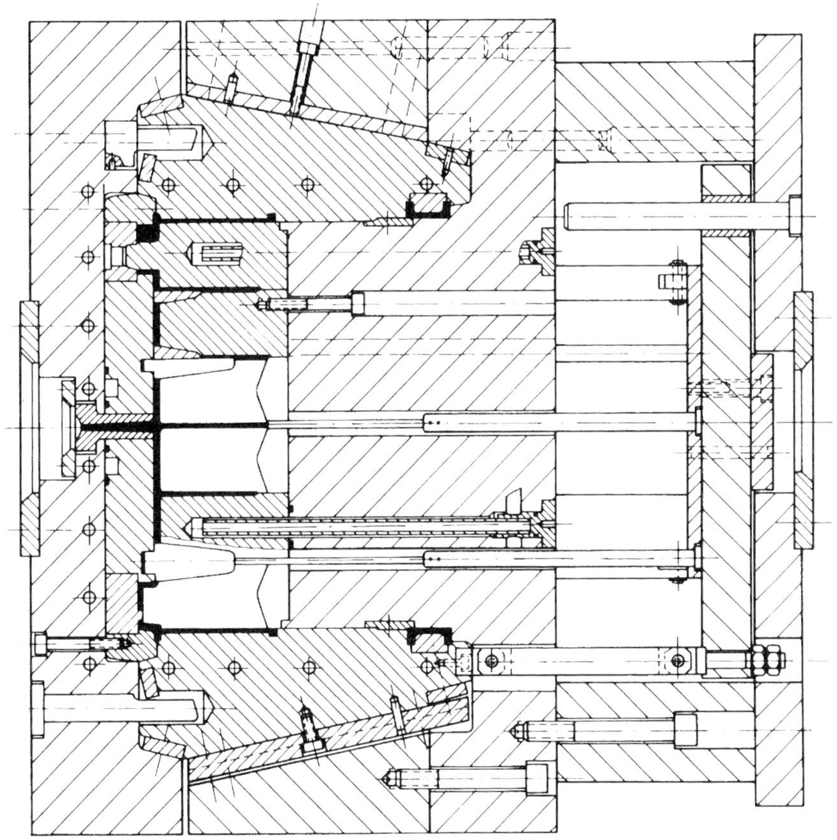

Bild 15.88 Betätigen der Backen durch Gelenkzapfen [15.54]

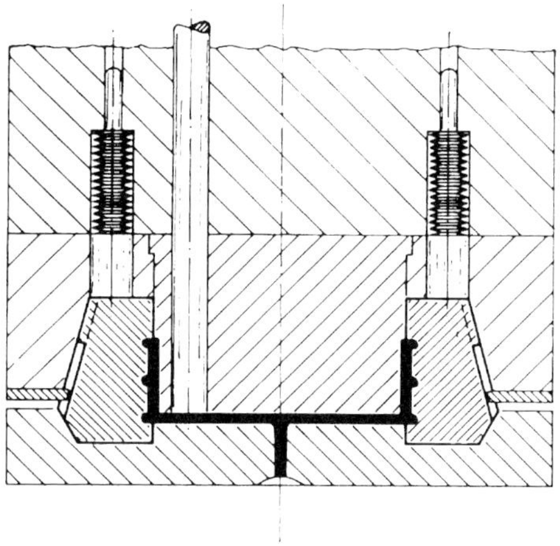

Bild 15.89 Betätigen der Backen durch Federn, Öffnungshub durch Anschläge begrenzt [15.1]

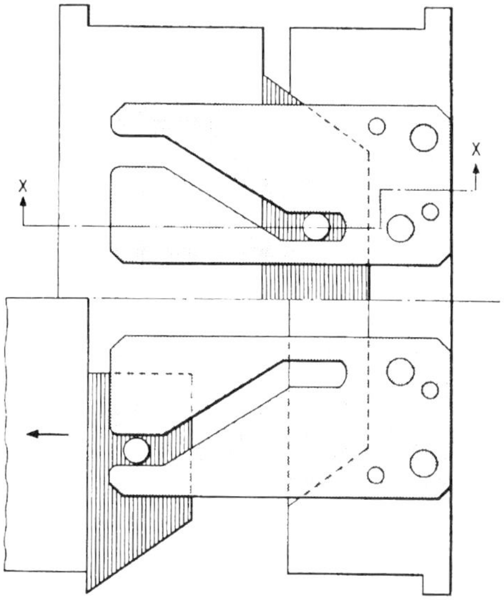

Bild 15.90 Betätigen der Backen durch Steuerkurve [15.1]
oben: Werkzeug geschlossen
unten: Werkzeug geöffnet

Bei den durch Auswerferstifte, Gelenkzapfen und Federn betätigten Backen ist zum Entformen des Spritzlings in der Regel ein zusätzlicher Entformungsmechanismus erforderlich. Durch Kniehebel oder Zuglaschen sowie durch Steuerkurven kann die Zerlegung der Maschinenöffnungsbewegung in eine Seitenbewegung, die zum Entformen nötig ist, so lange verzögert werden, bis der Spritzling vom Kern entformt ist. Ein weiterer Entformungsmechanismus ist hierbei meist nicht mehr erforderlich.

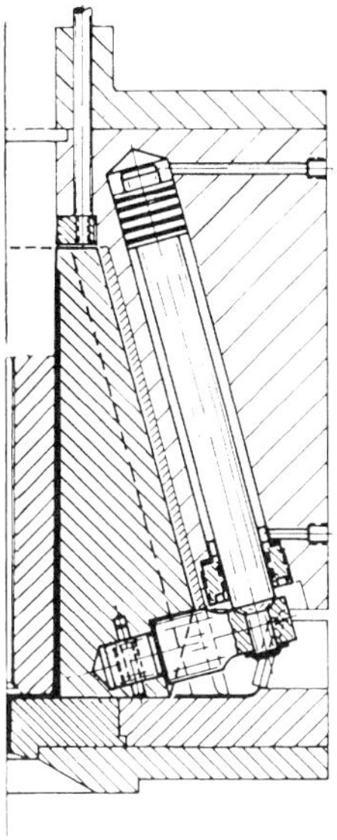

Bild 15.91 Betätigen der Backen durch hydraulische Arbeitszylinder [15.1]

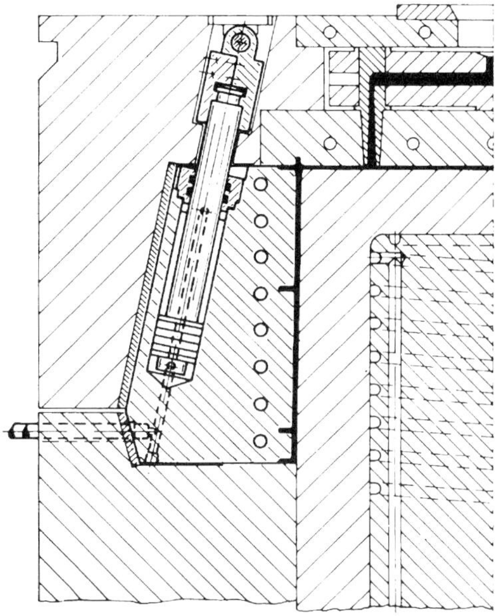

Bild 15.92 Betätigen der Backen durch hydraulische Arbeitszylinder [15.1]

Zu erwähnen bleibt noch, dass bei den durch Federn betätigten Backenwerkzeugen nur ein kurzer Öffnungshub erreicht werden kann, der durch Anschläge begrenzt wird (Bild 15.89).

In den Bildern 15.92, 15.93 und 15.94 sind Spritzgießwerkzeuge dargestellt, bei denen die Backen durch hydraulische Arbeitszylinder betätigt werden. Zur Erhöhung der Betriebssicherheit dieser Werkzeuge sollten sie im Rahmen der vollautomatischen Steuerung der Maschine bzw. einer Programmsteuerung der Maschine gesteuert werden. Die hydraulischen Arbeitszylinder müssen so in das Werkzeug eingearbeitet werden, dass keine Seitenkräfte auf die Kolben wirken, da die Funktionstüchtigkeit sonst nicht mehr gegeben ist. Demzufolge können die Kolben auch keinerlei Führungsaufgaben bei der Betätigung der Backen übernehmen.

Durch ausreichende Kühlung der Backen muss sowohl die Betriebstemperatur der Hydraulik niedrig gehalten als auch die Wärme der eingespritzten Masse schnell abgeführt werden [15.1]. Jede Backe und auch die meisten Schieber, müssen ausreichend gekühlt werden. Die Temperatur sollte kontrolliert und für jede Backe ein gesonderter Kühlkreislauf vorgesehen werden.

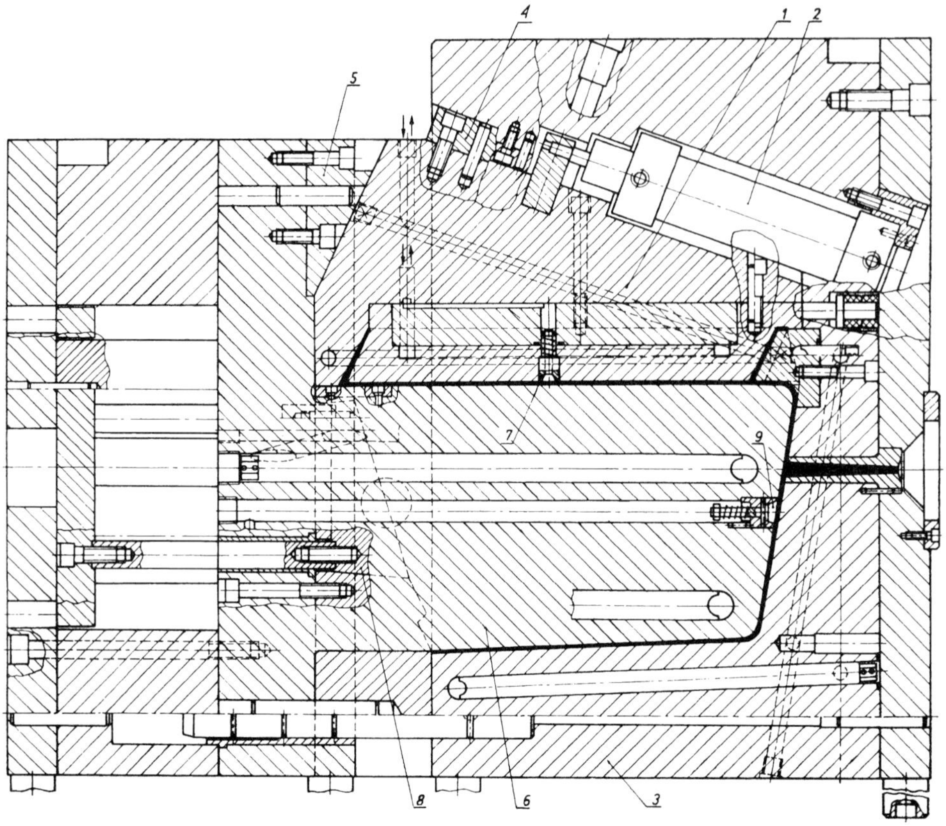

Bild 15.93 Betätigung der Backen durch hydraulische Arbeitszylinder [15.25]
1 Backen, 2 Hydraulikzylinder, 3 Gesenk, 4 Führungsleiste, 5 Schließflächenleiste, 6 Stempel, Kern, 7 u. 9 Luftventile, 8 Abschiebeleiste

15.9.3 Werkzeuge mit Kernzügen

Eine weitere Möglichkeit Formteile mit Hinterschnitten zu Entformen ist die Verwendung von Kernzügen. Über die Kernzugsteuerung der Spritzgießmaschine können vor der Entformung gezielt Kerne aus dem Formteil gezogen werden. Dabei ist die Ansteuerung der Kerne unabhängig vom Ablauf des restlichen Spritzgießprozesses, sodass das Ziehen der Kerne an die Randbedingungen des Prozesses angepasst werden kann.

Ein Beispiel für den Ablauf eines Entformungsprozesses unter Nutzung von Kernzügen ist im Folgenden dargestellt. Bei der Herstellung von großen Rohrfittings müssen die Kerne vor dem Auswerfen gezogen werden. Bild 15.94 zeigt einen Schnitt durch solch ein Werkzeug.

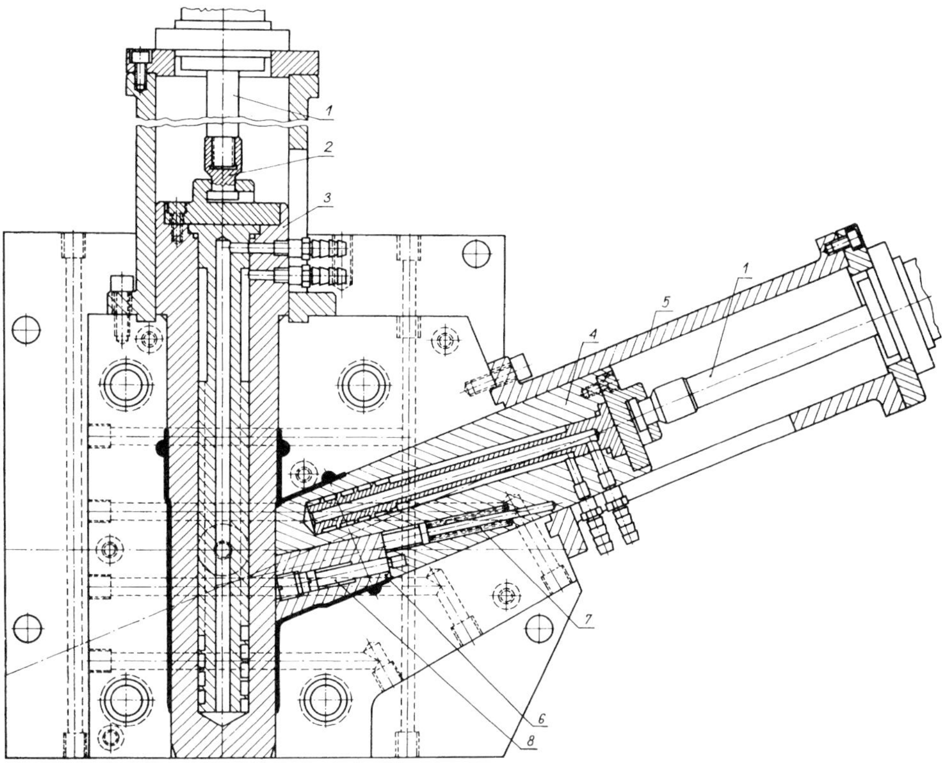

Bild 15.94 Werkzeug mit Kernzügen zur Fertigung von Rohrformstücken [15.25]
1 hydraulisch betätigte Zugstange
2 Verankerung der Zugstange
3 Kern für das Hauptrohr
4 Kern für den Abzweigstutzen
5 Verlängerte Kernführung
6 Muffenausformstück
7 Druckkolben für das Muffenausformstück
8 Haltezapfen für das Muffenausformstück

Zunächst wird der Kern 3 gezogen, dann folgt Kern 4. Da beim Ziehen von Kern 4 die Gefahr besteht, dass der Fitting in der Hinterschneidung abgerissen wird, wird gleichzeitig das Muffenausformstück 6 von Kern 3 mit dem Druckkolben 7 abgedrückt, bis sich der Kern 4 vom Fitting gelöst hat. Das Muffenausformstück kann dann von der Schraube 8 (Haltezapfen) nach kurzem Freilauf mitgenommen werden.

Literatur Kapitel 15

[15.1] *Möhrwald, K.:* Einblick in die Konstruktion von Spritzgießwerkzeugen. Garrels, Hamburg, 1965.

[15.2] *Mink, W.:* Grundzüge der Spritzgießtechnik. Kunststoffbücherei Bd. 2. Zechner & Hütig, Speyer, Wien, Zürich, 1966.

[15.3] Entformungseinrichtungen, Technische Information 4.4 der BASF, Ludwigshafen/Rh., 1969.

[15.4] *Johannaber, F; Michaeli, W.:* Handbuch Spritzgießen. Carl Hanser Verlag, München, Wien, 2001.

[15.5] *Bangert, H.:* Systematische Konstruktion von Spritzgießwerkzeugen und Rechnereinsatz, Dissertation, RWTH Aachen, 1981.

[15.6] *Kaminski, A.:* Messungen und Berechnungen von Entformungskräften an geometrisch einfachen Formteilen. In: Berechenbarkeit von Spritzgießwerkzeugen. VDI-Verlag, Düsseldorf, 1974.

[15.7] *Karakücük, B.:* Ermittlung von Entformungskräften bei hülsenförmigen Formteilen. Unveröffentlichte Arbeit am IKV, Aachen, 1979.

[15.8] *Schwittay, V.:* Virtual Molding löst Entformungsprobleme. Pressemitteilung, Sigmasoft, Aachen, 2014.

[15.9] *Schlattmann, M.:* Messung von Entformungskräften. Unveröffentlichte Arbeit am IKV, Aachen, 1978.

[15.10] Spritzgießtechnik, Firmenschrift der Fa. Chemische Werke Hüls AG, Marl, 1979.

[15.11] *Yorganicioglu, Y. Z.:* Ermittlung von Entformungsbeiwerten beim Spritzgießen von Thermoplasten (PS, ABS, PC). Unveröffentlichte Arbeit am IKV, Aachen, 1979.

[15.12] *Ribbert, E. J.:* Ermittlung von Entformungsbeiwerten beim Spritzgießen von Thermoplasten (PP, PE). Unveröffentlichte Arbeit am IKV, Aachen, 1979.

[15.13] *Schrender, S.:* Ermittlung von Entformungskräften beim Spritzgießen von Thermoplasten. Unveröffentlichte Arbeit am IKV, Aachen, 1979.

[15.14] *Bangert, H.; Döring, E.; Lichius, U.; Kemper, W.; Schürmann, E.:* Bessere Wirtschaftlichkeit beim Spritzgießen durch optimale Werkzeugauslegung. Vortragsblock VII auf dem 10. Kunststofftechnischen Kolloquium des IKV, Aachen 12. bis 14. März, 1980.

[15.15] *Cordes, H.:* Theoretische Entwicklung von Entformungskräften. Unveröffentlichte Arbeit am IKV, Aachen, 1975.

[15.16] *Aengenheyster, G.:* Gestaltung und Dimensionierung von Verbundkonstruktionen mit Thermoplast- und Elastomerkomponente. Dissertation, RWTH, Aachen, 1997.

[15.17] *Koos, W.:* Finite - Elemente - Berechnung der inneren mechanischen Beanspruchungen in einem Radialwellendichtring bei der Entformung. Unveröffentlichte Arbeit am IKV, Aachen, 1993.

[15.18] *Benfer, W.:* Algorithmus zur rechnerunterstützten mechanischen Auslegung eines Spritzgießwerkzeuges. Unveröffentlichte Arbeit am IKV, Aachen 1980.

[15.19] Präzisions-Schleifteile. Katalog der Fa. Drei-S-Werk, Schwabach.

[15.20] Handbuch Formwerkzeug. Normalien der Fa. Sustan, Frankfurt.

[15.21] Entformungseinrichtungen. Technische Information 4.4 der BASF, Ludwigshafen, 1969.

[15.22] Normalienkatalog der Fa. Hasco, Lüdenscheid.

[15.23] Strack Normalien für Formwerkzeuge. Handbuch der Fa. Strack-Norma GmbH, Wuppertal.

[15.24] *Schürmann, E.:* Abschätzmethoden für die Auslegung von Spritzgießwerkzeugen. Dissertation, RWTH, Aachen, 1979.

[15.25] *Zawistowski, H.; Frenkler, D.:* Konstruckja Form Wtryskowych Do Tworzyw Thermoplasty Cznych (Konstruktion von Spritzgießwerkzeugen für thermoplastische Kunststoffe) Wydawnietwa Naukowo - Techniczne, Warszawa, 1984.

[15.26] *Morgue, M.:* Moules d'injection pour Thermoplastiques. Officiel des Activitiés des Plastiques et du Caoutchoucs 14 (1967) S. 269–276 und S. 620–628.

[15.27] *Gastrow, H.:* Der Spritzgießwerkzeugbau in 100 Beispielen. 3. Aufl. Carl Hanser Verlag, München, 1966.

[15.28] *Lohmann, A.:* Auswerfereinrichtungen an Spritzgießmaschinen. Kunststoffe 59 (1969) 3. S. 137–139.

[15.29] *Pye, R. G. E.:* Injection Mold Design (for Thermoplastics). ILIFFE Books, London, 1968.

[15.30] *Johannaber, F.:* Spritzgießmaschinen. In: Kunststoffmaschineführer, Carl Hanser Verlag, München, Wien, 1992.

[15.31] Dr. Boy, Spritzgießmachine, 53577 Neustadt-Fernthal, http://www.dr-boy.de.

[15.32] Actuation Methods for Part Ejection. Prospekt der Firma Husky GmbH, Wiesbaden.

[15.33] Spritzguss-Hostalen PP. Handbuch der Farbwerke Hoechst AG, Frankfurt.

[15.34] Automatische Auswerfer-Rückzug-Einrichtung. Prospekt der Firma Zimmermann, Lahr/Schwarzwald.

[15.35] *Kuroda, J.:* Mold Designing and Construction for Automation and High Cycle Molding (I). Jpn. Plast. Age 11 (1973) S. 39–44.

[15.36] Schnappverbindungen. Werkstoffblatt 3101.1 der BASF, Ludwigshafen 1973.

[15.37] Halbzeugverarbeitung. Anwendungstechnische Information der Farbwerke Hoechst AG, Frankfurt, 1975.

[15.38] *Erhard, G.:* Schnappverbindungen bei Kunststoffteilen. Kunststoffe 58 (1968) 2, S. 131–133.

[15.39] Berechnen von Schnappverbindungen mit Kunststoffteilen. Anwendungstechnische Information der Farbwerke Hoechst AG, Frankfurt, 1978.

[15.40] Collapsible Core. Prospekt der Firma DME-Detroit, Detroit/USA, 1970.

[15.41] New collapsible-core tooling system. Br. Plast. 44 (1971) 9, S. 195/196.

[15.42] Spritzgießwerkzeuge. Mitteilung der Firma H. Weidmann AG, Rapperswil, 1972.

[15.43] *Stoeckkert, K.:* Werkzeugbau für die Kunststoffverarbeitung. 3. Aufl. Carl Hanser Verlag, München, 1979.

[15.44] *Müller, M.:* Vierfach-Abspindel-Werkzeug mit Zahnstangen. Kunststoffe 66 (1976) 4, S. 201.

[15.45] Steilgewindespindeln mit Muttern. Prospekt der Firma Zimmermann, Mahlberg.

[15.46] Entformung von Spritzteilen mit Gewinden. Plastverarbeiter 30 (1979) 4, S. 189–192.

[15.47] *Mink, W.:* Grundzüge der Spritzgießtechnik. 5. Auflage. Zechner & Hüttig, Speyer, 1979.

[15.48] Arburg. Spritzgießmaschine, 72290 Loßburg, http://www.arburg.com.

[15.49] *Reimer, V. v.:* Konstruktionselemente der Spritzgießformen. Ind. Anz. 93 (1971) 104, S. 2657–2659.

[15.50] *Sass, F.; Bouché, Ch.:* Dubbels Taschenbuch für den Maschinenbau. Bd. 1, Springer, Berlin, Göttingen, Heidelberg, 1958.

[15.51] *Catic, I.:* Calcul dimensionnel rapide des broches inclinées. Plast. Mod. Elastomères 17 (1965) S. 99–105.

[15.52] *Trapp, M.:* Bewegungselemente für Spritzgießwerkzeuge mit langen Schieberteilwegen. Kunststoffe 63 (1973) 2, S. 86/87.

[15.53] Schiebermechanik. Prospekt der Firma Hasco, Lüdenscheid.

[15.54] Kunststoffverarbeitung im Gespräch. I: Spritzgießen. Druckschrift der BASF, Ludwigshafen/Rh., 1979.

[15.55] *Lindner, E.:* Spritzgießwerkzeuge für große Teile. Mitteilung aus dem Anwendungstechnischen Laboratorium für Kunststoffe der BASF, Ludwigshafen/Rh.

16 Rechnerunterstützte Werkzeugauslegung und CAD-Einsatz in der Werkzeugkonstruktion

16.1 CAD-Einsatz in der Werkzeugkonstruktion

16.1.1 Einleitung

Bei der Konstruktion einfacher Formteile oder kompletter Baugruppen, wie Spritzgießwerkzeugen, werden CAD-Systeme verwendet. Mithilfe dieser Programme können von vektoriellen Zeichnungen bis hin zu dreidimensionalen Volumenmodellen auch eine Geometrieaufbereitung und -ausgabe der wichtigsten Ergebnisse vorgenommen werden.

Ferner zeichnen sich CAD-Systeme dadurch aus, dass sie zu einem schnellen und konsistenten Erzeugen und Ändern von Geometrien beitragen. Hier sind im Einzelnen die Assoziativität, die Parametrik bzw. Varimetrik und die Featuretechnik zu nennen.

Eine besondere Problematik stellt allerdings bis heute der Austausch von Daten dar, da jedes CAD-Programm sein eigenes Dateiformat besitzt. Dies gilt sowohl für geometrische (Zeichnungen, Modelle etc.) als auch für technologische (Werkstoffangaben, NC-Programme) und für organisatorische Informationen (z. B. Stücklisten). Allerdings besteht die Möglichkeit die geometrischen Informationen, welche für die Simulation von Bedeutung sind, in verbreitete Dateiformate zu überführen (siehe Abschnitt 16.1.1.1 „Datenformate“).

16.1.1.1 Assoziativität, Parametrik/Varimetrik, Feature-Verarbeitung, Datenformate

Assoziativität

Ein Merkmal von CAD-Systemen ist die Möglichkeit einer weitgehenden Assoziativität zwischen den verschiedenen Teilen einer Baugruppe oder eines kompletten Werkzeugs und den davon abgeleiteten Zeichnungen. Wird beispielsweise in einer Zeichnung der Durchmesser eines Auswerfers geändert, so muss sichergestellt sein, dass auch die Bohrungen in den zum Auswerfersystem gehörenden Werkzeugplatten sowie schließlich auch im Werkzeugeinsatz zu ändern sind und darüber hinaus bei der Fertigung ein anderes Werkzeug (Bohrer) benötigt wird [16.1].

Parametrik und Varimetrik

Zu einer Effizienzsteigerung trägt die Verwendung parametrischer Modelle bei. Die synonym verwendeten Begriffe Parametrik und Varimetrik beziehen sich auf die Art, wie Elemente im CAD-System erzeugt und geändert werden können.

In parametrischen Modellen ist es möglich, geometrische Randbedingungen, so genannte Constraints im rechnerinternen Modell abzubilden und darüber hinaus jedes Attribut eines geometrischen Elementes (Lage, Abmessung, Farbe, Materialeigenschaft etc.) zu jedem Zeitpunkt der Konstruktion zu ändern. Diese Vorgehensweise erlaubt eine einfache Anpassung des Modells an geänderte Randbedingungen und unterstützt die schnelle Erzeugung von Bauteilvarianten und Baugruppen (Bild 16.1) [16.2].

Darüber hinaus besteht die Möglichkeit, von den Bauteilvarianten und Baugruppen, die assoziativ mit den 3D-Modellen verknüpft sind, 2D-Zeichnungen abzuleiten.

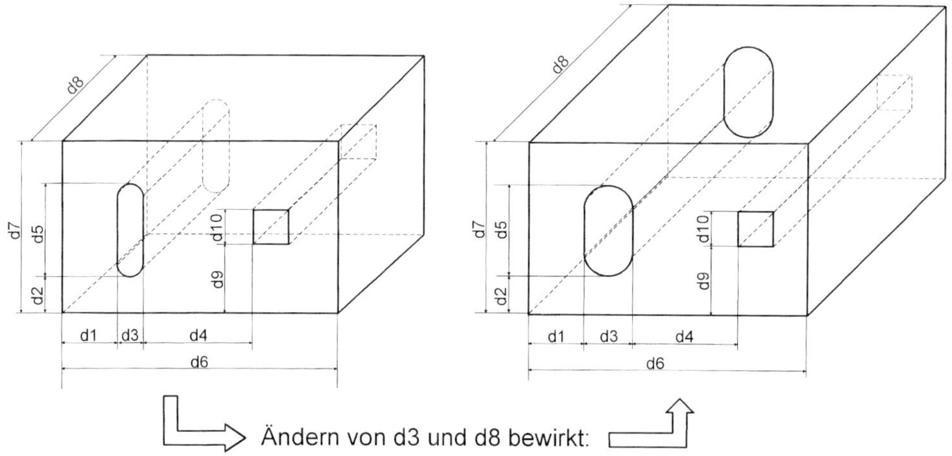

Bild 16.1 Änderungen im parametrischen Geometriemodell

Feature-Verarbeitung

Für einzelne, ständig wiederkehrende Geometrieelemente bzw. Funktionselemente (vgl. Bild 16.2) bietet sich die Verwendung sogenannter Features an. Features sind parametrisierte Objekte, die im Konstruktionsprozess als anwendungsbezogene Varianten erzeugt werden. Sie tragen meist geometrische und darüber hinaus technologische Information (z. B. Toleranzen) sowie Methodenwissen um die Handhabung und die Verarbeitung dieser Varianten [16.3]. Im Falle der Form-Features, die zunächst der Erzeugung eines bestimmten Teils der Bauteilgeometrie dienen, entsprechen die verwendeten Bezeichnungen häufig denen der durch sie dargestellten Konstruktionselemente (z. B. Bohrung oder Gewinde). Derartige Features werden nicht nur vom System vorgegeben, sondern können auch häufig ohne externe Programmierung durch den Benutzer selbst definiert werden (User-Defined-Features, UDF).

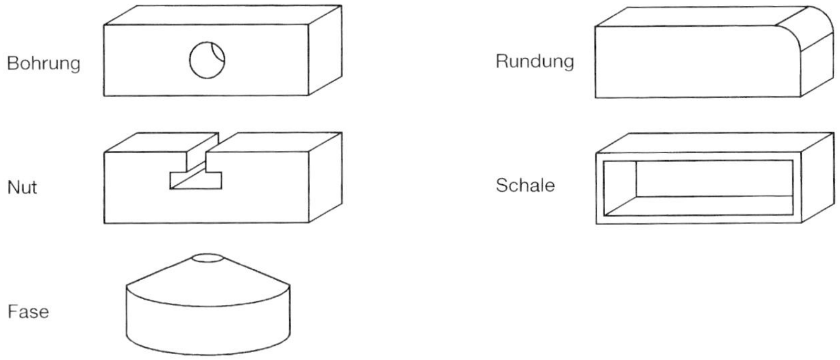

Bild 16.2 Beispiele für Features

Datenformate

Die meisten CAD-Programme setzen auf ein eigenes Standard-Datenformat. Dadurch wird der Datenaustausch zwischen den auf dem Markt befindlichen Programmen erschwert bzw. er kann unter Umständen nur bedingt (mit Informationsverlust) durchgeführt werden. Um dennoch einen Datentransfer zu ermöglichen wurden Schnittstellen und Dateiformate, wie dem STL- oder STEP-Format, entwickelt. Diese können systemspezifisch (nativ), spezifisch für mehrere Systeme, national genormt oder international genormt sein. Mithilfe dieser Dateiformate werden allerdings nur die Geometrie- und Topologie-Informationen ausgetauscht. Typische Konstruktionsschritte in einem CAD-Programm, wie Zeichnungserstellung oder Extrudieren, werden nicht übernommen.

Das STEP-Format (engl.: standard for the exchange of product model data) ist für den Datenaustausch zwischen verschiedenen Systemen geeignet und umfasst neben den physischen auch funktionale Aspekte eines Produkts [16.4]. Prinzipiell kann mit dem STL-Format (engl.: stereolithography) auch ein Datenaustausch vorgenommen werden. Allerdings werden mit diesem Dateiformat die Oberflächen eines 3D-Körpers mittels Triangulation dargestellt. Dies geschieht durch unterschiedlich große Dreiecke, welche für eine Annäherung an die genaue Form des 3D-Körpers sorgen [16.5].

Für weitere Informationen sei auf an dieser Stelle auf die einschlägige Literatur verwiesen z. B. [16.6] oder [16.7].

16.1.2 CAD-Anwendung im Werkzeugbau

CAD-Systeme, insbesondere die modernen parametrischen Volumenmodellierer, bieten für die Konstruktionstätigkeiten in Werkzeug- und Formenbau zahlreiche Möglichkeiten für eine effiziente, beschleunigte Vorgehensweise.

16.1.2.1 Geometrieerzeugung/Modellierung

Hinsichtlich des CAD-Einsatzes sind generell drei verschiedene Vorgehensweisen bei der Werkzeugkonstruktion denkbar:

- 2D-Konstruktion
- Mischkonstruktion
- 3D-Konstruktion

Bei der 2D-Konstruktion wird die gesamte Werkzeugkonstruktion mit Hilfe eines 2D-CAD-Systems durchgeführt. Das Ergebnis sind Zeichnungen. Alle weiteren Schritte, die bis zum fertigen Werkzeug nötig sind, greifen im Wesentlichen auf diese Informationsquelle zurück.

Bei der Mischkonstruktion werden die konturgebenden Werkzeugteile mit einem 3D-CAD-System erstellt. Besonders für komplexe Formteile mit vielen Freiformflächen können so zumindest die NC-Programme für die Herstellung von Werkzeugeinsätzen bzw. Erodier-elektroden auf Basis der CAD-Daten erstellt werden. Der übrige Werkzeugaufbau wird mit konventionellen Mitteln (2D-CAD, Zeichenbrett) konstruiert.

Das gesamte Werkzeug wird heutzutage standardmäßig mit der 3D-Konstruktion mithilfe eines 3D-CAD-Systems erstellt. Hierdurch ist die tiefste Prozessdurchdringung mit CAD-Daten möglich. Im optimalen Fall sind nahezu alle Daten, die das Werkzeug definieren, im rechnerinternen Modell hinterlegt.

Obwohl dreidimensionale Geometrien für den Betrachter wesentlich leichter verständlich sind als komplizierte technische Zeichnungen, ist zur Erzeugung von Volumenkörpern häufig der Umweg über die 2D-Zeichenebene erforderlich. So ist es üblich, ein Profil im Schnitt als Skizze anzulegen, um es dann durch eine Translation oder Rotation in ein räumliches Objekt zu überführen. In diesem Falle wird die 2D-Zeichenebene für die Vorbereitung der Volumenmodellierung benötigt.

Andererseits kann auch nach abgeschlossener 3D-Modellierung die Arbeit an der 2D-Zeichnung erforderlich werden, z. B. um Schnitte und Details in Form von Werkstattzeichnungen für die Einzelteilfertigung darzustellen. Es ergibt sich dadurch ein ständiger Wechsel der Darstellungs- und Modellierungsebenen.

Die konstruktiven Tätigkeiten an einem Spritzgießwerkzeug lassen sich zunächst in zwei grobe Bereiche einteilen: Einerseits wird aus der Formteilgeometrie die formgebende Werkzeugkontur abgeleitet und andererseits werden die beiden Werkzeughälften um die Formeinsätze herum aufgebaut. Aus diesen Tätigkeiten ergeben sich typische Anforderungen an die Geometrieerzeugung.

Typische Anforderungen an das Formteil sind z. B. Erzeugung von Freiformflächen, Glätten und Begrenzen von Kurven und Oberflächen oder die Modellierung funktionaler Bereiche (Rippen, Schnappverbindungen). Dagegen ergeben sich bei der Erzeugung von Formteileinsätzen andere Anforderung, wie z. B. die Modifizierung des CAD-Modells unter Berücksichtigung der Schwindung, Umdefinieren von Toleranzen und Oberflächenangaben von funktionsgerecht nach fertigungsgerecht oder der Unterstützung der Generierung von Trennebenen. Bezogen auf die Geometrieerzeugung eines Werkzeugs ergeben sich wiederum andere Anforderungen, wie die Verwendung von Standardelementen/Bibliotheken (Normalien und Wiederholteile) oder dem Erzeugen von prismatischen und zylindrischen Körpern.

Im Folgenden werden hilfreiche Sonderfunktionen für die Modellerzeugung in der Werkzeugkonstruktion erläutert.

Schwindung

Das Formteil wird mit seinen Nennmaßen konstruiert, während bei der Konstruktion der Werkzeugkavitäten die Materialschwindung berücksichtigt werden muss. Eine geeignete Methode, die Konstruktion der Kavitäten zu beginnen, ist das Skalieren einer Kopie der Formteilgeometrie. Da die Skalierung die Materialschwindung ausgleichen soll, ist es bei stark anisotropen Formteileigenschaften meist notwendig, verschiedene Schwindungen in unterschiedlichen Raumrichtungen zu berücksichtigen. Darüber hinaus ist eine selektive Schwindungsdefinition vorteilhaft, bei der verschiedene Bereiche des Modells mit unterschiedlichen Faktoren skaliert werden können. Außerdem ist es in einigen Fällen wünschenswert, einzelne Geometrieelemente (z. B. kreisrunde Zylinder) von der anisotropen Schwindung ausnehmen zu können, da sie ansonsten zu unrealistischen, komplizierteren Geometrien mutieren würden.

Schwindung und Verzug (siehe Abschnitt 16.2.5) werden heutzutage mit Spritzgießsimulations-programmen berechnet. Die Ergebnisse können über Schnittstellen der Software ausgelesen und in die Konstruktion übertragen werden. Die Kompensation des Verzugs kann allerdings dazu führen, dass im Werkzeug Hinterschnitte entstehen, welche für die Fertigung der Werkzeugkomponenten ungünstige und unwirtschaftliche Verhältnisse auftreten lassen würden. Hier ist das Know-how des

Konstrukteurs gefragt, damit eine praktikable Lösung gefunden wird. Es gilt nicht nur hier, sondern generell, dass für eine gute Konstruktion ein im Werkzeugbau und der Formteilherstellung erfahrener Konstrukteur erforderlich ist.

Trennebene

Die Gestaltung der Trennebene gehört zweifelsohne zu den anspruchsvollsten Aufgaben bei der Werkzeugkonstruktion. Das CAD-System muss daher generell über gute Flächen-funktionalitäten verfügen. Für einfache Formteile ist es heute bereits möglich, bei vorgegebener Werkzeugöffnungsbewegung die Trennfläche vollständig automatisch berechnen zu lassen. Diese Funktion stößt bei komplexen Formteilen an ihre Grenzen. Der Konstrukteur wird jedoch durch Hilfsfunktionen, wie z. B. die so genannte Silhouettenkurve, unterstützt. Sie ist eine auf das Formteil projizierte Kurve, die die sichtbare Formteilkante bei einer Ansicht parallel zur Werkzeugtrennung darstellt. Diese potenzielle Trennkurve des Formteils kann anschließend für die Konstruktion der Trennfläche genutzt werden. Eine elegante Vorgehensweise für die Erzeugung der Trennfläche besteht darin, einen das Formteil umschließenden „Formblock“ mit den festgelegten (Trenn-)Flächen zu zerschneiden und auf diese Weise die konturgebenden Formeinsätze zu erzeugen. Eine Änderung des Formteils wird automatisch bei der Trennung des Blocks berücksichtigt. Die Kontur entspricht somit immer der aktuellen Formteilkontur (Bild 16.3).

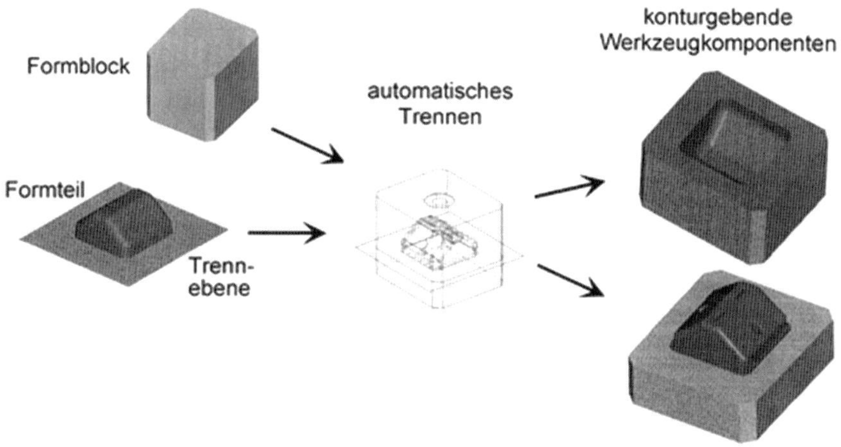

Bild 16.3 Prinzip des „Trennens“ mit Formteil und Trennflächen

Ausformschrägen

Von einigen Systemen wird die Konstruktion von Entformungsschrägen unterstützt. Neben einfachen Konizitäten sind besonders bei komplexen Formteilen und Formtrennungen Funktionen, wie nicht konstante Schrägen oder Schrägen, die tangential in vorhandene Flächen einlaufen, von großem Nutzen für den Konstrukteur.

Angusssystem

Die Konstruktion des Angusssystems kann mithilfe von benutzerdefinierten Konstruktionselementen, so genannten UDF (User-Defined-Feature) vereinfacht werden (vgl. Abschnitt 16.2.1.1). Sind solche UDF entsprechend parametrisiert und in einer Bibliothek abgelegt, so kann ein gesamtes Angusssystem schnell und flexibel aus Einzelkomponenten (Verteilerkanäle, Anschnitte, Angusskegel etc.) zusammengesetzt werden.

Baugruppen

Einen entscheidenden Vorteil bieten 3D-CAD-Systeme, die über umfangreiche Baugruppenfunktionalitäten verfügen. Einzelne Bauteile eines Werkzeugs werden mithilfe von Einbaubedingungen zum Gesamtwerkzeug zusammengesetzt. Die gesamte Baugruppe kann nun verändert werden, wobei sich die einzelnen Teile assoziativ verhalten. Beispielsweise können die Bohrungen für Auswerferstifte in der Baugruppe durch mehrere Formplatten „gebohrt" werden. Über definierbare Beziehungen können z. B. Durchmesser und Positionen der Auswerferstifte mit den zugehörigen Bohrungen in Relation gesetzt werden. Dadurch ist stets gewährleistet, dass die Bohrungen in allen Formplatten fluchten und die Größe und Position auf die verwendeten Stifte angepasst ist. Eine Verschiebung der Auswerferstifte führt automatisch zu einer Verschiebung der Auswerferbohrungen. Verfügt das CAD-System gleichzeitig über Methoden zur Variantenkonstruktion und -handhabung, so führt ein Austausch der Auswerferstifte zu einer automatischen Anpassung der Bohrungen.

Normalien

Für viele Werkzeuge kann auf Standardaufbauten aus Normteilbibliotheken zurückgegriffen werden. Dabei kann es sich bereits um ein vollständig montiertes Werkzeug handeln, das lediglich um Anguss, Formeinsätze und Auswerferstifte komplettiert werden muss. Aber auch Werkzeuge, die nicht vordefiniert als Standard verfügbar sind, können durch NC-Fertigung einzelner Einsätze aufgebaut werden, um später als Basis für ähnliche Konstruktionen wiederverwendet werden.

Gestaltkontrolle

Mithilfe diverser Gestaltkontrollfunktionen lässt sich überprüfen, ob die Konstruktion zum einen in geometrischer und zum anderen in kunststofftechnischer Hinsicht schlüssig durchgeführt wurde. So können am Formteilmodell wie auch am Formeinsatz Radien und Entformungsschrägen untersucht sowie Hinterschneidungen ermittelt werden.

Aufgrund unterschiedlicher Anforderungen an die Konstruktionsunterstützung einzelner Entwicklungsbereiche werden in der Praxis Formteilgeometrien häufig in anderen CAD-Systemen erzeugt als die zugehörigen Werkzeuge. Es ergibt sich das Problem der verlustbehafteten Datenübertragung (vgl. Abschnitt 16.1.1.1), das eine Nachbearbeitung der ausgetauschten Modelle erforderlich macht. Das Reparieren von CAD-Modellen erfordert die Bereitstellung von Diagnosefunktionen, die beschädigte, lückenhafte oder unvollständige Oberflächen des Bauteils detektieren, sowie komfortable Manipulationsmöglichkeiten wie das Zusammenziehen einzelner Flächen und das Überbrücken von Lücken durch eingesetzte Flächenstücke erlauben.

Durch die Datenübertragung mittels Standardschnittstellen gehen parametrische Informationen verloren. Soll das Geometriemodell anschließend noch skalierbar sein oder sogar für eine effiziente Variantenkonstruktion herangezogen werden können, ist die nachträgliche Parametrisierung der importierten Daten erforderlich. Diese kann aber gerade bei komplizierteren Modellen so schwierig sein, dass eine Neukonstruktion vorzuziehen ist. Des Weiteren kann es in einigen Fällen sinnvoll sein, eine Umparametrisierung eines Modells vorzunehmen, die andere geometrische Bezüge oder Randbedingungen hat.

16.1.3 Integrierte Funktionalitäten für den Werkzeugbau

Liegen erst einmal die vollständig beschriebenen Volumenmodelle vom Formteil und zugehörigem Werkzeug vor, so ergeben sich, wie in Bild 16.4 dargestellt, zahlreiche Möglichkeiten zur Nutzung der Modellinformationen für die gesamte CAD/CAM-Prozesskette. Es werden heute nicht nur klassische Bereiche, wie die Ableitung der NC-Daten oder das Preprocessing für Simulationsrechnungen, unterstützt, sondern

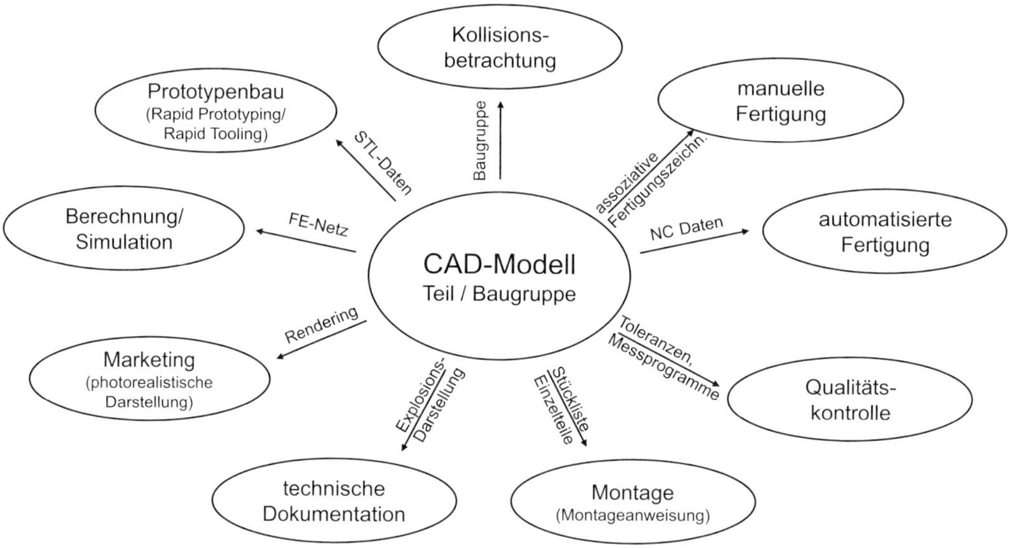

Bild 16.4 Nutzung des CAD-Modells in der Prozesskette

es können auch Darstellungsformen gewählt werden, die zu einer erheblichen Effizienz-Steigerung in den Bereichen Arbeitsvorbereitung, Qualitätskontrolle, technische Dokumentation bis hin zum Marketing führen.

Kollisionsbetrachtung

Die Kollisionsbetrachtung erlaubt die Überprüfung des Zusammenbaus des Werkzeugs. Überdeckungen einzelner Teilkörper können dadurch einfach detektiert werden. Durch die Darstellung von Bewegungsabläufen lassen sich Werkzeugöffnung, Schieber- und Auswerferbewegungen am virtuellen Modell kontrollieren (vgl. Bild 16.5). Bei komplizierten Werkzeugen kann dadurch frühzeitig der Entformungsvorgang überprüft werden. Ebenso ist es möglich, die Teileentnahme mit Entnahmegeräten und die Synchronisation mit der Öffnungsbewegung des Werkzeugs zu planen. Auch die Zugänglichkeit von Hilfsmitteln für Montage-, Einrichtungs- und Servicetätigkeiten kann auf diese Weise verifiziert werden.

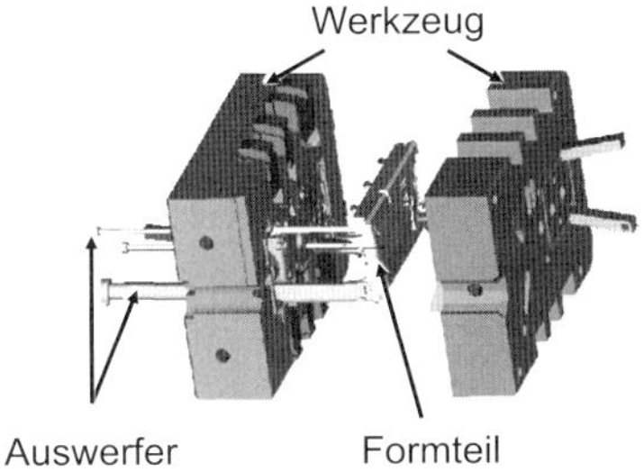

Bild 16.5 Kollisionsbetrachtung an einem Werkzeug [16.8]

Zeichnungserstellung

Vom Volumenmodell lassen sich beliebige Ansichten, gerade oder variable Schnitte und Details ableiten. Dies ist nach wie vor für einige Arbeitsschritte (z. B. dem Bohren, Fräsen) in Fertigung und Montage unerlässlich. Aufgrund der in Abschnitt 16.1.1.1 geschilderten Assoziativität können jederzeit aktuelle Zeichnungen von dem zentralen Geometriemodell erstellt werden. Durch die bidirektionale Assoziativität werden Maßänderung in der Zeichnungsdarstellung auch unmittelbar auf das verknüpfte 3D-Modell übertragen. Eine vollständige DIN-konforme Zeichnungsableitung eines Objekts wird automatisch erstellt.

NC-Programmierung

Liegt ein 3D-Modell der Werkzeugeinsätze vor, so können für die spanende Bearbeitung der Kavitäten bzw. für die Anfertigung von Elektroden zum Erodieren entsprechende NC-Programme erstellt werden. Damit lassen sich Aufgaben, die dem Bereich der Arbeitsvorbereitung zuzuordnen sind, ebenfalls und ohne Notwendigkeit der Datenübertragung im CAD-System bearbeiten. Integrierte CAD/CAM-Systeme bieten hierfür Zusatzmodule an, die es erlauben, gängige Standardformate für NC-Codes ohne den Zwischenschritt über Schnittstellen zu generieren. In einigen Fällen ist die Simulation des Fertigungsprozesses am Bildschirm möglich. Vor der Erstellung der NC-Codes müssen Maschinendaten wie z. B. Abmessungen, maximale Verfahrwege und die Grenzen der Bearbeitungsbedingungen (Vorschub, Drehzahl) eingegeben werden.

Qualitätsprüfung

Wird das 3D-Modell um Informationen zu Toleranzen ergänzt (Passungen, Form- und Lagetoleranzen) so bietet es sich an, diese Angaben auch später wieder für die Qualitätsüberprüfung zu verwenden. Ähnlich wie bei der NC-Programmierung können entsprechende Messprogramme für Koordinatenmessmaschinen am Rechner erstellt werden, mit deren Hilfe die Ist-Geometrien der gefertigten Teile bezüglich ihrer Maßtreue zum rechnerinternen Modell bewertet werden können. Des Weiteren kann mit entsprechender Zusatzsoftware an der Baugruppe eine Toleranzanalyse durchgeführt werden, um die Wahl sinnvoller Toleranzen für eine technisch einwandfreie und zugleich wirtschaftliche Fertigung zu unterstützen.

Montagevorbereitung/technische Dokumentation

Durch Positionieren der Einzelteile im dreidimensionalen Raum können von der Explosions-zeichnung bis hin zur vollständig zusammengesetzten Baugruppe beliebige Darstellungen und Ansichten eines Werkzeugs erzeugt werden. In Verbindung mit der Stückliste, die sich aus der Baugruppe assoziativ ableiten lässt, kann dadurch mit geringem Aufwand der im Einzelfall erforderliche Montageprozess dokumentiert werden. Vielfach werden heute die benötigten Tabellen oder Abbildungen in so genannte Office-Anwendungen eingebunden. Weitere Anwendungsmöglichkeiten bestehen in der Erstellung von Wartungsanleitungen oder Servicehandbüchern.

Präsentation/Marketing

Die angesprochene Einbindung von CAD-Modellpräsentationen in Textdokumente kommt unter anderem auch dem Bereich Marketing zugute. Zu Präsentationszwecken kann das CAD-Modell mit speziellen Graphikprogrammen/Modulen, so genannter Rendersoftware, z. T. photorealistisch aufbereitet werden. So entsteht ein früher, realistischer Eindruck des Produktes. Ebenso können werbewirksame, animierte Bildsequenzen (z. B. zur Visualisierung von Bewegungsabläufen) erstellt werden.

Prototyping

Im Gegensatz zur Spritzgießsimulation hat sich bei der Herstellung von Formteilen bzw. Werkzeugeinsätzen durch Rapid-Prototyping und Rapid-Tooling das STL-Format als Standardformat durchgesetzt. Dieses Format wird von den meisten CAD-Modellen unterstützt.

Das Rapid-Tooling hat inzwischen große Bedeutung, da mit diesem Verfahren seriennahe Prototypen unter Berücksichtigung von Prozesseinflüssen und unter Verwendung des späteren Konstruktionswerkstoffes hergestellt werden können (siehe hierzu auch Kapitel 24).

16.1.3.1 Anwendungsspezifische Funktionserweiterung

Die zurzeit auf dem Markt verfügbaren CAD-Systeme sind in der Regel universelle Systeme mit branchenübergreifender Anwendbarkeit. Um einen effizienten CAD-Einsatz für einen konkreten Anwendungsfall (z. B. die Entwicklung von Kunststoffteilen eines bestimmten Produktspektrums) zu gewährleisten, können CAD-Systeme um funktionale Fähigkeiten erweitert werden. Dies wird durch die Integration von bzw. das Erweitern um produkt- oder firmenspezifische Anwendungssoftware erreicht. Voraussetzung für die Erstellung und Einbindung derartiger Programmbausteine ist das Vorhandensein geeigneter Daten- und Programmierschnittstellen (z. B. FORTRAN- oder C-Schnittstelle) beim verwendeten CAD-System.

Die Anpassung der Leistungsfähigkeit des CAD-Systems an die betrieblichen Anforderungen betrifft unter anderem das Bereitstellen sog. Makros (z. B. Zeichnungsmakros), Zeichensätzen und Symbolen, Norm- und Standardteilen, die Programmierung von Standardabläufen sowie von erforderlichen Variantenbauteilen [16.9].

Oft werden heute Kunststoffbauteile nicht nur einmal auf dem Markt angeboten, sondern in ganzen Bauteilfamilien, die sich nur durch die Größe, nicht aber durch die Funktion unterscheiden. Erfolgreiche Bauteile werden nicht nur einmal aufgelegt; Bauteil-generationen, die mit geringer Änderung zeitlich nacheinander angeboten werden, sind die Regel. Für solche Bauteile und für die zugehörigen Werkzeuge besitzen die Kunststoff-verarbeiter ein beträchtliches Maß an betriebsspezifischem Know-how durch Berechnungen, Experimente und praktische Serienerfahrung. Dieses Wissen wird heute vielfach durch geeignete Programme computergerecht aufbereitet, sodass es dem Konstrukteur bei seiner Arbeit z. B. in Form von Auswahlmenüs für verwendbare Features am CAD-Arbeitsplatz zur Verfügung gestellt werden kann.

16.1.3.2 Möglichkeiten des Concurrent-Engineering durch CAD-Einsatz

In Abhängigkeit vom eingesetzten CAD-System und der darin eingesetzten Modelldarstellung ergeben sich in der Vorgehensweise bei der Werkzeugkonstruktion erhebliche Unterschiede. Der im Folgenden aufgezeigte, exemplarische Ablauf schildert die Vorgehensweise mit dem CAD-System Pro/ENGINEER der Firma Parametric Technology Corporation. Es verwendet die Feature-Technologie und besitzt eine ausgeprägte Integrationsfähigkeit entlang der gesamten Prozesskette bei der Konstruktion und Herstellung von Spritzgießwerkzeugen.

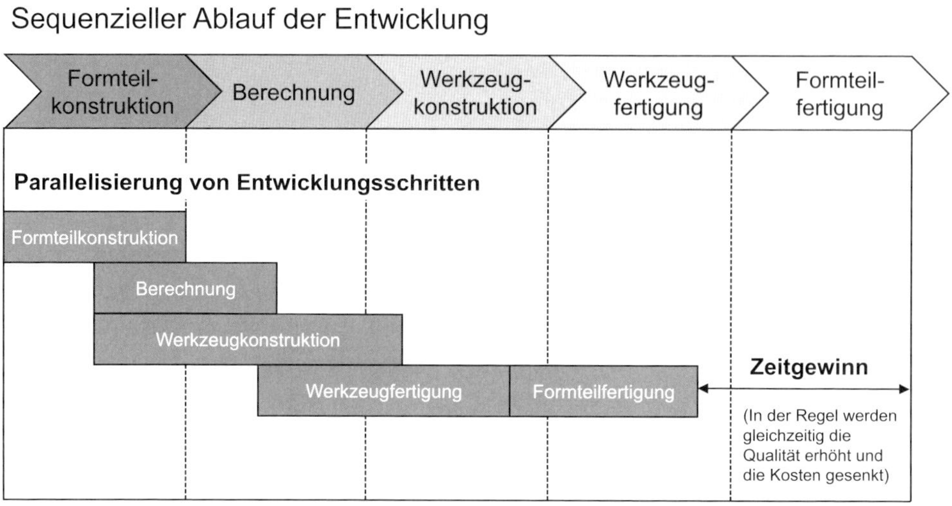

Bild 16.6 In Anlehnung an [16.10]: Parallelisierung von Entwicklungsschritten

Eine „ideale" Werkzeugkonstruktion setzt eine kunststoffgerechte Formteilkonstruktion voraus. Dies beinhaltet besonders die Berücksichtigung fertigungstechnischer Belange, die nur durch eine intensive Zusammenarbeit zwischen Formteil- und Werkzeugkonstruktion erreicht werden kann. Sie kann durch geeignete Funktionalitäten des CAD-Systems unterstützt und parallelisiert werden (Bild 16.6).

Die Basis für parallel ablaufende Entwicklungsschritte bildet das Funktionsmodell. Dieses CAD-Modell ist zunächst das Ergebnis der Funktionsfindung in der die wesentlichen Funktionen des Formteils festgelegt und im CAD-Modell gespeichert werden. Dabei wird zunächst auf Details wie Ausformschrägen oder Allgemein-Verrundungen verzichtet. Dieses Funktionsmodell ist für eine erste Beurteilung und Verbesserung der mechanischen, thermischen und rheologischen Eigenschaften bereits hinreichend. Ebenso enthält es bereits ausreichend Informationen für die ersten Schritte der Werkzeugkonstruktion. Iterativ wird dieses Modell ständig verbessert und weiter detailliert.

Der wesentliche Vorteil bei der Verwendung eines expliziten CAD-Funktionsmodells ist die Parallelisierbarkeit von Entwicklungsschritten bereits zu einem sehr frühen Zeitpunkt (Bild 16.7). Dies ermöglicht eine frühe Formteiloptimierung hinsichtlich mechanischer, thermisch-rheologischer sowie fertigungstechnischer Anforderungen. Durch die anfangs noch vergleichsweise einfache geometrische Beschaffenheit des Funktionsmodells sind die hierzu nötigen Schritte in der Regel deutlich einfacher und schneller durchführbar, als es mit einem vollständig detaillierten CAD-Modell möglich wäre.

Zeitgleich kann das Funktionsmodell an den Werkzeugbauer (externe Firma, interne Abteilung) weitergeleitet werden. Auf Basis des CAD-Modells können erste

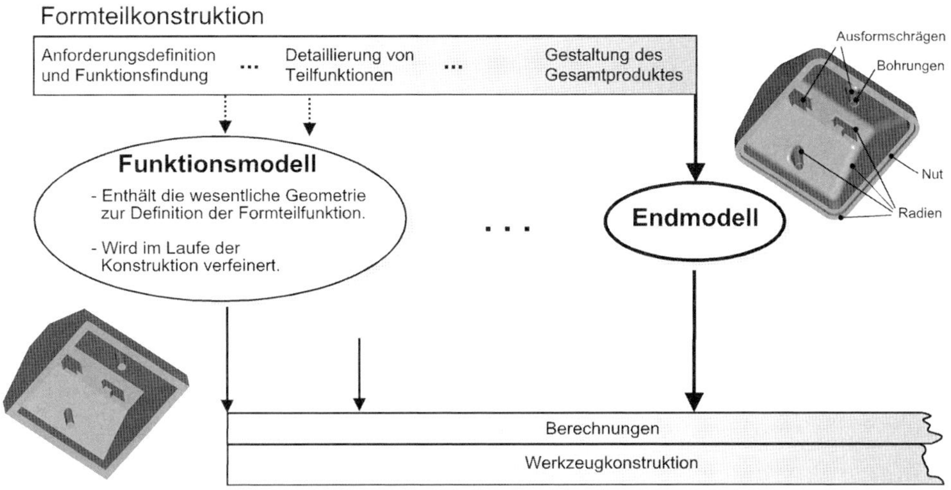

Bild 16.7 Integration von Formteil- und Werkzeugkonstruktionen durch Verwendung eines Funktionsmodells

fertigungstechnische Belange analysiert werden. Die Trennebene kann spätestens jetzt festgelegt werden. Mithilfe von CAD-Funktionalitäten können sehr einfach wichtige Angaben für eine erste Werkzeugvorauslegung ermittelt werden. Dazu zählen Hinterschnitte, Formteilvolumen, projizierte Fläche, Verpackungsmaße, Wanddicken und die Abschätzung der Fließweglänge. Mit diesen Angaben kann der Werkzeugaufbau in einem ersten Ansatz festgelegt werden. Andererseits besteht zu diesem Zeitpunkt noch die Möglichkeit, konstruktive Änderungen aus fertigungstechnischen Gesichtspunkten am Formteil durchzuführen. Details des Formteils können damit parallel zur bereits angestoßenen Werkzeugkonstruktion festgelegt werden. Wesentlich für die Parallelisierbarkeit ist die Assoziativität aller Daten innerhalb des CAD-Systems.

Eine Aktualisierung des Modells hat eine entsprechende automatische Änderung aller davon abgeleiteten Daten zur Folge. Das Werkzeug wird als Baugruppe aus den verschiedenen Einzelteilen zusammengesetzt. Die konturbestimmenden Komponenten des Werkzeugs werden direkt vom Formteilmodell abgeleitet. Alle übrigen Komponenten außer dem Gesenk werden möglichst aus Bibliotheken mit Spritzgießnormalien entnommen. Das Gesamt-werkzeug entsteht also aus der Definition der funktionalen Bereiche:

- skaliertes Formteil,
- Trennflächen (inkl. Schieber und Kerneinsätze),
- Werkzeugplatten, Angusssystem, Entformungssystem,
- Temperiersystem und
- diverse Detailelemente, wie etwa Führungssäulen, Schrauben und Federn (Bild 16.8).

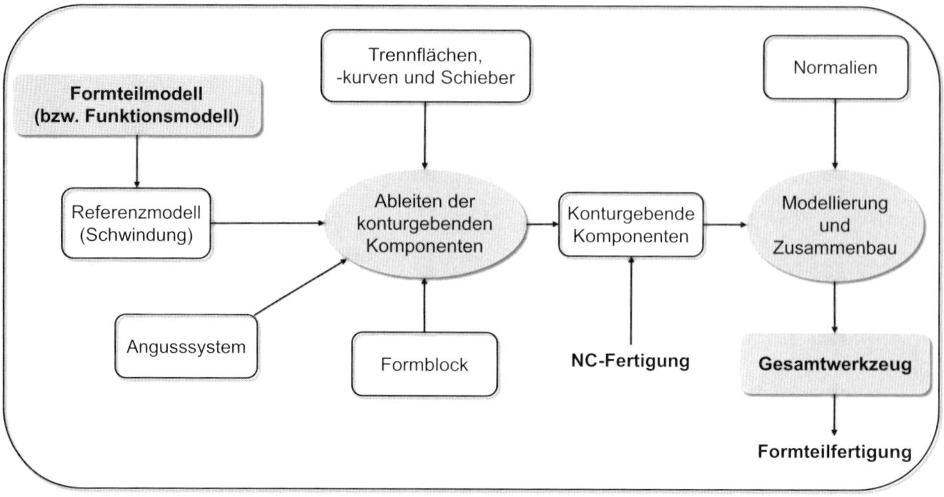

Bild 16.8 Übersicht der Modellierungsschritte

16.2 Spritzgießsimulation

Das Spritzgießen ist eines der ältesten Verarbeitungsverfahren in der Kunststoffverarbeitung und dennoch stehen die Spritzgießer, Werkzeugbauer und Konstrukteure heute immer noch vor den gleichen Problemen: Wo soll das Formteil angespritzt werden? Sollen mehrere Anspritzpunkte gewählt werden oder nur einer? Wo ergeben sich gegebenenfalls Bindenähte und Lufteinschlüsse? Wie groß ist die Schwindung? Und wie wird sich das Formteil verziehen?

Damit diese Fragen schon zu einem frühen Zeitpunkt der Entwicklungsphase geklärt werden können, ist die Spritzgießsimulation entwickelt worden. Begonnen hat die Entwicklung in den 70er-Jahren mit dem ersten einfachen Spritzgießprogramm. Dieses war auf programmierbaren Taschenrechnern verwendbar und konnte den Druckverlust für einfache und fest vorgeschriebene Fließkanäle berechnen.

Für die Simulation des Füllverhaltens wurde am Institut für Kunststoffverarbeitung (IKV) an der RWTH Aachen die sogenannte Füllbildmethode entwickelt. Mithilfe der Füllbildmethode konnte nach einer Abwicklung des Formteils unter Verwendung von Bleistift, Zirkel und Geodreieck das Füllverhalten der Kavität „simuliert" werden (Bild 16.9). Vorteil der Methode ist die sehr einfache Handhabung und die schnelle Erzeugung eines Abbildes der Werkzeugfüllung. Eine erste Abschätzung von Ausbildung und Lage von Bindenähten sowie Lufteinschlüssen wird so leicht möglich. Nachteilig ist die Begrenzung der Methode auf einfachere Geometrien sowie ihre begrenzte Genauigkeit. Zudem erfordern Variationen des Anspritzpunktes jeweils eine neue Konstruktion des Füllbilds.

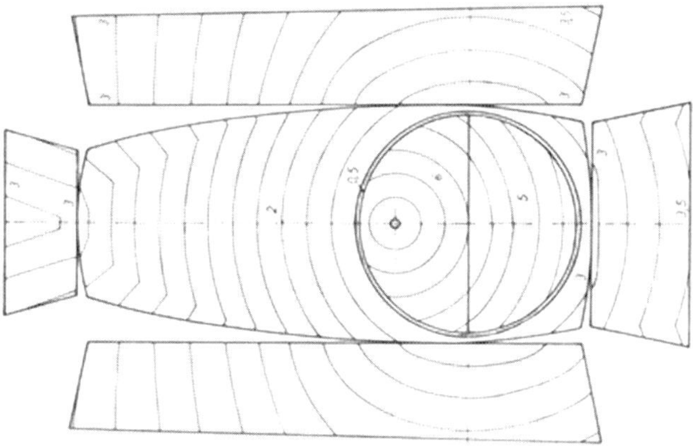

Bild 16.9 Füllbildmethode – Simulation der Werkzeugfüllung durch Abwicklung des Formteils; Beispiel Bügeleisengehäuse

Mitte der 1980er-Jahren konnte Austin auf Basis der ersten kommerziellen Programme, welche die Ergebnisse (Viskositäten, Temperaturen etc.) lediglich in Tabellenform ausgaben, und der Füllbildmethode die erste graphisch arbeitende Spritzgießsimulationssoftware entwickeln [16.11].

Zur Reduzierung des Zeitaufwandes wurde aufbauend auf der Füllbildmethode am IKV in Zusammenarbeit mit der Kunststoffindustrie das Gemeinschaftsforschungsprojekt namens CADMOULD initiiert. Hauptziel des Projekts war es, ein Rechnermodell zu entwickeln, mit dem ein Spritzgießwerkzeug rheologisch, thermisch und mechanisch ausgelegt werden konnte. Aufgrund steigender Rechenleistung beschleunigte sich die Entwicklung der Simulationsprogramme und die Berechnung von Füll- und Nachdruckphase sowie Faserorientierung, Schwindung und Verzug wurden schnell ermöglicht.

Die Berechnung von Füll-, Nachdruckphase, Faserorientierung etc. ist im Verlaufe der Zeit wesentlich genauer geworden, da immer mehr Materialdaten/-modelle berücksichtigt werden. Zusätzlich können heutzutage auch Werkzeuge über eine Multi-Zyklus-Analyse thermisch auslegt werden (siehe Abschnitt 16.2.6) sowie diverse Sonderverfahren des Spritzgießens (siehe Abschnitt 16.2.7) simuliert und unterschiedliche Formmassen (siehe Abschnitt 2) verwendet werden.

16.2.1 Vorteile der Spritzgießsimulation während der Entwicklungsphase

Aufgrund immer höherer Qualitätsanforderungen bei gleichzeitiger Reduzierung der Entwicklungs- und Herstellkosten eines Bauteils ist die Spritzgießsimulation ein essentieller Bestandteil der Produktentwicklung geworden. Dabei kann auf eine Vielzahl an kommerziell verfügbaren Simulationsprogrammen zurückgegriffen werden, wie z. B.:

- Moldflow der Firma Autodesk Inc., San Rafael (CA), USA
- SIGMAsoft der Firma Sigma Engineering GmbH, Aachen
- CADMOULD der Firma SIMCON kunststofftechnische Software GmbH, Würselen
- Moldex3D der Firma CoreTech System Co., Taiyun, Taiwan

Durch die einfache Anwendbarkeit dieser Simulationsprogramme können schnelle und kostengünstige Änderungen innerhalb des Simulationsmodells vorgenommen werden, wodurch aufwendige und kostenintensive Iterationsschleifen am Werkzeug sowie Versuche auf der Spritzgießmaschine minimiert werden.

Des Weiteren können mithilfe dieser Programme die Qualitätsanforderungen der Kunden sichergestellt werden, in dem die Form so ausgelegt wird, dass

- eine die Form mit dem gewünschten Werkstoff optimal gefüllt wird,
- die Lage von Bindenähten in unkritische Bereiche verlegt werden,
- Lufteinschlüsse vermieden werden,
- die Abmessungen des gespritzten Kunststoffteils innerhalb der vereinbarten Toleranzen liegen,
- die Spritzgießform als Wärmetauscher konzipiert ist, so dass das Kunststoffteil innerhalb der kürzest möglichen Zykluszeit hergestellt werden kann,
- die Druckverteilung optimiert und die Maschinenkraft minimiert wird.

Inzwischen besitzen Simulationsprogramme die Möglichkeit, Versuchspläne virtuell abzufahren und so Hinweise auf die Stabilität des Spritzgießprozesses zu erhalten, noch bevor das Werkzeug gebaut ist (vgl. Abschnitt 16.2.8).

16.2.2 Reduktion der Kosten durch den Einsatz von Simulationstechniken

Die Spritzgießsimulation wird trotz ihrer umfangreichen Möglichkeiten und Vorteile immer noch mit Zurückhaltung verwendet. Dabei lassen sich vor allem die wirtschaftlichen Vorteile des Einsatzes der Spritzgießsimulation anhand einer Vielzahl von Beispielen aufzeigen.

Im Vergleich zu der auf erfahrungsbasierten Auslegen von Spritzgießwerkzeugen und Prozessen führt der Einsatz von Spritzgießsimulation grundsätzlich zu folgenden wirtschaftlichen Vorteilen:

- Zeit und Kosteneinsparungen bis zu 75 % im Konstruktionsablauf [16.12]
- Zykluszeitverkürzungen von 10 bis 30 % [16.12]

- Reduktion von Werkzeugänderungs- und Abmusterungskosten zwischen 30 bis 50 %
- erheblicher Verkürzung der „Time to Production“ [16.13]

Des Weiteren wurde in einem von der EU geförderten Projekt namens „Practical simulations of injection-moulding processes using special polymers for small parts“ mit dem Acronym Simulations Molding SME sowohl die Kosten- und Zeiteinsparungen als auch Marktvorteile ermittelt, die durch den Einsatz der Simulationstechnik ermöglicht wurden [16.14]:

- 20 bis 30 % bei Entwicklungskosten/-zeit
- 5 bis 10 % bei den Formteilproduktionskosten
- 10 bis 25 % Zeit bis zur Markteinführung

Durch den Einsatz der Spritzgießsimulationstechnik zu einem frühen Zeitpunkt der Produktentwicklung können schon frühzeitig Probleme bei der Formteilfüllung und Werkzeugkonstruktion identifiziert und behoben werden. Die anfallenden Kosten für eine Änderung am Formteil bzw. Werkzeug fallen in der Planungs- und Entwicklungsphase noch wesentlich geringer aus als später in der Arbeitsvorbereitungs- oder Fertigungsphase. Werden dagegen Fehler erst während der Qualitätssicherung oder nach Auslieferung entdeckt, steigen die Kosten für eine Änderung exponentiell an. In der Regel steigen die Kosten für eine Änderung mit jeder durchgeführten Phase um den Faktor 10 an (Bild 16.10). Folglich ist eine sehr frühe Fehler-/Problemidentifizierung notwendig, um Änderungskosten so gering wie möglich zu halten und somit auch wettbewerbsfähig zu bleiben.

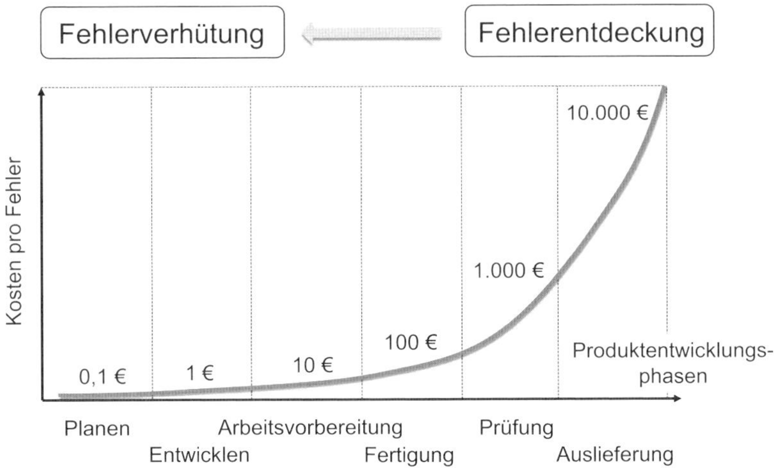

Bild 16.10 Kosten für die Fehlerbehebung in Abhängigkeit der Produktentwicklungsphasen (in Anlehnung an Bild 16.15)

16.2.3 Erstellung einer Spritzgießsimulation

Alle Spritzgießsimulationsprogramme bestehen grundsätzlich aus einem Pre-Processor, Solver und Post-Processor. Bevor jedoch der Solver und der Post-Processor genutzt werden, muss das Simulationsmodell im Pre-Processor erstellt werden. Die Erstellung eines Simulationsmodells beinhaltet grundsätzlich die folgenden Schritte:

1. Einlesen der Formteilgeometrie und/oder der Werkzeuggeometrie aus CAD-Daten
2. Definition der Anspritzpunkte bzw. des Angusssystems
3. Erstellung eines FE-Netzes (Vernetzung/Diskretisierung)
4. Definition des verwendeten Materials bzw. Erstellung einer Materialkarte
5. Definition der Verarbeitungsparameter

Durch die Erstellung einer Materialkarte können Materialien hinzugefügt werden bzw. verwendet werden, die in der hinterlegten Materialdatenbank nicht vorhanden sind. Somit können Anwender das Material aus der Anwendung verwenden und somit auf die materialspezifischen Eigenschaften zurückgreifen.

Nach Beendigung der Erstellung des Simulationsmodells erfolgt die Berechnung der Formteilfüllung sowie der Schwindung und des Verzugs über den Solver. Die anschließende Ergebnisdarstellung erfolgt im Post-Processor. Im Post-Processor können die Ergebnisse, wie die z. B. Temperatur- oder Druckverteilung dargestellt werden und interpretiert werden.

In den Bildern 16.11 bis 16.15 wird der beschriebene Ablauf der Spritzgießsimulation auszugsweise dargestellt. Die Bilder wurden mit Cadmould 3D-F, der Firma SIMCON kunststofftechnische Software GmbH, Würselen, erstellt.

Während der Erstellung des Simulationsmodells sind vor allem die Schritte Vernetzung und Definition des Materialmodells ausschlaggebend für die Genauigkeit der Ergebnisse. So führt z. B. eine feine Vernetzung der eingelesenen Geometrien zu einer deutlich höheren Ergebnisgüte als bei einer groben Vernetzung. Allerdings wird ab einer gewissen Vernetzung eine maximale Ergebnisgüte erreicht, bei der eine feinere Vernetzung lediglich zu einer längeren Rechenzeit führt. Empfohlen wird eine Vernetzung von drei Elementen an der dünnsten Stelle des Formteils.

Ein Hinterlegen von temperatur- und druckabhängigen Materialdaten führt ebenfalls zu einer längeren Rechenzeit, jedoch steigt dadurch auch die Ergebnisgüte an. Grundsätzlich muss also ein Kompromiss aus Ergebnisgüte und Rechenzeit gefunden werden.

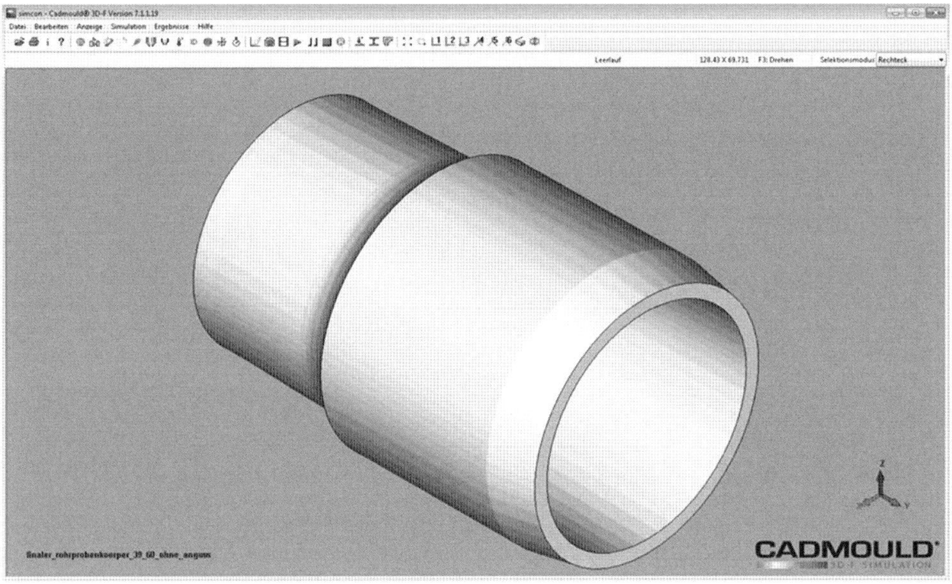

Bild 16.11 Eingelesene Formteilgeometrie (links)

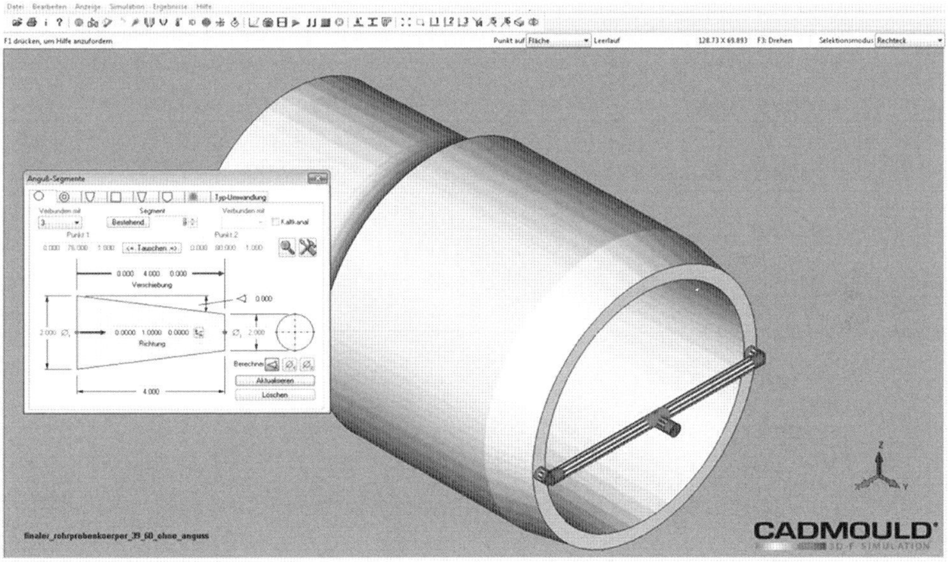

Bild 16.12 Erstellung eines Angusssytems

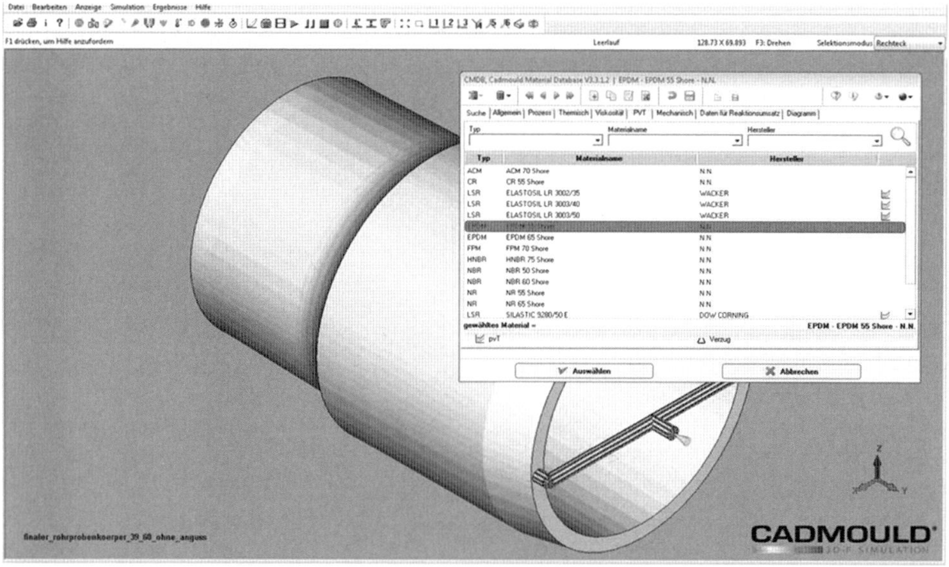

Bild 16.13 Vorgabe des verwendeten Materials und Einlesen von Materialdaten

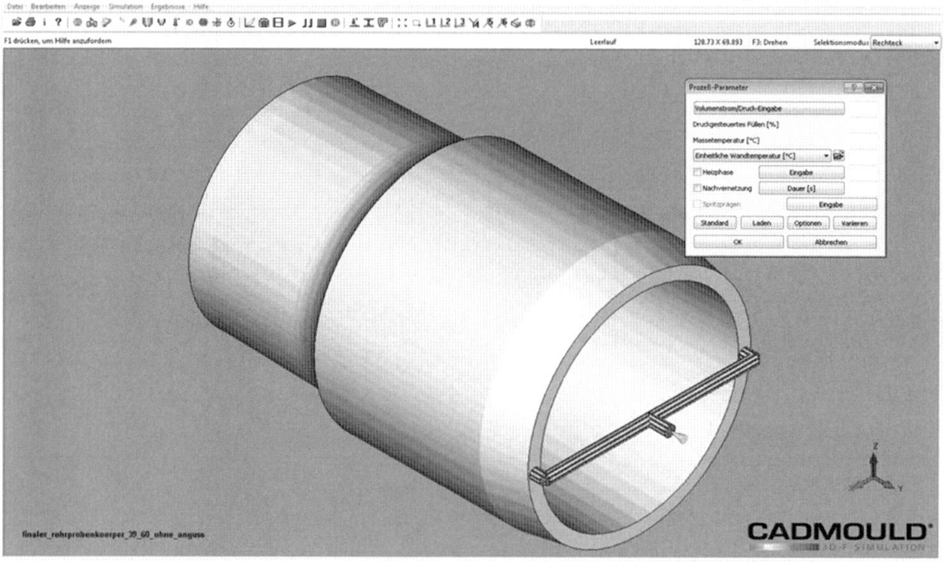

Bild 16.14 Eingabe von Verarbeitungsparametern

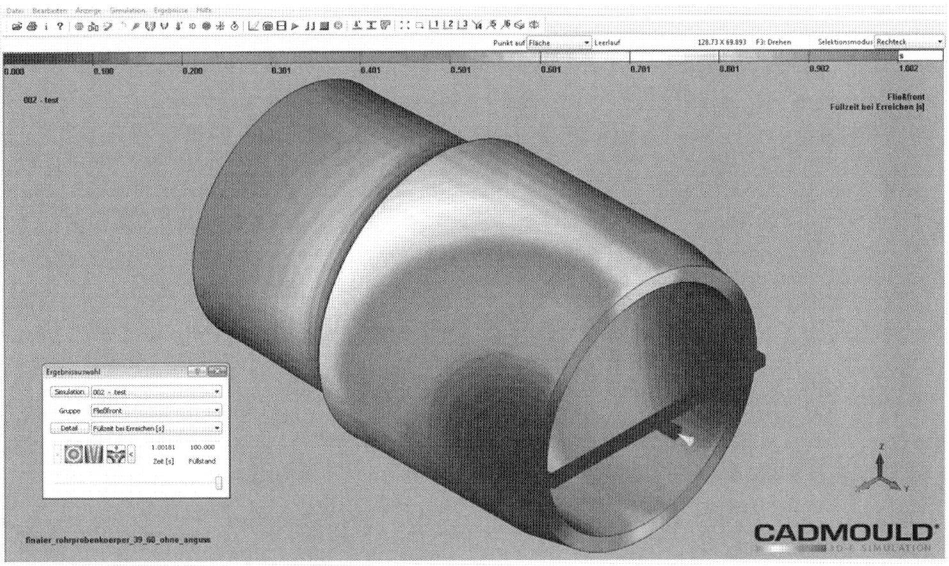

Bild 16.15 Darstellung der berechneten Ergebnisse im Post-Processor (Füllung)

16.2.4 Auslegung des Angusssystems

Das Verteilersystem hat nicht nur die Aufgabe die Schmelze in die Kavität zu bringen sondern man kann mit ihm die Formteilqualität z. B. über die Lage von Bindenähten beeinflussen und gestalten. Das Gleiche gilt bei größeren Bauteilen für die mechanische Belastung des Spritzgießwerkzeuges und auch der Maschinenschließkraft (siehe Kapitel 9). Bei Vielfach- und Familienwerkzeugen muss das Verteilersystem sicherstellen, dass Schmelze gleichen Zustandes zur gleichen Zeit alle Kavitäten füllt; es muss balanciert sein. Bild 16.16 zeigt ein Beispiel für ein balanciertes Verteilersystem eines Vielfachwerkzeuges. Nicht zu erkennen in diesem Bild ist, dass die Anschnitte unterschiedlich sind, so dass die Schmelze in jede Kavität mit dem gleichen Druck eintritt.

Moderne Simulationsprogramme bieten heute auch die Möglichkeit Verteilersysteme automatisch zu balancieren, sowie dem Benutzer Vorschläge für den oder die optimalen Anspritzpunkte zu machen.

Eine Angussvariante, die bei großflächigen Bauteilen vorwiegend eingesetzt wird, um Bindenähte zu vermeiden, ist die Verwendung eines kaskadischen Einspritzens. Beim kaskadischen Einspritzen fließt die Schmelze ausgehend vom Anspritzpunkt bis zur nächsten Düse. Durch das Erreichen dieser Düse, wird diese geöffnet und übernimmt entweder alleine oder zusammen mit den vorherigen Düsen das Einspritzen.

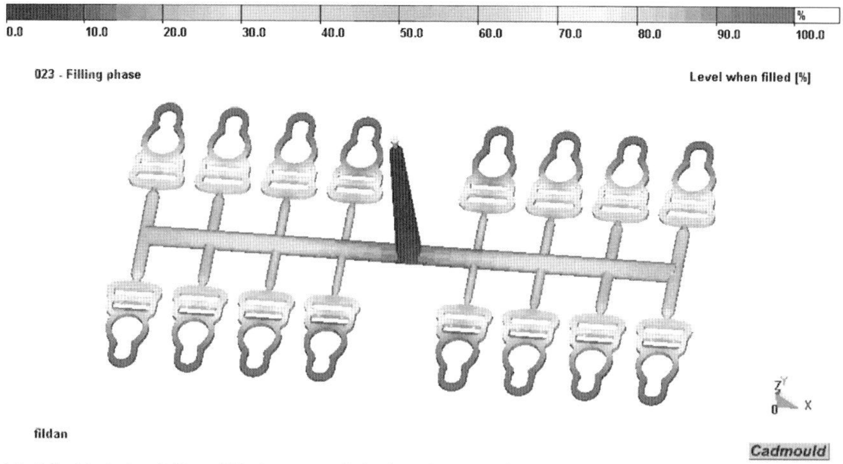

Bild 16.16 Mehrkavitäten-Werkzeug mit balanciertem Angusssystem [16.16]

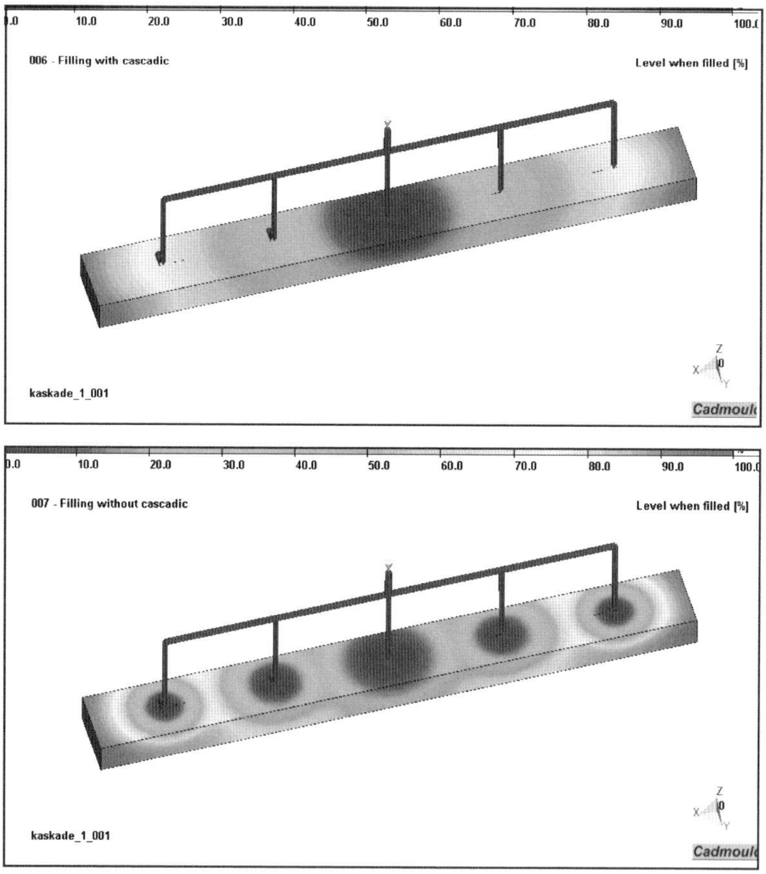

Bild 16.17 Füllbild: kaskadisch (oben) und Standard (unten)
Druckverlauf: kaskadisch (oben), Standard (unten)

16.2.5 Schwindungs- und Verzugsberechnung

Durch das Hinterlegen von pvT-Daten in der Materialkarte kann mit der Spritzgießsimulation eine Schwindungs- und Verzugsberechnung durchgeführt werden (Bild 16.18). Die Genauigkeit der Ergebnisse hängt unter anderem von den Materialdaten, der Prozess-führung, Formteilgeometrie und Auslegung des Kühlsystems ab.

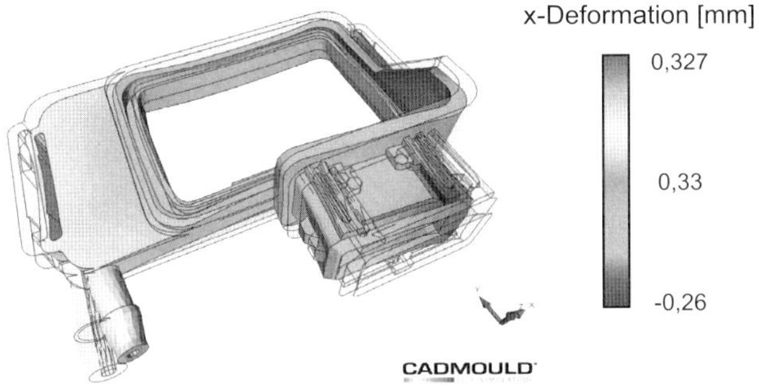

Bild 16.18 Schwindungs- und Verzugsberechnung [16.16]

Werden durch Schwindung oder Verzug Formteiltoleranzen überschritten, so können Änderungen an der Prozessführung, Formteilgeometrie oder am Kühlkanalsystem vorgenommen werden. Diese Änderung können zu einer Verringerung von Schwindung und Verzug führen, so dass die Formteiltoleranzen eingehalten werden. Für den Fall, dass diese Änderungen nicht ausreichen, kann die Schwindung und der Verzug im Werkzeug ausgeglichen, d. h. vorgehalten werden.

Einige Simulationsprogramme können das Vorhalten von Schwindung und Verzug selbst berechnen. Die entsprechende Kavitätsgeometrie, die ein maßhaltiges Formteil ergibt, wird von den Simulationsprogrammen als File-Datei herausgeschrieben und kann anschließend in ein CAD-Programm eingelesen werden.

16.2.6 Simulation von Spritzgießsonderverfahren

Neben der Simulation des Standard-Spritzgießprozesses mit unterschiedlichen Werkstoff-gruppen (Thermoplaste, Elastomere, Duroplaste), können mittlerweile auch immer mehr Sonderverfahren simuliert werden. Die Simulation der wichtigsten Sonderverfahren werden in den folgenden Unterkapiteln kurz vorgestellt. Dazu zählen, das Mehrkomponenten-Spritzgießen, Umspritzen von Inserts, Gas- und Wasserinjektionstechnik, Sandwich-Injection-Moulding und Schaumspritzgießen. Neben diesen Verfahren können auch andere Verfahren, wie das Pressen, RIM oder verschiedene Varianten des Spritzprägens, simuliert werden.

Umspritzen von Inserts

Zu den Spritzgießsonderverfahren, die simulativ abbildbar sind, zählen beispielsweise das Mehrkomponenten-Spritzgießen (vgl. Kapitel 18.1) sowie das Umspritzen von Inserts aus anderen Materialen (Bild 16.19).

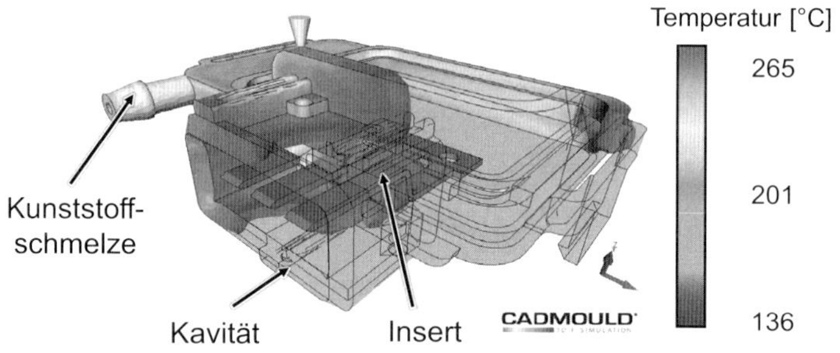

Bild 16.19 Umspritzen eines Inserts [16.16]

Ein wesentlicher Unterschied zum Standardspritzgießen ist die thermische Randbedingung an der Kontaktstelle zwischen umspritztem Werkstoff und der Schmelze. Der zu umspritzende Werkstoff hat generell eine deutlich geringere Temperatur als die Schmelze. Dies erschwert in Fällen des Umspritzens eines Kunststoffeinlegers die Verbindung der Kunststoffe untereinander. Anderseits kann eine zu hohe Einlegetemperatur dazu führen, dass sich der zu umspritzende Kunststoff zu stark aufschmilzt. Die Folgen wären eine längere Abkühlzeit sowie Eigenspannungen und thermischer Verzug des Formteils. Beim Umspritzen von metallischen Insert, welche eine höhere Wärmeleitfähigkeit besitzen, muss darauf geachtet werden, dass der Schmelze nicht zu viel Wärme entzogen wird, so dass diese erstarrt und somit den Insert nicht vollkommen umschließt.

Diese Probleme können durch den Einsatz von Simulationsprogrammen bereits vor der Abmusterung auf der Maschine identifiziert werden. Des Weiteren können die Auswirkungen einer Änderung der Einlegetemperatur bzw. Anpassung der Prozessparameter simulativ schnell bestimmt werden. Dadurch lässt sich effektiv ein Optimum identifizieren, so dass eine gute Verbindung zwischen dem Einlegeteil und dem Spritzmaterial entsteht und der Prozess als auch die Formteilqualität nicht beeinflusst wird.

Sandwich-Injection-Moulding

Beim Sandwich-Injection-Moulding werden zwei flüssige Kunststoffschmelzen direkt hintereinander in die Kavität gespritzt. Durch das nacheinander Einspritzen der Komponenten stellt sich ein Aufbau bestehend aus Haut- und Kernmaterial ein (Bild 16.20), wobei die beiden Komponenten unterschiedliche Funktionen überneh-

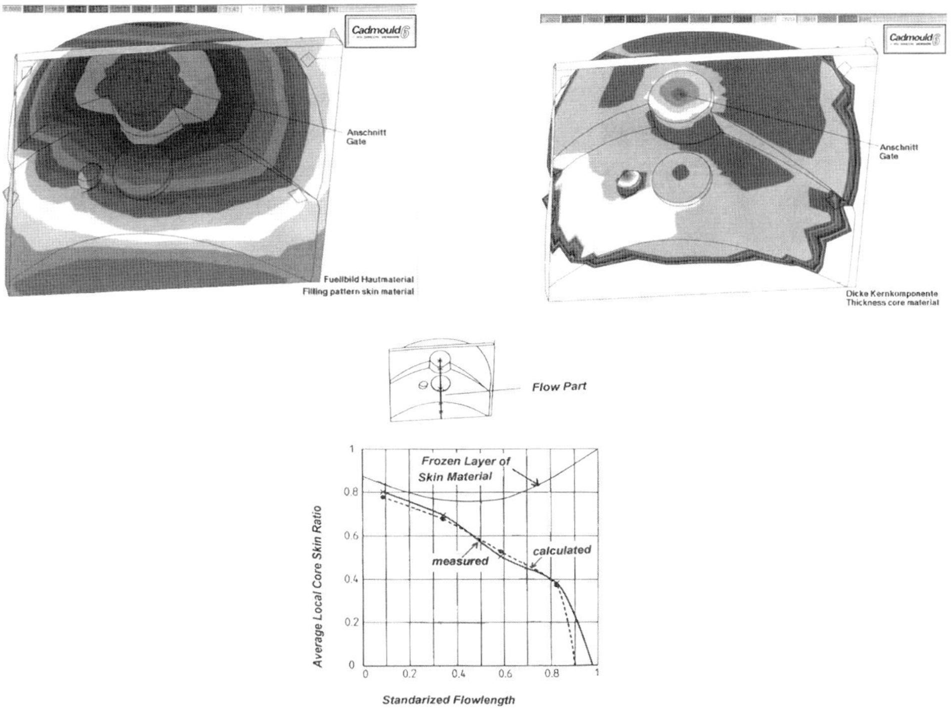

Bild 16.20 Simulation des Sandwich-Injection-Molding-Prozesses

men (siehe Abschnitt 18.1.2.2). Ziel des Verfahrens ist somit die Kombination und Verbindung der Eigenschaften von Haut- und Kernmaterial.

Wichtig ist vor allem die Anbindung der beiden Schmelzen in der Grenzschicht, da beim Kontakt zwischen Haut- und Kernmaterial Schmelzen mit unterschiedlicher Temperatur aufeinandertreffen. Eine Aussage über die vorliegenden Temperaturen in Grenzschicht kann über den Einsatz der Simulation getroffen werden. Somit kann durch die Simulation der Füll- und Nachdruckphase die Anbindung der beiden Schmelzen in der Grenzschicht verbessert werden. Folglich kann bereits vor der Abmusterung auf der Maschine der Einspritzzeitpunkt des Kernmaterials angepasst werden als auch die Masse- oder Werkzeugtemperatur optimiert werden, wodurch die Maschinenzeit und die Materialkosten verringert werden. Des Weiteren kann mithilfe der Simulation auch die Wahl des Anspritzpunktes zu einer gleichmäßigen Verteilung des Kernmaterials sichergestellt werden. Dadurch wird Durchbrüchen, unterschiedlichen Wanddicken der einzelnen Komponenten oder Bindenähten vorgebeugt.

Fluidinjektionstechnik

Ein dem Mehrkomponenten-Spritzgießen sehr ähnlicher Prozess ist die Gasinjektionstechnik (GIT) bzw. die Wasserinjektionstechnik (WIT) (vgl. Abschnitt 18.2). Bei beiden Verfahren werden nacheinander zwei unterschiedliche Komponenten eingespritzt, wobei sowohl bei der GIT als auch bei der WIT die zweite Komponente zur Ausformung der Kavität durch Bildung einer rohrähnlichen Struktur verwendet wird. Durch die Verwendung von Wasser als zweite Komponente kann zusätzlich die Zykluszeit reduziert werden (Bild 16.21).

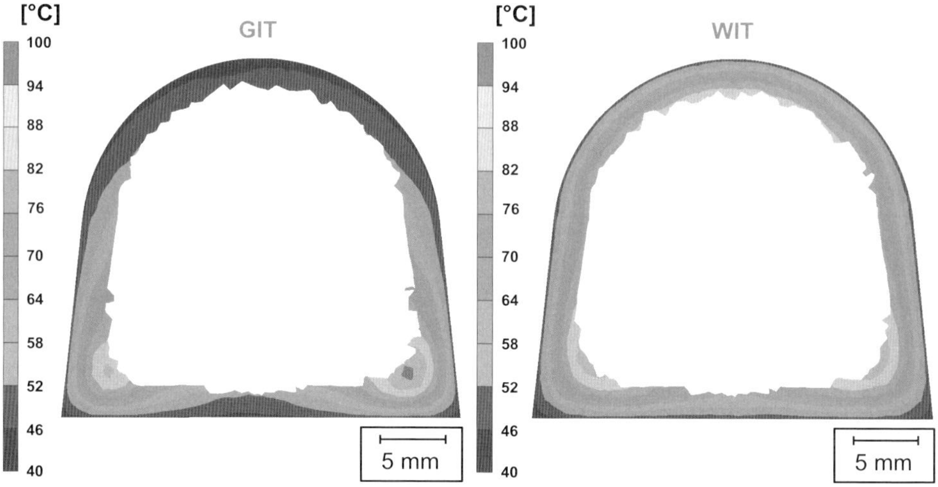

Bild 16.21 Simulation des Temperaturverlaufs in der Formteilwand im Vergleich von GIT und WIT (Moldex3D) [16.17]

Heutzutage können mit den gängigen Simulationsprogrammen alle Verfahrensvarianten, wie das Nebenkavitäten- oder Schmelzerückdrück-Verfahren, simuliert werden. Ziel der Simulation ist neben der Ermittlung des Füllbilds insbesondere die Berechnung der resultierenden Wanddickenverteilung sowie die Eindringtiefe der Gas-/Wasserblase.

Schaumspritzgießen

Von den gängigen Simulationsprogrammen können Moldex3D, Moldflow und Cadmould das Schaumspritzgießen simulieren. Für die Berechnung des Aufschäumens greifen Moldflow und Cadmould auf eine Blasenwachstums-Berechnung zurück, wohingegen das Aufschäumen in Moldex3D über ein Modell für die Zellnukleierung und Zellwachstum berechnet wird. Des Weiteren ermöglicht Moldex3D die Simulation des MuCell®-Verfahrens in Kombination mit der Core Back Technik, der Gasgegendrucktechnik oder mit variothermer Temperierung.

Mithilfe der Simulation können beim Schaumspritzgießen neben einer Füllsimulation auch ein Trouble Shooting oder eine Verifizierung von Fehlstellen etc. vorgenommen werden. Über die Füllsimulation eines Formteils kann neben den in Abschnitt 16.2.1 erwähnten Punkten zusätzlich auch die Expansion des Treibmittels beim Aufschäumen berechnet werden. Durch die Simulation des Aufschäumens kann ebenfalls die Zelldichteverteilung sowie die Größen der Zellen berechnet werden. Dadurch können auch die resultierenden Eigenschaften, wie Schwindung und Verzug, Aufschäumgrade und die lokale Dichte- und Volumenänderung berechnet werden [16.16]. Über die Simulation kann der Anwender bereits im Vorhinein überprüfen, ob die gewünschten Aufschäumgrade oder Zelldichten erreicht werden und gegebenenfalls über Änderung der Prozessparameter (Masse-, Werkzeugtemperatur; Nachdruckhöhe, -zeit) angepasst werden.

16.2.7 Optimierte Spritzgießsimulation

Das primäre Ziel einer Spritzgießsimulation ist es zunächst das Formteil optimal auszulegen. Anschließend kann die Auslegung des Werkzeugs (z. B. Lage der Temperierkanäle, Heizelemente) vorgenommen werden (vgl. Abschnitt 10.9). In jüngerer Zeit können mithilfe von Simulationsprogrammen auch die optimalen Prozessparameter identifiziert werden.

Mit den optimierten Prozessparametern wird die Herstellung von funktions- und maßgerechten Formteilen ermöglicht. Häufig wird für die Ermittlung der optimalen Prozessparameter auf Expertenwissen zurückgegriffen. Damit die Anzahl der notwendigen Simulationen minimiert wird, hat die Firma SIMCON Supplying Solution für ihr Spritzgießsimulationsprogramm Cadmould das Add-On VARIMOS® (engl.: virtual and real injection moulding optimisation system) in Zusammenarbeit mit dem Institut für Kunststoffverarbeitung (IKV) an der RWTH Aachen entwickelt.

Grundsätzlich werden mit VARIMOS® über einen statistischen Versuchsplan die optimalen Prozessparameter (Werkzeug-, Schmelzetemperatur etc.) bestimmt, die für die vorher definierten Qualitätsmerkmale ein Optimum ergeben.

Dazu werden in einem ersten Schritt die Qualitätsmerkmale, wie z. B. Maße oder Verzug von bestimmten Kanten, Seiten etc. und deren Toleranzbereich, festgelegt. Anschließend werden die Optimierungsvariablen also Bauteil- und Prozessparameter, mit einer Variationsbreite definiert. Daraus ergibt sich ein statistischer Versuchsplan mit drei Einstellungen pro Optimierungsvariable. Die Versuchspunkte des statistischen Versuchsplans werden anschließend automatisch simuliert und das Formteil bzw. die Qualitätsmerkmale virtuell vermessen. Aus den Simulationsergebnissen ermittelt VARIMOS® die optimalen Prozessparameter, damit alle vorher definierten Qualitätsmerkmale im Toleranzbereich liegen. Der beschriebene Ablauf der Simulation mit VARIMOS® ist in Bild 16.21 dargestellt.

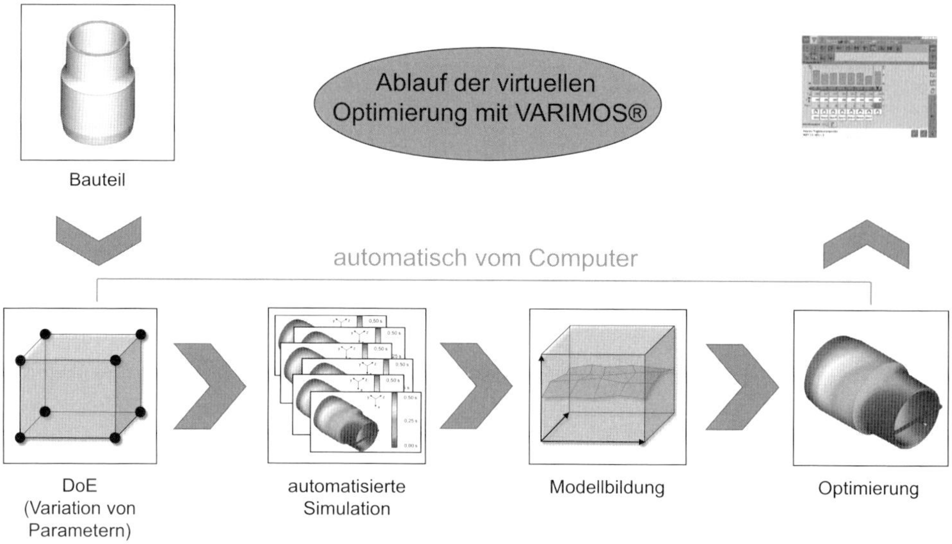

Bild 16.22 Ablauf der virtuellen Optimierung von VARIMOS®

Ein weiteres Optimierungsprojekt ist am Institut für Kunststoffverarbeitung (IKV) an der RWTH Aachen in Zusammenarbeit mit europäischen Partnern unter dem Namen Advanced PartSim durchgeführt worden. Advanced PartSim steht für „Advanced simulation methods for part and process development of complex injection moulded plastic parts tailored for SMEs" und zielt auf eine leichtere Nutzbarkeit von Simulationsmethoden für klein- und mittelständische Unternehmen (KMU) ab. Innerhalb des Projekts sind vier Methoden entwickelt worden, mit denen in der Entwicklung von neuen Produkten sowohl die Entwicklungszeit als auch -kosten um 30 % verringert werden können [16.18].

1. Die erste Methode *„Systematische Machbarkeitsanalyse"* verknüpft die Material- und Technologieauswahl sowie die Spritzgießsimulation und Strukturanalyse schon vor der Produktentwicklung mit einer Kostenanalyse. Dadurch können Unternehmen, die technischen und wirtschaftlichen Umsetzbarkeiten eines Produkts genauer und mit weniger Unsicherheiten bewerten [16.19].
2. Mit der Methode der *„Lebensdauer Abschätzung"* kann bereits im Entwicklungsprozess die Strukturanalyse mit den spritzgießbedingten Materialanisotropien von faserverstärkten Bauteilen kombiniert werden, um den Ort des ersten Bauteilversagens zu ermitteln [16.20].
3. Über die Methode *„Robuster Spritzgießprozess"* werden die optimalen Prozessparameter für den Spritzgießprozess unter Beachtung von Störgrößen, wie Chargenschwankungen oder Werkzeugverschleiß, virtuell bestimmt. Hierfür wird auf einen statistischen Versuchsplan mit Optimierungsalgorithmus zurückgegriffen

(vgl. VARIMOS®). Durch diese Methode lassen sich sowohl die Anzahl der Werkzeugiterationen als auch Maschinenzeit und Materialeinsatz verringern [16.21].

4. Die vierte Methode *„Spritzgießfehler-Vorhersage“* ist integraler Bestandteil der anderen drei Methoden. Sie liefert neben den bereits vorhersagbaren Fehlstellen (z. B. Bindenähte, Orte möglicher Einfallstellen, dickwandige Bereiche als „Hotspots“) auch eine Vorhersage für das örtliche Auftreten von Verbrennungsschlieren sowie eine quantitative Aussage über die Tiefe von Einfallstellen [16.22].

Literatur Kapitel 16

[16.1] *Schwaiger, L.:* CAD-Begriffe: Ein Lexikon. Berlin, Heidelberg: Springer-Verlag, 1987.

[16.2] *N. N.:* Parametrik. CAD/CAM (1996) 6, S. 73–76.

[16.3] *N. N.:* Features verbessern die Produktentwicklung: Integration von Prozessketten (VDI Berichte 1322). Düsseldorf, VDI-Verlag, 1997.

[16.4] *N. N.:* DIN EN ISO 10303-210 – Industrielle Automatisierungssysteme und Integration – Produktdarstellung und -austausch. Juli 2002.

[16.5] *Fastermann, P.:* 3D-Druck/Rapid Prototyping. Berlin, Heidelberg: Springer-Verlag, 2012.

[16.6] *Jäger, K.-W:* Schnittstellen bei CAD/CAE-Systemen – Grundlagen, Anwendungsbeispiele, Problematik, Lösungsansätze. Düsseldorf: VDI-Verlag, 1991.

[16.7] *Kiesel, P.; Rheinbay, J.; Leber; M.:* Optimierung des CAD-Datenaustausches durch firmenübergreifende Zusammenarbeit. Konstruktion, 45 (1993), S. 217–220.

[16.8.] *Ziebeil, E:* Produkt- und Werkzeugentwicklung – Der Weg zum Kunststoffteil. Werksbild der Fa. Braun AG, Kronberg, Dezember 1997.

[16.9] *N. N.:* Einführungsstrategien und Wirtschaftlichkeit von CAD-Systemen (VDI-Richtlinie 2216). Düsseldorf: VDI-Verlag, 1994.

[16.10] *Bullinger, H.-J.:* Forschungs- und Entwicklungsmanagement: Simultaneous Engineering, Projektmanagement, Produktplanung, Rapid Product Development. Wiesbaden: Springer Fachmedien Wiesbaden GmbH, 2013.

[16.11] *Bernhardt, E. C.; Manzione, L. T.:* Applications of Computer-Aided-Engineering in Injection Molding. Hanser Publishers Munich Viena New York, Chapter 4: Colin Austin; Chapter 5: Menges, G.; Filz, P.; Kretschmar, O.; Recker, H.; Schmidt, Th.; Schmidt, L., 1988.

[16.12] *Sendler, U.:* Varianten aus dem 3D-Baukasten. CAD/CAM (1997) 2, S. 94–96.

[16.13] *Weule, H.; Krause, E-L.; Kind, C.; Ulbig, S.:* Nutzeffekte rechnerunterstützter Werkzeuge in der Produktentwicklung. ZWF 92 (1997) 3, S. 81–85.

[16.14] *N. N.:* Practical simulations of injection-moulding processes using special polymers for small parts. URL: cordis.europa.eu/project/rcn/61723_de.html März 2017.

[16.15] *Müller, E.:* Qualitätsmanagement für Unternehmer und Führungskräfte. Berlin, Heidelberg: Springer-Verlag, 2014.

[16.16] *SIMCON Supplying Solution:* Homepage SIMCON Suyppling Solution. URL: www.simcon-worldwide.com März 2017.

[16.17] *Theunissen, M.:* Stickstoff-Wasser-Nebel als alternatives Prozessfluid für die Fluidinjektionstechnik (Nebel-FIT). Rheinisch Westfälische Universität Aachen, Dissertation, 2017.

[16.18] *Friesenbichler, W.:* Kosten reduzieren durch systematische Entwicklungsprozesse. Kunststoffe 102 (2013) 7, S. 50–53.

[16.19] *Hopmann, Ch.; Gröger, T.; Erler, I.:* Machbarkeitsanalyse zur Risikoabschätzung. Kunststoffe 102 (2013) 8, S. 74–77.

[16.20] *Guster, C.; Friesenbichler, W.; Gröger, T.:* Simulation der Lebensdauer faserverstärkter Spritgussteile. Kunststoffe 102 (2013) 9, S. 158–161.

[16.21] *Hopmann, Ch.; Grümer, B.; Berger, G.:* Virtuelle Musterung für robuste Prozesse. Kunststoffe 102 (2013) 10, S. 198–201.

[16.22] *Hopmann, Ch.; Filz, P.; Grümer, B.:* Virtuelle Vorhersage von Bauteilfehlern. Kunststoffe 102 (2013) 11, S. 32–34.

17 Spezielle Werkzeuge zur Steigerung der Wirtschaftlichkeit

Maßnahmen zur Kostenreduktion müssen stets im Blickfeld eines erfolgreichen Spritzgießunternehmens stehen. Die größte Einsparmöglichkeit verspricht dabei die Steigerung der Leistungsfähigkeit der Produktionseinheit „Maschine/Werkzeug“. Hier wird einerseits nach Lösungen gesucht, die die vorhandene Leistung der Spritzgießmaschine (Spritzvolumen, Zuhaltekraft, Öffnungshub) besser nutzen. Andererseits nach Werkzeugsystemen, die zusätzlich zum Ausformen und Abkühlen der Schmelze weitere Fertigungsschritte übernehmen. Hier sind Werkzeugsysteme hilfreich, die die Fertigung unterschiedlicher Formteile einer Baugruppe in einem Werkzeug und in einem Arbeitsgang ermöglichen, z. B.:

- das Mehrkomponenten-Spritzgießen (Overmolding),
- das Hinterspritzen oder Hinterprägen (z. B. von Dekorfolien) und
- das Zusammenfügen verschiedenartiger Einzelteile (Inserts, Vorformlingen) (In-Mold-Assembly, IMA)

Im Folgenden sollen nun solche „Sonderwerkzeuge“ vorgestellt werden.

17.1 Familienwerkzeuge

Familienwerkzeuge dienen dazu, unterschiedliche Spritzgussteile einer Baugruppe gemeinsam in einem Spritzgießwerkzeug in einem Zyklus herzustellen. Der Einsatz von Familienwerkzeugen verringert somit die Gesamtzahl der benötigten Werkzeuge und ggf. auch der eingesetzten Spritzgießmaschinen. Die Montage und Weiterverarbeitung der hergestellten Spritzgussteile ist im direkten Anschluss an ihre Fertigung möglich. Eine wichtige Voraussetzung für den effizienten Einsatz von Familienwerkzeugen ist, dass ein gleicher Bedarf aller Artikel aus dem Werkzeug vorliegt. In diesem Zusammenhang ist ein Mehrbedarf aufgrund von Prozessstörungen – z. B. bei der Herstellung im Spritzgießprozess selber oder bei der Montage und Weiterverarbeitung – problematisch, da sich dieser nicht bei der

Produktion realisieren lässt. Der Einfluss solcher Unregelmäßigkeiten ist im Vorfeld nur schwer abzuschätzen. Dabei ist zu bedenken, dass Änderungen der Mengen eines der Teile aus dem Familienwerkzeug im Nachhinein nur schwer möglich sind. Die Größen der Kavitäten eines Familienwerkzeugs können stark variieren. In jedem Fall benötigt optimaler Weise jedes Formteil der Familie ein individuelles Einspritz- und Nachdruckprofil. Daher muss der Art und Gestaltung wie auch der Auslegung des Angusssystems besondere Aufmerksamkeit gewidmet werden. Neben Einkomponenten-Familienwerkzeugen existieren heute auch Zweikomponenten-Familienwerkzeuge [17.1] [17.2].

Am häufigsten findet man heute Einkomponenten-Kaltkanalwerkzeuge. Die Balancierung des Angusssystems erfolgt in diesem Fall mechanisch (vgl. Kapitel 7). Je höher der technische Anspruch an das Formteil, genauer gesagt die Formteilfamilie, desto geringer ist die Anzahl der Kavitäten. Der wesentliche Vorteil dieser Werkzeuge liegt in dem günstigen Werkzeugpreis. Diesem stehen vor allem die limitierten Möglichkeiten hinsichtlich der Wahl der Angussart und -lage gegenüber. Diese an sich bewährte Technik stößt bei größeren Kavitätenzahlen sowie größeren Werkzeugen an Grenzen.

Dagegen ermöglichen Familienwerkzeuge mit Heißkanal und einer offenen Düse eine hohe Gestaltungsfreiheit bei der Wahl der Angussart und -lage sowie der Anordnung der Kavitäten. Der Anspritzpunkt lässt sich hinsichtlich des Füllverhaltens optimal platzieren. Des Weiteren sind im Gegensatz zu Kaltkanalwerkzeugen hohe Kavitätenzahlen realisierbar. Dieses System ist in seiner Verwendung durch die Unterschiede in der Größe der in einem Werkzeug zu integrierenden Formteile limitiert.

Heißkanalwerkzeuge mit Nadelverschlusssystem mit Kaskadensteuerung ermöglichen die Herstellung von Formteilfamilien, deren Einzelteile große Unterschiede im Gewicht oder Fließweg-Wanddickenverhältnis aufweisen. Dabei wird in der Regel mit der Füllung des größten Artikels begonnen. Bei der „Zuschaltung“ der Düsen der kleineren Artikel kann es allerdings zu kurzzeitigen Schmelzestagnationen oder Druckspitzen kommen. Moderne Heißkanalsysteme bieten die Möglichkeit, den Füllvorgang über die Stellung der Heißkanalnadel zu regeln. Dazu wird der Schmelzedruck im Heißkanalverteiler vor jeder Nadel gemessen und der Volumenstrom durch die Position der Nadel geregelt, sodass sich der Verlauf des Werkzeuginnendrucks in gewissen Grenzen für jede Kavität des Familienwerkzeugs einstellen lässt [17.3] [17.4] [17.5].

17.2 Etagenwerkzeuge

Etagenwerkzeuge sind eine spezielle Bauform von Mehrkavitätenwerkzeugen. Die Formnester, die gleichzeitig gefüllt werden, befinden sich hier in zwei oder mehr hintereinander liegenden Trennebenen (Bild 17.1). Die Etagentechnik ist seit Ende der 1970er-Jahre bekannt [17.1] [17.2] und wird vorteilhaft bei der Herstellung flacher, dünnwandiger Formteile z. B. bei der Produktion von Verpackungen, Schraubverschlüssen etc. [17.3] [17.4] eingesetzt, bei deren Fertigung die erforderliche Größe der Spritzgießmaschine durch die Werkzeug-Zuhaltekraft bestimmt wird, während das Spritzvolumen und der Öffnungshub der Maschine nur teilweise ausgenutzt werden. Setzt man nun Werkzeuge in Etagenbauweise ein, so verdoppelt man, z. B. bei einem klassischen Zwei-Etagenwerkzeug, die Anzahl der Formnester und damit auch das benötigte Spritzvolumen und den Öffnungshub, was bei gleicher Maschinengröße zu einer beträchtlichen Steigerung der Produktivität führt.

Durch moderne Heißkanaltechnik ist es heute möglich, über die Regelung der einzelnen Heißkanaldüsen, hohe Kavitätenzahlen wie 48+48-fach oder 64+64-fach zu realisieren. Eine 100 %ige Steigerung der Produktion, wie sie die Verdoppelung der Formnester erwarten lässt, wird allerdings wegen der größeren Öffnungs- und Schließwege und der damit verbundenen längeren Nebenzeiten nicht erreicht. Die Produktionssteigerung liegt bei ca. 80 % [17.7]. Die Schließkraft sollte ca. 15 % höher als bei einem Werkzeug mit einer Etage sein [17.7]. Eine weitere Steigerung der Produktivität durch Werkzeuge mit weiteren Etagen ist durchaus denkbar und wird auch erfolgreich angewendet (Bild 17.2).

Typischerweise findet man heute vorwiegend Zwei-Etagenwerkzeuge im Einsatz. Diese bestehen aus drei Hauptteilen: Einem düsen- und einem schließseitigen Werkzeugteil sowie aus einem Mittelstück. Das Mittelstück trägt das Anguss- und Verteilersystem (Bild 17.3). Der schließseitige Werkzeugteil und das Mittelstück werden beim Entformungsvorgang in Richtung der fixen Aufspannplatte bewegt. Das Angussrohr kann sich dabei von der Düse abheben. Da sich an den Düsen und am Angussrohr Massereste (Leckmaterial) befinden können, muss das Angussrohr so lang sein, dass es auch bei geöffnetem Werkzeug über den düsenseitigen Werkzeugteil hinausragt. Ist dies nicht der Fall, so können Massereste in die düsenseitige Führungsbohrung gelangen, sich dort festsetzen und zu Produktionsstörungen führen [17.10] [17.11]. Deswegen arbeiten heute viele Etagenwerkzeuge mit Teleskoprohren und dauernd anliegender Düse. Von Husky [17.12] wurde zudem eine so genannte Anti-Tropf-Düse entwickelt (Bild 17.4). Die Anti-Tropf-Buchse verhindert, dass Schmelze aus dem Angussrohr ausläuft, wenn dieser keinen Kontakt zur Maschinendüse mehr hat. Während das Angussrohr beim Öffnen des Werkzeugs mit der Mittelsektion mitfährt, zwingt der Restdruck der Schmelze im Verteiler die Anti-Tropf-Buchse in ihre hintere Stellung.

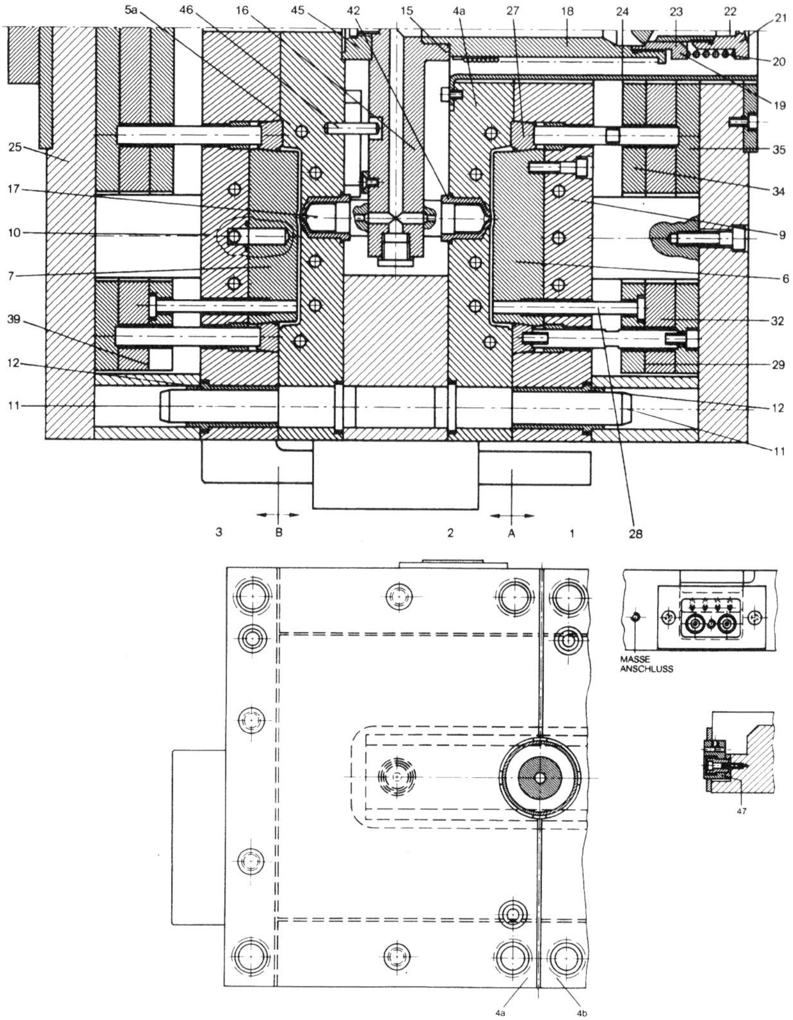

Bild 17.1 Mehretagenwerkzeug mit Heißkanalverteiler [17.6]
A, B Trennebenen; 1 bis 3 Führung der Mittelplatte; 4a bis 4b und 5a Formplatten; 7 bis 8 Kerne; 9 bis 10 Formplatten; 11 Führung der Formplatten; 12 Führungsbüchse; 15 Heizung für Angussstange; 16 Heißkanalverteiler; 17 Anguss zum Formteil; 18 Formplatte wie 9; 19 bis 23 Zentraler Anguss zur Maschine als Tauchdüse; 24 Angussstange; 27 Abstreiferring; 29 bis 35 Auswerfersystem; 42 Heißkanalangussdüse; 45 bis 46 Zentrierzapfen

Bild 17.2 Vieretagenwerkzeug [17.8]
[StackTeck, Ontario, Kanada]

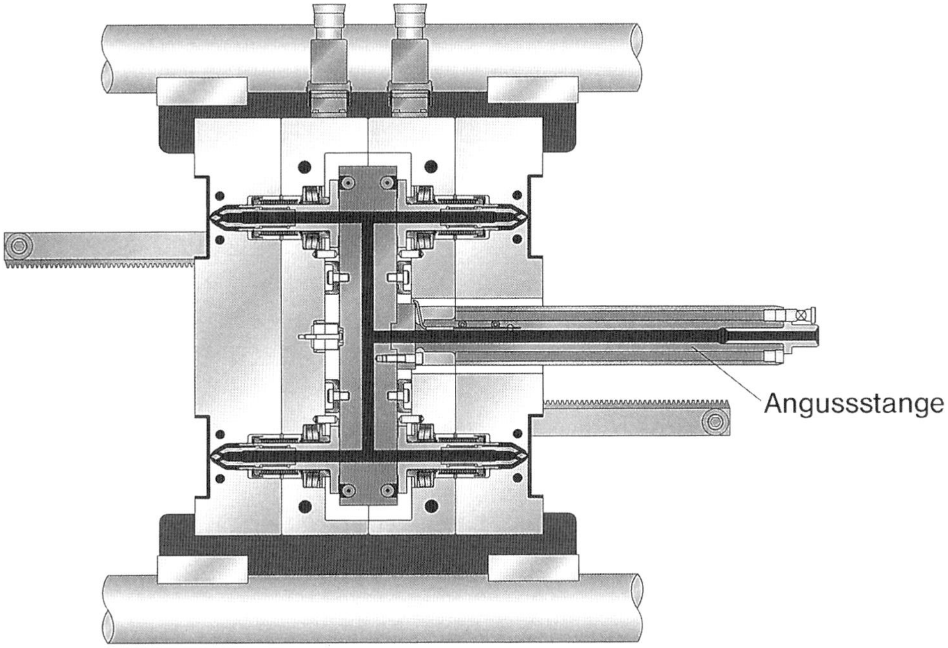

Bild 17.3 Heißkanalsystem für Etagenwerkzeugsystem [17.9]
Die Angussstange ist normalerweise auf Höhe der Werkzeugmitte montiert und leitet die Schmelze zur Mitte des Heißkanalverteilers. Von dort aus wird die Schmelze gleichmäßig zu allen Kavitäten beider Werkzeugetagen verteilt.

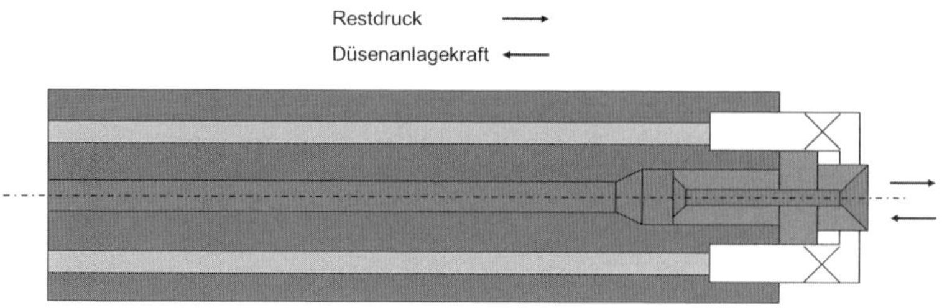

Bild 17.4 Anti-Tropf-Buchse [17.12]

Während der schließseitige Werkzeugteil fest auf die Aufspannplatte montiert ist und dadurch zwangsläufig geführt wird und die Öffnungsbewegung mitmacht, sind zur Lagerung und Führung sowie zur Steuerung der Öffnungsbewegung des Mittelstücks Führungs- und Bewegungselemente erforderlich. Bei den oft großen, die ganze Aufspannfläche überdeckenden Werkzeugen können die Mittelplatten auch in den Holmen der Maschine hängen, oder sie werden auf den unteren Holmen mittels H-förmigen Gleitschuhen abgestützt. Die oberen Holmen dienen dann zur Führung des Mittelstückes [17.10] [17.11] (vgl. Bild 17.3).

Die Bewegungen werden vorzugsweise durch Gelenkhebel oder Zahnstangen bewirkt (vgl. Bild 17.5 (Bild Mitte und Bild rechts) sowie 17.6). Zudem sind auch Systeme im Gebrauch, die sich für das Abfahren des Mittelstücks von der Düsenseite eines speziellen Hydraulikzylinders (Bild 17.5 links) bedienen. Bei der Gelenkhebel- und Zahnstangensteuerung öffnen sich die beiden Trennflächen mit Beginn der Öffnungsbewegung ruckfrei und synchron. Bei der Gelenkhebelsteuerung hat man dazu noch die Möglichkeit, die Öffnungswege in kleinen Bereichen unterschiedlich lang zu machen. Man kann dadurch sogar in den einzelnen Etagen Spritzlinge unterschiedlicher Höhe ausformen. Die Öffnungsweg-Kurven können nach Art der Anlenkung und Geometrie der Hebel in Grenzen eingestellt werden. Gleichzeitig werden mit der Gelenkhebelsteuerung auch die Auswerferplatten betätigt (Bild 17.6). Verschiedene Bauarten der Gelenkhebelsteuerung sind ebenfalls in Bild 17.6 dargestellt. Etwas weniger starr ist die Zahnstangensteuerung in Bild 17.7, die dank der Federn in den Kurbelzugstangen für die Auswerferplatten einen sanften Anlauf und Aufbau der Losbrechkräfte erlauben. Die Bilder 17.8 und 17.9 zeigen das Mittelsegment eines Etagenwerkzeugs bzw. ein 24+24-Fach Becherwerkzeug mit Zahnstangengetriebe.

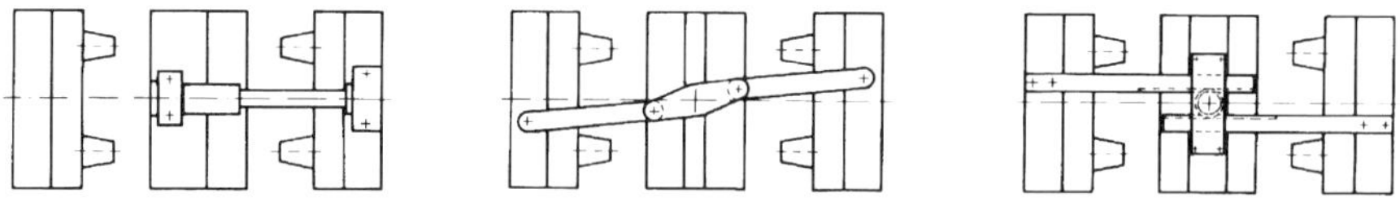

Bild 17.5 Mögliche Antriebsarten des Werkzeugmittelsegmentes bei Etagenwerkzeugen [17.13]

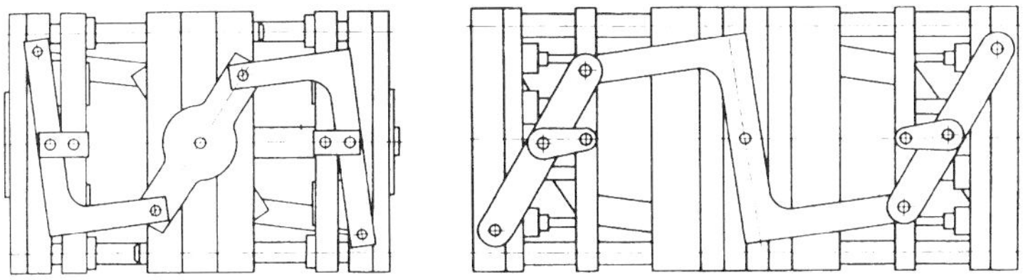

Bild 17.6 Bewegung des Werkzeugmittelsegments und der Auswerfer mithilfe von Gelenkhebel [17.13]

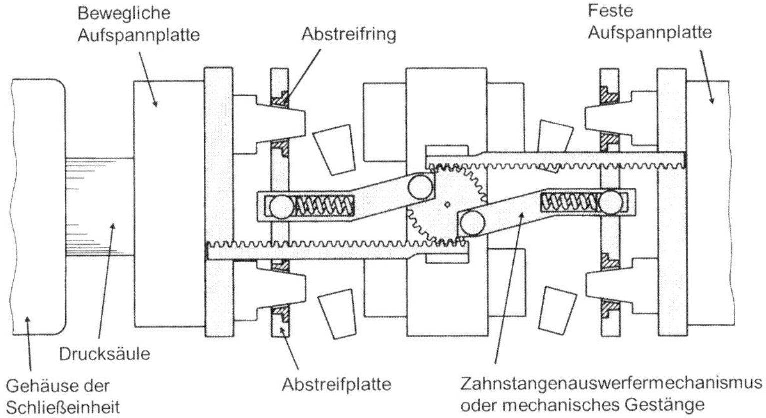

Bild 17.7 Zahnstangengetriebe zur Bewegung des Mittelsegments und der Auswerfer bei Etagenwerkzeugen [17.13]

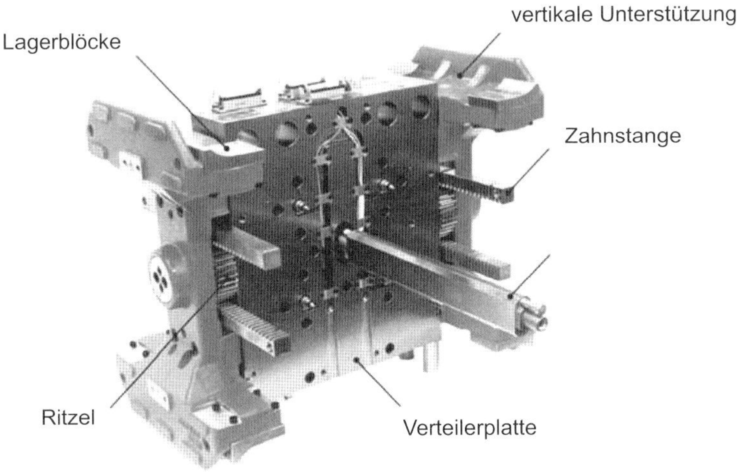

Bild 17.8 Mittelsegment eines Spritzgießwerkzeugs mit Zahnstangenauswerfergetriebe [17.13] [HUSKY, Ontario, Kanada]

Bild 17.9 24+24-Fach Becherwerkzeug mit Zahnstangenantrieb [17.14] [Fostag Formenbau, Stein am Rhein, Schweiz]

17.2.1 Etagenwendetechnik – Würfeltechnik

Die Etagenwendetechnik bietet neben den Möglichkeiten der klassischen Etagentechnik, auch die Herstellung von Mehrkomponentenformteilen und zusätzlich die Durchführung von weiteren Operationen, wie das Bestücken der Werkzeuge mit Einlegeteilen, Vorformlingen, Inserts, Dekorfolien etc. oder die Durchführung notwendiger Montagearbeiten [17.15]. Das Mittelsegment oder Würfelsegment dieser „besonderen Etagenwerkzeuge“ ist um seine vertikale Achse drehbar. Die Etagenwendetechnik kombiniert so Etagen- und Würfeltechnik (siehe auch Abschnitt 18.1.1) miteinander. Das drehbare Mittelsegment, die Wendeeinheit, besteht aus zwei Teilen. Der untere Teil ist über ein Rollensystem auf dem Maschinenbett gelagert und stützt sich an den Holmen der Spritzgießmaschine ab. Er übernimmt den Transport der Wendeeinheit und sorgt für deren exakte Positionierung beim Öffnen des Werkzeugs. Zusätzlich nimmt er den Antrieb für die Drehbewegung des oberen Teils der Wendeeinheit auf. Der Antrieb kann dabei sowohl hydraulisch als auch vollelektrisch ausgeführt sein. Geführt und gelagert wird der obere Teil der Wendeeinheit zwischen den Holmen der Spritzgießmaschine [17.15]. Je nach System und Aufgabenbereich dreht sich der obere Teil der Wendeeinheit in Schritten von 90° oder 180°. So können in den jeweils freien Positionen zusätzliche Aufgaben, wie z. B. das Einlegen von Zusatzkomponenten durchgeführt werden [17.15] [17.16] [17.17]. Den prinzipiellen Aufbau eines Etagenwendetechnik-Werkzeugs zeigt Bild 17.10.

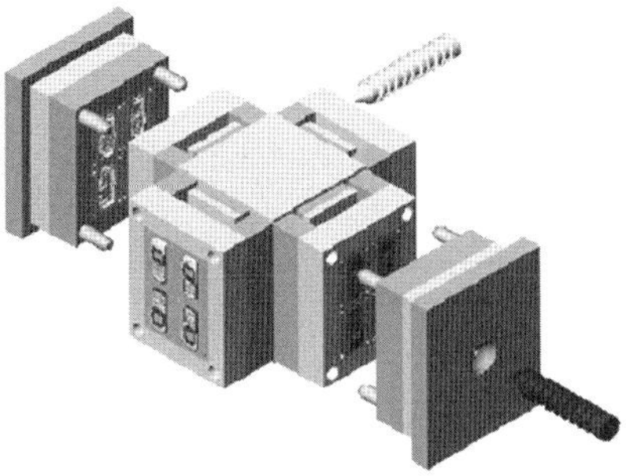

Bild 17.10 Prinzipieller Aufbau eines Werkzeugs für die Etagenwend- oder Würfeltechnik [17.15]

Das Bild 17.11 zeigt ein Werkzeug zur Herstellung von Lüftungselementen für die Automobiltechnik. Bei der Fertigung werden in der ersten Trennebene zunächst Vorformlinge gefertigt, die beim Öffnen des Werkzeuges auf der Seite des beweglichen Mittelsegments verbleiben und durch eine 180°-Drehung in den Bereich der zweiten Trennebene geschwenkt werden. Nach erneutem Schließen des Werkzeugs wird dort dann die zweite Komponente eingespritzt und so das fertige Formteil hergestellt.

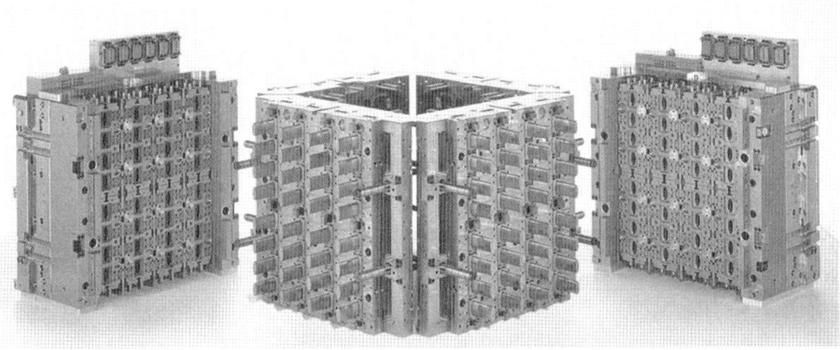

Bild 17.11 32-Fach Werkzeug für die Herstellung von Lüftungselementen für die Automobilindustrie [17.17]

Bei veränderter Arbeitsweise mit einer Drehung des Mittelsegments in Schritten von 4 mal 90° können dem Werkzeug in den jeweils freien 90° Positionen Einlegeteile zugeführt oder auch notwendige Montagearbeiten durchgeführt werden. Durch diese integrierten Fertigungsschritte (In-Mold-Assembly) kann eine deutliche Produktionssteigerung erzielt werden.

Eine Weiterentwicklung der Etagenwende- oder Würfeltechnik zeigt Bild 17.12. Es handelt sich hierbei um ein Doppelwürfel-Werkzeug mit drei Trennebenen in denen simultan Arbeitsvorgänge stattfinden [17.17].

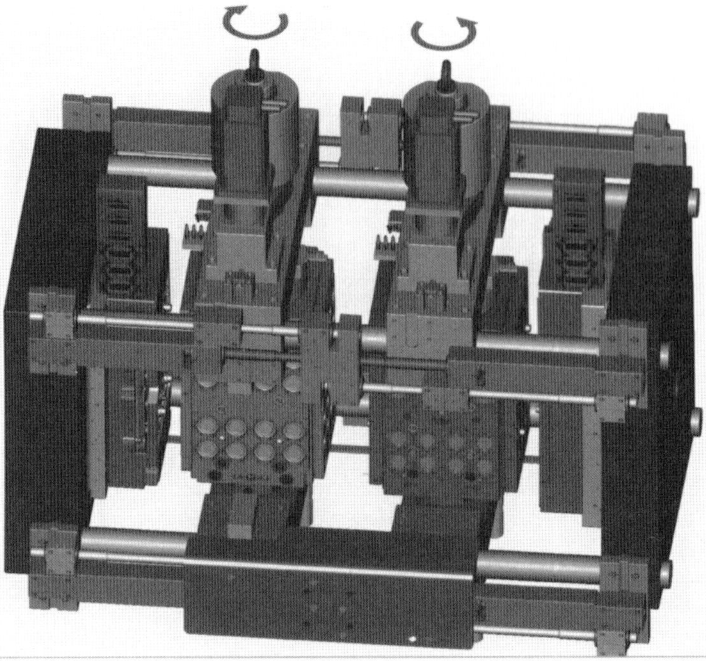

Bild 17.12 Darstellung eines Doppelwürfel-Werkzeugs [17.17]

Die Würfeltechnik kann durch den Einsatz demontierbarer Montageplatten auf dem Würfel erweitert werden (Turn-Stack), um die Zykluszeiten zur Herstellung von Mehrkomponentenbauteilen zu reduzieren [17.18] (Bild 17.13). Der Würfel selbst dreht sich alternierend einmal nach rechts, einmal nach links um je 90° und übergibt nach jedem Einspritzvorgang die Spritzlinge an eine der beiden Montageeinheiten. Dabei werden die auf der zweiten Station gespritzten Teile (Teil 2) mechanisch mit den bereits auf der Montageplatte übergebenen Teilen (Teil 1) verbunden. Die Montageplatten können je nach Bedarf in verschiedenen Ebenen bewegt werden. Mögliche Bewegungsabläufe sind beispielsweise:

- in *x*-*y*-Achse verschieben,
- um 180° drehen, montieren und auswerfen oder
- montieren, mit weiterem externen Teil bestücken, prüfen, auswerfen.

Die außen liegenden Montageeinheiten reduzieren die Komplexität des Werkzeugs im Vergleich zur gängigen Würfeltechnik. Spätere Designanpassungen lassen sich so realisieren, da der Formaufbau vom Kavitätenanteil klar getrennt ist. Bei einem Modellwechsel müssen nur die Kavitätenplatten getauscht werden.

Eine Weiterentwicklung des Turn-Stack-Konzepts stellt der Einsatz der Würfeltechnik mit Indexplatten dar [17.19] bis [17.21] (Bild 17.14).

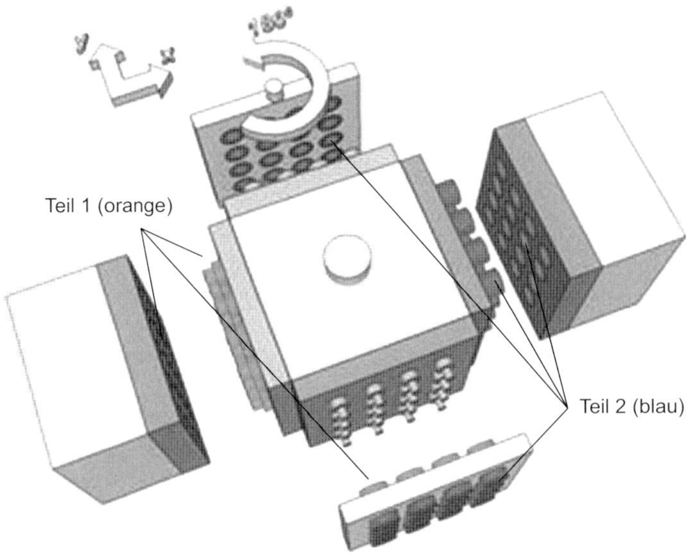

Bild 17.13 Darstellung eines Etagenwerkzeugs mit außenliegenden Montageplatten [17.18] [Zahoransky AG, Todtnau-Geschwend, Deutschland]

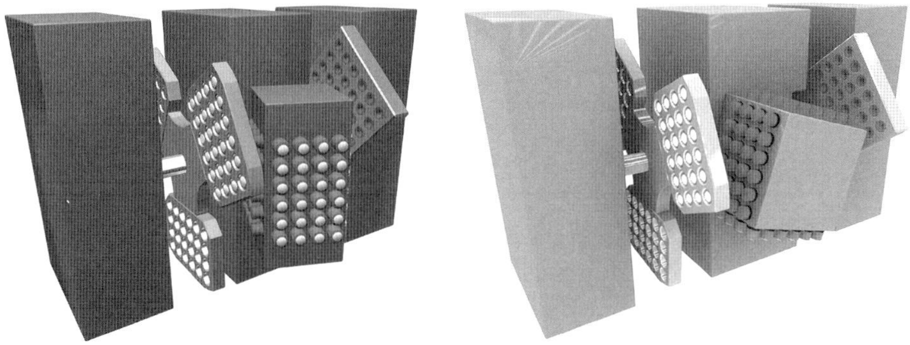

Bild 17.14 Würfeltechnik mit Indexplatte, Montierwürfel einmal vertikal und einmal horizontal rotierend [17.21]
[Zahoransky AG, Todtnau-Geschwend, Deutschland]

Auf den Schließseiten des Etagenwerkzeugs sind exzentrisch 3-Zonen-Index-Platten angebracht. Außerhalb des sich nicht drehenden Würfels ist eine Montage-Würfeleinheit angebracht, welche sich je nach Anforderung horizontal oder vertikal drehen kann. Eine 120°-Drehung der Index-Platte während der Öffnungsbewegung bringt die Vorspritzlinge in Position. In der zweiten Etage im Bereich der beweglichen Werkzeugaufspannplatte wird ein 1K-Formteil produziert, dessen Transport wie auch die Übergabe an den Montageblock eine weitere Index-Platte übernimmt. Die Entnahme der montierten Teile kann wahlweise über ein im Montageblock integriertes Auswerfersystem oder per Roboter erledigt werden.

17.2.2 Etagenwendetechnik – Quader mit umlaufenden Kavitäten

Einen anderen Ansatz zur Herstellung von Mehrkomponentenbauteilen auf Etagenwerkzeugen stellt das sogenannte Flexi-Cube-Werkzeugkonzept dar [17.22]. Als Basis dient dabei ein Etagenwerkzeug mit zwei Trennebenen. Die zentrale Einheit des Werkzeugs bildet ein stationärer Würfel bzw. Quader, um den einzelne Kavitätseinsätze angeordnet sind (Bild 17.15). Ein Transportschienensystem verknüpft die Stationen miteinander. Die jeweiligen Kavitäten fahren, durch Servomotoren in den Haltern angetrieben, beim Öffnen der beiden Trennebenen jeweils zur nächsten Station.

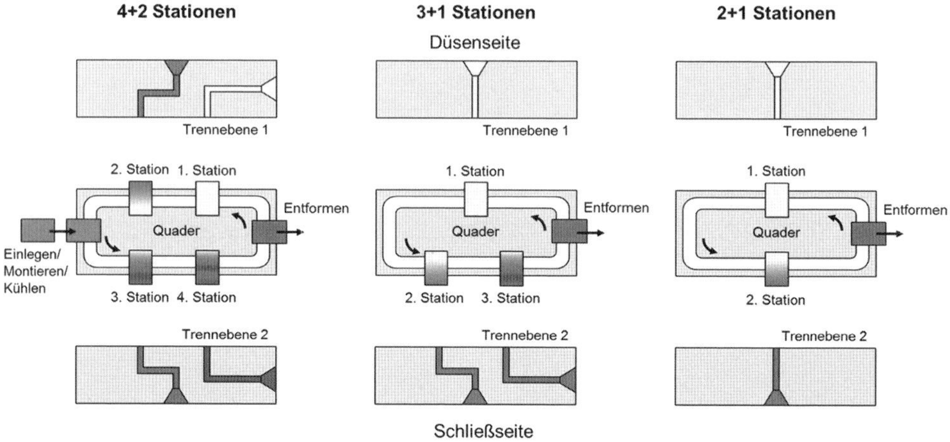

Bild 17.15 Schematischer Verfahrensablauf beim Flexi-Cube-Konzept in Anlehnung an [17.22]

Das Konzept hat gegenüber der herkömmlichen Würfeltechnik den Vorteil, dass trotz lediglich zweier Trennebenen die Anzahl und Aufteilung der Stationen flexibel gehalten werden kann. Es sind pro Trennebene mehrere Einspritz-Stationen sowie Stationen zur Kontaktkühlung realisierbar. An den Stirnseiten können Einlege-, Montage-, Kühl- oder Entnahmeoperationen durchgeführt werden.

Bild 17.16 zeigt ein bestehendes Werkzeug zur Herstellung eines 3-Komponenten-Griffs für den Handwerkerbedarf. Das 3x24-Fach-Werkzeug verfügt dabei über fünf Stationen. Zwischen die Stationen für die ersten beiden Komponenten ist eine Kühlstation geschaltet. Damit soll gewährleistet werden, dass trotz der großen Wanddicke des Formteils die Gesamtzykluszeit nicht überschritten wird. Nach dem Einspritzen der dritten Komponente in Station 4 wird das fertige Formteil in der fünften Station – außerhalb des Werkzeugs – entnommen bzw. während des geschlossenen Werkzeugs ausgeworfen.

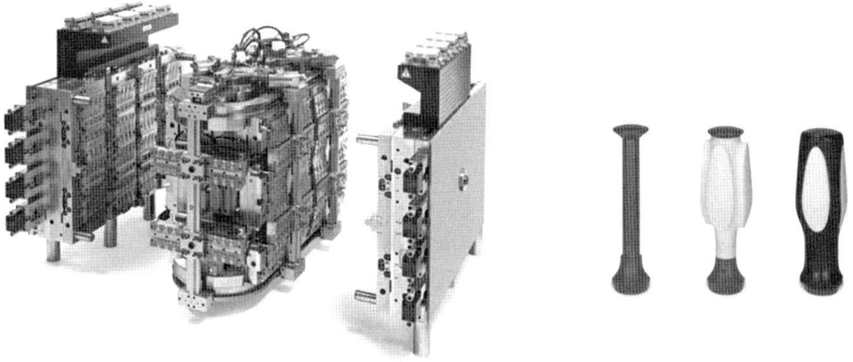

Bild 17.16 Ansicht eines Flexi-Cube-Werkzeugs; 3K-Werkzeuggriff [17.22] [GB Boucherie nv, Izegem, Belgien]

17.3 Werkzeuge mit modular umsetzbaren Kavitäten

In der Mehrkomponententechnik ist der Einsatz von Werkzeugen mit Drehtellern und Index-Platten bereits seit einigen Jahren Stand der Technik (siehe dazu auch Abschnitt 18.1) [17.23] [17.28]. Auf diese Weise lassen sich Vorspritzlinge von einer Kavität bzw. Kavitätsblock zum nächsten transferieren, um somit Mehrkomponentenbauteile auf einem Werkzeug herzustellen.

Für die durchzuführenden Transfer-Operationen ist allerdings ein Verharren des Werkzeugs im geöffneten Zustand notwendig, damit beispielsweise Handling-Geräte einfahren können oder Drehteller bzw. Würfelsegmente rotieren können. Diese zusätzlichen Transferzeiten gehen in die Gesamtzykluszeit mit ein und verlängern den Prozess. Durch den Einsatz von Werkzeugen mit modularen, umsetzbaren Kavitäten lassen sich Transferschritte außerhalb des geschlossenen Werkzeuges realisieren, sodass Werkzeugöffnungs- und -schließbewe-gungen möglichst kurz gehalten werden können.

17.3.1 Paternoster-Werkzeuge

Werkzeuge, die nach dem sogenannten Paternoster-Prinzip arbeiten, besitzen pro Station mindestens einen Kavitätsblock, welcher sich „alternierend rollierend“ im Spritzgießzyklus vertikal von Station zu Station bewegen kann [17.29] [17.30].

Während die erste Kavität im geschlossenen Werkzeug mit Formmasse gefüllt wird, können fertige Bauteile aus der zweiten Kavität entnommen werden. Zeitgleich können die ausgefahrenen Kavitäten wieder mit Einlegern bestückt werden. Diese Kavitätsblöcke befinden sich auf der Auswerferseite des Werkzeugs und werden über einen externen Antrieb, z. B. einem Spindelantrieb, bewegt.

Das Bewegungsprinzip ist schematisch in Bild 17.17 dargestellt. In der ersten Station werden die Vorformlinge hergestellt. Anschließend öffnet sich das Werkzeug und der Antrieb transportiert den Kavitätsblock mit den Vorformlingen in die zweite Spritzstation. Dort wird die zweite Komponente aufgebracht. Nach Abschluss des Spritzgießvorgangs wird der Kavitätsblock zusammen mit den fertigen Bauteilen in die Entnahmestation oberhalb des Werkzeugs gebracht. Dort entnimmt ein Handling-System die Teile aus dem Träger, während im geschlossenen Werkzeug bereits der nächste Spritzvorgang stattfindet. Anschließend wird der leere Artikelträger auf die Düsenseite des Werkzeugs übergeben. Der Kreislauf wird geschlossen, indem der Artikelträger mit einem zweiten Antrieb wieder zurück in die erste Station transportiert wird.

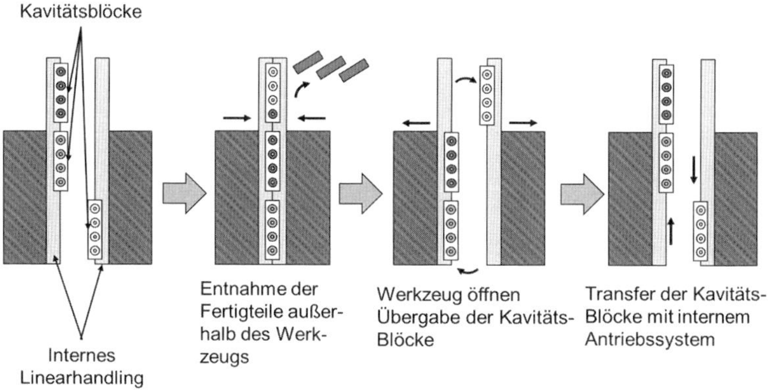

Bild 17.17 Schematischer Bewegungsablauf eines Paternoster-Werkzeugs

Das Paternoster-Prinzip kann durch den Einsatz mehrerer Kavitäts-Kassetten an einer Spritz-position erweitert werden (Bild 17.18, links) [17.31]. Beim sogenannten Servo-Control-Positioning-System (SCPS) wird eine Kassette mithilfe eines Antriebsystems seitlich aus dem Werkzeug ausgefahren, während in der zweiten Kassette im Werkzeug die Formteile gespritzt werden. Auf diese Weise lassen sich Einlegeteile außerhalb des Werkzeugs einlegen und dem Spritzgießwerkzeug zuführen sowie die fertigen Teile entnehmen. Anstelle von Montagearbeiten oder dem Einlegen von Metallteilen kann die externe Station auch zum Kühlen der fertigen Formteile genutzt werden. Durch das Auslagern von Arbeitsschritten außerhalb des Werkzeugs lässt sich somit die Zykluszeit reduzieren.

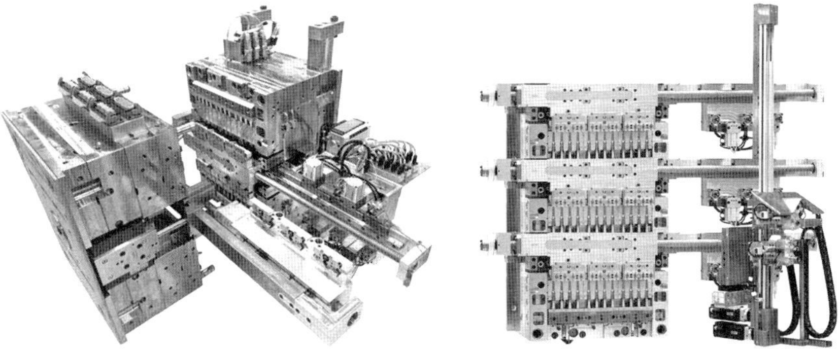

Bild 17.18 SCPS-Werkzeuge für Ein- und Mehrkomponententeile [Zahoransky AG, Todtnau-Geschwend, Deutschland]

Eine Weiterentwicklung der SCPS-Werkzeuge ist in Bild 17.18 rechts zu sehen. Diese Werkzeuge besitzen mehrere Stationen zum Auslagern von externen Arbeitsschritten [17.32] [17.33]. Dabei dient eine Station z. B. dem Einlegen von Metallteilen. Nach der Entnahme der Vorspritzlinge können diese in der nächsten Station über einen gesamten Maschinenzyklus gekühlt und weiter verarbeitet werden. Im nächsten Schritt werden die Teile fertig gespritzt, in die letzte Station transferiert und dort mit einem Handling entnommen.

17.3.2 Shuttle-Molding

Beim sogenannten Shuttle-Molding werden die Kavitätsblöcke nicht nur mithilfe eines linearen Antriebs auf eine Position außerhalb der Werkzeugtrennebene bewegt (Abschnitt 17.3.1), sondern vollständig aus der Spritzgießmaschine transportiert [17.34]. Das Abkühlen und Entformen der Bauteile sowie die Neubestückung von Einlegern geschieht außerhalb der Spritzgießmaschine auf separaten Stationen.

Der Aufbau einer Fertigungszelle für das Shuttle-Molding ist in Bild 17.19 dargestellt. Neben der eigentlichen Spritzgießmaschine, welche die Werkzeug-Stammform beinhaltet, verfügt die Zelle über Kühlfächer für die einzelnen Kavitätsblöcke (Shuttles), eine Entformungsstation sowie Aufbewahrungsbehälter für bereits entformte Bauteile. Das Handling der Shuttles sowie der Formteile kann von einem oder zwei Mehr-Achs-Robotern realisiert werden. Nach dem Einspritzen hebt der Roboter den kompletten verriegelten Kavitätenblock aus dem Werkzeug der Spritzgießmaschine und schiebt ihn in ein Fach des Kühlregals. Von dort schwenkt er einen bereits abgekühlten Block zur Entformstation. Während der zweite Roboter die Fertigteile entnimmt, transportiert der zentrale Roboter ein leeres Shuttle zur Spritzgießmaschine und klinkt es auf die heiße Seite der Stammform ein. Anschließend startet der Zyklus mit der Aufnahme des neu gefüllten Shuttles von vorne.

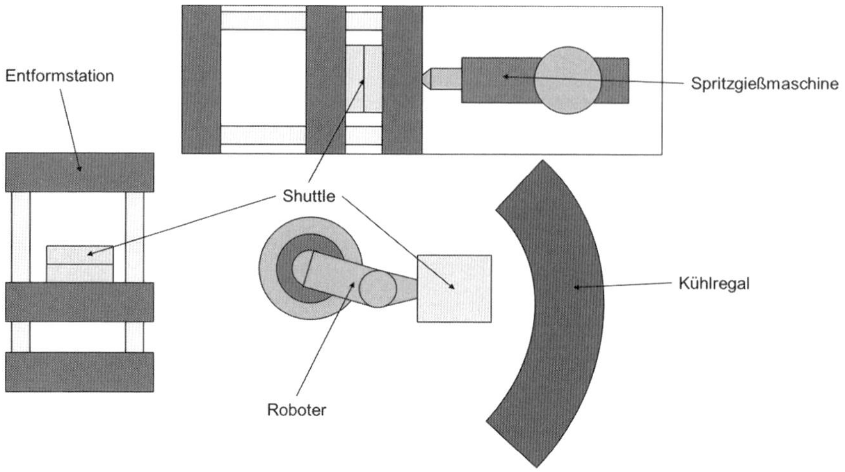

Bild 17.19 Schematische Ansicht der Shuttle-Molding-Fertigungszelle in Anlehnung an [17.34]

Der Einsatz von vollständig wechselbaren Shuttle-Werkzeugen kann diverse wirtschaftliche Vorteile bieten. Durch ein Auslagern der Kühl- und Entformungsschritte außerhalb der Maschine lässt sich die Zykluszeit fast auf die Einspritzzeit reduzieren [17.34] [17.35]. Das Hauptaugenmerk liegt allerdings auf der hohen Flexibilität des Anlagenkonzepts. So können die unterschiedlichen Shuttles auch unterschiedliche Formteile beinhalten. Ist die Spritzgießmaschine mit mehreren Aggregaten zur Verarbeitung unterschiedlich Formmassen ausgestattet, lassen sich von Zyklus zu Zyklus Formteile mit abweichenden Formen, Größen und Farben herstellen, ohne dass Materialwechsel und Einstellungswechsel die Produktion verlangsamen. Voraussetzung für eine solche „just-in-time"-Fertigung unterschiedlicher Formteile sind einzeln elektronisch erfasste Kavitätsblöcke sowie eine an ein ERP-System angebundene Produktionsplanungssoftware.

Nachteile des Shuttle-Molding sind die vergleichsweise hohen Anlagenkosten sowie die aufwendige Implementierung der Einzelkomponenten der Fertigungszelle und die Synchronisierung der Software. Ihre wirtschaftlichen Vorteile zeigen sich daher erst ab einem entsprechend hohen und langfristigen Fertigungsvolumen sowie einer gewissen Produktvielfalt. Ein Beispiel ist hier die Herstellung von Zahnbürsten mit unterschiedlichen Farben und Griffvarianten [17.35].

17.4 Tandemwerkzeuge

Tandemwerkzeuge sind „alternierend öffnende Etagenwerkzeuge“. Sie sind durch zwei hintereinander angeordnete Trennebenen, deren Kavitäten im zyklischen Betrieb abwechselnd befüllt und entformt werden; d. h. während der Kühlzeit der einen Trennebene wird die zweite Ebene entformt und befüllt. Der Vorteil dieser alternierenden Arbeitsweise ist die insgesamt höhere Auslastung der Spritzgießmaschine, insbesondere bei langen Kühlzeiten. Bei Standardwerkzeugen wartet in diesem Fall die Maschine bis das gerade hergestellte Spritzgussteil dimensionsstabil ist. Tandemwerkzeuge bieten die Möglichkeit, diese Zeit zum Öffnen, Entformen, Schließen und Einspritzen in eine zweite Ebene zu nutzen. Die Herstellungskosten eines Spritzgussteils lassen sich so um ca. 25 % bis 40 % verringern [17.15] [17.36].

Die Arbeitsweise eines Tandemwerkzeugs mit einem Kaltkanal zeigt Bild 17.20. Während der Einspritz- und Nachdruckphase des Spritzgussteils in Trennebene „1“ ist diese Werkzeughälfte geschlossen und wird mit voller Schließkraft zugehalten. In der folgenden Restkühlzeit – nach Ende der Nachdruckphase – sinkt der Werkzeuginnendruck immer weiter ab. Daraus ergibt sich die Möglichkeit, die Schließkraft der Maschine abzubauen und Trennebene „2“ zu öffnen während Trennebene „1“ weiter geschlossen bleibt. Die benötigte Schließkraft wird über ein spezielles Verriegelungssystem aufgebracht. Das Spritzgussteil aus Trennebene „2“ wird ausgeworfen, das Werkzeug geschlossen und in Kavität „2“ eingespritzt. Wenn die Restkühlzeit des Spritzgussteils in Kavität „1“ abgelaufen, ist öffnet das Werkzeug, und das Formteil wird ausgeworfen. Dieser Vorgang wird zyklisch fortgesetzt.

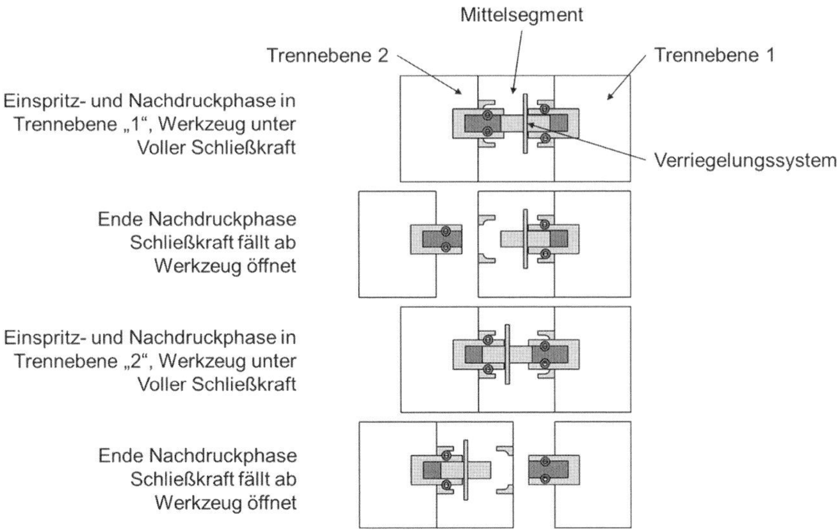

Bild 17.20 Arbeitsweise eines Tandemwerkzeugs in Anlehnung an [17.37]

Bild 17.21 Teilansicht eines Tandemwerkzeugs, Düsenseite geöffnet [17.37]

Schmelzeführung

Bei den Tandemwerkzeugen kann die Schmelze auf zwei Arten zu den einzelnen Kavitäten geführt werden, über:

- Kaltkanäle oder
- Heißkanäle.

Die einfachste und preisgünstigste Lösungsmöglichkeit bietet der Kaltkanal. In dem Ablaufschema (Bild 17.22) wird ein dreiteiliger Kaltkanal vorgestellt. Er führt die Schmelze über eine Angussstange, die als „Luftauswerfer-Düse" ausgebildet ist und mit jedem Zyklus entformt wird, zunächst auf einen Verteilerkanal mit einem als doppelten Schirmanschnitt ausgebildeten Mittelstück. Hierüber gelangt die Schmelze einerseits zu den düsenseitigen Kavitäten und wird andererseits weitergeleitet auf den Angussverteiler, über den die schließseitigen Kavitäten mit Schmelze gefüllt werden. Dieser Schirmanschnitt muss so dimensioniert werden, dass sowohl beim Betätigen der „Luftauswerfer-Düse" als auch beim Öffnen des Werkzeugs auf der Schließseite der vordere (Angussstange des Luftauswerfers) und der hintere Teil (Angusssystem für die schließseitigen Formteile) vom doppelten Schirmanschnitt abgetrennt werden. Dadurch wird ein Loch in den Schirm gerissen, durch das Schmelze zum Befüllen der schließseitigen Kavitäten strömen kann. Bild 17.23 zeigt die einzelnen Angussteile bis auf die Angussstange des Luftauswerfers.

Mit einem Heißkanalanguss ausgerüstete Tandemwerkzeuge sind vom Aufbau her vergleichbar mit Etagenwerkzeugen, bei denen die Kavitäten über einen Heißkanalverteiler mit Schmelze befüllt werden. Auch hier ist darauf zu achten, dass beim Öffnen der düsenseitigen Werkzeughälfte und dem damit verbundenen Abheben des Angussrohres, kein Leckagematerial aus dem Angussrohr austreten kann (siehe Abschnitt 17.2).

Abhilfe schaffen hier konstruktive Lösungen wie die in Bild 17.24 vorgestellte Werkzeugkonstruktion. Das Werkzeug ist mit einem Doppelheißkanal ausgerüstet, der aus einem „Übergabeheißkanal" im Werkzeugmittelsegment und einer Nadelverschlussdüse im düsenseitigen Werkzeugaufbau besteht. Nachdem die düsenseitigen Kavitäten mit Schmelze gefüllt sind, wird die Nadel der Verschlussdüse so weit vorgefahren, dass sie bis zur vorderen Spitze des Übergabeheißkanals im Werkzeugmittelsegment reicht. Dadurch wird gleichzeitig ein Durchbruch in das düsenseitige Formteil ausgeformt. Durch dieses Loch wird dann zum erneuten Befüllen der hinteren Kavität Schmelze geleitet, wodurch das Loch gleichzeitig verschlossen wird. Am fertigen Bauteil ist der „Verschluss" des Loches später kaum noch nachzuweisen [17.36] [17.38].

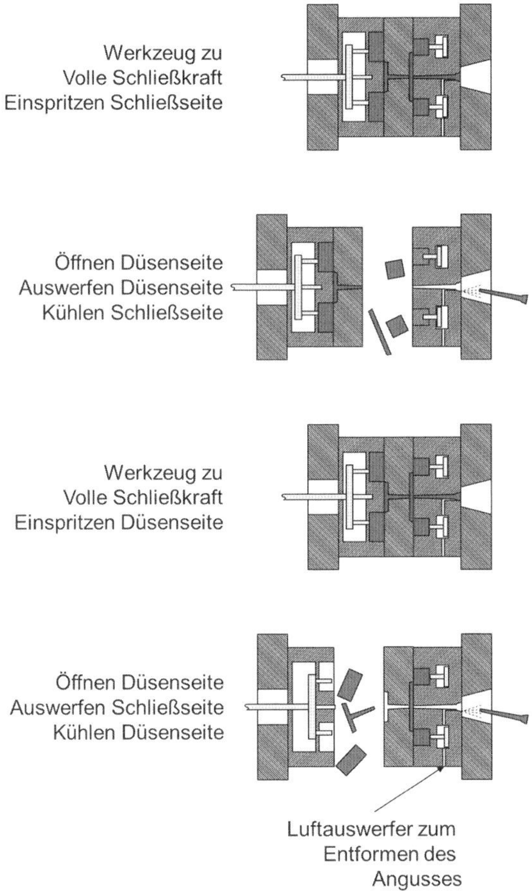

Bild 17.22 Prinzipdarstellung der Arbeitsweise eines Tandemwerkzeugs mit einem Kaltkanalanguss in Anlehnung an [17.37] [17.38]

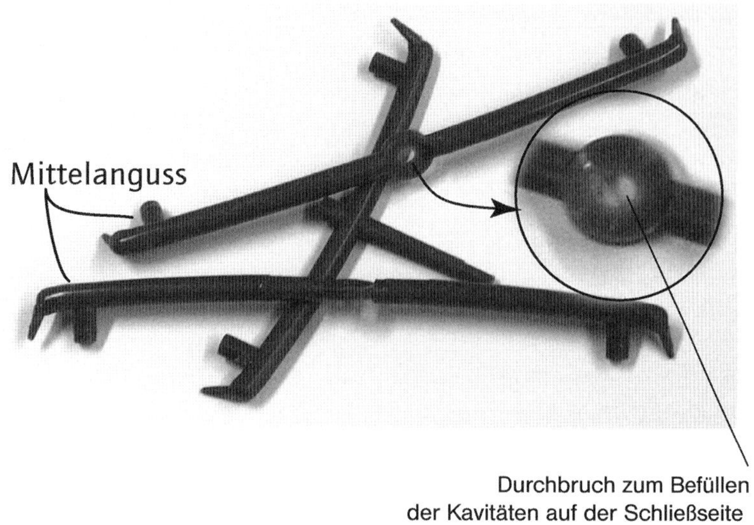

Bild 17.23 Teile eines Kaltkanalangusses für Tandemwerkzeuge [17.37] [17.38]

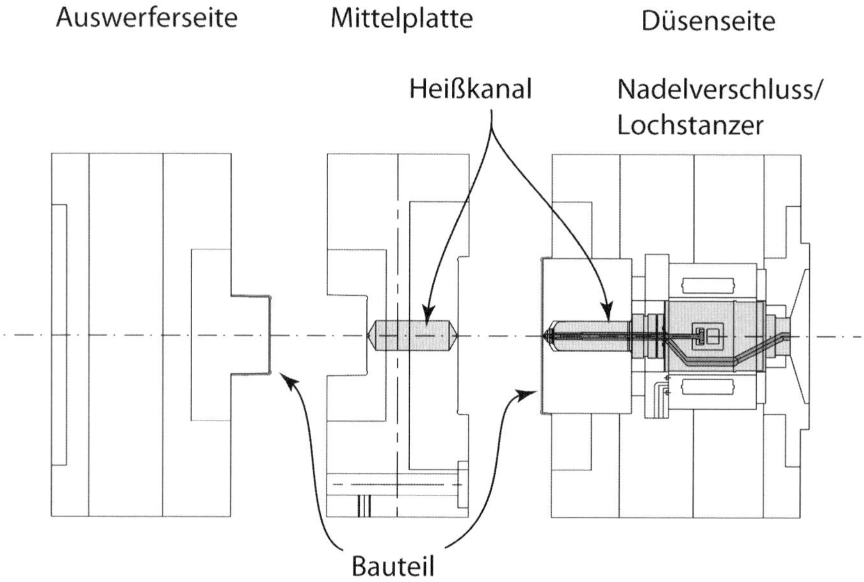

Bild 17.24 Tandemwerkzeug mit Doppelheißkanal [17.37] [17.39]

17.4.1 Tandemwendetechnik

Die Tandemwendetechnik wurde entwickelt um 2K-Spritzgussteile (Overmolding) kostengünstig zu fertigen. Im Gegensatz zur Etagenwendetechnik erfolgt hier kein Austausch der Vorspritzlinge zwischen den Trennebenen „1" und „2". Beim alternierenden Öffnen der Trennebenen werden die düsen- und schließseitig integrierten Drehteller (siehe auch Abschnitt 18.1.1.1) mit horizontaler Drehachse jeweils in die zum Einbringen der unterschiedlichen Komponenten richtige Position gebracht. Bild 17.25 zeigt ein gemäß der Tandemwendetechnik arbeitendes Spritzgießwerkzeug zur Herstellung eines zweifarbigen Chips (auf der Düsenseite) und einer zweifarbigen Chipaufnahme (auf der Schließseite) Bild 17.26 [17.36] [17.40]. Da die Chipaufnahme einen Hinterschnitt aufweist, wurde schließseitig zusätzlich ein hydraulischer Kernzug integriert.

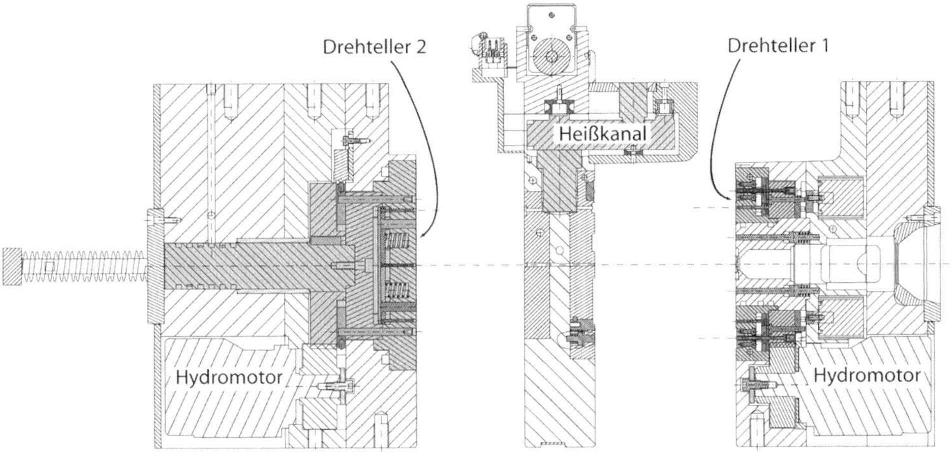

Bild 17.25 Overmolding Tandemwerkzeug mit zwei integrierten Drehtellern [17.36] [17.40]

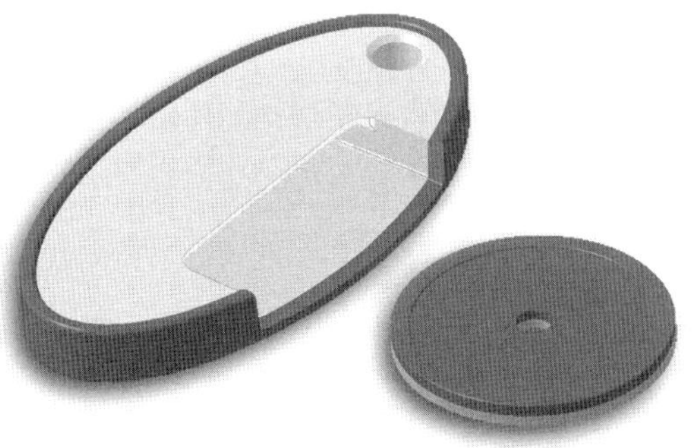

Bild 17.26 Einkaufswagenchip mit Chipaufnahme [17.36] [17.40] (hergestellt mit Werkzeug nach Bild 17.25)

Zur Füllung der Kavitäten wird die Schmelze des horizontalen, in der Mittelachse der Spritzgießmaschine liegende Spritzaggregates, mit einem Heißkanal durch die als Hohlwelle ausgeführte Drehachse des düsenseitigen Drehtellers (Drehteller „1") auf einen Kaltkanal-Unterverteiler befördert und von dort in die Kavitäten geführt. Die zweite Farbe wird über einen in das Mittelsegment des Werkzeugs eingebrachten Heißkanal eingespritzt. Zum Öffnen des Werkzeugs in der Trennebene „1" muss das Mittelsegment des Werkzeugs verfahren werden. Dazu muss dann das zweite Spritzaggregat vom Werkzeug abheben.

17.5 Injection-Transfer-Molding-Werkzeuge (ITM)

Mehrkavitätenwerkzeuge für den Spritzgießprozess sind heute Stand der Technik. Die wirtschaftlichen Vorteile liegen in der maximalen Maschinenausnutzung begründet, da in einem Zyklus eine Vielzahl an Bauteilen hergestellt werden können. Gleichzeitig existieren jedoch auch Nachteile. Hierzu gehört beispielsweise die Notwendigkeit einer ausreichenden Balancierung der Verteilerkanäle, damit alle Kavitäten unter identischen Bedingungen gefüllt werden. Zudem wird gefordert, dass die Fließwege zu allen Kavitäten möglichst kurz sind, was nur bedingt realisierbar ist. Eine Lösung des Problems der Balancierung bei gleichzeitig kurzen Fließwegen der Schmelze bietet das Injection-Transfer-Molding-Verfahren (ITM). Das Verfahren ist ursprünglich in der Kautschukverarbeitung aus der Übertragung des Transfer-Molding-Prozesses auf einer Spritzgießmaschine entstanden. Es bietet verschiedene Vorteile bei der Herstellung kleiner, qualitativ hochwertiger Formteile in großen Stückzahlen. Heute wird dieses Verfahren sowohl bei Elastomeren als auch bei Thermoplasten eingesetzt [17.41] [17.42].

17.5.1 Werkzeuge für das ITM-Verfahren in der Elastomerverarbeitung

Im Transfer Molding-Verfahren wird ein Kautschukfell in die sogenannte Transferkammer des Werkzeugs eingelegt und über einen Werkzeughub in die Kavitäten transferiert. Als ein Nachteil des Transfer-Moldings ist u. a. die schwankende Zuschnittsmenge des Fells von Zyklus zu Zyklus zu nennen [17.43]. Die logische Weiterentwicklung des Transfer Molding-Verfahrens sieht daher eine automatische Zuführung der Formmasse z. B. über eine Kolbenspritzeinheit oder eine Schneckenspritzeinheit in die Transferkammer vor. Wird dieses Prinzip nun auf eine Spritzgießmaschine übertragen, so spricht man vom Injection-Transfer-Molding-Verfahren

(ITM). Dieses Verfahren wurde für die Elastomerverarbeitung durch Arbeiten aus dem Hause Uniroyal in den 1960er- und 1970er-Jahren entwickelt [17.43] [17.27]. Mit der Zeit wurden diverse Erweiterungen seitens der Werkzeugtechnik als auch der Verfahrenstechnik veröffentlicht und zum Patent angemeldet [17.44] bis [17.48]. Einen Überblick über die Entwicklung des Injection-Transfer-Molding-Verfahrens inklusive der dazugehörigen Werkzeugtechnik findet sich beispielsweise in [17.42].

Der prinzipielle Prozessablauf beim ITM-Verfahren lässt sich in sechs Phasen zusammenfassen, die in Bild 17.27 dargestellt sind. In der ersten Phase werden die Werkzeugtrennebenen teilweise geschlossen (Phase 1). Anschließend erfolgt ein Einspritzen der Formmasse in den Transfertopf (Phase 2). Durch weiteres Zusammenfahren der Werkzeugaufspannhälften wird die Formmasse aus dem Transfertopf in die Kavitäten des geschlossenen Werkzeugs transferiert (Phase 3). Dem schließt sich bei der Elastomerverarbeitung eine Heizphase (Phase 4) an. Im Anschluss an die Heizphase wird der Transfertopf durch eine Auffahrbewegung des Werkzeugs geöffnet und der Transfertopf wird gefüllt. Mitunter findet sich auch die Variante, dass der Transfertopf unmittelbar vor der Transferphase gefüllt wird [17.42], was jedoch für den prinzipiellen Verfahrensablauf eher zweitrangig ist. Im letzten Schritt öffnen sich die Werkzeugtrennebenen und Formteile sowie Angüsse werden ausgeworfen (Phase 5 und Phase 6). Mit einer darauf folgenden Schließbewegung werden die Formteiltrennebenen geschlossen, was den Beginn eines neuen Zyklus bedeutet.

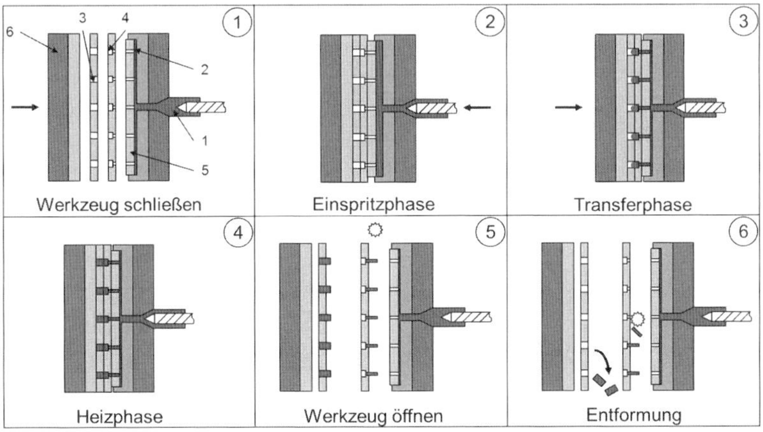

Bild 17.27 Schematische Darstellung des Prozessablaufs beim ITM-Verfahren [17.42]
Beschriftung in Schritt 1
1 Schneckenvorraum mit Schmelze gefüllt
2 gekühlte Transferkammer
3 Formnester
4 Angusskanäle
5 Isolierplatte
6 Heizplatte

Auch wenn die Befüllung der Kavitäten über eine Werkzeugbewegung realisiert wird, ist das ITM-Verfahren deutlich von dem Spritzpräge-Verfahren (siehe Abschnitt 18.4) abzugrenzen, da beim Spritzprägen die Schmelze in ein teilgeöffnetes Werkzeug eingespritzt wird und somit direkt in die Kavität gelangt.

Werkzeuge für das ITM-Verfahren haben die gleiche Konstruktionsgrundlage wie solche für das Transfer Molding-Verfahren. Der Unterschied liegt in der Befüllung des Transfertopfes. Hier weisen ITM-Werkzeuge einen Angusskanal auf, so dass der Transfertopf zur Befüllung nicht vollständig geöffnet werden muss. Beim ITM-Verfahren für die Elastomerverarbeitung wird zudem zwischen einem Werkzeug mit beheiztem oder mit gekühltem Transfertopf unterschieden [17.42] [17.48] bis [17.51]. Bei der Verfahrensvariante mit beheiztem Transfertopf muss die Formmasse im Transfertopf nach einigen Zyklen vollständig entfernt werden, da infolge erhöhter Temperatur die Vernetzungsreaktionen vorangeschritten sind. Bei der Werkzeugvariante mit gekühltem Transfertopf bleibt die Temperatur der Formmasse im Transfertopf unterhalb der Vernetzungstemperatur, obwohl die heiße Werkzeugseite stets mit der kalten Werkzeugseite verbunden ist. Dadurch muss das Fell nicht ausgetauscht werden und kann für den nächsten Zyklus im Werkzeug verbleiben. Der hohe zu leistende Anspruch an den Formenbau wird deutlich, wenn man sich die Temperaturen zwischen den beiden Formhälften von einerseits 70 bis 90 °C und andererseits 180 bis 200 °C und der damit verbundenen unterschiedlichen Wärmeausdehnung vor Augen führt [17.52].

Bedingt durch den Verfahrensablauf sowie durch den Werkzeugaufbau ergeben sich die folgenden Vorteile des ITM-Verfahrens gegenüber dem Spritzgießprozess mit Verteilerkanälen [17.43] [17.49] [17.50] [17.53] bis [17.55]. Für viele Gummiformartikel lassen sich beim Injection-Transfer-Molding im Vergleich zum reinen Spritzgießen wesentlich mehr Nester auf der Werkzeugplatte unterbringen. Infolge der Werkzeugkonstruktion ergeben sich gleich lange Fließwege vom Transfertopf in die Kavitäten. Dies führt – eine ideale Topfbefüllung vorausgesetzt – zu einer gleichmäßigen Füllung aller Formnester und somit zu reproduzierbarer Formteilqualität ohne eine Balancierung. Weiterhin ermöglichen die kurzen Fließwege und die relativ niedrigen Einspritzgeschwindigkeiten eine Verarbeitung von scherempfindlichen Materialien. Im Gegensatz zu konventionellen Verteilerkanälen, die meist nur für eine Artikelgeometrie ausgelegt sind, ermöglicht das ITM-Werkzeugkonzept den Transfertopf für unterschiedliche Artikel zu nutzen, was somit die Flexibilität der Anwendungsmöglichkeiten erhöht.

Bild 17.28 zeigt ein ITM-Werkzeug, das mit einem trennbaren Kaltkanal und einem speziell entwickelten Dichtungssystem ausgerüstet ist. Das Werkzeug wird erfolgreich und prozesssicher bei Spritzdrücken im Transfertopf von über 2 000 bar eingesetzt [17.59].

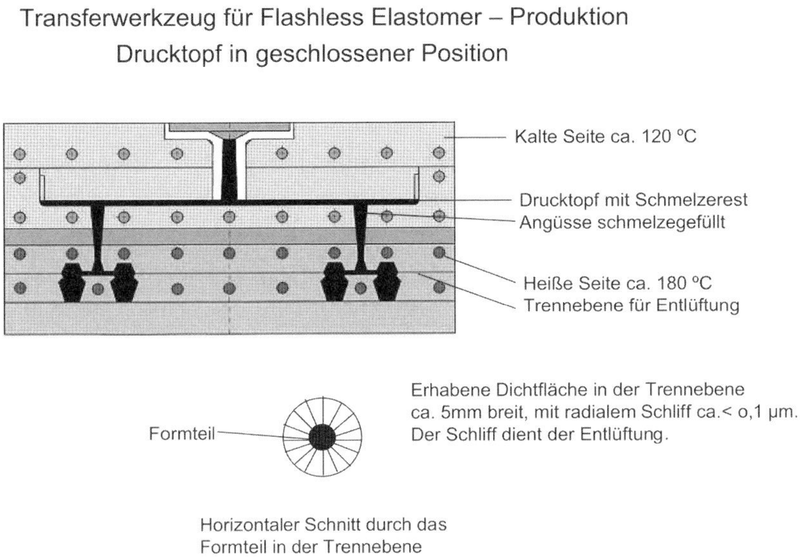

Bild 17.28 Transferwerkzeug für Flashless-Elastomer-Produktion [17.55] [Firma PETA GmbH, Bad Soden-Salmünster]

Weitere Vorteile dieser Werkzeugkonstruktion ergeben sich aus der Anordnung mehrerer getrennter Temperierkreisläufe in Verteilerblock und Düse, die es erlauben die Temperatur der Formmasse nahe der Vulkanisationstemperatur zuhalten und dadurch die Heiz- bzw. die Vulkanisationszeit auf ein Minimum zu reduzieren. Die besondere Gestaltung der Dichtflächen in der Trennebene (siehe Bild 17.28) erleichtert zum einen die Entlüftung der einzelnen Kavitäten und führt zum anderen zu einer grat- bzw. austriebsfreien Bauteilherstellung [17.55].

Daher wird beim ITM-Verfahren auch von der grat- bzw. austriebsfreien Bauteilherstellung oder von einem „Flashless-Verfahren" gesprochen [17.50] [17.51] [17.53]. Weiterführende Literatur zu Konzepten der gratfreien Bauteilherstellung, die nach dem Erfinder Jürgeleit auch als Jürgeleit-Verfahren benannt werden, finden sich beispielsweise in [17.42] [17.43] [17.31] [17.55] bis [17.58].

In Kauf genommen werden muss jedoch, dass die Werkzeugtechnologie aufwändiger und die Prozessführung aufgrund zusätzlicher Verfahrensschritte komplexer wird. Hinsichtlich der Nachteile des ITM-Verfahrens ist vor allem die Vielzahl an geometrischen und verfahrenstechnischen Einflussfaktoren zu nennen, die die Werkzeugtechnik und den Prozess komplex und schwierig beherrschbar gestalten. Nicht nur die Werkzeugkonstruktion hat maßgeblichen Einfluss auf den erfolgreichen Einsatz des ITM-Verfahrens. Es sind weiterhin das Material selbst sowie eine Vielzahl an Maschinen- und Prozessparametern, die berücksichtigt werden müssen. Im Prozess selber sind es im Wesentlichen die Topfbefüllung und die Transferphase, die über die Prozessführung und die Qualität der hergestellten Artikel entscheiden.

17.5.2 Werkzeuge für das ITM-Verfahren in der Thermoplastverarbeitung

Die Vorteile, die das ITM-Verfahren bei der Verarbeitung von Elastomeren bietet, lassen sich auch auf die Thermoplastverarbeitung übertragen. Heute sind zwei Lösungsansätze zur Übertragung des ITM-Verfahrens auf die Thermoplastverarbeitung bekannt [17.40] [17.41]. Beide verfolgen das Ziel, die Nachteile von Mehrkavitäten-Werkzeugen hinsichtlich der Balancierung der Verteilerkanäle bei gleichzeitig kurzen Fließwegen und somit geringer Scherbelastung der Schmelze, zu überwinden.

Das Konzept von Koch [17.41] verfolgt eine direkte Übertragung des ITM – Verfahrens von der Kautschukverarbeitung, wie es in Bild 17.27 dargestellt ist, auf die Thermoplastverarbeitung. Der Verfahrensablauf entspricht daher, mit gewissen werkstoffbedingten Einschränkungen, dem aus der Elastomerverarbeitung. Die wesentlichen Prozessschritte Transfertopfbefüllung und Transferphase lassen sich direkt in der Thermoplastverarbeitung wieder finden. Die Heizphase bei der Elastomerverarbeitung ist bei der Thermoplastverarbeitung mit der Nachdruck- und anschließender Restkühlphase vergleichbar. In diesen Prozessphasen erfolgt die Verfestigung der ausgeformten Artikel. Auf eine Reinigungsphase der Kavitäten nach dem Entformen, z. B. durch Bürsten, kann bei der Thermoplastverarbeitung erfahrungsgemäß verzichtet werden.

Ein Vergleich des ITM-Verfahrens mit dem Standardspritzgießen mit einem Mehrkavitäten-Werkzeug [17.41] zeigt, dass das Material im ITM-Verfahren geringeren Belastungen ausgesetzt ist. Die erforderlichen Drücke zur Füllung der Kavitäten sowie die für die Kavitätenfüllung zu leistende Einspritzarbeit ist beim ITM-Verfahren geringer [17.41]. Das bedeutet, dass entweder bei bestehender Maschinentechnik eine größere Formnestzahl realisiert oder eine kleinere Spritzgießmaschine für die Produktion genutzt werden kann. Im direkten Vergleich mit dem Spritzgießverfahren besitzt das ITM-Verfahren derzeit noch Nachteile in Hinblick auf die Reproduzierbarkeit. Zwar zeigt sich, dass im ITM-Verfahren Bauteile einheitlicherer Qualität in einem Zyklus hergestellt werden können, jedoch unterliegt der Prozess noch gewissen Schwankungen von Zyklus zu Zyklus, was derzeit dessen Einsatz für qualitativ hochwertige Bauteile ausschließt. Diese Schwankungen liegen vor allem in der Regelgenauigkeit der Schließeinheit begründet. Aufgrund des Transfertopfdurchmessers bedeuten wenige Zehntel Millimeter Abweichung des Transferweges bereits einen relativ großen Unterschied des in die Kavitäten eingespritzten Volumens. Abhilfe kann eine genauere Wegregelung der Schließeinheit der Spritzgießmaschine schaffen. Solche hochgenauen Wegregelungen existieren bereits und werden beispielsweise in der Herstellung optischer Bauteile (z. B. CD-Fertigung) eingesetzt. Des Weiteren liegt ein Verbesserungspozential in einer transfertopf-druckabhängigen Umschaltung von weggeregelter zu druckgeregelter Transferphase [17.41].

Für Bauteile mit nur geringen Anforderungen ist das ITM-Verfahren eine vielversprechende Alternative. Am Beispiel der Produktion von sogenannten Fliesenabstandshaltern, wie sie im Baugewerbe eingesetzt werden, beweist das ITM-Verfahren seinen Vorteil gegenüber den herkömmlichen Werkzeugkonzepten des Spritzgießens. Es sind also vor allem kleine Bauteile, die für das ITM-Verfahren prädestiniert sind. Eine Vielzahl unterschiedlicher Materialien, ob ungefüllte oder auch hochgefüllte Formmassen lassen sich im ITM-Verfahren verarbeiten [17.41].

Literatur Kapitel 17

[17.1] *Kudlik, N.; Kißler, A.:* Effizienzsteigerung durch 2-Komponenten-Familienwerkzeuge. In: Tagungshandbuch zur Internationalen Jahrestagung Spritzgießen 2004, VDI-Gesellschaft Kunststofftechnik, Baden-Baden, S. 331–343, 2004.

[17.2] *Kißler, A.:* Familienwerkzeug mit thermischer Trennung. Kunststoffberater 48 (2003) 11, S. 25–27.

[17.3] *Homes, W.; Kabus, R.:* Spritzgießprozesse in Echtzeit regeln. Eine neue Technik zur aktiven Angussbalancierung. Kunststoffe 91 (2001) 1, S. 68–70.

[17.4] *Schreyer, H.-J.:* Für jede Kavität. Echtzeitregelung beim Kunststoffspritzgießen. Plastverarbeiter 53 (2002) 3, S. 40–41.

[17.5] *Schreyer, H.-J.:* Prozessoptimierung bei besonderen Aufgaben. Schmelzedruckregelung. Kunststoffe 94 (2004) 3, S. 85–70.

[17.6] *Hartmann, W.:* Spritzgießwerkzeuge in Etagenbauweise mit „Thermoplay"-Heißkanaldüse für Verpackungsunterteile aus Polystyrol. Plastverarbeiter 32 (2981) 5, S. 600–605.

[17.7] *Hotz, A.:* Mehr-Etagen-Spritzgießwerkzeuge. Plastverarbeiter 29 (1978) 4, S. 185–187.

[17.8] *N. N.:* Stack molds. Internetauftritt der Firma StackTeck, Ontario, Kanada. http://www.stackteck.com.

[17.9] *N. N.:* Husky-Heißkanalsysteme. Werkschrift der Husky Injection Molding Systems Ltd., Bolton, Kanada. Niederlassung Deutschland, Bad Salzuflen.

[17.10] *Lindner, E.; Hartmann, W.:* Spritzgießwerkzeuge in Etagenbauweise. Plastverarbeiter 28 (1977) 7, S. 351–353.

[17.11] *Schwaninger, W.:* Etagenwerkzeuge insbesondere als Alternative zum Schnellläufer. Der Spritzgießprozess, Reihe Ingenieurwissen, VDI-Verlag, Düsseldorf, 1979.

[17.12] *N. N.:* Etagenwerkzeuge. Internetauftritt der Firma Husky, Ontario, Kanada. http://www.husky.ca.

[17.13] *N. N.:* Firmenschrift der Firma Husky, Ontario, Kanada. http://www.husky.ca.

[17.14] *N. N.:* Internetauftritt der Firma Fostag Formenbau AD, Stein am Rhein, Schweiz. http://www.fostag.com/default.asp?.L1 = L.

[17.15] *N. N.:* Spezieller Transfer der Vorformlinge. Internetauftritt der Firma Ferromatik Milacron, 79364 Malterdingen. http://www.ferromatik.com.

[17.16] *N. N.:* Etagenwendetechnik. Internetauftritt der Firma Ferromatik Milacron, 79364 Malterdingen. http://www.ferromatik.com.

[17.17] *N. N.:* Neue Perspektiven dank moderner Etagen – Wendetechnik. Internetauftritt der Firma Foboha GmbH Formenbau, 77716 Haslach. http://www.foboha.com.

[17.18] *N. N.:* TIM-Etagenwerkzeug, – Montageplatten am Werzeug, Internetauftrifft der Fachzeitschrift Kunststoffe, 15.09.2011 https://www.kunststoffe.de/produkte/uebersicht/beitrag/tim-etagenwerkzeug-montageplatten-am-werkzeug-569058.html?search.highlight=zahoransky.

[17.19] *Wippenbeck, P.:* Die Würfel sind im Rollen, Kunststoffe 100 (2010) 9, S. 42–48.

[17.20] *Naitove, M:* Tooling Advances Highlighted At Molding 2013 Conference, Plastics Technolgy (2010) 3, S. 11–12.

[17.21] *Lammert, N.; Nikoleizig, P.:* Werkzeugbauer legen nach, Kunststoffe 104 (2014) 11, S. 18–29.

[17.22] *Vandemaele, F.:* Kein Drehwürfel, sondern ein Quader mit Umlaufbahn, Kunststoffe 103 (2013) 2, S. 22–23.

[17.23] *Emmerichs, H.; Giesler, D.:* Federnde Auswerfer – Flexibilität zahlt sich aus. Kunststoffe 89 (1999) 5, S. 61–66.

[17.24] *Keusgen, H.:* Mehrkomponenten mit Dreh. 16+16-fach Spritzgießwerkzeug für das 2K-Gehäuseunterteil eines Pulverinhalationssystems. Kunststoffe 91 (2001) 10, S. 127–130.

[17.25] *Vogt, M.:* In drei Drehungen zum Handy. Arburg mit innovativer Zweikomponenten-Anwendung. Kunststoffe 92 (2002) 4, S. 62–65

[17.26] *Herb, E.:* Integrierte Drehvorrichtung. Zwei-Komponenten-Werkzeug für Getränkedosenhalter. Kunststoffe 86 (1996) 3, S. 328–331.

[17.27] *Steinmeyer, U.:* Integrierter Drehteller für die flexible 2K-Fertigung. Kunststoffe 94 (2004) 3, S. 88–90.

[17.28] *Keusgen, H.:* Pneumatische Zwangsentformung. Zwei-Komponenten-Werkzeug für eine hochwertige Reisebox. Kunststoffe 90 (2000) 4, S. 72–74.

[17.29] *Jaroschek, Ch.:* Die Stoffe der Zukunft. Kunststoffe 100 (2010) 9, S. 29–33

[17.30] *Claas, H.; Wippenbeck, P.:* Ein faszinierender Streifzug. Kunststoffe 99 (2009) 10, S. 108–115.

[17.31] *N. N.:* Mehrkompontenwerkzeug für Standardmaschinen, Internetauftrifft der Fachzeitschrift Kunststoffe, 09.11.2009. https://www.kunststoffe.de/fachinformationen/technik-trends/artikel/mehrkompontenwerkzeug-fuer-standardmaschinen-611619.html?search.highlight=zahoransky.

[17.32] *N. N.:* Ins Werkzeug integrierte Automation, Internetauftrifft der Fachzeitschrift Kunststoffe, 11.09.2015. https://www.kunststoffe.de/produkte/uebersicht/beitrag/zahoransky-ins-werkzeug-integrierte-automation-1100463.html?search.highlight=zahoransky.

[17.33] *N. N.:* Zahoransky: Neue SCPS-Light-Werkzeuge für Einkomponententeile ermöglichen zykluszeitneutrales Auslagern von Arbeitsschritten, Internetauftritt der Zeitschrift Plasticker, 20.10.2014. http://plasticker.de/news/shownews.php?nr=23414&div=&backto=../index.php.

[17.34] *Doriat, C.:* Farbige Bürsten in fliegenden Formen. Kunststoffe 99 (2009) 12, S. 12–15.

[17.35] *Doriat, C.:* Wirtschaftswunder im Bürstenland. Kunststoffe 104 (2014) 6, S. 32–38.

[17.36] *Jaroschek, Ch.:* Overmolding, schneller günstig. Internet Auftritt der Fachhochschule Bielefeld, August 2003. http://www.fh-bielefeld.de.

[17.37] Internetauftritt der Firma T/Mold GmbH & CoKG, 32108 Bad Salzuflen. http://www.tandem-werkzeuge.de.

[17.38] *Jaroschek, Ch.:* Schmelzeführung in Tandemwerkzeugen. Fachhochschule Bielefeld, Januar 2003.

[17.39] *Jaroschek, Ch.; Kochannek R.:* Ab durch die Mitte – TandemMold-Simplex. Fachhochschule Bielefeld, 16. September 2004.

[17.40] *Jaroschek, Ch.:* Overmolding im Tandemwerkzeug. Sonderdruck aus dem Kunststoffberater 11/2003.

[17.41] *Koch, M.:* Thermoplastverarbeitung im Injection-Transfer-Molding-Verfahren. Dissertation an der Rheinisch – Westfälischen Hochschule Aachen, 2004.

[17.42] *Ehrig, F.:* Rechnergestützte Werkzeugauslegung für Gummi-Metall- und Injection-Transfer-Formteile. Dissertation an der Rheinisch-Westfälische Technische Hochschule Aachen, 1998.

[17.43] *Eule, W.:* Vor- und Nachteile bei der Anwendung des Kompressions-, Transfer- und Injection Molding – Verfahrens, Kunststoffe 31 (1978) 9, S. 637–642.

[17.44] *Jürgeleit, H. F.:* Spritzgießform und -formwerk für plastische Massen, Deutsches Patentamt, Offenlegungsschrift DE 1198987, 1961.

[17.45] *Pasch, L.:* Spritzmaschine für die Verarbeitung von plastischen Massen und Verwendung derselben, Deutsches Patentamt, Offenlegungsschrift DE 2219055, 1972.

[17.46] *Pasch, L.; Wagemann, H.:* Vorrichtung zum Herstellen von Formstücken aus einer Formmasse, Deutsches Patentamt, Patenschrift DE 2420724 C2, 1974.

[17.47] *Pasch, L.:* Verfahren und Vorrichtung zum Herstellen von Formteilen, Deutsches Patentamt, Offenlegungsschrift DE 2419509 B2, 1974.

[17.48] *Pasch, L.:* Transfer Molding Apparatus, United States Patent Office, Patent No. US 3859023, 1975.

[17.49] *Cottancin, G.:* Spritztransfer für die Fertigung von Gummi/Metall-Artikeln, GAK 40 (1987) 3, S. 124–134.

[17.50] *Krell, V.:* Gummiformteile durch Injection-Transfer-Molding (ITM), Technische Information der Firma Klöckner Desma Elastomertechnik GmbH, 1995

[17.51] Schmid: ITM-Verfahren mit temperiertem und untemperiertem Topf, Informationsschrift der Firma Klöckner Ferromatik Desma, 1992.

[17.52] *N. N.:* Jedes gesparte Kilo Elastomer-Mischung zählt, Kunststoffe – Synthetics 50 (2003) 1, S. 14–15.

[17.53] *N. N.:* Transfer-Molding mit Kaltkanal, Plastverarbeiter 45 (1994) 8, S. 92.

[17.54] *N. N.:* Injection-Transfer-Molding, Informationsbroschüre der Firma Wickert Maschinenbau GmbH, Landau, 2000.

[17.55] *N. N.:* Transferwerkzeug für Flashless Elastomer – Produktion. Internetauftritt der Firma Peta Formenbau GmbH, 63628 Bad Soden Salmünster. http://www.peta-formenbau.de.

[17.56] *Jürgeleit, H. F.:* Molding Apparatur, United States Patent Office, Patent No. US3121918, 1960.

[17.57] *Graf, H. J.:* Austriebsfreie Herstellung von Gummiformteilen auf Spritzgießmaschinen, Seminar: Wirtschaftliche Fertigung von Gummiformteilen, Süddeutsches Kunststoff-Zentrum, Würzburg, 1986.

[17.58] *Graf, H. J.:* Im Spritzgießverfahren austriebsfrei hergestellte Formartikel aus Elastomeren, VDI-Kunststofftechnik Elastomerverarbeitung, VDI-Verlag, Düsseldorf, 1988.

[17.59] *Görlich, R.; Günther, H.; Gleisberg, P.:* 48 Einzelkavitäten in einer Platte, Kunststoffe 89 (1999) 5, S. 68–70.

18 Werkzeuge für Spritzgießsonderverfahren

18.1 Mehrkomponenten-Spritzgießen

Der Begriff Mehrkomponenten-Spritzgießen bezeichnet die Herstellung von Spritzgussteilen, die aus zwei oder mehreren – sei es in Werkstoff (Polymer), Farbe oder mechanischen Eigenschaften etc. – verschiedenen Kunststoffen bestehen. Das Verfahren bietet die Möglichkeit, Formteile in einem Arbeitsgang kostengünstig zu produzieren und dabei Funktionalitäten wie Design, Haptik, Dichtungsfunktion oder Montage zu integrieren. Die Einteilung der Mehrkomponenten-Spritzgießverfahren kann nach der Art der Komponentenzusammenführung in Additionsverfahren („an- oder übereinander spritzen") und Sequenzverfahren („ineinander spritzen") erfolgen [18.1] [18.2].

18.1.1 Additionsverfahren

Die einzelnen Kunststoffe werden bei den Additionsverfahren, die auch mit dem Begriff Overmolding bezeichnet werden, über zwei oder mehrere separate Angusssysteme in das Werkzeug eingespritzt. Die Herstellung von Spritzgussteilen nach diesen Verfahren hat bereits eine lange Tradition [18.3] [18.4] [18.5]. Seit je waren die Entwicklung immer anspruchsvollerer Produkte sowie Rationalisierungsbestrebungen die Motoren der Innovation [18.6] [18.7].

Im Laufe der Jahre hat sich eine Vielzahl verschiedener, zum Teil firmenspezifischer Bezeichnungen für die existierenden Verfahrensvarianten etabliert. Die Begriffsbildung ist bis heute nicht einheitlich geregelt. Eine systematische Unterteilung/Bezeichnung der Verfahren ist unter anderem anhand der verwendeten Werkzeugtechnik möglich:

Die Additionsverfahren können nach Art der zeitlichen Abfolge der Komponentenzusammenführung in simultane oder serielle Verfahren eingeteilt werden (Bild 18.1). Die seriellen Verfahren lassen sich anhand werkzeugtechnischer Aspekte weiter unterteilen. Im Folgenden werden die wichtigsten Verfahrensvarianten kurz erläutert.

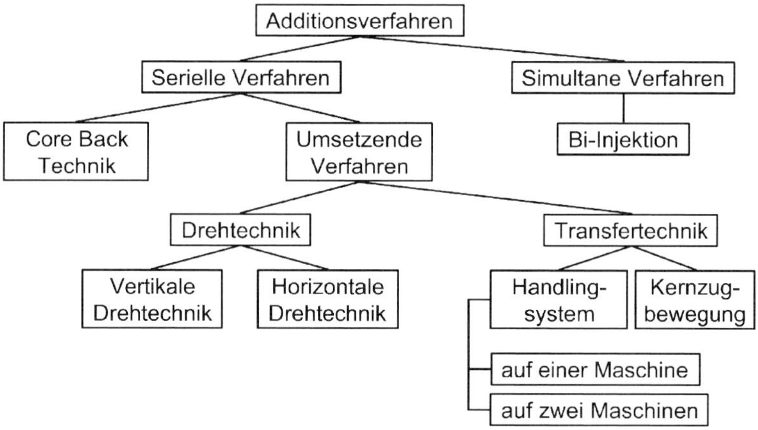

Bild 18.1 Einteilung der Mehrkomponenten-Spritzgießverfahren – Additionsverfahren

Bi-Injektionsverfahren

Das Bi-Injektionsverfahren ist die maschinen- und werkzeugtechnisch einfachste Variante des Zweikomponenten-Spritzgießens [18.8] [18.9]. Die beiden Komponenten werden in einem einstufigen Prozess simultan über zwei voneinander getrennte Anspritzpunkte in eine Kavität eingespritzt. Der Zusammenfluss der beiden Schmelzen ist mehr oder weniger unkontrolliert. Die Bindenahtlage kann in Grenzen durch die Angusspositionen, die Einspritzgeschwindigkeiten der beiden Komponenten oder Fließbarrieren in der Kavität beeinflusst werden. Vorteilhaft sind die geringen Werkzeugkosten, die vergleichsweise kurzen Zykluszeiten und die hohen Verbundfestigkeiten, die mit dieser Verfahrensvariante – bedingt durch die thermischen Verhältnisse beim Zusammenfluss der Komponenten – erzielt werden können. In vielen Fällen reicht die mangelnde Reproduzierbarkeit der Bindenahtlage jedoch nicht aus, so dass dieses Verfahren nur in wenigen Fällen Anwendungen findet.

Bei den seriellen Verfahren erfolgt das Einspritzen der Komponenten nacheinander in unterschiedliche Kavitäten oder Kavitätsbereiche eines Werkzeugs. In separaten Verfahrensstufen werden Vorspritzlinge hergestellt und dann um- oder überspritzt. Die Vorspritzlinge sind zum Zeitpunkt des Umspritzens bereits weitgehend erkaltet. Die eingesetzten Formmassen bilden in sich klar definierte Körper, deren Verbindung im Werkzeug anstoßend, überlappend oder überdeckend erfolgen kann. Die so hergestellten Teile besitzen in bestimmten Bereichen genau definierte Eigenschaften wie Farbe oder Härte. Zur Herstellung solcher Formteile gibt es zwei grundsätzlich verschiedene Werkzeugkonzepte: Die Core-Back-Technik und die so genannten umsetzenden Verfahren. Um das geeignete Konzept für die jeweilige Anwendung zu finden, müssen diese bezüglich Stückzahl, Teilgeometrie, Werkzeugkonstruktion und Komplexität auf ihre Wirtschaftlichkeit untersucht und ausgewählt werden [18.10].

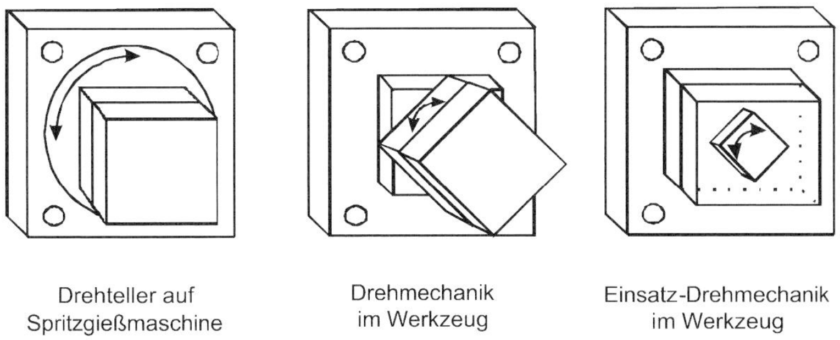

Bild 18.2 Verfahrensvarianten der vertikalen Drehtechnik

Die umsetzenden Verfahren sind durch die vollständige oder teilweise Entformung des Vorspritzlings gekennzeichnet, der in eine andere, größere Kavität gebracht wird. Sie werden in Drehtechnik und Transfertechnik unterteilt. Bei den drehenden Werkzeugsystemen unterscheidet man vertikal und horizontal drehende Werkzeuge [18.9] [18.10]. Die häufigsten vertikalen Drehtechniken fasst Bild 18.2 zusammen.

Dabei handelt es sich um den Drehteller[18.11] [18.12] [18.13] (Bild 18.3), die Drehmechanik im Werkzeug [18.14] [18.15] und die Einsatz-Drehmechanik („Indexplatte" oder „Drehkreuz") [18.16] (Bild 18.4). Allen umsetzenden Verfahren ist gemeinsam, dass der Rohstoff zunächst in eine Kavität eingespritzt wird, die nur das Volumen für diesen ersten Kunststoff freigibt. Nach der zwischenzeitigen Öffnung des Werkzeugs und dem Umsetzen des Vorspritzlings mit einer Drehbewegung in die zweite Kavität kann der nächste Kunststoff eingespritzt werden. Parallel zu dem zweiten Arbeitsschritt wird in der ersten Kavität bereits der nächste Vorspritzling gefertigt. In der Regel wird bei zwei Komponenten um 180° gedreht, bei drei Komponenten entsprechend um 120°.

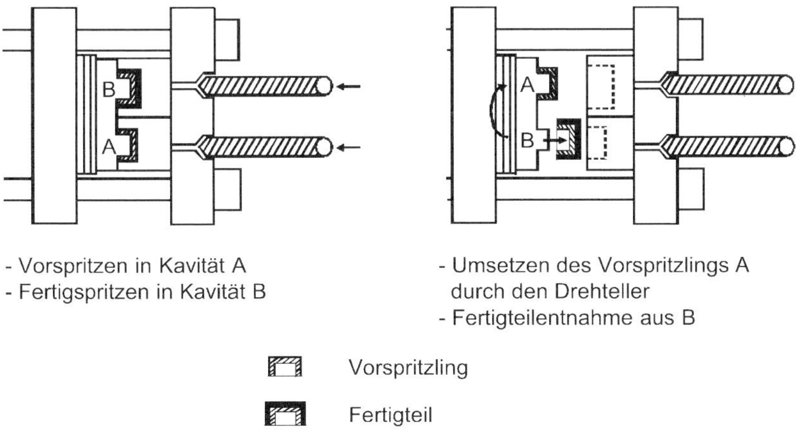

Bild 18.3 Funktionsprinzip des Drehtellers

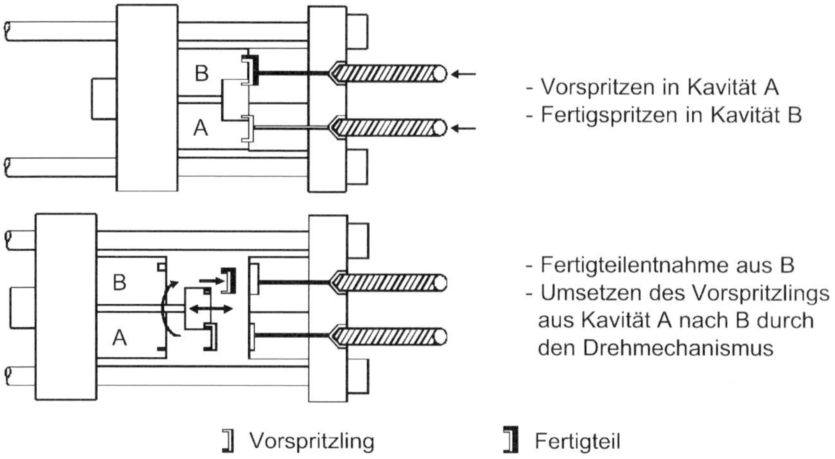

Bild 18.4 Funktionsprinzip der Indexplatte

Neben diesen Techniken mit vertikal drehenden Werkzeugen werden auch Bauformen mit horizontaler Dreheinrichtung eingesetzt. Das Werkzeug besitzt – wie ein Etagenwerkzeug – zwei parallele Trennebenen, in dem die Kavitäten für den Vorspritzling und den Fertigspritzling liegen. Das Umsetzen des Vorspritzlings erfolgt über eine Drehung des Mittelsegments um seine senkrechte Mittelachse. Das Mittelsegment kann als Platte [18.17] [18.18], als Würfel [18.19] [18.20] oder als Rahmen, der drehbar gelagerte Einzelsegmente enthält [18.21] [18.22], ausgeführt sein. Je nach Art und Gestaltung von Formteil und Mittelsegment werden diese um 90° oder um 180° gedreht. Vorteilhaft wirkt sich bei der horizontalen Drehtechnik die Verringerung der benötigten Werkzeugaufspannfläche aus, da sich die beiden Spritzstationen hintereinander in zwei Trennebenen befinden. Ein weiterer Vorteil ergibt sich aus der Reduzierung der erforderlichen Schließkraft der Maschine, da sich die aus den Werkzeuginnendrücken der einzelnen Kavitäten resultierenden Auftriebskräfte durch die Etagentechnik teilweise kompensieren. Nachteilig dagegen wirken sich neben den höheren Kosten der vergleichsweise große Öffnungsweg der Spritzgießmaschine und die Drehbewegung der Zwischenplatte über einen separaten Fahrzylinder aus, die eine Verlängerung der Zykluszeit zur Folge haben. Bild 18.5 zeigt beispielhaft das Funktionsprinzip der 90°-Würfeltechnik.

Bei der Transfertechnik unterscheidet man zwischen dem Umsetzen des Vorspritzlings mit Kernzugbewegung auf einem Schiebetisch und dem Umsetzen mit Handhabungsgeräten bei Umsetzwerkzeugen [18.9] [18.10]. Der Einsatz von Handhabungsgeräten stellt dabei die häufigere Variante dar. Im Gegensatz zur Kernzugtechnik kann hierbei – wie bei der Drehtechnik – in beide Kavitäten parallel eingespritzt werden. Die Fertigspritzkavität kann sich dabei im gleichen Werkzeug, in einem zweiten Werkzeug auf der gleichen Maschine oder auf einer zweiten Spritzgieß-

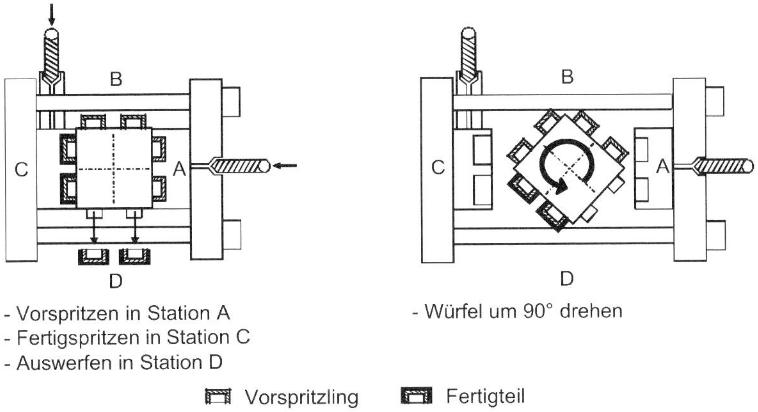

Bild 18.5 Funktionsprinzip der Würfeltechnik

maschine befinden. Neben einer automatischen Umsetzung ist prinzipiell auch das Umsetzen von Hand möglich, erfolgt aber aufgrund hoher Lohnkosten und steigender Qualitätsansprüche nur noch bei der Kleinserien- und Prototypenfertigung [18.9].

Das Umsetzen des Vorspritzlings bietet gegenüber der Drehtechnik den Vorteil einer einfachen thermischen Trennung der Kavitätstypen für die jeweiligen Komponenten. Dies ist vor allem für Anwendungen wichtig, bei denen Thermoplaste und Duroplaste oder Elastomere gleichzeitig eingesetzt werden, da die einen im Werkzeug geheizt, die anderen dagegen gekühlt werden müssen [18.23]. Weiterhin ermöglicht die vollständige Entformung aus der ersten Kavität, dass die Konturen der einzelnen Formnester völlig unabhängig voneinander ausgelegt werden können. Auch bieten Umsetzwerkzeuge eine größere Freiheit bei der Formnestanordnung und Werkzeuggestaltung als Drehwerkzeuge. Nachteile des Umsetzens sind die längeren Zykluszeiten aufgrund der komplexeren Bewegungsabläufe mittels Handhabungsgeräten. Die längeren Verzögerungszeiten und damit das stärkere Abkühlen der ersten Komponente führen oftmals zu einer verschlechterten Haftung [18.23]. Die Drehwerkzeuge weisen dazu oftmals eine höhere Prozesssicherheit auf, da ein Verlieren oder falsches Einsetzen des Vorspritzlings nahezu ausgeschlossen ist. Haupteinsatzgebiet der Umsetzwerkzeuge sind vor allem großflächige Formteile, um die Drehbewegung schwerer Werkzeuge in Verbindung mit teuren und großen Drehtellern zu vermeiden.

Im Fall der Core-Back-Technik entfällt im Gegensatz zu den umsetzenden Verfahren das Zwischenöffnen des Werkzeugs, da die Rohstoffe nacheinander eingespritzt werden. Nach dem Einspritzen des ersten Kunststoffs wird dabei durch das Bewegen verschiebbarer Einsätze oder Kerne ein Hohlraum für den zweiten Rohstoff freigegeben [18.9] [18.10] [18.24]. Abhängig von der Gestaltung des Sperrschiebers können Absperrschieber (Bild 18.6) und Kernschieber (Bild 18.7) unterschieden werden.

Das Core-Back-Verfahren hat den Vorteil, dass die Investitionskosten für die Werkzeuge und Spritzgießmaschinen vergleichsweise gering sind. Voraussetzung für die Anwendung dieser Technik ist aber, dass die Kavität für die Nachspritzkomponente durch verschiebbare Einsätze abgesperrt und durch einfache axiale Kernzugbewegungen freigestellt werden kann. Da die Vorspritzlinge nicht entformt, sondern nur bereichsweise freigestellt werden, ist die Komplexität der herstellbaren Teile stark eingeschränkt. Die serielle Fertigung von Vor- und Fertigspritzling führt zudem zu langen Zykluszeiten. Materialien mit unterschiedlichen Verarbeitungstemperaturen, wie z. B. Thermoplaste und Flüssigsilikonkautschuke, können in der Regel aufgrund der nicht erzielbaren thermischen Trennung der einzelnen Formnester nicht oder nur unwirtschaftlich mit dieser Technik hergestellt werden [18.23].

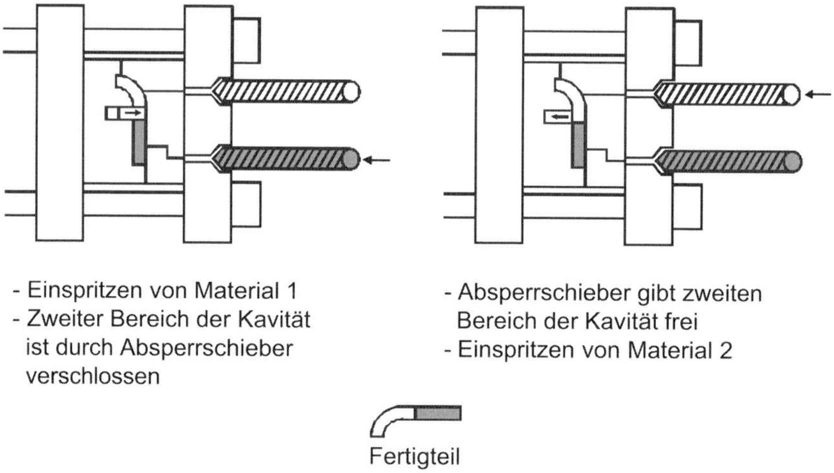

Bild 18.6 Funktionsprinzip Core-Back-Technik mit Absperrschieber

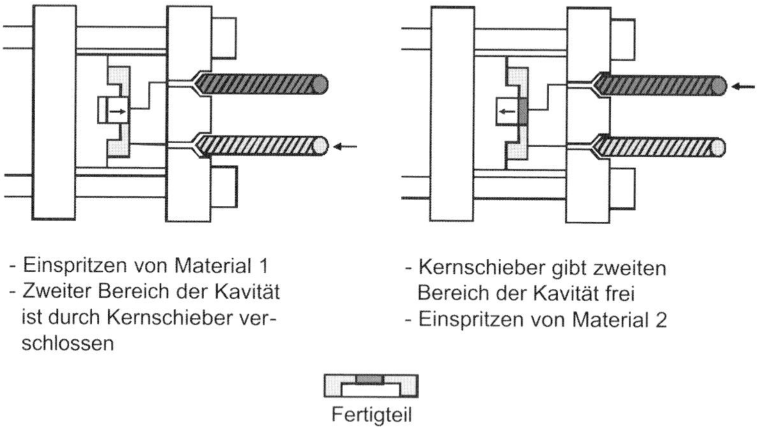

Bild 18.7 Funktionsprinzip Core-Back-Technik mit Kernschieber

Neben der zuvor dargestellten Einteilung der Additionsverfahrenanhand der Werkzeugtechnik ist auch eine Einteilung nach produktspezifischen Gesichtspunkten möglich: Die Herstellung von Spritzgussteilen nach einem Additionsverfahren, bei dem die Komponenten eine stoffschlüssige Verbindung an der Grenzfläche eingehen, wird mit dem Begriff Verbund-Spritzgießen bezeichnet. Eine nicht lösbare Verbindung kann bei nicht haftenden Materialkombinationen konstruktiv durch Formschluss realisiert werden. Additionsverfahren, bei denen zwei Kunststoffe stoff- oder formschlüssig an- oder übereinander gespritzt werden, werden als Mehrstoff-, Mehrrohstoff- (bei verschiedenen Kunststoffen) oder Mehrfarben-Spritzgießen (bei gleichen, jedoch unterschiedlich eingefärbten Kunststoffen) bezeichnet. Der Begriff Montage-Spritzgießen bezeichnet zum einen die Herstellung von Spritzgussteilen mit Gelenkfunktion durch Kombination von nicht haftenden Kunststoffen, zum anderen die Verbindung von Einzelkomponenten, durch An-/Überspritzen im Fügebereich oder Verklipsen in einer zusätzlichen Station im Werkzeug. Der Begriff ist jedoch als Abgrenzung zum Verbund-Spritzgießen nicht eindeutig gewählt, da letztlich die Kombinationen von haftenden Materialien (z. B. Anspritzen einer Dichtung) eine in den Spritzgießprozess integrierte Montageoperation darstellt.

Um die Kühlzeit bei der Herstellung dickwandiger Optiken (Wandstärke oberhalb von 20 mm) zu senken, hat sich das Multilayer-Spritzgießen, auch Mehrschicht-Spritzgießen oder Overmoulding genannt, bewährt, welches an Additionsverfahren des Mehrkomponenten-Spritzgießens (Core-Back-, Dreh- oder Transfertechnik) angelehnt ist [18.25] [18.26] [18.27]. Dabei wird ein Vorspritzling hergestellt, welcher ein- oder mehrfach überspritzt wird, sodass eine dickwandige Kunststoffoptik schichtweise aufgebaut wird. Aufgrund des näherungsweise quadratischen Einflusses der Schichtdicke auf die Kühlzeit, lässt sich die Zykluszeit im Vergleich zum konventionellen Spritzgießen dickwandiger Optiken (maximale Wanddicke 20 bis 30 mm), bei welchen Zykluszeiten oftmals oberhalb von 20 Minuten liegen, deutlich senken. Gleichzeitig verringern sich die langen Verweilzeiten bei hohen Temperaturen im Plastifizieraggregat, welche zu einer Schädigung des Materials führen können. Im Gegensatz zum klassischen Mehrkomponenten-Spritzgießen bestehen die Schichten aus demselben Material, sodass nur ein Plastifizieraggregat notwendig ist. Bei der Auslegung des Angusssystems ist darauf zu achten, dass alle Schichten angebunden werden können. Um das volle Potenzial der Zykluszeitreduktion auszuschöpfen empfiehlt sich ein Schichtaufbau, bei welchem die mittlere Schicht zuerst hergestellt wird. Die mittlere Schicht stellt keine optisch aktive Fläche dar, da die Oberflächen des Vorspritzlings vollständig überspritzt werden. Eine hochpräzise Abformung des Vorspritzlings ist nicht notwendig, da Oberflächendefekte des Vorspritzlings durch das Überspritzen behoben werden. Folglich kann der Herstellungsprozess des Vorspritzlings gezielt hinsichtlich einer wirtschaftlichen Fertigung optimiert werden.

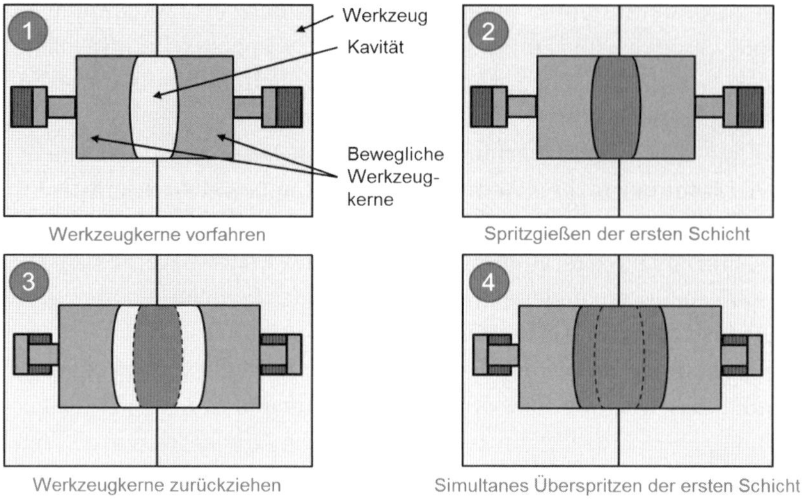

Bild 18.8 Einteilung der Mehrkomponenten-Spritzgießverfahren – Sequenzverfahren

Eine beispielhafte Umsetzung des Multilayer-Verfahrens mit der Core-Back-Technik für die Herstellung einer dreischichtigen Linse ist schematisch in Bild 18.8 dargestellt. Dabei werden die Werkzeugkerne zunächst vorgefahren und die erste Schicht spritzgegossen. Anschließend wird die Kavität durch das Zurückziehen der Werkzeugkerne vergrößert und die erste Schicht beidseitig überspritzt. Sollen die einzelnen Schichten mit einem Plastifizieraggregat angebunden werden ist entweder ein speziell ausgelegter Angussverteiler oder ein Heißkanalsystem notwendig. Beim Einsatz eines Angussverteilers muss berücksichtigt werden, dass dieser nach der Herstellung der ersten Schicht ausgeworfen werden muss, damit er zur Herstellung der nachfolgenden Schichten wieder genutzt werden kann. Beim Einsatz eines Heißkanalsystems können die einzelnen Schichten beispielsweise durch ein gezieltes Öffnen unterschiedlicher Nadelverschlussdüsen angebunden werden.

18.1.2 Sequenzverfahren

Die Sequenzverfahren sind dadurch gekennzeichnet, dass verschiedene Kunststoffe sequentiell und ineinander in eine Kavität gespritzt werden. Je nach Art der Prozessführung unterscheidet man zwischen Intervall-Spritzgießen, Sandwich-Spritzgießen und Fluidinjektionstechnik (FIT). Die FIT stellt unter den Sequenzverfahren einen Sonderfall dar. Statt einer zweiten Kunststoffschmelze wird ein Prozessmedium, das über einen speziellen Injektor injiziert wird, verwendet: Gas im Falle der Gasinjektionstechnik (GIT) und Wasser bei der Wasserinjektionstechnik (WIT). Bild 18.9 gibt eine Übersicht über die wichtigsten Sequenzverfahren, die im Folgenden erläutert werden.

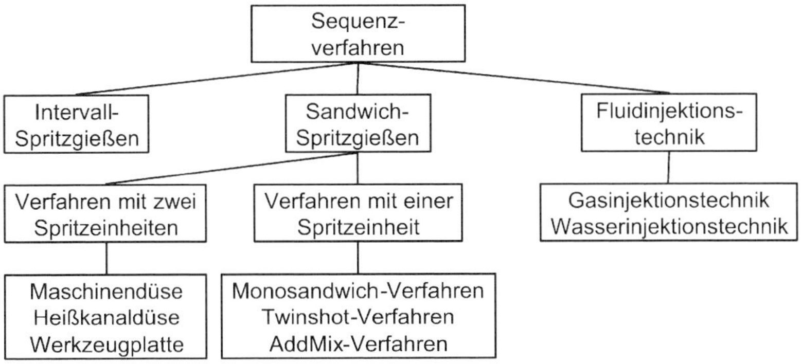

Bild 18.9 Einteilung der Mehrkomponenten-Spritzgießverfahren - Sequenzverfahren

18.1.2.1 Intervall-Spritzgießen

Das Intervall-Spritzgießen bietet die Möglichkeit, marmorierte Spritzgussteile reproduzierbar zu fertigen. Dazu werden in der Regel zwei Schmelzen abwechselnd außerhalb des Werkzeugs in einer Mischdüse zusammengeführt und in die Kavität eingespritzt. Im Gegensatz zu den Additionsverfahren ergibt sich somit keine klare Farbtrennung. Die resultierende Farbgebung wird durch Taktfolge, Formteilgestalt, Angusslage und die rheologischen Eigenschaften der Schmelzen beeinflusst und ist reproduzierbar einstellbar. Da der Mechanismus zur Steuerung der Komponentenströme in die Maschinendüse verlagert ist, kommt die Werkzeugtechnik aus dem Einkomponenten-Spritzgießen zum Einsatz.

18.1.2.2 Sandwich-Spritzgießen

Das Sandwich-Spritzgießen, auch Sandwichmolding, Coinjektion, Coinjektionstechnik oder 2-Komponenten-Spritzgießen genannt, ermöglicht die Herstellung mehrschichtiger, in der Regel dreischichtiger Spritzgussteile. Dazu werden zunächst die Haut- und danach die Kernkomponente durch einen gemeinsamen Anguss direkt nacheinander in die Kavität eingespritzt. Bedingt durch die Dehnströmung an den Fließfronten erfolgt die Verdrängung des zuerst eingespritzten Hautmaterials durch das anschließend eingespritzte Kernmaterial, sodass sich die typische Sandwichstruktur mit Haut- und Kernschicht bildet [18.28] [18.29]. Nach ersten Forschungsarbeiten in den vierziger Jahren des 20. Jahrhunderts [18.30], gelang etwa 30 Jahre später der Durchbruch zur kommerziellen Anwendung [18.31] [18.32] [18.33] [18.34].

Grundsätzlich sind zwei verschiedene Möglichkeiten denkbar, zwei Schmelzen sequentiell in ein Werkzeug einzuspritzen; entweder mit zwei oder mit einer Einspritzeinheit(en). Die Injektion der beiden Schmelzen über zwei unabhängige Einspritzeinheiten erfolgt, indem die Materialien entweder maschinenseitig über einen gemeinsamen Düsenkopf [18.35] [18.36] [18.37] oder werkzeugseitig über eine

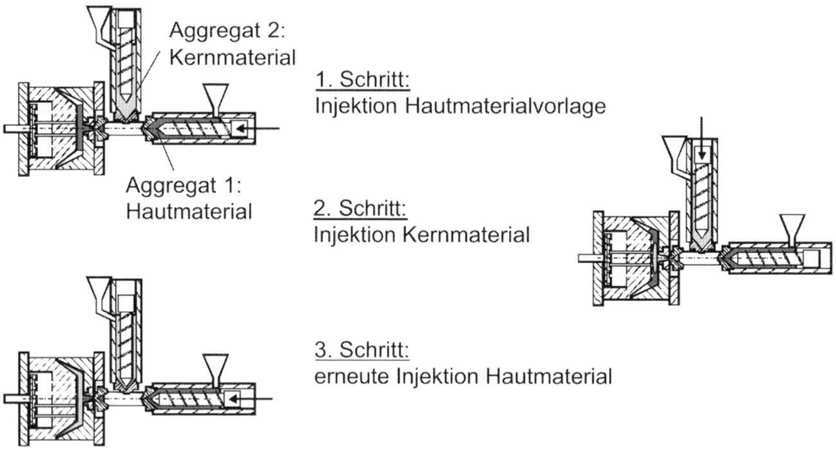

Bild 18.10 Verfahrensablauf Sandwich-Spritzgießen mit zwei Einspritzeinheiten

Werkzeugplatte [18.38] [18.39] oder einen Heißkanal – eine so genannte Koaxialnadelverschlussdüse [18.40] [18.41] – in die Werkzeugkavität eingespritzt werden. Der Einspritzvorgang lässt sich in drei Phasen einteilen (Bild 18.10).

Zunächst wird die Hautkomponente eingespritzt. Der Anteil des eingespritzten Hautmaterials am gesamten Formteilvolumen wird als (Vor-)Füllgrad (FG) bezeichnet. Es folgt das Einspritzen des Kernmaterials durch die plastische Seele der Hautkomponente. Um zu verhindern, dass Kernmaterial im Angussbereich an der Formteiloberfläche verbleibt, wird die Einspritzphase mit dem erneuten Einspritzen von Hautmaterial beendet. Für eine perfekte Oberflächenqualität ohne Markierungen und Glanzunterschiede sind Einbrüche der Fließfrontgeschwindigkeit und Druckspitzen bzw. Druckeinbrüche im Formnest zu vermeiden. Der Einspritzvorgang der beiden Komponenten weist daher eine Simultanphase auf. Das bedeutet, dass beim Umschalten von Haut- auf Kernmaterial kurzzeitig beide Materialien gleichzeitig eingespritzt werden.

Die beiden Schmelzen können auch über eine Einspritzeinheit, in die diese zuvor im Schneckenvorraum neben-/nacheinander vorgelegt wurden, injiziert werden. Das Monosandwich-Spritzgießen ist ein Vertreter dieser Verfahrensvariante [18.42] [18.43]. Neben dem Monosandwich-Spritzgießen sind das Twin-Shot-Verfahren[18.44] und das AddMix-Verfahren[18.45], Prozesse, die die Herstellung von Sandwichbauteilen mit einem Einspritzaggregat ermöglichen.

Bild 18.11 zeigt die Abhängigkeit der Schichtgrenzprofile von dem Viskositätsverhältnis $k_\eta = h_{\text{Kern}} / h_{\text{Haut}}$. Im Fall $k_\eta < 1$ weist die Kernmaterialfließfront ein stumpfe und im Fall $k_\eta > 1$ eine paraboloide Kontur auf [18.28] [18.29]. in Abhängigkeit des Viskositätsverhältnisses ergeben sich unterschiedliche Geschwindigkeitsprofile innerhalb der 2K-Strömung, die auch aus dem Bereich der Coextrusion bekannt sind.

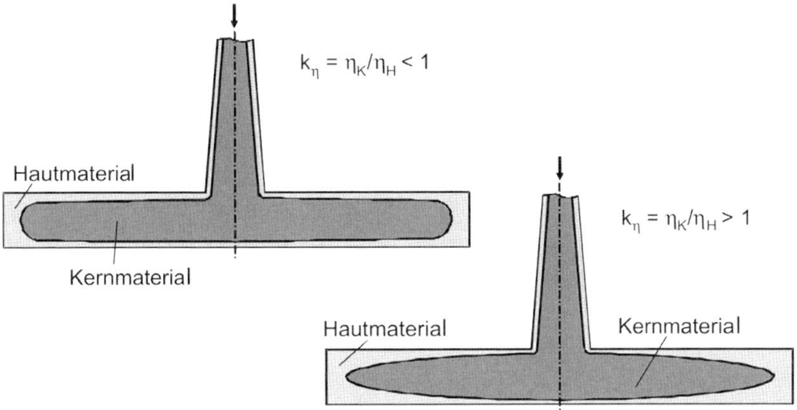

Bild 18.11 Schichtgrenzprofile in Abhängigkeit des Viskositätsverhältnisses beim Sandwich-Spritzgießen
η_K = Viskosität des Kernmaterials
η_H = Viskosität des Hautmaterials

Für den Fall $k_\eta < 1$ stellt sich eine ausgeprägte Quellströmung im Bereich der Kernmaterialfließfront und eine nur schwach ausgeprägte Quellströmung im davorliegenden Hautmaterial ein. Die Kombination der Phänomene führt zu einer Stauchwirkung auf das Kernmaterial und damit zur Ausbildung eines stumpfen Schichtgrenzprofils. Im Falle von $k_\eta > 1$ stellt sich eine nur schwach ausgeprägte Quellströmung im Bereich der Kernmaterialfließfront und eine stark ausgebildete umgekehrte Quellströmung im davorliegenden Hautmaterial ein. Die Kombination der Phänomene führt in diesem Falle zu einer Sogwirkung des vorgelagerten Hautmaterials, was eine Dehnbeanspruchung der Kernmaterialfließfront in Fließrichtung bewirkt. Dadurch bildet sich ein spitzes, paraboloides Schichtgrenzprofil aus. Infolge der Sogwirkung wird der Kernwerkstoff auch bei kleinen Auslenkungen, beispielsweise durch geometrische Störstellen, in die Fließkanalmitte gezogen. Damit hat die Sogwirkung eine stabilisierende Wirkung auf die Strömungsverhältnisse.

Eine gute flächige Materialverteilung lässt sich bei geschickter Wahl der Material-, Geometrie- und Verarbeitungsparameter erzielen. Bei $k_\eta < 1$ führen kleinste Schwankungen im Fließwiderstand zu Voreileffekten (Fingereffekt), da die Kernkomponente an den Stellen mit geringerem Fließwiderstand voreilt (Bild 18.12). Stabile und reproduzierbare Fließverhältnisse sind nur bei Viskositätsverhältnissen $k_\eta > 1$ möglich [18.28] [18.29]. Bei der Verwendung gleicher Rohstoffe für Haut und Kern lässt sich ein $k_\eta > 1$ dadurch realisieren, dass das Hautmaterial 20 bis 30 °C stärker erwärmt wird [18.36] [18.37]. Ein hohes Viskositätsverhältnis hat neben den stabilen Fließverhältnissen den Vorteil, dass auf Fließwegen mit größeren Kavitätswanddicken das überproportionale Voreilen der Kernkomponente sich durch $k_\eta > 2$ verringern lässt [18.29].

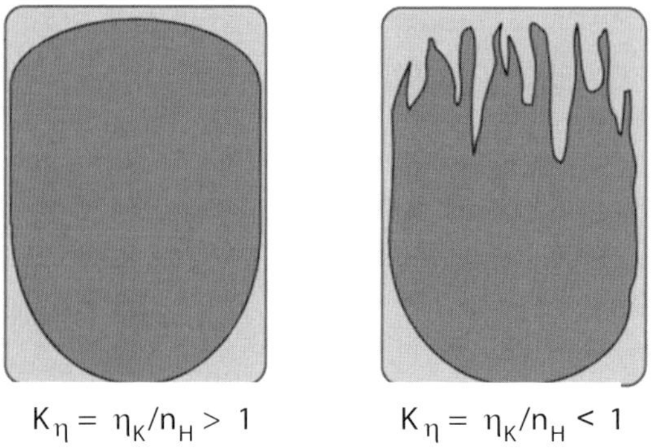

Bild 18.12 Flächige Verteilung des Kernmaterials in Abhängigkeit des Viskositätsverhältnisses beim Sandwich-Spritzgießen
η_K = Viskosität des Kernmaterials
η_H = Viskosität des Hautmaterials

Für das Sandwich-Spritzgießen lassen sich in der Regel Standard-Spritzgießwerkzeuge einsetzen, es sind keine besonderen Vorkehrungen oder werkzeugspezifische Besonderheiten erforderlich. Besondere Aufmerksamkeit muss jedoch dem Angussort und der Angussart gewidmet werden. Die Lage des Angussortes spielt eine entscheidende Rolle im Hinblick auf das Erreichen einer gleichmäßigen Kernmaterialverteilung. Beachtet werden muss, dass Bereiche in der Kavität, die einmal mit der Hautkomponente vorgefüllt sind, sich nicht mehr mit Kernmaterial füllen können. Dies spielt insbesondere beim Zusammentreffen zweier 2K-Schmlezfronten zu. Wie entscheidend sich die Wahl des Angussortes auswirkt, zeigt Bild 18.13.

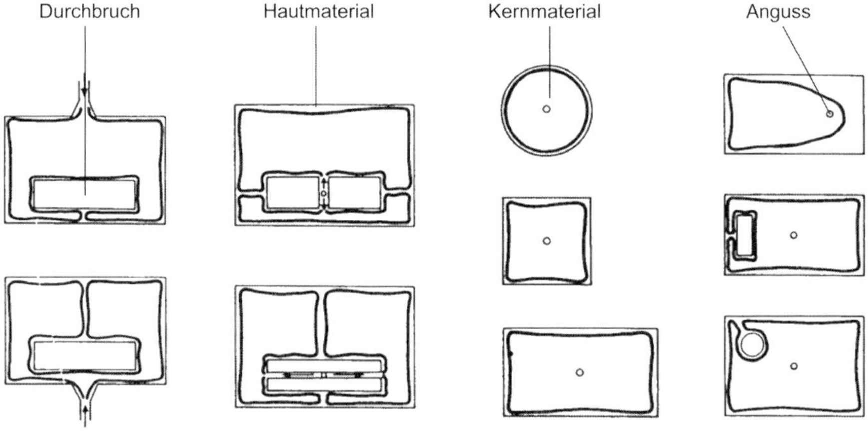

Bild 18.13 Verteilung des Kernmaterials bei unterschiedlichen Angussarten und Formteilgeometrien [18.35]

In Bezug auf die Formteilgeometrie führen rotationssymmetrische Geometrien zu einer guten Materialverteilung. Probleme können bei nicht symmetrischen Spritzgussteilen mit Durchbrüchen und unterschiedlichen Wanddicken auftreten; sie lassen meist nur geringe Kernmaterialanteile zu. Im Allgemeinen ist die Bindenaht bei großen Durchbrüchen stärker ausgeprägt als bei kleinen, da der Winkel, unter dem die getrennten Schmelzeströme wieder zusammenfließen, sehr stumpf ist. Die Anzahl der Bindenähte sollte daher durch Reduzierung der Anspritzpunkte und Vermeidung von Kernen minimiert werden. Falls dies nicht möglich ist, sollte der Kerndurchmesser so klein wie möglich gehalten werden und in der Nähe des Anschnitts positioniert werden.

Die Möglichkeiten beim Sandwich-Spritzgießen das Schichtgrenzprofil, insbesondere bei komplexer Formteilgeometrie, durch die Verfahrensparameter zu beeinflussen, sind vergleichsweise gering. Der gezielte Einsatz von intelligenter Werkzeugtechnik eröffnet Chancen, die Materialverteilung wirkungsvoll zu beeinflussen und so die gestalterische Freiheit bei Sandwich-Spritzgussteilen zu erweitern:

- Die Integration von so genannten Überlauf-/Nebenkavitäten hinter Durchbrüchen oder in Formteilecken etc. bietet die Möglichkeit, das Schichtgrenzprofil, insbesondere die flächige Kernmaterialverteilung dort, durch eine verlängerte Kernlaufzeit positiv zu beeinflussen [18.46].
- Die Trennung der Schmelzeanschnitte für Haut- und Kernmaterial ermöglicht es, das Kernmaterial gezielt in gewünschte Geometriebereiche einzubringen. Die Injektionspunkte des Kernmaterials liegen – ähnlich wie bei der Fluidinjektionstechnik (FIT) – in bereits mit Hautmaterial gefüllten Werkzeugbereichen [18.47].
- Der Einsatz von Absperrschiebern oder beweglichen Fließsperren, die zunächst lokal den Fließwiderstand erhöhen, kann die vorzeitige komplette Füllung von insbesondere dickwandigen Werkzeugbereichen mit Hautmaterial verhindern. Im weiteren Verlauf der Formfüllung wird der Schieber zurückgezogen und das Kernmaterial verdrängt das Hautmaterial in den noch ungefüllten Werkzeugbereich [18.48].
- Das Atmen/Prägen mit beweglicher Werkzeughälfte oder Kernen ermöglicht die Beeinflussung der flächigen Kernmaterialverteilung [18.49].

Rippen mit einer akzeptablen Sandwichstruktur lassen sich nur bei Längsanströmung realisieren. Quer angeströmte Rippen werden dagegen vollständig mit Haut- und nicht mehr mit Kernmaterial gefüllt, da der gesamte Rippenfuß auf einer Isobaren liegt. Aber auch längs angeströmte Rippen müssen über eine ausreichende Dicke verfügen, die größer als die aus der Einkomponententechnik bekannten Dimensionen sind.

18.2 Fluidinjektionstechnik

18.2.1 Verfahrensvarianten

Die Gas- (GIT) und Wasserinjektionstechnik (WIT) sind Sonderverfahren des Spritzgießens. Kennzeichnend für die beiden Verfahren ist, dass die endgültige Ausformung des Bauteils mithilfe eines Fluids (Gas oder Flüssigkeit) erfolgt. Auf diese Weise entstehen qualitativ hochwertige und partiell hohle Kunststoffbauteile. Im Folgenden wird der Oberbegriff Fluidinjektionstechnik (FIT) für die Spritzgießsonderverfahren GIT und WIT gewählt.

FIT-Bauteile werden ihrer Formteilgestalt nach in drei Geometriefamilien klassifiziert:

- dickwandige und rohrähnliche/stabförmige Formteile (GIT und WIT),
- kompakte Formteile mit integrierten partiellen Dickstellen (GIT und WIT) und
- dünnwandige, flächige Formteile mit geeignet geformten Versteifungsrippen/Gasführungskanälen (bisher nur GIT).

Eine weitere Differenzierung der für die Anwendung der FIT besonders geeigneten Formteile innerhalb der ersten beiden Typklassen kann bezüglich des resultierenden Hohlraums, genauer gesagt der Hohlraumfunktionalität vorgenommen werden. Einerseits existieren Bauteile mit funktionalem Hohlraum. Als typische Vertreter sind an dieser Stelle Medienleitungen zu nennen. Andererseits gibt es eine Vielzahl von Bauteilen, bei denen der Hohlraum zwar unmittelbar zu reduzierten Kühl- bzw. Zykluszeiten, einer Material- und Gewichtsersparnis sowie einer verbesserten Bauteilqualität beiträgt, dieser im Sinne der eigentlichen Anwendung jedoch keine weitere Funktionalität mehr übernimmt. Zu dieser Gruppe gehören beispielsweise Griffbauteile, Pedalwerke und Hohlprofile.

Die Idee Kunststoffhohlkörper durch den Einsatz von Fluiden (Gas oder Wasser) herzustellen, ist vergleichsweise alt [18.50] bis [18.56]. Seit Mitte der 80er-Jahre ist die GIT mittlerweile technologisch weitestgehend ausgereift, sodass diese Technologie routinemäßig bei der Produktgestaltung für Anwendungen aus den unterschiedlichsten Bereichen eingesetzt wird [18.57] bis [18.67].

Am IKV in Aachen wurde durch Brunswick Ende 1998 der Grundstein für die heutige, erfolgreiche industrielle Anwendung der WIT gelegt [18.67] bis [18.74]. Das primäre Ziel der Entwicklung war eine signifikante Senkung der Kühl- und somit Zykluszeiten im Vergleich zur GIT bei der Herstellung polymerer Hohlkörper. Die Wärmekapazität von (flüssigem) Wasser ist etwa viermal höher als die von Stickstoff. Gleichzeitig ist die Dichte von flüssigem Wasser um den Faktor 10 höher als die von Stickstoff bei 100 bar und auch die Wärmeleitfähigkeit ist ungefähr 20- bis

40-mal größer. Durch die damit weitaus bessere Kühlwirkung des Wassers können im Vergleich zur GIT Zykluszeitreduzierungen von bis zu 70 % erzielt werden [18.75]. Um das Kühlzeiteinsparungspotenzial des Prozessmediums voll ausschöpfen zu können, ist für den WIT-Prozess von zentraler Bedeutung, dass das Wasser während der Schmelzeverdrängung zur Hohlraumausbildung aufgrund eines ausreichend hohen Volumenstroms und Drucks nicht verdampft.

Im direkten Vergleich zur GIT hat die WIT im Allgemeinen folgende Vorteile:

- Kühl-/Zykluszeitreduzierung,
- größere realisierbare Bauteildurchmesser,
- geringere Restwanddicken (RWD) und
- verbesserte Hohlraumkonzentrizität.

Den zahlreichen Vorzügen der WIT stehen jedoch auch gewisse Nachteile gegenüber, die den Einsatz der WIT erschweren oder höhere Ansprüche an die Injektortechnik und an die Prozessführung stellen:

- Verarbeitbarkeit schnell kristallisierender Kunststoffe,
- Injektorgröße,
- Wasserentfernung und
- Wasserpflege.

18.2.2 Verfahrenstechnische Aspekte

Bild 18.14 zeigt den verallgemeinerten FIT-Spritzgießzyklus. Das Grundprinzip der WIT entspricht dem der GIT.

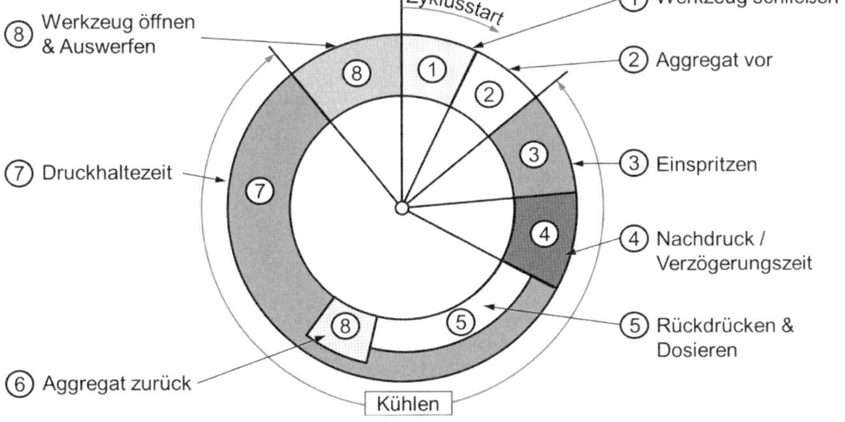

Bild 18.14 Der Spritzgießzyklus bei der Fluidinjektionstechnik

Generell kann der schmelzeförmige Kern durch das Fluid in noch ungefüllte bzw. kurz zuvor geschaffene Formhohlräume oder zurück ins Spritzgießaggregat verdrängt werden. Allen Verfahrensvarianten ist gemein, dass das injizierte Fluid jeweils die Funktion des Nachdrucks übernimmt und somit kein wesentlicher Druckverlust entlang des Fließweges wie beim Kompaktspritzgießen entsteht. Somit kann die Nachdruckdauer aufrechterhalten werden, solange der Fluiddruck wirkt (auch über den Siegelpunkt hinaus). Erst nachdem der Hohlraum dimensionsstabil ist, erfolgt die Fluidrückführung.

Die im Folgenden aufgeführten Verfahrensvarianten werden industriell genutzt.

Short-Shot-Verfahren

Das Short-Shot-Verfahren – auch als *Aufblasverfahren* bezeichnet – ist die einfachste und die ursprüngliche Verfahrensvariante der FIT. Deshalb wird es in der Fachliteratur auch häufig als das Standardverfahren bezeichnet. Kennzeichnend ist eine untervolumetrische Kavitätsvorfüllung mit Kunststoffschmelze (zumeist 50 bis 95 %). Die volumetrische Ausformung der Kavität erfolgt erst durch die, an die Teilfüllung mit Schmelze anschließende, Fluidinjektion. Während der Fluidinjektion wird die schmelzeflüssige Seele zum Fließwegende verdrängt und dabei sukzessive an die Kavitätswand gedrückt, sodass sich das vor der Gasblase befindliche Schmelzepolster aufbraucht.

Full-Shot-Verfahren

Die Full-Shot-Verfahren – auch *Ausblasverfahren* genannt – sind entwickelt worden, um gewisse Unzulänglichkeiten des Aufblasverfahrens (z. B. Umschaltmarkierungen, Glanzgradunterschiede, Einfallstellen etc.) zu vermeiden. Charakteristisch für die Full-Shot-Verfahren ist zunächst eine volumetrische Füllung der Werkzeugkavität mit Schmelze. Auf diese Weise kommt es zu einer reproduzierbaren Abformung der Werkzeugkavitätsoberfläche ohne Umschaltmarkierungen, Glanzgradunterschiede und/oder Einfallstellen auf der Bauteiloberfläche. Ähnlich wie beim Kompaktspritzgießen kann auch hier über den Anguss der konventionelle Schmelzenachdruck vor der Fluidinjektion aufgebracht werden, um beispielsweise dünnwandige kompakte Bauteilbereiche zunächst komplett auszuformen und ausreichend zu verdichten.

Hinsichtlich der Verdrängung der Schmelze kann das Full-Shot-Verfahren in zwei Varianten unterteilt werden. Das technologisch einfachere Verfahren ist das Nebenkavitätenverfahren, bei dem durch Öffnen einer Nebenkavität nach Ende der Nachdruckphase zusätzliches Volumen freigegeben wird, in das die Schmelze durch das Fluid verdrängt wird. Dabei tritt prozessbedingt ein ungünstiges Verhältnis von Nebenkavität zu Formteil auf. Das in der Nebenkavität erstarrte Material kann mechanisch abgetrennt und eingemahlen sowie bis zu einem gewissen Anteil erneut dem Prozess zugegeben werden. Um den durch die Nebenkavitäten verursachen

Mehraufwand zu minimieren, wird in der Praxis oftmals das Masserückdrückverfahren eingesetzt. Bei diesem Verfahren wird die Schmelze durch das Fluid zurück in den Plastifizierzylinder gedrückt. Dabei muss insbesondere bei der Verwendung von Wasser große Sorgfalt darauf gelegt werden, dass das Fluid nicht bis in den Plastifizierzylinder selbst gedrückt wird. Die erhöhte thermische Belastung der Schmelze durch das wiederholte Einspritzen hat sich für viele Werkstoffe als unkritisch gezeigt.

Kernzugverfahren

Beim Kernzugverfahren erfolgt die Fluidinjektion gegen einen beweglichen Kern, der während der Fluidinjektion aus der Kavität gezogen wird und so zusätzliches Verdrängungsvolumen in der Hauptkavität freigibt (Bild 18.15). Durch ein präzise gesteuertes Zurückziehen des Kerns kann ein definierter Gegendruck eingestellt werden, der die Hohlraumausbildung beeinflusst. Breite industrielle Anwendung findet diese Verfahrensvariante beispielsweise bei der Herstellung von Flaschen- und Transportkästen, wenngleich im Gegensatz zu den anderen in Bild 18.15 beschriebenen Verfahrensvarianten die Werkzeugtechnik und Prozessführung relativ aufwändig sind.

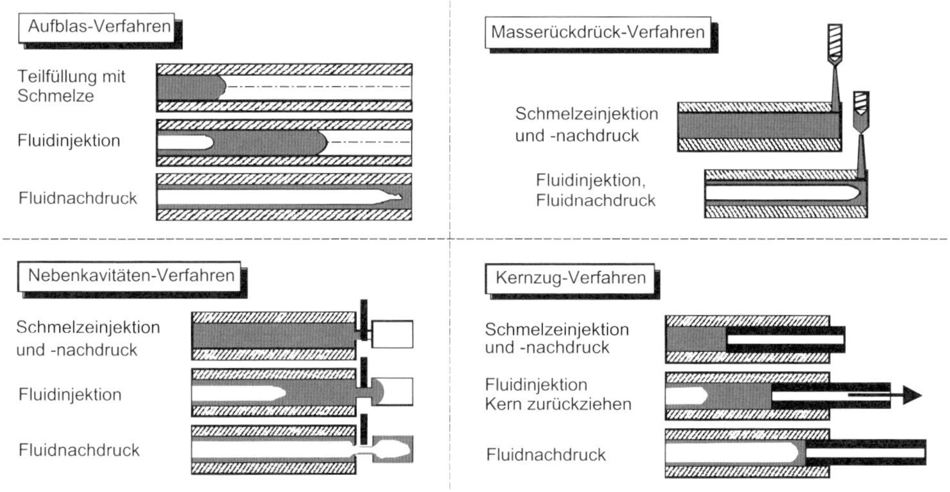

Bild 18.15 Verfahrensvarianten bei der Fluidinjektionstechnik

Spül-/Durchflussverfahren

Zur Steigerung der Kühlwirkung bieten sich insbesondere bei großvolumigen Bauteilen und längeren Kühlzeiten (> 60 s) bzw. hohen Spülwasservolumenströmen das so genannte Spül- bzw. Durchflussverfahren an. Hier wird nach erfolgter Schmelzeverdrängung (Wasserinjektion) ein Durchbruch im Formteil erzeugt. Zu diesem Zweck wird mindestens ein zweiter, häufig stechender Werkzeuginjektor benötigt, sodass über die beiden Öffnungen der Spülkreislauf aufgebaut werden kann und der entstandene Hohlkörper anschließend (kontinuierlich) mit Wasser durchströmt wird.

18.2.3 Injektortechnologie

Der Injektor spielt eine Schlüsselrolle im gesamten anlagen- und werkzeugtechnischen Aufbau für die FIT. Für einen stabilen und kontinuierlichen Prozessablauf ist ein gut funktionierender FIT-Injektor Grundvoraussetzung. Als wichtigstes Bindeglied zwischen Druckerzeugungseinheit und Spritzgießwerkzeug besteht seine Hauptaufgabe darin, den von der FIT-Anlage zur Verfügung gestellten Fluidvolumenstrom mit möglichst geringen Druck- und Reibungsverlusten durch enge Fließkanalquerschnitte in das Werkzeug und damit gezielt in die Kunststoffschmelze einzubringen. Gleichzeitig ist für eine geeignete Abdichtung gegen Leckage zwischen Injektor und Schmelze aus dem Werkzeug heraus Sorge zu tragen. Bei geeignet gestalteter Injektoraußenkontur übernimmt die eingespritzte Kunststoffschmelze eine Dichtfunktion rund um den Injektorkörper.

Bei der GIT stehen für die Einleitung des Gases in die Kunststoffschmelze spezielle Maschinendüsen und Werkzeuginjektoren zur Verfügung. Im Gegensatz zu Maschinendüsen, bei denen Anschnitt und Fluideinspeisung an der gleichen Stelle liegen, gestatten Werkzeuginjektoren eine größere Flexibilität bei der Werkzeugkonzeption und -konstruktion, bei möglichen Werkzeugänderungen sowie bei der Prozessführung selbst. Schließlich liegt nicht bei jedem Bauteil, z. B. bei einem Tablett mit umlaufendem dickwandigem Rand, der ideale Anschnittpunkt für Kunststoffschmelze und der Injektionspunkt für das Prozessmedium an der gleichen Stelle. Während bei der GIT wahlweise beide Konzepte zum Einsatz kommen, wird die WIT (bislang) ausschließlich mit Werkzeuginjektoren betrieben. Alternativ zur direkten Anbindung der Werkzeuginjektoren an das eigentliche Bauteil kann die Injektoranbindung auch im Angusssystem oder in speziell vorgesehenen Einlaufbereichen, die später vom Bauteil abgetrennt werden, erfolgen.

18.2.4 Injektoren für die Gasinjektionstechnik

Standard-Gasnadeln sind hochpräzise und im Allgemeinen selbst reinigende Elemente, die mit Außendurchmessern von 3 mm bis 5 mm sehr klein gestaltet sind. Es wurden auch schon spezielle GIT-Werkzeuginjektoren in Sonderabmessungen mit Durchmessern von weniger als 3 mm realisiert. Statische Standard-GIT-Injektoren unterschiedlichster Hersteller werden üblicherweise mit einem etwa 0,02 mm hohen, feststehenden Ringspalt an der Injektorspitze ausgeführt, der einen Gasfluss in zwei Richtungen (zum Ein- und Entgasen) über den Ringspalt gestattet.

Dieser Ringspalt ist einerseits klein genug, um während der Schmelzeinjektion das Eindringen von Kunststoffschmelze in den Injektor sicher zu verhindern und andererseits groß genug, um während der Gasinjektion einen für die Bauteilausformung ausreichenden Gasvolumenstrom austreten zu lassen. Bild 18.16 stellt exemplarisch einen Ringspaltinjektor dar.

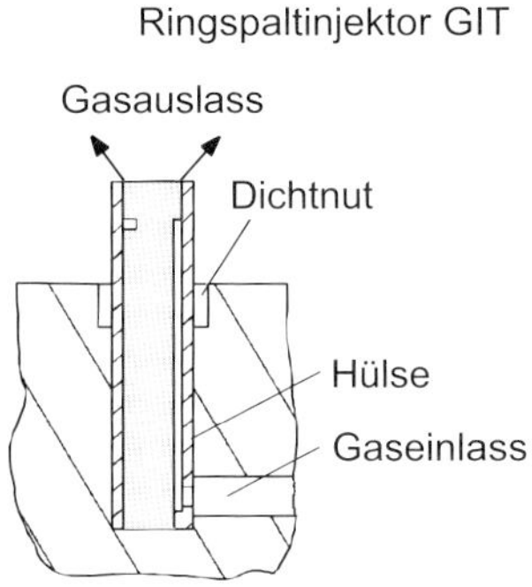

Bild 18.16 GIT-Ringspaltinjektor

18.2.5 Injektoren für die Wasserinjektionstechnik

Werkzeuginjektoren für die WIT unterscheiden sich wesentlich von den Injektoren, die Anwendung im Bereich der GIT finden. Die meisten bekannten GIT-Injektoren sind für die Wasserinjektion ungeeignet, da sie den notwendigen hohen Volumenstrom nicht ermöglichen. Hingegen gestatten gewisse für die WIT konzipierte Injektoren sehr wohl den Einsatz von wahlweise Gas oder Wasser als Prozessmedium. Generell sind WIT-Injektoren von den äußeren Abmaßen größer als GIT-Injektoren. Da Wasser im Gegensatz zu Gas (Stickstoff) ein nahezu inkompressibles Medium ist, müssen die Austrittsöffnungen bei WIT-Injektoren deutlich größer ausgeführt werden, um schließlich die geforderten hohen Wasservolumenströme im Prozess realisieren zu können. Bei der WIT sind Auslassdurchmesser ab 3 mm bis 5 mm geeignet für Bauteildurchmesser bis ca. 40 mm. Grundsätzlich verbessert eine Vergrößerung des Durchmessers die Hohlraumausbildung. Daher sind größere Durchmesser für Bauteile sinnvoll, bei denen größere Injektoren zulässig sind oder bei denen der spätere Injektionsbereich abgetrennt wird (Medienleitungen). Es können Durchmesser bis fast zum (zu erzielenden) Hohlraumdurchmesser eingesetzt werden. Da Öffnungen in dieser Größenordnung keinesfalls schmelzedicht sind, muss hier ein aktiver Verschlussmechanismus die Abdichtung des Injektors gegen ungewollten Schmelzeeintritt während der Schmelzeinjektion übernehmen. Erst unmittelbar zur Wasserinjektion wird ein Mechanismus betätigt, um den Öffnungsquerschnitt für die Einleitung des Wassers in die Kunststoffschmelze freizugeben.

Ausgehend von der Anforderung der gezielten Fluideinleitung in bestimmte Bauteilbereiche lässt sich eine Anzahl von weiteren, teilweise widersprüchlichen Anforderungen ableiten:

- Dichtheit während der Schmelzeinjektion,
- Abdichtung gegen Leckage zwischen Injektor und Schmelze während der Wasserinjektion,
- definierte Schließ- und Öffnungsbewegungen in Abhängigkeit vom Wasserrückführungskonzept,
- minimaler Bauraum,
- hohe Prozesssicherheit,
- einfache Montage und Wartung.

Auf Basis dieser Anforderungen haben sich unterschiedliche Injektorkonzepte herausgebildet, welche sich hinsichtlich ihrer Betätigungsart, ihres Verschlussmechanismus, ihrer Wirkweise oder Bewegungsrichtung und ihrer Lage im Werkzeug klassifizieren lassen.

Bild 18.17 gibt einen Überblick der Klassifizierung.

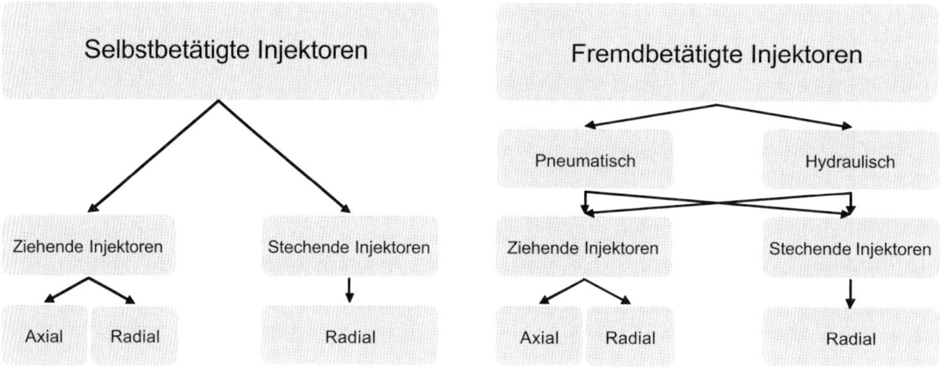

Bild 18.17 Überblick über die Klassifizierung der WIT-Injektoren

Zunächst kann zwischen selbst-, (feder-) und fremdbetätigten Injektoren unterschieden werden. Bei selbstbetätigten Injektoren wird die Öffnungsbewegung durch den Wasserdruck und die Schließbewegung durch die Rückstellung einer Feder erzielt, wohingegen fremdbetätigte Injektoren einen zusätzlichen, vom Wasserdruck unabhängigen Öffnungs- und Schließmechanismus haben.

18.2.5.1 Selbstbetätigte Injektoren

Die relativ geringen Einbaumaße stellen einen Vorzug der selbstbetätigten Injektoren dar. Des Weiteren lassen sie sich relativ unkompliziert mit geringem zeitlichen und finanziellen Aufwand in bestehende GIT-Werkzeuge integrieren, um z. B. vergleichende WIT-Untersuchungen durchzuführen. Nachteilig ist, dass der Injektor keine Wasserrückführung innerhalb des Spritzgießzyklus erlaubt, sodass ein Einsatz in der Serienfertigung ausgeschlossen ist. Darüber hinaus konnte bei bisherigen Konzepten, wie beispielsweise in Bild 18.18 auf der linken Seite exemplarisch dargestellt, ein Verdüsen des Wassers zum Zeitpunkt der ersten Öffnungsbewegung des Injektors praktisch nicht verhindert werden. Der Zylinder, der zunächst die Injektoraustrittsöffnung komplett verschließt, wird mittels des Wasserdrucks gegen die Federkraft nach oben gedrückt, sodass die Injektionsöffnung freigegeben wird. Nach Abschluss der Wasserinjektion wird der Zylinder durch die Feder wieder axial in die Ausgangslage zurückbewegt. Allerdings wird bei diesem Prinzip ein Verdüsen des unter Druck stehenden Wassers provoziert, sobald der Verschlusszylinder die Austrittsöffnung einen Spalt weit freigibt. Durch den noch geringen Auslassquerschnitt am Anfang der Öffnungsbewegung tritt ein scharfer Wasserstrahl mit hoher Geschwindigkeit aus dem Injektor aus und verdrängt die Schmelze. Der scharfe Strahl sorgt für die Ausbildung einer blasen- oder schaumartigen Struktur und damit für nicht reproduzierbare Hohlräume in der Umgebung des Injektors. Ein selbstbetätigter Injektor mit einem zweistufigen Verschlussprinzip, wie es in Bild 18.18 auf der rechten Seite dargestellt ist, kann dieses Problem weitestgehend vermeiden. Dort wird durch den Wasserdruck ein Verschlusskolben gegen die Federkraft nach unten gedrückt. Das Wasser kann den Verschlusskolben im Inneren des Injektors allerdings erst dann passieren, wenn die eigentliche Injektoraustrittsöffnung bereits vollständig geöffnet ist. Ein mögliches Verdüsen des Wassers kann also nur im Inneren des Injektors stattfinden.

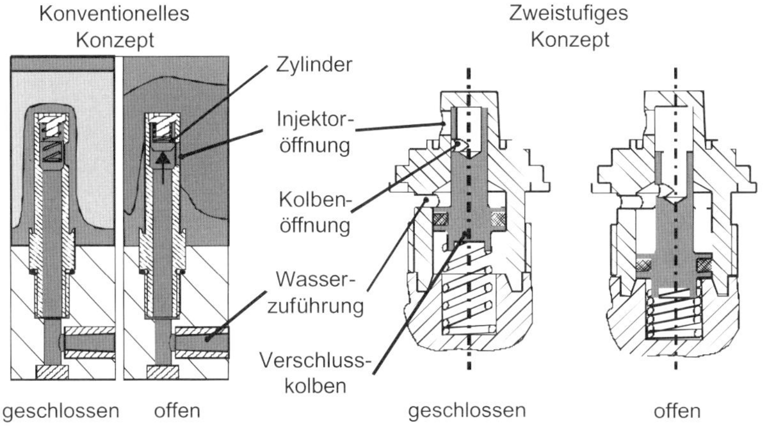

Bild 18.18 Selbstbetätigte Injektoren

18.2.5.2 Fremdbetätigte Injektoren

Fremdbetätigte Injektoren besitzen grundsätzlich einen vom Wasserdruck unabhängigen Öffnungs- und Schließmechanismus. Einerseits kann das oben beschriebene Verdüsen dadurch vermieden werden, dass die Wasserinjektion erst bei voll geöffnetem Injektor gestartet wird, andererseits wird der Injektoraustritt auch ohne Wasserdruck offen gehalten, sodass eine Wasserrückführung während des WIT-Zyklus ermöglicht wird. Das Öffnen und Schließen des Injektors kann sowohl über einen Hydraulik- als auch über einen Pneumatikzylinder realisiert werden. Aufgrund ihrer höheren Schließ- und Öffnungskräfte bei gleichem Bauraum haben sich hydraulisch betätigte Konzepte durchgesetzt. Die Steuerung kann entweder direkt über ein Kernzugprogramm der Spritzgießmaschine oder indirekt über eine externe Hydraulikeinheit (beispielsweise auch über die WIT-Anlage), die über eine Schnittstelle mit der Spritzgießmaschine verbunden ist, erfolgen. Das Konzept der Fremdbetätigung mittels eines externen Hydraulikzylinders arbeitet sehr zuverlässig und ist verhältnismäßig wartungsarm, allerdings ist der benötigte Bauraum für einen externen Hydraulikzylinder nicht vernachlässigbar und kann zu Problemen bei der Integration des Injektors in das Werkzeug führen. Eine erfolgreich erprobte Möglichkeit zur Miniaturisierung der Injektortechnik ist das Zusammenführen von Öl- und Wasserhydraulik [18.75], wie es in Bild 18.19 gezeigt ist.

Die obere Darstellung in Bild 18.19 zeigt einen hydraulisch fremdbetätigten, ziehenden Radialinjektor. Die Verfahrbewegung der Injektornadel wird hierbei durch einen externen Hydraulikzylinder realisiert. Im Vergleich dazu ist im unteren Bildabschnitt

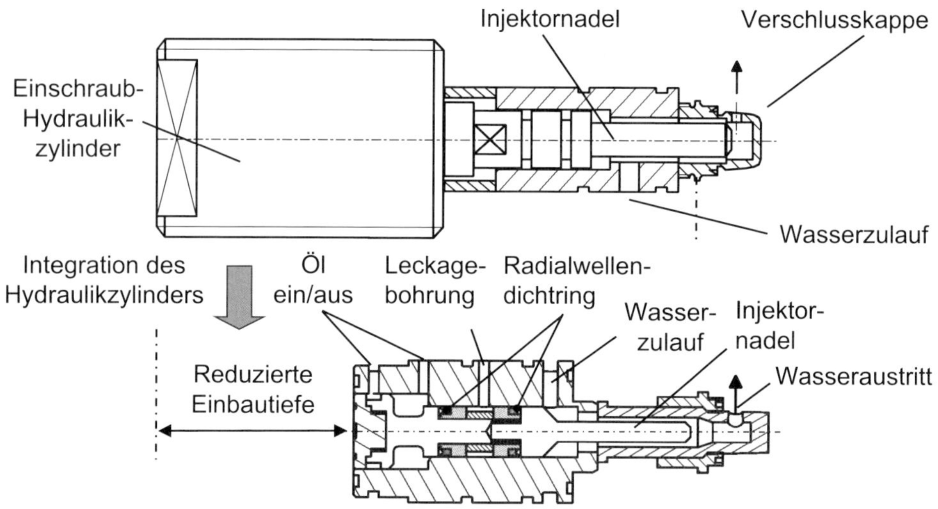

Bild 18.19 Fremd betätigter, ziehender Radialinjektor
oben: Verfahrbewegung der Injektornadel durch externen Hydraulikzylinder
unten: Ölhydraulikzylinder und Wasserzulauf in gemeinsamem Bauteil integriert

ein Injektor gezeigt, bei dem die Betätigung durch einen Ölhydraulikzylinder und der Einlass für das Wasser in ein gemeinsames Bauteil integriert wurden. Dieses kann je nach Werkzeug optimal an die gegebenen Randbedingungen sowohl von den Durchmessern als auch vom erforderlichen Hub angepasst werden. Besonderes Augenmerk bei der Konstruktion dieses Injektors muss allerdings der Abdichtung zwischen Öl und Wasser gelten, um in jedem Fall das Eindringen von Wasser in die Maschinenhydraulik verhindern zu können. Eine zuverlässige Abdichtung kann nur durch den konsequenten Einsatz von Leckagebereichen zwischen Öl und Wasser erreicht werden. Dies bedeutet, dass im Inneren des Injektors Öl und Wasser jeweils mit einer PTFE-Kolbendichtung abgedichtet werden, deren Laufstrecken sich im Leckagebereich nicht überlappen dürfen. Eventuell auftretende Undichtheiten werden durch Austreten von Öl oder Wasser aus der Leckagebohrung direkt angezeigt.

18.2.5.3 Ziehende und stechende Injektoren

WIT-Injektoren können abhängig von der Art und Richtung der Öffnungsbewegung in ziehende oder stechende Systeme unterteilt werden. Bei Injektoren mit ziehenden Nadeln muss vom Wasser grundsätzlich eine erstarrte Schmelzerandschicht durchbrochen werden. Bei stechenden Systemen geschieht dies aktiv durch eine axiale Hubbewegung der Nadel. Bild 18.20 zeigt den prinzipiellen Unterschied beider Systeme exemplarisch.

Das Durchbrechen des erstarrten Kunststoffs erfolgt auch bei ziehenden Injektoren zumeist problemlos durch den Wasserdruck. Allerdings kann die Reproduzierbarkeit je nach Injektordesign und verwendetem Material schwanken. Im ungünstigen Fall treten Prozessschwankungen auf. Stechende Injektorkonzepte versprechen, diese Problematik teilweise zu vermeiden. Systematisch eingesetzt wurde dieses Injektorkonzept zum ersten Mal bei der Prozesskombination Sandwich-Spritzgießen + WIT (2K-WIT) [18.76]. Dort bietet ein stechender Injektor entscheidende Vorteile

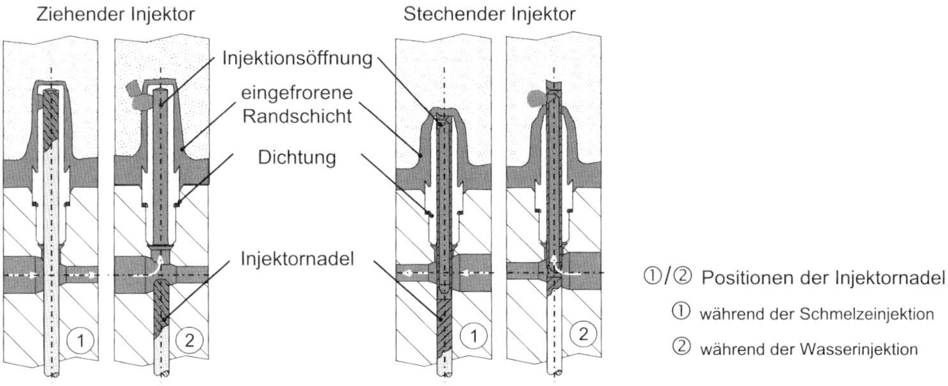

Bild 18.20 Gegenüberstellung von ziehendem (rechts) und stechendem Injektor (links)

bezüglich der Anströmsituation. Im geschlossenen Zustand baut ein stechender Injektor verglichen mit einem ziehenden Injektor sehr flach, da die Injektoraustrittsöffnung, wie in der Darstellung in Bild 18.20 gezeigt, erst nach einer Hubbewegung im geöffneten Zustand in der Kanalmitte platziert sein muss.

Somit stellt ein stechender Injektor ein deutlich geringeres Fließhindernis für die Schmelze dar und Bindenähte werden weitestgehend vermieden. Zusätzlich ist bei stechenden Injektoren bei der 2K-WIT vorteilhaft, dass zunächst die häufig nur bedingt WIT-taugliche Kernkomponente von der Stechkante der Nadel aktiv durchbrochen wird und die Injektion direkt in die für die WIT besser geeignete Kernkomponente erfolgt. Auch für die WIT mit nur einer Materialkomponente wirkt sich ein geringeres Fließhindernis in Form des Injektors positiv auf die Hohlraumausbildung aus, da die Kunststoffschmelze weniger und reproduzierbarer beim Passieren des Injektors geschert wird.

18.2.5.4 Axial- und Radialinjektoren

Je nach Lage der Wasseraustrittsöffnung wird zwischen Radial- und Axialinjektoren unterschieden. Ein Radialinjektor bezeichnet einen Werkzeuginjektor mit seitlicher (radialer) Wasseraustrittsöffnung (siehe Bild 18.18, Bild 18.19 und Bild 18.20). Charakteristisch ist dabei eine orthogonale Anbindung des Injektors an das Bauteil. Der Injektor ragt in der Regel senkrecht zur Trennebene in das Formnest hinein. Die Injektoröffnung wird dabei so ausgerichtet, dass die Austrittsrichtung des Wasserstrahls unmittelbar in Fließwegrichtung liegt.

Im Gegensatz zu Radialinjektoren weisen Axialinjektoren eine stirnseitige (zentrale) Wasseraustrittsöffnung auf. Die Anbindung des Injektors an das Formnest ist typischerweise an einem (offenen) Ende des Bauteils. Die Injektoröffnung zeigt dabei ebenfalls unmittelbar in Fließwegrichtung. Da die Anbindung von Axialinjektoren in der Regel quer zur Entformungsrichtung realisiert wird, ergibt sich ein Hinterschnitt. Der Injektor muss zur Entformung des Bauteils beispielsweise über Schieber oder Backen verfahren werden. Interessant sind Axialinjektoren für die WIT aus mehreren Gründen: Zum einen lassen sich einfacher große Injektoraustrittsquerschnitte realisieren, zum anderen wird der Wasservolumenstrom am Injektoraustritt nicht nochmals scharf um 90° umgelenkt, dies könnte Vorteile in Bezug auf mögliches Verdüsendes Wassers haben. Darüber hinaus kann für Medienleitungen mittels der Injektorkappe ein Teil der Leitungsanbindung (z. B. Konus zum Einkleben von Formstücken) auf der Rohrinnenseite abgeformt werden. Anzumerken ist, dass stechende Injektorsysteme in axialer Ausführung nicht sinnvoll sind, da die Injektornadel grundsätzlich in der Wasseraustrittsrichtung liegt.

18.2.5.5 Generelle Gestaltungshinweise für WIT-Injektoren

Eine möglichst kompakte Bauart ist bei Injektoren generell anzustreben, sodass möglichst nur ein kleiner Injektionspunkt im Bauteil sichtbar ist. Gleichzeitig sollte der Injektor bei aufgespanntem und geöffnetem Werkzeug leicht zugänglich und einfach montier- und demontierbar sein. Auf diese Weise ist bei Bedarf eine schnelle Wartung oder Reinigung ohne vorherige Werkzeugdemontage auch während der Produktion möglich. Zwecks leichterer Entformbarkeitder Bauteile sollte der WIT-Injektor nach Möglichkeit in der beweglichen Werkzeughälfte (schließseitige Formplatte) eingebaut werden. Gleichzeitig sollte die in das Bauteil hineinragende Außenkontur des Injektors konisch gestaltet werden. Eine Entformungsschräge von etwa 2 bis 5° an der Injektorspitze bzw. Verschlusskappe erleichtert die Entformung der Bauteile und verhindert mögliche Beschädigungen des Injektors bei gewaltsamer Entformung eines aufgeschrumpften Bauteils.

Hohe Prozesssicherheit

Die Gewährleistung einer hohen Prozesssicherheit ist Grundvoraussetzung für einen serientauglichen WIT-Injektor. Um eine einwandfreie Funktion im WIT-Prozess sicherzustellen, werden die meisten Injektorkomponenten aus hochwertigen, korrosionsbeständigen Stahlsorten bzw. Legierungen gefertigt, sodass ein weitestgehend wartungsfreier und reproduzierbarer Einsatz in der Produktion ermöglicht wird.

Gezielte Steuerbarkeit

Fremdbetätigte WIT-Injektoren müssen gezielt angesteuert werden können, um so in kurzer Zeit die gewünschten Öffnungs- und Schließbewegungen realisieren zu können. Die Ansteuerung erfolgt üblicherweise über einen hydraulischen Steuerzylinder. Dabei muss der Injektor während der Schmelzeeinspritzung und der Nachdruckwirkung gegebenenfalls verriegelt werden, sodass die Injektoröffnung nicht ungewollt durch den Schmelzedruck geöffnet wird und dann Schmelze in den Injektor eindringen kann.

Gute Dichtwirkung

Der Dichtheit eines Injektors kommt eine besondere Bedeutung zu. Bei der GIT stellen kleinere Undichtheiten am Injektor oder Gasdurchbrüche im Formteil nur indirekt ein Problem in Bezug auf die Bauteilqualität dar solange der gewünschte Prozessdruck aufgebaut und aufrechterhalten werden kann. Da das Prozessgas einfach in die Atmosphäre entweicht entsteht kein weiterer Schaden. Dagegen stellen bei der WIT ungewollte und unkontrollierte Wasseraustritte bzw. -durchbrüche jedoch ein unmittelbares Problem dar, da austretendes Spritzwasser neben seiner korrosiven Wirkung auf den Werkzeugstahl und die Spritzgießmaschine auch einen negativen Einfluss auf die erzielbare Bauteilqualität (insbesondere den Hohlraum und die Bauteiloberfläche) hat.

Um einen reibungslosen und äußerlich „trockenen" WIT-Prozess überhaupt durchführen und so qualitativ hochwertige Bauteile herstellen zu können, müssen an den Werkzeuginjektoren diverse konstruktive Details unbedingt Berücksichtigung finden. Eine wesentliche Anforderung an den Injektor ist die Gewährleistung einer Dichtwirkung im Einlaufbereich. Mithilfe entsprechender umlaufender Nuten, Einstiche, Sicken, Kragen oder Hinterschnitte etc. im Bereich der Injektorkappe, in die die Kunststoffschmelze eindringt bzw. die von der Schmelze umflossen werden, kommt es zu einer Dichtfunktion rund um den Injektor [18.75]. Neben den geometrischen Randbedingungen haben auch die thermischen Randbedingungen (Schmelze-, Werkzeug- und Injektortemperaturen, Abkühlraten etc.) sowie die Materialeigenschaften (Viskosität, Schwindung auf die Injektorkappe etc.) einen Einfluss auf die Dichtwirkung. Bei einer adäquaten Abdichtung wird verhindert, dass Wasser direkt über die Außenkontur des Injektors auf die Oberfläche der Werkzeugkavität fließen kann.

18.2.6 Designrichtlinien für Bauteile und Werkzeuge bei der FIT

Um die Fluidinjektionstechnik erfolgreich anwenden zu können, muss die Formteil- und Werkzeuggestaltung einigen speziellen Anforderungen der GIT bzw. WIT genügen. Hierbei ist neben der eigentlichen geometrischen Gestaltung der Formteile insbesondere die richtige Positionierung von Anguss- und Fluideinleitungspunkten zu beachten. Hinsichtlich der geometrischen Gestaltung lassen sich FIT-Formteile und damit auch die Designrichtlinien prinzipiell in die drei Gruppen „stabförmige Hohlkörper, flächige Formteile mit Rippen und Formteile mit dickwandigen Bereichen" einteilen. Hinsichtlich einer FIT-gerechten Konstruktion wird zunächst zwischen stabförmigen und flächigen Formteilen unterschieden.

18.2.6.1 Stabförmige FIT-Formteile

Querschnitte

Bei der Gestaltung des Formteilquerschnitts ist zu beachten, dass sich der Gasblasenquerschnitt annähernd rund ausbildet [18.77]. Um eine ungleichmäßige Masseverteilung über dem Querschnitt zu vermeiden, die zu Einfallstellen oder Verzug führt, ist die Außenkontur nach Möglichkeit rund zu gestalten. Bis zu einem bestimmten Grad kann sich die Gasblase der Außenkontur annähern. Bei einer rechteckigen Außenkontur ergibt sich beispielsweise ein elliptischer Fluidblasenquerschnitt. Kann aus Gründen der Funktion oder des Designs keine kreisrunde Außenkontur realisiert werden, sollten folgende Regeln beachtet werden (siehe Bild 18.21) [18.77] [18.78]:

- Möglichst gute Annäherung an eine runde Außenkontur realisieren,
- scharfe Kanten vermeiden und großzügig verrunden,
- Masseanhäufungen in Ecken vermeiden und
- für das gesamte Formteil eine gleichmäßige Restwanddicke anstreben.

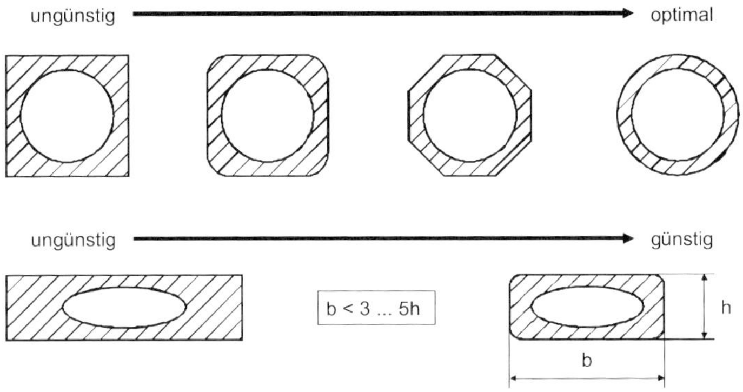

Bild 18.21 Gestaltungsrichtlinien für stabförmige Bauteile

Bei dünnen rechteckigen Querschnitten kann die Schmelze an den schmalen Seiten zumeist nicht verdrängt werden. Entsprechend sollte als Faustregel eingehalten werden:

Die maximale Formteilbreite sollte kleiner als die drei- bis fünffache Höhe des Formteils sein. ■

Aspektverhältnis

Grundsätzlich benötigt das Fluid eine gewisse Fließweglänge, um nach der Fluideinleitung den Querschnitt vollständig auszuhöhlen. Aus diesem Grund sollte ein bestimmtes Aspektverhältnis bei FIT-Formteilen nicht unterschritten werden (siehe Bild 18.22).

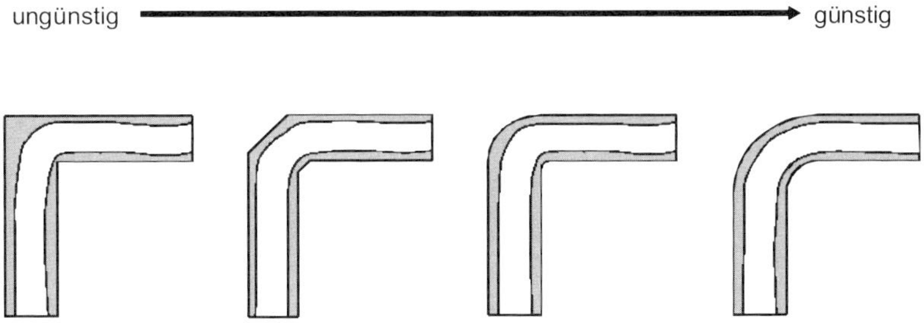

Bild 18.22 Gestaltung von Umlenkungen und Biegungen

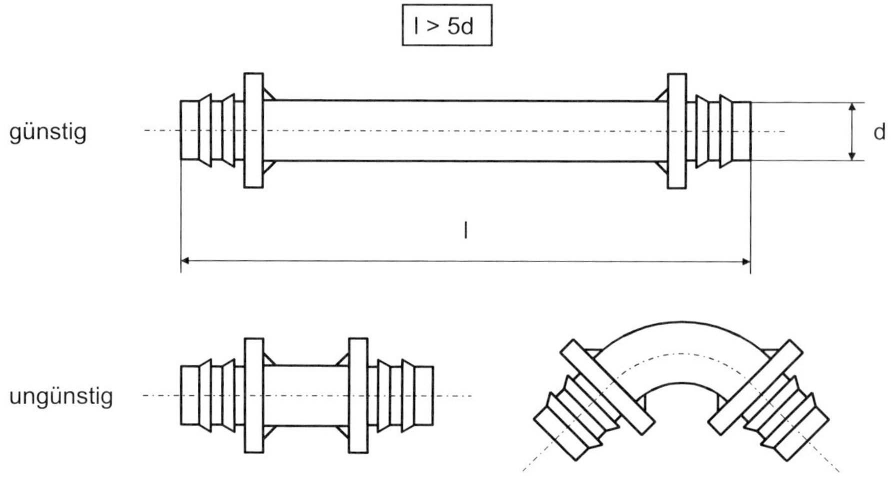

Bild 18.23 Aspektverhältnisse

In der Praxis ist oftmals das Aspektverhältnis durch Funktions- oder Designanforderungen vorgegeben und unterschreitet deutlich das realisierbare Minimum für die FIT. Ein möglicher Lösungsansatz kann in manchen Fällen die Realisierung eines Mehrfachwerkzeugs mit verbundenen Kavitäten darstellen, wie in Bild 18.24 dargestellt ist. Vorteilhaft bei diesem Konzept ist, dass es die Prozesssicherheit einer Einfachkavität und reduzierte Investitionskosten (nur 1 Injektor) bei der Produktivität einer Mehrfachkavität bietet.

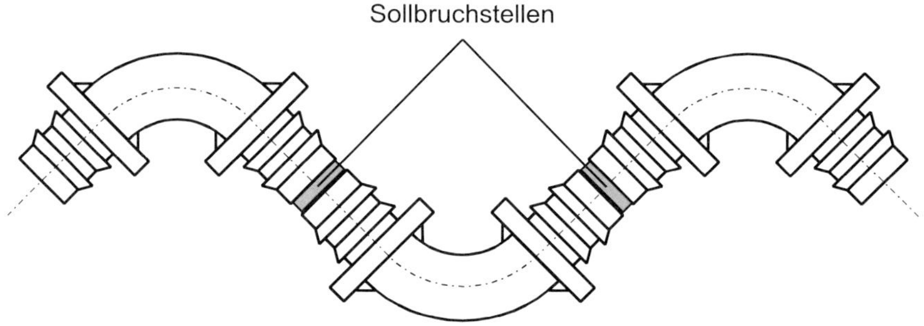

Bild 18.24 Mehrfach-Werkzeug mit verbundenen Kavitäten

Umlenkungen und Biegungen

Bei Umlenkungen, die mit der Fluidinjektionstechnik realisiert werden, besteht grundsätzlich die Gefahr von Masseanhäufungen an der Außenseite, da die Fluidblase dem Weg des geringsten Widerstands folgend vorzugsweise an der Innenseite entlang strömt. Mit der Wasserinjektionstechnik lassen sich allerdings deutlich kleinere Umlenkungsradien erzielen, weil durch die Trägheit des Wassers der oben genannte Effekt teilweise kompensiert wird. Wie in Bild 18.22 gezeigt, gilt dennoch grundsätzlich für Umlenkungen bei der FIT [18.77] [18.78]:

- scharfkantige Eckbereiche vermeiden und
- einen möglichst großen Umlenkradius wählen.

Querschnittsänderungen

Querschnittsänderungen an stabförmigen Formteilen sind grundsätzlich problematisch. Einerseits kann es je nach Gestalt des Formteils zu Freistrahleffekten bei der Schmelzefüllung kommen, andererseits führen Querschnittsänderungen unweigerlich zu Totwassergebieten, welche bei der Hohlraumausbildung kompakt bleiben und Masseanhäufungen mit den bekannten Problemen darstellen. Darüber hinaus führen scharfe Kanten eines Einströmbereichs zu verringerten Wanddicken und stellen somit mechanische Schwachstellen dar. Trotz dieser Problematik sind mithilfe der FIT Wanddickensprünge besser realisierbar als beim konventionellen Spritzgießen. Nach Möglichkeit sollte Folgendes beachtet werden:

- Querschnittsänderungen mit sanften Übergängen gestalten,
- eine Quellströmung durch ein langsames oder gestuftes Einspritzgeschwindigkeitsprofil erzeugen und
- ein Durchmesserverhältnis der beiden Querschnitte kleiner als zwei wählen.

18.2.6.2 Flächige Formteile mit Rippen

Ein wichtiges Anwendungsgebiet der Fluidinjektionstechnik stellt die Gruppe flächiger Formteile mit Rippen dar. Flächige Formteile bereiten ab gewissen Dimensionen beim Kompaktspritzgießen besondere Schwierigkeiten [18.62] [18.73] [18.74]:

- aufgrund der großen projizierten Fläche sind hohe Zuhaltekräfte erforderlich,
- die Formteile neigen wegen eingefrorener Spannungen zu Verzug,
- an Masseanhäufungen entstehen Einfallstellen und
- die Grenzen für Stabilität und Festigkeit sind schnell erreicht.

Zu einer deutlichen Verbesserung dieser Situation führt der Einsatz der Fluidinjektionstechnik. Dies äußert sich in:

- einer deutlichen Reduzierung der erforderlichen Zuhaltekräfte,
- der Herstellung verzugsarmer Formteile,
- einer erhöhten Stabilität und Steifigkeit und
- der Vermeidung lokaler Einfallstellen.

Bedingt durch die verhältnismäßig kleinen Fluidkanäle entlang der Rippen kommt bei dieser Bauteilgruppe praktisch ausschließlich die Gasinjektionstechnik zum

Einsatz. Zum einen kann bei den typischen Gaskanaldurchmessern die WIT ihren großen Vorteil der besseren Kühlwirkung des Wasser kaum ausspielen, zum anderen ist es technisch schwierig, eine reproduzierbare Hohlraumausformung mit Wasser bei entsprechend kleinen Durchmessern zu erzielen.

Gestaltung der Gaskanalgeometrien

Die Gaskanäle haben beim Einsatz der GIT bei verrippten Bauteilen eine Reihe von Aufgaben, bei deren Umsetzung bestimmte Gestaltungsregeln zu beachten sind. Zu den Aufgaben zählen [18.77]:

- die Weiterleitung von Schmelze während des Einspritzvorgangs,
- die Erzeugung von Gashohlräumen während der Gasinjektionsphase und
- die Ausbildung als Rippe, welche die Steifigkeit des Formteils wesentlich erhöht.

Bei der Auslegung der Gaskanäle gilt es, widersprüchliche Anforderungen untereinander abzuwägen. Einerseits sollten die entstehenden Rippen möglichst groß sein, da dies die Füllung des Formteils erleichtert und die Steifigkeit erhöht. Andererseits vergrößern sich mit steigendem Gaskanalquerschnitt auch die Restwanddicken, welche zu unerwünschten Masseanhäufungen führen können. In Bild 18.25 sind Empfehlungen dargestellt, die einen Kompromiss der oben genannten Forderungen darstellen. Als Faustregel sollten folgende Werte realisiert werden:

Gaskanalbreite (b)	= 2 bis 4 × Grundwanddicke (s)
Gaskanalhöhe (h)	= 0,7 bis 1 × Gaskanalbreite (b)
Rippenansatzhöhe (d)	= 5 bis 10 × Grundwanddicke (s)
Rippenansatzbreite (c)	= 0,5 bis 1 × Grundwanddicke (s)

Eine Grundwanddicke von 3,5 bis maximal 4 mm sollte dabei abhängig vom Rohstoff nicht überschritten werden.

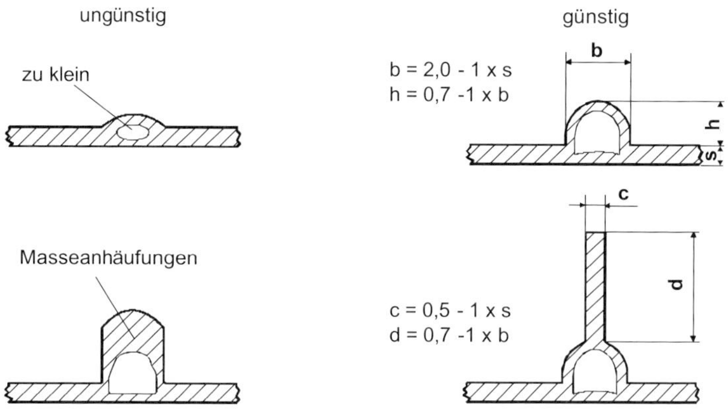

Bild 18.25 Gestaltung von flächigen Formteilen mit Rippen und Anordnung der Gaskanäle

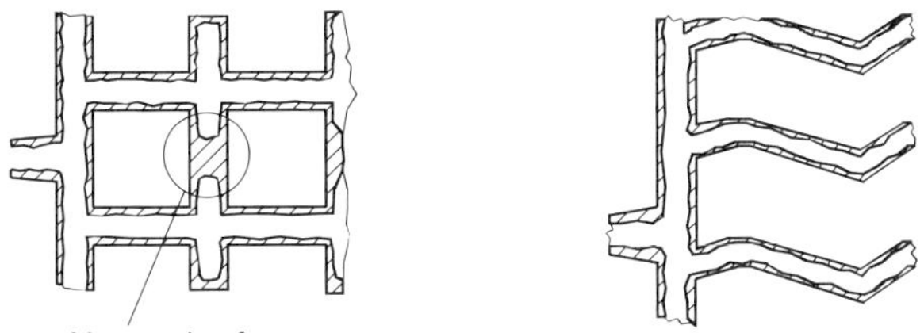

Bild 18.26 Anordnung der Rippen bei FIT-Bauteilen

Die Anordnung der Rippen ist eine wesentliche Aufgabe im Konstruktionsprozess eines flächigen Formteils. Soll ein Formteil mehrere Rippen aufweisen und diese nur durch einen Werkzeuginjektor ausgeformt werden, so besteht die Gefahr von Masseanhäufungen und einer nicht reproduzierbaren Gasblasenausbreitung (siehe Bild 18.26). Aus diesem Grund sollten einmal getrennte Gaskanäle nicht mehr zusammengeführt werden.

Eine weitere wichtige Anforderung an die Gestaltung der Gaskanäle stellt der Auslauf des jeweiligen Gaskanals dar. Um an dieser Stelle Masseanhäufungen und somit Einfallstellen zu vermeiden, sollte die Unterseite des Gaskanals sanft verrundet werden (siehe Bild 18.29).

18.2.6.3 Formteile mit dickwandigen Bereichen

Dünnwandige Formteile mit dickwandigen Bereichen sind im konventionellen Spritzgießverfahren kaum ohne Einfallstellen herstellbar. Die Dickstellen werden aus diesem Grund beim Kompaktspritzgießen zumeist durch Kerne bzw. eine Gegenkonturierung aufgelöst, sodass eine konstante Wanddicke im Formteil realisiert wird. Allseitig verschlossene Bereiche lassen sich allerdings nur durch nachtägliches Fügen zweier Formteile herstellen. Durch Anwendung der FIT lassen sich solche Formteile qualitativ hochwertig in einem einzigen Arbeitsschritt herstellen.

Für die Formteilgestaltung sollten die gleichen Richtlinien wie bei stabförmigen Formteilen beachtet werden. Eine besondere Herausforderung bei der Formteilgestaltung ist die Abstimmung zwischen der Lage des Schmelzeangussesund des Fluideinleitungspunktes insbesondere für das Aufblas- bzw. Short-Shot-Verfahren. Hierbei kann eine Füllsimulation mit üblicher Simulationssoftware, wie z. B. CADMOULD-3D, C-FLOW und MOLDFLOW wertvolle Hinweise in einer frühen Entwicklungs- und Konstruktionsphase liefern. Bild 18.27 zeigt beispielhaft die Simulation der Ausbildung einer Gasblase in einer Medienleitung. Bereits in der Simulation ist ist die Lage der Gasblase und die zu erwartende Restwanddicke gut zu erkennen.

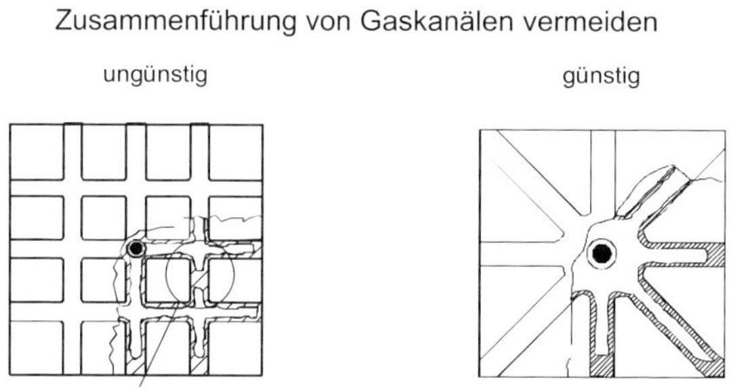

Bild 18.27 Anordnung der Rippen und Führung der Gaskanäle bei FIT-Bauteilen

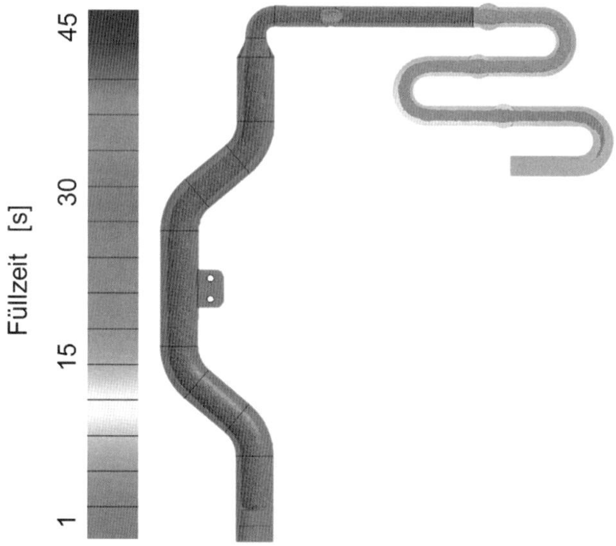

Bild 18.28 Simulation der Ausbildung der Gasblase in einer Medienleitung

Grundsätzlich sollte der Schmelzeanguss so platziert werden, dass eine symmetrische Füllung des Formteils erfolgt. Die Fluideinleitung durch Werkzeuginjektoren sollte dem Schmelzefluss folgen und der Fluidblase sollte nur eine Richtung zur Ausbreitung ermöglicht werden.

18.2.6.4 Mehrkavitätenwerkzeuge

Der Einsatz der Fluidinjektionstechnik stellt besonders hohe Anforderungen an die Auslegung von Mehrkavitätenwerkzeuge. Für eine reproduzierbare Hohlraumausbildung ist eine gleichmäßige Füllung der einzelnen Teilkavitäten essenziell. Um dieses zuverlässig realisieren zu können, sollten grundsätzlich Drosselschrauben zwischen den Teilkavitäten eingesetzt werden. Bei Verwendung des Aufblasverfahrens darf der Schwerkrafteinfluss bei der Schmelzefüllung nicht vernachlässigt werden.

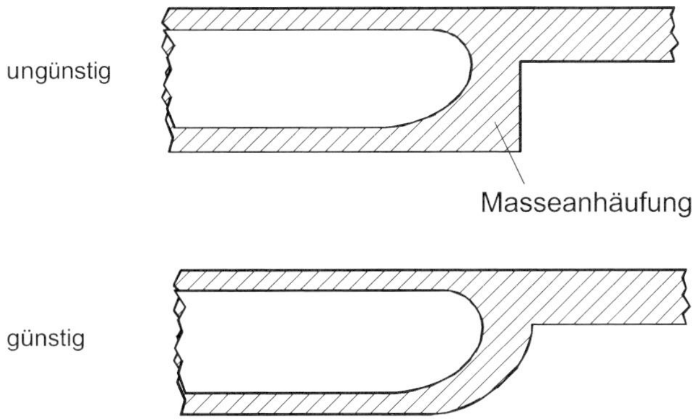

Bild 18.29 Gestaltung des Fluidkanalauslaufs

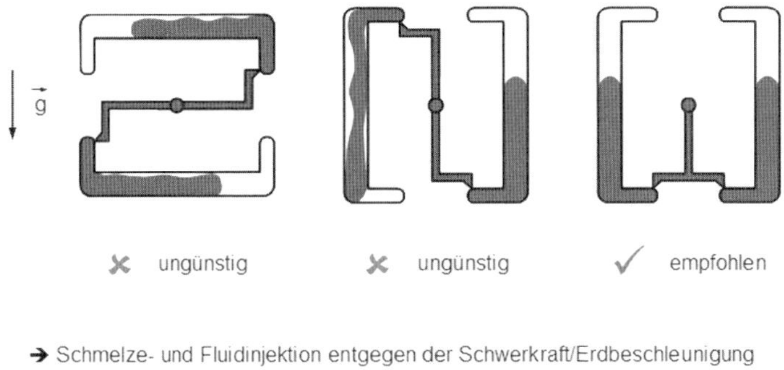

Bild 18.30 Anordnung und Anspritzposition der Formnester bei Werkzeugen mit mehreren Kavitäten

Grundsätzlich sollten die Kavitäten entgegen der Schwerkraft gefüllt werden. Dieses muss auch bei der Anordnung der Teilkavitäten im Werkzeug berücksichtigt werden (siehe Bild 18.30).

Für eine gute Reproduzierbarkeit der Fluidblasenausbreitung sollte jedes Formnest mit einem Injektor und einem eigenen Druckregelmodul ausgestattet werden. Darüber hinaus muss beispielsweise durch einen Schieber dafür Sorge getragen werden, dass keine Schmelze bzw. kein Fluid über das Verteilersystem in ein anderes Formnest eindringt.

18.2.6.5 Gestaltung von Nebenkavitäten

Bei den Ausblasverfahren der Fluidinjektionstechnik wird die Kavität vollständig volumetrisch mit Schmelze gefüllt. Die anschließend von dem Fluid verdrängte Schmelze kann entweder zurück in das Plastifizieraggregat oder in eine Nebenkavität verdrängt werden. In den meisten Fällen ist die Nebenkavität mit einem Sperrschieber von dem Formnest getrennt. Bei der Gestaltung der Nebenkavität sollte darauf geachtet werden, dass diese nicht durch starke Masseanhäufungen

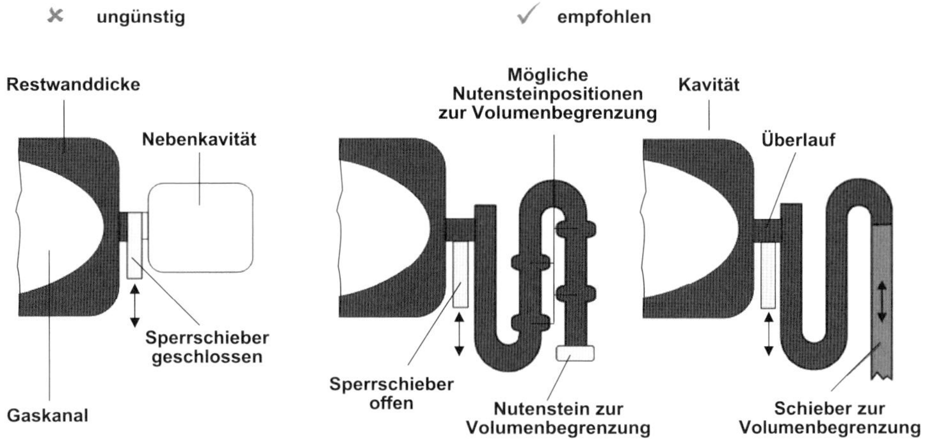

Bild 18.31 Beispiele für Nebenkavitäten (NK)

zykluszeitbestimmend für das gesamte Formteil wird. Eine schlanke, meanderförmige Geometrie der Nebenkavität, wie in Bild 18.31 dargestellt, ist einem kompakten Block vorzuziehen. Darüber hinaus sollte das Volumen der Nebenkavität variabel über Nutsteine oder weitere Schieber (zur Volumenbegrenzung) in einem Bereich zwischen 30 und 65 % des Formteilvolumens einstellbar sein, da die Restwanddicken und folglich auch die in die Nebenkavität verdrängten Volumina je nach Material variieren (Bild 18.31). Dabei ist darauf zu achten, dass die Nebenkavität nicht durch ihre großen Wanddicken zykluszeitbestimmend wird. Eine Möglichkeit das Regranulieren oder Entsorgen der Nebenkavität zu umgehen, besteht darin, die Nebenkavität als eigenständiges Formteil auszubilden. Allerdings muss dabei berücksichtigt werden, dass die Formteilqualität der Nebenkavität aufgrund des relativ niedrigen Fluiddrucks gering ist.

18.3 Thermoplast-Schaumspritzgießen

Das Thermoplast-Schaumspritzgießen (TSG) stellt aufgrund zahlreicher positiver Eigenschaften eine wirtschaftliche Alternative zum konventionellen Kompaktspritzgießen dar. Das Spritzgießsonderverfahren ermöglicht die Herstellung gewichtsreduzierter Bauteile mit hoher Maßhaltigkeit. Aufgrund der Schaumstruktur im Bauteilinneren wird das Bauteilgewicht im Vergleich zu kompakten Formteilen gleicher Geometrie verringert. Daher eignen sich Strukturschäume einerseits für den Leichtbau, anderseits kann die Einsparung von Material wirtschaftlich interessant sein. Das gilt insbesondere bei hochpreisigen technischen Thermoplasten.

Aufgrund der geringeren abzukühlenden Schmelzemasse und der geringeren Schwindung können zudem mit dem Schaumspritzgießverfahren durch die Reduktion der Kühlzeit und dem Wegfall der Nachdruckphase bis zu 30 % kürzere Zykluszeiten erreicht werden [18.79]. Die maximale Gewichtsreduktion ergibt sich aus der Kombination des ausgewählten Materials und des Aufschäumgrades, der Verarbeitungsparameter und der Bauteilgeometrie.

Zur Herstellung des geschäumten Bauteils wird ein Treibmittel in den Kunststoff eingebracht. Es können sowohl chemische als auch physikalische Treibmittel eingesetzt werden. Um der treibmittelbeladenen Kunststoffschmelze den notwendigen Raum zum Aufschäumen zu geben, wird die Kavität oft teilgefüllt und erst durch die volumetrische Expansion der treibmittelbeladenen Schmelze vollständig gefüllt. Auf eine Nachdruckphase kann somit verzichtet werden, da die notwendige Nachdruckwirkung durch den Treibmitteldruck in der Kunststoffschmelze erzeugt wird. Trotz der verfahrenstechnischen Unterschiede werden Schäumwerkzeuge jedoch derzeit noch häufig nach den Kriterien des Standard-Spritzgießens bei der Konstruktion ausgelegt. Diese Auslegungskriterien führen in den seltensten Fällen zu optimalen Ergebnissen. Soll das gesamte Potenzial des Schaumspritzgießens ausgeschöpft werden, sind spezielle Richtlinien und werkzeugtechnische Randbedingungen einzuhalten, die im Folgenden näher vorgestellt werden. Bild 18.32 zeigt beispielsweise eine Auswahl von verschiedenen Werkzeugeinflüssen auf die Bauteileigenschaften geschäumter Thermoplaste.

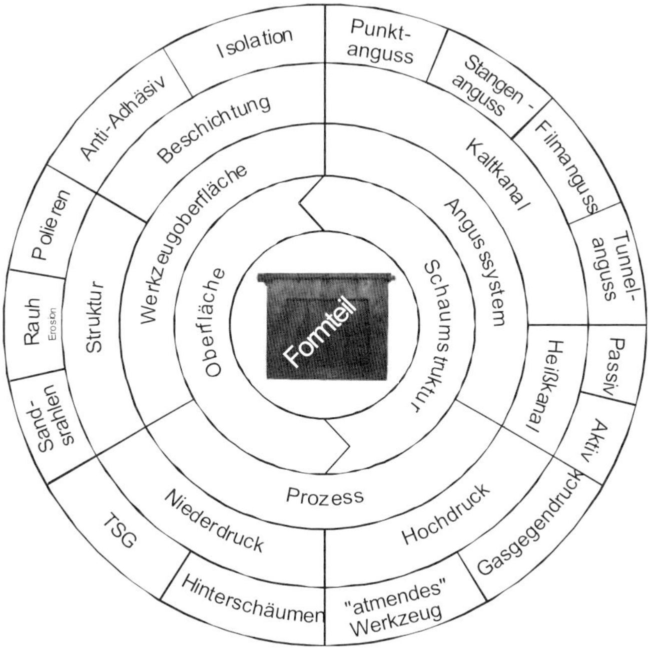

Bild 18.32 Einflüsse des Werkzeugs auf die Bauteileigenschaften

18.3.1 Formteilgestaltung

Neben der rheologischen Auslegung des Werkzeugs machen sich die Richtlinien des Standard-Spritzgießens insbesondere in der Formteilgestaltung bemerkbar. Da die Gefahr von Einfallstellen beim Schaumspritzgießen gering ist, ist die klassische Vorgehensweise zur Vermeidung von Masseanhäufungen nicht unbedingt notwendig. Dementsprechend sind beim Schaumspritzgießen meist größere Wanddicken und somit höhere Gestaltungsfreiheitmöglich. Im Folgenden werden verschiedene Aspekte hinsichtlich der geeigneten Formteilgestaltung für das Schaumspritzgießen dargestellt.

18.3.1.1 Wanddicken, Wanddickensprünge

Durch das Schaumzellwachstum wirkt im Werkzeug ein prozessseitiger Nachdruck gleichmäßig im gesamten Bauteil über den Siegelzeitpunkt hinaus, sodass Einfallstellen an konstruktiven Elementen wie Rippen oder an Wanddickensprüngen vermieden werden können. Damit kann auch die Schwindung und der Verzug am Bauteil effektiv verringert werden. Aus diesem Grunde können Masseanhäufungen und insgesamt größere Wanddicken fehlerfrei realisiert werden. Da die Randschichten nahezu kompakt sind, weisen Bauteile höherer Wanddicke mehr Raum für die Schaumausbildung auf, sodass mit steigender Wanddicke höhere Aufschäumgrade und damit höhere Gewichtsreduktionen erzielt werden können. Je nach Kunststoff und Bauteilgeometrie sind mit dem TSG-Verfahren Dichtereduktionen bis zu 60 % erzielbar.

Dies macht das Schaumspritzgießen besonders interessant, wenn bauteilbedingt dicke Wanddicken gefordert sind, die mit anderen Verfahren nicht oder nur schwer herstellbar wären. Durch die Realisierung von großen Wanddicken erhöht sich ebenfalls die Designfreiheit der Produkte. Ein weiterer Aspekt, der mit größeren

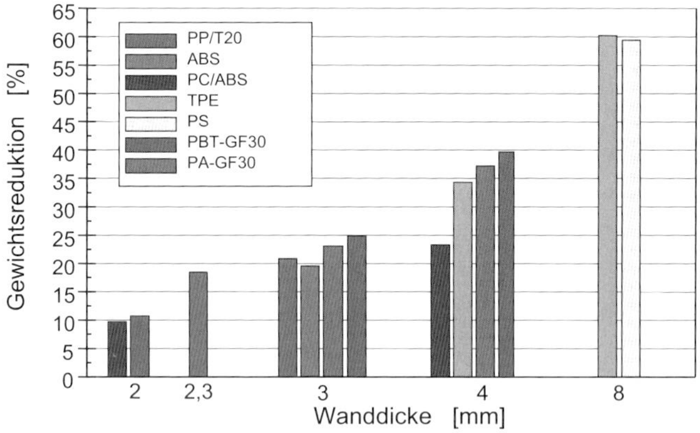

Bild 18.33 Erreichbare Gewichtsreduktion in Abhängigkeit der Wanddicke

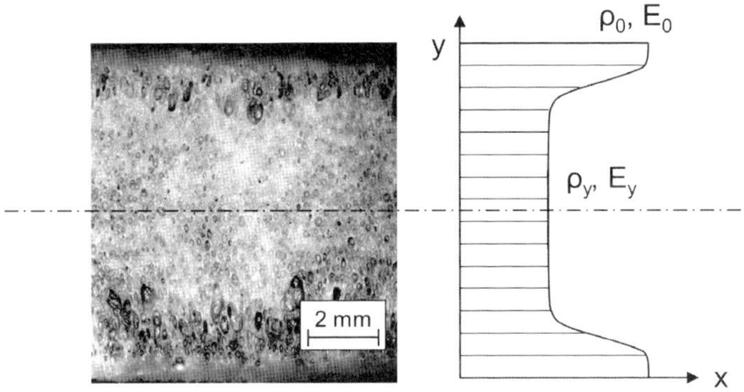

Bild 18.34 Beispielhafte Schaumstruktur mit integraler Dichteverteilung

Wanddicken verbunden ist, sind die höheren gewichtsspezifischen mechanischen Eigenschaften. Bei Betrachtung des Schaumes im Bauteil als Abstandhalter zwischen zwei kompakten Randschichten ist ersichtlich, dass sich das Flächenträgheitsmoment deutlich stärker (zur dritten Potenz mit dem Abstand) als die Gewichtszunahme (bei höheren möglichen Aufschäumgraden) vergrößert.

Hierdurch sind die gewichtsspezifischen mechanischen Eigenschaften, vor allem die Biege-Eigenschaften, bei dickwandigeren Schaumteilen höher [18.80]. Dennoch werden beim Schaumspritzgießen aufgrund der Dichtereduktion meist die absoluten mechanischen Bauteileigenschaften reduziert, sodass die Gewichtsreduktion gegen die Verringerung der mechanischen Kennwerte abgewogen werden muss. Ein möglicher nachteiliger Aspekt bei dickwandigeren Bauteilen sind die geringeren Oberflächenqualitäten. Prozessbedingt führt die Quellströmung der aufschäumenden Schmelzefront beim Füllvorgang zu Silberschlieren an der Oberfläche des Bauteils. Der oft größere Druckverlust während des Füllvorgangs bei dickwandigen Teilen führt vergleichsweise zu einer verbesserten Nukleierung im Bauteilinneren [18.81]. Dadurch treten jedoch auch verstärkt Silberschlieren und Verwerfungen an der Bauteiloberfläche auf. Eine Möglichkeit, dies zu reduzieren, besteht häufig in der Wahl einer schnelleren Einspritzgeschwindigkeit.

Der Vorteil der Kühlzeitreduktion kann bei der Herstellung dickwandigerer Bauteile geschmälert werden. Während die Kühlzeit durch die geringere abzukühlende Schmelzemasse beim TSG kürzer ist, weist die Schaumstruktur eine wärmeisolierende Wirkung auf. Je nach verarbeitetem Kunststoff sind ab einer kritischen Dicke keine kürzeren Kühlzeiten mehr möglich. Sind z. B. bei Wanddicken von 3 mm Reduktionen der Zykluszeit von bis zu 20 % möglich, so liegt die erreichte Zykluszeitreduktion bei 6 mm dicken Bauteilen nur noch bei knapp 5 % bei maximaler Dichtereduktion [18.79]. Bei geringeren Wanddicken können nur geringe Aufschäumgrade und damit auch Gewichts- und Materialeinsparungen erzielt werden. Bei geringeren Wanddicken dominiert der Vorteil der viskositätsreduzierenden Wirkung des Treibmittels, wodurch höhere Fließweg-Wanddickenverhältnisse realisiert werden können [18.82] [18.83]. Auch hier stellt die verfahrensgerechte Bauteilkonstruktion einen zentralen Aspekt dar, da durch eine Anpassung der Bauteilgeometrie auch Material- und Gewichtsersparnisse möglich sind. Daher ist das Schaumspritzgießen z. B. auch für die Herstellung dünnwandiger Gehäusebauteile interessant.

Für ein Formteil mit verschiedenen Wanddicken sollte darauf geachtet werden, dass die dünneren Wanddicken möglichst am Fließweganfang positioniert werden. Zur Füllung dünnwandiger Bereiche am Fließwegende reichen die durch vom Treibmittel aufgebrachten Drücke nicht immer aus, sodass Füllprobleme auftreten können. Um unausgefüllte Bereiche zu vermeiden, müssen folglich höhere Dosiervolumina gewählt werden mit dem nachteiligen Effekt, dass die Aufschäumgrade sinken. Auf diese Weise kann das Potenzial des Schaumspritzgießens nicht vollständig genutzt werden. Abhilfe schafft die Verlagerung der dünnen Wanddicken in angussnahe Bereiche.

Bei geschickter Auslegung sind Wanddickensprünge beim Schaumspritzgießen weniger problematisch als beim konventionellen Spritzgießen, da die prozessseitige Nachdruckwirkung die verschiedenen Schwindungspotenziale der Wanddicken ausgleichen kann. Dieser Faktor wird maßgeblich vom Treibmitteldruck und damit von der Treibmittelkonzentration im Kunststoff beeinflusst. Bei der Gestaltung von Wanddickensprüngen sollte jedoch ein möglichst sanfter Übergang gewählt werden. Erfolgt der Übergang abrupt, so besteht bei hohem Druckverlust über dem Wanddickensprung die Gefahr, dass Schmelzepartikel durch den inneren Treibmitteldruck aus der Fließfront weggesprengt und von der nachfolgenden Schmelze wieder eingeholt werden. Hierdurch ergeben sich Kaltverschiebungen, die neben dem verstärkten Auftreten von Silberschlieren und unterschiedlich dicken Randschichten zu schlechten Oberflächenqualitäten führen.

Ein weiterer Aspekt, der sich bei abrupten Wanddickenübergängen von dünn nach dick ergibt, ist die schlechtere Abformung der Ecke (Bild 18.35). Durch mögliche Freistrahlbildung besteht die Gefahr eines Lufteinschlusses in diesem Bereich, der unter Umständen bei den geringen Fülldrücken beim Schaumspritzgießen nicht

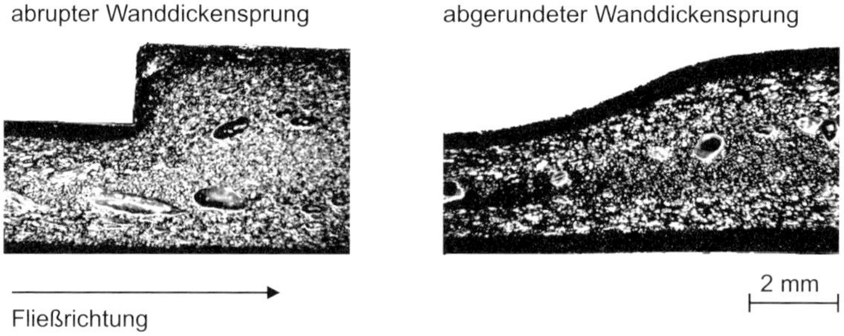

Bild 18.35 Schaumstruktur bei unterschiedlichen Wanddickensprüngen (PBT-GF 30, 30 % Gewichtsreduktion)

mehr verdrängt werden kann. Daher besteht die Gefahr von Füllproblemen. Besserung hierbei ermöglicht die Verfahrensvariante des „atmenden" Werkzeugs (vgl. Abschnitt 18.3.6.2), bei der Füllprobleme durch die höheren Drücke während der Nachdruckphase ausgeglichen werden können. Generell empfiehlt es sich, Wanddickensprünge und Ecken im Formteil mit möglichst großen Radien zu versehen und scharfe Ecken zu vermeiden [18.100].

18.3.1.2 Rippen, Dome, Schnapphaken

Die Gestaltung von Rippen kann beim Schaumspritzgießen in erster Linie nach mechanischen Gesichtspunkten erfolgen, da höhere Wanddicken realisierbar sind. Die Verwendung von größeren Wanddicken ist sogar zu bevorzugen, um Füllprobleme in dünnwandigen Bereichen wie z. B. bei Rippenstrukturen beim Schäumen zu vermeiden. Da Rippen bei der Auslegung von kompakt gespritzten Bauteilen oft am Fließwegende liegen, muss zur vollständigen Ausformung der Rippe der Treibmitteldruck entsprechend hoch sein. Unter Umständen ist daher zur Ausformung der Rippe eine Erhöhung des Dosiervolumens auf Kosten der verminderten Gewichtsreduktion nötig, sodass die Möglichkeiten des TSG nicht vollständig genutzt werden.

Eine dem Schaumspritzgießen gerechte Rippenauslegung ist in Bild 18.36 dargestellt. Es wird empfohlen, die Wanddicke der Rippe der der Grundfläche anzupassen. Hierdurch wird ein weitestgehend gleiches Aufschäumen in beiden Bereichen erzielt. Die Radien sind ebenfalls größer zu gestalten. Im Gegensatz zu den beim Kompaktspritzgießen üblichen Radien von ca. 0,3 bis 0,5 mm sollten beim Schaumspritzgießen Rippen mit Radien in der Größenordnung der Wanddicken eingesetzt werden. Die Verwendung von größeren Radien verhindert Schmelzeexplosionen durch zu hohe Druckverluste (durch abrupte Wanddickensprünge) und ermöglicht ein gleichmäßigeres Aufschäumen im Rippenfuß bei gleichen Randschichtdicken und bei geringerer Kerbwirkung.

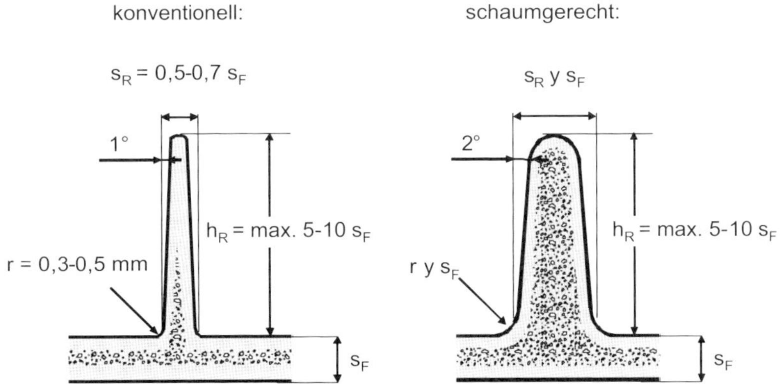

Bild 18.36 Auslegung für konventionelle und geschäumte Rippen

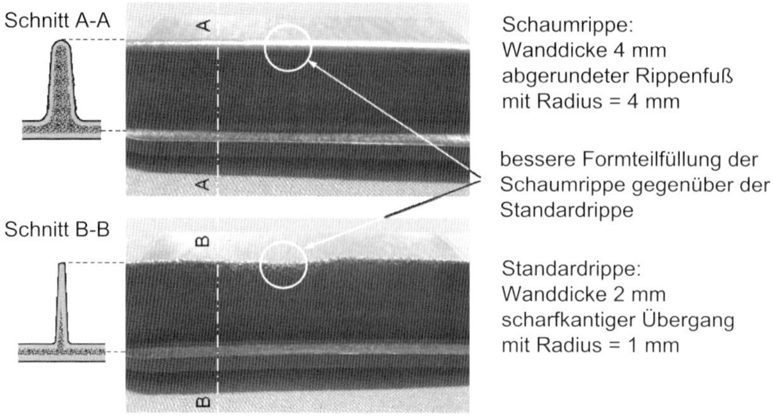

Bild 18.37 Füllverhalten von Schaumrippe und Standardrippe (PBT-GF 30)

Aufgrund des Aufschäumens der Kunststoffschmelze und des dadurch entstehenden prozessseitigen Nachdrucks können größere Wanddicken im Rippenbereich sowie größere Radien ohne Einfallstellen realisiert werden (Bild 18.37).

Bei der Anordnung der Rippen sollte darauf geachtet werden, dass diese möglichst in Fließrichtung orientiert sind. Hierdurch kann die Entlüftung der Rippenstege deutlich verbessert und eine vollständige Ausfüllung der Rippe leichter erzielt werden. Hierdurch sind geringere Drücke für das Füllen ausreichend, sodass insgesamt eine höhere Reduktion des Gewichts über dem gesamten Bauteil möglich ist.

Gleiches gilt für die Gestaltung angeflanschter bzw. integrierter Montageelemente wie Einschraubdome und Schnapphaken. Auch deren Auslegung kann in erster Linie nach mechanischen Gesichtspunkten erfolgen, wobei auf größere Wanddicken zurückgegriffen werden kann. Besonders bei den Schnapphaken ist darauf zu achten, dass die Bereiche an der Spitze der Schnapphaken gut entlüftet werden, was beispielsweise durch Auswerfer in diesem Bereich erzielt werden kann. Dies ist notwendig, um eine vollständige Ausformung der Schnapphaken zu gewährleisten. Damit die Schnapphaken bei entsprechender mechanischer Belastung noch ausreichend verformt bzw. ausgelenkt werden können, ist eine möglichst kompakte Füllung notwendig. Da durch das Verschäumen von Werkstoffen eine Versprödung des Werkstoffverhaltens bei geringerer Festigkeit und geringerer Bruchdehnung erzielt wird, ist ein Aufschäumen im Bereich der Schnapphaken möglichst zu vermeiden. Dies kann dadurch erreicht werden, dass die Schnapphaken in der Nähe des Angusses positioniert werden, wo höhere Drücke in der Kavität wirken. In Verbindung mit der Wahl von geringeren Wanddicken kann ein Aufschäumen im Bereich der Schnapphaken noch weiter reduziert oder sogar vollständig vermieden werden.

18.3.1.3 Fließhindernisse

Fließhindernisse können in unterschiedlichsten Ausprägungen in Formteilen, z. B. in Form von Durchbrüche vorliegen. Diese wiederum können unterschiedliche Geometrien aufweisen und müssen beim Schaumspritzgießen besonders berücksichtigt werden. Da in Fließrichtung hinter den Fließhindernissen je nach Geometrie hohe Druckunterschiede durch die Aufweitung der Geometrie erzeugt werden, können hier auch Schmelzeexplosionen hervorgerufen werden. Daher sollten die Durchbrüche möglichst strömungsgünstig ausgelegt sein, um durch niedrige Druckgradienten Schmelzeexplosionen und die Bildung von verhältnismäßig großen Schaumzellen zu vermeiden.

Ein besonderes Problem stellt der Einsatz von Durchbrüchen am Ende des Fließwegs dar (vgl. Bild 18.38). Dort wird das Zusammenfließen der Schmelze und die Durchmischung der Schmelzefront nur durch den Gasdruck des in der Schmelze gelösten Treibfluids bewirkt, sodass die verschweißenden Kräfte an der Bindenaht verhältnismäßig gering sind. Zum einen sind die Temperaturen an den jeweiligen Fließfronten während des langsamen freien Aufschäumens geringer (durch die Expansion des Gases), zum anderen sind die Drücke, die durch den inneren Gasdruck (bis max. 40 bar) auftreten, deutlich niedriger als beim Kompaktspritzgießen. Eine Möglichkeit, die Bindenahtfestigkeit zu erhöhen, ist die Einstellung eines höheren Dosiervolumens, wodurch wiederum die Aufschäumgrade reduziert werden. Durch Erhöhung des Dosiervolumens wird weniger Gas für den Aufschäumvorgang verwendet und darüber abgebaut, wodurch mehr druckaufbauendes Gas für den Verschweißvorgang zur Verfügung steht. Eine weitere Möglichkeit zur Erhöhung der Bindenahtfestigkeit ist die Positionierung der Durchbrüche in angussnahe Bereiche. Dabei ermöglicht die herabgesetzte Viskosität der beladenen Schmelze eine verbesserte Durchmischung der Schmelzefront, während die Bindenähte durch die höheren

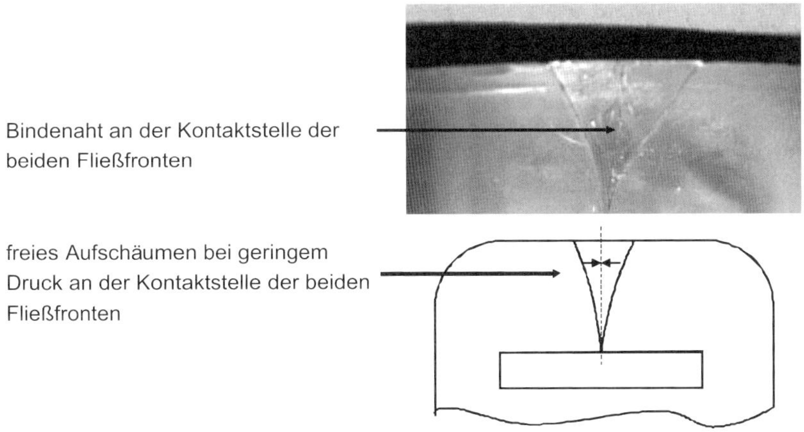

Bild 18.38 Bindenähte hinter Fließhindernissen (PP-T20)

Drücke während des Einspritzvorgangs intensiver verbunden werden können. Die Erzielung höherer Drücke in Verbindung mit einer geringeren Neigung zu Schmelzeexplosionen kann auch durch hohe Einspritzgeschwindigkeiten realisiert werden.

Werden keine Ansprüche an die geometrischen Verhältnisse im Bereich des Fließhindernisses gestellt, so ist ebenfalls mit dem Einsatz der Verfahrensvariante „atmendes" Werkzeug eine effektive Möglichkeit zur Erhöhung der Bindenahtfestigkeit gegeben. Durch die nahezu kompakte Füllung der teilgeöffneten Kavität können die Bereiche hinter Durchbrüchen unter hohem Druck verschweißt werden. Der nachträgliche Atmungsvorgang ermöglicht das Aufschäumen des Bauteils.

18.3.2 Angusssystem

Aus werkzeugtechnischer Sicht wird die erzeugbare Schaumstruktur erheblich von der Wahl des Angusssystems und des Anschnitts beim Niederdruckverfahren beeinflusst, da der Druckabfall vom Anguss zum Formteil das Nukleierungsverhalten in der Schmelze bestimmt. Das Angusssystem gliedert sich in den Angusskanal und den Anschnitt, die jeweils für das Schaumspritzgießen ausgelegt werden sollten. Neben deren Auslegung und der Wahl geeigneter Anspritzpunkte spielt auch die Balancierung des Angusssystems eine entscheidende Rolle beim Schaumspritzgießen. Die Auslegung der einzelnen Komponenten für den Schaumspritzgießprozess wird in den folgenden Abschnitten thematisiert.

18.3.2.1 Balancierung des Angusssystems

Bei der Auslegung eines Mehrkavitätenwerkzeugs für das Schaumspritzgießen ist eine genau abgestimmte Balancierung des Angusssystems notwendig. Dessen Auslegung ist beim Schaumspritzgießen jedoch deutlich schwieriger als beim Kompaktspritzgießen, da die Kavitäten während des maschinenseitigen Einspritzvorgangs nur teilgefüllt werden. Geringste Unterschiede während der Füllung resultieren in unterschiedlichen Aufschäumgraden und damit in unterschiedlichen Bauteilgewichten und -eigenschaften. Anders als beim Kompaktspritzgießen kann beim Schaumspritzgießen keine Vergleichmäßigung der Masse durch die Nachdruckphase angestrebt werden. Eine Balancierung des Angusssystems wird dabei mit der Höhe der angestrebten Gewichtsreduktionen schwieriger. Aufgrund dieser Schwierigkeiten ist die Verwendung von Einkavitätenwerkzeugen vorzuziehen.

Müssen jedoch mehrere Kavitäten in einem Werkzeug eingebracht werden, so empfiehlt sich die Verwendung von natürlich balancierten Angusssystemen, indem auf symmetrische Angüsse zurückgegriffen wird (Bild 18.39, oben links). Die beim Kompaktspritzgießen üblichen Reihenverteilungen[18.84] [18.85] (vgl. Bild 18.39, unten links) sind für das Schaumspritzgießen nicht geeignet, da dort bei einer

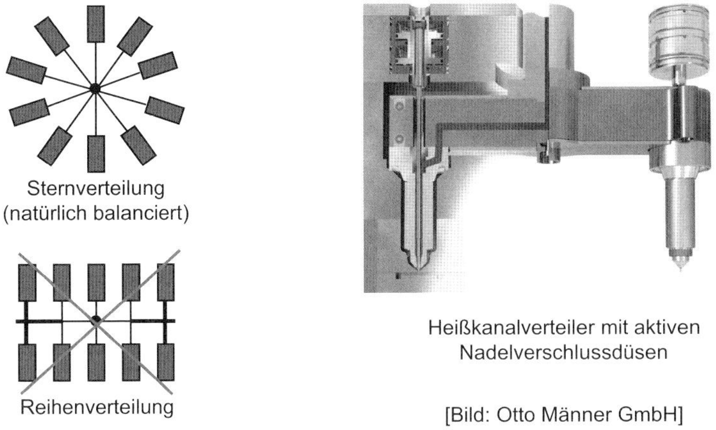

Bild 18.39 Balancierung des Angusssystems (bei Mehrkavitätenwerkzeugen)

Teilfüllung unterschiedliche Füllgrade in den Formnestern unvermeidbar sind. Um Probleme zu vermeiden, sollten natürlich balancierte Angusssysteme, wie z. B. Sternverteiler, benutzt werden.

Eine Möglichkeit zur Umgehung der schwierigen Balancierung von Mehrkavitätenwerkzeugen ist die Verwendung eines Heißkanalsystems, bei dem eine Balancierung des Angusskanals nicht nötig ist. Die besonderen Rahmenbedingungen beim Schaumspritzgießen in Verbindung mit Heißkanälen werden später noch erläutert.

Hinsichtlich des Fließquerschnittes des Angusskanals können und sollten beim Schaumspritzgießen geringere Querschnitte verwendet werden. Während beim Kompaktspritzgießen die Fließkanäle nach der Wanddicke des Formteils zum Aufbringen einer ausreichenden Nachdruckdauer dimensioniert werden [18.84] [18.85], ist dies beim Schaumspritzgießen durch den Wegfall der maschinenseitigen Nachdruckphase nicht notwendig. Die Verwendung von geringeren Fließquerschnitten wird zudem durch die niedrigeren Viskositäten der mit Treibfluid beladenen Schmelze unterstützt. Hierdurch kann einerseits die Abfallmenge des Angusses reduziert werden, andererseits ist durch ein schnelleres Fließen ein größerer Druckabfall zur Kavität und dadurch eine höhere Zellnukleierungrate in der Schmelze möglich.

18.3.2.2 Angussbuchse

Wird die Kaltkanaltechnik beim Schaumspritzgießen verwendet, so ist der Einsatz einer Angussbuchse notwendig. Diese verbindet die Eintrittsöffnung zum Plastifizieraggregat entweder direkt mit dem Bauteil oder mit einem nachfolgenden Angusskanal[18.84] [18.85] und ist im Inneren zur Entformung kegelförmig ausgeführt. Da beim Schaumspritzgießen keine Nachdruckphase nötig ist, um Einfallstellen zu vermeiden, kann das Angusssystem insgesamt mit geringerem Fließquerschnitt

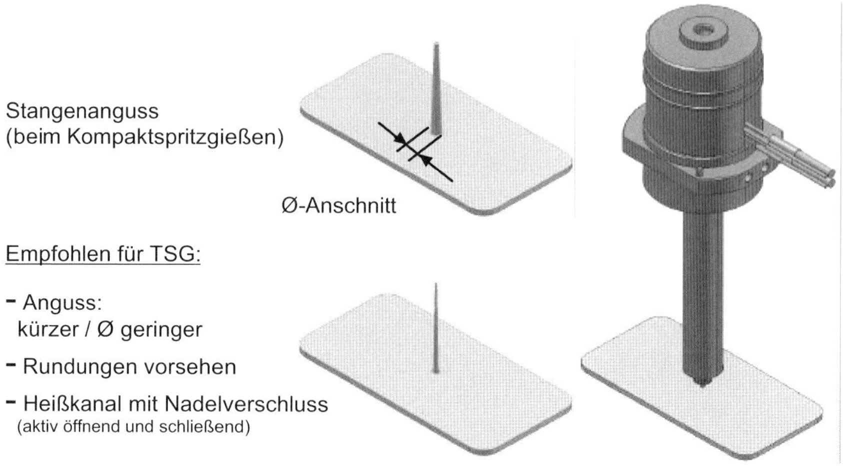

Bild 18.40 Aspekte zur Anpassung des Angusses für das TSG

(ca. 75 % vom Kompaktspritzguss) ausgeführt werden. So sollte auch die Angussbuchse entsprechend kleiner dimensioniert werden (Bild 18.40). Dabei ist die Verringerung im Durchmesser mit einer Reduktion in Längsrichtung verbunden, um den notwendigen Entformungswinkel sicherzustellen. Dieser ist aufgrund der geringeren Schwindung und derraueren Oberflächen beim Schaumspritzgießen größer auszulegen, um ein sicheres Entformen zu gewährleisten.

18.3.2.3 Anschnittarten

Besonders der Anschnitt spielt beim Niederdruck-Verfahren eine große Rolle hinsichtlich der erzeugten Schaumstruktur. Bei den Anschnitten muss grundsätzlich unterschieden werden, ob Kalt- oder Heißkanalsysteme verwendet werden.

Es werden werden bevorzugt Systeme eingesetzt, die einen erhöhten und schnellen Druckabfall während der Einspritzphase ermöglichen, wie beispielsweise der Filmanguss, der Tunnelanguss oder auch der Punktanguss (Bild 18.41) [18.86]. Damit werden bei gleichem Treibmitteldruck höhere Nukleierungsraten ermöglicht, die eine feinere Schaumstruktur im Bauteilinnern bewirken.

Kaltkanalsysteme für das Kompaktspritzgießen (z. B. Stangenanguss) sind für das Schaumspritzgießen überdimensioniert, wenn bei der Auslegung fälschlicherweise die im Standard-Spritzgießen notwendige Nachdruckphase berücksichtigt wird, da diese beim Schaumspritzgießen unnötig ist.

Bei der Wahl von Heißkanälensind grundsätzlich Ausführungen mit Nadelverschluss zu verwenden, um ein vorzeitiges Aufschäumen zu vermeiden [18.87]. Bei der Verwendung von offenen Düsen würde die im Heißkanal vorliegende Schmelze während des Entformens unkontrolliert aufschäumen und die Kavität unreproduzierbar füllen.

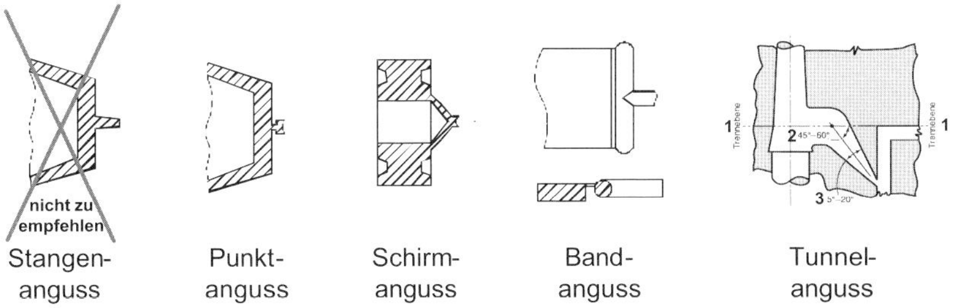

Bild 18.41 Verschiedene Anguss-/Anschnittarten
Bezeichnungen in Bild rechts außen (Tunnelanguss):
1 Trennebene
2 α = 45°-60°
3 α = 5°-20°

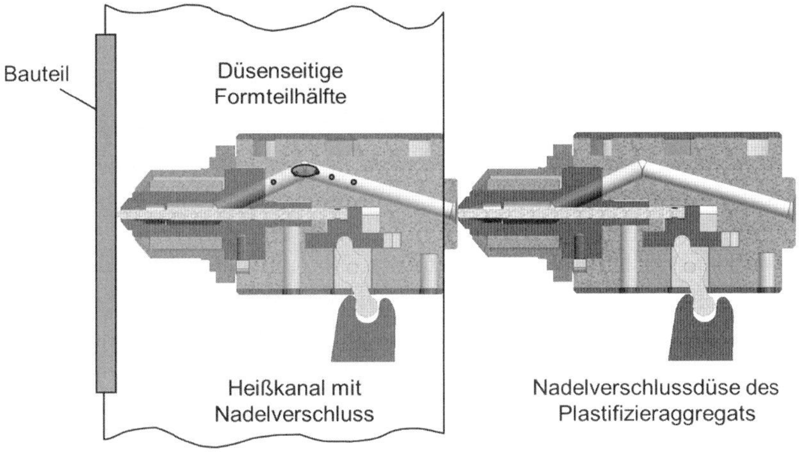

Bild 18.42 In Reihe geschaltete Nadelverschlussdüsen

Bei der Verwendung eines Heißkanals im Werkzeug sind in den meisten Fällen bereits zwei Nadelverschlussdüsen in Reihe geschaltet (Bild 18.42). Eine Nadelverschlussdüse wird bereits am Plastifizieraggregat verwendet, die andere schließt sich direkt im Werkzeug an. Bei dieser Anordnung ist auf die Schließreihenfolge der Düsen zu achten. Da nach der maschinenseitigen Einspritzphase normalerweise beide Düsen geschlossen werden, wird im Bereich des Heißkanals mit Treibfluid beladene Schmelze unter Druck eingeschlossen. Schließt die Nadel zur Kavität jedoch später, so baut sich der Druck im Heißkanal ab und die Bildung von Gasblasen wird ermöglicht, die im folgenden Einspritzvorgang in das Werkzeug eingetragen werden. Je nach Volumen im Heißkanal und Treibfluidbeladung können dadurch während des Einspritzvorgangs Schmelzeexplosionen in der Kavitätauftreten. Hierdurch werden die Schaumstruktur und auch die Oberfläche der Bauteile negativ beeinflusst. Um das Auftreten solcher Schmelzeexplosionen zu vermeiden, ist es notwendig, den Druck im Heißkanal über dem Sättigungsdruck des Treibmittels zu halten. Dies kann durch ein gleichzeitiges Schließen beider Nadelverschlussdüsen oder das geringfügig spätere Schließen der plastifizierseitigen Nadelverschlussdüse erreicht werden.

Sollen mehrere Kavitäten in einem Werkzeug verwendet werden, ist der Einsatz von Heißkanälen aus oben genannten Gründen zu empfehlen. Hierdurch wird sichergestellt, dass der Aufschäumvorgang erst in den jeweiligen Kavitäten beginnt. Für reproduzierbare und gleiche Formteilgewichte der verschiedenen Kavitäten sind grundsätzlich aktiv öffnende und aktiv schließende Heißkanäle zu verwenden. Beim Einsatz von passiv öffnenden Heißkanälen werden bereits bei geringen Druckunterschieden unterschiedlich große Schmelzemassen in die Kavitäten eingebracht. Diese resultieren in unterschiedlichen Schaumstrukturen im Formteil und damit auch unterschiedlichen Formteileigenschaften.

Neben dem Vorteil des geringeren Aufwands bei der Angussbalancierung stellt der größte Vorteil beim Einsatz von Heißkanalsystemen die Materialersparnis sowie die Vermeidung von Anschnittmarkierungen am Bauteil dar.

18.3.2.4 Lage der Anspritzpunkte

Die Lage der Anspritzpunkte hat einen wesentlichen Einfluss auf die erreichbare Schaumqualität. Beim Schaumspritzgießen wird häufig ein verringertes Schmelzevolumen in die Kavität eingespritzt, weswegen die Kavität durch den Aufschäumvorgang erst gefüllt wird. Die Zellnukleierung und das Zellwachstum werden von einer Vielzahl von Variablen, wie etwa der Fließgeschwindigkeit, dem Druckabfall, der Werkzeugtemperatur u. v. m. beeinflusst. Entlang des Fließwegs ergeben sich daher Unterschiede in der Zellstruktur und der Dichte. Zur Minimierung der Unterschiede können unterschiedliche Maßnahmen ergriffen werden. Im Allgemeinen sollte die Lage der Anspritzpunkte so gewählt werden, dass die Fließwege über dem Bauteil so kurz wie möglich gehalten werden. Hierdurch können die Druckverluste reduziert und höhere und gleichmäßigere Aufschäumgrade im Bauteil realisiert werden [18.80].

Um dem Ziel von insgesamt möglichst kurzen Fließwegen gerecht zu werden, sollten die Fließwege im besten Fall gleich lang sein. Hierdurch können die Druckdifferenzen über dem Bauteil so gering wie möglich gehalten und damit eine homogene Dichteverteilung erzielt werden. Bild 18.43 zeigt die auftretenden Drücke bei verschiedenen Lagen der Anspritzpunkte am Beispiel von Füllsimulationen, die stark mit den Dichteverteilungen im Bauteil korrelieren.

Ein weiterer Aspekt für die Wahl des Anspritzpunktes ist die Wanddickenverteilung des Bauteils. Im Gegensatz zum Kompaktspritzgießen, bei dem die Anschnitte in

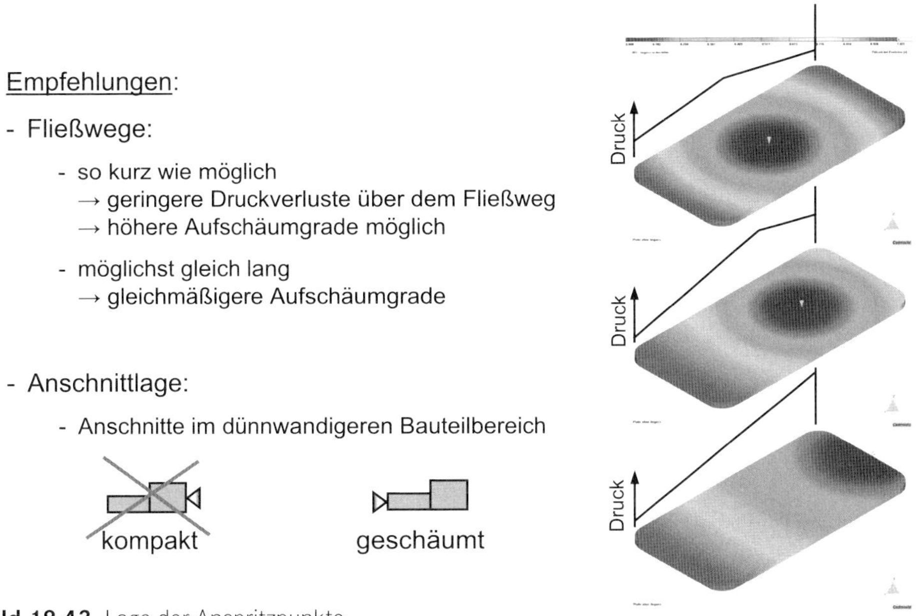

Bild 18.43 Lage der Anspritzpunkte

dickwandigen Bauteilbereichen liegen sollten, um eine möglichst hohe Nachdruckwirkung zu gewährleisten, sollten die Anschnitte beim Schaumspritzgießen, wenn vorhanden, in den dünnwandigeren Bauteilbereichen liegen. Wie auch bei der Gestaltung von Rippen zu beachten ist, benötigen die dünnwandigen Bereiche einen höheren Druck zum Ausformen der Kavität (vgl. Abschnitt 18.3.1.2). Daher ist es oft schwierig, diese lediglich mit dem Schäumdruck des Treibmittels (Drücke bis ca. 40 bar) zu füllen. Zur Füllung der Kavität müsste mehr Druck durch die Einbringung von mehr Schmelze zur Verfügung stehen, was jedoch den Aufschäumgrad senken würde.

Die dünnwandigen Bereiche sollten daher möglichst durch den Einspritzdruck der Spritzgießmaschine überwunden werden, während die Bereiche höherer Wanddicke durch das Aufschäumen der Schmelze gefüllt werden.

Da beim Schaumspritzgießen keine maschinenseitige Nachdruckphase benötigt wird, ist ein vorzeitiges Einfrieren des Angusses im dünnwandigen Bauteilbereich unkritisch.

18.3.3 Temperierung beim Schaumspritzgießen

Beim Schaumspritzgießen wirken Inhomogenitäten der Werkzeugoberflächentemperatur wesentlich stärker auf die Bauteileigenschaften als beim Kompaktspritzgießen. Da der Aufschäumvorgang stark durch Druck und Temperatur bestimmt wird [18.88], ist bei Variation einer der Parameter, beispielsweise der Temperatur, mit einer Auswirkung auf die Schaumstruktur zu rechnen. Die Temperatur der Schmelze wird während des Abkühlvorgangs stark von der Temperatur der Werkzeugoberfläche bestimmt, die sich durch die entsprechend ausgelegte Werkzeugtemperierung ergibt. Damit kann die Schaumstruktur des Bauteils gezielt durch die Temperierung beeinflusst werden. Bei hohen Werkzeugtemperaturen ist beispielsweise der Temperaturgradient über der Randschicht geringer, sodass es auch in randnahen Bereichen zum Zellwachstum kommt. Hierdurch resultieren dünnere kompakte Randschichtdicken in Verbindung mit höheren möglichen Gewichtsreduktionen des Bauteils [18.89] [18.90]. Der Effekt der Beeinflussung der Randschichtdicke der geschäumten Bauteile durch die Werkzeugtemperatur kann sich aber auch negativ bemerkbar machen. Ist die Temperatur des Werkzeugs durch eine unzulängliche Temperierung über der Kavität stark inhomogen, so wirkt sich dies unmittelbar auf die Schaumstruktur bzw. die Wanddicke aus. Erreichen die Randschichten beispielsweise durch Hot-Spots im Werkzeug nicht die vorgegebene Dicke, so kann dies zu deutlichen Einbußen in den mechanischen Eigenschaften des Bauteils führen (Bild 18.43). Da oft gleiche Struktureigenschaften über dem gesamten Bauteil gefordert werden, ist eine homogene Temperaturverteilung im Werkzeug notwendig. Hilfsmittel für eine homogene Werkzeugtemperierung ist die thermische Auslegung der Werkzeuge, die mit Simulationsprogrammen(vgl. Kapitel 16) unterstützt werden kann. Damit können schon im Vorfeld mögliche Hot-Spots identifiziert und vermieden werden, die zu einer Verlängerung der Zykluszeit und unregelmäßigen Schaumstrukturen führen würden.

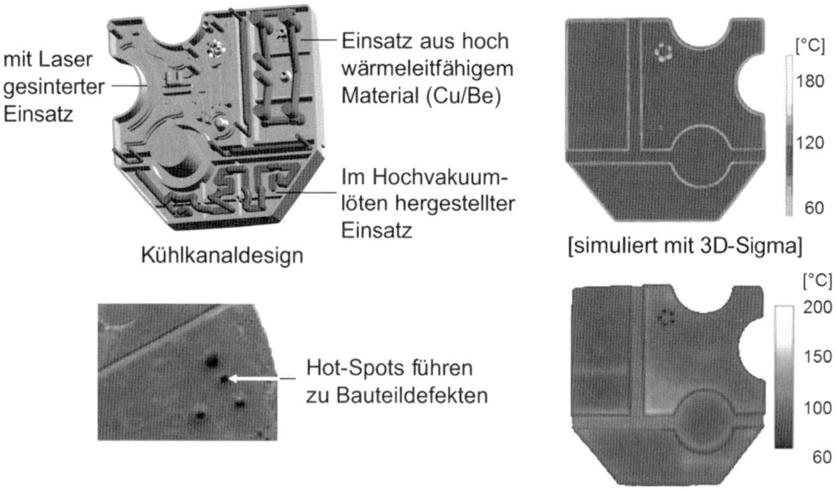

Bild 18.44 Thermische Auslegung von Schäumwerkzeugen

Bestehen jedoch höhere Anforderungen an die Oberflächenqualität der geschäumten Bauteile, gibt es zwei Ansatzpunkte, um diesem Ziel gerecht zu werden. Neben der Erhöhung der Fülldrücke (beispielsweise durch die Verwendung der Verfahrensvariante „atmendes" Werkzeug) besteht die Möglichkeit, durch Einstellung einer höheren Oberflächentemperatur während des Füllvorgangs, die Oberflächenqualität zu verbessern. Dies ist einerseits möglich durch den Einsatz von Beschichtungen in der Kavität [18.91], andererseits auch durch die Verwendung einer zusätzlichen Werkzeugheizung, zur Realisierung des Variotherm-Verfahrens beim Spritzgießprozess (vgl. Abschnitt 18.3.6.6).

18.3.4 Entlüftung (vgl. Kapitel 9)

Eine wirkungsvolle Entlüftung des Werkzeugs ist beim Schaumspritzgießen noch wichtiger als beim Kompaktspritzgießen. Bei einer unzureichenden Entlüftung des Werkzeugs verhindert das komprimierte Gas ein vollständiges Aufschäumen des Bauteils, wodurch die Kavität nicht vollständig ausgeformt werden kann (Bild 18.45). Ebenso kann die Schmelze durch den Dieseleffekt lokal zersetzt werden. Da das Gas schon während der Füllung aus der Schmelze diffundiert, kann dieser Effekt im Vergleich zum konventionellen Spritzgießen verstärkt auftreten.

Zur Verbesserung der Entlüftung können die Entlüftungsöffnungen durch den geringen Druck beim Thermoplast-Schaumspritzgießen (teilweise nur ein Zehntel der Drücke die beim Kompaktspritzgießen auftreten) ca. 50 % größer dimensioniert werden als beim Kompaktspritzgießen [18.92].

Bild 18.45 Entlüftung beim Schaumspritzgießen

18.3.5 Werkzeugmaterialien beim Schaumspritzgießen

Durch die geringen Werkzeuginnendrücke beim Thermoplast-Schaumspritzgießen kann die Schließkraft an der Spritzgießmaschine reduziert werden. Die daraus hervorgehende niedrigere mechanische Belastung des Werkzeugs ermöglicht die Verwendung von Aluminium als Werkzeugmaterial [18.92], wenn einfache Geometrien bei geringen Stückzahlen hergestellt werden sollen. „Atmende“ Werkzeuge erfordern aufgrund der höheren Werkzeuginnendrücke jedoch weiterhin Stahl als Werkzeugmaterial. Ebenso scheidet Aluminium als Werkzeugmaterial aus, wenn bewegliche Kerne bzw. Schieber benötigt werden oder ein gefülltes Polymer verarbeitet werden soll.

Aufgrund der höheren Wärmeleitfähigkeit von Aluminium (117 bis 229 W/K · m) [18.93] kann die Zykluszeit gegenüber einem Stahlwerkzeug (15 bis 55 W/K · m) bei gleicher Temperatur des Temperiermediums verringert werden. Trotz des höheren Materialpreises sind Aluminiumwerkzeuge auf Grund der leichten Zerspanbarkeit des Materials meist preiswerter zu fertigen als Stahlwerkzeuge (vgl. Kapitel 23).

18.3.6 Möglichkeiten zur Verbesserung der Oberflächenqualität beim Schaumspritzgießen

Vor allem die typischen Oberflächendefekte haben in der Vergangenheit neben der Optimierung der Prozessparameter zu vielen Entwicklungen im Bereich der Werkzeug- und Verfahrenstechnik geführt, die auf dem konventionellen Thermoplast-Schaumspritzgießen aufbauen. Beim konventionellen TSG wird die Kavität mit dem Schmelze/Treibfluid-Gemisch entsprechend der zu erzielenden Gewichtsreduktion während der maschinenseitigen Einspritzphase nur teilgefüllt. Durch das Aufschäumen des Polymers wird anschließend die vollständige Ausformung der Kavität erreicht, wodurch im Wesentlichen die Drücke des Treibmittels die Werkzeuginnendrücke in dieser Phase bestimmen. Durch die vergleichsweise niedrigen Drücke und die Blasenbildung während der Füllphase werden nur mäßige Oberflächenqualitäten erreicht [18.83] [18.80]. Aus dieser Motivation heraus wurden unter anderem das Gasgegendruckverfahren, „atmende“ Werkzeuge, die Verwendung von Strukturierungen und Wärmedämmenden Beschichtungen in Werkzeugen sowie das Variotherm-Verfahren entwickelt; diese Maßnahmen werden in den folgenden Abschnitten kurz vorgestellt.

18.3.6.1 „Atmendes“ Werkzeug

Beim Verfahren des „atmenden Werkzeugs“ wird die Kavität in der maschinenseitigen Einspritzphase zunächst mit dem Schmelze/Treibfluid-Gemisch vollständig

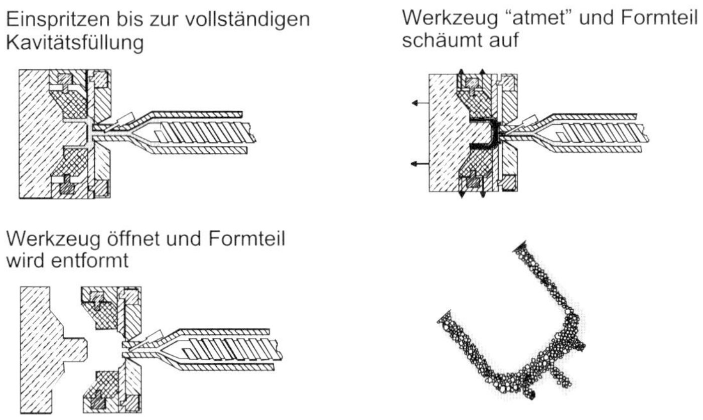

Bild 18.46 „Atmendes" Werkzeug zur Herstellung geschäumter Bauteile mit glatter Oberfläche

gefüllt, wobei das Kavitätsvolumen zu diesem Zeitpunkt kleiner als das Volumen des herzustellenden Formteiles ist (Bild 18.46). In einer sich an die Einspritzphase anschließenden kurzen Nachdruckphase werden die Randschichten des Formteiles komprimiert, um eine geschlossene Randschicht zu erzielen. Das Aufschäumen wird durch die Vergrößerung des Werkzeughohlraumes initiiert. Dies kann durch Verwendung eines Tauchkantenwerkzeuges oder durch Ziehen eines oder mehrerer Kerne umgesetzt werden. Durch die vollständige Befüllung der Kavität wirken im Werkzeug im Vergleich zum konventionellem Schaumspritzgießen höhere Drücke. In Kombination mit der anschließenden Nachdruckphase können die während des Füllvorgangs entstandenen Oberflächendefekte behoben werden. Mithilfe der kurzen Nachdruckphase wird die treibfluidbeladene Schmelze vor dem Aufschäumen vergleichmäßigt. Somit weist die Schaumstruktur im Bauteilinneren keine Änderung in Abhängigkeit des Fließwegs auf, wie bei konventionell untervolumetrisch geschäumten Bauteilen der Fall ist [18.80].

Diese Verfahrenstechnik ist jedoch werkzeugtechnisch sehr aufwendig und aufgrund der geometrischen Randbedingungen vorzugsweise bei ebenen und flächigen Bauteilen einzusetzen. Sollen dreidimensionale Bauteile geschäumt werden, so ist ein Aufschäumen nur in einigen Bereichen durch den Einsatz von Kernen möglich. Damit können beispielsweise gezielt dickwandige Teilbereiche aufgeschäumt werden (die im Kompaktspritzgießen nicht realisierbar wären).

Durch die Verwendung dieser Werkzeugtechnik sind gegenüber dem konventionellen Thermoplast-Schaumspritzgießen deutlich höhere Aufschäumgrade realisierbar, die im Wesentlichen durch den Atmungshub des Werkzeugs bestimmt werden. Bei ebenen Geometrien können bei Anfangswanddicken von 3 mm Aufschäumgrade von über 50 % (Atmungshub 100 %) erreicht werden. So können besonders vorteilhafte gewichtsspezifische mechanische (Biege-)Eigenschaften realisiert werden.

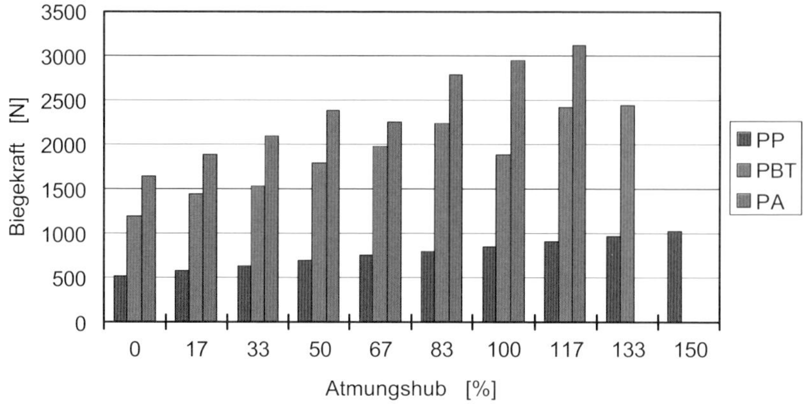

Bild 18.47 Biegekraft als Funktion des Atmungshubs (ebene Platten, gleiches Gewicht, Anfangswanddicke 3 mm)

Wie in Bild 18.47 zu sehen ist, nehmen die Biegefestigkeit annähernd linear mit dem Atmungshub bei allen verwendeten Materialien zu [18.94].

Die Atmungsgeschwindigkeit, d. h. die Verfahrgeschwindigkeit der beweglichen Kavitätsfläche, bestimmt die Nukleierung und damit maßgeblich die resultierende Schaumstruktur. Da der Druckabfall die Nukleierungsrate direkt beeinflusst, ist die schnellstmögliche Atmungsgeschwindigkeit für eine bessere Nukleierung und damit für eine feinzelligere Schaumstruktur zu empfehlen. Dabei darf das Bauteil sich nicht von der Kavitätswand lösen, da durch den Schaumdruck sonst unregelmäßige Erhebungen im Bauteil entstehen können [18.80]. Wenn keine besonderen Ansprüche an die mechanischen Eigenschaften des hergestellten Bauteils gestellt werden, reicht unter Umständen die hydraulische Kernzugsteuerung der Spritzgießmaschine aus, um die Kavitätenfläche zu bewegen. Für eine sehr genaue Einstellung der Atmungsgeschwindigkeit ist hingegen die Verwendung eines separaten Schrittmotors mit externer Steuerung unumgänglich. Sofern eine Steuerung der beweglichen Kavitätsfläche über die Kernzugsteuerung der Maschine verwendet werden soll, muss sichergestellt sein, dass die Steuerung der verwendeten Maschine auch eine Bewegung während des Zyklus zulässt. Das Werkzeug muss in diesem Fall über einen Hydraulikzylinder zur Bewegung des Kerns verfügen.

Da die Oberflächenqualität bereits während der Einspritzphase bestimmt wird, wird diese durch den Atmungsvorgang nicht weiter beeinflusst. Ein ebenso wichtiger Prozessparameter beim „atmenden" Werkzeug ist die Atmungsverzögerung respektive die Nachdruckphase. Die Dauer dieser Prozessphase beeinflusst unter anderem die Randschichtdicke und damit auch die mechanischen Kennwerte des hergestellten Bauteils. Je länger diese Prozessphase gewählt wird, desto größer ist die Randschichtdicke. Hierdurch ist die Möglichkeit gegeben, die Randschichtdicke des Bauteils gezielt zu beeinflussen.

Allerdings wird durch die Dauer der Nachdruck-bzw. Haltephase auch der maximal erreichbare Aufschäumgrad bestimmt. Je länger die Kunststoffschmelze gekühlt wird, desto dicker werden die Randschichten auf Kosten des noch schmelzeförmigen, aufschäumbaren Kernbereichs. Zudem ist die Viskosität des schmelzeförmigen Kerns in den randschichtnahen Bereichen höher, sodass sich ein verändertes Dichteprofil über der Bauteildicke ergibt. Somit stellen sich bei höherer Verzögerungszeit kleinere Zellen in der Nähe der Randschichten ein, während die Bauteilmitte eine grobzelligere Struktur aufweist [18.89].

Die Haltezeit hat neben der Beeinflussung der Randschichtdicke und des Aufschäumgrads auch eine Auswirkung auf die Zykluszeit. Aufgrund der geringeren Wanddicke und des höheren Druckes kann das Bauteil während der Haltezeit intensiver gekühlt werden als dies nach dem „Öffnen" des Werkzeugs möglich ist. Durch die höheren Drücke werden höhere Wärmeübergangskoeffizienten zwischen Schmelze und Werkzeug erreicht, wodurch die Wärme des Kunststoffs schneller abgeführt werden kann.

Bei der Auslegung der beweglichen Elemente zum Aufschäumen (Kerne, gesamte Kavitätsflächen) ist darauf zu achten, dass beim „Öffnen" der Werkzeugkavität Einschnürungen am Bauteil im Bereich der Tauchkanten entstehen. Diese beruhen auf der mangelnden Verformbarkeit der bereits eingefrorenen seitlichen Randschicht zum Zeitpunkt des „Atmens" und können nicht vermieden werden. Durch den Einsatz von z. B. Ziernuten können diese jedoch kaschiert werden. Wie Einschnürungen in Bauteilecken aussehen, ist in Bild 18.48 dargestellt.

Bild 18.48 Ausführungen von Kanten bei Verwendung eines „atmenden" Werkzeugs

18.3.6.2 Gasgegendruckverfahren

Beim Gasgegendruck-Verfahren (Bild 18.49) wird das Aufschäumen der Kunststoff/Treibfluid-Lösung während des Einspritzens vermieden, indem vor dem Einspritzvorgang ein Gasdruck von bis ca. 40 bar in der Kavität angelegt wird. Durch diesen Gasdruck soll das in der Schmelze gelöste Treibfluid über dem Sättigungsdruck gehalten werden, wodurch die Entstehung und das Wachstum von Zellen während des Füllvorgangs vermieden wird.

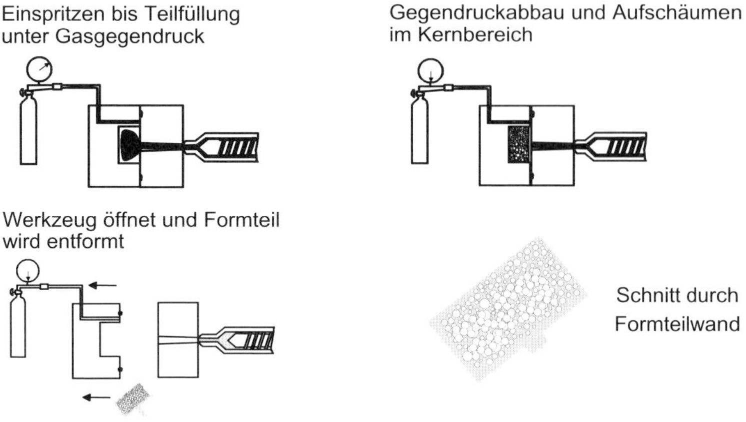

Bild 18.49 Werkzeug mit Gasgegendruck zur Herstellung geschäumter Bauteile mit glatter Oberfläche

Nachteilig bei diesem Verfahren sind die hohen Werkzeugkosten, da die Werkzeughälften gasdicht und mit einer hohen Oberflächenqualität gefertigt werden müssen. Da die Verwendung des Gasgegendrucks beim konventionellen Thermoplast-Schaumspritzgießen je nach Formteilgeometrie zu Problemen (Entstehung von Oberflächendellen, unausgefüllte Bereiche etc.) führen kann [18.95], kann diese Verfahrensvariante mit dem „atmenden“ Werkzeug kombiniert werden [18.96] bis [18.98] [18.80]. Die Verfahrensvariante Gasgegendruck ist besonders effektiv bei komplexen Geometrien gleicher Wanddicke. Für die verfahrenstechnische Umsetzung ist eine Gaszuführung mit entsprechendem Anschluss an eine Gasdosierstation in das Werkzeug einzuarbeiten. Die einfachste Möglichkeit ist die Gaszuführung über die Werkzeugtrennebene durch minimale Schliffe in der Dichtfläche, die über einen Gasversorgungskanal verbunden sind. Dies kann zum Beispiel über eine um die Kavität umlaufende Nut gelöst werden, die mit der Gaszuleitung verbunden ist (ähnlich den Entlüftungskanälen in Bild 9.5).

Des Weiteren muss zum Aufbauen des Gasgegendrucks die Kavität entsprechend abgedichtet sein. Es muss jedoch sichergestellt werden, dass ein schnelles Auf- bzw. Abbauen des Gasgegendrucks möglich ist, da es sonst aufgrund mangelnder Entlüftung zu Problemen bei der Herstellung der Formteile kommen kann. Werkzeugtechnisch kann das z. B. durch ein integriertes Ventil realisiert werden. Ein schneller Druckabbau ermöglicht hohe Nukleierungsraten, die für die Entstehung feinzelliger Schaumstrukturen notwendig sind.

Neben dem Druckauf- und Druckabbau ist auch die Höhe des Gasgegendrucks von großer Bedeutung. Um die Bildung von Dellen auf der Bauteiloberfläche zu vermeiden (Bild 18.50), sollte der Druck grade hoch genug sein, um das vorzeitige Aufschäumen der Schmelze zu vermeiden. Wenn der Gasdruck zu hoch gewählt wird, ist die Wahrscheinlichkeit sehr hoch, dass Gas zwischen Schmelze und Werkzeugwand

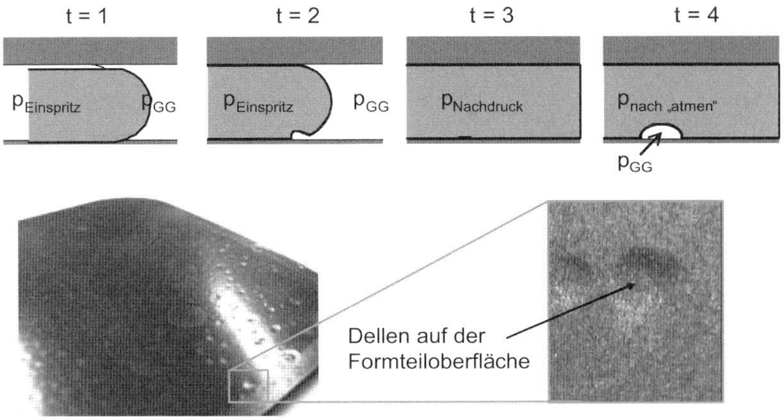

Bild 18.50 Entstehung von Dellen bei Verwendung des Gasgegendruckverfahrens

eingeschlossen wird, wodurch einerseits die Kavität nicht vollständig ausgeformt werden kann und andererseits die Schlieren- und Dellenbildung begünstigt wird.

Ist der Gasdruck zu gering, kann dem Aufschäumen der Kunststoffschmelze nicht effektiv entgegengewirkt werden, sodass das Ziel zur Verbesserung der Oberflächenqualität nicht erreicht werden kann. Ein geeigneter Test, um die optimale Gasgegendruckhöhe in Abhängigkeit des Materials und des verwendeten Treibmittels zu bestimmen, ist die Durchführung von Füllstudien. Hierbei wird über mehrere Zyklen der Gasgegendruck kontinuierlich gesteigert, der jeweils bis zum Ende der Kühlzeit aufrechterhalten wird. Hierbei kühlt das Bauteil unter entsprechendem Gegendruck ab. Der Gasdruck sollte nun soweit erhöht werden, bis ein Aufschäumen der Schmelze gerade vermieden wird. Auszuwertende Größe ist hierbei das Volumen des Schmelzekuchens (bei gleichem Dosiervolumen), das sich als Funktion des jeweiligen Gegendrucks einstellt. Verringert sich das Volumen bei steigendem Gasdruck gerade nicht mehr, so ist die optimale Gasgegendruckhöhe erreicht.

Hinsichtlich der Vermeidung von eingeschlossenem Gas zwischen Schmelze und Werkzeug sind auch geometrische Einflüsse zu berücksichtigen. Bei der Verwendung von Wanddickensprüngen von dünn auf dick ist die Gefahr des Einschlusses von Gas besonders hoch, da hinter dem Sprung bei abrupter Ausführung ein Totgebiet auftritt. Dies macht sich als Formteildefekt in Form von Oberflächenriefen und unausgefüllten Bereichen bemerkbar (Bild 18.51). Auch Rippen sind beim Einsatz der Verfahrensvariante Gasgegendruck eher als schwierig einzustufen. Eingeschlossenes Gas in den Rippenbereichen wird durch den zusätzlichen Gasgegendruck verstärkt und führt zu ungefüllten Rippen. Eine Möglichkeit zur Reduktion dieser Defekte ist die Kombination dieses Verfahrens mit der Verfahrensvariante „atmendes" Werkzeug. Durch die hierbei höheren Drücke kann das Gas verdrängt werden, so dass unausgefüllte Bereiche vermieden werden können. Ist der zusätzliche Einsatz des

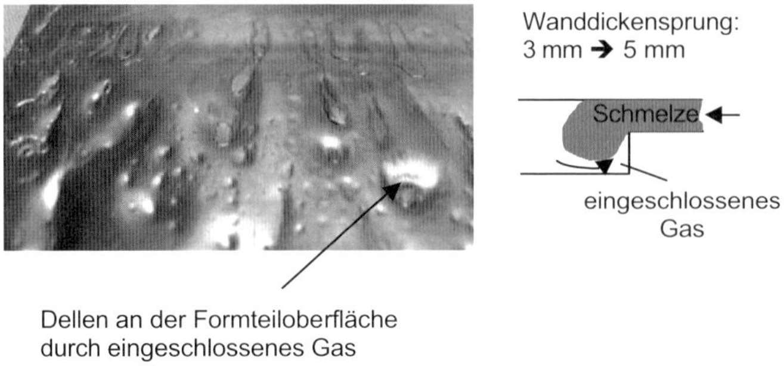

Bild 18.51 Formteilfehler an Wanddickensprüngen (PP-T 20 – abrupter Übergang)

„atmenden" Werkzeugs durch geometrische Restriktionen, z. B. bei stark 3-dimensionalen Bauteilen, nicht möglich, so sind gleichbleibende Wanddicken vorzusehen. Hierdurch können Gaseinschlüsse weitestgehend vermieden werden.

18.3.6.3 Werkzeuginnendrücke beim Schaumspritzgießen

Die Verfahrensvarianten „atmendes" Werkzeug und Gasgegendruck beeinflussen maßgeblich die Drücke im Prozess, über die die gewünschten Effekte der Oberflächenverbesserung erzielt werden sollen. Charakteristische Werkzeuginnendrücke in Abhängigkeit der verschiedenen Verfahren sind in dem Diagramm auf Bild 18.52 dargestellt.

Auf diesem Diagramm erkennt man, dass die Drücke beim konventionellen Thermoplast-Schaumspritzgießen (p_{TSG}) im Prozess deutlich niedriger sind als beim Kompaktspritzgießen ($p_{kompakt}$), woraus unter anderem die eher mäßigen Oberflächenqualitäten resultieren. Die Verfahrensvarianten Gasgegendruck und „atmendes" Werkzeug (p_{TSG+GG} und $p_{TSG+atmen}$) haben zum Ziel, die Oberflächenqualität durch

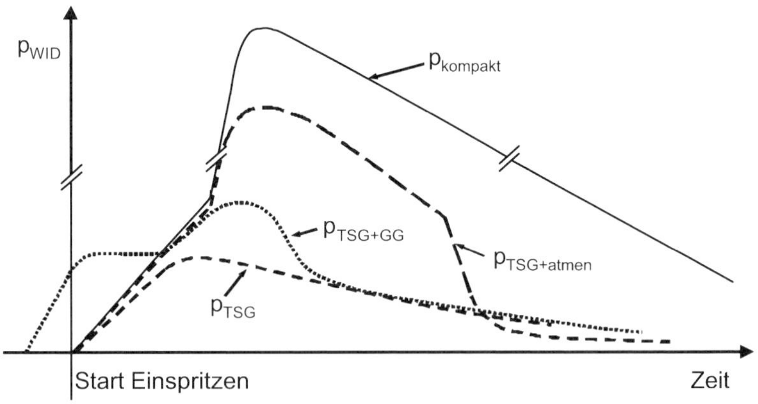

Bild 18.52 Charakteristische Werkzeuginnendruckkurven der verschiedenen Verfahrensvarianten

Anhebung der Prozessdrücke zu verbessern. Bei dem Gasgegendruckverfahren werden primär die Drücke während des Einspritzvorgangs angehoben. Durch einen Gasdruckaufbau bereits vor dem Einspritzen soll das Druckniveau des Schmelze/Treibfluid-Gemischs insgesamt angehoben werden, wodurch das Treibmittel in Lösung gehalten und ein vorzeitiges Aufschäumen an der Fließfront vermieden wird. Die Verfahrensvariante des „atmenden" Werkzeugs setzt primär auf eine Anhebung der Prozessdrücke nach der volumetrischen Füllung, wodurch die charakteristischen Oberflächendefekte beim Schäumen nach der Füllung der Kavität gemildert oder gar behoben werden können.

18.3.6.4 Verwendung von Oberflächenstrukturierungen

Eine weitere Möglichkeit zur Verbesserung der Oberflächenqualität beim Schaumspritzgießen ist die Verwendung von strukturierten Kavitätsoberflächen. Das Funktionsprinzip basiert hierbei nicht auf einer Anhebung der Prozessdrücke, sondern auf einer besseren Entlüftung des austretenden Gases während des Füllvorgangs und der Kaschierung möglicher Oberflächendefekte. Durch den Einsatz von Strukturierungen auf der Kavitätsoberfläche wird der Bildung von Silberschlieren entgegengewirkt, indem entstehende Gasblasen nicht oder nur gering zwischen Schmelze und Kavitätswand geschert werden, sondern in den Tälern der Strukturierungen eingeschlossen werden [18.99]. Zudem überlagern die Strukturierungen die rauen Oberflächen der geschäumten Bauteile und bewirken bei einer diffusen Rückstreuung des Lichts eine Reduktion der eventuell noch sichtbaren Silberschlieren. Der Einsatz von Strukturierungen erfordert jedoch Anwendungen, bei denen texturierte Oberflächen toleriert oder sogar erwünscht sind.

18.3.6.5 Verwendung von Beschichtungen im Werkzeug

Durch eine wärmedämmende Beschichtung im Kavitätshohlraum erreicht man beim Spritzgießen von Thermoplastschäumen eine Verbesserung der Oberflächenqualität bei einer nur geringen Zunahme der Zykluszeit [18.100]. Durch die Wärmedämmschichten wird eine Reduktion der Abkühlgeschwindigkeit in den Formteilrandschichten erreicht. Das führt zu besseren Fließbedingungen, geringeren Orientierungen und Eigenspannungen und zu optisch einwandfreien Oberflächen bei Thermoplastschaumbauteilen [18.100]. Zurückzuführen ist die Verbesserung der Formteiloberfläche darauf, dass die Fließmarkierungen, die durch die aufgeplatzten Gasblasen hervorgerufen werden, durch eine höhere Kontakttemperatur der Bauteilwand unter Druck länger verformt werden können [18.91]. Die Silberschlieren, die als Dellen auf dem Formteil erkennbar sind, werden durch den vorherrschenden Schmelzedruck minimiert oder je nach Beschichtung vollständig vermieden. Das sich in den Vertiefungen befindende Gas wird hierbei entweder komprimiert oder diffundiert in die Schmelze zurück.

18.3.6.6 Variotherme Temperierung

Eine weitere Möglichkeit zur Verbesserung der Oberfläche ist die Erhöhung der Werkzeugtemperatur. Die erhöhte Kontakttemperatur zwischen Schmelze und Kavitätswand ermöglicht eine Ausheilung der Silberschlieren an der Bauteiloberfläche, bevor die Schmelze erstarrt. Diese Maßnahme erhöht jedoch die Zykluszeit des Spritzgießprozesses, da die Kühlzeit ansteigt.

Die dynamische Temperierung löst diesen Zielkonflikt zwischen Qualität und Wirtschaftlichkeit, indem die hohen Werkzeugtemperaturen während der Einspritz- und Fixierungsphase sich mit niedrigeren Temperaturen während der Kühlphase abwechseln. Damit sind Oberflächenqualitäten im Class-A Bereich erzielbar, sodass das Schaumspritzgießen in Kombination mit der dynamischen Temperierung zur Herstellung von Sichtbauteilen genutzt werden kann.

Die dynamische Werkzeugtemperierung kann auf unterschiedliche Arten erfolgen. Im Wesentlichen kann die Temperierung werkzeugextern und -intern erfolgen, wobei grundsätzlich jede dynamische Temperierung über eine fluidbasierte interne Grundtemperierung zum Kühlen der Kavität verfügt. Die internen Verfahren, wie die 2-Kreis-Fluidtemperierung oder elektrische Widerstandsheizung, sind werkzeuggebunden und heizen das Werkzeug von innen heraus auf. Damit ist ein höherer Aufwand bei der Werkzeugauslegung und Werkzeugfertigung verbunden.

Externe Verfahren, wie die Strahlungs- oder die Induktionstemperierung, führen die Energiequelle gezielt an die Kavitätsoberfläche heran und erhitzen diese von außen, sodass die Verfahren unabhängig von der Werkzeuggeometrie flexibel genutzt werden können. Externe Systeme können jedoch nur bei geöffnetem Werkzeug genutzt werden und sind somit nur zum oberflächennahen Aufheizen der Kavität geeignet. Sie müssen vor dem Schließen des Werkzeugs aus dem Bereich zwischen den Formhälften herausbewegt werden. In dieser Zeit bis zum Start des Einspritzvorgangs kühlt die aufgeheizte Kavitätsoberfläche ab, sodass die Temperatur zum Einspritzzeitpunkt deutlich unter der Maximaltemperatur liegt.

Die erreichbare Oberflächenqualität ist direkt von der Werkzeugwandtemperatur beim Eintreffen der Schmelzefront abhängig. Je nach materialspezifischen Übergangstemperaturen sowie der eingestellten Gewichtsreduktion stellt sich dabei ein Maximum der Oberflächenqualität ein, wie beispielhaft für PC/ABS in folgenden Diagramm (Bild 18.53) gezeigt wird [18.101].

Ein weiterer Vorteil der dynamischen Temperierung stellt die Homogenisierung der Schaumstruktur entlang des Fließwegs dar. Typischerweise stellt sich in konventionell geschäumten Bauteilen durch die untervolumetrische Füllung der Kavität aufgrund des ansteigenden Zellwachstums im Bauteilinneren ein fließwegabhängiger Dichtegradient ein. Durch die höheren Werkzeugtemperaturen in der Einspritzphase erfolgt eine Vergleichmäßigung des Zellwachstums im Bauteilinneren vor der Erstarrung der Schmelze, wie in Bild 14.63 dargestellt ist.

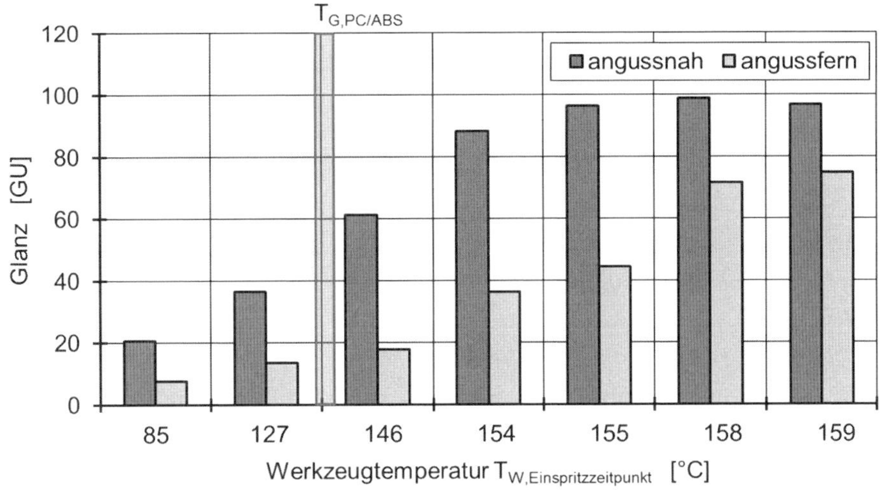

Bild 18.53 Am Bauteil angussnah und angussfern mithilfe eines Sprektralphotometers ermittelter Glanzwert in Abhängigkeit der Werkzeugtemperatur zum Einspritzzeitpunkt

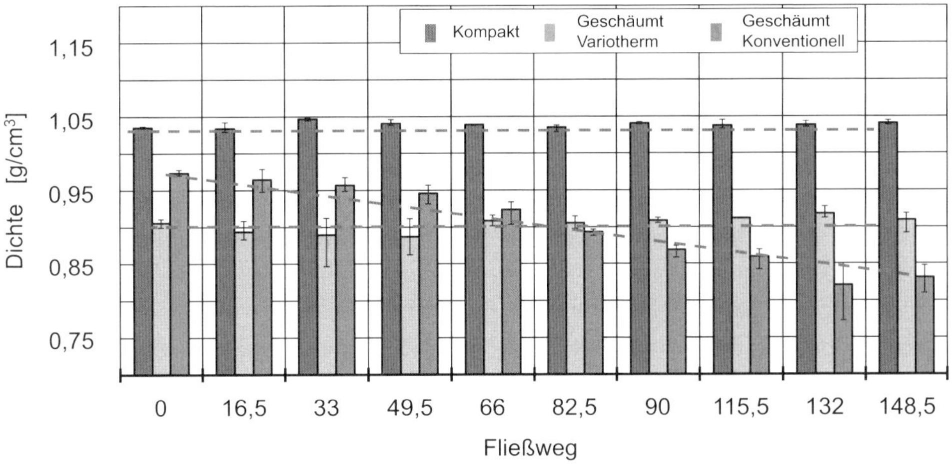

Bild 18.54 Vergleich lokaler Dichten eines Plattenbauteils entlang des Fließwegs für den kompakten, konventionell geschäumten und variotherm geschäumten Spritzgießprozess

Die Homogenisierung der Dichteverteilung führt zu gleichmäßigeren mechanischen Eigenschaften über das gesamte Bauteil. Neben der Dichteverteilung beeinflusst die dynamische Werkzeugtemperierung jedoch auch andere Aspekte im Bauteil. So bewirkt die höhere Werkzeugwandtemperatur in der Einspritzphase auch eine Abnahme der kompakten Randschichtdicke der integralen Schaumstruktur (vgl. Abschnitt 18.3.6.1). Aktuelle Untersuchungen haben jedoch gezeigt, dass dieser Umstand nicht notwendigerweise zu einer Verschlechterung der mechanischen Eigenschaften des Bauteils im Vergleich zu konventionell temperierten, geschäumten Bauteilen führen muss [18.101]. Somit ermöglicht die Verfahrenskombination der dynamischen Temperierung mit dem Schaumspritzgießen die Erweiterung des Sonderverfahrens auf Sichtbauteile.

18.4 Spritzprägen

Das Spritzprägen als Kombination aus Spritzgieß- und Pressverfahren verknüpft deren Vorteile zur Produktion von Formteilen, die sich u. a. durch hohe Maßhaltigkeit, enge Toleranzen, ausgezeichnete Oberflächen, geringe Eigenspannungen sowie Orientierungen und hervorragende mechanische Eigenschaften auszeichnen [18.102] [18.104] [18.124]. Vom Spritzgießen werden die Vorteile der Automatisierbarkeit und der vielfältigen Eingriffsmöglichkeiten übernommen, vom Pressverfahren die Vorteile der gleichmäßigen Materialverdichtung und die verbesserten Eigenschaften [18.123].

Das Spritzprägeverfahren wird in die zwei Phasen Einspritzen und Prägen unterteilt, wie in Bild 18.55 dargestellt. Zunächst wird eine genau vordosierte Menge Kunststoffschmelze in das um einen Prägespalt geöffnete Werkzeug eingespritzt. Die eingespritzte Schmelze bildet einen Massekuchen, da zu diesem Zeitpunkt das Volumen der Kavität größer als das spätere Formteilvolumen ist. Dadurch werden die Molekülorientierungen in der eingespritzten Masse erheblich vermindert. Gleichzeitig können sich die Orientierungen wegen des flachen Temperaturgefälles, das durch die vergrößerte Wanddicke entsteht, leichter zurückbilden [18.102]. In der Prägephase wird der Schmelzekuchen im Formhohlraum verteilt und ausgeformt [18.103] [18.104]. Dabei muss ein Rückfließen der Schmelze durch das Angusssystem zurück in den Schneckenvorraum verhindert werden. Dazu kann vor Beginn des Prägehubs das Einfrieren der Schmelze im Anguss abgewartet werden [18.103] [18.105] [18.106]. Allerdings verursacht diese Prozessführung auch bei intensiver Kühlung des Angusses lange Prägeverzögerungszeiten (Zeitraum zwischen Einspritz- und Prägephase). Es hat sich gezeigt, dass ein Minimum des Formteilverzugs bei Zusammenfallen von Einfüllende und Prägeeinsatz erreicht wird, da dabei ein zu starkes Abkühlen der Schmelze vermieden wird [18.104]. Auch das Fehlen von Umschaltmarkierungen und evtl. eine einheitlichere teilkristalline Struktur werden durch eine kurze Prägeverzögerungszeit erreicht [18.108] [18.109]. Deshalb hat sich der Einsatz eines mechanischen Verschlusses der Kavität, zum Beispiel mittels Nadelverschlussdüse, durchgesetzt [18.108] [18.110] [18.111] [18.112]. Bei Verwendung einer offenen Düse kann das Zurückfließen der noch nicht erstarrten Schmelze in den Schneckenvorraum z. B. durch das Aufbringen von Nachdruck als Gegendruck zum Prägedruck verhindert werden [18.113].

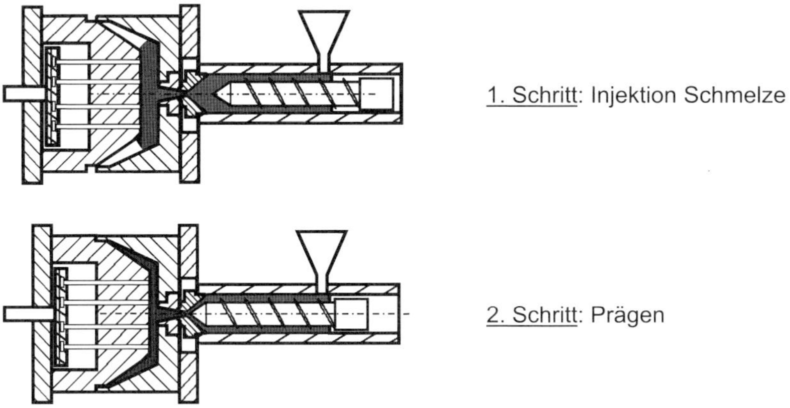

Bild 18.55 Verfahrensschritte beim Spritzprägen

18.4.1 Verfahrensvarianten

Für das Spritzprägen haben sich unterschiedliche Verfahrens- und Werkzeugkonzepte durchgesetzt (Bild 18.56) [18.114]. Zum einen ist es möglich, die Prägebewegung über die Maschinenhauptachse zu realisieren. Dies erfordert Werkzeugkonzepte, bei welchen sich die Kavität durch die Schließbewegung der Maschine während des Prägevorgangs verkleinern lässt. Gängige Konzepte sind Tauchkantenwerkzeuge oder Kavitätsrahmen, welche gefedert sein können oder mithilfe einer Hydraulik bewegt werden. Zum anderen kann ein Prägevorgang auch über die Maschinennebenachse realisiert werden. Das gängigste Verfahren ist das Prägen mithilfe hydraulischer Kernzüge. In Ausnahmefällen kann auch ein Prägevorgang über die Auswerferhydraulik erfolgen. Um einen reproduzierbaren Prägevorgang zu ermöglichen, ist es bei allen Prägevarianten notwendig, den Prägevorgang zu überwachen. Dazu ist die Aufnahme des Prägeweges, z. B. mithilfe von induktiven Wegaufnehmern unbedingt zu empfehlen.

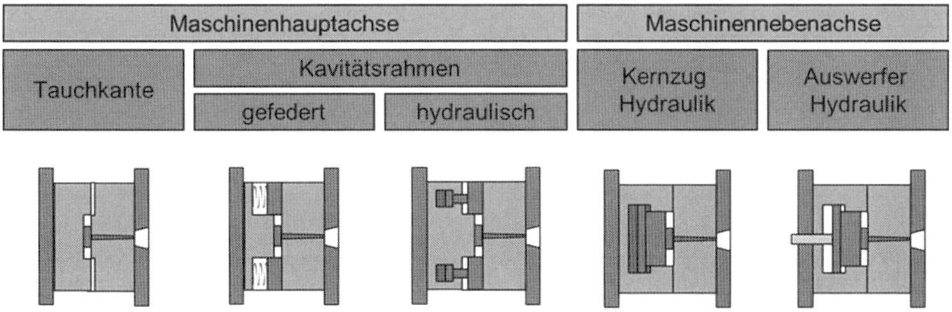

Bild 18.56 Werkzeugkonzepte für das Spritzprägen [18.114]

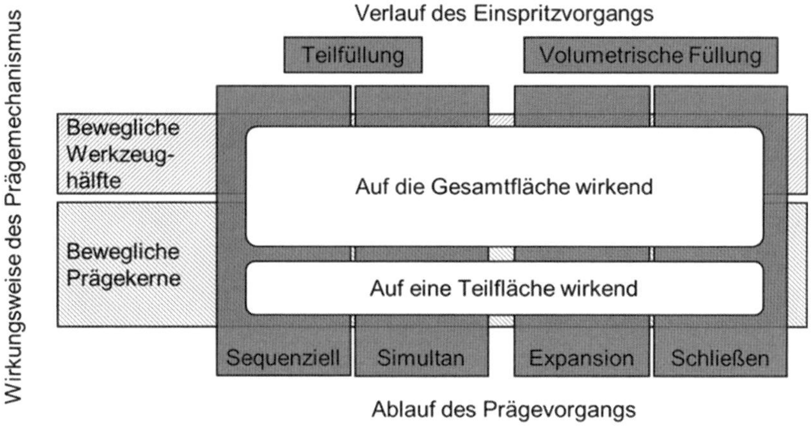

Bild 18.57 Varianten des Spritzprägens

Das Spritzprägeverfahren kann grundsätzlich in die in Bild 18.57 dargestellten Varianten gegliedert werden. Neben der Wirkungsweise des Prägemechanismus können unterschiedliche Strategien beim Verlauf der Einspritzphase und der Ablauf des Prägevorgangs gewählt werden. Darüber hinaus kann der Prägestempel auf das gesamte Formteil oder nur auf Teilbereiche wirken. Im Folgenden werden gängige Prägestrategien näher erläutert.

Beim *„Spritzprägen mit vollständiger Füllung“* wird der Prägehub s_p nicht zur Ausformung der Masse, sondern nur zum Ausgleich der beim Abkühlen des Formteils auf Entformungstemperatur entstehenden thermischen Volumenkontraktion genutzt. Dazu wird das Kavitätsvolumen beim Einspritzvorgang nur um den Betrag der Volumenschwindung der Masse vergrößert (Schließen) [18.116]. Alternativ wird beim Expansionsprägen der Prägestempel erst nach vollständiger Füllung der Kavität um den Prägehub s_p zurückgezogen, während weiter Schmelze eingespritzt wird.

Dagegen wird beim sehr viel verbreiterten *„Spritzprägen mit Teilfüllung“* der Prägehub s_p^* deutlich größer gewählt als zum Ausgleich der thermischen Volumenkontraktion erforderlich ($s_p^* > s_p$). Der Verfahrensablauf mit Teilfüllung der Kavität und Ausführung des Prägehubs über die bewegliche Werkzeughälfte hat die weiteste Anwendung gefunden, wie in Bild 18.58 dargestellt [18.108] [18.112]. Diese Art des Spritzprägens wird als *„Spritzprägen mit der beweglichen Werkzeughälfte“* bezeichnet [18.106] [18.115]. Der Prägevorgang wird entweder während der Formteilfüllung (simultan zum Einspritzen) oder unmittelbar danach (sequentiell zum Einspritzen) gestartet. Der Umschaltpunkt auf das Spritzprägen kann in Abhängigkeit einer Verzögerungszeit, der Schneckenposition, des Spritz- bzw. Werkzeuginnendrucks, der Werkzeugwandtemperatur oder eines externen Signals erfolgen [18.117].

Weiterhin kann der Prägevorgang auch über bewegliche Kerne realisiert werden. Diese werden meist hydraulisch angetrieben. Die Kerne können sowohl auf die

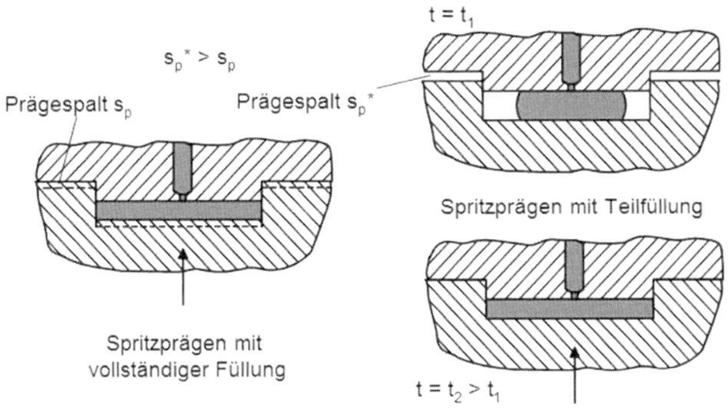

Bild 18.58 Spritzprägen mit beweglicher Werkzeughälfte

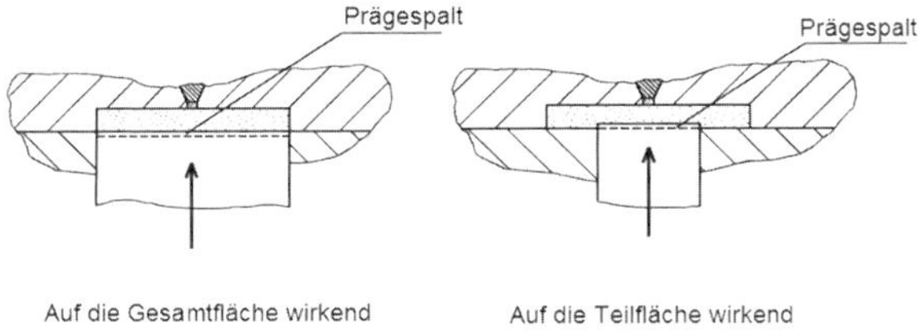

Bild 18.59 Spritzprägen mit beweglichen Werkzeugteilen

gesamte Querschnittsfläche wirken als auch nur auf eine oder mehrere Teilflächen des Formteils [18.103] [18.118] [18.119]. Diese Variante des Spritzprägens macht komplexere Geometrien möglich als das Spritzprägen mit der gesamten Werkzeughälfte [18.120] (Bild 18.59).

Das Herstellen dünnwandiger Formteile mit langen Fließwegen kann nur mit dem Verfahren mit teilweiser Füllung des Werkzeughohlraums realisiert werden [18.108]. Der Grund liegt darin, dass das Werkzeug um einen größeren Prägehub s_p^* als zur thermischen Kontraktion erforderlich geöffnet bleiben muss, damit die Schmelze nicht schon während der Einspritzphase erstarrt.

Das *„Spritzprägen mit Abquetschkanten"* ist eine besondere Variante zur Herstellung flacher Elastomerteile. Hierbei werden Abquetschwerkzeuge verwendet, die allerdings unweigerlich zur Gratbildung führen [18.106] (Bild 18.60).

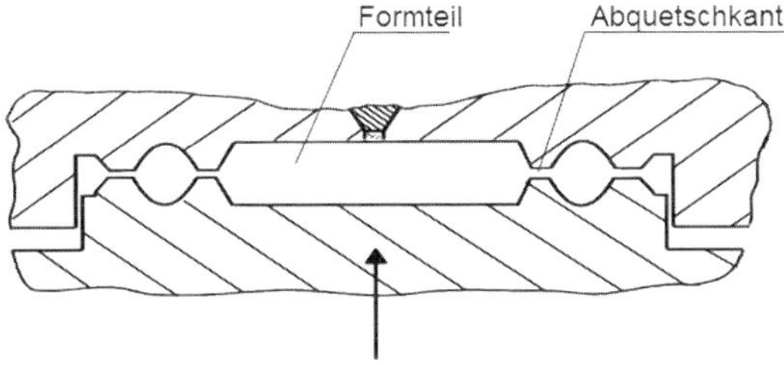

Bild 18.60 Spritzprägen mit Abquetschkanten

Neben diesen Varianten des aktiven Prägens stellt das *„Passive Prägen"* ein Verfahren dar, welches die natürliche Werkzeugatmung von Spritzgießwerkzeugen ausnutzt. Dazu wird das Werkzeug zunächst mit verminderter Schließkraft zugefahren. Beim Füllen wird dann die Werkzeugkavität je nach Steifigkeit des Werkzeuges und der Größe der Auftriebskraft um den Prägehub aufgetrieben. Durch eine nachfolgende Steigerung der Schließkraft wird der Prägevorgang vollzogen. Mit zunehmender Abkühlung und der Versiegelung der Kavität sinkt dann die Auftriebskraft und die Schließseite führt eine Prägebewegung um wenige Hundertstel Millimeter durch. Das Verfahren ist auf einfache Formteilgeometrien ohne Durchbrüche beschränkt, da insbesondere bei komplexen Formteilen die Gefahr des Überspritzens besteht. [18.106] [18.121] [18.122].

18.4.2 Werkzeugtechnik für das Spritzprägen

Bild 18.61 zeigt ein typisches Werkzeug für das Spritzprägen von Thermoplasten, an dem die wesentlichen Anforderungen dieses Prozesses umgesetzt sind [18.134]. Das Werkzeug ist als Tauchkantenwerkzeug ausgeführt. Die bewegliche Werkzeugformplatte sollte präzise geführt werden, um den Verschleiß an den Tauchkanten klein zu halten [18.135]. Das Tauchkantenspiel ist beim Spritzprägen von Thermoplasten nicht so kritisch wie bei Duroplasten und Elastomeren. Dennoch sind enge Grenzen einzuhalten, um die Entstehung von Schwimmhäuten zu vermeiden. Anhaltspunkt bieten hier die Werte in Kapitel 9.1, die Spaltweiten für Entlüftungen für unterschiedliche Thermoplaste angeben.

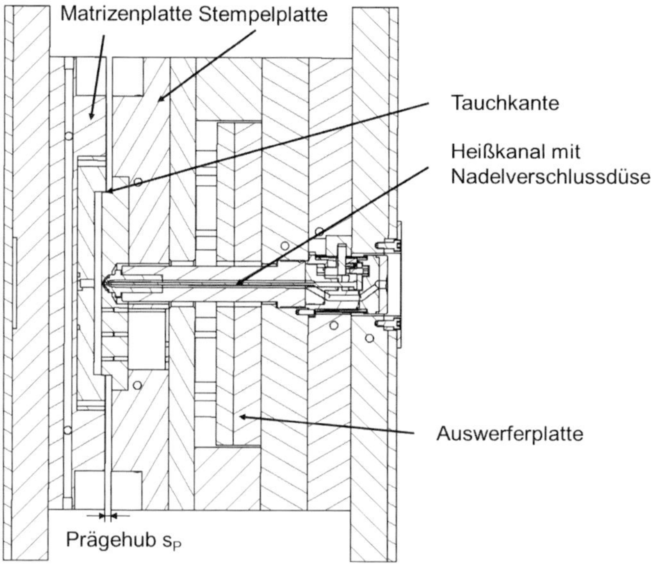

Bild 18.61 Spritzprägewerkzeug mit Heißkanalverschlussdüse [18.169]

Darüber hinaus besitzt das Werkzeug einen Heißkanal mit Nadelverschlussdüse. Diese ermöglicht einen Verschluss des Angusses während der Prägephase. Auf diese Weise kann ein Zurückfließen der Schmelze verhindert werden.

Da das gezeigte Spritzprägewerkzeug für ein In-Mold-Decoration (IMD) Verfahren konzipiert ist (vgl. Abschnitt 18.5.2.3), bei dem das Dekor schließseitig eingelegt und anschließend hinterspritzt wird, ist das Auswerferpaket auf der Düsenseite angeordnet, um keine sichtbaren Markierungen auf dem Dekor zu hinterlassen.

Bei Tauchkantenwerkzeugen ist ein besonderes Augenmerk auf die Werkzeugtemperierung zu richten. Durch das enge Tauchkantenspiel müssen die vorgegebenen Temperaturen für beide Werkzeughälften genau eingehalten werden, da es im Falle der Überschreitung einer zulässigen Werkzeugtemperaturdifferenz zwischen Stempel- und Matrizenseite zu Graten, bei Unterschreitung zu Kollisionen kommen kann. Beides hat dauerhafte Undichtigkeiten zur Folge.

18.4.3 Anwendungsgebiete, Vor- und Nachteile des Spritzprägens

Die wichtigsten Vorteile des Spritzprägens gegenüber dem Spritzgießen sind: [18.102] [18.106] [18.107] [18.110] [18.111] [18.118] [18.123] [18.124] [18.125] [18.126]

- verringerter Verzug und geringere Anisotropie in den Eigenschaften, da der niedrigere Druck bei der Werkzeugfüllung die Schmelze weniger und gleichmäßiger belastet und die Abkühlbedingungen homogener sind,
- hohe Festigkeitswerte,
- geringe Füllstofforientierungen,
- konstante Dichte aufgrund der gleichmäßigen Druckverteilung im gesamten Formnest,
- Vermeidung von Bindenähten,
- fünf- bis zehnmal niedrigere Einspritz- und Fülldrücke aufgrund des geringen Werkzeugwiderstandes,
- geringerer Verschleiß an Schnecke und Zylinder,
- sehr gute Entlüftung,
- kurze Taktzeiten, da der dauernde Kontakt zwischen Formteil und Werkzeugkontur zu einer geringen Formzeit und Abkühldauer führt und
- gute Automatisierungsmöglichkeiten.

Nachteilig sind allerdings: [18.104] [18.107] [18.110] [18.111] [18.123]

- hohe Kosten für Maschine und Werkzeug (Tauchkanten, Angussverschluss, komplexe Prozesssteuerung etc.),

- Tauchkantenwerkzeug setzt Artikelgestaltung Grenzen (Hinterschnitte, dünne Stege nicht möglich),
- hoher Druckaufbau beim Prägevorgang kann zu axialem Versatz der beiden Werkzeughälften und somit zu Maßfehlern führen,
- das Prägen mit beweglicher Werkzeughälfte kann den durch Abkühlspannungen verursachten Verzug bei Wanddickensprüngen nicht vermeiden und
- nur für große Stückzahlen wirtschaftlich.

Das Spritzprägen wird sowohl in der Duroplast- und Elastomer- als auch in der Thermoplastverarbeitung angewendet, wobei in den ersten beiden Fällen das Werkzeug beheizt und im letzten Fall gekühlt werden muss [18.119] [18.123]. Im Bereich der Thermoplastverarbeitung wird das Spritzprägen bei der Herstellung dickwandiger Bauteile aufgrund des verbesserten Schwindungsausgleichs und des geringeren Verzugs eingesetzt. Vor allem zur Herstellung optischer Linsen (Sucherlinsen für Kameras, Kondensorlinsen, Linsen für abbildende Optik, Lupen, Brillengläser, Fresnellinsen, Prismen, LED- Vorsatzlinsen in Scheinwerfern) mit sehr hohen Genauigkeitsanforderungen wurde schon früh die Prägetechnik eingeführt und weiterentwickelt [18.103] [18.105] [18.127] bis [18.132]. Daneben ist die Herstellung dünnwandiger Bauteile mit großem Fließweg-Wanddickenverhältnis möglich [18.104] [18.107]. Am Beispiel einer Schutzhülle für ein Geodreieck konnte bei einer Wanddicke von 0,4 mm ein Fließweg-Wanddickenverhältnis von über 270 erreicht werden [18.118] [18.119]. Weitere Bauteilbeispiele sind Membrane für Mikrofone und Lautsprecher, optische Speicher (CD, DVD), Küvetten für die medizinische und pharmazeutische Analytik, technische Dünnwandteile (Stecker, Gehäuse für Mobiltelefone, Laptop etc.) und Pkw-Scheiben (Verscheibung, Streuscheiben) [18.104] [18.126] [18.133].

Darüber hinaus wird das Spritzprägen eingesetzt, wenn niedrigere, faserschonende Werkzeuginnendrücke als beim Spritzgießen benötigt werden. Bauteilbeispiele sind vor allem Automobil-Innenverkleidungsteile wie Handschuhfachdeckel, Armaturentafel, Tür-Innenverkleidung, A-, B- und C-Säule, Hutablage, Sitzrückenlehne und Mittelkonsole.

18.5 Hinterspritzen

18.5.1 Einleitung

Eine Oberflächenveredelung von Kunststoffbauteilen kann eine Verschönerung, wie z. B. eine höherwertige Optik oder eine gewünschte Haptik, einen Schutz, einen technischen Effekt, eine Information oder Werbung bezwecken [18.134]. Dabei kann die Oberflächengestaltung bei der Verwendung von entsprechenden Dekorhalbzeugen unabhängig von der jeweils erzielbaren Oberflächenqualität des verwendeten Trägers durchgeführt werden, wohingegen beispielsweise bei einem Druck- oder Lackiervorgang die erreichbare Oberflächenqualität oftmals signifikant von der Oberflächenbeschaffenheit des verwendeten Trägers abhängt [18.135].

Die Dekorierprozesse (Bild 18.62) können dabei prinzipiell zunächst in einstufige, so genannte integrierte Verfahren, und mehrstufige Dekorationsverfahren gegliedert werden [18.136]. In mehrstufigen Dekorationsverfahren, wie z. B. dem Laminieren, Beschichten, Lackieren oder Bedrucken, erfolgt der eigentliche Dekorierprozess nach der Herstellung eines geeigneten Trägerbauteils. Demgegenüber wird in einstufigen Verfahren das Dekor während des Urformprozesses des Trägers ohne Zusatz von Klebstoffen unlösbar mit diesem verbunden, indem das Dekormaterial in das Werkzeug vor dem Schließen und Einspritzen eingelegt wird. Daher werden diese Verfahren auch als integrierte oder One-Shot-Verfahren bezeichnet [18.137] [18.138]. In Sonderfällen werden, z. B. zur Erzielung eines niedrigeren Werkzeuginnendrucks, auch die Spritzprägetechnik oder das Schaumspritzgießen eingesetzt. Für bestimmte Anwendungsfälle hat sich darüber hinaus, insbesondere in der Automobiltechnik, auch das Pressverfahren oder das Strangablegeverfahren etabliert. Das Blasformverfahren kommt dagegen nur für spezielle Anwendungen als Urformverfahren zur integrierten Dekoration zum Einsatz [18.139]. Im Wesentlichen nutzt man heute bei den integrierten Verfahren zwei Dekormaterialien, nämlich Dekorfolien und Textilien. Details zum Aufbau von Dekorfolien sowie hochwertigen Dekormaterialien, wie Aluminium oder Holz, finden sich in [18.136].

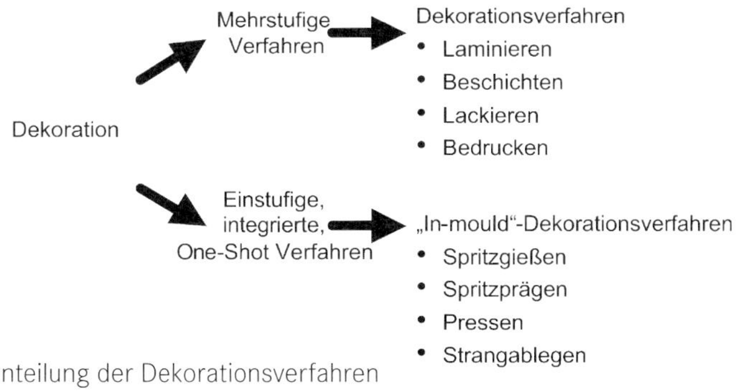

Bild 18.62 Einteilung der Dekorationsverfahren

18.5.2 Einstufige Dekorationsverfahren

Im Laufe der vergangenen Jahre haben sich verschiedene Prozessvarianten bei den integrierten Verfahren entwickelt. Die Kenntnis der spezifischen Anwendungsfelder sowie der Möglichkeiten und Grenzen der Verfahren trägt zum Verständnis der Vorteile der Hinterspritztechnik kompakter Dekormaterialien gegenüber mehrstufigen Dekorationsverfahren bei. Die gängigen Verfahren sind in [18.136] detailliert dargestellt und werden im Folgenden beschrieben.

18.5.2.1 Textilhinterspritztechnik/Textilmelttechnik

Die Textilhinterspritztechnik wird in vielen Anwendungsfällen in Serie eingesetzt. Sie dient dazu, Polster und Abdeckungsteile z. B. für die Automobil- und Möbelindustrie kostengünstig herzustellen. Dieses Verfahren wird in der Literatur teilweise auch als Textilmelttechnik bezeichnet [18.140]. Bei der Textilhinterspritztechnik wird das elastische, textile Dekor in das Spritzgießwerkzeug eingebracht. Nach dem Fixieren des Dekors wird es direkt mit Schmelze hinterspritzt und dabei das Textil unlösbar mit dem Trägermaterial verbunden [18.141]. Aufgrund der Druckempfindlichkeit des textilen Dekors werden in der Regel Niederdruckspritzgießverfahren eingesetzt. Es ist auch möglich, mit einem Dreiplattenwerkzeug einen integrierten Umbug des Dekormaterials am Bauteil zu erzeugen, sodass eine noch höhere Sicherheit gegen ein Ablösen des Dekors vom Trägermaterial entsteht und keine sichtbare Ansatzkante des Textils beim montierten Bauteil zu erkennen ist [18.142]. Aufgrund der sehr großen Verstreckung des Dekormaterials im Umbugbereich ist diese Umbugtechnik allerdings auf sehr dehnbare Dekormaterialien beschränkt. Anwendungsbeispiele für die Textilhinterspritztechnik finden sich sehr häufig in der Fahrgastzelle, wie z. B. die A-, B- und C-Säulenverkleidungen.

18.5.2.2 In-Mold-Labeling (IML)

Beim In-Mold-Labeling wird die Formteiloberfläche im Spritzgießwerkzeug mit bedruckten und der Kontur entsprechend ausgestanzten Etikettenfolien versehen. Die fertigen Folien werden mit einem Handlingsystem in das Spritzgießwerkzeug eingebracht und dort mittels Vakuum, Stiften oder elektrostatischer Aufladung fixiert [18.143] und an die Werkzeugkontur angeformt [18.144]. Anschließend wird die Schmelze eingespritzt und die bedruckte Folie verbindet sich unlösbar mit dem Träger. Die Folien werden im Offset oder Tiefdruckverfahren bedruckt, wodurch eine extrem hohe Auflösung bei sehr guter Farbqualität gewährleistet ist. So lassen sich matte oder glänzende Oberflächen, Metallic-Effekte, Hologramme oder Motive in nahezu fotografischer Qualität wiedergeben [18.143].

Großes Interesse findet das In-Mold-Labeling in der Verpackungsindustrie, aber auch technische Teile können so dekoriert und mit Schutzschichten versehen werden [18.141].

18.5.2.3 In-Mold-Decoration (IMD)

Mit In-Mold-Decoration wird ein Verfahren bezeichnet, bei dem das Dekor mit Hilfe einer Trägerfolie in das Werkzeug eingebracht wird. Die Folie wird mit Hilfe eines Folienvorschubgerätes direkt in das Spritzgießwerkzeug geführt und passgenau justiert, so dass Formgebung, dreidimensionale Verformung der Folie und Dekoration in einem einzigen Schritt erfolgen. Unter dem Einfluss von Druck und Temperatur der heißen Schmelze lösen sich die Lackschichten von der Trägerfolie und verbinden sich fest mit dem Träger [18.141] [18.144] [18.145]. Die Anwendungsmöglichkeiten stimmen ebenfalls mit den Gebieten der Heißprägetechnik überein, wobei die erzielbaren Umformverhältnisse der Folie größer sein können, als die realisierbare Dreidimensionalität beim Heißprägen [18.134]. Im Gegensatz zur Heißprägetechnologie können mit diesem Verfahren großflächige Dekorationen von 3D-Formteilen durchgeführt werden [18.147]. Dieses Verfahren ist in der Regel nicht für Polyolefine, insbesondere PE, geeignet, da hier sehr große Haftungsprobleme auftreten [18.148]. Das Dekor befindet sich verfahrensbedingt frontseitig und ist somit nicht abriebgeschützt. Ein lichtdichter Aufdruck für partiell durchleuchtbare Formteile ist nicht möglich [18.149] [18.150].

18.5.2.4 In-Mold-Decoration/Insert-Molding/Insert-Molding-Decoration

Eine Weiterentwicklung des IMD-Verfahrens für besonders komplexe Teile wird häufig auch als Insert-Molding [18.134] oder Insert-Molding-Decoration [18.147] bezeichnet. Beim Insert-Molding wird eine auf Trägerfolien vorder- oder rückseitig kaschierte Heißprägefolie zunächst tiefgezogen und ausgestanzt oder ausgeschnitten, so dass auch stark verformte SD-Bauteile oder Formteile mit großen Vertiefungen dekoriert werden können. Die Vorformlinge werden anschließend in das Spritzgießwerkzeug eingelegt und hinterspritzt. Die Trägerfolie gewährleistet dabei die dreidimensionale Formgebung und die Haftung zum hinterspritzten Substratmaterial.

18.5.2.5 Folienhinterspritztechnik (FHST)/In-Mold-Surfacing Technik (ISF)/ Paintless-Film-Molding/In-Mold-Decoration (IMD-3D/F)

Bei der Folienhinterspritztechnik wird eine den Anforderungen entsprechend bedruckte, kompakte oder mehrschichtige Dekorfolie für die häufigsten Anwendungen zunächst vorgeformt und eventuell besäumt. Anschließend wird die Folie in das Spritzgießwerkzeug eingelegt, fixiert und durch das Einspritzen der Formmasse unlösbar mit dem Träger verbunden. Als wesentlicher Unterschied zwischen der IML-Technik und der Folienhinterspritztechnik werden bei der Folienhinterspritztechnik meist vollständige, dreidimensionale Oberflächen durch eine Verformung der Dekorfolie realisiert, während bei der IML-Technik nur kleine, flächige oder zumindest abwickelbare Teiloberflächen der Formteiloberflächen durch die Folie bedeckt werden. Daraus resultiert ein Unterschied in der Größe und Dicke der Folien. Während beim IML im Wesentlichen zur Etikettierung lediglich dünne Etiketten und kleine, dünne (60 bis 100 µm) Folien hinterspritzt werden, kommen bei der Folienhinterspritztechnikgroßflächige und abhängig von den Umformgraden meist dickere (100 bis 1 200 µm) Folien zum Einsatz.

Der Begriff Folienhinterspritztechnik dient als Oberbegriff zur Verarbeitung unterschiedlicher kompakter oder mehrschichtiger Foliensorten. Da einige Hersteller die Weiterentwicklung der Dekorfolien für ein bestimmtes Anwendungsgebiet mit einem eigenen Namen versehen und auch das Hinterspritzverfahren dieser Dekorfolien mit der entsprechenden Dekorbezeichnung in der Literatur verwendet wird, kann es zu Kommunikationsschwierigkeiten kommen. Der Begriff In-Mold-Surfacing ist beispielsweise von einer für das Hinterspritzen entwickelten Folie (In-Mold-Surfacing-Film, ISF) abgeleitet [18.134]. Die Anwendung des Hinterspritzens von Dekorationsfolien in Bezug auf großflächige Teile zur Substitution einer Lackierung wird in der Literatur wiederum abgeleitet von der speziell für diesen Anwendungsfall entwickelten Folie auch mit Paintless-Film-Molding (PFM) bezeichnet [18.151] [18.153]. Darüber hinaus sind für spezifische Anwendungen weitere Bezeichnungen gebräuchlich. So wird beispielsweise eine bestimmte Art des rückseitigen Foliendrucks in Kombination mit der Verwendung dieser bedruckten Folie für durchleuchtete Anwendungen auch als IMD-3D/F-Technik bezeichnet [18.148] [18.154] [18.155].

Die unterschiedlichen Verfahrensvarianten der Hinterspritztechnik von Dekorfolien lassen sich zunächst hinsichtlich der Folienvorformung in einstufige und mehrstufige Folien-Hinterspritzverfahren unterteilen. In einstufigen Verfahrensvarianten ist keine Vorformung der Folie vor dem Hinterspritzvorgang erforderlich, wohingegen in mehrstufigen Verfahren eine Vorformung der Folie vor dem Dekorierprozess durchgeführt wird [18.138]. Diese Vorformung des Dekormaterials kann in einem separaten Arbeitsschritt oder aber im Spritzgießwerkzeug unmittelbar vor dem Dekoriervorgang erfolgen [18.136] [18.144]. Darüber hinaus unterscheidet man in Bezug auf die Folienkonfektionierung so genannte *pre-tailored* (vorkonfektioniert) und *post-tailored* (nachkonfektioniert) Verfahren [18.138]. Mit pre-tailored wird in diesem Zusammenhang eine Verfahrensvariante bezeichnet, in der das Dekormaterial schon vor dem Dekorierprozess auf seine Endabmaße zugeschnitten wird. Demgegenüber wird der Folienbeschnitt in post-tailored Verfahrensvarianten erst nach dem eigentlichen Dekorierprozess durchgeführt [18.156] bis [18.159]. Grundsätzlich ist für jedes einzelne Bauteil zu prüfen, welche Fertigungsvariante die jeweils größeren Vorteile bietet, um die geforderte Qualität und Reproduzierbarkeit zu möglichst günstigen Herstellkosten zu erzielen [18.134].

Einstufiges, post-tailored Folien-Hinterspritzverfahren

Das einstufige, post-tailored Folien-Hinterspritzverfahren (Bild 18.63) ist nur für recht flache, geometrisch einfache Formteile anwendbar, bei denen nur relativ geringe Umformgrade der Folie gefordert sind. Die hierbei erzielbaren Verstreckgrade sind dabei sehr stark von der jeweils verwendeten Dekorfolie abhängig. Die Folie wird, ähnlich wie ein textiles Dekor bei der Textil-Hinterspritztechnik, ohne Vorformung und ohne Zuschnitt direkt in das Spritzgießwerkzeug eingebracht. Durch das Schließen der beiden Werkzeughälften wird die Folie in der Trennebene fixiert. Die endgültige Formgebung erfolgt durch die Kunststoffschmelze während des Hinterspritzvorgangs [18.144]. Je nach Formteilgeometrie kann es dabei zu sehr hohen lokalen Dehnungen der Folie in der Kavität kommen (Bild 18.63). Der Folienbeschnitt erfolgt in der Regel nach der Entformung am fertigen Bauteil [18.134] [18.156] bis [18.159].

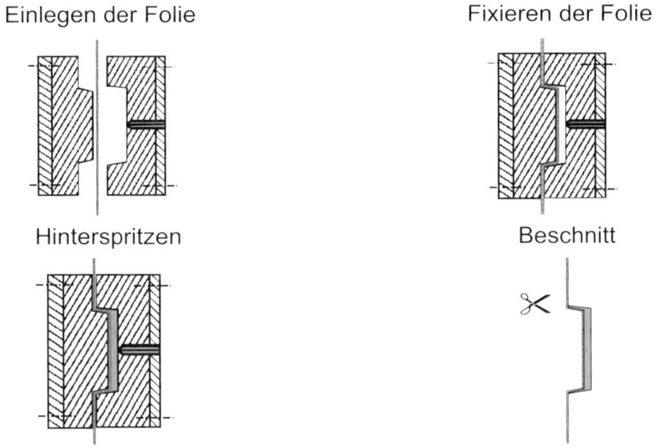

Bild 18.63 Verfahrensablauf Folien-Hinterspritztechnik (post-tailored, ohne Folienvorformung), geeignet für flache, geometrisch einfache Formteile

Mehrstufiges, post-tailored Folien-Hinterspritzverfahren

In einem mehrstufigen, post-tailored Folien-Hinterspritzverfahren (Bild 18.64) erfolgt die Folienvorformung im Spritzgießwerkzeug. Vergleichbar mit dem einstufigen Verfahren wird eine nicht vorkonfektionierte Folie direkt in das Werkzeug eingelegt und dort über eine bewegliche Platte oder einen Spannrahmen fixiert [18.138]. Durch das Schließen der Kavität wird die Folie durch den Werkzeugkern im kalten Zustand teilverformt. Die endgültige Formgebung geschieht auch hier durch die Kunststoffschmelze beim Hinterspritzvorgang [18.144]. Der mechanische Folienvorformprozess kann durch das Anlegen von Vakuum und/oder Druckluft oder zusätzliche Folienaufheizvorrichtungen unterstützt werden. Der Folienbeschnitt erfolgt auch hier in der Regel nach der Entformung am fertigen Bauteil [18.156] bis [18.159].

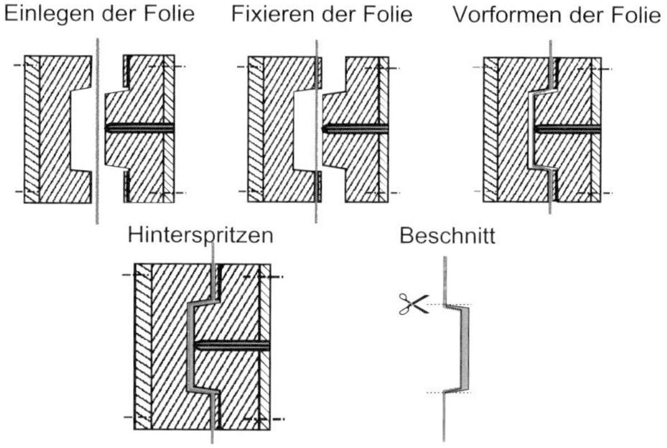

Bild 18.64 Verfahrensablauf Folien-Hinterspritztechnik (post-tailored, Folienvorformung im Werkzeug)

Mehrstufiges, pre-tailored Folien-Hinterspritzverfahren

Im Vergleich zu den bisher dargestellten Verfahrensabläufen wird die Folie im mehrstufigen, pre-tailored Folien-Hinterspritzprozess (Bild 18.65) zunächst in einem separaten Prozessschritt vorgeformt. Im Anschluss an die Vorformung erfolgt der Beschnitt des Folienvorformlings. Der vorkonfektionierte Folienvorformling kann dann in das Spritzgießwerkzeug eingelegt werden. Nach dem Hinterspritzvorgang wird ein fertig dekoriertes Formteil entformt. Dieser mehrstufige Prozessablauf der Folien-Hinterspritztechnik erlaubt eine höhere Komplexität des Formteils, wobei die einzelnen Prozessschritte sehr gut aufeinander abgestimmt sein müssen, um eine ausreichende Qualität des dekorierten Bauteils garantieren zu können [18.156]. So kann es z. B. durch eine nicht ausreichende Dimensionierung des Folienvorformlings oder einen ungenauen Beschnitt, z. B. durch eine unzureichende Berücksichtigung

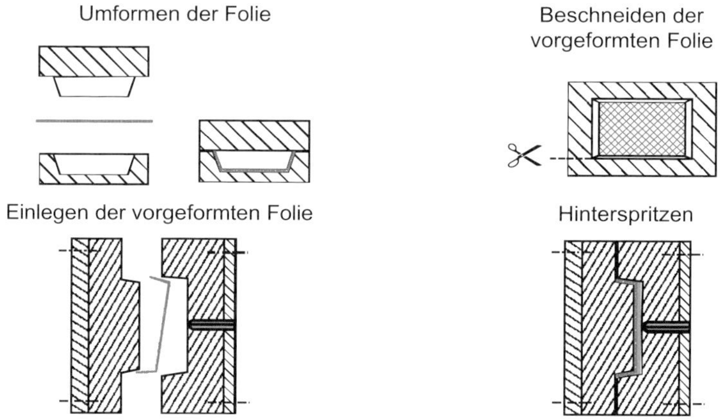

Bild 18.65 Verfahrensablauf Folienhinterspritztechnik (zweistufiges pre-tailored Verfahren)

der Folienschwindung nach dem Thermoformvorgang bzw. der Foliendehnung beim Hinterspritzvorgang, oder eine ungenaue Positionierung im Spritzgießwerkzeug, zu einem Überströmen der Schmelze auf die Sichtseite des Bauteils kommen [18.144] [18.156] bis [18.159]. Ein Folienüberstand führt zwangsläufig zu einer Beschädigung der Dichtkanten des Werkzeugs und somit zu Nacharbeit [18.134].

18.5.2.6 In-Mold Coating (IMC)/In-Mold-Painting (IMP)

Im Gegensatz zu den zuvor genannten In-Mold-Verfahren, in denen Halbzeuge zur Dekoration verwendet werden, arbeitet man beim In-Mold-Coating mit flüssigen Substanzen zur Herstellung einer schützenden oder dekorativen Oberfläche [18.148]. Diese Substanzen werden schichtförmig im Werkzeug aufgetragen und anschließend mit Kunststoff hinterspritzt [18.160]. Die hohe Schmelzetemperatur während des Hinterspritzvorgangsbewirkt das Aushärten der ursprünglich flüssigen Substanzen. Ähnlich dem In-Mold-Decoration-Verfahren ergibt sich durch die Temperatur- und Druckeinwirkung ein unlösbarer Verbund zwischen Träger und Dekor- bzw. Schutzschicht. In einer weiteren Verfahrensvariante, die häufig mit In-Mold Painting bezeichnet wird, wird ein Tauchkantenwerkzeug nach der Herstellung des thermoplastischen Trägers um einen Spalt geöffnet und in diesen Spalt der gewünschte Lack injiziert [18.148] [18.161]. Der Vorteil dieses Verfahrens liegt in der Abformung der Werkzeugoberfläche durch den verwendeten Lack. Im Gegensatz zu herkömmlichen Lackierverfahren werden somit Fehlstellen in der Formteiloberfläche nicht auf die Lackoberfläche übertragen [18.161].

18.5.2.7 Mehrfarbenspritzgießen/In-Lay-Technik

Auch die Mehrfarbenspritzgießtechnik lässt sich zu den integrierten Dekorationsverfahren zählen, da auf eine nachträgliche Bedruckung eines Trägerbauteils verzichtet werden kann. Die mehrfarbigen Formteile lassen sich vielmehr schrittweise Spritzgießen, indem mit mehreren Aggregaten Schmelze unterschiedlicher Farbe nacheinander in das Werkzeug eingespritzt wird und Schieber als Platzhalter eingesetzt werden. Jedoch wächst der maschinen- und werkzeugtechnische Aufwand mit jeder hinzukommenden Farbe enorm. Zudem sind Linienbreiten kleiner als 0,5 mm nicht mehr herstellbar [18.149] [18.150]. Alternativ bietet sich die In-Lay-Technik an, bei der Teile in der jeweiligen Farbe in eigenen Werkzeugen gespritzt und anschließend ineinandergelegt werden. Dieses Verfahren ermöglicht auch Formteile, bei denen die Informationen durchleuchtet werden müssen. Beispiele hierfür sind Heizungs- und Lüftungsblenden im Automobilbereich [18.149] [18.150].

18.5.2.8 Kombinierter Tiefzieh- und Hinterspritzprozesses

Als In-Mold-Verfahren zur Herstellung von Strukturbauteilen wurde der integrierte Tiefzieh- und Spritzgießprozess entwickeln, der in Bild 18.63 dargestellt ist. Dabei wird ausgehend von einem Blechzuschnitt ein Metallumformteil (z. B. eine Blechronde für eine Napfgeometrie) durch das Kombinationsverfahren hergestellt. Zunächst wird der Blechzuschnitt in das Spritzgießwerkzeug eingelegt und die Niederhalterkraft (F_{NH}) mechanisch getrennt von der Schließbewegung aufgebracht. Durch die Schließbewegung der Spritzgießmaschine wird der Blechzuschnitt tiefgezogen (1. Umformschritt). Durch das Einspritzen der Kunststoffschmelze wird das Blech weiter ausgeformt (2. Umformschritt). Gleichzeitig findet während dieses zweiten Umformschrittes das stoffschlüssige Fügen der beiden artfremden Materialien Kunststoff und Metall mithilfe eines latent reaktiven Haftvermittlers statt, der zuvor auf die Blechoberfläche aufgetragen wurde. Nach dem Öffnen des Werkzeugs und Abheben des Niederhalters kann das fertige Kunststoff-/Metall-Hybridbauteil durch das Auswerfersystem der Spritzgießmaschine entformt werden.

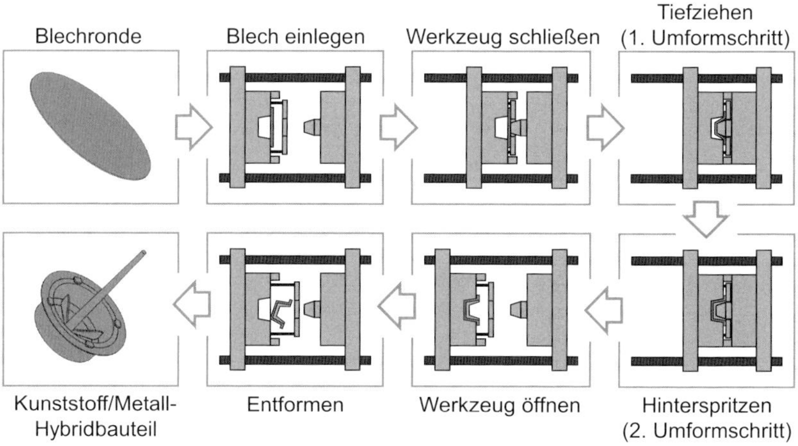

Bild 18.66 Verfahrensablauf zum kombinierten Tiefzieh- und Spritzgießprozess [18.162]

Die Gesamtzykluszeit des dargestellten Kombinationsverfahrens wird dabei im Vergleich zum konventionellen Spritzgießen nicht wesentlich verlängert, da die Geschwindigkeit der Schließbewegung der Umformgeschwindigkeit beim Tiefziehen entspricht. Zykluszeitbestimmend ist weiterhin die Kühlzeit der Kunststoffkomponente [18.162].

Für die werkzeugtechnische Umsetzung des kombinierten Tiefzieh- und Spritzgießprozesses werden Komponenten aus den Bereichen Umformen und Urformen kombiniert. Ein einfaches Tiefziehwerkzeug besteht mindestens aus den Komponenten Ziehstempel, Ziehring (Matrize) und Niederhalter [18.163]. Der Niederhalter fixiert die in das Werkzeug eingelegte Platine gegen die Matrize. Die dabei entstehende Anpresskraft muss so geregelt sein, dass diese groß genug ist, dass das Blech während der Umformung keine Falten im Flanschbereich wirft, gleichzeitig aber klein genug, damit die Reibung zwischen Platine und Werkzeug nicht zu groß wird und das Blech daran gehindert wird in die Kavität nachzufließen. Die Matrize befindet sich in der schließseitigen Werkzeughälfte und bildet gleichzeitig die Kavität für das Kunststoff/Metall-Hybridbauteil. Düsenseitig ist der Ziehstempel integriert. Dieser sorgt für die erste Umformstufe der Metallkomponente. Des Weiteren bildet der Stempel in Verbindung mit der Matrize die Kavität für die Kunststoffkomponente. Für das Hinterspritzen mit Kunststoff werden außerdem eine Kavität, ein Angusssystem sowie ein Entformungssystem benötigt. Hinzu kommt die Temperierung des Werkzeuges.

Neben der Verarbeitung von Metallblechen können mit dieser Prozesstechnik auch Organobleche oder Tapes verarbeitet werden. Die Halbzeuge werden für den jeweiligen Lastfall vorkonfektioniert. Vor der Umformung im Spritzgießwerkzeug werden die Halbzeuge mittels Infrarotstrahlern bis zum Schmelzpunkt des Matrixmaterials vorgewärmt. Dabei sollte die Vorwärmung der Halbzeuge für den nächsten Zyklus idealerweise während des laufenden Zykluses erfolgen.

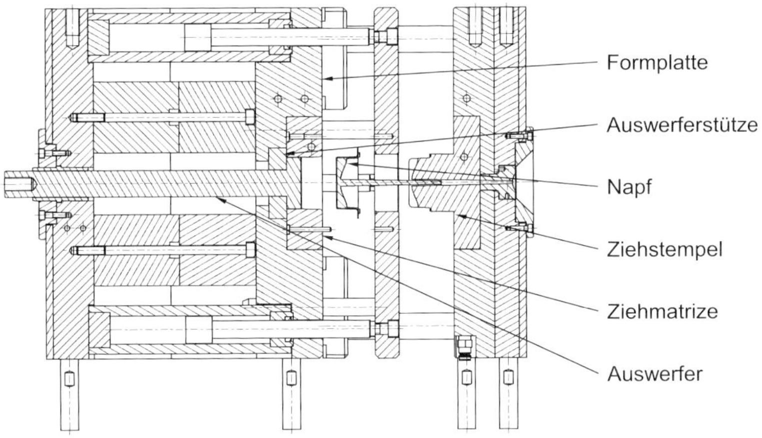

Bild 18.67 Werkzeug für den kombinierten Tiefzieh- und Spritzgießprozess [18.162]

18.5.3 Werkzeugtechnik

Das Einlegen von Dekormaterial und die Notwendigkeit, Kunststoffschmelze hinter dieses Dekormaterial zu spritzen, bedingen geänderte Werkzeugkonzepte. Grundzüge typischer Werkzeugkonzepte sind in [18.136] beschrieben und werden im Folgenden dargelegt.

Grundsätzlich bestehen zwei Möglichkeiten für die Anordnung des Dekors: auf der Düsen- oder auf der Schließseite des Spritzgießwerkzeuges. Befindet sich das Dekor auf der Düsenseite, so muss die Schmelze durch eine geeignete Angussgestaltung über die Trennebene hinweg zur Schließseite gefördert werden. Dies lässt sich beispielsweise durch einen Bogentunnelanguss (siehe Abschnitt 7.4) oder einen Heißkanalverteiler realisieren [18.142].

Üblicherweise befindet sich bei dieser Technik das Dekormaterial aber auf der Schließseite. Dabei verläuft die Trennebene zumeist entlang der Dekoroberfläche [18.148]. Dies hat zur Folge, dass die Patrize des Spritzgießwerkzeugs entgegen der üblichen Vorgehensweise in der Regel auf der Düsenseite montiert wird. Das Auswerfersystem ist daher in der Regel so anzupassen, dass die Auswerfer auf der Einspritzseite positioniert (Bild 18.68) und beispielsweise über einen hydraulischen Kernzug oder hydraulische Auswerfereinheiten betätigt werden, um das Formteil von dem Kern zu entformen und Schädigungen des Dekormaterials auf der Dekormaterialoberseite zu verhindern [18.164]. Darüber hinaus ist auch jede weitere Möglichkeit beweglicher Werkzeugteile sowie Entlüftungsbohrungen, Entlüftungsspalte o. Ä. auf der schließseitigen Werkzeughälfte zu vermeiden, um somit eine Markierung auf dem Dekor zu verhindern [18.165] [18.166]. Zusätzlich ist es notwendig, das Temperiersystem auf die Besonderheiten bei der Hinterspritztechnik anzupassen (Isolierwirkung und somit verminderte Wärmeabfuhr durch das Dekormaterial in die schließseitige Werkzeughälfte).

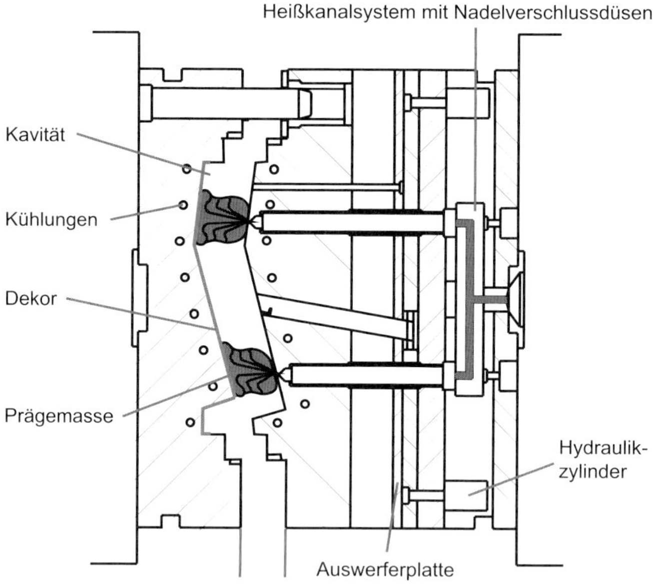

Bild 18.68 Tauchkantenwerkzeug zum Hinterspritzen sowie für das Hinterprägen (Hinterpressen im Quellfluss) von Dekormaterialien [Georg Kaufmann Formenbau AG, Busslingen, Schweiz] [18.172]

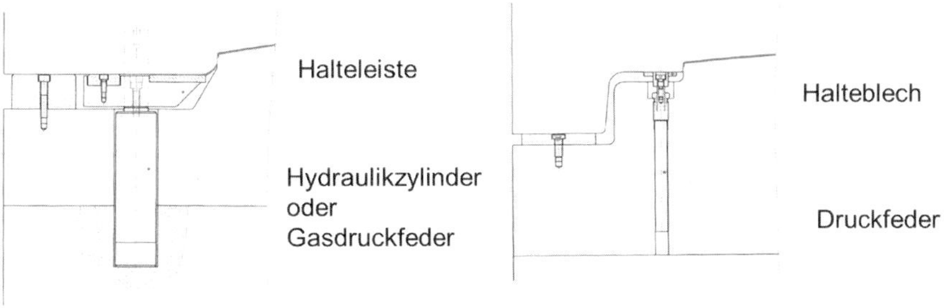

Bild 18.69 Spannelemente zum Fixieren eingelegter Dekormaterialien [Georg Kaufmann Formenbau AG, Busslingen, Schweiz] [18.172]

Weitere Besonderheiten gehen aus der Notwendigkeit des Dekorhandlings hervor. Die Werkzeugplatten müssen ausreichend Raum für die Dekoraufnahme bieten. Übergabe- und Positionshilfen sowie Spannelemente sind in das Werkzeug zu integrieren. Wegen der zusätzlichen Schieber zum Halten, Spannen und Fixieren des Dekormaterials ist die Verschleißanfälligkeit des Werkzeugs besonders zu beachten [18.167]. Je nach Dekormaterial ist es erforderlich, ein entsprechend abgestimmtes automatisches Fixiersystem (z. B. elektrostatische Aufladung, Vakuum, etc.) in das Spritzgießwerkzeug zu integrieren [18.168]. Die Fixierung mittels Vakuum ist aufgrund der Eignung für verschiedenste Formteilgeometrien sehr verbreitet, obwohl die Vakuumschlitze bzw. Sintermetallbuchsen auf der Dekoroberseite meist Markierungen verursachen. Bei einer Fixierung mittels elektrostatischer Aufladung wird die Ladung über einen am Handlingsystem angebrachten Kontakt erst in der Endposition im Werkzeug auf das Dekormaterial aufgebracht [18.143]. Das Dekor legt sich somit an die Werkzeugoberfläche an und ein Ablagern von Schmutzpartikeln aus der Umgebungsluft auf der Folienoberfläche wird weitgehend vermieden. Es wird deshalb empfohlen unter Reinraumbedingungen zu arbeiten, denn nur so ist eine absolute Staubfreiheit zu erzielen.

Bei der Anschnittgestaltung ist darauf zu achten, dass die Schmelze auf die rückseitige Fläche des Dekormaterials strömt, um einen Schmelzefluss auf die Sichtseite zu verhindern [18.149] [18.150].

Darüber hinaus sollte der Anschnittquerschnitt so groß wie möglich vorgesehen werden, um hohe Strömungsgeschwindigkeiten und damit eine Folienschädigung zu vermeiden [18.169]. Viele In-Mold dekorierte Formteile stellen langgestreckte Bauteile dar. Aufgrund des Fließweg-Wanddickenverhältnisses müssen diese Teile über mehrere Anschnitte angespritzt werden. Ist es nicht möglich, das Angusssystem in die Trennebene zu legen, so kann die Anbindung mit einem Dreiplattenwerkzeug realisiert werden, bei dem sich zwischen düsen- und schließseitiger Werkzeugplatte eine Zwischenplatte befindet [18.142]. Wesentlich einfacher lässt sich das Problem der Mehrfachanbindung durch die Verwendung eines Heißkanalverteilers lösen.

Aus diesem Grunde ist mit der Hinterspritztechnik die Heißkanaltechnik unmittelbar verknüpft, z. B. [18.170] [18.171] und es wird die Kaskadenanspritztechnik angewendet (siehe Abschnitt 7.7.1).

Besonders schonend für das eingelegte Dekor ist das Hinterspritzen im Quellfluss, dem so genannten Hinterprägen. Das Werkzeug nach Bild 18.68 ist hierzu mit Tauchkanten ausgeführt. Das vorkonfektionierte Dekor wird in das geöffnete Werkzeug eingelegt und mittels Vakuum und Kniehebelspannelementen festgehalten. Beim Einspritzen öffnet sich dann das vorher geschlossene Werkzeug, so dass große Fließquerschnitte entstehen. Die Schmelze kann so mit niedrigem Druck und geringer Scherung in das Werkzeug eingebracht und verteilt werden [18.172].

Dieses Verfahren wird auch vorwiegend für das Hinterprägen nicht kompakter Dekormaterialien, wie z. B. geschäumte Folien und Textilien verwendet [18.164] [18.166] [18.173] bis [18.176]. Generell sind beim Hinterprägen in Schließrichtung liegende Formteilwände zu vermeiden, da ein faltenfreies Einlegen des Dekormaterials sonst kaum oder nur mittels aufwendiger zusätzlicher Hilfen (Schieber) möglich ist. Zudem ließe sich bei derartigen Formteilen eine hohe Schubbelastung auf das Dekormaterial beim Prägevorgang nicht verhindern [18.166] [18.175].

Bei der Herstellung von Formteilen mit Durchbrüchen sollte die entsprechende Werkzeugerhebung (der Kern zum Ausformen des Durchbruchs) auf der Dekorseite angebracht werden. Die Werkzeugerhebung dient so gleichzeitig der Positionierung des Vorformlings beim Einbringen in das Spritzgießwerkzeug. Der Vorformling sollte überdies so vorkonfektioniert werden, dass saubere Kanten entstehen [18.169].

Bild 18.70 zeigt eine durch hinterschäumen hergestellte Türverkleidung. Dabei wird die Dekorfolie im Spritzgießwerkzeug thermogeformt. Bild 18.71 zeigt die Entnahme der Türverkleidung aus dem geöffneten Werkzeug. Die Besäumung der Dekorfolie und die Herstellung der Ausbrüche für den Türöffner erfolgen in nachgelagerten Prozessschritten.

Bild 18.70 Türverkleidung, bei dem das thermogeformte Dekor in einem Tauchkantenwerkzeug hinterschäumt wurde [Georg Kaufmann Formenbau AG, Busslingen, Schweiz] [18.172]

Bild 18.71 Entnahme der Türverkleidung aus dem geöffneten Werkzeug [Georg Kaufmann Formenbau AG, Busslingen, Schweiz] [18.172]

Dieses Verfahren wird auch vorwiegend für das Hinterprägen nicht kompakter Dekormaterialien, wie z. B. geschäumte Folien und Textilien verwendet [18.164] [18.166] [18.173] bis [18.176]. Generell sind beim Hinterprägen in Schließrichtung liegende Formteilwände zu vermeiden, da ein faltenfreies Einlegen des Dekormaterials sonst kaum oder nur mittels aufwendiger zusätzlicher Hilfen (Schieber) möglich ist. Zudem ließe sich bei derartigen Formteilen eine hohe Schubbelastung auf das Dekormaterial beim Prägevorgang nicht verhindern [18.166] [18.175].

Bei der Herstellung von Formteilen mit Durchbrüchen sollte die entsprechende Werkzeugerhebung (der Kern zum Ausformen des Durchbruchs) auf der Dekorseite angebracht werden. Die Werkzeugerhebung dient so gleichzeitig zum Positionieren des Vorformlings beim Einbringen in das Spritzgießwerkzeug. Der Vorformling sollte überdies so vorkonfektioniert werden, dass saubere Kanten entstehen [18.169].

Ein zentraler Aspekt beim Hinterspritzen ist die Realisierung eines Umbuges im Spritzgießwerkzeug. Wird dieser Umbug schon beim Spritzgießen hergestellt und nicht erst nachträglich in einem separaten Arbeitsschritt, ergeben sich große ökonomische Vorteile.

Eine Möglichkeit, einen 180°-Umbug zu erzeugen, stellt die Verwendung eines Schieberwerkzeuges dar. Hierbei fahren beim Schließen des Werkzeuges seitlich Schieber ein, die eine der erforderlichen Rinne entsprechende gekrümmte Fläche aufweisen. In diese Rinne legt sich das Dekormaterial ein und bildet den Umbug aus. Beim Entformen müssen zunächst die Schieber wieder ausgefahren werden. Wie Bild 18.72 zeigt, können auch umlaufende Rahmen zur Ausbildung des Umbugs eingesetzt werden.

Bei einer weiteren Möglichkeit zur Umbuggestaltung wird in das Spritzgießwerkzeug ein an den Formteilrändern umgeklapptes Dekormaterial eingelegt [18.177]. Das Dekormaterial besteht aus Oberware und Schaumschicht. Durch das Umklappen

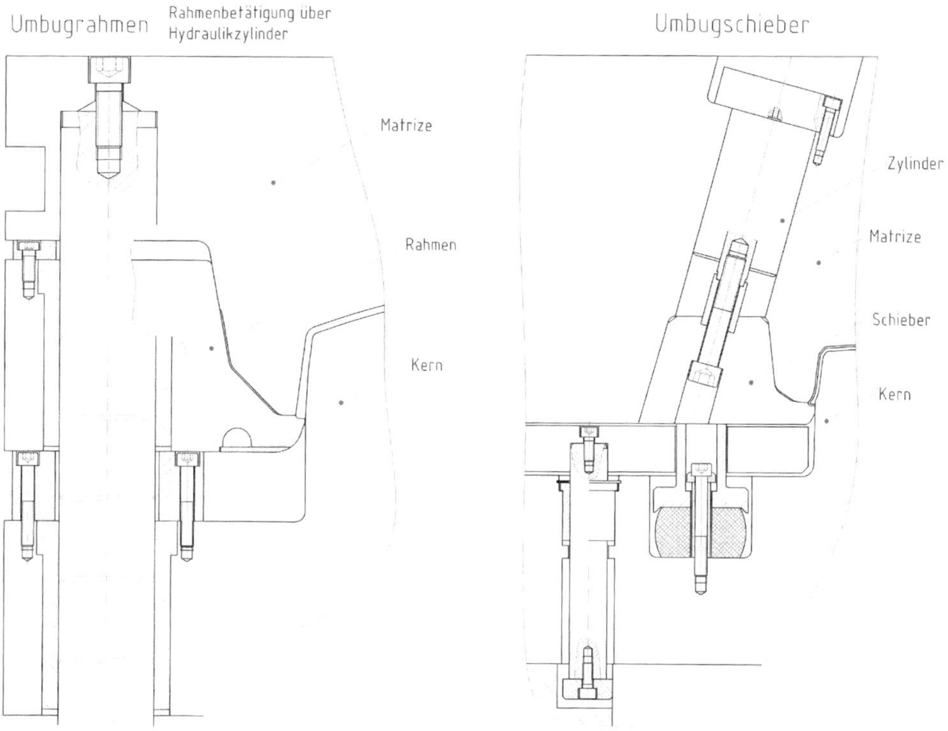

Bild 18.72 Möglichkeiten zur Umbuggestaltung
[Georg Kaufmann Formenbau AG, Busslingen, Schweiz] [18.172]

entsteht am Rand eine doppellagige Schaumschicht, wobei die Schaumstoffrücken aufeinander liegen. Zwischen die beiden Schichten dringt beim Einspritzvorgang Schmelze ein. Hierdurch wird erreicht, dass die Schmelze am Formteilrand vollständig mit Dekormaterial umfasst ist, also ein Umbug entsteht. Dazu ist es erforderlich, ein vorkonfektioniertes Dekormaterial einzusetzen.

Einen 90°-Umbug kann man mit einem Drei-Platten-Werkzeug erzeugen [18.178] [18.179]. Hierdurch ist die Entformung des entstehenden Hinterschnittes gewährleistet. Ferner wird das Textil mithilfe eines Spannrahmens vorgestreckt.

Ein Werkzeugkonzept, das sich in der Hauptsache durch die Herstellbarkeit des Umbuges während der Formteilbildung (180°) und die Möglichkeit zu einem integrierten Textilbeschnitt auszeichnet, ist in Bild 18.73 dargestellt [18.180] [18.181].

Das Werkzeug besteht aus der Schließ- und Düsenseite sowie einer dazwischen befindlichen dritten Platte. In diese Platte ist eine halbkreisförmige Hohlkehle eingearbeitet, in die sich das Textil einlegt. Das Dekormaterial wird zwischen der Düsenseite und der dritten Platte eingebracht. Danach wird das Werkzeug soweit verfahren, dass die dritte Platte über die Andrückfedern das Textil auf die Düsenseite presst.

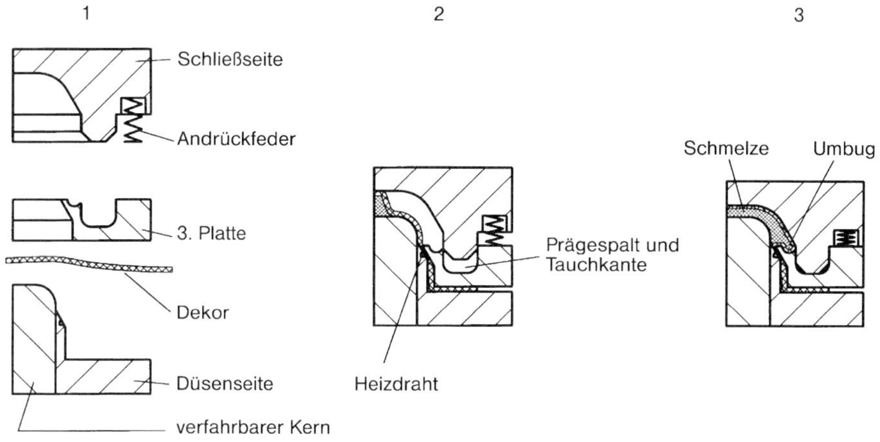

Bild 18.73 Werkzeugkonzept [18.119]

Das Dekormaterial wird über sich in der Düsenseite befindliche federnde Druckstifte (in Bild 18.73 nicht eingezeichnet) vorgespannt, wodurch eine definierte Fixierung und ein kontrolliertes Nachrutschen des Textils in die Kavität gewährleistet werden.

Anschließend fährt der in der Düsenseite integrierte Kern ein und streckt das Textil vor. Hierdurch wird erreicht, dass ausreichend viel Dekormaterial in die Formhöhlung gelangt und es nicht zum Durchspritzen kommt. Nach dem Ausfahren des Kerns wird das Werkzeug weiter geschlossen. Die vorgesehenen Tauchkanten ermöglichen sowohl den Einsatz des konventionellen Spritzgießens als auch den des Spritzprägens. Mithilfe des Spritzprägeverfahrens ist es möglich, auch empfindliche Dekormaterialien zu verarbeiten.

18.6 Spritzgießen von Mikroformteilen [18.182]

Mit Hilfe des Spritzgießverfahrens lassen sich extrem kleine Formteile mit Formteilgewichten im Milligrammbereich und Mikropräzisionsformteile mit Toleranzanforderungen im niedrigen Mikrometerbereich herstellen. Darüber hinaus können Formteile mit strukturierten Bereichen produziert werden. Das Mikrospritzgießen ermöglicht eine Massenfertigung von Formteilen speziell für die Mikrosystemtechnik (MST). In der Literatur werden Mikroformteile hinsichtlich des Gewichts, der Abmessungen und Toleranzanforderungen unterschieden [18.183]. Die Dimensionen relevanter Mikro- und Kleinstformteile werden im Folgenden anhand von Beispielen dargestellt:

- singuläre Mikroformteile mit Massen unter 0,1 g und Aspektverhältnissen größer eins, beispielsweise Komponenten in der MST und der Mikromechanik u. a. Rotorräder mit einer Masse von 1,2 mg, einem Durchmesser von 1,8 mm bei Toleranzen von ±2 % [18.184],
- Mikropräzisionsteile mit Abmessungstoleranzen in Bereichen von 2 μm oder kleiner, beispielsweise Glasfaserleitungsstecker [18.185],
- Formteile mit Massen von 0,1 g bis 10 g, die mikrostrukturierte Oberflächen mit einem Aspektverhältnis größer eins aufweisen, beispielsweise Komponenten der MST aus den Bereichen Mikrooptik und Mikrofluidik, u. a. Mikro-Spektrometer und Lab-on-a-Chip-Systeme [18.186] [18.187],
- mikrostrukturierte Makroformteile mit Massen größer 10 g und Aspektverhältnissen kleiner 1, u. a. DVD, BR-Disk [18.188].

Mit Hilfe der nachfolgend vorgestellten Werkzeugtechnologie sind bereits Strukturen mit minimalen Breiten von 2,5 μm bei einer Höhe von 20 μm spritzgegossen worden [18.189]. Das so genannte Aspektverhältnis (Verhältnis der maximalen Höhe zu minimalen lateralen Abmessungen einer Struktur) beträgt in diesem Fall 8. Hiermit wird der Unterschied zur Fertigung optischer Datenträger, bei der ebenfalls Mikrostrukturen aus Kunststoff erzeugt werden, deutlich. Die dabei auftretenden Lateralabmessungen liegen bei ca. 0,6 μm und die maximalen Strukturhöhen bei etwa 0,1 μm, so dass sich Aspektverhältnisse von weit unter 1 ergeben.

Bild 18.74 zeigt eine spritzgegossene Demonstrationsstruktur. Die ca. 1 100 Säulen aus POM weisen jeweils eine Schlüsselweite von 80 μm bei einer Höhe von 200 μm auf und haben einen Abstand von 8 μm voneinander.

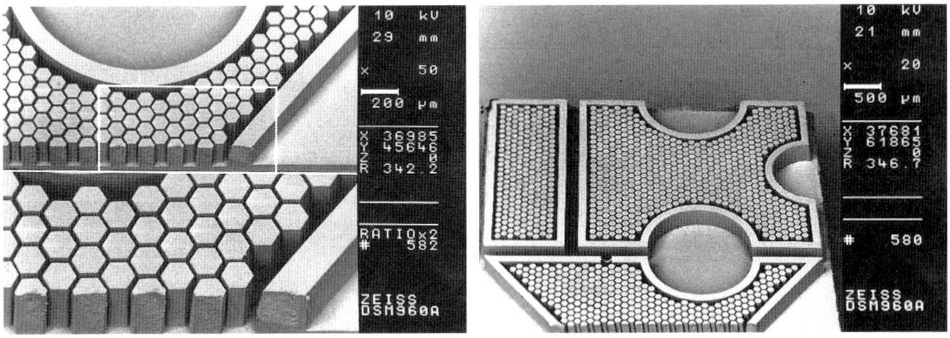

Bild 18.74 Spritzgegossene Demonstrationsstruktur [18.182]

18.6.1 Werkzeugtechnik und Prozessführung

Die Qualität spritzgegossener mikrostrukturierter und singulärer Mikroformteile wird entscheidend durch die Werkzeugtechnik und Prozessführung beeinflusst. Bereits bei der Konstruktion eines Mikrospritzgießwerkzeuges muss insbesondere die filigrane Struktur der Kavitäten selbst berücksichtigt werden. Zusätzlich ist für das Spritzgießen mikrostrukturierter Formteile eine spezielle Prozessführung notwendig (Bild 18.75).

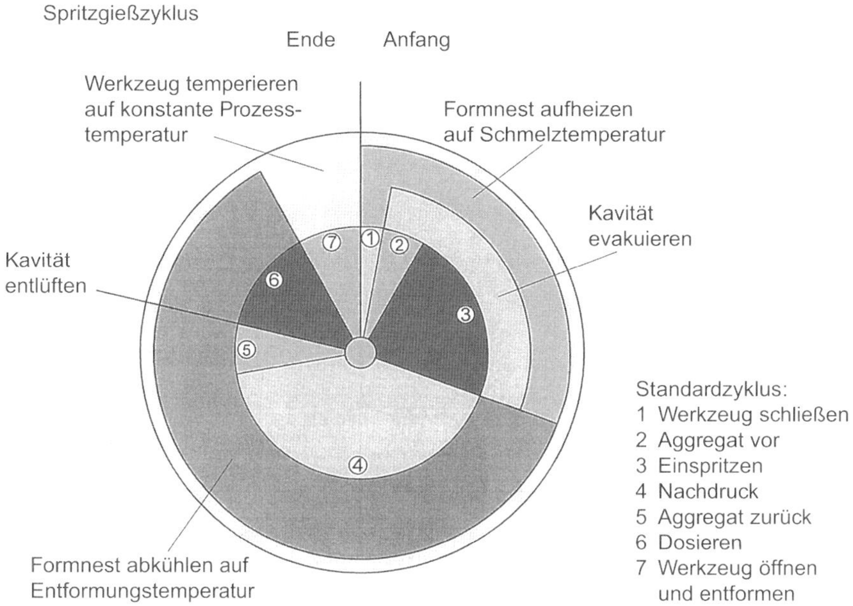

Bild 18.75 Zyklus für das Spritzgießen mikrostrukturierter Formteile [18.182]

Die für dieses Sonderverfahren des Spritzgießens eingesetzten Werkzeuge weisen folgende Merkmale auf [18.190] bis [18.195]:

- Sie sind mit einer Variothermtemperierung (siehe Abschnitt 11.3.2.4) ausgestattet, d. h., dass das Werkzeug vor dem eigentlichen Einspritzvorgang auf annähernd Massetemperatur des Kunststoffes aufgeheizt und anschließend auf Entformungstemperatur abgekühlt wird. Durch eine erhöhte Werkzeugwandtemperatur zum Zeitpunkt des Einspritzens bleibt die Kunststoffschmelze länger fließfähig, was eine sehr gute Abformung der Kavitätsoberfläche beispielsweise von Mikrostrukturen ermöglicht. Am Markt erhältliche Verfahren zur variothermen Temperierung sind beispielsweise die Fluidtemperierung mit Wasser, Öl oder Dampf, die Temperierung mittels Induktion, mit Heizkeramiken, elektrischen Heizelementen sowie IR- oder hochenergetischer Laser-Strahlung.

- Sie sind mit einer Vakuumeinheit ausgestattet, die das Werkzeug im Bereich des Formnestes evakuiert. Dies ist erforderlich, um den Dieseleffekt am Fließwegende und in Oberflächenstrukturen beim Einspritzen zu vermeiden und den Formfüllvorgang zu unterstützen. Teilweise wird ein Druck von unter 1 mbar gefordert [18.193] bis [18.195].
- Hohe Anforderungen werden weiterhin an die Toleranzen der Werkzeugführung, an benötigte Auswerferstifte und an die eigentlichen Formeinsätze gestellt. Bei der Fertigung müssen Toleranzen von 1 µm eingehalten werden [18.189]. Bei der Entformung von Mikroformteilen müssen die oftmals hohen Verhältnisse von Formteiloberfläche zu -volumen berücksichtigt werden. Die auf das Formteil wirkenden Entformungskräfte müssen durch eine hohe Oberflächengüte der Kavitätsseitenwände gering gehalten werden [18.196].

Das in Bild 18.76 dargestellte Beispielwerkzeug wurde in erster Linie aus Werkzeugnormalien aufgebaut (Kapitel 22) [18.197]. Der modulare Aufbau erlaubt eine schnelle und kostengünstige Anpassung an unterschiedliche Formteilgeometrien.

Der äußere, mit Wasser betriebene Temperierkreislauf hält das Gesamtwerkzeug auf einer konstanten Temperatur (beispielsweise: = 60 °C). Die Variothermeinheit besteht aus einem spiralförmig aufgebauten inneren Temperiereinsatz, der von innen nach außen von Öl durchströmt wird, und der elektrischen Heizung. Das düsenseitige Gegenstück ist fertigungstechnisch bedingt mit senkrecht zueinander verlaufenden Kühlbohrungen ausgestattet. Luftspalte sorgen für eine thermische

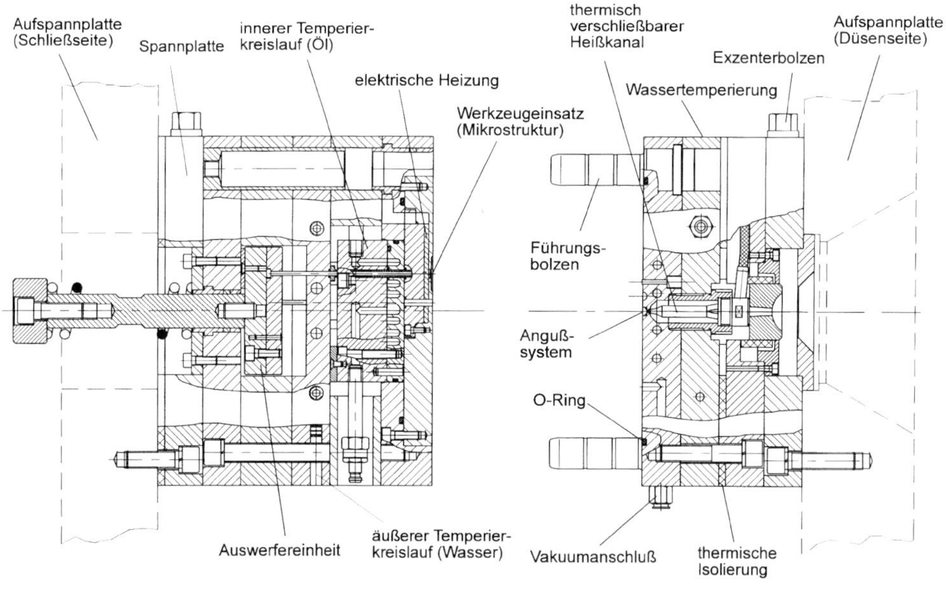

Bild 18.76 Werkzeug zum Spritzgießen mikrostrukturierter Formteile [18.182]

Trennung gegenüber dem Rest des Werkzeugaufbaus. Die innere Temperiereinheit wird konstant mit der Entformungstemperatur des zu verarbeitenden Werkstoffes beaufschlagt (bei POM: = 120 °C), wobei die Vorlauftemperatur des Öls deutlich höher liegt. Die Temperaturführung kann mithilfe eines separaten Thermofühlers kontrolliert werden.

Die direkt hinter dem Formnest liegende elektrische Heizung sorgt für die temporäre Aufheizung dieses Bereiches auf die gewünschte höhere Temperatur. Nach dem Einspritzvorgang wird diese Heizung ausgeschaltet, und der innere Temperierkreislauf sorgt so lange für den Wärmeentzug, bis das spritzgegossene Formteil entformt werden kann (Bild 18.77). Das System der elektrischen Heizung besteht aus einer runden 9 mm dicken Messingplatte mit einem Durchmesser von 70 mm und drei eingelassenen Heizpatronen mit einer Leistung von jeweils 200 W (Flächenleistung: 6,2 W/cm^2). Bild 18.78 verdeutlicht den prinzipiellen Aufbau des Bereiches Formnest und Heizelement.

Bei der Schließbewegung liegt das Werkzeug zunächst im Bereich des eingelassenen O-Rings an. Über eine düsenseitig eingebrachte Bohrung wird einerseits das Vakuum gezogen, andererseits erfolgt hierüber die Belüftung des Werkzeuges vor der Werkzeugöffnungsbewegung.

Da bei konventionellem Heißkanalaufbau des Werkzeuges aufgrund des Vakuums bereits vor dem eigentlichen Einspritzvorgang Schmelze eingezogen würde, ist dieses Werkzeug mit einer verschließbaren Heißkanaldüse ausgestattet [18.198].

Die Entformung erfolgt über Auswerferstifte, die jeweils vakuumdicht geführt werden.

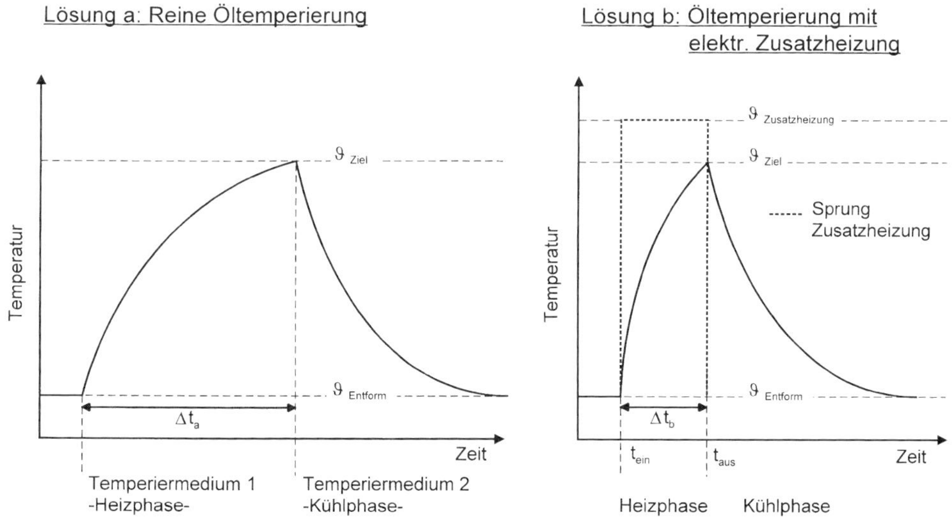

Bild 18.77 Zeitliche Temperaturverläufe in Variothermwerkzeugen [18.182]

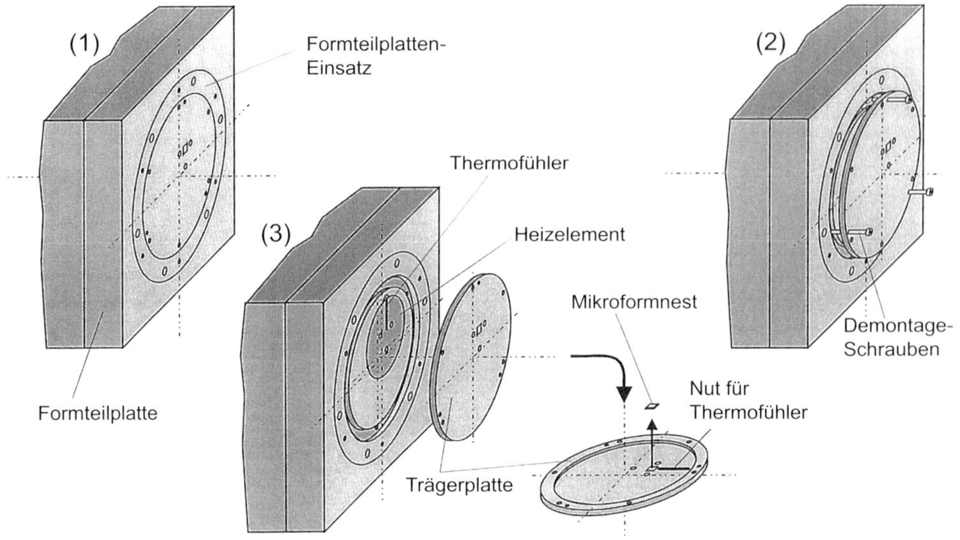

Bild 18.78 Konstruktiver Aufbau des Formnestbereiches [18.182]

18.6.2 Herstellungsverfahren für Mikrokavitäten

Für die Herstellung von Kavitäten zur Fertigung von Mikroformteilen kommen neben konventionellen Fertigungsverfahren für Spritzgießwerkzeuge auch Verfahren der Mikroproduktion zum Einsatz. Zu diesen gehören die Mikrozerspanung, die Mikrofunkenerosion und das Mikrolaserabtragen durch den Einsatz von Ultrakurzpulslasern (UKP-Laser). Die Siliziumtechnologie ist aus der Elektrotechnik bekannt und wurde als erste Technologie für die Herstellung mikromechanischer Formteile verwendet. Als weiteres Spezialverfahren wurde die LiGA-Technik (Abschnitt 23.3) entwickelt. Alle Verfahren haben gemeinsam, dass Formteile oder Bauteilstrukturen im Mikrometerbereich erzeugt werden können. Die erhaltenen strukturierten Formteile können direkt verwendet oder als Formeinsätze in einem Spritzgießwerkzeug

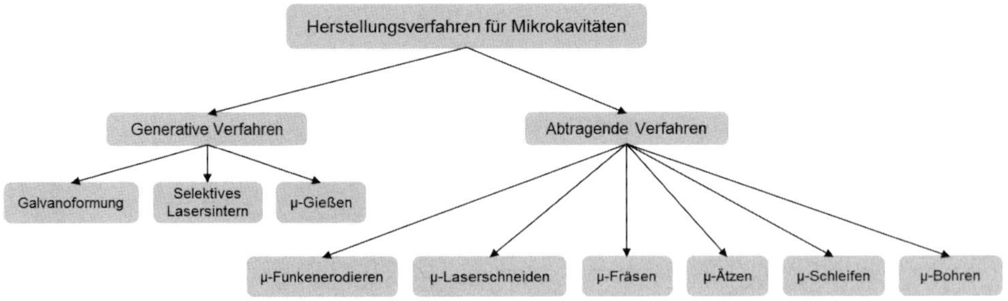

Bild 18.79 Übersicht der Fertigungsverfahren zur Herstellung von Mikrokavitäten

einer Massenfertigung zugeführt werden. Eine Übersicht über die Verfahren der Mikroproduktion mit einer Einteilung in generative und abtragende Verfahren ist in Bild 18.79 dargestellt. Die Fertigungsverfahren für Spritzgießwerkzeuge werden in Kapitel 24 eingehend diskutiert.

18.7 Flüssigsilikonverarbeitung [18.199]

18.7.1 Maschinen- und Anlagentechnik für die LSR-Verarbeitung

Flüssigsilikonkautschuke, auch Liquid-Silicone-Rubber (LSR) genannt, stellen eine Werkstoffgruppe unter den vernetzenden Elastomeren dar und gehören zur Gruppe der Silikonkautschuke. Bei den heute eingesetzten Flüssigsilikonkautschuken handelt es sich um zweikomponentige, additionsvernetzende Systeme. Die zur Verarbeitung von LSR erforderliche Maschinentechnik ist in Bild 18.80 schematisch dargestellt. Der Rohstoff liegt zunächst als niedrigviskoses, zwei komponentiges System vor, das als 20-l- oder 200-l-Gebinde von den Rohstoffherstellern geliefert wird [18.200]. Das verarbeitungsfertige Rohmaterial wird mithilfe einer Mehrkomponenten-Dosieranlage über Schöpfkolbenpumpen direkt aus den Liefergebinden und gegebenenfalls unter Zudosierung von Farben und Additiven einem Mischblock zugeführt und anschließend über einen statischen oder dynamischen Mischer zum Einspritzaggregat der Spritzgießmaschine geleitet. Erst nach der Vermischung beider Komponenten wird das System reaktiv und vernetzt unter Einwirkung von Wärme spaltproduktfrei nach dem Prinzip der Additionsvernetzung. Die dabei erzielten Vernetzungsgeschwindigkeiten liegen mit 3 bis 7 s/mm Wanddicke deutlich über

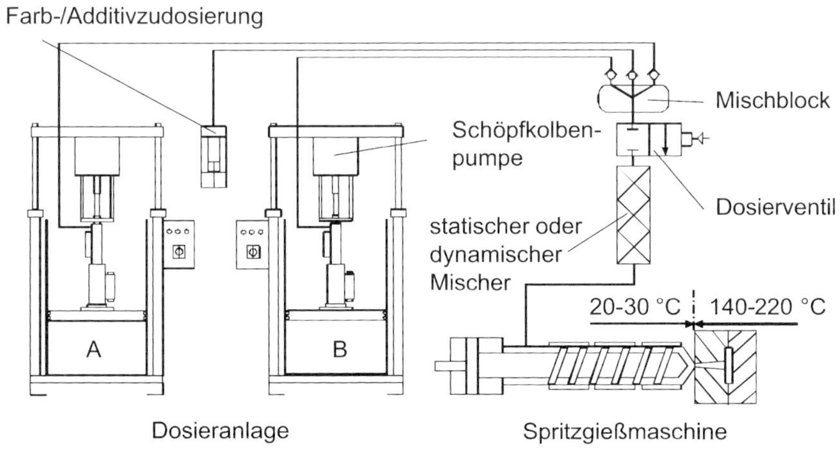

Bild 18.80 Maschinentechnik für die LSR-Verarbeitung

denen konventioneller Elastomere [18.200] bis [18.204]. Zur Vermeidung einer frühzeitigen Anvernetzung werden alle mischungsführenden Komponenten der Verarbeitungsanlage bis zum Eintritt in das 140 bis 240 °C heiße Werkzeug auf einem Temperaturniveau von 20 bis 30 °C gehalten. Aufgrund starken thermisch induzierten Volumendilatation des Materials, ist eine untervolumetrische Formfüllung erforderlich, um einer Gratbildung entgegenzuwirken.

Spritzgießmaschinen für die Verarbeitung von LSR unterscheiden sich im Wesentlichen durch ein werkstoffgerecht modifiziertes Einspritzaggregat von konventionellen Spritzgießmaschinen. Das LSR-Spritzgießaggregat ist – wie bei der Verarbeitung reagierender Formmassen üblich – flüssigkeitstemperiert, um die Temperatur des Reaktionsgemischs möglichst konstant auf einem Niveau zu halten und dabei gegebenenfalls auch Wärme abzuführen. Die flüssige bis pastöse Konsistenz des LSR erfordert dabei keine weitere Plastifizierung des Materials. Die Dosierphase hat lediglich die Aufgabe, ein definiertes Volumen reproduzierbar vom Einzugsbereich des Aggregates in den Schneckenvorraum zu fördern und gegebenenfalls eine Nachvermischung des Reaktionsgemischs vorzunehmen. Aus diesem Grund kommen überwiegend kompressionslose Förderschnecken mit einem L/D-Verhältnis von 10 bis 25 zum Einsatz, die zur Erhöhung der Mischwirkung und der Vermeidung von Ablagerungen am Schneckengrund nur eine geringe Gangtiefe besitzen [18.204] [18.205] [18.206] [18.207]. Aufgrund der niedrigen Viskosität ist eine Abdichtung des Schneckenschafts gegenüber dem Zylinder auf der Antriebsseite erforderlich. Weiterhin ist der Einsatz einer temperierbaren Nadelverschlussdüse sowie einer Rückströmsperre erforderlich [18.206] [18.208]. Die niedrige Viskosität erfordert eine reproduzierbar schließende Rückströmsperre mit geringen Leckverlusten. Hier haben sich neben konventionellen Ringrückströmsperren mit verkürztem Ringhub aktiv schließende Systeme wie federbelastete Scheibenrückströmsperren bewährt [18.206] [18.209].

Neben Schneckenaggregaten finden auch Kolbenaggregate Verwendung [18.210]. Die Materialzuführung durch eine Kolbenbohrung und Rückstromsperre ist so ausgeführt, dass der Kolbenboden nach jedem Zyklus gespült wird und so ein Anvernetzen verhindert wird. In Verbindung mit einer hydraulischen Klemmeinheit können mit Kolbenaggregaten hohe Dosiergenauigkeiten erzielt werden. Dabei wird der Spritzkolben reproduzierbar an einem mechanischen Anschlag geklemmt. Da bei Kolbenaggregaten keine rotatorische Bewegungen ausgeführt werden, müssen Dichtungen nur auf axiale Bewegung ausgelegt sein, was die Standzeit deutlich erhöht [18.207].

18.7.2 Werkzeugtechnik

Eine werkstoff- und verfahrensgerechte Werkzeugauslegung und -konstruktion ist Voraussetzung für die wirtschaftliche Fertigung von LSR-Formteilen. Dabei steht die prozesssichere, vollautomatische und nachbearbeitungsfreie Produktion im Vordergrund. Die niedrige Viskosität des LSR erfordert eine erhöhte Präzision im Werkzeugbau, um Gratbildung zu vermeiden. Die Anforderungen an die Maßtoleranzen liegen deshalb für das Zusammenspiel der Werkzeugelemente höher als bei Werkzeugen für die Thermoplastverarbeitung [18.211]. Reichen bei der Thermoplastverarbeitung Spaltweiten von 0,01 bis 0,02 mm zur Vermeidung von Gratbildung aus, so liegen die tolerierbaren Spaltweiten bei LSR-Werkzeugen unter 0,005 bis 0,01 mm [18.212] [18.213]. Zur Einhaltung der engen Toleranzen müssen die Formplatten nach jedem Arbeitsgang spannungsarm geglüht sowie nach der Härtung durch mehrfaches Anlassen von Restspannungen befreit werden [18.212].

LSR-Werkzeuge sind sehr steif und aus einem Minimum an beweglichen Elementen in Kavitätsnähe aufgebaut, um Werkzeugatmung und Gratbildung vorzubeugen [18.204] [18.215]. Dabei wird ein möglichst einfacher Werkzeugaufbau angestrebt und auf Schieber- und Backenwerkzeuge wegen der Abdichtungsproblematik weitgehend verzichtet. Aufgrund der elastischen Materialeigenschaften ist das Entformen von leichten Hinterschnitten jedoch auch ohne Backen oder Schieber möglich. Die für die mechanische Auslegung kritischen Werkzeugbereiche liegen düsenseitig im Bereich des Zentrierringdurchbruchs und schließseitig im Bereich des Auswerfersystems. Bei der Dimensionierung der Werkzeugplattendicke orientiert man sich an Thermoplastwerkzeugen.

Anguss

Die niedrige Materialviskosität ermöglicht sehr kleine Anschnittquerschnitte. So sind Punktanschnitte mit Durchmessern von 0,1 bis 0,8 mm und Filmanschnitte mit Filmdicken von 0,08 bis 0,12 mm üblich. Im Fall der Verwendung von Angussverteilern sind aufgrund der hohen Toleranzanforderungen bei gleichzeitig kleinen Kanaldurchmessern symmetrische, natürliche Balancierungen zu bevorzugen, um eine betriebspunktunabhängige gleichmäßige Füllung aller Kavitäten zu gewährleisten [18.204].

Kaltkanaltechnik

Der hohe Rohstoffpreis und die Tatsache, dass einmal ausvulkanisierter Kautschuk nicht wieder in den Produktionsprozess zurückgeführt werden kann, hat bei der LSR-Verarbeitung dazu geführt, dass sich die angusslose, abfallfreie Anspritzung über Kaltkanäle durchgesetzt hat [18.206] [18.216]. Neben der Materialeinsparung wird zusätzlich die kostenintensive Nacharbeit reduziert und die Prozessautomatisation erleichtert. Nachteilig wirken sich aber auch hier die hohen Investitionskosten aus.

Um die teuren Kaltkanäle besser nutzen zu können, wurden Einheiten entwickelt, die für verschiedene Werkzeuge verwendet werden können. Diese universell einsetzbaren Kaltkanäle sind entweder maschinenfeste oder werkzeugzugehörige Systeme, die mit offenen Düsen oder Nadelverschlussdüsen ausgestattet sind [18.217] bis [18.220]. Vorteile der offenen Düsensysteme sind dabei die einfachere Bauweise, höhere Düsenzahlen und die Realisierbarkeit kleinerer Formnestabstände [18.221]. Nadelverschlussdüsen werden dagegen häufig bei größeren Spritzgewichten eingesetzt sowie bei Formteilen mit höheren Ansprüchen an die Oberflächenqualität des Anschnittes [18.216]. Weiterhin kann beim Einsatz von Nadelverschlussdüsen direkt nach dem Einspritzen und Schließen der Düsen mit dem nächsten Dosiervorgang begonnen werden, denn aufgrund der Wärmeausdehnung des kalt eingespritzten LSR im heißen Werkzeug ist keine Nachdruckphase zur Schwindungskompensation erforderlich. Offene Düsensysteme hingegen erfordern eine Nachdruckphase zur Vernetzung des Anschnittsbereichs, um Materialrückfluss aus der Kavität heraus zu verhindern. Nachteilig wirkt sich dabei vor allem die Vernetzung innerhalb der Düsenspitze aus, da der Vulkanisationsvorgang aufgrund der schwierigen Wärmetrennung nicht auf das Formteil begrenzt werden kann [18.222]. Der sich am Ende der Heizphase bildende Pfropfen verhindert zwar einerseits bei geöffnetem Werkzeug das Nachtropfen des Materials aus der Düse, wird aber im nächsten Zyklus in das Formteil mit eingespritzt, so dass sich besonders bei dünnwandigen Formteilen Fehlstellen und Markierungen ergeben können.

Bild 18.81 zeigt den Schnitt durch ein hydraulisch betätigtes Kaltkanalsystem mit Verschlussdüsen zur Artikeldirektanspritzung. Im Vordergrund steht bei dieser Düsenvariante neben einer vollständigen Angussabfallvermeidung insbesondere

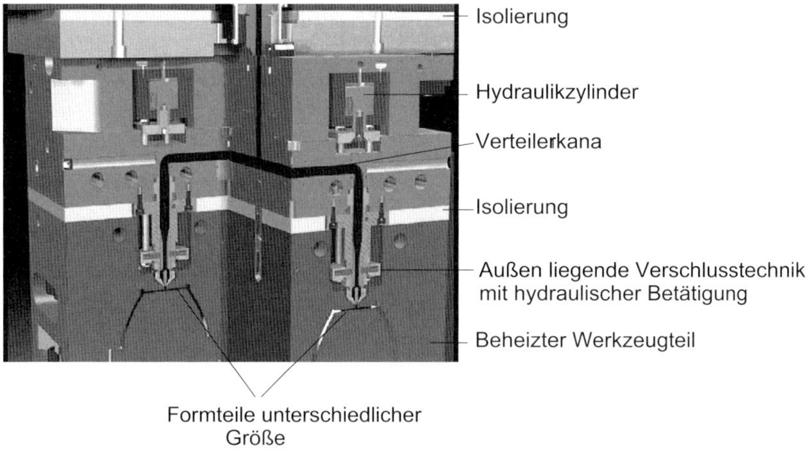

Bild 18.81 Hydraulisch betätigtes Kaltkanalsystem. Jede Düse kann einzeln angesteuert und getrimmt werden. So können Formteile unterschiedlicher Größe in einem Werkzeug gefertigt werden [18.223] [Desma, Fridingen]

eine variable Düsentrimmung. Dazu verfügt jede einzelne Düse über einen Hydraulikzylinder, der über die Spritzgießmaschine separat angesteuert werden kann und so die Fertigung von Formteilen mit einem unterschiedlichen Volumen (neun verschiedene Artikelgrößen) in einem Werkzeug ermöglicht. Dieses Düsensystem wurde von der Firma Desma, Fridingen, entwickelt und zum Patent angemeldet. Es ist unter dem Namen „Flow-Control-Kaltkanal" im Handel [18.223].

Evakuierung

Der steife Aufbau und die enge Maßtoleranz erschweren die Verdrängung der Luft aus dem Kavitätshohlraum in der Einspritzphase. Aufgrund der hohen Vernetzungsgeschwindigkeit von LSR sind jedoch insbesondere bei Formteilen mit großem Fließweg-Wanddickenverhältnis hohe Einspritzgeschwindigkeiten erforderlich, um Fließfehler durch während der Formfüllung anvernetzendes Material auszuschließen. Hohe Einspritzgeschwindigkeiten führen aber leicht zu Lufteinschlüssen an der Fließfront. Aus diesem Grund und zur Verhinderung von Restlufteinschlüssen, wenn die Formtrennung nicht im Bereich des Fließwegendes erfolgt, ist eine Evakuierung der Kavitäten in einem Bereich von 200 bis 80 mbar erforderlich. Die Evakuierung erfolgt maschinenseitig über ein so genanntes Zwischenstoppprogramm (auch Präge- oder Lüftprogramm genannt) [18.224] [18.225]. Hierbei werden die Werkzeughälften beim Schließvorgang zunächst bis auf wenige zehntel Millimeter zu gefahren. In die Werkzeugtrennebene eingelassene Spezialdichtungen überbrücken den Spalt und dichten den entstandenen Werkzeughohlraum gegen die Umgebung ab. Abschließend erfolgt die Evakuierung der Kavitäten und Angüsse über eine Bohrung in der Trennebene. Erst nach der Evakuierung wird von dem Schließmechanismus der Spritzgießmaschine die maximale Zuhaltekraft aufgebaut und der Einspritzvorgang gestartet. Bei größeren Formteilen werden – sofern möglich – die Trennebenen in den Bereich des Fließwegendes gelegt und mit speziellen Entlüftungsschliffen versehen [18.215] [18.226]. Die exakte Vorhersage von Fließwegende und Zusammenflussstellen hat daher eine große Bedeutung.

Entformung

Die vollautomatische Entformung wird durch das adhäsive und gummielastische Materialverhalten von LSR erschwert. Aus diesem Grund sind meist mehrere werkzeuginterne Entformungssysteme erforderlich, die das Formteil schrittweise entformen. Teilweise werden zusätzlich externe Vorrichtungen wie z. B. Bürsten und Greifer verwendet [18.224] [18.227] [18.228]. Bei werkzeuginternen Entformungssystemen ist zwischen passiven Entformungshilfen und aktiven Entformungsvorrichtungen zu unterscheiden. Zu den passiven Entformungshilfen gehört die gezielte Einstellung der Rauigkeit der Kavitätsoberfläche, um die Adhäsion des LSR-Materials für die Positionierung des Formteils auf der gewünschten Werkzeughälfte zu nutzen.

Größere Rauigkeiten, wie sie z. B. durch Ätzen, Sandstrahlen oder Erodieren erzeugt werden können, bewirken eine Verringerung der Adhäsion, geringere Rauigkeiten eine entsprechend größere Adhäsion [18.214] [18.224] [18.229]. Dabei ist zu berücksichtigen, dass die Formteile aufgrund der Wärmeausdehnung dazu neigen, in der Kavität und nicht auf einem Kern haften zu bleiben [18.200].

Als aktive Entformungsvorrichtungen kommen häufig Abstreifer und Pilzauswerfer mit Druckluftunterstützung zum Einsatz. Die ventilähnlich gestalteten Pilzauswerfer werden durch Beaufschlagung mit Druckluft angehoben (vgl. Kapitel 15, Bild 15.33). Durch die zwischen Formteil und Kavitätsoberfläche geleitete Luft wird das Formteil von der Wand abgelöst und aus der Kavität gedrückt. Der Luftstrom führt jedoch zu einer starken konvektiven Wärmeabgabe und somit u. U. zu einer unzulässigen Störung der Temperaturhomogenität des Werkzeuges. Konventionelle zylindrische Auswerferstifte werden nur bei Verbundbauteilen eingesetzt, wenn die Kraft über ein steifes Einlegeteil eingeleitet werden kann [18.204].

Temperierung

Die Realisierung eines bei hohen Werkzeugbetriebstemperaturen homogenen Temperaturfeldes erfordert eine Heizleistung von ca. 50 W/kg Werkzeuggewicht. Dabei werden Heizbänder und konische Heizpatronen bevorzugt, da diese im Gegensatz zu zylindrischen Patronen einen von der Bohrungstoleranz unabhängigen Wärmeübergang besitzen [18.224]. Dies wirkt sich günstig auf die Homogenität der Wärmeinbringung und die Patronenstandzeit aus. Zur Verringerung der Wärmeabgabe an die Werkzeugaufspannplatten und die Umgebungsluft ist eine Isolierung der Formnestplatten mit Epoxidharzplatten erforderlich.

18.8 Spritzgießen von überlangen und endlosen Bauteilen

Das Exjection-Verfahren, auch Extrusionsspritzguss genannt, stellt eine Kombination aus Extrusion und Spritzgießen dar und ermöglicht die Herstellung langer, dünnwandiger und strukturierter Bauteile [18.230] [18.231]. Die Idee von Exjection besteht darin, die beim Spritzguss normalerweise feststehende Formkavität durch den Formaufbau im Verhältnis zum Anspritzpunkt zu verschieben und dadurch die Bauteillänge vom erzielbaren Fließweg zu entkoppeln. Damit wird es möglich, aus den im Spritzgießverfahren üblichen niedrigviskosen Formmassen Bauteile und Komponenten ohne eine prozesstechnische Beschränkung der Bauteillänge zu fertigen [18.232].

18.8.1 Prozessführung

Der schematische Ablauf des Exjection-Prozesses ist in Bild 18.82 dargestellt. Nach dem Schließen der Form auf der Spritzgießmaschine beginnt der Exjection-Prozess analog zum konventionellen Spritzgießen mit dem Einspritzen in die Kavität. Der Schlitten der Exjection-Form steht in der Ausgangsposition (Phase 1). Im Schlitten ist die gesamte Bauteilgeometrie eingeformt, wobei das Formnest über die gesamte Länge des Anschnitts offen ist. Ein entsprechender Teil der Form auf der feststehenden Düsenseite der Form dichtet das Formnest partiell ab und wirkt als Extrusionswerkzeug mit Kalibriereinheit. Über eine Düse und einen beheizten Düseneinsatz wird die Schmelze in die Kavität eingespritzt, füllt den Endbereich und fließt vom Anschnitt weg in die offene Kavität (Phase 2). Noch bevor die Schmelze den entsprechenden, teilweise variotherm beheizten, Bereich der Kavität verlässt und ins Freie tritt, beginnt sich der Schlitten entgegen der Spritzrichtung zu bewegen (Phase 3). Kurz bevor der Anschnitt das Ende der Kavität erreicht, wird die Geschwindigkeit des Schlittens reduziert und dieser zum Stillstand gebracht (Phase 4). Durch einen konventionellen Spritzzyklus mit Einspritzen, Nachdrücken und Abkühlen wird der Endbereich des Bauteils gefüllt, ausgeprägt und zum Erstarren gebracht. Nach dem Aufdosieren der Plastifiziereinheit kann die Form geöffnet werden. Die Rückfahrbewegung des Schlittens in die Ausgangsposition wird noch für die Abkühlung genutzt, nachfolgend kann das Bauteil entformt, ausgeworfen und entnommen werden. Die Gesamtzykluszeit für den Exjection-Prozess entspricht jener eines Spritzgussprozesses mit Kaskadensteuerung bei Füllung von einem Bauteilende.

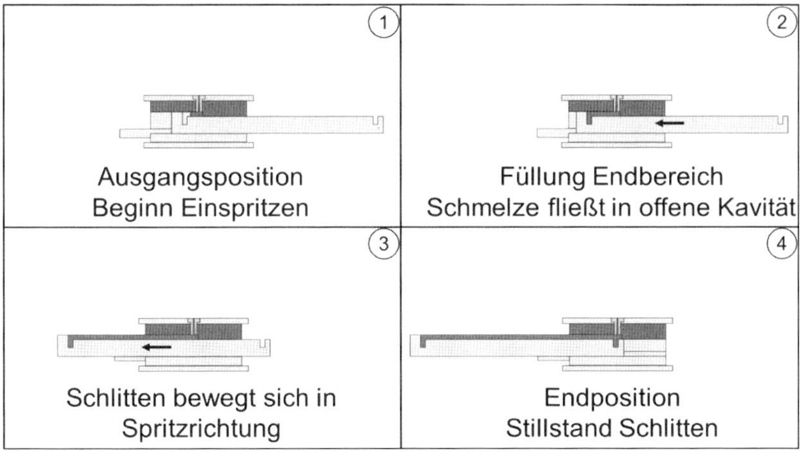

Bild 18.82 Phasen des Exjection-Prozesses

Randbedingungen des Exjection-Prozesses und Einstellparameter

Der Einspritzvorgang läuft primär druckgeregelt ab, wobei die Fließfrontgeschwindigkeit und die Schlittenbewegung harmonisiert werden müssen [18.233]. Damit eilt der Anschnitt der Fließfront hinterher und es bildet sich auf Basis der Quellströmung und der Viskosität der Schmelze ein gleichmäßiges Druckprofil mit niedrigen Scherraten aus (Bild 18.83). Dieser Zustand ist quasistationär und daher bei konstantem Querschnitt unabhängig von der nachfolgenden Länge des herzustellenden Bauteiles.

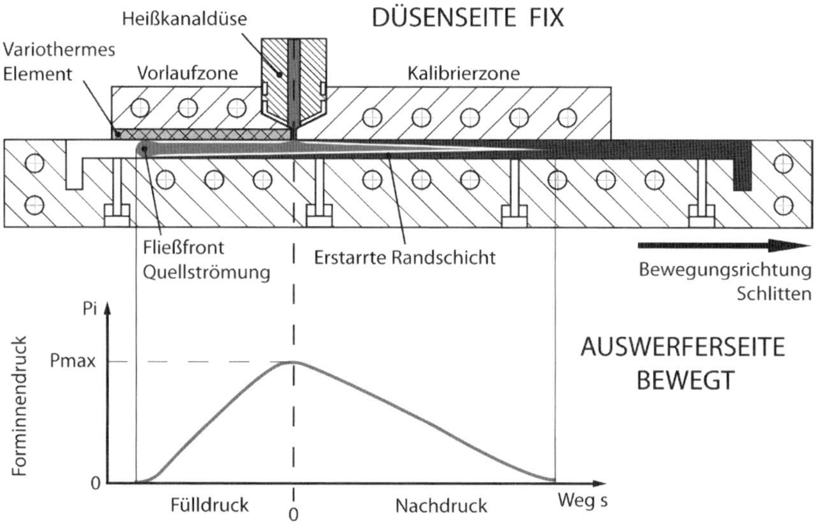

Bild 18.83 Druckprofil im Exjection-Bauteil während der quasistationären Füllphase [18.233]

Der Füllvorgang mit konstanten Prozessparametern vermeidet Bindenähte und hat eine gleichmäßige Pigment- und Füllstoffverteilung im Bauteil zur Folge. Schlittengeschwindigkeit und Einspritzprofil werden über die Bauteillänge durch Vorgabewerte und Geschwindigkeitsprofile gesteuert. Regelgröße ist dabei der Profilquerschnitt und die Bauteildicke, die in Abhängigkeit vom Spritzmaterial und den Prozesstemperaturen die Abkühlgeschwindigkeit und damit die Schlittengeschwindigkeit bestimmen. Im gefüllten Querschnitt wird der gleichzeitig auch als Nachdruck wirkende Fülldruck mit seinem Maximum am Anschnitt aufgebaut. Je nach Viskosität der Schmelze, Füllgeschwindigkeit und Bauteilwandstärke können Fülldrücke und damit auch Nachdrücke im Bereich von etwa 50 bar bis 200 bar gewählt werden [18.233]. Eine gute Strukturabformung und das Vermeiden von Einfallstellen sind die direkte Folge. Der Druck ist im Formnest so lange wirksam, bis die Schmelze über die gesamte Wandstärke erstarrt ist. Jedes Volumenelement im Bauteil unterliegt so einem zeitabhängigen Nachdruckverlauf. Nach der Erstarrung verlässt die extrudierte Oberfläche die Kalibrierzone des Düseneinsatzes und tritt ins Freie.

Vergleich des Exjection-Prozesses mit anderen Herstellverfahren

Gegenüber konventionellen Verfahren zur Herstellung überlanger oder endloser Formteile kann das Exjection-Verfahren wirtschaftliche Vorteile bieten. Anhand eine Y-förmigen Profil-Bauteils aus ABS wurden Vergleichsrechnungen zwischen dem konventionellen Spritzgießen, dem Kaskaden-Spritzgießen, der Extrusion und dem Exjection durchgeführt [18.233]. Im Vergleich zum konventionellen Spritzgießen kann aufgrund der geringeren Einspritzdrücke beim Exjection mit Spritzgießmaschinen niedrigerer Schließkraft gearbeitet werden, was sich positiv auf die Anlagenkosten und die Stundensätze auswirkt (Tabelle 18.1). Allerdings sorgt die komplexe Werkzeugtechnik trotz geringerer Gesamtabmaße zu einem Anstieg der Werkzeugkosten. Bei der Profilherstellung aus extrudierten Profilen können die Nachbearbeitungsschritte signifikante Mehrkosten verursachen, die beim Exjection-Verfahren aufgrund der direkten Funktionalisierung im Werkzug entfallen. Für Profile ohne funktionelle Elemente und ohne Oberflächenstrukturen bleibt die Extrusion allerdings das wirtschaftlichste Verfahren.

Tabelle 18.1 Kalkulation der Stückkosten für eine 1 m lange Leiste aus ABS mit Zykluszeiten und Investitionsbedarf für verschiedene Herstellverfahren [18.233]

Verfahren	Zykluszeit	Kosten für Werkzeuge in €	Herstellkosten in €/Stk.
Koventionelles Spritzgießen	35 s ≙ 100 lfm/h	67 000	1,40
Kaskaden-Spritzgießen	44 s ≙ 80 lfm/h	87 000	1,66
Exjection	44 s ≙ 80 lfm/h	100 000	1,24
Extrusion (nur Profil)	180 lfm/h	15 000	0,55
Extrusion mit Nachbearbeitung	180 lfm/h	25 000	4,35

18.8.2 Werkzeugtechnik für das Exjection-Verfahren

In der Werkzeugtechnik unterscheidet man Werkzeuge für den diskontiuierlichen und kontinuierlichen Exjection-Betrieb.

Werkzeuge für den diskontinunierlichen Exjection-Betrieb entsprechen in Ihrem Grundaufbau einem konventionellen Spritzgieß-Werkzeug (Bild 18.84). Über einen Heißkanal wird die Schmelze in das Formnest eingebracht. Auf dem feststehenden, düsenseitigen Formeinsatz ist ein zusätzlicher funktionaler Düseneinsatz mit Schwert eingebracht. Auf der beweglichen Auswerferseite befindet sich der sogenannte Schlitten, auf den die formgebenden Backen montiert sind. Im Schlitten ist die gesamte Bauteilgeometrie eingeformt, wobei das Formnest über die gesamte Länge

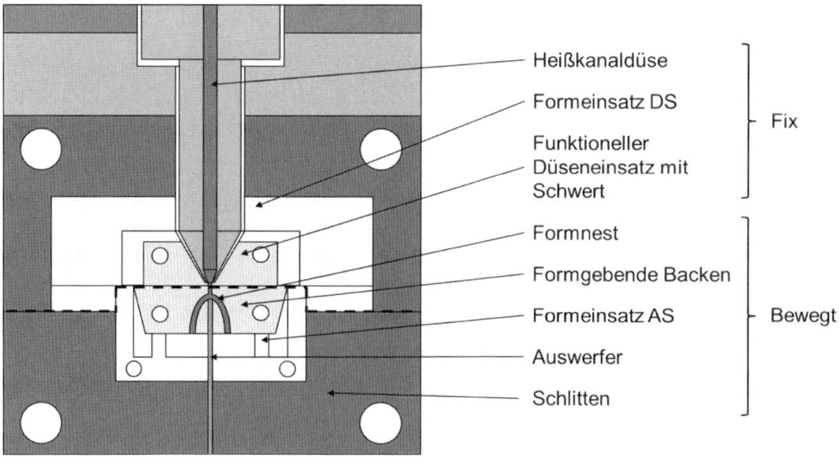

Bild 18.84 Schnitt durch ein diskontinuierlich arbeitendes Exjection-Werkzeug in Anlehnung an [14.233]

des Anschnitts offen ist. Das Schwert auf der feststehenden Düsenseite der Form dichtet das Formnest partiell ab und wirkt als Extrusionswerkzeug mit Kalibriereinheit. Der Füllbereich des Schwerts wird mit einer variothermen Temperierung ausgestattet und stellt die Vorlaufzone dar (vgl. Bild 18.83). Der Erstarrungsbereich wird gekühlt und stellt die Kalibrierzone dar.

Die Einbaulage des Werkzeugs muss nicht zwingend vertikal sein. Für große Bauteillängen kann das Werkzeugkonzept auch horizontal ausgeführt werden [18.233].

Mit der bisher vorhandenen Werkzeugtechnik lassen sich im diskontiuierlichen Betrieb Bauteile bis zu einer Länge von bis zu 3 m herstellen [18.234]. Durch eine Weiterentwicklung der Werkzeugtechnik wird ein kontiuerlicher Betrieb realisiert, wodurch sich Spritzgussbauteile mit endloser Geometrie herstellen lassen. Voraussetzung dafür ist die kontinuierliche Zufuhr mit Schmelze, was beispielsweise durch den Einsatz einer Spritzgießmaschine mit zwei alternierend plastifizierenden Spritzeinheiten ermöglicht wird.

Der Grundaufbau eines Exjection-Werkzeugs für den kontinuierlichen Betrieb ist in Bild 18.85 dargestellt. Auf einem Drehteller sind die einzelnen Segmente der formgebenden Kavität modular aufgebaut. Mithilfe flexibel gestalteter Rohre werden die Formsegmente temperiert. Die einzelnen Formsegmente lassen sich unabhängig voneinander öffnen und schließen. Damit ist gewährleistest, dass sich während der Formfüllung die bereits erstarrten Abschnitte des bereits gespritzten Bauteils entformen lassen. Die dann leeren Elemente der Kavität werden nach der Entnahme des Stranges wieder an das andere Ende der Form zurückgeführt, wo sie erneut von der Schmelze gefüllt werden. Der Einspritzvolumenstrom wird bei eingestellter Drehzahl unter Vorgabe des Spritzdrucks geregelt. Die Füllung der Kavität

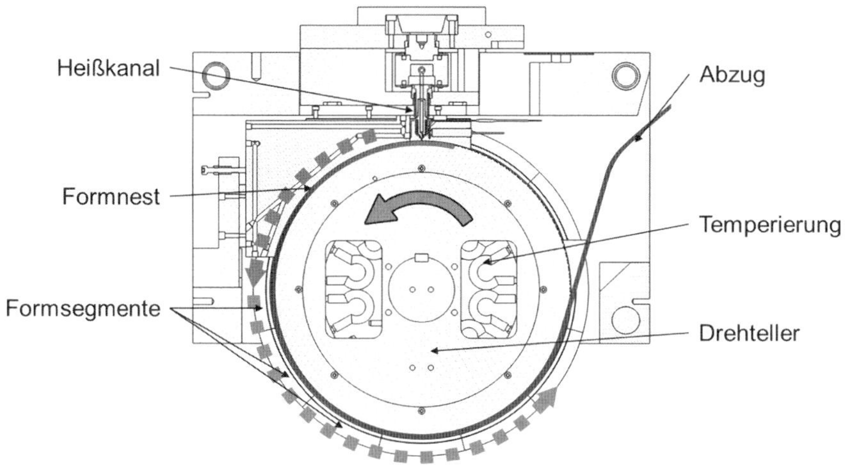

Bild 18.85 Schnitt durch ein kontinuierlich arbeitendes Exjection-Werkzeug [18.234]

geschieht gegen die Drehrichtung der Form, die Ausprägung und Erstarrung des Formteils somit in Drehrichtung. Über Steuerkurven veranlasstes kontinuierliches Öffnen und Schließen der Backen ermöglichen das Formen, Kühlen und Entnehmen des Bauteils. Für die Abdichtung der Kavität im druckbeaufschlagten Bereich der Schmelzezuführung sorgt eine kreisbogenförmig gebaute Düseneinsatzgarnitur mit Heißkanal [18.235]. Der in der Sektion mit geöffneten Backen abgezogene Endlosstrang wird aufgerollt und kann je nach Bauteilanforderungen den entsprechenden Nachfolgeprozessen zugeführt werden.

Literatur Kapitel 18

[18.1] *N. N.:* Richtig kombiniert - Kosten gespart. Übersicht: Möglichkeiten und Vorteile des Mehrkomponenten-Spritzgießens. Kunststoffberater 48 (2003) 1-2, S. 10-12.

[18.2] *Rief, B.:* Mehr Farbe und Funktion. Kunststoffe 93 (2003) 6, S. 20-26.

[18.3] *Sonntag, R.:* Spritzgießen heute. 2. Teil: Spezialitäten. Kunststoffberater 14 (1969) S. 279-282.

[18.4] *Dölker, G.:* Herstellung zweifarbiger Kunststoffteile im Spritzgießverfahren. Plastverarbeiter 25 (1974) S. 663-667.

[18.5] *N. N.:* Past Trends - Meilensteine mit Mehrkomponenten. Kunststoff Trends 2 (2002) 2, S. 52.

[18.6] *Diebel, H.:* Mehrfarbenspritzgießen - Maschinen, Werkzeuge, Wirtschaftlichkeit. Plastverarbeiter 27 (1976) S. 605-609.

[18.7] *Argauer, H.; Eder, A.; Strasser, K.:* Mehrkomponenten-Spritzgießen als Innovationsmotor. Kunststoffe 93 (2003) 9, S. 48–52.

[18.8] *Hagen, R.:* Verbundspritzgießen von Polyamidwerkstoffen – neue Konstruktionsmöglichkeiten für Brillengestelle. Kunststoffe 79 (1989) 1, S. 72–76.

[18.9] *Jaeger, A.:* Verbinden mehrerer Komponenten beim Spritzgießen. In: Tagungshandbuch zum Seminar Verbundspritzgießtechnik. VDI Wissensforum, Dietenhofen, 2004.

[18.10] *Steinmeyer, U.:* Mehrkomponententechnologie. In: Tagungshandbuch zum Seminar Verbundspritzgießtechnik. VDI Wissensforum, Dietenhofen, 2004.

[18.11] *Emmerichs, H.; Giesler, D.:* Federnde Auswerfer – Flexibilität zahlt sich aus. Kunststoffe 89 (1999) 5, S. 61–66.

[18.12] *Keusgen, H.:* Mehrkomponenten mit Dreh. 16+16-fach Spritzgießwerkzeug für das 2K-Gehäuseunterteil eines Pulverinhalationssystems. Kunststoffe 91 (2001) 10, S. 127–130.

[18.13] *Vogt, M.:* In drei Drehungen zum Handy. Arburg mit innovativer Zweikomponenten-Anwendung. Kunststoffe 92 (2002) 4, S. 62–65.

[18.14] *Herb, E.:* Integrierte Drehvorrichtung. Zwei-Komponenten-Werkzeug für Getränkedosenhalter. Kunststoffe 86 (1996) 3, S. 328–331.

[18.15] *Steinmeyer, U.:* Integrierter Drehteller für die flexible 2K-Fertigung. Kunststoffe 94 (2004) 3, S. 88–90.

[18.16] *Keusgen, H.:* Pneumatische Zwangsentformung. Zwei-Komponenten-Werkzeug für eine hochwertige Reisebox. Kunststoffe 90 (2000) 4, S. 72–74.

[18.17] *Jaroschek, C.; Steger, R.:* Der horizontale Dreh. Mehrkomponenten-Spritzgießen noch wirtschaftlicher mit Etagentechnik. Kunststoffe 88 (1998) 9, S. 1412–1416.

[18.18] *Hunold, D.; Klotz, B.; Heyer, N.:* Mehr Leistung in der 2K-Technik. Kunststoffe 93 (2003) 9, S. 54–58.

[18.19] *N. N.:* Werkzeug-Würfel mit Wendetechnik. Etagen-Mehrkomponenten-Werkzeug für Handygehäuse. Kunststoffberater 45 (2000) 10, S. 24–25.

[18.20] *Armbruster, R.; Dassow, J.:* Quantensprung durch Etagen-Wendetechnik. Symbiose innovativer Spritzgieß- und Werkzeugtechnik. Kunststoffe 92 (2002) 2, S. 49–54.

[18.21] *N. N.:* Doppelter Ausstoß. 2K-Werkzeugtechnik ordnet Vor- und Fertigspritzlinge hintereinander an. Kunststoffberater 44 (1999) 6, S. 10–11.

[18.22] *N. N.:* Mehrfacher Ausstoß. Gram-Werkzeugtechnologie jetzt mit vier Arbeitsstationen. Plastverarbeiter 53 (2002) 3 S. 32–33.

[18.23] *Ronnewinkel, C.:* Mehrkomponenten-Spritzgießen von Flüssigsilikon-Thermoplast-Verbundbauteilen, RWTH Aachen, Dissertation, 2001.

[18.24] *Jaeger, A.:* Der einfache Einstieg in das Mehrkomponenten-Spritzgießen. Core-Back-Technik hält die Kosten für Werkzeug und Maschine niedrig. Österr. Kunststoff-Zeitung 29 (1998) 5/6, S. 110–112.

[18.25] *Hopmann, C.; Walach, P.; Röbig, M.:* Herstellung von dickwandigen Kunststoffoptiken im Multilayer-Spritzgießen. GAK Gummi Fasern Kunststoffe 67 (2014) 10, S. 622–625.

[18.26] *Maier, C.; Giessauf, J.; Steinbichler, G.:* Dicke Nesthocker an die Luft gesetzt. Kunststoffe 103 (2013) 9, S. 148–153.

[18.27] *Zöllner, O.:* Kunststoffoptiken im Mehrschichtspritzguß. Universität Erlangen, Dissertation, 2012.

[18.28] *Zipp, T.:* Fliessverhalten beim 2-Komponenten-Spritzgießen, RWTH Aachen, Dissertation, 1992.

[18.29] *Eigl, F. A.; Kukla, C.; Langecker, G. R.:* Strömungseffekte und Einflussfaktoren auf die Kernkomponentenverteilung beim Zweikomponenten-Spritzgießen. Kunststoffe 88 (1998) 1, S. 46–50.

[18.30] *Stacy, T. F.:* Method of and apparatus for injection molding, Patentschrift US 2418856, 1939.

[18.31] *Escales, E.:* Das ICI-Sandwich-Spritzgießverfahren. Kunststoffe 60 (1970) 11, S. 847–852.

[18.32] *Sonntag, R.; Hünten, W.; Dietz, R.:* Mehrkomponenten-Spritzgießmaschinen und ihre Anwendungsmöglichkeiten. Kunststoffe 61 (1971) 8, S. 549–551.

[18.33] *Schrewe, K.:* Spritzgießen von Thermoplast-Schaumstoffteilen mit glatter Oberfläche. Verfahrensentwicklung und Stand der Technik. Kunststoffe 61 (1971) 9, S. 623–626.

[18.34] *N. N.:* Verbundkörper im Spritzguss. Preislich konkurrenzfähig mit Metallteilen. Kunststoffberater 16 (1971) S. 279–282.

[18.35] *Eckardt, H.:* Mehrkomponenten-Spritzgießen. In: Neue Werkstoffe und Verfahren beim Spritzgießen. Tagungsumdruck VDI Gesellschaft Kunststoff, Düsseldorf, 1990, S. 149–194.

[18.36] *N. N.:* Ein Vierteljahrhundert Battenfeld Mehrkomponenten-Spritzgießtechnik. Gummi Fasern Kunststoffe 52 (1999) 4, S. 272–274.

[18.37] *N. N.:* Schicht für Schicht. Sandwichtechnik. Plastverarbeiter 50 (1999) 6, S. 44–46.

[18.38] *N. N.:* Vom Overmolding zum Sandwichverfahren. Kunststoffberater 45 (2000) 10, S. 23.

[18.39] *Kudlik, N.:* Vielschichtige Coinjektion. 2K-Verfahren für anspruchsvolle Verpackungen mit Barriereschicht. Kunststoffberater 44 (1999) 4, S. 44–47.

[18.40] *Braun, P.:* Zwei Komponenten zentral angespritzt. Plastverarbeiter 49 (2002) 10 S. 144–150.

[18.41] *N. N.:* Premiere-Barriere-Spritzgießen für Dünnwand-Verpackungen, Prospekt, Otto Hofstetter AG/Krauss Maffei, 2004.

[18.42] *Jaroschek, C.:* Appetit auf Sandwich? Gezielte Ausbildung von Haut- und Kernschichten durch Monosandwich-Technik. Kunststoffe 87 (1997) 1, S. 33–35.

[18.43] *Dassow, J.:* Für alle Fälle gerüstet. Technologieführerschaft durch Mehrkomponententechnik. Kunststoffe 92 (2002) 9, S. 105–109.

[18.44] *Mapleston, P.:* Coinjection system uses single-screw, single-barrel unit. Modern Plastics (2002) 3, S. 29.

[18.45] *Kirkland, C.:* Two-component molding on a one-component machine. Sequenced screw loading allows coinjection molding on standard single-barrel injection molding machines. InjectionMolding Magazine (1998) 7.

[18.46] *Garner, J. P.:* Offenlegungsschrift DE 2045362 (25.03.1971), Imperial Chemical Industries Ltd. Pr.: GB 19690045295 15.09.1969 – Spritzgussform.

[18.47] *Jaroschek, C.:* Sandwichtechnik: Passgenaue Verteilung des Kernmaterials. Kunststoffe 94 (2004) 5, S. 68–71.

[18.48] *Smith, A. G.:* Offenlegungsschrift DE 2320098 (19.04.1973), Imperial Chemical Industries Ltd. Pr.: GB 19720018378 20.04.1972 – Spritzgießverfahren

[18.49] *Michaeli, W.; Lettowsky, C.:* Sandwich-Spritzprägen. Dünnwandige Produkte verzugsarm herstellen. Kunststoffe-Synthetics 50 (2003) 5, S. 11–15.

[18.50] *Hobson, J. R.:* Method and apparatus for making hollow articles of plastic material. Patentschrift US 2331688, 1938.

[18.51] *Cretin, A.:* Procédéetdispositif pour le moulage des corps creuxenmatièreplastique et analogues. Patentschrift FR 1145441, 1957.

[18.52] *Uematsu, R.:* Method of manufacturing buffering synthetic resin moldings. Patentschrift JP 5434378, 1979.

[18.53] *Mohrbach, E.:* Verfahren und Vorrichtung zum Spritzgießen von Gegenständen aus Kunststoff. Offenlegungsschrift DE 2106546, 1972.

[18.54] *Yasuike, A.:* Verfahren zur Herstellung geformter Gegenstände aus synthetischen Harzen. Offenlegungsschrift DE 2461580, 1974.

[18.55] *Friedrich, E.:* Method for injection molding of hollow shaped bodies from thermoplastic resins. Patentschrift US 4101617, 1978.

[18.56] *Kataoka, H.:* Patentschrift US 4140672 (20.02.1979) Asahi Dow Ldt. Pr.: JP 19770000316 05.01.1977 – Process for producing moldings.

[18.57] *Pearson, T.:* Formteilherstellung nach den Cinpres-Verfahren. Bericht über ein abgewandeltes Treibmittel-Spritzgießverfahren. Kunststoffe 76 (1986) 8, S. 667–670.

[18.58] *Schimmel, D.:* Der Gasinnendruckprozess. Kunststoff Journal 23 (1989) 6, S. 16–21.

[18.59] *Klotz, B; Bürkle, E.:* Neue Möglichkeiten beim Spritzgießen durch das Gasinnendruck-Verfahren. Kunststoffe 79 (1989) 11, S. 1102–1107.

[18.60] *Kraft, H; Jaroschek, C.:* Druck ohne Verlust. Das Gasinnendruck-Verfahren – Untersuchungen zur GID-Prozessfähigkeit. Kunststoff Journal 23 (1989) 11, S. 16–21.

[18.61] *Eckardt, H.; Ehritt, J.:* Mit neuem Verfahren hochwertige Formteile wirtschaftlich herstellen. Airmold-Verfahren, Teil 1. Plastverarbeiter 40 (1989) 1, S. 14–18 Offenlegungsschrift DE 2800482, 1978.

[18.62] *Lanvers, A.:* Analyse und Simulation des Kunststoff-Formteilbildungsprozesses bei der Gasinjektionstechnik (GIT). RWTH Aachen, Dissertation, 1993.

[18.63] *Schröder, T.:* Neue Aspekte bei der Herstellung von Kunststoffformteilen mit der Gasinjektionstechnik (GIT). RWTH Aachen, Dissertation, 1996.

[18.64] *Findeisen, H.:* Ausbildung der Restwanddicke und Prozesssimulation bei der Gasinjektionstechnik, RWTH Aachen, Dissertation, 1997.

[18.65] *Hopmann, C.:* Analyse des Keramikspritzgießverfahrens zur Herstellung kompakter Bauteile und unter Einsatz der Gasinjektionstechnik. RWTH Aachen, Dissertation, 2001.

[18.66] *Kleba, I.:* Entwicklung von Sequenzverfahren zur Herstellung von Hohlkörpern und Sandwichformteilen aus Polyurethan. RWTH Aachen, Dissertation, 2001.

[18.67] *Wehr, H.:* Fluidinjektionstechnik im Elastomerspritzgießprozess. RWTH Aachen, Dissertation, 2002.

[18.68] *Michaeli, W.; Brunswick, A.; Gruber, M.:* Gas geben mit Wasser: Wasser-Injektionstechnik (WIT): Eine neue Alternative zur GIT? Kunststoffe 89 (1999) 4, S. 84–86.

[18.69] *Michaeli, W.; Brunswick, A.; Pohl, T. C.:* Gas oder Wasser? Spritzgießen von Hohlkörpern durch Fluidinjektion. Kunststoffe 89 (1999) 9, S. 62–65.

[18.70] *Michaeli, W.; Brunswick, A.; Kujat, C.:* Kühlzeit reduzieren mit der Wasser-Injektionstechnik – Vorteile gegenüber der Gasinjektion. Kunststoffe 90 (2000) 8, S. 67–72.

[18.71] *Brunswick, A.:* Produktorientierte Verfahrensentwicklung für die Wasserinjektionstechnik, RWTH Aachen, Dissertation, in Fertigstellung.

[18.72] *Baek, D; Rzepka, B.; Stier, T.:* Produktivitätssteigerung durch den Einsatz der Wasserinjektionstechnik. Tagungshandbuch zur VDI-K Internationalen Jahrestagung Spritzgießen, Baden-Baden, Februar 2003, S. 85–94.

[18.73] *Berthold, J; van der Stehen, S.; Krugmann, J.; Rühmann, R.:* Profitabler Spritzgießen mit Stickstoff oder Wasser. Kunststoffe 94 (2004) 9, S. 203–207.

[18.74] *Egger, P.; Steinbichler, G.; Schmuck, K.:* Dem Experimentierstatus entwachsen. Wasserinjektionstechnik serientauglich. Kunststoffe 94 (2004) 9, S. 196–202.

[18.75] *Jüntgen, T.:* Entwicklung der WIT-Injektortechnik und Prozessuntersuchungen bei der Gas-/Wasserinjektionstechnik (GIT/WIT), RWTH Aachen, Dissertation, 2003.

[18.76] *Lettowsky, C.:* Herstellung zweischichtiger Kunststoff-Hohlkörper durch Fluidinjektionstechnik. RWTH Aachen, Dissertation, in Vorbereitung 2008.

[18.77] *Michaeli, W.; Findeisen, H.; Keller, H.; Klapper, C.:* Gasinjektionstechnik – Verfahrenstechnik, Anlagentechnik, Gestaltungsregeln. Eine Gemeinschafts-Produktion des IKV, Aachen und den Firmen BASF AG, Ludwigshafen, Battenfeld GmbH, Meinerzhagen, Bayer AG (Bayer Polymers), Leverkusen, BMW AG, München, Coko-Werk GmbH & Co. KG, Bad Salzuflen, FerromatikMilacron GmbH, Malterdingen, Krauss Maffei GmbH, München und Utescheny-Endos GmbH, Zaisenhausen, 1995.

[18.78] *Eyerer, P.; Elsner, P.; Knoblauch-Xander, M.; von Riewel, A.:* Gasinjektionstechnik. 1. Auflage, München, Wien: Carl Hanser Verlag, 2003.

[18.79] *Krampe, E. W.:* Untersuchung zur Zykluszeit geschäumter Thermoplastspritzgießteile. Unveröffentlichte am Arbeit Institut für Kunststoffverarbeitung, RWTH Aachen, 2003.

[18.80] *Floréz Sastre, L.:* Influence of the Foam Morphology on the Mechanical Properties of Structural Polymer Foams, Rheinisch-Westfälische Technische Hochschule Aachen, Dissertation, 2011.

[18.81] *Shaayehan, V.; Wang, C.; Costa, F.; Han, S.; Park, C. B.:* Effect of the melt compressibility and the pressure drop rate on the cell-nucleation behavior in foam injection molding with mold opening. European Polymer Journal 92 (2017), S. 314–325.

[18.82] *Habibi-Naini, S.:* Neue Verfahren für das Thermoplast-Schaumspritzgießen, RWTH Aachen, Dissertation, 2003.

[18.83] *Altstädt, V.; Mantey, A.:* Thermoplast-Schaumspritzgießen. München, Wien: Carl Hanser Verlag, 2011.

[18.84] *Menges, G; Michaeli, W.; Mohren, P.:* Anleitung zum Bau von Spritzgießwerkzeugen. München, Wien: Carl Hanser Verlag, 5. Auflage,1999.

[18.85] *Beaumont, J. P.:* Auslegung von Anguss und Angusskanal – Spritzgießwerkzeuge erfolgreich einsetzen. München: Carl Hanser Verlag, 2012.

[18.86] *Meyer, W.:* Mögliche Angussarten für Spritzgießwerkzeuge zur Verarbeitung treibmittelhaltiger Thermoplaste. Plastverarbeiter 31 (1980) 3, S. 153–158.

[18.87] *Holzschuh, J.:* Maschinentechnische Neu- und Weiterentwicklung für das Ein- und Mehrkomponenten-Spritzgießverfahren. Plastverarbeiter 34 (1983) 5, S. 433–435.

[18.88] *Pfannschmidt, L. O.:* Herstellung resorbierbarer Implantate mikrozellulärer Schaumstruktur, RWTH Aachen, Dissertation,2002.

[18.89] *Müller, N.:* Spritzgegossene Integralschaumstrukturen mit ausgeprägter Dichtereduktion. Universität Erlangen-Nürnberg, Dissertation, 2006, ISBN: 3-931864-25-1.

[18.90] *Obeloer, D. T.:* Thermoplast-Schaumspritzgießen mit gemeinsamer Granulat- und Gaszuführung. RWTH Aachen, Dissertation, 2012, ISBN: 978-3-86130-949-9.

[18.91] *Burka, P.:* Die Verwendung von Beschichtungen in Werkzeugkavitäten zur Verbesserung der Oberflächenqualitäten beim Schaumspritzgießen. Unveröffentlichte Arbeit am Institut für Kunststoffverarbeitung, RWTH Aachen, 2005.

[18.92] *Okamoto, K. T.:* Microcellular Processing. Hanser Gardner Publ., 2003

[18.93] *Ostermann, F.:* Anwendungstechnologie Aluminium. Berlin Heidelberg: Springer-Verlag, 2015, ISBN: 978-3-662-43806-0.

[18.94] *Michaeli, W.; Cramer, A.:* Werkzeuge für das Schaumspritzgießen. Unveröffentlichter Abschlussbericht des Gemeinschaftsforchungsprojektes F-Mold am IKV, 2005.

[18.95] *Niggemann, C.:* Die Verwendung der Verfahrensvarianten „atmendes“ Werkzeug und Gasgegendruck der unterschiedlichen Verfahrenvarianten beim Spritzgießen mit physikalischen Treibmitteln. Unveröffentlichte Arbeit am Institut für Kunststoffverarbeitung, RWTH Aachen, 2005.

[18.96] *Mörwald, K.:* Schaumspritzgießen. Plastverarbeiter 28 (1977) 6, S. 305–310, sowie 7, S. 354–356 und 8, S. 405–408.

[18.97] *Semerdjiev, S.:* Thermoplastische Strukturschaumstoffe. Leipzig: VEB Deutscher Verlag für Grundstoffindustrie, 1980, S. 55.

[18.98] *Grächter, A. Müller, H.:* Taschenbuch der Kunststoffadditive. München, Wien: Carl Hanser Verlag, 1989.

[18.99] *Etemadi-Ardekani.:* Untersuchungen zur Verbesserung der Oberfläche geschäumter Formteile. Unveröffentlichte Arbeit am Institut für Kunststoffverarbeitung, RWTH Aachen, 2004.

[18.100] *Horn, B.; Mohren, P.; Wübken, G.:* Spritzgusswerkzeuge mit wärmedämmenden Formbeschichtungen. Mitteilung aus dem Institut für Kunststoffverarbeitung, RWTH Aachen 1976.

[18.101] *Hopmann, C.:* Einfluss der variothermen Werkzeugtemperierung auf die Oberflächenqualität und Schaumstruktur von Kunststoffformteilen beim Thermoplast-Schaumspritzgießen. Institut für Kunststoffverarbeitung, RWTH Aachen, Abschlussbericht zum AiF – Forschungsvorhaben 18111 N, 2016.

[18.102] *Trausch, G.; Schleith, O.:* Spezielle Spritzgießverfahren. – Spritzprägen. In: Kunststoffe 63 (1973) 10, S. 659–662.

[18.103] *Wallner, J.:* „Spritz-Prägeverfahren" für gleichmäßigen Schwundausgleich. Herstellung starkwandiger oder in der Wandstärke stark unterschiedlicher Spritzgussteile aus Polymethacrylat. Plastverarbeiter 12 (1961) 6, S. 229–232.

[18.104] *Michaeli, W.; Brockmann, C.:* Innovative Werkzeugkonzepte für das Spritzprägeverfahren. Der Stahlformenbauer 15 (1998) 3, S. 22–30.

[18.105] *Thonemann, O. E.:* Die Herstellung optischer Linsen im „Spritz-Präge-Verfahren" aus Polymethacrylat. Teil 3. Plastverarbeiter 18 (1967) 11, S. 819–826.

[18.106] *Knappe, W.; Lampl, A.:* Zum optimalen Zyklusverlauf beim Spritzprägen. Kunststoffe 74 (1984) 2, S. 79–83.

[18.107] *Menges, G.; Jürgens, W.:* Spritzgießen und Spritzprägen, Vor- und Nachteile. Plastverarbeiter 19 (1968) 11, S. 863–872.

[18.108] *Friedrichs, B.; Friesenbichler, W.; Gissing, K.:* Spritzprägen dünnwandiger thermoplastischer Formteile. Kunststoffe 80 (1990) 5, S. 583–587.

[18.109] *Michaeli, W.; Galuschka, S.:* Spritzprägen: Verfahrensanalyse und Cadmould-Berechnungen. Plastverarbeiter 45 (1994) 12, S. 21–27.

[18.110] *Lampl, A.:* Tendenzen in der Spritzgießtechnik. Polymere Werkstoffe erobern weitere Marktanteile. Kunststoffberater 34 (1989) 6, S. 22–28.

[18.111] *Gissing, K.:* Spritzprägen von dünnwandigen technischen Formteilen aus Thermoplasten. In: Neue Werkstoffe und Verfahren beim Spritzgießen. Tagungsumdruck VDI Gesellschaft Kunststoff, Düsseldorf, 1990, S. 119–131.

[18.112] *Friesenbichler, W.; Ebster, M.; Langecker, G.:* Spritzprägewerkzeuge für dünnwandige Formteile richtig auslegen. Kunststoffe 83 (1993) 6, S. 445–448.

[18.113] *Michaeli, W.; Haberstroh, E.; Habibi-Naini, S.; Wielpütz, M.; Forster, J.; Bölinger, S.; Lettowsky, C.:* Spritzgießen – Entwicklung produktspezifischer Spritzgießtechnologien. 21. Internationales Kunststofftechnisches Kolloquium, Institut für Kunststoffverarbeitung Aachen, 27.2.–1.3.2002.

[18.114] *Müller, R. U.:* Prozesstechnologien für optische Formteile. Umdruck zum SKZ Seminar Optische Kunststoff-Formteile in Design und Technik, Würzburg, 2015.

[18.115] *Knappe, W.:* Zum optimalen Zyklusverlauf beim Spritzprägen. Leobener Kunststoff-Kolloquium über Spritzgießen und Spritzprägen. Leoben, Österreich, 11./12.11.1982.

[18.116] *Knothe, J.:* Untersuchungen zur Anwendbarkeit des Spritzprägeverfahrens für die Herstellung technischer Formteile mit großem Fließweg-Wanddickenverhältnis. Unveröffentlichte Arbeit am Institut für Kunststoffverarbeitung, RWTH Aachen, 1991.

[18.117] *Walther, T.; Müller, R. U.:* Grenzenlos prägen. Kunststoffe 99 (2009) 11, S. 32–36.

[18.118] *Conze, M.:* Konstruktion eines Versuchswerkzeugs zur Herstellung dünnwandiger Formteile mit Hilfe des Spritzprägeverfahrens. Unveröffentlichte Arbeit am Institut für Kunststoffverarbeitung, RWTH Aachen, 1996.

[18.119] *Brockmann, C.:* Spritzprägen technischer Thermoplastformteile, Rheinisch-Westfälische Technische Hochschule Aachen, Dissertation, 1998.

[18.120] *Kudlik, N.:* Dünnwandtechnik. Spritzgießverfahren für geringe Wanddicken. Kunststoffe 89 (1999) 9, S. 92–96.

[18.121] *Rothe, J.:* Sonderverfahren des Spritzgießens. Maschinen-, Werkzeug- und Verfahrenstechnik. Kunststoffe 87 (1997) 11, S. 1564–1582.

[18.122] *Jaroschek, C.:* Spritzgießen für Praktiker. München: Carl Hanser Verlag, 2013.

[18.123] *Berthold, J.:* Verarbeitung von duroplastischen Formmassen im Spritzprägeverfahren, Rheinisch-Westfälische Technische Hochschule Aachen, Dissertation, 2000.

[18.124] *Haberstroh, E.; Berthold, J.; Jüntgen, T.:* Spritzprägen mit prägnanten Vorteilen. Spritzprägen von Duroplasten – eine Alternative zum Spritzgießen. Kunststoffberater 44 (1999) 10, S. 42–45.

[18.125] *Gissing, K.:* Spritzgießen und Spritzprägen dünnwandiger Formteile. Leobener Kunststoff-Kolloquium über Spritzgießen und Spritzprägen. Leoben, Österreich, 11./12.11.1982.

[18.126] *Bürkle, E.; Wohlrab, W.:* Spritzprägen – Präzisionstechnik für Spritzgussteile ohne Eigenspannungen. Kunststoffe 89 (1999) 9, S. 64–69.

[18.127] *Thonemann, O. E.:* Die Herstellung optischer Linsen im „Spritz-Präge-Verfahren" aus Polymethacrylat. Teil 1. Plastverarbeiter 18 (1967) 9, S. 619–626.

[18.128] *Thonemann, O. E.:* Die Herstellung von Fresnellinsen im „Spritz-Präge-Verfahren" aus Polymethacrylat. Plastverarbeiter 21 (1970) 12, S. 1065–1074.

[18.129] *Matsuda, S.; Tamura, T.:* Plastics Lens by Injection & Compression Molding. Japan Plastics Age (1985) 1/2, S. 31–34.

[18.130] *Klepek, G.:* Herstellung optischer Linsen im Spritzprägeverfahren. Kunststoffe 77 (1987) 11. S. 1147–1151.

[18.131] *Bölinger, S.; Michaeli, W.:* Höhere Präzision durch angepasste Verfahrenstechnologie – Spritzgießen/Spritzprägen im Vergleich. Spritzgießen 2001 – Präzision im Spritzgießprozess. Internationale Jahrestagung der VDI-Gesellschaft Kunststofftechnik, Düsseldorf, 7.–8.3.2001.

[18.132] *Keck, B.:* Licht im Dunkel geprägt – Spritzprägen von LED-Vorsatzlinsen. Plastverarbeiter 7 (2012), S. 30–31.

[18.133] *Heide, K. auf der:* Innovative Spritzprägetechnik am Beispiel der CD-Herstellung. In: Heilbronner Kunststoff-Symposium, Heilbronn, 19.–20.09.2000.

[18.134] *Bürkle, E.:* Foliendekoration – Oberflächenveredelung mit Zukunft. Kunststoffe 87 (1997) 3, S. 320–328.

[18.135] *Michaeli, W.; Haberstroh, E.; Wielpütz, M.:* Neue Entwicklungen bei der Folienhinterspritztechnik. Berichte zum 21. Internationalen Kunststofftechnischen Kolloquium (Block I, Spritzgießen I – Produktspezifische Anlagen- und Verfahrenstechniken), Aachen, 2002.

[18.136] *Wielpütz, M.:* Analyse der Hinterspritztechnik kompakter Dekormaterialien, Rheinisch-Westfälische Technische Hochschule Aachen, Dissertation, 2004.

[18.137] *Michaeli, W.:* Analyse der Folienhinterspritztechnik (FHST) zur Dekoration von Kunststoffformteilen. Institut für Kunststoffverarbeitung, RWTH Aachen, Abschlussbericht zum AiF-Forschungsvorhaben 11636 N, 2002.

[18.138] *Michaeli, W.; Wielpütz, M.:* Flexible Oberflächengestaltung durch Dekorfolien. Kunststoffe 92 (2002) 4, S. 70–74.

[18.139] *Becker, O. M.:* Konzepte zur Herstellung von Armaturentafeln für Automobile. Promotionsvortrag an der RWTH Aachen, 1999.

[18.140] *N. N.:* Zwei getrennte Fertigungsschritte in einem: Textilmelttechnologie. Plastverarbeiter 44 (1993) 7, S. 80–82.

[18.141] *Wielpütz, M.:* Sonderanwendungen. WEKA – Praxishandbuch Plus – Kunststoffpraxis: Konstruktion Teil 10, Abschnitt 2.7, 5. Aktualisierung, Kissing: WEKA Media, 2001.

[18.142] *Galuschka, S.:* Hinterspritztechnik – Herstellung von textilkaschierten Spritzgießteilen. Rheinisch-Westfälische Technische Hochschule Aachen, Dissertation, 1994.

[18.143] *Auer, H.; Hagenlocher, B. A.; Pickel, H.; Volland, W.:* Inmold-Labelling: Dekorationsverfahren der Zukunft. Plastverarbeiter 45 (1994) 11, S. 109–111.

[18.144] *Steinbichler, G.; Giebauf, J.:* Thermoformen im Spritzgießwerkzeug. Kunststoffe 87 (1997) 10, S. 1262–1270.

[18.145] *N. N.:* IMD – Inmolddekoration der Zukunft. Firmenschrift der Leonard Kurz GmbH & Co. KG, Fürth, 1990.

[18.146] *N. N.:* Dekorprägefolien. Firmenschrift der Leonard Kurz GmbH & Co. KG, Fürth, 1995.

[18.147] *Schütt, H. K.:* Dekorieren mit Inserts. Kunststoffe 88 (1998) 9, S. 1371–1374.

[18.148] *Johannaber, F.; Michaeli, W.:* Handbuch Spritzgießen. München, Wien: Carl Hanser Verlag, 2001.

[18.149] *Schauf, D.:* Hybrid-Metall-Kunststoff Verbindungen und Folienhinterspritztechnologie. In: Umdruck zu den 5. Würzburger Werkzeugtagen. Würzburg, 1993.

[18.150] *Wank, J.:* Spritzgießteile mit Oberflächendekor: Vergleich der Verfahren. Plastverarbeiter 44 (1993) 7, S. 70–76.

[18.151] *Grefenstein, A.:* Folienhinterspritzen statt Lackieren. Neue Technik für Karosserieteile aus Kunststoff. Metalloberfläche 10 (1999) 99, S. 32–37.

[18.152] *Kappacher, J.; Blass, R.; Grefenstein, A.:* Coextrudierte Folien für die Hinterspritztechnologie. Kunststoffe 89 (1999) 3, S. 96–101.

[18.153] *Steinbichler, G.; Gießauf, J.:* Das Maß ist das Ziel. Kunststoffe 88 (1998) 9, S. 1357–1366.

[18.154] *Bangert, H.; Erlenkämper, E.; Höck, P.; Joisten, S.; Wübken, G.:* Innovative Produkte und Technologien. Kunststoffe 89 (1999) 1, S. 74–77.

[18.155] *Bangert, H.; Konejung, K.:* Anregungen für neue Anwendungen/Geschäfte mit Hinterspritztechnik. In: Seminar Sonderverfahren der Spritzgießtechnik. VDI-Verlag, Düsseldorf, 1997.

[18.156] *Wielpütz, M.; Michaeli, W.:* Folienhinterspritztechnik. In: Seminar Simulation heute und für das nächste Jahrtausend. SüddeutschesKunststoff-Zentrum, Würzburg, 1999.

[18.157] *Michaeli, W.; Wielpütz, M.:* In-mold film decoration – Process and new application opportunities. In: Proceedings of the 2nd International European Conference Injection Molding 2001 of the Society of Plastics Engineers, Scandinavia. Copenhagen, Denmark, 2001.

[18.158] *Michaeli, W.; Wielpütz, M:* In-mold film decoration – Advanced process technology for innovative applications. In: Proceedings of the Annual Technical Conference of the Society of Plastics Engineers. Dallas, USA, 2001.

[18.159] *Michaeli, W.; Wielpütz, M.:* Improved product development tools for the in-mold film decoration process. In: Proceedings of the 17th Annual Meeting of The Polymer Processing Society. Montreal, Canada, 2001.

[18.160] *N. N.:* Erfolgreiche Versuche beim Grundieren großflächiger Formteile im IMC – Verfahren. Krauss-Maffei Journal 4, Krauss-Maffei Kunststofftechnik GmbH, München, 1994.

[18.161] *Moore, S.:* In-Mold Painting ProcessApproachesCommercialization. Modern Plastics (2002) 2, S. 34.

[18.162] *Schild, J.:* Verfahrensentwicklung zur integrierten Herstellung von Kunststoff/Metall-Strukturbauteilen im Spritzgießverfahren. Rheinisch-Westfälischen Technischen Hochschule Aachen, Dissertation, 2016.

[18.163] *Doege, E.; Behrens, B.:* Handbuch Umformtechnik – Grundlagen, Technologien, Maschinen. Heidelberg, Dordrecht, London, New York: Springer-Verlag 2010.

[18.164] *Kaufmann, G.; Bagusche G.:* Werkzeug und Heißkanal in der Hinterspritztechnik. Kunststoffe 84 (1994) 3, S. 239–242.

[18.165] *Bürkle, E.; Rehm, G.; Eyerer, P.:* Hinterspritzen und Hinterpressen. Kunststoffe 89 (1996) 3, S. 298–307.

[18.166] *Kauffmann, G.:* Know-how für das Hinterspritzen – Spritzgießen und Kaschieren in einem Arbeitsgang. Kunststoffe 86 (1996) 11, S. 1654–1658.

[18.167] *Bürkle, E.:* Hinterpressen und Hinterprägen – eine neue Oberflächentechnik. In: Innovative Spritzgießtechnologien – ein Beitrag zur Konjunkturbelebung, Fachtagung des Süddeutschen Kunststoffzentrums, Würzburg, 1. und 2.12.1993, S. 7–28.

[18.168] *Tije, H. T.:* Im Formnest fixiert. Plastverarbeiter 48 (1997) 3, S. 43–44.

[18.169] *Conze, M.:* Ermittlung signifikanter Prozessparameter zur Optimierung folienhinterspritzter Karosseriebauteile. Unveröffentlichte Arbeit am Institut für Kunststoffverarbeitung, RWTH Aachen, 1996.

[18.170] *Jaeger, A.; Fischbach, G.:* Maschinentechnik und Prozessführung zum Dekorhinterspritzen Kunststoffe 81 (1991) 10, S. 869–875.

[18.171] *Bürkle, E.:* Hinterspritzen und Hinterpressen von Textilien bei der Innenausstattung von Automobilen. In: Textilien im Automobil Tagungsumdruck VDI-Gesellschaft Textil und Bekleidung, Düsseldorf, 1992, S. 37–57.

[18.172] *N. N.:* Werkzeug zum Hinterspritzen lackierter Folien. Georg Kaufmann Formenbau AG, CH-5453 Busslingen, http://www.gktool.ch.

[18.173] *Kauffmann, G.:* Hinterspritzwerkzeuge für textilkaschierte Formteile. Kunststoffe 87 (1997) 8, S. 970.

[18.174] *Mischke, J.; Kosel, U.; Beckmann, F.; Pasch, M.:* Stoffhinterspritzen: Vom Sonderverfahren zur Großserie. In: Kunststoffe im Automobilbau – Zukunft durch neue Anwendungen. VDI-Verlag, Düsseldorf, 1998.

[18.175] *N. N.:* Hinterspritzwerkzeuge für textilkaschierte Formteile. Kunststoffe 87 (1997) 8, S. 970.

[18.176] *N. N.:* Werkzeug zum Hinterspritzen lackierter Folien. Kunststoffberater 3 (2002), S. 19.

[18.177] *N. N.:* Verfahren zum Herstellen von kaschierten Kunststoffformteilen. Patentschrift DE 4114289 C2.

[18.178] *N. N.:* Zwei getrennte Fertigungsschritte in einem: Textilmelttechnologie. Plastverarbeiter 44 (1993) 7, S. 80–82.

[18.179] *N. N.:* Spritzgießform. Offenlegungsschrift 4033297.

[18.180] *Becker, H.-G.:* Konstruktion eines Versuchswerkzeuges für die Hinterspritztechnik. Unveröffentlichte Arbeit am IKV,1992.

[18.181] *Galuschka, S.:* Hinterspritztechnik – Herstellung von textil-kaschierten Spritzgussteilen. Dissertation an der RWTH Aachen, 1994.

[18.182] *Rogalla, A.:* Fertigungsverfahren für Mikrokavitäten. In: Menges, Michaeli, Mohren, Anleitung zum Bau von Spritzgießwerkzeugen. Carl Hanser Verlag München Wien, 5. Auflage 1999.

[18.183] *Ammer, D.:* Mikrospritzgießanlage µ-Ject mit Linearantrieb – Entwicklung und Validierung. Technische Universität München, Dissertation, 2008.

[18.184] *Jungmeier, A.:* Struktur und Eigenschaften spritzgegossener, thermoplastischer Mikroformteile. Universität Erlangen-Nürnberg, Dissertation, 2010.

[18.185] *Wallrabe, U.; Dittrich, H.; Friedsam, G.; Hanemann, T.; Mohr, J.; Müller, K.; Piotter, V.:* Micromolded easy-asembly multi fibre connector: RibCon®. Microsystem Technologies 8 (2002) 2-3, S. 83–87.

[18.186] *Petzold, S.; Müller, W.:* Hochpräzise Mikrooptiken aus Kunststoff für Anwendungen in der optischen Sensorik. Photonik 12 (2012) 6, S. 1–4.

[18.187] *Schöffler, K.:* Alles auf einem Stück. medPLAST 7 (2006), S. 50–51.

[18.188] *Duffner, E.:* Massenproduktion oder „Klein aber fein“ – Spritzgießtechnologie für Mikrometer-Geometrien. Umdruck zum Internationalen Kunststoffkolloquium 2016: Integrative Kunststofftechnik 2016. Aachen, 2016.

[18.189] *Rogalla, A.:* Analyse des Spritzgießens mikrostrukturierter Bauteile aus Thermoplasten; Dissertation an der RWTH Aachen, 1998.

[18.190] *Michaeli, W.; Rogalla, A.:* Kunststoffe für die Mikrosystemtechnik. Ingenieur-Werkstoffe 6 (1997), Nr. 1 – April, S. 50–53.

[18.191] *N. N.:* UETP-Mems Training in Microsystems. Materials for Microstructures, IMM, Mainz, 1995.

[18.192] *Nöker, F.; Keydel, L.:* Herstellen von Mikrostrukturkörpern aus Kunststoffen. Kunststoffe 82 (1992) 9, S. 798–801.

[18.193] *Nöker, F.:* Perspektiven und Möglichkeiten des Spritzgießens in der Mikrotechnik. In: Tagungsumdruck der Fachtagung „Hochleistungsspritzgießen“; SKZ, Würzburg, 1995.

[18.194] *Ruprecht, R.; Hanemann T.; Piotter, V.; Hausselt, J.:* Fertigung von Kunststoff-Mikroteilen für optische und fluidische Anwendungen. Swiss Plastics 19 (1997) Nr. 4, S 5–8.

[18.195] *Weber, L.:* Formenbau in der Mikrotechnik. Darmstädter Erfahrungsforum – und Formenbau, Darmstadt, Dezember 1995.

[18.196] *Heneka, J.:* Prozessentwicklung eines industrietauglichen Verfahrens zur Fertigung von vereinzelten LIGA-Mikrobauteilen. Karlsruher Institut für Technologie, Dissertation 2014.

[18.197] *N. N.:* Normalien für Spritzgießwerkzeug. Firmenschrift HASCO Normalien Hasenclever GmbH & Co., Lüdenscheid, 1994.

[18.198] *N. N.:* Spear System. Product Catalogue, Seiki Corporation, Japan, 1990.

[18.199] *Henze, E.:* Flüssigsilikonverarbeitung. In: Menges, Michaeli, Mohren, Anleitung zum Bau von Spritzgießwerkzeugen. Carl Hanser Verlag München Wien, 5. Auflage 1999.

[18.200] *N. N.:* Bayer Silicone Silopren LSR. Daten-Fakten-Ratschläge zur Verarbeitung. Technische Information der Bayer AG, Leverkusen, 1995.

[18.201] *Batch, G. L.; Macosko, C. W.:* Reaction kinetics and injection molding of liquid silicone rubber. Rubber Chemistry and Technology 64 (1991) 2, S. 218–233.

[18.202] *Pradl, F.:* Flüssigsilikonkautschuk – Charakteristik, Verarbeitung und Anwendung. Kautschuk + Gummi. Kunststoffe 38 (1985) 8. S. 408–409.

[18.203] *Steinberger, H.:* Flüssiger Siliconkautschuk – eine Alternative zu festem Silikonkautschuk In: Tagungsumdruck »Silikonelastomere«, SKZ; Würzburg, 1993.

[18.204] *Walde, H.:* Beitrag zum vollautomatischen Spritzgießen von Flüssigsilikonkautschuk. Dissertation an der RWTH Aachen, 1996.

[18.205] *N. N.:* Verarbeitung von Flüssigsilikonen, LIM Firmenschrift der Engel GmbH, Schwertberg, Österreich, 1998.

[18.206] *N. N.:* Silikon-Verarbeitung, Firmenschrift der Arburg GmbH & Co., Loßburg, 1998.

[18.207] *Prahler, L.:* Maschinentechnik für die Flüssig- und Festsiliconverarbeitung, Gummi Fasern Kunststoffe 64 (2011) 2, S. 81–84.

[18.208] *Brix, H.:* Verarbeitung von Duroplast, Kautschuk- und Festsilikon (HTV) und Flüssigsilikon (LSR) auf Ergotech – Maschinen – Anwendungen, Maschinentechnik-Technische Information, DemagErgotechWiehe GmbH, 1998.

[18.209] *Henze, E.:* Verarbeitung von Flüssigsilikonkautschuk (LSR) zu technischen Formteilen. Dissertation an der RWTH Aachen, 1999.

[18.210] *N. N.:* Verarbeitung von Flüssigsilikonen, LIM Firmenschrift der Engel GmbH, Schwertberg, Österreich, 1998.

[18.211] *N. N.:* Elastosi® LR Flüssigsiliconkautschuk, Eigenschaften und Verarbeitung, Firmenschrift der Wacker-Chemie GmbH, München, 1998.

[18.212] *N. N.:* In der Dichtung liegt Wahrheit – Präzisionspritzgießmaschinen verarbeiten Flüssigsilikon. KPZ (1991) 12, S. 26–27.

[18.213] *N. N.:* Elastosil LR; Eigenschaften, Verarbeitung, Typen, Hilfsmittel und spezielle Informationen. Technische Information der Wacker Chemie GmbH, München, 1990.

[18.214] *N. N.:* Spritzgussverarbeitung von Flüssigsilikonkautschuk. Technische Information der Wacker Chemie GmbH, München, 1991.

[18.215] *Kornfelder, G.:* Vollautomatische Produktion von LSR – Artikeln durch innovative Werkzeug- und Entformtechniken. Umdruck zur LSR-Fachtagung, Engel Vertriebsgesellschaft mbH Schwertberg (Österreich), 1997.

[18.216] *Emmerichs, H.:* Maschinentechnik, Prozessführung und Werkzeuge für die wirtschaftliche Verarbeitung neuer LSR-Typen im Spritzguss Vortrag auf der Fachtagung „Siliconkautschuke" Süddeutsches Kunststoffzentrum (SKZ), Würzburg, 1997.

[18.217] *N. N.:* Mehr-Rohstoff-Technologie, Firmenschrift der Battenfeld GmbH, Meinerzhagen, 1996.

[18.218] *Steinbichler, G.:* Wirtschaftliche Verarbeitung neuer LSR-Typen beim Spritzgießen, Kunststoffberater (1998) 5, S. 20–24.

[18.219] *Emmerichs, H.; Giesler, D.:* Kalte Nadelverschlüsse für heißes Silikon, Plastverarbeiter 46 (1995) 9, S. 135.

[18.220] *Emmerichs, H.:* Abfallfreies Spritzgießen von LSR-Werkzeug- und Kaltkanaltechnik. Umdruck zur Fachtagung „Elastomerbauteile aus Flüssigsilikonkautschuk (LSR) prozesssicher und kostengünstig produzieren", IKV, Aachen, 1998.

[18.221] *N. N.:* LSR – Verarbeitung bietet Neuheiten, KPZ 21 (1997) 11, S. 45.

[18.222] *N. N.:* Angussloses Spritzgießen von Flüssigsilikonelastomeren, Firmenschrift der Arburg GmbH & Co. KG, Loßburg, 1985.

[18.223] *N. N.* Internetauftritt der Firma Desma, Fridingen. http://www.desma-fridingen.de.

[18.224] *Steinbichler, G.:* Spritzgießen von Flüssigsilikonkautschuk. Kunststoffe 77 (1987) 10, S. 931–935.

[18.225] *N. N.:* Spritzgießmaschinen der Baureihe C1/C2. Technische Information der Krauss-Maffei Kunststofftechnik GmbH, München.

[18.226] *Aspalter, S.:* Formenbau für LSR, Umdruck zur Fachtagung „Siliconelastomere“, SKZ, Würzburg, 1999.

[18.227] *N. N.:* Kaltkanalwerkzeuge für Babysauger aus LSR, Technische Information der Emde Industrietechnik GmbH, Nassau, 1993.

[18.228] *N. N.:* Bürstvorrichtungen für Spritzgießmaschinen. KPZ (1991) 3, S. 15.

[18.229] *Schray, J. G.:* Vergleiche bei der Verarbeitung fester und flüssiger Silikonkautschuke im Spritzgießverfahren. In: Tagungsumdruck „Fester und flüssiger Silikonkautschuk“, SKZ, Würzburg, 1991.

[18.230] *Sambale, H.:* Spritzgießen profilähnlicher Kunststoffteile. Internetauftritt der Fachzeitschrift Kunststoffe, http://www.kunststoffe.de.

[18.231] *Kraus, J.:* Herstellung langer Profilteile auf Spritzgießmaschinen möglich. Internetauftritt der Fachzeitschrift Maschinenmarkt, http://www.maschinenmarkt.vogel.de/herstellung-langer-profilteile-auf-spritzgiessmaschinen-moeglich-a-69439/.

[18.232] *Jaroschek, Ch.:* Hochzeit für Spezialisten, Kunststoffe 97 (2007) 12, S. 56.

[18.233] *Steiner, G.; Eichler, H.:* Dem Spritzgießen um Längen voraus. Kunststoffe 98 (2008) 4, S. 51–55.

[18.234] *Steiner, G.:* Dreidimensional endlos spritzgießen. Österreichische Kunststofzeitschrift43 (2012) 9/10, S. 216–218.

[18.235] *Steiner, G.; Krivec, T.:* Heißkanaldüsen für ExjectionTechnik – Am laufenden Meter, Internetauftritt der Zeitschrift Kunststoffmagazin, http://www.kunststoff-magazin.de.

19 Messen in Spritzgießwerkzeugen

Es gibt eine Reihe von Einflüssen auf den Formteilbildungsprozess, die alleine durch die exakte Regelung der Dosier-, Einspritz- und Nachdruckphase sowie aller Temperaturen nicht berücksichtigt werden können. Dabei handelt es sich um Materialeigenschaften, stochastische Störungen in Regelungen, aber auch Umwelteinflüsse, wie z. B. Tag-, Nachtwechsel oder Luftfeuchte.

Während Temperaturmessungen zur Erfassung der Schmelzetemperatur oder einer Kontakttemperatur der Schmelze zur Wand in Werkzeugen seltener eingesetzt werden, hat sich die Werkzeuginnendruckmessung stark durchgesetzt [19.1]. Diese Messung des Drucks in der Kavität beschreibt sehr genau die Vorgänge im Werkzeug und gestattet, sie mit der gefertigten Formteilqualität zu korrelieren (Bild 19.1). Temperatursensoren in Werkzeugen werden meist zusätzlich zu Drucksensoren eingesetzt [19.2].

	Einspritzphase	Kompressions-phase	Nachdruckphase
Qualität	Oberfläche Verzug Kristallinität Orientierung äußere Schichten	Ausformung der Kontur, Grat, Gewicht, Dimensionen	Gewicht, Dimension, Verzug, Schwindung, Lunker Einfallstellen, Orientierung innere Schichten
Parameter	Einspritz-Geschwindigkeit, Schmelze und Werkzeug-temperatur	Umschaltpunkt, Schmelze- und Werkzeug-temperatur	Nachdruck, Nachdruckzeit, Werkzeugtemperatur

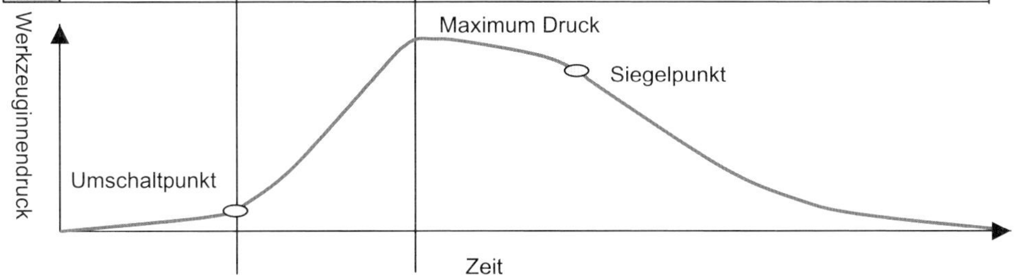

Bild 19.1 Qualitativer Verlauf des Werkzeuginnendrucks, korrelierende Formteileigenschaften und Einflussparameter

19.1 Werkzeuginnendrucksensoren

Die Haupteinsatzgebiete von Werkzeuginnendrucksensoren sind Werkzeuge, welche Teile für die Automobil- und Elektroindustrie sowie die Medizintechnik herstellen. Dies ist begründet im hohen technischen Anspruch an die Formteile bzw. in dem Zwang eine Null-Fehlerproduktion zu realisieren.

In allen Prozessphasen von der Werkzeugabmusterung, der Prozessoptimierung, beim Rüsten, bei der Qualitätsüberwachung bzw. zur Qualitätssicherung können Werkzeuginnendrucksensoren eingesetzt werden (Bild 19.2). Während der Abmusterung und Optimierung lassen sich Probleme im Prozess erkennen und beseitigen. Der Einsatz in der Rüstphase vereinfacht das Anfahren von Werkzeugen. In der Serienproduktion wird der Werkzeuginnendruck genutzt, Ausschussteile auszusortieren und den Prozess aktiv zu steuern. Eine Qualitätssicherung basierend auf gemessenen Daten ermöglicht eine automatisierte Dokumentation der Qualität aller produzierten Formteile, während die klassische Qualitätssicherung mit der SPC auf Stichproben und deren Prüfung – also einzelner Formteile – beruht [19.3].

	Werkzeugbau	Abmusterung	Optimierung	Produktion	Dokumentation
Technische Vorteile	Einfache Installation z.B. durch Single-Wire-Technik	Effiziente und schnelle Analyse von Werkzeug- und Prozessproblemen	Zielgerichtete Optimierung	Null-Fehler-Produktion	Automatische Qualitätsdatendokumentation
Wirtschaftliche Vorteile	Geringere Werkzeugkosten	Kürzere Abmusterung, geringere Maschinen- und Personalkosten	Kürzere Optimierung, geringere Maschinen- und Personalkosten	Reduktion von Produktions- und Qualitätskosten	Reduktion von Qualitätskosten, Verbesserung von QS-Dokumenten

Bild 19.2 Vorteile des Werkzeuginnendrucks entlang der Prozesskette

19.1.1 Positionierung von Werkzeuginnendrucksensoren

Die Positionierung der Sensoren in der Kavität ist von entscheidender Bedeutung. Im Allgemeinen sollte diese angussnah auf dem ersten Drittel des Fließwegs an der Stelle mit dem größten Querschnitt erfolgen. Nur wenn der Sensor in größtmöglicher Nähe des Anschnittes sitzt, kann er den gesamten Füll- und die vollständige Nachdruckphase erfassen. Anschnittfernere Positionen werden nur gewählt, falls eine spezifische Problematik, z. B. Gratbildung oder unvollständige Füllung überwacht und verhindert werden soll [19.4].

Bei großen Formteilen mit mehreren Anspritzpunkten, z. B. Stoßfängern, werden häufig mehrere Sensoren eingesetzt. Bei Werkzeugen mit mehreren Kavitäten hat sich gezeigt, dass jede Kavität mit einem Sensor ausgestattet werden sollte, da andernfalls kritische Kavitäten nicht identifizierbar sind.

19.1.2 Sensoren zur Messung des Werkzeuginnendrucks

Werkzeuginnendrucksensoren basieren heute nahezu ausnahmslos auf dem piezoelektrischen Prinzip (Bild 19.3). Ausschließlich bei Sensoren, die sich dauerhaft im Schmelzekontakt befinden, z. B. im Heißkanal, werden vereinzelt piezoresistive Sensoren eingesetzt. Piezoelektrische Sensoren besitzen eine nahezu unbegrenzte Lebensdauer, zeichnen sich durch eine hohe Dynamik aus und besitzen Linearitätsfehler $\ll 1$ %. Der Druck im Werkzeug wird auf mehrere piezoelektrische Kristallelemente (meist Quarz) im Sensor übertragen. Dieser Quarz gibt einer der aufgebrachten Kraft (Druck) proportionale elektrische Ladung ab. Bei den meistverwendeten Sensoren beträgt die Ladungsabgabe ca. 9,4 pC/bar [19.5]. Diese geringe elektrische Ladung wird durch Ladungs-/Spannungswandler (kurz: Ladungsverstärker) in ein nutzbares analoges Spannungssignal umgesetzt. Aufgrund der geringen Ladungen werden zum Anschluss der Sensoren spezielle Kabel mit Isolationswiderständen von mehr als 10^{12} Ω eingesetzt. Der durch das Messprinzip bedingte Drift liegt bei ca. 0,02 pC/s [19.5]. Diese kann jedoch durch Feuchtigkeit und Verschmutzung erheblich

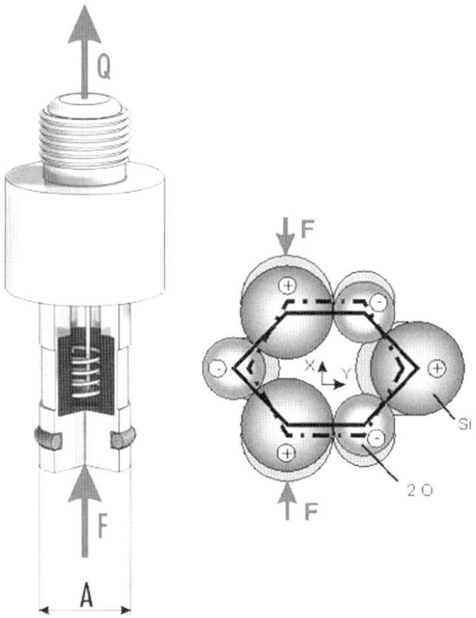

Bild 19.3 Das piezoelektrische Prinzip

verschlechtert werden. Daher ist auf größte Sauberkeit vor allem der Verbindungen unbedingt zu achten und die Steckverbindungen sollten vor jedem Einsatz gereinigt werden. Aufgrund des Driftverhaltens sind piezoelektrische Sensoren nur für dynamische Messungen geeignet. Vor jeder Messung müssen die Ladungsverstärker in einen definierten Zustand (Reset) und anschließend wieder in den Betriebszustand (Operate) gebracht werden. Dazu eignet sich beim Spritzgießen zum Beispiel ein Signal, das zu Beginn des Einspritzens den Ladungsverstärker in den Operate-Zustand versetzt und beim Öffnen des Werkzeugs in den Reset-Zustand. Die Drift selbst hat beim Spritzgießzyklus keinen Einfluss. Auch bei extrem langen Zyklen, z. B. der Herstellung von dickwandigen Linsen mit Zykluszeiten über 15 min können diese Systeme eingesetzt werden [19.5].

Werkzeuginnendrucksensoren lassen sich in die direkt und die indirekt messenden Sensoren einteilen. Direkt messende Sensoren werden durch Bohrungen bis an das Formteil gebracht und stehen in direktem Kontakt zur Schmelze, während indirekte Sensoren z. B. hinter einem Auswerferstift oder Messstift platziert werden (Bild 19.4).

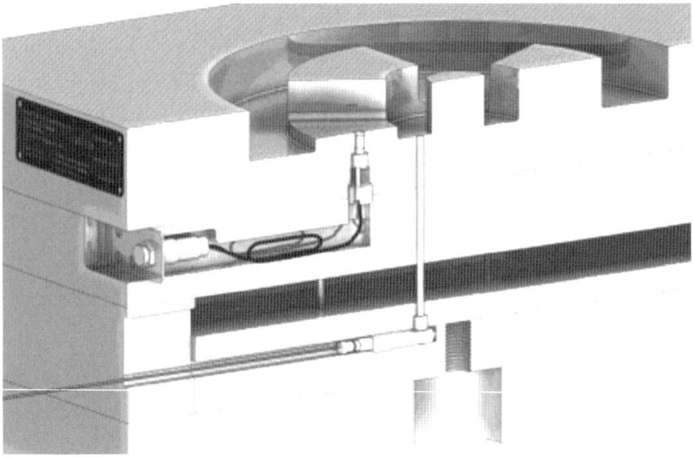

Bild 19.4 Direkt (links) und indirekt messende (rechts) Werkzeuginnendrucksensoren [19.5]

19.1.2.1 Direkt messende Werkzeuginnendrucksensoren

In der Regel werden direkt messende Sensoren eingesetzt. Im Gegensatz zu anderen Drucksensoren (z. B. Hydraulikdrucksensoren) besitzen diese Sensoren keine Membran, sondern einen massiven Kolben (Bild 19.5). Durch diesen wird die unbegrenzte Lebensdauer erreicht und auch die Möglichkeit geschaffen, die Geometrie der Sensorfront an die Formteilgeometrie anzupassen. Eine Bearbeitung bis 0,5 mm ist möglich (Bild 19.6). Markierungen auf dem Formteil werden so minimiert. Natürlich muss dann darauf geachtet werden, dass die Sensoren eine Verdrehsicherung erhalten (Bild 19.7).

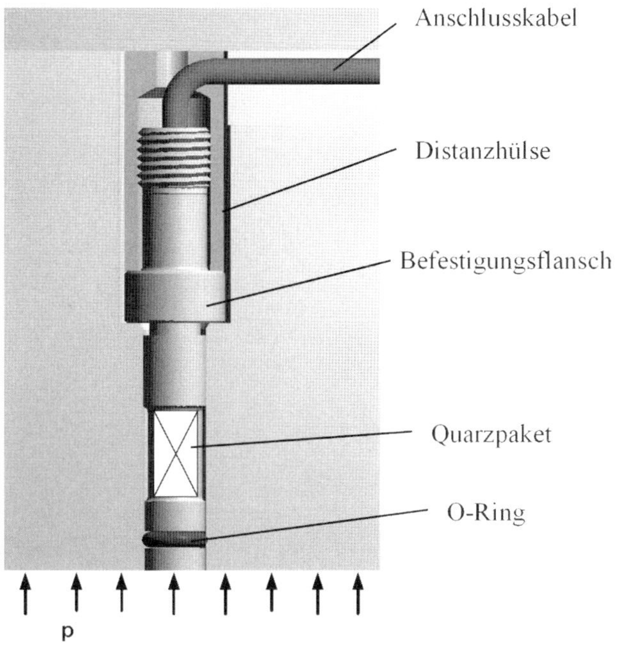

Bild 19.5 Prinzip direkt messender Werkzeuginnendrucksensoren [19.5]

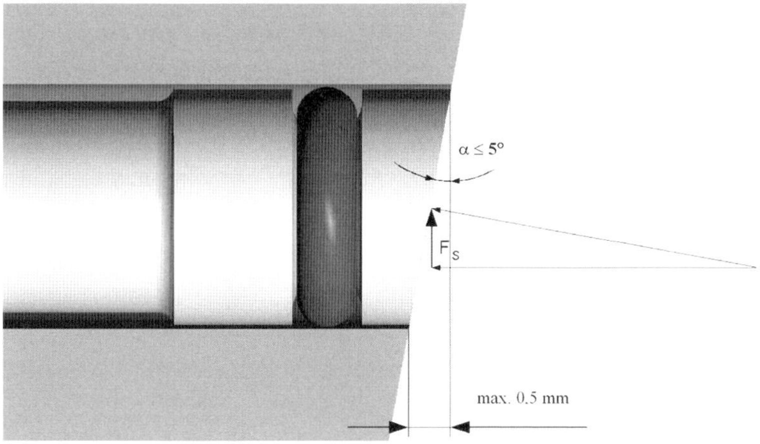

Bild 19.6 Bearbeitung der Sensorfront direkt messender Sensoren [19.5]

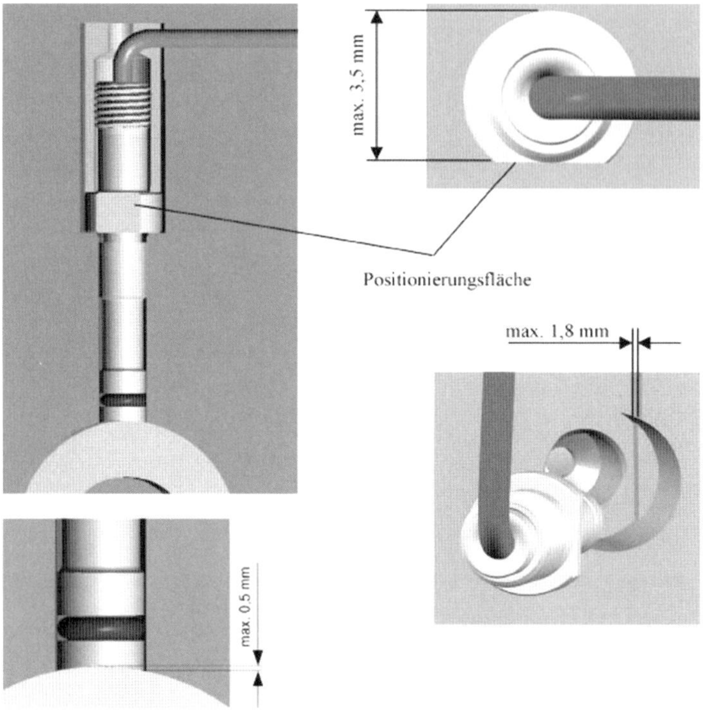

Bild 19.7 Verdrehsicherung für bearbeitete direkt messende Sensoren [19.5]

Da der Kolben des Sensors „freibeweglich" sein muss, ist ein Ringspalt zwischen Kolben und Werkzeug von 0,01 mm zur fehlerfreien Messung erforderlich (Bild 19.8). Eine korrekte Bearbeitung der Bohrungen ist daher unbedingte Voraussetzung. Würde sich nämlich ein Kraftnebenschluss (d. h. der Kolben berührt die Werkzeugwand) ergeben, dann verringert sich nicht nur die Empfindlichkeit sondern auch die Linearität des eingebauten Sensors ist nicht mehr gegeben. Sinnvoll sind daher der Einsatz von Prüf- und Läppdornen und der Test der eingebauten Sensoren mit einer Prüfeinheit.

Werkzeuginnendrucksensoren werden in unterschiedlichen Größen angeboten. Der am häufigsten eingesetzte Sensor hat einen Frontdurchmesser von 4 mm (Bild 19.9). Für kleinste Formteile stehen Sensoren mit Frontdurchmessern bis zu 1 mm zur Verfügung (Bild 19.10) [19.5]. Spezielle Sensorkonstruktionen wurden für Werkzeuge mit Einsätzen und für Großwerkzeuge entwickelt. Diese ermöglichen eine einfache Demontage der Einsätze bzw. Werkzeuge, ohne dass Sensoren oder Anschlusskabel beschädigt werden. Allgemein gilt, dass das Anschlusskabel der sensibelste Teil eines Werkzeuginnendrucksensors ist. Auf die Kabelführung muss deswegen besondere Aufmerksamkeit gelegt werden. Die Kabel müssen in gefrästen Kanälen verlegt werden, die mit einer Abdeckung verschlossen werden, um bei Montage oder Demontage des Werkzeugs eine Zerstörung der Kabel zu verhindern.

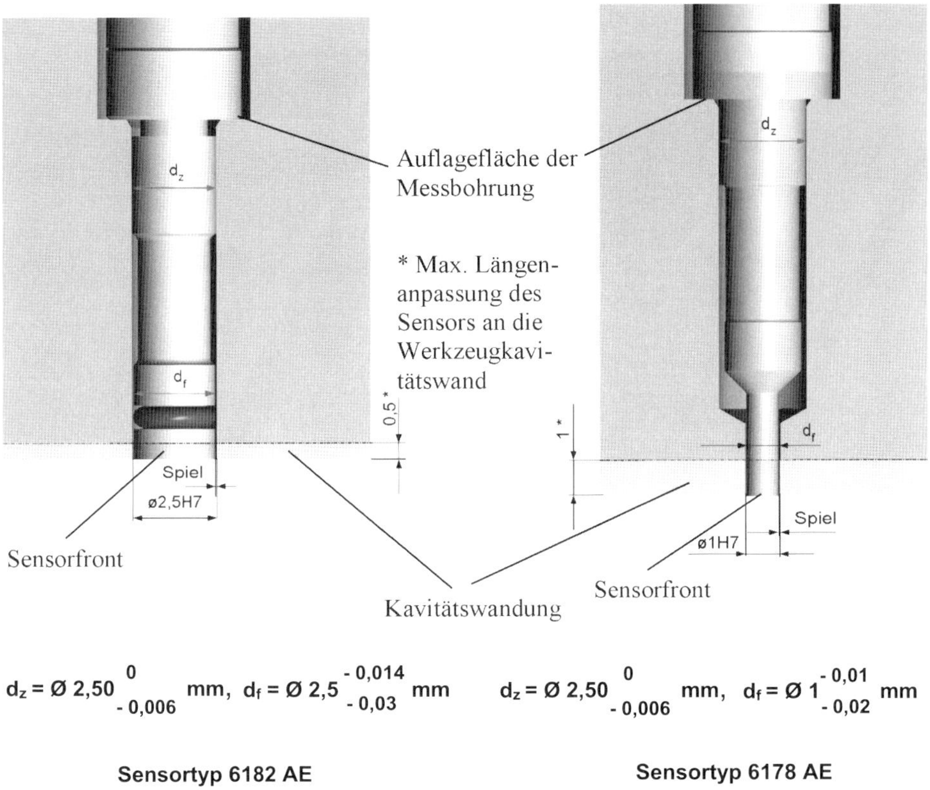

Bild 19.8 Ringspalt bei der Montage direktmessender Sensoren [19.5]

Bild 19.9 Direkt messender Standardwerkzeuginnendrucksensor (4 mm) [19.5]

Bild 19.10 Kleinster direkt messender Werkzeuginnendrucksensor (1 mm) [19.5]

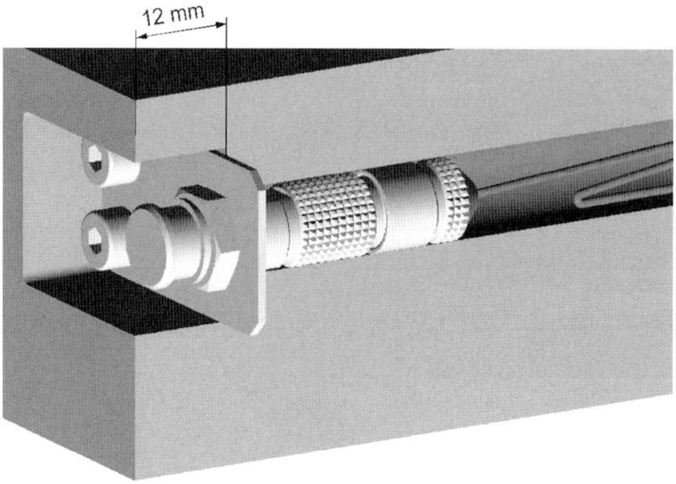

Bild 19.11 Montage des Anschlusssteckers für Werkzeuginnendrucksensoren [Firma Kistler]

Der Anschlussstecker der Sensoren sollte in einer Ausfräsung geschützt montiert werden (Bild 19.11), um eine Beschädigung beim Werkzeugtransport zu vermeiden.

Die sogenannte Single-Wire-Technik kann den Sensoreinbau erheblich vereinfachen und ermöglicht eine Reparatur der Kabel auch durch den Werkzeugmacher im Betrieb. Die Single-Wire-Kabel können geschützt in Bohrungen verlegt werden, die aufwändige Herstellung von Kanälen mit Abdeckungen in den Formplatten entfällt (Bild 19.12). Da bei der Single-Wire-Technik im Gegensatz zur herkömmlichen Koaxialkabeltechnik der Stecker erst nach dem Einbau der Sensoren und Verlegung der Kabel durch den Werkzeugmacher montiert wird, kann dieser die Länge des Kabels selbst festlegen.

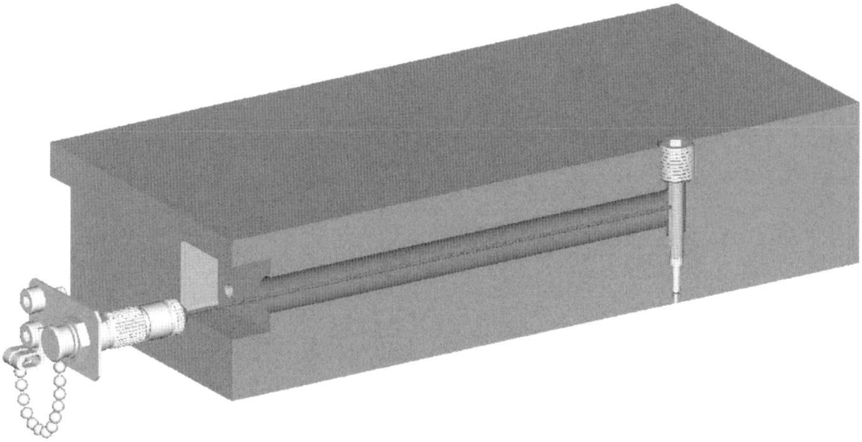

Bild 19.12 Einbau von Single-Wire-Sensoren [19.5]

Je nach Sensorgröße unterscheiden sich die Verfahren zur Fixierung des Sensors im Werkzeug. Bei 4 mm und 6 mm Sensoren werden so genannte Montagenippel mit Gewinden eingesetzt (Bild 19.13). Bei Sensoren mit 2,5 mm und 1 mm Frontdurchmesser kommen geschlitzte Hülsen zum Einsatz, die den Sensor gegen eine Formplatte abstützen (Bild 19.14) [19.5].

Direkte Werkzeuginnendrucksensoren haben einen Einsatzbereich bis 2 000 bar bei Werkzeugtemperaturen bis zu 300 °C. Die Schmelzetemperatur kann mehr als 450 °C betragen [19.5].

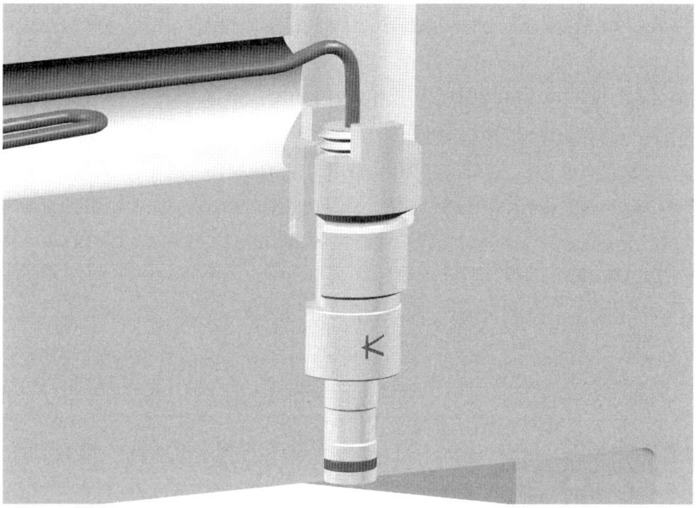

Bild 19.13 Einbau Werkzeuginnendrucksensoren mit Montagenippel [19.5]

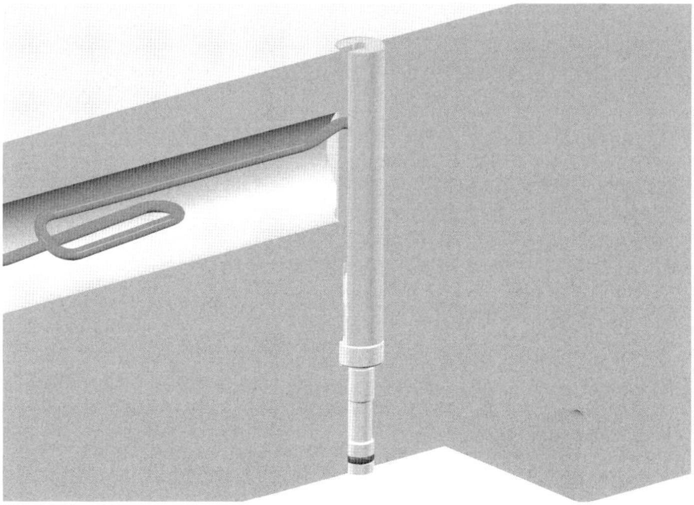

Bild 19.14 Einbau Werkzeuginnendrucksensoren mit Montagehülse [19.5]

19.1.2.2 Indirekt messende Werkzeuginnendrucksensoren

Indirekte arbeitende Werkzeuginnendrucksensoren messen den Druck in einer Kavität über die Kraft, die aus der Kavität über einen Auswerferstift auf den Sensor ausgeübt wird. Alternativ bieten sogenannte Dehnungsmessdübel die Möglichkeit, über eine Dehnungsmessung im Werkzeugstahl indirekt auf den Werkzeuginnendruck zurück zu schließen. Da es sich bei diesen Sensoren um Kraftsensoren handelt, muss das erhaltene Signal mit der Fläche des Stifts die mit der Schmelze in Kontakt steht, umgerechnet werden (Bild 19.15). Zwei unterschiedliche Bauformen sind erhältlich (Bild 19.16 a) und b). Während die zylinderförmigen Sensoren eingesetzt werden, wenn der Sensor fest installiert wird, finden Messlaschen bei der temporären Nachrüstung Anwendung. Indirekt arbeitende Sensoren werden bevorzugt, wenn kein Platz für einen direkt messenden Sensor vorhanden ist; z. B. viele Kühlbohrungen im Werkzeug vorhanden sind oder ein Werkzeug zur Prozessanalyse nachgerüstet werden soll. Dehnungsmessdübel bieten sich an, wenn gar keine Markierungen z. B. bei optischen Anwendungen im Sicht- oder Funktionsbereich zulässig sind (Bild 19.17). Diese Messdübel liefern keine Absolutwerte. Die Messwerte sind jedoch in der Regel für die Qualitätsüberwachung ausreichend [19.6].

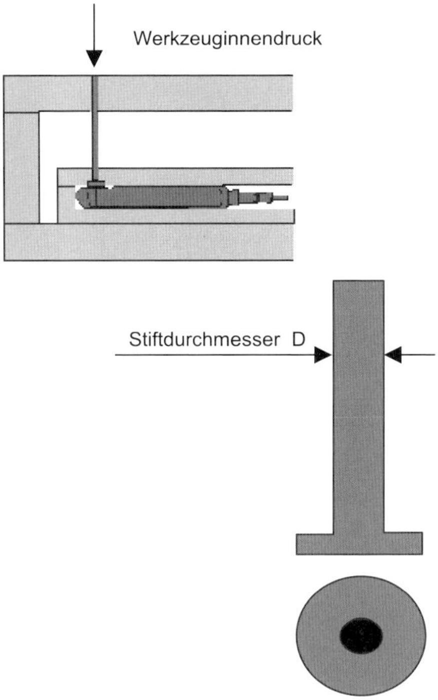

$$S_p = \frac{\pi \cdot D^2}{4} \cdot 0{,}1 \cdot S_F$$

S_F = *Kraftempfindlichkeit* $[pC/N]$
S_p = *Druckempfindlichkeit* $[pC/N]$

Bild 19.15 Formel zur Umrechnung der Druckempfindlichkeit indirekt messender Sensoren [19.5]

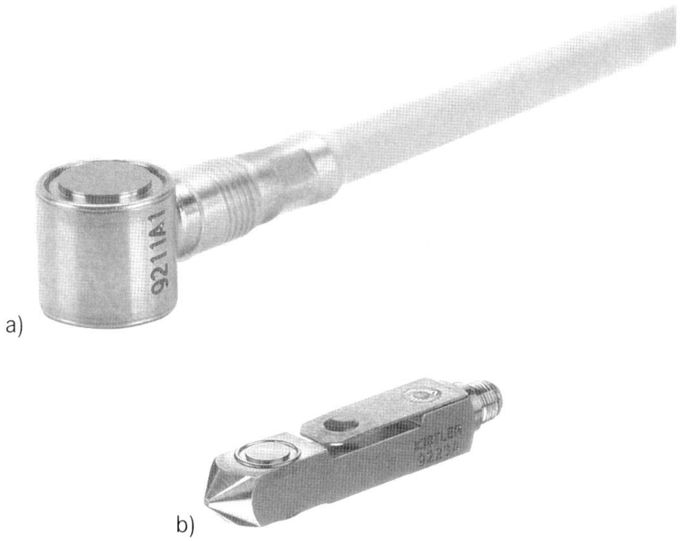

Bild 19.16 Unterschiedliche Bauformen indirekt messender Werkzeuginnendrucksensoren [19.5]
a) zylinderförmiger Sensor für die feste Installation (oben)
b) Messlasche für die temporäre Nachrüstung (unten)

Bild 19.17 Dehnungsmessdübel zur indirekten, berühungslosen Erfassung [19.5]

Generell gilt, dass die indirekt gemessenen Werkzeuginnendrücke wesentlich ungenauer sind als die Ergebnisse der direkten Messung. Begründet ist dies durch die variierenden Reibverhältnisse zwischen Auswerferstift/Messstift und Werkzeug verursacht durch Verschmutzung z. B. durch Materialablagerungen. Die Messung des Werkzeuginnendrucks mit indirekten Sensoren ist daher zur Prozessüberwachung, -steuerung, -regelung oder Qualitätsdokumentation der direkten Messung unterlegen.

19.2 Temperatursensoren

Beim Einsatz von Temperatursensoren im Werkzeug muss zwischen zwei Arten von Messungen unterschieden werden:

1. Messungen, bei denen die Werkzeugtemperatur hinter der Kavität erfasst und zur Überwachung bzw. als Führungsgröße von Temperieraggregaten eingesetzt wird,
2. Temperaturmessungen, bei denen der Sensor direkt mit der Schmelze in Kontakt steht.

Beim Einsatz a) sind Mantelthermoelemente einige Millimeter hinter der Kavitätswand installiert. Ziel der Messung ist eine genauere Führung der Werkzeugtemperatur mit Temperiergeräten. Dieser Einsatz ist in Abschnitt 11.3.3 detailliert erläutert.

19.2.1 Temperatursensoren mit Schmelzekontakt

Die Messungen, bei denen der Sensor direkt mit der Schmelze in Kontakt steht (Einsatz b), liefert Informationen über die Temperatur des Formteils oder die Kontakttemperatur der Werkzeugwand zur Schmelze während des Formfüllvorgangs. Dieser Verlauf liefert wichtige Informationen bezüglich der temperaturabhängigen Formteileigenschaften, wie z. B. Schwindung und Verzug. Die Erfassung erfolgt mittels Kontakttemperatursensoren oder IR-Sensoren.

Die Messung von lokalen Formteilmassentemperaturen ist aufgrund des ausgeprägten Temperaturprofils über der Formteildicke und den Fließweg in Kombination mit den hohen Abkühlgeschwindigkeiten im Werkzeug eine Herausforderung. Eine quantitative Erfassung von Massetemperaturen ist mit den beschriebenen Kontakttemperatursensoren nicht möglich. Da die Temperaturverteilung in der Schmelze jedoch maßgeblich für die Eigenschaften des Endproduktes und den Herstellungsprozess (Zykluszeit) ist, bestehen Bestrebungen, über den Einsatz von Ultraschalltomografie Schmelzetemperaturen ortsaufgelöst quantitativ zu bestimmen [19.7]. Über die Erfassung temperaturabhängiger Ultraschalllaufzeiten an mehreren Sensoren wird eine physikalisch weitestgehend genaue Erfassung von Temperaturen ermöglicht. Das Anwendungsgebiet dieser aufwendigen Temperaturmessung liegt jedoch eher in der Grundlagenforschung zur Kalibrierung von Simulationsmodellen. Für die praktische Überwachung der Prozesskonstanz in der Produktion spielt die Abweichung zwischen der gemessenen Temperatur und der wahren Temperatur eine untergeordnete Rolle und es können herkömmliche Kontakttemperatursensoren oder IR-Sensoren eingesetzt werden.

19.2.1.1 Kontakttemperatursensoren

Die Messung der Kontakttemperatur der Schmelze mit der Werkzeugwand erfolgt über Sensoren, bei denen die Thermoelementepaarung bis an die Sensorfront geführt wird und die direkt mit dem Formteil in Kontakt stehen. Diese Sensoren messen die Kontaktemperatur T_K, die sich aus der Schmelzetemperatur T_M und der Werkzeugtemperatur T_W ergibt [19.8]:

$$T_K = \frac{T_M \cdot b_M + T_W \cdot b_W}{b_M + b_W} \tag{19.1}$$

Mit $b = \sqrt{\lambda \cdot \rho \cdot c_p}$

Da die Wäremeeindringkoeeffizienten des Werkzeugstahls b_W aufgrund der höheren Wärmeleitfähigkeit λ, der höheren Dichte ρ und der höheren Wärmekapazität c_p von Stahl im Vergleich zur Kunststoffschmelze deutlich höher sind, stellen sich Kontakttemperaturen geringfügig über der Werkzeugtemperatur ein (Bild 19.18). Schmelzetemperaturen können daher mit Kontakttemperatursensoren nur indirekt berechnet werden. Da die Sensoren andere thermische Eigenschaften besitzen als der Werkzeugstahl, ist die Bestimmung von Schmelzetemperaturen über die Kontakttemperaturmessung stets fehlerbehaftet.

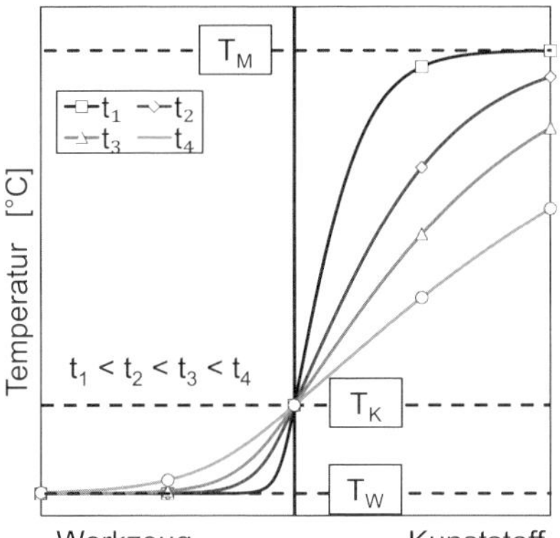

Bild 19.18 Temperaturprofil und Kontakttemperatur schematisch für eindimensionale Wärmeleitung [19.8]

Das Ansprechverhalten von Kontakttemperatursensoren ist langsamer als das von IR-Sensoren. Trotzdem sind die Messresultate geeignet, eine qualitative Aussage über die Temperatur der Werkzeugoberflächen und der Schmelzetemperatur zu treffen.

Der Informationsgehalt von Temperaturmessungen ist wesentlich kleiner und unsicherer als der von Werkzeuginnendrucksensoren. Aktuell werden diese Kontakttemperatursensoren und IR-Sensoren meist in Verbindung mit Drucksensoren eingesetzt, um zusätzliche Informationen über den Prozess zu erhalten (Bild 19.19).

Temperatursensoren mit kurzen Ansprechzeiten eignen sich, um Schmelzefronten während des Füllvorgangs zu detektieren. Über diese Informationen kann z. B. die Schergeschwindigkeit in der Kavität von Zyklus zur Zyklus auf ein konstantes Niveau geregelt werden oder Heißkanäle für Mehrkavitätenwerkzeuge balanciert werden [19.4].

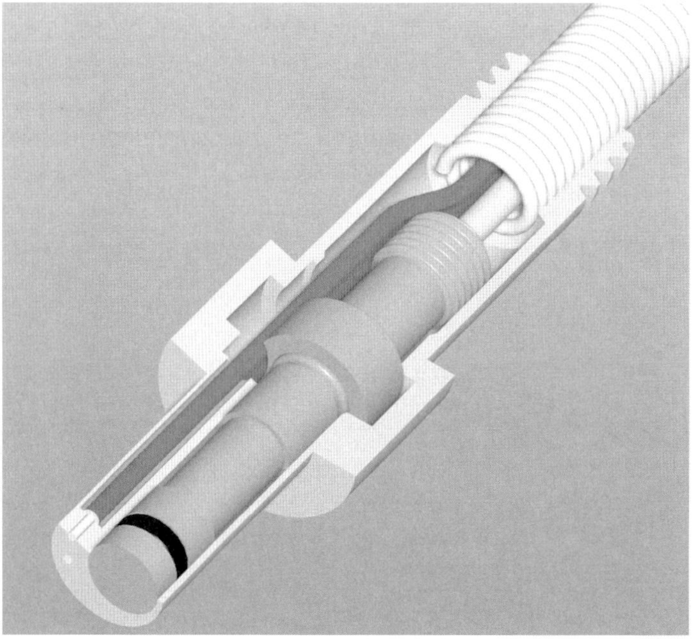

Bild 19.19 Kombinierte Druck- und Temperatursensoren [Firma Kistler]

19.2.1.2 IR-Sensoren

Die Messung mittels IR-Sensoren beruht auf der Erfassung der Emission von Strahlung in einem definierten Wellenlängenbereich. Die Emission ist stark vom Emissionsvermögen des untersuchten Werkstoffs abhängig. Nur ideale schwarze Strahler emittieren ihre gesamte Wärme und haben somit einen Emissionskoeffizienten von 1. Bei realen Körpern ist das Emissionsvermögen geringer, da die Emission um die Reflexions- und Transmissionsanteile vermindert ist. Dementsprechend müssen IR-Sensoren bezüglich des Emissionsgrads der zu verarbeitenden Kunststoffschmelze kalibriert werden.

Für den Einsatz in Spritzgießwerkzeugen besteht der IR-Sensor meist aus einem Saphirglas, das mit der Schmelze in Kontakt steht. Dieses Saphirglas schützt ein Lichtleiterbündel und dient zur Einkopplung der Strahlung in den Lichtleiter. Der Lichtleiter führt die Strahlung auf einen lichtempfindlichen Detektor, der die Strahlung in eine der Temperatur proportionale Spannung umwandelt.

Kunststoffschmelzen, die sich in der Kavität eines Werkzeugs befinden, verhalten sich nahezu wie ideale schwarze Körper, da auch die reflektierte und transmittierte Strahlung auf den Sensor fällt. Daher werden auch bei Kunststoffschmelzen, deren Emissionskoeffizienten an der Luft bei 0,9 liegen, in Werkzeugen Emissionskoeffizienten von 0,99 beobachtet [19.9] [19.10]. Die Messbereiche von IR-Sensoren sind abhängig von der Lichtleiterlänge und liegen ca. zwischen 30 und 400 °C [19.10].

Bild 19.20 zeigt eine Werkzeugkavität im Querschnitt mit dem Bereich, in dem ein IR-Sensor Strahlung misst. Die vom IR-Sensor gemessene Strahlungsintensität entspricht einem integralen Wert der Strahlung über dem Messkegel. Bei der IR-Messung kann im Gegensatz zur Messung mit Kontakttemperatursensoren kein genauer Ort für die Messung angegeben werden [19.11]. Aufgrund der Abhängigkeit der Messung vom Kunststoff und vom Messort, müssen die Sensoren in der Praxis auf die erwarteten Schmelze- und Entformungstemperaturen kalibriert werden [19.12].

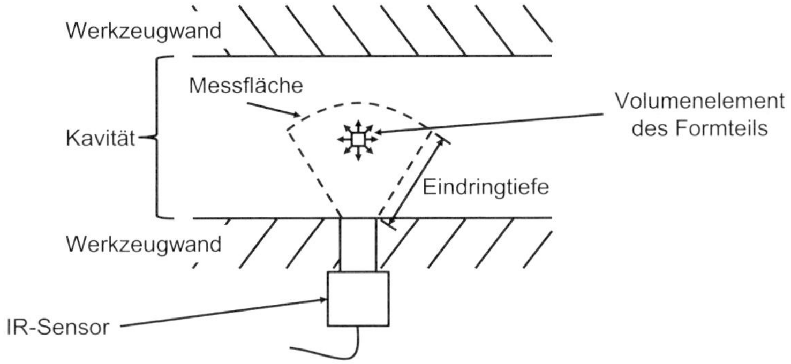

Bild 19.20 Schema einer IR-Temperaturmessung

19.3 Prozessoptimierung mit Werkzeuginnendrucksensoren

Der Werkzeuginnendruck ist entscheidend für den Spritzgießprozess und die resultierende Bauteilqualität und ist daher eine relevante Größe zur Überwachung und Regelung von Spritzgießprozessen. Zusätzlich kann die Betrachtung des Werkzeuginnendrucks beim Anfahren von Spritzgießprozessen helfen, um schneller geeignete Einstellungen für Umschaltpunkt und Nachdruck zu finden.

Durch die Optimierung des Werkzeuginnendruckverlaufs können Formteileigenschaften wie Masse, Gewichte und innere Eigenschaften ebenso gezielt beeinflusst werden wie Zykluszeiten und Werkzeugverschleiß. Ist die optimale Maschineneinstellung für ein Werkzeug einmal ermittelt, so ist der zugehörige Werkzeuginnendruckverlauf ein „Fingerabdruck“ dieses optimalen Prozesses. Wird das Werkzeug nach einem Produktionswechsel erneut angefahren, kann dieser „Fingerabdruck“ eingesetzt werden, den Prozess sehr schnell wieder in den optimalen Betriebspunkt zu bringen. Das Verfahren ist deutlich unabhängiger von Störgrößen, wie beispielsweise dem Maschinenverschleiß, oder veränderten Viskositäten. Diese Art der Optimierung ermöglicht auch eine schnelle Optimierung des Prozesses, falls Werkzeuge auf unterschiedlichen Maschinen (z. B. Maschinen unterschiedlicher Hersteller) eingesetzt werden, da in solchen Fällen die Einstelldaten nicht ausgetauscht werden können.

Bild 19.21 zeigt qualitativ den Werkzeuginnendruckverlauf und die korrelierenden Eigenschaften der Formteile. Real gemessene Verläufe können bei unterschiedlichen Prozessabläufen von diesem Verlauf mehr oder weniger abweichen.

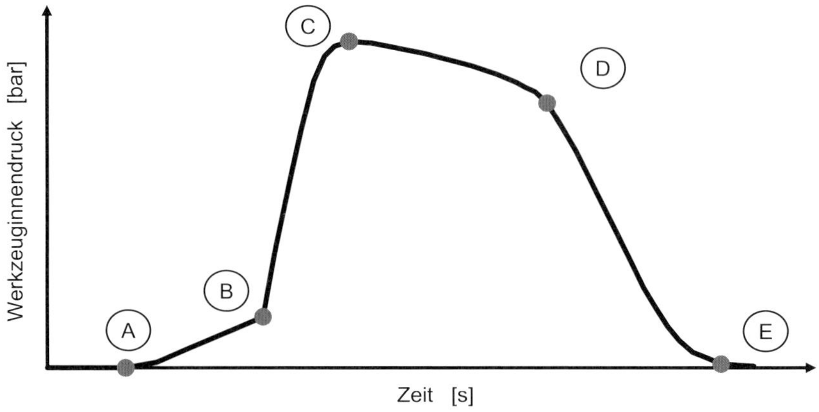

Bild 19.21 Qualitativer Verlauf des Werkzeuginnendrucks

In der Formfüllphase (Punkt A-B) werden hauptsächlich die Oberflächeneigenschaften sowie die Orientierung und Kristallinität in den äußeren Randschichten beeinflusst. Ein linearer Druckanstieg in dieser Phase führt zu einer konstanten Fließfrontgeschwindigkeit [19.13] und damit zu konstanten Eigenschaften in den Randschichten des Formteils, auch bei Querschnittssprüngen. In der Kompressionsphase (B-C) werden die Konturen des Werkzeugs ausgeformt. Idealerweise sollte dabei bei vollständiger Kavitätsfüllung (Punkt B) der Umschaltpunkt zwischen der geschwindigkeitsgeregelten Einspritzphase und der Nachdruckphase liegen. Vom Verlauf der Kompressionsphase hängen zum Beispiel die Gratbildung und damit eine eventuelle Schädigung des Werkzeugs ab. In der Nachdruckphase (C-D) wird maßgeblich die Schwindung und das Gewicht des Formteils aber auch der Kristallisationsgrad und die Orientierung der Makromoleküle beeinflusst. Nach dem Einfrieren des Anschnitts (D) findet kein weiterer Materialtransport in das Formteil statt. Die Messung endet wenn sich das Formteil von der Wand löst.

Dann erst kann das Werkzeug geöffnet und das Formteil ausgeworfen werden. Eine Entformung des Formteils sollte nie unter Restdruck durchgeführt werden, da es ansonsten zu Verzug in Folge von unkontrollierter Schindung kommt.

Bild 19.22 zeigt verschiedene Werkzeuginnendruckverläufe. In Bild 19.22 *a* ist der optimale Werkzeuginnendruckverlauf dargestellt. Ein zu früher Umschaltpunkt (Bild 19.22 *b*) führt zu Füllung unter Nachdruck. Der Werkzeuginnendruck nimmt in diesem Fall nach dem Umschalten ab. Ein zu später Umschaltpunkt (Bild 19.22 *c*) führt hingegen zu einer Spitze im Werkzeuginnendruckverlauf, damit verbunden sind oft Gratbildung und eine Schädigung des Werkzeugs. Eine automatische Berechnung des Umschaltpunkts kann bei modernen Spritzgießmaschinen auf der Basis des Werkzeuginnendrucks mittels eines Schwellwertes erfolgen. So können zum Beispiel Dosierschwankungen ausgeregelt werden. Der Schwellwert muss durch Versuche oder Simulationsrechnungen ermittelt werden [19.2] [19.13]. Auch vollautomatische Verfahren, die den Umschaltpunkt selbständig ermitteln, werden heute eingesetzt [19.14]. Die Nutzung von zusätzlichen Druck- oder Temperatursensoren am Fließwegende, um die Schmelzefront zu detektieren und den Umschaltvorgang einzuleiten, kann effektiv sein, wenn Variationen am Prozess über lange Zeiten auftreten [19.15]. Bei zu geringem Nachdruck (Bild 19.22 *d*) fällt der Werkzeuginnendruck nach dem Maximum ab, die Folge sind z. B. Einfallstellen. Eine zu kurze Nachdruckzeit (Bild 19.22 *e*) führt zu einem Schmelzefluss aus dem Werkzeug zurück ins Angusssystem und damit zu einem zu niedrigen Nachdruck im Formteil mit allen daraus resultierenden Folgen, wie höherer Schwindung, Einfallstellen oder Lunker. Die Entformung unter Nachdruck (Bild 19.22 *f*) weist auf ein zu schwaches Werkzeug oder eine Überladung der Kavität hin.

Werkzeuginnendrucksensoren können außer zur Umschaltung und Einrichtung des Nachdrucks auch zur direkten Regelung des Werkzeuginnendrucks in der Nachdruckphase eingesetzt werden [19.16] [19.17]. Konventionell wird die Nachdruckphase über den Hydraulikdruck bei hydraulischen Maschinen bzw. die auf die Schnecke wirkende Kraft bei elektrischen Maschinen geregelt. Bei auftretenden Störgrößen können durch einen unterschiedlichen Druckverlust im Hydrauliksystem, Plastifizierzylinder und Angusssystem trotzdem unterschiedliche Druckverläufe resultieren und Qualitätsprobleme an Bauteilen auftreten. Insbesondere beim Wechsel von Spritzgießmaschinen können trotz identischer Einstellungen aufgrund der maschinenseitigen Regelgröße erhebliche Unterschiede im Werkzeuginnendruckverlauf entstehen [19.18]. Eine direkte Regelung des Werkzeuginnendrucks konnte sich bis heute im industriellen Umfeld nicht durchsetzen, da das Systemverhalten zu stark vom Werkzeug abhängig ist und daher eine Reglerparametrisierung für jedes Werkzeug individuell notwendig ist. Es sind jedoch kommerzielle Systeme verfügbar, die den Werkzeuginnendruck von einem Referenzzyklus messen und diesen anschließend reproduzieren [19.17]. In der Forschung gibt es bereits seit

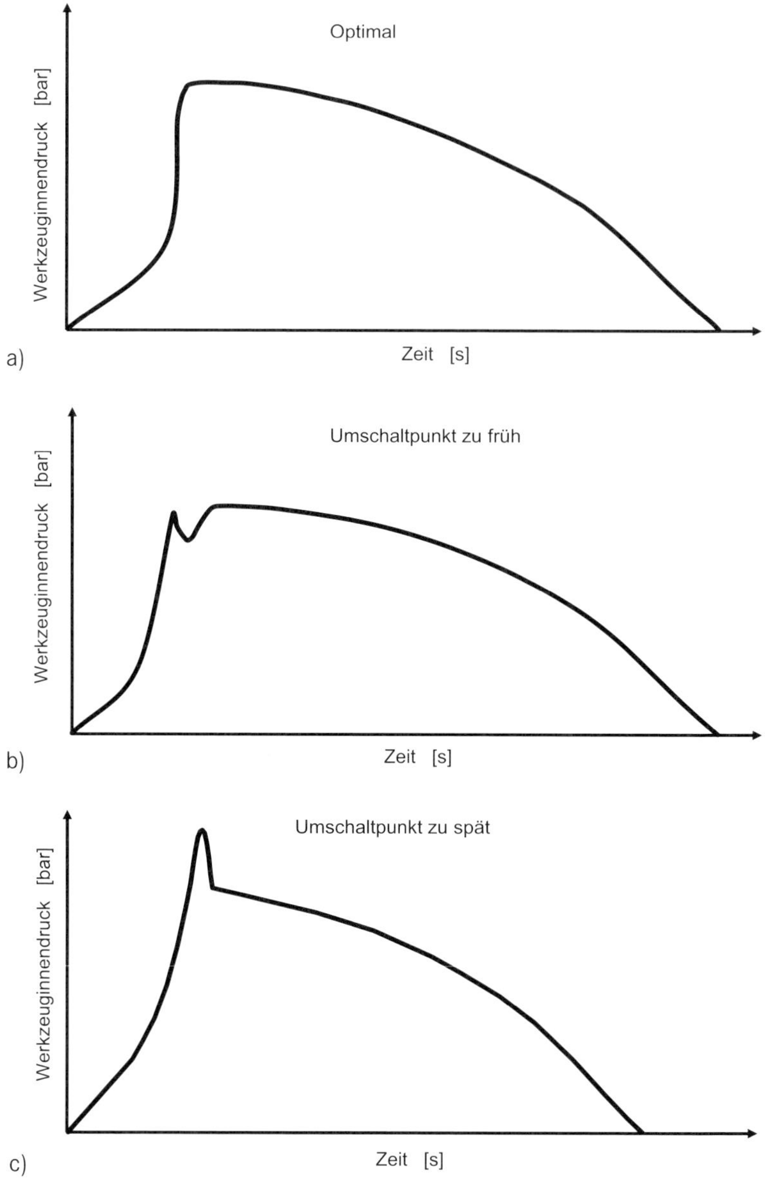

Bild 19.22 Unterschiedliche Werkzeuginnendruckverläufe
a) optimaler Werkzeuginnendruckverlauf
b) Umschaltpunkt zu früh
c) Umschaltpunkt zu spät
d) Nachdruck zu niedrig
e) Nachdruck zu kurz, Werkzeug öffnet zu früh
f) Entformung unter Restdruck

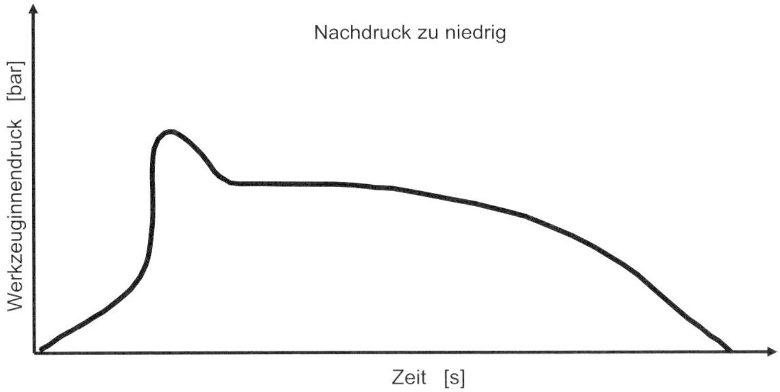

d)

e)

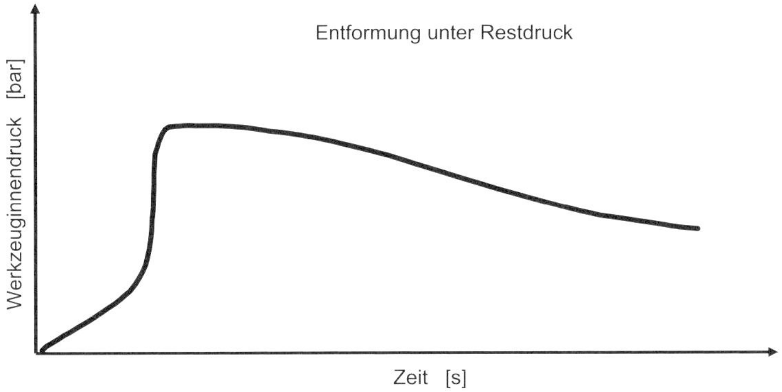

f)

Bild 19.22 (*Fortsetzung*) Unterschiedliche Werkzeuginnendruckverläufe
a) optimaler Werkzeuginnendruckverlauf
b) Umschaltpunkt zu früh
c) Umschaltpunkt zu spät
d) Nachdruck zu niedrig
e) Nachdruck zu kurz, Werkzeug öffnet zu früh
f) Entformung unter Restdruck

langem Bestrebungen, den Werkzeuginnendruck durch geeignete Regelkonzepte direkt anhand einer Sollvorgabe regeln zu können. Eine gute Übersicht ist beispielsweise in [19.16] zu finden. Eine Werkzeuginnendruckregelung kann die Grundlage für sich selbst optimierende Prozesse darstellen. Beispielsweise nutzt das Konzept einer modellbasierten Selbstoptimierung eine Werkzeuginnendruckregelung und die Eigenschaften des zu verarbeitenden Materials, um diverse Störgrößen, die auf den Spritzgießprozess einwirken, kompensieren zu können [19.19]. Die erzielbaren Verbesserungen sind stark abhänig von den auftretenden Störgrößen und können beispielweise zu einer 3,5-fachen Reduktion von Gewichtsschwankungen führen [19.20].

19.4 Produktions-/Qualitätsüberwachung und Qualitätsdokumentation mit Sensoren

Ziel der Produktions-/Qualitätsüberwachung ist die Separierung von Formteilen, die nicht den Qualitätsanforderungen entsprechen, sowie die Dokumentation zu einer späteren Verfolgung. Mit der DIN 16742 existiert seit 2013 wieder eine Norm, die die Abnahmebedingungen für Kunststoffformteile festlegt. Sie definiert die allgemeinen (wenn nicht anders spezifizierten) zulässigen Toleranzen für die Abnahme von Formteilen in Abhängigkeit von Material und Fertigungsaufwand [19.21]. Zur Festlegung, welche statistischen Abweichungen für die Abnahme von Formteilen zulässig sind, ist die Methode der SPC (Statistical-Process-Control) weit verbreitetet (und meist gefordert) [19.22].

In diesem Zusammenhang legt die ISO 2859-Familie ein System der Annahmestichprobenprüfung für attributive Qualitätsmerkmale fest (fehlerhaft oder in Ordnung) [19.23]. Die ISO 3951-Familie ist für quantitativ messbare Qualitätsmerkmale vorgesehen [19.24]. Für die organisatorischen Maßnahmen, die der Verbesserung der Prozess- und Produktqualität dienen wird durch die DIN EN ISO 9000-Familie ein Rahmen vorgegeben, der insbesondere für die Darlegung von Qualitätsmanagementsystemen gegenüber einem Vertragspartner oder neutralen Stellen dient [19.25].

Eine Online-Qualitätsüberwachung erlaubt es, auf stichprobenartige Prüfungen am Formteil zu verzichten und durch eine Erfassung und Analyse der Prozessdaten zu substituieren. Durch die integrale Messung des Prozessablaufes können bei Abweichungen sofort Ausschussweichen oder Roboter direkt angesteuert werden und die fehlerhaften Teile entnommen werden. Eine Nullfehler-Lieferung an den Kunden ist damit oft möglich. Die während der Produktion gemessenen Daten werden zudem in der Regel zur Dokumentation der Qualität verwendet.

Grundsätzlich existieren zwei Verfahren:

1. Online-Qualitätsüberwachung auf der Basis von Prozessgrößen; bei diesem Verfahren werden die gemessenen Prozessgrößen direkt nach gut oder schlecht bewertet,
2. Online-Qualitätsüberwachung auf Basis von Qualitätsmodellen; bei diesem Verfahren dienen die gemessenen Prozessgrößen als Eingangswert für Modelle, die direkt die Qualitätsmerkmale (z. B. Abmessungen) berechnen.

Beide Verfahren informieren über Veränderungen im Prozess, wie Störungen, Maschinenverschleiß, veränderte Materialeigenschaften, Feuchtigkeits- sowie Temperatureinflüsse, und können entsprechend berücksichtigt werden. Vorteil gegenüber der SPC (Statistical-Process-Control) ist, dass mit dieser Art der Qualitätssicherung eine lückenlose Überwachung aller gefertigten Formteile ohne aufwendige manuelle Bestimmung der Qualitätsmerkmale erfolgt.

ISO 10012 legt Anforderungen an Messmittel und Messprozesse fest und bietet Anleitungen und Lenkungen von Messprozessen und die metrologische Bestätigung von Messmitteln sowohl für die Prozessdatenerfassung als auch für die Qualitätsprüfung am Formteil [19.26].

19.4.1 Online-Qualitätsüberwachung auf der Basis von Prozessgrößen

Für Spritzgießformteile, welche in den Industriezweigen geliefert werden, in denen eine Null-Fehler-Produktion gefordert wird, hat sich die Online-Qualitätsüberwachung auf der Basis des Werkzeuginnendrucks in der Produktion durchgesetzt. Dies sind hauptsächlich die Automobilbranche, Elektro- und Medizintechnik. Eingesetzt wird dabei als Messgröße der Werkzeuginnendruck. Sogenannte Prozessgrößen, die im Spritzgießwerkzeug gemessen werden, haben im Vergleich zu maschinenseitig gemessenen Größen den Vorteil, dass sie die Vorgänge der bei der Formteilentstehung genauer beschreiben. Trotz identischer maschinenseitiger Drücke können z. B. bei Viskositätsschwankungen im Material unterschiedliche Drücke im Werkzeug entstehen. Hinsichtlich des Werkzeuginnendrucks können das Maximum oder das Integral sowie weitere Werte Zyklus für Zyklus berechnet und auf Grenzwerte überwacht werden. Außerdem können Hüllkurven für den Verlauf des Werkzeuginnendrucks vorgegeben und deren Einhaltung überwacht werden. Werden Grenzwerte verletzt, wird ein Signal an Handlingsysteme oder Ausschussweichen gesendet, mit denen entweder alle Formteile eines Schuss oder einzelne Formteil aus dem Los entfernt wird. Die Grenzwerte für die Überwachung können mittels statistischer Versuchsplanung bestimmt werden.

Die eingesetzten Systeme zur Datenerfassung und Auswertungen sind entweder vollständig in die Spritzgießmaschine integriert oder es werden Leitrechnersysteme bzw. autarke Peripheriesysteme eingesetzt. Eine Offline-Speicherung und Verarbeitung einzelner der Produktionsdaten ist oft nicht mehr ausreichend, um die Produktqualität ausreichend zurückverfolgen zu können, da die Produktqualität das Resultat des Zusammenspiels aller Fertigungskomponenten ist. Vielmehr sollten neben den reinen Werkzeuginnendruckdaten auch Maschinendaten und die Daten weiterer Fertigungskomponenten, wie der Temperierung, aber auch Daten von nachfolgenden Bearbeitungsschritten und der Materialvorbereitung, erfasst und miteinander verknüpft werden. Die Datenerfassung und Verarbeitung auf Grundlage von onlinebasierten Speicher- und Serverdiensten erlaubt es in einer zentralen Produktionsdatenbank ein Gesamtbild über die Fertigung zu erhalten [19.27]. Zu diesem Zweck bieten sich Fertigungsmanagementsysteme, sogenannte Manufacturing-Execution-Systems (MES), an [19.28]. MES sind zwischen der Produktionsplanungsebene und der eigentlichen Fertigungsebene angesiedelt und können verschiedene Aufgabengebiete, wie die Feinplanung und Feinsteuerung der Produktion, das Material-, Personal- und Qualitätsmanagement oder die Datenerfassung übernehmen. In Betriebsdatenerfassungsmodulen können die Werkzeuginnendruckdaten zusammen mit anderen relevanten Produktionsdaten in Echtzeit ausgewertet werden [19.29] [19.30]. Die zentrale Datenhaltung erlaubt dabei eine hohe Rückverfolgbarkeit. Die VDI-Richtlinie 5600 dient als Leitfaden für die Aufgaben und die Nutzung von MES [19.31].

Unabhängig von dem System, welches zur Betriebsdatenerfassung eingesetzt wird, können Gut/Schlecht-Signale an Spritzgießmaschinen oder Handlinggeräte gesendet werden. Die während der Produktion gewonnenen Messdaten können zur Qualitätsdokumentation eingesetzt werden. Es lassen sich alle heute gängigen Kennwerte für die Qualität eines Loses daraus berechnen.

19.4.2 Online-Qualitätsüberwachung auf Basis von Qualitätsmodellen

Die Qualitätsüberwachung basierend auf Qualitätsmodellen hat gegenüber der Qualitätsüberwachung basierend auf reinen Prozessgrößen den Vorteil, dass direkt Formteileigenschaften berechnet werden und mit Spezifikationen verglichen werden können [19.32] [19.33].

Bei der Qualitätsüberwachung mit Modellen werden zusätzlich zum Werkzeuginnendruck weitere Prozessgrößen in Maschine und Werkzeug erfasst, z. B. Werkzeugtemperatur und Schmelzetemperatur, Einspritzgeschwindigkeit, Schneckenweg, Hydraulikdruck sowie Zeiten. Aus den gemessenen Signalverläufen werden Kenngrößen, Integrale, Steigungen und Extrema bestimmt und mittels (empirischen oder halbempirischen) Modellen alle relevanten Qualitätsmerkmale berechnet.

Die wesentlichen Bestandteile der Online-Qualitätsberechnung sind adäquate Modelle, die eine Berechnung der Formteileigenschaften mit ausreichender Genauigkeit ermöglichen. Diese Modelle werden im Vorfeld der Produktion ermittelt, z. B. in der Abmusterungsphase. Dabei werden ausgehend vom Prozesswissen, das zum einen aus bekanntem Grundlagenwissen über die Beeinflussung von Qualitätsmerkmalen durch Maschineneinstellparametern und auf der anderen Seite aus dem Wissen der Maschinenbediener über den aktuellen Produktionsprozess besteht, Experimente mittels der statistischen Versuchsplanung (DoE, Design-of-Experiment) entworfen. In der anschließenden Versuchsdurchführung werden aus den gemessenen Signalen die charakteristischen Kenngrößen berechnet. Parallel dazu erfolgt eine Entnahme der produzierten Formteile, deren Qualitätsbestimmung unter Beachtung der entsprechenden Randbedingungen, z. B. Nachschwindung und -kristallisation, durchgeführt wird. Die Bildung der Prozessmodelle, d. h. die Berechnung der Zusammenhänge zwischen charakteristischen Kenngrößen und Formteileigenschaften, findet in einer statistischen Analyse statt. Die Modelle dieser Analyse werden – ausreichende Güte vorausgesetzt – zur Online-Qualitätsüberwachung eingesetzt und stellen die Berechnung der relevanten Qualitätsmerkmale, eine 100 %-Dokumentation der gefertigten Qualität, eine Ausschussseparierung und die Möglichkeit der zeitnahen Qualitätslenkung zur Verfügung. Zugleich ermöglicht die Vorgehensweise den systematischen Aufbau von Prozesswissen und eine effiziente mathematische Qualitätsoptimierung [19.32] [19.33].

19.5 Eingebettete Datenerfassungs- und Diagnosesysteme in Spritzgießwerkzeugen

Auf die Bedeutung der Druck- und Temperaturmessung in Spritzgießmaschine und -werkzeug sowie auf die Bedeutung der verschiedenen Prozesssysteme zur Online Produktions- und Qualitätsüberwachung, die entweder vollständig in die Spritzgießmaschine integriert, als Leitrechnersysteme bzw. als autarke Peripheriesysteme von Drittanbietern [19.29] [19.30] auf dem Markt sind, wurde in den vorhergehenden Abschnitten dieses Kapitels ausführlich eingegangen.

Darüber hinaus bestehen auch Bestrebungen, die Aufzeichnung und Analyse von Sensordaten und Prozesskenngrößen in Form von eingebetteten Diagnosesystemen dem Werkzeug zu überlassen. Durch die Datenerfassung am Ort der Entstehung wird die Optimierung von Produktionsprozessen flexibler und es wird beispielsweise dem Werkzeugbauer ermöglicht, passende Prozessdaten mit dem Werkzeug zu liefern. Ferner ist es denkbar, Informationen zu durchgeführten Wartungen, Werkzeugänderungen oder über die Lagerbedingungen, wie Luftfeuchtigkeit und Umgebungstemperaturen, zu hinterlegen und so immer alle relevanten Informationen zu dem Werkzeug am Produktionsstandort zur Verfügung zu haben [19.34].

Mit „moldMIND" [19.35] ist ein einfaches kommerziell erwerbbares System verfügbar, welches eine Dokumentation des laufenden Betriebs eines Werkzeugs ermöglicht. Es handelt sich um ein kleines Gerät, das sowohl direkt in das Werkzeug integriert als auch auf das Werkzeug montiert werden kann (Bild 19.23). Es besitzt eine eigene Stromquelle (Batterien, Lebensdauer ca. 5 Jahre) und zeichnet im laufenden Betrieb folgendes auf:

- an aussagekräftigen Positionen im Werkzeug oder im Heißkanal zwei Maximaltemperaturen und deren Einwirkdauer;
- die minimale und maximale Zykluszeit und deren Uhrzeit;
- die Tages- und kumulierten Schusszahlen seit Aktivierung des Gerätes über einen Piezo-Kontakt;
- Betriebs-, Stillstands- und Demontagezeiten;
- Protokoll der Ereignisdaten, wie Änderungen in der Konfiguration, die Demontage des Gerätes und der Ausfall der Temperaturmessfühler.

Bild 19.23 Black-Box zur Erfassung von Betriebsdaten [19.35]

Ein eingebautes Display liefert Auskunft über den aktuellen Status. Darüber hinaus können die erfassten Daten über einen PC (eine RS-232-Schnittstelle und eine unter Windows lauffähige Software stehen zur Verfügung) zeit- und tagesgenau ausgelesen und in Excel - Tabellen und Diagrammen ausgewertet werden. Die Geräte sind durch Passwörter geschützt, sodass eine Manipulation der erfassten Daten auszuschließen ist.

Der besondere Wert dieser Geräte wird, obwohl sie bedeutend weniger Werte erfassen und bewerten als die Prozesssysteme zur Online-Produkt- und Qualitätsüberwachung, besonders dann deutlich, wenn die Werkzeuge zur Fertigung der Formteile ausgeliehen und im Nachhinein Schäden festgestellt werden. Sie haben darüber hinaus ihre Berechtigung als Beweismittel im Gewährleistungsfall, wenn Qualitätsschwankungen oder -mängel in der laufenden Produktion festgestellt werden. Als wertvolles Hilfsmittel können sie auch in der vorbeugenden Instandhaltung eingesetzt werden.

19.6 Messtechnik beim Einfahren und zur praktischen Überprüfung von Spritzgießwerkzeugen im Betrieb [19.36]

Bereits Ende der 1980er-Jahre wurden Programme entwickelt, die es gestatten aus den CAD-Daten der Werkzeugherstellung ein Einrichteprogramm abzuleiten, um die Maschine selbsttätig ohne manuelle Hilfe einzustellen [19.37]. Ferner ermöglichen es moderne Spritzgießsimulationen, Spritzgießparameter in Versuchsplänen (Design-of-Experiments) abzufahren und optimale Arbeitspunkte in Abhängigkeit zuvor definierter Qualitätskriterien zu optimieren. So können der praktische Versuchsaufwand reduziert werden und Prozesseinstellungen gefunden werden, die robuster gegen Störungen von außen sind (vgl. Abschnitt 16.2.9) [19.38]. Durch den unvermeidbaren Unterschied zwischen den Simulationsergebnissen und den korrespondieren Qualitätsergebnissen an der Maschine können diese Systeme in der Regel nur als eine Ausgangsbasis zur weiteren Optimierung an der Maschine dienen. Unter anderem deshalb haben diese Hilfsmittel in der industriellen Praxis bisher kaum Verbreitung gefunden. Vielmehr werden Spritzgießwerkzeuge nach der Herstellung von fachkundigem Einrichtepersonal mit dem vorgesehenen Werkstoff und der für die Produktion vorgesehenen Maschine manuell in den Betriebszustand gebracht. Maschinelle Lernverfahren, die sowohl Simulationsdaten als auch Realdaten nutzen, um optimierte Prozesseinstellungen zu finden, könnten aber in Zukunft dazu beitragen, die Prozesseinstellung objektiver zu gestalten und weiter zu optimieren [19.39].

Sind die Einstelldaten einmal gefunden, kann eine zentrale Einstelldatensatzverwaltung spätere Anfahrprozesse beschleunigen, indem Einstelldatensätze nicht nur zentral gelesen sondern auch direkt an den Produktionsmaschinen gesetzt werden können [19.40]. Diese Systeme sind Teil sogenannter Manufacturing-Execution-Systems (MES) [19.41].

Hierzu werden Zeiten, Wege, Drücke, Geschwindigkeiten und vor allem die Temperatur von Maschine und Werkzeug ermittelt, die zu den optimalen Betriebsbedingungen führen. Die Ersteinstellungen werden nach Erfahrung und Wissen vorgenommen. Ein wesentliches Hilfsmittel der Einrichter für die Feineinstellung sind so genannte Teilfüllungen. Wenn die Formteile nebeneinander gelegt werden, kann ein guter Eindruck über den Vorgang der Füllung der Kavitäten gewonnen werden und die Anschnitte korrigiert und die Angusskanäle balanciert werden.

Im Weiteren wird dann der Druck so lange gesteigert, bis die Kavitäten vollständig gefüllt sind und anschließend auf Nachdruck umgestellt – meist zwei Drittel des Spritzdruckes – und dessen Zeitdauer eingestellt. Schließlich werden abschließend Kühlzeit und Zykluszeit eingestellt.

Sehr oft ist jedoch der Einrichtevorgang damit nicht beendet, insbesondere dann nicht, wenn sich die erzeugten Formteile nach oder beim Abkühlen verziehen oder bereits Schwierigkeiten beim Auswerfen verursachen. Hierfür sind die Werkzeugtemperaturen verantwortlich. Sie müssen noch durch z. B. Trennen (Aufteilen) der Temperierung in mehrere Kreisläufe solange einzeln angepasst werden, bis eine zufrieden stellende Qualität erzeugt wird (vgl. Kapitel 10).

Dieses Anpassen der Werkzeugtemperierung ist der schwierigste und zeitaufwendigste Teil des Einfahrens eines neuen Werkzeuges, weil noch erhebliche Probleme bestehen, wie z. B.:

- dass sich die Zykluszeit länger als prognostiziert und kalkuliert erweist,
- die Formteilqualität schwankt,
- sich Grate oder Einfallstellen bilden bzw. Dimensionen außerhalb der Toleranz liegen, oder das Formteil verzogen ist.

Dies führt entweder zu Ausschuss oder zu längeren Zykluszeiten, was immer höhere Stückkosten als die vorkalkulierten bedeutet.

Eine Ortung bei thermisch bedingten Fehlern ist mit herkömmlichen Mitteln deswegen so schwierig, weil die Temperatur der Kavitäten direkt nicht messbar und damit das Einrichtpersonal weitgehend nur auf seine Erfahrung angewiesen ist.

In Form von handlichen Thermografiekameras sind sehr nützliche Hilfsmittel verfügbar, welche es gestatten, die Temperaturen der Formteile nach dem Auswerfen vollflächig abzuscannen und damit ein indirektes Bild von der Temperaturverteilung in den Kavitäten zu erhalten. Diese Messtechnik ist auch gut geeignet, um an „produktionsbereiten“ und neu angelieferten Werkzeugen, die aber noch nicht optimal arbeiten, Schwachstellen auf zu decken und so zu deren Verbesserung bei zu tragen.

19.7 Einsatz der IR-Thermografie [19.36]

19.7.1 Grundlagen

Die Grundlage von Thermokameras sind das auf *Kirchhoff* zurückgehende Gesetz zur Absorption und Emission von Strahlung durch Körper sowie das Plancksche-Gesetz der thermischen Strahlung. Beide Gesetze beschreiben die thermische Strahlung, die alle Körper mit einer Temperatur über 0 K aussenden. Sie hängt ab von der Temperatur T (gemessen in Grad Kelvin) sowie von einem von der Oberfläche und dem Material des Körpers abhängenden Parameter, der durch eine dimensionslose Größe – dem Emissionsgrad ε – beschrieben wird. Die abgestrahlte Leistung pro Flächenelement des Strahlers in ein Raumwinkelelement ergibt sich dann für beliebige Körper als Produkt von Emissionsgrad mit dem Emissionsvermögen des schwarzen Strahlers, der durch das Plancksche Strahlungsgesetz beschrieben wird.

In einer Thermokamera wird die abgestrahlte Leistung in einem durch den jeweiligen Empfänger vorgegebenen Wellenlängenbereich detektiert. Bei einer Änderung der Temperatur des Körpers ändert sich die Strahlungsemission gemäß dem Planckschen-Gesetz, sodass sich auch das detektierte Signal ändert. Diese Signalabhängigkeit von der Temperatur lässt sich quantitativ auswerten, sofern der Emissionsgrad bekannt ist. Er kann weiterhin von dem Beobachtungswinkel und – bei Körpern gleichen Materials – insbesondere von der Oberflächenbeschaffenheit und ihrer Farbe abhängen. Bei quantitativen Messungen ist daher immer eine Eichung des Emissionsgrades erforderlich [19.42] bis [19.44].

19.7.2 Anwendungen der Thermografie bei Spritzgießwerkzeugen

Für viele Probleme beim Einfahren und im Betrieb sind inhomogene thermische Zustände des Spritzgießwerkzeugs die Ursache. Die Erfahrung zeigt, dass ca. 60 % der auftretenden Teilefehler einer nicht korrekten Auslegung oder betriebsbedingten Veränderungen (durch Kalkstein-, Rost-, Schlamm- oder Algenbildung) des Temperiersystems innerhalb des Werkzeuges zuzuordnen sind (vgl. Kapitel 11).

Besonders schwer sind Fehler zu orten, die aus thermisch schlecht eingestellten Heißkanälen herrühren.

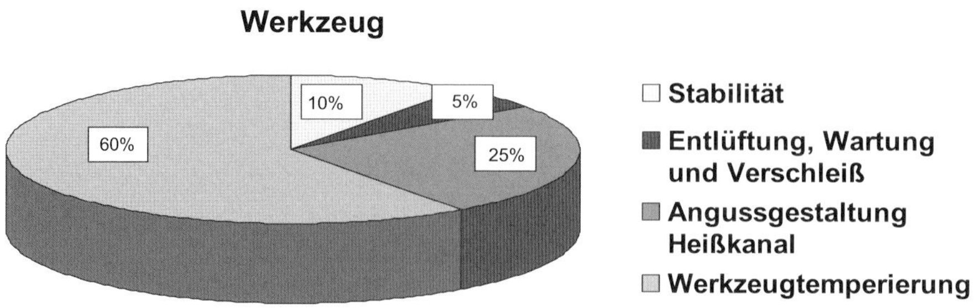

Bild 19.24 Häufigste Fehlerzuordnung an Werkzeugen [19.36]

Da die Temperierung der formgebenden Werkzeugpartien unabhängig von derjenigen des Heißkanalblockes erfolgt und auch von einem eigenen Regelsystem bedient wird, arbeiten in nicht seltenen Fällen beide Temperiersysteme gegeneinander. Auch hier kann die Thermografie helfen, solche letztlich unwirtschaftlichen Zustände abzustellen.

19.7.3 Ist-Analysen an Werkzeugen und Produktionsprozessen

Es ist zu empfehlen, zunächst eine generelle thermische Analyse der Anlage vorzunehmen. Hierzu wird der Temperaturverlauf über den gesamten Prozess vom Granulat bis zum Fertigteil, beginnend bei der Trocknung des Rohstoffes über den Materialeinzug, die Temperaturführung des Plastifizierzylinders und der Maschinendüse, sowie das Heißkanalsystem gemessen, z. B. mit konventionellen Messmethoden. Zusätzlich wird die Temperatur der beiden Werkzeughälften über die Aufnahme von Thermogrammen der Oberflächentemperatur des Fertigteiles ermittelt. Da die Anlage sich aber erst über mehr oder weniger viele Zyklen auf ein konstantes Niveau einschwingt, müssen diese Messungen so lange vorgenommen werden, bis sich ein konstanter Zustand eingestellt hat. Der Zeitraum, bis sich ein konstanter Zustand eingestellt hat, ist stark abhängig vom Aufbau des Werkzeugs und kann in Extremfällen mehrere Stunden betragen.

Es ist wichtig, dass die thermografischen Messungen von Formteilen nach jedem Zyklus, immer im gleichen Zeitabstand nach der Entformung, aufgenommen werden. Nur dann können verlässliche Aussagen erwartet werden, die auf die Temperaturverteilung im Werkzeug und damit auf den Zustand der Werkzeugtemperierung schließen lassen.

19.7.4 Werkzeugwandtemperatur/Formteiloberflächentemperatur

Die Erfahrung zeigt, dass bei amorphen Werkstoffen eine maximale Temperaturdifferenz an der Werkzeugoberfläche von < ±5,0 °C und bei teilkristallinen Werkstoffen von < ±10 °C eingehalten werden sollte, damit kein Verzug und ausreichend gute Formteileigenschaften erwartet werden können. Bei Formteilen mit unterschiedlichen Wanddicken muss die Temperierung so ausgelegt werden, dass die zusätzliche Wärme im Bereich der dickeren Stellen in der gleichen Zeit abgeführt wird wie in den dünneren Bereichen. In solchen Fällen muss ein zusätzlicher Temperierkreis eingerichtet werden.

Schließlich sollte nicht vergessen werden, dass das Formteil auf der gesamten Oberfläche, d. h. Vorder- und Rückseite, die gleiche Temperatur bei der Entformung aufweisen sollten, wenn Verzug vermieden werden soll.

In der Praxis haben viele Messungen mit der Thermografie an Werkzeugen mit Problemen gezeigt, dass erhebliche Temperaturunterschiede innerhalb eines Werkzeuges vorliegen können. Nicht selten liegen die Temperaturunterschiede dabei deutlich über einer Temperaturdifferenz von 40 °C. Da bekanntlich die heißesten Bereiche eines Spritzlings die Kühlzeit bestimmen, werden durch solche „Hot-Spots" die Zykluszeiten unwirtschaftlich verlängert und es ist nicht möglich, qualitativ befriedigende Formteile herzustellen.

Der Einfluss der Werkzeugwandtemperatur auf die Kühlzeit wird in Tabelle 19.1 anhand eines Formteils aus ABS verdeutlicht.

Tabelle 19.1 Abhängigkeit der Kühlzeiten von der Werkzeugwandtemperatur (Schmelzetemperatur = 240 °C; Entformungstemperatur = 87 °C; Temperaturleitfähigkeit $\alpha_{eff.}$ = 0,08655) [19.36]

Wanddicke in mm	WW Temperatur in °C	Kühlzeit in sec
3,0	80,0	30,76
3,0	60,0	17,78
3,0	40,0	13,05

Eine Erhöhung der mittleren Werkzeugwand-Temperatur von 40 °C auf 80 °C führt, wie die Zahlen verdeutlichen, zu mehr als einer Verdoppelung der Kühlzeit. Folgende Faustregel mag sich gelegentlich als hilfreich erweisen [19.45] [19.46]:

Eine um 1 °C höhere Werkzeugwandtemperatur führt zu einer Erhöhung der Kühlzeit um 2 %. Eine richtige Temperierung erhöht die Wirtschaftlichkeit um 20 bis 40 %.

19.7.5 Einsatzmöglichkeiten von IR-Thermografie

Im Bereich Spritzgießen, ergeben sich vielfältige Möglichkeiten der Erkennung von thermischen Problemen an Formteilen und insbesondere an Werkzeugen. Generell wird bei der Infrarot-Thermografie die Oberflächentemperatur eines Objektes mit einer Thermografiekamera gemessen. Die Ergebnisse können sowohl in ihrem zeitlichen Verlauf (Falschfarbenfilm) als auch in Form von Infrarotbildern wiedergegeben werden. Innerhalb von ein bis zwei Minuten ist ein modernes System betriebsbereit und liefert sofort auswertbare Bilder.

Aber nicht nur beim Einfahren eines Werkzeuges erweist sich die Thermografie als sehr hilfreich, sondern auch um thermisch verursachte Formteilfehler abzustellen, wie z. B. solche der Oberflächen, oder auch Maß- und vor allem Verzugsprobleme.

Eine weitere neuerdings immer häufiger verwendete Einsatzmöglichkeit einer Wärmebildkamera besteht in der kontinuierlichen Überwachung des Prozesses, um beispielsweise fehlerhafte Bauteile automatisch auszusortieren. Um aus den Wärmebildern der Formteile mit Sicherheit auf die Temperaturen im Werkzeug zu schließen und die Unterschiede, die zu Fehlern führen, einwandfrei zu diagnostizieren, ist jedoch umfangreiches Erfahrungswissen notwendig. Geeignete Software kann hier jedoch helfen und Abweichungen vom Soll- zum Istzustand darstellen. Weitergehend ist eine online Regelung der Temperierung auf Basis von IR-Thermografieaufnahmen möglich. Dazu müssen die Bauteile reproduzierbar mit einem Handhabungssystem vor eine Thermografiekamera platziert werden. Eine Software kann nachfolgend die Thermografieaufnahmen auswerten und direkt Stellsignale zur Regelung der Durchflussmenge einzelner Temperierkreise geben [19.47]. Weiterhin können die Daten zur Qualitätsdokumentation genutzt werden.

19.7.5.1 Thermografie der Formteile

Die gebräuchlichste Art der IR-Thermografie, ist die Aufnahme der Formteile direkt nach der Entformung aus dem Spritzgießwerkzeug oder bei größeren Artikeln auch an der Entnahmehand des Robotsystems.

Die bei den Messungen erzielten Genauigkeiten liegen bei ± 1,0 °C im Vergleich zu berührenden Messungen mit dünnen Thermoelementen. Voraussetzung ist allerdings die korrekte Einstellung des Emissionsgrades des zu messenden Körpers. Je nach Farbe des Formteiles und Art des Werkstoffes können Emissionsgrade jedoch weit auseinander liegen, weshalb es notwendig ist, jeweils eine Kalibrierung vorzunehmen. Hierzu wird die Temperatur mit einem, die Oberfläche berührenden, geeigneten Thermometer gemessen und der Emissionsgrad am Gerät eingestellt.

19.7.5.2 Thermografie an Werkzeugen

Aufgrund der starken Reflexion lassen sich die Temperaturen der spiegelnden Werkzeugoberflächen thermografisch nicht ohne Hilfsmittel erfassen. Für die Werkzeug-Thermografie an reflektierenden Oberflächen haben sich zwei Messmethoden etabliert:

1. Messung der Infrarotstrahlung (IR-Strahlung) von der Werkzeugoberfläche mittels speziell aufzubringenden Messpunkten mit einem definierten Emissionsgrad. Die selbstklebenden, dünnen, bis 380 °C einsetzbaren Kunststoffaufkleber werden in die Trennebene des Werkzeuges (außerhalb der Kavität) eingeklebt [19.48]. Die IR-Kamera wird dann so positioniert, dass beim Öffnen des Werkzeuges eine IR-Aufnahme von der Folienoberfläche genommen werden kann. Das thermische Verhalten der Werkzeugwandtemperatur kann so im Prozess ausreichend genau analysiert werden.
2. Um speziell das Aufheizverhalten von Werkzeugen sicher zu ermitteln, hat sich eine andere Methode bewährt. Das Werkzeug wird außerhalb der Spritzgießmaschine mit einem pulverförmigen, leicht wieder zu entfernenden Antireflexionsspray eingesprüht und dann von Raum- auf Betriebstemperatur aufgeheizt. So kann das Aufheizverhalten sehr gut beobachtet und sehr viele Fehler bereits frühzeitig festgestellt werden. Dieses Spray kann selbst bei hochempfindlichen Werkzeugpolituren eingesetzt werden. Es ist jedoch lediglich im Temperaturbereich von +10 bis +90 °C anwendbar. Für die Temperaturmessung ist zunächst eine Eichung notwendig. Diese erfolgt durch eine Vergleichsmessung mit einem schwarzen Messband. Der so ermittelte Emissionsgrad kann dann an der Kamera eingestellt werden.

19.7.6 Erkennung von Temperierfehler an Werkzeugen mittels IR-Thermografie

Temperierprobleme an Werkzeugen treten vor allem an folgenden Punkten auf:

- Ecken (vgl. Abschnitt 10.8), Kerne, Rippen
- Rippenkreuzungen, Befestigungselemente, Dome
- Durchbrüche
- Heißkanalsysteme und beheizte Düsen

Insbesondere an Werkzeugkernen muss zudem für eine ausreichende Temperierung gesorgt werden (vgl. Abschnitt 11.1.1). Bild 19.25 zeigt die unterschiedliche resultierende Temperaturverteilung an einem Beispielbauteil mit konventioneller Temperierung (konventionell), mit Werkzeugeinsätzen aus hochwärmeleitfähigen Kupferberylliumlegierungen (Ampcoloy) und mit einer konturnahen Temperierung

(Contura). Es ist zu erkennen, dass das Temperierkonzept einen erheblichen Einfluss auf die Temperaturverteilung im Bauteil hat [19.49].

Bild 19.26 zeigt Beispiele für Temperaturprobleme an unzureichend temperierten Durchbrüchen.

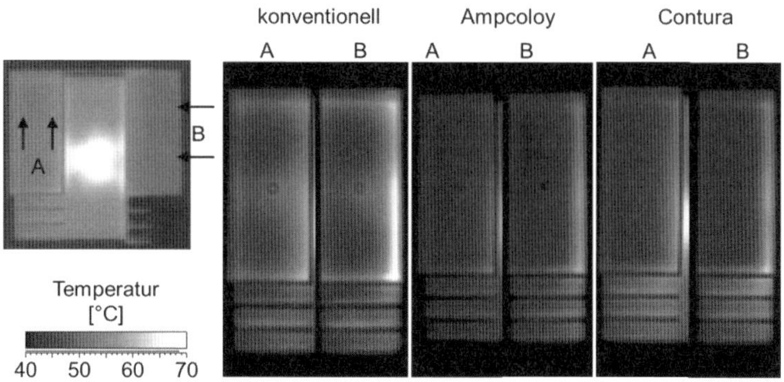

Bild 19.25 Einfluss unterschiedlicher Temperierkonzepte auf die Temperaturverteilung am Bauteil [19.49]

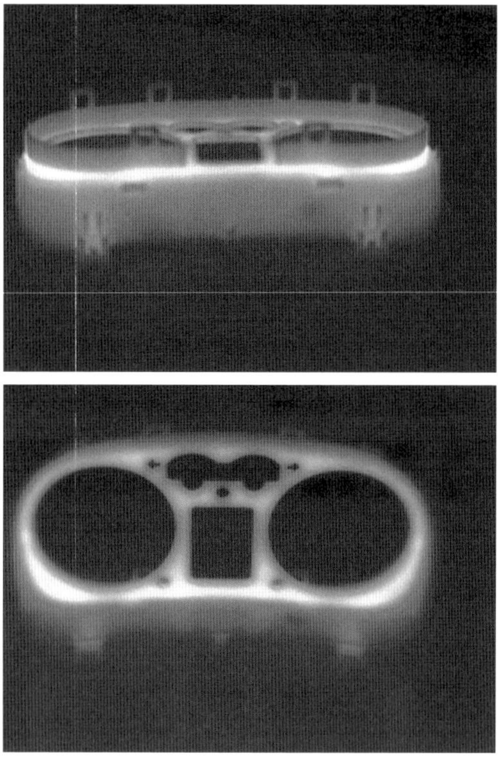

Bild 19.26 Unzureichende Temperierung an Formteilkanten [19.36]

19.7.6.1 Thermografie an Heißkanal-Systemen

Heißkanäle, die thermografisch untersucht werden sollen, werden zweckmäßigerweise im nicht eingebauten Zustand vermessen, weil Werkzeug und Heißkanal sich gegenseitig beeinflussen. Nur so lassen sich Funktionsstörungen des Systems mit einer gewissen Sicherheit erkennen und die Ursachen analysieren.

In Bild 19.27 sind Beispiele für Temperierprobleme an unzureichend isolierten Heißkanaldüsen dargestellt.

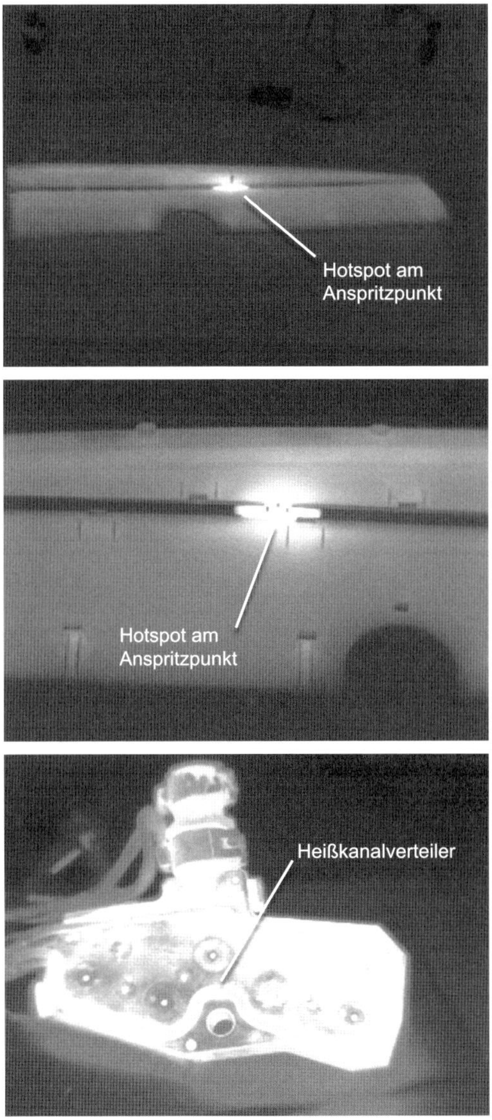

Bild 19.27 Thermisch unzureichend isolierte Heißkanaldüse [19.36]

19.7.6.2 Verstopfte Kühlbohrungen

Neben konstruktiven Fehlern am Werkzeug können auch Fehler, die durch nicht optimale Betriebsbedingungen mit der Zeit entstehen, mittels IR-Thermografie identifiziert werden. In Bild 19.28 wird der Einfluss von Ablagerungen im Kühlkanal deutlich. Im unteren Werkzeugbereich ist durch verschmutzte Kühlkanäle die Kühlung eingeschränkt (rechts).

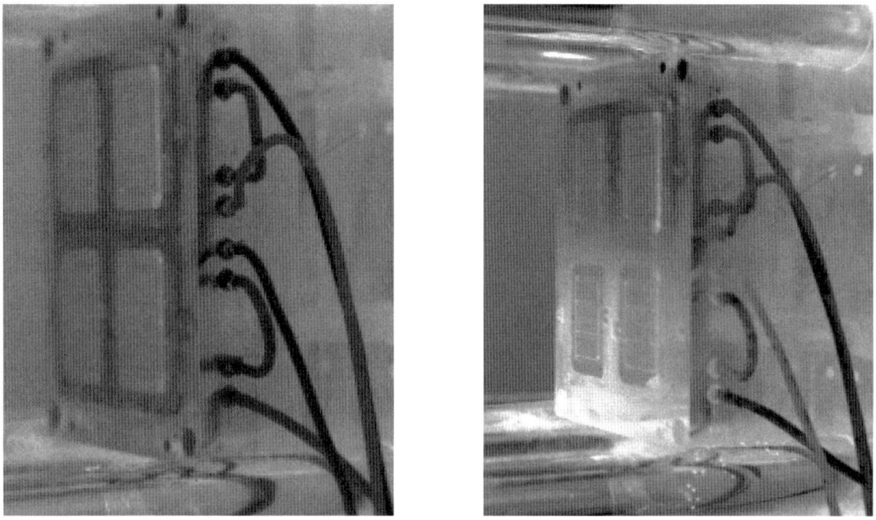

Bild 19.28 Gegenüberstellung der Wärmebilder eines neuen Werkzeugs (links) und eines verschmutzten Werkzeugs (rechts) [19.36]

19.7.7 Optimierungsbeispiel Stoßfänger

Großwerkzeuge, insbesondere solche für Stoßfänger, Armaturentafeln und Türverkleidungen, bei denen eine fehlerfreie Oberfläche schon aus Gründen ihrer Größe Probleme verursacht, erfordern eine sorgfältige Überwachung und Pflege, um kostenintensiven Ausschuss zu vermeiden. Dazu gehört auch die Kontrolle der Kühlkanäle bzw. des Temperiermediums.

Aus der Erfahrung ist bekannt, dass die Formteiloberflächentemperaturen bei kritischen Anforderungen einen Unterschied von $\Delta\vartheta < 3$ bis 5 °C nicht überschreiten dürfen. Dies ist jedoch, wenn Schieber vorhanden sind, nur bedingt einzuhalten, weil diese oft gar nicht oder nicht ausreichend temperiert werden (können). Die daraus resultierenden zu großen Temperaturunterschiede führen zu Abzeichnungen der Schieber, welche sich besonders deutlich bei lackierten Formteilen auf der Oberfläche hervorheben.

Ein derartiges Problem trat bei der Fertigung von Stoßfängern nicht sofort, sondern sich stetig verstärkend im Zeitraum von eineinhalb Jahren auf. Zunächst wurde versucht, durch eine Verlängerung der Kühlzeiten den Fehler in zulässigen Grenzen zu halten. Die zurückgehende Fertigungsleistung von 52 Stück/h auf 32 Stück/h war schließlich nicht mehr tolerierbar und es wurde eine sorgfältige Analyse mithilfe von IR-Thermografie durchgeführt.

Die durchgeführte Ist-Analyse zeigte folgende Bilder (Bild 19.29 und Bild 19.30) vor der Optimierung:

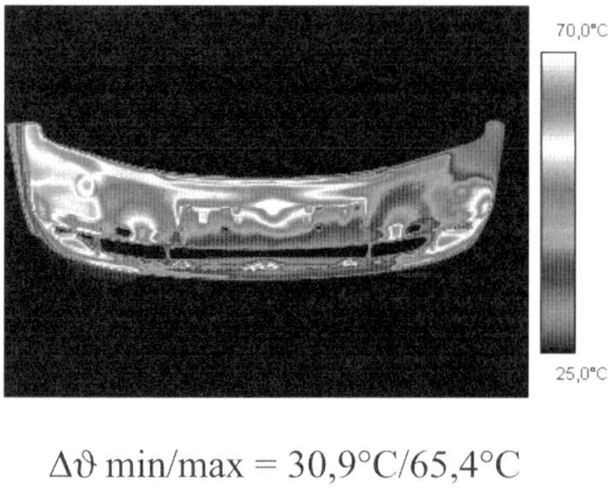

Bild 19.29 Hot-Spot 91,2 °C - außen [19.36]

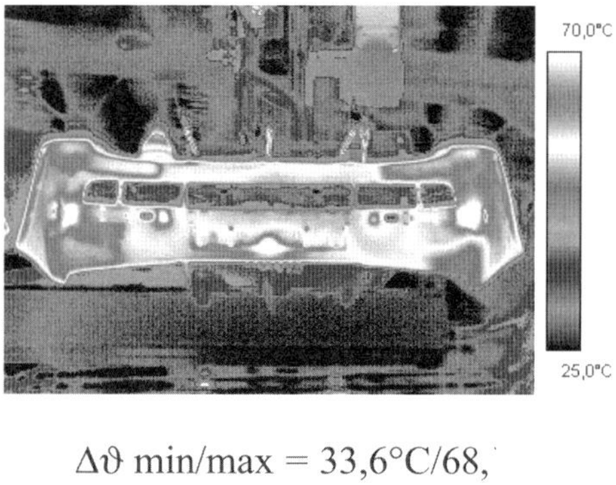

Bild 19.30 Hot-Spot 95,5 °C - innen [19.36]

Auffallend ist die unsymmetrische und ungleiche Temperaturverteilung auf der Oberfläche des Formteils mit einigen punktuell besonders hohen Temperaturen.

Die konstruktive Überprüfung des Temperierkanal-Layouts zeigte keine Auffälligkeiten. Die thermische Auslegung ist sachgerecht durchgeführt worden. Das thermische Abbild müsste daher ein deutlich homogeneres Bild zeigen. Zur Verifizierung der Ursache wurden Durchflussmessungen der einzelnen Kanäle/Kreise sowie eine Wasseranalyse durchgeführt.

Die Messungen der Durchflussmengen (l/min) sowie die der Temperaturdifferenz $\Delta\vartheta$ (°C) zwischen Vorlauf/Rücklauf des Kühlwassers zeigten erhebliche Abweichungen gegenüber den als zulässig anzusehenden Werten. So wurden Temperaturdifferenzen von bis zu 13 °C zwischen Vor- und Rücklauf sowie maximale Durchflussmengen von weniger als 7,5 l/min gemessen. Bei solchen Formteilen wird jedoch normalerweise mit Temperaturdifferenzen von maximal 1 bis 2 °C zwischen Vor- und Rücklauf und Durchflussmengen von 10,0 bis 14,0 l/min bei den üblichen Kanalquerschnitten von ∅ 14 bis 16 mm gearbeitet.

Als Ursache zeigten sich Ablagerungen in den Kanälen der Temperierung, welche durch eine ungenügende Wasserbehandlung verursacht worden waren.

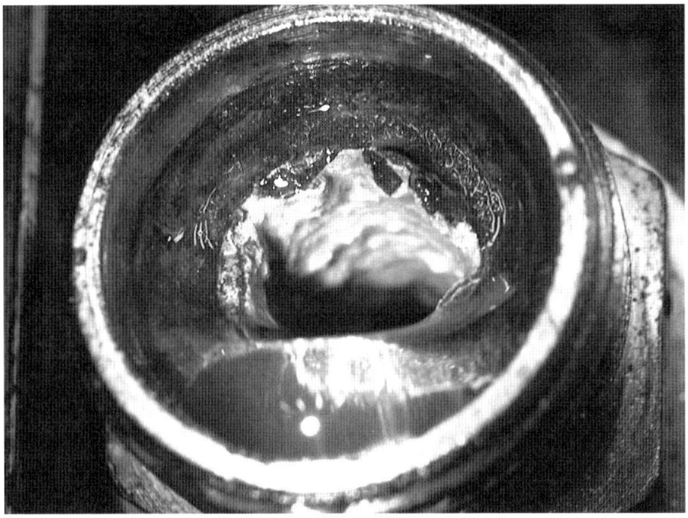

Bild 19.31 Durch Kalkablagerungen zugewachsener Temperierkanal [19.36]

In Tabelle 19.2 sind verschiedene Fehler am Formteil (Ist-Zustand) aufgeführt, die auf eine unzureichende Temperierung der Werkzeuge zurück zu führen sind. In der Tabelle werden gleichzeitig Vorschläge zur Verbesserung der Temperierung unterbreitet.

Tabelle 19.2 Zustand und Maßnahmen zur Optimierung von Kühlkanälen [19.36]

1. Ist-Zustand vor der Optimierung	2. Die Maßnahmen/ Optimierung	3. Zustand nach der Optimierung
▪ Stark schwankende Teilequalität ▪ Ungleichmäßige Formteiloberflächentemperatur ▪ starke Gratbildung im Bereich der Schieber und Formtrennungen ▪ hoher Nacharbeitsaufwand (2 Personen) ▪ Gewichtsschwankung > 3,5 % ▪ sehr kleines Prozessfenster ▪ hoher Ausschussanteil > 15 %	▪ Überprüfung der Temperierung und Messung der Durchflussmengen ▪ Durchführung einer Wasseranalyse ▪ Mechanische und chemische Reinigung der Temperierkanäle ▪ Nachtuschieren der verschlissenen Schieber- und Druckplatten bei Betriebstemperatur ▪ Nacharbeit und Korrektur der Anbindungen	▪ Keine Nacharbeit ▪ Ausschussreduktion auf < 2,0 % ▪ homogenere Oberflächentemperatur ▪ größeres Prozessfenster ▪ deutlicher Rückgang der Gratbildung ▪ Zykluszeit 83,7 % vom Ursprungsprozess

Nach der Optimierung zeigte sich das folgende thermische Abbild (Bild 19.32 und Bild 19.33) der Formteilvorder- und Rückseite:

Bei der Betrachtung der Entformungstemperatur ergab sich ein weiteres, zusätzliches Optimierungspotenzial. Die bisher auf 72 °C eingestellte Entformungstemperatur konnte dank der nun ausreichend vergleichmäßigten Kavitätentemperatur auf 95 °C angehoben werden, was eine etwa 10%ige Reduktion der Zykluszeit erlaubte.

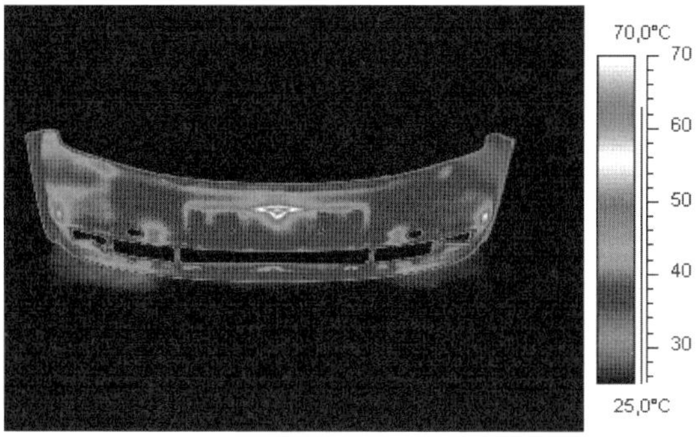

$$\Delta\vartheta_{min/max} = 31{,}7°C/51{,}7°C$$

Bild 19.32 Hot-Spot 71,7 °C - außen [19.36]

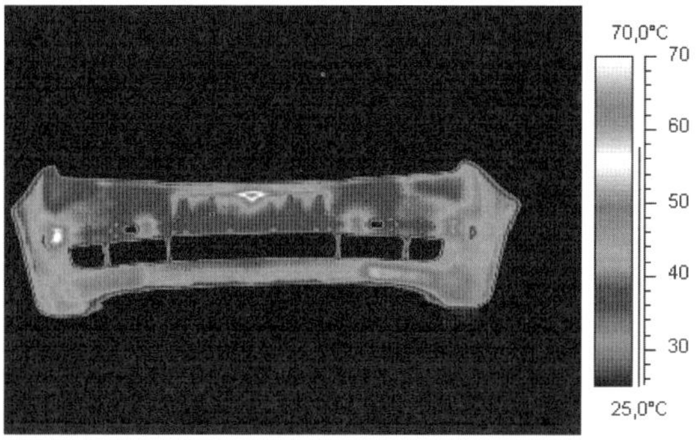

$$\Delta\vartheta_{min/max} = 32{,}3°C/49{,}8°C$$

Bild 19.33 Hot-Spot 61,9 °C - innen [19.36]

Da trotz aller Maßnahmen nicht alle Wünsche hinsichtlich der Oberflächengüte an das bestehende Werkzeug erfüllt werden konnten, die Temperaturunterschiede lagen nämlich noch über 10 °C, entschloss man sich, zu einem neuen Werkzeug. Bei dessen Konstruktion bediente man sich, um optimale Verhältnisse zu erreichen, aller modernen Möglichkeiten der rheologischen und thermischen Simulation. Wie die nachfolgenden Bilder 15.34 und 15.35 zeigen, sind hier nur noch Differenzen der Oberflächentemperatur von < 5,0 °C vorhanden. Die Fertigung der Stoßfänger erfüllte nun alle Anforderungen und die ursprünglich kalkulierten Zykluszeiten konnten eingehalten werden.

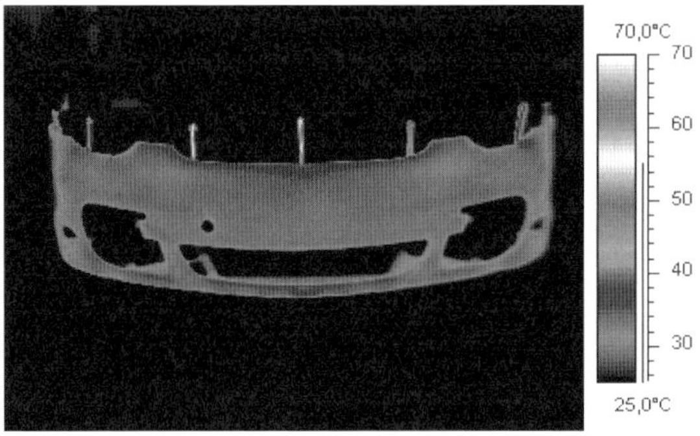

$\Delta\vartheta_{min/max} = 34{,}2°C/39{,}0°C$

Bild 19.34 Stoßfänger nach neuer Werkzeugkonstruktion, außen [19.36]

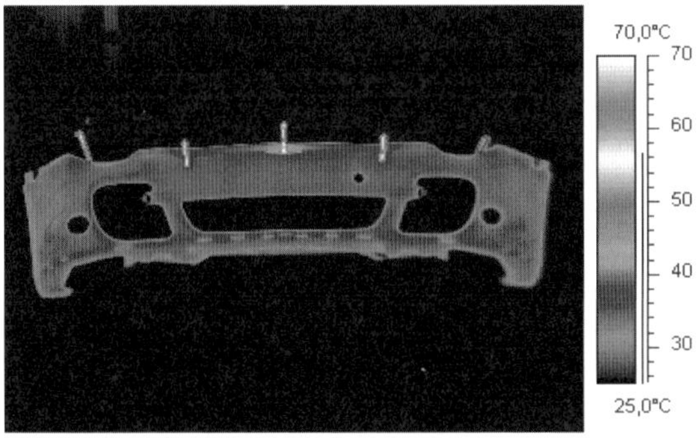

$\Delta\vartheta_{min/max} = 34{,}1°C/38{,}4°C$

Bild 19.35 Stoßfänger nach neuer Werkzeugkonstruktion, innen [19.36]

Literatur Kapitel 19

[19.1] *Lange, G.:* Höhere Qualität und bessere Auslastung, Plastverarbeiter (2011) 9, S. 1–3.

[19.2] *Schnerr, O.:* Mehr Transparenz, höhere Qualität, Plastverarbeiter 56 (2005) 8, S. 38–39.

[19.3] *Schnerr, O.:* Automatisierung der Online-Qualitätssicherung beim Kunststoffspritzgießen. RWTH Aachen, Dissertation, 2000 – ISBN: 3-89653-442-4.

[19.4] *Bader, C.; König, E.:* Wir regeln das schon. Kunststoffe 102 (2012) 6, S. 62–67.

[19.5] *N. N.:* Sensoren und Systeme – Qualitätsüberwachung und Prozessregelung beim Spritzgießen. Produktinformation, Kistler Instrumente AG, Winterthur, Schweiz, 2015.

[19.6] *Bürkle, E.; Klotz, B.; Schnerr, O.:* Der gläserne Innendruck. Kunststoffe 97 (2007) 5, S. 26–31.

[19.7] *Hopmann, Ch.; Poppe, E.; Spekowius, M.; Wipperfürth, J.; Spina, R.; Laschet, G.:* Morphologische Vorhersage inhomogener Werkstoffeigenschaften. In: Hopmann, Ch. (Hrsg.): Integrative Kunststofftechnik 2016. Aachen: Shaker Verlag, 2016.

[19.8] *Wübken, G.; Menges, G.:* Thermisches Verhalten und thermische Auslegung von Spritzgiesswerkzeugen. Institut für Kunststoffverarbeitung, RWTH Aachen, 1976.

[19.9] *Benada, A.; Derdouri, A.; Simard, Y.; Lamontagne, M.:* Advances in infrared technology for the online monitoring of injection moulding: application to the understanding of the nature of contact at the polymer-mould interface. Transactions of the Institute of Measurement and Control 29 (2007) 5, S. 431–451.

[19.10] *N. N.:* Infrarot-Werkzeuginnenthermometer Typ MTS 408-IR-STS. Datenblatt, FOS Messtechnik GmbH, Schacht-Audorf, 2008.

[19.11] *Lienhard, J. H.:* A Heat Transfer Textbook. Cambridge, Massachusetts: Phlogiston Press, 2012.

[19.12] *Obendrauf, W.; Kukla, C.; Langecker, G. R.:* Schnelle Temperaturmessung mit IR-Fühlern. Kunststoffe 83 (1993) 12, S. 971–974.

[19.13] *Lauterbach, M.:* Ein Steuerungskonzept zur Flexibilisierung des Thermoplastspritzgussprozesses. RWTH Aachen, Dissertation, 1989.

[19.14] *Schiffers, R.; Kruppa, S.; Moser, S.:* The Right Changeover Point for Each Shot. Kunststoffe international 104 (2014) 11, S. 26–30.

[19.15] *Kazmer, D. O.; Velusamy, S.; Westerdale, S.; Johnston, S.; Gao, R. X.:* A comparison of seven filling to packing switchover methods for injection molding. Polymer Engineering & Science 50 (2010) 10, S. 2031–2043.

[19.16] *Schreiber, A.:* Regelung des Spritzgießprozesses auf Basis von Prozessgrößen und im Werkzeug ermittelter Materialdaten. Dissertation, 2011.

[19.17] *Schäfer, O.:* Geregelte Teilequalität. today, Das ARBURG Magazin 3 (2007) 35, S. 19.

[19.18] *Bastian, M.; Stitz, S.; Schink, K.; Deubel, C.:* Qualitätsprobleme beim Anfahren von Werkzeugen? Kunststoffe 99 (2009) 6, S. 30–34.

[19.19] *Hopmann, C.; Reßmann, A.; Reiter, M.; Stemmler, S.; Abel, D.:* A self-optimising injection moulding process with model-based control system parameterisation. International Journal of Computer Integrated Manufacturing (2015), S. 1–10.

[19.20] *Wang, J.; Mao, Q.:* A Novel Process Control Methodology Based on the PVT Behavior of Polymer for Injection Molding. Advances in Polymer Technology 32 (2013) 1, S. 474–485.

[19.21] *N. N.:* DIN 16742: Kunststoff-Formteile – Toleranzen und Abnahmebedingungen. Berlin: Beuth Verlag, 2013.

[19.22] *Gießauf, J.; Maier, C.:* Über den richtigen Umgang mit Maschinenfähigkeiten und Toleranzgrenzen. Kunststoffe 106 (2016) 6, S. 62–66.

[19.23] *N. N.:* DIN 2859: Annahmestichprobenprüfung anhand der Anzahl fehlerhafter Einheiten oder Fehler (Attributprüfung). Berlin: Beuth Verlag, 2014.

[19.24] *N. N.:* DIN 3951: Verfahren für die Stichprobenprüfung anhand quantitativer Merkmale (Variablenprüfung). Berlin: Beuth Verlag, 2014.

[19.25] *N. N.:* DIN EN ISO 9000:15: Qualitätsmanagementsysteme – Grundlagen und Begriffe. Berlin: Beuth Verlag, 2015.

[19.26] *N. N.:* DIN 3951: Messmanagementsysteme – Anforderungen an Messprozesse und Messmittel. Berlin: Beuth Verlag, 2004.

[19.27] *Engleder, S.; Dimmler, G.:* Industrie 4.0 aus Sicht eines Maschinenbauers. Kunststoffe 105 (2015) 9, S. 102–105.

[19.28] *Neubig, N.:* Werkstück und Maschine im ständigen Austausch. Kunststoffe 103 (2013) 6, S. 18–20.

[19.29] *N. N.:* CoMO Injection – das neue Tool zur Null – Fehler Produktion beim Spritzgießen. Produktinformation, Kistler Instrumente AG, Winterthur, Schweiz, 2008.

[19.30] *N. N.:* Das Priamus Kontrollzentrum – eDAQTM. Produktinformation, Priamus System Technologies AG, CH Schaffhausen, 2006.

[19.31] *N. N.:* VDI 5600: Fertigungsmanagementsysteme (Manufacturing Execution Systems – MES). Berlin: Beuth Verlag, 2015.

[19.32] *Gierth, M. M.:* Methoden und Hilfsmittel zur prozessnahen Qualitätssicherung beim Spritzgießen von Thermoplasten. RWTH Aachen, Dissertation, 1992 – ISBN: 3-86073-073-8.

[19.33] *Vaculik, R.:* Regelung der Formteilqualität beim Spritzgießen auf der Basis statistischer Prozessmodelle. RWTH Aachen, Dissertation, 1996 – ISBN: 3-86073-483-0.

[19.34] *Seul, T.; Wenzel, A.; Schneider, M.; Röstel, P.; JAHN, R.; Schlutter, R.:* Einsatz eingebetteter Diagnosesysteme im Spritzgießwerkzeug schafft Vorteile für Werkzeugbauer und Anwender. Kunststoffe 105 (2015) 11, S. 46–50.

[19.35] *N. N.:* moldMIND – Das Gedächtnis des Werkzeugs. Produktinformation, Otto Männer Vertriebs GmbH, 79353 Bahlingen, 2005.

[19.36] *Steinko W.:* Einfluss der Werkzeugtemperaturen auf Qualität und Stückkosten von Spritzgießteilen. In: Steinko, W. (Hrsg.): Optimierung von Spritzgießprozessen. München, Wien: Carl Hanser Verlag, 2007.

[19.37] *Bourdon K.:* Rechnerunterstützte Einstellung von Spritzgießmaschinen. RWTH Aachen, Dissertation,1989.

[19.38] *Hopmann, C.; Grümer, B.:* New approaches for the integration of process disturbances in injection molding simulation. Proceedings of the SPE ANTEC 2016. Indianapolis, USA, 2016.

[19.39] *Hopmann, C.; Heinisch, J.:* Spritzgießen durch Digitalisierung optimieren – Maschinelle Lernprozesse basierend auf simulativ und experimentell ermittelten Daten. 29. Internationales Kolloquium Kunststofftechnik, Aachen Germany. 2018.

[19.40] *Neubig, N.:* 400 Maschinen spielerisch leicht angebunden. Kunststoffe 103 (2013) 10, S. 208–211.

[19.41] *Hopmann, Ch.; Nikoleizig, P.; Heinisch, J.:* Cyber-Physical Production Systems (CPPS) in Injection Moulding – Smart Solutions for Tomorrow's Production. Proceedings of the 2nd International Injection Moulding Conference IIMC. Aachen, 2015.

[19.42] *Karstädt, D.; Pinno, F.; Möllmann, K. P.; Vollmer, M.:* Anschauliche Wärmelehre im Unterricht: ein Beitrag zur Visualisierung thermischer Vorgänge. Praxis der Naturwissenschaften/Physik 48 (1999) 5, S. 24–31.

[19.43] *Möllmann, K.-P.; Vollmer, M.:* Eine etwas andere, physikalische Sehweise; Visualisierung von Energieumwandlungen und Strahlungsphysik. Physikalische Blätter 46 (2000) 9, S. 65–69.

[19.44] *Möllmann, K.-P.; Vollmer, M.,; Karstädt, D.; Lutz, N.; Pinno, F.:* Entwicklung und Anwendung von Methoden der Infrarotthermographie, 2016.

[19.45] *Jaroschek, C.:* Spritzgießen für Praktiker. München, Wien: Carl Hanser Verlag, 2013

[19.46] *Bluhm, R.:* Verbesserte Temperaturkontrolle beim Kunststoffspritzgießen. RWTH Aachen, Dissertation, 1996 – ISBN: 3-86073-485-7.

[19.47] *Klaus, W.; Schwalme, G.; Bastian, M.:* Formteile mit thermischem Fingerabdruck. Kunststoffe 100 (2010) 12, S. 116–118.

[19.48] *N. N.:* optris BR 400. Bedienungsanleitung, Optris GmbH, Berlin, 2012.

[19.49] *Michaeli, W.:* Untersuchungen zur optimierten Temperierung von Spritzgießwerkzeugen in kritischen Werkzeugbereichen unter besonderer Berücksichtigung beweglicher Werkzeugelemente. Institut für Kunststoffverarbeitung, RWTH Aachen, Abschlussbericht zum IGF-Vorhaben Nr. 15004 N, 2009.

20 Maßnahmen zur Beseitigung von Verarbeitungsfehlern beim Spritzgießen

Die Qualität eines Formteils, sein Erscheinungsbild, seine Funktionalität und seine Lebensdauer wird beim Herstellprozess durch zahlreiche Einflussfaktoren geprägt, die von der Gestaltung des Formteils, der Werkzeugkonstruktion, der richtigen Einstellung der Spritzgießmaschine und dem zu verarbeitenden Material abhängig sind.

Bei einer Auswertung von aufgetretenen Bauteilfehlern fällt auf, dass viele Fehler hätten vermieden werden können, wenn man einige grundsätzliche Bedingungen bereits während der Bauteilauslegung beachtet hätte.

Beginnend bei der **Formteilkonstruktion** ist festzuhalten, dass:

- sich Wanddickensprünge sowie Masseanhäufungen und scharfkantige Übergänge ungünstig auf den Füllvorgang und das Abkühlverhalten auswirken,
- Hinterschneidungen das Entformen erschweren, u. U. zu nicht tolerierbaren Schäden am Formteil führen und aufwendigere Werkzeugkonstruktionen (Schieber, Backen etc.) erfordern. Dies gilt auch für fehlende oder zu kleine Entformungsschrägen.

Bei der **Werkzeugkonstruktion** sollte besondere Aufmerksamkeit gelegt werden:

- auf die *Gestaltung der Anguss- und Anschnittsysteme*. Es ist hier darauf zu achten, dass sich die Schmelze wandnah in alle Richtungen verteilt und auch fließt, so dass sich im Inneren eine „plastische Seele" ausbildet, durch die Schmelze solange in das Formteil einströmen kann bis dieses selbst erstarrt ist. Voraussetzung dafür ist zudem, dass der Anguss an der dicksten Stelle (Wand) des Formteils angebunden ist.
- auf die *Ausführung des Kühlsystems*. Hier gilt es die eingebrachte Wärme gleichmäßig in allen Formteilbereichen durch die Gestaltung und Temperaturführung des Kühlsystems abzuführen.
- auf eine *ausreichende Entlüftung*. Insbesondere da, wo die Werkzeuge zuletzt gefüllt werden, damit der so genannte „Dieseleffekt" vermieden wird und sich keine Schwachstellen (Bindenähte) oder Verbrennungen an der Formteiloberfläche ausbilden.

- auf das *Auswerfersystem*. Hier ist darauf zu achten, dass die Auswerferstifte oder spezielle Auswerfervorrichtungen die erforderlichen Entformungskräfte so in das Formteil einleiten, dass es nicht zerstört wird.

Für die **Einstellparameter** der Spritzgießmaschine gilt es zu beachten, dass

- die eingestellten Zylindertemperaturen in Verbindung mit der über die Schneckendrehzahl eingebrachten Friktion, der Verweilzeit und dem eingestellten Staudruck weitgehend die Massetemperatur bestimmen.
- hohe Einspritzgeschwindigkeiten in Verbindung mit kleinen Düsenquerschnitten eine zusätzliche Temperaturerhöhung in der Schmelze bewirken. Dennoch gilt, dass so schnell wie möglich eingespritzt werden sollte, um ein gleichmäßiges Füllbild zu erhalten. Formteilgeometrie und Formmasse sind hier die bestimmenden Einflussgrößen.
- der Nachdruck und die Nachdruckzeit müssen so eingestellt werden, dass die beim Abkühlen der Schmelze einsetzende Volumenschwindung ausgeglichen wird.
- der Schneckenhub so gewählt wird, dass die Schmelze nicht durch eine zu lange Verweilzeit eine thermische Schädigung erfährt.

Die Einstellparameter werden also im Wesentlichen durch die Materialeigenschaften bestimmt. Beachtet man demzufolge die Verarbeitungshinweise der Rohstoffhersteller, so lassen sich die verfahrensbedingten Fehler weitgehend vermeiden.

Die Verarbeitungshinweise geben in der Regel Auskunft über:

- die physikalischen Eigenschaften;
- die Verarbeitungs- und Zylinder- sowie die erforderlichen Werkzeugtemperaturen;
- die Einspritzgeschwindigkeit, die einzustellenden Drücke und Zeiten für Einspritz- und Nachdruckphase;
- Verweilzeit, sowie Schneckendrehzahl und Staudruck;
- die zu erwartende Schwindung sowie die Vorbereitung der Formmasse (z. B. Lagerung und Vortrocknung).

Werden die vorgenannten Vorgaben, die Konstruktionen von Formteil und Werkzeug sowie die sich aus den Verarbeitungshinweisen der Rohstoffhersteller ergebenden Einstellparameter für die Verarbeitungsmaschine beachtet, so kann eine Vielzahl der in den nachfolgenden Tabellen aufgeführten Fehler im Erscheinungsbild eines Formteils bereits im Vorfeld vermieden werden.

In den vorhergehenden Kapiteln dieses Buches wurden die physikalischen, verfahrenstechnischen und konstruktiven Voraussetzungen für eine optimale Formteilqualität bereits eingehend beschrieben und diskutiert. Deshalb werden im Folgenden die beim Spritzgießen auftretenden Fehler und die zu deren Behebung vorgeschlagenen Änderungen in einer Übersicht tabellarisch aufgeführt. Eine ganzheitliche Betrachtung der aufgelisteten Formteilfehler zeigt, dass stets mehrere Einflussgrößen zum Entstehen und zur Beseitigung eines Fehlers beitragen. Um die einzelnen Fehler abzustellen, ist es zu empfehlen, stets nur einen Parameter zu ändern, um dann nach mehreren Zyklen seinen Einfluss auf den Fehler zu ermitteln.

Da konstruktive Änderungen am Werkzeug meist zeit- und kostenintensiv sind und es zudem ungewiss ist, ob das erhoffte Ergebnis damit erreicht wird, sind zunächst die Verfahrensparameter mit den Vorgaben der Rohstoffhersteller abzugleichen und dann schrittweise zu ändern. Dabei geben die Pfeile in Tabelle 20.1 vor, ob der Wert des angeführten Parameters (Zeit, Geschwindigkeit, Druck oder Dimension) zu vergrößern oder zu verkleinern ist, um den Fehler zu minimieren oder zu beseitigen. Mit einem Karo werden Fehlerquellen angedeutet, die einen Einfluss auf das Fehlerbild haben, jedoch keine allgemeingültige Aussage über eine Erhöhung oder Senkung des Parameters getroffen werden kann. Eine Überprüfung der Fehlerquelle ist auf eine mögliche Veränderung zu prüfen.

Tabelle 20.1 Stichwortartige Aufzählung von Formteilfehlern und Empfehlungen zum Abstellen der Fehler [20.1] bis [20.13]

Fehler im Erscheinungsbild	Fehlerquelle																				
	Massetemperatur	Einspritzdruck	Einspritzgeschwindigkeit	Einspritzgeschw. gestuft	Schneckendrehzahl	Umschalten Spritz-/Nachdruck	Nachdruck	Nachdruckzeit	Staudruck	Dosierweg/Massepolster	Zuhaltekraft	Düse/Düsenanlagekraft	Kühlzeit	Zykluszeit/Verweilzeit	Anguss/Angusssysteme	Werkzeugwandtemperatur	Temperierung	Entlüftung	Auswerfersystem	Werkzeugverschleiß	Unzureichende Materialtrocknung
1 Einfallstellen, Lunker	↓		↓				↑	↑		↑					↑□	↓↑				□	
2 Teilfüllungen	↑	↑	↑			↑	↑		↑	↑	↓	□			↑□	↑		↑□		□	
3 Gratbildung/ Schwimmhäute	↓	↓	↓			↓	↓			↓	↑					↓				□	
4 Bindenaht/ Fließnaht	↑		↑			↓	↑			↑	↓	□			↑□	↑	□	↑□			
5 Freistrahlbildung	↑		↓	□					↑						↑□	↑□					
6 Kalter Pfropfen	↑					↓						□			□	↑		□		□	
7 Kaltfließlinien	↑			↑		□						□			□	↑					
8 Unaufgeschmolzenes Material	↑				↓				↑					↑							
9 Blasenbildung	↓				↓				↓												□
10 Brenner/ Dieseleffekt	↓		↓							↓	↓			↓	↑□			↑□			
11 Formbelag	↓		↓							↓				↓	↑	↓		↑□			
12 Verbrennungsschlieren	↓		↓	□	↓					↓		□		↓	↑□						
13 Feuchtigkeitsschlieren					↓				↑												□
14 Farbschlieren	↓□		↑		↑□				↑								↓□				
15 Luftschlieren					□													↑			

Die Richtung der Pfeile gibt vor, ob der Wert des angeführten Parameters (Zeit, Druck, Geschwindigkeit, Abmessung etc.) zu vergrößern ↑ oder zu verkleinern ↓ ist, um den Fehler zu beheben. Mit diesem Symbol □ wird angedeutet, dass eine Überprüfung bzw. Überarbeitung der angeführten Fehlerquelle ins Auge gefasst werden muss.

* TSG = Thermoplast-Schaumspritzgießen

Tabelle 20.1 (*Fortsetzung*) Stichwortartige Aufzählung von Formteilfehlern und Empfehlungen zum Abstellen der Fehler [20.1] bis [20.13]

Fehler im Erscheinungsbild	Fehlerquelle																				
	Massetemperatur	Einspritzdruck	Einspritzgeschwindigkeit	Einspritzgeschw. gestuft	Schneckendrehzahl	Umschalten Spritz-/Nachdruck	Nachdruck	Nachdruckzeit	Staudruck	Dosierweg/Massepolster	Zuhaltekraft	Düse/Düsenanlagekraft	Kühlzeit	Zykluszeit/Verweilzeit	Anguss/Angusssysteme	Werkzeugwandtemperatur	Temperierung	Entlüftung	Auswerfersystem	Werkzeugverschleiß	Unzureichende Materialtrocknung
16 Glasfaserschlieren/wellige	↑		↑		↓				↑							↑					
17 Schallplatteneffekt/ Wolkenbildung	↑		↑				↑		↑	↑					↑□	↑□					
18 Dunkle Punkte	↓□				□							□									
19 Glanz/Glanzunterschiede	↑		↑				↓↑	↓↑							↑□	↓		↑		□	
20 Schieferbildung	↑□			□	↑□										↑	↑					□
21 Weißbruch/ Spannungsrisse						↓	↑	↑								↑				□	
22 Verzug	↑				↑	↓	↓		↑						□	↑	□		□	□	
23 Schwindung	↓				□		↑	↑		↑			↑		↑	↓	□		□		
24 Sichtbare Auswerfermarkierung						↓	↓	↓					↑						□		
25 Probleme bei der Entformung			↓				↓			↓			↑				□	□	□	□	
26 Angüsse brechen												□			□		□				
27 Tigerlines	↑		↓												↑	↑				□	
28 Probleme an TSG Formteilen			↑						↑							↑					
29 Gewichts- und Maßschwankungen						□	□	□	□	↑											

Die Richtung der Pfeile gibt vor, ob der Wert des angeführten Parameters (Zeit, Druck, Geschwindigkeit, Abmessung etc.) zu vergrößern ↑ oder zu verkleinern ↓ ist, um den Fehler zu beheben. Mit diesem Symbol □ wird angedeutet, dass eine Überprüfung bzw. Überarbeitung der angeführten Fehlerquelle ins Auge gefasst werden muss.

* TSG = Thermoplast-Schaumspritzgießen

Tabelle 20.2 Fehler an Formteilen, ihre Ursachen und mögliche Maßnahmen zur Abhilfe [20.1] bis [20.14]

Lfd. Nr.	Fehler	Ursache	Abhilfe
1	**Einfallstellen und Lunker**		
	Vertiefungen in der Oberfläche, runde/lang gezogene Hohlräume im Innern	Angusssystem zu klein	Anguss und Anschnitte vergrößern Düsenbohrung entsprechend anpassen
		Formteil wird an der falschen Stelle angespritzt	Formteil an der dicksten Stelle (Wand) anspritzen
		Angusssystem friert ein, bevor der Nachdruck wirksam werden kann	Werkzeugtemperatur überprüfen: bei Einfallstellen absenken bei Lunker anheben Massetemperatur senken Nachdruck erhöhen Nachdruckzeit verlängern Einspritzgeschwindigkeit senken
		Massepolster zu klein	Massepolster vergrößern; evtl. auf größere Maschine wechseln
2	**Teilfüllungen**		
	Formteile werden unvollständig gefüllt	Zu lange und zu enge Verteilerkanäle	Anguss- und Verteilersystem vergrößern Düsenbohrung anpassen
		Zu lange und zu enge Fließwege im Werkzeug	Einspritzgeschwindigkeit und -druck sowie Nachdruck erhöhen und später von Einspritz- auf Nachdruck umschalten Staudruck erhöhen
		Formteil an falscher Stelle (dünnste) angespritzt	Formteil an der dicksten Stelle (Wand) anspritzen
		Kernversatz	Kernlagerung überarbeiten
		Werkzeug unzureichend entlüftet	Entlüftungsschlitze vergrößern bzw. mit Reißnadel einritzen; evtl. Entlüftungsstifte setzen Gegebenenfalls Zuhaltekraft reduzieren
		Werkzeug- und Schmelzetemperatur zu niedrig	Schmelze- und Werkzeugtemperatur anheben
		Falsche Dosierung	Dosierweg bzw. Massepolster vergrößern; evtl. Wechsel auf größere Maschine

Tabelle 20.2 (*Fortsetzung*) Fehler an Formteilen, ihre Ursachen und mögliche Maßnahmen zur Abhilfe [20.1] bis [20.14]

Lfd. Nr.	Fehler	Ursache	Abhilfe
3	**Gratbildung/Schwimmhäute**		
	Werkzeug wird überspritzt (gilt nur für Thermoplaste)	Massepolster zu groß	Dosierweg und Massepolster verkleinern
		Werkzeugtrennebene durch zu hohe örtliche Belastung beschädigt, z. B. durch verbliebene Materialreste oder vorangegangenes Überspritzen mit Gratbildung, wobei dieser in die Trennebene eingeprägt wurde	Werkzeug reinigen; Trennebene nachsetzen und evtl. überschleifen
		Werkzeug nicht steif genug	Werkzeugplatten und Abstützungen verstärken
		Kernversatz bzw. Kern exzentrisch eingearbeitet, dadurch Fließwege einseitig verengt	Kernlagerung verstärken; Kerne evtl. beidseitig lagern
		Werkzeugaufspannplatten der Schließeinheit evtl. durchgebogen	Auf größere Maschine umsteigen
		Zuhaltekraft zu niedrig; projizierte Fläche zu groß	Zuhaltekraft erhöhen; evtl. Maschine wechseln
		Werkzeugtemperatur zu hoch	Werkzeugtemperatur absenken
		Massetemperatur zu hoch	Massetemperatur senken
		Einspritzgeschwindigkeit und/oder -druck zu hoch	Einspritzgeschwindigkeit reduzieren Früher von Spritz- auf Nachdruck umschalten Spritzdruck und Nachdruck reduzieren
4	**Bindenaht/Fließnaht**		
	Linienförmige Einkerbung an der Formteiloberfläche	Aufeinandertreffende Schmelzeströme verschweißen nicht miteinander, da bei dünnen Wanddicken Formmasse bereits zu stark abgekühlt	Masse- und Werkzeugtemperatur anheben; evtl. zusätzliche Temperierkanäle einarbeiten; evtl. auf Impulskühlung umsteigen Nachdruck und Massepolster anheben
		Ungünstige Angusslage, -art und -querschnitte	Angusslage und -art wechseln; Querschnitte vergrößern und Düsenbohrung anpassen Bei Mehrfachanspritzung auf Kaskadenanguss umsteigen
		Luft kann beim Einspritzen der Formmasse nicht entweichen	Entlüftungsschlitze vergrößern bzw. mit Reißnadel einritzen; evtl. Entlüftungsstifte setzen Gegebenenfalls Zuhaltekraft reduzieren
		Einspritzgeschwindigkeit zu niedrig	Einspritzgeschwindigkeit erhöhen
		Werkzeugtemperatur zu niedrig	Werkzeugtemperatur erhöhen
		Massetemperatur zu niedrig	Massetemperatur erhöhen
		Nachdruck zu niedrig	Früher auf Nachdruck umschalten und Druck erhöhen

Tabelle 20.2 (*Fortsetzung*) Fehler an Formteilen, ihre Ursachen und mögliche Maßnahmen zur Abhilfe [20.1] bis [20.14]

Lfd. Nr.	Fehler	Ursache	Abhilfe
5	**Freistrahlbildung**		
	Schlangenartige, graue oder matte Markierung am Formteil	Zuerst eingeflossene Formmasse bildet sich auf der Formteiloberfläche ab, da sie nicht in die Werkzeugkavität einquillt	Anschnitt beim Übergang ins Werkzeug abrunden und/oder so verlegen, dass die Formmasse unmittelbar gegen eine Wand eingespritzt wird; Anschnittquerschnitt vergrößern
		Einspritzgeschwindigkeit zu hoch	Einspritzgeschwindigkeit verringern und gestuft einspritzen
		Werkzeugtemperatur überprüfen	Werkzeugtemperatur erhöhen und im Angussbereich absenken
		Massetemperatur zu niedrig	Massetemperatur anheben
6	**Kalter Pfropfen**		
	Ungenügend aufgeschmolzene Partikel an der Formteiloberfläche sichtbar	Düsentemperatur zu niedrig	Düsentemperatur anheben und Düse früher von Angussbuchse abheben
		Anguss zu kalt	Angussbuchse temperieren
		Werkzeug- und Massetemperatur zu niedrig	Werkzeug- und Massetemperatur anheben
		Umschaltzeitpunkt Einspritz-/Nachdruck verlegen	Früher von Spritz- auf Nachdruck umschalten
		Unaufgeschmolzener Pfropfen wird in die Kavität eingetragen	Fangloch für kalten Pfropfen anbringen
7	**Kaltfließlinien**		
	Unregelmäßige Fließlinien in Angussnähe	Einspritzgeschwindigkeit zu niedrig	Einspritzgeschwindigkeit und evtl. -volumen anheben Umschaltzeitpunkt Spritz-/Nachdruck überprüfen
		Bereits erkaltete Masse wird nachgedrückt	Massetemperatur erhöhen Werkzeugtemperatur anheben
		Düsenquerschnitt zu klein	Düsenbohrung vergrößern und Düse zeitig von Angussbuchse abheben Angussquerschnitt anpassen
8	**Unaufgeschmolzenes Material**		
	Unaufgeschmolzenes Granulat in Angussnähe sichtbar	Massetemperatur zu niedrig	Massetemperatur erhöhen
		Schneckendrehzahl zu hoch	Drehzahl reduzieren
		Staudruck zu niedrig	Staudruck erhöhen
		Verweilzeit der Masse im Plastifizierzylinder zu kurz	Verweil-/Zykluszeit erhöhen
9	**Blasenbildung**		
	Zahlreiche kleine Blasen im Formteil; tritt meist bei thermisch empfindlichem Material auf	Material zu feucht gelagert	Material intensiv trocknen Evtl. mit Entgasungsschnecke arbeiten
		Überhitzung bei thermisch empfindlichen Materialien	Massetemperatur absenken Schneckendrehzahl reduzieren Staudruck reduzieren

Tabelle 20.2 (*Fortsetzung*) Fehler an Formteilen, ihre Ursachen und mögliche Maßnahmen zur Abhilfe [20.1] bis [20.14]

Lfd. Nr.	Fehler	Ursache	Abhilfe
10	**Brenner/Dieseleffekt**		
	Kleine braune/ schwarze Stellen am Formteil; meist an den Bindenähten zu beobachten	Massetemperatur zu hoch	Massetemperatur senken
		Verweilzeit zu lang	Gegebenenfalls Zykluszeit verkürzen Dosierweg bzw. Massepolster verkleinern Evtl. auf kleinere Maschine umsteigen
		Formmasse wird beim Einspritzen zu stark erwärmt	Anguss und Anschnitte vergrößern Einspritzgeschwindigkeit reduzieren
		Luft kann beim Einspritzvorgang nicht entweichen	Entlüftungsschlitze vergrößern bzw. mit Reißnadel einritzen Evtl. Entlüftungsstifte einsetzen Gegebenenfalls Zuhaltekraft verringern
		Ungünstige Angusslage verhindert, dass die Luft entweichen kann	Angusslage so verändern, dass die Kavitäten an den Trennebenen oder „Entlüftungsstellen" zuletzt gefüllt wird
11	**Formbelag**		
	Ablagerungen im Werkzeug; meist an den Stellen zu beobachten, wo die Kavitäten zuletzt gefüllt werden und sich Bindenähte bilden	Überhitzung der Formmasse aufgrund	Formmasse wechseln auf solche ohne Gleitmittel
		▪ zu hoher Massetemperaturen	▪ Massetemperatur absenken
		▪ zu hohe Werkzeugtemperatur	▪ Werkzeugtemperatur senken
		▪ zu langer Verweilzeit der Formmasse im Plastifizierzylinder	▪ Massepolster verkleinern und Verweilzeit reduzieren
		▪ mangelhafter Entlüftung	▪ Entlüftung verbessern, z. B. Schlitze vergrößern oder Entlüftungsstifte einsetzen
		▪ zu hoher Scherung der Formmasse beim Einspritzvorgang	▪ Einspritzgeschwindigkeit reduzieren; Anguss und Anschnitt vergrößern
12	**Verbrennungsschlieren**		
	Silberne und hell- bis dunkelbraune Streifen und Schlieren am Formteil	Massetemperatur zu hoch	Massetemperatur senken
		Verweilzeit zu lang	Gegebenenfalls Zykluszeit verkürzen Dosierweg bzw. Massepolster verkleinern Evtl. auf kleinere Maschine umsteigen
		Formmasse erwärmt sich beim Einspritzen zu stark	Anguss und Anschnitte vergrößern; Düsenbohrung anpassen Einspritzgeschwindigkeit reduzieren und gestuft einspritzen Drehzahl reduzieren
		Masse thermisch geschädigt aufgrund zu langer Verweilzeiten, da sie sich in toten Ecken abgelagert hat	Angusssystem (insbesondere bei Heißkanälen) und Plastifiziereinheit auf tote Ecken überprüfen

Tabelle 20.2 (*Fortsetzung*) Fehler an Formteilen, ihre Ursachen und mögliche Maßnahmen zur Abhilfe [20.1] bis [20.14]

Lfd. Nr.	Fehler	Ursache	Abhilfe
13	**Feuchtigkeitsschlieren**		
	U förmige, lang gezogene, silbrige Schlieren, die gegen die Fließrichtung offen sind	Material zu feucht gelagert	Material intensiv trocknen
		Temperaturdifferenzen zwischen Lager und Produktionsstätte	Material nachtrocknen
		Schneckendrehzahl zu hoch	Drehzahl reduzieren
		Staudruck zu hoch	Staudruck erhöhen
14	**Farbschlieren**		
	Farbige Schlieren angussnah und -fern an der Formteiloberfläche	Ungenügende Durchmischung von Formmasse und Pigmenten	Mischschnecke verwenden Schneckendrehzahl erhöhen Staudruck erhöhen Temperaturprofil im Zylinder anpassen Trichtereinlaufkühlung reduzieren
		Fremdpartikel im Granulat	Meist bei beigemischtem Regranulat zu finden; auf Beimischung verzichten
15	**Luftschlieren**		
	Matte, silbrige oder weiße Schlieren im Bereich von Rippen, Domen und Wanddickensprüngen	Luft kann beim Füllvorgang nicht schnell genug entweichen	Entlüftungsschlitze vergrößern
		Luft wird beim Schneckenrückzug eingezogen	Kompressionsentlastung verlangsamen
16	**Glasfaserschlieren**		
	Rauhe, silbrige Oberfläche an Formteilen aus faserverstärkten Kunststoffen	Schwindungsbehinderung beim Abkühlvorgang durch eingelagerte faserförmige Füllstoffe	Werkzeug- und Massetemperatur anheben Fasern durch kleine Kugeln ersetzen 2 K-Verfahren anwenden
		Drehzahl zu niedrig	Schneckendrehzahl reduzieren
		Einspritzgeschwindigkeit zu niedrig	Einspritzgeschwindigkeit erhöhen
		Staudruck zu niedrig	Staudruck erhöhen
17	**Schallplatteneffekt/Wolkenbildung**		
	Feinste Rillen quer zur Fließrichtung auf der Formteiloberfläche	Ungünstige Angusslage und -größe	Anguss und Anschnitt überprüfen, u. U. verlagern und vergrößern
		Werkzeugtemperatur zu niedrig	Werkzeugtemperatur erhöhen
		Massetemperatur zu niedrig	Massetemperatur erhöhen
		Einspritzvolumen zu niedrig	Einspritzgeschwindigkeit und Massepolster anheben
		Einspritzgeschwindigkeit zu niedrig	Einspritzgeschwindigkeit erhöhen
		Staudruck zu niedrig	Staudruck erhöhen
		Nachdruck zu niedrig	Nachdruck erhöhen

Tabelle 20.2 (*Fortsetzung*) Fehler an Formteilen, ihre Ursachen und mögliche Maßnahmen zur Abhilfe [20.1] bis [20.14]

Lfd. Nr.	Fehler	Ursache	Abhilfe
18	**Dunkle Punkte**		
	Dunkle Punkte an der Formteiloberfläche	Verunreinigungen im Material	Plastifiziereinheit und Schnecke auf Abrieb überprüfen Gegebenenfalls wechseln und korrosions-/abrasionsgeschützte Plastifiziereinheit und Schnecke einsetzen Düse mit Filter verwenden
		Massetemperatur zu hoch	Massetemperatur senken
19	**Glanz/Glanzunterschiede**		
	Glanzunterschiede (matt oder glänzend) an Bindenähten, Rippen, Wanddickensprüngen, Schiebern, Auswerfern etc.	Anguss und -lage überprüfen	Anguss und Anschnitte vergrößern Angusslage überprüfen und Ecken ausrunden
		Massetemperatur zu niedrig	Massetemperatur anheben
		Einspritzgeschwindigkeit zu niedrig	Einspritzgeschwindigkeit anheben
		Werkzeugtemperatur zu hoch	Werkzeugtemperatur absenken
		Nachdruck und -zeit zu hoch Bei strukturierten Oberflächen zu niedrig	Nachdruck und -zeit absenken Bei strukturierten Oberflächen anheben
		Glanz an rauen Oberflächen matt, an polierten glänzend	Werkzeugoberfläche reinigen und gegebenenfalls polieren
		Schlechte Entlüftung	Entlüftungsschlitze vergrößern Evtl. Zuhaltekraft senken
		Bei unebenen Oberflächen	Siehe Einfallstellen
20	**Schieferbildung**		
	Abblätterungen an den Formteiloberflächen	Temperaturdifferenz zwischen Schmelze und Werkzeug zu groß	Werkzeugtemperatur anheben
		Anguss zu klein	Anguss vergrößern
		Einspritzverlauf ungünstig	Gestuft einspritzen
		Verunreinigungen in der Schmelze	Material sorgfältig überprüfen Schnecke und Zylinder sorgfältig reinigen
21	**Spannungsrisse/Weißbruch**		
	Haarrisse an Querschnittsübergängen und an den Rändern von Einlegteilen	Scharfkantige Übergänge im Werkzeug	Scharfe Ecken und Kantenausrunden
		Einlegeteile zu kalt	Einlegeteile vorwärmen
		Werkzeugtemperatur zu niedrig	Werkzeugtemperatur anheben
		Nachdruck und -zeit zu niedrig	Nachdruck und -zeit anheben
		Umschaltzeitpunkt Einspritz-/Nachdruck ungünstig	Früher von Einspritz- auf Nachdruck umschalten

Tabelle 20.2 (*Fortsetzung*) Fehler an Formteilen, ihre Ursachen und mögliche Maßnahmen zur Abhilfe [20.1] bis [20.14]

Lfd. Nr.	Fehler	Ursache	Abhilfe
22	**Verzug**		
	Formteile sind nicht winklig und lassen sich nicht mit Gegenstücken verbinden	Angusslage ungünstig	Anguss verlegen
		Werkzeug nicht gleichmäßig temperiert	Werkzeugtemperatur überprüfen, gegebenenfalls Anzahl der Temperierkreisläufe erhöhen
		Ungünstige Querschnittsübergänge am Formteil	Wanddickenunterschiede ausgleichen; Übergänge ausrunden
		Schwindung ungleichmäßig	Masse- und Werkzeugtemperatur anheben
		Umschaltzeitpunkt von Einspritz- auf Nachdruck ungünstig	Nachdruck reduzieren und früher von Einspritz- auf Nachdruck umschalten
		Ungünstiger Auswerfer-„Angriff"	Auswerfer verlegen oder Anzahl erhöhen bzw. Art der Auswerfer verändern
		Inhomogene Schmelze	Schneckendrehzahl erhöhen Einspritzgeschwindigkeit erhöhen Staudruck erhöhen
23	**Schwindung**		
	Maßabweichungen am Formteil aufgrund		
	a) Gleichmäßiger Schwindung	Zu hohe Werkzeug- und Massetemperaturen erhöhen die Schwindung	Temperaturen absenken Kühlzeit verlängern Nachdruck und -zeit erhöhen
	b) Ungleichmäßiger Schwindung	Werkzeugtemperierung ungleichmäßig	Anzahl der Temperierkreisläufe erhöhen
		Anschnitt friert zu früh ein	Anguss- und Anschnitt vergrößern Massepolster vergrößern
		Inhomogene Schmelze	Schneckendrehzahl erhöhen Einspritzgeschwindigkeit erhöhen Staudruck erhöhen
24	**Auswerferabdrücke**		
	Auswerfer bilden sich an der Formteiloberfläche ab	Zu lange Auswerfer	Auswerfer kürzen
		Formteil zum Zeitpunkt des Auswerfens noch nicht ausreichend abgekühlt	Kühlzeit verlängern
		Nachdruck und -zeit zu hoch	Nachdruck und -zeit senken
		Umschaltzeitpunkt Einspritz-/Nachdruck ungünstig	Früher von Einspritz- auf Nachdruck umschalten

Tabelle 20.2 (*Fortsetzung*) Fehler an Formteilen, ihre Ursachen und mögliche Maßnahmen zur Abhilfe [20.1] bis [20.14]

Lfd. Nr.	Fehler	Ursache	Abhilfe
25	**Entformungsprobleme**		
	a) *Allgemeine Probleme*	Formteil noch nicht ausreichend abgekühlt	Kühlzeit verlängern
		Werkzeug mit Formmasse überladen	Einspritzgeschwindigkeit und Nachdruck reduzieren Massepolster reduzieren
		Zu starke Hinterschneidungen	Hinterschneidungen ändern (abrunden, Winkel ändern etc.)
		Werkzeugoberfläche zu rau	Werkzeugoberfläche polieren
	b) *Formteile bleiben auf dem Kern oder im Gesenk hängen*	Kern und Gesenk weisen Schleifriefen in Umfangsrichtung auf	Kern und Gesenk polieren
		Entformungsschrägen zu klein	Entformungsschrägen (Winkel) vergrößern
		Wegen zu niedriger Temperaturen an Kern oder Gesenk schrumpft das Formteil zu stark auf	Temperatur an Kern oder Gesenk anheben
		Es bildet sich u. U. ein Vakuum	Luftventile installieren
	c) *Formteile werden zerstört*	Hinterschneidungen zu groß	Hinterschneidungen verkleinern
		Auswerfer zu klein (Formteil wird durchgestoßen) bzw. an falschem Ort angebracht	Lage und Größe verändern
		Entformungsschrägen, Politur und Vakuumbildung siehe unter b)	Konizität, Politur, Vakuumbildung siehe unter b)
26	**Angüsse brechen**		
	Angüsse brechen und lassen sich nicht entformen	Formmasse tritt am Übergang Düse/Angussbuchse seitlich aus	Düsenanlagekraft erhöhen; Prüfen auf gleichmäßige Düsenanlage mit einem dünnen Papier Düsenanlage ist einwandfrei, wenn sich der Düsensitz voll auf dem Papier abzeichnet
		Hinterschneidungen am Angusskegel,	
		▪ weil die Radien an den Kontaktflächen von Düse und Angussbuchse nicht stimmen	▪ Radien überarbeiten
		▪ weil Düse und Angussbuchse nicht fluchten	▪ Düse neu zentrieren und ausrichten
		▪ weil die Düsenbohrung größer ist als die Bohrung der Angussbuchse	▪ Bohrungsdurchmesser aufeinander abstimmen
		▪ weil die Bohrung der Angussbuchse Riefen in Umfangsrichtung aufweist	▪ Bohrung polieren

Tabelle 20.2 (*Fortsetzung*) Fehler an Formteilen, ihre Ursachen und mögliche Maßnahmen zur Abhilfe [20.1] bis [20.14]

Lfd. Nr.	Fehler	Ursache	Abhilfe
		▪ weil der Übergang vom Anguss zum Formteil scharfkantig ist	▪ Scharfe Ecken ausrunden
		▪ Anguss noch nicht eingefroren,	
		▪ weil Angussbohrung zu groß ist	▪ Angussbuchse wechseln oder Kühlzeit verlängern
		▪ weil die Angussbuchse bzw. das Angusssystem unzureichend gekühlt werden	▪ Kühlung an Anguss bzw. Angusssystem verbessern
27	**Tigerlines**		
	Alternierende Glanzunterschiede an der Formteiloberfläche	Hohe Schubbeanspruchung lokal kristallisierter Randschichten	
		▪ durch hohe Einspritz-geschwindigkeit	▪ Reduzierung der Einspritzgeschwindigkeit
		▪ durch geringe Werkzeugoberflächentemperaturen	▪ Anhebender Werkzeugoberflächentemperatur
		▪ durch partiell unterschiedliche Fließfront-geschwindigkeiten	▪ Druckverhältnisse verändern, sodass die Fließfrontgeschwidigkeit über den Fließweg homogener verteilt ist und im gestörten Formteilbereich verringert wird
		▪ da die Schmelzeelastizität zu gering ist	Material mit höherem Weichphasenanteil verwenden
		▪ Anschnitt- bzw. Verteilerquerschnitt ist zu gering	▪ Vergrößern des Anschnitt- bzw. Verteilerquerschnitts
28	**Probleme an TSG-Formteilen**		
	d) *Schlieren auf der Formteiloberfläche*	frühzeitige Treibmittelexpansion im Schneckenvorraum	Staudruck erhöhen
		Ausgasung an der Schmelzefront	Einspritzgeschwindigkeit erhöhen Treibmitteldosierung verringern Werkzeugwandtemperatur erhöhen
	e) *Aufgeblähte Formteilbereiche*	Geringe Steifigkeit der Randschicht	Werkzeugwandtemperatur senken und Restkühlzeit erhöhen
	f) *Gewichts- und Maßschwankungen*	Restmassepolster zu klein	Dosierweg erhöhen
		Umschaltpunkt nicht optimal gewählt	Umschaltpunkt bestimmen
		Nachdruckzeit und -höhe nicht optimal gewählt	Nachdruckzeit und -höhe überprüfen

Literatur Kapitel 20

[20.1] *N. N.:* Punktesystem zur Beseitigung von sichtbaren Spritzgießfehlern bei der Verarbeitung von Resarit Acrylformmassen (PMMA). Tabelle der Firma Resart-Ihm AG, Mainz, 1987.

[20.2] *Barich, G.:* Häufig auftretende Fehler bei der Spritzgießverarbeitung von Thermoplasten und ihre möglichen Ursachen. Plastverarbeiter 33 (1982) 11, S. 1361–1365.

[20.3] *N. N.:* Spritzguß-Hostalen PP. Handbuch der Farbwerke Hoechst AG, Frankfurt, 1965.

[20.4] *N. N.:* Strack-Normalien für Formwerkzeuge. Handbuch der Firma Strack-Norm GmbH, Wuppertal.

[20.5] *Mink, W.:* Grundzüge der Spritzgießtechnik. Kunststoffbücherei, Bd. 2. Zechner + Hüthig Verlag GmbH, Speyer, Wien, Zürich, 1966.

[20.6] *Schwittay, D.:* Thermoplaste – Verarbeitungsdaten für den Spritzgießer. Broschüre der Firma Bayer AG, Leverkusen, 1979.

[20.7] *N. N.:* Spritzen – kurz und bündig. Broschüre (4. Auflage) der Firma Demag Kunststofftechnik, Nürnberg 1982.

[20.8] *N. N.:* Verarbeitungsdaten für den Spritzgießer. Broschüre der Firma Bayer AG, Leverkusen, 1986.

[20.9] *Poppe, E. A.; Leidig, K.; Schirmer, K.:* Die Top Ten der Spritzgießprobleme. Broschüre der Firma Du Pont de Nemours (Deutschland) GmbH, Bad Homburg.

[20.10] *Bichler, M:* Mit Strategie zum Erfolg. Plastverarbeiter 50 (1999) 3, 5, 6, 8, 9.

[20.11] *Thienel, P. Broer, E. Vitz, Ch.:* Oberflächenfehler an thermoplastischen Spritzgießteilen, Teil 1 und 2. Plastverarbeiter 46 1995 4, S. 92–97 und 5, S. 24–28.

[20.12] *N. N.:* Störungsratgeber für Formteilfehler an thermolpastischen Spritzgussteilen. Horschler Verlagsgesellschaft mgH, Unna, 2007.

[20.13] *Bichler, M.:* Kunststoffteile fehlerfrei spritzgießen. Hüthig GmbH, Heidelberg, 1999.

[20.14] *Niemann, K. Heidemann, D.:* Maschineneinstellstrategie für Thermoplast-Spritzgießmaschinen. Hüthig Verlag, Heidelberg.

21 Instandhaltung von Spritzgießwerkzeugen

Präzise gefertigte und voll einsatzfähige Werkzeuge sind die Voraussetzung für erfolgreiche Produktion, wirtschaftlichen Erfolg und technische Entwicklung sowie für Sicherheit am Arbeitsplatz. Hinzu kommt noch, dass viele Abnehmer, z. B. in der Automobilindustrie, eine „Just-in-Time"-Lieferung in Null-Fehlerqualität fordern, um eigene Zwischenlager einzusparen.

Stetige technische Verfügbarkeit und Einsatzbereitschaft der Spritzgießwerkzeuge sind daher sicherzustellen. Hierzu bedarf es einer sachgerechten Lagerung und vorsorglichen Instandhaltung der Werkzeuge [21.1] bis [21.3].

21.1 Instandhaltung

Nach DIN 31051 [21.4] versteht man unter Instandhaltung „Maßnahmen zur Bewahrung und Wiederherstellung des Sollzustandes sowie zur Festlegung und Beurteilung des Istzustandes von technischen Mitteln eines Systems". D. h. es sollen durch Wartung (Bewahrung und Wiederherstellung des Sollzustandes) ständige Verfügbarkeit und eine uneingeschränkte Einsatzbereitschaft der Werkzeuge in der Produktion gewährleistet und durch Inspektion (Feststellung und Beurteilung des Istzustandes) Erkenntnisse gewonnen werden, die in Entwicklung und Konstruktion sowie in Arbeitsvorbereitung einfließen können. Durch Inspektion gewonnene Erkenntnisse tragen so dazu bei, den aktuellen technischen Stand zu verbessern und die Lebensdauer der Werkzeuge zu verlängern. Darüber hinaus führen sie zu mehr Sicherheit am Arbeitsplatz und in der Personalplanung sowie zu einer besseren Auslastung der Anlagen.

Im Rahmen der Instandhaltung muss auch diskutiert werden, wer die Arbeiten übernimmt und wo sie ausgeführt werden. Stehen entsprechend ausgebildetes und qualifiziertes Personal sowie der dafür erforderliche Maschinenpark zur Verfügung, wird man sich in vielen Fällen für eine Durchführung der Instandhaltungsarbeiten in eigener Regie entscheiden. Es ist dann noch zu klären, ob die Arbeiten zentral oder dezentral durchgeführt werden. Für eine zentrale Bearbeitung spricht, dass weniger – aber dafür höher ausgelastetes – Personal benötigt wird. Zu einer gegenteiligen Betrachtung führt eine dezentrale Durchführung der Instandhaltungsarbeiten. Die Frage zentrale oder dezentrale Bearbeitung hängt aber letztlich von der Größe des Unternehmens ab. Eine Fremdvergabe der Arbeiten ist unerlässlich, wenn kein entsprechend ausgebildetes Personal zur Verfügung steht.

Welchen Stellenwert die planmäßige Instandhaltung innerhalb eines Auftrages hat, zeigt andeutungsweise Bild 21.1. Bei Anwendung der sogenannten Feuerwehrstrategie, bei der ein Werkzeug erst dann gewartet wird, wenn es ausfällt, verschlechtert sich die Anlagennutzung aufgrund längerer Stillstandzeiten, bedingt durch die Wartezeiten vom Auftreten der Störung bis zum Beginn der Reparaturarbeiten [21.1] bis [21.3]. Auch können die Reparaturkosten in solchen Fällen deutlich über den Kosten liegen, die bei geplanten Wartungsarbeiten anfallen.

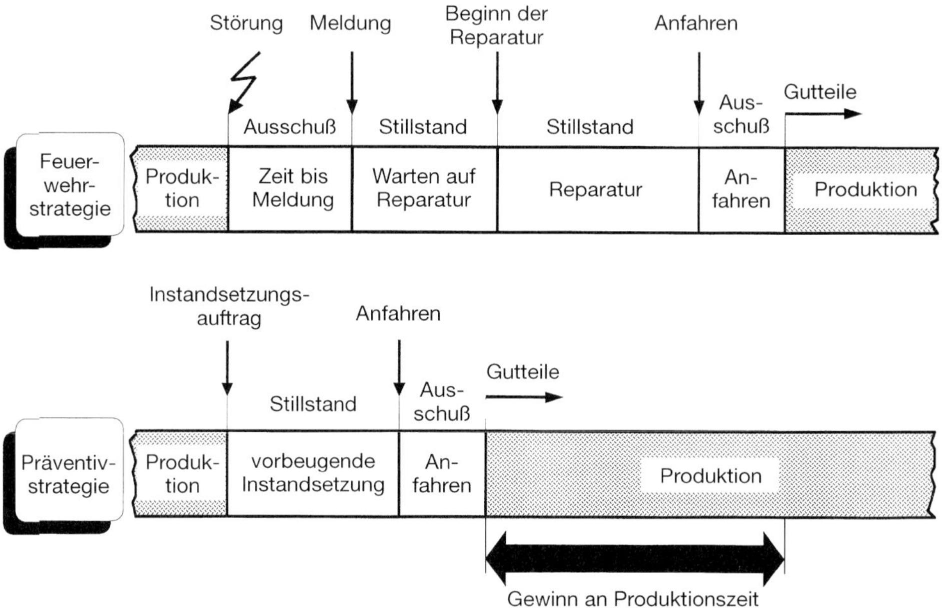

Bild 21.1 Zeitablauf bei Anwendung verschiedener Instandhaltungsstrategien

Instandhaltung darf daher nicht ungeplant bei Bedarf erfolgen, sondern muss Ergebnis einer systematischen Instandhaltungspolitik sein, die sich abstützt auf statistisch erfasste Daten und deren Auswertung. Dabei gilt: je sorgfältiger und umfangreicher die Datensammlung und -auswertung durchgeführt wird, umso wirksamer greifen die Instrumente der Instandhaltung und sichern dadurch letztendlich den wirtschaftlichen Erfolg.

Die Datensammlung muss Auskunft geben über:

- Ausfallzeiten aller Werkzeuge, von Werkzeuggruppen (Werkzeugfamilien) und für ein einzelnes Werkzeug,
- Anfälligkeit der einzelnen Funktionssysteme innerhalb eines einzelnen Werkzeuges und einer Werkzeugfamilie,
- über Versagen einzelner Bauteile,
- Häufigkeit der aufgetretenen Schäden sowie ihre Ursache,
- Schadensintervalle,
- Art und Weise der durchgeführten Reparatur (Austausch oder Bearbeitung des beschädigten Bauteils),
- Reparaturzeiten,
- Reparaturkosten (Eigenleistung oder Fremdleistung) und
- Personaleinsatz (wer hat die Arbeiten durchgeführt und wo).

Die Antworten auf die vorstehenden Fragen sollten sowohl in einer am Werkzeug verbleibenden Checkliste oder einem Transponder, als auch in einem EDV-System gesammelt und abgelegt werden.

21.2 Vorgehensweise zur planmäßigen Werkzeug-Instandhaltung

21.2.1 Datenerfassung

Neben der Erfassung der Zykluszahl eines Werkzeuges und der Protokollierung von vorangegangenen Wartungsvorgängen in sogenannten Werkzeuglebensläufen erfolgt die Überwachung des Zustandes eines Spritzgießwerkzeuges und die darauf aufbauende zustandsorientierte sowie präventive Wartung vermehrt über eine kontinuierliche Datenerfassung und -verwaltung in zentralen EDV-Systemen. In das Spritzgießwerkzeug eingebettete Diagnosesysteme überwachen beispielsweise Verschleiß- und Lagerbedingungen, welche zur Planung von bedarfsgerechten Wartungsintervallen herangezogen werden können [21.5]. Von den reaktiven und präventiven Instandhaltungsmaßnahmen können mit der zunehmenden automatisierten Datenerfassung zustandsorientierte Instandhaltungsstrategien angewendet werden. Mittels Ultraschall-Sensorik lassen sich beispielsweise bei laufender Produktion Verschleißprozesse beobachten und bewerten. Auswerfer, Schieber und Führungssysteme können so anhand von Ultraschall Frequenzbildern überwacht werden [21.6].

Werkzeugintegrierte Sensorik erweitert die Maschinensensorik zur Ölqualität und Holmdehnung und trägt somit zur Verringerung von Stillstandszeiten bei [21.7].

Die Werkzeugdaten können in einem so genannten Lebenslauf festgehalten werden [21.1] [21.6]. Hier sollten für jedes Werkzeug die in Bild 21.2 in Form einer „Lebenslaufzeile“ dargestellten Daten erfasst werden. Unter der *Position 1* wird die Ident-Nummer des Werkzeugs aufgeführt. Die Kurzbezeichnung sollte unter *Position 2* den zu fertigenden Artikel durch ein Schlagwort (z. B. Türgriff) charakterisieren. Durch die Kombination von Ident-Nummer und Kurzbezeichnug werden so spätere Verwechslungen weitgehend ausgeschlossen. Das Datum der Inbetriebnahme (*Position 3*) lässt das Alter des Werkzeugs und das Datum des Produktionsbeginns erkennen. Für die Planung der Instandhaltungsmaßnahmen oder -intervalle ist die Kenntnis des aktuellen Datums (*Position 4*) der durchgeführten Wartungsarbeiten und der gefahrenen Zyklen als Verschleiß bestimmender Faktor erforderlich (*Position 5*). Weiterhin ist wichtig zu erfahren, ob es sich um eine geplante oder um eine ungeplante Instandhaltungsmaßnahme handelt (*Position 6*). Zum Zwecke der Adressierung muss angegeben werden, welchem Funktionssystem der aufgetretene Schaden zuzuordnen ist (*Position 7*). Für eine möglichst einfache Erfassung und Auswertung der in einem Funktionssystem festgestellten Schäden sollten die Einzelkomponenten der Systeme ebenfalls nummeriert werden (siehe z. B. *Position 7.4* bei den

Werkzeuglebenslauf

1.Ident.-Nr. xxxxxx

2.Kurzbez.: yyyyyyy

3.Inbetriebnahme: zzzzzzzz

4. Datum	5. Zyklen	6. Geplant		7. Funktions-system	8 Aktueller Schaden	9. Schadens-ursache	10. Standort			11. Kosten		
		Ja	nein				Lager	Werkstatt		Direkt	Indi-rekt	Fremd-kosten
								Intern	Extern			

Erläuterungen zu den Positionen 7; 7.4; 8 und 9

7. Funktionssystem	7.4 Einzelkomponenten	8. Aktueller Schaden	9. Schadensursache
1.Angusssystem 2.Formnest 3.Temperiersystem 4.Entformungssystem 5.Führungs-/Zentriersystem 6.Sonstiges 7. ------	1. Auswerfer 2. Ausstoßbolzen 3. Rückzugfeder 4.Auswerferhalteplatte 5. Auswerfergrundplatte 6. ------	1, Korrosion 2. Bruch 3.Verklemmt 4. Verschmutzung 5. ------	1. Einrichtefehler 2. Materialversagen 3. Leckagen 4. ------

Bild 21.2 Erfassung der Schadensfälle in einem Werkzeuglebenslauf (in Anlehnung an [21.1])

Erläuterungen zu Bild 21.2). Setzt man dieses in ein Nummernsystem um, so ergibt sich für einen Auswerferschaden für die *Position 7* in Bild 21.2 eine zweistellige Zahl (z. B. 4.1, 4 = Entformungssystem, 1 = Auswerferbruch). Dies hat insbesondere den Vorteil, dass ein Schaden bei der Datenerfassung eindeutig bezeichnet wird und die Mitarbeiter gleichartige Schäden nicht unterschiedlich beschreiben. Die Angabe des aktuellen Schadens (*Position 8*) sowie die entsprechende Ursache (*Position 9*) sollten für die Schwachstellenanalyse ebenfalls zur Verfügung stehen. Es sollte darüber hinaus ein kurzer Kommentar eingegeben werden können. Aus *Position 10* kann die Arbeitsvorbereitung für Planung und Terminierung von Instandhaltungsarbeiten bzw. von nachfolgenden Produktionsaufträgen den aktuellen Status des Werkzeuges erkennen. Die Kosten können in der *Position 11* getrennt nach direkten und indirekten Kosten sowie nach Fremdkosten, für extern angefallene Arbeiten am Werkzeug (z. B. für Reparaturarbeiten), festgehalten werden und stehen so für wirtschaftliche Auswertungen bereit. Dieser Werkzeuglebenslauf kann an zentraler Stelle für alle Spritzgießwerkzeuge geführt werden und stellt in der vorgeschlagenen Form eine Basis für aussagefähige Auswertungen sowie die Möglichkeit eines reibungslosen Übergangs zu einer EDV-Unterstützung dar.

21.2.2 Lagerung der Werkzeuge

Um schnell auf betriebsbereite Werkzeuge zugreifen zu können, lassen sich für die Lagerung die nachstehenden Forderungen ableiten:

- Nur betriebsbereite, komplette und gereinigte Werkzeuge dürfen eingelagert werden. Dies beinhaltet auch das Entleeren und entsprechende Konditionierung von Temperierkanälen.
- Die Werkzeuge sollten nummeriert sein und zusammen mit einem Formteil (meist das letzte aus der vorhergehenden Produktion) und einer Werkzeugbegleitkarte ihren festen leicht zugänglichen Platz im Werkzeuglager haben, denn nur so lassen sich die Werkzeuge schnell und eindeutig bestimmen.

Auf der Werkzeugbegleitkarte sollten Artikelnummer und alle wichtigen Informationen für das Einrichten des Werkzeuges und die Inbetriebnahme der Spritzgießmaschine vermerkt sein. Solche Informationen sind Angaben über:

- zuletzt in der Produktion eingesetzte Maschine
- Abmessungen des Werkzeuges
- benötigte Aufspannmittel (Pratzen etc.)
- Abmessungen des Formteils
- Schussgewicht (Spritzvolumen)
- zu verwendende Formmasse

- Vorschriften für die Materialvorbehandlung
- Verarbeitungstemperaturen
- Einspritzdruck, Nachdruck, Staudruck
- Einspritzgeschwindigkeit
- Schneckendrehzahl
- Zylinderausrüstung und Düse (Schiebeverschluss, Rückstromsperre)
- die zuletzt benutzten Temperiergeräte
- die Werkzeugtemperaturen und Temperiermittel (Wasser, Öl etc.)
- Wartungsintervalle (Werkzeug, Maschine, Temperiergeräte)
- gefertigte Stückzahlen

Ein schneller Werkzeugwechsel lässt sich nur dann durchführen, wenn die Werkzeuge betriebsbereit aus dem Lager kommen und ohne aufwändige Montage- und Reinigungsarbeiten in Produktion gehen können. Dies ist nur dann gewährleistet, wenn sie eine in sich geschlossene vollständige Einheit bilden, d. h. sie dürfen nicht aus Teilen oder Baugruppen aufgebaut sein, die auch für die Funktionsfähigkeit anderer Werkzeuge benötigt werden. Denn „geliehene oder verliehene“ Bauteile sind oft nicht auffindbar oder werden im Zweifelsfall genau zum geplanten Einsatzzeitpunkt eines Werkzeuges anderweitig benötigt. Die Folge sind zeitintensive, unnötige und nicht kalkulierbare Stillstandzeiten.

Auch Reinigungsarbeiten verzögern den Beginn der Produktion. Sie sollten auf ein Minimum beschränkt sein. Dies stellt besondere Anforderungen an die Pflege der Werkzeuge, auf die später noch näher eingegangen wird.

21.2.3 Anforderungen an das Werkzeuglager

Die wichtigsten Voraussetzungen, für eine sachgerechte Lagerung der Werkzeuge, sind Sauberkeit und insbesondere die klimatischen Verhältnisse im Werkzeuglager. Feuchte und unbeheizte Lagerräume fördern die Korrosion. Hat das Werkzeug erst einmal Rost angesetzt, ist die Instandsetzung zeitaufwendig und sehr teuer (da es sich um Handarbeit handelt); oft sogar unmöglich. Die Werkzeuglager sollten daher stets auf gleicher Temperatur gehalten und entfeuchtet werden. Der dafür erforderliche technische Aufwand ist gering und macht sich sehr schnell bezahlt.

Wichtig für Zugänglichkeit und den Transport der Werkzeuge ist die Größe des Lagers. Sie wird im Wesentlichen bestimmt durch Größe und Art der zur Verfügung stehenden Transportmittel, den für den Transport erforderlichen Rangierraum (z. B. für Gabelstapler oder ähnliche Hilfsmitteln) und durch Anzahl und Größe der einzulagernden Werkzeuge.

Nach Durchführung eines Auftrages darf ein Werkzeug erst dann eingelagert werden, wenn seine Tauglichkeit für einen zukünftigen Einsatz absolut sichergestellt ist. Anhaltspunkte für den Zustand liefern die zuletzt gefertigten Teile. Sie müssen auf Maßhaltigkeit untersucht und einer eingehenden optischen Kontrolle unterworfen werden. Dadurch lassen sich Rückschlüsse auf die Beschaffenheit der Werkzeugoberfläche, auf die Dichtigkeit der Werkzeugtrennebene (wird deutlich durch Gratbildung am Spritzling) und der Funktion der Auswerfer, Auswerferhülsen etc. schließen. Werden keine Mängel festgestellt, so können sich die Wartungs- bzw. Instandhaltungsarbeiten beschränken auf die nachfolgend beschriebenen allgemeinen Pflege- und Wartungsarbeiten [21.1].

21.3 Wartungs- und Instandhaltungsarbeiten

Wartungs- und Instandhaltungsarbeiten können entweder bei aufgespanntem Werkzeug in der Spritzgießmaschine durchgeführt werden oder sie werden zur Demontage der Spritzgießmaschine entnommen. Zur Entnahme der Werkzeuge werden im Allgemeinen Hebewerkzeuge, wie z. B. Kräne, Hubwagen etc. verwendet, die dann die Werkzeuge zu Montagearbeitsplätzen befördern, wo sie überprüft werden sollen und für die Bearbeitung eventueller Schäden zerlegt werden müssen. Da die Werkzeuge im geschlossenen Zustand befördert und zur Durchführung der Wartungs- und Inspektionsarbeiten angeliefert werden, ergeben sich dabei insbesondere bei großen Werkzeugen aber Schwierigkeiten. So können die Werkzeuge von Hand nicht mehr für die Überprüfung einzelner Funktionen geöffnet werden. Vielfach hilft man sich in solchen Fällen dann dadurch, dass man das Werkzeug auf eine Presse aufspannt, die das Öffnen und Schließen der Werkzeuge übernimmt. Eleganter lassen sich diese Vorgänge und Arbeiten jedoch lösen, wenn man auf Inspektionsvorrichtungen oder auf Werkzeugwechselfahrzeuge mit integrierten Inspektionsvorrichtungen zurückgreift. Zur Vermeidung von Produktionsausfällen durch lange Handhabungs- und Montagezeiten, ist abhängig von der Produktion und dem Wartungsfall eine Instandhaltung an in der Spritzgießmaschine bei aufgespanntem Werkzeug vorzuziehen. Hierbei ist allerdings auf einen Werkzeugaufbau zu achten, der es erlaubt im aufgespannten Zustand einzelne Werkzeugplatten und -kavitäten zu wechseln und Auswerferstifte zu tauschen. Weitere Werkzeugwechselwagen, Spannvorrichtungen, Auswerferkupplungen und Kupplungen für Energietransport und Sensorik werden in Kapitel 14 beschrieben und diskutiert.

21.3.1 Pflege und Wartung der Werkzeugoberflächen

Spätestens nach Produktionsende (bei Serien mit großen Stückzahlen, oft auch während der Produktion) sind die Werkzeugoberflächen besonders sorgfältig zu reinigen, da deren Beschaffenheit ausschlaggebend für die Qualität der Formteile ist. Dies gilt nicht nur für die Herstellung optischer Teile, sondern auch für Spritzlinge mit strukturierten Oberflächen. Bereits kleinste Unebenheiten, Poren oder Verschmutzungen der Werkzeugoberfläche verschlechtern die Oberflächenbeschaffenheit und Abformgenauigkeit und führen damit zu mangelnder Bauteilqualität und einem erhöhten Ausschuss.

Schäden an der Werkzeugoberfläche entstehen als Folge von:

- mechanischen,
- thermischen und
- chemischen Beanspruchungen.

Die mechanisch verursachten Schäden, wie Riefen, Kratzer, Abplatzungen oder Druckstellen, die durch im Werkzeug verbliebene Materialreste an den Dichtflächen entstehen, können nur durch aufwändige mechanische Bearbeitungsverfahren oder durch Aufschweißen und nachträgliche Bearbeitung behoben werden. Hierauf wird später noch im Einzelnen näher eingegangen.

Die thermischen und chemischen Belastungen der Werkzeuge machen sich in Form von Ablagerungen oder Rostbildung auf der Werkzeugoberfläche bemerkbar. Die Ablagerungen entstehen dabei durch Abscheidungen aus den Formmassen. Sie treten besonders häufig bei der Verarbeitung von Elastomeren oder Materialien mit einer speziellen Brandschutzausrüstung auf.

Roststellen bilden sich durch Kondensate oder bei der Verarbeitung von Kunststoffen, bei denen sich Spaltprodukte bilden, die Korrosion verursachen, z. B. bei PVC.

Die Oberflächenverschmutzungen, wie auch Reste von Schmierölen und Fetten, können durch:

- Wischen, Bürsten, Polieren,
- Strahlen oder mittels
- Ultraschall

entfernt werden. Dabei ist mit besonderer Sorgfalt zu arbeiten, damit keine zusätzlichen Schäden (z. B. Kratzer) am Werkzeug entstehen.

21.3.1.1 Wischen, Bürsten und Polieren

Beim Wischen wird die staubfreie Werkzeugoberfläche mithilfe von Vlies oder Watte gesäubert. Diese werden abhängig vom Grad der Verschmutzung mit Reinigungsmittel getränkt. Als Reinigungsmittel bieten sich dabei Seifenlauge, handelsübliche Kaltreinigungsmittel sowie Industriealkohol (Isopropanol) an. Als zusätzliche Hilfsmittel kommen zum Reinigen kleiner Durchbrüche, von Sacklöchern sowie Ecken und Rundungen Watte- und weiche Holzstäbchen zum Einsatz. Schwieriger gestaltet sich das Entfernen von Ablagerungen an genarbten bzw. strukturierten Werkzeugoberflächen, da sich Vlies- oder Wattereste an den Erhebungen der Struktur verankern können. Es wird deshalb empfohlen, hier maschinell oder von Hand mit weichen Bürsten zu arbeiten [21.8].

Die Ursachen und das Ausmaß von Roststellen sind besonders sorgfältig zu untersuchen. Wird bereits Lochfraß festgestellt, so muss u. U. die gesamte Werkzeugoberfläche mechanisch von Hand oder maschinell nachgearbeitet werden. Ergeben sich dabei nicht zu tolerierende Maßänderungen, so ist das Werkzeug neu aufzubauen. Einfache bzw. unkritische Roststellen und Kratzer hingegen lassen sich sehr gut mit pastösem Schleif- und Poliermittel bearbeiten. Danach ist das Werkzeug mit einem Reinigungsmittel sorgfältig zu säubern.

Zur Erleichterung der Handarbeit hält der Handel umfangreiche Hilfsmittel bereit, die auch von der Oberflächenbearbeitung her bekannt sind. Die erforderlichen rotierenden oder linearen Bewegungen der Schleif-, Polier- oder Bürstenwerkzeuge können dabei durch Ultraschallgeräte, Elektromotoren oder Pneumatikantriebe eingeleitet werden [21.9]. Die für die Reinigungs- bzw. Aufarbeitungsarbeiten erforderlichen Werkzeuge werden in Handstücke eingespannt. Sie können auf unterschiedliche Art und Weise bestückt sein. Umfang und Grad der Verschmutzung bestimmen, welche Werkzeuge und eventuellen Zusatzstoffe, wie Pasten, Emulsionen, Gele, Sprays oder ähnlichen Reinigungsmittel, zu verwenden sind [21.9] [21.10]. Die Werkzeuge und Zusatzstoffe sind in großem Umfang im Handel erhältlich, so dass hier auf eine Aufzählung im Einzelnen verzichtet wird. Generell gilt aber je glänzender die Oberflächen sein müssen, umso feinkörniger müssen auch die Werkzeuge bestückt und die Zusatzstoffe (z. B. die Pasten) aufgebaut sein.

Die bisher beschriebenen Reinigungsarbeiten sind zeitaufwändig und führen nicht immer zu einem optimalen Ergebnis. Schnellere und günstigere Ergebnisse lassen sich meist nur mit teil- oder vollautomatisierten Reinigungssystemen erzielen. So kommen z. B. im Handel befindliche Strahlgeräte, Ultraschallanlagen und Lasersysteme zum Reinigen von Werkzeugoberflächen zum Einsatz.

21.3.1.2 Reinigen durch Strahlen

Bei den im Handel befindlichen Strahlanlagen erfolgt die Reinigung der Werkzeuge durch:

- Trocken-, Nassdampf- oder Heißwassersprühstrahlen,
- organische Strahlmittel,

- Trockeneis (CO_2 Granulate) oder mittels
- Laserstrahlung.

21.3.1.2.1 Trocken-Nassdampf- oder Heißwassersprühstrahler

Bei den Dampfstrahlern erfolgt das Reinigen und Entfetten der Werkzeuge durch Trocken- oder Nassdampf bzw. durch einen Heißwassersprühstrahl. Die im Handel erhältlichen Anlagen arbeiten mit einem Dampfdruck zwischen 0 und 6 bar bei Temperaturen von bis zu 160 °C. Feuchtigkeit und Dampfmenge bzw. die Menge des Sprühstrahls lassen sich stufenlos regeln und so auf die Art und den Grad der Verschmutzung abstimmen. Die Dampfstrahler sind entweder mit einer Druckluftdüse, zum zusätzlichen Trocknen der Werkzeuge, oder mit einer Absaugung zum Absaugen des Dampfes und der Verunreinigungen ausgerüstet. Die Reinigungsarbeiten werden in speziellen Strahlkabinen oder Reinigungsstraßen an zuvor demontierten Werkzeugen durchgeführt [21.11].

21.3.1.2.2 Organische Strahlmittel

Zum Reinigen der Werkzeuge mit organischen Strahlmitteln kommen Feinstrahlgeräte zum Einsatz, die vom Entzundern, Entgraten, Glätten, Mattieren der Oberflächenverfestigung oder der Haftgrundvorbereitung beim Lackieren her bekannt sind. Das Strahlgut wird in den Geräten durch Druckluft beschleunigt und durch Düsen ausgetragen. Beim punktgenauen Auftreffen auf die Verunreinigungen, werden diese durch übertragene Druck- und Scherkräfte (Abrasion) vom Untergrund abgelöst und mit dem Strahlgut entsorgt.

Für die jeweilige Anwendung stehen feinkörnige, scharfkantige Strahlgüter zur Verfügung, die sich durch Größe und Härte der Körnung unterscheiden. Sie sollten in enger Zusammenarbeit mit den Herstellern ausgewählt werden [21.11] bis [21.13].

21.3.1.2.3 Reinigen mit Trockeneis

Beim Reinigen der Werkzeuge mit Trockeneis wird die Werkzeugoberfläche mit länglichen Eiskörnern beschossen, die dazu mit komprimierter Luft auf eine Geschwindigkeit von ca. 300 m/s beschleunigt werden [21.14]. Das Aufprallen der Eiskörner erzeugt einen punktuellen Thermoschock, der bewirkt, dass sich die am Werkzeug haftende Verschmutzung (Ablagerung) zusammenzieht, aufbricht und von der Werkzeugoberfläche ablöst. Im weiteren Verlauf wird die abgelöste Verschmutzung dann durch die nachfolgenden Eiskörner abgetragen (Bild 21.3) Nach dem Aufprall gehen die Eiskörner direkt in den gasförmigen Zustand über (Sublimation). Es müssen also keine Strahlmittel aufgefangen und entsorgt werden. Wegen der geringen Härte der Eiskörner wird die Werkzeugoberfläche beim Strahlvorgang nicht beschädigt.

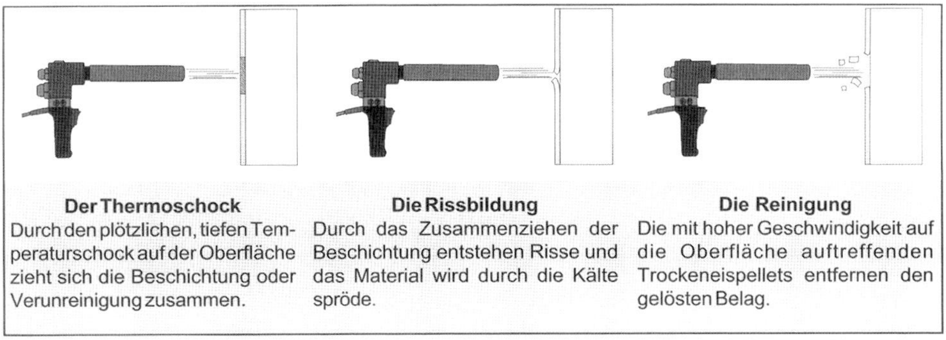

Bild 21.3 Arbeitsprinzip eines Trockeneisstrahlgerätes [21.14]
Das zum Bestrahlen benötigte Trockeneis wird aus flüssigem Kohlenstoffdioxid hergestellt, die in dem Granulator unter atmosphärischem Druck entspannt. Der dabei entstehende Trockeneisschnee wird anschließend bei einer Geschwindigkeit von 300 m/s durch eine Lochplatte "gepresst" und zu Pellets ausgeformt.

Trotz der niedrigen Temperatur der Eiskörner, von – 79 °C, wird das Werkzeug beim Strahlprozess nur unmerklich abgekühlt. Deshalb kann dieses Verfahren auch zum Reinigen beheizter Werkzeuge eingesetzt werden, z. B. bei der Verarbeitung von Elastomeren. Beim Einsatz von mobilen Anlagen können so die Reinigungsarbeiten unmittelbar auf der Maschine durchgeführt werden, ohne den Produktionsablauf maßgeblich zu behindern [21.14] [21.15].

21.3.1.2.4 Reinigen mit Laser

Zum Reinigen von Werkzeugen werden auch Lasersysteme eingesetzt [21.16] [21.17]. Die Energie der Laser wird in organischen Schichten z. B. Materialresten, Ölen, Fetten usw. absorbiert und verdampft diese innerhalb kürzester Zeiten (Mikrosekunden), ohne dass sich das Werkzeug dabei wesentlich erwärmt. Geführt wird das Laserlicht bei diesem Vorgang durch einen mehrachsigen Scanner (je nach Hersteller 4- oder 5-achsig), sodass die Reinigung auch unter verschiedenen Bearbeitungswinkeln durchgeführt werden kann und damit auch Ecken und Hinterschneidungen erfasst. Die beim Verdampfen entstehenden Gase und sonstigen Rückstände werden lokal abgesaugt und gefiltert. So entsteht ein umweltfreundlicher und das Werkzeug schonender Reinigungsprozess, der entweder mit mobilen Anlagen am im Einsatz befindlichen Werkzeug direkt an der Maschine oder in stationären Anlagen durchgeführt werden kann. Das Werkzeug muss dazu nicht abgekühlt werden. Es ist lediglich auf einen geeigneten Schutz vor Laserstrahlung zu achten.

21.3.2 Reinigen mit Ultraschall

Zum Reinigen mit Ultraschall werden die Werkzeuge oder Teile davon in ein Reinigungsbad eingelagert. Wird die Reinigungsflüssigkeit dann in Schwingungen (über 20 kHz) versetzt, bilden sich Ultraschallwellen, die komplexe und hochfrequente Unter- und Überdruckphasen auslösen. Während der Unterdruckphasen sinkt der Druck in der Reinigungsflüssigkeit auf Verdampfungsdruck ab. Als Folge davon entstehen mikroskopisch kleine Dampfblasen, die in der Überdruckphase wieder implodieren. Diesen Vorgang bezeichnet man als Kavitation. Besonders ausgeprägt ist der Vorgang der Kavitation beim Auftreffen der Schallwellen auf die Oberflächen der in das Reinigungsbad eingelagerten Werkzeuge oder -teile. Durch das Implodieren der Dampfblasen entstehen Schockwellen, die den an den eingelagerten Werkzeugen anhaftenden Schmutz unterwandern und ablösen [21.18] bis [21.22]. Anschließend werden die vom Schmutz befreiten Teile in einem weiteren Bad, in dem auch Inhibitoren als Korrosionsschutz eingesetzt werden können, nachgespült. Danach werden die Werkzeuge getrocknet.

Das Reinigungsergebnis ist bei der Anwendung von Ultraschall abhängig von der Wahl der Anlage und des Reinigungsmittels. Die Anlagen werden, meist abgestimmt auf die Anforderungen und Bedürfnisse der Kunden, im Frequenzbereich zwischen 20 und 50 kHz gebaut und angeboten. Bei den niedrigen Frequenzen entstehen große Dampfblasen für eine starke Intensivreinigung, bei hohen Frequenzen bilden sich kleine Dampfblasen für eine schonende Feinreinigung. Die Badflüssigkeit richtet sich nach der Art der Verschmutzung und der zu reinigenden Oberfläche. Zum Reinigen von Metalloberflächen werden in der Regel alkalische Reinigungsmittel verwendet. Nachfolgend sollten die Werkzeuge dann in einer weiteren Station mit sauberem, warmem Wasser unter Ultraschall gespült werden. Will man dabei Wasserflecken vermeiden, so muss mit einem Spülmedium (z. B. Alkohol) gespült werden, das ohne Rückstände verdunstet.

Da Metalle nach einer Reinigung im Ultraschall rostanfällig sind, sollten dem Reinigungs- oder dem Spülbad Inhibitoren als Korrosionsschutz zugesetzt werden. Ein wirksames Mittel gegen Rosten ist auch ein sorgfältiges Trocknen nach dem Spülen. Bild 21.4 zeigt ein Werkzeug vor und nach der Reinigung im Ultraschallbad.

Das Reinigen der Werkzeuge wird vielfach auch als Dienstleistung angeboten. Dies gilt besonders für die automatisierten Ultraschall- und Laserverfahren. Anbieter sind die Hersteller dieser Verfahren selbst oder deren Kooperationspartner, die sich auf die Durchführung solcher Arbeiten spezialisiert haben.

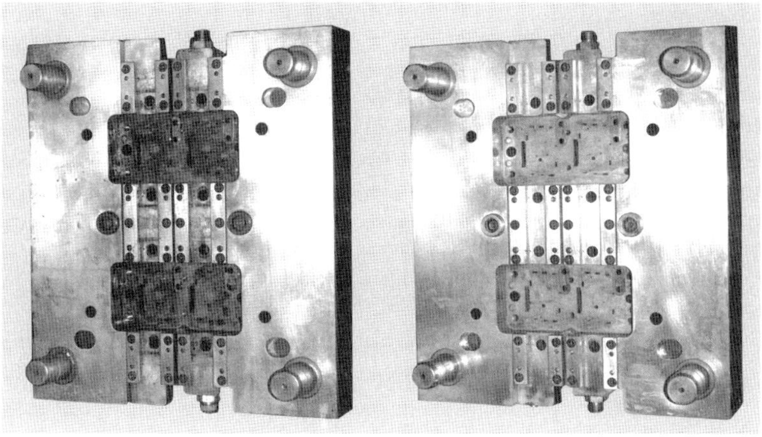

Bild 21.4 Werkzeug vor (links) und nach der Reinigung im Ultraschallbad (rechts) [21.21]

21.4 Pflege und Wartung der Temperiersysteme

Die Zykluszeit sowie die Qualität der Spritzlinge und damit die Wirtschaftlichkeit der Produktion sind abhängig von einer gleich bleibenden und gut funktionierenden Werkzeugtemperierung. Ablagerungen, die sich mit fortschreitender Dauer in den Temperierkanälen, der im Einsatz befindlichen Werkzeuge bilden, wie z. B. Kalkstein, Rost, Schlamm oder Algen, verschlechtern den Wärmeübergang, erschweren gleichzeitig den Temperiermitteldurchsatz und damit letztendlich den Wärmeaustausch zwischen der Formmasse und dem Temperiermedium. Sie sind daher von Zeit zu Zeit (z. B. im Rahmen einer geplanten Instandhaltung) zu beseitigen. Dazu bieten sich zwei Möglichkeiten an:

- Aufbohren der Temperierkanäle und
- Durchspülen der Kanäle mit einem Reinigungs-/Lösungsmittel.

Welche Möglichkeit dabei zur Anwendung kommt, hängt von der Führung/Geometrie der Temperiermittelkanäle ab. Das Aufbohren bietet sich dann an, wenn die Kanäle geradlinig im Werkzeug angeordnet sind und durch Sperren (Stopfen) so gestaltet wurden, dass das Temperiermittel das Temperiersystem in einem Fluss durchströmt. Ist dies nicht der Fall, so müssen die verschmutzten Kanäle mit speziellen Reinigungsmitteln durchgespült werden [21.23]. Im Handel befindliche Spülstationen erleichtern diese Arbeiten [21.24] bis [21.25].

Die zuvor erwähnten Ablagerungen in den Temperierkanälen werden verursacht durch die im Wasser befindlichen Inhaltsstoffe und bilden sich als Folge von chemischen Reaktionen, Oxidationsreaktionen und biologischen Wachstumsvorgängen, die hervorgerufen werden durch die häufigen Temperaturveränderungen und die Verweilzeiten des Kühlwassers, insbesondere in den so genannten „toten Ecken" im gesamten Kühlsystem. Durch die Verwendung von aufbereitetem und konditioniertem Wasser lassen sich die Ablagerungen und ihre Folgen auf ein Minimum beschränken. Zur Wasseraufbereitung werden heute Anlagen angeboten, die auch gleichzeitig den Durchfluss überwachen [21.25] [21.26].

Besonderes Augenmerk ist auf die Reinigung des Temperiersystems bei Werkzeugen mit schlanken Kernen zu legen. Das Temperiermedium wird hier meist durch ein Steigrohr (Injektionsnadel), ein- oder zweigängige Kerne bzw. verdrillte Trennbleche sowie spezielle Kühlfinger zur Spitze des zu temperierenden Kerns geführt. Diese Temperiersysteme sind mechanisch nicht zu reinigen. Auch das Durchspülen führt meist nicht zum gewünschten Erfolg. Die Einsätze müssen daher ausgebaut und erneuert werden. Dies gilt auch für Dichtungen, die die Werkzeuge vor Leckagen schützen.

Außerhalb des Werkzeuges liegende Nippel, Brücken und Verschraubungen sowie Zuleitungen (Schläuche), soweit sie am Werkzeug verbleiben, sind ebenfalls in die Wartungsarbeiten einzubeziehen und bei Beschädigung auszutauschen.

Zur Kontrolle der Temperiersysteme bieten sich einfache Durchflussmessungen an. Dazu schließt man das Werkzeug nach seiner Fertigstellung bzw. vor seinem ersten Einsatz über einen Druckminderer an das Leitungsnetz der Temperiermittelversorgung an. Am Druckminderer wird ein definierter Druck eingestellt und der Temperiermitteldurchsatz gemessen. Bei späteren Kontrollmessungen muss der Temperiermitteldurchsatz bei derselben Einstellung am Druckminderer wieder gleich sein. Abweichende Werte (z. B. ein geringerer Durchfluss) deuten bereits auf eine beginnende Verstopfung hin.

Bevor das Werkzeug eingelagert wird, sind Temperierkanäle zu entleeren und gegebenenfalls zu reinigen und zu konditionieren, d. h. gegen Korrosion zu schützen.

21.5 Pflege und Wartung des Heiz- und Regelsystems

Die hier durchzuführenden Wartungs- und Instandhaltungsarbeiten sind insbesondere bei Heißkanalangüssen- und elektrisch beheizten Werkzeugen von Bedeutung. Nach Produktionsende sollten die Heizpatronen, Flachheizungen, Heizbänder und Messfühler mittels Ohmmeter überprüft und mit den in der Werkzeugkarte aufgeführten Ausgangswerten verglichen werden. Zusätzlich ist eine Kontrolle auf Masseschluss mit einem Isolationsprüfer zu empfehlen. Die Regelkreise lassen sich am einfachsten mit einem Amperemeter, welches in jedem Regelkreis ohnehin eingebaut sein sollte, überwachen.

Letztlich ist noch zu überprüfen, ob auch Leitungen, Anschlüsse, Isolationen und Zugentlastungen in einem einwandfreien Zustand sind.

21.6 Pflege und Wartung des Angusssystems

Die Kontrolle beginnt hier bei der Düsenanlagefläche, die im Betrieb besonders stark beansprucht wird, insbesondere dann, wenn Einspritz- und Schließeinheit zueinander versetzt sind. Als Folge davon treten sowohl an der Einspritzdüse als auch an der Düsenanlagefläche der Angussbuchse Beschädigungen auf, die als Druckstellen sichtbar sind und in der Produktion zu Leckagen führen. Je nach Grad der Beschädigung sollten Düse und Angussbuchse ausgewechselt werden.

Bei temperierten Angusssystemen, die in der Regel nicht mit jedem Schuss entformt werden, insbesondere aber auch bei korrodierenden oder zur Zersetzung neigenden Formmassen, muss das Angusssystem nach Produktionsende sorgfältig mit einem Kunststoff gespült werden, der eine große Verarbeitungsbreite hat. Dies gilt speziell für Werkzeuge mit einem Vorkammeranguss, mit Isolierverteiler und mit Heißkanaldüsen.

Bei den Isolierkanälen und Heißkanaldüsen ist zusätzlich auf Leckagen zu achten. Der Handel bietet heute auch Geräte an, die die Heißkanalsysteme bereits im laufenden Betrieb auf Leckagen überwachen, so genannte MPS-Geräte (Mold-Protection-System). Die Geräte arbeiten mit luftbetriebenen Überwachungsdüsen, die in Bereichen möglicher Leckagestellen angeordnet werden. Tritt Schmelze an diesen Stellen aus, verschließen sich die Düsen. Als Folge davon steigt der Druck in der Düse an und ein Drucksensor löst eine Leckagewarnung aus [21.27].

21.7 Pflege und Wartung von Gleitführungen

Die Führungen an beweglichen Werkzeugteilen, wie z. B. an Backen und Schiebern aber auch das Führungssystem selbst, sind vor der Einlagerung der Werkzeuge sorgfältig mit einem Kaltreiniger zu reinigen und anschließend mit harz- und säurefreien Schmierstoffen (z. B. Silikonölen oder Teflonschmierstoffen einzureiben. Im laufenden Betrieb hingegen erfolgt die Schmierung, um die Gefahr des „Fressens“ zu vermeiden, mit Molybdändisulfid. Bei hydraulisch oder pneumatisch betätigten Schiebern, Backen oder Kernen ist zusätzlich die Dichtheit der Zylinder zu kontrollieren.

21.8 Pflegemaßnahmen vor der Einlagerung

Nachdem die vorab beschriebenen Wartungsarbeiten abgeschlossen sind, ist das Werkzeug, bevor es eingelagert wird, auf die Temperatur des Lagerraums zu bringen (damit sich später kein Kondenswasser bilden kann), sorgfältig zu trocknen und mit einem harz- und säurefreien Fett einzureiben. Dies gilt insbesondere für alle formbildenden Konturen sowie auch für die beweglichen Teile, wie Auswerfersystem, Schieber, Backen und Kernzüge. Bei einer längeren Einlagerung sollte das Werkzeug zusätzlich in Ölpapier eingeschlagen werden. Das Einfetten und Einschlagen ist dann besonders wichtig, wenn das Werkzeuglager nicht ausreichend temperiert und trocken ist.

Wurden bei den Pflegemaßnahmen vor der Einlagerung Schäden am Werkzeug behoben oder Veränderungen festgestellt, die im normalen Betrieb nicht zu erwarten sind, so sind diese in der Werkzeugkarte festzuhalten bzw. an die Arbeitsvorbereitung weiterzuleiten [21.28].

21.9 Reparaturen und Änderungen an Spritzgießwerkzeugen

Spritzgießwerkzeuge sind im Betrieb zum Teil extremen Belastungen ausgesetzt. Daraus resultieren Verschleißerscheinungen, die auf rollende, gleitende, stoßende und strömende Bewegungsabläufe zurückzuführen sind. Eine Übersicht über die verschiedenen Verschleißarten, ihre Ursachen und Erscheinungsbilder zeigt Bild 21.5.

Die Folgen des Verschleißes sind Maßänderungen, Oberflächenfehler, Schwimmhäute (Grate), Einfallstellen und Brandstellen an den Spritzlingen. Bevor man mit der Aufarbeitung der Schäden beginnt, muss zunächst die Schadensursache ermittelt werden. Nur bei genauer Kenntnis der Schadensursache können Abhilfemaßnahmen ergriffen werden, die den Schaden nicht nur beheben, sondern auch eine dauerhafte Abhilfe erwarten lassen. Folgende Maßnahmen bieten sich an:

- einfache mechanische Nacharbeit,
- Auswechseln von Teilen oder Baugruppen,
- Einsetzen oder Einlöten von Stiften oder Keilen und
- nachträgliches Auftragen von Material.

Typische Schäden an Spritzgießwerkzeugen treten auf:

- an den Führungssystemen
- an den Auswerfersystemen

	Verschleißart Ausgangsbedingungen	Kennzeichen	Erscheinungsform Ablauf, Endergebnis
mit und ohne Schmierung (Metalle, Kunststoffe, Feststoffe)	Gleitverschleiß	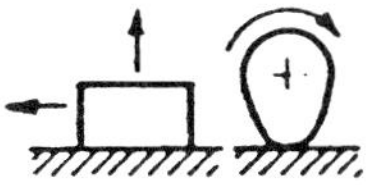	Fressen, Auskolkung Riefen, Laufspiel Rattermarken
	Rollverschleiß Walzverschleiß ohne und mit Schlupf	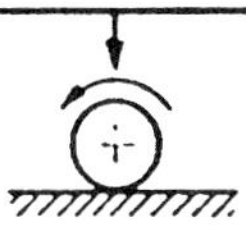	Pittings, Schälung, Abblätterungen Riffelbildung Fressen, Riefen
	Stoßverschleiß	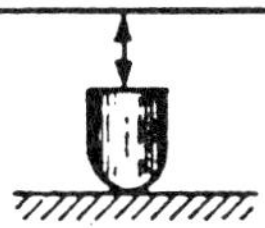	Ausbrechungen, Schälung Grübchenbildung
	Schwingverschleiß	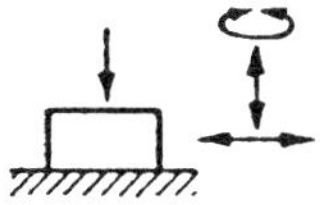	Aufrauhen, Freßerscheinungen, Oxidwallbildung, Passungsrost
abrasiver	Korn- Gleit- (Walz-) Verschleiß	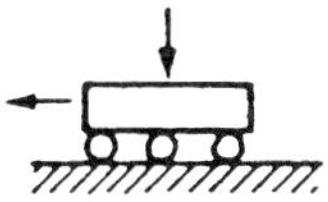	Riefen, Einbettung Walzspuren
Verschleiß	Gleitverschleiß	Gegenkörper-furchung a) Teilchenkörper-furchung b) 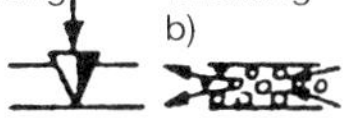	a) Riefen, Ausbrechungen, Einbettung, Glättung b) flache Riefen, Auswaschungen
erosiver	hydroabrasiver Verschleiß Strahlverschleiß weitere erosive Arten		Wellen, Mulden Durchschlag, Auswaschungen

Bild 21.5 Übersicht der Verschleißarten [21.29]

- an den Angusssystemen und Düsen
- an der Werkzeugzentrierung, z. B. an den Zentrierflanschen
- an den Temperiersystemen
- an den Trennebenen
- an den Werkzeugoberflächen

21.9.1 Mechanische Nacharbeit und Austausch von Teilen oder Baugruppen

Schäden an Funktions- und Montageteilen, wie Führungssystemen, Auswerfersystemen, Angusssystemen und Düsen sowie Zentrierflanschen etc. sollte man nicht ausbessern, sondern die beschädigten Teile oder Systeme durch neue ersetzen.

Bei der Konstruktion, in der Fertigung und der Montage wird in aller Regel für diese Werkzeugteilbereiche bereits der Einsatz von Normalien (siehe Kapitel 20) vorgesehen, die in den verschiedensten Abmessungen und Ausführungen auf dem Markt sind.

Bei den Angusssystemen können so entweder komplette Baugruppen oder in Abhängigkeit von der Konstruktion auch nur Teilbereiche ausgetauscht werden. So wird beim Werkzeug nach Bild 21.6 [21.9] [21.30] der Tunnelanguss problemlos und kostengünstig durch ein entsprechendes „Normteil" ersetzt und es steht wieder ein einwandfrei funktionierendes Werkzeug zur Verfügung.

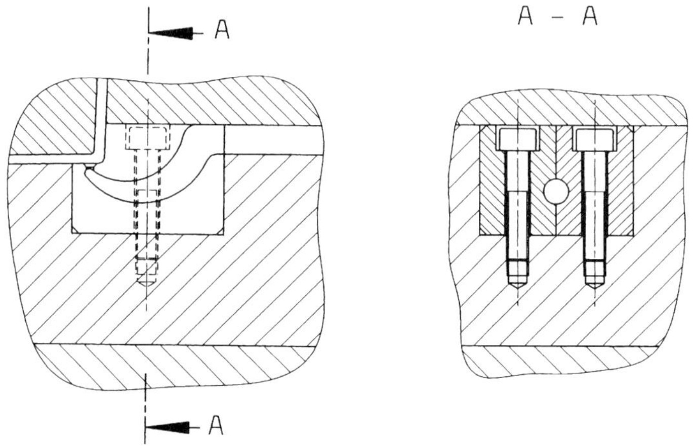

Bild 21.6 Instandsetzung eines gebogenen Tunnelangusses durch Austausch des beschädigten Einsatzes. Die Reparatur kann auf der Spritzgießmaschine durchgeführt werden. [21.9] [21.30]

Schwieriger gestalten sich die Reparaturarbeiten bei den Auswerfersystemen. Hier ist zu unterscheiden zwischen Auswerferbruch und Abplatzungen an den Führungsbohrungen. Ursachen für letztgenannte Schäden sind meist fehlerhafte Passungen oder nicht fluchtende Führungsbohrungen. Bei den Passungsfehlern ist die Führungsbohrung entweder zu klein oder zu groß. Bei zu kleiner Bohrung kommt es zum Fressen und bei zu großer gelangt Formmasse zwischen Auswerfer und Wand der Bohrung, so dass die Auswerfer verklemmen und schließlich abreißen. Die Fehler können durch Aufbohren der Führungsbohrungen und Einsetzen größerer Auswerferstifte oder durch das Einsetzen von Buchsen (hier können dann wieder Auswerferstifte in den ursprünglichen Dimensionen verwendet werden) behoben werden (Bild 21.7) [21.9]. Mit dem Einsetzen von Buchsen lassen sich gleichzeitig auch Ab- oder Ausplatzungen instandsetzen (der Durchmesser der Buchse muss größer sein als der Durchmesser der Ausbrüche). Abhängig sind diese Reparaturmaßnahmen natürlich von der Werkzeugkonstruktion und der Stelle an welcher der

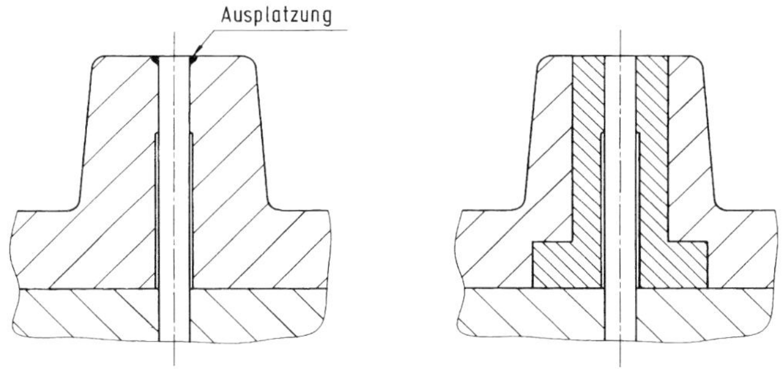

Bild 21.7 Reparatur von ausgeplatzten Rändern an der Auswerferführungsbohrung durch Aufbohren und Einsetzen von Buchsen [21.9]

Auswerfer am Spritzling angreift. Lassen die Konstruktion und die Abmessungen des Formteils die vorgeschlagenen Reparaturmaßnahmen nicht zu, so müssen die Schäden durch Auftragschweißen behoben werden. Auf die hier zum Einsatz kommenden Verfahren wird später noch gesondert eingegangen.

Bei Beschädigungen an den Trennebenen und an der Werkzeugoberfläche ist die Reparatur meist sehr aufwändig, erfordert viel Geschick und setzt gute Fachkenntnisse sowohl von den zur Anwendung kommenden Verfahren als auch von den zu verwendenden Werkstoffen voraus. Soweit es sich um geringfügige Schäden handelt, können diese durch Nachschleifen behoben werden. Allerdings sind hier von den zulässigen Toleranzen in den Formteilabmessungen her Grenzen gesetzt.

21.9.2 Einsetzen oder Einlöten von Stiften oder Kernen

Kleinere Schäden, wie z. B. Grübchen, die auf eine punktuelle Stoßbelastung zurückzuführen sind, können vielfach noch durch Aufstauchen (Krafteinbringung z. B. durch Schläge von der Rückseite her) oder durch Aufbohren bzw. Ausfräsen und anschließendes Setzen von Stiften oder Keilen ausgebessert werden. Nach dem Ausarbeiten der Fehlstelle wird das Werkzeug aufgeheizt und das Bohrloch oder die Nut mit einem „kalten Einsatz" (mit geringfügigem Aufmaß) geschlossen. Es entsteht so eine Presspassung, die im späteren Einsatz ein Herausfallen der Stifte oder Keile verhindert. Die ausgebesserte Stelle wird anschließend durch Schleifen und Polieren den umgebenden Werkzeugkonturen angepasst. Wichtig ist, dass für die Stifte oder Keile artgleiche Werkstoffe verwendet werden, damit die ausgebesserte Stelle die gleichen Werkstoffeigenschaften besitzt wie die übrige Werkzeugoberfläche. Trotz dieser Maßnahmen und aller Sorgfalt bei den Ausbesserungsarbeiten bleibt der Schaden am Formteil sichtbar. Man sollte diese Reparaturmöglichkeit daher nicht im späteren Sichtbereich der Formteile anwenden.

Sind bei einem Werkzeug auch formgebende Partien beschädigt, so führt eine Reparatur durch einfaches Setzen von Stiften oder Keilen nicht zum gewünschten Ziel. Als Reparaturverfahren bietet sich in solchen Fällen das Einlöten von Kernen mit endkonturnahen Profilen an. Bei diesem Verfahren greift man zunächst auf die CAD-Datenbasis der Konstruktion oder Fertigung zurück und vergleicht dann den Sollzustand mit dem Istzustand. So erhält man eine Aussage über das Ausmaß des beschädigten Bereiches. Im Rechner wird die Sollgeometrie des schadhaften Bereichs dann durch eine einfache geometrische Form (Quader, Zylinder etc.) vollständig überlagert. Die geometrischen Daten der überlagerten Figur bestimmen so den auszuarbeitenden Bereich im Werkzeug und sind gleichzeitig Grundlage für die Fertigung eines Einsatzes mit konturnahem Profil zum Ausbessern des schadhaften Bereiches. Dieser Einsatz wird dann zusammen mit einer dünnen Lötfolie (250 bis 500 µm) eingesetzt und einem definierten Lötprozess im Vakuum oder Schutzgas unterzogen. Es entsteht so eine feste Bindung zwischen Einsatz und Werkzeug. Die Nacharbeit zur endgültigen Anpassung der Kontur beschränkt sich somit auf ein Minimum.

21.9.3 Reparaturen und Änderungen durch Materialauftrag

Vielfach reichen die bisher beschriebenen Reparaturmaßnahmen aber nicht aus, um die Schäden am Werkzeug zu beheben, und es muss nachträglich Material aufgetragen werden, weil z. B. Ecken oder Kanten ausgebrochen sind. Dies gilt auch dann, wenn Änderungen am Werkzeug vorzunehmen sind, z. B. aufgrund von geändertem Design sowie von Fertigungs- oder Konstruktionsfehlern. In solchen Fällen muss in der Regel geschweißt werden. Diese Arbeiten sind jedoch problematisch, insbesondere wenn dabei die konventionellen Schweißverfahren zur Anwendung gelangen. Durch die zum Schweißen notwendige Wärmezufuhr und die nachfolgende Abkühlung kommt es im Inneren der Werkstoffe, auf Grund ihrer physikalischen Eigenschaften, zu Strukturveränderungen, die zu Schrumpfungen, Spannungen und Verwerfungen bis hin zu Rissen führen können. Durch ein Vorwärmen (oberhalb der Martensitbildungs-Temperatur) und Warmhalten des zu schweißenden Werkzeuges können die Bewegungsvorgänge zwar weitgehend kontrolliert werden, aber dazu bedarf es spezieller Kenntnisse, die meist nur geübte und erfahrene Schweißer vorweisen. In den meisten Fällen konnten daher bisher Reparaturen an Werkzeugen nicht in Eigenleistung durchgeführt werden. Mit dem Laserstrahlschweißen und der Weiterentwicklung vieler elektrischer Schweißgeräte stehen heute jedoch Schweißverfahren zur Verfügung, die die Nachteile einer Wärmeeinwirkung weitgehend ausschließen.

21.9.3.1 Laserstrahlschweißen

Beim Auftragschweißen mit Laserstrahlen ist die thermische Belastung der zu reparierenden Werkzeuge oder Bauteile deutlich niedriger als bei der Durchführung der Reparaturarbeiten mithilfe der konventionellen Schmelzschweißverfahren. Zur Anwendung kommen dabei luftgekühlte Feststofflaser, z. B. Nd:YAG-Laser (YAG: Yttrium-Aluminium-Granat, Kristall) mit Laserleistungen von 50 bis 200 W für Schweißungen, die von Hand ausgeführt werden. Beim Schweißvorgang werden der Laserstrahl und ein drahtförmiger Zusatzwerkstoff dabei so über die Fehlstelle am Werkzeug geführt, dass durch den Laserstrahl gleichzeitig die Oberfläche an der Fehlstelle auf- und der Zusatzwerkstoff abgeschmolzen werden. In Abhängigkeit von der Größe der Fehlstelle und der Drahtdicke des Zusatzwerkstoffes werden dabei mehrere Lagen solange über- bzw. nebeneinander abgelegt bis die Fehlstelle geschlossen ist. Daran schließt sich eine mechanische Endbearbeitung an, mit dem Ziel, die Fehlstelle der umgebenden oder der ursprünglichen Kontur anzupassen.

Bild 21.8 zeigt welche Schweißtiefen und Nahtbreiten beim Schweißen mit Laserstrahlen [21.31] erreicht werden.

Da die Impulszeiten zum Aufbringen der notwendigen Auf- bzw. Abschmelzenergie an der Oberfläche der Fehlstelle bzw. des Zusatzwerkstoffes sehr gering sind – sie liegen werkstoffabhängig zwischen 1 und 20 Millisekunden – ist auch die Wärmeeinflusszone entsprechend klein. Je nach Grundwerkstoff liegt sie im Bereich von wenigen Hundertstel Millimetern. Die damit verbundene thermische Belastung der Werkzeuge ist gegenüber konventionellen Schweißverfahren gering und die Gefahr von Verzug, Rissbildung und Abnahme der Festigkeitseigenschaften wird deutlich vermindert. Da sich Werkstoffe unterschiedlicher Eigenschaften mit dem Laser miteinander verbinden lassen, kann durch Laserauftragschweißungen auch eine partielle Oberflächenveredelung bestimmter Werkzeugteile durchgeführt werden. So lassen sich z. B. Schichten auftragen, die das Werkzeug vor Korrosion oder Abrasion schützen. Die aufgetragenen Schichten erreichen dabei werkstoffabhängig eine Härte von über 60 HRC [21.31] bis [21.34].

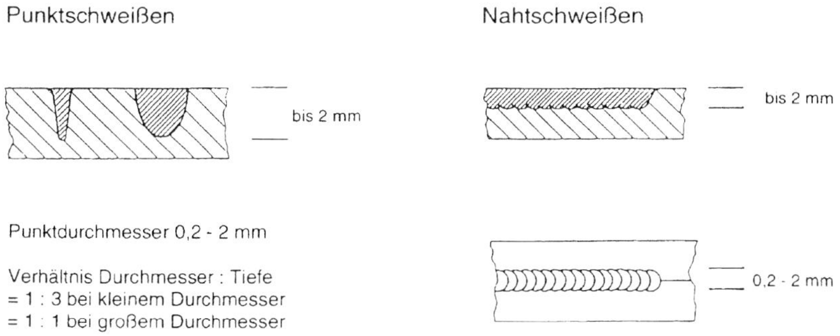

Bild 21.8 Mögliche Schweißtiefen und Nahtbreiten beim Laserschweißen [21.31]

Eine schnelle und automatische Reparatur von Werkzeugen ermöglicht das Controlled-Metal-Build-Up (CMB)-Verfahren. Bei diesem Verfahren wird die Technik des Laserauftragschweißens mit dem Hochgeschwindigkeitsfräsen kombiniert. Dadurch wird es möglich, Reparaturen oder Änderungen am Werkzeug in einer Aufspannung durchzuführen. Bei bekanntem Sollzustand muss zunächst noch der Istzustand der schadhaften Stelle ermittelt oder definiert werden. Dies kann entweder messtechnisch durch eine dreidimensionale Erfassung der Fehlstelle erfolgen oder aber man stellt eine Fehlstelle gezielt her und ermittelt dabei die Koordinaten der Ausarbeitung.

Auf der Grundlage der so gewonnenen Daten für die Fehlstelle bzw. für die Ausarbeitung und den bekannten Daten des Sollzustands an der schadhaften Stelle im Werkzeug, kann dann abwechselnd geschweißt und gefräst werden. Dabei wird zunächst jede aufgetragene Schicht an der Planfläche und anschließend an den konturgebenden Flächen solange bearbeitet bis das Werkzeug wieder hergestellt ist (Bild 21.9) [21.35] [21.36] [21.37].

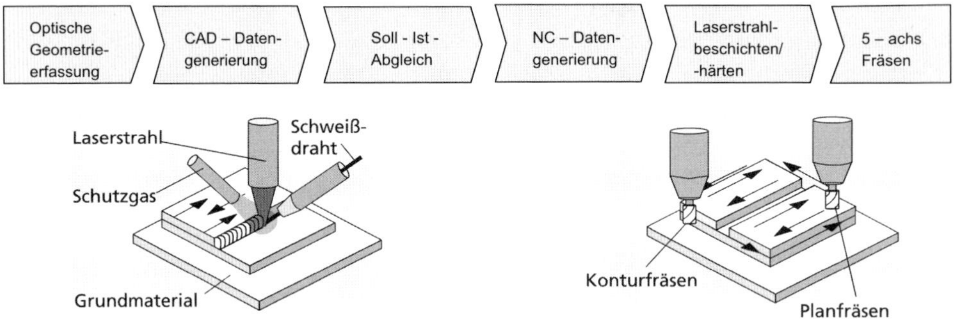

Bild 21.9 Prinzipdarstellung der Arbeitsgänge – Laserschweißen und Fräsen – beim Controlled-Metal-Build-Up-Verfahren (CMB) [21.35] [21.36]

Zur Durchführung von Reparaturmaßnahmen mit dem vorab beschriebenen Verfahren müssen die Werkzeuge ausgebaut werden. Diese Arbeiten sind in der Regel zeitaufwändig, insbesondere bei großen Werkzeugen mit mehreren Temperierkreisen sowie mit einer hohen Ausstattung an Sensoren zur Mess- und Regeltechnik. Mobile Laserschweißgeräte [21.38] [21.40] machen den Ausbau überflüssig. Sie werden an der Spritzgießmaschine so positioniert, dass das Werkzeug im eingebauten Zustand bearbeitet werden kann. Die Geräte sind so konstruiert, dass der Bediener die motorbetriebenen Arbeitsachsen des Bearbeitungskopfes, den ein gewichtskompensierter Gelenkarm trägt, über einen Joystick steuern kann. Der Gelenkarm hat eine Reichweite von 1,70 m und erlaubt die Durchführung von Schweißarbeiten bis zu einer Höhe von 1,80 m. Der daraus resultierende Arbeitsbereich macht in den häufigsten Fällen Reparaturarbeiten an Werkzeugen im eingebauten Zustand möglich.

Der Einsatz dieser Geräte ist besonders interessant für die Bearbeitung kleinerer Schäden und für Schäden, die nach der Bearbeitung nicht aufwändig der umgebenden Kontur angepasst werden müssen.

21.9.3.2 Elektrische Schweißverfahren

Weitere Entwicklungen haben auch bei den elektrischen Schweißverfahren zu Geräten geführt, die schnelle und sichere Schweißungen bei geringster Wärmeeinbringung ermöglichen. Dies wird erreicht durch eine patentierte Gerätesteuerung, die im sogenannten TIG-Tool-Pulser(TTP)-Modus extrem kurze Lichtbogenimpulse mit geregelten Stromstärken von 5 bis 200 Ampere sichert. Darüber hinaus sind in diesen Geräten die bekannten Schweißfunktionen TIG/WIG-Schutzgasschweißen (Tungsten/Wolfram-Inert-Gas) und das Schweißen mit umhüllten Stabelektroden integriert. Man hat so die Möglichkeit, größere Reparaturen und Schweißungen mit umhüllten Stabelektroden, mittlere bis kleinere mit dem TIG/WIG-Verfahren sowie feinste und punktgenaue Schweißungen mit einem Gerät durchführen zu können. Konzipiert sind diese Schweißstationen für den stationären und den mobilen Einsatz. Sie bestechen durch ihre einfache Bedienbarkeit und durch die erreichbare Qualität der Schweißungen, die in weiten Bereichen der Qualität von Laser-Schweißungen entspricht [21.11].

Im Handel sind ferner die sogenannten Mikro-, Kalt- oder Auftragschweißgeräte [21.11] [21.41], die nach dem Prinzip des Widerstandpressschweißens arbeiten. Die bekannteste Anwendung dieses Verfahrens ist das Punktschweißen.

Beim Widerstandpressschweißen wird die Wärme genutzt, die der elektrische Strom beim Überwinden des elektrischen Widerstandes an der Berührungsfläche der Schweißteile erzeugt. An den Verbindungsstellen werden die Teile hochviskos und ohne Zusatzwerkstoffe durch Zusammenpressen miteinander verbunden [21.42].

Beim Reparaturschweißen von Werkzeugen, z. B. beim Ausfüllen von Mulden, wird nun ein „Schweißteil" z. B. durch ein Stahlband ersetzt, mit dem man die Mulden abdeckt. Man rollt dann die Elektrode beim Schweißvorgang über das Stahlband ab und drückt es dabei gleichzeitig fest auf die zu reparierende Stelle. Da die Stahlbänder nur in Dicken von 0,1 bis 0,2 mm geliefert werden, muss bei tieferen Mulden dieser Vorgang so oft wiederholt werden bis sie vollständig ausgefüllt sind.

Bei kleineren Reparaturen an Ecken oder Kanten wird das Stahlband durch Metallpulver oder durch Metallpasten ersetzt [21.11] [21.41]. Das aufzutragende Material wird dabei zweckmäßigerweise durch Kupferstücke oder Gleitschuhe aus Kupfer abgestützt, um ein Abgleiten zu verhindern.

Die ausgebesserten Stellen können anschließend mechanisch nachgearbeitet und auf Hochglanz poliert werden. Ein nachträgliches Härten und Beschichten ist ebenfalls möglich.

Eine weitere Möglichkeit, kleinere Schäden an Werkzeugen auf „kaltem" Wege unkompliziert auszubessern, bietet das elektrochemische Beschichten (Tampon-Galvanisieren). Mit diesem Verfahren ist es möglich auf fast allen elektrisch leitenden Werkstoffen Metalle im Bereich von mehreren Zehntel-Millimetern auf ebenen Flächen, Wellen und in Bohrungen aufzutragen [21.43].

Die für eine Reparatur erforderlichen Arbeitsschritte richten sich nach der Art und Größe des Schadens (Bild 21.10). Bei größeren Schäden (tiefer als 0,5 mm) wird die schadhafte Stelle zunächst ausgebohrt und das Bohrloch durch gesetzte Stifte verschlossen. Anschließend wird die schadhafte Stelle – dies gilt auch für sonstige kleine Schäden – muldenförmig ausgeschliffen und mit einem Sandstrahlgerät oder einem sogenannten Vorbereitungselektrolyten elektrochemisch gereinigt. Die nachbehandelte Stelle ist so fett- und oxidfrei und optimal für den Metallauftrag vorbereitet.

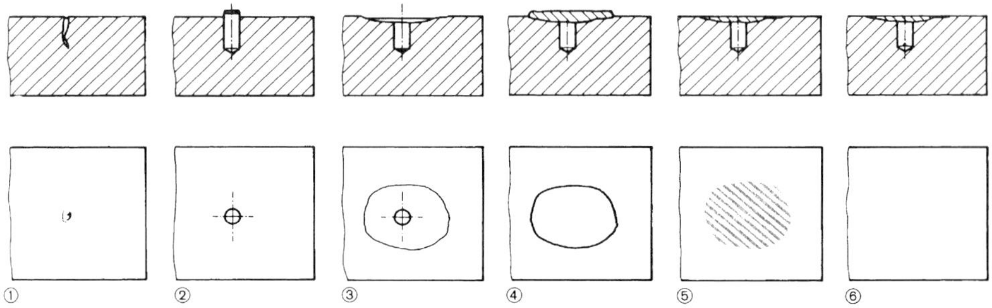

Bild 21.10 Arbeitsschritte beim elektrochemischen Metallauftrag [21.39]
1 Fehlstelle, 2 Stifte eingesetzt, 3 Mulde ausgeschliffen, 4 Mulde mit schnellabscheidendem Elektrolyten metallisiert, 5 Einebnen der Metallfüllung (mechanisch), 6 intakte Oberfläche

Die Reparaturstelle wird dann mit Galvanoabdeckband begrenzt und die ausgeschliffene Mulde mit einem schnell abscheidenden Metall, einem sog. Aufbauelektrolyten (Nickel oder Kupfer) verhüllt und mechanisch eingeebnet. Die schadhafte Stelle ist so vorbereitet für eine an die Werkzeugoberfläche angepasste, übergangslose Versiegelung mit einem entsprechenden Deckmetall [21.42].

Zur Versiegelung wird eine mit saugfähigem Material umgebene Graphitanode mit dem gewünschten Hochleistungselektrolyten getränkt und über die zu beschichtende Stelle bewegt. Dabei scheidet sich, unter Gleichstrom, das Metall auf der Kathode, d. h. der Werkzeugoberfläche, ab.

Die für den elektrochemischen Metallauftrag erforderlichen Geräte zeichnen sich durch ihre einfache und sichere Handhabung aus und können flexibel eingesetzt werden.

21.9.3.3 Werkzeugreparaturen mit „Plastik-Stahl“

Kleinere Reparaturen an Werkzeugen, wie das Ausfüllen von Lunkern, Porositäten und kleinen Ausbrüchen an weniger belasteten Stellen, lassen sich schnell, unkompliziert, zuverlässig und wirtschaftlich mit Plastik-Stahl durchführen. Das gilt auch für das Einsetzen und Verankern von Stiften oder Keilen zum Ausbessern größerer Fehlstellen. Anders als bei den in Abschnitt 21.9.2 beschriebenen Reparaturverfahren muss hier kein definierter Hohlraum zum Einsetzen der Stifte vorliegen. Plastik-Stahl ist ein 2-Komponenten-Werkstoff, bestehend aus pulverisiertem Metall und einem kalt härtenden Epoxydharz. Dieses Gemisch ist in flüssiger oder pastöser Form im Handel und wird vor der Verarbeitung mit einem geeigneten Härter gemischt. Bei der Verarbeitung härtet es ohne Druck- und Temperaturanwendung aus, ohne dabei zu schrumpfen. Anschließend kann es problemlos bearbeitet werden (Feilen, Schleifen). Der besondere Vorteil von Plastik-Stahl liegt vor allem auch darin, dass sich bei der Reparatur unterschiedliche Materialien miteinander kombinieren lassen (Bild 21.11) [21.10] [21.44].

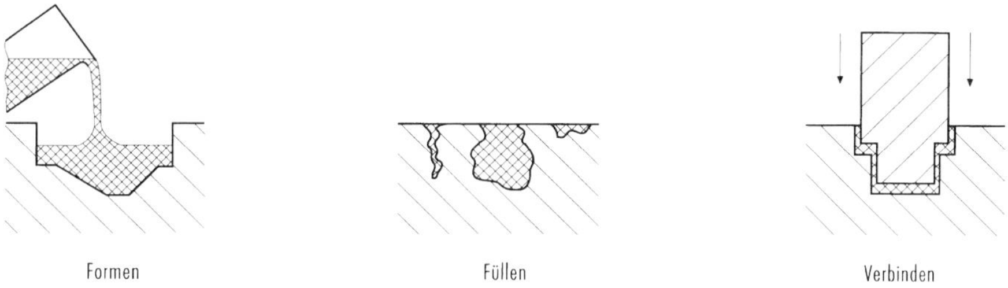

Bild 21.11 Reparatur von Schäden am Werkzeug mit Plastik-Stahl [21.41]

Literatur Kapitel 21

[21.1] *Niemann, K.:* Vorbeugen und instand halten. Kunststoffe 90 (2000) 9.

[21.2] *Michaeli, W.; Feldhaus, A.; Eckers, C.; Lieber, T.; Pawelzig, P.:* Instandhaltung von Spritzgießwerkzeugen-Ergebnisse einer Befragung von Spritzgießbetrieben. Informations-Broschüre des IKV, 1992.

[21.3] *Feldhaus, A.:* Instandhaltung von Spritzgießwerkzeugen – Analyse des Ausfallverhaltens und Entwicklung angepasster Maßnahmen zur Steigerung der Anlagenverfügbarkeit. Dissertation RWTH Aachen, 1993.

[21.4] *N. N.:* DIN 31051, Grundlagen der Instandhaltung. DIN Deutsches Institut für Normung E. V. (Hrsg.), 2012.

[21.5] *Seul, T.; Wenzel, A.; Schneider, M.; Röstel, P.; Jahn, R.; Schlutter, R.:* Auf die inneren Werte kommt es an. Kunststoffe 105 (2015) 11.

[21.6] *Ujma, A.; Walder, B.:* Werkzeugwartung zur rechten Zeit. Kunststoffe 103 (2013) 2.

[21.7] *Schwab, E.; Marzineak, R.:* Mehr zustandsorientiert als präventiv. Kunststoffe 96 (2006) 10, Carl Hanser Verlag, München Wien.

[21.6] *Oltmanns, P.:* EDV – Unterstützung zur Instandhaltung von Spritzgießwerkzeugen. Unveröffentlichte Arbeit am IKV, Aachen, 1993.

[21.7] *Vetter, R.:* Qualitätsmanagement (QM). Homepage von Ralf Vetter.

[21.8] *Thiesen, U.:* Werkzeuginstandhaltung – Wartung, Inspektion, Instandsetzung und Lagerung. In: Mennig, G. Werkzeuge für die Kunststoffverarbeitung, Bauarten, Herstellung, Betrieb. Carl Hanser Verlag, München Wien, 1995.

[21.9] *N. N.:* Alles für die Oberflächen – Endbearbeitung. Joisten & Kettenbaum GmbH & Co. KG.

[21.10] *N. N.:* Technische Sprays. Weicon GmbH & Co. KG.

[21.11] *N. N.:* Strahltechnik für die Werkzeuge- und Teilreinigung. W+I Oberflächen-Systeme GmbH. Hilden.

[21.12] *N. N.:* Microstrahltechnik. Cibatec GmbH, Lüdenscheid.

[21.13] *N. N.:* Microstrahltechnik. Micro Surface Treatment GmbH, Mannheim.

[21.14] *N. N.:* Reinigung mit Trockeneis. ASCO Kohlensäure AG, Romanshorn, Schweiz.

[21.15] *N. N.:* CO_2 als Reinigungsmittel. Acp-advanced production GmbH, Esslingen.

[21.16] *Büchter, E.:* Werkzeuge mit Laser reinigen: Kunststoffe 89 (1999) 11.

[21.21] *N. N.:* Qualität bei der Formenreinigung durch Jet La TMCS Systeme. Jet Lasertechnik GmbH, Hückelhoven.

[21.18] *N. N.:* Ultraschallreinigung. FISA Ultraschall GmbH, Kandel.

[21.19] *N. N.:* Was ist Ultraschall. Gerätetechnik Brieselang GmbH, Brieselang.

[21.20] *N. N.:* Reinigen mit Hilfe von Ultraschall. Telesonic Gruppe, Bronschofen, Schweiz.

[21.21] *N. N.:* Ultraschall-Reinigungsanlagen für den Werkzeug- und Formenbau. HGH GmbH & Co. KG., Lüdenscheid.

[21.22] *Weigel, J.:* Effektiv und kostengünstig. Kunststoffe 90 (2000) 1.

[21.23] *N. N.:* Datenblatt Chemikalien, gwk Gesellschaft Wärme Kältetechnik mbH, Kierspe.

[21.24] *N. N.:* Datenblatt CS Profi. gwk Gesellschaft Wärme Kältetechnik mbH, Kierspe.

[21.25] *N. N.:* Datenblatt CLEAN 5. HB-THERM AG, St. Gallen, Schweiz.

[21.25] *Jansen, A.:* Perfekt Kühlen mit sauberem Wasser. Vortrag auf dem 6. Temperiertag am 14. November 2002 in Kierspe. Bei der Firma gwk Gesellschaft Wärme Kältetechnik MBH, Kierspe.

[21.26] *N. N.:* ONI – Wärmetrafo GmbH, Lindlar – Frielingsdorf.

[21.27] *N. N.:* Heißkanalleckagendetektor MPS (Mold Protection System). Wf plastic GmbH, Lüdenscheid.

[21.28] *Oebius, E.:* Pflege und Instandhaltung von Spritzgießwerkzeugen Kunststoffe 64 (1994) 3.

[21.29] *Brandis, H.; Reismann, J.:* Hartschweißlegierungen. Thyssen Edelstahl, Technischer Bericht. 10 (1984) 1 S. 54–75.

[21.30] *N. N.:* Angusseinsätze. Meusburger Georg GmbH & Co. Wolfurt, Österreich.

[21.31] *Schmid, J.:* Reparaturschweißen mit dem Laserstrahl. Umdruck zu den 8. Würzburger Werkzeugtagen, „Der Spritzgießformenbau im internationalen Wettbewerb", Würzburg 24.9.1997.

[21.32] *N. N.:* Auftragschweißen mit dem Laser. ROFIN-SINAR Laser GmbH, Hamburg.

[21.33] *Mayerhofer, R.; Wrba, P.:* Auf oder ab? Formgebende im Werkzeugbau. Laser-Praxis, 20. Juni 2000.

[21.34] *N. N.:* Laserstrahl-Auftragschweißen. Broschüre Fraunhofer – Institut für Werkstoff- und Strahltechnik IWS.

[21.35] *Klocke, F.; Freyer, C.:* Schneller Aufbau und automatische Reparatur. Plastverarbeiter 53 (2000) 6.

[21.36] *Freyer, C.:* Controlled Metal Build Up (CMB): Schneller Aufbau und automatische Reparatur von Werkzeugen. Fokus – Newsletter, 4/2001, Formen für die Kunststoffverarbeitung, Aachen.

[21.37] *Bichmann, S.; Glasmacher, L.; Groll, K.; Krodt, M.:* Automatisierte Reparaturzelle für den Werkzeug- und Formenbau „OptoRep". VDWF aktuell/Formwerk 5/4, S. 28–29.

[21.38] *N. N.:* Laserschweißgerät für große Formen. Kunststoffe 11/2005, S. 41.

[21.39] *N. N.:* Gewinnbringende Reparaturen mit dem Laser. Rofin Laser Mikro; Carl Baasel Lasertechnik GmbH & Co. KG. 82319 Starnberg.

[21.40] *N. N.:* Laserauftragschweißen. OR Laser, Dieburg.

[21.41] *N. N.:* WS-Mikroauftragsschweißgeräte. Hans Georg Feldhaus, Marienfeld.

[21.42] *N. N.:* Fachkunde Metall, Verlag Europa – Lehrmittel.

[21.43] *N. N.:* Tampongalvanisieren. Baltrusch+Münch GmbH & Co. KG.

[21.44] *N. N.:* Normalien. Strack Norma, Lüdenscheid.

22 Standardisierung – Werkzeugnormalien

Spritzgießwerkzeuge sind eine bei jedem neuen Formteil notwendige und aufgrund der zum Teil komplizierten und zeitaufwändigen Fertigung teure Investition. Da sich zudem die Werkzeugkosten in erster Linie über die Stückzahl der zu fertigenden Formteile amortisieren gilt es, die Konstruktion des Werkzeugs und den Materialeinsatz sowie die Fertigungsprozesse für Werkzeug und Formteil besonders sorgfältig zu planen sowie Aufwand und Nutzen gegeneinander abzuwägen. Man wird daher vielfach den Aufwand (Werkzeugkosten) umso niedriger halten, je kleiner die Stückzahl der zu fertigenden Formteile ist. Da der Kunde (Verbraucher) die gefertigten Formteile jedoch nur nach Funktionalität, Preis und Aussehen beurteilt, gibt es selbst dann, wenn man aufgrund geringer Stückzahlen nur mit einem „einfachen bzw. einem Versuchswerkzeug" arbeitet, einen wesentlichen Grundsatz [20.1] [20.2]: *Standards einhalten.*

Durch konsequentes Einhalten dieser Forderung, sowohl bei der Fertigung der Werkzeuge, die hier im Vordergrund steht, als auch der Fertigung der Formteile, die von der Aufbereitung des Granulats bis zum Handling der fertigen Produkte zu organisieren ist, werden nahezu identische Prozessabläufe erreicht. Dies führt dazu, dass sich:

- die Qualität und Lebensdauer der Werkzeuge und Formteile verbessert,
- eine automatische Fertigung erleichtert,
- die Flexibilität steigert,
- die Wartung von Werkzeug, Spritzgießmaschine und Handlinggeräte vereinfacht werden und
- so Fertigungskosten und -zeiten zurückgehen.

Da Spritzgießwerkzeuge stets nach gleichen Grundsätzen, unter zu Hilfenahme zahlreicher, zum Teil identischer Konstruktionselemente aufgebaut sind, liegt es nahe, diese zu standardisieren und als genormte Bauteile, den so genannten Normalien, in den Handel zu bringen.

Auf die Fertigung solcher Grundelemente und in zunehmendem Maße auch auf die Fertigung von kompletten Baugruppen haben sich zahlreiche Firmen spezialisiert.

Sie stellen diese Bauelemente z. T. auf Spezialmaschinen serienmäßig in so großer Vielfalt her, dass eine eingehende Diskussion dieser Produkte, der so genannten Normalien, im Einzelnen den Rahmen dieses Kapitels sprengen würde (Bild 22.1). Zu dem sind viele Normalien in den vorhergehenden Kapiteln bereits ausführlich diskutiert und beschrieben worden:

- bei den Angusssystemen (Kapitel 7 und 8),
- den Führungs- und Zentrierelementen,
- für Formplatten (Kapitel 12 und 13),
- den Werkzeugwechsel- und Spannsystemen (Kapitel 14),
- Schieber und Backen sowie
- bei den Bauelementen zum Entformen der Spritzlinge (Kapitel 15).

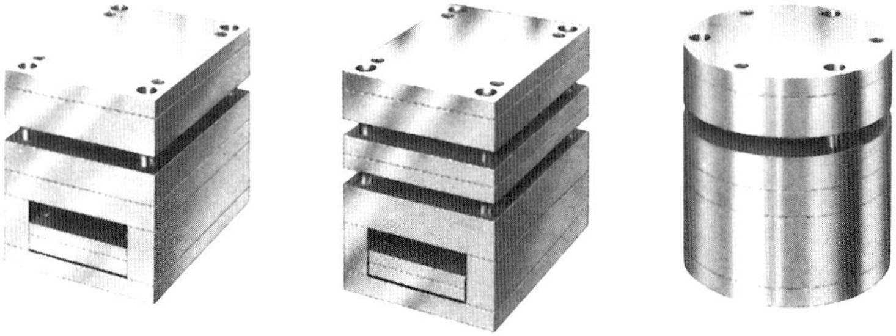

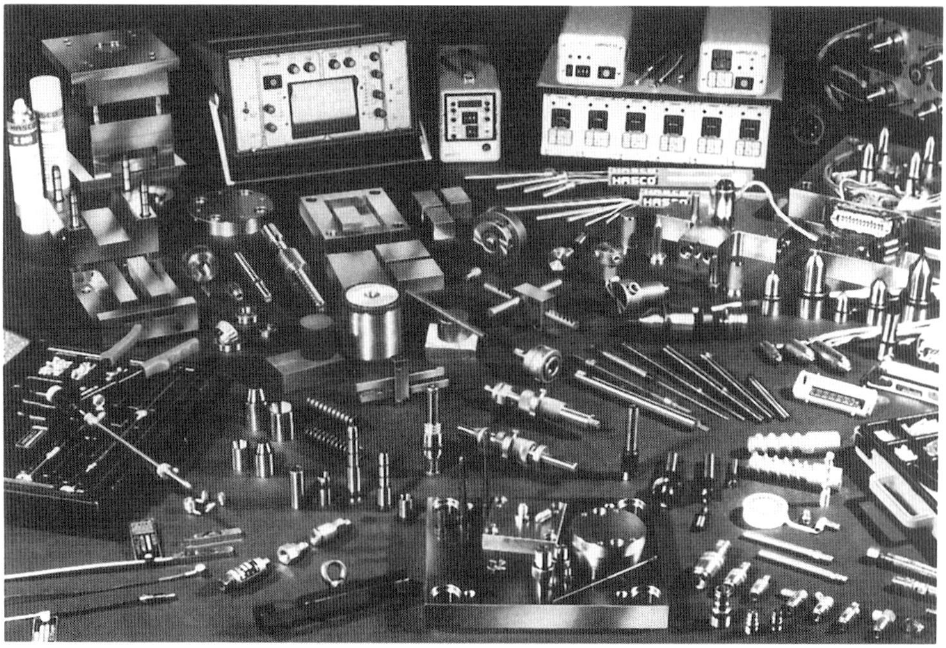

Bild 22.1 Ausschnitt aus dem Lieferprogramm eines Normalienherstellers [20.1]

Darüber hinaus bieten die Hersteller von Normalien umfangreiches und informatives Prospektmaterial an, das auch auf Datenträgern als Normalienkatalog zur Verfügung steht. Daher werden hier nun anhand der Bilder 20.2 bis 20.4 und der Tabelle 22.1 die gängigsten Normalien und ihre Einsatzgebiete nur tabellarisch vorgestellt. Wie groß der Markt der Hersteller von Normalien und ihre Produktpalette ist, sieht man am besten in Tabelle 22.4.

Normalien sind Bauelemente oder Baugruppen, die in ihren Abmessungen vereinheitlicht und typisiert sind. Dem prinzipiellen Aufbau des Werkzeuges entsprechend, kann man sie unterteilen in Normalien für die Funktionskomplexe:

- Werkzeugaufbau
- Angusssystem
- Führung und Zentrierung
- Energietransport und Sensorik
- Temperiertechnik
- Entformungssystem
- Formnest
- Werkzeugwechsel und Aufnahme des Werkzeuges in die Spritzgießmaschine

Die Anwendung von Normalien verkürzt die Fertigungszeiten im Werkzeugbau und entlastet den Konstrukteur sowie den Werkzeugmacher von Routinearbeiten. In gut organisierten Spitzgießbetrieben unterstützen sie den Verarbeiter beim Werkzeugwechsel und tragen dazu bei, die unproduktiven Zeiten erheblich zu verkürzen. Es lassen sich folgende Vorteile nennen:

- Mithilfe einer CAD-Normaliensoftware kann der Konstrukteur, unmittelbar nachdem der Entwurf des Formteils festliegt, unterschiedliche Werkzeugvarianten auf dem Rechner durchspielen. Sobald dann die günstigste Konstruktion ermittelt ist, können die benötigten Bauteile (Normalien) automatisch aus Normaliendateien aufgerufen, in die Konstruktion eingepasst und schließlich in einer Stückliste erfasst werden.
- Die Stückliste wird zunächst für die Bestellung der notwendigen Normalien benötigt. Während und nach der Fertigung kann die Stückliste zum Controlling der Fertigungs- und Montageabläufe verwendet werden. Beim Werkzeugnutzer dient die Stückliste als Basis zum Erstellen von Wartungs- und Instandhaltungsplänen.
- Da die benötigten Normalien zu festen Preisen im Handel und in aller Regel kurzfristig lieferbar sind, erübrigt sich eine eigene Lagerhaltung, das Kalkulationsrisiko bei der Angebotserstellung wird gemindert, die Fertigungszeiten und damit auch die Lieferfristen werden so erheblich verkürzt.

- Identische Prozessabläufe und der Einsatz von Spezialmaschinen bei der Fertigung von Normalien garantieren einen gleich bleibend hohen Qualitätsstandard dieser Bau- und Konstruktionselemente.
- Die Anwendung von Normalien stellt den Werkzeugmacher frei von Routinearbeiten. So müssen beispielsweise die Werkzeugaußenmaße nicht beim Werkzeugmacher auf Maß gebracht werden. Unmittelbar nach Konstruktionsfreigabe und Auftragseingang kann er parallel zur Bestellung mit der Fertigung der Werkzeugeinsätze beginnen, soweit hierzu keine Normalien benötigt werden.
- Die Bearbeitung der gelieferten Normalien beschränkt sich auf Arbeiten wie das Einbringen von Bohrungen für die Auswerfer, Kühlkanalbohrungen, Ausfräsungen von Taschen oder Durchbrüchen zur Aufnahme der Werkzeugeinsätze etc., die in ihrer standardisierten Art und Häufigkeit nicht die Kenntnisse eines erfahrenen Werkzeugbauers erfordern und getaktet beim Normalienhersteller in großer Zahl eingebracht werden.
- Treten im späteren Betrieb (bei der Fertigung der Formteile) Schäden am Werkzeug auf, so ist, in Abhängigkeit vom Schaden in vielen Fällen durch die Austauschbarkeit der Normalien, eine schnelle Reparatur ohne aufwändige Zusatzarbeiten möglich.
- Die Austauschbarkeit der Normalien, lässt häufig auch eine Wiederverwendung von Normalien aus ausgemusterten Werkzeugen zu.
- Genormte Schnellspannsysteme erleichtern den Werkzeugwechsel (Voraussetzung sind Werkzeugaufspannplatten, die hinsichtlich Höhe und Breite entsprechend der Größe der vorhandenen Schließeinheiten angepasst sind) und tragen so zu einer erheblichen Verkürzung der unproduktiven Zeit bei.
- Der Werkzeugwechsel wird auch durch Magnetplatten erleichtert (siehe Abschnitt 14.4), die man zumindest teilweise den Normalien zurechnen kann.

Die vorgenannten Beispiele zeigen wie wertvoll der Einsatz von Normalien im Werkzeugbau ist und dass er dazu beiträgt Zeit und Kosten einzusparen, bei gleichzeitig verbesserter Qualität der Werkzeuge und der damit gefertigten Formteile.

Bei der Nutzung von Normalien ist die Standardisierung von Werkzeugbeständen ein zwingend notwendiger Schritt, da die heute auf dem Markt angebotenen Normalien in ihren Abmessungen von Hersteller zu Hersteller nicht einheitlich sind. So müssen im Reparaturfall die Normalien desselben Herstellers genutzt werden. Gleichzeitig wird der Tausch von Komponenten erschwert, wenn unterschiedliche Hersteller genutzt werden. Dieser Aspekt tritt vor allem bei elektrischen Komponenten auf. Heißkanalregelsysteme sind noch Herstellernorm verkabelt. Unterschiedliche Systeme sollten nur nach Prüfung der Anschlüsse gemischt werden. Aus diesen Gründen wird mit der Wahl eines Normalienherstellers eine langfristige Partnerschaft zwischen Werkzeugnutzer und Normalienhersteller eingegangen.

Bei der Auswahl der Normalien ist auf das spezifizierte Material und die notwendigen Materialeigenschaften zu achten. Durch beigemischte Legierungselemente besitzen beispielsweise Stähle unterschiedliche Eigenschaften, die ihren Verwendungszweck im Werkzeugbau bestimmen (siehe Tabelle 22.2).

Zusätzlich zu den katalogmäßig erfassten Normalien bieten die Hersteller von Normalien ihre Unterstützung auch bei der Ausführung von Sonderwünschen an. Dies gilt sowohl für Zusatzarbeiten an den Normalien, wie Tieflochbohrungen für die Temperierung (Kühlkanäle und Bohrungen für Heizpatronen) und das Schleifen von Führungsbohrungen nach einer Wärmebehandlung als auch für die Lieferung von vor- und fertigbearbeiteten Werkzeugplatten mit Durchbrüchen oder Taschen nach Vorgabe ihrer Kunden.

In Bild 22.2 bis 22.4 sind typische Anwendungsbeispiele von Werkzeugnormalien im Spritzgießwerkzeugbau abgebildet. Die Nummernbezeichnungen sind in Tabelle 22.1 bis 22.3.

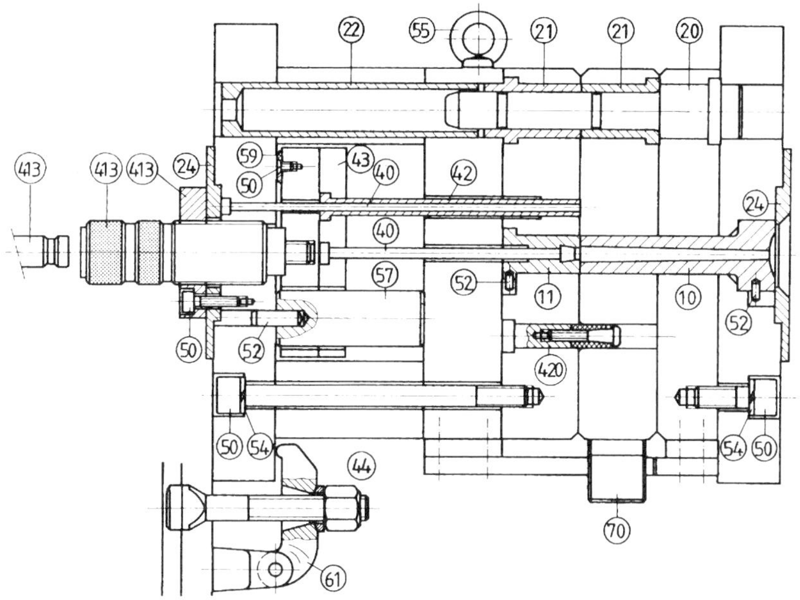

Bild 22.2 Einsatz von Normalien beim Bau von Spritzgießwerkzeugen [22.2] (Positionsbezeichnung: siehe Teil-Nr. in Tabelle 22.1)

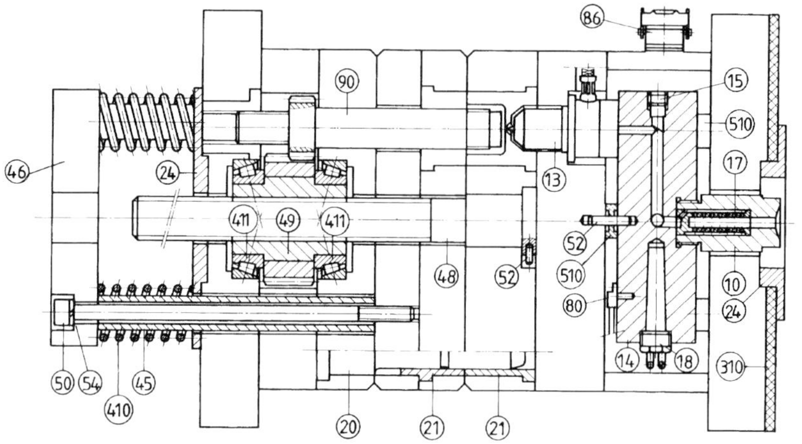

Bild 22.3 Einsatz von Normalien beim Bau von Spritzgießwerkzeugen [22.2] (Positionsbezeichnung: siehe Teil-Nr. in Tabelle 22.1)

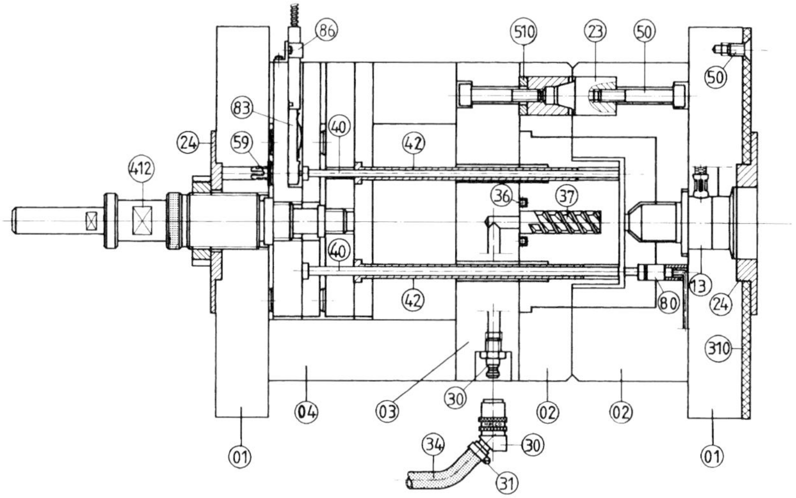

Bild 22.4 Einsatz von Normalien beim Bau von Spritzgießwerkzeugen [22.2] (Positionsbezeichnung: siehe Teil-Nr. in Tabelle 22.1)

Tabelle 22.1 Werkzeugnormalien und ihre Einsatzgebiete [22.2] [22.3] [22.4]
(Werkzeugnormalien mit einer Teile-Nr. sind in den Bildern 22.2 bis 22.4 dargestellt)

Bau-gruppe	Funktions-gruppe	Teile Nr.	Benennung	Einsatzgebiet/Anwendung
0	**Formgestell Bausätze für Backen- und Schieber- sowie Kassetten-werkzeuge**	1	Aufspannplatten	Allseitig bearbeitet runde und rechteckige, gebohrte und ungebohrte Platten und Leisten in verschiedenen Abmessungen.
		2	Formplatten	
		3	Zwischenplatte	
		4	Distanzleiste	Werkstoff: Stahl und Aluminium in unterschiedlichen Qualitäten. Sie dienen zum individuellen Aufbau von Werkzeugen, in die häufig nur noch die Kavitäten oder Werkzeugeinsätze, das Angusssystem, das Kühlsystem, sowie die Bohrungen für das Auswerfersystem einzuarbeiten sind. Die gebohrten Platten enthalten Bohrungen für die Führungselemente und zum Verschrauben der Platten untereinander.
			Präzisionsflachstahl	Geschliffene Platten mit rechtwinkligem und quadratischem Profil in höchster Präzision
1	**Anguss-systeme**	10	Angussbuchsen	Aufnahme der Bohrung für den Angusskegel, Abdichten des Werkzeugs gegenüber der Düse der Plastifiziereinheit
		11	Angusshaltebuchse	Entformen des Angusssystems, insbesondere des Angusskegels und des Stangenangusses.
			Angusseinsätze	z. B. für den einfachen Tunnel- und Bogentunnelanguss
			Angussbuchsen mit pneumatischer Angussentformung und entsprechenden Düsen	Angussentformung im vollautomatischen Betrieb
		13	Heißkanaldüsen mit und ohne Nadelventil	Einfach- und Mehrfachanschnittdüsen führen die Schmelze direkt zum Formnest. Verteilerkanäle etc. entfallen. Vollautomatische Fertigung
		14	Beheizte Verteilerblöcke	Schmelzeführung bei Heißkanalwerkzeugen von der Maschinendüse zu den Heißkanaldüsen
		15	Verschlussstopfen	Abdichten der Schmelzekanäle bei Heißkanalblöcken
			Umlenkstopfen	Umlenkung der Schmelze bei Heißkanalblöcken
		17	Massefilter Filtereinsatz	Zurückhalten von Verunreinigungen. Für Maschinendüsen und Heißkanaldüsen
		18	Heizelemente wie: Heizpatronen Heizbänder Flachrohrheizelemente Wendelrohrpatronen Ringheizkörper mit den entsprechenden Regelgeräten	Werkzeugtemperierung bei Heißkanalwerkzeugen, Werkzeugen mit Isolierverteiler sowie bei Duroplast- und Elastomerwerkzeugen
			Wärmeleitpaste Wärmeleitzement	Gleitmittel mit hoher Temperaturbeständigkeit bis 1 200 °C zum Einbau von Heizpatronen Einbau von Kühlschlangen

Tabelle 22.1 (*Fortsetzung*) Werkzeugnormalien und ihre Einsatzgebiete [22.2] [22.3] [22.4] (Werkzeugnormalien mit einer Teile-Nr. sind in den Bildern 22.2 bis 22.4 dargestellt)

Bau-gruppe	Funktions-gruppe	Teile Nr.	Benennung	Einsatzgebiet/Anwendung
2	**Führungs- und Zentrier-elemente**	20	Führungsbolzen	Innere Führung und Zentrierung der Werkzeughälften und Seitenschieber, mit und ohne Zentrierzapfen sowie auch ohne Bund
		21	Führungsbuchsen	Zentrieren und Führen der Werkzeughälften und des Auswerferpakets, ggf. auch mit und ohne Zentrierzapfen, Feststoffschmierdepots oder Kugelkäfig
		22	Zentrierhülsen	Zentrieren der Werkzeugplatten und Leisten untereinander. Ggf. ach mit Feststoffschmierdepots
		23	Zentriereinheit	Führen, Zentrieren und Fixieren der Formplatten
			Flachführungen	Für individuelle Führungen, z. B. von Kernen, als Leisten, Prismen und Platten, auch mit Feststoffschmierdepots
		24	Zentrierflansche	Fixierung und Zentrierung der Werkzeughälften auf den Maschinenaufspannplatten
3	**Temperier-system**	30	Kupplungen und Nippel mit und ohne freiem Durchfluss	Anschluss der Werkzeuge an die Temperiergeräte
		31	Schlauchtüllen Schlauchklemmen Quetschhülsen	Befestigen und Abdichten der Temperiermittelschläuche an Kupplungen und Nippel.
		34	Schläuche: PVC-Schlauch mit Gewebeeinlage, Vitonschlauch mit Metallumflechtung, Metallwellschlauch mit Metallumflechtung	Einsatz in Abhängigkeit von der Werkzeugtemperatur
			Verschlussschraube	Abdichten der Temperierkanäle z. B. an Umlenkungen (Querbohrungen)
		36	Dichtungen	O-Ringe zum Abdichten des Temperiersystems, Teflonband etc.
		37	Spiralkerne eingängig – zweigängig	Kühlwasserführung in Sacklöchern, z. B. in Kernen
			Kühlfinger	Punktkühlung an schwer zugänglichen Stellen im Werkzeug
			Wärmerohr	
			Wärmeleitpatrone	
		310	Temperierschutzmatten, Isolierplatten	Vermeidung des Wärmeflusses in die Maschinenaufspannplatten bei Heißkanalwerkzeugen, Werkzeugen mit Isolierverteiler sowie Duroplast- und Elastomerwerkzeugen
			Heizelemente	Siehe unter Angusssystem

Tabelle 22.1 (*Fortsetzung*) Werkzeugnormalien und ihre Einsatzgebiete [22.2] [22.3] [22.4]
(Werkzeugnormalien mit einer Teile-Nr. sind in den Bildern 22.2 bis 22.4 dargestellt)

Bau-gruppe	Funktions-gruppe	Teile Nr.	Benennung	Einsatzgebiet/Anwendung
4	**Auswerfer-system**	40	Auswerferstifte	Entformen beliebiger Formteile und Anguss-systeme
			Flachauswerfer	Entformen flacher Stege
		42	Auswerferhülsen	Entformen von Hülsen
		43	Auswerfer-halteplatte	Aufnahme der Auswerferstifte und Aufnahme der Rückzugkräfte
		44	Auswerfer-grundplatte	Abstützen der Auswerferstifte, Krafteinleitung in die Stifte
		45	Auswerfer-führungsbolzen	Führen, Zentrieren und Verschieben des Auswer-ferpakets. Krafteinleitung in das Auswerfersystem beim Öffnen des Werkzeuges
		46	Ausstoßplatte	Verspannen der Rückzugfeder
			Haltescheibe	
			Schnellkupplung	Anschluss an Maschinen mit Ausstoßhydraulik, auch für Pneumatik- und Magnetsysteme
		48	Steilgewindespindel	Entformen von Formteilen mit Gewinde
		49	Steilgewindemutter	
			Antriebritzel	
		411	Lager	
			Zahnstangen	
			Stirnräder	
			Zwischenräder	
	Auswerfer-rückzug/-Rückdruck	410	Rückdruckfeder	Rückstellen des Auswerferpakets nach dem Entformen. Schutz der Auswerferstifte und Formplatten
			Rückdrückstifte geteilt/ungeteilt	
		412	Rückzugvorrichtung	
		413	Rückzugführungs-vorrichtung	
			Rückdrückeinheit	
	Auswerfer-unterteilung		Klinkenzug	Unterteilung der Werkzeug- und Auswerfer-bewegung bei Werkzeugen mit mehreren Trenn-ebenen, in runder und flacher Ausführung zum externen bzw. internen Auf- und Einbau
		420	Mitnehmer	
			Zweistufen-auswerfer	Div. Bauarten, Betätigung durch den hydrau-lischen Maschinenauswerfer oder durch die Öffnungsbewegung der Maschine, Hublänge stufenlos einstellbar
	Sonder-zubehör		Gasdruckfedern sowie hydraulische Kurzhubzylinder	Ihr Einsatz im Werkzeugbau erfolgt da, wo die Kraft üblicher Federn zur Auswerferbetätigung nicht ausreicht
			Schiebermechanik	Schieberbetätigung, wenn Schrägbolzen nicht zur Schieberbewegung eingesetzt werden können

Tabelle 22.1 (*Fortsetzung*) Werkzeugnormalien und ihre Einsatzgebiete [22.2] [22.3] [22.4] (Werkzeugnormalien mit einer Teile-Nr. sind in den Bildern 22.2 bis 22.4 dargestellt)

Baugruppe	Funktionsgruppe	Teile Nr.	Benennung	Einsatzgebiet/Anwendung
5	**Allgemeines Zubehör**	50	Schrauben	Zum Verschrauben der Werkzeugplatten untereinander, der Zentrierflansche, der Wärmeschutzplatten etc.
			Gewindestifte	
		52	Zylinderstifte	
			Kugelraste	Arretieren beweglicher Werkzeugteile, z. B. Backen
		54	Federn/ Federelemente	Druck- und Tellerfedern z. B. für Auswerferrückzug, Schraubensicherung, etc. (siehe auch bei Auswerfer)
	Transporthilfen	55	Ringschrauben	Einhängen der Hebewerkzeuge und Verriegeln der Werkzeuge beim Transport
			Transportbrücke mit Ringschraube	
	Distanzsegmente	57	Stützrollen	Zum partiellen Abstützen der Formplatten und zum Überbrücken größerer Abstände zwischen den Formplatten mit geringster Wärmeleitung
			Stützleisten	
		59	Auflagebolzen und Auflagescheiben	Abstützen des Auswerferpakets
		510	Distanzringe	Abstützung des Heißkanalblockes, Ausgleich von Plattendicken
6	**Spannsysteme/Schnellspannsysteme**	60	Mechanische und Hydraulische Spannsysteme	Befestigen der Werkzeuge auf den Maschinenaufspannplatten; z. T. für den automatischen Werkzeugwechsel
		61	Spanneisen, Pratzen	
7	**Schiebermechanik**	70	Mechanik bestehend aus Zugstange und Schieberstange	Lange Schieberwege, die sonst nur mit hydraulischen oder pneumatischen Zylindern zu erreichen sind.
			Verriegelungszylinder	Verriegeln und Ziehen von Seitenschiebern und Kernstiften
8	**Mess- und Regelgeräte**	80	Temperaturfühler Elektron. Temperaturregler	Temperaturregelung und Überwachung bei Heißkanalwerkzeugen mit Isolierverteiler sowie bei Duroplast- und Elastomerwerkzeugen
			Druckaufnehmer	Überwachung und Registrierung des Werkzeuginnendrucks und des Druckes im Hydrauliksystem der Spritzgießmaschine
		83	Messlasche	
			Schreiber	
			Rechner	
		86	Steckverbindung	Anschluss von Messfühler an Mess- und Regelgeräte
			Endschalter	Zur Überwachung der Werkzeugbewegung beim Entformungsvorgang
	Organisations- und Dokumentationsmittel		Kennzeichnungsstempel	Kennzeichnungsstempel zur In-Mold-Markierung von dokumentationspflichtigen Teilen. Manuell und elektronisch einstellbar.

Tabelle 22.1 (*Fortsetzung*) Werkzeugnormalien und ihre Einsatzgebiete [22.2] [22.3] [22.4] (Werkzeugnormalien mit einer Teile-Nr. sind in den Bildern 22.2 bis 22.4 dargestellt)

Baugruppe	Funktionsgruppe	Teile Nr.	Benennung	Einsatzgebiet/Anwendung
9	**Werkzeugeinsätze**	90	Kerne	Kernstifte für Wechselkerne, z. B. Ausschraubkerne
			Faltkerne	Zum Entformen von Innengewinden und Hinterschneidungen
	Spezielle Hilfs- und Pflegemittel		Läpp- und Polierpaste	Bearbeitung der Werkzeugoberfläche
			Verdünnungsmittel für Polierpasten	Zum Verdünnen der Läpp- und Polierpasten
			Plastik-Stahl	Mit Metallpulver gefüllte Harze unterschiedlicher Zusammensetzung, einsetzbar im Temperaturbereich von -35 bis+200 °C, kurzfristig bis 280 °C. Zum Ausbessern von porösen Stellen und zur Durchführung kleiner Reparaturen.
			Formtrennmittel, flüssig oder als Spray	Zum Benetzen der Werkzeugoberflächen, um das Entformen zu erleichtern, insbesondere beim Einfahrvorgang
			Reinigungsspray	Zum Reinigen der Werkzeugoberflächen von Öl, Fett, Ausgasungen etc.
			Montagepaste	Schützt vor Korrosion und Verzundern, verhindert Verschweißen, Fressen und Festbrennen.
			Schmierstoffe	In unterschiedlicher Zusammensetzung als Öle und Pasten zur Verbesserung der Gleiteigenschaften.

Tabelle 22.2 Werkstoffe für Normalien, Eigenschaften und Verwendung [22.2] [22.2] [22.7]

Mat.-Nr.	DIN-Bezeichnung	Lieferzustand/ Härte (Brinell)	Verwendung
1.1730	C 45 W 3	naturhart, ca. 640 °C (190 HB)	Ungehärtete Bauteile; Grundplatten und Bauteile mit geringer Beanspruchung; Polieren, Ätzen, Narben und Strukturerodieren nicht üblich
1.2080	X 210 Cr 12	Weichgeglüht ca. 830 °C (246 HB)	Hoch-Chromlegierter Präzisionsflachstahl; hoher Verschleißwiderstand, für Stempel und Schieber; Hochglanzpolitur nicht möglich,
1.2083	X 42 Cr 13	Weichgeglüht ca. 760 °C (225 HB)	Formplatten und Einsätze, vorwiegend bei der Verarbeitung korrodierend wirkender Kunststoffe; gute Eigenschaften beim Polieren, Ätzen, Narben, Strukturerodieren; Einsatz vorwiegend bei der Verarbeitung chemisch aggressiver Kunststoffe.
1.2085	X 33 Cr 13	Vergütet ca. 950–1 100 °C (280–300 HB)	Hohe Korrosionsbeständigkeit, hohe Druckbelastung, schlechte Erodiereigenschaften; ideal für Werkzeugaufbauten; Polieren möglich, aber nicht üblich; Ätzen nicht zu empfehlen; Erodieren möglich.
1.2162	21 MnCr 5	Weichgeglüht ca. 710 °C (210 HB)	Formplatten und Einsätze; gute Verschleißfestigkeit der Oberfläche bei hoher Kernfestigkeit; gut zu polieren; Ätzen und Erodieren möglich.
1.2311	40 CrMo 7	Vorvergütet ca. 950–1 100 °C (280–325 HB)	Für Werkzeuge mit hohen Anforderungen an Festigkeit und Oberfläche; Formplatten und Einsätze; sehr gut polierbar, gut geeignet zum Ätzen, Narben und Erodieren.
1.2312	40 CrMnMoS 8 6	Vorvergütet ca. 950–1 100 °C (300–345 HB)	Formplatten und -rahmen mit hohen Festigkeitsanforderungen; bedingt geeignet zum Polieren, nicht zu empfehlen zum Ätzen, Narben und Strukturerodieren.
1.2316	X 36 CrMo 17	Vergütet ca. 950–1 100 °C (280–320 HB)	Gute Korrosions-, Polier-, Ätz- und Strukturerodiereigenschafen.
1.2343	X 38 CrMoV 5 1	Weichgeglüht ca. 780 °C (229 HB)	Formplatten und Einsätze; sehr gut geeignet für Hochglanzpolituren; zum Ätzen, Narben und Strukturerodieren.
1.2379	X 155 CrVMo 12 1	Weichgeglüht ca. 855 °C (253 HB)	Präzisionsflachmaterial mit hoher Korrosionsbeständigkeit; Polieren in gehärtetem Zustand sehr gut möglich; Ätzen nicht möglich, Erodieren erst nach zusätzlicher Wärmebehandlung möglich.

Die Angaben der Hersteller und Anbieter sind unterschiedlich. Zur weiteren Information halten sie ausführliche Datenblätter bereit, die insbesondere auch die Wärmebehandlung ausführlich behandeln (siehe auch die Kapitel 23 und 24 Werkstoffe für den Werkzeugbau).

Tabelle 22.2 (*Fortsetzung*) Werkstoffe für Normalien, Eigenschaften und Verwendung [22.2] [22.2] [22.7]

Mat.-Nr.	DIN-Bezeichnung	Lieferzustand/ Härte (Brinell)	Verwendung
1.2436	X 210 CrW 12	Weichgeglüht ca. 855 °C (253 HB)	Verwendung für Führungsleisten; in gehärtetem Zustand gut zu polieren; Ätzen, Narben und Strukturerodieren nicht üblich.
1.2764	X 19 NiCrMo 4	Weichgeglüht ca. 860 °C (255 HB)	Formplatten und Einsätze, speziell mit Hochglanzpolituren; gut geeignet zum Ätzen, Narben und Strukturerodieren.
1.2767	X 45 NiCrMo 4	weichgeglüht ca. 880 °C (260 HB)	Formplatten und Einsätze; hohe Druck- und Biegefestigkeit; beste Eignung zum Polieren, Narben und Strukturerodieren; Hartverchromen gut möglich; gut geeignet zur Verarbeitung von PVC.
1.2842	90 MnCr 12	Weichgeglüht ca. 780 °C (231 HB)	Präzisionsflachstahl nicht geeignet zum Polieren, Ätzen, Narben und Strukturerodieren.
3.4365.7	AlZnMgCu 1,5	gewalzt, warmausgehärtet, spannungsarmgereckt ca. 480–530 °C (144–158 HB)	Hochfester Aluminiumwerkstoff, hohe Wärmeleitfähigkeit, niedriges spezifisches Gewicht, gute Bearbeitungseigenschaften.

Die Angaben der Hersteller und Anbieter sind unterschiedlich. Zur weiteren Information halten sie ausführliche Datenblätter bereit, die insbesondere auch die Wärmebehandlung ausführlich behandeln (siehe auch die Kapitel 23 und 24 Werkstoffe für den Werkzeugbau).

Tabelle 22.3 Stähle für Auswerferstifte und -hülsen [22.5] bis [22.7]

Bez./Norm	Werkstoff	Härte	Oberfläche
Auswerfer (rund und flach) DIN ISO 6751, 8694, 8693 alt DIN 1530/1-3	Warmarbeitsstahl 1.2343 X 40 CrMoV 5 1 Werkzeugstahl 1.2516 120 WV 4	nitriert 950–1000 °C HV 0,3 Kernfestigkeit 45 HRC Durchgehärtet ca. 62 HRC	Manganphosphatiert, plasmanitriert, auch mit TiN-Beschichtung auch mit Balinit C-Beschichtung
Auswerferhülsen DIN ISO 8405 alt DIN 16756	Warmarbeitsstahl 1.2343 X 40 CrMoV 5 1 Werkzeugstahl 1.2516 120 WV 4	nitriert 950–1000 °C HV 0,3 Kernfestigkeit durchgehärtet ca. 62 HRC	Siehe oben

Tabelle 22.4 Hersteller und Lieferanten von Normalien und Messtechnik [22.8] bis [22.11] (DieTabelle erhebt keinen Anspruch auf Vollständigkeit.)

Gesamte Palette	**D-M-E Normalien GmbH** http://www.dmeeu.com/	D 74196 Neuenstadt
	EJS Normalien GmbH http://www.ejs-normalien.de/component/option.com_frontpage/Itemid,1/lang.de/	D 78054 Villingen-Schwenningen
	EOC GmbH http://eoc.de/	D 58463 Lüdenscheid
	Hasco Hasenclever GmbH + Co KG http://www.hasco.com/	D 58513 Lüdenscheid
	Meusburger Georg GmbH & Co KG http://www.meusburger.com/de.html	A 69690 Wolfurt
	Steinel Normalien AG http://www.steinel-normalien.de/	D 78054 Villingen-Schwenningen
	Strack Norma GmbH http://www.strack.de/	D 58511 Lüdenscheid
Halbzeuge und Normteile	**Alimex Metallhandelsges. mbH** http://www.alimex.de/	D 47877 Willich
	Almet amb GmbH http://www.almet.de/	D 40549 Düsseldorf
	Böhler-Udeeholm Deutschland GmbH http://www.boeler.de/	D 40549 Düsseldorf
	Buderus Edelstahlwerke AG http://www.buderus-edelsahl.de/	D 35573 Wetzlar
	Drei-S-Werk Präzisionswerkzeuge GmbH http://www.drei-s-werk.com/	D 91126 Schwabach
	Gebrüder Eberhard GmbH http://www.eberhard.de/	D 74226 Nordheim
	Fibro GmbH http://www.fibro.com/	D 74851 Haßmersheim
	Kiefer Werkzeugbau GmbH http://kiefer-mold.de/	D 74193 Schwaigern
	Kontur Werkzeugstahl GmbH http://www.kontur-wekzeugstahl.de	D 41334 Nettetal-Kaldenkirchen
	Nonnemann GmbH http://www.nonnemann.net/de/main.php	D 73650 Winterbach
	Präzi – Flachstahl AG http://praezi.com/	D 48351 Everswinkel
	Schumag AG http://www.schumag.de/	D 52076 Aachen
	wSm Werkzeugstahl GmbH http://www.wsm-werkzeugstahl.de	D 58540 Meinerzhagen

Tabelle 22.4 (*Fortsetzung*) Hersteller und Lieferanten von Normalien und Messtechnik [22.8] bis [22.11] (DieTabelle erhebt keinen Anspruch auf Vollständigkeit.)

Heißkanäle; Düsen; Heizelemente; Regelgeräte	**Ewikon Heißkanalsysteme GmbH** GmbH & Co. KG http://ewikon.de/	D 35066 Frankenberg
	GC heat Gebhard GmbH & Co. KG http://www.gc-heat.de/	D 51545 Waldbröhl
	Günther Heißkanaltechnik GmbH http://www.guenther-hotrunner.com/	D 35066 Frankenberg
	Heitec Heißkanaltechnik GmbH http://www.heitec.com/	D 35099 Burgwald
	Hotset Heizpatronen und Zubehör GmbH http://www.hotset.de/	D 58511 Lüdenscheid
	HRSflow – Inglass S.p.A http://www.hrsflow.com/	I 31020 San Polo di Piave (TV)
	Husky Injection Molding Systems S. A. http://www.husky.ca/	L 3403 Dudelange
	Ihne + Tesch GmbH http://www.elektrowaermetechnik.de/	D 58468 Lüdenscheid
	Incoe Corporation http://www.incoe.com/	D 63322 Rödermark
	Jetform Heißkanalnormalien u. Zubehör GmbH http://www.jetform-heisskanal.de/	D 71273 Rutesheim
	Otto Männer Heißkanalsysteme GmbH http://www.maenner-group.com/	D 79353 Bahlingen
	MHT Mold & Hotrunner Technology AG http://www.packaging-technology.com/contractors/machinery/mold/	D 65239 Hochheim
	Mold-Masters Europa GmbH http://www.moldmasters.com/	D 76532 Baden-Baden
	PSG Plastik Service GmbH http://www.psg-online.de/	D 68280 Mannheim
	Roko GmbH http://roko.de/	D 68642 Bürstadt
	Stegmeier GmbH http://www.hs-heizelemente.de/	D 78567 Fridingen
	Synventive molding solutions GmbH http://www.synventive.com/	D 64625 Bensheim
	Türk + Hillinger GmbH http://türck-hillinger.de/	D 78532 Tuttlingen
	Watlow GmbH http://www.watlow.de/	D 76709 Kronau
	Wema Beheizungstechnik GmbH http://www.wema-net.com/	D 58515 Lüdenscheid

Tabelle 22.4 (*Fortsetzung*) Hersteller und Lieferanten von Normalien und Messtechnik [22.8] bis [22.11] (DieTabelle erhebt keinen Anspruch auf Vollständigkeit.)

Druckmessung	**Dynisco – Europe GmbH** http://www.dynisco.com/	D 74078 Heilbronn
	Gefran SPA http://www.gefran.de/	D 63500 Seligenstadt
	Kistler Instrumente AG http://www.kistler.ch/	D 73748 Ostfildern
Spann-elemente	**EAS Europe B. V.** http://www.easchangesystems.com	D 40401 Düsseldorf
	Hilma-Römfeld GmbH http://www.hilma.de	D 57271 Hilchenbach
	Lenzkes Spanntechnik GmbH http://www.lenzkes.com	D 58513 Lüdenscheid
Organisations-/ Dokumenta-tionsmittel	**i-mold GmbH & Co. KG.** http://www.i-mold.com	D 64395 Brensbach

Literatur Kapitel 22

[22.1] *Heul, O.:* Werkzeug-Normalien. In: Mennig, G. Werkzeuge für die Kunststoffverarbeitung. Carl Hanser Verlag, München Wien, 1995.

[22.2] *N. N.:* Normalienkatalog. Hasco Normalien. Lüdenscheid.

[22.3] *N. N.:* Normalienkatalog. Strack Norma, Lüdenscheid.

[22.4] *N. N.:* Katalog Angusseinsätze. Meusburger Georg GmbH & Co. Wolfurt, Österreich.

[22.5] *Cristensen, S. E. Billund, DK.:* Werkzeugstrategie Standardisierung, Werkzeugkonstruktion. Husky Luxembourg, Dudelange, 2003.

[22.6] *N. N.:* Katalog Präzisions-Normteile. Drei-S-Werk, Schwabach.

[22.7] *Weber, A.:* Conceptual Engineering – More than just hardware. Injection molding 2002 Vol. 3, pages 12.1–12.7 HEXAGON holding Aps. DK-1460 Copenhagen K. Denmark ISBN 87-89753-41-0.

[22.8] *Hoffmanns, W.:* Präzise Maße und Temperaturen. Plastverarbeiter, 48. Jahrgang 1997 Nr. 11 S. 63–68.

[22.9] *Hoffmanns, W.:* Werkzeugelemente. Plastverarbeiter 53. Jahrgang 2002 Nr. 11 S. 51–56.

[22.10] *N. N.:* Katalog der K2016. Internationale Messe Kunststoff + Kautschuk, Düsseldorf, 19.–26.10.2016.

[22.11] *N. N.:* Katalog der Moulding Expo. Messe Frankfurt, 05.-08.05.2015.

23 Werkstoffe und Beschichtungen für den Werkzeugbau

Die Spritzgießtechnik muss immer wieder die Forderung nach der Fertigung hochwertiger und dazu preisgünstiger Formteile erfüllen. Dabei sind sowohl die Gebrauchseigenschaften als auch die Geometrie der spritzgegossener Bauteile von großer Bedeutung. Eine qualitativ hochwertige Produktion ist nur dann möglich, wenn der Verarbeiter den Spritzgießprozess ausreichend beherrscht, die Formteilgeometrie dem Werkstoff und dem Verarbeitungsprozess angepasst ist und ein Werkzeug zur Verfügung steht, dessen Abformgenauigkeit den Ansprüchen genügt, die an die Maßhaltigkeit und die optische Beschaffenheit der Formteile gestellt werden. Spritzgießwerkzeuge müssen somit die Forderung nach höchster Präzision erfüllen. Obwohl sie während des Verarbeitungsprozesses extremen Belastungen ausgesetzt sind, werden zuverlässiges und absolut reproduzierbares Arbeiten sowie wegen der hohen Investitionskosten lange Standzeiten erwartet werden. Die Zuverlässigkeit und die Lebensdauer (Standzeit) der Werkzeuge werden neben der Konstruktion und ihrer Pflege im laufenden Betrieb in erster Linie durch den für das Werkzeug verwendeten Werkstoff, seine Wärmebehandlung und Bearbeitung bei der Herstellung bestimmt [23.1] [23.2].

In der Spritzgießtechnik, insbesondere in der Serienfertigung, werden vorwiegend hochfeste Werkzeuge aus Metallen, in erster Linie Stählen, eingesetzt. Ausnahmen bilden beispielsweise Komponenten, die extremen Belastungen standhalten müssen, z. B. Verschleiß durch stark abrasive Formmassen, oder an die besondere Anforderungen, wie eine erhöhte Wärmeleitfähigkeit zur Zykluszeitoptimierung, gestellt werden. In diesen Fällen können sehr harte Beschichtungen oder besonders Wärmeleitfähige Kupfer-Beryllium Legierungen verwendet werden.

Spritzgusswerkzeuge bestehen i. A. aus vielen Teilen. Aufgrund der unterschiedlichen Funktionen der Einzelteile eines solch komplexen Werkzeuges muss eine gesonderte Auswahl der Werkstoffe für die verschiedenartigen Funktionselemente erfolgen. Vorab ist die Analyse des Lastspektrums und der Funktionalität des Werkzeuges von entscheidender Bedeutung. Dazu gehört u. a. die Betrachtung von notwendigen Strukturen und Oberflächengüten, die Untersuchung hinsichtlich thermischer und mechanischer Wechselbeanspruchungen sowie die Bestimmung der zu fertigenden Anzahl von Spritzgussteilen, die die notwendige Standzeit der Werkzeuge festlegt. Neben den Kriterien für die Werkstoffauswahl, die sich aus der Funktion des Werkzeuges ergeben, müssen zudem die Wirtschaftlichkeit und Möglichkeiten der Bearbeitung der Werkstoffe berücksichtigt werden. Es ergibt sich ein komplexes Anforderungsprofil, das den jeweiligen Werkstoffeigenschaften gegenübergestellt werden muss und zur Auswahl eines bedarfsgerechten Werkstoffes führt.

23.1 Stähle

Für Werkzeuge, die hohe Standzeiten garantieren sollen, werden als Werkstoff meistens Stähle ausgewählt. Es steht eine große Auswahl an Stählen zur Verfügung, die aufgrund ihrer unterschiedlichen Eignung sowie ihrer Wärmebehandlung einen großen Bereich der Werkstoffeigenschaften abdecken. Die verschiedenen Legierungselemente verleihen dem Stahl u. a. Festigkeit, Zähigkeit oder Härte, wobei sich die Wirkungsweise der Legierungselemente stark voneinander unterscheiden kann (siehe Tabelle 23.1). Die wichtigsten, teils auch widersprüchlichen Anforderungen, die an Stähle im Werkzeugbau gestellt werden, können wie folgt zusammengefasst werden:

- Durchvergütbarkeit (gleichmäßige Härte in der späteren Formkavität)
- Hohe Bruchzähigkeit im Bereich von Kerben und kritischer Biegespannung
- Wärmeleitfähigkeit
- Korrosionsbeständigkeit
- Gute mechanische Bearbeitbarkeit
- Festigkeit und Zähigkeit in weiten Bereichen einstellbar
- Verschleißbeständigkeit
- Polierfähigkeit
- Narbfähigkeit (Oberflächenstrukturierung durch Ätztechniken)
- Schweißbarkeit (wichtig für Reparaturen)
- Beschichtbarkeit (Anlassbeständigkeit bei thermischen Beschichtungen)

Dem Formen- und Werkzeugbau stehen heute eine Vielzahl von maßgeschneiderten Formenstählen zur Verfügung, die teilweise durch ergänzende Wärmebehandlungen und/oder Oberflächenveredelungen angepasst werden. Dabei werden jedoch nie alle Kriterien gleichzeitig in ausreichendem Maße abgedeckt werden können, weshalb, zugeschnitten auf die spätere Anwendung, Kompromisse bei der Werkstoffwahl gemacht werden müssen.

Tabelle 23.1 Einfluss der Legierungselemente auf die Eigenschaften der Stähle [23.3]

Eigenschaften	Legierungselemente												
	C	Si	S	P	Cr	Ni	Mn	Co	Mo	V	W	Cu	Ti
Festigkeit	↑	↑	–	↑	↑	↑	↑	↑	↑	↑	↑	↑	–
Zähigkeit	↓	↓	↓	↓	↓	↑	↓	↓	↓	↓	↓	–	↓
Kerbschlagzähigkeit	↓	↓	↓	↓	↓	–	–	–	–	–	–	–	–
Dehnung	↓	↓	↓	↓	↓	↓	↓	–	↓	–	↓	–	–
Verschleißwiderstand	↑	–	–	–	↑	–	↑	–	↑	↑	↑	–	↑
Durchhärtung	–	↑	–	–	↑	↑	↑	–	↑	–	–	–	–
Härte	↑	↑	–	–	↑	↑	–	↑	↑	↑	↑	–	–
Zerspanbarkeit	↓	↓	↑	↓	↓	↓	↓	–	–	↓	↓	–	–
Schweißbarkeit	↓	↓	↓	↓	↓	↓	↓	↓	↓	↓	–	–	–
Verformbarkeit	↓	↓	↓	↓	↓	↑	↓	↓	–	–	↓	–	–
Schmiedbarkeit	↓	↓	↓	–	–	–	–	–	↓	–	↓	–	–
Warmfestigkeit/ Warmhärte	↑	↑	–	↑	↑	–	–	↑	↑	↑	↑	–	–
Überhitzungs-empfindlichkeit	↓	↓	–	–	↑	↑	↓	↓	↑	↓	↑	–	↑
Anlassbeständigkeit	↑	↑	–	↑	↓	–	↑	↑	↑	↑	↑	–	–
Korrosionsbeständigkeit	–	↑	↓	↑	↑	↑	↑	↑	↑	↑	↑	↑	–

Es werden folgende Stahlgruppen für den Werkzeug- und Formenbau für die Kunststoffverarbeitung angeboten [23.3]:

- Vorvergütete Stähle für alle Standardanwendungen (Härtebereich: 29 bis 44 HRC)
- Durchhärtende Stähle für eine Härtung nach der mechanischen (Vor-)Bearbeitung, z. B. für hoch verschleißbeanspruchte Formen und Werkzeuge (Härtebereich: 46 bis 62 HRC)
- Korrosionsbeständige Stähle, z. B. für die PVC-Verarbeitung, vorvergütet auf ca. 30 HRC bei Standardanwendungen, bei einer Härtung nach der mechanischen (Vor-)Bearbeitung bis ca. 53 HRC für gleichzeitig hohen Verschleißwiderstand
- Stähle für Einsatzhärtung (Oberflächenhärte nach Einsatzhärtung: bis zu 62 HRC)
- Aushärtbare Stähle für hohe Verschleißbeanspruchung (Härte nach Aushärtung: bis zu 55 HRC)
- Nitrierstähle, insbesondere für Extruder (Oberflächenhärte nach Nitrierprozess: bis zu 1 000 HV)

Ein Großteil dieser Stähle kann heute von verschiedenen Stahlherstellern direkt ab Lager geliefert und falls nötig weiterverarbeitet werden. Die für den Werkzeugbau bedeutendsten Stähle, ihre Zusammensetzung, ihre Wärmebehandlung und ihre Einsatzgebiete sind in Tabelle 23.2 zusammengestellt [23.3].

Tabelle 23.2 Stähle für den Werkzeugbau [23.3]

Werkstoff-Nr. und Kurzname nach DIN	Bearbeitbarkeit	Wärmeleitfähigkeit	Bruchzähigkeit	Korrosionsbeständigkeit	Schweißbarkeit	Verschleißfestigkeit	(Hochglanz-)Polierfähigkeit	Narbfähigkeit	Verchrombarkeit	Durchvergütbarkeit	Nitrierbarkeit	PVD-Beschichtbarkeit	Warmfestigkeit
Vorvergütete Kunststoffformenstähle													
1.2311 40CrMnMo7	+	+	±	– –	+	±	+	+	+	±	+	±	±
1.2312 40CrMnMoS8-6	++	+	– –	– –	–	±	– –	– –	–	±	±	–	±
1.2711 54NiCrMoV6	±	+	+	– –	+	++	++	+	++	+	+	+	+
1.2738 40CrMnNiMo8-6-4	+	+	±	– –	+	±	+	+	+	+	+	±	±
2738 mod. TS* 26MnCrNiMo6-5-4	+	++	+	– –	++	+	++	++	++	++	+	+	+
Durchhärtende Kunststoffformenstähle													
1.2343 X37CrMoV5-1	±	±	+	– –	±	++	++	±	++	±	++	++	++
1.2379 X153CrMoV12	–	– –	– –	– –	–	++	– –	– –	–	±	++	– –	++
1.2767 45NiCrMo16	±	±	++	– –	+	++	++	++	++	+	+	+	±
1.2842 90MnCrV8	+	+	±	– –	–	++	–	±	+	–	+	+	±
Korrosionsbeständige Kunststoffformenstähle													
1.2083 X40Cr14	±	– –	±	+	+	++	++	±	++	–	±	±	+
1.2085 X33CrS16	++	– –	–	±	+	+	–	– –	–	–	±	–	+
1.2316 X38CrMo16	±	– –	+	++	+	+	++	±	++	++	+	++	++
Kunststoffformenstähle für Einsatzhärtung													
1.2162 21MnCr5	+	+	±	– –	–	++	+	±	+	– –	– –	– –	–
1.2764 X19NiCrMo4	+	±	+	– –	–	++	++	+	+	–	– –	– –	–
Aushärtbare Kunststoffformenstähle													
1.2709 X3NiCoMoTi18-9-5	– –	– –	++	±	++	++	+	+	+	±	++	++	+

++ sehr gut; + gut; ± neutral; – bedingt geeignet; – – ungeeignet
* modifizierter 1.2738, vergleichbar mit z. B. aktuell 1200 oder 2738 EHT Plus

23.2 Nichteisenmetallische Werkstoffe

23.2.1 Kupferlegierungen

Die Bedeutung der Kupferlegierungen als Werkstoff für den Werkzeugbau ist begründet in der hohen Wärmeleitfähigkeit und der hohen elastischen Verformbarkeit des Materials, so dass Spannungen infolge ungleichmäßiger Erwärmung schnell und sicher ausgeglichen werden. Die mechanischen Eigenschaften von reinem Kupfer können durch Kaltwalzen oder Kaltverformen verbessert werden (Kaltverfestigung), genügen aber im Allgemeinen nicht den Anforderungen, die an Werkstoffe für den Werkzeugbau gestellt werden. Kupfer findet daher im Werkzeugbau typischerweise als Hilfswerkstoff Anwendung, z. B. für Funktionsteile wie Kühlfinger oder Temperierrohre bei gegossenen Werkzeugen aus niedrigschmelzenden Legierungen.

Ein für die Herstellung von Gesenken wichtiger Werkstoff hingegen sind die Kupfer-Beryllium-Legierungen. Diese Legierungen bewahren die meisten erwünschten Eigenschaften des Kupfers, bieten aber wesentlich höhere Festigkeit, Elastizität und Härte, wie dies durch keine anderen Kupferwerkstoffe erreicht wird [23.4]. Die mechanischen und thermischen Eigenschaften sind von der chemischen Zusammensetzung der Legierung abhängig. Mit steigendem Beryllium-Gehalt nimmt die Festigkeit zu, während sich die Wärmeleitfähigkeit verringert. Kupfer-Beryllium-Legierungen mit mehr als 1,7 % Beryllium haben sich im Werkzeugbau durchgesetzt. Sie erreichen eine Festigkeit bis zu 1 200 N/mm^2; dabei können sie bis auf 46 HRC ausgehärtet werden. In der Praxis ist eine Aushärtung auf 35 bis 38 HRC im Allgemeinen ausreichend. Das Aushärten, das zu einer homogenen Durchhärtung führt, kann in einfachen Wärmeöfen durchgeführt werden [23.5]. Trotz der Aushärtung ist das Material noch hinreichend elastisch verformbar, neigt nicht zu Kantenausbrüchen und weist eine gute Polierbarkeit auf [23.6].

Legierungen mit einem Berylliumgehalt unter 1,7 % finden wegen der verminderten Festigkeit nur Anwendung für Funktionsteile bei denen eine gesteigerte Wärmeleitfähigkeit gefragt ist, wie z. B. Wärmeableiteinsätze an Wärmestaustellen, wie sie häufig an Werkzeugkernen auftreten.

In Tabelle 23.3 sind die technischen Daten einiger Kupfer-Beryllium-Legierungen zusammengefasst.

Kupfer-Beryllium-Legierungen werden überall dort als Werkstoff für Spritzgießwerkzeuge oder Funktionsteile eingesetzt, wo es auf eine hohe Wärmeleitfähigkeit ankommt. Durch die im Vergleich zu Werkzeugstahl höhere Wärmeleitfähigkeit kann schneller Wärme aus der Kunststoffschmelze von der Werkzeugoberfläche zu den Temperierkanälen geleitet werden. Dies führt häufig zu einer hinsichtlich Oberflächenqualität und Verzug des Kunststoffformteils höheren Qualität.

Ein weiterer Einsatzbereich der Kupfer-Beryllium-Legierungen sind Formwerkzeuge, an die hohe Anforderungen hinsichtlich der Abbildungsgenauigkeit gestellt werden. So eignen sie sich besonders zum Abgießen von Modellen mit einer strukturierten Oberfläche mit Holz-, Leder- oder Textilmaserung.

Tabelle 23.3 Technische Daten von Kupfer-Berylliumlegierungen [23.7]

Zusammensetzung %	Be 0,45–0,75 Co 2,35–2,70 Cu Rest				Be 1,90–2,15 Co 0,35–0,65 Cu Rest				Be 2,50–2,75 Co 0,35–0,65 Cu Rest			
Dichte kg/m^3	8620				8090				8090			
Wärmeleitfähigkeit W/(K·m)	87,91–96,28				41,86–50,23				37,67–46,05			
Materialzustand	I	II	III	IV	I	II	III	I	I	II	III	IV
Zugfestigkeit N/mm^2	350	460	330	670	520	840	420	1120	650	870	650	1150
Streckgrenze 0,2 % N/mm^2	140	260	110	530	280	730	170	1050	350	770	240	1000
Dehnung % auf 50 mm M 1	20	12	25	6	15	2	35	1	10	2	10	1
Rockwell Härte	B52	B70	B40	B96	B81	C30	B63	C43	B88	C31	B85	C46
Brinell Härte 10 mm Kugel	850	1100	720	2060	1420	2860	990	4080	1680	2940	1540	4420
Vickers Härte	980	1250	840	2230	1540	3040	1110	4280	1830	3120	1670	4650
Elektr. Leitfähigkeit m/mm^2	18	24	11,5	25,5	8,5	10	8,5	10	8,5	9,1	5,5	8,6

Materialzustand
- I gegossen
- II gegossen und gehärtet
- III gegossen und lösungsgeglüht
- IV gegossen, lösungsgeglüht und gehärtet

Alle aufgeführten Eigenschaften gelten bei einer Temperatur von 20 °C.

23.2.2 Zink und dessen Legierungen

Feinzink-Gusslegierungen werden bei der Spritzgießverarbeitung wegen ihrer niedrigen mechanischen Kennwerte nur zum Bau von Werkzeugen für Probespritzungen oder von Werkzeugen für die Produktion kleiner Stückzahlen verwendet. Häufiger dagegen werden sie bei der Fertigung von Hohlkörperblas- und Tiefziehwerkzeugen eingesetzt, die mechanisch nicht so hoch beansprucht werden. Feinzink-Gusslegierungen zeichnen sich ebenso wie die Kupferlegierungen durch eine hohe Wärmeleitfähigkeit aus, die bei $\lambda \approx 115$ W/(m · K) liegt.

Wegen der niedrigen Festigkeit von Zinklegierungen werden nur die Formeinsätze daraus hergestellt und anschließend in ein massives Stahlgestell eingepasst. Dieses muss die Kräfte, die beim Spritzgießprozess durch Schließdruck und Spritzdruck entstehen, aufnehmen.

Ausgewählte Feinzinklegierungen, die sich für die vorstehend beschriebenen Anwendungen eignen, sind zusammen mit ihren wesentlichen Kennwerten in Tabelle 23.4 zusammengefasst [23.8] bis [23.10]. Die drei ersten Legierungen sind Druckgusslegierungen. Die vierte Legierung ist für die Verarbeitung im Sandgussverfahren geeignet.

Tabelle 23.4 Eigenschaften ausgewählter Zinklegierungen [23.8] bis [23.10]

Bezeichnung	**Dichte**	**Schmelzbereich**	**Schwindung**	**Wärmeausdehnung**	**Zugfestigkeit**	**Bruchdehnung**	**Brinell-Härte**	**Druckfestigkeit**	**Scherfestigkeit**
	g/cm³	°C	%	10^{-6} 1/K	N/mm²	%	–	N/mm²	N/mm²
GD-ZnAl4	6,6	380 bis 390	0,7	27,0	250 bis 300	3 bis 6	70 bis 90	410	210
GD-ZnAl4Cu1	6,7	380 bis 390	0,7	27,0	280 bis 350	2 bis 5	85 bis 105	600	260
ZA-8 Zn-8Al-1Cu-0,025Mg	6,3	375 bis 404	0,7	23,3	374	6 bis 10	95 bis 110	252	275
ZA-12 Zn-11Al-1Cu-0,02Mg	6,0	377 bis 432	0,7	24,2	400	4 bis 7	95 bis 115	269	296

23.2.3 Aluminiumlegierungen

Für die Fertigung von Spritzgießwerkzeugen aus Aluminium sind vor allem die:

- gute Bearbeitbarkeit,
- hohe Wärmeleitfähigkeit und
- Korrosionsbeständigkeit

positive Eigenschaften, die einen Einsatz im Werkzeugbau interessant machen.

Aluminiumlegierungen stehen als Guss- und Knetwerkstoffe zur Verfügung. Die Gusswerkstoffe sind dabei weniger von Bedeutung. Nachteilig sind die hohe Porosität, mit Poren bis zu einigen 100 µm und die Schwierigkeiten beim Vergießen. Einwandfreie Werkzeuge erhält man nur bei richtiger Wahl der Legierung, der geeigneten Schmelz- und Gießtechnik sowie einer gussgerechten Werkzeugkonstruktion. Eine Zusammenarbeit mit dem Hersteller ist daher bereits im Konstruktionsstadium zu empfehlen [23.11] [23.12]

Bedeutender für den Werkzeugbau sind die Knetwerkstoffe, die als warm aushärtbare hochfeste Aluminium-Zink-Magnesium-Kupfer-Legierungen ihre Leistungsfähigkeit bereits im Flugzeugbau unter Beweis gestellt haben. Sie sind erheblich gleichmäßiger im Gefüge und besonders porenarm (Poren kleiner 5 µm). Die Knetwerkstoffe werden heute im Handel sowohl in Form kompletter Werkzeugaufbauten als auch als allseits bearbeitete Platten oder Ronden angeboten [23.13]. Die chemische Zusammensetzung und die physikalischen Eigenschaften einer für den Werkzeugbau typischen Aluminiumlegierung sind in den Tabellen 23.5 und 23.6 dargestellt.

Aufgrund der niedrigen spezifischen Dichte (je nach Legierungszusätzen zwischen 2,7 und 2,85 g/cm^3) sind Aluminium-Werkzeuge leichter als Stahl-Werkzeuge. Leider kommt jedoch diese „positive Eigenschaft“ nicht voll zur Geltung, da bei Aluminium-Werkzeugen die einzelnen Platten im Vergleich zu Stahlwerkzeugen wegen der niedrigen mechanischen Festigkeitseigenschaften (E-Modul ca. 40 %) dicker sein müssen. Dennoch sind Aluminium-Werkzeuge ca. 50 % leichter als Stahlwerkzeuge. Dies ist vor allem bei der Fertigung und Montage der Werkzeuge sowie im späteren Betrieb und beim Einrichten, von großem Vorteil. So treten beim Öffnen und Schließen der Werkzeuge auf Grund der Gewichtsersparnis geringere Trägheitskräfte auf, die größere Geschwindigkeiten bei den Fahrbewegungen der Schließeinheit zulassen und so zu kürzeren Zykluszeiten führen [23.11].

Weitere Vorteile ergeben sich aus der guten Zerspanbarkeit, die bei der mechanischen Bearbeitung Vorschubgeschwindigkeiten bis zum 5-Fachen von Stahl zulässt [23.13]. Dies gilt insbesondere, wenn geeignete, auf Aluminium abgestimmte Werkzeuge benutzt und die Empfehlungen der Hersteller beachtet werden. Mit Verzug ist bei der spanenden Bearbeitung nicht zu rechnen, da Aluminium durch eine spezielle Wärmebehandlung (die Halbzeuge werden warmgewalzt, anschließend wärmebehandelt und spannungsarm gereckt) beim Herstellungsprozess niedrige Eigenspannungen aufweist. Aluminium lässt sich neben dem Zerspanen sowohl durch Senk- als auch durch Drahterodieren bearbeiten.

Tabelle 23.5 Chemische Zusammensetzung von Knetlegierungen [23.14] [23.15]

Intern. Reg.-Nr.	Bezeichnung	Schmelz-temperatur	Si	Fe	Cu	Mn	Mg	Cr	Zn	Ti	Andere	
											einz.	zus.
2017	AlCu4MgSi	530 bis 640	0,2-0,8	0,7	3,5-4,5	0,4-1,0	0,4-1,0	0,10	0,25	0,25	0,05	0,15
5083	AlMg4,5Mn0,7	565 bis 630	0,4	0,4	0,10	0,4-1,0	4,0-4,9	0,05-0,25	0,2	0,15	0,05	0,15
6082	AlSi1MgMn	585 bis 640	0,7-1,3	0,5	0,10	0,4-1,0	0,6-1,2	0,05	0,2	0,10	0,05	0,15
7022	AlZn5Mg3Cu	485 bis 640	0,50	0,5	0,5-1,0	0,1-0,4	0,1-0,4	0,1-0,3	4,3-5,2	0,2	0,05	0,15

Tabelle 23.6 Mechanische und physikalische Eigenschaften sowie Bearbeitungseigenschaften von Knetlegierungen [23.14] [23.15]

Eigenschaft	Einheit	2017	5083	6082	7022
		AlCu4MgSi	AlMg4,5Mn0,7	AlSiMgMn	AlZn5MgCu
Streckgrenze $R_{p0,2}$	MPa	245	125	240	450-480
Zugfestigkeit R_m	MPa	385	275	295	520-540
Bruchdehnung	5%	12	17	8	5-8
Brinellhärte HBS	2,5/62,5	105	70	95	155-160
Elastizitätsmodul	GPa	72	70	70	72
Typische physikalische Eigenschaften					
Dichte	g/cm^3	2,80	2,66	2,70	2,76
Wärmeausd.-koeff.	$10^{-6}/K$	$23{,}6 \cdot 10^{-6}$	$24{,}2 \cdot 10^{-6}$	$23{,}4 \cdot 10^{-6}$	$23{,}6 \cdot 10^{-6}$
Wärmeleitfähigkeit	$W/m \cdot K$	130-170	110-140	170-220	120-150
Elektr. Leitfähigkeit	$m/\Omega \cdot mm^2$	23-28	16-19	24-32	18-22
Spez. Wärmekap	$J/kg \cdot K$	875	900	896	862
Bearbeitungseigenschaften					
Zerspanbarkeit		gut	gut	gut	sehr gut
Schweißen: MIG/WIG		schlecht	sehr gut	sehr gut	möglich 1)
Anodisieren (Eloxieren, Hartanodi.)		mäßig	gut	gut	gut
Korrosionsbeständigkeit		mäßig	gut	gut	mäßig

1) Schweißzusatz AA 5183 oder 5356, Problem: Vorwärmen mind. 150 bis 200 °C, dabei Entfestigungsgefahr

Als Elektrodenmaterial werden dabei vorzugsweise Elektrolytkupfer und kupferhaltige Legierungen verwendet. Auch hier ist die hohe Erodiergeschwindigkeit (6- bis 8-mal höher als bei Stahl) von wirtschaftlicher Bedeutung. Die Oberflächen spanend oder elektroerosiv bearbeiteter Werkzeuge lassen sich mit herkömmlichen Maschinen und handelsüblichen Schleifmitteln gut polieren und durch Hartverchromen oder Hartanodisieren in der Verschleißfestigkeit erhöhen. (Mit Aluminium-Werkzeugen wurden – je nach Einsatzfall – Standzeiten von bis zu 200 000 Schuss pro Werkzeug erreicht) [23.16] [23.17].

Die Wärmeleitfähigkeit der für die Werkzeuge verwendeten Werkstoffe ist in der Spritzgießvorbereitung von besonderer Bedeutung. Sie bewirkt bei der Verwendung von Aluminiumlegierungen eine gute und schnelle Wärmeverteilung und -ableitung. Dies führt zu kürzeren Zykluszeiten und u. U. zu einer besseren Formteilqualität.

Unter der Einwirkung von Luftsauerstoff bildet sich an der Oberfläche von Aluminium eine dichte, festanhaftende Oxidschicht von ca. 1 µm Dicke [23.13] [23.14] [23.15]. Diese Schicht schützt das darunter liegende Material, insbesondere in trockener Umgebung, vor atmosphärischen Angriffen. Wird sie zerstört oder bei der Zerspanung abgearbeitet, so bildet sie sich sofort neu. Säuren, die sich aus Salzen und Gasen in Verbindung mit Feuchtigkeit (Kondenswasser) bilden können, beschädigen die Schutzschicht. Sind im Betrieb derartige Belastungen zu erwarten, so ist eine Oberflächenveredelung angeraten. Bewährt haben sich hier

- Hartverchromen,
- Vernickeln,
- Hartanodisieren und
- PVD-Beschichten.

Neben der Korrosionsbeständigkeit werden durch die Oberflächenveredelung auch die Abriebs- und Verschleißfestigkeit (-beständigkeit) verbessert sowie in manchen Fällen das Entformen erleichtert. Die bei den vorgenannten Beschichtungsverfahren erzielten Schichtdicken und -härten sind in Tabelle 23.7 zusammengestellt.

Tabelle 23.7 Beschichtungsverfahren für Aluminium und die erreichten Eigenschaften [23.12, 23.18].

Verfahren	Schichtdicke	Härte
Hartverchromen	20 bis 200 µm	900 bis 1 100 HV
Vernickeln	35 bis 50 µm	500 bis 600 HV
Hartanodisieren	30 bis 60 µm	350 bis 450 HV
PVD-Beschichten	5 bis 10 µm	–

23.2.4 Zinn-Wismut-Legierungen

Zinn-Wismut-Legierungen zeichnen sich durch niedrige Schmelzpunkte aus. Sie haben ferner die Eigenschaft, beim Erstarren geringfügig an Volumen zuzunehmen beziehungsweise kaum zu schrumpfen. Diese Eigenschaften sind erwünscht, wenn Modelle aus wenig wärmebeständigen Materialien fehlerfrei abzuformen sind. Die Schmelzpunkte von Legierungen des Systems Zinn-Wismut-Blei-Cadmium-Indium liegen im Bereich von 47 bis 65 °C. Binäre Zinn-Wismut-Legierungen schmelzen im Bereich von 138 bis 170 °C (Tabelle 23.8). Zinn-Wismut-Legierungen haben eine hohe Dichte (8,64 g/cm^3) und sind weich (22 HB). Bei schlagartiger Belastung verhalten sie sich spröde, während bei Dauerbelastung Fließen auftritt. Die Festigkeit dieser Legierungen nimmt durch Altern zu [23.19].

Zinn-Wismut-Legierungen eignen sich für Schwerkraftguss, für Druckguss und für Vakuumguss. Sie können darüber hinaus mit einer speziellen Spritzpistole durch Abtropfenlassen vergossen werden. Für den Werkzeugbau eignen sich insbesondere die Legierungen, die nach dem Erstarren weder schwinden noch wachsen.

Wegen der niedrigen Festigkeit und Temperaturbeständigkeit werden Zinn-Wismut-Legierungen beim Spritzguss nur zum Bau von Werkzeugen für die Nullserienfertigung verwendet. Verbreiteter ist ihr Einsatz bei Blasform- und Umformwerkzeugen sowie in der Galvanoplastik für die Herstellung von Dornen und Matern mit hoher Genauigkeit. Darüber hinaus werden sie als Werkstoff für ausschmelzbare Kerne verwendet.

Tabelle 23.8 zeigt die physikalischen und mechanischen Eigenschaften der eutektischen Zinn-Wismut-Legierung mit 42 % Zinn und einer übereutektischen Legierung mit 60 % Zinn.

Tabelle 23.8 Zinn-Wismut-Legierungen für Spritzgusswerkzeuge [23.20]

Zusammensetzung	Gew.%	42 % Sn + 58 % Bi	60 % Sn + 40 % Bi
Dichte	g/cm^3	8,64	8,16
Schmelzpunkt/-bereich	°C	138	138–170
Spezifische Wärme	kJ/kg	1,88	1,97
Wärmeausdehnung	10^{-6}/K	15	15
Wärmeleitfähigkeit	W/(m K)	21	38
Brinellhärte		22	22
Zugfestigkeit	N/mm^2	56	56
Dehnung unter Dauerbelastung	%	200	200
Maximale Dauerbelastung	N/mm^2	3,5	3,5

23.2.5 Keramische Werkstoffe

Um abrasive Werkstoffe zuverlässig und wirtschaftlich verarbeiten zu können, müssen Formeinsätze verschleißfest ausgeführt sein. Verschleißfeste Hochleistungskeramiken sind besonders für die Verarbeitung von hochgefüllten und abrasiven Materialien von Interesse. Da klassische Keramiken aufgrund ihrer elektrischen Isolation nicht funkenerosiv bearbeitet werden können, wurden neue auf einer Aluminiumoxidmatrix basierende leitfähige Keramiken mit einem Titancarbidpartikelanteil entwickelt. Diese werden besipielsweise unter dem Namen Dimacer vertrieben [23.21]. Mögliche Anwendungsfelder sind die Fertigung von Formeinsätzen zur Kurzglasfaser-Verarbeitung und zum Pulver-Spritzgießen [23.22].

Durch ihre geringe Wärmeleitfähigkeit bieten keramische Einsätze eine überzeugende Alternative für Stahlwerkzeuge für Anwendungen im Consumer- und Optiksektor. Während die hohe Wärmeleitfähigkeit von Stahl die Kunststoffschmelze so schnell erstarren lässt, dass sich Fließlinien und Bindenähte auf der Oberfläche der Kunststoffteile zeigen, werden diese Qualitätsmängel beim Einsatz von keramischen Formnestern reduziert. Darüber hinaus lassen sich Ra-Werte von 0,002 µm eines Keramik Einsatzes realisieren [23.23]. Stahleinsätze können nur durch Flachläppen auf einen Ra-Wert von 0,01 µm gebracht werden.

23.3 Galvanisch abgeschiedene Werkstoffe

Die galvanisch bewirkte Metallabscheidung wird im Werkzeugbau auf zweierlei Weise angewendet. Man unterscheidet zwischen der Galvanostegie und der Galvanoplastik (Galvanoformung). Die Verfahrensschritte beider Anwendungsmöglichkeiten sind ähnlich. Die Endprodukte und deren Zweckbestimmung jedoch sehr unterschiedlich. Bei der Galvanostegie (vgl. auch Abschnitt 23.4.4) wird normalerweise eine dünne Schicht (ca. 25 µm dicke) abgeschieden. Diese Schicht hat in der Regel die Aufgabe, das darunter liegende Metall vor Verschleiß und Korrosion zu schützen, die Entformung zu erleichtern und Belagbildung zu vermindern bzw. die Reinigung der Werkzeuge zu erleichtern. Der galvanisch abgeschiedene Niederschlag muss dabei gut auf dem Trägermaterial haften.

Bei der Galvanoformung wird eine wesentlich dickere Schicht auf ein Modell, das die Konturen und Abmessungen des späteren Werkzeugeinsatzes hat, abgeschieden. Die Wanddicke dieser Schicht ist beliebig und nur durch die Fertigungszeit beschränkt. Nachdem die gewünschte Wanddicke erreicht und der weitere Werkzeugaufbau in Form von einer Hinterfütterung abgeschlossen ist, muss sich die abgeschiedene und hinterfütterte Schale leicht vom Modell lösen.

Eine Verfahrensanwendung erfolgt im so genannten *LiGA-Verfahren*, welches seinen Namen aufgrund der drei wesentlichen Fertigungsschritte:

- Lithographie,
- Galvanoformung und
- Abformung

trägt. Es bietet eine äußerst kostengünstige Alternative zur Herstellung extrem präziser Mikroteile zu gleichen Dickenabmessungen. Zunächst wird dabei eine strahlenphysikalisch leicht veränderbare Resiststruktur durch hochintensive, parallele Röntgenstrahlung bestrahlt. Der durch die Strahlung veränderte Resistwerkstoff kann nun mit einem geeigneten Lösungsmittel entfernt werden. Die Struktur der unbestrahlten Bereiche verbleibt als Primärstruktur. Die somit entstandenen Freiräume lassen sich nun galvanotechnisch mit Metallen füllen. Nach Entfernen des Resists erhält man metallische Mikrostrukturen, die für die Kunststoffabformtechnik als Abformwerkzeuge verwendet werden können.

Es gibt eine Reihe von Werkstoffen, die sich galvanisch abscheiden lassen. Die bedeutendsten sind Nickel und Nickel-Kobalt-Legierungen. Nickel ist insbesondere wegen der hohen Festigkeit, Zähigkeit und Korrosionsbeständigkeit sowie des einfachen und leichtkontrollierbaren Verfahrensablaufs das am häufigsten verwendete Metall für die Galvanoformung. Zudem lassen sich Härte, Festigkeit, Dehnung und die inneren Spannungen durch Wahl bestimmter Nickelelektrolyte und Ausscheidungsbedingungen noch in weiten Bereichen variieren [23.24].

23.4 Oberflächenbehandlung von Stählen für Spritzgießwerkzeuge

23.4.1 Generelle Hinweise

Wie bereits in Abschnitt 23.1 ausgeführt wurde, müssen Werkstoffe für den Werkzeugbau bestimmte Eigenschaften aufweisen. Da diese Eigenschaften bei Stählen weitgehend von ihrer chemischen Zusammensetzung abhängig sind und die Legierungselemente sich in ihrer Wirkung gegenseitig beeinflussen, ist man vielfach zu Kompromissen gezwungen.

Es liegt daher nahe, dass Stahlerzeuger und -verarbeiter gemeinsam mit den Kunststoffverarbeitern immer wieder nach geeigneten Verfahren suchen, um die Qualität und insbesondere auch die Standzeit der Werkzeuge zu verbessern. Dies kann durch eine Vielzahl von Oberflächenbehandlungsverfahren erreicht werden.

Solche Verfahren haben das Ziel:

- die Oberflächenqualität,
- die Verschleißfestigkeit (Zug-, Druck-, Abrieb-),
- die Korrosionsbeständigkeit und
- die Gleiteigenschaften zu verbessern.

Darüber hinaus soll auch die Neigung zur Bildung von Materialrückständen und Ablagerungen im Werkzeug herabgesetzt werden.

Die Oberflächeneigenschaften von Spritzgießwerkzeugteilen lassen sich durch eine geeignete mechanische Bearbeitung, eine gezielte Wärmebehandlung oder durch eine Veränderung der Legierungspartner in den Oberflächenschichten, durch Diffusion oder Auftragung, sehr stark beeinflussen und damit auf spezielle Anforderungen einstellen.

Bevor im Folgenden auf einige ausgewählte Verfahren näher eingegangen wird, sei bereits hier darauf hingewiesen, dass die Anwendung der einzelnen Verfahren sehr spezielle Kenntnisse und z. T. auch einen hohen apparativen Aufwand erfordern, weshalb derartige Arbeiten in der Regel in spezialisierten Firmen ausgeführt werden. Hier bieten auch die Stahlhersteller entsprechende Hilfen an.

Die heute gebräuchlichen Oberflächenbehandlungsverfahren für Werkzeugstähle sind in Bild 23.1 dargestellt. Einige dieser Verfahren werden nachfolgend näher vorgestellt.

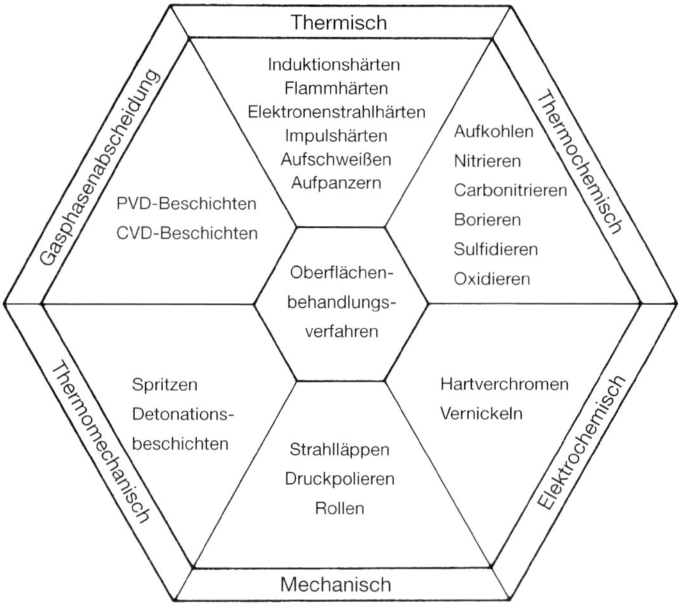

Bild 23.1 Übersicht einiger Oberflächenbehandlungsverfahren [23.25] [23.26]

23.4.2 Thermische Behandlungsverfahren

Bei den „klassischen" Wärmebehandlungsverfahren werden durch einfaches Erwärmen und Abkühlen Gefügeveränderungen hervorgerufen und damit bestimmte Werkstoffeigenschaften erreicht. Die Stahlhersteller stellen dazu spezielle Wärmebehandlungsvorschriften zur Verfügung, aus denen die Behandlungsmöglichkeiten und die sich daraus ergebenden Eigenschaften zu ersehen sind. Diese „einfachen" Wärmebehandlungsverfahren erfordern – solange es um kleine Abmessungen geht – keinen hohen Aufwand an Apparaten und setzen nur ein theoretisches Verständnis über die bei der Wärmebehandlung ablaufenden Reaktionen voraus. Unter „einfachen" Wärmebehandlungsverfahren werden hier das Glühen, Härten und Anlassen von Stählen verstanden.

23.4.3 Thermochemische Behandlungsverfahren

Im Gegensatz zu den thermischen Behandlungsverfahren sollen bei den thermochemischen Verfahren chemische Elemente aus dem gasförmigen, flüssigen oder festen Zustand in die Werkstückoberfläche eindiffundieren, um dort harte und verschleißfeste Schichten zu erzeugen [23.25]. Man unterscheidet dabei zwischen dem

- Einsatzhärten,
- Nitrieren und
- Borieren.

23.4.3.1 Einsatzhärten

Das Einsatzhärten umfasst zwei Verfahrensschritte:

1. Erhöhung des Kohlenstoffgehalts in der Randschicht des Werkstückes durch Aufkohlen („Einsetzen" von Kohlenstoff) und
2. Wärmebehandlung, um im Randbereich ein martensitisches Gefüge einzustellen (= Härten).

Neben den bauteilspezifischen Faktoren, wie Stahlzusammensetzung und Abmessungen des Werkstückes, bestimmen die Verfahrensparameter Aufkohlungstemperatur, Kohlenstoffpotenzial und -übergangszahl, Aufkohlungsdauer sowie die Abschreckgeschwindigkeit das Einsatzhärtungsergebnis. Dieses ist zu quantifizieren und zu kontrollieren über Oberflächenhärte und Einsatzhärtungstiefe.

Beim Aufkohlen werden Stähle mit niedrigem Kohlenstoffgehalt, in der Regel unter 0,25 % und somit nicht härtbar, in den oberflächennahen Schichten bei Temperaturen zwischen 800 und 950 °C mit Kohlenstoff auf ca. 0,9 % angereichert.

Je nach Aggregatzustand des Aufkohlungsmediums unterscheidet man zwischen Verfahren mit festen, flüssigen und gasförmigen Mitteln. Übliche Verfahren sind:

- Pulver- oder Granulataufkohlen,
- Salzbadaufkohlen und
- Gasaufkohlen.

Die Behandlungszeiten richten sich nach dem verwendeten Mittel und betragen etwa 8 bis 12 Stunden für feste und 2 bis 6 Stunden für flüssige Medien.

Das dem Aufkohlen nachfolgende Härten unterscheidet sich hinsichtlich der Verfahrenschritte nicht grundsätzlich von denen des Vergütens: Austenitisieren, Abschrecken und Anlassen. Beim Einsatzhärten werden diese Verfahrensschritte jedoch je nach Werkstoff, Werkstückgeometrie und -anforderung modifiziert [23.27].

Die Härteverfahren lassen sich nach der Anzahl der Austenitisierungen (Kohlenstoff in Lösung bringen) drei Gruppen einteilen:

1. Direkthärten,
2. Einfachhärten und
3. Doppelhärten.

Wenn aus der Aufkohlungstemperatur direkt abgeschreckt wird und auf ein Austenitisieren verzichtet wird, handelt es sich um eine Direkthärtung [23.27]. Die Einfachhärtung ist gekennzeichnet durch eine vollständige, gegebenenfalls auch isotherme Gefügeumwandlung des Werkstückes und ein erneutes Austenitisieren bis über die Umwandlungstemperatur des Kerns vor dem Härten. Bei der Doppelhärtung wird die Tatsache genutzt, dass Kern und aufgekohlter Rand eines Werkstückes wegen der unterschiedlichen C-Gehalte verschiedene Umwandlungstemperaturen aufweisen. Daher kann man zunächst durch Abkühlen auf Raumtemperatur und anschließendes Austenitisieren bis über die Umwandlungstemperatur des Kerns ein martensitisches Gefüge im Werkstückinneren einstellen, das aufgrund des niedrigen Kohlenstoffgehaltes nur eine geringe Härte aufweist. Beim erneuten Erhitzen bis über die niedrigere Austenitisierungstemperatur des Randes wird das Kerngefüge nur hoch angelassen. Beim anschließenden Härten erfolgt dann die Umwandlung des Randes in Martensit mit sehr hoher, dem Kohlenstoffgehalt entsprechender Härte.

Nach dem Härten werden die Stähle angelassen. Hierbei werden extreme, durch tetragonalen Martensit verursachte Gefügespannungen abgebaut. Die Höhe der Anlasstemperatur richtet sich nach dem späteren Verwendungszweck bzw. der Arbeitstemperatur des Werkzeuges [23.25] und bestimmt die Härte der Oberflächenschicht. Bei einem Anlassen auf Temperaturen im unteren Anlasstemperaturbereich zwischen 100 und 300 °C werden Härten zwischen 58 und 63 HRC erreicht.

23.4.3.2 Nitrieren

Das Nitrieren kann im Salzbad, in Gas oder Pulver durchgeführt werden. Die einzelnen Verfahren unterscheiden sich in Nitrierzeit und -temperatur. Ziel aller Verfahren ist, eine Diffusionssättigung der Randschicht des eingesetzten Werkstückes mit Stickstoff zu erreichen, um Härte, Verschleißwiderstand oder Korrosionsbeständigkeit zu erhöhen.

Beim Badnitrieren werden die Werkzeuge zunächst auf 400 °C vorgewärmt. Der Nitriervorgang selbst wird dann bei einer Temperatur von 580 °C durchgeführt. Die Nitrierdauer richtet sich nach der gewünschten Nitriertiefe. Im Allgemeinen ist jedoch eine Haltezeit von 2 h ausreichend. Eine spezielle Form des Badnitrierens ist die Teniferbehandlung. Es handelt sich dabei um ein besonders zusammengesetztes und belüftetes Nitrierbad. Die für Spritzgießwerkzeuge gewünschte Oberflächenhärte wird auch hier bereits nach einer Haltezeit von 2 h bei einer Temperatur von 570 °C erreicht [23.28].

Wesentlich längere Nitrierzeiten sind beim Gasnitrieren erforderlich. Die gewünschten Oberflächenhärten werden abhängig vom Stahl erst nach 15 bis 30 h erreicht. Die Nitrierbehandlung wird bei Temperaturen zwischen 500 und 550 °C durchgeführt. Durch teilweises Abdecken mit Überzügen aus Kupfer, Nickel oder speziellen Pasten ist es möglich, eine partielle Aufstickung zu erzielen [23.28].

Beim Nitrocarburieren im Gas wird neben Ammoniak noch ein kohlenstoffabgebendes Mittel als Reaktionspartner eingesetzt. Hierdurch wird die Verbindungszone zusätzlich mit Kohlenstoff angereichert. Als Reaktionspartner kommen Endogas, Exogas, Kombinationen von beiden, aber auch Erdgas oder CO_2-haltige flüssige Medien zur Anwendung. Die Behandlungstemperaturen liegen bei rund 570 °C, die Behandlungsdauer bei 2 bis 6 h.

Aktivatorgehalt, Nitrierzeit und -temperatur bestimmen beim Pulvernitrieren das Nitrierergebnis für die jeweilige Stahlsorte. Es wird bei Temperaturen zwischen 450 und 570 °C durchgeführt [23.28].

Beim Ionitrieren erfolgt die Nitrierung im Plasma einer stromstarken Glimmentladung. Stickstoff wird dabei in die Werkzeugoberfläche eingelagert. Es werden Härtetiefen von wenigen µm bis zu 1 mm erreicht. Die größte Oberflächenhärte, die je nach Werkstoff bis zu 1 300 HV betragen kann, wird hierbei unmittelbar an der Oberfläche erzielt. Eine Nachbearbeitung der Werkzeuge erübrigt sich daher. Die Behandlung wird im Temperaturbereich zwischen 350 und 580 °C durchgeführt. Die Behandlungszeiten liegen zwischen 20 min und 36 h [23.29].

Beim Nitrieren bzw. Ionitrieren ist mit einem Verzug der Werkzeuge normalerweise nicht zu rechnen. Nach der Wärmebehandlung erhält man spannungsfreie Werkzeuge hoher Zähigkeit mit größter Oberflächenhärte und verbesserter Korrosionsbeständigkeit.

Nitrierstähle werden in geglühtem Zustand angeliefert. Sie lassen sich daher ohne Schwierigkeiten spanend bearbeiten.

23.4.3.3 Borieren

Beim Borieren werden die oberflächennahen Werkstückschichten mit Bor angereichert. Hierbei entsteht eine zwar sehr dünne, aber außerordentlich harte (1 800 bis 2 100 HV 0,025 [23.25]) und verschleißfeste, aus Eisenboriden bestehende Schicht, die zahnförmig mit dem Grundmetall verbunden ist. Das Borieren kann in einer festen Einsatzmasse, durch Behandeln in Gas oder in Schmelzen auf Borax-Basis mit und ohne Elektrolyte erfolgen.

Das Borieren wird im Temperaturbereich von 800 bis 1 050 °C durchgeführt und bleibt damit unter der eutektischen Temperatur von 1 149 °C. Die üblichen Behandlungszeiten liegen zwischen 15 min und 30 h. Behandlungsdauer, Temperatur und Grundwerkstoff sind maßgebend für die Schichtdicke. Schichtdicken bis zu 600 µm können erzielt werden. Ein partielles Borieren ist ebenfalls möglich.

Nach dem Borieren können die Werkstücke vergütet werden, um eine höhere Belastungsfähigkeit des Grundmaterials zu erreichen. Die Temperaturen der Wärmebehandlung richten sich nach dem Grundmaterial. Die Vergütung sollte jedoch auf Werkstücke mit einer mittleren Boridschicht (100 bis 120 µm) beschränkt bleiben. Bei dickeren Schichten besteht die Gefahr der Rissbildung [23.30].

Borierte Oberflächen haben normalerweise ein stumpfgraues Erscheinungsbild und die Boridschicht kann zudem je nach Behandlungsbedingungen auf die Werkstückoberfläche aufwachsen. In vielen Fällen ist daher häufig eine abschließende Bearbeitung durch Schleifen, Polieren, Läppen oder Honen erforderlich.

23.4.4 Elektrochemische Behandlungsverfahren

Durch elektrochemische Behandlungsverfahren (Galvanostegie) lassen sich Werkstücke mit metallischen Schichten zum Verschleiß- und Korrosionsschutz, als Funktionsschicht (z. B.: Härte, Reibungs- und Haftungsbeeinflussung) oder zu dekorativen Zwecken beschichten. Bei einigen Hochpolymeren spalten sich beispielsweise bei der Verarbeitung chemisch aggressive Medien, z. B. Salzsäure oder Essigsäure, bei nicht allzu intensivem Angriff ab. Oft schützt man solche Werkzeuge durch galvanisch abgeschiedene Schutzschichten, wie Hartchromschichten oder Nickelüberzüge. Neben der Korrosionsbeständigkeit werden aber auch die Gleiteigenschaften und bei Hartchrom die Verschleißfestigkeit der Werkzeuge verbessert.

Die Schutzüberzüge sind nur dann dauerhaft wirksam, wenn eine gleichmäßige Schichtdicke beim Auftragen erzielt wird und scharfe Kanten am Werkzeug vermieden werden. Ungleiche Schichtdicken und scharfe Kanten verursachen Spannungen in der Schutzschicht, die dann bei Belastung zum Abplatzen führen können. Die Gefahr, dass der Schutzüberzug nicht überall gleich ist, ist besonders groß bei Werkzeugen mit verwinkelten Konturen (Hinterschneidungen an Ecken usw.). Zudem besteht an dünnen Stegen, die auf Biegung beansprucht werden, sehr leicht die Gefahr, dass die aufgetragenen Schichten reißen.

Vor dem Aufbringen der galvanischen Schutzschichten müssen die Werkzeuge vorbereitet werden, da der Aufbau und die Oberflächenbeschaffenheit der Schichten abhängig sind von der Qualität des Haftgrundes. Geschliffene, besser aber noch polierte und verdichtete Werkzeugoberflächen liefern die besten Ergebnisse.

23.4.4.1 Hartverchromen

Die Dicke der elektrogalvanisch aufgetragenen Hartchrom-Schichten richtet sich nach der Stromdichte und den Elektrolyttemperaturen, die Härte auch nach der Temperatur, mit welcher die Wärmebehandlung nach der Hartverchromung ausgeführt wurde. Übliche Schichtdicken sollten zwischen 5 und 200 µm liegen [23.25]. Man erreicht Oberflächenhärten von 900 HV 0,2. Aufgrund der galvanischen Abscheidung der Hartchromschicht bildet sich die Schicht schollenförmig aus und muss teilweise, je nach Anforderung an die Oberflächengüte des beschichteten Werkstückes, nachgeschliffen werden.

23.4.4.2 Vernickeln

Beim Vernickeln unterscheidet man zwischen dem galvanischen und dem chemischen Vernickeln (Kanigen-Verfahren). Die Schichteigenschaften sind auch hier von den Verfahrensparametern abhängig. Die Nickelschichten sind relativ weich und daher nicht verschleißfest.

Um diesem Nachteil abzuhelfen, hat man Verfahren, wie das NYE-CARB-Verfahren entwickelt, bei welchem in eine galvanisch abgeschiedene Nickel-Phosphorschicht Siliciumpartikel eingelagert werden. Die Nickelphosphoride enthalten 7 bis 10 % Phosphor. Die Temperaturen, denen das zu beschichtende Material unterworfen wird, liegen beim Beschichten unter 100 °C. Wenn eine die Haftung verbessernde Wärmebehandlung erfolgen soll, beträgt diese Temperatur ca. 315 °C. Außer Stählen können auch andere Werkstoffe, wie Aluminium oder Kupferlegierungen beschichtet werden, jedoch ist es sinnvoll, wegen der geringen Schichtdicken gehärtete Trägerwerkstoffe zu benutzen, um deren Oberflächengüte auf die gewünschte Qualität zu bringen.

23.4.5 Beschichten bei niedrigen Drücken

Verschleiß, Korrosion und Verschmutzungen (von Werkzeugen), hervorgerufen durch Belagbildung beeinflussen in vielen Fällen maßgeblich den Produktionsprozess beim Spritzgießen. Sie verursachen Produktionsunterbrechungen und/oder sogar -ausfälle, die zu Lieferproblemen und damit letztlich zu höheren Stückkosten führen. Durch das Aufbringen dünner Schichten mit hoher Verschleißbeständigkeit bei gleichzeitig niedrigen Reibbeiwerten kann die Oberfläche der Werkzeuge jedoch so modifiziert werden, dass sich diese Probleme lösen oder zumindest stark verringern lassen [23.31]. Die Schichten werden dabei durch das Abscheiden metallischer Werkstoffe aus der Gasphase erzeugt. Man unterscheidet zwischen:

- Verfahren der *chemischen Gasphasenabscheidung*, den CVD-Verfahren (Chemical-Vapour-Deposition) und
- Verfahren der *physikalischen Gasphasenabscheidung*, den PVD-Verfahren (Physical-Vapour-Deposition)

Beide Verfahren sind in unterschiedlichen Varianten sowie in Kombinationen mit anderen Beschichtungsverfahren in großer Vielfalt auf dem Markt. Bild 23.2 zeigt eine vergleichende Übersicht der technisch etablierten Beschichtungstechnologien zur Erzeugung von verschleißbeständigen Hartstoffschichten. Wie hieraus ersichtlich ist, liegt bei jeder Technologie die Schichtabscheidung innerhalb eines spezifischen Druck-/Temperaturbereiches und umfasst einige charakteristische Schichtsysteme [23.32].

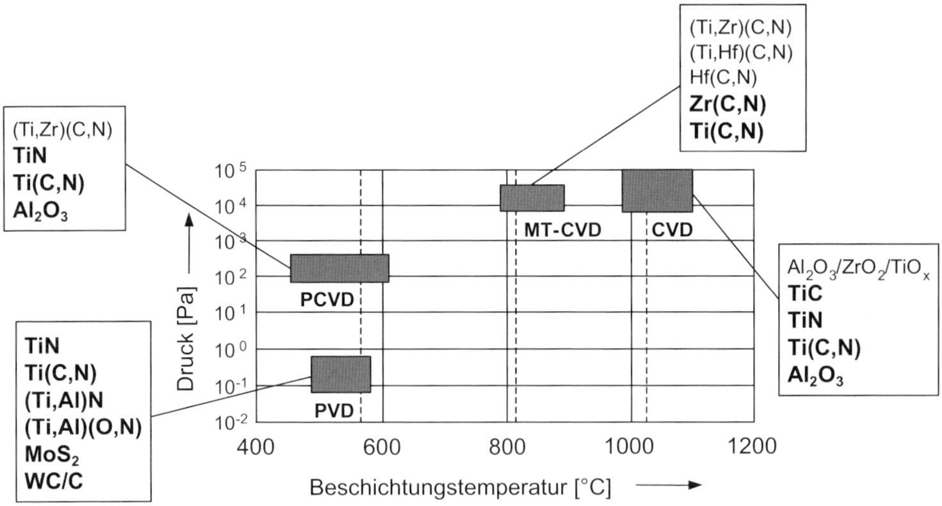

Bild 23.2 Vergleich der technisch etablierten Beschichtungsverfahren in Abhängigkeit von Beschichtungstemperatur und Druck mit Angabe der charakteristischen Schichtsysteme [23.32]

Die Anwendung und Auswahl der Verfahren werden zusätzlich durch die Vielzahl beschichtbarer Materialien (Werkzeugwerkstoffe) erschwert. Daher ist eine frühzeitige Zusammenarbeit von Spritzgießer, Konstrukteur, Werkzeugbauer und Beschichter angeraten.

23.4.5.1 Chemische Gasphasenabscheidung, CVD-Verfahren

Die chemische Gasphasenabscheidung CVD nutzt zur Beschichtung chemische Reaktionen aus. Dabei wird das Beschichtungsmaterial, das in Form einer oder mehrerer leicht flüchtiger Verbindungen gasförmig vorliegt – eventuell noch durch die Eingabe von Reaktivgasen ergänzt – zunächst in die Dampfphase gebracht und in einen evakuierten Reaktortiegel eingeleitet. Dort umströmen die Dämpfe die bereits eingelagerten und aufgeheizten Werkzeuge oder Werkzeugteile allseitig und schlagen sich auf der Oberfläche nieder. Dadurch ist auch die Beschichtung komplex geformter Bauteile (3D-Beschichtung) möglich [23.33] [23.34] [23.35].

Durch Auswahl und Mischungsverhältnis der Beschichtungswerkstoffe mit den ergänzend eingebrachten Reaktivgasen lassen sich die Schutzschichten sehr gut auf die geforderten Eigenschaften einstellen. Allerdings sind die Wahl der Beschichtungsmaterialien und die Wahl der Werkstoffe für die zu beschichtenden Werkzeuge oder Bauteile beim klassischen CVD-Verfahren auf Grund der hohen Prozesstemperaturen (800 bis 1 100 °C), stark eingeschränkt. So ist bei diesen Temperaturen bei Stählen mit einem Verlust an Härte und Zähigkeit zu rechnen, der durch eine erneute Wärmebehandlung wieder ausgeglichen werden muss. Das Verfahren findet daher hauptsächlich beim Beschichten von Hartmetallen seinen Einsatz [23.36].

Es werden drei Arten von Beschichtungsverfahren unterschieden:

1. *HT-CVD* (Hochtemperatur-Chemical-Vapour-Deposition),
2. *MT-CVD* (Mitteltemperatur-Chemical-Vapour-Deposition) und
3. *PE-CVD* (Plasma-Enhanced-Chemical-Vapour-Deposition), in der Literatur häufig auch unter der Bezeichnung PA-CVD (Plasma-Assistet-Chemical-Vapour-Deposition) zu finden.

Beim *HT-CVD-Verfahren* können Carbide, Nitride, Boride, Silicide oder Oxide bei Temperaturen von 900 bis 1 100 °C auf die erhitzte Oberfläche der Werkzeuge abgeschieden werden. Mit dem *MT-CVD-Verfahren* werden im Temperaturbereich von 700 bis 900 °C Carbonnitridschichten der Elemente Ti, Zr und Hf mit hohen Abscheideraten aufgebracht. Beim *PE-CVD-Prozess* (die chemische Reaktion wird hier durch die Energieeinkopplung aus einem Plasma aktiviert [23.33] [23.37] [23.38] [23.39]) erfolgt die Abscheidung feinkörniger Hartstoffschichten im Vergleich zum HT- und MT-CVD-Verfahren bei deutlich niedrigeren Beschichtungstemperaturen von 200 bis 650 °C [23.39] [23.40]. Ähnlich wie beim HT-CVD-Prozess können durch Änderungen der Gaszusammensetzung Schichten aus Titannitrid, -carbid,

-carbonitrid und Aluminiumoxid in kristalliner Struktur einzeln oder in beliebiger Reihenfolge abgeschieden werden. Aufgrund der gleichgewichtsfernen Bedingungen während der Abscheidung besteht die Möglichkeit mittels PE-CVD auch metastabile Systeme, wie z. B. TiAlN, zu synthetisieren [23.32] [23.40] [23.41] [23.42].

Eine für den Werkzeugbau in der Kunststoffverarbeitung interessante Schutzschicht, die bei hoher Härte enorme Elastizität aufweist und zudem niedrige Reibungsbeiwerte hat ist unter dem Namen Dyanamant im Handel erhältlich [23.38]. Es handelt sich dabei um eine DLC-Beschichtung (Diamond-Like-Carbon), die hergestellt wird, indem in einer mit Edelgas befüllten Vakuumkammer, in der die zu beschichtenden Teile eingelagert sind, eine Glimmentladung gezündet wird. Die Ionen aus diesem Plasma treffen mit hoher Geschwindigkeit auf die Bauteiloberflächen und schlagen dabei aus diesen Atome heraus. Durch diesen Vorgang, auch Ionenätzen genannt, werden die Oberflächen gereinigt und chemisch angeregt. Anschließend wird dann ein Kohlenwasserstoffgas in die Kammer eingeleitet, das sich als diamantähnliche harte, verschleißfeste und reibungsmindernde Schicht auf die Oberflächen der Bauteile abscheidet. Normalienhersteller, wie etwa die Firma Hasco Hasenclever GmbH + Co KG, Lüdenscheid und die Firma Meusburger Georg GmbH & Co KG, Wolfurt, Österreich, bieten ein umfangreiches Sortiment an Auswerferstiften und Führungselementen mit DLC-Beschichtung an [23.38].Vorteil einer derartigen Schicht ist insbesondere der geringe Verschleiß bei beweglichen Teilen wie Rund- und Flachauswerfern, Schiebern, Zentrier- und Führungselementen [23.43].

Je nach Beschichtungsort und Werkzeugtyp können Schichtdicken von 6 bis 30 µm, mit einer Festigkeit von bis zu 4 000 N/mm^2 aufgebracht werden. Sie bilden die Oberflächen der Bauteile (Werkzeuge) konturgenau ab, d. h. Bearbeitungsspuren einer mechanischen Oberflächenbearbeitung wie z. B. Schleifriefen werden durch das CVD-Verfahren und seine Varianten nicht kaschiert. Die Werkzeugoberfläche muss also bereits vor dem Beschichten die Qualität aufweisen, die vom fertig bearbeiteten Werkzeug erwartet wird [23.44].

Mit einem nach dem PE-CVD-Verfahren beschichteten Werkzeug konnte ein Hersteller von Kunststoffblumentöpfen die Reinigungsintervalle von einem Tag auf zwei Wochen verlängern bei einer gleichzeitigen Verkürzung der Reinigungsarbeiten von 8 h auf 15 min [23.38].

23.4.5.2 Physikalische Gasphasenabscheidung, PVD-Verfahren

Beim PVD-Verfahren (Physical-Vapour-Deposition) liegen die metallischen Beschichtungsmaterialien im Gegensatz zum CVD-Verfahren in fester Form vor. Über physikalische Verdampfungsvorgänge werden sie zunächst in die Dampfphase überführt und anschließend im Vakuum auf die Oberflächen der zu beschichtenden Werkzeuge oder Bauteile abgeschieden. Grundsätzlich kann man den Verdampfungsvorgang in drei Verfahrensvarianten unterteilen, die sich in der Art des physikalischen Prozesses zur Überführung des Beschichtungsmaterials in die Dampfphase unterscheiden. Zu den PVD-Verfahren zählen:

- das *Vakuumverdampfen*,
- das *Sputtern* (Kathodenzerstäuben) und
- das *Ionenplattieren* (Ion-Plating) [23.25] [23.45] bis [23.49].

Beim Vakuumverdampfen wird das Schichtmaterial in einem Tiegel im Hochvakuum erhitzt bis es verdampft. Das Sputtern, auch Kathodenzerstäubung genannt, zeichnet sich dadurch aus, dass Ionen mit hoher kinetischer Energie auf eine Platte des zu verdampfenden Materials (Target) treffen und durch Impulsübertragung die zur Beschichtung erforderlichen Atome herausschlagen. Beim Ionenplattieren (Ion-Plating) wird der durch Verdampfen oder Sputtern erzeugte Metalldampf ionisiert und durch das kathodisch geschaltete Substrat (Bias-Spannung) zum Substrat hin beschleunigt.

Bei diesem Verfahren wird somit nicht das Target, sondern das Substrat mit Gasionen beschossen. Durch das Bombardement der aufwachsenden Schicht mit Ionen werden Schichteigenschaften, wie Dichte und Eigenspannungen, modifiziert und die Haftung am Substrat verbessert. Es entstehen sehr haftfeste und dichte Schichten. Beim Arc-Ion-Plating (Arc-PVD-Verfahren) wird das Targetmaterial mittels eines Lichtbogens im Hochvakuum verdampft und ionisiert. Sollen nicht nur Metalle oder Metalllegierungen abgeschieden werden, sondern Karbide, Nitride oder auch Oxide, so ist dies mit dem reaktiven Sputter- oder den reaktiven Ion-Plating-Verfahren möglich. Dabei wird ein reaktives Gas (Reaktionsgas) eingespeist (z. B. N_2, CH_4, O_2, H_2 ...) aus dem die nichtmetallische Komponente der Schicht bezogen wird (z. B. TiN, TaC, Al_2O_3 ...) [23.40] [23.50] [23.51] [23.52].

Allen Verfahren ist gemein, dass sich das verdampfte Beschichtungsmaterial in einem Rezipienten (Hochvakuumkammer) vom Verdampfer in einem gerichteten Teilchenstrahl auf ballistischen Bahnen (die Beschleunigung ergibt sich aus einem negative Potenzial, das am Beschichtungsmaterial anliegt) hin zum zu beschichtenden Bauteil oder Werkzeug bewegt und dort niederschlägt. Bei diesem Vorgang ist die aufwachsende Schicht einem ständigen Ionenbeschuss ausgesetzt, wodurch sie sich verfestigt und gleichzeitig ihre Haftung auf dem Trägermaterial verbessert wird. Dieser Effekt ist beim Lichtbogenverdampfen (ARC-Verfahren) besonders ausgeprägt. Generell sollte die Oberflächenhärte der zu beschichtenden Bauteile oder Werkzeuge daher oberhalb 54 HRC liegen [23.36]. Werkstoffe mit einer niedrigeren Oberflächenhärte, wie Nichteisenmetalle, Aluminium- oder Kupferlegierungen, müssen daher durch eine Vorbeschichtung z. B. mit Chemisch-Nickel (Ni-P) auf die erforderliche Grundhärte gebracht werden [23.53].

In Bild 23.3 ist der Beschichtungsvorgang beim Sputterprozess schematisch dargestellt.

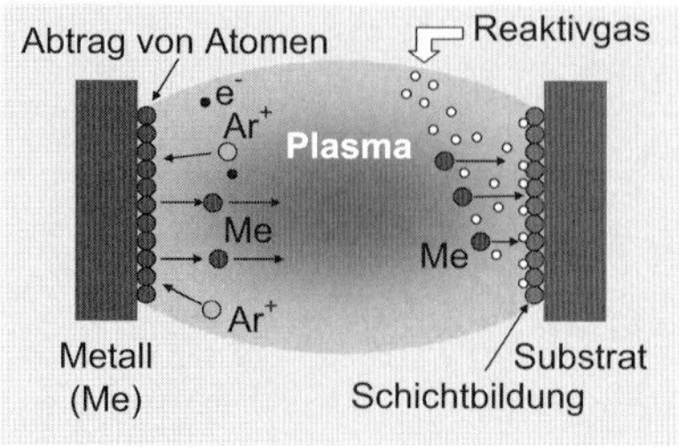

Bild 23.3 Schematische Darstellung des Beschichtungsvorganges beim PVD-Magnetron-Sputterverfahren [23.54]

Die Prozesstemperaturen liegen beim klassischen PVD-Beschichten in einem Temperaturbereich von 400 bis 500 °C. Man liegt damit zwar unterhalb der Anlasstemperatur der für den Werkzeugbau üblicherweise verwendeten Stähle, aber dennoch handelt es sich um eine weitere Wärmebehandlung der fertig bearbeiteten Werkzeuge oder Bauteile. Deshalb ist es wichtig, dass die zu beschichtenden Teile vorher beschichtungsgerecht wärmebehandelt wurden, um Veränderungen im Gefüge, der Härte und den Abmessungen zu vermeiden [23.48]. Wichtig ist darüber hinaus der Zustand der zu beschichtenden Oberflächen. Sie sollten bereits die Qualität aufweisen, die von dem fertig bearbeiteten Werkzeug erwartet wird.

Weiterentwicklungen machen heute das Aufbringen von Verschleißschutzschichten oder Beschichtungen zur Verbesserung der Bauteilfestigkeiten, so genannte Vorbeschichtung, schon bei Temperaturen von 160 bis 200 °C möglich [23.53]. Damit können auch temperaturempfindliche Substratmaterialien beschichtet werden. Man liegt damit in vielen Fällen unterhalb der Anlasstemperatur von Stahlwerkstoffen, so dass eine erneute Wärmebehandlung nach dem Beschichten mit dem damit verbundenen Risiko eines Verzuges nicht notwendig ist. Die PVD-Verfahren sind praktisch für die Beschichtung aller Werkzeugstähle geeignet.

Mit den PVD-Beschichtungsverfahren können eine große Anzahl von Schichtsystemen aufgebracht werden. Außer den stabilen Schichtsystemen wie TiN und Ti(C,N) können unter den Nichtgleichgewichtsbedingungen der physikalischen Gasphasenabscheidung auch mehrkomponentige, metastabile Phasen abgeschieden werden, welche oftmals Strukturen aufweisen, die unter Gleichgewichtsbedingungen nicht existieren. Ein Beispiel hierfür ist das Schichtsystem TiAlN. Die Schichtstoffe werden üblicherweise nach den Kriterien erreichbare Härte, Reibungskoeffizient, Korrosionsbeständigkeit und Kosten ausgewählt. Als Schichtstoffe bzw. Schichtsysteme kommen TiN, TiC, TiCN, TiAlN, CrN und CrAlN in Betracht [23.55] [23.56]. In Tabelle 23.9 sind die Eigenschaften gebräuchlicher Schichtsysteme zusammengefasst.

Aus der Tabelle 23.9 ist ersichtlich, dass die Oberflächeneigenschaften von Bauteilen und Werkzeugen durch eine PVD-Beschichtung gezielt verändert und so den in der Produktion auftretenden Belastungen angepasst werden können. Welches

Tabelle 23.9 Spezifische Eigenschaften von PVD-Schichtsystemen [23.36] [23.57] [23.58] [23.59] [23.60]

Eigen-schaften	Schichtsysteme						
	TiN	TiCN	CrN	ZrN	AlTiN	W-C:H	Me-C:H
Härte (HV 0,05)	2 300–3 000	3 000–3 700	1 750–2 500	2 200–2 600	3 000–3 700	1 000–1 200	800–3 000
Reibwerte[1)]	0,4–0,7	0,4–0,5	0,5–0,6		0,5–0,7	0,15–0,25	0,2–0,25
Schicht-dicke (µm)	1–5	1–5	1–10		2–4		2–10
Farbe	gold	rot-braun	stahlgrau/ silbern	hellgold	blau/ schwarz	grau/ schwarz	grau
Besondere Merkmale	hohe Härte, gute Wärme-leitfähigkeit, geringe Klebe-neigung gegenüber Kunststoffe	hohe Härte und Zähig-keit	gute Kor-rosions- u. Oxidations-beständig-keit, geringe Klebeneigung gegenüber Thermo- und Duroplaste	geeignet für Dekor-beschich-tung	extrem hart u. oxida-tions-beständig	hervor-ragende tribolo-gische Eigen-schaften	gute Gleit-eigen-schaft

[1)] Reibwerte trocken gegen Stahl 100Cr6

Schichtsystem letztendlich zur Anwendung kommt ist im Wesentlichen vom zu verarbeitenden Kunststoff und dessen Verhalten bei der Verarbeitung hinsichtlich Ausgasung oder Zersetzung abhängig. Die Auswahl des Beschichtungssystems sollte daher im Dialog zwischen Beschichter und Spritzgießer erfolgen.

23.4.6 Laserstrahloberflächenbehandlung (LOB)

Die Verfahren der Laserstrahloberflächenbehandlung (LOB) zählen zu den besonderen Vergütungsverfahren. Neben den industriell weit verbreiteten Einsatzgebieten des Lasers zum Schweißen und Schneiden findet auch die LOB eine immer weitere Anwendung in der industriellen Praxis. Die Verfahren der LOB können in zwei Gruppen unterteilt werden, wobei einerseits die thermischen und andererseits die thermochemischen Verfahren zu nennen sind. Damit bietet die Laserstrahlbearbeitung Alternativen zu herkömmlichen Technologien, um die Standzeit von kostenintensiven Werkzeugen und Bauteilen zu verlängern. Zu den thermischen Verfahren zählen die Varianten Laserstrahlhärten und -umschmelzen, zu den thermochemischen Verfahren gehören das Laserstrahllegieren, -dispergieren und -beschichten. Bei den thermochemischen Verfahren werden die Werkstoffeigenschaften nicht nur durch eine Wärmebehandlung, sondern auch durch die Zugabe von Zusatzwerkstoffen beeinflusst. Die Randschichteigenschaften werden bezüglich der mechanischen, tribologischen, thermischen und chemischen Verschleißbeständigkeit der Oberfläche verbessert [23.61].

Als Laserstrahlquellen werden heute CO_2-Laser in einem Leistungsbereich von 1 bis 25 kW und Nd:YAG-Laser sowie Hochleistungsdiodenlaser in einem Leistungsbereich von 0,5 bis 6 kW eingesetzt. Der Strahl wird auf die Oberfläche des Werkstücks fokussiert und heizt diese infolge Absorption auf. Die Absorption und Reflexion sind abhängig von der Wellenlänge, den Materialeigenschaften und der Oberflächenbeschaffenheit des Werkstücks. Die Wärmeeinkopplung hängt außerdem von der Intensität des Strahls und der Einwirkzeit ab. Die Einwirkzeit ergibt sich aus der Belichtungsgeschwindigkeit, mit der der Strahl über die Werkstückoberfläche geführt wird. Die Bearbeitung erfolgt in der Regel in Bahnen, die mit oder ohne Überlappung nebeneinander angeordnet werden. So sind flächige oder partielle Oberflächenbeschichtungen realisierbar [23.61].

23.4.6.1 Laserstrahlhärten und -umschmelzen

Gusseisenwerkstoffe und Stähle, deren Kohlenstoffanteil zwischen 0,3 % und 6,67 % liegt, sind zum Laserstrahlhärten gut geeignet [23.62]. Sie härten martensitisch aus. Beim Laserstrahlhärten wird das Werkstück in den oberflächennahen Bereichen durch Absorption der Laserstrahlung und in den tieferen Zonen bis zu einer bestimmten Tiefe (maximal 1,5 mm) durch Wärmeleitung bis oberhalb der Austenitisierungstemperatur aufgeheizt. Dieser Aufheizprozess verläuft so schnell, dass beim unmittelbar anschließenden Abkühlen ein äußerst großer Temperaturgradient zwischen Werkstückoberfläche und Restwerkstück entsteht. Die aufgenommene Wärmemenge wird daher bei Weiterführung des Laserstrahls so schnell in das Werkstückinnere abgeführt, dass die zur Martensitbildung erforderliche kritische Abkühlgeschwindigkeit überschritten wird (Selbstabschreckung) [23.63].

Beim Laserstrahlhärten handelt es sich um ein partielles Härteverfahren, bei dem der Fokus in Bahnen über die zu härtende Fläche geführt wird. Dies hat den Vorteil, dass man eine Härtung gezielt an den Stellen durchführen kann, an denen man einen erhöhten Verschleiß erwartet. Somit wird das Werkstück nur gering thermisch belastet. Partielle Härtezonen sind reproduzierbar und nahezu ohne Verzug herstellbar. Die maximalen Härtetiefen liegen bei circa 1,5 mm, abhängig von der Werkstückgeometrie. Nachteil des Verfahrens ist, dass größere Flächen nur in mehreren Schritten gehärtet werden können.

Das Laserstrahlumschmelzen kommt vorwiegend bei Gusswerkstoffen zur Anwendung. Durch die Erwärmung und die nachfolgende Selbstabschreckung entstehen übersättigte Lösungen, metastabile Phasen oder amorphe Strukturen. Durch das Umschmelzen bilden sich homogene und extrem feinkörnige Gefüge in den Werkstückrandschichten. Diese Gefüge zeichnen sich durch eine hohe Festigkeit bei gleichzeitig hoher Zähigkeit aus [23.61].

23.4.6.2 Laserstrahllegieren, -dispergieren und -beschichten

Beim Laserstrahllegieren werden Zusatzwerkstoffe vollständig im Grundwerkstoff gelöst. Konvektions- und Diffusionsvorgänge im Schmelzbad führen zu einer homogenen Durchmischung von Grund- und Zusatzwerkstoffen. Durch die hohen Abkühlgeschwindigkeiten werden die Zusatzwerkstoffe auch nach der Abkühlung in Lösung gehalten. Die Zusatzelemente und -verbindungen erhöhen vor allem die Verschleißfestigkeit und die Korrosionsbeständigkeit [23.64] [23.66].

Im Gegensatz zum Legieren sollen beim Laserstrahldispergieren die Zusatzwerkstoffe nicht gelöst werden, sondern nach Prozessende feindispers im Grundgefüge vorliegen. Übliche Zusatzwerkstoffe beim Laserstrahllegieren von Warmarbeitswerkzeugen sind WC, WC-Co, MoC und im Rahmen des Laserstrahldispergierens TiC und VC. Diese genannten Zusatzwerkstoffe werden vor allem zur Reduktion von Abrasion und Rissbildung bei hohen Prozesstemperaturen eingesetzt.

Beim Laserstrahlbeschichten wird keine Vermischung von Grundwerkstoff und Zusatzwerkstoff angestrebt. Hierbei wird eine artreine, gut haftende Schicht auf dem Substratwerkstoff erzeugt. Der Zusatzwerkstoff wird vollständig aufgeschmolzen. Das Grundgefüge wird lediglich in einer schmalen Randzone zur Erzeugung einer schmelzmetallurgischen Verbindung aufgeschmolzen. Als Zusatzwerkstoffe werden meist niedrigschmelzende Ni-, Co-Basislegierungen oder ein dem Grundwerkstoff ähnliches Material verwendet.

23.4.7 Lamcoat-Beschichtung

Das Lamcoat-Verfahren ist ein in den USA entwickeltes Beschichtungsverfahren für Oberflächen mit einem kleinen Reibungskoeffizienten. Bei diesem Verfahren wird eine Weichschicht auf Basis von Wolframdisulfid bei Raumtemperatur mechanisch auf die Werkstückoberfläche aufgetragen. Dazu wird das Werkstück zunächst gründlich in einem alkoholischen Bad mit Ultraschallunterstützung gereinigt. Anschließend wird das Wolframdisulfid in einer Strahlkabine mithilfe getrockneter und gereinigter Hochdruckpressluft manuell aufgetragen. Das Beschichtungsmaterial lagert sich dabei jedoch nicht an der Oberfläche an, sondern dringt weitgehend in die oberflächenahen Bereiche ein und geht eine molekulare Verbindung mit dem Grundwerkstoff ein. Überschussmaterial haftet nicht an. Es entsteht so eine sehr dünne Schicht von 0,5 bis 1,5 μm Dicke.

Untersuchungen in den USA haben ergeben, dass sich durch eine Lamcoat-Beschichtung die Reibung bis zu 70 % verringert. Dies führt zu niedrigeren Spritzdrücken und bis zu 10 % längeren Fließweglängen. Weitere Vorteile dieser Technologie sind reduzierte Zykluszeiten und um 30 bis 70 % verlängerte Standzeiten der Werkzeuge [23.67] bis [23.69].

Literatur Kapitel 23

[23.1] *Becker, H. J.:* Herstellung und Wärmebehandlung von Werkzeugen für die Kunststoffverarbeitung. VDI-Z 114 (1972) 7, S. 527–532.

[23.2] *Krumpholz, R.; Meilgen, R.:* Zweckmäßige Stahlauswahl beim Verarbeiten von Kunststoffen. Kunststoffe 63 (1973) 5, S. 286–291.

[23.3] *Moeller, E.:* Handbuch Konstruktionswerkstoffe, 2. Auflage, Carl Hanser Verlag, München Wien, 2014.

[23.4] *Dies, K.:* Kupfer und Kupferlegierungen in der Technik. Springer Verlag, Berlin, 1967.

[23.5] *Merten, H.:* Gegossene NE-Metallformen. Angewandte NE-Metalle-Angewandte Gießverfahren. VDI-Bildungswerk BW 2197. VDI-Verlag, Düsseldorf.

[23.6] *Schatt, W.; Simmchen, E.; Zouhar, G. (Hrsg):* Konstruktionswerkstoffe des Maschinen- und Anlagenbaues, 5. Auflage (1998), Dt. Verlag für Grundstoffindustrie Stuttgart 1998, S. 121–122.

[23.7] *N. N.:* Gegossene Formen. Firmenschrift der Firma BECU, Hemer – Westig.

[23.8] *Klein:* Einführung in die DIN-Normen, 9. Auflage, Beuth Berlin und Köln, S. 534.

[23.9] www.eazall.com//diecastalloys.aspx.

[23.10] www.matweb.com.

[23.11] *Kröpfl, I.:* Aluminiumwerkstoffe für den Formenbau, Seminar Werkstoffe für den Formenbau, SKZ-ComSem GmbH, Würzburg Ausgabe April 2003/ka S. D 1 bis D 41.

[23.12] *Menning, G.:* Werkzeuge für die Kunststoffverarbeitung. Carl Hanser Verlag München Wien 1995.

[23.13] *Erstling, A.:* Erfolge mit Aluminium im Werkzeug- und Formenbau. Werkstoff und Innovation 11/12/1990, S. 31–34.

[23.14] *N N:* Gleich-Aluminium Prospekt der Firma Gleich GmbH Metallplattenservice 2002.

[23.15] *Erstling, A.:* Aluminium für Blasform Werkzeuge. Sonderdruck aus Plastverarbeiter, Heft 1/95, S. 76–80.

[23.16] *Erstling, A.:* Aluminium im Spritzgießwerkzeugbau. Kunststoffe 78 (1988) 7, S. 596–598.

[23.17] *Zürb, G.:* Vorteilhafter Aluminium-Einsatz im Werkzeug und Formenbau. Sonderdruck aus der Stahlbauer Ausgabe 4/86.

[23.18] *N. N.:* Prospekt der Firma Almet, Fellbach.

[23.19] *N. N.:* Cerro-Legierungen für schnellen Werkzeugbau. Plastverarbeiter 25 (1974) 3, S. 175–176.

[23.20] *N. N.:* Eigenschaften und Anwendungen der Cerro-Legierungen. Prospekt der Firma Hek GmbH, Lübeck.

[23.21] *N. N.:* Erodierbare Keramik, Fa. Leroxid, Hochdorf.

[23.22] *Doriat, C.:* Werkzeuge mit Prädikat. Kunststoffe 102 (2012) 1, Carl Hanser Verlag, München Wien.

[23.23] *Königsreuther, P.:* Keramik-Inlays optimieren die Haptik von Kunststoff-Spritzgussteilen. Maschinenmarkt, 20.04.2016.

[23.24] *Heneker, J.:* Prozessentwicklung eines industrietauglichen Verfahrens zur Fertigung von vereinzelten LIGA-Mikrobauteilen. Dissertation, Karlsruher Institut für Technologie (KIT), 2015.

[23.25] *Kortmann, W.:* Vergleichende Betrachtungen der gebräuchlichsten Oberflächenbehandlungsverfahren. Thyssen Edelstahl Techn. Ber. 11 (1985) 2, S. 163–199.

[23.26] *Walkenhorst. U.:* Übersicht über verschiedene Schutzmaßnahmen gegen Verschleiß und Korrosion. In: Spritzgießmaschinen und -werkzeugen. Umdruck zu 2. Würzburger Werkzeugtage WWT, 4. und 5. Oktober 1988.

[23.27] *N. N.:* Rationalisierung im Werkzeugbau. Bericht über das Formenbausymposium 1981 des VKI. Kunstst. Plast. 29 (1982) 1/2, S. 25–28.

[23.28] *N. N.:* Werkzeugstähle für die Kunststoffverarbeitung. Druckschrift Nr. 0122/4 der Edelstahlwerke Witten AG, Witten 1973.

[23.29] *N. N.:* Ionitrieren ist mehr als Härten. Firmenschrift der Firma Klöckner Ionen GmbH, Köln.

[23.30] *N. N.:* Firmenschriften des Elektroschmelzwerkes Kempten GmbH, München 1974.

[23.31] *NN:* Oberflächentechnik – Kunststoffverarbeitung, Fa. Dörrenberg Edelstahl GmbH, 51758 Engelskirchen. http://doerrenberg.de.

[23.32] *Berg van den, H.; Daub, H.-W.; Dreyer, K.; Kassel, D.; Küpper, H.; Retzkowski, D.; Rödiger, K.; Wetsphal, H.:* Moderne Fertigungstechnologien in der Hartmetallindustrie. In: Pulvermetallurgie in Wissenschaft und Praxis, Band 19 (2003) S. 27/48. „Pulvermetallurgie: Material – Prozess – Anwendung", ISL-Verlag, Hagen, 2003, ISBN 3-933842-67-0.

[23.33] *N. N.:* CVD/PECV, TechPortal Oberflächentechnik, http://techportal.de/.

[23.34] *N. N.:* Beschichtungsverfahren – Cluster INNOB, http://innob.de/.

[23.35] *N. N.:* Oberflächentechnik, Interessengemeinschaft Neue Materialien in NRW e. V., 51429 Bergisch Gladbach, http://neuematerialien.de/.

[23.36] *Dünner, P.:* Tribologische Schichten – Verschleißminderung, in Praxishandbuch moderne Beschichtungen, Carl Hanser Verlag München Wien, 2001.

[23.37] *N. N.:* Beschichtungsverfahren zu Verbesserung des Verschleißverhaltens, Fa. Deutsche Titan GmbH, 45143 Essen.

[23.38] *Enke, K.:* Atomares Sandstrahlen, Plastverarbeiter 53. Jahrg. (2002) Nr. 11, S. 34.

[23.39] *Hück, H.:* Chemical Vapour Deposition, Instituts für Zeitmesstechnik, Fein- und Mikrotechnik, Universität Stuttgart. http://uni-stuttgart.de/.

[23.40] *König, W.; Klocke, F.:* Fertigungsverfahren Drehen, Fräsen, Bohren: 5. Überarbeitete Auflage, Springer Verlag Berlin Heidelberg New York, ISBN 3-540-63202-6.

[23.41] *Westphal, H, van den Berg, H.; Sottke, V.; Tabersky, R.; König, R.:* New multicomponent and composite coatings for modern cutting applicatins. 15th Internationales Plansee Seminar, HM97, 28.05 bis 01.06.2001 in Reutte.

[23.42] *Kathrein, M.; Schintlmeister, W.; Wallgram, W.; Schleinkofer, U.:* Doped CVD Al_2O_3 coatings for high performance cutting tools. Surface and coatings Technology 163–164 (2003) pp 181/188, Elsevier Science B. V.

[23.43] *Tauschek, T.:* Unscheinbare Hightech im Werkzeug. Kunststoffe 106 (2016) 2, Carl Hanser Verlag, München Wien.

[23.44] *Ludwig, J. H.:* Werkzeugwerkstoffe, ihre Oberflächenbehandlung, Verschmutzung und Reinigung. Gummi Asbest Kunststoffe 35 (1982) 2, S. 72–78.

[23.45] *N. N.:* CVD-Verfahren, Industrieverband Härtetechnik, 58093 Hagen. http://ww.haertetechnik.org.

[23.46] *N. N.:* PVD, TechPortal Oberflächentechnik, http://techportal.de/.

[23.47] *Hadhuey, Lexikon:* PVD Begriff, http://lexikon.donx.de/.

[23.48] *N. N.:* Wirtschaftliche Fertigungsprozesse und Produkte für die Oberflächentechnik, Firma Ivema Engineering, 59174 Kamen. http://ivema-engineering.com/.

[23.49] *N. N.:* PVD-Verfahren, Industrieverband Härtetechnik, 58093 Hagen. http://www.haertetechnik.org.

[23.50] *Rass, I. J.; Feldhege, M. Lugscheider, E.:* Industrielle Anwendung der PVD-Technik. In: Moderne Beschichtungsverfahren, Hrsg.: Steffens, H.-D, Wilden, J., DGM Informationsgesellschaft Verlag, ISBN 3-88355-223-2, 1996, S. 307/320.

[23.51] *Lemmer, O.; Cremer, R.; Leyendecker, T.; Frank, M.:* Entwicklung neuartiger Schichten mittels plasmagestützer Verfahren: Von der Idee zur Anwendung. In: Pulvermetallurgie in Wissenschaft und Praxis, Hrsg.: H. Kolaska, ISL-Verlag, Hagen ISBN 3-933842-67-0, Band 19 (2003) S. 49/69.

[23.52] *Leyendecker, T.; Lemmer, O.; Cremer, R.:* Hart, härter – weicher? Innovative, zukunftsweisende Lösungen für den Verschleißschutz von Werkzeugen und Bauteilen. In: Pulvermetallurgie in Wissenschaft und Praxis, Hrsg.: H. Kolaska, ISL-Verlag, Hagen ISBN 3-933842-79-4, Band 20 (2004) S. 229/241.

[23.53] *N. N.:* Niedertemperatur-PVD-Beschichtung, Produktinformation der Firma Plasma Oberflächen Service GmbH, 42859 Remscheid, veröffentlicht in Kunststoff Trends 1/2005, und http://pro-4-pro.com/.

[23.54] *N. N.:* PVD-Dünnschichttechnologie, Firma Sulzer Innotec. CH 8404 Winterthur.

[23.55] *Müller, D.; Härlen, U.:* Verschleißschutz an Werkzeugen für die Blechbearbeitung. In: Leistungssteigerung in der Stanztechnik, VDI Bildungswerk, Düsseldorf (1996).

[23.56] *N. N.:* Leistungsfähige Fertigungsprozesse – Lösungen für den Werkzeugbau. In: Produktionstechnik: Aachener Perspektiven, VDI-Verlag, Düsseldorf, 1996.

[23.57] *N. N.:* PVD-Beschichtung für höhere Standzeiten und reduzierten Verschleiß, Firma Otto Bihler Maschinenfabrik, 87642 Halblech, http://bihler.de/.

[23.58] *N. N.:* PVD-Verfahren, Hagen, September 2001. www.iht.wsm-net.de.

[23.59] *N. N.:* Maxit-PVD-Verschleißschutz, Oerlikon Metaplas GmbH, Bergisch Gladbach, www.oerlikon.com.

[23.60] *N. N.:* Optimierung von Spritzgießwerkzeugen, Prospekt der Firma Plasma Oberflächen Service GmbH, 42859 Remscheid.

[23.61] *König, W.; Klocke, F.:* Fertigungsverfahren Band 3 – Abtragen und Generieren, Springer Verlag, Berlin, 1997.

[23.62] *N. N.:* www.trumpf.com (Internet, Stand 9. März 2005).

[23.63] *Schmitz-Justen, C.:* Einordnung des Laserstrahlhärtens in die fertigungstechnische Praxis, Dissertation, RWTH Aachen, 1986.

[23.64] *Rozsnoki, L.:* Anwendungsorientierte Charakterisierung laserbehandelter Randschichten für den Einsatz in der Druckgießtechnik, Dissertation, RWTH Aachen, 1998.

[23.65] *Celiker, T.:* Integration des Laserstrahllegierens in den Wärmebehandlungsablauf von Schmiedewerkzeugen, Dissertation, RWTH Aachen, 1997.

[23.66] *Kirner, P. K.:* Technologie zur Herstellung von abrasivfesten Randschichten auf Manganhartstahlbasis durch Laserstrahllegieren und -dispergieren, Dissertation, RWTH Aachen, 1995.

[23.67] *N. N.:* Mikroschicht stoppt teueren Verschleiß, VDI-Nachrichten, August 1998.

[23.68] Sk Poliertechnik Kaup GmbH, Gründlacher Str. 311, 97065 Fürth-Bislohe.

[23.69] Novo Plan GmbH, Robert-Bosch-Str. 41, 73431 Aalen.

24 Fertigungsverfahren für Spritzgießwerkzeuge

Spritzgießwerkzeuge werden unter Nutzung der verschiedensten Fertigungsverfahren bzw. Kombinationen dieser Verfahren hergestellt. Dabei muss gerade vor dem Hintergrund einer steigenden Variantenvielfalt in der Spritzgießverarbeitung mit einer immer kürzer werdenden Produkteinführungszeit die korrekte Auswahl der anforderungsgerechten Kombination an Fertigungsverfahren durchgeführt werden. Je nach geplanter Losgröße und Vermarktungsstrategie müssen entweder modulare Werkzeugkonzepte oder günstigere Fertigungsabläufe berücksichtigt werden.

In Bild 24.1 sind in relativem Maß die Kosten für einige Herstellverfahren aufgetragen.

Demnach erscheinen Werkzeuge aus Stählen um ein Vielfaches teurer als solche, die nach anderen Verfahren hergestellt werden. Trotzdem ist das Werkzeug aus Stahl die in der Regel bevorzugte Lösung. Dieser scheinbare Widerspruch löst sich auf, wenn die Lebensdauer (Standzeit) eines Werkzeuges aus Stahl einbezogen wird.

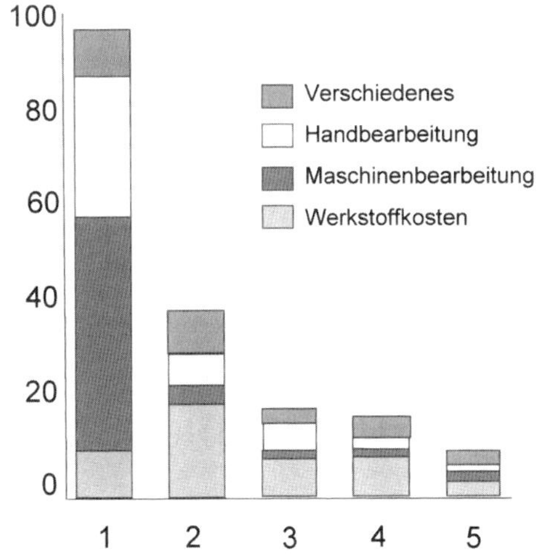

Bild 24.1 Kostenvergleich: Fertigungsverfahren im Werkzeugbau [24.1]
1 Stahl spanabhebend bearbeitet, 2 Zink gegossen, 3 Nickel galvanisch aufgetragen, 4 Gießharz gefüllt, 5 MCP-Legierung

Diese ist wesentlich höher als bei den in Bild 24.1 dargestellten Verfahrensalternativen und rechtfertigt die Mehrkosten mit der Abschreibungsmöglichkeit über eine höhere Anzahl an fertigbaren Bauteilen. Es wird deutlich, dass die Fertigungskosten direkt auf die geplante Stückzahl gespiegelt werden müssen. Erst dadurch kann abgeschätzt werden, ob ein konventionelles Stahlwerkzeug oder ein Sonderwerkzeug das Mittel der Wahl ist.

Die geforderten kurzen Zeiten von der Idee bis zur Spritzgießproduktion müssen zusätzlich noch bei der Verfügbarkeit der Fertigungstechnologien berücksichtigt werden. So wird beispielsweise bei der Galvanoformung, wie bei Verfahren, die nicht intern verfügbar sind, die zusätzliche Fertigungszeit bis zur Verfügbarkeit des Werkzeuges zum Hindernis und steigert die Planungsunsicherheit.

So gewinnt der Aspekt der Fertigungsvernetzung und -organisation zunehmend an Bedeutung. Neben dem gezielten Einsatz von qualifiziertem Personal ist hier auch die Verknüpfung von Fertigungsabläufen relevant. Diese Vernetzung und Automatisierung von Fertigungsabläufen führt zur getakteten Werkzeugfertigung und berechenbaren Durchlaufzeiten unter Verwendung von Cyber-Phyisical-Production-Systemen (CPPS). Diese Systeme zeichnen sich durch die Verknüpfung realer (physischer) Objekte mit informations-verarbeitenden (virtuellen) Objekten und Prozessen über Informationsnetze in einer Produktionsumgebung aus. In Bild 24.2 ist eine vollautomatisierte Erodierzelle dargestellt, welche über Automatisierungstechnik die Fertigungsaufträge entlang einer Warteliste abarbeitet.

Es ist ersichtlich, dass der moderne Werkzeugbau vor dem Hintergrund der Nutzung von CPPS immer seltener auf 2D-Zeichnungsableitungen zurückgreift. Dafür werden die 3D-CAD-Daten direkt in CAM-Daten überführt und an die Werkzeugmaschinen

Bild 24.2 Vollautomatisierte Erodierzelle im Werkzeugbau des Siegfried Hofmann Werkzeugbaus [24.2]

oder additiven Fertigungsanlagen weitergegeben. Auch Toleranzen können über unternehmensspezifische Normen mittels Farbcodierungen berücksichtigt werden. Die direkte Nutzung der 3D-Daten reduziert nicht nur die Zeit und die Fehlerquellen, welche bei der 2D-Ableitung anfallen, sondern ermöglicht in Kombination eines geeigneten Produktdaten-Managementsystems ebenso eine lückenlose Entwicklungshistorie wie auch die sichere Ablage und Verwaltung der Konstruktionsdaten. So bieten auch Normalienhersteller komplette CAD-Daten ihrer Produkte in den gängigsten CAD-Formaten an [24.3].

In Bild 24.3 ist eine automatisierte Fertigungsprozess-Verkettung dargestellt. Dieser Fertigungskomplex wurde bei der Pheonix Contact Deutschland GmbH, Blomberg, aufgebaut. Dieser Komplex besteht aus verschiedenen Werkzeugmaschinen welche mithilfe einer integrierten Positioniereinheit gegenständlich verbunden sind. Eine übergeordnete Steuerung disponiert die Werkstücke zu den Bearbeitungspositionen und taktet Aufträge nach benötigten Fertigungszeiten. Dadurch können Liegezeiten um 30 %, bis dahin manuelle Prozessschritte um 50 % und Einzelprozesszeiten um 10 % reduziert werden.

Bild 24.3 Vollautomatisierte Fertigungsprozess-Verkettung [24.4]

Im Folgenden wird auf die verschiedenen Fertigungsverfahren eingegangen, mit denen Werkzeugeinsätze und Werkzeugaufbauten hergestellt werden können. Die einsetzbaren Fertigungsverfahren lassen sich nach DIN 8580 einteilen [24.5].

Hauptgruppe 1	Urformen
Hauptgruppe 2	Umformen
Hauptgruppe 3	Trennen
Hauptgruppe 4	Fügen
Hauptgruppe 5	Beschichten
Hauptgruppe 6	Stoffeigenschaften ändern

Im Werkzeugbau werden diese Hauptgruppen der Fertigungsverfahren anforderungsgerecht eingesetzt. Wobei die umformenden Verfahren bezüglich des Werkzeugbaus eine untergeordnete Rolle einnehmen.

24.1 Spanende Bearbeitungsverfahren

24.1.1 Zerspanung mit definierter Schneide

Die Zerspanung mit definierter Schneide hat traditionell beim Bau von Spritzgießwerkzeugen eine hohe Bedeutung. Nach DIN 8580 ist die spanende Bearbeitung der Hauptgruppe „Trennen“ zuzuordnen. Abgesehen von der Vorbearbeitung der Formplatten durch Fräsen und Drehen werden auch die Kühl-, Führungs- und Auswerferbohrungen mittels konventioneller Bohrtechnik oder auf spezialisierten Tieflochbohrmaschinen eingebracht. Um hier Zeit und Kosten auf den Werkzeugmaschinen zu sparen, wird im Werkzeugbau auf vorkonfektionierte Normalien zurückgegriffen, die ggf. schon über Auskofferungen oder tolerierte Bohrungen für Führungssäulen oder -buchsen verfügen. Die Formgebung der Kavität, bei der in der konventionellen Prozesskette insbesondere das funkenerosive Abtragen (EDM, Electric-Discharge-Machining) eine herausragende Stellung einnahm, wird heute bereits zu einem großen Teil durch HSC-Fräsen (High-Speed-Cutting) des vergüteten oder gehärteten Werkzeugstahls realisiert [24.6]. Restriktionen ergeben sich dabei vor allem bei kleinem Fräswerkzeugdurchmesser oder sehr tiefen Strukturen, die vor allem bei technischen Kunststoffteilen häufig zu beobachten sind. Eine Umstellung der Prozesskette auf eine Komplett- oder weitgehende Vorbearbeitung mit Hartfräsen führt in den meisten Fällen nicht nur zu einer Reduktion der Fertigungskosten, sondern auch der Bearbeitungs- und Durchlaufzeiten [24.7]. Durch die Kombination der beiden Verfahren Hartfräsen und Funkenerosion und deren optimaler Abstimmung aufeinander können vorhandene Wirtschaftlichkeitspotenziale in der mechanischen Fertigung erschlossen werden.

24.1.1.1 Drehen

Die Drehbearbeitung hat im Spritzgießwerkzeugbau insgesamt eine eher untergeordnete Bedeutung. Sie kommt zum Einsatz, wenn rotationssymmetrische Bauteile hergestellt werden müssen. Eine typische Anwendung stellen Kerne dar, die beispielsweise bei der Herstellung von Vorformen für PET-Flaschen benötigt werden. Die zu bearbeitenden Werkzeugstähle können im Allgemeinen im gehärteten Zustand bearbeitet werden. Das Verfahren zeichnet sich durch ein rotatorisch bewegtes Werkstück aus, das durch ein stehendes Werkzeug bearbeitet wird. Im Allgemeinen bleibt die Schneide des Werkzeugs dabei permanent im Eingriff, sodass das Werkzeug vor allem einer abrasiven Verschleißbeanspruchung ausgesetzt ist. Als Schneidstoffe kommen typischerweise beschichtetes Hartmetall oder kubisches Bornitrid (CBN, Cubisches Bornitrid) zum Einsatz, das sich aufgrund seiner hohen Verschleißbeständigkeit insbesondere für die Bearbeitung gehärteter Stahlwerkstoffe eignet.

Aufgrund der untergeordneten Bedeutung des Verfahrens kommen vorwiegend manuelle Drehbänke oder einfache zyklengesteuerte Systeme zum Einsatz, bei denen die Programmierung vorwiegend an der Maschine selbst erfolgt. Nur in Ausnahmefällen werden NC-gesteuerte Maschinen mit der Möglichkeit zur externen Programmierung eingesetzt.

24.1.1.2 Bohren

Die Bohrbearbeitung hat bei der Herstellung von Spritzgießwerkzeugen eine große Bedeutung. Sie wird vor allem bei der Vorbearbeitung der Formplatten benötigt, wenn Kühlkanäle, Auswerfer- und Führungsbohrungen eingebracht werden müssen. Die größte Verbreitung haben dabei nach wie vor Werkzeuge aus Schnellarbeitsstahl (HSS), allerdings werden gerade bei vergüteten Werkstoffen zunehmend auch beschichtete Werkzeuge aus Hartmetall eingesetzt. Während die Fertigung von Auswerferbohrungen aufgrund des verhältnismäßig geringen Aspektverhältnisses (Länge/Durchmesser) vorwiegend auf konventionellen Bohrmaschinen oder Bearbeitungszentren erfolgt, sind zur Herstellung von Kühlkanälen in vielen Fällen Tieflochbohrungen notwendig. Da diese zudem in vielen Fällen schräg zu den Außenflächen der Formplatten eingebracht werden müssen, sind zu diesem Zweck spezielle Tieflochbohrmaschinen im Einsatz. Es werden die Verfahren Einlippenbohren und Ejectorbohren unterschieden. Das Einlippenbohrverfahren, das vor allem für Bohrungsdurchmesser bis $D = 25$ mm empfohlen wird, nutzt eine einzelne Werkzeugschneide, die an einem Hartmetallschaft geführt wird. Die maximale Bohrungstiefe beträgt ca. 400 mm, wobei Aspektverhältnisse bis zu 100 erreicht werden können. Zur Abfuhr der Späne wird Kühlschmiermittel unter hohem Druck durch das Werkzeug zugeführt. Das Ejectorverfahren wird bei größeren Bohrungsdurchmessern verwendet und ermöglicht einen deutlich schnelleren und wirtschaftlicheren Bohrprozess. Ejector-Systeme oder Doppelrohrsysteme verfügen über separate Leitungen zum Führung von Kühlschmierstoffen (KSS) sowie der Ableitung des beim Bohren anfallenden KSS-Span Gemisches [24.8].

24.1.1.3 Fräsen

Das im Spritzgießformenbau vorwiegend eingesetzte Stirnfräsen bietet aufgrund der Kinematik des Prozesses eine sehr große Flexibilität bei der Bearbeitung verschiedenster Geometrieelemente. Dies ist einer der wesentlichen Gründe dafür, dass das

Verfahren zur Herstellung der häufig sehr komplexen Kavitäten prädestiniert ist und zunehmend an Bedeutung gewinnt. Das Fertigungsverfahren Fräsen kann im Bezug auf den Einsatz im Formenbau in vier Varianten eingeteilt werden:

- konventionelles Fräsen
- HSC-Fräsen mit 3 oder 3+2 Achsen
- Hartfräsen
- Simultanes Fünfachsfräsen

Diese unterscheiden sich nicht nur in der erforderlichen Maschinenausstattung und -peripherie, sondern vor allem in ihrer Eignung für verschiedene Geometrieelemente und die Anforderungen, die sie an die Arbeitsvorbereitung, aber auch an die Maschinenbediener stellen. Es ist daher in jedem Fall sehr gründlich abzuwägen, welches Verfahren für die speziellen Anforderungen eines Werkzeugbaus geeignet ist. Untersuchungen im Vergleichsmarkt belegen dabei, dass eine weit reichende CAx-Integration (Einbindung aller computerunterstützten Entwicklung-, Konstruktions-, Fertigungs- und Steuerungssysteme) und automatisierte Prozessabläufe im Werkzeugbau die Wettbewerbesfähigkeit der Unternehmen deutlich steigern [24.9].

Aufgrund der großen Vielfalt der Geometrieelemente des Spritzgießformenbaus kommen ganz unterschiedliche Fräswerkzeuggeometrien unterschiedlichen Durchmessers zum Einsatz. Für die Schruppbearbeitung werden vorwiegend Schaftfräser mit Eckenradius (so genannte Toruswerkzeuge) oder Fase eingesetzt, die häufig als Messerkopf mit Wendeschneidplatten ausgeführt sind. Bei kleinerem Werkzeugdurchmesser kommen auch Werkzeuge aus Vollmaterial zum Einsatz, die im Bedarfsfall nachgeschliffen werden können. Für die Schlichtbearbeitung kommen typischerweise Kugelkopfwerkzeuge zum Einsatz, die aufgrund ihrer Geometrie eine sehr gute Annäherung der Kontur ermöglichen. Bei geeigneten, flachen Geometrien können auch Toruswerkzeuge eingesetzt werden, die durch eine größere Zeilenbreite kürzere Bearbeitungszeiten ermöglichen.

24.1.1.3.1 Konventionelle Fräsbearbeitung

Seit den achtziger Jahren des vergangenen Jahrhunderts wurde die weit verbreitete Kopierfrästechnik zunehmend durch die NC-gesteuerte Bahnbearbeitung ersetzt, die auch die Aufteilung der einzelnen Schnitte bei der Schrupp- und Schlichtbearbeitung planbar macht. Heute werden zur Bearbeitung von dreidimensional geformten Bauteilen und Kavitäten in den meisten Betrieben des Werkzeug- und Formenbaus vorwiegend NC-Fräsmaschinen eingesetzt, während für vorwiegend prismatische Bereiche nach wie vor eine große Zahl manueller Fräsmaschinen im Einsatz ist.

Im Unterschied zum Drehen unterliegen die eingesetzten Schneidstoffe bei der Fräsbearbeitung vor allem hohen Anforderungen an die Temperaturwechselbeständigkeit und die Zähigkeit. Dies liegt in dem verfahrensbedingt unterbrochenen

Schnitt begründet, der eine Schlagbelastung der Werkzeugschneide hervorruft. Aus diesem Grund kommen für die Fräsbearbeitung sowohl Schnellarbeitsstähle als auch Hartmetalle zum Einsatz, die als Schneidplatten oder Vollmaterial-Werkzeuge angeboten werden. Spezielle Beschichtungen, wie Wolfram-Carbid, ermöglichen heute eine deutliche Standzeitverlängerung beim Fräsen. Typischerweise erfolgt die Schrupp- und Vorschlichtbearbeitung der Kavitäten im ungehärteten Zustand des Werkzeugstahls. Der durch das nachfolgende Härten entstehende Materialverzug muss dann bei der Schlichtbearbeitung wieder ausgeglichen werden.

Die konventionelle Fräsbearbeitung zeichnet sich durch relativ geringe Schnittgeschwindigkeiten aus, die bei der Stahlbearbeitung im Bereich unterhalb von v_c = 80 m/min liegen, je nach eingesetztem Schneidstoff. Zustellung und Zahnvorschub werden demgegenüber verhältnismäßig groß gewählt, um das erzielte Zeitspanvolumen zu maximieren [24.10].

24.1.1.3.2 HSC-Fräsen

Die Entwicklung des HSC-Fräsens (High-Speed-Cutting) beruht auf der Beobachtung, dass die auftretenden Zerspanungskräfte bei deutlich gesteigerter Schnittgeschwindigkeit absinken, da die höhere Temperatur der Kontaktzone eine stärkere Erweichung des Materials hervorruft. Um dies allerdings in die Praxis umsetzen zu können, müssen die eingesetzten Schneidstoffe eine hohe Warmhärte aufweisen. Erst die Entwicklung von Hartmetallen, ultraharten Schneidstoffen wie CBN (Cubisches Bornitrid) und warmharten Beschichtungen ermöglichte daher die Umsetzung dieses Ansatzes. Dabei werden Schnittgeschwindigkeiten bis v_c = 500 m/min eingesetzt, während Zeilenbreite und Zahnvorschub deutlich reduziert werden. Auf diese Weise lassen sich bessere Oberflächenqualität und Formgenauigkeit sowie reduzierter Werkzeugverschleiß kombinieren, während die reine Bearbeitungszeit im Regelfall kaum verändert wird. Bei Betrachtung der gesamten Prozesskette ergeben sich jedoch deutliche Zeiteinsparpotenziale, da aufgrund der verbesserten Oberflächenqualität die erforderliche manuelle Nacharbeit deutlich reduziert werden kann. Aus diesem Grund wird zunehmend das konventionelle Schlichtfräsen durch HSC-Fräsen ersetzt und damit auch ein wesentlicher Teil an Schleifprozessen und manueller Nacharbeit substituiert.

Beim HSC-Fräsen werden vorwiegend Werkzeuge aus beschichtetem Hartmetall eingesetzt. Typische Beschichtungen sind TiAlN oder TiSiN, die je nach Werkstoff mit weiteren Schichten, z. B. zur thermischen Isolierung, kombiniert werden. Heute sind Fräswerkzeuge bis zu einem Durchmesser von etwa D = 0,1 mm am Markt verfügbar [24.11], während in der Praxis aufgrund der Prozesssicherheit typischerweise Werkzeuge bis etwa D = 1 mm Mindestdurchmesser eingesetzt werden.

Um die grundsätzlichen Vorteile des HSC-Fräsens in der Praxis umsetzen zu können, sind leistungsfähige Maschinen und CAM-Systeme in der Arbeitsvorbereitung eine unabdingbare Voraussetzung. Um eine hohe Schnittgeschwindigkeit zu erreichen, sind Hochfrequenzspindeln mit Drehzahlen oberhalb $n = 20\,000\ \text{min}^{-1}$, idealerweise bis zu $n = 60\,000\ \text{min}^{-1}$ notwendig. Aus dieser hohen Spindeldrehzahl resultiert aber auch die Notwendigkeit, Achsvorschübe bis zu $v_f = 2\,000$ mm/min und mehr zu realisieren. Bei komplexen Geometrien stellt dies insbesondere hohe Anforderungen an das Beschleunigungsvermögen der Maschinenantriebe und die Verarbeitungsgeschwindigkeit der Maschinensteuerung. Die Werkzeuge sind sehr empfindlich gegenüber ungünstigen Aufmaß-Situationen, wie sie z. B. im Bereich von Hohlkehlen, oder aber bei einer nicht ausreichend genau erkannten Restmaterialsituation vorkommen können. Aus diesem Grund ist es von entscheidender Bedeutung, dass das eingesetzte CAM-System über Möglichkeiten verfügt, ungünstige Geometriebereiche zu erkennen und das Fräswerkzeug vor zu hoher Belastung zu schützen. Dies erfolgt in vielen Fällen durch zusätzliche Bearbeitungsschritte oder eine Reduktion des Maschinenvorschubs.

Die zunehmende Verbreitung von Graphit als Elektrodenwerkstoff für die funkenerosive Senkbearbeitung hat dazu geführt, dass die Fräsbearbeitung dieses Werkstoffs eine immer größere Bedeutung erlangt hat. Die Bearbeitung erfolgt mit sehr hoher Schnittgeschwindigkeit, die lediglich durch die Leistungsfähigkeit der Werkzeugmaschine limitiert wird. Auch ein hoher Zahnvorschub führt aufgrund des sehr spröden Materialverhaltens zu geringerem Werkzeugverschleiß. Aufgrund der eingeschränkten Leistungsfähigkeit der Werkzeugmaschinen ist jedoch darauf zu achten, dass ein Mindestzahnvorschub von ca. $f_z = 0{,}05$ mm nicht unterschritten wird, da sonst der Werkzeugverschleiß deutlich ansteigt [24.12].

24.1.1.3.3 Hartfräsen

Nachdem das HSC-Fräsen deutliche Wirtschaftlichkeitspotenziale in der Bearbeitung von Spritzgießwerkzeugen erschließen konnte, gewinnt die Kompletthartbearbeitung deutlich an Bedeutung. Ziel ist es dabei, die gesamte Kavität durch Fräsen des gehärteten Werkstoffs herzustellen. Durch den Wegfall der erforderlichen Härteprozesse während der Herstellung der Form kann auf diese Weise eine deutliche Reduktion der gesamten Durchlaufzeit erreicht werden. Der Werkzeugmacher kann somit deutlich flexibler auch auf kurzfristige Anfragen reagieren. Im Vergleich zum HSC-Fräsen werden bei der Hartbearbeitung deutlich geringere Schnittgeschwindigkeiten eingesetzt, die für die Schruppbearbeitung typischerweise bis $v_c = 80$ m/min, beim Schlichten bis etwa maximal $v_c = 200$ m/min liegen können.

Die hohen Anforderungen an die Schneidstoffe bleiben jedoch aufgrund der Materialhärte bestehen, sodass auch hier vorwiegend beschichtetes Hartmetall eingesetzt wird. Bei sehr harten Werkzeugstählen jenseits von etwa 60 HRC wird zum Teil auch kubisches Bornitrid (CBN) als Schneidstoff eingesetzt. Der Hartstoff erlaubt deutlich höhere Schnittgeschwindigkeiten bis etwa $v_c = 500$ m/min.

Das spröde Material reagiert allerdings sehr empfindlich auf wechselnde Eingriffsbedingungen. Zudem sind die verfügbaren Werkzeuggeometrien stark eingeschränkt. Dies und der vergleichsweise hohe Preis des Schneidstoffs stehen einer weiten Verbreitung im Bereich des Spritzgießwerkzeugbaus heute noch entgegen. Generell werden für die Hartbearbeitung Werkzeuge eingesetzt, bei denen ein negativer Spanwinkel für eine Stabilisierung der Schneidkante sorgt. Zudem ist auf eine kurze Auskraglänge des Werkzeugs zu achten, da es sonst zu Ratterschwingungen oder Maßabweichungen am Bauteil kommen kann. Generell wird beim Hartfräsen kein Kühlschmierstoff verwendet, da dieser durch die rasche Abkühlung der Werkzeugschneide zu Thermoschock und damit vorzeitigem Erliegen des Werkzeugs führen kann. Vielmehr wird eine Ölnebelschmierung eingesetzt, in Einzelfällen kann die Bearbeitung auch ganz ohne Kühl- oder Schmiermedium erfolgen.

Die bereits beim HSC-Fräsen genannten Restriktionen hinsichtlich Maschinentechnik und CAM-Systemen gelten analog auch für das Hartfräsen, wobei insbesondere die genaue Restmaterialerkennung im CAM-System und eine hohe Steifigkeit der Maschine von besonderer Bedeutung sind.

24.1.1.3.4 Fünfachsbearbeitung

Bei der HSC- und Hartbearbeitung werden bereits heute häufig Maschinen eingesetzt, die neben den drei translatorischen über zwei zusätzliche rotatorische Achsen verfügen. Diese Fünfachsmaschinen erlauben durch simultane Ansteuerung aller Achsen die Bearbeitung sehr komplexer Geometrien. Dabei können sowohl die Eingriffsbedingungen am Fräswerkzeug konstant gehalten als auch die Auskraglänge der Werkzeuge deutlich reduziert werden. Stand der Technik ist allerdings heute in der überwiegenden Mehrzahl der Anwendungen, dass die rotatorischen Achsen lediglich zur Positionierung des Bauteils im Raum genutzt werden. Bei der Bearbeitung selber werden dann nur die translatorischen Achsen genutzt.

Diese Tatsache hat ihre wesentliche Ursache in dem großen Aufwand, den insbesondere die NC-Programmierung einer simultan fünfachsigen Bearbeitung verursacht. Die wesentlich komplexere Kinematik erfordert zudem eine Simulation der Bearbeitung, um mögliche Kollisionen im Bearbeitungsraum auszuschließen. Dieser Aufwand steht nur in wenigen Ausnahmefällen in einem günstigen Verhältnis zum Nutzen, den die Simultanbearbeitung bieten kann. Dies gilt insbesondere dann, wenn die zu fertigenden Kavitäten Einzelteile sind.

24.1.1.4 Verfahrensabgrenzung

Die wachsende Leistungsfähigkeit des Fertigungsverfahrens Fräsen hat dazu geführt, dass die Funkenerosion in immer weiteren Bereichen substituiert werden konnte. In vielen Fällen ist eine vollständige Bearbeitung der Kavitäten durch Fräsen möglich, jedoch nicht immer stellt diese auch die wirtschaftlichste Alternative dar.

Aus diesem Grunde ist die genaue Kenntnis der Leistungsfähigkeit beider Verfahren entscheidend, um die optimale Prozesskette für die Herstellung eines spezifischen Bauteils auslegen und gestalten zu können, wobei Verfügbarkeit, technologische Machbarkeit, Qualität und Wirtschaftlichkeit gleichermaßen eine Rolle spielen sollten.

24.1.2 Zerspanung mit undefinierter Schneide

Die Zerspanung mit undefinierter Schneide und insbesondere Schleifen, das sich durch ein gebundenes Korn in der Werkzeugmatrix auszeichnet, wird beim Bau von Spritzgießwerkzeugen vorwiegend zur Verbesserung der Oberflächenqualität sowie der Formgenauigkeit eingesetzt. Typische Anwendungen sind z. B. Touchierflächen, die durch Flach- oder Koordinatenschleifen fertig bearbeitet werden. Beim Touchieren werden zwei ineinanderer laufende Elemente, wie ein düsenseitiger und der zugehörige schließseitige Formeinsatz, auf einer Touchierpresse unter einseitiger Verwendung von Touchierfarbe zusammengebracht. Durch die Übertragung der Touchierfarbe auf den nicht eingefärbten Einsatz ergibt sich das sog. Touchierbild und die Formeinsätze können mit dem Ziel der gleichmäßigen Lastaufnahme eingeschliffen werden. Dabei wird der Vorgang des Touchierens solange wiederholt bis ein homogenes Touchierbild entsteht. Eine weitere Anwendung des Flachschleifens besteht in der Außenbearbeitung von Formeinsätzen, die in die Geometrie der Kavität eingesetzt werden. Diese Vorgehensweise wird häufig dann eingesetzt, wenn Materialeigenschaften hinsichtlich thermischer Leitfähigkeit oder Verschleißbeständigkeit gezielt für Teilbereiche einer Form variiert werden müssen. Aufgrund der Geometrie der Formeinsätze steht das Verfahren in diesem Fall in Konkurrenz zum funkenerosiven Schneiden mit Drahtelektroden. Insbesondere die Bedeutung des Koordinatenschleifens hat mit der fortschreitenden Entwicklung des HSC-Fräsens gehärteter Werkzeugstähle deutlich abgenommen, da die geforderte Formgenauigkeit und Oberflächengüte häufig bereits durch Fräsen erreicht werden kann.

24.1.2.1 Flachschleifen

Das Flachschleifen wird vorwiegend zur Planbearbeitung von Formplatten sowie zur Herstellung von Formtrennungen verwendet. Das Verfahren ermöglicht die Einstellung einer sehr hohen Genauigkeit und Oberflächengüte. Dabei wird die Schleifscheibe in Umfangsrichtung über das zu bearbeitende Bauteil geführt. Für die meisten Bearbeitungsoperationen werden manuelle Bearbeitungsmaschinen eingesetzt, die nicht über eine NC-Steuerung verfügen. Als Schneidstoff kommen vorwiegend keramisch gebundene Korundschleifscheiben zum Einsatz, die je nach geforderter Oberflächengüte in verschiedenen Körnungen eingesetzt werden. Die Kühlung erfolgt vorwiegend durch Einsatz von Kühlschmierstoffemulsionen [24.13].

24.1.2.2 Koordinatenschleifen

Beim Koordinatenschleifen werden Schleifstifte eingesetzt, mit denen ähnlich wie beim Fräsen dreidimensional geformte Konturen bearbeitet werden können. Das Verfahren bietet die Möglichkeit, auch bei sehr hoher Werkstoffhärte eine hohe Oberflächengüte und eine hohe Formgenauigkeit zu erzeugen. Um die für eine effektive Schleifbearbeitung erforderlichen Schnittgeschwindigkeiten zu erreichen, sind allerdings Hochfrequenzspindeln erforderlich. Das Koordinatenschleifen wird heute vorwiegend zur Herstellung hochgenauer Formtrennungen eingesetzt, allerdings hat die Bedeutung mit der Verbesserung der Frästechnologie deutlich abgenommen. Neuere Entwicklungen zielen allerdings darauf ab, Fräsmaschinen mit der Möglichkeit auszustatten, auch Koordinatenschleifprozesse durchzuführen. Dies bietet die Möglichkeit, im Bedarfsfall zur Bearbeitung hochharter Materialien oder bei geforderter höchster Genauigkeit und Oberflächenqualität das Koordinatenschleifen einzusetzen [24.14].

24.1.2.3 Strahlläppen

Das wohl bekannteste und auch am weitesten verbreitete Strahlverfahren ist das Sandstrahlen. Für den Werkzeugbau wird dieses Verfahren dahingehend abgeändert, dass als Strahlmedium ein Wasser-Luft-Gemisch verwendet wird, das feine Glasperlen enthält. Mit diesem Gemisch werden die Werkzeugoberflächen bei einem Druck von 5 bis 10 bar bestrahlt. Das Verfahren eignet sich im Wesentlichen dazu, Unebenheiten wie Riefen einzuebnen. Die Rautiefe liegt bei ca. 5 μm. Der Einsatz dieses Verfahrens ist zudem nur bei flächigen Teilen sinnvoll. Nachteilig sind der nicht reproduzierbare Abtrag sowie die relativ geringe Maßhaltigkeit.

24.1.2.4 Druckfließläppen

Das Druckfließläppen ist eine Variante des Strahlläppens. Sein Einsatz ist allerdings auf das Bearbeiten von Durchbrüchen begrenzt. Es wird insbesondere zur Bearbeitung von Profil-Extrusionswerkzeugen eingesetzt, bei denen beliebig geformte Durchbrüche mit engsten Querschnitten im Innenbereich poliert werden müssen. Beim Druckfließläppen wird eine teigartige Poliermasse, bestehend aus Polyamiden und Schleifmittel (Siliziumkarbid, Borkarbid oder Diamant) in verschiedenen Viskositäten und Körnungen abhängig von den Abmessungen der zu polierenden Querschnitte, durch die Durchbrüche gepresst. Mit diesem Verfahren können innerhalb kurzer Zeit Rautiefen von Ra = 0,05 μm erzielt werden [24.15]. Das Verfahren arbeitet automatisch und erfordert nur geringe Rüstzeiten.

24.2 Abtragende Fertigungsverfahren

24.2.1 Funkenerosives Abtragen (EDM, Electric-Discharge-Machining)

Im modernen Werkzeugbau sind Funkenerosionsanlagen heute nicht mehr wegzudenken. Sie zählen ebenso zu den „trennenden" Fertigungsverfahren. Mit ihrer Hilfe können komplexe geometrische Formen, kleinste Innenradien oder tiefe Nuten in einem Arbeitsgang in geglühtem, vergütetem oder gehärtetem Stahl und Hartmetallen nahezu verzugsfrei in einem Arbeitsgang hergestellt werden [24.16] [24.17]. Der Abtragprozess verläuft kontaktfrei, d. h. zwischen Werkzeug und Werkstück verbleibt ein Bearbeitungsspalt. Der Materialabtrag beruht auf einem thermischen Abtragprinzip, wobei zwischen Werkzeug- und Werkstückelektrode elektrische Entladungen stattfinden müssen. Das funkenerosive Abtragen ist auch unter der Bezeichnung Electro-Discharge-Machining (EDM) bekannt [24.16].

24.2.1.1 Funkenerosives Senken

Die funkenerosive Senkbearbeitung ist ein abbildendes Formgebungsverfahren, bei dem die materialabtragende Wirkung kurzzeitiger, aufeinander folgender elektrischer Entladungen zwischen Werkstück- und Werkzeugelektrode unter einer dielektrischen Flüssigkeit ausgenutzt wird. Als Arbeitsmedien werden üblicherweise kohlenwasserstoffbasierte Dielektrika eingesetzt. Alternativ können auch wasserbasierte Medien mit gelösten organischen Verbindungen eingesetzt werden. Die Werkzeugelektrode ist in der Regel als Formelektrode ausgebildet und wird in das Werkstück eingesenkt, wobei die Kontur abgebildet wird [24.16].

Durch jede der dicht aufeinander folgenden kurzzeitigen Entladungen werden begrenzte Werkstoffvolumina an der Werkstück- und an der Werkzeugelektrode auf Schmelz- bzw. Verdampfungstemperatur erhitzt und durch mechanische und elektrische Kräfte explosionsartig aus der Bearbeitungsstelle geschleudert. Durch geschickte Auswahl der Prozessparameter findet am Werkstück ein deutlich größerer Abtrag statt als am Werkzeug, sodass das Verfahren wirtschaftlich nutzbar ist. Der relative Verschleiß, d. h. der Abtrag an der Elektrode im Verhältnis zum Abtrag am Werkstück, kann so auf Werte unter 0,1 Prozent reduziert werden [24.16] [24.18].

Es entstehen an beiden Elektroden (Werkstück und Elektrode) Krater, deren Größen mit dem Energiegehalt des Funkens zusammenhängen. Dementsprechend werden Schruppen (große Impulsenergie) und Schlichten unterschieden. Die Vielzahl der Entladungskrater gibt den Oberflächen eine muldige Struktur, bestimmte Rauigkeit und das charakteristische matte Aussehen ohne gerichtete Bearbeitungsspuren. Die abgetragenen Partikel werden vom Dielektrikum aus dem Bearbeitungsspalt mittels Spülung transportiert und im Dielektrikumsbehälter abgelagert. Die Spülung kann als reine Bewegungsspülung ausgelegt werden. Diese Spülvariante ist sehr einfach zu

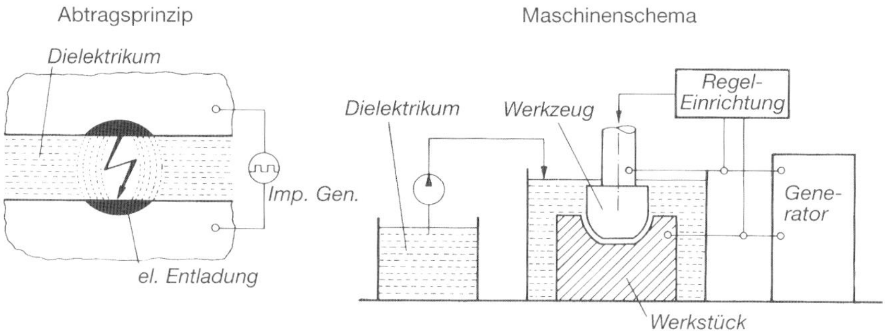

Arbeitsmedium:	Dielektrikum isolierendes Arbeitsmedium		Leerlaufspannung 60–300 V	
Werkzeug:	Abbildendes Formwerk- zeug mit Verschleiß		max. Stromdichte: Impulsfrequenz:	5–10 A/cm² 0,2–2 MHz
	Kupfer	Graphit		
Verschleiß Schruppen:	< 20 %	< 1 %	Bearbeitungsspalt:	0,005–0,5 mm
Schlichten:	< 5 %	< 10 %	Abtragegeschwindigkeit:	< 2 mm/min
Arbeitsspannung:	40–200 V		spez. Abtragleistung:	ca. 8 mm³/A·min

Bild 24.4 Prinzip der elektroerosiven Bearbeitung [24.19]

realisieren, da nur die Werkzeugelektrode eine kurze Abhebebewegung zusammen mit der Pinole durchführen muss. Diese Abhebebewegung führt zu einem Austausch des Dielektrikums im Spalt. Allerdings ist diese Variante nur bei flachen Gravuren ausreichend wirkungsvoll. Bei komplexen Konturen sollte eine Druck- oder Saugspülung durch die Werkstück- oder Werkzeugelektrode überlagert werden [24.16]. Die Polung von Werkstück und Werkzeug richtet sich nach der Werkstoffpaarung und wird so gewählt, dass der größte Volumenabtrag am Werkstück auftritt [24.19]. Bild 24.4 zeigt das Prinzip der elektroerosiven Bearbeitung.

Beim reinen Senkerodieren ist durch die äußere Form und die Abmessungen der Werkzeugelektrode die zu erodierende Kontur bereits maßlich festgelegt. Das Fertigen von Hinterschneidungen ist nicht möglich. Durch die Einführung der Planetärerodiertechnik werden die Möglichkeiten der erosiven Bearbeitung erweitert. Es handelt sich hierbei um eine Bearbeitungstechnik mit einer Relativbewegung zwischen Werkstück und Elektrode, die durch eine Kombination von drei Bewegungen – vertikal, exzentrisch und orbital – erreicht wird [24.20]. Das Planetärerodieren ist auch als 3-dimensionales oder Multispace-Erodieren bekannt [24.21]. Bild 24.5 zeigt eine schematische Darstellung des Planetärerodierens.

Die technologischen Vorteile des Planetärerodierens sind in Bild 24.6 stichpunktartig dargestellt. Mit diesem Verfahren können Hinterschneidungen in die Kavität eingebracht werden [24.20] [24.21]. Ein weiterer wichtiger Vorteil ist, dass durch die Kompensation des Elektrodenuntermaßes die Komplettbearbeitung einer Form mit nur einer Elektrode möglich wird.

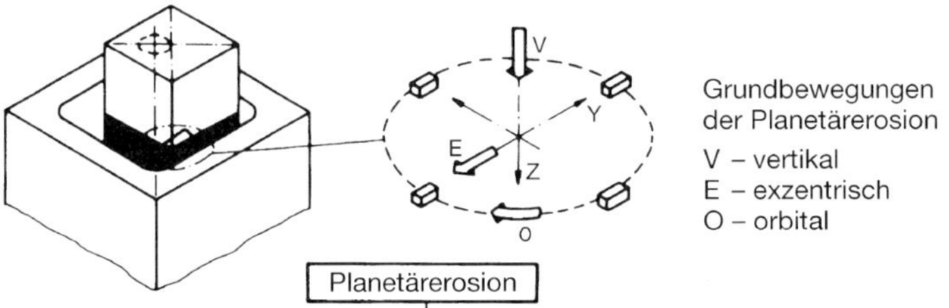

Exzentrität	manuell	in Funktion der Z-Achse	automatisch gesteuert
Richtung der Regelbewegung R	Z-Achse	Z-Achse Querachse von Z abhängig	Z-Achse, Querachse } unabhängig
Rotations-geschwindigkeit	konstant einstellbar	prozessabhängig	prozessabhängig
Bewegungs-kombinationen R-Regelbewegung	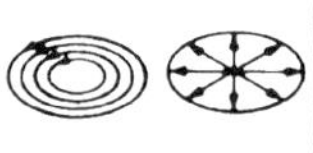	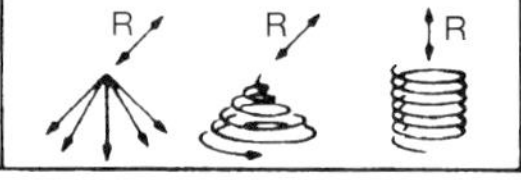	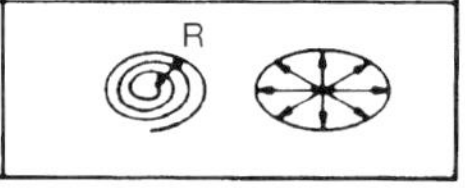

Bild 24.5 Grundbewegungen der Planetärerosion [19.20]

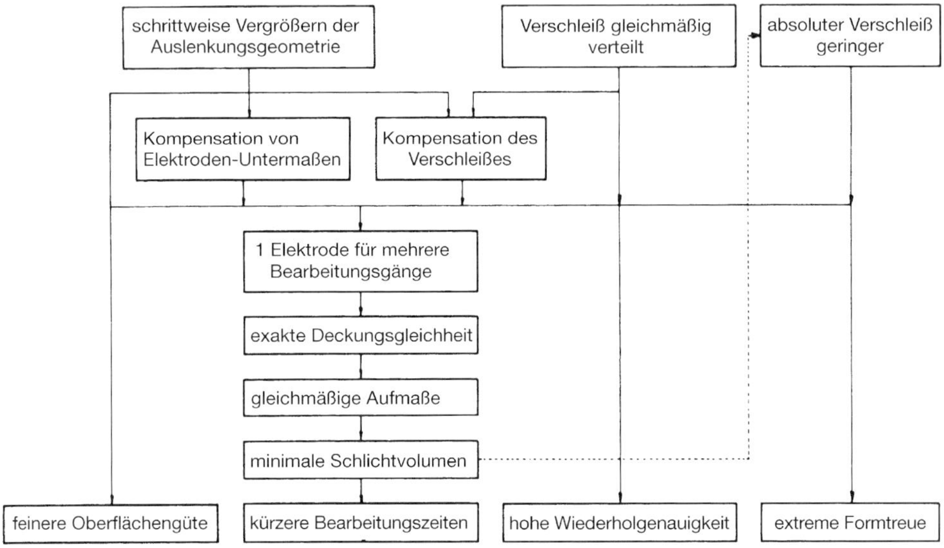

Bild 24.6 Technologische Vorteile des planetären Erodierens [24.22]

Als Elektrodenwerkstoffe können zur funkenerosiven Bearbeitung grundsätzlich alle elektrisch leitenden Werkstoffe, die außerdem eine gute Wärmeleitfähigkeit haben, verwenden werden. In den meisten Fällen weisen diese Werkstoffe einen genügend hohen Schmelzpunkt auf, der einen zu großen Verschleiß der Werkzeugelektrode verhindert [24.23]. Üblicherweise werden heute Graphit- und Kupferelektroden für die Stahlbearbeitung und Wolframkupferelektroden für die Hartmetallbearbeitung eingesetzt.

Die Herstellung der Elektroden erfolgt in der Regel spanend durch Fräsen, Drehen oder Schleifen, wobei die jeweilige Kontur für die verlangte Genauigkeit und der Elektrodenwerkstoff für die Fertigungsart entscheidend sind. Gerade durch die Hochgeschwindigkeitsfräsbearbeitung (High-Speed-Cutting, HSC) lässt sich die Elektrodenherstellung aus Graphit oder Kupfer optimieren.

Wegen der hohen Anforderungen an die Oberflächengüte von Spritzgießwerkzeugen, z. T. aber auch wegen des Elektrodenverschleißes, werden, um eine Gravur zu erodieren, für die Schrupp- und Schlichtbearbeitung mehrere Elektroden eingesetzt. Bei der Mikroerosion wird dadurch eine Abformgenauigkeit von 1 µm und weniger bei Rautiefen von 0,1 µm erreicht. Für so gefertigte Werkzeuge ist in der Regel nur noch ein abschließender Poliervorgang vorzusehen [24.24]. In einigen Anwendungsfällen reicht dies jedoch nicht aus, z. B. bei Werkzeugen für die Herstellung optischer Formteile oder bei Werkzeugen, deren Oberfläche durch Ätzen profiliert werden soll.

Durch die unvermeidbare thermische Beeinflussung des Werkstoffes wird beim Erodieren das Werkstoffgefüge an der Oberfläche verändert. Die hohe Plasmatemperatur einer Entladung bringt die Stahloberflächen zum Schmelzen und zerlegt gleichzeitig die als Dielektrikum verwendeten hochmolekularen Kohlenwasserstoffe in ihre Bestandteile. Der freiwerdende Kohlenstoff diffundiert in die Stahloberfläche und verbindet sich mit den Karbidbildnern zu sehr harten Schichten, deren Dicke von der Funkenenergie abhängig ist [24.17]. Zudem ist eine Anreicherung des jeweiligen Elektrodenwerkstoffes in den aufgeschmolzenen Zonen nachweisbar [24.20]. Zwischen der gehärteten Deckschicht und dem Grundgefüge bildet sich eine Umwandlungsschicht [24.23]. Die Folgen dieser Gefügeveränderungen sind hohe Zug-Eigenspannungen [24.25] in den Randzonen, die zur Rissbildung führen und z. T. notwendige Nachbearbeitungsverfahren, wie z. B. das Fotoätzen, erschweren können. Durch enorme Fortschritte in der EDM-Technologie in den letzten Jahren wurde das Ausmaß der oben genannten Probleme deutlich verringert.

Die Funkenerosion hat heute einen festen Platz im Werkzeugbau. Manche Werkzeuge könnten ohne dieses Verfahren gar nicht gefertigt werden. Die Bearbeitbarkeit von Werkstoffen beliebiger Härte und die Herstellbarkeit komplexer, filigraner Konturen sind entscheidende Vorteile.

Ein weiterer Vorteil aber ist, dass der Prozess unbeaufsichtigt und voll automatisiert ablaufen kann und dabei sehr präzise und störungsfrei arbeitet. Moderne Erodiermaschinen sind daher numerisch gesteuerte Anlagen mit 4-Achsen-Dialog-Bildschirmsteuerungen. Um den Prozess besser automatisieren zu können, werden die Anlagen teilweise mit automatischen Werkzeug- und/oder Werkstückwechseleinrichtungen ausgestattet. So kann z. B. eine Palettenbestückung und Palettenverschiebung realisiert werden, die es gestatten, die Paletten in mehreren Koordinaten im Bad so zu verfahren, dass sie exakt auch unbeaufsichtigt angefahren und bearbeitet werden können, sodass in unbemannten Schichten diese Arbeitsgänge an mehreren Werkstücken ausgeführt werden können.

24.2.1.2 Funkenerosives Schneiden mit Drahtelektroden

Dies ist ein besonders wirtschaftliches Verfahren, um Durchbrüche beliebiger Geometrie in Werkstücke zu schneiden. Dabei können auch konische Durchbrüche realisiert werden. Dank der enormen Wirtschaftlichkeit dieses Verfahrens werden vermehrt kleinere Werkzeugkavitäten direkt in Formplatten geschnitten.

Dem funkenerosiven Schneiden liegt das gleiche auf thermischer Erosion beruhende Abtragprinzip zugrunde, wie es für das funkenerosive Senken seit langem industriell genutzt wird (siehe Abschnitt 24.5.1.1). Beim Schneiderodieren wird das Metall durch elektrische Ladungen zwischen dem Werkstück und einer dünnen Drahtelektrode berührungslos und ohne mechanische Krafteinwirkung abgetragen [24.26]. Die Elektrode wird dabei numerisch gesteuert wie eine Bandsäge durch das Werkstück bewegt und mit demineralisiertem Wasser oder kohlenwasserstoffbasiertem Dielektrikum, das durch Koaxialdüsen an der Schneidzone zugeführt wird, als Arbeitsmedium umspült. Das Dielektrikum wird anschließend in einem separaten Aggregat wieder gereinigt und aufbereitet. Moderne Anlagen besitzen 5-Achsen-CNC-Steuerungen mit hochgenauen Positioniersystemen [24.18].

Demineralisiertes Wasser hat gegenüber Kohlenwasserstoffverbindungen die Vorteile, dass sich ein größerer Arbeitsspalt bildet, der den Prozessablauf und die Spülung verbessert, die Abtragsprodukte kleiner sind, feste Zersetzungsprodukte fehlen und kein Lichtbogen auftritt, der unweigerlich zum Drahtbruch führen würde [24.27]. Daneben ist das Gefährdungspotenzial durch entstehende Emissionen geringer. Bild 24.7 zeigt das Prinzip des funkenerosiven Schneidens.

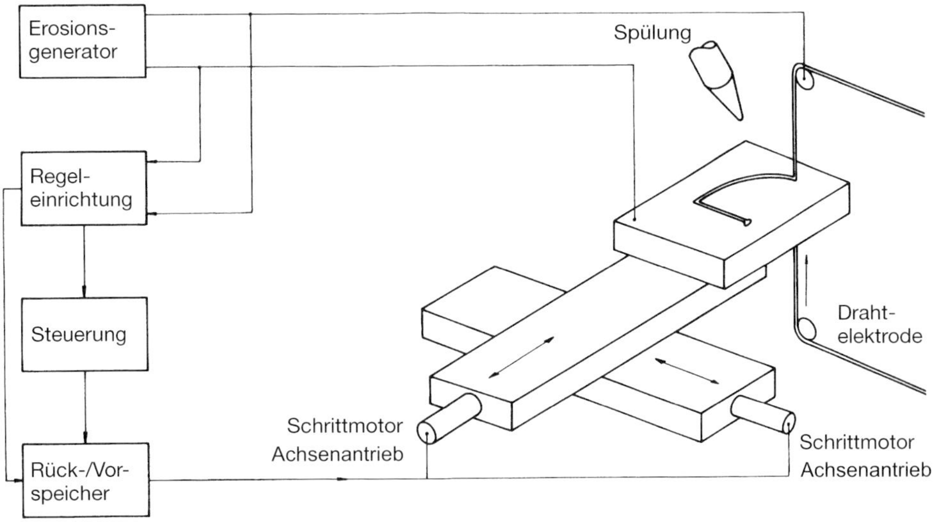

Bild 24.7 Prinzip der Maschinensteuerung beim funkenerosiven Schneiden mit Drahtelektrode [24.28]

Auf Standardschneid-Erosionsanlagen lassen sich komplizierte Durchbrüche und schwierige Konturen bis zu einer Schneidhöhe von 600 mm erreichen. Der entstehende Spalt hängt vom Durchmesser der Drahtelektrode ab. Er wird auf die jeweilige Bearbeitungsaufgabe abgestimmt. Üblicherweise werden Drähte mit einem Durchmesser von 0,03 bis 0,3 mm [24.26] verwendet. Der Draht wird durch Abspulen im erosiven Einsatzbereich ständig erneuert. Durch den Verschleiß käme es ansonsten durch die Vorspannkraft unweigerlich zum Drahtbruch. Darüber hinaus wäre die Genauigkeit der Schnitte nicht gegeben, da der Drahtdurchmesser kontinuierlich kleiner würde.

Mit modernen Schneiderodieranlagen lassen sich maximale Schnittraten von etwa 500 mm^2/min erzielen. Mit der so genannten Mehrschnittechnologie (Hauptschnitt und mehrere Nachschnitte) lassen sich Oberflächen mit einer Rautiefe von bis zu Ra = 0,08 µm herstellen [24.18].

Wie beim funkenerosiven Senken kommt es auch beim Schneiderodieren zu einer thermischen Beanspruchung des Werkstückes, die in den oberflächennahen Schichten zu Gefügeveränderungen führen kann. Eine mechanische Nacharbeit der erodierten Flächen ist daher u. U. empfehlenswert [24.19].

24.2.2 Abtragen durch elektrochemische Auflösung (ECM, Electric-Chemical-Machining)

Das Abtragprinzip dieses Bearbeitungsverfahrens beruht auf der anodischen Auflösung von Metallen. Dieses Auflösen beruht auf einem durch eine äußere Stromquelle erzwungenen Ladungsaustausch und Stoffaustausch zwischen dem als Anode geschalteten Werkstück und dem als Kathode geschalteten Bearbeitungswerkzeug über eine Elektrolytlösung als Wirkmedium [24.29].

Das Verfahren arbeitet kontaktfrei, d. h. zwischen Werkstück und Werkzeug verbleibt ein Bearbeitungsspalt. Da nur die anodisch gepolte Metallelektrode abgetragen wird, ist der ECM-Prozess praktisch verschleißfrei. Darüber hinaus ist die ECM-Bearbeitung ein „kaltes" Verfahren, d. h. die Werkstücke werden thermisch nicht belastet. Durch ECM lassen sich hohe Abtragleistungen realisieren [24.16] [24.18].

Nachteilig für das ECM-Verfahren ist, dass die Prozessauslegung sowie die Herstellung der Elektroden und Vorrichtungen sehr aufwendig sind und sich das Verfahren dadurch nur für größere Serien gleicher Geometrie eignet. Dies ist bei Einsätzen für Spritzgießwerkzeuge sehr selten gegeben.

24.2.2.1 Elektrochemisches Polieren

Beim elektrochemischen Polieren, kurz Elektropolieren genannt, werden die obersten Schichten des Werkstückes abgetragen [24.30]. Hierdurch findet eine Einebnung der Oberfläche statt. Das entscheidende Merkmal des Verfahrens ist eine bevorzugte Abtragung der Rauhigkeitsspitzen, die zunächst zu einer Verringerung der Mikrorauigkeit und bei Ausdehnung der Behandlungszeit auch zu einem Abbau der Makrorauigkeit führt. Dabei kann sich auf der Oberfläche ein Glanzeffekt einstellen, weshalb das Verfahren auch als elektrolytisches „Glänzen" bezeichnet wird [24.31]. Durch das Elektropolieren können hohe Maß- und Formgenauigkeiten sowie gute Oberflächenqualitäten erzielt werden.

Ziel des elektrochemischen Polierens ist häufig auch die Entfernung von Verunreinigungen, die während der vorangegangenen spanabhebenden Fertigungsverfahren in die Oberflächenrandschicht eingebracht worden sind. Fehler im Stahl, wie Einschlüsse und Poren werden freigelegt. Deshalb erfordern die Werkstoffe, die elektropoliert werden sollen, eine hohe Reinheit. Verschiedene Stähle, insbesondere die üblichen Kohlenstoffstähle, lassen sich jedoch nicht optimal elektropolieren [24.32]. Weitere Vorteile des Verfahrens sind der reproduzierbare Abtrag und die daraus resultierende gute Automatisierbarkeit [24.16].

24.2.2.2 Elektrochemisches Ätzen

Aus dekorativen bzw. funktionellen Gründen werden Oberflächen von Formeinsätzen sehr oft strukturiert. Hierbei erhält der spätere Spritzling ein ästhetisch angenehmes Aussehen, einen besseren Griff oder eine kratz- und griffunempfindliche Oberfläche (z. B. Ledernarbung, Holzmaserung). Weiterhin können Fließmarkierungen (schlierige Oberflächen, Bindenähte) kaschiert werden [24.33] [24.34]. Die früher weitgehend mechanisch und überwiegend manuell gefertigte Gravur ließ vielfach die Fertigung von „Phantasiedesigns" nicht zu. Erst die chemischen Abtragverfahren haben hier dem Designer neue Möglichkeiten eröffnet.

Grundlage dieses Verfahrens ist das Auflösevermögen von Metallen in Säuren, Basen und Salzlösungen. Die Auflösung der metallischen Werkstoffe erfolgt aufgrund von Potenzialdifferenzen zwischen Mikrobezirken des Werkstoffes bzw. zwischen Werkstoff und Ätzmittel (Bild 24.8). Die Metallatome geben Elektronen ab und werden als Ionen aus dem Gitterverband des Metalls entlassen. Die freigesetzten Elektronen werden in Reduktionsvorgängen mit den im Ätzmedium vorhandenen Kationen und Anionen verbraucht. Mit den Anionen verbindet sich das abgetragene Metall zu unlöslichem Metallsalz, das aus dem Ätzmedium durch Filtern oder Zentrifugieren entfernt werden muss [24.19].

Die genaue Zusammensetzung der Ätzmedien ist das Know-how der Anwender und wird von diesen im Allgemeinen geheim gehalten. Chemisch abtragen und strukturieren lassen sich fast alle Stähle ohne Einschränkung der Legierungsmenge von Nickel oder Chrom, d. h. also auch Edelstähle. Außer Werkzeugen aus Stahl, können auch solche aus NE-Metallen chemisch abgetragen und strukturiert werden [24.35].

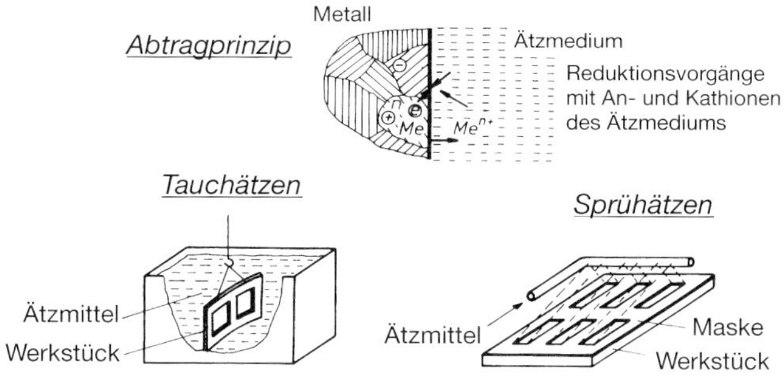

Arbeitsmedium	wässrige Lösungen aus z.B. HCl, HNO_3, H_2SO_4, NaOH
Abtraggeschwindigkeit	0,01–0,08 mm/min
Oberflächengüte	R_t= 1–15 µm
Formerzeugung	durch Abdeckmasken, zeitlich gesteuertes Eintauchen oder Herausziehen des Werkstücks aus dem Ätzmedium

Bild 24.8 Chemische Abtragverfahren durch Auflösen [24.19]

Die beim elektrochemischen Ätzen erreichten Oberflächenqualitäten hängen neben den Ätzmedien weitgehend vom Werkstoff und seiner Oberflächenbeschaffenheit ab. Ein gleichmäßiger Abtrag wird nur bei den Werkstoffen erzielt, die eine homogene Zusammensetzung und ein homogenes Gefüge haben. Je feinkörniger das Gefüge ist, desto gleichmäßiger und glatter wird die geätzte Fläche. Vielfach werden daher die Werkzeuge vor dem Ätzen einer Wärmebehandlung unterzogen. Die durch die Wärmebehandlung beeinflusste Zone sollte dabei stets stärker sein als die zu erreichende Ätztiefe. Ist dies nicht der Fall, so kann die thermisch beeinflusste Schicht durchbrochen werden. Die Folge davon ist ein sehr unregelmäßiges Ätzbild. Ausreichend starke Randschichten werden durch eine vorangehende Einsatzhärtung erreicht [24.34] [24.35].

Wie schon erwähnt, ist für die Oberflächenqualität nach dem Ätzen auch die Ausgangsrauigkeit der Werkzeugoberfläche von Bedeutung. Unzulässige Bearbeitungsspuren von der mechanischen Fertigung werden nicht vorzugsweise abgebaut, sondern bleiben in abgeschwächter Form vorhanden. Vor dem Ätzen sollte die Oberfläche feingeschlichtet sein. Dies entspricht einer Bearbeitung der Oberfläche mit Schmirgelleinen der Körnung 240. Die zulässige Ätztiefe hängt von den Fertigungsbedingungen beim Spritzgießen ab. Die Abtraggeschwindigkeit ist abhängig vom Ätzmedium, von der Temperatur und vom zu bearbeitenden Werkstoff. Sie liegt im Allgemeinen zwischen 0,018 und 0,08 mm/min und nimmt mit steigender Temperatur zu [24.19].

Im Wesentlichen werden zwei Verfahren zum Ätzen verwendet, das Tauchätzen und das Sprühätzen (Bild 24.8). Beide Verfahren weisen Vor- und Nachteile auf. So können beim Tauchätzen Werkzeuge nahezu beliebiger Größe in einfachen und preisgünstigen Vorrichtungen bearbeitet werden. Allerdings bereiten das Abführen der Reaktionsprodukte und der ständige Austausch des Ätzmediums in der Nähe der Werkzeugoberfläche Schwierigkeiten. Beim Sprühätzen können die Reaktionsprodukte leichter abgeführt werden, sodass ein ständiger Austausch des Ätzmediums an der Werkzeugoberfläche gewährleistet ist. Das Verfahren ist jedoch wesentlich aufwendiger und die Vorrichtungen teurer. Das Ätzmedium wird unter Druck durch Düsen auf die zu ätzende Oberfläche gesprüht. Dabei dürfen eventuell vorhandene Abdeckungen nicht zu ätzender Stellen von dem unter Druck auftreffenden Ätzmedium nicht zerstört oder unterspült werden.

Zum Abdecken der Metallteile, an denen kein Werkstoffabtrag erfolgen soll, sind eine Reihe von Techniken entwickelt worden, die abhängig von der aufzubringenden Gravur sind. Die Techniken reichen vom manuellen Abdecken über Siebdruckverfahren bis zu fototechnischen Verfahren. Besonders mit dem letztgenannten Verfahren lassen sich hohe Wiedergabegenauigkeiten erzielen [24.34]. Bei dem fototechnischen Verfahren wird das Muster einer Filmvorlage auf die mit einer lichtempfindlichen Schicht versehenen Werkzeugoberfläche kopiert. Das Schema des fototechnischen Arbeitsganges ist in Bild 24.9 dargestellt. Nach diesem Verfahren hergestellte Strukturen sind detailgerecht und in gleicher Ausführungsart reproduzierbar. Das macht das Verfahren insbesondere auch für Mehrfachwerkzeuge interessant. Die Hersteller bieten heute eine breite Musterkollektion vorhandener Designs an.

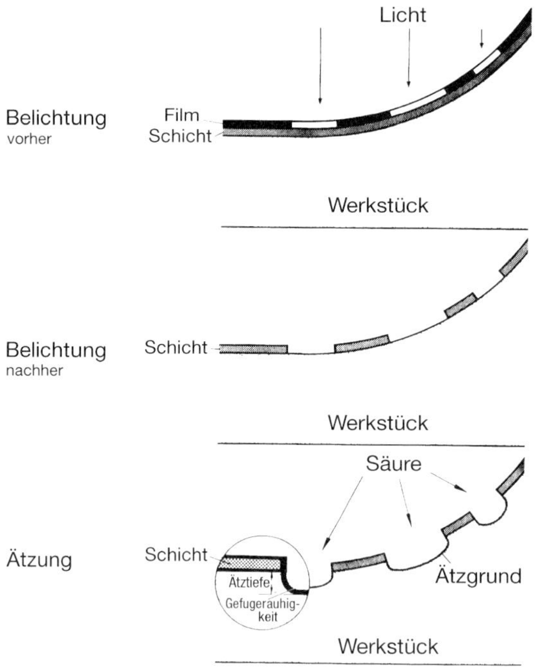

Bild 24.9 Schema der fotochemischen Arbeitsgänge [24.34]

24.3 Polieren

Durch den finalen Schritt der Politur bekommen die Oberflächen der Werkzeuge ihr finales Erscheinungsbild. Die erzielbaren Oberflächenqualitäten liegen dabei je nach eingesetztem Polierwerkzeug und Poliermedium zwischen *Ra* = 0,001 bis 0,050 µm. Eine dafür notwendige Voraussetzung sind Stähle, die frei von Verunreinigungen sind und ein gleichmäßiges Gefüge aufweisen. Aufgrund der geringen Kenntnis der relevanten technologischen Wirkzusammenhänge einerseits und der fehlenden Kriterien zur Bewertung polierter Oberflächen andererseits ist der Automatisierungsgrad in der Endbearbeitung sehr gering. Dies führt zu der Konsequenz, dass die Politur selbst an einem Hochlohnstandort wie Deutschland überwiegend manuell durchgeführt wird. Diese Verfahren sind daher sehr zeit- und personal- und somit kostenintensiv.

24.3.1 Theorien zum Materialabtrag bei der Politur

Beim Polieren gleiten die zu bearbeitende Werkstückoberfläche und die Werkzeugoberfläche aufeinander ab. Dazwischen wird eine Poliersuspension, bestehend aus einem Abrasivmedium und einer in aller Regel wasserbasierten Flüssigkeit, oder eine Polierpaste eingebracht. Das Wirksystem ist in Bild 24.10 dargestellt. Aufgrund der sehr kleinen Größen der Abrasivpartikel ist das abrasive Wirkprinzip deutlich eingeschränkt. Dadurch gewinnen bei der Politur die zwischen den Wirkpartnern auftretenden physikalischen und chemischen Interaktionen eine zunehmende Bedeutung. Welche dabei überwiegen, hängt im entscheidenden Maß von der Gestaltung des Wirkprinzips ab.

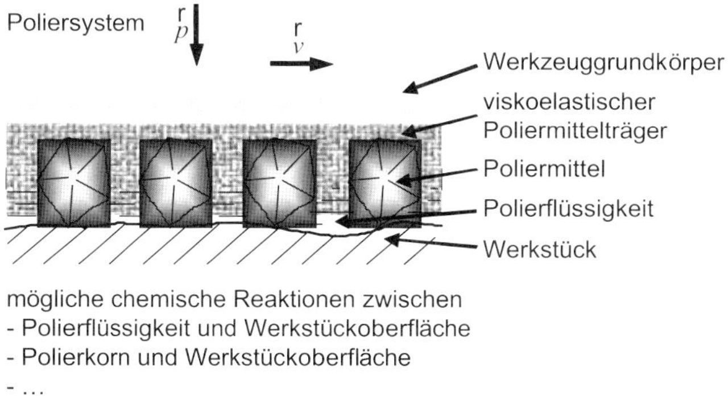

Bild 24.10 Wirksystem beim Polieren mit auftretenden Interaktionen zwischen den Systemkomponenten [24.36]

Ursprünglich wurde die Politur für die Bearbeitung optischer Elemente entwickelt. Aufgrund der Bedeutung der Technologie für die Entwicklung anderer Produktgruppen beschäftigten sich im Laufe der Zeit zahlreiche weitere Wissenschaftler mit den Abtragmechanismen bei der Politur. Im Wesentlichen werden die folgenden Polierhypothesen diskutiert:

- Abtraghypothese
- Fließhypothese
- Chemische Hypothese

Bei der Abtraghypothese wird davon ausgegangen, dass der generierte Materialabtrag dem Prinzip einer Schleifbearbeitung nahe kommt. Harte Abrasivpartikel dringen in die weichere Oberfläche des Werkstücks ein und tragen ähnlich einem Zerspanprozess Material von dieser ab. Nach dieser Hypothese wird die hohe Oberflächengüte durch den Einsatz der sehr kleinen Körnungen erzielt. Bei der Fließhypothese hingegen wird die Glättung der Oberfläche durch ein Verfließen der Rauheitsspitzen erzielt. Nach dieser Hypothese wird jedoch kein Materialabtrag generiert. Die chemische Hypothese geht von einer chemischen Reaktion der Werkstückoberfläche mit dem Umgebungsmedium aus. Die Abrasivpartikel erfüllen demnach die Funktion, dass sie die chemisch veränderte Randschicht bzw. die Reaktionsprodukte abtragen. Welche Effekte dominieren, hängt letztendlich von der Gestaltung des Wirksystems ab. Ein Poliermodell, das sämtliche Interaktionen im Polierprozess umfasst und insbesondere die zeitliche Veränderbarkeit quantitativ erfasst, existiert bislang nicht.

24.3.2 Maschinensysteme

Im Wesentlichen werden zwei Polierstrategien unterschieden: flächige und zonale Polierverfahren (Bild 24.11). Bei der Politur mit flächigen Werkzeugen wird die aufzubringende Form in die Werkzeugschale eingebracht und bei der anschließenden Bearbeitung wird diese dann auf das Werkstück übertragen. Das Werkzeug ist dabei in aller Regel größer als das zu polierende Bauteil. Insbesondere Sphären und Planflächen werden mithilfe dieser Technologie gefertigt. Zur Politur von Freiformflächen, wie sie im Werkzeug- und Formenbau typisch sind, werden jedoch zonale Verfahren benötigt. Bei diesem Prinzip ist das Werkzeug deutlich kleiner als das Werkstück an dessen Konturen es sich anpassen muss [24.37]. Dadurch lassen sich je nach Werkzeugdesign komplex geformte Oberflächen bis hin zu Mikrostrukturen endbearbeiten.

Der Vorteil der Politur mit flächigen Werkzeugen ist in dem globalen Abtrag zu sehen, was zum einen höhere Abtragraten ermöglicht. Zum anderen wird im Gegensatz zur zonalen Politur die Gefahr der Bildung von Strukturen auf der Oberfläche vermieden.

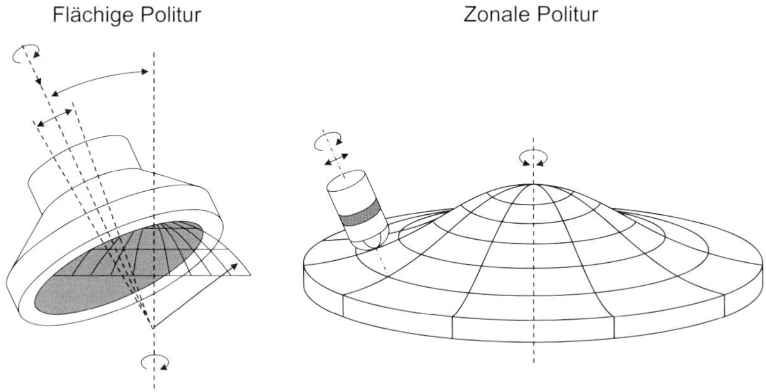

Bild 24.11 Verfahren zur Politur unterschiedlicher Oberflächengeometrien [24.33]

Für den Werkzeug- und Formenbau sind jedoch aufgrund der komplexen Oberflächengeometrien zonale Polierverfahren von Bedeutung. Im Gegensatz zu flächigen Verfahren befinden sich diese jedoch noch in einem Entwicklungsstadium.

Aufgrund der fehlenden Abtragmodelle ist es jedoch bis heute nicht gelungen, ein industrietaugliches Konzept zu entwickeln, das den Anforderungen im Werkzeug- und Formenbau Rechnung trägt. Aus diesem Grund hat die manuelle Politur nach wie vor eine zentrale Bedeutung in der Endbearbeitung.

24.3.3 Aufbau und Zusammensetzung der Werkzeuge

Als „Werkzeug" bei der Politur ist insbesondere der Polierbelag sowie das Poliermedium zu nennen. Eine geeignete Kombination dieser beiden Komponenten stellt damit die wesentliche Eignung des Wirksystems dar.

24.3.3.1 Poliermittelträger

Die Auswahl des Poliermittelträgers orientiert sich nach der vorliegenden Bearbeitungsaufgabe und der Bearbeitungskinematik bzw. die ihr zugrunde liegenden Drücke und Relativgeschwindigkeiten. Die Poliermittelträger haben die Aufgabe, das Poliermittel in Form von Suspensionen oder Pasten in gleichmäßiger Verteilung auf ihren Oberflächen aufzunehmen und locker zu binden. Der Abtrags- und Glättungsvorgang muss vom Poliermittelträger unterstützt werden, ohne dass er selbst direkt an diesem Prozess teilnimmt. Das bedingt einerseits eine profilierte oder strukturierte Oberfläche, mechanische Abriebfestigkeit, Elastizität und Resistenz gegen die verwendeten Suspensions- und Reaktionsflüssigkeiten. Andererseits werden Form- und Dimensionsstabilität, Dichtheit gegen Durchdringen des Poliermittels sowie hohe Aufnahmekapazität für den Abrieb verlangt [24.38]. Typische Polierbeläge sind Filze, Polyurethanschäume, unterschiedliche Textilien und Hölzer.

Die Auswahl eines geeigneten Polierbelags orientiert sich dabei in erster Linie an den vorliegenden Erfahrungen und weniger an wissenschaftlich fundierten Untersuchungsergebnissen.

24.3.3.2 Poliermittel

Zum Polieren metallischer Materialien sowie sprödharter Werkstoffe haben sich im Wesentlichen die in Tabelle 24.1 dargestellten Poliermittel bewährt.

Für die Metallpolitur ist der bedeutendste Abrasivstoff aufgrund eines niedrigen Einkaufspreises und der universellen Anwendbarkeit bei einfacher Handhabung die Poliertonerde. Sie kommt als weißes Pulver, Paste oder Suspension in den Handel. Die Eignung zur Abtragung und Glättung ist bei der Poliertonerde neben der Form und Größenverteilung der Körner vom Anteil der beiden Kristallmodifikationen α- und γ-Al_2O_3 und der Agglomerationsneigung ab [24.38] bis [24.40]. Neben Aluminiumoxid werden als weitere Metalloxide Chromoxid, Eisenoxid und Magnesiumoxid verwendet.

Der Einsatz von Naturdiamant als Abrasivstoff führte nach Bereitstellung entsprechend feiner Korngrößen ab dem Jahr 1945 zu verstärkter Anwendung. Dabei sind seine Eigenschaften wie hoher Schmelzpunkt, blockige Form mit scharfen Schneidkanten sowie seine hohe Härte von besonderem Interesse, weswegen er zur Bearbeitung sowohl von Metallen als auch von extrem harten Substratmaterialien, wie Saphir oder Silizium, eingesetzt wird. Die Vorteile des Diamanten sind seine auch bei kleinen Korngrößen hohen Abtragraten in Verbindung mit hohen Oberflächengüten [24.38]. Aufgrund seiner spanenden Wirkung wird Diamant vornehmlich zum Vor- und Zwischenpolieren und weniger zum Endpolieren eingesetzt. Diamantmikrokörnungen in den verschiedensten Handelsformen (Paste, Spray, Suspension) sind hochwertige Poliermittel. Sie bestehen entweder aus Natur- oder Synthesediamanten. Während der einkristalline Naturdiamant in Blockform vorliegt und relativ wenig Schneidkanten aufweist, ist der synthetische Diamant polykristallin und vielschneidig. Der Korngrößenbereich umfasst Werte von 0,1 bis etwa 50 µm.

Tabelle 24.1 Poliermittel zur Bearbeitung von Metallen, sprödharten Werkstoffen und Glas [24.38]

Poliermittel	
Metallische Werkstoffe	▪ Tonerde (α- und γ-Al_2O_3) ▪ Magnesia (MgO) ▪ Chromoxid (Cr_2O_3) ▪ Diamant (C) ▪ kolloidales Siliziumdoxid (SiO_2)
Sprödharte Werkstoffe	▪ Diamant (C) ▪ kolloidales Siliziumdoxid (SiO_2)
Glas	▪ Eisenoxid (α- und γ-Fe_2O_3) ▪ Cerdioxid (CeO_2) ▪ Thoriumoxid (ThO_2-radioaktiv)

Für die Endpolitur hat sich seit einiger Zeit, getrieben von den Entwicklungen in der Halbleiterindustrie, kolloidales Siliziumdioxid als effektives Poliermittel durchgesetzt [24.41] [24.42]. Kolloidale Suspensionen sind Dispergierungen mit kleinen Partikeln, deren Größe im Bereich 1 bis 1 000 nm liegt. Der gelöste Stoff liegt dabei nicht wie in normalen Lösungen als Ion oder Einzelteilchen vor, sondern in Form kleiner Atom- oder Molekülagglomerate. Kolloidale SiO_2-Suspensionen haben üblicherweise eine Partikelgröße von < 100 nm, der Feststoffanteil liegt im Bereich 40 bis 50 %. Mit diesen Systemen können vorhandene Riefen, die in vorgelagerten Prozessen entstanden sind, in kurzer Zeit beseitigt werden. Entscheidend ist der hohe pH-Wert um 9 bis 11, der einen chemisch-mechanischen Abtrag bewirkt. Dieser wird meist durch Zugabe oberflächenaktiver Stoffe verstärkt [24.38].

24.4 Laser-Carving

Mit dem Laserstrahlabtragverfahren „Laser-Carving" steht dem Werkzeug- und Formenbau ein innovatives, nahezu verschleißfreies Fertigungsverfahren zur Verfügung, mit dem insbesondere Kavitäten mit kleinen Abmessungen und flexible Beschriftungen in Bauteiloberflächen eingebracht werden können. Die physikalischen Wirkmechanismen lassen es zu, nicht nur die klassischen Werkzeug- und Formenbaustähle, sondern auch Werkstoffe, wie Kunststoffe, Keramik oder Hartmetall, flexibel zu bearbeiten [24.43].

Das thermische Abtragen mit dem Laser ist nach DIN 8580 den trennenden Fertigungsverfahren zuzuordnen. Beim Abtragen mit Laserstrahlung wird grundsätzlich Material mittels thermischer Energie von der Bauteiloberfläche entfernt, indem ein fokussierter Laserstrahl auf die Bauteiloberfläche gerichtet wird. Durch Absorption in den randzonennahen Bereichen des Werkstücks wird die Laserlichtenergie in thermische Energie umgewandelt, und es erfolgt ein thermischer Abtrag, wobei drei verschiedene Abtragmechanismen unterschieden werden können:

Beim Laserstrahlschmelzabtragen wird der Werkstoff bis zum Erreichen der schmelzflüssigen Phase durch kontinuierliche Laserstrahlung erwärmt, sodass die Schmelze über eine koaxiale Düse durch zugeführten Prozessgasstrom von der Bearbeitungsstelle entfernt werden kann (Bild 24.12, links). Durch Laserstrahlschmelzabtragen werden relativ hohe Abtragraten von über 1 000 mm^3/min erreicht. Die erzielten Oberflächenqualitäten sind mit dem Senkerodieren vergleichbar [24.44]. Als Nachteil ist zu berücksichtigen, dass bei diesem Prozess aufgrund von nicht vollständig ausgetriebenem Material Schmelzrückstände auf der Bauteiloberfläche verbleiben können, die gegebenenfalls durch einen Nachbearbeitungsschritt entfernt werden müssen.

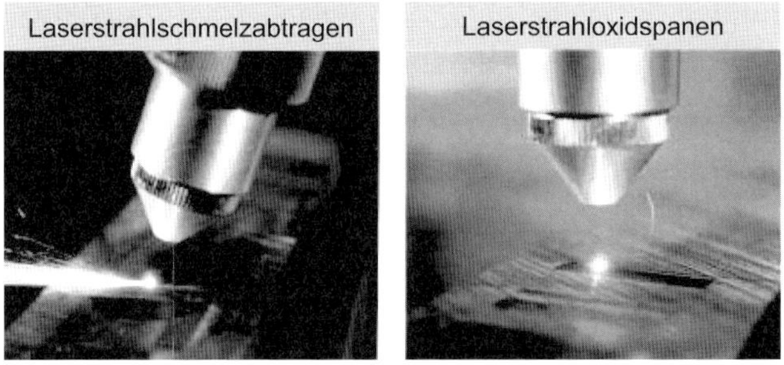

Bild 24.12 Prozessbilder: Laserstrahlabtragen und -oxidspanen [24.45]

Eine ähnliche Variante des Laserstrahlabtragens ist das so genannte Laserstrahloxidspanen. Hierbei wird der Stahlwerkstoff in der schmelzflüssigen Phase durch Verwendung von Sauerstoff als Prozessgas nahezu vollständig oxidiert. Die sich bildende Oxidraupe hebt sich bei geeigneter Prozessführung aufgrund der in der Abkühlphase induzierten Spannungen selbständig als gekrümmter Oxidspan von der Abtragspur ab (Bild 24.12, rechts). Das Laserstrahloxidspanen eignet sich besonders für das Schlichten, wobei hier gemittelte Rautiefen von $Rz = 20\ \mu m$ erzielt werden. Die typischen Abtragraten liegen bei 10 mm^3/min [24.46].

Beim Laserstrahlschmelzabtragen und -oxidspanen reichen die Dicken der abzutragenden Schichten von wenigen Mikrometern bis in den Millimeterbereich, wobei größtenteils Stahlwerkstoffe bearbeitet werden. Aufgrund der geforderten Strahlintensitäten und -qualitäten werden bei diesem Verfahren größtenteils CO_2- und Nd:YAG-Laser eingesetzt. In Bild 24.13 sind exemplarisch die Düsenseite und Schließseite einer Kavität für einen Schraubenschlüssel dargestellt.

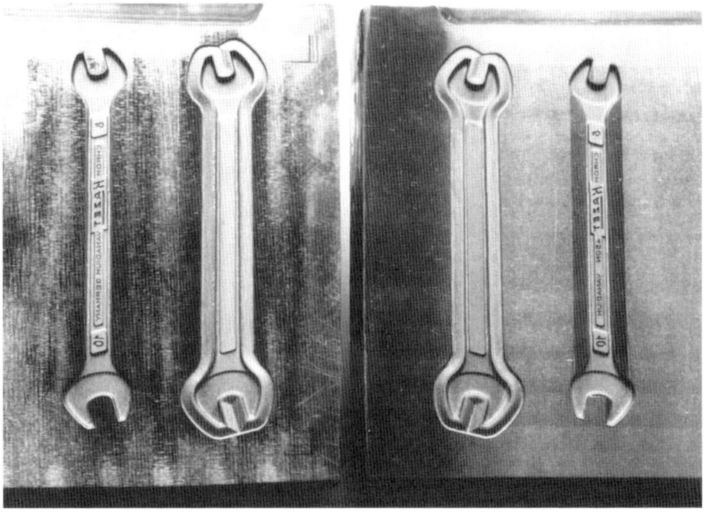

Bild 24.13 Laserstrahlformabtragen von Stahlwerkstoffen [24.47]

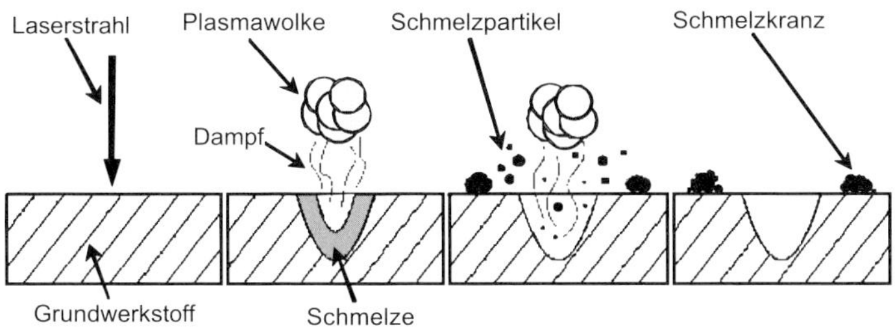

Bild 24.14 Prinzip des Sublimationsabtrags [24.48]

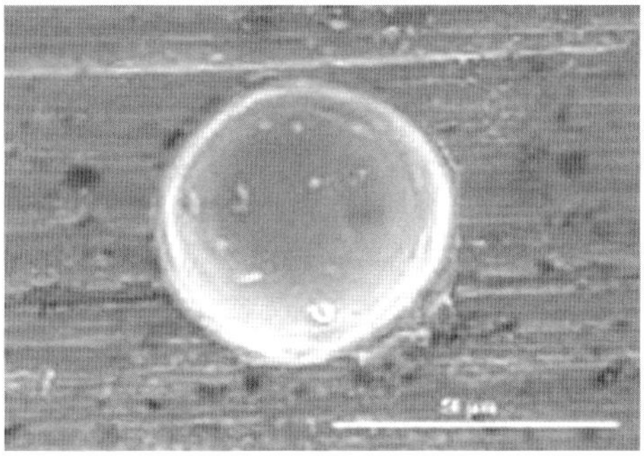

Bild 24.15 REM-Aufnahme einer mittels Sublimationsabtrag hergestellten Mikrostruktur [24.49]

Das am häufigsten angewendete Laserstrahlabtragverfahren ist das Sublimationsabtragen, bei dem durch gepulste, fokussierte Laserstrahlung ein paraboloidförmiger Abtrag auf der Werkstückoberfläche pro Laserpuls erzeugt wird. Aufgrund der hohen Pulsspitzenleistungen erfolgt eine Phasenumwandlung des Werkstoffs vom festen in den gasförmigen Zustand. Der Materialaustritt erfolgt durch den Gasdruck des sublimierten Materials (Bild 24.14). Es entsteht ein kraterartiges Näpfchen, welches weitgehend dem Negativ des Laserstrahlprofils entspricht (Bild 24.15).

Die für einen Sublimationsabtrag erforderlichen Intensitäten sind stark vom Werkstoff abhängig. Bei Eisen (Fe) ist beispielsweise eine Strahlintensität von $I > 3{,}4 \times 109$ W cm^{-2} notwendig [24.50]. Falls die nutzbaren Strahlintensitäten zu gering sind, erfolgt ein hybrider Materialabtrag (Kombination aus Sublimations- und Schmelzabtrag), welcher mit Schmelzrückständen am Strukturrand gekennzeichnet ist. Durch Aneinandersetzen bzw. Überlappen von mehreren Einzelpulsen können komplexe Strukturen zusammengesetzt werden. Die Strahlablenkung und -fokussierung erfolgt dabei überwiegend über Scannersysteme. In der Praxis sind Bearbeitungsgeschwindigkeiten bis zu 1 m/s üblich, wobei je nach Lasersystem bis zu 100 000 Einzelpulse pro Sekunde realisierbar sind. Durch spezielle Optiken werden Fokusdurchmesser mit einem Durchmesser bis zu 10 µm erzielt, sodass Strukturgrößen unterhalb von 100 µm prozesssicher erzeugt werden können.

Je nach Werkstoff können Oberflächenrauheiten kleiner Rz = 6 µm und Abtragraten bis zu 25 mm³/min (Graphit) erzielt werden. Das Sublimationsabtragen wird demnach zur Herstellung von Mikrogravuren eingesetzt, bei denen eine Bearbeitung mittels Mikrofräsen oder Mikroerodieren aufgrund der Strukturgrößen an die prozesstechnologischen Grenzen stößt.

In Bild 24.16 ist eine Laser-Carving-Anlage vom Typ DML 40 der Firma Lasertec GmbH, mit der mittels des Sublimationsabtrags filigrane 2D- und 3D-Strukturen in Werkzeugoberflächen eingebracht werden können.

Die Bearbeitung mit den am Markt verfügbaren Laser-Carving-Anlagen erfolgt aufgrund der vorliegenden Prozesstechnologie schichtweise (2,5D-Bearbeitung), mit einer typischen Schichtdicke von 1 bis 5 µm. Durch spezielle Softwarelösungen und zusätzliche Achsen können senkrechte Wände und definierte Entformungsschrägen erzeugt werden. In Bild 24.16 ist eine typische Werkzeuggravur dargestellt, die eine reine Bearbeitungszeit von 30 h benötigt (Erodierbearbeitung im Vergleich: 180 h).

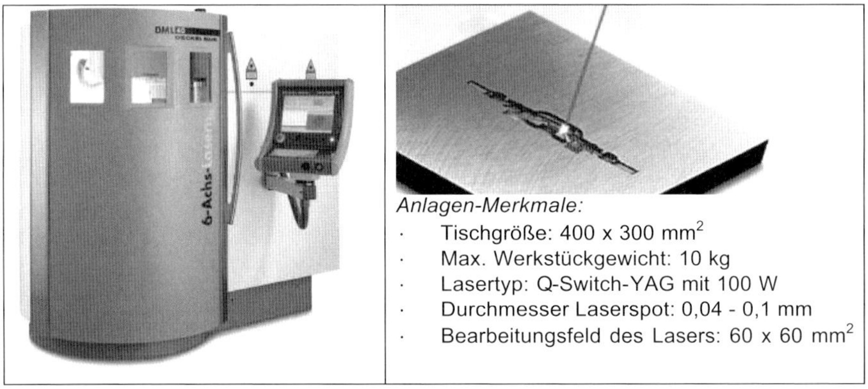

Bild 24.16 Laser-Carving-Anlage vom Typ DML und Werkzeuggravur [24.51]

24.5 Additive Fertigung für Spritzgießwerkzeuge

24.5.1 Einleitung

Bei der Entwicklung neuer Produkte gewinnen die Faktoren Zeit und Kosten eine immer größere Bedeutung. Es ist daher für die Spritzgießindustrie äußerst wichtig, frühzeitig seriennahe Prototypen aber auch komplexe Formeinsätze herstellen zu können (siehe Kapitel 3 „Gestalten von Bauteilen für das Spritzgießen"). Mit dem Aufkommen der Stereolithographie Ende der 80er-Jahre begann der Einzug der additiven Verfahren in die Fertigungstechnik. Darunter fallen die Begriffe Rapid-Prototyping, Rapid-Manufacturing, Rapid-Tooling und Prototype-Tooling, die unterschiedliche Einsatzziele der CAD-datenbasierten, additiven Fertigung beschreiben. Mit dem Begriff der additiven Fertigungsverfahren werden Verfahren bezeichnet, welche Bauteile element- oder schichtweise direkt auf Basis von CAM-Daten aufbauen können. Verfahrensbedingt sind keine formgebenden Werkzeuge nötig. Die Geometrie wird additiv durch Hinzufügen von Material erzeugt anstelle der subtraktiven Vorgehensweise, wie bei der Zerspanung „aus dem Vollen". Die so erzeugten Bauteile und Prototypen können eine nahezu beliebig komplexe Form haben. Additive Fertigungstechnologien können auf zwei Arten genutzt werden, direkt und indirekt. Dabei werden unter den „direkten" additiven Fertigungsverfahren die Verfahren zusammengefasst, bei denen das Zielbauteil additiv gefertigt wird. Bei der „indirekten" additiven Fertigung ist das additiv gefertigte Bauteil lediglich als Mittel zum Zweck zu bezeichnen und dient als Urmodell für abzuformende Werkzeugformeinsätze. In Bild 24.17 sind die Einsatzmöglichkeiten der additiven Fertigungsverfahren materialunabhängig nach üblichen Begrifflichkeiten gegliedert.

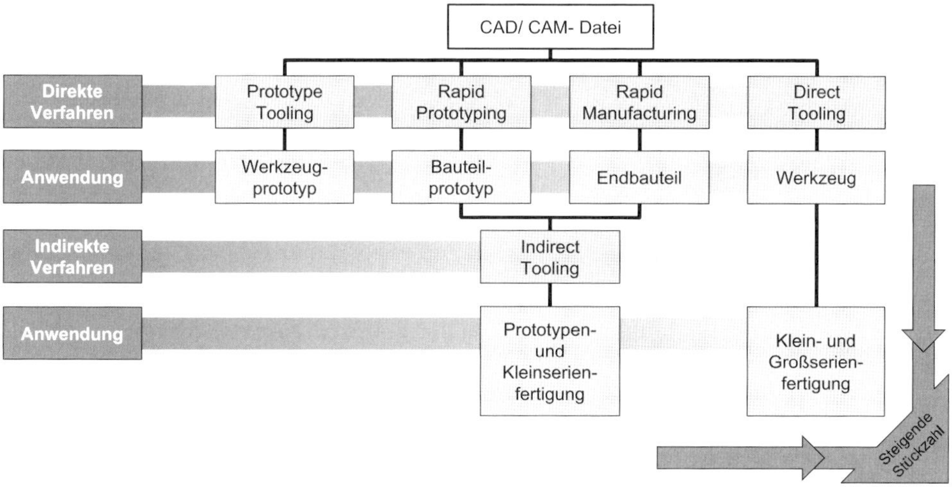

Bild 24.17 Einsatz von additiven Fertigungsverfahren gegliedert nach dem Einsatzzweck und der möglichen Stückzahlen [24.52]

Es lassen sich also Werkzeugbestandteile direkt mittels additiver Fertigung anfertigen. Dieser Einsatz der additiven Fertigungsverfahren wird als Direct-Rapid-Tooling bezeichnet. Über geeignete additiv gefertigte Urmodelle lassen sich jedoch auch mittels indirekter Verfahren Werkzeugbestandteile herstellen. Dieser Einsatz auf Basis der additiven Fertigung wird als Indirect-Rapid-Tooling bezeichnet. Dabei handelt es sich um sequenzielle Abformprozesse auf Basis von Gießprozessen.

Es wird deutlich, dass es keine Indirect-Tooling-Maschine oder Direct-Rapid-Tooling-Maschine gibt, sondern die Wortgebung lediglich den Einsatzzweck des additiven Fertigungsverfahrens wiedergibt.

Rapid-Tooling meint in wörtlicher Übersetzung die vergleichsweise schnelle Fertigung von Werkzeugen oder Formen, die dann zur Herstellung der finalen Bauteile genutzt werden können.

Obwohl die mittels Rapid-Tooling hergestellten Formen und Werkzeuge für zahlreiche formgebende Fertigungsverfahren eingesetzt werden können, liegt der Schwerpunkt nach wie vor beim Kunststoffspritzgießen, was zum einen auf die Bedeutung und Verbreitung dieser Fertigungstechnologie zurückzuführen ist und zum anderen aber auch mit der vergleichsweise geringen Belastung, denen eine Spritzgießform im Vergleich zu z. B. Metalldruckgießformen oder Stanzbiegewerkzeugen ausgesetzt ist. In den Bereichen des Formenbaus für Niederdruckprozesse, wie dem Blas- oder Thermoformen nehmen die additiven Fertigungsverfahren vor dem Hintergrund der steigenden Variantenanforderungen zu. Historisch gesehen wurzelt das Rapid-Tooling im Bestreben, schnell eine mittlere Anzahl vom Bauteilen – möglichst im Originalwerkstoff und -verfahren – herstellen zu können, ohne aber die aufwendige „traditionelle“ Fertigung von Formen mittels Fräsen oder Erodieren bzw. Bearbeiten von gegossenem Stahl in Kauf nehmen zu müssen.

Zu Beginn der Entwicklung additiver Verfahren und der noch recht eingeschränkten Werkstoffpalette wurden daher auch Versuche unternommen, Spritzgießeinsätze mit kunststoffbasierten Verfahren, wie der Stereolithographie, herzustellen. Die Belastbarkeit derartig gefertigter Einsätze durch Druck, Temperatur oder abrasive Formteilwerkstoffe ist allerdings begrenzt. Die Fortschritte in der Entwicklung der Rapid-Prototyping-Verfahren hinsichtlich der Fertigung metallischer Bauteile kamen und kommen daher auch unmittelbar dem Rapid-Tooling zugute.

Der zeitliche Vorteil bezieht sich vor allem auf die Fertigung des Einsatzes als solchem, nicht außer Acht gelassen werden dürfen hier aber die klassischen Schritte im Formenbau, die die Herstellung der Stammform sowie das Einpassen und Tuschieren umfassen. Vor dem Hintergrund des Rapid-Tooling spielt vor allem auch die häufig raue Oberfläche eine Rolle, die bei der Entformung Schwierigkeiten bereitet und fast immer nachgearbeitet werden muss. Andererseits kann aber in Anbetracht der bei Vorserienbauteilen teils deutlich geringeren Stückzahlen häufig auf aufwendige automatische Schieberkonstruktionen verzichtet werden, wenn die Entformung zum Beispiel manuelle Operationen nach jedem Schuss einschließt.

Eine indirekte Rapid-Tooling-Kette wird hier als die Aneinanderreihung einzelner Abformschritte definiert. Durch eine solche Abformkette wird vom Urmodell eine für das Kunststoffspritzgießen nutzbare Kavität erstellt. Zwischenschritte wie spanende Nacharbeit oder das alleinige Zusammensetzen bereits fertiger Kavitätsmodule sind keine eigenen Kettenglieder im Sinne dieser Definition. Eine gute Rapid-Tooling-Kette zeichnet sich einerseits durch eine möglichst geringe Anzahl von Abformschritten (Kettenglieder) aus. Je niedriger die Anzahl der Abformschritte ist, desto genauer entspricht ein Bauteil seinem Urmodell und desto schneller lässt sich ein Prototypwerkzeug herstellen. Jedes Zwischenmodell ist gerade nur so gut, wie das Modell, aus dem es hervorgeht. Somit werden die erreichbaren Toleranzen vergrößert und die Oberflächenqualität von Abguss zu Abguss vermindert. Andererseits muss am Ende jeder Rapid-Tooling-Kette eine Kavität stehen, die den hohen mechanischen und thermischen Belastungen, die im Spritzgießprozess auftreten, standhält. Grundsätzlich gilt es daher, bei allen Rapid-Tooling-Abformketten mit möglichst wenig Gliedern eine etwas bessere als die notwendige Festigkeit und Qualität der Spritzgießform zu erreichen.

Bei den Anwendungsmöglichkeiten des indirekten Rapid-Tooling wird zwischen der Verwendung eines positiven oder negativen Modells unterschieden. Während diese Modelle als Urmodelle für Abgießprozesse verwendet werden, kann unter Nutzung des virtuellen Negativmodells über neue Rapid-Tooling-Prozessketten das Urmodell eingespart und direkt ein Hohlraum in Sand oder Keramikschlicker für das Metallgießen gebaut werden.

In den folgenden Abschnitten wird die additive Fertigung als „direktes Rapid-Tooling-Verfahren" vorgestellt und im Abschnitt 24.7.2 „Gießen" als „indirektes Rapid-Tooling-Verfahren".

24.5.2 Direkte additive Fertigung

Bei der direkten additiven Fertigung wird das Produkt direkt ohne abformende Zwischenschritte hergestellt. Beim Einsatz zur direkten Herstellung von Werkzeugbestandteilen wird der Ablauf als direktes Rapid-Tooling bezeichnet. Grundvoraussetzung ist dabei, wie bei allen additiven Fertigungsverfahren, das Vorhandensein von 3D-CAD-Daten, aus dem dann die Schichtinformationen zur Steuerung der Anlage erzeugt werden.

Die direkten additiven Fertigungsverfahren können entlang der genutzten Materialien unterteilt werden (Bild 24.18).

Um eines der direkten Verfahren nutzen zu können bedarf es eines digitalen CAM-Code (engl.: computer aided manufacturing) In diesem Programm sind alle relevanten Maschinenbewegungen sowie Steuerungsparameter für Temperaturen, Drücke etc. hinterlegt und für die ausführende Maschine lesbar aufbereitet. Einer der häufigsten Code Arten ist dabei der g-code, welcher im Bereich der Steuerung von Zerspanungsmaschinen entstanden ist. Um den finalen CAM-Code zu erhalten muss zunächst ein 3D-CAD-Modell vorliegen. Dieses Modell wird im Sinne einer zielgerichteten und fertigungsgerechten Produktentwicklung im Entwicklungsprozess erstellt.

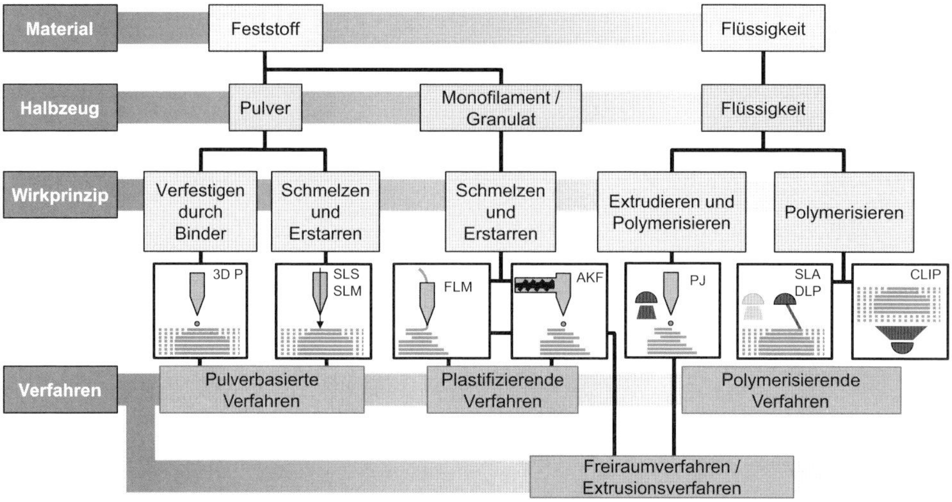

Bild 24.18 Einteilung direkter additiver Fertigungsverfahren [24.53]

Das nun meistens als Volumenmodell vorliegende Bauteil muss zur weiteren Verarbeitung in CAM-Post-Prozessoren, welche den CAM-Code auf Basis des Bauteils und der Einstellparameter erstellen, in ein Flächenmodell überführt werden.

An dieser Stelle hat sich bis heute das STL-Format durchgesetzt. Im STL-Format wird die Oberfläche des Volumenmodells durch Dreiecke einstellbarer Auflösung approximiert. Eine hohe Auflösung ist gerade im Hinblick auf kreisförmige Strukturen ein wichtiger Parameter, um eine runde Erscheinung des finalen Bauteils zu erhalten. Aufgrund der heutigen Rechnermöglichkeiten ist die Größe der STL-Datei nicht mehr begrenzend, womit priorisiert auf eine hohe Auflösung geachtet werden sollte. Mittlerweile ermöglichen alternative Formattypen wie das 3MF-Format die zusätzliche Möglichkeit Informationen zu einer gradierten Bauteilgestaltung (wie Farbgebung) zu berücksichtigen.

Auf Basis des CAD-Übergabeformats (hier nun STL) kann in sogenannten Post-Prozessoren der CAM-Code erstellt werden. Softwarelösungen, welche dies für die additive Fertigung durchführen werden Slicer genannt. Dieser Name begründet sich im Wesentlichen auf das Zerschneiden des Bauteils in zweidimensionale Schichten. Diese Schichten stellen dabei ebenso die Schichten im folgenden Fertigungsverfahren dar. Im Vorfeld muss der Nutzer die Integration von Stützmaterial einplanen. Dies kann automatisiert durchgeführt und manuell optimiert werden. Stützmaterial wird gebraucht, wenn Material in Überhangbereichen abgelegt oder angeschmolzen werden muss. Die Vermeidung von notwendigen Stützstrukturen zeichnet dabei einen wesentlichen Optimierungsansatz während der vorgeschalteten Produktentwicklung sowie der CAM-Datenaufbereitung dar. Ein fertigungsgerechtes Bauteil für die additive Fertigung benötigt im Idealfall keine Stützstrukturen.

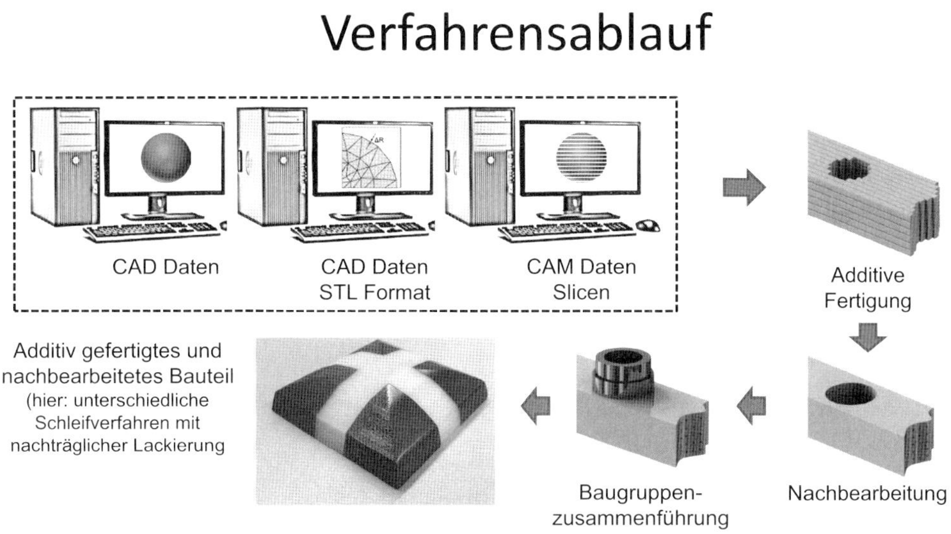

Bild 24.19 Prozesskette von der Idee zum fertigen Produkt

Sobald die Stützstrukturen definiert sind, kann das Bauteil in Schichten, einer vom Benutzer zu definierenden Schichtdicke, unterteilt werden. Der Slicer berechnet die Verfahrpfade sowie notwendige Aktionen des Applikationssystems (im Falle von Extrusionsverfahren). Diese Informationen werden in einer geeigneten maschinenabhängigen Programmiersprache, wie dem g-code, abgespeichert.

Im Anschluss an die additive Fertigung müssen die gefertigten Bauteile je nach Anforderung nachbearbeitet werden. Hierzu zählen im Wesentlichen Oberflächenbearbeitungsverfahren, wie Sandstrahlen, Schleifen, Polieren, Lackieren oder Beschichten. Je nach genutztem Verfahren und möglicher Auflösung resultieren unterschiedliche Oberflächenqualitäten. Abschließend können Montageschritte durchgeführt werden, um ggf. aus mehreren Bauteilen eine Baugruppe zu erstellen.

24.5.2.1 Stereolithographie

Das weltweit erste automatisierte additive Fertigungsverfahren war die so genannte Stereolithographie (SL), bei der ein Laserstrahl ein lichtempfindliches Kunstharz (Photopolymer) schichtweise aushärtet. Das herzustellende Bauteil wächst dabei von unten nach oben auf einer Plattform, die schichtweise in ein Becken mit flüssigem Kunstharz abgesenkt wird. An der Badoberfläche tastet ein UV-Laser die Kontur bzw. Fläche gemäß den CAD-Daten ab und härtet das Material aus. Übliche Schichtdicken bewegen sich zwischen 0,05 und 0,2 mm. Die Werkstoffpalette ist systembedingt auf Photopolymere beschränkt. Das Verfahren wurde 1988 kommerzialisiert [24.54].

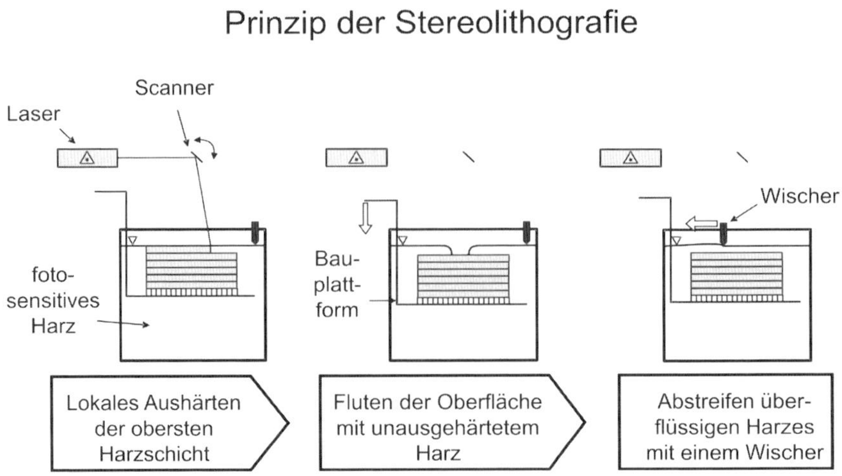

Bild 24.20 Schematischer Aufbau einer Stereolithographieanlage

Im Zuge der Bestrebungen, additive Fertigungsverfahren einer größeren Anzahl von Anwendungen zugänglich zu machen, wurde neben einer Verbesserung von Genauigkeit und Geschwindigkeit insbesondere das verarbeitbare Werkstoffspektrum durch entsprechende Technologieentwicklungen vergrößert.

24.5.2.2 Poly-Jet-Verfahren für duroplastische Werkzeugeinsätze

Neben der Stereolithographie stellt das Poly-Jet-Verfahren einen weiteren Ansatz zur Verarbeitung reaktiver Formmassen zu duropalstischen Werkzeugeinsätzen dar. Beim Poly-Jet-Verfahren wird eine reaktive Formmasse über Düsen schichtweise aufgetragen und mittels UV-Bestrahlung polymerisiert, womit das Bauteil entsteht. Dabei fährt ein Düsenkopf mit mehreren Düsen im Bauraum die Geometrie des Bauteils ab (Bild 24.21). Nach jedem Schichtaufbau wird mithilfe eines Nivellierungssystems etwaige sphärische Strukturen abgenommen und somit die Oberfläche für die folgende Schicht homogenisiert. Dadurch kann die Fertigung von kompakten Strukturen gewährleistet werden.

Das Poly-Jet-Verfahren kann zur direkten Herstellung von Formeinsätzen für das Spritzgießen genutzt werden. Gerade aufgrund der hohen erreichbaren Genauigkeiten durch die Verarbeitung niedrigviskoser Formmassen und der Schichtennivellierung weisen diese Formeinsätze oftmals ausreichende Oberflächenqualitäten für Prototypenserien oder Kleinserien auf. Zu beachten sind hier jedoch die niedrigen Wärmeleitfähigkeiten, wodurch der Spritzgießprozess als solcher zum einen bezüglich der resultierenden Bauteilmorphologie aber auch bezüglich möglicher Zykluszeiten vom Standard abweicht. In Bild 24.22 ist eine Beispielanwendung in einem Schieberwerkzeug der HASCO Hasenclever GmbH, Lüdenscheid, dargestellt.

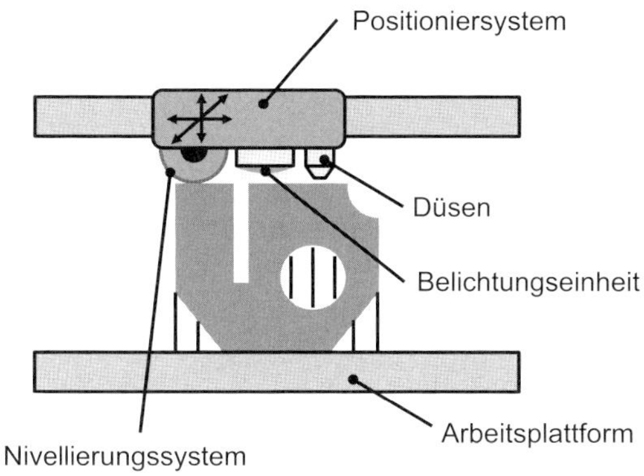

Bild 24.21 Schematisches Verfahrensprinzip eines Poly-Jet-Pozesses

Bild 24.22 Schieberwerkzeug mit duroplastischen Werkzeugeinsätzen im Poly-Jet-Verfahren gefertigt [24.55]

Durch eine Kombination aus metallischen Führungselementen und duroplastischen Formeinsätzen kann der schnelle Wechsel zwischen verschiedenen Produkten, auch im Schieberwerkzeug, vorgenommen werden.

24.5.2.3 Schmelzeschichten/Fused-Layer-Modeling

Beim Fused-Layer-Modeling (FLM) wird ein thermoplastisches Monofilament mit einem Durchmesser von 1,75 mm bis 3,00 mm plastifizierend durch eine beheizte Düse geführt und auf eine Bauteilträgergeometrie appliziert. Die Steuerung der Austragsmenge erfolgt über die Führungsgeschwindigkeit des Filaments und den entstehenden Gegendruck an der Düse. Das Filament wird mithilfe einer reib- und teils formschlüssigen Radpaarung gefördert und durch eine Düse in die gewünschte Strangstärke überführt. Das schematische Verfahrensprinzip eines FLM-Prozesses ist in Bild 24.23 dargestellt.

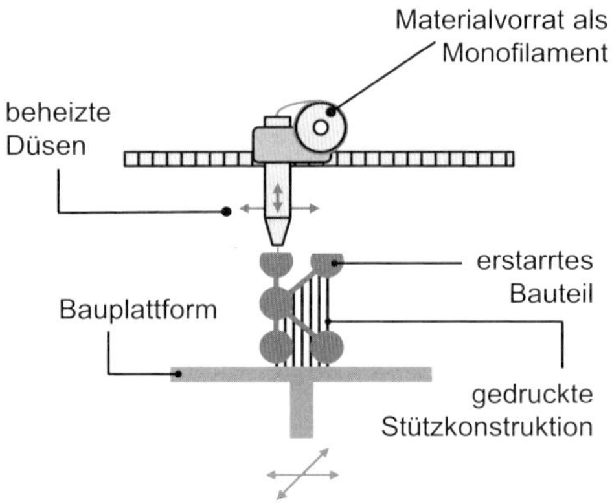

Bild 24.23 Schematisches Verfahrensprinzip eines FLM-Prozesses

Die Erstellung des dreidimensionalen Bauteils wird durch eine Relativbewegung der Bauteilträgergeometrie und der Düsen erzielt. Je nach Anlage können mehrere Düsen in einem Druckkopf integriert werden. Zur Herstellung von komplexen Strukturen werden Druckköpfe mit mehreren Extrusionskanälen eingesetzt, wodurch eine Kombination von mehreren Materialien, z. B. Stützmaterialien, ermöglicht wird. Durch das Stützmaterial werden komplexe Strukturen, z. B. Überhänge, abgesichert. Die meist wasserlöslichen Stützmaterialien sind in einem weiteren Prozessschritt relativ leicht zu entfernen. Bei FLM-Systemen können bewegliche oder fixierte Druckköpfe eingesetzt werden. Beim fixierten Druckkopf wird die Bauteilträgergeometrie entlang der Raumachsen bewegt. Unter Nutzung der fixierten Bauteilträgergeometrie wird der Druckkopf in allen Raumachsen bewegt. Zwischen diesen beiden Randwerten können verschiedene Konzepte verfolgt werden, welche sowohl dem Druckkopf als auch der Bauteilträgergeometrie Freiheitsgrade zuspricht. Zur Herstellung von komplexen Strukturen werden Druckköpfe mit mehreren Extrusionskanälen eingesetzt, wodurch eine Kombination von mehreren Materialien, z. B. Stützmaterialien, ermöglicht wird. Durch das Stützmaterial werden komplexe Strukturen, z. B. Überhänge, abgesichert. Die meist wasserlöslichen Stützmaterialien sind in einem weiteren Prozessschritt relativ leicht zu entfernen.

Die Fertigungskammer wird beim Prozessablauf temperiert, um Verzug am Bauteil durch thermische Einwirkung zu vermeiden. Die Bauteilgröße ist durch die Größe der Fertigungskammer begrenzt. Die Qualität des Werkstücks ist, abgesehen vom Ausgangsmaterial, von einer präzisen Prozessteuerung und Schichthöhe abhängig, die in direkter Relation zum Durchmesser der Düse stehen muss. Mögliche Düsendurchmesser liegen hier im Bereich zwischen 0,2 bis 1 mm. Die gebräuchlichsten und somit verfügbarsten Düsendurchmesser sind 0,4 mm und 0,8 mm. Die Dicke der einzelnen Schichten kann beim FLM in Abhängigkeit von der Düsengeometrie zwischen 0,025 mm und 1,25 mm liegen.

Die Vorteile dieses Verfahrens sind zum einen die relativ niedrigen Anschaffungskosten der Maschinen, zum anderen ist der skalierbare Prozess auch bei kleiner Maschinenauslegung einsetzbar, was den Gebrauch im Büroumfeld ermöglicht. Der Gesamtprozess zeichnet sich durch relativ kurze Prozesszeiten aus. Abgesehen von der relativ eingeschränkten Genauigkeit und den nicht optimalen Oberflächeneigenschaften sind die hohen Materialkosten der größte Nachteil des Verfahrens. Hier ergibt sich jedoch eine hohe preisliche Schwankungsbreite. So variieren die Kilopreise für denselben Werkstofftypen von 30 €/kg bis 260 €/kg.

24.5.2.4 Selektives Lasersintern von Metallen

Das Selektive Lasersintern (SLS) als ebenfalls weit verbreitetes Verfahren nutzt ein ähnliches Prinzip wie die Stereolithographie, wobei hier die zunächst losen Pulverpartikel des Ausgangswerkstoffs durch die thermische Energie eines Laserstrahls verschmolzen bzw. versintert werden. Neue Schichten werden dabei mit einer Wischvorrichtung auf die in einem Pulverbett höhenverstellbar angebrachte Bauplattform aufgebracht. Die verwendbare Werkstoffpalette ist sehr umfangreich und wird ständig erweitert; sie reicht von den Thermoplasten über Metalle bis hin zu Keramiken [24.56] bis [24.60] [24.61].

Für den Werkzeug- und Formenbau sind aber insbesondere die Verfahrensvarianten interessant, die die Herstellung metallischer Bauteile ermöglichen. Zwar ist der Einsatz im Werkzeugbau auch unter Verwendung nichtmetallischer Formen möglich, zur Erzielung von mit dem Serienspitzgießen vergleichbaren Ergebnissen oder einer entsprechend hohen Stückzahl und Standfestigkeit ist die Verwendung metallischer Einsätze jedoch unabdingbar [24.62].

Das Selektive Lasersintern von Metallen ist in zwei Varianten kommerzialisiert: Die Fa. EOS Optical Systems GmbH bietet das so genannte Direct-Metal-Laser-Sintering (DMLS) an. Die unter den Namen Direct-Metal bzw. Direct-Steel verfügbaren Metall-

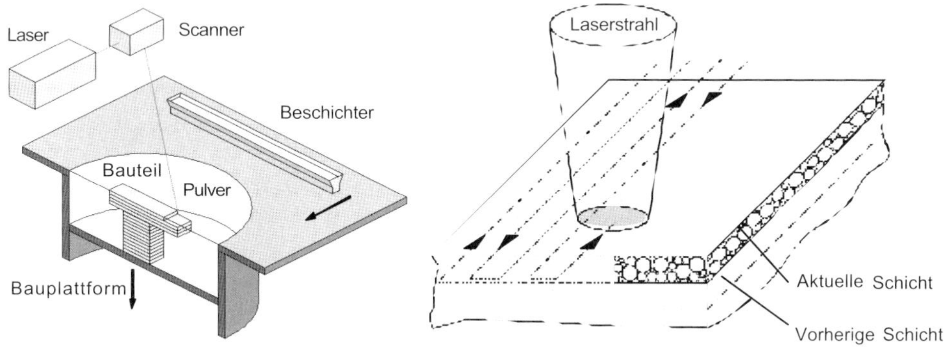

Bild 24.24 Schematischer Aufbau einer Lasersinteranlage [24.64]

pulver bestehen aus einer hoch- und einer niedrigschmelzenden Phase, wobei im Sinterprozess durch ein Flüssigphasensintern die hochschmelzende Phase in eine Matrix aus der niedrigschmelzenden Phase eingebettet wird. Das Pulvermaterial wird in Schichtdicken von 20 bis 60 μm verarbeitet. Die Oberflächenrauigkeit *Ra* beträgt etwa 4 bis 10 μm vor einer Nachbearbeitung. Bei der Oberflächenhärte werden Werte von 65 HRB/40 HRC (Direct-Metal 20), 95 HRB (Direct-Steel) bzw. 40 bis 42 HRC (Direct-Steel H20) erreicht [24.56] [24.58] [24.63].

Das indirekte selektive Lasersintern wird von 3D-Systems Inc. angeboten. Bei den hier verwendeten Pulvern besitzt jedes einzelne Partikel eine thermoplastische Umhüllung, welche durch die Laserenergie aufgeschmolzen wird und als temporäre Bindephase dient. Dieser Binder wird dann in einem zweiten Schritt unter Vakuum ausgebrannt und der entstandene Hohlraum mit einem niedrigschmelzenden Metall (Bronze) infiltriert. Die Bauteile bestehen danach aus etwa 60 % Stahl (Edelstahl 316L oder Werkzeugstahl A6 mit Wolframkarbid-Anteilen) und etwa 40 % Bronze. Die Bauraumgröße beträgt ca. $370 \times 320 \times 180$ mm^3 ($L \times B \times H$) [24.65] [24.66]. Durch diese nachgeschalteten Prozesse entstehen Schwindungseffekte, die bei der Konstruktion mit einkalkuliert werden müssen.

Während beim Lasersintern das auf der Bauplattform vorhandene Pulver durch die thermische Energie des Lasers zu festen Strukturen gefügt wird, übernimmt beim 3D-Printing (3DP) diese Aufgabe ein durch eine Tintenstrahldruckvorrichtung aufgetragener Binder.

Seit einigen Jahren werden von unterschiedlichen Unternehmen auch Anlagen zur Verarbeitung von Keramik (Soligen) und Metall (Extrude Hone/ProMetal) angeboten [24.65]. Beim 3D-Metal-Printing wird ein Stahlpulver (Korndurchmesser ca. 80 μm) mit einem flüssigen Binder zu einem Grünling verarbeitet, der nach Ausbrennen des Binders mit einer CuZn-Legierung (Anteil Cu/Zn ca. 90/10) infiltriert wird.

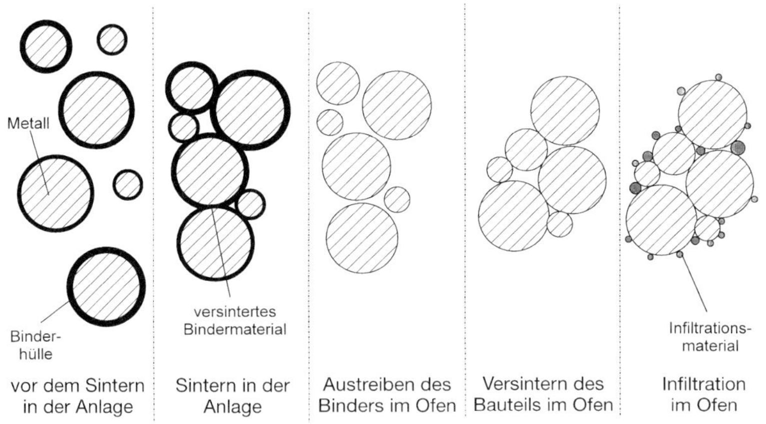

Bild 24.25 Prozess des indirekten Versinterns mit anschließender Infiltration [24.70]

Die Schichtdicke beim Drucken liegt zwischen 120 und 170 µm. Nach dem Druckprozess beträgt die Grünteildichte etwa 60 %. Danach wird bei 1 100 °C auf 100 % Dichte mit Bronze infiltriert, das finale Bauteil besteht damit zu 60 % aus Stahl und zu 40 % aus Bronze. Die Härte beträgt bei Edelstahl 316L/Bronze etwa 60 HRB, bei Edelstahl 420/Bronze 25 bis 35 HRC und bei 1.3341 etwa 50 HRC. Die Zugfestigkeit für Edelstahl 420 wird mit 650 bis 800 N/mm^2 bei einer Streckgrenze von 450 bis 600 N/mm^2 angegeben [24.67] bis [24.69].

Wenn wie bei den meisten dieser Verfahren zusätzlich noch Ausbrenn- bzw. Infiltrationsvorgänge notwendig sind, hat dies ebenfalls vor allem durch Schwindungserscheinungen einen negativen Einfluss auf die erzielbare Genauigkeit. Ein wesentlicher Nachteil ist aber der, entweder durch eine nachträgliche Infiltration oder die jeweilige technologiebedingte Prozessführung, resultierende mehrkomponentige Aufbau der Bauteile und die damit einhergehende Notwendigkeit speziell auf den Prozess abgestimmter Werkstoffkombinationen. Diese unterscheiden sich je nach Technologie teilweise erheblich von den standardmäßig im Werkzeug- und Formenbau vorkommenden, gemäß allgemein gültigen Normen gießtechnisch hergestellten Stahlwerkstoffen. Dadurch werden z. B. entweder die Übertragbarkeit der rheologischen Ergebnisse von Abmusterungsversuchen auf Serienwerkzeuge oder die nachträgliche, konventionelle Änderung von Formen durch z. B. Schweißen, Ätzen oder Erodieren erschwert [24.71]. Härten oder Vergüten sind nicht möglich. Die Akzeptanz solcher Verfahren in der industriellen Praxis leidet ebenfalls unter diesen Voraussetzungen.

24.5.2.5 Selektives Laserschmelzen von Stählen und Metallen

Um derartige Probleme zu vermeiden, wurden verschiedene Verfahren zur Verarbeitung einkomponentiger Serienwerkstoffe entwickelt. Viele derer bedienen sich dabei des Ansatzes eines vollständigen Aufschmelzens der Pulverpartikel. Die Verfahren, bei denen der Werkstoff separat lokal zugeführt wird und damit im Grunde einen formgebenden Auftragschweißprozess beinhalten, werden daran anschließend diskutiert.

Unter dem Begriff selektives Laserschmelzen sind derzeit drei Verfahren kommerzialisiert, die alle ein ähnliches Prinzip verfolgen und insbesondere auch zur Herstellung von Werkzeugkernen mit konturangepassten Kühlkanälen gedacht sind. Das Verfahrensprinzip entspricht dem des Selektiven Lasersinterns, jedoch wird der einkomponentige Pulverwerkstoff hier durch den Laserstrahl vollständig aufgeschmolzen und nicht nur teilweise versintert.

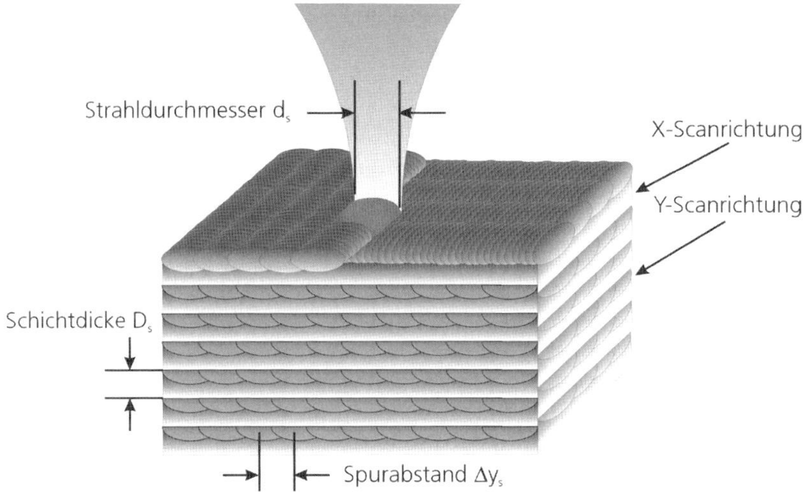

Bild 24.26 Prinzipdarstellung eines lasergeschmolzenen Bauteils [24.72]

M3-Linear-System

Das M3-Linear-System von Concept Laser GmbH integriert Laserschmelzen, Laserabtragen und Laserbeschriften modulartig in einer Anlage. Der LaserCUSING genannte Teilprozess zum Laserschmelzen findet in einem unter Stickstoffatmosphäre gehaltenen $250 \times 250 \times 170$ mm^3 ($L \times B \times H$) großen Bauraum statt; die Schichtdicke beträgt 25 bis 100 µm. Für die minimale Schichtdicke wird ein Wert von 0,025 mm angegeben und für die Genauigkeit der nahezu 100 % dichten Bauteile Werte zwischen ±0,05 bis 0,1 mm. Um die beim Laserschmelzen – einem Schweißvorgang – unweigerlich auftretenden Eigenspannungen und daraus folgende Risiken (Rissbildung) zu vermeiden, wird bei den Anlagen der Firma Concept Laser eine so genannte Kachelbelichtung angewendet. Dies bedeutet, dass der Laserstrahl jeweils Felder einer Größe von ca. 5×5 mm^2 statistisch verteilt über der zu belichtenden Fläche einer Schicht belichtet. Dabei wird auch von Feld zu Feld die Vorschubrichtung des Lasers um 90 ° rotiert, wodurch sich die entstehenden Spannungen teilweise gegenseitig aufheben [24.72]. Der Laserfokusdurchmesser beträgt dabei 0,2 mm, der verarbeitbare Werkstoff ist vorwiegend Edelstahl 1.4404. Erfahrungen wurden auch mit Warmarbeitsstahl 1.2343, Vergütungsstahl 1.7225, Titan und Aluminium gemacht. Für 1.2343 wird von einer Härte von 40 bis 44 HRC und einer Zugfestigkeit von 1 000 bis 1 200 N/mm^2 nach dem Aufbau bzw. 50 bis 56 HRC und 1 500 bis 1 800 N/mm^2 nach einer anschließenden Wärmebehandlung berichtet. Eine auf Mikrostrahlen beschränkte konventionelle Nachbearbeitung ist notwendig. Ein Aufbau auf konventionell vorbearbeitete Formeinsätze wird ebenfalls praktiziert, wobei verfahrensbedingt auf Zugänglichkeit und Kollisionsfreiheit beim Auftrag einer neuen Schicht mit dem Wischer geachtet werden muss [24.71] bis [24.78].

MCP-Realizer

Die Fa. HEK GmbH bietet mit dem MCP-Realizer ein System an, welches ebenfalls das SLM-Prinzip verfolgt. Verarbeitbare Werkstoffe sind u. a. Zink, Bronze, Edelstahl 1.4404, Werkzeugstahl 1.2343, Titan, Cr-Co-Legierungen, Siliziumkarbid oder Aluminiumoxid. Die Dichte beträgt ebenfalls annähernd 100 %, die Genauigkeit wird mit 0,1 mm angegeben. Der eingesetzte Laser hat eine Leistung von 100 W und einen Fokusdurchmesser von 0,03 mm. Die Schichtdicke wird mit 50 bis 100 µm angegeben, der Bauraum hat eine Größe von 250 × 250 × 250 mm^3. Die Baugeschwindigkeit liegt bei 5 cm^3/h [24.79] bis [24.81].

Selektives Laserschmelzen

Das am Fraunhofer ILT entwickelte Selektive Laserschmelzen wird seit Ende 2003 von Trumpf Werkzeugmaschinen GmbH & Co. KG unter dem Namen Laserformen vertrieben [24.72]. In der zusammen mit der EOS GmbH entwickelten Anlage Trumaform LF 130 mit zwei separaten Prozesskammern zum hauptzeitparallelen Einrichten können Edel- und Werkzeugstähle wie beispielsweise 1.4404 oder 1.2343 verarbeitet werden. Der eingebaute Scheibenlaser erreicht eine Leistung von 250 W. Für Stahl 1.2343 wird bei einer Schichtdicke von 50 µm eine Härte von 52 HRC bei einer Zugfestigkeit von 1 800 MPa angeben. Die Dichte beträgt 99,8 %, die Werkzeugeinsätze mit einer zu erreichenden Oberflächenrauheit *Rz* zwischen 30 und 60 µm werden üblicherweise konventionell nachbearbeitet. Die minimalen Strukturgrößen liegen bei etwa 0,5 mm. Der Vorteil und angedachte Hauptanwendungsfall liegt in der Erzeugung von Rohlingen aus standardmäßigem Werkzeugstahl, die konturangepasste Kühlkanäle beinhalten – über dieses Kriterium erfolgt auch die

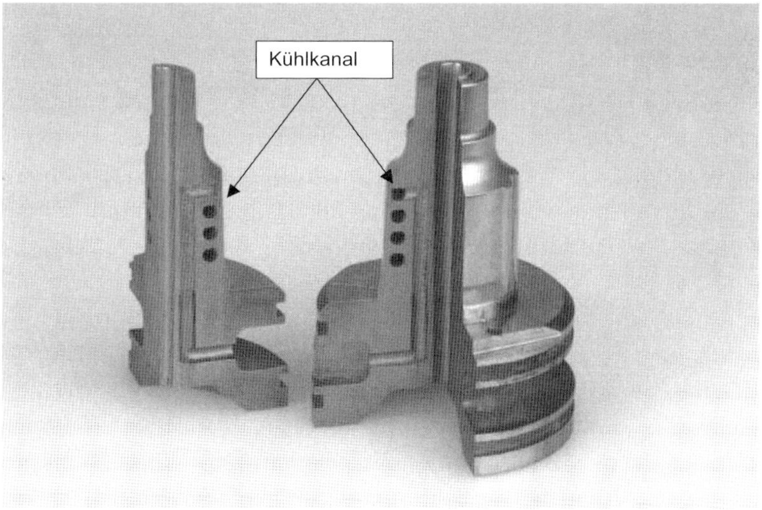

Bild 24.27 Lasergeschmolzenes Bauteil mit internem Kühlkanal [24.89]

Abgrenzung zum Systempartner EOS GmbH, dessen DMLS-Einsätze den Anspruch von Rapid-Tooling-Einsätzen mit möglichst geringer Notwendigkeit einer Nacharbeit verfolgen [24.82] bis [24.87]. Nach umfangreichen Untersuchungen zu Prozessführung und Bauteileigenschaften konnte als wesentliche Verbesserung hinsichtlich Eigenspannungen, Rissbildung und Verzug eine notwendige Vorwärmung auf bis zu 500 °C in der Prozesskammer herausgearbeitet werden, die in der Trumpf-Anlage realisiert wurde. Die Schichtdicken bewegen sich zwischen 30 und 100 µm [24.88].

Bild 24.28 Rohling mit lasergeschmolzenen Bauteil [24.90]

Electron-Beam-Melting

Das Electron-Beam-Melting der Firma ARCAM basiert auf einem ähnlichen Prinzip wie das des SLM, jedoch wird die zum Verschmelzen der Pulverpartikel notwendige Energie nicht aus einem Laserstrahl, sondern von einer Elektronenstrahlquelle bezogen. Aufgrund der Ablenkung durch ein Magnetfeld sind keine beweglichen Elemente zur Strahlführung notwendig. Der Bauraum hat eine Größe von $200 \times 200 \times 160\ mm^3$ ($L \times B \times H$), die Schichtdicke beträgt 50 bis 200 µm. Neben niedriglegiertem Stahl und Warmarbeitsstahl 1.2343 sind auch Nickel- und Titanbasislegierungen einsetzbar. Die Härte bei 1.2343 beträgt bis zu 52 HRC. Die Dichte der Bauteile beträgt 100 %, Hinterschnitte (Conformal-Cooling) sind möglich. Die Oberflächenrauheit *Ra* beträgt etwa 20 bis 40 µm, eine mechanische Nachbearbeitung zur Steigerung der Oberflächenqualität ist notwendig [24.65] [24.91] [24.92]. Das Verfahren ist nur in einer Hochvakuumkammer ausführbar und daher in seinen Anwendungen beschränkt.

Die bis hier beschriebenen Verfahren zur Verarbeitung metallischer Werkstoffe zeichnen sich vor allem dadurch aus, dass der üblicherweise pulverförmige Werkstoff in der Prozesskammer bereits vorhanden ist und der Kernprozess der jeweiligen Technologie meist ein Verschmelzen bzw. Versintern oder Verfestigen darstellt. Die im Folgenden vorgestellten Technologien haben gemeinsam, dass der Werkstoff dem Prozess unmittelbar lokal zugeführt wird, das zugrunde liegende Prinzip ist daher ein Auftragschweißen.

Das einstufige Beschichten mittels Laserstrahlung wird seit vielen Jahren in der Oberflächentechnik zur Herstellung verschleiß- oder korrosionsbeständiger Schichten bzw. zu Reparaturzwecken verwandt. Dabei wird pulverförmiger, ein- oder mehrkomponentiger, artgleicher oder artfremder Ausgangswerkstoff in den Fokus eines Laserstrahls eingeblasen, der Substratmaterial und aufzutragenden Werkstoff aufschmilzt. Über entsprechende Vorschubantriebe werden Laseroptik und Werkstück relativ zueinander bewegt und ein linienförmiger bzw. flächiger Auftrag erzielt [24.93] bis [24.95].

Lasergenerieren

Das im Allgemeinen als Lasergenerieren bezeichnete mehrlagige Beschichten hat zum Ziel, dreidimensionale Bauteile zu erzeugen. Es verknüpft damit die Vorteile des vom RP/RT her bekannten additiven Aufbaus mit einer vergleichsweise hohen Vielfalt verwendbarer metallischer Werkstoffe und entsprechenden Bauteileigenschaften. Diese zeichnen sich insbesondere durch eine hohe Dichte und Festigkeit aus.

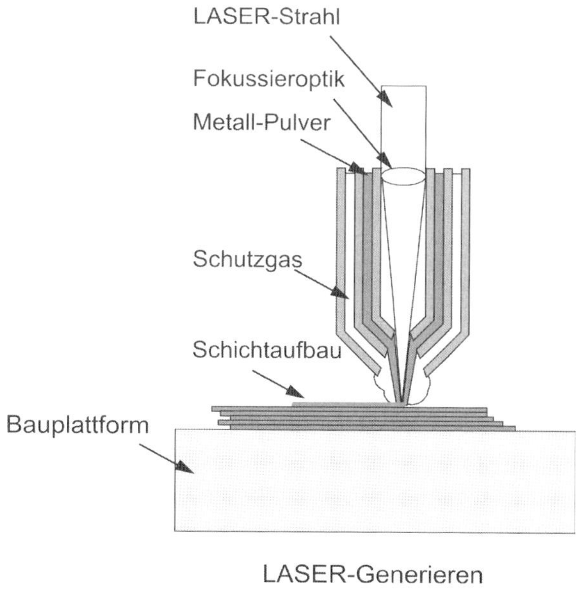

Bild 24.29 Schematische Darstellung des Lasergenerierens

Eine mechanische Nachbearbeitung zur Erzielung der gewünschten Oberflächenqualität und Maßhaltigkeit ist jedoch in aller Regel notwendig. Das Spektrum reicht von der Instandhaltung und Reparatur großer Umformwerkzeuge bis hin zur schnellen Fertigung von Spritz- und Druckgießeinsätzen im Sinne Rapid-Tooling. Letztere umfasst dabei auch den Aufbau gradierter Strukturen mit beanspruchungsgerechtem Aufbau aus verschiedenen Werkstoffen, beispielsweise zur Kombination von hoher Wärmeleitfähigkeit mit hoher Abrasivfestigkeit, Härte oder chemischer Beständigkeit [24.96] [24.97].

Laser-Engineered-Net-Shaping

Das von Sandia National Lab. entwickelte und seit 1997 von der Fa. Optomec unter dem Namen Laser-Engineered-Net-Shaping (LENS) kommerzialisierte Verfahren verwendet einen fasergekoppelten 1,1 kW Nd:YAG-Laser. Das pulverförmige Material wird über vier um den Laserfokus herum angeordnete Düsen eingeblasen, über zwei unabhängige Pulverförderer besteht die Möglichkeit eines gradierten Aufbaus. Als Schutzgas wird Argon verwendet. Einsetzbare Materialien sind neben zahlreichen Werkzeug- und Edelstählen auch Legierungen auf Al-, Ni-, Cu- oder Ti-Basis. Der Bauraum beträgt bis zu $500 \times 500 \times 1\,000$ mm^3 ($L \times B \times H$), die Bauteile können fünfachsig bewegt werden. Anwendungen liegen im Werkzeug- und Formenbau, in der Teilefertigung und -reparatur sowie in medizintechnischen Anwendungen. Eine Nachbearbeitung zur Erzielung der geforderten Oberflächenqualitäten ist in der Regel notwendig, diese muss separat erfolgen. Werte für *Ra* direkt nach dem Prozess werden mit etwa 5,1 bis 7,8 µm angegeben. Die Härte beim Einsatz vom H13-Werkzeugstahl (entspricht 1.234) beträgt 48 bis 58 HRC, bei Edelstahl 420 (entspricht 1.4028) liegt der Wert bei 48 HRC [24.65] [24.98] bis [24.101].

Direct-Metal-Deposition

Die Firma Precision Optical Manufacturing Group, Inc. (POM) hat ein ähnliches Verfahren unter dem Namen Direct-Metal-Deposition (DMD) am Markt platziert. Eingesetzt wird es für RP/RT-Anwendungen, Reparatur und Modifikation von Formen. Die Schichtdicke beträgt ca. 25 µm. Eingesetzte Stahlsorten sind H13 und S7 (entspricht 1.2344 und 1.2357) [24.102]. Eine weitere Einsatzmöglichkeit ist die Fertigung von Formen mit verbesserten Kühleigenschaften, indem mittels DMD die formgebende Stahlschicht auf einen vorgefertigten Kupferkern aufgebracht wird [24.103]. Im Rahmen einer Kooperation mit POM hat die Trumpf Laser GmbH & Co. KG das Düsenkonzept von POM übernommen und in eine 5-achsige Anlage integriert. Der Bauraum dieser Anlagen hat eine Größe von $750 \times 1\,000 \times 2\,000$ mm^3. Eine Besonderheit des DMD-Prozesses ist die kontinuierliche Überwachung des Baufortschritts bzw. Schmelzbades in der Höhe, die eine automatische Regelung des Höhenzuwachses über Laserparameter und Vorschubgeschwindigkeiten ermöglicht [24.104] [24.105].

Controlled-Metal-Build-Up

Beispielhaft sei hier noch eine Anwendung genannt, die am Fraunhofer IPT in Aachen entwickelt wurde: Beim so genannten Controlled-Metal-Build-Up (CMB) werden Laserauftragschweißen und Fräsen abwechselnd in ein und derselben Anlage durchgeführt und die Bauteile so schichtweise aufgebaut. Das Lasersystem wird dazu in ein herkömmliches HSC-Fräsbearbeitungszentrum integriert. Zum Einsatz kommen derzeit zwei Varianten: ein direkt in der Anlage montierter Hochleistungsdiodenlaser mit einer Drahtzuführungseinrichtung oder ein externer, fasergekoppelter Nd:YAG-Laser mit einer Pulverdüse. Im Gegensatz zum reinen Lasergenerieren – der Fertigung von Bauteilen durch alleiniges schichtweises Auftragsschweißen – ergibt sich durch die dem Auftrag einer jeder Schicht nachgeschaltete Fräsbearbeitung eine der konventionellen, rein spanenden Herstellung vergleichbare Oberflächenqualität und Maßhaltigkeit. Aber auch hohe Aspektverhältnisse in Schlitzen und Nuten sind möglich, weil aufgrund des schichtweisen Aufbaus auch kleinste, kurze Fräswerkzeuge verwendet werden können. Das Verfahren bietet damit die Möglichkeit der Substitution einer EDM-Bearbeitung (Electric-Discharge-Machining), die sonst bei der Fertigung „aus dem Vollen" notwendig wäre. Aufgrund des schweißtechnischen Ansatzes sind die Werkstoffeigenschaften wie beim „normalen Generieren" eher mit Serienwerkzeugen als mit herkömmlichen Rapid-Tooling-Werkzeugen vergleichbar.

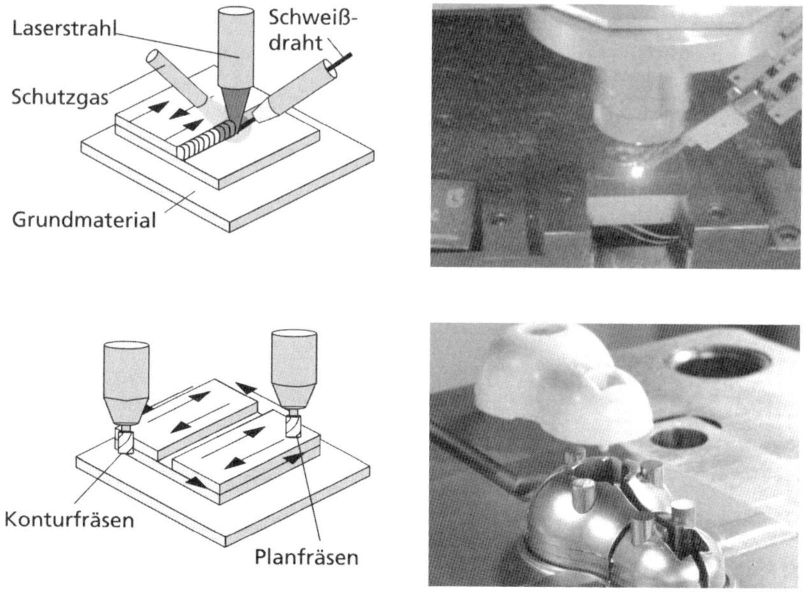

Bild 24.30 Controlled-Metal-Build-Up (CMB) [24.107]
rechts oben: Laserauftragschweisen
rechts unten: HSC-Fräsen von Planfläche und Kontur
links oben: Schweißprozess
links unten: Spritzgießeinsatz und Formteil

Ferner können Änderungen an metallischen Bauteilen in einer Prozesskette:

- Entfernen des schadhaften Bereiches durch Fräsen
- Auftragschweißen
- Endbearbeitung

in einer Aufspannung auf einer Anlage automatisch durchgeführt werden. Ein Beispiel dafür ist die Änderung oder Instandhaltung von Spritzgießwerkzeugen [24.106].

24.5.2.6 Nachbearbeitung von additiv gefertigten Bauteilen

Additive Fertigungsverfahren haben den Vorteil der direkten Fertigung von digital vorhandenen Bauteilen/Produkten. Jedoch weisen die additiven Fertigungsverfahren gerade aufgrund des definitionsgemäßen schichtweisen Aufbaus nur mäßige Oberflächenqualitäten auf. Diese Oberflächenrauheit entspricht oft nicht der gewünschten Oberflächenqualität und muss nachträglich verbessert werden. Dazu wird auf die in Abschnitt 24.1 beschriebenen subtraktiven Fertigungsverfahren zurückgegriffen.

24.6 Hybride Fertigungsstrategien

Die zwingende nachträgliche Bearbeitung von additiv gefertigten Bauteilen gab den Anstoß zur Entwicklung von hybriden Fertigungsanlagen, welche die Kombination von unterschiedlichen Fertigungsverfahren und Materialien ermöglichen. Hybride Fertigungsanlagen bauen dabei auf der Vernetzung von Fertigungsprozessen und einer vernetzten Fertigungskette auf. Somit können unterschiedliche Fertigungsverfahren ihren jeweiligen Vor- und Nachteilen entsprechend eingesetzt werden. Die hybride Fertigung hat jedoch auch bezüglich der integrierten Maschinetechnik seinen Platz im Spritzgießwerkzeugbau gefunden. So wird von DMG Mori eine hybride Fertigungszelle angeboten, welche den additiven Aufbau mittels Laserauftragsschweißen mit der subtraktiven Nachbearbeitung auf einer Anlage kombiniert (Bild 24.31). Auch Hermle hat eine solche Anlage kommerzialisiert und verknüpft mit dieser Technologie die additive Fertigung auf Basis des pulverbasierten Laserauftragsschweißens mit der nachträglichen subtraktiven Bearbeitung.

Als hybrides Produkt wird dabei das Produkt bezeichnet, welches hybride Strukturen oder hybride Funktionen aufweist. Als Fertigungsbeispiel kann hier die wirtschaftliche Kombination aus additiver Fertigung und konventioneller Fertigung genannt werden. Bei der Herstellung hybrider Werkzeugbestandteile wird die additive Fertigung lediglich in dem Bereich eingesetzt, wo die Vorteile der additiven Fertigung, wie hohe Komplexitätsabformung oder Funktionsintegration, relevant ist.

Bild 24.31 Hybride Fertigungsanlage [24.108]

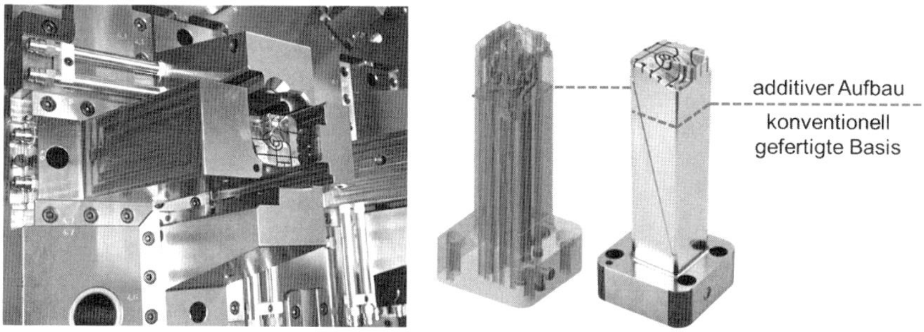

Bild 24.32 Hybrider Werkzeugaufbau zur wirtschaftlichen Fertigung von konturnahen Temperierkanälen [24.109]

So muss beispielsweise eine konturnahe Temperierung nicht im gesamten Werkzeugeinsatz vorliegen, sondern kann auf die kavitätsnahen Bereiche beschränkt werden. Dementsprechend kann auch der aufwändige additive Fertigungsprozess auf diesen Bereich beschränkt werden und auf einer konventionell gefertigten Basis aufbauen. Die Kombination wird im Wesentlichen unter Nutzung der SLM als additives Fertigungsverfahren mit den spanenden Fertigungsverfahren auf Basis von Normalien genutzt. In Bild 24.32 ist ein Beispieleinsatz für einen hybriden Werkzeugkern dargestellt.

Mithilfe dieser Technologie lassen sich zusätzlich Materialkombinationen, wie Stahl/Kupfer, realisieren.

24.7 Herstellung von Spritzgießformen und Formeinsätzen durch Gießen

Die Herstellung von Formeinsätzen oder ganzen Formhälften nach dem Gießverfahren hatte zeitweise für einige Anwendungsfälle eine gewisse Bedeutung erlangt. Grund hierfür war, dass im Gießprozess nahezu für jeden Anwendungsfall geeignete Legierungen zur Verfügung stehen und es kaum Begrenzungen für die geometrische Gestaltung gibt. Die Gießverfahren werden zudem beim indirekten Rapid-Tooling zur schnellen Herstellung von Formen genutzt. Werkzeuge mit hohem Zerspanungsaufwand konnten daher kostengünstiger im Gießverfahren hergestellt werden. Ein weiteres Anwendungsgebiet ist die einfache und kostengünstigere Herstellung von Spritzgießwerkzeugen für Kleinserien und Muster insbesondere aus Nichteisenmetallen und Nichtmetallen. Im Folgenden wird auf die metallbasierten Gießverfahren sowie die typischerweise zum indirekten Rapid-Tooling genutzten Verfahrensabläufe eingegangen.

Unter den Fertigungsverfahren nimmt die Formgebung durch Gießen eine besondere Stellung ein. Dieses technisch und wirtschaftlich gleichermaßen günstige Formgebungsverfahren für metallische und nichtmetallische Werkstoffe zeichnet sich durch zwei Haupteigenschaften besonders aus:

- Formgebung in einem Schritt,
- freiere Gestaltungsmöglichkeiten als bei anderen Fertigungsverfahren.

Die schnelle Entwicklung und Verbesserung der zahlreichen Gieß- und Formverfahren und die große Auswahl gießbarer Werkstoffe auf Eisen- und NE-Basis sowie nichtmetallischer Werkstoffe führen zu einer großen Anzahl gegossener Industrieprodukte. Im Hinblick auf die Erzeugung der Form in die die Schmelze eingegossen wird, werden die Gießverfahren in drei Hauptverfahrensgruppen unterteilt:

- Gießen in verlorenen Formen mit Dauermodellen
- Gießen in verlorenen Formen mit verlorenen Modellen
- Gießen in Dauerformen ohne Modelle

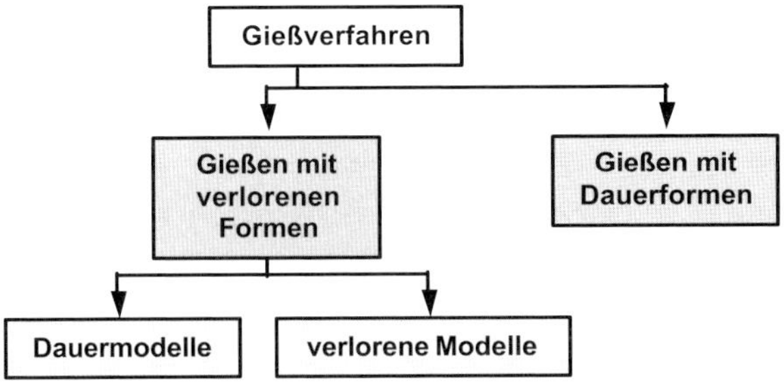

Bild 24.33 Einteilung der Gießverfahren [24.110]

Ebenso kann unterschieden werden ob die Abformungskette bei einem Positivmodell oder mit einem Negativmodell beginnt.

Modellherstellung

In Abhängigkeit von der Stückzahl und den Fertigungstoleranzen der herzustellenden Bauteile werden die Dauermodelle aus unterschiedlichen Materialien erzeugt. Bei geringen Stückzahlen und niedrigen bis mittleren Fertigungstoleranzen werden die Dauermodelle aus Holz bzw. Kunststoff, bei größeren Stückzahlen und höheren Fertigungstoleranzen aus Metallen hergestellt.

Anhand der Fertigungszeichnung des neu zu konstruierenden Bauteils, werden die Modelle entweder durch spanende Bearbeitung oder abtragende Verfahren erzeugt. Bei größeren Stückzahlen werden so genannte Urmodelle produziert, in denen die Modelle abgegossen oder durch Handformverfahren hergestellt werden.

Zudem bieten die additiven Fertigungsverfahren die Möglichkeit präzise Urmodelle aus unterschiedlichsten Materialien zu erstellen. Da dies direkt auf Basis der CAD/CAM-Daten möglich ist, können so äußerst schnell Urmodelle erstellt werden.

Positivverfahren

Im Rahmen einer schnellen Herstellung von Prototypwerkzeugen bei Nutzung einer möglichst kurzen Prozesskette wird häufig eine Positivmodellherstellung über RP angenommen. Dabei können diese Modelle beliebig, d. h. auch konventionell, hergestellt sein.

Ein häufig angewandtes Verfahren zur Herstellung von Prototypwerkzeugen ist das Gießen. Die Anwendung dieses Urformverfahrens erfordert die Einhaltung der Grundregeln für die Gestaltung von Gießteilen. Dazu gehören:

- Vermeidung von Materialanhäufungen,
- Vermeidung starker Querschnittswechsel, dünner Stege (min 1,5 mm) und scharfer Kanten (min. Radius R = 0,5),
- Vermeidung senkrechter Wände (mind. 1 % Konizität) [24.111].

Das einfachste und sehr häufig angewandte Verfahren ist das Herstellen einer Silikonkautschukform ausgehend von einem RP-Modell. Das Modell wird mit Anguss und Steigern versehen und in einem Rahmen befestigt. Nachdem die Trennebene präpariert ist, wird das Modell in einer Vakuumkammer mit dem flüssigen Silikonharz umgossen. In einer solchen Form können jedoch keine Prototypen im Serienmaterial spritzgegossen werden. Dennoch wird hier vom Soft-Tooling gesprochen, da Prototypen mit bestimmten Temperaturfestigkeiten oder mechanischen Festigkeiten über Zweikomponenten-Polyurethanharze aus Polyamid 6 (Caprolactam – Monomer Guss, Lieferant unter anderem: rapid product manufacturing GmbH, Dieselstr. 15 D-38350 Helmstedt; www.rpm-factories.de) abgegossen werden können [24.28].

Neben der Einstellung der Shore-Härte im Bereich von 47 bis 90 Shore A sind Temperaturfestigkeiten bis zu 140 °C und Festigkeiten der Harze bis 85 Shore D einstellbar. Dies ist das einzige Gießverfahren, bei dem durch die Verwendung von nachgiebigem Silikonelastomer die oben genannten Grundregeln weitgehend vernachlässigt werden können. Es wird auch keine Schrumpfzugabe benötigt (Bild 24.35).

Alle nachfolgend aufgeführten Prozessketten beginnen mit der Erstellung eines RP-Modells des Werkzeugs (Negativmodell). Zur Herstellung eines rein metallischen Prototypwerkzeugs können mehrere Gießtechniken zum RT herangezogen werden. Daraus ergeben sich oft deutliche Verkürzungen der Prozessketten, wie im Folgenden noch gezeigt wird.

Negativverfahren

Das wirtschaftlich bedeutendste und daher am weitesten verbreitete Gussverfahren ist das Feingießen (Investment Casting). Dabei werden in der Regel Modelle aus Feingießwachs verwendet [24.112]. Die Palette der möglichen Verfahren zur Erstellung dieser Modelle ist im Zuge des RT breit.

So ist es möglich, mit den Verfahren des Selective-Laser-Sintering, Fused-Deposition-Modeling und Ballistic-Particle-Manufacturing direkt Modelle aus Feingusswachs herzustellen [24.113]. Das Stereolithographie-Verfahren erlaubt bei geeigneter Software die Herstellung von Hohlstrukturmodellen, z. B. über Quick-Cast (3D-Systems) oder das Hülle-Kern-Verfahren (EOS) [24.114]. In Verbindung mit einer besonderen Belichtungstechnik können diese Stereolithographie-Teile als verlorene Modelle zum Feingießen verwendet werden. Dazu wird nur die Formteilschale aus dem Harz aufgebaut, der innere Aufbau besteht aus einer Vielzahl vollständig untereinander verbundener wabenförmiger Kammern. Das Formteil hat nun nur noch 20 % der Dichte des massiven Teils, weist jedoch ausgezeichnete Festigkeitswerte bei einer sehr guten Oberfläche auf [24.115]. Es treten sehr geringe innere Spannungen auf, sodass sich eine außergewöhnliche Genauigkeit und Formstabilität ergeben. Zum Feingießen werden die Lüftungsöffnungen des STL-Teils mit Feingießwachs versiegelt. Beim Ausbrennen des STL-Teils vergast es nahezu rückstandslos (Restaschegehalt ca. 2 mg/g). Eine weitere Möglichkeit der direkten Herstellung eines vergasbaren Modells ist die Herstellung von lasergesinterten Modellen aus Polycarbonat. Sie sind robuster und weniger temperaturempfindlich als Wachsmodelle.

Alle so hergestellten Modelle werden mit einer Keramikschicht umgeben und wie in Abschnitt 24.1.1.2 beschrieben weiter behandelt.

Da das vergossene Material in der Keramikform beim Abkühlen schrumpft, müssen die Urmodelle entsprechend größer als das Original sein. Zusätzlich ist der Schrumpf des jeweils angewandten RP-Verfahrens wie auch der Keramikschale zu berücksichtigen. Ferner ist mit Verzug der Werkzeugschalen zu rechnen, die durch Richten nachgearbeitet werden müssen. Prototypen, die im Feinguss hergestellt werden, können hohe Belastungen aufnehmen und besitzen eine hohe Werkstückgenauigkeit sowie eine gute Oberflächenqualität. Gravierender Nachteil des Prozesses ist die lange Trockenzeit der Keramikschale, die bis zu einer Woche dauern kann. Die minimal herstellbaren Wanddicken betragen 1,5 mm. Als erzielbare Oberflächenrauigkeit wird in der Literatur gemittelte Rautiefe von Rz = 5,9 bis 23 µm genannt [24.116].

24.7.1 Gießen in verlorenen Formen mit Dauermodellen

Diese begriffliche Definition bedeutet, dass das Modell, welches dem späteren Bauteil gleicht, mehrfach anwendbar ist, wogegen die Form aus einem Einwegmaterial besteht und nach dem Abguss zerstört wird, um das Bauteil freizulegen. Die Verfahren in verlorenen Formen mit Dauermodellen lassen sich untergliedern in:

- Sandguss (Handformverfahren und Maschinenformverfahren)
- Maskenformverfahren und
- das so genannte Shaw-Verfahren.

Allen Verfahren ist gemein, dass für die Formherstellung zunächst ein Dauermodell hergestellt werden muss, das aus der Form vor dem Gießvorgang herausgenommen wird. Sollen Bauteile mit Innenräumen gegossen werden ist der Einsatz von Kernen notwendig.

24.7.1.1 Sandgießen

Der Arbeitsablauf des Sandformverfahrens ist im Bild 24.34 dargestellt.

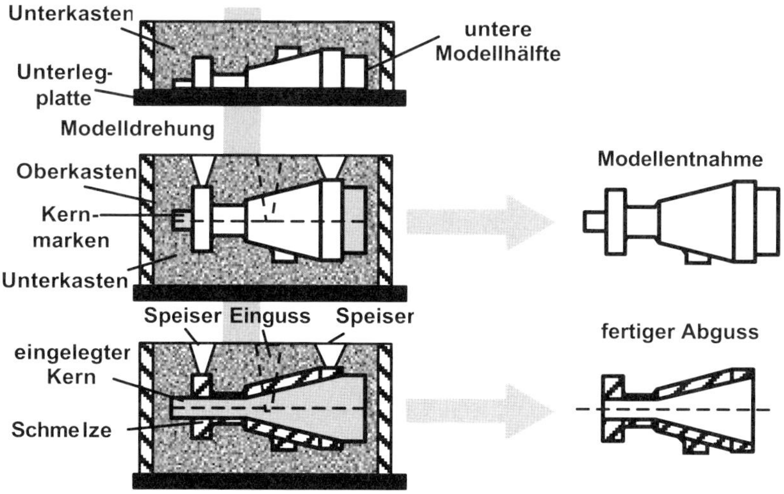

Bild 24.34 Arbeitsablauf beim Sandgussverfahren [24.117]

Die Herstellung lässt sich in folgende Schritte unterteilen:

1. Modellherstellung
2. Kernherstellung
3. Einlegen der unteren Modellhälfte und Herstellung der Formunterhälfte
4. Wenden des Formkastens
5. Auflegen der oberen Modellhälfte und der Eingießteile und Herstellung der Formoberfläche
6. Abheben des Oberkastens und Entfernung der Modellhälften
7. Einlegen des Kerns
8. Zusammenlegen der beiden Formhälften
9. Abguss

Die für den Aufbau der Gießformen benötigten Kerne werden aus Kernsanden gefertigt, die ähnlich zusammengesetzt sind wie die Formsande. Der feuerfeste Grundstoff ist meist Quarzsand dem ein Bindemittel zugesetzt ist, z. B. Kunstharz, Wasserglas, Ton, Erstarrungsöl, Zement oder Stärkebinder. Am gebräuchlichsten sind kunstharzgebundene Formstoffe. Die Art und Dauer der Aushärtung der Kernsande ist vom Bindemittel abhängig (entweder bei Raumtemperatur oder durch Einwirkung von Wärme).

Auch für dieses Teilgebiet der Gießereitechnik sind Maschinen mit unterschiedlichen Mechanisierungsgraden bis hin zu automatisch arbeitenden Anlagen entwickelt worden, um eine rationelle Fertigung der Kerne zu ermöglichen. Dabei sind besonders die Hot-Box- und das Cold-Box-Verfahren erwähnenswert, die eine Kernherstellung in kürzester Zeit (je nach Größe 5 s bis 50 s) erlauben und aufgrund ihrer Stabilität keine Kerneisen oder sonstige Armierungen brauchen.

Bei der Kernherstellung durch das Cold-Box-Verfahren werden kalte Kernkästen unter Verwendung von Quarzsand und organischen Bindemitteln (Harz und Polyisocyanat) genutzt, die unmittelbar im Kernkasten durch Einleitung eines Luft-Katalysatornebels aushärten. Beim Hot-Box-Verfahren wird eine feuchte Formstoffmischung mit einem warmhärtenden Kunstharzbinder unter Zusatz eines Härters verwendet. Der Formstoff bedarf vor der Verfestigung einer Verdichtung, i. A. durch Schießen oder Blasen. Bei Berührung mit einem heißen Kernkasten härtet die Randzone des Kerns rasch aus, sodass er schon wenige Sekunden später entnommen werden kann. Die weitere Durchhärtung verläuft dann selbständig.

Das Maschinenformverfahren unterscheidet sich vom Handformverfahren nur insofern, als dass der Formsand maschinell verdichtet und auch das Trennen von fertiger Form und Formeinrichtung von der Maschine übernommen wird. Der Automatisierungsgrad reicht bis hin zum vollautomatischen Arbeitsablauf innerhalb einer kompletten Formanlage.

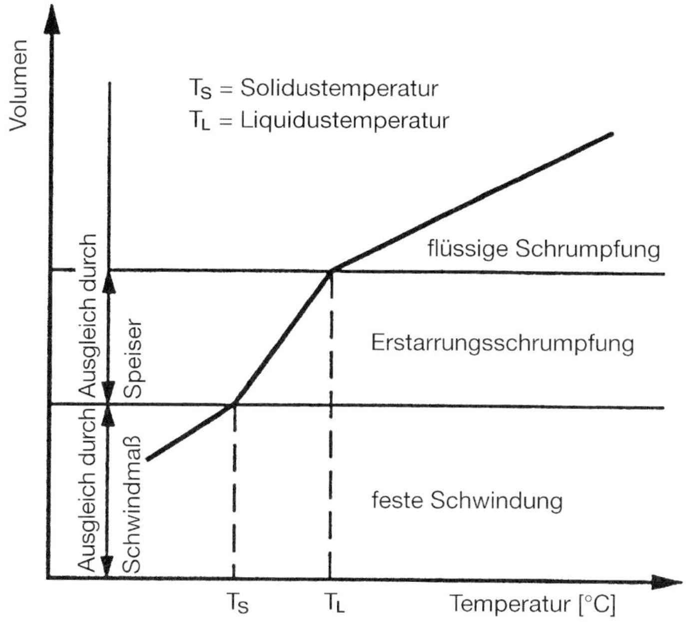

Werkstoff	Erstarrungs-schrumpfung in %	Schwindung in %
Gusseisen		
mit Lammellengraphit	–1 bis 4	0,9 bis 1,1
mit Kugelgraphit	1 bis 6	0,8 bis 0,9
Temperguss	5,5 bis 6	0,5 bis 1,9
Stahlguss	5 bis 6	1,5 bis 2,8
Aluminium-Basis	5 bis 6	0,9 bis 1,4
Kupfer-Basis	4 bis 8	0,8 bis 2,4

Bild 24.35 Erstarrungsschrumpfung und Schwindung für verschiedene Gusslegierungen [24.118]

Dieses Verfahren findet Anwendung in der Fertigung von mittelgroßen bis hin zu großen Werkzeugen mit mehreren Tonnen Gewicht je Werkzeughälfte.

Bei der Modellfertigung ist zu berücksichtigen, dass die beim Abkühlen im festen Zustand auftretende Schwindung als Schwindmaßzuschlag zu den Modellabmessungen hinzuzurechnen ist [24.56], Bild 24.35.

24.7.1.2 Maskenformverfahren

Im Gegensatz zum Sandguss wird bei den Maskenformverfahren das Modell nicht in Sandkasten eingeformt, sondern auf das Dauermodell wird eine Maske aus Quarzsand aufgetragen. Der verwendete Quarzsand beim Maskenformverfahren wird auf dem Dauermodell bei ca. 250 °C auf einer Metallmodellplatte aufgewärmt.

Dadurch bildet sich um das Modell eine stabile Kruste. Der überschüssige, ungebundene Formsand wird anschließend abgekippt und die erste Maskenhälfte bei ca. 450 °C etwa 1,5 min. ausgehärtet. In einer Presse wird die erste Modellhälfte mit der auf die gleiche Weise hergestellten, zweiten Maskenhälfte verklebt. Abschließend erfolgt der Abguss.

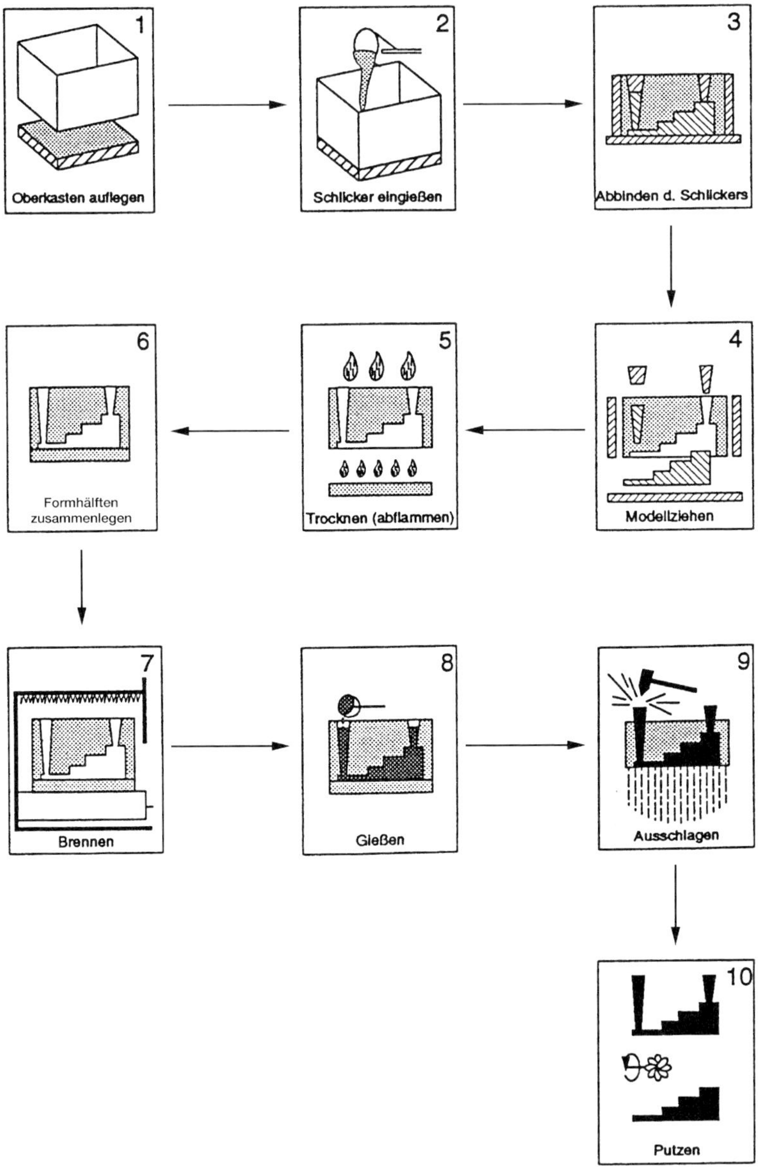

Bild 24.36 Verfahrensablauf beim Shaw-Verfahren [24.118]

24.7.1.3 Shaw-Verfahren

Eine weitere Verfahrensvariante ist das Shaw-Verfahren. Auf dieses Verfahren gehen im Wesentlichen alle Varianten zurück, die wegen ihrer hohen Maßgenauigkeit als Genauguss bezeichnet werden. Beim Shaw-Verfahren wird auf ein mit einem Trennmittelüberzug besprühtes Modell eine breiige, keramische Formmasse aufgegossen, die mit Ethylsilikat als Binderflüssigkeit aufbereitet wurde. Um ein Gießen in die kalten Formen ermöglichen zu können, müssen die Formblöcke gasdurchlässig sein. Dies kann durch eine rasche Trocknung der Formteile erreicht werden, bei der der in der Kieselsäuremasse enthaltene Alkohol schnell verdampft und ein feinmaschiges Kapillarskelett zurücklässt, das den Formblock feinrissig macht.

Das Einformen und Ausheben der Dauermodelle geschieht ähnlich wie beim Sandguss. Demzufolge sind die Formen und meist auch die Modelle geteilt. Die erzielbare Maßgenauigkeit ist daher etwas geringer als beim Feinguss.

24.7.2 Gießen in verlorenen Formen mit verlorenen Modellen

Bei den Gießverfahren in verlorenen Formen mit verlorenen Modellen wird sowohl das Modell als auch die Form während des Gießvorgangs zerstört. Die Modelle sind demzufolge aus leicht schmelzbaren Werkstoffen (z. B. Wachs) und die Form ist aus Sand oder aus einer Sand-Keramik-Mischung, die nach dem Erstarren des Abgusses zerstört wird, um das Bauteil freizulegen. Zu den Gießverfahren in verlorenen Formen mit verlorenen Modellen zählen:

- das Feingießen (Wachsausschmelzverfahren) und
- das Vollformgießen.

24.7.2.1 Feingießen

Das Feingießverfahren ist dadurch gekennzeichnet, dass eine einteilige Gießform mithilfe von ausschmelzbaren, ausbrennbaren oder herauslösenden Modellen hergestellt wird. Der Verfahrensablauf des Feingießverfahrens ist im Bild 24.37 dargestellt.

Zur Herstellung der Gießform werden meist mehrere Modelle zusammen mit Eingieß- und Anschnittelementen zu einer Modelltraube zusammengefügt. Durch mehrmaliges Tauchen in einen feinkeramischen Brei und jeweils anschließendes Behandeln und Trocknen (bis zu 24 h) erhält die Traube einen hochtemperaturbeständigen Überzug, aus dem der Modellwerkstoff anschließend entfernt wird.

Auf das Brennen der Form (Erhöhung der Festigkeit; Entfernen etwaiger Modellrückstände) folgt der Abguss in die noch heißen Formen. Dadurch ist es möglich, auch feinkonturige Werkstücke und solche mit geringen Wanddicken herzustellen.

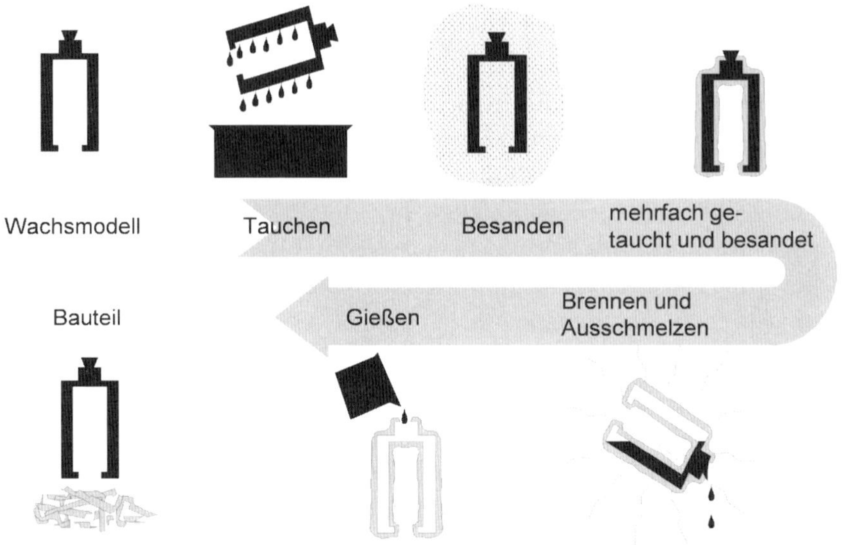

Bild 24.37 Verfahrensablauf des Feingießverfahrens [24.119]

Das Feingießen bietet von allen Fertigungsverfahren – sowohl spanlos als auch spanabhebend – die größte Freiheit hinsichtlich der Werkstoffwahl zur kostengünstigen Herstellung von Werkstücken. Die Anzahl der verwendbaren Legierungen ist praktisch unbegrenzt. Anwendung findet der Feinguss sowohl bei komplizierten Kleinteilen (1 g) von Schreib- und Rechenmaschinen als auch besonders bei Teilen aus Werkstoffen, die anders nur schwer oder unwirtschaftlich bearbeitet werden können (hochwarmfeste Gasturbinenteile).

Es ist vorwiegend ein Verfahren der Massenfertigung, weil durch die zu verwendenden Maschinen und das zeitaufwendige Verfahren verhältnismäßig hohe Kosten entstehen. Andererseits kommt der Feinguss bei der Verwirklichung von sehr komplizierten Konturen auch im Bereich kleiner Stückzahlen zum Einsatz (Elektronikgehäuse mit Kühlrippen).

Das Feingießen wird zur Herstellung metallischer Prototypwerkzeuge, Einsätze und metallischer Vorserienteile eingesetzt. Das Verfahren ist insbesondere für rotationssymmetrische Kerne geeignet. Bild 24.38 zeigt ein Beispiel für ein feingegossenes Werkzeug einer komplexen Geometrie, das erfolgreich abgespritzt werden konnte.

Die Prozesskette des Feingießens lässt sich durch die Anwendung des 3D-Printing wesentlich verkürzen. In diesem Fall wird kein physisches Negativmodell benötigt, sondern ein virtuelles. Das zuvor erläuterte 3D-Printing-Verfahren ermöglicht so die direkte Herstellung der Keramikschale; es handelt sich um das sogenannte Direct-Shell-Production-Casting (DSPC) [24.121]. Es fallen dann nur noch die Schritte des Metalleingießens und des Entformens an.

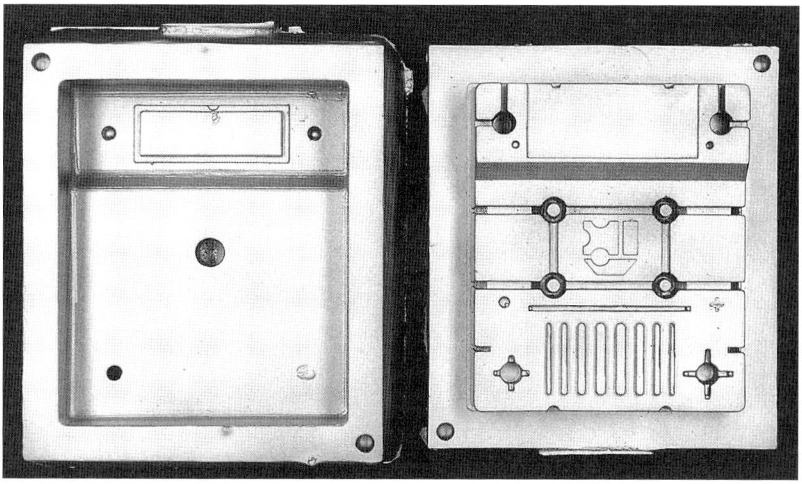

Bild 24.38 Beispiel für ein feingegossenes Werkzeug [24.120]

Ein RT-Verfahren, das auf dem Vollformguss (vgl. Abschnitt 24.1.1.2) aufbaut, ist das Expandable-Pattern-Casting (EPC). Zur schnellen Herstellung des gewünschten Bauteils wird dafür ein Hilfswerkzeug erstellt, das über beliebige RP-Verfahren generiert wird. Im EPC-Prozess werden zunächst vorgeschäumte Polystyrolschaum-Granulatkörner in einem Werkzeug mit Dampf in bekannter Weise erwärmt und aufgeschäumt. Die einzelnen Polystyrolkügelchen werden miteinander verklebt und thermisch verschweißt. Zum Schluss wird das Bauteil mit einer Keramikschicht überzogen. Dann wird heißes Metall in die Form gegossen, welches zugleich das Polystyrol rückstandlos verdampft (vergast) [24.122]. Eine gute Maßhaltigkeit und die Wiederverwendbarkeit des Keramiksandes sind Kennzeichen dieses Prozesses.

24.7.2.2 Vollformgießen

Anstatt des Dauermodells und des geteilten Sandkastens beim Sandguss, wird beim Vollformguss das Modell aus Partikelschaum aus Polystyrol (EPS; Styropor) hergestellt und im Sandkasten eingeformt. Die Vollformmodelle werden aus Blockmaterial gefräst. Dieses Verfahren wird bei der Einzelteilfertigung angewandt. Da kein Teilen des Ober- und des Unterkastens wie beim Sandguss erfolgt, können damit genauere Abgüsse hergestellt werden.

Die einfließende Schmelze vergast das Modell nahezu rückstandsfrei, sodass für jeden Abguss ein Modell erforderlich ist. Aufgrund des einteiligen Modells entsteht kein Grat, und Hohlräume können mit Formsand gefüllt werden.

Die Kosten und die Fertigungszeit für ein Schaumstoffmodell betragen nur einen geringen Teil derjenigen Kosten des Holzmodells, da die Bearbeitung mit herkömmlichen Maschinen, wie Bandsägen, Schleifmaschinen und Bohrwerken, ohne

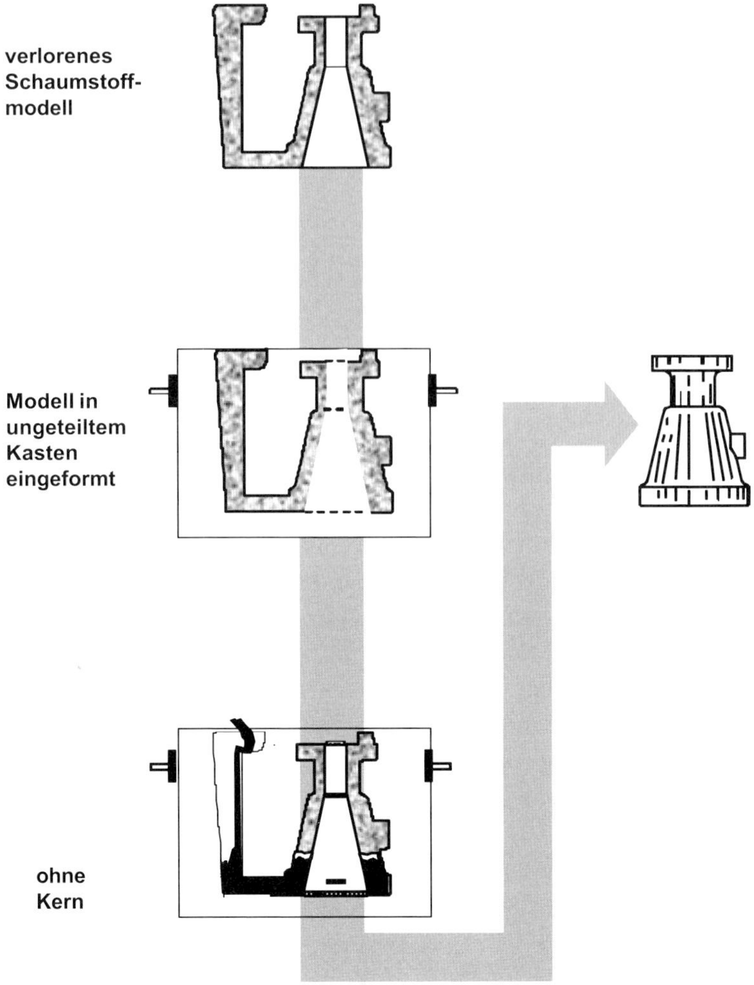

Bild 24.39 Verfahrensablauf beim Vollformguss [24.123]

Werkzeugverschleiß möglich ist. Mehrteilige Modelle werden der Einfachheit halber zusammengeklebt. Das Verfahren eignet sich daher besonders für große Werkstücke, kleine Serien, eiligen Ersatzteilguss und Prototypen.

24.7.2.3 Verfahren in Dauerformen

Bei den Gießverfahren in Dauerform wird kein Modell verwendet. Stattdessen entspricht bereits die Innenkontur (Kokille) der Form des zu gießenden Bauteils. Zu den Verfahren in Dauerformen ohne Modelle zählen:

- das Kokillengießen (Umgebungs- und Niederdruckkokillenguss) und
- das Druckgießen (Warm- und Kaltkammerverfahren).

24.7.2.4 Kokillengießen

Beim Kokillenguss besteht die Dauerform (Kokille), die zwei- oder mehrteilig sein kann, aus Gusseisen oder Stahl. Hier können Voll- und Gemischkokillen unterschieden werden, je nachdem, ob sie vollständig aus Metall bestehen (auch die Kerne), oder ob die Kerne aus Sand hergestellt sind. Sie können bei der Entnahme des Werkstücks zerschlagen werden (z. B. bei Hinterschneidungen), wohingegen Metallkerne dreh- oder verschiebbar angeordnet sein müssen, um nach der Erstarrung der Schmelze gezogen werden zu können. Das flüssige Metall tritt üblicherweise unter Wirkung der Schwerkraft in die Kokille ein.

Eine Ausnahme bildet der Niederdruckkokillenguss, bei dem die Kokille druckdicht über dem Schmelzbad liegt und das Metall mittels eines geringen Überdrucks (1,1 bis 1,5 bar) durch ein Steigrohr in die Kokille gelangt. Dies hat den Vorteil, dass auf sog. Steiger verzichtet werden kann, weil der Gießdruck theoretisch bis zur beendeten Erstarrung des Gussstücks aufrechterhalten bleibt (Ausgleich der Schwindung!). Dies setzt allerdings voraus, dass die Trennung der Schmelze vom erstarrten Gusszapfen im Steigrohr genau an der richtigen Stelle liegt. Das Steigrohr wird daher im oberen Bereich mit einer konischen Verengung versehen. Durch eine zusätzliche Beheizung des unter dieser Engstelle liegenden Steigrohrabschnitts wird dafür gesorgt, dass die Erstarrung nicht nach unten fortschreitet und das Steigrohr blockiert. Der Kokillenguss bietet gegenüber dem Sandguss folgende Vorteile:

- geringere Herstellkosten bei Massenware,
- bessere Oberflächengüte,
- bessere Maßhaltigkeit,
- feinkörniges Gefüge (schnelles Erstarren in „kalter" Kokille),
- bessere Möglichkeit der Mechanisierung,
- Ausführung auch durch angelernte Arbeitskräfte möglich und
- kurze Lieferzeiten bei vorhandenem Modell.

24.7.2.5 Druckgießen

Beim Druckgießen wird die Schmelze unter hohem Druck und hoher Geschwindigkeit in eine genau gearbeitete Dauerform aus Stahl gespritzt. Damit wird eine schnelle Produktion maßgenauer Gussstücke erreicht, die eine sehr glatte und saubere Oberfläche aufweisen. Eine Nacharbeit ist – außer dem Abtrennen des Eingusssystems – in den meisten Fällen nicht notwendig (Ausnahmen z. B. bei Passflächen).

Dieses Verfahren ist für die Herstellung von Spritzgießformen bisher kaum zur Anwendung gekommen. Es wird daher hier nicht weiter behandelt.

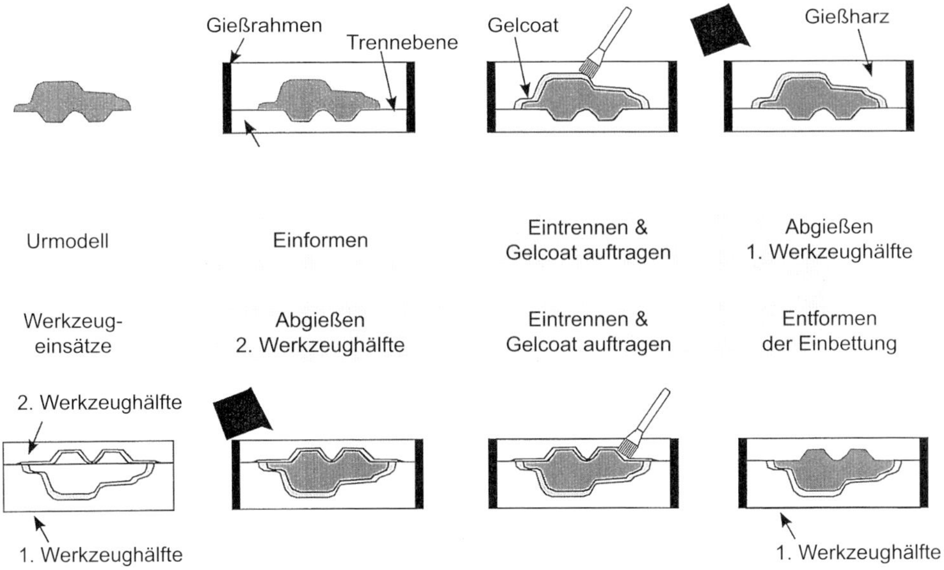

Bild 24.40 Herstellung eines Werkzeuges im Harzabgussverfahren [24.120]

Bild 24.41 Beispiel für ein harzgegossenes Schieberwerkzeug [24.120]

24.7.2.6 Harzabgießen

Bild 24.40 zeigt den Vorgang des Harzabgießens. Dabei wird das RP-Modell bis zur Trennebene eingebettet und in einem Rahmen fixiert. Nach dem Eintrennen wird meist ein thixotropes Oberflächenharz (Gelcoat) aufgebracht, und Kühlschlangen werden verlegt. Anschließend wird mit aluminiumgefülltem Epoxid – Werkzeuggießharz hinterfüttert. Bei der Konstruktion der Formen ist neben einer kunststoffgerechten Gestaltung insbesondere die Schwindung der Harze (Bereich 0,5 bis 1,5 %) zu berücksichtigen.

Die Lebensdauer des Werkzeuges ist beschränkt und stark abhängig vom eingespritztem Material und den Prozessparametern beim Spritzgießen.

Das Verfahren erlaubt die Einbettung von Metalleinlegeteilen und Schiebern (Bild 24.41).

24.7.2.7 Vakuumgießen

Das Vakuumgießen ist ein Urformverfahren, mit dem unter Einsatz einer Silikonform komplexe Kunststoffprototypen mit Stückzahlen von bis zu 1 000 hergestellt werden können. Ausgehend von einem Urmodell wird eine Gießform erstellt, in der anschließend PUR-Formmassen unter Vakuum gegossen werden. Eine solche Vakuumgießanlage besteht aus einer Mischeinheit, einer Vakuumkammer und einer Steuereinheit. Der Prozess gliedert sich in zwei Arbeitsschritte.

Zunächst muss eine Silikongießform erstellt werden. Dazu wird ein Modell, welches manuell oder mit einem additiven Fertigungsverfahren hergestellt wurde, für den Gießprozess präpariert. Zur problemlosen Entformung sollte das Urmodell eine gute Oberflächenqualität, eine hohe Festigkeit und eine ausreichende Bruchdehnung aufweisen. Schlecht zu entformende Modelle können zuvor mit einem Trennmittel behandelt werden. Nachdem Anguss, Entlüftung und Trennebene festgelegt wurden, wird das Modell in einem Gießrahmen unter Vakuum abgegossen. So können lunkerfreie Bauteile mit einer sehr hohen Abformgenauigkeit gefertigt werden. Das Aushärten erfolgt unter Umgebungsdruck in einem temperierten Ofen. Anschließend wird der Silikonblock entlang der Trennebene aufgeschnitten und das Urmodell entfernt. Die zwei Hälften der Silikonform können nun wieder zusammengesetzt werden und als Gießwerkzeug dienen.

Im zweiten Arbeitsschritt erfolgt die Herstellung der Prototypen. Dazu werden Polyurethanharze unter Vakuum verrührt und ebenfalls unter Vakuum in die Silikonform gegossen. Das Aushärten erfolgt wie bei der Herstellung der Silikonform unter Umgebungsdruck in einer Temperierkammer.

Nach der Entformung müssen nun noch der Anguss und die Entlüftungsstege entfernt werden. Eine weitere Nachbearbeitung ist in den meisten Fällen nicht notwendig, da die Oberflächenqualität des Prototypen der des Urmodels entspricht. Eine Verbesserung der Oberflächengüte sollte dementsprechend am Urmodel erfolgen.

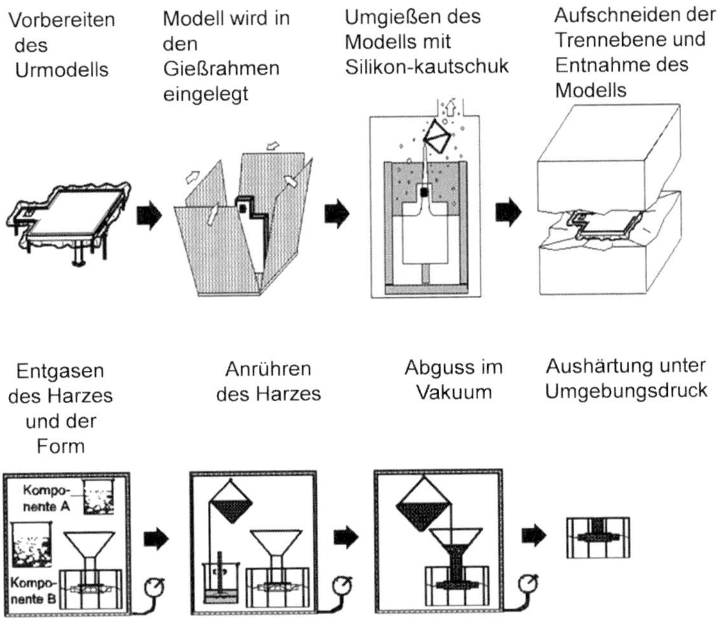

Bild 24.42 Verfahrensablauf des Vakuumgießens und der notwendigen Silikonformherstellung [24.124]

24.7.2.8 Metallspritzen

Aus dem konventionellen Werkzeugbau bekannt sind die beschichtenden Verfahren. Zu den beschichtenden Verfahren gehören das Flammspritzen, Lichtbogenspritzen und das Laserbeschichten, weiterhin das Plasma- und das Metallspritzen. Da beim Flammspritzen wie auch beim Plasmaspritzen mit Temperaturen bis über 3 000 °C gearbeitet wird, ist die Erstellung eines temperaturfesten Positivmodells notwendig. Daher soll hier mit dem Ziel einer schnellen Herstellung nur das Metallspritzen mit einer Metallspritzpistole erläutert werden. Darin werden zwei Spritzdrähte im Lichtbogen aufgeschmolzen und unter Druckluftzufuhr in kleine Partikel zerstäubt (Bild 24.43). Beim Aufprall der Partikel auf die Oberfläche eines RP-Positivmodells entsteht ein Flüssigkeitsfilm, der schlagartig erstarrt.

Die Homogenität der 1,5 bis 5 mm dicken Schicht hängt u. a. von der Temperatur und dem Abstand der Düse vom Modell ab. Da die Partikel unmittelbar nach dem Auftreffen auf das Modell von ca. 2 000 °C auf 60 °C abgekühlt werden, ist neben RP-Werkstoffen auch der Einsatz von z. B. Holzmodellen möglich [24.125]. Die so hergestellte Schale bedarf dann nur noch einer anschließenden Hinterfütterung mit beispielsweise Gießharz.

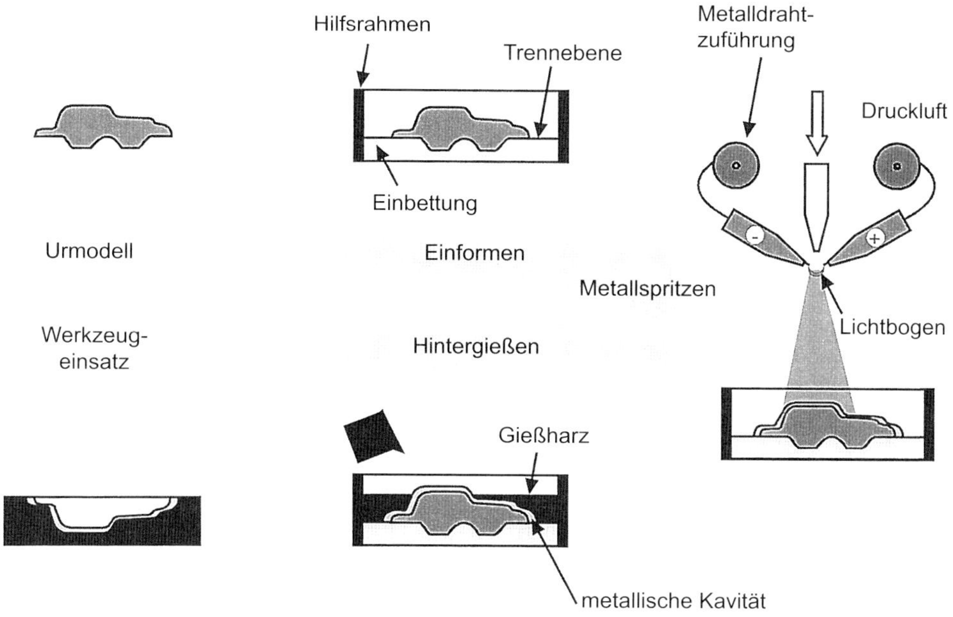

Bild 24.43 Prinzip des Metallspritzens [24.120]

24.7.2.9 Galvanoformen

Zu den Beschichtungsverfahren muss auch das altbekannte Galvanoformen hinzugezählt werden, das schon seit langen Zeiten [24.126] häufig für hochwertige Spritzgießformen eingesetzt wird (Bild 24.44). Das Galvanoformen ist das genaueste Verfahren für die metallische Wiedergabe von Oberflächen [24.127].

Das RP-Modell wird zunächst vorbehandelt, indem es durch einen Leitlacküberzug (Silber oder Graphit) elektrisch leitfähig wird [24.128]. Dann werden in einem galvanischen Bad einzelne Metalle nacheinander oder gleichzeitig elektrolytisch abgeschieden, wobei das Modell mit dem entsprechenden Material überzogen wird. Es entstehen so 4 bis 5 mm dicke Galvanoschalen, die aus verschiedenen Legierungen bzw. Metallschichten aufgebaut werden können. Am besten bewährt hat sich die Nickelgalvanik auf Grund der guten Materialeigenschaften wie hohe Festigkeit, Steifigkeit und Härte (z. B. NiCo-Legierung, Härte bis 50 RC), ihrer Kompatibilität mit dem Grundmaterial und der guten Korrosionsbeständigkeit.

Bei großen Bauteilen kann von RP-Urmodellen ausgegangen werden, die dann beschichtet werden. Dabei ist es notwendig, zuerst von diesem Modell einen temperaturfesten Abdruck herzustellen, da beim Stereolithographieharz der Verzug durch thermische Ausdehnung zu groß werden würde.

Mit dem Galvanoformen sind feinste Strukturen abbildbar, jedoch muss das Bauteil häufig mehrere Tage in dem Galvanisierbad verbleiben. Die Schichtdicke ist weitaus

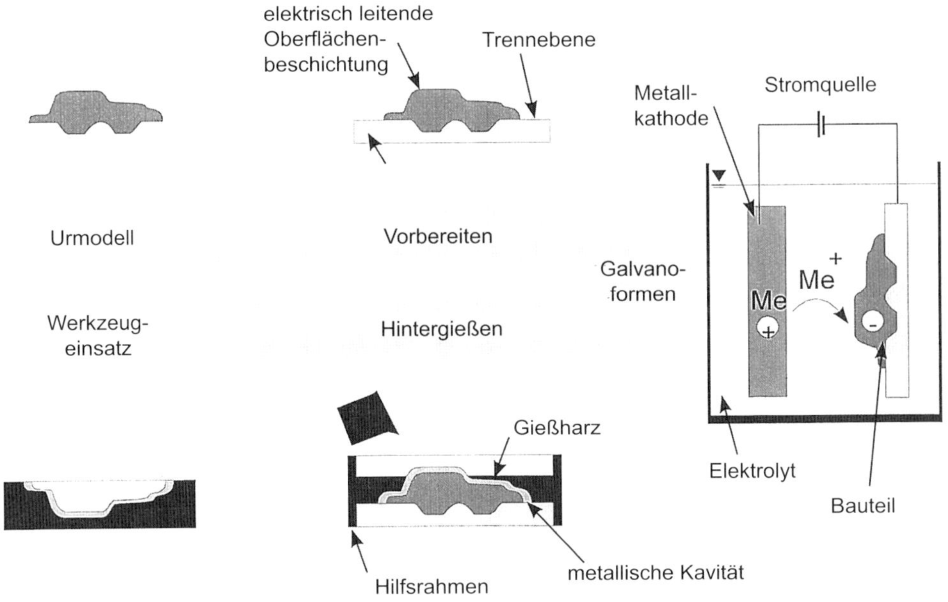

Bild 24.44 Prinzip des Galvanoformens [24.120]

homogener als beim manuell durchgeführten Metallspritzverfahren. Die maximale Bauteilgröße wird durch die Größe des Galvanikbades beschränkt.

Die Fertigung von Schalen als Kavitäten zum Aufbau von Spritzgießwerkzeugen beruht auf der Abscheidung von Feststoffen (Nickel) durch chemische Reaktion aus der Gasphase bei erhöhten Temperaturen (siehe Abschnitt 23.4.5.1). Es handelt sich um ein schnell arbeitendes Verfahren, das eine hochpräzise Abformgenauigkeit der Urform garantiert. Bekannt wurde dieses Fertigungsverfahren vor allem dadurch, dass es zur Herstellung von Großwerkzeugen von einigen Quadratmetern (z. B. $4{,}3 \times 2{,}4 \times 1{,}8\ m^3$) mit Erfolg eingesetzt wurde (Bild 24.45). Das Bild zeigt ein Werkzeug für die Fertigung von je einem halben Rahmen für eine PKW-Karosserie. Es besteht aus einer 30 mm dicken Schale aus hochreinem Nickel mit einem Stahlhinterbau und wurde vor einigen Jahren von der Firma HUSKY benutzt, um den Prototypen eines Kleinwagens der Firma CHRYSLER herzustellen. Im späteren Verlauf wurden dann zahlreiche Exemplaren des Rahmens in PET von Firma TICONA mit diesem Werkzeug gefertigt [24.129].

Die im Bild 24.45 dargestellte Schale besteht aus hochreinem Nickel und ist ca. 15 mm dick. Generell ist eine fehlerfreie Fertigung solcher Schalen mit gleicher Wanddicke im Bereich von 0,25 bis 35 mm möglich. Die Schalen sind nach der Herstellung auf Grund niedriger Temperaturen, die für den Ablauf der chemischen Reaktion erforderlich sind, weitgehend spannungsfrei und haben eine Härte von 38 bis 42 RC.

Bild 24.45 Werkzeug aufgebaut aus einer hinterfütterten Nickelschale [24.130]

Das Ausgangsprodukt ist ein gasförmiges Nickeltetracarbonyl, das aus Nickelschwamm durch Überleiten eines kohlenmonoxidhaltigen Gasstromes bei 50 bis 80 °C erzeugt wird. Dieses Gas zersetzt sich dann bei ca. 200 °C in Nickel und Kohlenmonoxid, wobei sich das ausfallende Nickel auf den Oberflächen beispielsweise einer Urform niederschlägt. Die Bildung einer Nickelschicht beträgt dabei 0,05 bis 7,6 mm/Stunde bei auf 110 bis 190 °C aufgeheizten Modellen (üblich sind 6 mm/Tag).

$$\underset{\text{nickel powder}}{Ni} + \underset{\text{carbon monoxide}}{4\,CO} \rightarrow \underset{\text{nickel carbonyl}}{Ni(CO)_4}$$

$$\underset{\text{nickel carbonyl}}{Ni(CO)_4} \rightarrow \underset{\text{solid nickel}}{Ni} + \underset{\text{carbon monoxide}}{4\,CO} \qquad (24.1)$$

Der atomare Aufbau der Nickelschicht gewährleistet, dass die Oberfläche des Urmodells bei der Anfertigung der Schale – ohne zusätzliche Nacharbeit – mit höchster Präzision abgeformt wird. So können Schalen hergestellt werden auf deren Oberflächen z. B. eine Ledernarbung, Holznarbung oder ein anderes Design abgebildet ist. Als besondere Vorteile sind darüber hinaus die gute Korrosionsbeständigkeit und sehr gute Wärmeleitung zu nennen. Nach der Herstellung der Schalen werden auf deren Rückseite zunächst Rohre für die Temperierung aufgelötet, anschließend mit Stahl hinterfüttert und durch einen Stahlrahmen abgestützt. Die vorab beschriebene Herstellungsmethode ist durch Patente geschützt [24.131].

24.7.3 Wahl des Gießverfahrens beim Werkzeugbau

Die Wahl des Gießverfahrens richtet sich nach den Abmessungen des Werkzeugs, den vorgeschriebenen Maßtoleranzen, der geforderten Wiedergabegenauigkeit, der gewünschten Oberflächenqualität, dem Gießwerkstoff und der Stückzahl.

Das Werkzeug hat nach dem Gießen weitgehend die Kontur, die für die Herstellung des Spritzlings gewünscht wird. Das Temperiersystem kann bei großen im Stück gegossenen Werkzeugen durch eingegossene Temperierrohre oder durch besonders gestaltete Aushöhlungen auf der Rückseite, durch die das Temperiermedium frei fließen kann, direkt mit eingegossen werden.

In der Regel werden die inneren Konturen des Werkzeugs (der Werkzeughöhlung) mit wenig Aufmaß gegossen und erfordern daher nur geringe spanende Nacharbeit. Entscheidend ist weiterhin, welche Bedingungen an die Oberflächenbeschaffenheit des Spritzlings gestellt werden. Eine evtl. notwendige Nachbearbeitung der Oberflächen (z. B. Polieren) wird mit den gleichen Verfahren wie im konventionellen Werkzeugbau durchgeführt. Bei gemaserten und texturierten Oberflächen, wie sie z. B. im Präzisionsguss hergestellt werden können, entfällt weitgehend eine Nachbehandlung. Ebenso, wie im konventionellen Werkzeugbau, erfolgt bei gegossenen Werkzeugen das Einbringen z. B. der Auswerferbohrungen, der Angussbuchsen und Einsätze sowie das Einpassen von Schiebern und das Aufbringen verschleißfester Schutzschichten am gegossenen Rohkörper.

Die für den Werkzeugbau geeigneten metallischen Gusswerkstoffe können in zwei Gruppen unterteilt werden:

- eisenmetallische Werkstoffe (Stahlgusslegierungen, Gusseisenwerkstoffe),
- nichteisenmetallische Werkstoffe (Aluminium-, Kupfer-, Zink- und Zinn-Wismut-Legierungen).

Wird der Formeinsatz nicht nur für Vor- und Kleinserien benötigt, genügt den mechanischen Beanspruchungen in der Regel nur Stahlguss. Zudem ist die Polierbarkeit nur bei Stahl ausreichend. Viele der im Werkzeugbau erfolgreich eingesetzten Stahlsorten können auch gießtechnisch verarbeitet werden. Es ist jedoch zu bedenken, dass die Gefüge von Gussstücken immer eine Erstarrungsstruktur aufweisen und damit nicht mit den Umformungsstrukturen von geschmiedeten oder gewalzten Stählen vergleichbar sind. Makroskopisch gesehen weisen Gussstücke unterschiedliche Primärkorngrößen zwischen Rand- und Kernzone auf. Die sich auf den Kornflächen während der Erstarrung primär ausscheidenden Phasen können nur beschränkt mit den Möglichkeiten, die eine nachfolgende Wärmebehandlung bietet, beseitigt werden. Aus diesen Gründen sind für die Herstellung von gegossenen Werkzeugen bevorzugt solche Stahlsorten zu verwenden, die aufgrund ihrer Legierungszusammensetzung wenig zur Grobkristall- und Seigerungsbildung neigen [24.57]. Einige gebräuchliche Stahlgusssorten sind in Kapitel 23, Tabelle 23.2 zusammengefasst.

Bei der thermischen Nachbehandlung tritt neben der erwähnten Verbesserung des Gefüges auch eine Verbesserung der mechanischen Eigenschaften ein und es wird die erforderliche Kerbzähigkeit und Spannungsfreiheit erzielt. Die Festigkeit, die vom Kohlenstoffgehalt abhängig ist, liegt im Vergleich zu Walz- oder Schmiedestahl niedriger; ebenso sind die Zähigkeit und Dehnung geringer [24.58]. Sie genügen aber im Wesentlichen den an sie gestellten Anforderungen. Die Lebensdauer gegossener Stahlwerkzeuge hängt von der Verschleißfestigkeit und bei thermischer Beanspruchung von der Thermoschockbeständigkeit ab. Die Thermoschockbeständigkeit ist bei vergleichbaren Stahlsorten bei gegossenen Stählen in der Regel geringer als bei umgeformten.

Formeinsätze aus Kupfer- sowie Al-Legierungen werden sowohl gießtechnisch als auch über die mechanische Bearbeitung hergestellt. Feinzink-Gusslegierungen werden bei der Spritzgießverarbeitung wegen ihrer niedrigen mechanischen Kennwerte nur zum Bau von Werkzeugeinsätzen für Probespritzungen, für die Produktion niedriger Stückzahlen oder für Hohlkörperblaswerkzeuge verwendet. Feinzink-Gusslegierungen zeichnen sich ebenso wie die Kupferlegierungen durch eine hohe Wärmeleitfähigkeit aus, die bei 100 W/mK liegt. Das Formfüllverhalten von Zinklegierungen ist so ausgezeichnet, dass selbst bei ausgeprägten Konturen mit strukturierten Oberflächen glatte und porenfreie Oberflächen möglich sind [24.59]. Die gebräuchlichsten Feinzinklegierungen sind in Kapitel 18, Tabelle 18.6 zusammengefasst.

Zinn-Wismut-Legierungen sind verhältnismäßig weiche, schwere und niedrig schmelzende Metalle (Schmelzpunkt je nach Zusammensetzung zwischen 47 und 170 °C) [24.60]. Für den Werkzeugbau eignen sich insbesondere diejenigen Legierungen, die während der Erstarrung weder schwinden noch wachsen. Wegen der mäßigen mechanischen Eigenschaften werden sie beim Spritzgießen nur zum Bau von Werkzeugen für die Nullserienfertigung verwendet oder zum Einsatz bei Blasformwerkzeugen. Darüber hinaus werden sie als Werkstoff für ausschmelzbare Kerne verwendet. Tabelle 23.10 zeigt einige physikalische und mechanische Eigenschaften.

24.8 Einsenken

Das Einsenken wird zur Erzeugung von genauen Hohlformen eingesetzt. Dabei wird zwischen Kalt- und Warmeinsenken unterschieden, wobei meist kalt eingesenkt wird.

Das Kalteinsenken ist ein Verfahren zur spanlosen Herstellung von Werkzeugen bzw. Werkzeugeinsätzen. Unter stetig ansteigendem Druck wird ein gehärteter und polierter Stempel, der die äußeren Konturen des Spritzlings hat, mit geringer Geschwindigkeit, die zwischen 0,1 und 10 mm/min liegt, in eine Matrize aus weich-

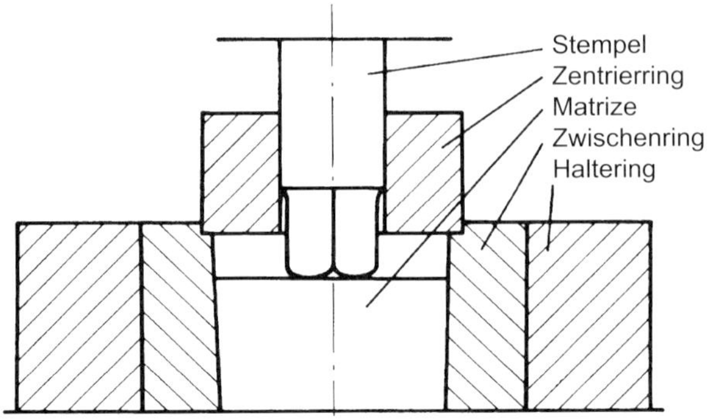

Bild 24.46 Schematische Darstellung des Einsenkvorgangs [24.83]

geglühtem Stahl eingedrückt – eingesenkt. Mit zunehmender Stempelkraft entsteht in der Matrize, zunächst in einem kleinen Teil unter der Stirnfläche des Stempels eine plastische Deformation. Im ausgeformten Zustand bildet sich der Stempel dann als entsprechende Negativform ab. Die schematische Darstellung des Einsenkungsvorganges zeigt Bild 24.46. Grenzen sind dem Verfahren durch die maximale Druckbelastung des Stempels von ca. 3 000 MPa und durch die Glühfestigkeit des als Matrize verwendeten Werkstoffes gesetzt. Beste Voraussetzungen für das Kalteinsenken bieten auf niedrigste Festigkeit geglühte Stähle.

Die Glühfestigkeit ist in erster Linie von dem im Ferrit gelösten Legierungsgehalt sowie von der Menge und Verteilung der eingelagerten Karbide abhängig [24.131] [24.133]. Entsprechend ihrer Glühhärte (Brinellhärte) und ihrer chemischen Zusammensetzung können die für das Kalteinsenken gebräuchlichen Werkstoffe in drei Gruppen eingeteilt werden. Bild 24.47 zeigt die erreichbare Einsenktiefe in Abhängigkeit vom spezifischen Einsenkdruck und der Glühhärte. Die bezogene Einsenktiefe t/d stellt dabei das Verhältnis der Einsenktiefe t, bezogen auf den Stempeldurchmesser d bei zylindrischem Stempel dar. Bei Stempeln mit anderen Querschnittsformen, z. B. quadratisch oder rechteckig, ist für die bezogene Einsenktiefe der Ausdruck $t/1{,}13 \cdot \sqrt{F}$ einzusetzen. F ist darin die Querschnittsfläche des Stempels [24.133].

Die Einsenktiefe kann über das sich aus Bild 24.47 ergebende Maß hinaus durch besondere Maßnahmen gesteigert werden. Mit zunehmender Einsenktiefe tritt eine Kaltverfestigung des Matrizenwerkstoffes ein. Durch Zwischenglühen (Rekristallisationsglühen) kann die Kaltverfestigung wieder aufgehoben werden, sodass der Einsenkvorgang danach weiter fortgesetzt werden kann, bis erneut die maximale Stempeldruckbelastung erreicht wird. Beim Zwischenglühen ist darauf zu achten, dass ein Verzundern durch entsprechende Ofenführung verhindert wird, da sich nur bei sauberen Oberflächen optimale Einsenkergebnisse erzielen lassen. Eine Steigerung der Einsenktiefe ist auch durch Vorwärmen der Matrizen möglich.

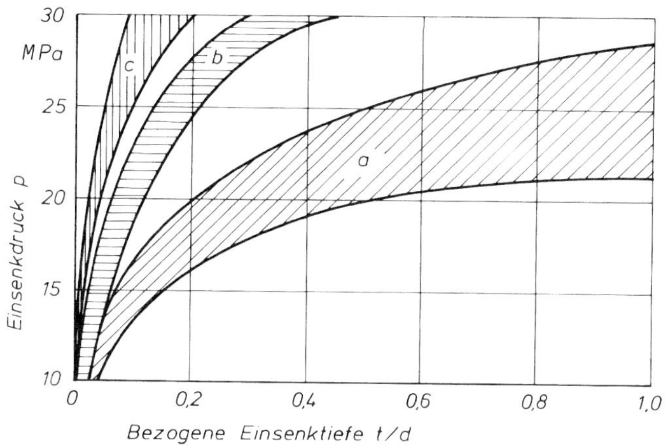

Bild 24.47 Einsenkkurven gebräuchlicher Werkzeugstähle beim Kalteinsenken im Haltering mit zylindrischem Stempel (∅ d = 30 mm, ∅ D = 67 mm, h = 60 mm, Einsenkgeschwindigkeit v = 1,8 mm/min, Stempel verkupfert, Schmierung durch Zylinderöl) [24.112]
a Stahl mit HB = 1 000–1 400 MPa
b Stahl mit HB = 1 700–2 100 MPa
c Stahl mit HB = 2 100–2 500 MPa

Je nach Werkstoff und Vorwärmtemperatur werden dabei um 20 % bis 50 % größere Einsenktiefen erreicht. Schließlich kann auch noch durch Fließerleichterungen in Form von Aussparungen die Einsenktiefe gesteigert werden [24.133].

Beim Einsenken des Stempels wird die Matrize am Rand eingezogen und die Matrize elastisch verformt. Dieser Einzug und die Federung müssen nachträglich spanend bearbeitet werden. Er ist bei der Festlegung der Einsenktiefe zu berücksichtigen. Bild 24.48 zeigt den Zusammenhang zwischen Pressweg, Nutztiefe, Einzug und Federung. In Bild 24.49 ist ein durch Einsenken gefertigter unbearbeiteter Werkzeugeinsatz abgebildet.

Die Qualität der Oberflächen von Matrize und Stempel ist beim Einsenken von besonderer Bedeutung. Durch einwandfrei polierte Oberflächen wird der Materialfluss beim Einsenken weniger gehemmt und ein Kleben bzw. Kaltaufschweißen reduziert. Aus demselben Grund ist auch auf eine genügende Schmierung zu achten. Als Schmiermittel hat sich besonders Molybdändisulfid bewährt, während Öle in der Regel nicht druckfest genug sind. Der Stempel wird häufig zur Verminderung der Reibung nach dem Polieren in einer Kupfersulfatlösung verkupfert [24.132] bis [24.134].

Für einen einwandfreien Materialfluss sind neben der Oberflächenqualität von Stempel und Matrize die Abmessungen der Matrize von Bedeutung. Beim Kalteinsenken ins Volle sollte die Ausgangshöhe der Matrize das 1,5- bis 2,5-Fache des

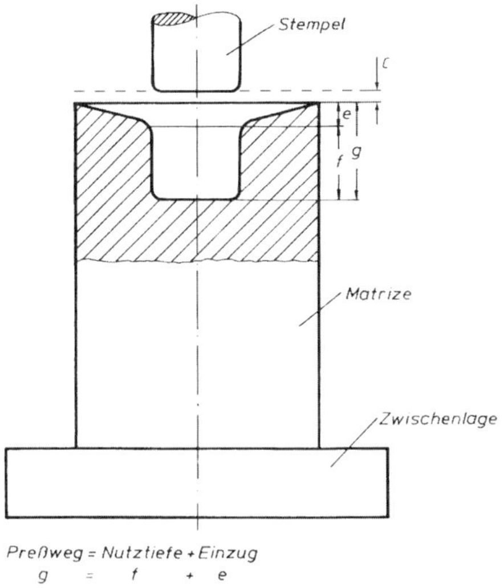

Bild 24.48 Zusammenhang zwischen Pressweg, Nutztiefe und Einzug

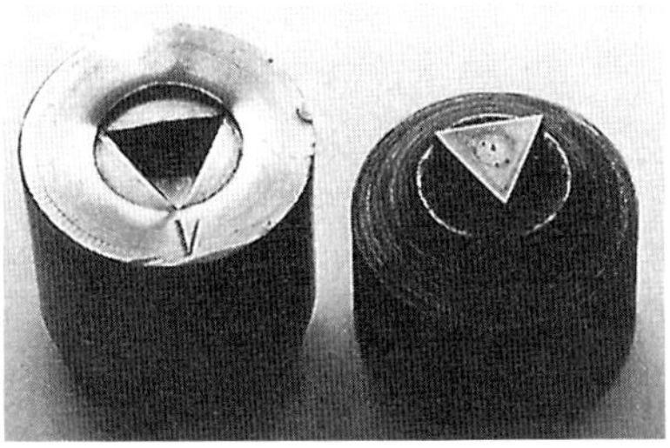

Bild 24.49 Durch Einsenken gefertigter Werkzeugeinsatz (links), Stempel (rechts)

Stempeldurchmessers nicht unterschreiten [24.134]. Der Durchmesser der Matrize, der im Allgemeinen von der Werkzeugaufnahme bestimmt wird, sollte doppelt so groß sein wie der Stempeldurchmesser.

Das Kalteinsenken wird vornehmlich zur Fertigung kleiner Werkzeugeinsätze mit geringer Höhe verwendet. Gegenüber den anderen Fertigungsverfahren bietet es eine Reihe von Vorteilen. Der Einsenkstempel, der die Positivform des zu fertigenden Spritzlings darstellt, lässt sich meist wirtschaftlicher fertigen als die entsprechende Hohlform (Negativform). Mit einem Einsenkstempel können dann mehrere maßlich identische Werkzeugeinsätze innerhalb kurzer Zeit hergestellt werden. Da die Werkstofffaser im Gegensatz zur spanenden Formung nicht durchschnitten wird, haben die Werkzeuge außer einer hohen Oberflächengüte, eine höhere Härte.

Grenzen sind dem Kalteinsenken durch die mechanischen Eigenschaften der Werkstoffe für Stempel und Matrize und damit auch durch die Größe der Einsenkungen gesetzt.

Literatur Kapitel 24

[24.1] *N. N.:* Werkzeugbau nach dem MCP/TAFA. Prospekt der Firma Hek, Lübeck.

[24.2] *N. N.:* Vollautomatisierte Erodierzelle. Bildquelle, Werkzeugbau Siegfried Hofmann GmbH, Lichtenfels, 2016.

[24.3] *Nikoleizig, P.; Lammert, N.:* Erstklassige Werkzeugfertigung fußt auf straffer Organisation. Kunststoffe (2015), Oktober, S. 42–52.

[24.4] *N. N.:* Vollautomatische Fertigungsprozessverkettung. Bildquelle, Phoenix Contact Deutschland GmbH, Blomberg.

[24.5] *N. N.:* DIN 8580 – Fertigungsverfahren – Begriffe, Einteilung. Deutsche Norm (2003), September.

[24.6] *Tönshoff, K.; Meyerhoff, M.:* Entwicklungstendenzen im Werkzeug- und Formenbau. In: VDI-Z Spezial Werkzeug- und Formenbau (1996), November, S. 20–23.

[24.7] *Schmeier, J. et al.:* Developments in die manufacturing. In: Proceedings of the 17th International Forging Congress, 5.–9. Juni 2002, Köln, S. 69–80.

[24.8] Edelstahlwerke Buderus Ag (Hrsg.): Handbuch der Kunststoffformenstähle, 2003.

[24.9] *Eversheim, W.; Klocke, F.:* Orientierung für den Werkzeug- und Formenbau – Mit Benchmarking von Besten lernen. Eigenverlag Aachener Werkzeug- und Formenbau (Hrsg.), 2002, Aachen.

[24.10] *König, W.; Klocke, F.:* Fertigungsverfahren Band 1: Drehen, Fräsen, Bohren, VDI-Springer Verlag, Berlin, 8. Auflage, 2008.

[24.11] *Knodt, S.:* Hartfräsen pulvermetallurgisch erzeugter ledeburitischer Werkzeugstähle, Dissertation RWTH Aachen, 2004.

[24.12] *König, M.:* Fräsbearbeitung von Graphitelektroden, Dissertation RWTH Aachen, 1997.

[24.13] *König, W.; Klocke, F.:* Fertigungsverfahren Band 2: Schleifen, Honen, Läppen, VDI-Springer Verlag, Berlin, 4. Auflage, 2005.

[24.14] *Röders, J.:* Maximum precision and dynamics in high speed cutting. In: Proceedings of the 4th International Conference on Metal Cutting and High Speed Machining, 19.–21. März 2003, Darmstadt.

[24.15] *N. N.:* Preßläppen – ein Verfahren zur Erzielung glatter Oberflächen in Werkzeugen für die Kunststoffverarbeitung. Kunststoffe 73 (1983) 10, S. 567.

[24.16] *König, W; Klocke, F.:* Fertigungsverfahren Bd. 3 – Abtragen und Generieren, Springer Verlag, Berlin, 4. Auflage, 2006.

[24.17] *Steiner, J.:* Senkerodieren von Stahl im Werkzeugbau. Kunststoffe 76 (1986) 12, S. 1193–1194.

[24.18] *Eversheim W; Klocke, F.:* Werkzeugbau mit Zukunft – Strategie und Technologie. Springer Verlag, Berlin, 1997.

[24.19] *König, W.:* Neuartige Bearbeitungsverfahren. Vorlesungsumdruck, RWTH Aachen; Laboratorium für Werkzeugmaschinen und Betriebslehre.

[24.20] *Kortmann, W.; Walkenhorst, U.:* Funkenerosion von Werkzeugstählen und Hartstoffen. Thyssen Edelstahl Techn., Ber. 7 (1981) 2, S. 200–201.

[24.21] *Schekulin, K.:* Rationalisierung des Kunststoff-Formenbaus durchneue Erodier – Technologien. Kunststoffberater 27 (1982) 11, S. 22–29.

[24.22] *Schaede, J.:* „Planetär – Erodieren“. VDI-Bildungswerk BW 4409, VDI-Verlag, Düsseldorf.

[24.23] *Hermes, J.:* Funkenerosion – ein Verfahren zum Herstellen von Raumformen. VDI – Z 112 (1970) 17, S. 1188–1192.

[24.24] *Genath, B.:* Die Mikroerosion erzielt hohe Genauigkeiten. VDI-Nachr. Nr. 6, 7.2.1973.

[24.25] *Höpken, H.:* Extreme Oberflächentemperaturen bei der Funkenerosion und ihre Folgen. Mitteilung der Stahlwerke Südwestfalen 13/1974, S. 16.

[24.26] *N. N.:* CNC Feinschneiderodieren für den Miniaturbereich. Werkst. Betr. 116 (1983) 6 S. 64–66.

[24.27] *Weck, M.; König, W.:* Abtragende Bearbeitungsverfahren. Fertigungstechnisches Labor des Laboratoriums für Werkzeugmaschinen und Betriebslehre der RWTH Aachen.

[24.28] *Gebhardt, A.:* Rapid Prototyping – Werkzeuge für die schnelle Produktentwicklung. 1996, S. 23–26.

[24.29] *N. N.:* Elektrochemisches Abtragen – Formabtragen. VDI-Richtlinie 3401, Blatt 1, 1993.

[24.30] *Hornisch, R.:* Alternative zur mechanischen Oberflächenbearbeitung. Oberfläche + Jot. (1982) 2, S. 24–29.

[24.31] *Borges, W.:* Elektropolieren und Polieren nichtrostender Stähle, Informationsstelle Edelstahl Rostfrei, Düsseldorf, 1. Auflage Oktober 1995.

[24.32] *Schmidt, P.:* Verfahren zum Polieren von Spritzgießformen. Vortrag 3. Leobener Kunststoff-Kolloquium, 1975.

[24.33] *Wagner, U.:* Strukturierte Formoberflächen im Spritzguss, Plastverarbeiter 24 (1973) 6, S. 1–3.

[24.34] *N. N.:* Fotostrukturen als Oberflächendessin. Prospekte der Firma Wagner Graviertechnik, Öhringer 1975.

[24.35] *Lüdemann, D.:* Oberflächen-Strukturieren, Kunststoff-Formenbau, Werkstoffe und Verarbeitungsverfahren. VDI-Verlag, Düsseldorf 1976

[24.36] *Klocke, F.; König, W.:* Fertigungsverfahren 2, Schleifen, Honen, Läppen. 4. neu bearbeitete Auflage, Springer-Verlag, 2005, ISBN 3-540-23496-9, S. 405 und 406.

[24.37] *Hambücker, S.:* Technologie der Politur sphärischer Optiken mithilfe der Synchrospeed-Kinematik. Dissertation, RWTH Aachen, 2001.

[24.38] *Waschull, H.:* Präparative Metallographie: Präparationstechnik für die Lichtmikroskopie. 2., überarbeitete Auflage Leipzig, Stuttgart: Deutscher Verlag für Grundstoffindustrie, 1993.

[24.39] *Wiesner, W.:* Zur Herstellung von Schleif- und Poliermitteln auf der Basis von Aluminiumoxiden. Wiss.-Techn. Informations-dienst Zentr. Geol. Inst. 4 (1963) Sonderheft 10, S. 50–60.

[24.40] *Charvat, F. R.; Warren, P. C.; Albrecht, E. D.:* Linde Alumina Abrasives for Metallographic Polishing. In: Metallographic Specimen Preparation, Optical and Electrom Microscopy, pp. 95–107, New York Plenum Press 1974.

[24.41] *Opilka, H.:* Versuche mit einer SiO_2-Dispersion als Poliermittel für das metallographische Polieren. Prakt. Metallographie 20 (1983) 8, S. 388–393.

[24.42] *Guesnier, A.:* Suspensionen für das Endspolieren – das OP-System. Structure, Kopenhagen (1/1991) Nr. 23, S. 9–10.

[24,43] *Kordt, M.:* Hoffnungsträger „Laser", Werkzeug- und Formenbau-Trends – Teil 2; Wettbewerbsvorteile durch Laserstrahlintegration. In: Werkzeug & Formenbau, Verlag moderne Industrie: Juni 2004, S. 56–58.

[24.44] *Beyer, E.; Petring, D.; Zefferer, H.; Eberl, G.:* Laser Caving: Rapid progress in an advanced technology. In: Tagungsband zur LANE 94. Erlangen, 1994. Bamberg: Meisenbach-Verlag, 1994.

[24.45] *N. N.:* Laserstrahlabtragen und -oxidspanen. Bildquelle, Fraunhofer Institut für Lasertechnik (ILT), Aachen.

[24.46] *König, W.; Klocke, F.:* Fertigungsverfahren 3, Abtragen und Generieren. Springer Verlag, Berlin, 3. Auflage, 1997, S. 179–182.

[24.47] *N. N.:* Laserstrahlformabtragen von Stahlwerkstoffen. Bildquelle, LCTec GmbH, Pfronten.

[24.48] *N. N.:* Prinzip des Sublimationsabtrags. Bildquelle, Fraunhofer Institut für Produktionstechnik (IPT), Aachen.

[24.49] *N. N.:* REM-Aufnahme einer mittels Sublimationsabtrag hergestellten Mikrostruktur. Bildquelle, Fraunhofer Institut für Produktionstechnik (IPT), Aachen.

[24.50] *Poprawe, R.:* Vorlesungsunterlagen Lasertechnik I + II des Lehrstuhls für Lasertechnik an der RWTH, Aachen, 2002.

[24.51] *N. N.:* Laser-Carving-Anlage vom Typ DML. Bildquelle, Sauer GmbH Lasertec, Kempten.

[24.52] *N. N.:* Einsatz additiver Fertigungsverfahren. Bildquelle, Institut für Kunststoffverarbeitung (IKV), Aachen.

[24.53] *N. N.:* Einteilung direkter additiver Fertigungsverfahren. Bildquelle, Institut für Kunststoffverarbeitung (IKV), Aachen.

[24.54] *Jacobs, P. F.:* Rapid Prototyping & Manufacturing – Fundamentals of Stereolithography. SME, Dearborn, 1992.

[24.55] *N. N.:* Schieberwerkzeug mit duroplastischen Werkzeugeinsätzen im Poly-Jet Verfahren. Bildquelle, HASCO Hasenclever GmbH + Co. KG, Lüdenscheid.

[24.56] *Wagner, C.:* Untersuchungen zum Selektiven Lasersintern von Metallen. Dissertation RWTH Aachen, 2003.

[24.57] *Nöken, St.:* Technologie des Selektiven Lasersinterns von Thermoplasten. Dissertation RWTH Aachen, 1997.

[24.58] *Meiners, W.:* Direktes Selektives Laser Sintern einkomponentiger metallischer Werkstoffe. Dissertation RWTH Aachen, 1999.

[24.59] *Wirtz, H.:* Selektives Lasersintern von Keramikformschalen für Gießanwendungen. Dissertation RWTH Aachen, 2000.

[24.60] *Breitinger, F.:* Ein ganzheitliches Konzept zum Einsatz des indirekten Metall-Lasersinterns für das Druckgießen. Dissertation. TU München, 2002.

[24.61] *Song, Yong-Ak:* Selektives Lasersintern metallischer Prototypen. Dissertation RWTH Aachen, 1996.

[24.62] *Williams, J.:* Rapid Tooling For Plastic Injection Molds: Application and Decision-Maker Tools. Time Compression Technologies. 2000, Nr. 2, Vol. 8.

[24.63] *Shellabear, M.:* Anwendungsorientierte Lösungen für E-Manufacturing – EOSINT M. Firmenpräsentation EOS GmbH, München, 2004.

[24.64] *N. N.:* Schematischer Aufbau einer Lasersinteranlage. Bildquelle, Fraunhofer Institut für Produktionstechnik (IPT), Aachen.

[24.65] *Wohlers, T.:* Wohlers Report 2004 – Rapid Prototyping, Rapid Tooling & Manufacturing State of the Industry. Fort Collins, CO, USA, 2004.

[24.66] *Williams, J.:* Rapid Tooling For Plastic Injection Molds: Application and Decision-Maker Tools. Time Compression Technologies. 2000, Nr. 2, Vol. 8.

[24.67] *Navarre, L.:* Mold Fusion – a Partnership in 3D Metal Printing Technology. In: Proceedings of SME Rapid Prototyping & Manufacturing Conference. Cincinnati/OH, 14.–17. Mai 2001.

[24.68] *Pohl, H.:* Die Herstellung metallischer Werkstücke mit dem ProMetal Rapid Tooling Prozess. Vortragsmanuskript VDI-Seminar 342210 »Rapid Technologies –Erfolgreiche Produkte durch effiziente Produktentwicklung«. 9.–10. März 2004. Aachen: VDI – Wissenschaftsforum GmbH (Veranst.).

[24.69] *Vollrath, K.:* Robuste Metallteile schnell gedruckt. In: trancfer. 2004, Nr. 25, Ulm: NC-Gesellschaft.

[24.70] *Langen, M.:* Einsatz des Rapid Prototyping und Rapid Tooling im Rahmen eines Simultaneous Engineering in der Spritzgießverarbeitung. Dissertation IKV an der RWTH Aachen, ISBN 3896534106, 1998.

[24.71] *N. N.:* Das Aufbauen von Werkzeugkernen mit Laserenergie. Der Stahlformenbauer. 2002, Nr. 6.

[24.72] *Over, C.:* Mündliche Mitteilung und Bild 24.26, Firma inno – shape GmbH, Steinbachstr. 15, 52074 Aachen.

[24.73] *N. N.:* Schneller zum Kern – Metallische Werkzeugeinsätze per Laserschmelz-verfahren. Form + Werkzeug. 2003, Nr. 2.

[24.74] *N. N.:* Eine Maschine – Drei Technologien. Special Tooling. 2002, Nr. 1.

[24.75] *N. N.:* Über die Kühlung die Zykluszeiten reduzieren. Industrieanzeiger. 2003, Nr. 47–48 S. 52.

[24.76] *N. N.:* Additives Fertigungsverfahren. Lasermarkt Branchenführer. 2004, Sonderheft, S. 85.

[24.77] *Edelmann, O.:* LaserCusing. Vortragsmanuskript VDI-Seminar 342210 »Rapid Technologies – Erfolgreiche Produkte durch effiziente Produktentwicklung«. 9.–10. März 2004. Aachen: VDI-Wissensforum GmbH (Veranst.).

[24.78] *Vollrath, K.:* Prototyping. In: Stahl – Laser Cusing in der Praxis. In: FORM + Werkzeug. 2004, Nr. 3.

[24.79] *Shellabear, M.; Hutfless, J.:* Neuentwickeltes Verfahren zur direkten Herstellung von Werkzeugkomponenten. Der Stahlformenbauer. 2003, Nr. 2.

[24.80] *N. N.:* Der direkte Weg zum Metallbauteil. MM Maschinenmarkt. 2003, Nr. 3.

[24.81] *N. N.:* Blechwerkzeuge binnen Stundenfrist gefertigt. Industrieanzeiger. 2003, Nr. 47–48, S. 52.

[24.82] *N. N.:* Schicht für Schicht zu neuen Strukturen. Laser. 2004, Nr. 1, S. 34.

[24.83] *N. N.:* Rapid-Alliance – EOS und Trumpf entwickeln Maschine zum Direkten Metall-Laser-Schmelzen. Special Tooling. 2003, Nr. 2.

[24.84] *Over, C.; Meiners, W.; Wissenbach, K.; Hutfless, J.; Lindemann, M.:* Rapid Manufacturing of metal parts and tools using Laser Melting. In: Lasers in Manufacturing 2003 – Proceedings of the 2nd International WLT-Conference on Lasers in Manufacturing. München, 24.–26. Juni 2003. Stuttgart: AT-Fachverlag GmbH.

[24.85] *Over, C.:* Mündliche Mitteilung. Inno-shape GmbH, Aachen.

[24.86] *Gruschka, C.:* Die neuen Geld-Druck-Maschinen? VDWF aktuell. 2003–2004, Nr. 03.

[24.87] *Hutfless, J.:* TRUMPF Laserformen – neue additive Laserverfahren für den Werkzeug und Formenbau. In: Tagungsunterlagen Aachener Kolloquium für Lasertechnik. Aachen, 28.–30. April 2004. Aachen: Fraunhofer-Institut für Lasertechnik ILT (Veranst.), S. 277–321.

[24.88] *Over, C.:* Additive Fertigung von Bauteilen aus Werkzeugstahl X38 CrMoV 5 1 und Titan TiAl6V4 mit Selective Laser Melting. Dissertation RWTH Aachen, 2003.

[24.89] *N. N.:* Lasergeschmolzenes Bauteil mit internem Kühlkanal. Bildquelle, Inno-shape GmbH, Aachen.

[24.90] *N. N.:* Rohling mit lasergeschmolzenem Bauteil. Bildquelle, Inno-shape GmbH, Aachen.

[24.91] *Larsson, M.; Lindhe, U.; Harrysson, O.:* Rapid Manufacturing with Electron Beam Melting (EMB) – A Manufacturing Revolution? In: Proceedings of the 14th Solid Freeform Fabrication Symposium. Austin/TX, 4.–6. August 2003.

[24.92] *Eichmann, M.:* Die RP-Verfahren von ARCAM und OBJET für die Herstellung von Prototypen und Werkzeugen in Titan, Stahl und Acrylharz. Vortragsmanuskript VDI-Seminar 342210 »Rapid Technologies – Erfolgreiche Produkte durch effiziente Produktentwicklung«. Aachen, 9.–10. März 2004.Aachen: VDI-Wissensforum GmbH (Veranst.).

[24.93] *Haferkamp, H.; Alvensleben, F.; v. Becker, H.; Lindemann, K.; Czerner, St.:* Lasereinsatz zur Vergütung und Reparatur im Werkzeugbau. Werkstatttechnik. 1999, Nr. 7/8, Bd. 89, S. 381–383.

[24.94] *Partes, K.; Theiler, C.; Seefeld, T.; Vollertsen, F.:* Laser Cladding powered by diode lasers at high processing speed. In: Lasers in Manufacturing 2003 – Proceedings of the 2nd International WLT-Conference on Lasers in Manufacturing. München, 24.–26. Juni 2003. Stuttgart: AT-Fachverlag GmbH.

[24.95] *Yakolev, A.; Bertrand, Ph.; Smurov, I.:* Laser Cladding of multi-component wear-resistant coatings. In: Lasers in Manufacturing 2003 – Proceedings of the 2nd International WLT-Conference on Lasers in Manufacturing. München, 24.–26. Juni 2003. Stuttgart: AT-Fachverlag GmbH.

[24.96] *Wissenbach, K.:* Innovative Entwicklungen im Bereich der Laseroberflächentechnik. In: Tagungsunterlagen Aachener Kolloquium für Lasertechnik. Aachen, 28.–30. April 2004. Aachen: Fraunhofer – Institut für Lasertechnik ILT (Veranst.), S. 531–584.

[24.97] *Eimann, K.:* Lasereinsatz im Werkzeug- und Formenbau. In: Tagungsunterlagen Stuttgarter Lasertage. Stuttgart, 25.–26. September 2003. Stuttgart: Forschungsgesellschaft für Stahlwerkzeuge mbH (Veranst.), S. 125–128.

[24.98] *Griffith, M.-L.:* Free Form Fabrication of Metallic Components using Laser Engineered Net Shaping (LENS™). In: Proceedings of SFF Symposium. Austin, 12.–14 August 1996.

[24.99] *N. N.:* Direct-Metal Fabrication – First commercial direct-metal fabrication system delivered. In: Rapid Prototyping Report. USA, Cyon Research Corp, Bethesda, MD, 1998, Vol. 8, Issue 3, Article 2.

[24.100] *Gormann, P.; Keicher D.; Bullen, J.; Grylls, R.:* Add value to existing molds. In: Proceedings of SME Rapid Prototyping & Manufacturing Conference. Cincinnati/OH, 14.–17. Mai 2001.

[24.101] *Hedges, M.:* Laser Engineered Net Shaping – Technology and Applications. Präsentation der Fa. Neotech Services MTP. Dr. Martin Hedges, 2003.

[24.102] *Leaversuch, R.:* Metal deposition process pursues mold repair and modification. Modern Mold & Tooling. 2000, Nr. 9.

[24.103] *N. N.:* Mold Efficiency Improved by American Firm. European Tool and Mold Making. 2000, Nr. 3/4, S. 9.

[24.104] *N. N.:* Neue Wege generieren. Special Tooling. 2003, Nr. 6, S. 74 ff.

[24.105] *N. N.:* Trumpf Laserformen – Ergänzen wie aus einem Guss. Firmenschrift. Ditzingen, 2003.

[24.106] *Freyer, C.; Klocke, F.:* Quick Repair, Manufacture and Modification of Steel Molds using Controlled Metal Build Up (CMB). In: Proceedings of RPD 2004 – Agile Development for Productivity, Molds Event 2004, Marinha Grande/Portugal, 12.–13. Oktober 2004.

[24.107] *N. N.:* Controlled Metal Build Up. Bildquelle, Fraunhofer Institut für Produktionstechnik (IPT), Aachen.

[24.108] *N. N.:* Lasertec 65 3D hybrid. Bildquelle: DMG Mori AG, Bielefeld, Deutschland.

[24.109] *N. N.:* Hybrider Werkzeugaufbau. Bildquelle: Fassnacht Formenbau, Bobingen, Deutschland.

[24.110] *N. N.:* Einteilung der Gießverfahren. WZL RWTH Aachen.

[24.111] *N. N.:* Auf dem Weg zum Serienteil. Werkzeug & Formenbau. 1995, S. 44–48.

[24.112] *Flimm, J.:* Spanlose Formgebung. München: Carl Hanser Verlag, 1996, 6. Auflage, S. 20–35.

[24.113] *Dusel, K. H.; Eyerer, P.:* Materialien für Rapid Tooling Technologien. Tagungsumdruck, 4. Anwendertagung Produkt- und Prozeßentwicklung mit neuen Technologien. Dresden, 1996. S. 246–256.

[24.114] *Andre, L.:* Investment Casting and CeramicMolds. Using the Quick Cast Process. 6. European Stereolithography User Meeting. Strasbourg, France, 7.–8. November 1994.

[24.115] *Tsang, H.; Bennet, G.:* Rapid Tooling-direct use of SLA molds for investment casting. First National Conference on Rapid Prototyping and Tooling. Great Britain, Buckinghamshire College, 6.–7. November. 1995.

[24.116] *Sprunk, J.:* Feinguss für alle Industriebetriebe. Industrie – Werkstätten GmbH. Bochum, 1987.

[24.117] *N. N.:* Arbeitsablauf beim Sandgussverfahren. WZL RWTH Aachen & VDG Verein Deutscher Giessereifachleute e.V. Düsseldorf].

[24.118] *Bührig Polaczek, A.:* Fertigungsverfahren für Spritzgießwerkzeuge. In: Menges, Michaeli, Mohren, Anleitung zum Bau von Spritzgießwerkzeugen. Carl Hanser Verlag München Wien, 5. Auflage 1999.

[24.119] *N. N.:* Feingießen. Institut für Kunststoffverarbeitung (IKV) an der RWTH Aachen.

[24.120] *Langen, M.:* Fertigungsverfahren für Spritzgießwerkzeuge. In: Menges, Michaeli, Mohren, Anleitung zum Bau von Spritzgießwerkzeugen. Carl Hanser Verlag München Wien, 5. Auflage 1999.

[24.121] *Evans, B.:* Production Outsourcing in Metal Casting. Rapid Prototyping & Manufacturing. Conference. USA: MI, Dearborn, 22.–24. April 1997, S. 177–205.

[24.122] *Clerico, M.; Lanzoni, C.; Minks, H.:* On an Expandable Pattern Casting. 3. Anwendertagung Intelligente Produktionssysteme – Solid Freeform Manufacturing. Dresden, 1995, S. 307–316.

[24.123] *N. N.:* Verfahrensablauf beim Vollformguss. WZL TWTH Aachen & VDG Verein Deutscher Gießereifachleute Düsseldorf].

[24.124] *N. N.:* Verfahrensablauf des Vakuumgießens. Institut für Kunststoffverarbeitung (IKV) an der RWTH Aachen.

[24.125] *Gernot, T. H. C.:* Beiträge zum Simultaneous Engineering bei der Produkt- und Prozessplanung für die Spritzgießfertigung. Dissertation RWTH Aachen, 1994.

[24.126] *Bocking, C. E.; Dover, S. J.:* Rapid Tooling Using Electroforming. European Action on Rapid Prototyping, EARP. 1996, Nr. 6, S. 8–9.

[24.127] *N. N.:* Firmenschrift der Firma Galvanoform. Gesellschaft für Galvanoplastik mbH. Lahr, 1996.

[24.128] *Greul, M.:* Prototype Molds by using FDM and Electroplating. European Action on Rapid Prototyping, EARP. 1995, Nr. 6, S. 1–2.

[24.129] Injection Molding International April/May 1998 p. 35.

[24.130] Weber manufacturing Europe 73230 Kirchheim/Teck http://www.webermfg.ca.

[24.131] Div. Patente: US 5750160, Europa 070544, Deutschland 695 059 56,4.

[24.132] *Höbermägi, A.; Lerner, P.:* Einsenken genauer Gravuren zur Herstellung von Gesenken und Presswerkzeugen, Verlag Technik GmbH, Berlin 1990.

[24.133] *Hoischen, H.:* Werkzeugformgebung durch Kalteinsenken. Werkstatt und Betrieb 104 (1971) 4, S. 275–282.

[24.134] *Stoeckert, K.:* Formenbau für die Kunststoffverarbeitung. 3. Auflage, Hanser, München, 1979.

Stichwortverzeichnis

E

Q

S

Z